DICTIONNAIRE TOPOGRAPHIQUE

DU

DÉPARTEMENT DE L'AISNE

COMPRENANT

LES NOMS DE LIEU ANCIENS ET MODERNES

RÉDIGÉ

SOUS LES AUSPICES DE LA SOCIÉTÉ ACADÉMIQUE DE LAON

PAR M. AUGUSTE MATTON

MEMBRE DE CETTE SOCIÉTÉ

CORRESPONDANT DU MINISTÈRE DE L'INSTRUCTION PUBLIQUE, ARCHIVISTE DU DÉPARTEMENT

PARIS

IMPRIMERIE NATIONALE

M DCCC LXXI

DICTIONNAIRE TOPOGRAPHIQUE

DE

LA FRANCE

COMPRENANT

LES NOMS DE LIEU ANCIENS ET MODERNES

PUBLIÉ

PAR ORDRE DU MINISTRE DE L'INSTRUCTION PUBLIQUE

ET SOUS LA DIRECTION

DU COMITÉ DES TRAVAUX HISTORIQUES ET DES SOCIÉTÉS SAVANTES

DICTIONNAIRE TOPOGRAPHIQUE

DU

DÉPARTEMENT DE L'AISNE

COMPRENANT

LES NOMS DE LIEU ANCIENS ET MODERNES

RÉDIGÉ

SOUS LES AUSPICES DE LA SOCIÉTÉ ACADÉMIQUE DE LAON

PAR M. AUGUSTE MATTON

MEMBRE DE CETTE SOCIÉTÉ

CORRESPONDANT DU MINISTÈRE DE L'INSTRUCTION PUBLIQUE, ARCHIVISTE DU DÉPARTEMENT

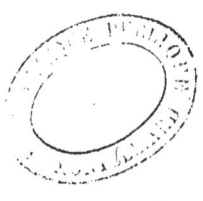

PARIS

IMPRIMERIE NATIONALE

—

M DCCC LXXI

INTRODUCTION.

Le département de l'Aisne, situé entre les 48° 51′ et 50° 4′ de latitude nord et entre les 0° 37′ et 1° 55′ de longitude à l'est du méridien de Paris, est borné : au nord, par le département du même nom; au nord-est, par la Belgique; à l'est, par les départements des Ardennes et de la Marne; au sud, par celui de Seine-et-Marne; à l'ouest, par ceux de l'Oise et de la Somme.

Sa configuration est un triangle irrégulier présentant quelques singularités remarquables. La commune d'Escaufourt reste au nord, complétement enclavée dans le département du même nom; à l'ouest, des parcelles détachées de plusieurs communes du département de l'Oise sont comprises dans la partie de la forêt de Retz appartenant au territoire de Pisseleux. La carte du Dépôt de la guerre, malgré son exactitude, ne peut reproduire la forme, excessivement anomale, de ce territoire.

Le cadastre, commencé en 1808, terminé en 1839, repris conformément à un vote du conseil général de l'Aisne en 1845, interrompu par la loi d'août 1850 et définitivement arrêté en 1852, donne au département de l'Aisne une étendue superficielle de 736,731 hectares 09 ares 69 centiares, ainsi répartis :

Arrondissement de Laon .... 246,070^h 96^a 79^c
——————— Vervins................. 139,616 36 65
——————— Saint-Quentin........... 107,276 72 70
——————— Soissons................ 124,546 76 10
——————— Château-Thierry......;... 119,220 27 45

Ce département est divisé, par rapport à la constitution du sous-sol, en deux parties à peu près égales limitées par une ligne oblique qui, partant de l'extrémité ouest du canton de Neufchâtel, passe par Laon et la Fère.

Aisne.

INTRODUCTION.

Au sud de cette ligne sont les terrains *tertiaires*, dont le peu de consistance relative a déterminé pendant les déluges quaternaires ces déchirures larges et profondes au fond desquelles coulent la Marne, l'Aisne et leurs affluents; au nord, les terrains *secondaires*, dont la surface est moins tourmentée.

Ces deux *terrains* se divisent en nombreuses *formations*. On y rencontre diverses natures de roches dont l'agriculture et l'industrie tirent de grands produits. Les corps organisés fossiles y sont aussi très-variés et nombreux.

Au-dessous de la terre végétale on trouve d'abord dans le fond des vallées, soit un dépôt alluvien produit par les matières terreuses que les eaux y déposent au moment des grandes crues, soit des tourbes qu'y détermine la végétation active de sphaignes, de graminées, de carex et de joncs. Les vallées de la Marne, de l'Aisne et de l'Oise s'élèvent incessamment par suite du dépôt terreux dont nous venons de parler, et la tourbe domine dans celles de l'Ourcq, du Clignon, de l'Ailette, de l'Ardon, de la Souche, de la Somme et de l'Omignon.

Viennent ensuite les terrains *diluviens*. C'est d'abord l'*alluvion ancienne* (loess), composée généralement d'argile et de sable, qui recouvre presque partout les terrains anciens; elle constitue la majorité des terres arables, dont la qualité varie suivant son épaisseur et sa composition.

Sous le *loess* on trouve, surtout dans les vallées, le *diluvium* proprement dit (*diluvium gris* des géologues). Cet étage est très-développé dans les vallées de l'Aisne, de la Marne et de l'Oise; on y recueille fréquemment les restes des grands animaux qui peuplaient autrefois nos contrées, et qui ont disparu au moment du dernier cataclysme.

Les couches les plus récentes du terrain *tertiaire* appartiennent au *calcaire lacustre supérieur* (1er sous-étage [tongrien] de l'étage des faluns d'Alcide d'Orbigny) : on le voit dans la forêt de Villers-Cotterêts sur les points les plus élevés; viennent ensuite les *sables et grès supérieurs* ou *de Fontainebleau*, que l'on remarque dans les mêmes localités. Ces deux groupes sont très-peu développés dans le département.

Le *calcaire lacustre moyen* (travertin moyen et meulières de la Brie, 25e étage [parisien] d'Alc. d'Orbigny) occupe la plus grande partie des plateaux de l'arrondissement de Château-Thierry. Il se compose généralement d'argile compacte, de meulières, de marnes et de calcaires de diverses natures, et recouvre en certains endroits les *marnes gypseuses* et le *gypse* lui-même, qui est avantageusement exploité dans tout l'arrondissement de Château-Thierry.

Le groupe des *sables et grès moyens* (*sables ou grès de Beauchamp*) est immédiatement au-dessous et se voit sur la partie moyenne des pentes des vallées de la Marne et de ses affluents. Il occupe dans les cantons de Neuilly-Saint-Front, de Fère-en-Tardenois, de Villers-Cotterêts, d'Oulchy-le-Château et de Braine d'assez grandes surfaces, où sa présence est signalée par des blocs de grès plus ou moins friables. Plusieurs couches sont très-fossilifères.

Ces sables recouvrent le *calcaire grossier*, qui est très-développé dans ce département, puisqu'il occupe toute la partie comprise entre l'extrémité sud, d'une part, et Saint-Thomas, Festieux, Laon, Crépy et la Fère, de l'autre.

Il se subdivise en plusieurs étages, dont les principaux sont : le *calcaire grossier supérieur* (*calcaires à cérites*), qui affleure sur les plateaux de Craonnelle, Aubigny, Saint-Thomas, etc.; le *calcaire grossier moyen* (*calcaire à milioles, à orbitolites, à cerithium giganteum*), la *glauconie grossière* et les *sables*, dont la puissance totale atteint parfois 25 à 30 mètres. Il donne lieu à des exploitations importantes de pierres de taille à la Ferté-Milon, Silly-la-Poterie et sur beaucoup d'autres points du Soissonnais et du Laonnois. Un lambeau de ce groupe se voit entre Hannape et Mennevret, où il est caractérisé par les orbitolites.

Au calcaire grossier succèdent les *sables inférieurs du Soissonnais* (24° étage [*suessonien*] d'Alc. d'Orbigny). Les divers étages qui les constituent sont : les *sables et glaises*, qui forment un niveau d'eau très-important et qui se voient au pied des pentes de la vallée de la Marne, tandis qu'ils existent presque au sommet des montagnes du Laonnois.

Les *lits coquilliers* viennent ensuite; une épaisse couche de sable y succède (45 à 50 mètres sur quelques points), puis le *calcaire lacustre*, les *lits coquilliers*, les *lignites*, l'*argile plastique*, la *glauconie inférieure* et enfin les *sables de Bracheux*.

Les lignites exploités dans le Soissonnais et le Laonnois sont d'une grande ressource pour l'agriculture; l'industrie en tire aussi, dans plusieurs localités, l'alun et le sulfate de fer.

De nombreux lambeaux de la glauconie inférieure (sables plus ou moins purs et grès friables) se rencontrent dans les arrondissements de Laon, Vervins et Saint-Quentin, en contact avec le terrain crétacé. Ces grès contiennent de nombreuses empreintes de végétaux décrits récemment par M. Wattelet, de Soissons.

Si l'on en excepte une partie des cantons de la Capelle, d'Hirson et d'Aubenton, où se montrent les terrains dits *de transition*, tout le reste du département appartient aux terrains *secondaires* (*crétacés et jurassiques*).

Le terrain *crétacé* (étages *sénonien, turonien, cénomanien et albien* d'Alc. d'Orbigny) commence à affleurer dans l'arrondissement de Laon : là, sa puissance est énorme (300 à 400 mètres probablement). Il occupe tout l'arrondissement de Saint-Quentin, partie des cantons de la Fère, de Crécy, de Laon, de Sissonne, de Craonne et de Neufchâtel,

INTRODUCTION.

les cantons entiers de Rozoy-sur-Serre, Marle, Sains, Guise, Wassigny, du Nouvion, de Vervins, et partie de ceux d'Aubenton, de la Capelle et d'Hirson.

Sa composition est partout constante : c'est d'abord la *craie pure*, puis la *craie à silex*, qui n'apparaît que dans les arrondissements de Saint-Quentin et de Vervins, les *marnes bleues et grises* exploitées en grand pour la poterie dans les cantons de Wassigny, la Capelle, Vervins et Hirson; enfin, le *grès vert*, qui, on le sait, forme le niveau aquifère auquel s'alimentent les puits artésiens de Grenelle et de Passy.

Les terrains *jurassiques* sont représentés dans l'Aisne par les formations *oolithique* (étages 10° [*bajocien*] et 11° [*bathonien*] d'Alc. d'Orbigny) et *liasique* (*marnes supérieures*, étage 9° [*toarcien*]).

On voit les *calcaires gris marneux* dans la vallée du Ton, entre la Hérie et Aubenton, superposés presque constamment aux *calcaires à terebratula decorata*.

Les *calcaires blancs et noduleux* se voient surtout à Martigny et à Leuze; on trouve les *calcaires oolithiques miliaires* dans les vallées de l'Oise et du Gland, à Neuve-Maison, Effry, Ohis, Saint-Michel et Any-Martin-Rieux. Au-dessous on peut constater la présence de l'*oolithe inférieure*.

L'étage *liasique* n'est enfin représenté que par les *marnes inférieures*, qui affleurent dans les mêmes localités.

Les terrains de *transition*, les plus anciens du département, occupent le territoire de quelques communes du canton d'Hirson et celui de Rocquigny (canton de la Capelle) : ce sont d'abord les *schistes* et les *calcaires dévoniens* (pierres bleues), exploités à Rocquigny; les *schistes gris verdâtres, siluriens*, les *schistes violets*, les *grès et poudingues*, qui constituent le sol du versant droit de l'Oise et du Gland à Mondrepuis, à Hirson, à Saint-Michel, à Watigny et à Any-Martin-Rieux; puis, enfin, les *schistes phylladiens* (système cambrien), dont on peut constater l'existence dans les forêts d'Hirson et de Saint-Michel [1].

507,000 hectares, occupant les plateaux et une partie des vallées, sont consacrés à la culture des céréales, des plantes fourragères, oléagineuses, textiles, tuberculeuses, légumineuses et saccharifères. Ces dernières occupent annuellement 40,000 hectares, qui alimentent 85 fabriques de sucre et 9 distilleries.

6,000 hectares sont consacrés à la culture du lin, 3,000 hectares à celle du chanvre. Cette culture était autrefois très-importante dans le Soissonnais, le Laonnois et le Vermandois : la confection des fils et des toiles formait la principale industrie de ces deux dernières provinces. Chaque ménage fournissait autrefois des fils d'une finesse

---

[1] La partie géologique de cette introduction a été rédigée par M. Pilloy, agent voyer.

INTRODUCTION.

et d'une solidité remarquables aux nombreux *merquiniers* ou *mulquiniers*, véritables intermédiaires entre les producteurs, les fileuses, les tisserands et les négociants de Saint-Quentin, protégés pendant deux siècles par le pouvoir souverain, qui leur conservait le monopole du commerce des toiles. La liberté commerciale, favorisée sous le règne de Louis XVI, a éteint cette industrie. Les bras inactifs se sont adonnés depuis à la fabrication des étoffes de laine, soie et coton, qui, en élevant parfois les salaires, a produit un bien-être se changeant en misère lorsque les travaux cessent ou chôment. Cette fabrication s'est étendue depuis un demi-siècle dans les arrondissements de Vervins et de Saint-Quentin, ainsi que dans plusieurs communes des cantons de Crécy-sur-Serre, de Marle, de Rozoy-sur-Serre, de Neufchâtel, de Sissonne, d'Anizy-le-Château et de Coucy-le-Château.

Le sol de la Thiérache, si l'on en excepte néanmoins les riches vallées de l'Oise et de la Serre, était encore peu fertile au dix-huitième siècle. On n'a commencé qu'en 1720 à faire rapporter, en certains endroits incultes (*riez*), du sainfoin, un peu d'orge, d'épeautre et de froment. La culture du colza, qui s'étend chaque jour davantage, a été introduite vers 1750, à Bernoville, par Daniel de Camp-Laurent, commissaire des guerres; mais ce progrès n'est point comparable à celui que commença à réaliser, vers 1760, dans le Laonnois et la Thiérache l'emploi des terres pyriteuses comme amendement. Cet emploi et de meilleurs modes de culture ont enrichi considérablement, en moins d'un siècle, un pays qu'on s'accordait autrefois à regarder comme l'un des plus pauvres de la Picardie. C'est aujourd'hui l'un des plus riches de la France.

Malgré sa richesse, la condition des ouvriers ne s'y est pas améliorée autant que dans la partie méridionale du Laonnois et dans les vallées du Soissonnais, où la propriété est considérablement morcelée, grâce à la viticulture, qui tend aujourd'hui à disparaître pour faire place à la culture des légumes secs.

Le département de l'Aisne compte un peu plus de 61,000 hectares de prés naturels, vergers et pâtures grasses disséminés dans les vallées de l'Oise, de l'Aisne, de la Marne, de la Somme et de leurs affluents. Les prairies des vallées de la Somme, de l'Ailette, de la Souche, qui reposent sur un sol tourbeux et marécageux, donnent de médiocres produits, à moins qu'on ne se consacre à la culture des légumes. Elles contrastent beaucoup avec celles de l'arrondissement de Vervins, qui en compte jusqu'à 25,000 hectares. Le produit avantageux que les populations en retirent, par l'engrais des bestiaux et les plantations d'arbres à fruits, les excite à l'accroissement de cette quantité, que la fraîcheur du sol semble favoriser, surtout dans le voisinage des bois. L'humidité des terrains alluvionnaires du nord-est de l'arrondissement de Vervins convient également à la culture de l'oseraie, qui forme une branche de commerce rapportant annuellement près de 2 millions. Le village de Wimy semble devoir son nom à cette culture[1]. Les cantons de Wassigny et de Bohain, de leur côté, consacrent 270 hectares de semblables terrains à la culture du houblon.

Le sol compacte et imperméable de la Brie, plus rebelle que tout autre aux améliorations, oblige d'y tracer de 3 à 4 mètres des sillons profonds pour faciliter l'écoulement des eaux et l'assainissement du terrain.

La difficulté de cultiver les terres compactes où l'argile domine, le voisinage des cours d'eau, la nécessité de se rapprocher des terrains boisés convertis en prairies ou en terres labourables, ont disséminé les populations dans des centres éloignés des chefs-lieux. Cet avantage avait été bien compris, au XII° et au XIII° siècle, par les monastères, qui concentrèrent tous leurs efforts et leur intelligence à faire disparaître les bois et surtout les haies de la Thiérache, qui permettaient de surprendre facilement l'ennemi et le gibier. Ces défrichements ont été faits par les abbayes pour se procurer des revenus qu'elles n'eussent pu trouver en conservant des forêts dont le produit ne suffisait pas pour les faire vivre ou les enrichir. Ces forêts étaient cependant précieuses aux populations : elles y trouvaient le bois mort pour leur chauffage et l'herbe propre à la nourriture de leurs bestiaux.

La mer, se retirant du pays que nous décrivons, y a laissé des points qui en dominent le niveau de 37 mètres (Quierzy) à 284 mètres (bois de Watigny). Ce dernier est le plus élevé du département de l'Aisne; il dépasse de 104 mètres le plateau de la montagne de Laon, remarquable par son isolement complet, qui le fait découvrir de fort loin. Celle-ci se trouve à 5 kilomètres au nord de la chaîne la plus voisine et forme un triangle irrégulier dont les côtés ont une largeur moyenne de 160 mètres; sa plus grande longueur est d'un kilomètre. De semblables interruptions dans les chaînes constituent également des monticules entièrement isolés, mais qui présentent moins d'importance, à Cessières, à Mauregny-en-Haie et à Crépy.

Les plateaux qui dominent les collines ont une largeur variable de 60 mètres à 7 kilomètres. La pente du sol et la direction des vallées, qui sont généralement de l'est à l'ouest, font dominer les vents d'ouest et du nord. Les déboisements effectués depuis un demi-siècle tendent à rendre la température plus douce en diminuant la quantité des eaux pluviales, et, comme conséquence, celle des eaux qui jaillissent du sol. A ces déboisements entrepris à l'imitation de ceux des XII° et XIII° siècles[2], il faut attribuer

---

[1] Dans les anciens comptes de l'Hôtel-Dieu de Laon, le mot *Wimiaux* est souvent employé pour désigner les brins d'osier qui servaient à rattacher la vigne.

[2] La culture intelligente de ces temps reculés a indiqué la voie qu'il fallait suivre pour rendre plus productif un sol naturellement froid. M. Brayer, dans sa

INTRODUCTION.

l'éloignement ordinaire de l'Escaut, de la Somme, de l'Omignon, du Péron, et d'autres cours d'eau, de plus de 2 kilomètres de leurs sources. Il y a tout lieu de croire que les profonds ravins creusés en beaucoup d'endroits n'ont eux-mêmes d'autre origine que l'abondance des eaux amenées par l'influence météorologique des vastes forêts qui couvraient autrefois le sol.

Le département de l'Aisne appartient aux bassins de la Sambre, de l'Escaut, de la Somme, de l'Oise, de l'Aisne et de la Marne. Ces trois derniers servent à former celui de la Seine.

Les principaux cours d'eau de ces bassins sont, dans le département de l'Aisne :

Bassin de la Sambre : La Sambre et la Petite-Helpe ;

Bassin de l'Escaut : L'Escaut et la Selle ;

Bassin de la Somme : La Somme, l'Omignon et la Germaine ;

Bassin de l'Oise : L'Oise, l'Automne, l'Ailette, la Serre, la Souche, la Brune, le Vilpion, le Heurtaut, le Noirieu, le Ton, la Marnoise, le Gland, l'Artoise et le Petit-Gland ;

Bassin de l'Aisne : L'Aisne, le ru de Vandy, le ru d'Hozier, la rivière de Retz, l'Orillon, la Crise, le ru de Jozienne, le ru Preux, la Vesle, la Miette, la Suippe et la Retourne ;

Bassin de la Marne : La Marne, l'Ourcq, le Clignon, le ru Gobert, le ru d'Alland, le ru de Savières, le ru de Chauday, le ru Garnier, l'Ordrimouille, le Petit-Morin, le ru Dolloir, le Surmelin et la Dhuys.

Des travaux importants ont assuré la navigation des rivières, utilisé les cours d'eau non navigables, activé le dessèchement des marais, procuré l'écoulement des eaux pluviales et enfin augmenté la circulation par l'établissement de nouveaux chemins de tout genre.

La rivière d'Ourcq a été rendue flottable de Lizy-sur-Ourcq à Silly-la-Poterie, vers 1564, pour favoriser l'approvisionnement de Paris et l'exploitation des bois de la forêt

---

Statistique de l'Aisne, M. Dexmier d'Archiac, dans la *Géologie* du même département, assurent que la récolte était bien reculée de trois semaines dans la Thiérache, comparativement au reste du département. Elle suit aujourd'hui d'une dizaine de jours, et dans certaines années la moisson est faite presque simultanément. Ce résultat est dû au déboisement, à des labours plus profonds et à des amendements mieux combinés qui ameublissent parfaitement la terre et la rendent moins humide.

domaniale de Villers-Cotterêts. Au siècle suivant, Henri de Lorraine canalisa le Braon ou Noirieu, pour faciliter l'exportation des bois de la forêt du Nouvion qui manquaient de débouchés; mais le flottage, autorisé par lettres patentes de décembre 1662, n'ayant pu s'effectuer d'une manière convenable, fut abandonné vers 1680.

Les canalisations de rivières ont produit de nos jours de plus heureux résultats. La navigation de l'Aisne a été considérablement améliorée depuis Compiègne jusqu'à Condé-sur-Aisne, où des obstacles plus grands ont rendu indispensable l'emploi d'autres moyens : de là la construction, en 1842, du canal latéral à l'Aisne, de Condé-sur-Aisne à Vieux-lez-Asfeld (Ardennes).

Des travaux ont été exécutés récemment dans la rivière de Marne, en amont de Château-Thierry, pour faciliter la navigation de cette rivière unie à la rivière d'Aisne par un canal qui commence à Berry-au-Bac, se dirigeant vers Reims.

Un réseau de navigation a été créé au nord et au nord-ouest. Le canal de Saint-Quentin, d'une longueur de 93,400 mètres, de Chauny à Cambrai, unit l'Oise à l'Escaut. Il comprend deux parties bien distinctes : la première, d'une longueur de 40,700 mètres, de Chauny à Saint-Quentin, a été terminée en 1738 par de Crozat, qui lui a donné son nom : elle a, de Fargniers à la Fère, un embranchement de 3 kilomètres latéralement à l'Oise; la deuxième, de Saint-Quentin à Cambrai, n'a été livrée à la navigation qu'en 1810 : elle est d'une longueur de 52,700 mètres, dans laquelle il faut comprendre 5,677 mètres d'un souterrain large de 8 mètres au-dessus des deux banquettes de halage. Ce canal reçoit les eaux du Noirieu par une rigole souterraine, dite *de l'Oise*, qui traverse les territoires de Vadencourt, Verly, Étaves, Bernoville, Croix et Fonsomme, côtoie la Somme jusqu'à l'étang de Lesdins et se réunit au bassin de partage.

Les canaux de la Somme et de Manicamp ne sont que des accessoires du canal de Saint-Quentin. Le premier s'en détache à Saint-Simon pour se diriger vers la Manche par Péronne, Amiens et Abbeville; l'autre, à Chauny, pour aboutir à Manicamp. Ce dernier est continué par le canal latéral à l'Oise jusqu'à Janville, près de Compiègne.

Le canal de jonction de la Sambre à l'Oise, construit en 1839, complète ce réseau. Il se détache de la Sambre à Landrecies, point où cette rivière cesse d'être navigable, et suit une ligne parallèle au ruisseau du Braon ou Noirieu jusqu'à Vadencourt et à la rivière d'Oise jusqu'à la Fère.

Un canal de plus de trois lieues, de nombreuses rigoles et fossés de desséchement, terminés en 1831, ont assaini les terres sans augmenter considérablement le produit des terrains tourbeux traversés par la rivière de Souche. De semblables travaux ont été exécutés sur les bords de l'Ailette et du ruisseau d'Ardon, son affluent. D'autres ont été entrepris pour le desséchement des étangs et des marais tourbeux de la Somme. Enfin, le Fossé Usinier ou Canal des Torrents, creusé de 1741 à 1748 et en 1807, recueille et entraîne, de Bohain à Gouy, des eaux pluviales et bourbeuses qui vont se mêler aux eaux limpides des sources de l'Escaut. Des digues ont été élevées, vers le milieu du dernier siècle, pour prévenir des désastres, à Fresnoy-le-Grand, près du Fossé Usinier, et à Pouilly, dans le voisinage de la Serre, grossie par les eaux torrentielles du Cornin et les eaux marécageuses de la Souche qui remplissaient son lit de vase et occasionnaient parfois des débordements très-nuisibles. Ils ne sont plus à craindre, la profondeur des labours et les travaux d'art facilitent actuellement l'absorption des eaux pluviales, ou les obligent à modérer leur cours.

Le département de l'Aisne est sillonné par huit chemins de fer.

	Longueur.
12 routes impériales................	613,441 mètres.
30 routes départementales...........	671,640
85 routes vicinales.................	1,431,429
93 chemins vicinaux de moyenne communication.....................	1,152,733
Et un nombre considérable de chemins vicinaux de petite communication, présentant un ensemble de..............	3,862,852
dont à l'état d'entretien...........	2,683,652

DIVISIONS TOPOGRAPHIQUES AVANT LA CONQUÊTE ET APRÈS LA CONQUÊTE PAR LES ROMAINS, JUSQU'À L'OCCUPATION DU PAYS PAR LES FRANCS.

Les rivières jouent un grand rôle dans la constitution des anciens peuples de la Gaule. Les *Veromandui* occupaient le bassin de la Somme; les *Nervii*, ceux de la Sambre et de l'Escaut; les *Remi*, les versants de celui de l'Oise jusqu'à la rivière d'Ailette qui les séparait des *Suessiones*. Ceux-ci possédaient le surplus du territoire qui constitue maintenant les arrondissements de Soissons et de Château-Thierry, en en exceptant quelques localités. Leurs limites extérieures au nord-est étaient celles des territoires de Filain et d'Ostel, où l'on remarque un monolithe de 15 mètres de hauteur, sur lequel on célébra la messe lors de la fête de la fédération en 1790.

Les frontières septentrionales séparant les *Remi* et les *Veromandui* des *Nervii* étaient marquées par celles de la forêt de Thiérache, se reliant autrefois à l'est à l'immense forêt des Ardennes, et par la forêt d'Arrouaise qui semble avoir été une dépendance de la forêt Charbonnière. Les frontières méridionales des *Veromandui*, du côté des *Sues-*

INTRODUCTION.

siones sont inconnues. Il ne faut pas s'en étonner, car la démarcation des diocèses de Noyon et de Soissons ne fut bien fixée qu'en 814, par un acte du concile de Noyon.

Les *Suessiones*, limités au nord, au nord-est et à l'est par les *Remi*, au nord-ouest par les *Veromandui*, à l'ouest par les *Bellovaci*, avaient une certaine importance. Jules César leur reconnaît douze oppides, dont il serait difficile aujourd'hui de déterminer la situation exacte, une certaine civilisation, une agriculture en progrès et des relations commerciales qui les unissaient étroitement avec la Grande-Bretagne, où l'un de leurs chefs avait commandé.

Les Romains perfectionnèrent ce qu'ils trouvèrent dans le pays conquis, au moyen des camps [1], des colonies et des routes destinés à prévenir les séditions, ou à résister aux hordes germaniques, attirées par des productions meilleures et un climat plus doux que celui de leur pays.

Les camps de Vermand, de Vigneux, de Saint-Thomas, de Condé-sur-Suippe, de Prouvais et d'Épagny, et quelques positions militaires que la nature s'est elle-même chargée de fortifier, telles que celles de Coucy-le-Château [2] et de Laon, où quelques historiens placent Bibrax [3], avec assez de vraisemblance, devinrent autant de postes occupés pour résister aux invasions.

[1] Ces camps et ces routes sont presque toujours avoisinés par des monticules naturels ou élevés de main d'homme, dont on s'est servi pour favoriser les signaux. On en remarque à Blanzy-lez-Fismes, à Étreillers, Beaurevoir, Festieux, Laniscourt, Landouzy, Pontarcy, Pontru, Marle, Rouvroy, Villequier-Aumont, Vouël, etc.

[2] L'emplacement de Coucy, véritable sentinelle avancée en pointe escarpée aux dernières ramifications des montagnes, était très-convenable pour la défense contre les intrépides *Bellovaci*. Était-ce celui de *Noriodunum Suessionum* ou d'un autre oppide des *Suessiones*?

[3] Dudon, *Vita Willelmi ducis* : *Willelmus verò, rege exercituque suo..... relicto, Laudunum Clavatum, quod Bibrax dicitur, petivit citò, antecedente episcoporum Franciscæ gentis choro*, etc. — Guibert de Nogent, *De vitá suá*, lib. III, cap. IX : *Uxor quoque Rogerii Montis Acuti domini, Armengardis nomine... tegmine sumpto per convallem Bibracinam ad Sanctum contendit Vincentium..... per vineas itaque inter duo brachia montis positas, die illá, et nocte iter fugientium, et clericorum, et mulierum fuit.* — Légendaire de l'abbaye d'Origny-Sainte-Benoîte, en parlant de sainte Benoîte : *Cum quadam collectandi et servulá Laudunum venit, quod antiquior ætas Bibrax nuncupari maluit*. — Ancien manuscrit consulté par Étienne Delalain et Jérémie Laurent, auteur d'une histoire abrégée de Laon : *Macrobius, prætor Romanus, ædificavit civitatem Laudunensem, super montem excelsum, nomine Bibrax, et vocavit eam Laudunum*. — Flodoard et Hincmar ne sont pas contraires à cette assertion. — Ancienne prose de saint Vincent chantée avant l'introduction de la réforme :

Gaudeat ecclesia,
Sedes secundaria,
Decus Laudunicum!
Vincens sub Vincentio
Cujus Bibrax brachio
Dextrum munit brachium.

Épitaphe de Baudouin II de Courtray, abbé de la même abbaye, mort vers 1222 :

Abbas Balduinus jacet hic pietatis amator,
Cui parcat Dominus cœli terræque creator.
Tramite divino fuit electus : genuino
More pius, pacis speculum lumen que Bibracis :
Martius in binis fuit idibus ens sibi finis.

L'Eleu, qui cite les paroles d'un vieux légendaire

INTRODUCTION.

Les colonies d'étrangers, que favorisait l'occupation des terres fiscales et des camps, entraient trop profondément dans les habitudes des Romains, pour qu'ils en négligeassent l'établissement là où leurs intérêts les nécessitaient. Nizy-le-Comte, où tout récemment on a trouvé une pierre votive, et Cologne, hameau situé à l'extrémité des pays des *Atrebates*, des *Veromandui* et des *Nervii*, avaient certainement été habités par des colonies.

Celle des *Læti Batavii* de Condren était spécialement destinée à donner plus d'importance et d'activité au commerce des grains d'un pays dont le sol a été privilégié par la nature, et à mieux dominer les *Remi*, les *Sucssiones*, les *Bellovaci* et les *Veromandui*. Du reste, il est à remarquer que ce point, reculé aux dernières limites de la navigation de l'Oise, était admirablement choisi pour faciliter les relations extérieures. La colonie des *Læti Batavii*, reliée à Soissons et à Reims par une route stratégique, pouvait à bon droit s'attirer de jour en jour les sympathies d'un pays essentiellement agricole, en lui créant des débouchés certains.

Le système voyer des Romains se rapproche beaucoup du nôtre. Leurs voies principales se rattachaient à Rome et aux chefs-lieux de provinces; d'autres voies reliaient ceux-ci aux cités, et les cités aux oppides et municipes [1].

Ce réseau de routes était nécessaire pour assurer la subordination des soldats, des colons et des indigènes et la perception des impôts. C'est aussi à ce besoin d'ordre qu'est due la formation de la deuxième Belgique. Tout ce qui dépend actuellement du département de l'Aisne appartenait à cette province, qui avait Reims pour capitale, et se subdivisait en *pagi*, dont on peut seulement conjecturer les limites, à l'aide des divisions et des subdivisions ecclésiastiques, qui, selon l'opinion généralement adoptée, ont été constituées à l'exemple de celles des Romains.

De nombreux souvenirs se rattachent au nom de la rivière d'Aisne, sur les bords de laquelle Jules César livra l'une de ses plus sanglantes batailles. Ce fut également sur ses rives qu'expirèrent les derniers représentants de la puissance romaine, à laquelle les Soissonnais restèrent fidèles jusqu'au dernier moment, en défendant l'ancienne civilisation dont ils n'étaient plus que l'ombre. Mais, pour vaincre ceux qui avaient été la terreur des nations, ils avaient été obligés de se faire soutenir par les Francs. Ceux-ci se tournèrent ensuite contre eux, pour se procurer le bien-être que l'excès de popula-

---

de Saint-Gobain, reproduites par les bollandistes; 20 juin; t. IV, p. 24 : *Beatus sacerdos et martyr Gobanus petiit festinans Laudunensem beatæ Mariæ ecclesiam orare, cumque ad Laudunum montem, qui antiquo sermone Bibrax nuncupabatur, semper ad sequentiam psalterii intentionem cordis sui dirigens, ascendisset...*

Nicolas Lelong, *Histoire civile et ecclésiastique du diocèse de Laon*; M. Melleville; MM. Cardon et Mathieu dans leurs notes sur l'histoire de l'abbaye de Saint-Vincent de Laon, par Robert Wiard.

[1] Voyez les mots *Voies romaines*, *Voies anciennes*.

tion et un sol moins riche ne leur permettaient pas de trouver chez eux. Les exactions romaines étaient d'ailleurs bien de nature à seconder ces entreprises favorisées peut-être par les populations. Aussi peut-on dire que la victoire des Francs sur Siagrius fut un simple événement dont saint Remy, l'une des principales lumières des Gaules, eut l'adresse de tirer parti, pour faire courber sous son autorité les Francs et, avec eux, leur chef principal, qui ne dédaigna point d'accepter le titre de consul et de porter la toge romaine. Clovis, toujours prêt à profiter des circonstances, ne reculait devant aucun moyen pour affermir son pouvoir. Il savait bien que ses troupes ne suffisaient pas pour le conserver et qu'il fallait se résoudre à plier devant ceux qui tenaient en main la véritable force, et représentaient le vieil élément gaulois adouci par la morale chrétienne, dont le chef religieux de la deuxième Gaule Belgique était l'un des plus fervents défenseurs. Celui-ci, au nom de Dieu, maître unique des empires, fit reconnaître aux nouveaux venus les droits des anciens.

DIVISIONS ECCLÉSIASTIQUES.

Le pays, guidé par le clergé, semble entrer dans une ère nouvelle de civilisation moralisatrice. L'alliance de saint Remy avec les Francs se resserre chaque jour davantage; sa parole persuasive et douce les entraîne à partager sa foi. Il fait régner entre eux des idées de justice dont le chef franc tirera parfois des conséquences terribles. Malheur à qui touchera aux biens des églises! Le souvenir des spoliations ne s'éteint pas.

L'occupation du pays par les Francs, la conversion de beaucoup d'entre eux, les difficultés d'apporter une surveillance active sur un vaste territoire, firent démembrer le siége de Reims et créer, en 497, celui de Laon, dont la circonscription a peu varié depuis[1].

Les diocèses de Reims, Cambrai, Laon, Noyon, Soissons, Meaux et Troyes ont servi à former le département de l'Aisne dans les proportions suivantes :

Diocèse de Reims : Logny-lez-Aubenton, du doyenné rural de Rumigny.

Diocèse de Cambrai : Fontenelle et Papleux, du doyenné rural d'Avesnes (Hainaut); Barzy en partie, Fesmy, Molain, Ribeauville, Saint-Martin-Rivière, le Sart, Vaux-

---

[1] Lor, du doyenné de Germainemont et du diocèse de Reims, a été échangé, en 1692, contre Avaux, qui était du doyenné de Neufchâtel et du diocèse de Laon. — Au XVIIe siècle, la cure de Chivy-lez-Étouvelles fut détachée du doyenné de Bruyères pour être réunie à celui de Mons-en-Laonnois.

INTRODUCTION.

Andigny, Wassigny, du doyenné du Cateau-Cambrésis (Cambrésis, arrondissement de Vervins); Becquigny et Escaufourt, du même doyenné; Aubencheul-aux-Bois, Bohain, Bony, le Catelet, Gouy, Lempire, Prémont, Serain et Vendhuile, du doyenné rural de Cambrai (arrondissement de Saint-Quentin).

Diocèse de Laon : enclavé tout entier dans le département de l'Aisne, hormis Brienne et la Neuville-aux-Joutes réunis aux Ardennes. L'arrondissement de Laon en a recueilli la plus forte part, qui consiste en ce que lui ont laissé ceux de Saint-Quentin, de Soissons et de Vervins. Le premier a pris ce qui constitue le canton de Ribemont et en outre Alaincourt, Berthenicourt, Brissay-Choigny, Brissy, Châtillon-sur-Oise, Hamégicourt et Moy; le deuxième, Glennes, Révillon et Soupir; le troisième, toute sa circonscription, à l'exception de quelques territoires des diocèses de Cambrai et de Reims.

Diocèse de Noyon : les doyennés de Saint-Quentin et de Vendeuil en entier, le doyenné de Chauny, moins Mondescourt.

Le département de l'Aisne a pris également au doyenné d'Athies : Caulaincourt, Hargicourt, le Haucourt, Maissemy, Marteville, Pontru, Trefcon et le Verguier; au doyenné de Ham : Aubigny, Auroir, Beaumont-en-Beine, Beauvois, Bray-Saint-Christophe, Douchy, Dury, Éaucourt, Germaine, Hérouël, Lanchy, Ollezy, Pithon, Sommette et Villers-Saint-Christophe; au doyenné de Noyon : Guivry.

Diocèse de Soissons : la circonscription des arrondissements de Soissons et de Château-Thierry lui appartenait en entier, en exceptant du premier Glennes, Révillon et Soupir, qui dépendaient du diocèse de Laon, et du second, Brumetz, Gandelu et Montigny-l'Allier provenant du diocèse de Meaux, et enfin la Celle, de celui de Troyes.

DIVISIONS TERRITORIALES SOUS LES FRANCS.

Les fils de Clovis se partagèrent, en 511, les peuples soumis à son autorité et constituèrent, au profit de l'un d'eux, le royaume de Soissons qui comprit les diocèses de Soissons, de Vermand [1], de Tournay, d'Arras, de Thérouanne, d'Amiens et de Beauvais. Le diocèse de Laon fit partie du royaume d'Austrasie.

[1] Transféré à Noyon en 531.

INTRODUCTION.

Les chefs francs disséminèrent çà et là leurs compagnons d'armes dans les terres fiscales. Ils y créèrent des centres sous le nom de *comtés* ou *duchés* et y éparpillèrent leurs forces, à distance des habitations, pour les réunir au premier signal. Ces compagnons d'armes, ne pouvant eux-mêmes exercer tous les pouvoirs, confièrent à des subordonnés l'administration des domaines et de la justice. Les luttes qui ensanglantèrent le pays, à diverses reprises, les contraignirent de donner à ces préposés des attributions plus étendues. Ceux-ci devinrent peu à peu inamovibles comme leurs chefs, et purent même transmettre les bénéfices soumis à leur autorité, la continuité du commandement les ayant rendus, pour ainsi dire, indispensables. L'importance de leurs domaines augmenta ou diminua ensuite, selon leur hardiesse et leur valeur personnelle, la force et la ruse constituant le droit. Ce fâcheux état de choses rend la circonscription des *pagi* bien difficile à déterminer jusqu'au xiie siècle.

On sait seulement que le Soissonnais était limité, au nord, par le Laonnois qui se rattachait intimement à la Champagne; au sud-est, par le Tardenois (*pagus Tardanensis, Tardanisus*); au sud-ouest, par l'Orxois (*pagus Orcensis, Urcisus*); au sud, par la Brie (*pagus Briegensis, Briegius*) et par une faible partie du Multien (*pagus Meldensis*). Le comté de Soissons ne s'étendait que sur une parcelle du Soissonnais.

Le Vermandois (*pagus Veromandensis*) comprenait le pays des *Veromandui* et le Noyonnais.

DIVISIONS CIVILES, ADMINISTRATIVES ET JUDICIAIRES SOUS LA TROISIÈME RACE.

Les domaines acquis et usurpés dans le comté de Laon par les sires de Coucy limitaient au nord le comté de Guise absorbé par le comté de Vermandois, et s'étendaient un peu au delà de la Serre et de ses affluents. Le surplus du Laonnois resta en partie soumis à la suzeraineté de l'évêque de Laon, qui exerça les pouvoirs des comtes laïques, lorsque les rois de la troisième race cessèrent de faire de Laon le séjour habituel de la cour. Ceux-ci ne craignaient pas, du clergé qui leur prêtait son appui moral, les inconvénients de la transmission héréditaire, à redouter des laïques. Le but ne fut pas atteint: la plupart des chefs du clergé séculier, recrutés surtout dans la noblesse, n'eurent point la constante fermeté de protéger les intérêts des classes inférieures de la société féodale. Les prélats se trouvèrent dans la nécessité de recourir à des seigneurs puissants par l'usurpation et les alliances, pour conserver le pouvoir que la royauté ne tarda point à ressaisir, à l'aide de son châtelain et de son prévôt, chargés de préparer les éléments de force que les exactions des feudataires accrurent beaucoup dans le Laonnois et le Soissonnais. Les aspirations du peuple

INTRODUCTION.

vers les libertés qu'on lui marchandait, pour les lui ravir aussitôt accordées, accrurent les sympathies des populations pour le pouvoir royal, qui se constitua enfin, après quelques fâcheuses hésitations, le redresseur des torts et le véritable représentant de la civilisation, en faisant désormais une continuelle application des principes éternels de l'équité.

Des circonstances anomales aidèrent à ce progrès. Les souffrances communes des croisades, entreprises par excès de générosité chevaleresque, rapprochèrent les serfs de leurs maîtres. L'esprit des uns et des autres, familiarisé par les poétiques récits des Orientaux et des croisés, habitua le peuple aux idées de grandeur, que Philippe-Auguste et ses conseillers partagèrent et utilisèrent au profit de leur autorité, consolidée par la victoire de Bouvines, où les milices communales du Soissonnais et du Laonnois firent des prodiges de valeur. Le diocèse de Laon, confinant à la Flandre et à l'Empire, se trouvait lié étroitement aux destinées du pouvoir royal; Philippe-Auguste se décida facilement à choisir pour conseiller et l'un de ses pairs l'évêque du Laonnois. La nouvelle institution engagea ce dignitaire ecclésiastique à agrandir ses domaines et à faire reconnaître sa suzeraineté par les propriétaires des terres allodiales de son voisinage; mais il le fit sans ostentation, désignant ses domaines par les qualifications de baronnie, de comté et de duché, qui exprimaient seulement son autorité[1].

Dans le Soissonnais, les comtes laïques continuèrent à subsister, mais leurs territoires subirent des modifications successives.

La concession de la suzeraineté de la Fère, par Roger de Rozoy, évêque de Laon, à Philippe-Auguste, en 1185, et la réunion du Vermandois à la couronne, en 1191, rendirent indispensable l'établissement d'un agent énergique réunissant les pouvoirs judiciaire, administratif et militaire : telle fut l'origine de la création du bailliage de Vermandois par Philippe-Auguste. Celui-ci réalisa une partie des réformes réclamées par le peuple, qui devaient avoir pour consécration l'unité du pouvoir rendue indispensable par l'abus de la force. Le clergé n'ayant pu conserver l'autorité nécessaire pour

---

[1] Le grand cartulaire de l'évêché de Laon, folios 34, 16, 40, 29, 31 et 24, indique ces changements : en 1218, l'abbaye de Saint-Quentin-en-l'Ile reconnaît qu'elle est justiciable de l'évêque de Laon pour ses possessions dans le Laonnois. L'évêque de Laon acquiert, en 1218, les droits de vidamie sur Anizy-le-Château, Pouilly, Septvaux et Versigny; en 1220, le fief de Chambellage. Au mois de février 1223, le seigneur du franc-alleu de la ville teutonique de Sissonne reconnaît la suzeraineté de l'évêque. Cet exemple est imité par quelques seigneurs tels que le sire de Clacy et les prévôts du Laonnois. Le même cartulaire fait connaître qu'en 1221 l'évêque donnait à sa terre les qualifications de duché et de comté; en 1225, celles de comté et de baronnie; en 1265, celles de baronnie et de duché; en 1266 et 1269, celle de duché, et enfin, en 1287, celles de baronnie, de comté et de duché.

INTRODUCTION.

mettre un terme aux nombreuses exactions des feudataires de tous rangs sur leurs vassaux, la royauté fut obligée d'intervenir et de confier le pouvoir à des chefs entreprenants et animés par l'amour de l'équité et du droit, dont ceux-ci, presque toujours, firent preuve pour s'attirer les sympathies des populations. Ces sympathies s'accrurent davantage encore par l'octroi de nombreuses franchises, que Philippe-Auguste défendit et concéda, selon les exigences de sa politique, qui l'obligeaient de former, à l'exemple des Romains, des centres actifs entre les populations, pour les associer à ses efforts, tendant presque toujours à constituer l'unité nationale et à se créer des ressources de tout genre.

Le parlement de Paris aida beaucoup les rois dans l'accomplissement de cette mission, que des circonstances particulières favorisaient. Toutes les juridictions luttaient avec une grande ardeur pour étendre leur compétence; la Cour du roi intervenait partout pour rétablir la paix et l'ordre, et surtout pour agrandir le cercle de ses attributions judiciaires, au détriment des justices féodales et communales.

Dans ces temps reculés, la circonscription du bailliage de Vermandois était très-étendue. Elle fut morcelée de tous côtés, lorsque l'autorité des baillis royaux fut assise et bien reconnue : les fonctions de ceux-ci, à raison du trop grand nombre d'affaires à juger, étant très-difficiles, on fut obligé de leur adjoindre des lieutenants choisis comme eux parmi les légistes, puis d'ériger de nouveaux siéges à Ribemont, Saint-Quentin, Chauny, Noyon, Soissons, Reims, Roye, Montdidier, Péronne, etc. De nouveaux besoins amenèrent la création de présidiaux à Laon et à Château-Thierry en 1551, à Soissons et à Saint-Quentin en 1596, de maîtrises royales des eaux et forêts à Soissons, Laon, Chauny, Coucy-le-Château, la Fère, Villers-Cotterêts et Crécy-en-Brie[1], et enfin, de tribunaux consulaires à Saint-Quentin et à Soissons.

GRANDS GOUVERNEMENTS MILITAIRES DE CHAMPAGNE, DE PICARDIE ET D'ILE DE FRANCE.

Les baillis de Vermandois et leurs lieutenants étaient, dans l'origine, chargés de pouvoirs illimités; les rois leur retirèrent presque toute leur puissance militaire, qui aurait pu devenir dangereuse entre des mains entreprenantes, et la confièrent à de hauts personnages de leur famille et de la cour, qu'ils voulaient se rattacher plus intimement, par des faveurs toujours enviées. Telle fut l'origine des grands gouverne-

---

[1] La maîtrise de Crécy-en-Brie empruntait au département de l'Aisne les territoires situés sur la rive gauche de la Marne.

ments de Champagne, de l'Île de France et de Picardie, dont les limites ont été modifiées à plusieurs reprises, jusqu'au xviᵉ siècle, selon les exigences de la politique. Elles n'ont été fixées d'une manière bien régulière que sous Richelieu. On retrancha alors de la Picardie le Soissonnais, le Valois et la partie méridionale du Laonnois, pour constituer définitivement le gouvernement de l'Île de France, auquel on donna pour limites septentrionales celles de la Thiérache, pour limites orientales et méridionales, la Champagne et la Brie, qui constituent aujourd'hui une très-forte partie de l'arrondissement de Château-Thierry. La Thiérache fut conservée avec le Vermandois et le Noyonnais au gouvernement de Picardie.

ADMINISTRATION FINANCIÈRE ET POLITIQUE.

L'établissement de grands centres où le pouvoir militaire pouvait organiser ses forces nécessitait des ressources que l'institution des receveurs de Vermandois et l'affermage des prévôtés ne pouvaient assurer complétement. Les rois, obligés de recourir aux expédients, chargèrent des financiers du soin de recueillir partout les subsides nécessaires pour faire face aux exigences de toute nature, équilibrer la situation, s'assurer, par une solde régulière, les troupes indispensables au maintien de la tranquillité publique et à la résistance à l'ennemi commun. Telle fut l'origine des généralités, des élections, des aides, des gabelles et des tailles établies au xivᵉ siècle.

Le Laonnois et la Thiérache, de l'ancienne généralité de Champagne, ne formaient qu'une seule élection dont le chef-lieu était Laon. Cette généralité a été considérablement amoindrie par un édit de novembre 1595, daté du camp de la Fère, qui institua la généralité et le bureau des finances de Soissons, dont les élections de Château-Thierry, Clermont[1], Crépy-en-Valois et Soissons, démembrées de la généralité de Paris; l'élection de Noyon, détachée de la généralité d'Amiens; celle de Laon, prise à la généralité de Champagne, formèrent le ressort.

Cette organisation assura la perception des impôts, mais elle fut impuissante pour faire face aux nécessités administratives et politiques: le cardinal de Richelieu pourvut aux nouvelles exigences et créa, en 1635, l'unité administrative, en choisissant, pour chaque généralité, des commissaires ou intendants, auxquels il donna un contrôle très-efficace sur l'administration, la police, les finances et la justice.

Le département de l'Aisne a été formé de partie des généralités de Soissons,

---

[1] L'élection de Clermont était entièrement détachée des autres; il fallait, pour s'y rendre, traverser quelques paroisses de la généralité de Paris.

d'Amiens (Picardie), de Paris, de Châlons, et des intendances de Valenciennes et de Lille, dans les proportions suivantes :

GÉNÉRALITÉ DE SOISSONS.

ÉLECTION DE CHÂTEAU-THIERRY.

La subdélégation de Château-Thierry, à l'exception de Citry, Méry-sur-Marne, Saint-Ponce et Vaux-sous-Coulombs.
La subdélégation de Fère-en-Tardenois en entier.
Subdélégation de Montmirail : Artonges, Baulne, la Chapelle-Monthodon, l'Épine-aux-Bois, Essises, Fontenelle, Marchais, Montfaucon, Montlevon, Pargny-en-Brie, Rozoy-Bellevalle et Vendières.

ÉLECTION DE CRÉPY-EN-VALOIS.

Subdélégation de Crépy-en-Valois : Coyolles et Retheuil.
Subdélégation de la Ferté-Milon : la Ferté-Milon et Oigny.
Subdélégation de Neuilly-Saint-Front : Chézy-en-Orxois, Dammard, Marigny-en-Orxois, Marizy-Sainte-Geneviève, Marizy-Saint-Mard, Neuilly-Saint-Front, Passy-en-Valois.
Subdélégation de Villers-Cotterêts : Ancienville, Corcy, Dampleu, Faverolles, Fleury, Haramont, Largny, Longpont, Louâtre, Mortefontaine, Pisseleux, Silly-la-Poterie, Taillefontaine, Villers-Cotterêts, Villers-Hélon, Vivières.

ÉLECTION DE GUISE.

Subdélégation de Guise, à l'exception d'Honnechies (Nord).
Subdélégation d'Hirson, à l'exception de la Neuville-aux-Joutes (Ardennes).

ÉLECTION DE LAON.

Subdélégations de Laon; de Coucy-le-Château; de Craonne, à l'exception de Brienne (Ardennes); de la Fère; de Marle; de Ribemont; de Rozoy-sur-Serre et de Vervins.

ÉLECTION DE NOYON.

Subdélégation de Chauny en entier.
Subdélégation de Ham : Annois, Artemps, Beaulieu-en-Beine, Flavy-le-Martel, Ollezy, Saint-Simon et Sommette.
Subdélégation de Noyon : Guivry.

ÉLECTION DE SOISSONS.

Subdélégation de Soissons, excepté Attichy, Autrêches, Berneuil-sur-Aisne, Bitry, Brétigny, Caisnes, Choisy-au-Bac, Couloisy, Courtieux, Croutoy, Cuts, Jaulzy, Montmacq, Moulin-sous-tout-

INTRODUCTION.

Vent, Nampcel, Plessis-Brion, Rethondes, Saint-Crépin-aux-Bois, Saint-Léger-aux-Bois, Saint-Pierre-lez-Bitry, Thourotte, Trosly-Breuil.

Subdélégation d'Oulchy-le-Château en entier, excepté Bassevelle et Nanteuil-sur-Marne.

GÉNÉRALITÉ DE CHÂLONS OU DE CHAMPAGNE.

Logny-lez-Aubenton, de l'élection de Reims et de la subdélégation de Rocroi.
La Celle, de l'élection et de la subdélégation de Sézanne en partie.

GÉNÉRALITÉ DE PARIS.

Brumetz et Montigny-l'Allier, de l'élection de Meaux.

GÉNÉRALITÉ D'AMIENS.

L'élection et la subdélégation de Saint-Quentin, à l'exception de Banteux, Douilly, Estouilly, Gonnelieu, Honnecourt, Malincourt, Offoy, Saint-Sulpice, Sancourt, Ugny-l'Équipée, Villers-Guislain et Villers-Outre-Eau.

INTENDANCE DE VALENCIENNES OU DU HAINAUT.

Barzy en partie, le Sart, de la subdélégation de Landrecies.
Molain, de la subdélégation du Quesnoy.

INTENDANCE DE LILLE OU DE FLANDRE.

Aubencheul-aux-Bois, Becquignette, Lempire, Prémont et Serain, de la subdélégation de Cambrai.

Le pays compris dans le département de l'Aisne ressortissait à la chambre des comptes et à la cour des aides de Paris avant 1790. Il était sujet aux aides et grandes gabelles (chaque élection avait sa direction des aides). Il comptait deux chefs-lieux de département : Soissons et Saint-Quentin.

Le département de Soissons comprenait les greniers à sel d'Aubenton, de Château-Thierry, de Cormicy, de Coucy-le-Château, de Crépy-en-Valois, de la Fère, de la Ferté-Milon, de Laon, de Marle, de Noyon, de Soissons et de Vailly.

Nous mentionnerons seulement les localités du département de l'Aisne qui dépendaient autrefois de greniers à sel situés hors de son enclave actuelle, le surplus étant indiqué dans le dictionnaire.

Grenier à sel de Cormicy : ce qui se trouvait dans la ligne à partir des territoires de la Malmaison, Amifontaine, Goudelancourt-lez-Berrieux, Saint-Thomas, Aizelles, Craonne, Craonnelle, Oulche, Vassogne, Beaurieux, Maizy, Muscourt et Glennes.

INTRODUCTION.

Coyolles, Haramont, Largny, Mortefontaine, Retheuil et Taillefontaine appartenaient au grenier à sel de Crépy-en-Valois.

Abbécourt, Audignicourt, Beaumont-en-Beine, Blérancourdelle, Blérancourt, Bourguignon-sous-Coucy, Caillouël, Camelin, Caumont, Commenchon, Cugny, Guivry, Manicamp, Neuflieux, Neuville-en-Beine, Quierzy et Ugny-le-Gay dépendaient du grenier à sel de Noyon.

Le département de Saint-Quentin comprenait les greniers à sel de Guise, Montdidier, Péronne, Roye, Saint-Quentin et Vervins.

Berlize, Lor, Montigny-la-Cour, Mouchery, Nizy-le-Comte et la Selve étaient du grenier à sel de Château-Porcien, qui se trouvait dans le département de Châlons.

La direction des fermes de Saint-Quentin avait dans sa circonscription les bureaux suivants : Albert, Bapaume, Bohain, Brancourt, Braye, la Capelle, le Cateau-Cambrésis, le Catelet, Fins, Guise, Ham, Hirson, Miraumont, le Nouvion, Péronne, Ribemont, Saint-Christ et Saint-Quentin, ainsi que le bureau à tabac de Vervins.

La direction de Soissons comprenait les bureaux d'Aubenton, Berry-au-Bac, Brunehamel, Chauny, Cormicy, Craonne, Crécy-sur-Serre, la Fère, Laon, Marle, Montcornet, Noyon, Pontavert, Regniauwez, Rozoy-sur-Serre, Saint-Michel et Signy-le-Petit.

Cet ancien système [1] finit par ne plus répondre aux exigences des populations, qui réclamaient de profondes réformes. Le roi Louis XVI, pensant que l'établissement d'assemblées provinciales suffirait pour calmer les esprits, créa, au mois de juin 1787, des assemblées de province, d'élection et de paroisse. Celle du Soissonnais tint sa dernière séance le 17 décembre 1787; sa commission intermédiaire se réunit le 22 du même mois et seconda, autant qu'elle put, l'intendance jusqu'au 13 juin 1790, époque de la cessation de ses travaux; elle fut alors remplacée par l'administration départementale de l'Aisne, conformément aux décisions de l'Assemblée nationale.

Cette dernière assemblée voulait ne pas mécontenter les provinces, tout en cherchant à réaliser le vœu exprimé par la ville de Paris de devenir chef-lieu d'un département qui ne fût pas susceptible d'alterner. On ne savait comment faire pour donner satisfaction à cette ville, à raison de sa situation et de son importance exceptionnelle, sans blesser les villes importantes qui l'avoisinent, telles que Versailles et Melun. On finit cependant par s'entendre, et un décret du 15 janvier 1790 divisa l'Île de France en quatre départements; ce qui aplanit un peu les difficultés pour fixer la circonscription du département de Vermandois et de Soissonnais, décrétée le 8 du même mois, et

---

[1] Les circonscriptions de la maréchaussée ont été clairement indiquées dans l'État ecclésiastique et civil du diocèse de Soissons, publié en 1783, par Pierre Houillier, chanoine de Soissons.

anéantir complétement la prétention qu'avait Château-Thierry de devenir chef-lieu d'un département. Déçu dans son espoir et gagné peut-être par Soissons, il manifestait ses préférences pour cette ville et dédaignait Meaux, dans la pensée que Soissons obtiendrait tout ou partie des établissements principaux.

Les Soissonnais s'agitaient beaucoup, voulant à tout prix obtenir le chef-lieu de département. Ils s'adressèrent au comité de constitution, et, dans une séance de ce comité tenue le 4 janvier 1790, proposèrent de laisser le district de Saint-Quentin à Amiens, et d'étendre le département jusqu'à Montmirail, pour mieux se trouver au centre; mais le député de Noyon, qui avait eu aussi l'espoir d'obtenir un chef-lieu, réclama au nom de cette ville et de sa province, faisant valoir les inconvénients qui résultaient de leur réunion à Beauvais, et manifesta ouvertement leur préférence pour Laon. Les trois députés de cette dernière ville l'appuyèrent chaudement, et, comme leur arrière-pensée était d'empêcher Soissons d'acquérir une centralité inquiétante, ils déclarèrent qu'ils abandonneraient le district de Château-Thierry, si celui-ci se décidait enfin à se réunir à Meaux. Ils échouèrent dans leurs tentatives. Enhardi par ce succès, M. Brayer, secrétaire de l'intendance de Soissons, demanda la division du département en cinq districts ayant pour chefs-lieux Château-Thierry, Soissons, Saint-Quentin, Laon et Guise. Il pensait, en agissant ainsi, éprouver moins de difficultés, lorsqu'il serait question de fixer le chef-lieu de département; ce qui ne l'empêcherait pas ensuite de concourir, avec chance de succès, pour obtenir le tribunal, sauf à laisser à la ville de Laon le siége épiscopal.

De son côté, Château-Thierry, craignant que la ville de Laon, placée au centre, ne fût préférée, demandait enfin à être uni à un département ayant Meaux pour chef-lieu.

La formation du département paraissait très-prochaine, un membre du comité de constitution, M. Lecarlier, défenseur énergique de la ville de Laon, ayant dit que le comité pourrait bientôt rendre compte à l'Assemblée nationale, plusieurs départements s'étant conciliés sur la distribution de leurs districts, et qu'il ne serait pas possible, avant que la division des départements fût consommée, de s'occuper de la fixation des départements en désaccord.

Les députés du Vermandois hésitaient entre cinq et huit districts. Une hésitation semblable existait, du reste, dans tous les coins de la France, plus de quinze cents personnes se trouvant alors en députation à Paris, afin d'obtenir des chefs-lieux ou des établissements pour les localités qu'elles représentaient. Cet état de choses, qui se compliquait tous les jours, entravait l'organisation, et l'on détruisait le lendemain ce qu'on avait fait la veille.

INTRODUCTION.

La ville de Laon combattait avec avantage les intelligences que la ville de Soissons s'était ménagées dans Paris en 1789, par des envois de grains qui diminuèrent d'autant les ressources de la généralité de Soissons. La ville de Soissons résuma ses moyens dans un mémoire qu'elle remit au comité de constitution le 14 janvier. Les députés du Vermandois en prirent connaissance le même jour, et firent connaître leurs préférences pour Laon. M. Devisme, l'un d'eux, résuma leurs motifs.

La ville de Soissons députa, le 21 janvier, dix-huit personnes, qui arrivèrent à Paris le 23, et tout aussitôt allèrent réclamer la protection de la Commune. Une députation les suivit au comité de constitution. Quelques députés du Vermandois, étant entrés par hasard dans la salle où divers commissaires recevaient les députations, se disposaient à se retirer, craignant de paraître indiscrets, lorsqu'un des députés de Soissons leur dit qu'ils se trouvaient là fort à propos, leur intention étant de parler en faveur de Soissons. M. Vauvilliers, lieutenant du maire de Paris, fit valoir les bonnes relations de Soissons avec la capitale; mais les députés du Vermandois répliquèrent qu'il fallait préférer les intérêts d'une province à ceux d'une ville, et qu'il suffisait de jeter les yeux sur la carte pour reconnaître que Laon, se trouvant au centre, devait provisoirement être préféré. Vauvilliers leur répondit que le vœu d'une province ne pouvait jamais être une injustice.

Le 26 janvier suivant, le comité de constitution présenta un projet de décret réclamant la convocation des électeurs à Anizy-le-Château, mais l'Assemblée nationale préféra Chauny et décréta l'établissement de six districts, dont elle fixa les chefs-lieux à Laon, Soissons, Chauny, Guise ou Vervins, Saint-Quentin et Château-Thierry. Le même décret autorisait les électeurs à déterminer le choix du chef-lieu, et ceux du district de Chauny à proposer la fixation des établissements de leur district en les partageant entre Chauny, Coucy-le-Château et la Fère [1].

Les démarcations des districts et des cantons ont été fixées les 5, 17 et 18 février 1790 par les députés du Vermandois et du Soissonnais, qui autorisèrent, le 3 du même mois, les députés de Château-Thierry à régler avec ceux de Meaux les limites du district de Château-Thierry. Celles-ci ont été fixées le 19 février 1790.

L'indécision pour la dénomination du département cessait enfin. L'Assemblée nationale voulait-elle indiquer tacitement aux électeurs quelle ville ils devaient choisir? Cédait-elle involontairement à la pression de la Commune de Paris, en donnant, par un décret du 26 février, au département de Vermandois et de Soissonnais le nom de l'Aisne qui traverse Soissons? Quant au nom de province, aucun n'avait été conservé

---

[1] Les électeurs du district de Chauny donnèrent à Chauny les établissements administratifs, et à Coucy-le-Château, le tribunal.

en France. La haine que le peuple ressentait pour l'ancien régime les avait fait proscrire. Du reste, il est à remarquer qu'au moment où la nouvelle circonscription prit le nom d'une rivière, aucun autre nom de cours d'eau ne pouvait être donné. Des quatre principales qui traversent la circonscription, trois avaient donné leurs noms à autant de départements. Celui de l'Aisne n'avait pas été employé : on l'adopta.

La loi du 4 mai 1790 subdivisa le département de l'Aisne en 63 cantons [1], et les électeurs, pour en fixer le chef-lieu, conformément aux décrets des 17 février et 15 avril 1790, se réunirent à Chauny le 17 mai. L'assemblée électorale forma le 20 mai la discussion que les électeurs des districts de Château-Thierry et de Soissons cherchaient à prolonger, et l'on procéda au scrutin. Sur 450 votants, Laon obtint 411 voix, Soissons 37 ; un bulletin adoptait l'alternat ; un autre, par sa blancheur, témoignait de l'indécision d'un électeur entre les deux villes rivales.

Ce résultat fut annoncé au son des cloches et au bruit du canon, mêlés aux bruyantes démonstrations de joie des électeurs. Ceux des districts peu favorisés tentèrent, mais vainement, une protestation ; l'Assemblée nationale ratifia purement et simplement, par un décret du 2 juin 1790, sanctionné le même jour, la décision prise.

Avant de se séparer, l'assemblée électorale exprima le vœu qu'une fontaine fût élevée à Chauny, pour conserver le souvenir des bienfaits à espérer des institutions nouvelles. Elle rejeta la demande de formation d'un septième district à Villers-Cotterêts. La motion par laquelle son secrétaire, Jean Debry, réclamait une ville neutre, pour assurer la liberté des suffrages entre Guise et Vervins, eut le même sort (25 mai 1790). Ces deux villes, luttant avec un égal acharnement pour obtenir le chef-lieu de district, faillirent en venir aux mains, sous les murs de Guise, où quelques irrégularités dans le vote s'étaient produites, ce qui décida l'Assemblée constituante à choisir la ville de Marle. Les électeurs y partagèrent les nouveaux établissements entre les deux villes rivales. Ils donnèrent à Vervins les établissements administratifs, et laissèrent à Guise le tribunal de district, que Jean Debry fit transférer à Vervins, sa ville natale, peu de temps après son entrée à l'Assemblée législative.

La multiplicité des cantons, loin d'activer la marche des affaires, était une entrave. La constitution de l'an III augmenta les difficultés en supprimant les districts pour leur substituer des administrations cantonales, que le département ne put organiser d'une manière satisfaisante. Pour mettre fin à cet onéreux état de choses, l'administration centrale du département proposa, le 6 janvier 1798, de diviser l'Aisne en 27 arrondissements et en 336 communes. L'un de ses membres les plus actifs, Aubry-

---

[1] Voyez dans le dictionnaire, pour connaître ces cantons, Château-Thierry, Chauny, Laon, Saint-Quentin, Soissons et Vervins.

Dubochet, ex-constituant, proposa 15 arrondissements. On prit un moyen terme : la loi du 18 janvier 1800 divisa le département, privé du canton d'Orbais par celle du 28 décembre 1798, en cinq arrondissements, et réunit le territoire de l'ancien district de Chauny à l'arrondissement de Laon, pour donner plus d'importance au chef-lieu, dont la population, à raison de sa situation, n'avait point de chances d'accroissement. Un arrêté des consuls du 25 septembre 1801 réduisit à 37 les 63 cantons qui subsistaient encore.

Les limites du département de l'Aisne, rectifiées à l'est en 1792, n'ont varié qu'au sud et au nord-est : au sud, par le réunion au département de la Marne du canton d'Orbais, qui comprenait Orbais, le Breuil, Corribert, Corrobert, Margny, Suizy-le-Franc, Verdon et la Ville-aux-Bois; au nord-est, par suite de quelques rectifications faites en 1819, en vertu du traité de Paris du 30 mars 1814, pour rendre la frontière moins accessible à la fraude du côté du Luxembourg. Le procès-verbal de démarcation a été signé à Courtray, le 28 mars 1820, par les commissaires de la France et des Pays-Bas, et sept bornes, au millésime de 1819, furent placées pour séparer les territoires d'Hirson, de Saint-Michel et de Wattigny, des Pays-Bas.

Le tableau suivant indique l'importance des 37 cantons du département de l'Aisne.

I. ARRONDISSEMENT DE LAON.

(11 cantons, 288 communes, 168,483 habitants.)

1º CANTON D'ANIZY-LE-CHÂTEAU.

(22 communes, 9,450 habitants.)

Anizy-le-Château, Bassoles-Aulers, Bourguignon-sous-Montbavin, Brancourt, Cessières, Chaillevois, Chevregny, Faucoucourt, Laniscourt, Laval, Lizy, Merlieux-et-Fouquerolles, Monampteuil, Mons-en-Laonnois-et-les-Creuttes, Montbavin, Pinon, Royaucourt-et-Chailvet, Suzy, Urcel, Vaucelles-et-Beffecourt, Vauxaillon, Wissignicourt.

2º CANTON DE CHAUNY.

(20 communes, 22,587 habitants.)

Abbécourt, Amigny-Rouy, Autreville, Beaumont-en-Beine, Béthancourt-en-Vaux, Caillouël-Crépigny, Caumont, Chauny, Commenchon, Condren, Frières-Faillouël, Guivry, Marest-Dampcourt, Neuflieux, la Neuville-en-Beine, Ognes, Sinceny, Ugny-le-Gay, Villequier-Aumont-et-Guyencourt, Viry-Noureuil.

INTRODUCTION.

3° CANTON DE COUCY-LE-CHÂTEAU.
(33 communes, 17,800 habitants.)

Audignicourt, Auffrique-et-Nogent, Barizis, Besmé, Bichancourt, Blérancourdelle, Blérancourt, Bourguignon-sous-Coucy, Camelin-et-le-Fresne, Champs, Coucy-la-Ville, Coucy-le-Château, Crécy-au-Mont, Folembray, Fresne, Guny, Jumencourt, Landricourt, Leuilly, Lombray, Manicamp, Pierremande, Pont-Saint-Mard, Prémontré, Quierzy, Quincy-Basse, Saint-Aubin, Saint-Paul-aux-Bois, Selens, Septvaux, Trosly-Loire, Vassens, Verneuil-sous-Coucy.

4° CANTON DE CRAONNE.
(40 communes, 11,977 habitants.)

Ailles, Aizelles, Aubigny, Beaulne-et-Chivy, Beaurieux, Berrieux, Bouconville, Bourg-et-Comin, Braye-en-Laonnois, Cerny-en-Laonnois, Chamouille, Chermizy, Colligis, Corbeny, Courtecon, Crandelain-et-Malval, Craonne, Craonnelle, Cuiry-lez-Chaudardes, Cuissy-et-Geny, Goudelancourt-lez-Berrieux, Jumigny, Lierval, Martigny-en-Laonnois, Monthenault, Moulins, Moussy-sur-Aisne, Neuville, OEuilly, Oulche, Paissy, Pancy, Pargnan, Sainte-Croix, Saint-Thomas, Trucy, Vassogne, Vauclerc-et-la-Vallée-Foulon, Vendresse-et-Troyon, Verneuil-Courtonne.

5° CANTON DE CRÉCY-SUR-SERRE.
(20 communes, 12,240 habitants.)

Assis-sur-Serre, Barenton-Bugny, Barenton-Cel, Barenton-sur-Serre, Bois-lez-Pargny, Chalandry, Chéry-lez-Pouilly, Couvron-et-Aumencourt, Crécy-sur-Serre, Dercy, Mesbrecourt-Richecourt, Montigny-sur-Crécy, Mortiers, Nouvion-Catillon, Nouvion-le-Comte, Pargny-lez-Bois, Pont-à-Bucy, Pouilly, Remies, Verneuil-sur-Serre.

6° CANTON DE LA FÈRE.
(27 communes, 22,368 habitants.)

Achery, Andelain, Anguilcourt-le-Sart, Beautor, Bertaucourt-Épourdon, Brie, Charmes, Courbes, Danizy, Deuillet, Fargniers, la Fère, Fourdrain, Fressancourt, Liez, Mayot, Mennessis, Monceau-les-Leups, Quessy, Rogécourt, Saint-Gobain, Saint-Nicolas-aux-Bois, Servais, Tergnier, Travecy, Versigny, Vouël.

7° CANTON DE LAON.
(27 communes, 20,778 habitants.)

Arrancy, Athies, Aulnois, Besny-et-Loisy, Bièvres, Bruyères-et-Montbérault, Bucy-lez-Cerny, Cerny-lez-Bucy, Chambry, Chérêt, Chivy-lez-Étouvelles, Clacy-et-Thierret, Crépy, Eppes, Étouvelles, Festieux, Laon, Molinchart, Montchâlons, Nouvion-le-Vineux, Orgeval, Parfondru, Ployart-et-Vaurseine, Presles-et-Thierny, Veslud, Vivaise, Vorges.

8° CANTON DE MARLE.
(23 communes, 12,628 habitants.)

Agnicourt-et-Séchelles, Autremencourt, Bosmont, Châtillon-lez-Sons, Cilly, Cuirieux, Erlon, Froidmont-Cohartille, Grandlup-et-Fay, Marcy, Marle-et-Behaine, Monceau-le-Wast, Montigny-le-Franc, Montigny-sous-Marle, la Neuville-Bosmont, Pierrepont, Saint-Pierremont, Sons-et-Ronchères, Tavaux-Pontsericourt, Thiernu, Toulis-et-Attencourt, Vesles-et-Caumont, Voyenne.

9° CANTON DE NEUFCHÂTEL.
(28 communes, 10,382 habitants.)

Aguilcourt, Amifontaine, Berry-au-Bac, Bertricourt, Bouffignereux, Chaudardes, Concevreux, Condé-sur-Suippe, Évergnicourt, Gernicourt, Guignicourt, Guyencourt, Juvincourt-et-Dammarie, Lor, Maizy, la Malmaison, Menneville, Meurival, Muscourt, Neufchâtel, Orainville, Pignicourt, Pontavert, Prouvais, Proviseux-et-Plesnoy, Roucy, Variscourt, la Ville-aux-Bois-lez-Pontavert.

10° CANTON DE ROZOY-SUR-SERRE.
(28 communes, 15,854 habitants.)

Archon, les Autels, Berlize, Brunehamel, Chaourse, Chéry-lez-Rozoy, Clermont, Cuiry-lez-Iviers, Dagny-Lambercy, Dizy-le-Gros, Dohis, Dolignon, Grandrieux, Lislet, Montcornet, Montloué, Morgny-en-Thiérache, Noircourt, Parfondeval, Renneval, Résigny, Rouvroy, Rozoy-sur-Serre, Sainte-Geneviève, Soize, Vigneux, la Ville-aux-Bois-lez-Dizy, Vincy-Reuil-et-Magny.

11° CANTON DE SISSONNE.
(20 communes, 12,919 habitants.)

Boncourt, Bucy-lez-Pierrepont, Chivres-et-Mâchecourt, Coucy-lez-Eppes, Courtrizy-et-Fussigny, Ébouleau, Gizy, Goudelancourt-lez-Pierrepont, Lappion, Liesse, Marchais, Mauregny-en-Haie, Missy-lez-Pierrepont, Montaigu, Nizy-le-Comte, Sainte-Preuve, Saint-Erme-Outre-et-Ramecourt, Samoussy, la Selve, Sissonne.

II. ARRONDISSEMENT DE CHÂTEAU-THIERRY.
(5 cantons, 124 communes, 62,113 habitants.)

1° CANTON DE CHARLY.
(19 communes, 11,865 habitants.)

Bézu-le-Guéry, la Chapelle-sur-Chézy, Chézy-l'Abbaye, Charly, Coupru, Crouttes, Domptin,

INTRODUCTION.

l'Épine-aux-Bois, Essises, Lucy-le-Bocage, Montfaucon, Montreuil-aux-Lions, Nogent-l'Artaud, Pavant, Romeny, Saulchery, Vendières, Vieils-Maisons, Villiers-sur-Marne.

2° CANTON DE CHÂTEAU-THIERRY.
(21 communes, 16,009 habitants.)

Azy-Bonneil, Belleau, Bézu-Saint-Germain, Blesmes, Bonneil, Bouresches, Brasles, Château-Thierry, Chierry, Épaux-Bézu, Épieds, Essommes, Étampes, Étrépilly, Fossoy, Gland, Marigny-en-Orxois, Mont-Saint-Père, Nesles, Nogentel, Verdilly.

3° CANTON DE CONDÉ-EN-BRIE.
(27 communes, 11,148 habitants.)

Artonges, Barzy, Baulne, la Celle, Celles-lez-Condé, la Chapelle-Monthodon, Chartèves, Condé-en-Brie, Connigis, Courboin, Courtemont-Varennes, Crézancy, Fontenelle, Jaulgonne, Marchais, Mézy-Moulins, Monthurel, Montigny-lez-Condé, Montlevon, Pargny, Passy-sur-Marne, Reuilly-Sauvigny, Rozoy-Bellevalle, Saint-Agnan, Saint-Eugène, Tréloup, Viffort.

4° CANTON DE FÈRE-EN-TARDENOIS.
(23 communes, 11,399 habitants.)

Beuvardes, Brécy, Bruyères, le Charmel, Cierges, Cohan, Coincy, Coulonges, Courmont, Dravegny, Fère-en-Tardenois, Fresnes, Goussancourt, Mareuil-en-Dôle, Nanteuil-Notre-Dame, Ronchères, Saponay, Sergy, Seringes-et-Nesles, Vézilly, Villeneuve-sur-Fère, Villers-Agron-Aiguizy, Villers-sur-Fère.

5° CANTON DE NEUILLY-SAINT-FRONT.
(34 communes, 11,692 habitants.)

Armentières, Bonnes, Brumetz, Bussiares, Chézy-en-Orxois, Chouy, Cointicourt, Courchamps, la Croix, Dammard, la Ferté-Milon, Gandelu, Grisolles, Hautevesne, Latilly, Licy-Clignon, Marizy-Sainte-Geneviève, Marizy-Saint-Mard, Monthiers, Montigny-l'Allier, Montron, Nanteuil-sur-Ourcq-et-Vichel, Neuilly-Saint-Front, Passy-en-Valois, Priez, Rocourt, Rozet-Saint-Albin, Saint-Gengoulph, Saint-Quentin, Silly-la-Poterie, Sommelans, Torcy, Troësnes, Veuilly-la-Poterie.

III. ARRONDISSEMENT DE SAINT-QUENTIN.
(7 cantons, 127 communes, 142,334 habitants.)

1° CANTON DE BOHAIN.
(14 communes, 24,591 habitants.)

Becquigny, Bohain, Brancourt, Croix-Fonsomme, Escaufourt, Étaves-et-Bocquiaux, Fontaine-

Uterte, Fresnoy-le-Grand, Montbrehain, Montigny-Carotte, Prémont, Ramicourt, Seboncourt, Serain.

2° CANTON DU CATELET.
(18 communes, 18,573 habitants.)

Aubencheul-aux-Bois, Beaurevoir, Bellenglise, Bellicourt, Bony, le Catelet, Estrées, Gouy, Hargicourt, le Haucourt, Joncourt, Lempire, Levergies, Magny-la-Fosse, Nauroy, Sequehart, Vendhuile, Villeret.

3° CANTON DE MOY.
(19 communes, 13,140 habitants.)

Alaincourt, Benay, Berthenicourt, Brissay-Choigny, Brissy, Cerizy, Châtillon-sur-Oise, Essigny-le-Grand, Gibercourt, Hamégicourt, Hinacourt, Itancourt, Lyfontaine, Mézières-sur-Oise, Moy, Neuville-Saint-Amand, Remigny, Urvillers, Vendeuil.

4° CANTON DE RIBEMONT.
(15 communes, 16,331 habitants.)

Chevresis-Monceau, la Ferté-Chevresis, Mont-d'Origny, Neuvillette, Origny-Sainte-Benoîte, Parpeville, Pleine-Selve, Regny, Renansart, Ribemont, Sery-lez-Mézières, Sissy, Surfontaine, Thenelles, Villers-le-Sec.

5° CANTON DE SAINT-QUENTIN.
(14 communes, 40,101 habitants.)

Essigny-le-Petit, Fieulaines, Fonsomme, Fontaine-Notre-Dame, Harly, Homblières, Lesdins, Marcy, Mesnil-Saint-Laurent, Morcourt, Omissy, Remaucourt, Rouvroy, Saint-Quentin.

6° CANTON DE SAINT-SIMON.
(23 communes, 15,313 habitants.)

Annois, Artemps, Bray-Saint-Christophe, Castres, Clastres, Contescourt, Cugny, Dallon, Dury, Flavy-le-Martel, Fontaine-les-Clercs, Gauchy, Grugies, Happencourt, Jussy, Montescourt-Lizerolles, Ollezy, Pithon, Saint-Simon, Seraucourt, Sommette-Éaucourt, Tugny-et-Pont, Villers-Saint-Christophe.

7° CANTON DE VERMAND.
(24 communes, 14,285 habitants.)

Aubigny, Beauvois, Caulaincourt, Douchy, Étreillers, Fayet, Flaquières, Foreste, Germaine, Gricourt, Holnon, Jeancourt, Lanchy, Maissemy, Marteville, Pontru, Pontruet, Roupy, Savy, Trefcon, Vaux, Vendelles, le Verguier, Vermand.

INTRODUCTION.

IV. ARRONDISSEMENT DE SOISSONS.

(6 cantons, 166 communes, 71,586 habitants.)

1° CANTON DE BRAINE.
(42 communes, 12,621 habitants.)

Acy, Augy, Barbonval, Bazoches, Blanzy-lez-Fismes, Braine, Brenelle, Bruys, Cerseuil, Chassemy, Chéry-Chartreuve, Ciry-Salsogne, Courcelles, Couvrelles, Cys-la-Commune, Dhuizel, Glennes, Jouaignes, Lesges, Lhuys, Limé, Longueval, Merval, Mont-Notre-Dame, Mont-Saint-Martin, Paars, Perles, Presles-et-Boves, Quincy-sous-le-Mont, Révillon, Saint-Mard, Saint-Thibaut, Serches, Sermoise, Serval, Tannières, Vasseny, Vauxceré, Vauxtin, Vieil-Arcy, Villers-en-Prayères, Villesavoye.

2° CANTON D'OULCHY-LE-CHÂTEAU.
(29 communes, 7,347 habitants.)

Ambrief, Arcy-Sainte-Restitue, Beugneux, Billy-sur-Ourcq, Branges, Breny, Buzancy, Chacrise, Chaudun, Cramaille, Cugny, Cuiry-Housse, Droizy, Hartennes-et-Taux, Launoy, Loupeigne, Maast-et-Violaine, Montgru-Saint-Hilaire, Muret-et-Crouttes, Nampteuil-sous-Muret, Oulchy-la-Ville, Oulchy-le-Château, Parcy-et-Tigny, le Plessier-Huleu, Rozières, Rozoy-le-Grand-et-Courdoux, Saint-Remy-Blanzy, Vierzy, Villemontoire.

3° CANTON DE SOISSONS.
(20 communes, 19,639 habitants.)

Belleu, Berzy-le-Sec, Billy-sur-Aisne, Chavigny, Courmelles, Crouy, Cuffies, Juvigny, Leury, Mercin-et-Vaux, Noyant-et-Aconin, Pasly, Ploisy, Pommiers, Septmonts, Soissons, Vauxbuin, Vaurezis, Venizel, Villeneuve-Saint-Germain.

4° CANTON DE VAILLY.
(27 communes, 10,639 habitants.)

Aizy, Allemant, Braye, Bucy-le-Long, Celles-sur-Aisne, Chavignon, Chavonne, Chivres, Clamecy, Condé-sur-Aisne, Filain, Jouy, Laffaux, Margival, Missy-sur-Aisne, Nanteuil-la-Fosse, Neuville-sur-Margival, Ostel, Pargny-Filain, Pont-Arcy, Sancy, Soupir, Terny-Sorny, Vailly, Vaudesson, Vregny, Vuillery.

5° CANTON DE VIC-SUR-AISNE.
(27 communes, 11,365 habitants.)

Ambleny, Bagneux, Berny-Rivière, Bieuxy, Breuil, Cœuvres-et-Valsery, Cuizy-en-Almont, Cutry,

XXX   INTRODUCTION.

Dommiers, Épagny, Fontenoy, Laversine, Missy-aux-Bois, Montigny-Lengrain, Morsain, Mortefontaine, Nouvron-et-Vingré, Osly-Courtil, Pernant, Ressons-le-Long, Saconin, Saint-Bandry, Saint-Christophe-à-Berry, Saint-Pierre-Aigle, Tartiers, Vézaponin, Vic-sur-Aisne.

6° CANTON DE VILLERS-COTTERÊTS.
(21 communes, 9,975 habitants.)

Ancienville, Corcy, Coyolles, Dampleu, Faverolles, Fleury, Haramont, Largny, Longpont, Louâtre, Montgobert, Noroy-sur-Ourcq, Oigny, Pisseleux, Puiseux, Retheuil, Soucy, Taillefontaine, Villers-Cotterêts, Villers-Hélon, Vivières.

V. ARRONDISSEMENT DE VERVINS.
(8 cantons, 132 communes, 120,509 habitants.)

1° CANTON D'AUBENTON.
(13 communes, 10,407 habitants.)

Any-Martin-Rieux, Aubenton, Beaumé, Besmont, Coingt, Iviers, Jeantes, Landouzy-la-Ville, Leuze, Logny-lez-Aubenton, Martigny, Mont-Saint-Jean, Saint-Clément.

2° CANTON DE LA CAPELLE.
(18 communes, 15,749 habitants.)

Buironfosse, la Capelle, Chigny, Clairefontaine, Crupilly, Englancourt, Erloy, Étréaupont, la Flamangrie, Fontenelle, Froidestrées, Gergny, Lerzy, Luzoir, Papleux, Rocquigny, Sommeron, Sorbais.

3° CANTON DE GUISE.
(21 communes, 20,553 habitants.)

Aisonville-et-Bernoville, Audigny, Bernot, Flavigny-le-Grand-et-Beaurain, Flavigny-le-Petit, Guise, Hauteville, Iron, Lavaquéresse, Lesquielles-Saint-Germain, Longchamps, Macquigny, Malzy, Marly, Monceau-sur-Oise, Noyal, Proisy, Proix, Romery, Vadencourt-et-Bohéries, Villers-lez-Guise.

4° CANTON D'HIRSON.
(13 communes, 15,988 habitants.)

Bucilly, Buire, Effry, Éparcy, la Hérie, Hirson, Mondrepuis, Neuve-Maison, Ohis, Origny, Saint-Michel, Watigny, Wimy.

INTRODUCTION. XXXI

5° CANTON DU NOUVION.
(10 communes, 11,273 habitants.)

Barzy, Bergues, Boué, Dorengt, Esquehéries, Fesmy, Leschelle, la Neuville-lez-Dorengt, le Nouvion, le Sart.

6° CANTON DE SAINS.
(19 communes, 13,827 habitants.)

Berlancourt, Chevennes, Colonfay, Franqueville, le Hérie-la-Viéville, Housset, Landifay-et-Bertaignemont, Lemé, Marfontaine, Monceau-le-Neuf-et-Faucousis, la Neuville-Housset, Puisieux-et-Clanlieu, Rougeries, Sains, Saint-Gobert, Saint-Pierre, le Sourd, Voharies, Wiége-Faty.

7° CANTON DE VERVINS.
(24 communes, 16,493 habitants.)

Autreppes, Bancigny, la Bouteille, Braye-en-Thiérache, Burelles, Fontaine, Gercy, Gronard, Harcigny, Hary, Haution, Houry, Laigny, Landouzy-la-Cour, Lugny, Nampcelle-la-Cour, Plomion, Prisces, Rogny, Saint-Algis, Thenailles, la Vallée-au-Blé, Vervins, Voulpaix.

8° CANTON DE WASSIGNY.
(14 communes, 16,719 habitants.)

Étreux, Grougis, Hannape, Mennevret, Molain, Oizy, Ribeauville, Saint-Martin-Rivière, Tupigny, la Vallée-Mulatre, Vaux-Andigny, Vénérolles, Verly, Wassigny.

LISTE ALPHABÉTIQUE

DES SOURCES

OÙ L'ON A PUISÉ LES RENSEIGNEMENTS CONTENUS DANS CE DICTIONNAIRE.

Anchin. — Chartes. Archives du Nord.
Archevêché de Reims. — Chartes et titres. Archives de la Marne.
Archives communales de presque toutes les communes du département de l'Aisne.

Archives de l'Empire. — Séries diverses de chaque section.
Aulnois. — Comptes de la seigneurie, 1412 à 1565, au château de Roucy. Collection de M. d'Imécourt.

Azy-Bonneil. — Chartes et titres de la fabrique. Archives de l'Aisne.
Bailliages. — Aubenton, Bancigny, Charly, Chauny, la Fère, Foigny, Guise (royal, ducal, des bois), Iron, Laigny, Landifay, Laon (du-

INTRODUCTION.

cat. du chapitre cathédral, de Saint-Jean), Lavaqueresse, Leschelle, Lucy-le-Bocage, Marfontaine, Marle, Ribemont, Quierzy, Saint-Michel, Saint-Pierre, Saint-Quentin, Thenailles, Vaux-en-Arrouaise, Vervins, Villers-Cotterêts, Voulpaix, des archives de l'Aisne (les bailliages de Chauny, la Fère, Marle et Ribemont sont inventoriés); Château-Thierry, du greffe du tribunal de Château-Thierry; de Pierrepont et de Roucy, des archives du château de Roucy; Saint-Quentin, du greffe du tribunal de Saint-Quentin.

Barizis (Prévôté de). — Diplôme de Charles le Chauve, de 867, donné aux archives de l'Aisne par M. Desprez.

Beaurevoir (Dénombrement de), xv° s°. — Chambre des comptes de la Fère. Archives de l'Aisne.

Bibliothèque de l'Arsenal. — Chartes E 801 et E 802. — Voy. Du Cange.

Bibliothèque de la ville de Cambrai. — Mss. 641 et 608. — Voy. Fesmy.

Bibliothèque de Laon. — Chartes et cartulaires.

Bibliothèque de Lille. — Chronique de France. Ms. n° 26.

Bibliothèque de Reims. — Fonds Roussin.

Bibliothèque impériale. — Manusc. divers. — Fonds de Béthune 8912 et 9104; supplément français 142 et 1195. — Cabinet des chartes. — Collection Decamps. — Collection de dom Grenier et le supplément. — Manuscrit 9228, fonds latin.

Bohain (Comptes de la châtellenie). — Chambre des comptes de la Fère. Arch. de l'Aisne.

Bonnefontaine (Abbaye de). — Titres. — Arch. des Ardennes.

Bourgfontaine (Chartreuse de). — Chartes et titres des archives de l'Aisne; dénombrement. Arch. de l'Empire. LL 1487.

Bouteille (La). — Registre de la fabrique.

Bruyères (Ville de). — Chartes et titres. Arch. de la ville de Bruyères.

Bugnâtre (Dom). — Histoire du Laonnois. Bibl. impériale.

Bureau des vingtièmes de Soissons. — Fonds classé de la série C des archives de l'Aisne.

Buzancy (Comptes de la seigneurie). — 1399. Archives du château de Roucy, collection de M. d'Imécourt.

Cabinets de MM. Desprez à Laon, Druet à Douchy, Édouard Piette à Vervins, de Sagnes à Nouvion-le-Vineux.

Cambrésis (Carte du). — In-f°, manuscrit de Deuze, ingénieur. Arch. du Nord.

Camelin (Fabrique). — Chartes et titres.

Cartulaire de Chaource, in-f°. — Arch. de l'Emp. LL 1172.

Cartulaire de l'abbaye de Bucilly. — Ms. du xiii° siècle, n° 10121, fonds latin, Bibl. imp.

Cartulaire de Corbie (cartulaire noir). — Bibl. imp.

Cartulaire de Fervaques. — Ms. des xvii° et xviii° siècles, grand in-f° en papier de 297 feuillets. Arch. de l'Aisne.

Cartulaire de Fervaques. — Ms. du xiii° siècle, parchemin, n° 11071, fonds latin. Bibl. imp.

Cartulaire de Fesmy. — Ms. du xviii° s°. in-f°, papier. Arch. de Guise.

Cartulaire de Foigny. — Ms. du xiii° s°, parchemin, n° 18374, fonds latin (jadis Notre-Dame, n° 241). Bibl. imp.

Cartulaire de Foigny. — Ms. du xii° s°, parchemin, donné par M. Peigné-Delacourt à la Bibliothèque impériale. Fonds latin, n° 13873.

Cartulaire d'Homblières. — Manuscrit du xviii° siècle, in-4°, papier, de 38 feuillets. Arch. de l'Aisne.

Cartulaire d'Igny. — Ms. du xiii° s°, parchemin, fonds latin, n° 9904, Bibl. imp.

Cartulaire de Lavalroy. — Ms. de la fin du xii° siècle, parchemin, fonds latin, 10945. Bibl. imp.

Cartulaire de Liessies. — xvii° siècle, in-f°, papier, de 621 feuillets. Arch. du Nord.

Cartulaire de Longpont. — Manuscrit d'une écriture moderne, papier, de 117 feuillets, in-f°. Arch. de l'Aisne.

Cartulaire de Longpont. — Manuscrit du xviii° siècle, parchemin, fonds latin, n° 11005. Bibl. imp.

Cartulaire de Mont-Saint-Martin. — Ms. du xviii° siècle, in-fol. papier, de 406 feuillets. Archives de l'Aisne.

Cartulaire de Notre-Dame de Soissons.

— Ms. du xv° au xviii° siècle, papier, in-fol. de 693 feuillets.

Cartulaire d'Ourscamp. — Ms. du xiii° au xv° siècle, in-fol. parchemin, de 230 feuillets. Arch. de l'Oise.

Cartulaire de Prémontré. — Ms. des xiii° et xiv° siècles, in-fol. en parchemin. Bibl. de Soissons.

Cartulaire de Saint-Corneille de Compiègne. — Arch. de l'Emp.

Cartulaire de Saint-Crépin-le-Grand de Soissons. — Ms. du xviii° siècle, in-fol. papier, de 371 feuillets. Arch. de l'Aisne.

Cartulaire de Saint-Denis. — Ms. LL 1158 et 1159, parchemin. Arch. de l'Empire.

Cartulaire de Saint-Jean-des-Vignes de Soissons. — Ms. du xiii° siècle, parchemin, fonds latin, n° 11004. Bibl. imp.

Cartulaire de Saint-Jean-des-Vignes de Soissons. — Ms. du xiii° siècle, in-fol. parchemin. Bibl. de Soissons.

Cartulaire de Saint-Léger (Soissons). — xiii° siècle, parchemin, in-4°. Séminaire de Saint-Léger.

Cartulaire de Saint-Martin de Laon. — 3 vol. in-fol. papier, écriture de 1733. Arch. de l'Aisne.

Cartulaire de Saint-Martin de Laon. — xiv° siècle, in-fol. parchemin. Bibl. de Laon.

Cartulaire de Saint-Médard de Soissons. — Ms. des xiii° et xiv° siècles, in-4°, parchemin, de 143 feuillets. Arch. de l'Aisne.

Cartulaire de Saint-Médard de Soissons. — xiii° siècle. Ms. en parchemin, fonds latin, 9986. Bibl. imp.

Cartulaire de Saint-Michel. — Fonds latin, 18375. Bibl. imp.

Cartulaire de Saint-Nicolas-des-Prés de Ribemont. — Arch. de l'Empire, LL 1015.

Cartulaire de Saint-Quentin-en-l'Île. — xviii° siècle. — Mss. AA et AB. 2 vol., l'un de 192 feuillets, l'autre de 84. Arch. de l'Aisne.

Cartulaire de Saint-Quentin-en-l'Île. LL 1016 à 1018. Arch. de l'Emp.

Cartulaire de Saint-Remy de Reims. — Mss. A et B. Bibl. de Reims. — Ces manuscrits appartiennent aux archives de la Marne.

Cartulaire de Saint-Thierry de Reims. — Bibl. de Reims. Même observation.

INTRODUCTION.

Cartulaire de Saint-Yved de Braine. — LL 1583. Arch. de l'Emp.

Cartulaire de Saint-Yved de Braine. — Bibl. imp. fonds latin, 5479.

Cartulaire de Sauve-Majeure. — Bibl. de Bordeaux.

Cartulaire de Signy. — Ms. in-4°, parchemin, xiii° siècle. Arch. des Ardennes.

Cartulaire de Thenailles. — Ms. du xiii° siècle. Bibl. imp. fonds latin, 5649.

Cartulaire de l'auclerc. — Ms. fin du xii° et du xiii° siècle, n°ˢ 11073 et 11074, fonds latin. Bibl. imp.

Cartulaire de Vermand. — Ms. du xiii° s°, n° 11069, fonds latin. Bibl. imp.

Cartulaire de Vicoigne. — Arch. du Nord.

Cartulaire de la seigneurie de Guise. — xiv° et xv° siècles. Fonds latin, 17777. Bibl. imp.

Cartulaire de la ville de Chauny, ou Livre rouge. — In-fol. parchemin. Collection de M. Peigné-Delacourt.

Cartulaire de la ville de Laon. — xiv° au xviii° s°, parchemin. Bibl. de Laon.

Cartulaire de la ville de Saint-Quentin. — In-fol. parchemin. Arch. de Saint-Quentin.

Cartulaire de l'évêché de Laon. — Grand cartulaire des xiii° et xiv° siècles, parchemin, de 111 feuillets.

Cartulaire de l'évêché de Laon. — Petit cartulaire, xiii° siècle, fragments in-8° de 46 feuillets.

Cartulaire de Noyon. — In-8°, parchemin, de 353 feuillets. xiii° et xiv° siècles. Arch. de l'Oise.

Cartulaire de l'Hôtel-Dieu de Soissons. — xiii° siècle, parchemin, in-8°.

Cartulaire D de Philippe-Auguste. — Ms. 9852 A. Bibl. imp. Remis aux Arch. de l'Emp.

Cartulaire de Valpriez. — Ms. in-4°, parchemin, donné aux archives de l'Aisne par M. Le Sérurier, conseiller honoraire à la Cour de cassation.

Cartulaire du chapitre de Cambrai. — Ms. du xiii° siècle, fonds latin, n° 10968. Bibl. imp.

Cartulaire du chapitre de Reims. — E et G, xv° siècle. Bibl. de Reims. — Ces deux cartulaires appartiennent aux archives de la Marne.

Cartulaire du chapitre de Saint-Quentin. — Ms. du xiv° siècle, n° 11070, fonds latin. Bibl. imp.

Aisne.

Cartulaire du chapitre de Soissons. — xv° siècle, in-fol. de 326 feuillets en papier. Arch. de l'Aisne.

Célestins de Villeneuve-lez-Soissons. — Chartes et titres. Arch. de l'Aisne.

Cerfroid (Trinitaires). — Titres. Arch. de l'Aisne.

Chambre du clergé du diocèse de Laon. — Titres. Arch. de l'Aisne.

Chambre du clergé du diocèse de Noyon. — Titres. Arch. de l'Aisne.

Chantrud (Prieuré de). — Chartes. Arch. de l'Aisne.

Chapelains de la Madeleine de Laon. — Titres. Arch. de l'Aisne.

Chapelains de Saint-Corneille de Laon. — Titres. Arch. de l'Aisne.

Chapelains de Saint-Quentin. — Titres. Arch. de l'Aisne.

Chapitre de Guise. — Titres. Arch. de l'Aisne.

Chapitre de Laon. — Actes capitulaires. Ms. in-fol. parchemin du xiii° siècle. (Collection de M. Hidé.) — Chartes et titres. Arch. de l'Aisne.

Chapitre de Moy. — Titres. Arch. de l'Aisne.

Chapitre de Notre-Dame-des-Vignes de Soissons. — Titres. Arch. de l'Aisne.

Chapitre de Noyon. — Chartes. Arch. de l'Oise.

Chapitre de Saint-Jean-au-Bourg de Laon. — Chartes et titres. Arch. de l'Aisne.

Chapitre de Saint-Julien de Laon. — Chartes et titres. Arch. de l'Aisne.

Chapitre de Sainte-Pécinne de Saint-Quentin. — Titres. Arch. de l'Aisne.

Chapitre de Saint-Pierre-au-Marché de Laon. — Comptes de 1450-1451, ms. 9229, fonds latin. Bibl. imp.

Chapitre de Saint-Pierre-au-Parvis de Soissons. — Chartes et titres. Arch. de l'Aisne.

Chapitre de Saint-Quentin. — Chartes et titres. Arch. de l'Aisne.

Charme (Prieuré du). — Chartes et titres. — Arch. de l'Aisne.

Chartreuve. — Titres. Arch. de l'Aisne.

Château de Caulaincourt. — Arch. de M. le duc de Vicence. Dénombrements, etc.

Château de Bouey. — Archives de M. d'Iméconrt. Dénombrements, comptes, registres d'audience.

Chauny (Ville de). — Chartes, comptes, délibérations. Arch. de Chauny.

Chézy-l'Abbaye (Abbaye de). — Diplôme de Charles le Chauve donné par M. Cadot au département de l'Aisne. Titres. Arch. de l'Aisne.

Chronicon ecclesiæ ac monasterii de Nogento-subtus-Cociacium, par dom Victor Cotron, prieur, ms. de 439 pages in-f°, sans la table. Archives de l'Aisne.

Clairefontaine (Abbaye de). — Chartes et titres. Arch. de l'Aisne.

Commanderie de Laon. — Terrier et titres. Arch. de l'Aisne.

Congrégation de Château-Thierry. — Titres. Arch. de l'Aisne.

Congrégation de Laon. — Titres. Arch. de l'Aisne.

Congrégation de Soissons. — Titres. Arch. de l'Aisne.

Corbie (Abbaye de). — Chartes et titres. Arch. de la Somme.

Coucy-le-Château (Ville de). — Arch. de cette ville.

Cuissy (Abbaye de). — Titres. Arch. de l'Aisne.

De Camps. — Voy. Bibl. imp.

Dépôt de la guerre. — Correspondance militaire, de 1650 à 1667.

Du Cange (Manuscrits de). — Bibl. imp. et bibl. de l'Arsenal.

Élection de Guise. — Fonds classé de la série C. Arch. de l'Aisne.

Enfant-Jésus de Soissons. — Titres. Arch. de l'Aisne.

Essomnes (Abbaye d'). — Chartes et titres. Arch. de l'Aisne.

État civil de l'arrondissement de Laon. — Collection du greffe du tribunal de Laon.

Évêché de Cambrai. — Chartes. Arch. du Nord.

Évêché de Laon. — Chartes et titres. Arch. de l'Aisne.

Évêché de Soissons. — Arch. du secrétariat de l'évêché de Soissons.

Familles Béguin, Berthoult, Capendu de Boursonne, de Coigny, de Conflans, Desfossés, de Madrid de Montaigle, Martin-Dézilles, Menneclet, de Montmaur, de Montmorency-Laval, de Rogres de Champignelles, de la Trémoille, de Villequier-Aumont. — Arch. de l'Aisne.

Fère (Ville de la). — Comptes de la châtellenie. Arch. de l'Aisne. — Comptes et délibérations du xv° au xvii° siècle. Arch. de la ville.

Ferté-Milon (La). — Archives de la fabrique.

*e

INTRODUCTION.

Ferreques (Abbaye de). — Chartes et titres. Arch. de l'Aisne.
Fesmy (Abbaye de). — Martyrologe. Ms. 730. Bibl. de Cambrai.
Fois et hommages du marquisat de Vervins. — 1753-1763, in-fol. de 325 feuillets. Arch. de l'Aisne.
Genlis (Abbaye de Sainte-Élisabeth de). — Arch. de l'Aisne.
Genlis (Marquisat de). — Chartes et titres. Collection de M. de Sainte-Aldegonde à Villequier-Aumont.
Grenier. — Voy. Bibl. imp.
Grenier à sel de Guise. — Archives de l'Aisne.
Grenier à sel de Saint-Quentin. — Archives de l'Aisne.
Grenier à sel de Vervins. — Arch. de l'Aisne.
Grueries de Vervins et du Nouvion. — Arch. de l'Aisne.
Guise (Ville de). — Titres et comptes. Arch. de la ville de Guise.
Ham (Abbaye de). — Chartes. Arch. du Pas-de-Calais.
Ham (Comptes de la châtellenie de). — Arch. de l'Aisne.
Hermann. — De miraculis beatæ Mariæ Laudunensis. Mss. des bibl. de Laon et de Soissons.
Honnecourt (Abbaye de). — Chartes. Arch. du Nord. — Dénombrement. Bibl. de Cambrai.
Hôpital de Soissons. — Comptes et délibérations.
Hôtel-Dieu de Château-Thierry. — Chartes. Comptes. Titres. Arch. de cet Hôtel-Dieu.
Hôtel-Dieu de Chauny. — Chartes. Arch. de cette maison.
Hôtel-Dieu de Coucy-le-Château. — Chartes. Comptes de 1550 à 1555. Titres. Archives de cet Hôtel-Dieu.
Hôtel-Dieu de Crécy-sur-Serre. — Titres. Arch. de cet Hôtel-Dieu.
Hôtel-Dieu de la Fère. — Chartes. Comptes. Titres. Arch. de cet Hôtel-Dieu.
Hôtel-Dieu de Guise. — Comptes du xvie siècle. Titres. Arch. de cet Hôtel-Dieu.
Hôtel-Dieu de Laon. — Chartes du xiie au xve siècle. Comptes de 1389 au xviie siècle. Cueillerets du xiiie siècle et de 1396. Arch. de cet Hôtel-Dieu, classées par M. Matton.
Hôtel-Dieu de Marle. — Comptes du xvie et du xviiie siècle. Titres. Arch.

de cet Hôtel-Dieu, classées par M. Matton.
Hôtel-Dieu de Saint-Quentin. — Chartes. Comptes. Titres. Archives de cet Hôtel-Dieu.
Hôtel-Dieu de Soissons. — Chartes du xiie au xve siècle. Comptes de 1390 au xviie siècle. Cueilleret du xiiie s^e. Archives de cet Hôtel-Dieu, classées par M. Matton.
Igny (Abbaye d'). — Chartes et titres. Arch. de la Marne.
Insinuations du bailliage de Château-Thierry. — xviiie siècle. Greffe du tribunal de Château-Thierry.
Insinuations du bailliage de Coucy. — 1634. Greffe du tribunal de Laon.
Insinuations du bailliage de Ribemont. — xviie siècle; classées. Arch. de l'Aisne.
Insinuations du bailliage de Saint-Quentin. — xvie siècle au xviiie siècle. Arch. de l'Aisne.
Insinuations du bailliage de Vermandois. — 1553 à 1625. Archives de l'Aisne et greffe du tribunal de Laon.
Intendances d'Amiens et de Soissons. — Série C; classées. Arch. de l'Aisne.
Inventaire de Vauclerc. — Ms. du xiiie s^e, fonds latin, 11075. Bibl. imp.
Laon (Ville de). — Chartes. Acquits de comptes. Comptes. Arch. de la ville.
Launoy (Comptes de la seigneurie de). — 1400. — Collection du M. d'Imécourt, au château de Rouey.
Lacairoy (Abbaye de). — Chartes et titres. Arch. des Ardennes.
Liber privilegiorum et liber ruber. — Abbaye de Saint-Amand, in-fol. parchemin. Arch. du Nord.
Lieu-Restauré (Abbaye de). — Chartes et titres. Arch. de l'Oise.
Livre de Foigny, par Jean-Baptiste de Lancy. Arch. de l'Aisne.
Longpont (Abbaye de). — Titres. Arch. de l'Aisne.
Maîtrises des eaux et forêts de Coucy-le-Château, Crécy-en-Brie, la Fère, Laon, Soissons et Villers-Cotterêts. Arch. de l'Aisne.
Manicamp (Cueilleret de). — Ms. de 1575 à 1581, in-fol. Archives de l'Aisne.
Marchiennes (Abbaye de). — Chartes. Titres. Arch. du Nord.
Marle (Comptes de la châtellenie de). — Arch. de l'Aisne.

Maroilles (Abbaye de). — Chartes et titres. Arch. du Nord.
Mémoires de l'Éleu sur le Laonnois. — Possédés par la famille.
Mémoires sur la Ligue, par Antoine Richart. — 336 feuillets in-fol. Bibl. de Laon.
Minimes de Chauny, Guise, Laon, Soissons. — Titres. Arch. de l'Aisne.
Minimesses de Soissons. — Titres. Arch. de l'Aisne.
Montaigu (Dénombrement de la châtellenie de). — Arch. de l'Aisne.
Montreuil (Abbaye de). — Titres. Arch. de l'Aisne.
Mont-Saint-Martin (Abbaye du). — Titres. Arch. de l'Aisne.
Musée de Soissons. — Chartes.
Nizy-le-Comte (Comptes de la seigneurie de). — 1480-1544. Collection de M. d'Imécourt, au château de Rouey.
Nogent (Abbaye de). — Chartes et titres. Arch. de l'Aisne.
Nogent-l'Artaud (Abbaye de). — Chartes et titres. Arch. de l'Aisne.
Notaires. — Minutes de Baillet, xviie s^e, archives de l'Aisne. — Barbier, xviie siècle, chez M. Prévot, notaire à Villequier-Aumont. — Bossus, 1550 au greffe du tribunal de Laon. — Bourget, notaire à Vailly, 1574, au greffe du même tribunal. — Callier, xviie siècle, chez M. Larnuseaux, notaire à Vervins. — Carré (Antoine), xviie siècle, chez M. Flamant, notaire à Vervins. — Chalvois, xvie siècle, chez M. Cardon, notaire à Saint-Quentin. — Constant Ferry, xviie siècle, chez M. Larmuseaux, notaire à Vervins. — Constant, xvie siècle, chez M. Flamant, notaire à Vervins. — Decloistre, 1559, au greffe du tribunal de Laon. — Dupenty, notaire à Vervins, étude de M. Flamant. — De Langellerie, 1609, chez M. Pruvost, notaire à Ribemont. — Demonchey, 1562, au greffe du tribunal de Laon. — Desmarest, xviie s^e, ibid. — Destremont, xviie siècle, chez M. Boucher, notaire à Vervins. — Pierre Gallois, xviiie siècle, chez M. Toffin, notaire à Bohain. — Gogei, notaire à Craonne, au greffe du tribunal de Laon. — Gosset, xviie siècle, chez M. Senart, notaire à Villers-Cotterêts. — Grignon, 1584, au greffe du tribunal de Laon. —

INTRODUCTION.

Herbin, xvi⁰ siècle, ibid. — Pierre Guynet, notaire à Charly, arch. de l'Aisne.—Herte et Huart, xvi⁰ siècle, chez M. Cardon, notaire à Saint-Quentin.— Lance, 1524, notaire à Vailly, greffe du tribunal de Laon. — Laplanche, xvii⁰ siècle, chez M. Senart, notaire à Villers-Cotterêts. — Ledoux (Jean), 1586, et Liégeois, 1625, au greffe du trib. de Laon.— Macquelin, xvi⁰ siècle, au château de Roucy. — Morelet, Normant, Pigache, Rillart, xvi⁰ et xvii⁰ siècles, au greffe du tribunal de Laon. — Roland, xvii⁰ siècle, même greffe et archives de l'Aisne. — Raouillet, étude de M. de Rimpré, notaire à Soissons. — Ozias Teilinge, xvii⁰ siècle, chez M. Flamant, notaire à Vervins. — Thouille, Adrien, François et Michel, xvii⁰ et xviii⁰ siècles, archives de l'Aisne. — Tupigny, xvi⁰ siècle. — Vignois, xvi⁰ siècle. — Wallé, xvii⁰ siècle, greffe du tribunal de Laon. — Witcq, xvii⁰ siècle, chez M. Fovel, notaire à Roucy.

Notre-Dame de Braine (Abbaye de). — Titres. Arch. de l'Aisne.

Notre-Dame de Soissons (Abbaye de). — Chartes et titres. Arch. de l'Aisne.

Obituaire de Priez. — Ms. du xv⁰ s⁰. Arch. communales de Priez.

Ognes (Fabrique d').

Ordonnaypces de Louis XI, Louis XII. — Ordonnances enregistrées au parlement. Arch. de l'Empire.

Origny-Sainte-Benoîte (Abbaye d'). — Titres. Arch. de l'Aisne.

Plan de Bièvres. — 1729. Archives comm. de Bièvres.

Plan de Brenelle. — 1782. Arch. de l'Aisne.

Plan de Bruyères, par Ledouble.— xvi⁰ siècle. Collection de M. Hidé.

Plan de Courjumelles. — 1753. Arch. de l'Aisne.

Plan des Coutures à Anizy-le-Château. — 1767. Arch. de l'Aisne.

Plan d'Étreillers. — 1718. Archives de l'Aisne.

Plan de la Flamangrie. — 1718. Arch. de l'Aisne.

Plan de Magnivillers. — 1705. Arch. de l'Aisne.

Plan de Villers-Saint-Christophe. — Arch. comm. de Villers-Saint-Christophe.

Plan cadastral de la Hérie-la-Viéville.
Pouillé du dioc. de Soissons. — 1573. Ms. in-4⁰ sur vélin. Bibl. de l'évêché de Soissons.

Prémontré (Abbaye de). — Chartes et titres. Arch. de l'Aisne.

Prévôté d'Hirson. — Arch. d'Hirson.

Prévôté de Ribemont. — Fonds classé. Arch. de l'Aisne.

Prévôté de Saint-Quentin. — Saisines. Arch. de l'Aisne.

Recueil des fiefs. — xviii⁰ siècle. Arch. de l'Aisne.

Registre des assises du bailliage de Vermandois. — 1462-1466. Greffe du trib. de Laon.

Registre des causes du roi du bailliage de Chauny. — xvii⁰ siècle. Arch. de l'Aisne.

Registre des décrets du bailliage de Vermandois. — 1613-1624. Greffe du trib. de Laon.

Registre des ventes de domaines nationaux. — An ii-an vi. Archives de l'Aisne.

Registre d'office du bailliage de Vermandois. — xvii⁰ siècle. Greffe du trib. de Laon.

Registre des reliefs de la seigneurie de Chevennes. — 1772. Archives de l'Aisne.

Registres du parlement de Paris.—Arch. de l'Empire.

Registres du trésor des chartes.—Arch. de l'Empire.

Ribemont (Ville de). — Délibérations municipales, 1646-1667. Arch. de Ribemont.

Roucy (Comptes de la seigneurie de). — 1443 à 1544. Collection de M. Jémécourt.

Saint-André du Cateau-Cambrésis (Abbaye de). — Chartes. Archives du Nord.

Saint-Crépin-en-Chaye de Soissons (Abbaye de). — Chartes, titres, inventaire. Arch. de l'Aisne.

Saint-Crépin-le-Grand de Soissons (Abbaye de). — Titres. Archives de l'Aisne.

Saint-Éloi de Noyon (Abbaye de). — Chartes. Arch. de l'Oise.

Saint-Éloi-Fontaine (Abbaye de). — Titres. Arch. de l'Aisne.

Saint-Jean de Laon (Abbaye de). — Chartes et titres divers. Archives de l'Aisne.

Saint-Jean-des-Vignes de Soissons (Abbaye de). — Chartes. Archives de l'Aisne.

Saint-Léger de Soissons (Abbaye de). — Titres. Arch. de l'Aisne.

Saint-Martin de Laon (Abbaye de). — Chartes. Arch. de l'Aisne.

Saint-Nicolas-aux-Bois (Abbaye de). — Chartes, titres. Arch. de l'Aisne.

Saint-Nicolas-des-Prés de Ribemont (Abbaye de). — Chartes, titres. Arch. de l'Aisne.

Saint-Paul de Soissons (Abbaye de). — Titres. Arch. de l'Aisne.

Saint-Paul-aux-Bois (Prieuré de). — Titres. Arch. de l'Aisne.

Saint-Prix de Saint-Quentin (Abbaye de). — Titres. Arch. de l'Aisne.

Saint-Quentin (Ville de). — Arch. de cette ville.

Saint-Quentin-en-l'Île (Abbaye de). — Titres. Arch. de l'Aisne.

Saint-Remy de Braine (Abbaye de). — Titres. Arch. de l'Aisne.

Saint-Remy de Reims (Abbaye de). — Chartes, titres. Arch. de la Marne.

Saint-Thierry de Reims (Abbaye de). — Chartes, titres divers. Archives de la Marne.

Saint-Vincent de Laon (Abbaye de). — Chartes, titres. Arch. de l'Aisne.

Saint-Yved de Braine (Abbaye de). — Chartes, titres. Arch. de l'Aisne.

Sauvoir (Abbaye du).—Chartes, titres. Arch. de l'Aisne.

Séminaire de Soissons. — Titres. Arch. de l'Aisne.

Signy (Abbaye de). — Chartes et titres. Arch. des Ardennes.

Terrier de : Abbécourt, 1581. — Any-Martin-Rieux, 1612. — Aubenton, 1612. — Beaurain, 1612. — Beaurevoir, 1531. — Besmont, 1612. — Bichancourt, 1581. — Bièvres, 1585. — Boncourt, 1508. — Catillon-du-Temple, 1603.— Cerseuil, 1782. — Chaourse, xviii⁰ siècle. — Chermizy, 1585. — Chivres, 1525. — Étaves, 1720. — Flavigny, 1612. — Guise, 1612. — Juvincourt, 1729. — Laon (Commanderie de), 1603. — Leuze, 1726. — Martigny, 1725. — Maupas, 1649. — Mondrepuis, 1612. — Montebâlons, 1585. — Pont-à-Bucy, 1610. — Rocquigny, 1726. — Saint-Paul-aux-Bois, 1663. — Saint-Simon, 1777. — Sery-lez-Mézières, xvii⁰ s⁰. — Sorbais, 1612. — Voulpaix,

INTRODUCTION.

1573. — Wimy, 1612 (archives de l'Aisne). — Alaincourt, 1577 (cabinet de M. Gauger, arpenteur à Mayot). — Coulonges, 1657-1671 (arch. comm.). — Marest, 1751. — Noureuil, 1760. — Ognes, 1760 (étude de M. Pruvost, notaire à Villequier-Aumont. — Mareuil-en-Dôle, 1657 (arch. comm.). — Mont-Saint-Père, xviii° siècle (collection de l'ancien maire de Mont-Saint-Père). — Pavant, 1650 (archives comm. de Pavant).
Testament de saint Remy. — Bibl. imp. ancien fonds, ms. 5308.

Thorigny (*Inventaire de la seigneurie de*). — 1640. Arch. de l'Aisne.
Transcrits de Vermandois. — P 135 et P 136. Arch. de l'Emp.
Val-Chrétien (Abbaye du). — Titres. — Arch. de l'Aisne.
Val-Saint-Pierre (Chartreuse du). — Chartes, titres. Arch. de l'Aisne.
Val-Secret (Abbaye de). — Chartes, titres. Arch. de l'Aisne.
Valsery (Abbaye de). — Chartes, titres. Arch. de l'Aisne.
Vaucelles (Abbaye de). — Chartes. Arch. du Nord.
Vendeuil (Fabrique de). — Titres.

Venevelles (Cueilloret de). — 1632. Arch. de l'Aisne.
Verger-lez-Oizy (Abbaye du). —Chartes. Arch. du Pas-de-Calais.
Vermand (Abbaye de). — Titres. Arch. de l'Aisne.
Vicoigne (Abbaye de). — Chartes. Arch. du Nord.
Vidamie de Laon (Comptes de la). xvi° siècle. Collection de M. d'Imécourt, au château de Roucy.
Visites diocésaines du doyenné de Rumigny. — 1546, Archives de la Marne.

IMPRIMÉS ET INSCRIPTIONS.

Achery (D'), *Spicilegium*, etc.
Acta sanctorum ordinis Sancti Benedicti.
Actes du parlement de Paris, par Bouturic.
Aimoin. *Historiæ Francorum.*
Annales Bertiniani.
Annales Metenses.
Annales Vedastini.
Balderic. *Chronicon Cameracense et Atrebatense.* — in-8°, 1655.
Baluze. *Capitularia regum Francorum.*
Bellotte. *Ritus ecclesiæ Laudunensis.*
Blaeu (Guillaume et Jean) (*Cartes* de).
Bollandistes. *Acta Sanctorum.*
Brussel. *Usage des fiefs.*
Bulletins de la société académique de Laon.
Bulletins de la société archéologique de Soissons.
Bussy-Rabutin. *Mémoires de la Gaule Belgique.*
Cabinet des médailles. — Bibl. imp.
Carlier. *Histoire du Valois.* — 3 vol. in-4°, 1764.
Carte du dépôt de la guerre.
Cartulaire de l'abbaye de Saint-Bertin de Saint-Omer, par M. Guérard.
Cartulaire de l'abbaye de Notre-Dame de Paris, publié par M. Guérard.
Cartulaire de l'abbaye d'Ourscamp, publié par M. Peigné-Delacourt.
Cassini (*Carte de*).
Catalogue de Joursanvault.
César. *De bello Gallico.*

Champollion (Aimé). *Louis et Charles, ducs d'Orléans.*
Chartes latines et françaises publiées en fac-simile chez Didot en 1841.
Chenaye des Bois (La). *Dictionnaire de la noblesse.*
Chronicon de Normannorum gestis.
————— Fontanellense.
————— Moissiacense.
Chroniques de Frédégaire et de son continuateur.
Chroniques de Froissart.
————— Guillaume de Nangis.
————— Monstrelet.
————— Saint-Denis.
Cloches des églises de Camelin, 1311. — Pommiers, 1552. — Leuilly, 1646. — Vaurezis.
Collection de M. Dassy : monnaie mérovingienne.
Collicte. *Mémoires du Vermandois et pouillé du diocèse de Noyon.* — 3 vol. in-4°, 1772.
Combrouse. *Monnaies mérovingiennes.*
Cosmographia Ravennensis anonymi.
Damien de Templeux. *Atlas.*
De gestis Caroli Calvi et fratrum ejus ac nepotum.
Desnoyers. *Topographie ecclésiastique du moyen âge.*
Dion Cassius. Ῥωμαικῶν Ἱστοριῶν. — 1606, Hanoviæ, typis Wechelianis.
Dormay (Claude). — *Hist. de Soissons, de ses rois, comtes et gouverneurs.* — 2 vol. in-4°. Soissons, 1663-1664.

Doublet (Jacques). *Histoire de l'abbaye de Saint-Denis.* — 2 vol. in-4°. 1625.
Eginhard. *Annales.*
Enseignements pour l'étude et bornages des mouvances et droits de censives appartenant au prieuré de Nostre-Dame d'Anchy-le-Chasteau, in-fol. sans nom d'imprimeur.
Épitaphes dans les églises d'Arrancy, Baulne, Charmes, Cilly, Coucy-lez-Eppes, Coulonges, Couvrelles, Coyolles, Cramaille, Dhuizel, Englancourt, Étampes, Leuilly, Monthiers, Neuville-sur-Margival, Nogentel, Nogent-l'Artaud, Passy-sur-Marne, Pavant, Perles, Pernant, Révillon, Rozet-Saint-Albin, Toulis, Vérilly, Villers-Agron, Villers-Hélon, Villesavoye.
Expilly. *Dictionnaire géographique, historique et politique des Gaules et de France.*
Fortunat.
Frodoard. *Chronicon metropoleos Remensis historiæ.*
Gallia christiana.
Gazette de France. — 1650-1658.
Gilbert de Mons. *Chronicon Hannoniæ.*
Germain. *Histoire de l'abbaye royale de Notre-Dame de Soissons*, 1675, in-4°.
Godefroy. *Histoire de Charles VIII.* Paris, 1675, 1 vol. in-4°.
Grégoire de Tours. *Historia Francorum ecclesiastica.*
Guibert, abbé de Nogent. *De vita sua.*

Guillaume le Breton.
Haton (Claude) (*Mémoires de*). — Collection des documents inédits sur l'Histoire de France.
Hémeré (Claude). *Augusta Viromanduorum vindicata et illustrata.* — Paris, in-4°.
Hincmar, archevêque de Reims.
Historiens de France (Recueil des).
Hugo, abbé d'Estival. *Ordinis Præmonstratensis Annales.* — 1784-1789.
Inventaire sommaire des archives du département du Nord.
Itinéraire d'Antonin.
Joinville. *Histoire de saint Louis.*
Laurent de Lyonne. *Discours sur le canal de Picardie*, in-4°. — Paris, imp. de Cailleau.
Lettres de Henri IV. — Collection des documents inédits sur l'Histoire de France.
Levasseur (Jacques). *Annales de l'église cathédrale de Noyon.* — 1633-1634, 2 vol. in-4°.

Lucain. *Pharsale.*
Mabillon. *Annales ordinis Sancti Benedicti.* — *De Re diplomaticâ.*
Marlot. *Historia metropolis Remensis.*
Martène. *Amplissima collectio veterum scriptorum.*
Mirée (Aubert). *Diplomatica Belgica.* — 3 vol. in-4°, 1624-1629.
Muldrac (Antoine). *Compendium abbatiæ Longipontis Suessionensis chronicon.* — Paris, 1652, 1 vol.
Nithard. *De dissentionibus filiorum Ludovici Pii.*
Olim ou registres des arrêts de la cour du roi, publiés par le comte Beugnot.
Orderic Vital. *Historia ecclesiastica.*
Ordonnances des rois de France (Recueil des).
Pierre votive de Nizy-le-Comte. — Musée de Soissons.
Pithou. *Coutume de Troyes*, édition de 1628. — 1 vol. in-4°.
Poey d'Avant. *Monnaies féodales de France.* — 1862, 3ᵉ volume.

Polyptyque de l'abbaye de Saint-Remy de Reims, publié par M. Guérard.
Ptolémée. *Géographie.*
Relation véritable des grands incendies arrivés dans le bourg de Bohain en Picardie. — 1 page in-4°, sans nom d'imprimeur, 1723.
Restitution d'un olim, par M. Léopold Delisle, in-4°.
Sanson (Nicolas) (*Carte de*).
Sceau de Robert, seigneur de Puisieux, de 1278. — Arch. de l'Aisne.
Suger. *De vitâ Ludovici Grossi regis.*
Sully (*Mémoires de*), édition de Londres, 1745.
Table Théodosienne ou de Peutinger.
Teulet. Layettes du trésor des chartes.
Valois (Adrien de). *Notitia Galliarum.* — 1675, in-fol.
Varin. *Archives administratives et législatives de la ville de Reims.*
Vertus (De). *Histoire de Coincy-l'Abbaye.*
Vita Arnulphi Suessionensis episcopi.

EXPLICATION

DES

ABRÉVIATIONS EMPLOYÉES DANS CE DICTIONNAIRE.

abb.	abbaye.	habit.	habitations.
acad.	académique.	h.-d.	Hôtel-Dieu.
acta s. s.	acta sanctorum.	hist.	histoire, historia, historiens.
actuell.	actuellement.	hôp.	hôpital.
anc.	ancien.	imp.	impérial.
ann.	annales.	insin^{ons}.	insinuations.
appart.	appartenait, appartenant.	int.	intendance.
arch.	archives.	inv.	inventaire.
archev.	archevêché.	lib.	liber.
arrond.	arrondissement.	liv.	livre.
audienc.	audiencier.	m.	mètres.
anj.	aujourd'hui.	malad.	maladverie.
autr.	autrefois.	ms.	manuscrit.
baill.	bailliage.	mém.	mémoire.
bibl.	bibliothèque.	m^{on}.	maison
cap.	capitulaire.	mⁱⁿ.	moulin.
cart.	cartulaire.	N.-D.	Notre-Dame.
Cass.	Cassini.	n°	numéro.
cath.	cathédral.	ord^{ce}.	ordonnance.
ch^{au}.	château.	p.	page.
chap.	chapitre.	par.	paroisse.
châtell.	châtellenie.	p^{ce}.	pièce.
ch.-l.	chef-lieu.	p^{ves}.	preuves.
chron.	chronicon, chronique.	p^t.	petit.
c^{ne}.	commune.	polyp.	polyptyque.
col.	colonne.	pop. aggl.	population agglomérée.
coll^{on}.	collection.	prov.	province.
com.	communales.	r^{au}.	ruisseau.
comm^{rie}	commanderie.	reg.	registre.
c^{on}.	canton.	relev.	relevait, relevant.
délib.	délibérations.	Rem.	Remensis.
dénombr.	dénombrement.	ressort.	ressortissait, ressortissant.
dép.	dépendance.	riv.	rivière.
dép^t.	département.	ruiss.	ruisseau.
dét.	détruit.	s^e.	siècle.
dioc.	diocèse.	seign.	seigneurie.
dipl.	diplôme.	suppl.	supplément.
eccl.	ecclesia.	territ.	territoire.
ét. civ.	état civil.	tit.	titre.
év.	évêché.	t.	tome.
fab.	fabrique.	transc.	transcripts.
faub.	faubourg.	Tr. des ch.	trésor des chartes.
f.	ferme.	trib.	tribunal.
f°.	folio.	tuil.	tuilerie.
font.	fontaine.	vill.	village.
h.	hameau.		

DICTIONNAIRE TOPOGRAPHIQUE
DE
LA FRANCE.

DÉPARTEMENT
DE L'AISNE.

A

Abancourt, fief, c^{ne} de Brenelle; vassal de Pontarcy.

Abbatis (Les), f. c^{ne} d'Épagny. Cette ferme dép. de l'abb. d'Ourscamp; elle est détruite.

Abbaye (L'), f. et m^{ln} à eau, c^{ne} de Bucilly.

Abbaye (L'), f. c^{ne} de Chézy-l'Abbaye.

Abbaye (L'), h. c^{ne} de Commenchon. — Ce hameau doit son nom au voisinage de l'abbaye de Saint-Éloi-Fontaine. Il a été construit avec les matériaux provenant de cette abbaye, démolie en 1825, et fait maintenant partie de la population agglomérée.

Abbaye (L'), m^{on} isolée, c^{ne} de Courcelles, unie maintenant à la partie nord de la population agglomérée.

Abbaye (L'), m^{on} isolée, c^{ne} de Fesmy. — Emplacement de l'abbaye de Fesmy.

Abbaye (L'), m^{on} isolée, c^{ne} de Saint-Nicolas-aux-Bois. — Cette maison doit son nom à l'abbaye de Saint-Nicolas-aux-Bois, sur l'emplacement de laquelle elle a été construite; il ne reste plus de l'abbaye qu'une petite tour.

Abbécourt, c^{ne} de Chauny. — *Abecurt*, 1151 (ch. de l'abb. de Prémontré). — *Habecourt*, 1164 (cart. de Prémontré, f° 105). — *Abbecurt*, 1186 (charte des arch. de la ville de Chauny). — *Abecort*, 1209 (cart. de l'abb. de Longpont). — *Abecourt*, 1260 (cart. de l'abb. de Saint-Médard, f° 71, Bibl. imp.).

— *Abbecort*, 1284 (cart. de l'abb. d'Ourscamp, f° 146). — *Abbatis Curia*, 1383 (ch. du musée de Soissons). — *Abbecourt*, 1644 (baill. de Chauny, B 1860). — *Habecourt*, 1651 (arch. comm. de Commenchon). — *Abbecour*, 1711 (arch. comm. d'Abbécourt).

Ce village, d'après la tradition, doit son origine et son nom à une ferme bâtie par un abbé de Saint-Médard de Soissons. La seigneurie, vassale de Chauny, a été unie, au mois de mai 1645, au marquisat de Genlis; elle en a été séparée depuis 1685 jusqu'au mois de juin 1736 (arch. de l'Empire, K 1277).

Abbeville, f. c^{ne} de Fontaine-Notre-Dame. — *Abbatis villa*, 1124 (cart. d'Hombllères, p. 6). — *Abeville*, 1309 (cart. AA de l'abb. de Saint-Quentin-en-l'Île, p. 308).

Cette ferme, qui appartenait autrefois à l'abbaye d'Hombllères, est détruite.

Abbiette (L'), petit h. c^{ne} de Gauchy. — *Villa que dicitur Vetus-Villa prope Sanctum-Quintinum*, 1216; *Vieville*, 1313 (cart. AB de l'abb. de Saint-Quentin-en-l'Île, p. 136 et 138). — Terroir de *Vieville*, 1318 (cart. de l'abb. de Saint-Quentin-en-l'Île, arch. de l'Emp. LL 1016). — *Viefville-emprés-Saint-Quentin, Vielzville-dales-Saint-Quentin*, 1384

Aisne.

(transcrits de Vermandois, P. 135, f° 255, arch. de l'Emp.). — *Viefville-lez-Saint-Quentin*, 1610; *Labiette*, 1624 (titres de l'abb. de Saint-Quentin-en-l'Île). — *Abiette* (carte de Cassini).

Domaine de l'abb. de Saint-Quentin-en-l'Île, relevant autrefois de Gauchy.

Abli, m^on isolée, c^ne de Chevregny.

Aboiland, lieu-dit, c^nes de Barenton-sur-Serre et de Froidmont-Cohartille. — *Aboilardum*, 1136 (Mém. ms. de l'Eleu, t. I, p. 353).

Abonval ou Ploisy, fief, c^ne de Braine. — Une rue de Braine porte encore le nom d'*Abonval*.

Abreuvoir (L'), petit h. c^ne de Missy-aux-Bois.

Abune (L') ou ruisseau d'Offemont, qui traverse le territ. de Villequier-Aumont de l'est à l'ouest. — Sa force motrice n'est pas utilisée.

Achery, c^ne de la Fère. — *Achiriacum*, 1065 (Mém. ms. de l'Eleu, t. I, p. 191). — *Acheri*, 1151 (ch. du musée de Soissons). — Fines parrochiæ de *Icheri* et de *Maioc*, 1249 (grand cart. de l'évêché de Laon, ch. 378). — Domus de *Achiriaco*, 1279 (Olim, t. II, p. 147). — Territorium de *Achery-prope-Sartum*, 1290 (ch. de l'abb. de Saint-Vincent). — *Acherry*, 1404; *Achery-sur-Oise*, 1495; *Chery-et-Mayot*, 1529 (comptes de l'Hôtel-Dieu de Laon, E 6, 26 et 56). — *Achery-sur-Oise*, 1582 (baill. de la Fère, B 677). — *Acheri-le-Maiot*, *Icheri-le-Maio*, 1588; *Chery-Mayot*, 1598; *Achery-lez-Mayot*, 1601 (titres de l'abb. de Prémontré). — *Ichery-lez-Maiotz*, 1604 (titres de l'év. de Laon). — *Chery-lez-Mayot*, 1624 (titres de l'abb. de Saint-Nicolas-aux-Bois). — *Achery-le-Mayot*, 1630 (titres de l'abb. de Prémontré). — Paroisse de *Saint-Martin-d'Achery-Mayot*, 1668 (état civil d'Achery, trib. de Laon).

La seigneurie dép. autrefois du comté d'Anizy-le-Château et relevait de la châtell. de la Fère. — Le village ressortissait pour la justice au baill. ducal du Laonnois, et pour les cas royaux, au baill. de Laon.

Achery, petit fief, c^ne de Neuvillette; vassal de l'abb. d'Origny-Sainte-Benoîte.

Acolevi, m^on détr. près de Beaune et de Comin. — In territorio de Coumi et de Beaune juxta molendinum quod dicitur *Acolevi*, 1223 (ch. de l'Hôtel-Dieu de Laon, B 65).

Aconin, h. c^ne de Noyant-et-Aconin. — *Aconium*, 1143 (cart. de l'abb. de Saint-Crépin-le-Grand, p. 4). — *Iconi*, 1219; villa de *Aconi*, 1289 (cart. du chap. cath. de Soissons, f° 99). — *Aconnin*, 1297 (suppl. de D. Grenier, 294). — *Asconnin*, 1406 (comptes de l'Hôtel-Dieu de Soissons, 327, f° 26).

Ce hameau était du Valois et dép. de la châtell.

de Pierrefonds. Il est traversé par un ruisseau qui prend sa source sur le territoire de Villemontoire, passe au bas de Berzy-le-Sec et alimente deux moulins à blé et une sucrerie dans son cours de 4,660 mètres, avant de tomber dans la Crise à Noyant.

Acquerville, fief, c^ne de Mont-Saint-Père.

Acre, fief, c^ne de Braine; vassal du comté de Braine.

Acy, c^ne de Braine. — *Absiacus*, 868 (cart. de l'abb. de Notre-Dame de Soissons, f° 33). — *Aciacum*, 898; *Accium*, 1143 (cart. de Saint-Crépin-le-Grand, p. 127 et 3). — *Ascy*, 1239 (arch. de l'Emp. L 1000). — *Aciacum-supra-Billincum*, *Aceyum*, 1274; *Acyacum-prope-Suessionem*, 1284 (cart. du chap. cath. de Soissons, f° 102 à 104). — *Acy-devant-Soissons*, 1354 (arch. de l'Empire, Tr. des ch. reg. 85, n° 119). — *Assy*, 1641 (titre des Célestins de Villeneuve-lez-Soissons). — *Aacy*, 1783 (intend. de Soissons, C. 205).

Autrefois châtell. 1222 (col. de D. Grenier, 30e paquet, n° 1); puis vicomté vassale de la châtell. d'Oulchy-le-Château. Ce domaine appartenait au chap. cathédral de Soissons et à l'abb. de Saint-Crépin-le-Grand de la même ville.

Acy devint, en 1790, le chef-lieu d'un canton du distr. de Soissons et comprit dans son enclave: Acy, Ambrief, Billy-sur-Aisne, Dhuizy, Droizy, Launoy, Maast-et-Violaine, Nampteuil-sous-Muret, Serches, Sermoise et Venizel.

Acyzel, m^on isolée, c^ne d'Acy.

Adam-Petit-Frère, petit fief, c^ne d'Achery; vassal de la Fère (baill. de la Fère, B 660).

Agache (L'), f. c^ne de Guivry.

Agnicourt-et-Séchelles, c^ne de Marle. — *Agnicort*, 1128 (cart. de Foigny, f° 230). — Molendinum de *Aignicurte*, 1145; *Aignicurt*, 1159; territorium de *Aldenicurte*, 1171 (cart. de l'abb. de Saint-Martin de Laon, t. II, p. 214). — *Aignicort*, 1204 (arch. de l'Empire, L 1006). — *Aignecort*, 1221 (ch. de l'Hôtel-Dieu de Laon, B 78). — *Aignicourt*, 1340 (Bibl. imp. fonds latin, ms. 9228).

La seigneurie appart. autrefois au chap. cath. de Laon; le moulin à eau, à l'abbaye de Saint-Martin de la même ville.

Acout, bois, c^ne du Plessier-Huleux.

Aguilcourt, c^ne de Neufchâtel. — *Curtis Acutior*, 877; *Curtis Agutior*, *Angutior curtis*, IXe siècle (polypt. de Saint-Remy de Reims). — *Agulicurtis*, 1104 (ch. de l'abb. de Saint-Remy de Reims, arch. de la Marne). — *Agullicortis*, 1151 (cart. de Saint-Thierry de Reims, f° 166). — *Aguilicort*, 1171 (id. f° 376). — *Agulicortis*, 1254 (cart. de l'Hôtel-Dieu de Laon, ch. 103). — *Aguillicurtis*, 1279 (cart. de Chaourse, arch. de l'Emp. LL 1172). — *Anguillicourt*, 1340 (Bibl. impériale, fonds latin, ms. 9228). — *Gullicourt*, 1385 (arch. de l'Emp. P reg. 30, cote 177). — *Aguillicourt*, 1405 (mêmes arch. J 801, n° 1). — *Aguillecourt*, 1662 (chambre du clergé du dioc. de Laon).

La seigneurie relevait de la châtell. de Cormicy.

AIGUIZY, h. c^{ne} de Villers-Agron-Aiguizy. — *Aguisi*, 1154; *Aguisiacus*, XIIe s^e (cart. de Saint-Yved de Braine, arch. de l'Empire). — *Agusi*, 1210 (cart. de l'Hôtel-Dieu de Soissons, 190). — *Agusiacus*, 1210; *Aguseium*, 1211 (ch. de l'Hôtel-Dieu de Soissons, 9). — *Aguiseium*, 1221 (cart. de l'abb. d'Igny, f° 182). — *Aguysy*, XIIIe s^e (cueill. Hôtel-Dieu de Soissons, 191). — *Aguisy*, 1306 (ch. du même fonds, 9). — *Aiguisi*, 1638; *Éguisy*, 1699 (arch. comm. de Villers-Agron-Aiguizy). — *Esguisy*, 1710 (intend. de Soissons, C 274).

La vicomté, vassale de la châtell. de Châtillon-sur-Marne, ressortissait au baill. de la même ville. — La commune d'Aiguizy, qui formait autrefois une paroisse avec Berthenay, a été unie à Villers-Agron par ordonnance royale du 2 juin 1819.

AILE, mⁱⁿ à eau, c^{ne} de Royaucourt-et-Chailvet. — Molendinum de *Aquila*, 1151 (cart. de Prémontré, f° 20). — Molendinum de *Aile*, 1215 (gr. cart. de l'év. de Laon, ch. 67).

Ce moulin est détruit. Un pont construit sur l'Ailette, en amont de l'ancien, conserve encore son nom.

AILETTE, rivière qui prend sa source à Corbeny, limite beaucoup de territoires : sur la rive droite, Chermizy, Paney, Monampteuil, Urcel, Chaillevois, Anizy-le-Château, Landricourt et Jumencourt; sur la rive gauche, Vauclerc, Ailles, Cerny-en-Laonnois, Filain, Pargny-Filain, Chavignon, Pinon, Vauxaillon, Crécy-au-Mont, Guny et Trosly-Loire, et afflue dans l'Oise à Manicamp, après un cours de 62,750 mètres. — L'Ailette alimente les moulins à blé de Cossevêche, Écouffeaux, Henry, la Folie, Nogent, du Tempel, du pont d'Aast, du Bac et de Manicamp, puis la scierie de bois du Moulinet. Les marais traversés par cette rivière viennent d'être desséchés. — *Alea*, 922 (chron. Flodoardi, presb. eccl. Rem.). — *Aquile fluvium*, 975 (p. cart. de l'év. de Laon, ch. 90, dipl. du roi Lothaire II). — *Aila*, 1160 (cart. de Thenailles, f° 46). — *Aele*, 1174 (gr. cart. de l'év. de Laon, ch. 2). — *Lette*, 1375 (Chron. de Nogento, p. 279). — *Aillette*, 1383 (arch. de l'Emp. P. 136; transcrits de Vermandois). — *Aillet*, 1505 (cart. de l'abb. de Saint-Martin de Laon, t. II, p. 157). — *Eslecte*, 1540 (arch. comm. de Coucy-le-Château). — *Eslettre*, 1581 (terr. d'Abbécourt). — *Elette*, 1662 (terr. de Saint-Paul-aux-Bois, f° 70).

AILLES, c^{ne} de Craonne. — Villa que dicitur *Aquila* 1224 (arch. de l'Emp. L 996). — *Aille*, 1334 (arch. de l'Emp. Tr. des ch. reg. 66 et 75). — *Aylle*, 1411 (arch. de l'Emp. J 801, n° 4). — Par. de *Saint-Martin-d'Aisle*, 1669 (état civil d'Ailles, trib. de Laon).

La seign. d'Ailles appartenait autrefois au chap. cath. de Laon. — L'église est annexe de Bouconville en vertu d'un décret du 15 novembre 1811. — Le village semble avoir pris son nom d'un bois où la rivière d'Ailette prend sa source.

AILLEVAL, petit h. c^{ne} de Vauxaillon. — *Ailval*, 1688 (baill. de Ribemont, B 248).

Le fief d'Ailleval relevait autrefois de Coucy-le-Château. Le bois du même nom appartenait à l'abb. de Notre-Dame de Soissons et dép. de la gruerie de Coucy-le-Château.

AISANCE, h. c^{ne} de Barenton-Bugny. — Ce hameau, d'origine récente, a été uni au territ. de Laon en vertu d'une ordonnance royale du 3 octobre 1821; il en a été distrait par arrêté préfectoral du 29 décembre 1825.

AISNE, rivière qui prend sa source à Vaubecourt (Meuse), devient navigable au-dessus de Neufchâtel et afflue à l'Oise près de Compiègne. Cette rivière, dont le parcours dans le département de l'Aisne est de 98 kilomètres, divise celui-ci en deux parties inégales; elle passe à Évergnicourt, Neufchâtel, Berry-au-Bac, Beaurieux, Œuilly, Vailly, Soissons, Fontenoy et Vic-sur-Aisne. — *Axona* (J. César, De Bello Gallico, lib. IV). — Aξόνα.(Dion Cassius, lib. XXXIX). — *Arsena* (ex Cosmographiâ ravennensis anonymi). — *Axonus*, 893 (ex annal. metten.). — *Esna* (Hugonis de Clericis milit. Andeg.). — *Ausona*, 1222 (cart. de l'Hôtel-Dieu de Laon, ch. 252). — *Ausonna*, 1229 (ch. du même fonds, B 59). — *Aussona*, 1260 (grand cart. de l'év. de Laon, ch. 154). — *Aine*, 1274 (arch. de l'Emp. L 993). — *Ayne*, 1304 (ibid. 996). — *Azona*, 1309 (chartes de l'Hôtel-Dieu de Soissons, B 8). — *Aysne*, 1442 (comptes du même fonds, 341). — Rivière d'*Esne*, 1443 (comptes de la seign. de Roucy). — *Axone*, 1457 (cart. de Saint-Martin de Laon, t. I, p. 813). — *Aynne*, 1498; *Axne*, 1500 (ch. de l'Hôtel-Dieu de Laon). — *Aisne*, 1590 (tit. du chap. de Notre-Dame-des-Vignes de Soissons).

AISONVILLE-ET-BERNOVILLE, c^{ne} de Guise. — *Aisunvilla*, 1151; *Aisunville*, 1151 (cart. de l'abb. de Fesmy, f°s 283 et 284). — *Asionvilla*, 1153 (liber privilegiorum, f° 4, abb. de Saint-Amand). — *Ayson-*

villa, 1180 (cart. de Liessies, f° 86). — *Aisonvile*, 1240 (cart. de l'abb. de Foigny, f° 89). — *Aysonville*, 1411 (arch. de l'Emp. J 801, n° 4). — *Esonville*, 1579 (arch. de la ville de Guise). — *Haizonville*, 1621 (tit. de l'abb. de Saint-Prix, arch. de l'Aisne). — *Aizonville*, 1630; *Hezonville*, 1642 (chambre du clergé du diocèse de Laon). — *Ysonville*, 1669 (arch. comm. d'Aisonville-et-Bernoville).

La seigneurie relevait autrefois de Guise et de l'abb. de Vermand.

Aizelles, c^{ne} de Craonne. — *Aisella*, ix° s° (polypt. de Saint-Remy de Reims). — Altare de villa que dicitur *Asella*, 1098; *Aissella*, 1195 (chartes de l'abb. de Saint-Vincent). — *Aisele*, 1244 (cart. de l'abb. du Vauclerc, f° 4). — *Aiselle*, 1353 (cart. de l'abb. de Foigny, f° 167). — *Aisselle*, 1327 (arch. de l'Emp. Tr. des chartes, reg. 64, n° 529). — Territorium de *Aizella*, 1329; Villa d'*Aiselles*, 1397 (ch. de l'abb. de Saint-Vincent). — *Ayselle*, 1411 (arch. de l'Emp. J 801, n° 4). — *Aizelle*, 1603 (dénombr. de la châtell. de Montaigu, év. de Laon). — *Ezelle*, 1642 (minutes de Wilcq, notaire). — Paroisse de *Saint-Quentin-d'Aizelles*, 1674 (état civil, trib. de Laon).

La seigneurie, ayant titre de marquisat, relevait de la châtell. de Montaigu. — Aizelles ressortissait par appel au baill. du comté de Roucy, et pour les cas royaux, à celui de Laon.

Aizy, c^{ne} de Vailly. — *Aziacus*, 858; *Aisiacus*, 1147 (cart. de l'abb. de Notre-Dame de Soissons, f° 33 et 37). — Homines de *Esiaco*, 1177 (ch. de l'abb. de Vaucelles, arch. du Nord). — In territorio de *Aisniaco*, 1239 (arch. de l'Emp. L 1004). — *Aisy*, 1255 (suppl. de D. Grenier, 295). — *Aysiacum*, 1277 (arch. de l'Emp. L 1006). — *Aisiacus*, 1317 (suppl. de D. Grenier, 295). — *Aysy*, 1302 (pouillé du dioc. de Soissons, f° 39). — *Ay:y*, 1669 (arch. comm. d'Aizy).

Seigneurie de la prévôté de Vailly, appartenant à l'archevêché de Reims et relev. de la châtell. d'Oulchy-le-Château. Un ruisseau prend sa source à Aizy et se jette dans la rivière d'Aisne à Vailly, après avoir alimenté, dans un parcours de 5,900 mètres, trois moulins à blé, un à tan, une usine à polir les glaces et une scierie.

Alade (Bois d'), c^{ne} d'Oulchy-le-Château.

Alaincourt, c^{ne} de Moy. — *Halincurt*, 1168 (cart. de l'abb. d'Homblières, p. 2). — *Elleincourt*, 1174 (suppl. de D. Grenier, 291). — *Allaincourt*, 1189 (cart. AA de l'abb. de Saint-Quentin-en-l'Île, p. 23). — *Alincourt*, 1243 (arch. de l'Emp. L 1161). — *Allaincourt*, 1253 (suppl. de D. Grenier, 291). — *Allencourt*, 1270 (ch. de l'Hôtel-Dieu de Laon, B 81). — Ville d'*Alincourt*, 1350 (cart AB de l'abb. de Saint-Quentin-en-l'Île, p. 219). — *Allincourt*, 1577 (frag. du terr. d'Alaincourt).

La seigneurie dépendait du marquisat de Moy et relevait de Ribemont.

Albaus (Les), m^{on} isolée, c^{ne} de Prouvais.

Albigny, territ. c^{ne} de Thenailles. — Alodium de *Abugnies*, 1144; territorio de *Aubignis*, 1147; Inter Estran et *Abugniez* et *Gerigniez*, 1168 (cart. de l'abb. de Thenailles, f°s 15, 29, 36). — *Albunies*, 1148 (cart. de Bucilly, f° 3). — Fond d'*Albigny*, 1739 (aud. du baill. de Thenailles).

Allains (Les), f. c^{ne} de Montlevon. — *Alins* (carte du Dépôt de la guerre).

Allan (Ru d'), ruisseau qui prend sa source à Sommelans et alimente trois moulins à blé dans le dép^t de l'Aisne, où son parcours est de 16,598 mètres.— Ru d'*Allain*, 1567 (comptes de l'Hôtel Dieu de Soissons, 453, f° 42).— Ru *Dallon*, 1579 (ibid. 466, f° 117).

Allemagne, f. c^{ne} de Laon. — *Alemaigne*, 1412 (arch. de l'Emp. J 801, n° 5) — Cense et bois d'*Allemaingne*, 1486 (comptes de la seign. d'Aulnois).— Cense d'*Allemaigne*, 1659 (tit. des Chapelains de Saint-Cornueille de Laon).

Allemanderie, étang, c^{ne} d'Aubenton. — Cet étang est situé vers Mont-Saint-Jean.

Allemant, c^{ne} de Vailly. — Villa quæ dicitur *Allemans* in pago suessonico, vers 980 (Gallia christiana, t. IX, p. 359). — *Alemant*, 1184 (cart. de l'abb. de Saint-Martin, f° 95, bibl. de Laon). — *Alemanz*, xiii° s° (*Olim*, t. II, p. 79). — Ville d'*Almans*, membre de la baronnie de Coucy, 1368 (arch. de l'Empire, Tr. des chartes, reg. 99, n° 424). — *Alemans*, 1435 (titre du cabinet de M. de Sagnes). — *Alleman*, 1602; *Almant*, 1688 (tit. de l'abb. de Prémontré).

Prieuré fondé au ix° siècle par Élefas, abbé de Saint-Guislain (Gallia christiana, t. III, col. 91). L'abbaye de Saint-Médard de Soissons possédait une partie de la seigneurie, qui était vassale de Pinou (*Olim*, t. II, p. 72).— Allemant dépendait, en 1416, de la paroisse de Laffaux (cab. de M. de Sagnes).

Allemonts (Les), bois, c^{ne} d'Erlon. — Ce bois est défriché.

Allemonts (Les), bois, entre Neuville, Martigny, Chamouille et Cherminy.

Alleux (Les), fief, c^{ne} de Belleu.

Alliame, bois, c^{ne} de Laigny; défriché.

Allois (Les), petit h. c^{ne} d'Acy.

Allois (Les), h. c^{ne} de Courboin. — *Allois*, 1672 (arch. comm. de Montlevon). — *Aloys* (carte de Cassini). — Ancien domaine de l'abbaye de Chézy.

ALLOUETTE (L'), m^on isolée, c^ne d'Étaves-et-Bocquiaux.
ALLOUETTE (L'), m^on isolée, c^ne de Mennevret.
ALMANT, bois et château, c^ne de Vaudesson. — Le château est détruit.
ALVA, h. c^né de Dury.
AMAINVILLE, m^in à eau, c^ne de Neuilly-Saint-Front. — Autrefois vassal de Neuilly-Saint-Front.
AMBERCY, h. c^ne de Haution. — *Hambrecies, Hambrechies*, 1200 (cart. de la seign. de Guise, f°s 161 et 162). — Fundum de *Humbrecies*, 1248 (cart. de l'abb. de Foigny, f° 74). — *Hambrecis*, 1261 (suppl. de D. Grenier, 291). — Cense de *Hambressy*, 1620 (minutes de Carlier, notaire). — *Hambercy*, 1623 (baill. de Ribemont, B 7). — *Ambresy*, 1681 (baill. de Laigny). — *Hambersy*, 1709 (élection de Guise).
La ferme d'Ambercy appartenait autrefois à l'abbaye de Montreuil et relevait de Laigny.
AMBERCY, m^in à eau, c^ne de Saint-Algis. — Ce moulin, qui appartenait autrefois à l'abb. de Montreuil, est alimenté par un ruisseau affluent de l'Oise à Saint-Algis, dont le parcours est de 6,176 mètres et qui fait également mouvoir le moulin de la Coupille et le moulin Neuf.
AMBLENY, c^ne de Vic-sur-Aisne. — Villa *Amblolaci*, 1089 (cart. du chap. cath. de Soissons, f° 1). — *Amblenius*, 1143 (suppl. de D. Grenier, 294). — Potestas *Ambliniaci*, 1184; *Amblonacus*, 1189; *Amblenyacus*, XIIe s^e (même cart. f°s 3 et 4). — *Ambleni*, 1211 (suppl. de D. Grenier, 292). — *Amblegniacus*, 1218; villa *Ambleniaci* que est de Castellania Petrefontis, 1255 (même cart. f°s 12 et 19). — *Ambleigny*, 1258 (arch. de l'Emp. Tr. des ch. reg. 30, n° 282). — Terroir de la ville d'*Amblegni*, 1326 (même cart. f° 9). — *Amblegny*, 1583 (Hôtel-Dieu de Soissons, 14).
Les rois de France de la troisième race possédaient le domaine et la maison fortifiée d'Ambleny, que le roi Philippe le Bel vendit, le 6 juillet 1296, au chap. cath. de Soissons, propriétaire de la plus grande partie du territoire. — Le village ressortissait pour la justice à la prévôté de l'exemption de Pierrefonds et au baill. de Senlis, 1383 (arch. de l'Empire, P 136, transcrits de Vermandois).
AMBLOT, bois, c^ne de Cuirieux. — Ce bois est défriché.
AMBOISE, petit ruisseau qui prend sa source à Mont-Saint-Jean et tombe dans le Ton à Logny-lez-Aubenton. Il alimente le moulin à blé de Mont-Saint-Jean et celui de Logny-lez-Aubenton. — Son parcours est de 6,192 mètres.
AMBRAINE, m^in à eau, c^ne de Nogent-l'Artaud.
AMBRAYNE, fief, c^ne d'Ognes; vassal d'Abbécourt, 1581 (terr. d'Abbécourt).

AMBRIEF, c^ne d'Oulchy-le-Château. — *Ambreium*, 1163 (cart. de Saint-Crépin-le-Grand, p. 3). — *Ambriers*, XIIIe s^e (cueilleret de l'Hôtel-Dieu de Soissons, 191).
La vicomté appartenait en partie à la comm^rie de Maupas, 1669 (terr. de Maupas, p. 75), et relevait de la châtell. de Pierrefonds.
AMBROTON, f. c^ne de Bucy-le-Long; détruite. — *Brayon*, 1573 (pouillé du dioc. de Soissons, f° 21).
AMIETTE, f. c^ne de la Ville-aux-Bois-lez-Pontavert; détruite. — Elle était située près de l'emplacement d'un moulin à eau également détruit, dit *Bouche d'Amiette*, 1455 (comptes de la seign. de Roucy).
AMIFONTAINE, c^ne de Neufchâtel. — *Amia*, 1141; *Amie*, 1153 (cart. de Vauclerc). — *Amia villa*, 1199; *Amya*, 1252 (arch. de l'Emp. L 996). — *Amye*, 1411 (arch. de l'Emp. J 801, n° 4). — *Amyes*, 1425; *Amyefontaines*, 1530; *Amyefontaine*, 1551 (comptes de l'Hôtel-Dieu de Laon, E 14, 57 et 76). — *Amyfontaines*, 1565 (tit. de l'év. de Laon). — *Amifontaines*, 1587; *Amyfontaines*, 1588 (mêmes comptes, E, 108 et 109). — *Amyfontayne*, 1618 (minutes de Wileq). — *Saint-Remi-d'Amifontaine*, 1672 (arch. comm. d'Amifontaine). — *Amiefontaine*, 1709 (intend. de Soissons, C 274).
Ce village semble devoir l'origine de son nom aux sources de la Miette. — La seigneurie avait titre de vicomté et relevait de la châtell. de Montaigu.
AMIGNY-ROUY, c^ne de Chauny. — *Amimiaeus* (Mabillon, *De Re diplomatica*, p. 404). — *Ameni*, 1189 (col. de D. Grenier, paq. 24, n° 22). — *Amigni*, 1210 (ch. de l'abb. de Saint-Vincent). — *Ameigni*, 1241 (cart. de Saint-Médard, f° 138, arch. de l'Aisne). — *Amyguiacum*, 1261 (ch. du chap. cath. de Laon). — *Amigny-Roy*, 1411 (arch. de l'Emp. J 801, n° 4). — *Amigny*, 1498 (tit. des Célestins de Villeneuve-lez-Soissons). — *Amegni*, 1507 (tit. de l'abb. de Prémontré). — *Amigny-et-Rouy*, 1568 (arch. de la ville de Laon). — *Amigny-lez-Chauny*, 1677 (arch. de l'Emp. O 20,204).
La seigneurie appartenait autrefois à l'abb. de Saint-Wast d'Arras, d'après la relation des miracles de ce saint (Bollandistes *acta sanctorum*, t. I, feb. col. 1, p. 806); elle fut ensuite possédée par les Célestins de Villeneuve-lez-Soissons. — Le village ressortissait par appel au baill. de la Fère. — Manufacture de faïence établie en 1796.
ANCIEN-MOULIN (L'), m^on isolée, c^ne de Nogent-l'Artaud.
ANCIENNE-BRIQUETERIE (L'), m^on isolée, c^ne de Montigny-le-Franc; détruite.
ANCIENNE-BRIQUETERIE ou PATTE-D'OIE, h. c^ne de Rozoy-sur-Serre. — Ce hameau dép. autrefois de Magny.
ANCIENNE-FABRIQUE, m^on isolée, c^ne de Fressancourt.

ANCIENNE-TANNERIE (L'), m⁽ⁿ⁾ isolée, c⁽ⁿᵉ⁾ de Brunehamel.
ANCIENVILLE, c⁽ⁿᵉ⁾ de Villers-Cotterêts.—*Uncivilla*, 1110 (cart. de l'abb. de Saint-Jean-des-Vignes, Bibl. imp.). — *Antiqua villa, Ancienvilla*, 1210 (ch. de l'abb. de Saint-Jean-des-Vignes).
Fief vassal de la Fontaine, arrière-fief de la châtell. de Villers-Cotterêts.

ANCY, habit. détr. c⁽ⁿᵉ⁾ de Limé. — In comitatu Tardanensi villam *Anciacum* sitam super fluvium Wellula (dipl. de Charles le Chauve, *Historiens de France*, t. VIII, p. 663 A). — *Anci*, 1147 (cart. de l'abb. de Saint-Yved de Braine; arch. de l'Emp.). — *Ansay*, 1573 (pouillé du dioc. de Soissons, f° 21).
La ferme du pont d'Ancy subsistait encore en 1745, à l'extrémité du territ. vers Courcelles (arch. comm. de Limé); elle a été détruite vers 1770.

ANDELAIN, c⁽ⁿᵉ⁾ de la Fère. — Altare de *Andelen*, 1125 (suppl. de D. Grenier, 286). — *Andelein*, 1214 (ch. de l'abb. de Saint-Nicolas-aux-Bois). — *Andellain*, 1401 (comptes de l'Hôtel-Dieu de la Fère, E 5). — *Andlin*, 1597 (reg. de la maison de paix, arch. de la ville de la Fère). — Paroisse de *Saint-Denis d'Andlin*, 1679 (arch. comm. d'Andelain).
Andelain dép. autrefois de la châtell. de la Fère. — Fabrique de produits chimiques (alun, sulfates d'alumine et de fer) établie en 1811.

ANDIGNY, f⁽ᵐᵉ⁾, c⁽ⁿᵉ⁾ de Vaux-Andigny. — *Aldigneis*, 1110; *Audegneis*, 1114 (cart. AA de l'abb. de Saint-Quentin-en-l'Île, p. 14 et 113). — *Andegnis*, 1145 (arch. de l'Emp. L 1156). — In territorio de *Andengnis*, quod est in comitatu et episcopatu Cameracensi, 1165 (suppl. de D. Grenier, 288; Bibl. imp.). — In bosco de *Andignis*, 1173; *Andegnis*, 1177; territorium de *Andennis*, 1185; grangia de *Andenis*, 1198; *Andignies*, 1212; grange de *Andeignies*, 1292 (arch. de l'Emp. L 992).—*Andignyes*, cense d'*Andignys*, 1572 (arch. de la ville de Guise). — *Andegny*, 1621 (tit. de l'abb. de Maroilles, 351; arch. du Nord).
Ferme et fief appartenant autrefois à l'abb. de Bohéries; ils ressortissaient à Guise pour la justice.
Les fermes d'Andigny, qui constituaient une commune, ont été unies à Vaux par ordonnance royale du 2 juin 1819.

ANGAINE, f. c⁽ⁿᵉ⁾ de Versigny. — *L'Engaigne*, 1579 (baill. de la Fère, B 948).
Cette ferme, construite dans le voisinage du moulin de Fressancourt, appartenait autrefois à l'abb. de Saint-Nicolas-aux-Bois et relevait de l'év. de Laon; elle est détruite.

ANGE (L'), fief, c⁽ⁿᵉ⁾ de la Chapelle-Monthodon; vassal de Dormans.

ANGE-GARDIEN (L'), f. et fabr. de sucre, c⁽ⁿᵉ⁾ d'Allemant. — *La Sault*, 1671 (arch. comm. de Vaudesson).
ANGE-GARDIEN (L'), h. c⁽ⁿᵉ⁾ de Landouzy-la-Ville. — *Rue des Gardiens*, 1733 (baill. d'Aubenton, B 2508).
ANGES (LES), petit ruiss. affluent de celui de la Vallée-Foulon à Oulches. — Son parcours est de 1,200 mètres. Aucune usine.

ANGIN, f. c⁽ⁿᵉ⁾ de Vaux-Andigny. — *Engeain*, 1734 (baill. de Ribemont, B 85). — *Engens* (carte de Cassini).

ANGOUSTE (BOIS D'), c⁽ⁿᵉ⁾ de la Ville-au-Bois-lez-Dizy. — Ce bois, défriché en grande partie, appartenait autrefois à l'abb. de Cuissy.

ANGOZIES, territ. c⁽ⁿᵉ⁾ de la Hérie. — Alodium de *Angoziis*, 1120; territorium de *Angozies*, 1148 (cart. de Bucilly, f⁽ᵒˢ⁾ 2 et 3). — *Angousis*, 1240; *Angozie*, XIII° s⁽ᵉ⁾ (cart. de l'abb. de Saint-Michel-en-Thiérache, p. 60 et 53). — *Angouzies-juxta-Leheri*, 1249 (cart. de l'abb. de Thenailles, f° 54).
Angozies tenait à la voie antique de Vervins à Maquenoise au passage du Ton. Le pré de Nangouzy figure encore au plan cadastral de la Hérie.

ANGUILCOURT-ET-LE-SART, c⁽ⁿᵉ⁾ de la Fère. — *Anguilicurtis*, 1131 (ch. de l'abb. de Saint-Vincent). — *Anguillicors*, 1215 (ch. de l'abb. de Saint-Nicolas-aux-Bois). — *Anguillicurtis*, 1287 (gr. cart. de l'év. de Laon, ch. 233). — *Aguillicourt*, 1340 (Bibl. imp. fonds latin, ms. 9228). — *Anguillecourt*, 1383 (arch. de l'Emp. P. 135; transcrits de Vermandois). — *Anguillicourt*, 1554 (tit. de l'Hôtel-Dieu de Laon). — Paroisse de *Saint-Quentin d'Anguilcourt*, 1675 (état civil, trib. de Laon). — *Anguilcourt-au-Sart*, 1677 (arch. comm. d'Anguilcourt-le-Sart).—*Aguilcourt*, 1709 (intend. de Soissons, C 274).—*Serrey-Court*, 1793; *Séricourt, Serricourt*, 1794 (arch. comm. d'Anguilcourt-le-Sart).
Le domaine d'Anguilcourt appartenait autrefois à l'abb. de Saint-Nicolas-aux-Bois; il relevait, au XVIII° siècle, de la châtell. de la Fère et ressortissait au baill. royal de cette ville.—La ferme d'Anguilcourt est presque entièrement détruite. — La commune devrait porter le nom de *le Sart*, sous lequel elle est mieux connue.

ANIZY-LE-CHÂTEAU, arrond. de Laon.—Villa quæ dicitur *Anisiacus*, VII° s⁽ᵉ⁾ (Duchesne, t. III, Script. franc. p. 362, ex vitâ et miraculis Sancti Remigii episc. Rem.) — *Anisi*, 1132 (ch. du musée de Soissons). — *Anesiacum*, 1139 (ch. de l'abb. de Prémontré). — *Anisiacum*, 1139 (cart. de l'abb. de Saint-Martin, f° 109, bibl. de Laon). — *Anisiacum-in-Laudunesio*, 1229 (p. cart. de l'év. de Laon, ch. 48). — *Anysi*, 1251 (cart. de l'abb. de Saint-Martin, f° 170, bibl. de

Laon). — *Anizy*, 1332 (cart. de la seign. de Guise, f° 113). — *Sancta Genovefa de Anisiaco, Sanctus Remigius-de-Anisiaco*, 1340 (Bibl. imp. fonds latin, ms. 9228). — *Anisiacum-Castrum*, 1361 (arch. de l'Emp. Tr. des ch. reg. 92, n° 184). — Ville d'*Anizy-le-Chastel*, 1369 (ch. de l'év. de Laon). — *Anisi-le-Chastel*, 1383 (cart. de l'abb. de Saint-Martin de Laon, t. II, p. 32, arch. de l'Aisne). — *Anisy-le-Chasteau*, 1562 (min. de Demouchy, greffe du trib. de Laon). — *Anizy-le-Chastel*, 1710 (intend. de Soissons, C 274). — *Anizy-la-Rivière*, 1793.

Domaine donné par le roi Clovis à saint Remy, évêque de Reims, qui le céda à l'évêché de Laon. Anselme de Mauny, évêque de Laon, transféra sa résidence à Anizy-le-Château en 1236 et en 1237. — Comté érigé en 1397, comprenant Achery, Anizy-le-Château, Brancourt, Lizy, Penancourt, Versigny et Wissignicourt. Il ressortissait par appel au baill. du duché de Laonnois.

En 1790, Anizy-le-Château devint le chef-lieu d'un canton du district de Chauny. Ce canton comprenait les c^{es} d'Anizy-le-Château, Bassoles, Brancourt, Faucoucourt, Lizy, Pinon, Suzy, Vauxaillon et Wissignicourt.

Annois, c^{ne} de Saint-Simon. — *Alnoit*, 1114 (cart. AA de l'abb. de Saint-Quentin-en-l'Île, p. 113). — *Alnetum*, 1271 (livre rouge de Saint-Quentin-en-l'Île, f° 155, arch. de l'Emp. LL 1018). — *Alnoy*, 1358 (arch. de l'Emp. Tr. des ch. reg. 86, n° 131). — *Aulnoy*, 1582 (arch. de la ville de Saint-Quentin). — *Aulnoie*, 1670 (arch. comm. de Douchy).

Seign. vassale de la châtell. de Ham.

Annois ou Anniot, f. et mⁱⁿ à eau, c^{ne} de Ployart-et-Vaurseine. — *Alnetum sub monte Cavillonis*, 1159; *Anioth*, xiie s^e; *Curtis de l'Aunoit*, 1223; *Launoit-juxta-Vauressaine*, nemus de *Alneto curtis*, 1250 (cart. de l'abb. de Saint-Martin de Laon, f°s 112, 138, 145 à 148, bibl. de Laon). — Molendinum de *Aniot*, 1260 (cart. de l'abb. de Foigny, f° 162). — Maison de l'*Annoyt* dales la ville de Vauressaine, 1326 (cart. de Saint-Martin, f° 153, bibl. de Laon).

Ce moulin à eau, qui appart. autrefois à l'abbaye de Saint-Martin de Laon et relevait de la châtell. de Montaigu, est détruit depuis un temps immémorial.

Ansone, ruiss. affluent du ru de Vassens à Morsain; il alimente le moulin à blé de Vaux. — Son parcours n'est que de 2,186 mètres.

Anteuil, h. c^{ne} de Monampteuil. — *Antoilum*, 973 (ch. de l'abb. de Saint-Vincent).

Ce hameau est détruit.

Antin, fief, c^{ne} de Villequier-au-Mont; vassal de Genlis.

Any-Martin-Rieux, c^{ne} d'Aubenton. — *Aignie*, 1123 (cart. de l'abb. de Saint-Michel-en-Thiérache, p. 20). — *Anie*, 1132 (cart. de Bucilly, f° 71). — *Aignies*, 1138; *Aegnies*, 1155 (cart. de Saint-Michel-en-Thiérache, p. 21 et 178). — *Aengniis*, 1155 (cart. de Foigny, f° 41, Bibl. imp.). — *Agniis*, 1169 (cart. de Saint-Michel-en-Thiérache, p. 239). — *Ania*, 1198 (cart. de Foigny, f° 44, Bibl. imp.). — Homines de *Ani* et de *Sancti Martini rivo*, 1238; *Aneya*, 1242 (Bibl. imp. fonds latin, ms. 9227). — Paroisse de *Anye* et de *Saint-Martin-Rieu*, 1296 (cart. de Foigny, f° 58, Bibl. imp.). — *Agnie*, 1612 (terr. d'Any-Martin-Rieux). — *Agnie-et-Martin-Rieux*, 1709 (intend. de Soissons, C 274).

Châtell. comprenant Any-Martin-Rieux, Fligny, la Neuville-aux-Joutes et Tarzy; elle dépendait de la baronnie de Rumigny et du duché de Guise. — Any est qualifié de bourg dans le terrier de 1612. — Les maire et échevins jugeaient jusqu'à 60 s. d'amende. Les appels de leurs sentences étaient portés au baill. de Rumigny, qui connaissait des autres affaires en premier ressort; les appels de ce dernier baill. étaient portés au baill. royal de Vitry.

Anzoy, bois, c^{ne} de Ponlarcy. — Ce bois, de la contenance de 71 arpents, appartenait autrefois à la comm^{te} de Maupas. — *Anzoy*, 1756 (maîtrise de Soissons).

Applincourt, fief, c^{ne} de Limé. — Ce fief relevait de Limé; il a été uni à cette seigneurie vers 1679. — Le manoir était au nord-est du village.

Apremont, h. c^{ne} de Rozoy-sur-Serre. — *Aspremont*, 1340 (arch. de l'Emp. Tr. des ch. reg. 75, n° 134). — *Appremont*, 1745 (intend. de Soissons, C 206).

La seigneurie appartenait autrefois au chap. de Rozoy-sur-Serre).

Aquency, ruiss. affluent de la Bouilloneuse à Pont-Saint-Mard. — Il n'alimente point d'usine dans son parcours de 1,100 mètres.

Arançot, h. c^{ne} d'Arrancy. — *Arenchot*, 1141; *curtis de Erenchot*, 1148; *Arençot*, 1161; villa que dicitur *Erenchos*, xiie s^e (cart. de Foigny, f°s 194 et 196, Bibl. imp.). — *Erenzoth*, 1148; *Arenzoth*, 1163 (cart. de Foigny, f°s 41 et 68, P. D.). — *Arenzot*, 1165 (ch. de l'abb. de Saint-Martin). — Grangia de *Arenzot*, 1179 (Livre de Foigny, par de Lancy, f° 282). — *Arechot*, 1340 (cart. de Foigny, f° 157). — *Arenzot-la-Cour*, 1411 (arch. de l'Emp. J 801, n° 4). — *Aransot*, 1501 (arch. comm. de Parfondru). — *Arencault*, 1735 (arch. comm. d'Arrancy).

La ferme d'Arançot appartenait autref. à l'abb. de Foigny et relevait de la châtell. de Montaigu.

Arangon, mⁱⁿ à eau et château, c^{ne} de Chivres-et-Máchecourt. — *Arengun*, 1209 (cart. de Saint-Martin, t. III, p. 56, arch. de l'Aisne). — Super sede molendini sita super rivum de *Erengon*, 1260 (cart. de Bucilly, f° 26). — Chastel d'*Arragon*, lequel est de longtemps enruyné et desmoly à l'occasion des guerres, 1474 (dénombr. de la châtell. de Pierrepont, év. de Laon). — *Aragon*, 1623 (min. de Wilcq, notaire).

Le château d'Arangon relevait autrefois de la châtell. de Pierrepont. — Petit étang desséché en 1516 (comptes de la seign. de Pierrepont).

ARBALÈTE (L'), h. c^{ne} de la Bouteille.

ARBEROY (L'), petit ruiss. qui prend sa source près de la Cense-aux-Lièvres et se jette dans le ruisseau de Chaudière près du moulin de Haut-Bugny. — Il n'alimente aucune usine. — Son parcours est de 2,590 mètres.

ARBLINCOURT, h. et mⁱⁿ. — Voy. BAC-ARBLINCOURT.

ARBLINCOURT, bois, c^{ne} de Saint-Paul-aux-Bois.

ARBRE-CHARLOT (L'), c^{ne} de Vendeuil. — Rond-point de la route impériale n° 44 où se trouvait autrefois un arbre.

ARBRE-D'ANDOUILLE, h. c^{ne} de Broncourt. — On devrait écrire LA BREDANDOUILLE.

ARBRE-DE-GUISE, h. c^{ne} de Saint-Martin-Rivière et du dép^t du Nord.

ARBRE DE SAINT-ÉLOI, c^{ne} de Chauny. — Cet arbre se trouvait, en 1378, près du chemin de Rouez (ch. de l'Hôtel-Dieu de Chauny).

ARBRE-HAUT (L'), m^{on} isolée et mⁱⁿ à vent, c^{ne} de Montbrehain.

ARBRE-JOLI (L'), h. c^{nes} de Landouzy-la-Cour et de Plomion. — Cense de l'*Arbre-Joly*, 1605 (enquêtes du baill. de Vermandois, greffe du trib. de Laon). — *Arbre-Jolly*, 1718 (baill. de Foigny).

Ce hameau «a pris son nom d'un certain tilleul (tilleu) illec beau et droit, fort élevé en hauteur, venuz en ce lieu; dans le gros duquel arbre a esté mis autrefois une image qui a subsisté fort longtemps et péry depuis naguères.» Il a été refait presque entièrement en 1651, et réédifié en 1657 (Livre de Foigny, f°s 46 et 47).

ARBRE-POULAIN (L'), fief, c^{ne} de Brenelle. — Ce fief, d'une très-faible importance, était vassal de la baronnie de Pontarcy (plan de Brenelle, 1782).

ARBRE-SAINT-MARTIN, f. et bois, c^{ne} de Filain. — Cense de *Saint-Martin*, 1576 (tit. de l'abb. de Saint-Vincent).

Ce domaine appartenait à la comm^{nté} de Maupas (terr. de Maupas, f° 187). — On donne aussi ce nom à un tilleul près de la ferme de la Royère.

ARBRISSEAUX, f. c^{ne} de Dizy-le-Gros. — Cette ferme appartenait autrefois à l'abbaye de Cuissy; elle est détruite depuis longtemps.

ARCHANTRÉ, mⁱⁿ à eau, c^{ne} de Remies. — *Herchentré*, 1146; in molendinis de Erchentré, 1149; *Archentré*, 1502; *La Chantrée*, 1646; *La Chanteraye*, 1673; *Argentré*, 1730 (ch. et tit. de l'abb. de Prémontré).

Ce moulin est détruit; il appartenait à l'abb. de Prémontré.

ARCHE (L'), mⁱⁿ à eau, c^{ne} de Brasles.

ARCHE (L'), fief, c^{ne} de Chalandry. — Ce fief, acquis en partie, au XVIIe siècle, par les religieuses de la Congrégation de Laon, relevait de la seigneurie de la Motte-de-Chalandry.

ARCHIES, f. et forêt, c^{ne} de Bohain. — Nemus de *Harchias*, 1180 (cart. de l'abb. du Mont-Saint-Martin, p. 51). — *Harchies*, 1292 (cart. de la seign. de Guise, f° 47). — *Archy-les-Bohain*, 1539; *Harchie*, 1576 (tit. de l'abb. de Vermand).—*Harchy*, 1711; *Archy*, 1718 (*ibid.*). — *Archie* (carte de Cassini).

Archies dépendait autrefois du baill., de l'élection et de la subdélégation de Saint-Quentin (intend. d'Amiens, C 775). — Le prieuré de Saint-Blaise, vocable de la paroisse d'Archies, a été fondé au XIIe siècle par l'abb. de Vicoigne; il a été cédé par cette abbaye à celle de Vermand. — La paroisse a été unie à celle de Bohain en 1702. — L'ancienne forme d'Archies ne subsiste plus. — La forêt a été aliénée par l'État les 29 avril 1833 et 23 décembre 1834.

ARCUON, c^{on} de Rozoy-sur-Serre. — *Archon-en-Therasche*, 1464 (reg. des assises du baill. de Vermandois, trib. de Laon). — *Arson*, 1642 (tit. de l'abb. de Saint-Remy de Reims). — *Archon-et-Oignis*, 1745 (intend. de Soissons, C 206).

La moitié de la seigneurie appartenait autrefois à l'abb. de Saint-Remy de Reims.

ARCRY, fief, c^{ne} de Chézy-en-Orxois.

ARCY-SAINTE-RESTITUE, c^{on} d'Oulchy-le-Château. — *Arceius*, 1110; *Arciacus*, 1125; *Arci*, 1191 (cart. de Saint-Jean-des-Vignes, Bibl. imp.). — *Arceium*, 1225 (suppl. de D. Grenier, 296). — Territorium domini de *Arseyo-Saincte-Restitute*, 1247 (cart. de Saint-Médard, f° 33, Bibl. imp.). — *Arcy-Sainte-Restitue*, 1306 (arch. de l'Emp. L 1002). — *Arcy-Sainte-Retieule*, 1315 (suppl. de D. Grenier, 297 f° 196). — Ville d'*Arsy*, 1383 (arch. de l'Emp. transcrits de Vermandois, P 136). — *Arcy-Saint-Rethieule*, 1399 (comptes de la seigneurie de Buzancy). — *Arcy-Sainte-Restitute*, 1562 (comptes de la ville de Chauny, f° 62, arch. de la ville de Chauny). — *Arceium-Sainte-Restitute*, 1573 (pouillé du dioc. de Soissons, f° 22). — *Acy-Saincte-Restitute*, 1657 baill. de Villers-Cotterêts, B 187).

La seigneurie dépendait autrefois de Fère-en-Tardenois et relevait du comté de Soissons.

ARDENNES, h. c⁽ⁿᵉ⁾ de Suzy; autrefois ferme.

ARDILLIERS (LES), f. c⁽ⁿᵉ⁾ de Chézy-en-Orxois. — *Ardillier*, 1687 (arch. comm. de Chézy-en-Orxois).

Cette ferme est maintenant unie à la population agglomérée.

ARDLY, petit ruiss. affluent du Rivelon à Ambleny. — Son parcours est de 2,745 mètres.

ARDON, faubourg de Laon. — *Ardo*, 1128 (gr. cart. de l'év. de Laon, ch. 3). — Villa de *Ardun*, 1225 (p. cart. de Sigoy, f° 177, arch. des Ardennes). — *Ardo-subtus-Laudunum*, 1238 (ch. de l'Hôtel-Dieu de Laon, B 31). — *Hardo*, 1265 (Olim, t. I, p. 644). — *Ardon-dessous-Loon*, 1292 (suppl. de D. Grenier, 287). — *Ardon-sur-Liauve*, 1344 (arch. de l'Emp. Tr. des ch. reg. 74, n° 161). — *Ardon-soubz-Laon*, 1416 (ch. de l'Hôtel-Dieu de Laon, A 1).

Autrefois domaine de la comm⁽ᵗᵉ⁾, de l'abb. de Saint-Jean et de l'Hôtel-Dieu de Laon.

ARDON (L'), ruisseau qui prend sa source dans le bois du Sauvoir, à l'est de Laon, traverse les territ. de Laon, de Chivy, d'Étouvelles, de Laval, de Vaucelles-et-Beffecourt, d'Urcel et de Royaucourt-et-Chailvet et afflue dans la rivière d'Ailette à Royaucourt-et-Chailvet, après un parcours de 13,950 mètres. Il alimente le moulin à blé de Chivy-lez-Étouvelles. — Mol*endinum super Ardonem* fluvium in alodio situm, 1139 (ch. de l'abb. de Saint-Vincent). Ce moulin, donné en 961 par l'archidiacre Herbert à l'abbaye de Saint-Vincent de Laon, a été détruit en 1574 (comptes, arch. de la ville de Laon). — Le prévôt et les gouverneurs de Laon exerçaient une fois par an le droit de pêche dans le ruisseau d'Ardon.

ARDRON, bois, c⁽ⁿᵉˢ⁾ de Chigny et d'Englancourt; auj. défriché.

ARDWINES (LES), m⁽ᵉᵉ⁾ isolée, c⁽ⁿᵉ⁾ de Vauxaillon. — *Herduennes* (carte de Cassini).

ARGENTEL (L'), m⁽ᵉᵉ⁾ isolée, c⁽ⁿᵉ⁾ de Crécy-au-Mont; détruite en 1858.

ARGENTELLE (L'), petit h. c⁽ⁿᵉ⁾ de Jumencourt. — *Argentel*, 1685 (arch. comm. de Landricourt).

Il dépendait autrefois de la par. de Landricourt.

ARGENTOL, h. et m⁽ⁿ⁾ à eau, c⁽ⁿᵉ⁾ de Charmel. — *Argentele, Argenteole*, 1211 (cart. d'Igny, f° 190, Bibl. imp.). — *Argentolle*, 1741 (arch. comm. du Charmel).

Ce hameau donne son nom à un petit ruisseau affluent de la Marne à Jaulgonne et qui alimente quatre moulins à blé dans un parcours de 3,100 mètres.

ARLAINES, c⁽ⁿᵉ⁾ de Fontenoy. — Emplacement couvert de débris romains.

ARMANCY, fief, c⁽ⁿᵉ⁾ de Loupeignes.

ARMENTIÈRES, c⁽ⁿᵉ⁾ de Neuilly-Saint-Front. — *Armenterie*, 1243 (cart. de l'abb. de Saint-Médard, f° 130, arch. de l'Aisne). — *Ermentières*, 1302 (pouillé du dioc. de Soissons, f° 40). — *Armantière*, 1608 (cab. de M. de Vertus). — *Armantière*, 1711 (intend. de Soissons, C 205).

Marq. vassal d'Ambleny et d'Oulchy-le-Château.

ARNOUL, petit fief, c⁽ⁿᵉ⁾ de Macquigny; vassal de Guise.

ARSY, petit fief, c⁽ⁿᵉ⁾ de Chézy-l'Abbaye.

ARRANCY, c⁽ⁿᵉ⁾ de Laon. — *Arenciacus*, IXᵉ siècle (polypt. de Saint-Remy de Reims). — Altare de *Arenceio*, 1145 (ch. de l'abb. de Saint-Vincent). — In territorio de *Arenci*, 1156 (cart. de l'abb. de Vauclerc, f° 21). — *Erenci*, 1161 (cart. de l'abb. de Foigny, f° 148, Bibl. imp.). — *Herenci*, 1196 (cart. de l'abb. de Thenailles, f° 47). — *Warenci*, manerium monachorum, XIIIᵉ siècle (gr. cart. de l'év. de Laon, ch. 119). — *Arenciacum*, 1240 (cart. de l'abb. de Saint-Martin de Laon, t. III, p. 25). — *Arenceyum*, 1246 (cart. de l'abb. de Vauclerc, f° 12). — *Arenchi*, 1256 (cart. de Foigny, f° 170, Bibl. imp.). — *Arency*, 1383 (arch. de l'Emp. P. 136; transcrits de Vermandois). — *Arrensy*, 1560 (arch. de la ville de Laon). — *Arensi* (tombe en l'église d'Arrancy de Philippe Duglas, mort le 4 décembre 1633). — *Arancy*, 1709 (intend. de Soissons, C 274).

La seigneurie, vassale de la châtell. d'Eppes, semble avoir eu titre de marquisat au XVIIIᵉ siècle; elle relevait alors de Montchâlons.

ARRIEU (L'), petit affluent du Ton à Landouzy-la-Ville. — Il n'alimente aucune usine, et son parcours est de 3,352 mètres. — *Rainouart-Riu*, 1239 (cart. de Foigny, f° 32, Bibl. imp.).

ARROUAISE, forêt qui joignait à l'est celle de Thiérache; à l'ouest, celle de Vicoigne dans l'Artois. Elle a laissé son nom à Fresnoy-le-Grand, Gouy, Montigny-Carotte et Vaux [voy. ces noms], et à un bois près de Fesmy, défriché récemment. — Silva quæ dicitur *Arida-Gamantia* (ex vitâ beati Hildemari Eremitæ, Bollandistes acta sanctorum, 13 janv. p. 831). — *Aroasia*, 1166 (mém. du Vermandois de Colliette, t. II, p. 436). — *Aruisia, Arrovuasia*, 1181; *Arrouasia*, XIIIᵉ s⁽ᵉ⁾ (cart. du chap. de Cambrai, fonds latin 10,968, Bibl. imp.). — *Arrouaysia*, 1239 (arch. de l'Empire, L 998). — *Arouaise*, 1356 (chambre des comptes de la Fère). — *Aruyoise*, 1462 (arch. comm. de Lesquielles-Saint-Germain). — *Aroyse*, 1650 (Gazette de France). — *Arrouayse*, 1650 (baill. ducal de Guise). — *Arroise*, 1693 (élection de Guise, C 853). — *Aroise*, 1709 (intend. de Soissons, C 274).

ARROUAISE, f. c⁽ⁿᵉ⁾ de Fesmy; de construction récente.

Aisne.   2

ARROUARD, h. c^{au} de Chézy-l'Abbaye et d'Essises. — *Arouart* (carte de Cassini).

ARSENT, m^{in} à eau et f. c^{ne} de Beaurieux. — Moulin de *Harsaut*, 1552 (comptes de Roucy). — Molin *Hersan*. 1586 (min. de Macquelin, notaire).

ARSONVAL, fief, c^{ne} de Dhuizel; vassal de Pontarcy.

ARSONVILLE, petit fief, c^{ne} de Maizy; vassal de Roucy.

ARTEMPS, c^{on} de Saint-Simon. — *Artam*, XIIIe siècle (cart. AA de l'abb. de Saint-Quentin-en-l'Île, p. 70). — *Artaing*, 1279 (cart. du chap. de Saint-Quentin, f° 67). — *Arteng*, 1384 (arch. de l'Emp. P. 135; transcrits de Vermandois). — *Arthen*, 1418 (comptes de la maladrerie de la Fère, Hôtel-Dieu de la Fère). — *Artheng*, 1582 (arch. de la ville de Saint-Quentin). — *Artan*, 1594 (suppl. de D. Grenier, 287). — *Harten*, 1614 (baill. de Chauny). — *Artan*, 1672 (arch. comm. de Pithon).

Seigneurie appartenant en partie au chapitre de Saint-Quentin et relevant des seigneuries de Jonequière et de Saint-Simon. La mairie, vassale du chap. de Saint-Quentin, comprenait : Artemps, Gibercourt, Happencourt, Hinacourt et Montescourt. L'ancien emplacement du village était probablement au lieu-dit *Viécourt*, couvert de débris de constructions.

ARTOIS, f. c^{ne} de Beuvardes. — *Artoit*, 1509 (suppl. français, ms. 1195, Bibl. imp.).

Autref. vicomté. Chêne d'un diam. de 15 mètres.

ARTOISE, manoir et fort, c^{ne} de Wattigny. — *Wartoisia*, 1198 (suppl. de D. Grenier, 289). — Maison de *Wartoise*, 1330 (cart. de Guise, f° 90, Bibl. imp.). — *Arthoise*, 1690 (prévôté d'Hirson, B 2572).

«En la forest dudit Vuatigny, pendant les guerres de Louis XI commencées en 1460, les ouvriers des forges, fourneau et autres lieux deppendans de la cense bastirent un fort en icelle appellé *la Place d'Artoise* avec fossés allentour où ils se réfugioient pour estre peu plus grande asseurance. Lors l'on fit en icelle un four à verre appellé *le Four des Moines*.» (Livre de Foigny, par de Laney, p. 144.)

ARTOISE (L'), rivière prenant sa source dans le bois de Chimay et limitant, sous le nom de *Ruisseau des Warnelles*, la France et la Belgique. Elle alimente la forge de Grattepierre, le moulin des Rochettes et une filature, puis devient un affluent du Gland à Saint-Michel. Son parcours dans le département de l'Aisne est de 9,550 mètres. — Rivus de *Warteis*, 1170 (cart. de Saint-Michel, p. 180). — *Wartoisia*, 1198 (suppl. de D. Grenier, 289, Bibl. imp.). — Rivum de *Wartoise*, 1254 (cart. de Bucilly, f° 75).

ARTONGES, c^{ne} de Condé. — *Hertongie*, 1038 (suppl. de D. Grenier, 296). — *Hertonges*, 1214 (cart. de l'abb. de Saint-Jean-des-Vignes, f° 106, Bibl. imp.). — *Hartonges*, 1503 (suppl. français, ms. 1195, p. 430, Bibl. imp.). — *Artonge*, 1583 (arch. comm. de Coincy). — Paroisse de *Saint-Pierre-d'Artonges*. 1699 (arch. comm. d'Artonges).

Seigneurie vassale de Montmirail.

ARTONGIOLLES, f. c^{ne} d'Artonges; auj. détruite. — *Hertongiolis*, 1138 (suppl. de D. Grenier, 296).

ASCENSION (L'), f. c^{ne} de Pontru.

ASCONY, fief vassal de Nesles et de Nogentel.

ASSIS-SUR-SERRE, c^{ne} de Crécy-sur-Serre. — *Asceium*, 1065 (ms. de l'Eleu, t. I, f° 191). — *Asci* in pago Laudunensi, 1110 cart. AA de l'abb. de Saint-Quentin-en-l'Île, p. 14). — *Aceium*, 1193 (Chronicon de Nogento, p. 433). — *Acy*, 1317 (abb. de Saint-Vincent). — *Achies*, 1338 (arch. de l'Emp. Tr. des chartes reg. 71, n° 86). — *Ascy*, 1401 (comptes de l'Hôtel-Dieu de Laon, E 5). — *Assy-sur-Serre*, 1405; *Assy-sur-Sère*, 1411 (arch. de l'Emp. J 801, n°s 1 et 4). — *Ascy-les-Crécy-sur-Serre*, 1435 (cab. de M. de Sagnes). — *Assy*, 1440 (comptes de l'Hôtel-Dieu de Laon, E 18). — *Assye*, 1650 (carte de Nicolas Sanson). — *Assi*, 1666 (tit. de l'abb. de Nogent). — *Assis-sur-Sère*, 1709 (intend. de Soissons, C 274).

Seigneurie dép. autref. de la châtell. et du comté de Marle. Le village ressortissait au baill. de cette ville.

ASSONEVILLE, f. c^{ne} de Macquigny. — *Assonville-les-Macquigny*, 1688 (baill. de Ribemont, B 248).

Cette ferme, détruite depuis longtemps, appartenait autrefois à l'abb. de Bohéries.

ATHIÉMONT, h. c^{ne} de Villequier-Aumont. — *Hatiemont*, 1649 (min. de Barbier, notaire). — *Hattiemont*, 1650 (baill. de la Fère, B 1046). — *Attiemont* (carte de Cassini).

Autrefois fief. — Distrait de Viry-Noureuil par ordonnance royale du 23 janvier 1828.

ATHIES, c^{ne} de Laon. — *Atyes*, 1131 (cart. de l'abb. de Saint-Martin, f° 126, bibl. de Laon). — *Athyes*, 1254 (ch. de l'abb. du Sauvoir). — *Athis-subtus-Laudunum*, 1281 (suppl. de D. Grenier, 283, Bibl. imp.). — *Athiz*, 1294 (ibid. 284). — *Atis*, *Atiz*, XIIIe siècle (cart. de Thenailles, f° 106). — *Athis*, 1340 (suppl. latin, 9228, Bibl. imp.). — *Athis*, 1364 (ch. de l'abb. de Saint-Vincent). — *Atys*. 1404 (comptes de l'Hôtel-Dieu de Laon, E 6). — *Hatis*, près Laon, 1560; village d'*Athys*, 1564 (arch. comm. de Bruyères-et-Montbérault). — *Athy*, 1582 (tit. de l'Hôtel-Dieu de Laon).

Seigneurie appart. autref. au chap. cath. de Laon.

ATRICOTS (LES), petit bois, c^{ne} de Dercy.

ATTENCOURT, f. c^{ne} de Toulis-et-Attencourt. — *Alo-*

DÉPARTEMENT DE L'AISNE.

diûm apud *Hatuncurtem*, 1141 (coll. de D. Grenier, 24° paquet, n° 9, Bibl. imp.). — Territorium de *Hatencurt*, vers 1166 (ch. de l'abb. de Saint-Vincent de Laon). — Molendinum de *Ostincurt*, xiie s! (ibid.). — *Westincort*, 1220; *l'estincort*, 1234 (ch. de l'Hôtel-Dieu de Laon, B 23). — Territorium de *Hatencort*, 1252 (ch. de l'abb. de Saint-Vincent). — Curtis de *Hatencort*, 1268 (ibid.). — *Hathencourt*, 1411 (arch. de l'Empire, J 801 n° 4). — Domus de *Hattencourt*, 1455 (tit. de l'Hôtel-Dieu de Laon, B 78). — Cense de *Hactencourt*, 1573 (min. de Tupigny, notaire, au greffe du trib. de Laon).

Dép. dès le xii° s! de l'abb. de S¹-Vincent de Laon.

ATTILLY, h. c°° de Marteville. — *Athelli*, xii° s° (cart. d'Homblières, p. 54). — Territorium d'*Atilli*, 1295 (cart. de l'hôtel de ville de Saint-Quentin, f° 43). — *Ateli*, 1336; *Atelli*, vers 1340 (arch. de l'hôtel de ville de Saint-Quentin, liasses 28 et 268). — *Athilly*, 1565 (comptes de l'Hôtel-Dieu de Saint-Quentin). — *Athily*, 1575 (min. de Chalvois, notaire).

Autref. domaine de l'abb. de Royaumont, vassal de Fonsomme. — Le hameau dép. originairement de Misery-en-Carnois (arch. comm. d'Holnon) et avait sa municipalité distincte (intend. d'Amiens, C 775).

AUBE, petit bois, c°° de Ployart-et-Vaurscine.

AUBE (L'), h. c°° d'Acy.

AUBENCHEUL-AUX-BOIS, c°° du Catelet. — *Aubenchuel*, 1277 (arch. de la ville de Saint-Quentin, liasse 30, dossier A). — *Aubenceul*, *Aubenchoel*, xiv° s°. — *Aubenchoeul*, 1549; *Aubenchoeulx-au-Bois*, 1576 (ch. de l'abb. de Notre-Dame-du-Verger-lez-Oizy; arch. du Pas-de-Calais). — *Aubenceux-au-Bois*, 1672 (ms. 641, bibl. de Cambrai). — *Aubencheul-en-Cambresis*, 1681 (min. de Pierre Gallois, notaire). — *Aubencheul-au-Bois*, 1694 (arch. comm. d'Aubencheul-aux-Bois).

Domaine de l'abb. de Notre-Dame-du-Verger-lez-Oisy, vassal de la châtell. de Cambrai. Le village ressortissait au baill. de cette ville; il faisait partie du Cambrésis, à l'exception de deux ou trois maisons.

AUBENIZEL ou PETIT-AUBIGNY, f. c°° d'Aubigny. — *Aubegnisel*, 1383 (arch. de l'Emp. P. 135, transcrits de Vermandois). — *Aubegny-le-Petit*, 1532 (compt. de la châtell. de Ham, chambre des comptes de la Fère). — *Aubigny-le-Petit*, 1630 (tit. des Minimes de Chauny).

Autref. domaine des Minimes de Chauny et des religieux de Villeselve; il était vassal de la châtell. de Ham. — La ferme est détruite.

AUBENTON, arrond. de Vervins. — *Albenton*, 1169 (cart.

de l'abb. de Saint-Michel, p. 239). — Feodum de *Aubentonio*, 1264 (cart. de la seign. de Guise, f° 50). — *Aubentonnum*, 1296 (suppl. de D. Grenier, 278, Bibl. imp.). — *Beata-Maria-de-Aubentonnio*, 1340 (fonds latin 9228, Bibl. imp.). — *Notre-Dame-d'Aubenton*, 1630 (chambre du clergé du diocèse de Laon).

La rivière séparait la ville du faubourg Saint-Nicolas, où il y avait une église paroissiale, *Sanctus Nicholaus de Aubentonno*, 1340 (fonds latin 9228, Bibl. imp.). — La châtellenie relevait en 1264 de Saint-Quentin (arch. de l'Empire, Tr. des ch. reg. 30, pièce 88); elle comprenait Aubenton, Beaumé, Besmont, Leuze et Martigny, qui formèrent un gouvernement militaire, une gruerie et un bailliage seigneurial. — Ce dernier siège ressortissait à Rumigny; la gruerie étendait sa juridiction sur les bois du Bosquet-Loiseau, de Carnière, du Grand-Vivier, du Porte-Bois et de la Vallée-Anceau.

Aubenton était aussi le chef-lieu :

1° D'un doyenné rural dépendant de l'archidiaconé de Thiérache et comprenant dans son enclave 29 cures et 35 paroisses. Cures : Any, Notre-Dame d'Aubenton, Saint-Nicolas d'Aubenton, Autreppes, Besmont, la Bouteille, Bucilly, Buire et la Hérie, la Capelle, Clairefontaine, Étréaupont et Gergny, la Flamangrie, Roubais-et-Petit-Bois-Saint-Denis, Hirson, Landouzy-la-Ville et Éparcy, Lerzy-et-Froidestrées, Leuze-et-Beaumé, Luzoir-et-Effry, Martigny, Mondrepuis, Neuve-Maison et Ohis, la Neuville-aux-Joutes, Origny-en-Thiérache, Rocquigny, Saint-Michel, Sorbais, Wattigny et Wimy.

2° D'un grenier à sel : Brognon, Regnauwez, Sévigny-la-Forêt, Rimogne, Harcy, Renwez, Lonny, le Ham-les-Moines, Haudrecy, Remilly-les-Pothées, Saint-Marcel, Neufmaison, Marlemont, Signy-la-Poterie, Moranwez, Saint-Jean-aux-Bois, Mainbresson, Rocquigny, la Hardoye, Rubigny et Vaux-lez-Rubigny en formaient les limites intérieures dans les Ardennes; peut-être faut-il reconnaître ici celles de la Thiérache.

3° D'une maîtrise seigneuriale des eaux et forêts établie par lettres patentes d'avril 1779 : elle comprenait les grueries d'Aubenton, d'Hirson, de Rumigny et de Saint-Michel.

Aubenton, enclavé dans le district de Guise en 1790 (Vervins), devint le chef-lieu d'un canton comprenant Any-Martin-Rieux, Aubenton, Beaumé, Besmont, Bucilly, Iviers, Landouzy-la-Ville, Leuze, Logny-lez-Aubenton, Martigny, Mont-Saint-Jean et Wattigny.

Le nom d'Aubenton vient des rivières d'Aube et

2.

du Ton unies à Hannapes (Ardennes). Les armoiries de la ville d'Aubenton sont : *d'or à un château ouvert, pavillonné et girouetté de gueules.*

Aubenton, petit h. c^ne de la Bouteille.

Aubenton-la-Cour ou Cense d'Aubenton, f. c^ne d'Étréaupont. — *Albentum,* 1107 (Martyr. de Fesmy, 730, bibl. de Cambrai). — *Aubentons,* xiie s^e; Grangia que dicitur *Aubenton,* 1224 (cart. de l'abb. de Foigny, f°s 190 et 2, Bibl. imp.). — *Aubenton-la-Court,* 1709 (int. de Soissons, C 274) «est un ancien terrouer de la deppendance autrefois de l'abbaye de Fesmy où il y avoit un fief dit *de Saint-Estienne.* Barthélemy, évêque de Laon, en étoit le seigneur fiefvé. Il le donna à cette maison religieuse, qui en possédoit la terre principale ainsi appellée et située sur la rivière d'Aubenton composée d'Aube et de Ton, qui s'estant joints ensemble va passer par le milieu de ses pretz et lui en fait porter le nom. Est ainsi nommé pour le faire différer d'avec Aubenton-la-Ville, par l'addition de ces mots *la cour,* autrement dit la ferme, grange ou métairie d'Aubenton. Consistoit, au commencement de son établissement, en sence savoir en terres labourables, pretz, bois et étangs. Les murs de cette ferme ont servi à la construction de la place de la Capelle» (Livre de Foigny, par de Lancy, p. 18). — Cette ferme a été reconstruite en un autre endroit : voy. Aubenton.

Auberge (L'), f. c^ne de Bézu-le-Guéry.

Auberlaye (L'), territ. c^ne de Crouy. — *Abellacus,* 1179 (cart. du chap. cath. de Soissons, f° 95). — *Abellai,* 1215 (arch. de l'Emp. L 1003). — *Abellay,* 1216 (cart. de l'abb. de Saint-Martin de Laon, f° 96, bibl. de Laon). — Territorium de *Auberlaco,* prope Croyacum, 1250 (cart. du chap. cathédral de Soissons, f° 144).

Aubermont, Bermont ou Corne-au-Blé, bois, c^ne de Lerzy. — Ce bois appartenait autrefois à l'abb. d'Origny-Sainte-Benoîte ; il est défriché.

Aubermont, h. c^ne de Sorbais. — *Aubemont,* 1240; *Abemont,* 1260 (cart. de Saint-Médard de Soissons, p. 306 et 310). — *Aubremont, Bermont,* 1612 (terr. de Sorbais). — *Le Bourmont* (carte du Dépôt de la guerre).

Aubermont, fief, c^nes de Travecy et de Liez. — Maison d'*Aubermont,* 1405 (comptes de la maladrerie de la Fère, arch. de l'Hôtel-Dieu de la Fère). — *Bermont,* 1529 (ibid. f° 13). — *Aubremont,* 1750 (baill. de Chauny, B 1394).

Désigné au plan cadastral de Travecy sous le nom de *l'Obermont.*

Aubert, fief, c^ne de Beautor; vassal de la Fère.

Aubes-Terres (Les), h. c^ne de Vauxaillon.

Aubigny, c^ne de Craonne. — *Albiniacus,* 906 (dipl. de Charles le Simple, *Hist. de France,* t. IX, p. 501 D. — *Albeni,* 1158 (ch. de l'abb. de Saint-Vincent de Laon). — Territorium de *Albigniaco,* 1176 (cart. de l'abb. de Foigny, f° 203). — Homines de *Aubigniaco,* 1210 (ch. de l'abb. de Saint-Vincent de Laon). — *Albegniacus-in-Laudunesio,* 1232; *Aubegni,* 1243 (cart. de l'abb. de Foigny, f°s 154 et 157). — *Aubeni,* 1247; *Aubigni,* 1261 (ch. du chap. cath. de Laon). — *Aubigny,* 1405 (arch. de l'Emp. J 801, n° 1). — *Aubigny,* 1536 (comptes de Roucy). — Paroisse de *Saint-Nicolas-d'Aubigny,* 1672 (état civil d'Aubigny, trib. de Laon).

La moitié de la seigneurie relevait de la châtell. d'Eppes; l'autre, de l'évêché de Laon.

Aubigny, c^ne de Vermand. — *Albigni,* 1150 (coll. de D. Grenier, 16e paquet, n° 2). — *Aubegni,* 1197 (cart. de l'abb. de Fervacques, p. 191, arch. de l'Aisne). — *Aubegny-as-Quaisnes,* 1383 (arch. de l'Emp. P. 135; transcrits de Vermandois). — *Aubegny,* 1532 (comptes de la châtellenie de Ham, chambre des comptes de la Fère). — *Obigny,* 1673; *Aubignie,* 1696 (arch. comm. d'Aubigny). — *Aubigny-aux-Quesnes* (carte de Cassini). — *Aubignyaux-Caisnes,* 1776 (arch. comm. d'Aubigny). — *Aubigny-au-Kaisnes,* 1788 (int. d'Amiens, C 768).

Aubigny était autref. des paroisses de Bray-Saint-Christophe et de Brouchy, doyenné de Ham; il avait sa collecte particulière et formait une communauté avec Auroir, dont il a dépendu jusqu'au 25 mai 1843, époque de son érection en commune.

Aubilly, fief, c^ne de Connigis; vassal de la baronnie de Connigis. — *Obilly,* 1782 (arch. comm. de Saint-Eugène).

Auche, f. c^ne de Courboin. — *Oche* (carte de Cassini).

Au-delà-de-l'Eau, p. h. c^ne de Chivres-et-Mâchecourt.

Au-dessus-du-Moulin, f. c^ne d'Achery. — Détruite.

Audicourt, bois, c^ne de Guivry. — Ce bois, d'une contenance de 29 hectares 35 ares, a été aliéné par l'État le 22 juin 1821.

Audignicourt, c^ne de Coucy-le-Château. — In monte de *Audignicourt,* 1199 (cart. de l'abb. d'Ourscamp, f° 41). — *Audognicourt,* 1220 (cart. de l'abb. de Saint-Médard de Soissons, f° 104, Bibl. imp.). — *Audenicurtis, Aldinicurtis,* xiiie s^e (cart. du chap. cath. de Soissons, f°s 126). — *Oudinicourt,* 1582 (arch. de l'Empire, E 12527). — *Oudignicourt,* 1710 (intend. de Soissons, C 274). — *Audignecourt* (carte de Cassini).

Audignicourt dép. autref. du marquisat de Coucy-le-Château et ressortissait au baill. de cette ville.

Aubigny, c^ne de Guise. — *Aldiniacum,* 1065 (mémoire

ms. de l'Éleu, t. I, f° 191). — *Aldinisia*, 1161 (cart. de l'abb. de Saint-Nicolas-des-Prés de Ribemont, f° 28, arch. de l'Empire, LL 1015). — *Oldeniis, Audiniacus*, 1167 (ch. de l'abb. de Saint-Nicolas-des-Prés de Ribemont). — *Audegnis*, 1168 (cart. de Saint-Martin, t. II, p. 171). — *Audenis*, 1197 (ch. E 801, 802, bibl. de l'Arsenal). — Feodum de *Audignies*, 1223; *Audegnies*, 1224 (cart. de la seign. de Guise, f°° 71 et 72). — *Audegniacum*, 1270 (ch. de l'abb. de Saint-Martin). — Villa de *Audigniaco*, 1270 (cart. de l'abb. de Saint-Martin, f° 27, bibl. de Laon). — *Audignis*, 1413 (arch. de l'Emp. J 801, n° 5). — *Auldigny*, 1580 (comptes de l'Hôtel-Dieu de Guise).

Audigny dépendait autrefois de la seign. de Guise et ressortissait au baill. ducal de cette ville.

Audoncourt, f. détr. dans le voisinage de Ribemont. — *Audocurtis*, 1104 (cart. de Saint-Nicolas-des-Prés de Ribemont, f° 27, arch. de l'Emp. LL 1015).

Audroy, bois, c°° d'Étaves-et-Bocquiaux. — Défriché en partie.

Auffrique-et-Nogent, c°° de Coucy-le-Château. — *Auffricque*, 1477 (ch. de l'Hôtel-Dieu de Coucy-le-Château). — *Affricque*, 1536 (pièces justificatives de comptes, arch. de la ville de Laon). — *Offricque*, 1685 (délibérat. hôp. de Soissons). — *Auffriques*, 1710 (intend. de Soissons, C 274).

La seigneurie appartenait à l'abb. de Nogent. La commune devrait porter ce dernier nom.

Augicourt, village détr. c°° d'Ébouleau. — *Agicourt*, 1148; *Agiscourt*, 1151 (cart. de l'abb. de Bucilly, f°° 3 et 4). — *Algiscourt, Algicourt*, 1165 (cart. de l'abb. de Saint-Martin de Laon, f° 15, bibl. de Laon). — *Algiscurt*, 1165; *Algiscurth*, 1169 (ch. de l'abb. de Saint-Martin de Laon). — Molendinum de *Angicurte*, 1172 (cart. de l'abb. de Saint-Médard de Soissons, f° 47, arch. de l'Aisne). — Nemus de *Aldengicurt*, 1173 (cart. de l'abb. de Saint-Martin de Laon, t. III, p. 282). — *Augicurt*, 1221 p. cart. de Signy-l'Abbaye, f° 128). — *Augicort*, 1243 (ch. de l'abb. de Saint-Martin de Laon).

Le village ressort. autrefois au baill. seigneurial de Pierrepont. La seign. relevait de Bucy-lez-Pierrepont; elle a été acquise le 10 août 1698 par la Congrégation de Laon. La cure a existé jusqu'en 1661.

Augimont, f. c°° de la Selve; détruite. — Cense d'*Augymont*, 1480 (comptes de la seign. de Nizy-le-Comte).

Son emplacement est désigné au plan cadastral sous le nom de *Fond de Gimont*.

Augny, m°° isolée, c°° d'Arcy-Sainte-Restitue.

Augy, c°° de Braine. — *Algeynum*, 1109; *Algi*, XIII° s'; Capellania de *Augi*, 1289 (arch. de l'Empire,

L 1006). — *Augis*, 1534; *Augys*, 1551 (tit. de l'abb. de Saint-Yved de Braine).

Vicomté vassale de Fère-en-Tardenois (arch. de l'Emp. Q 8); elle a été unie au comté de Braine le 15 février 1757.

Aulers, h. c°° de Bassoles. — *Auslare*, 1120 (Chronicon de Nogento, p. 29). — *Aullers*, 1132 (musée de Soissons). — *Anslers*, 1132 (cart. de Prémontré, f° 18, bibl. de Soissons). — Altare de *Auèleirs*, 1145 (Chronicon de Nogento, p. 427). — *Anleirs*, 1207 (cart. de Prémontré, f° 23, bibl. de Soissons). — *Auliers*, 1266 (musée de Soissons). — *Anlers*, 1340 (fonds latin 9228, Bibl. imp.).

Aulers relevait de Coucy-le-Château.

Aulnejeois, h. c°° de Vendières. — *Les Aulnets-Johais* (carte de Cassini). — *Aulnejoyes*, 1786 (baill. de Château-Thierry).

Aulnes (Les), m°° isolée, c°° de Chivres-et-Mâchecourt.

Aulnes-Bouillants (Les), f. c°° de Blesmes. — *Les Aules-Bouillants* (carte de Cassini).

Aulnettes (Les), h. c°° de Logny-lez-Aubenton.

Aulnois, c°° de Laon. — In territorio de *Alneto*, 1228 (ch. de l'Hôtel-Dieu de Laon, B 6). — *Aunoit*, 1259 (ch. de l'abb. du Sauvoir). — *Aunoi*, 1274; *Annoi*, 1280; *Aunois*, 1288 (ch. de l'Hôtel-Dieu de Laon, B 6). — *Annoy*, 1326 (cueilleret de l'Hôtel-Dieu de Laon, B 63). — *Annoit-soubz-Laon*, 1336 (ch. de l'abb. de Saint-Vincent de Laon). — *Aunoyi*, 1366 (ch. de l'év. de Laon). — *Annoyt*, 1397 (ch. des chapelains de Saint-Corneille de Laon). — *Aulnoy*, 1494; *Ausnoy*, 1498 (comptes de la seign. d'Aulnois). — *Aonnoy*, 1511 (*ibid.*). — *Aulnoys*, 1529; *Annois*, 1539 (tit. des chapelains de Saint-Corneille de Laon).

La châtellenie relevait de l'évêché de Laon.

Aulnois, m°° et f. c°° de Clacy; détruits. — Molendinum de *Alneto*, 1174 (gr. cart. de l'év. de Laon, ch. 2). — Maison de l'*Annoit*, assise-de-lez-Clacy, 1306 (cart. de l'abb. de Saint-Martin, t. I, p. 285).

Aulnois, h. c°° d'Essommes. — Molendinum de *Alneto*, 1188 (cart. de l'abb. de Saint-Médard de Soissons, f° 18, arch. de l'Aisne). — *Aulnoye*, 1681 (baill. d'Essommes, greffe du trib. de Château-Thierry). — *Aulnoy*, 1703 (arch. comm. d'Essommes). — *Aunois* (carte de Cassini).

Aulnois, fief, c°° de Blesmes. — Ce fief appartenait autrefois à l'abb. de Cléry.

Aulnois-Bontemps (Les), f. c°° de Coupru. — *Les Aulnois* (carte de Cassini).

Cette ferme a été vendue le 28 mai 1787, par Jean Alexis de La Loge, à l'abbaye de Notre-Dame de Soissons; la ferme de Beauregard lui avait été unie.

Aumencourt, h. c¹ᵉ d'Auffrique-et-Nogent. — Altare in villa *Otmundi curtis*, 1100 (suppl. de D. Garnier, 291, Bibl. imp.). — *Homancourt*, 1138; *Homencourt*, 1151; *Omencourt*, 1158 (cart. de Prémontré, fᵒˢ 19 et 20, bibl. de Soissons). — *Homundi curtis*, 1145; Ecclesia *Sancti Petri de Omencourt*, 1193 (Chronicon de Nogento, p. 428, 433). — *Haumencourt*, 1669 (état civil d'Auffrique-et-Nogent).
Seigneurie appartenant autrefois à l'abb. de Nogent. Le hameau ressortissait au baill. de Coucy-le-Château.

Aumencourt, f. cⁿᵉ de Couvron. — *Omundi curtis*, 1123 (suppl. de D. Grenier, 286, Bibl. imp.). — Parrochia de *Aumoncurte*, 1134; parrochia de *Omoncurte*, 1173 (cart. de Saint-Martin, fᵒ 70, bibl. de Laon). — *Amencourt* (intend. de Soissons, C 206).
La ferme d'Aumencourt, qui appartenait autrefois à l'abb. de Saint-Martin de Laon, a été unie à Couvron par arrêté du directoire du département de l'Aisne, du 21 octobre 1791.

Aumencourt, f. cⁿᵉ de Craonnelle.

Aumône (L'), f. cⁿᵉ de Rocourt. — Cette ferme appartenait autrefois au prieuré de Coincy; elle fait maintenant partie de la population agglomérée.

Aumônerie (L'), f. cⁿᵉ de Soissons. — Cette ferme, détruite depuis longtemps, était dans le voisinage de l'abbaye de Saint-Médard. C'était l'endroit où l'abbaye distribuait ses aumônes.

Aunois (L'), petit ruiss. qui a sa source dans la basse forêt de Coucy, territ. de Barizis, traverse au nord-ouest le territ. de Pierremande et se jette dans la rivière d'Ailette à Champs. Il n'alimente aucune usine. — Son parcours est de 7,500 mètres.

Aunois-Milot, h. cⁿᵉ de l'Épine-aux-Bois. — *Launois-Milot* (carte de Cassini).

Aunoi, h. cⁿᵉ de Foreste. — *Oratorium*, xᵉ sᵉ (cart. de l'abb. de Saint-Crépin-le-Grand, p. 142). — Altare *Sancti-Martini-in-Evredio*, 982 (cart. d'Homblières). — *Oroir*, 1227 (ch. de l'abb. de Saint-Éloi de Noyon, arch. de l'Oise). — *Orooir*, 1240 (ibid.). — *Oroit*, 1264 (ch. de l'abb. de Prémontré). — *Orvoy*, 1412 (abb. de Saint-Éloi de Noyon). — *Auroy*, 1597; *Orrouir*, 1624 (tit. de l'abb. de Genlis). — *Saint-Médard-d'Orroir-et-Aubigny*, 1670; *Orrois*, 1692 (arch. comm. d'Aubigny).
La seigneurie appartenait autref. à l'abb. de Saint-Éloi de Noyon et relevait de Ham; la paroisse dépendait du doyenné de cette ville. — Auroir a été distrait d'Aubigny et uni à Hérouel par ordonnance royale du 25 mai 1843, pour former une commune du nom de *Foreste*.

Aunoie (L'), mⁿ isolée, c¹ᵉ de Bray-en-Laonnois.

Aussigny, f. cⁿᵉ de Saint-Gobain. — Cense d'*Aussigny*, paroisse de Saint-Gobain, 1803 (baill. de la Fère, B 1122). — *Aucigny*, *Ausigny*, 1613 (ibid. B 815).
Détruite : on n'en connaît plus l'emplacement.

Autels (Les), cⁿᵉ de-Rozoy-sur-Serre. — *Altaria*, 1190 (ch. de l'abb. de Saint-Martin de Laon). — *Les Autelz*, 1405 (arch. de l'Empire, J 801, nᵒ 1). — *Autels-les-Disy*, 1506 (tit. de l'abb. de Bonne-Fontaine, arch. des Ardennes). — *Les Autels*, 1674 (arch. comm. des Autels). — *Hostelz*, 1677 (état civil des Autels, trib. de Laon). — *Les Hotels*, 1724 (minutes de Thouille, notaire; arch. de l'Aisne).
Comté relevant autrefois de Rozoy-sur-Serre.

Automne (L'), rivière qui a sa source entre Coyolles et Pisseleur, et vase jeter dans la rivière d'Oise à Verberie (Oise); elle alimente le moulin de Coyolles et n'a dans le département de l'Aisne qu'un parcours de 6,970 mètres. — *Altona*, 920 (dipl. de Charles le Simple, Hist. de Fr. t. VIII, p. 547, C). — Fluviolum *Altumnam*, xᵉ sᵉ (cart. de l'abb. de Saint-Crépin-le-Grand, p. 142). — *Autonne*, 1727 (maîtrise de Villers-Cotterêts, reg. des assises).

Autrecourt, h. cⁿᵉ de Bézu-Saint-Germain.

Autremencourt, cⁿᵉ de Marle. — *Outremoncurtis*, 1132 (cart. de l'abb. de Saint-Martin de Laon, fᵒ 55, bibl. de Laon). — *Ostremoncurt*, 1166 (ch. de l'abb. de Saint-Vincent de Laon). — Villa de *Ostremencurt*, *Ostremoncurt*, 1226 (cart. de l'abb. de Thenailles, fᵒ 41). — *Ostremencort*, 1241 (ch. du chap. de Saint-Jean-au-Bourg). — *Autermencourt*, 1357 (cart. de l'abb. de Saint-Martin, t. III, p. 192). — *Autremencourt*, 1405 (arch. de l'Empire, J 801, nᵒ 1). — *Oultremencourt*, 1482 (comptes de la châtellenie de Pierrepont). — *Autremancourt*, 1513 (comptes de l'Hôtel-Dieu de Laon, E 42). — *Autremancourt*, 1661 (chambre du clergé du dioc. de Laon). — *Outremencourt*, 1678 (état civil d'Autremencourt, trib. de Laon).
Seigneurie relevant autrefois de la châtellenie de Pierrepont.

Autreppe (L'), ruisseau qui doit son nom à une ferme qui existait encore en 1732 (prévôté de Ribemont). Il prend sa source à l'extrémité des territoires du Sart et de Favril, où il sépare les départements du Nord et de l'Aisne, et se jette dans la rivière de Sambre près de Robizeux, à l'extrémité des territoires de Fesmy (Aisne) et de Catillon (Nord). — Ce ruisseau n'alimente aucune usine dans le département de l'Aisne, où son parcours est d'environ 5 kilomètres.

Autreppes, cⁿᵉ de Vervins. — Villa *Altrippia in pago Laudunensi*, 879 (Doublet, Hist. de l'abb. de Saint-Denis, p. 782). — *Autrepe*, xıı° sᵉ (cart. de l'abb.

de Saint-Denis, arch. de l'Empire, LL 1158). — *Altrepia*, 1125 (p. cart. de Chaourse, f° 138; arch. de l'Empire, LL 1172). — *Autreppia*, 1340 (fonds latin, ms. 9228; Bibl. imp.). — *Aultreppe*, 1610 (reg. des offices du baill. des bois de Guise). — *Autreppe*, 1710 (intend. de Soissons, C 274).

La rue Neuve relevait de Guise et ressortissait au baill. ducal de la même ville; le reste du territoire dépendait de la baronnie de Wiége.

Autreville, c^{ne} de Chauny. — *Autreivilla*, 867 (dipl. de Charles le Chauve, *Hist. de France*, t. VIII, p. 606, B). — *Altavilla*, 1145 (Chronicon de Nogento, p. 427). — *Altivilla*, 1153 (Colliette, Mém. du Vermandois, t. II, p. 335). — *Autrevilla*, 1407 (Chronicon de Nogento, p. 166). — *Aultreville*, 1569 (tit. de l'abb. de Saint-Nicolas-aux-Bois).

La seigneurie appartenait autref. à l'abb. du Sauvoir et relevait de Coucy-le-Château. — Le territoire d'Autreville a été détaché de celui de Sinceny par ordonnance royale du 18 mars 1836, pour former une commune séparée.

Avaux, bois, c^{ne} de Crécy-sur-Serre. — *Avieux*, 1240; *Avieu*, 1256 (ch. de l'Hôtel-Dieu de Laon, B 14). — Bois d'*Aviaux*, 1583; bois d'*Aviaulx*, 1592 (tit. de l'abb. de Saint-Jean de Laon).

Ce bois était situé vers Mortiers; il est défriché.

Aventure (L'), m^{on} isolée, c^{ne} d'Autreville. — *L'Adventure*, 1579 (comptes de la ville de Chauny, f° 31).

Aventure (L'), m^{on} isolée, c^{ne} de Lœuilly.

Aventure (L'), f. c^{ne} de Maizy.

Avesne (L'), c^{ne} de Saint-Simon. — *Avesnes*, 1279 (cart. du chap. de Saint-Quentin, f° 67, Bibl. imp.). — *Avesnes-en-Vermandois*, 1374 (ch. de l'abb. de St-Vincent de Laon). — *Avesne-Saint-Simon*, paroisse d'Avesne, 1704 (arch. comm. de Saint-Simon). — *Notre-Dame-d'Avesnes-Saint-Simon*, 1743 (chambre du clergé du diocèse de Noyon).

Le fief d'Avesne dépendait jadis du duché de Saint-Simon et relevait du prieuré de Vendeuil (abb. de Saint-Vincent de Laon). — Avesne était autrefois chef-lieu de la paroisse d'Avesne-Saint-Simon.

Avesnes (L'), c^{ne} de Tugny. — *Lavesne* (carte de Cassini).

Seign. appart. autref. au chap. de Saint-Quentin.

Avin, f. c^{ne} de Laon. — *Avains*, 1122 (cart. de l'abb. de Saint-Martin de Laon, f° 172, bibl. de Laon). — *Aven* (carte de Cassini).

Avize, f. c^{ne} de Tréloup.

Avorny, petit territ. c^{ne} de Billy-sur-Aisne. — *Avhorni*, *Avorniacum*, 898 et 1143 (cart. de Saint-Crépin-le-Grand, p. 127 et 2).

Avouerie, fief, c^{ne} de Fresnoy-le-Grand.

Avouerie, fief, c^{ne} de Ressons-le-Long. — Ce fief a été acquis en 1345, de Pierre de la Pierre, par l'abbaye de Notre-Dame de Soissons.

Avoueries (Les), bois, c^{ne} de Cessières. — Nemus situm inter *Cessières* et Suisiacum quod dicitur *Segreil*, 1239; Nemus de *Segril*, 1241 (ch. de l'abb. de Saint-Vincent de Laon). — Bois des *Advoueries*, 1680 (ch. de l'abb. de Saint-Jean de Laon).

Avréaux (Les), m^{on} isolée, c^{ne} de Chézy-l'Abbaye.

Azy-Bonneil, c^{ne} de Château-Thierry. — *Azyacus*, xiie s^e (suppl. de D. Grenier, 293, Bibl. imp.). — *Azi*, 1350 (arch. de l'Emp. L 1006). — *Asy*, 1398 (ch. de l'abb. d'Essommes). — *Azy-sur-Marne*, 1484; *Aacy*, 1674 (fabr. d'Azy-Bonneil). — *Aazy*, 1710 (intend. de Soissons, C 274).

Azy ressortissait autrefois au baill. de Vitry.

B

Babilonnes, m^{on} isolée, c^{ne} de Vauxaillon.

Babué, fief, c^{ne} de Benay. — Ce fief, vassal de Guise, a été uni en 1700 à la baronnie de Benay.

Bac (Le), h. c^{ne} de Chartèves.

Bac (Le), f. c^{ne} de Coucy-la-Ville. — *Le Bac*, cense, 1709 (intend. de Soissons, C 274).

Bac (Le), h. c^{ne} de Pasly. — La ferme du Bac appartenait autrefois au chap. cath. de Soissons.

Bac-Arblaincourt, h. et mⁱⁿ à eau, c^{ne} de Bichancourt. — *Erblencourt*, 1341 (arch. de l'Emp. P 136; transcrits de Vermandois). — *Erbelaincourt*, *Erbeloancourt*, 1410 (arch. de l'Emp. J 801, n° 4). — *Herbelaincourt*, 1413 (*ibid.* n° 5). — *Arblincourt*, *Erblancourt*, *Erbloncourt*, 1458 (arch. de l'Emp. O 20204). — *Herblancourt*, 1533 (*ibid.* P 16). — *Bac-Arblaincourt*, 1581 (terr. d'Abbécourt). — *Bac-de-d'Arblaincourt*, 1594 (arch. de l'Empire, PP 1, f° 226). — *Erblincourt*, 1662 (terr. de Saint-Paul-aux-Bois, f° 69). — *Bacq-Arblaincourt*, 1679 (arch. de l'Emp. O 20 204). — *Bac-d'Arblaincourt* (carte de Cassini).

Le château était déjà détruit en 1581. — La seigneurie, vassale de Coucy-le-Château et de Manicamp, a été incorporée au marquisat de Genlis au mois de mai 1645 (baill. de Chauny, B 1505).

Bac-de-Charly, petit h. c^{ne} de Charly.

Bac-de-Missy (Le), m^on isolée, c^ne de Sermoise.
Bac-de-Romeny, petit h. c^ne de Romeny.
Bachelotte, c^ne d'Éparcy. — Fourneau à traiter le fer appartenant autrefois à l'abbaye de Foigny; il a été détruit en 1789. — Un petit ruisseau qui prend sa source près du bois d'Éparcy et se jette dans le Ton à Éparcy a conservé son nom. Il n'alimente aucune usine. Son parcours est de 1,154 mètres.
Bacq (Le), petit h. c^ne de Saint-Paul-aux-Bois.
Bacquencourt, fief, c^ne de Pommiers. — *Bacancourt*, 1654 (Hôtel-Dieu de Soissons, 105). — *Baquencourt*, 1742 (tombe de Marguerite-Françoise de Reims en l'église de Pernant).
Badelle (La), h. c^ne de Fossoy.
Baigneux, c^ne de Vic-sur-Aisne. — Altare de *Balneolis*, 1117; *Bagnols*, 1193; *Baignous*, 1212 (Chronicon de Nogento, p. 41, 435, 138). — *Baigneux*, 1410 (cart. du chap. cath. de Soissons, f° 246).— *Baingneux*, 1448 (ch. du chap. cath. de Noyon, Oise).—*Baignieux*, 1505 (comptes de l'Hôtel-Dieu de Soissons, 379, f° 17). — *Baigneu*, 1510; *Baigneul*, 1516; *Baigneulx*, 1573; *Baneulx*, 1623; *Bagneu*, 1628 (tit. de l'abb. de Prémontré). — *Bagneulx*, 1551; *Bannyeulx*, 1569; *Baignieulx*, 1632; *Bagnieux*, 1640; *Bangnieu*, 1650 (tit. des Célestins de Villeneuve-lez-Soissons).

Seigneurie appartenant autrefois aux Célestins de Villeneuve-lez-Soissons.
Bahscourt, fief, c^ne de Vassens.
Baillard, f. c^ne de Barzy; détruite. — Elle avoisinait Jaulgonne.
Bailleau, f. c^ne de Brécy. — *Boileaue*, 1502 (comptes de l'Hôtel-Dieu de Soissons, 374). — *Boilleaue*, 1520; *Boileau*, 1524 (arch. comm. de Brécy).

Détruite au xviii° siècle.
Baillibel, petit h. c^ne de Nampcelle-la-Cour.
Baillon, bois, c^ne de Barizis.
Baillon, h. c^ne de Mareuil-en-Dôle. — Fief vassal pour un quart du comté de Braine.
Baillon, bois, c^ne de Montigny-Carotte.
Baillot, petit ruiss. passant à Lucy. — 1593 (Famille la Trémoille).
Bailly, h. c^ne de Marchais.
Bailly, f. c^ne de Pont-Saint-Mard. — *Bailli* (carte de Cassini).
Bailly (Le), faubourg de Chauny, au sud-ouest de la ville. — *Grand-Bailly*, 1775 (baill. de Chauny, B 1504).
Bains, fief, c^ne d'Épagny. — Situé près de Mareuil, il appartenait autrefois à l'abb. d'Ourscamp et était vassal de Coucy-le-Château.—*Bayne*, 1518; *Beyne*, 1680 (arch. de l'Emp. E 12531).

Bains-des-Dames, c^ne d'Auffrique-et-Nogent. — Ferme détruite appartenant autrefois à l'abb. de Nogent; convertie en bâtiments ruraux.
Baisemont, f. c^ne d'Oigny. — *Baizemont*, 1722, autrefois domaine de la chartreuse de Bourgfontaine.
Balaine, petit fief uni à la seign. de Chassemy.
Balance, bois, c^ne de Rogny. — Défriché en 1834.
Balanchênes, h. c^ne de Fresnes. — *Balencher* (carte de Cassini).
Bal-Champêtre (Le), petit h. c^ne de Belleu.
Balthazard, f. c^ne de Cilly.
Banc-de-Pierre (Le), h. c^ne de Lœuilly.
Bancigny, c^ne de Vervins. — *Bencinnées*, vers 1182 (cart. G du chap. cath. de Reims, f° 10 v°). — Ecclesia de *Bancegnies*, *Bancengiez*, xii° s° (cart. de Thenailles, f° 10). — *Bancegni*, 1210 (cart. G du chap. cath. de Reims, f° 64). — *Bancignis*, *Bancignies*, 1227 (ch. de l'Hôtel-Dieu de Laon, B 7). — *Bansecgnis*, 1248 (gr. cart. de l'év. de Laon, ch. 156).—*Bangscignis*, 1231 (cart. de l'Hôtel-Dieu de Laon, ch. 168). — *Banciigniez*, 1244 (cart. de Thenailles, f° 27). — *Bansegnis*, 1254 (cart. de l'abb. de Saint-Michel, p. 112). — *Bansignis*, 1398; *Banseigny*, 1406 (arch. de l'Emp. P 136). — *Bancignys*, 1616 (min. de Teilinge, notaire). — *Bancigny-en-Thiérache*, 1767 (baill. de Bancigny, B 2816).

Chef-lieu d'un comté érigé par le roi Henri IV : il relevait de Rozoy-sur-Serre et comprenait Bancigny, Bray en partie, Cuiry-lez-Iviers, Dagny, Dohis, Grandrieux, Harcigny, Iviers, Jeantes, Morgny-en-Thiérache, Nampcelle-la-Cour, Plomion et St-Clément.
Banlieue, m^in et bois, c^ne de Laon. — Molendinum de *Banleui*, 1131 (cart. de l'abb. de Saint-Martin de Laon, f° 126, bibl. de Laon).—Molendinum de *Banleuga*, 1139; Molendinum de *Banleuca*, 1153 (ch. de l'abb. de Saint-Martin de Laon). — *Boscus de la Banliue*, 1280 (gr. cart. de l'év. de Laon, ch. 9).

Le moulin est détruit; on ne connaît plus l'emplacement du bois.
Banlieue (La), m^on isolée, c^ne de la Fère.
Banru, m^on isolée, c^ne de Montigny-l'Engrain.—*Baru*, 1651 (arch. comm. de Montigny-l'Engrain).

Autrefois fief vassal de Pierrefonds.
Bar, bois, c^ne de Gouy. — Nemus de *Ballio* ante abbatiam, 1217 (cart. du Mont-Saint-Martin, p. 31). — Bois du *Bar*, 1631 (tit. de l'abb. du Mont-Saint-Martin).

Ce bois, d'une contenance de 70 hectares 22 ares, a été aliéné par l'État le 6 août 1833.
Baraille, fief, c^ne d'Abbécourt ; vassal de Genlis.
Baraquin, petit fief, c^ne de Caillouël-Crépigny.

BARBAST, petit h. c^ne de Villemontoire.
BARBENÇON, fief, c^ne de la Ferté-Chevresis. — Ce fief, situé en la rue Basse, ressortissait au baill. de Ribemont. François de Barbençon lui a laissé son nom.
BARBIÈRES (LES), h. c^ne de Nesles.
BARBILLON, bois, c^nes de Brasles, Gland et Verdilly. — Nemus de *Barbillon*, 1249 (cart. de l'abb. de Saint-Médard de Soissons, f° 27). — Nemus de *Babillon*, 1267 (ch. de l'abb. d'Essommes).
BARBOISE, bois, c^ne de Laon. — Défriché.
BARBONVAL, c^on de Braine. — *Barbevallis*, 1169; *Barbunval*, 1208 (cart. de l'abbaye de Saint-Yved de Braine, arch. de l'Empire). — *Barboval*, xiv° siècle (arch. de l'Emp. P 136; transcrits de Vermandois). — *Barbonvalle*, 1704 (arch. comm. de Barbonval).
Vicomté vassale de Bazoches (transcrits de Vermandois, f° 83, *ut supra*).
BARBOTIÈRE (LA), m^on isolée, c^ne de Nouvron-et-Vingré.
BARELLE, bois, c^ne d'Arcy-Sainte-Restitue. — Domaine de l'abb. du Val-Chrétien.
BARENTON-BUGNY, c^on de Crécy-sur-Serre. — *Barenton-Buigni*, 1247; *Barenton-Bugni*, 1271 (ch. de l'Hôtel-Dieu de Laon, B 65 et H 4). — *Barenthon*, 1266 (ch. de l'abb. de Saint-Nicolas-aux-Bois). — *Barenton-Buigny*, xiii° siècle (Actes cap. du chap. cath. de Laon). — *Baranton-Bugny*, 1337 (ch. du chap. cath. de Laon). — *Barrenton-Buygny*, 1394; *Barrenton-Bugny*, 1488; *Barranton-Buygny*, 1521 (comptes de l'Hôtel-Dieu de Laon, E 3, 24 et 48). — *Barenton-Bugnys*, 1568 (acquits de comptes de la ville de Laon). — *Barrenton-Bugny*, 1588 (comptes de l'Hôtel-Dieu de Laon, E 108).
Seign. appartenant autref. au chap. cath. de Laon.
BARENTON-CEL, c^on de Crécy-sur-Serre. — *Barenton-Cella*, 1340 (fonds latin, ms. 9228, Bibl. imp.). — *Barenton-Sellum*, 1365 (ch. de l'év. de Laon). — *Barenton-Sel*, 1411 (arch. de l'Empire, J 801, n° 4). — Terroir de *Barrenton-Sel*, 1586 (tit. de l'abb. de Saint-Vincent de Laon). — *Barenton-Scel*, 1568 (acquits de comptes de la ville de Laon). — *Barenton-Secq*, 1597 (tit. de l'abb. de Saint-Nicolas-aux-Bois). — *Barenton-le-Scel*, 1644; *Barenton-le-Secq*, 1674 (tit. de l'Hôtel-Dieu de Laon, B 7). — *Barenton-le-Sel*, 1709; *Barenton-le-Sec*, 1710 (intend. de Soissons, C 274 et 205).
La châtellenie, acquise en 1297, de Gaucher II de Châtillon, par l'évêché de Laon (ch. 248, gr. cart. de l'év. de Laon), a été cédée, le 4 mai 1365, au chap. cath. de la même ville (ch. de l'év. de Laon).
BARENTON-SUR-SERRE, c^on de Crécy-sur-Serre. — *Barentum-super-Seram*, 1243 (ch. de l'Hôtel-Dieu de Laon, B 7). — *Barantun-super-Seram*, 1244 (ch. du chap. de Saint-Jean-au-Bourg). — *Barenton-super-Seram*, 1252 (cart. de l'abb. de Saint-Martin, t. III, p. 486). — *Barenton-seur-Sère*, 1264 (suppl. de D. Grenier, 283, Bibl. imp.). — *Barenton-supra-Seram*, 1340 (fonds latin, ms. 9228, Bibl. imp.). — *Barenton-sur-Gere*, 1389; *Barrenton-sur-Serre*, 1476 (comptes de l'Hôtel-Dieu de Laon, E 2 et E 21). — *Baranton-sur-Serre*, 1729 (intend. de Soissons, C 205).
La seigneurie, qui avait titre de vicomté, appartenait au chapitre cath. de Laon. La maladrerie a été unie à l'Hôtel-Dieu de la même ville par lettres patentes du 10 juin 1695.
BARENTONS (RUISSEAU DES), qui prend sa source à Festieux, passe à Eppes, Samoussy, Athies, Chambry, Laon, Barenton-Buguy, Verneuil-sur-Serre et Barenton-sur-Serre, où il se jette dans la Souche; il alimente les moulins Bécret, du Pré, de la Plaine, de la Prée et Oger. Son parcours est de 25 kilomètres.
BARGAINE (LA), h. c^ne de Saint-Bandry. — *Berguin* (carte de Cassini).
BARICOURT, m^on isolée, c^ne de Tavaux-et-Pontsericourt, habitation détruite. — *Bairicort*, 1211 (cart. de l'abb. de Saint-Denis, f° 95).
BARIVAL, fief, c^ne de Renansart; vassal de Landifay.
BARIVE, f. c^ne de Sainte-Preuve.
BARISIS, c^ne de Coucy-le-Château. — Villa nuncupata *Barisiacum* sita in pago Laudunensi, 664 (Miræum in dipl. belgicis, p. 5). — *Barisiacus*, 840 (dipl. du roi Lothaire Ier, Marlène, amplis. coll. col. 98, t. I). — *Barisiacum-Sancti-Amandi*, xii° s^e (ex Vitâ Guiberti abbatis de Novigento). — *Barisetum* (acta Sanctorum Boll. t. I, feb. p. 899). — *Bairesy*, 1365 (cab. de M. Desprez). — *Barisy*, 1340 (fonds latin, ms. 9228, Bibl. imp.). — *Barrisy*, 1422 (arch. de l'Emp. Tr. des ch. reg. 171). — *Bairzy*, 1518 (cab. de M. Druet, maire de Douchy). — *Barsy*, 1531 (cab. de M. Desprez). — *Barisis*, 1533 (comptes de la maladrerie de la Fère, Hôtel-Dieu de la Fère). — *Baresis*, 1555 (maîtrise de la Fère). — *Bairesis*, 1580 (arch. de l'Emp. E 12529). — *Barzis*, 1599 (chambre du clergé du dioc. de Laon). — *Bairezy*, 1676 (baill. de Chauny, B 1270). — *Barezis*, 1687 (état civil, trib. de Laon). — *Barizy* (carte de Cassini). — *Barisis-au-Bois*, 1768 (baill. de Chauny, B 1365).

Il y avait autrefois deux paroisses à Barisis : l'une, sous le vocable de Saint-Remy, in *Barisiaco* villa : *altare Sancti-Remigii* (Liber privilegiorum, f° 31, abb. de Saint-Amand, arch. du Nord), a été donnée par l'évêque Élinand à l'abb. de Saint-Amand en 1065; l'autre, sous le vocable de Saint-Médard, altare Sancti-Medardi de Barisiaco, a été donnée, en 1136, par Barthélemy, évêque de Laon, à ladite abbaye (mêmes sources, f° 32). — Le hameau du Petit-Barizis est aujourd'hui réuni au village. Il reste encore quelques bâtiments de la prévôté de Barizis. — Le ruisseau de Septvaux, qui passe à Barizis, séparait autrefois les châtellenies de Coucy-le-Château et de la Fère.

Baronerie (La), m⁰⁰ isolée, c⁰⁰ de Pavant.

Barraque (La), f. c⁰ˢ de Bellenglise. — La Baraque (carte de Cassini).

Barraques (Les), h. c⁰ˢ de Housset.

Barraques (Les), h. c⁰ˢ de Saint-Gobert.

Barre (La), fief, c⁰ˢ d'Abbécourt. — Appartenait autrefois aux Célestins de Villeneuve-lez-Soissons.

Barre (La), h. c⁰ˢ d'Ambleny. — La Bare (Cassini).

Barre (La), petit h. c⁰ˢ des Autels. — La Bare (carte de Cassini).

Domaine appartenant à l'abbaye de Saint-Martin de Laon depuis l'an 1163.

Barre (La), fief, c⁰ˢ de Berzy-le-Sec. — Il était aussi connu sous le nom de Maison de la Cour-l'Évêque.

Barre (La), m¹ⁿ à eau, c⁰ˢ de Bruyères-et-Montbérault. — Molendinellum ad Barram in exitu ville de Brueriis versus Laudunum, 1291 (cart. de l'abbaye de Thenailles, f° 46).

Ce moulin appart. autref. à l'abb. de Thenailles.

Barre (La), h. c⁰ˢ de Château-Thierry. — Ecclesia de Barra de Castro Theodorici, 1243 (arch. de l'Emp. L 1006). — Ecclesia de Borra-juxta-Castrum-Theodoricum, 1258 (suppl. de D. Grenier, 293, ch. 57, Bibl. imp.). — La Barre-lez-Chasteau-Therry, 1535 (tit. de l'Hôtel-Dieu de Château-Thierry).

Abbaye de filles de l'ordre de Saint-Augustin établie en 1235, supprimée en 1745 pour être unie à l'abb. de Saint-Paul de Soissons.

Barre (La), h. c⁰ˢ de Retheuil.

Barrière (La), m⁰⁰ isolée, c⁰ˢ d'Acy.

Barrière (La), fief, c⁰ˢ d'Aulnois. — Relevait autrefois du duché de Laonnois.

Barrière (La), h. c⁰ˢ de Clairefontaine. — Ce hameau est uni maintenant à la population agglomérée.

Barrières (Ruisseau des), petit affluent de la Brune à Morgny-en-Thiérache, où il prend sa source. — Son parcours est d'environ 700 mètres.

Barteau (Le), h. c⁰ˢ de Selens.

Bartel, m¹ⁿ à eau, c⁰ˢ de Trosly-Loire. — Donne son nom à un petit ruisseau affluent de l'Ailette à Champs.

Bartrel, m¹ⁿ à eau, c⁰ˢ de Lizy. — Molendinum de Baretel, 1125 (cart. de l'abb. de Prémontré, f° 18, bibl. de Soissons). — Barethel, 1132 (ch. du musée de Soissons). — Bartelle, 1730 (arch. comm. de Lizy). — Bartel, 1767 (plan des Coutures à Anizy, arch. de l'Aisne).

Le nom de ce moulin vient probablement de la donation qui en a été faite en 1125 par Barthélemy de Vir, évêque de Laon, à l'abbaye de Prémontré, qui l'a échangé en 1291 pour le bois de Rousselois. — Ce moulin donne son nom à un ruisseau qui alimente les moulins à blé de Suzy, de Manœux, de Tervannes et de Barthel et se jette dans l'Ailette à Suzy, après avoir fait la séparation des territoires d'Anizy-le-Château, de Lizy et de Wissignicourt. Son parcours est de 7,500 mètres.

Barzy, c⁰ⁿ de Condé. — Barsi, 1648 (tombe d'Emmanuel d'Anglebermer en l'église de⁰ Passy-sur-Marne). — Paroisse de Saint-Éloi-de-Barsi, 1670, Barsi-Marcilly, 1694 (arch. comm. de Barzy). — Barcy (carte de Cassini).

Vicomté vassale de Braine et de Châtillon-sur-Marne. — Barzy dép. du doy. rural de Dormans.

Barzy, c⁰ⁿ du Nouvion. — Villa que dicitur Baius, 1153 (cart. du chap. de Cambrai, f° 17, Bibl. imp.). — Barisis, 1227; Baresis, 1229; Barisiacus, 1243; Barisi, 1246 (cart. de l'abb. de Foigny, f⁰ˢ 231, 232, 249 et 252). — Barzi, 1335 (cart. de la seign. de Guise, f° 189). — Barizis, 1340 (fonds latin, ms. 9228, Bibl. imp.). — Barsi, 1395 (arch. de l'Emp. P 135; transcrits de Vermandois). — Barzis, 1405 (arch. de l'Emp. J 801, n° 1). — Barsis, 1406 (cart. de la seign. de Guise, f° 325, Bibl. imp.). — Borzis, 1498 (arch. comm. du Nouvion). — Barizy, 1599 (chambre du clergé du diocèse de Laon). — Barzy-en-Picardie, 1615 (min. d'Ozias Teilinge, notaire). — Barzys-sur-Hainaut, Barzy-sur-France, 1624 (élect. de Guise, C 851). — Barzys, 1642 (chambre du clergé du dioc. de Laon). — Barzy-Henault, 1773 (gruerie du Nouvion).

Barzy dép. de la seigneurie de Guise et ressortissait au baill. ducal de cette ville. La portion du territ. située au nord de la rivière qui passe à Barzy était de l'intendance du Hainaut (Valenciennes) et de la subdélégation de Landrecies.

Bas-Bugny, hameau. — Voy. Bugny (Haut et Bas).

Basces, m⁰⁰ isolée, c⁰ˢ de Quincy-Basse. — Baza, 1165; Bassa, 1165 (ch. de l'abb. de Saint-Martin de Laon). — Basce, 1174 (gr. cart. de l'év. de Laon, ch. 3). — Domus leprosorum de Basche, 1228 (ch. de l'abb. de Prémontré). — Basse, 1411 (arch. de l'Emp. J 801, n° 4). — Basse-la-Réalle, 1619 (arch. de l'Hôtel-Dieu de Laon, 3 E 1). — Basse-la-Royale, 1669 (ibid.).

La maladrerie de Basce a été unie à l'Hôtel-Dieu de Laon par lettres patentes du mois de juin 1695.

— Un ruisseau qui séparait autrefois la châtellenie de Coucy-le-Château du comté d'Anizy-le-Château porte le même nom; il limite encore les cantons de Coucy-le-Château et d'Anizy-le-Château. Ce ruisseau prend sa source à Quincy-Basce et se jette dans l'Ailette à Landricourt; son parcours est de 7,200 mètres. — *Riu de Basce* (gr. cart. de l'év. de Laon). — *Rivus Bascie*, ru de *Basse*, 1375 (Chronicon de Nogento, p. 48, 164 et 179).

Bas-Chemin, m⁰ⁿ isolée, c°ᵉ de Septvaux.

Bas-Chenost, h. c°ᵉ de Nogent-l'Artaud.

Bascon, h. c°ᵉ d'Essommes. — *Bacon* (carte de Cassini).

Bascon, bois, c°ᵉ d'Origny-Sainte-Benoîte. — Ce bois est défriché; il se trouvait dans la prairie près de l'emplacement qu'occupe auj. une scierie mécanique.

Basenlieu, bois, c°ᵉ de Faucoucourt. — Bois de *Basenleus*, 1283 (ch. de l'abb. de Saint-Vincent de Laon). On n'en connaît plus l'emplacement.

Bas-Fondé, f. c°ᵉ de Charly. — *Fondez*, 1632; *Fondé*, 1664 (baill. de Charly).

Elle est connue aussi sous le nom de *Bois-Fondé*.

Bas-Foret, h. c°ᵉ de Courboin.

Bas-Goulet, f. c°ᵉ de Laigny. — *Petit-Goulet*, 1694 (baill. de Laigny).

Bas-Laval, f. c°ᵉ de Pargny.

Bas-Lierval, h. c°ᵉ de Lierval. — *Bas-Guierval* (Cass.).

Bas-Monberton, h. c°ᵉ de Montreuil-aux-Lions.

Bas-Rozières, h. c°ᵉ de Fresnes. — *Bas-Rosière* (carte de Cassini).

Basse-Boulogne, m⁰ⁿ isolée, c°ᵉ de l'Empire. — *Basse-Boline* (carte de Cassini).

Basse-Cailleuse, f. c°ᵉ de Saint-Pierre; auj. détruite.

Basse-Chaourse, h. c°ᵉ de Chaourse.

Basse-Cour (La), m⁰ⁿ isolée, c°ᵉ de Pinon. — Dépendance du château de Pinon.

Basse-Courmelle (La), f. c°ᵉ de Courmelles; détruite sous la première révolution. — Cette ferme appartenait à l'abb. de Notre-Dame de Soissons.

Bassin (Le), h. c°ᵉ de la Bouteille. — Il doit son origine à une ferme construite par les religieux de Foigny: « elle a pris ce nom d'une herbe ainsi appellée qui croit en quantité en pastures froides et humides de ce lieu. » (Livre de Foigny, par de Lancy, p. 9.)

Bassinet, chât. détr. c°ᵉ de Rouvroy; vassal de Gauchy.

Bassinet (Le), chât. c°ᵉ de Fourdrain; auj. détruit. — *Bacinet*, 1383 (arch. de l'Emp. P 136; transcrits de Vermandois).

Bassinot, m¹ⁿ à eau, c°ᵉ de Ployart-et-Vaurseine. — Ce moulin est détruit; un étang reste sur son emplacement. — On devrait écrire *Massinot*.

Bassoles-Aulers, c°ⁿ d'Anizy-le-Château. — Villa de *Bascholes*, 1228 (ch. de l'abb. de Prémontré). —
Villa de *Baschole*, 1228 (cart. de l'abb. de Prémontré, f° 22, bibl. de Soissons). — *Bassolie*, 1231 (cart. de l'Hôtel-Dieu de Soissons, 190). — *Bascole*, 1237 (gr. cart. de l'év. de Laon, ch. 175). — *Bassole*, 1266 (ch. du musée de Soissons). — *Bassolles*, 1394; *Basoles*, 1413 (comptes de l'Hôtel-Dieu de Laon, E 3, E 9). — *Aullers-et-Bassoles*, 1536 (acquits de comptes de Laon). — *Aullers-et-Bassoles*, 1729 (intend. de Soissons, C 205). — *Aulers-Bassole* (carte de Cassini).

La seigneurie relevait autref. de Coucy-le-Château.

Bastards (Les), fief, c°ᵉ de la Ferté-Chevresis; vassal de la baronnie de la Ferté-sur-Péron.

Bastournë, étang auj. desséché, c°ᵉ de Gandelu. — *Batourné*, 1554; *Bastorné*, 1564 (arch. comm. de Gandelu).

Bastreval, domaine, c°ᵉ de Sains. — *Bastrevallis*, 1168 (cart. de Saint-Michel, p. 169, Bibl. imp.).

Bataille, fief, c°ᵉ de Missy-lez-Pierrepont. — Relevait autrefois de la châtell. de Pierrepont.

Bataille, fief, c°ᵉ d'Ognes. — Appartenait autrefois aux religieuses de Sainte-Croix de Chauny.

Bataille (La), h. c⁰ᵉˢ de Bassoles-Aulers et de Quincy-Basce.

Batard, petit ruisseau affluent de l'Oise à Mondrepuis. — Son parcours est de 6 kilomètres.

Batis, bois, c°ᵉ d'Amifontaine. — *Silva que vocatur Bateiz de amiâ*, xii° s° (cart. de l'abb. de Vauclerc, f° 56). — *Batitio, Batuin Silva*, 1161 (arch. de l'Emp. L 996).

Batis, bois, c°ᵉ d'Erlon. — Bois du *Basty*, 1606 (famille Béguin).

Ce bois, qui appartenait autrefois à l'abbaye de Saint-Vincent de Laon, a été aliéné par l'État le 13 février 1815. Il est défriché.

Batis (Les), h. c°ᵉ de Chéry-Chartreuve. — Construite en 1865.

Batis (Les), petit affluent de l'Ailette à Pargny-Filain. — Son parcours est de 1,100 mètres.

Bat-le-Temps, m¹ⁿ à eau, c°ᵉ de Venizel. — *Moulin Bat-le-Tem*, 1364 (cart. de l'abb. de Saint-Crépin-le-Grand, p. 291).

Batnard, m¹ⁿ à eau, c°ᵉ de Muret-et-Crouttes.

Batrez, m¹ⁿ à eau, c°ᵉ de Braine; auj. détruit. — *In molendinis Baterez de Brana*, p 1208 (cart. de l'abb. de Saint-Yved de Braine, arch. de l'Emp.).

Baty, m⁰ⁿ isolée, c°ᵉ de Pargny-Filain. — Moulin détr.

Baty (Le), f. c°ᵉ de Gercy.

Baty (Le), h. c°ᵉ de Neuvemaison. — *Battye*, xvii° s° (arch. comm. de Neuvemaison, reg. de fabrique).

Baugaisne, petit fief, c°ᵉ d'Origny-Sainte-Benoîte; vassal de l'abb. d'Origny-Sainte-Benoîte.

3.

Bauchets (Les), m⁰⁰ isolée, c¹⁰ de Saint-Agnan.

Baucis, f. c⁰⁰ de Braine; auj. détruite. — Elle appartenait autrefois à l'abb. de Saint-Jean de Laon.

Baudière (La), h. c⁰⁰ de Domptin. — *Baudrières* (carte de Cassini).

Baudon, ruiss. qui prend sa source à Vendresse, passe à Verneuil-Courtonne et se jette dans l'Aisne à Moussy-sur-Aisne. Il n'alimente que trois moulins à blé. — Son parcours est de 4,850 mètres.

Baudouin-Tangry, fief, c⁰⁰ de Marest-Dampcourt. — Il relevait autrefois de la seign. d'Abbécourt.

Baulne, c⁰⁰ de Condé. — *Belna*, 1191 (cart. de l'abb. de Saint-Jean-des-Vignes, Bibl. imp.). — *Biaune*, xiv⁰ s⁰ (tombe en l'église de Baulne). — *Beaune-en-Brie*, 1502; *Beaulne-en-Brye*, 1517 (tit. de l'Hôtel-Dieu de Château-Thierry). — *Beaulne-en-Brie*, 1541 (comptes de l'Hôtel-Dieu de Soissons, 408, f⁰ 39). — *Beaulne*, 1636 (tit. de l'abb. d'Essommes). — *Beaulnes*, 1710 (int. de Soissons, G 205). — *Beaune* (carte de Cassini).

Baulne dép. autref. du doy. rural de Dormans.

Bault, ruiss. affluent de la Vesle à Saint-Thibaut. — Il n'alimente aucune usine. Son parcours est de 3,600 mètres.

Bauve (La), m⁰⁰ isolée, c⁰⁰ de Crouttes; détr. en 1830.

Bauverguier, fief; vassal de Thorigny.

Bayard, m⁰⁰ isolée, c⁰⁰ de Chézy-l'Abbaye.

Bayard, petit fief, c⁰⁰ de Wiége; vassal de Guise.

Baiempont, chât. détr. c⁰⁰ de Regny. — *Baienpont*, 1110 (cart. AA de l'abb. de Saint-Quentin-en-l'Île, p. 13). — Curtis *Baiepontis*, 1143 (cart. de l'abb. de Saint-Nicolas-des-Prés de Ribemont, f⁰ 1, arch. de l'Emp.). — Curtis *Baienpontis*, 1156 (ch. de l'abb. de Saint-Nicolas-des-Prés de Ribemont).

Seigneurie vassale du comté de Ribemont.

Bazin, h. c⁰⁰ de Bichancourt.

Bazoches, c⁰⁰ de Braine. — Ecclesia *Basilicarum* in honore beatorum martirum Rufini et Valerii, 1135 (cart. du chap. cath. de Soissons, f⁰ 153). — *Bazolchiis*, xii⁰ s⁰ (cart. de l'abb. d'Igny, f⁰ 2, Bibl. imp.). — *Basilicense monasterium*, 1186; territorium *Bazochiarum*, *Basilice*, 1201 (cart. du chap. cath. de Soissons, f⁰⁰ 154 et 155). — *Basoches*, 1209 (suppl. de D. Grenier, 293, Bibl. imp.). — *Basoche*, 1467 (comptes de l'Hôtel-Dieu de Soissons, 350, f⁰ 18) — *Basosche*, 1587 (ibid. 474, f⁰ 95). — Paroisse *Saint-Pierre-de-Bazoche*, 1668 (arch. comm. de Bazoches).

Le nom de Bazoches vient d'une chapelle (basilica) construite sur l'emplacement où saint Rufin et saint Valère souffrirent le martyre. — Prieuré fondé en 1136 (coll. de D. Grenier, 24⁰ paquet, n° 4, Bibl. imp.). — Châtellenie en 1423 (arch. de l'Emp. Tr. des ch. reg. 172, pièce 257). — Baronnie vassale de l'évêché de Soissons (arch. de l'Emp. P 136; transcrits de Vermandois). — Maladrerie unie à l'Hôtel-Dieu de Soissons par arrêt du Conseil d'État du 3 août 1696. — Chef-lieu d'un doyenné rural de l'archidiaconé de Tardenois. Il comprenait dans sa circonscription le doyenné rural de Fère-en-Tardenois, qui en a été démembré en 1661, et en outre Barbonval, Bazoches, Blanzy-lez-Fismes, Bruys, Chéry-Chartreuve, Courcelles, Jouaignes, Lhuys, Limé, Longueval, Merval, Mont-Notre-Dame, Mont-Saint-Martin, Paars, Perles, Quincy-sous-le-Mont, Saint-Thibaut, Tannières, Vauxceré et Villesavoye.

Bazoches devint, en 1790, le chef-lieu d'un canton du district de Soissons et comprit dans son enclave : Barbonval, Bazoches, Blanzy-lez-Fismes, Chartreuve, Chéry, Glennes, Longueval, Merval, Mont-Notre-Dame, Mont-Saint-Martin, Paars, Perles, Revillon, Saint-Thibaut, Serval, Vauxceré, Villers-en-Prayères et Villesavoye.

Bazoches, fief, près de Septmonts; vassal de la châtell. de Pierrefonds.

Beancourt, f. et m¹⁰ à eau, c⁰⁰ de Nanteuil-Vichel. — *Beantcourt*, 1696 (arch. comm. de Nanteuil-Vichel). Autrefois fief vassal de Neuilly-Saint-Front.

Beary, f. c⁰⁰ de Grugies, auj. détruite. — Autref. fief.

Beaucamp, h. c⁰⁰ du Nouvion. — *Biaucanp*, 1306; Capella beati Nicholai in domo de *Bellocampo*, *Biauchamp*, 1317 (cart. de la seign. de Guise, f⁰⁰ 195, 60). Fief relevant autrefois de Guise.

Beaufay, c⁰⁰ de Mauregny-en-Haye. — Fief relevant autrefois de la châtell. d'Eppes; il est désigné au plan cadastral sous le nom de *Boisfay*.

Beaufort, fief près de Fourdrain, relevant autrefois de Laon (insin. du baill. de Vermandois de 1613, trib. de Laon).

Beaufort, f. c⁰⁰ de Lesquielles-Saint-Germain. — Le château de Beaufort, vassal de Guise, dépendait de la paroisse de Montreux.

Beaulieu, h. c⁰⁰ de Beaumont-en-Beine. — Ecclesia de *Bello-Loco*, 1153 (cart. de l'abb. d'Hombliéres, p. 51). — *Beaulieu-en-Beine*, 1631 (baill. de Chauny, B 1436).

Prieuré de Bénédictins fondé en 1117 par l'abb. d'Hombliéres. — Le hameau fait maintenant partie de la population agglomérée. Il doit son origine à une ferme acquise en 1779 par le seigneur de Beaumont-en-Beine.

Beaulieu, f. c⁰⁰ de Buironfosse; auj. détruite.

Beaulieu, f. c⁰⁰ de Vervins; auj. détruite. — Elle appartenait autrefois à l'abb. de Thenailles.

DÉPARTEMENT DE L'AISNE.

Beaulne-et-Chivy, c⁰⁰ de Craonne. — *Behelna*, 1143 (ch.ném. ms. de l'Eleu, t. I, f° 375). — *Belna*, 1184 (cart. de Philippe Auguste, f° 38, Bibl. imp.). — *Biaune*, 1207; *Béaune*, 1223 (ch. de l'Hôtel-Dieu de Laon, B 8 et B 65). — *Byanne*, 1389 (arch. de l'Emp. P 136; transcrits de Vermandois). — *Beaune*, 1405 (arch. de l'Emp. J 801, n° 1). — Paroisse de *Saint-Victor-de-Beaulne*, 1679 (état civil de Beaulne-et-Chivy, trib. de Laon). — *Baune-et-Chivy*, 1709 (intend. de Soissons, C 274).

Commune instituée en 1184 par Philippe Auguste.

Beaumanais, bois, c⁰⁰ de Pontavert. — *Bois de Byaumares*, 1353 (dén. cab. de M. d'Imécourt, GG 1). — *Beaumaretz*, 1498 (audiencier de Roucy, *ibid.*).

Beaumé, c⁰⁰ d'Aubenton. — *Biaumes*, 1189 (cart. de la seign. de Guise). — *Beaumes*, 1318 (arch. de l'Emp. Tr. des ch. reg. 55, pièce 122). — *Biaumez*, 1326 (cart. de la seign. de Guise, f°⁰ 36 et 144). — *Byaumes*, 1383 (cart. de l'abb. de Bucilly, f° 96). — *Beaumet*, 1568 (acquits, arch. de la ville de Laon). — *Beaulmay*, 1612 (terr. d'Aubenton). — *Beaulmez*, 1685 (baill. de Ribemont, B 40). — *Beaumée* (carte de Cassini).

La seigneurie dépendait de la châtell. de Martigny et ressortissait au baill. d'Aubenton. Le lieutenant général de ce baill. laissait aux officiers municipaux l'exercice de la justice foncière.

Beaumé, f. c⁰⁰ de Mondrepuis; détruite.

Beaumont, f. c⁰⁰ de Juvigny. — Autrefois domaine de l'abb. de Saint-Crépin-en-Chaye de Soissons.

Beaumont, f. c⁰⁰ de Noircourt. — Cense de *Beaumont*, 1504; *Grangia de Bellomonte*, 1527 (tit. de l'abb. de Bonnefontaine, arch. des Ardennes).

Beaumont-en-Beine, c⁰⁰ de Chauny. — *Curtis de Bolmont, Bolmunt*, 1188 (ch. de l'abb. de Prémontré, bibl. de Soissons). — *Boumont*, 1210 (ch. de l'abb. de Corbie, Somme). — *Beaumont-en-Bayne, Beaumont-en-Beynes*, 1532 (comptes de la châtell. de Ham, chambre des comptes de la Fère). — *Beaumont-en-Baine*, 1616 (baill. de Chauny, B 1489). — *Beaumon*, 1688 (arch. de Beaumont-en-Beine).

Beaumont-en-Beine était du doy. rural de Ham et ressortissait au baill. de Chauny.

Beau-Moulin, fief, c⁰⁰ d'Oulchy-le-Château; vassal de Pontarcy.

Beaurain, h. c⁰⁰ de Flavigny-le-Grand-et-Beaurain. — *Bellus-Ramus, Biaurain*, 1264; ville de *Biauraine*, 1331; *Biauraing*, 1335; *Byaurain*, 1337 (cart. de la seign. de Guise, f°⁰ 50, 99, 287 et 204). — *Beaurains*, 1483 (comptes, arch. comm. de Lesquielles-Saint-Germain). — *Saint-Médard-de-Beaurains*, 1688 (arch. comm. de Flavigny-le-Grand-et-Beaurain). — *Beaurin*, 1709 (intend. de Soissons, C 274).

Fief vassal de Guise, uni à cette seigneurie au XIII° siècle. Le village ressortissait au baill. ducal de Guise pour la justice.

Beauregard, h. c⁰⁰ des Autels.

Beauregard, m⁰⁰ isolée, c⁰⁰ de Baulne.

Beauregard, f. c⁰⁰ de Charly; détruite.

Beauregard, h. c⁰⁰ de Clairefontaine.

Beauregard, fief, c⁰⁰ de Laffaux. — Ce fief, vassal de Malhôtel, appartenait à l'abb. de Nogent.

Beauregard, petit h. c⁰⁰ de la Malmaison, près de Lor.

Beauregard, f. c⁰⁰ de Montloué, entre le Thuel et le bois d'Angoute.

Beauregard, f. c⁰⁰ de Muscourt.

Beauregard, h. c⁰⁰ de Nogent-l'Artaud.

Beauregard, f. c⁰⁰ d'Orgeval. — Détruite vers le milieu du XVIII° siècle.

Beaurepaire, f. c⁰⁰ de Charly. — *Beaurepeire*, 1234 (cart. de l'abb. de Notre-Dame de Soissons, f° 252). — *Biaurepaire*, 1252 (arch. de l'Emp. L 1004).

Cette ferme appartenait autref. à l'abb. de Notre-Dame de Soissons.

Beaurepaire, h. c⁰⁰ de Laigny. — *Bospatium, in pago Laudunensi*, 872 (dipl. de Charles le Chauve, Acta SS. ord. S. Bened. p. 1, Sæc. 3, p. 119). — *Bellus redditus*, 1238; *Biaurepaire*, XIII° s° (cart. de Foigny, f° 240, Bibl. imp.). — *Beelvrepair*, 1236; *Belrepair*, XIII° s° (cart. de l'abb. de Thenailles, f°⁰ 8 et 42). — *Biaulrepaire*, 1248 (cart. de l'abb. de Saint-Martin de Laon, t. II, p. 253). — *Biaurepair*, 1374 (arch. de l'Emp. L 1155, A, 2° liasse). — *Beaurepair*, 1451 (reg. des assises du baill. de Vermandois, trib. de Laon). — *Beaurepere*, 1618 (baill. de Laigny).

Fief vassal de la châtell. de Voulpaix et du comté de Marle. Le hameau est maintenant uni à la population agglomérée.

Beaurepaire, f. c⁰⁰ de Laon. — Cette ferme, autrefois dépendance du faubourg de Leuilly, est détruite.

Beaurepaire, fief, c⁰⁰ de Lierval; vassal du duché de Laonnois.

Beaurepaire, f. c⁰⁰ de Longpont. — Ancien domaine de l'abb. de Longpont.

Beaurepaire, f. c⁰⁰ de Montigny-sur-Crécy.

Beaurepaire ou Beaurepas, fief, c⁰⁰⁰ de Pont-Saint-Mard et de Crécy-au-Mont.

Beaurepaire, m⁰⁰ à eau, c⁰⁰ de Rouvroy. — *Beaurepair*, XIV° s° (arch. de l'Emp. P 135; transcrits de Vermandois).

Le moulin appartenait au chap. de Saint-Quentin; il est détruit depuis un temps immémorial.

BEAUREPAIRE, f. c¹⁰ de Vierzy. — *Biaurepair*, 1397 (manuel de l'Hôtel-Dieu de Soissons, 323).

La ferme de Beaurepaire, vassale de la châtell. de Pierrefonds, appart. autrefois à l'abb. de Longpont.

BEAUREPAIRE, étang, c¹⁰ de Viry-Noureuil; desséché.

BEAUREPAIRE, ruisseau qui prend sa source à Chaudardes et se jette dans le Ployon à Pontavert.

BEAUREPAS, h. c¹⁰ d'Oizy. — Ancien fief vassal de Guise.

BEAUREVOIR, c⁰ⁿ du Catelet. — *Belvoir*, XII° s° (ex Giselberti Montensis Hannoniæchronico, *Hist. de France*, t. XIII, p. 566 E). — *Biauvoir*, 1202 (cart. de l'abb. du Mont-Saint-Martin, f° 96). — *Bellum visum*, 1229 (cart. de la seign. de Guise, f° 74). — *Bellum videre*, alodium in marcha regni et imperii in castellania Sancti-Quintini, 1263 (*Olim*, t. I, p. 573). — *Biauroer*, 1264 (arch. de l'Emp. Tr. des ch. reg. 30, pièce 73). — *Belowart*, 1347 (arch. de l'Emp. J 620, n° 40). — *Beauvoir-en-Arouaise*, 1356 (chambre des comptes de la Fère). — *Biaurevoir*, 1384 (arch. de l'Emp. P 135; transcrits de Vermandois). — *Beauvoir-en-Cambresis*, 1575 (arch. de l'Emp. P 248-3).

La seigneurie, située dans le Cambrésis (dénombr. de Louis de Luxembourg, connétable de Saint-Pol, chambre des comptes de la Fère), relevait autrefois des châtellenie et prévôté de Saint-Quentin et ne devait, à chaque mutation, qu'un bois de lance sans fer; elle a été engagée le 10 juin 1594, par le roi Henri IV, à de Balagny, et en 1654, par le roi Louis XIV, à la famille de Mailly-Nesles.
— Le territoire sis au sud de la chaussée Brunehaut semble, d'après la carte du diocèse de Noyon dédiée à Mᵍʳ Louis-André de Grimaldi, évêque de Noyon, avoir fait partie du diocèse de cette ville.

BEAUREVOIR, f. c¹⁰ de Nouvion-et-Catillon; détruite. — Elle appartenait aux abbayes de Saint-Jean de Laon et de Saint-Nicolas-aux-Bois.

BEAURIBAIL ou BEAURIVAIL, fief, c¹⁰ de Sissonne; vassal de Sissonne.

BEAURIEUX, c⁰ⁿ de Craonne. — *Belru*, 1150; *Berith*, 1153; *Bellus rivus*, 1158 (cart. de l'abb. de Vauclerc, f⁰ˢ 12, 16 et 23). — *Beaureu*, 1327 (arch. de l'Emp. Tr. des ch. reg. 64, n° 734; reg. 90, n° 155). — *Biauriu*, 1378 (arch. comm. de Bruyères-et-Montbérault). — *Biauru*, 1393 (dénombr. cab. de M. d'Imécourt). — *Biaurieu-en-Laonnois*, 1462 (reg. des assises du baill. de Vermandois). — *Beaurieux*, 1514 (audiencier de Roucy). — Paroisse de Saint-Remy-de-Beaurieu, 1569 (état civil de Beaurieux, trib. de Laon).

La seign. appart. à l'abb. d'Origny-Sainte-Benoîte, de laquelle relevait la vicomté de Beaurieux.

Beaurieux devint, en 1790, le chef-lieu d'un canton du district de Laon. Il comprenait dans sa circonscription Beaulne-et-Chivy, Beaurieux, Bourg-et-Comin, Cerny-en-Laonnois, Cuiry-lez-Chaudardes, Cuissy-et-Geny, Jumigny, Moulins, Moussy-sur-Aisne, Œuilly, Paissy, Pargnan, Troyon, Vassogne, Vendresse et Verneuil-Courtonne.

BEAUROUART, h. c¹⁰ de Fresnoy-le-Grand. — *Biaurewart*, 1202 (cart. de l'abb. de Fervacques, p. 446). — *Biaurewart*, 1299 (cart. de l'abb. de Fervacques, f° 38, Bibl. imp.).

La ferme appart. autref. à l'abb. de Fervacques.

BEAUTOR, c⁰ⁿ de la Fère. — Parrochia de *Beautor*, 1210; *Bauthor*, 1214 (ch. de l'abb. de Saint-Vincent de Laon). — *Rautor*, 1229 (arch. de l'Emp. L 994). — *Bautort*, 1260 (ch. de l'abb. de Saint-Vincent de Laon). — *Bautour*, 1293 (restitution d'un *Olim* par M. Léopold Delisle, p. 448). — *Vautour*, 1400 (arch. de l'Emp. Tr. des ch. reg. 171). — *Rautor-lez-Lafère*, 1481 (arch. de l'Emp. P 248-1). — *Baultour*, 1498 (ch. des Célestins de Villeneuve). — *Bauthort*, 1533 (comptes de l'Hôtel-Dieu de la Fère). — *Bauthor*, 1561 (délib. de la chambre des comptes de la Fère). — *Bauthord*, 1635 (baill. de la Fère, B 719).

Membre de la châtell. de la Fère jusqu'en 1600, le village avait son ressort immédiat au baill. de la Fère. — Port assez important sur le canal latéral de l'Oise servant d'entrepôt à la ville de la Fère.

BEAUTROUX, h. c¹⁰ d'Étaves-et-Bocquiaux. — *Biautrou*, 1242 (arch. de l'Emp. L 1161). — *Biautrau*, 1274 (ibid. L 998). — Cense de *Beautrou*, 1561; *Beautroucq*, 1569 (arch. de la ville de Guise). — *Beautreau*, 1586 (arch. de l'Emp. J 791). — *Beautreaux*, 1773 (tit. de l'abb. de Clairefontaine).

La ferme de Beautroux appartenait autrefois à l'abb. de Clairefontaine et relevait de Bohain.

BEAUVEAU ou BRUINECOURT, fief, c¹⁰ de Gouy; vassal de Saint-Quentin.

BEAUVILLÉ, f. c¹⁰ de Vaux.

BEAUVOIR, f. c¹⁰ de Renansart. — Curtis de *Belveor*, 1158; in territorio de *Bello-Visu* in parrochia de Chievresi loco qui dicitur ad crucem de Bellovisu juxta viam que dicitur chemin Roumeres, 1273 (ch. de l'abb. de Saint-Nicolas-aux-Bois). — Maison de *Bieuvoir*, 1295 (cart. rouge de Saint-Quentin, f° 54). — *Beaulvoir*, vers 1340 (arch. de la ville de Saint-Quentin, liasse 268). — Cense de *Beauvoy*, 1588; cense de *Beauvois*, 1660 (tit. de l'abb. de Saint-Nicolas-aux-Bois). — *Beauvevois*, XVII° s° (dénombr. d'un fief à Fay-le-Noyer, famille la Trémoille). — *Beauvais*, 1722 (tit. de l'abb. de Prémontré).

BEAUVOIR, f. c^{ne} de Saint-Aubin. — *Bauvoire*, 1739; *Bauvoir*, 1778 (tit. du prieuré de Saint-Paul-aux-Bois).

La ferme de Beauvoir dép. autrefois du prieuré de Saint-Paul-aux-Bois.

BEAUVOIR, fief, c^{ne} de Vassens

BEAUVOIS, f. c^{ne} de Goudelancourt-lez-Pierrepont. — *Beevoir*, 1149; *Bealvoir*, 1165; *Beelvoir*, 1181 (cart. de l'abb. de Saint-Martin de Laon, t. I, p. 411 et 418). — *Curtis de Biauvoir*, 1249 (cart. de l'abb. de Bucilly, f° 17). — *Biavoir*, 1265 (ch. de l'Hôtel-Dieu de Laon, 8 B). — *Bellum-Visum*, 1289; *Biauvoir-dales-Pierrepont*, 1320; *Beauvoir*, 1381 (cart. de l'abb. de Saint-Martin, t. III, p. 81 et 83). — *Beauvais*, 1484 (comptes de Pierrepont, cab. de M. d'Imécourt). — *Beauvais*, 1486 (ch. de l'Hôtel-Dieu de Laon, B 91). — *Beauvoys*, 1496; *Bauvois*, 1560 (comptes de l'Hôtel-Dieu de Laon, E 27, E 32).

Les fermes de Beauvois appart. autref. à l'abb. de Saint-Martin de Laon et relevaient de la châtellenie de Pierrepont. Elles ont été unies à Goudelancourt-lez-Pierrepont, le 25 juillet 1788, par l'assemblée provinciale du Soissonnais; elles ressortissaient alors, pour la justice, au baill. de chàtell. de Pierrepont.

BEAUVOIS, c^{ne} de Vermand. — *Belvarium*, 1145; curtis de *Beauvoir*, 1180 (cart. d'Homblières, p. 8 et 78). — *Biauvoir*, 1275 (cart. de Guise, f° 79). — *Beauvoyr-et-Tombes*, 1694 (arch. comm. de Beauvois).

Village érigé en paroisse en 1238; il dépendait auparavant de Tombes. Beauvois et Tombes étaient du doyenné de Ham et faisaient partie du marquisat de Caulaincourt.

BEAUVOISIS, fief, c^{ne} de Travecy; vassal de la Fère.

BEAUVOT, f. c^{ne} de Parcy-Tigny. — Cette ferme, détruite depuis longtemps, appartenait autrefois à l'abb. de Longpont.

BECCORDET, fief, c^{ne} d'Étreillers. — *Becordel*, 1646 (arch. de la ville de Saint-Quentin, liasse 176).

BÉCHAUÉ, h. c^{ne} de Marly. — *Beschouet*, 1727 (baill. de Ribemont, B 265).

BÉCHERET, mⁱⁿ à eau, c^{ne} de Froidmont-Cohartille. — Molendinum quod dicitur *Bekerel*, 1143 (ch. de l'abb. de Saint-Jean de Laon). — *Bescheret*, 1607 (famille Berthoult, titres).

BÉCHERET, m^{me} isolée, c^{ne} de Toulis-et-Attencourt.

BECQUEREL, mⁱⁿ à eau, c^{ne} de Saint-Quentin. — Molendinum de *Becherel*, 1176 (cart. du chap. de Saint-Quentin, f° 98 C, Bibl. imp.). — Moulin de *Bekerel*, 1272 (cart. de l'abb. de Saint-Quentin-en-l'Ile, f. 2, arch. de l'Emp. LL 1017). — *Bequerel*, 1357 (cart. de la même abbaye, f° 1 v°, arch. de l'Emp. LL 1016).

Ce moulin est aujourd'hui connu sous le nom de *Moulin de Saint-Quentin*.

BECQUIGNETTE, f. c^{ne} de Becquigny. — *Becquignetes*, 1411 (arch. de l'Emp. J 801, n° 4). — *Becquigniete*, 1567 (arch. de la ville de Guise). — *Bequeniette*, 1728 (carte ms. de Deuse, ingénieur; arch. du Nord).

Cette ferme dép. autrefois de la paroisse de Prémont et ressortissait aux baill. et châtell. de Cambrai.

BECQUIGNY, c^{ne} de Bohain. — *Bekegnies*, 1163 (cart. de Saint-Corneille de Compiègne). — *Bequignies*, 1405 (arch. de l'Emp. J 801, n° 1). — *Becquegnies*, 1550 (comptes de Bohain, f° 49, chambre des comptes de la Fère). — *Becquignie*, 1567 (arch. de la ville de Guise). — *Becquignies*, 1698 (baill. de Ribemont, B 253).

BÉCRET, mⁱⁿ à eau, c^{ne} de Festieux. — Molendinum de *Bekerel*, 1173 (cart. de l'abb. de Saint-Martin, f° 141, bibl. de Laon). — Molendinum quod dicitur *Bequeriaux*, 1228 (cart. de l'Hôtel-Dieu de Laon, ch. 235). — *Bequerel-desseur-Velui*, 1368 (cart. de la ville de Laon, f° 87, bibl. de Laon).

BEFFECOURT, h. c^{ne} de Vaucelles-et-Beffecourt. — *Beffrecurtis*, 1138 (ch. de l'abb. de Saint-Martin de Laon, f° 135). — *Beffrecourt*, 1270 (ch. de l'abb. de Saint-Vincent de Laon). — *Befcourt*, 1413; *Breffecourt*, 1504 (comptes de l'Hôtel-Dieu de Laon, E 9, E 35). — *Beufcourt*, 1568; *Beuffecourt*, 1582 (tit. de l'abb. de Saint-Vincent de Laon). — *Beffecour*, 1709 (intend. de Soissons, C 205). — *Beuvecourt* (carte de Cassini).

Membre du duché de Laonnois.

BÉGARE-VALLIÈRE, m^{on} is. c^{ne} de Mesbrecourt-Richecourt.

BÉGUINES (LES), fief, c^{ne} de Marcy; vassal de Marle.

BEHAINE, c^{ne} de Marle. — Alodium *Bethaniæ*, 1137 (cart. de l'abb. de Fesmy, p. 179). — *Behaigne*, XIIIe s^e (cart. de l'abb. de Thenailles, f° 76). — Villa de *Behaingne*, 1269 (suppl. de D. Grenier, 290, Bibl. imp.). — *Behainnes*, 1523 (comptes de l'Hôtel-Dieu de Marle, E 5). — Paroisse *Saint-Hubert-de-Behagne*, 1643 (arch. comm. de Marcy). — *Behaisnes*, 1709 (int. de Soissons, C. 274 et 205).

Fief vassal de Marle. Behaine formait autrefois une paroisse ayant son territoire distinct; cette paroisse était déjà unie à celle de Marcy en 1703 (baill. de Leschelles).

BÉRÉNICOURT, bois, c^{ne} de Caillouël-Crépigny.

BÉHETTES (LES), carrières habitées, c^{ne} de Chevregny. — Traces de construction.

BEINE, nom d'une forêt dont les bois de Frières-Faillouel, de Liez, de Genlis, et le bois Venet sont des restes. Elle a laissé son nom aux communes de Beaumont-en-Beine et de la Neuville-en-Beine. — In bosco de *Boyne*, 1223 (arch. de l'Emp. Tr. des ch. reg. 53, f° 14). — Bois de *Baynne*, 1539; *Beynes*, 1532 (comptes de la châtell. de Ham, chambre des comptes de la Fère).

BEINE OU BEYNE, fief, c°° de Vassens. — *Baine*, 1458 arch. de l'Emp. E, 12,531).

BELAIR, m°° isolée, c°° de Barzy.

BELAIR, m°° isolée, c°° de Chézy-l'Abbaye. — On la considère cependant comme faisant partie du hameau de Grande-Saule.

BELAIR, m°° isolée, c°° de Mont-Saint-Jean.

BELAIR, f. c°° de Prouvais; détruite. — Cense de *Bellaire*, 1686; *Belaire*, 1756 (arch. comm. de Prouvais).

BELAIR, h. c°° de Sissonne. — De construction récente.

BELLEAU, c°° de Château-Thierry. — *Balolium*, 1231; *Baylluel*, 1233; *Bailluel*, 1238; *Baillex*, 1264; *Bailleax*, 1301 (ch. de l'Hôtel-Dieu de Soissons, 89). — *Bailleau*, 1358 (arch. de l'Emp. Tr. des ch. reg. 86, pièce 226). — *Bailliaux*, 1400 (comptes de l'Hôtel-Dieu de Soissons, 324). — *Beleau*, 1408 (ch. de l'Hôtel-Dieu de Soissons, 90). — *Baillaux*, 1463 (comptes de l'Hôtel-Dieu de Soissons, 349). — *Baleau*, 1477; *Baleaue*, 1484 (ch. de l'Hôtel-Dieu de Soissons, 189). — *Boiliaux*, 1484 (comptes de l'Hôtel-Dieu de Soissons, 360, f° 79). — *Boyleaux*, 1488 (ibid. 361, f° 34). — *Baliau*, 1491; *Balleau*, 1497 (ch. de l'Hôtel-Dieu de Soissons, 21). — *Baileau*, 1502 (comptes de l'Hôtel-Dieu de Soissons, 374). — *Balleaur*, 1508 (tit. de l'Hôtel-Dieu de Soissons). — *Boileaue*, 1516 (arch. de l'Emp. Q carton 4). — *Bailleaux*, 1529; *Bailleaue*, 1533 (tit. de l'Hôtel-Dieu de Soissons, 21). — *Baillaulx*, 1544 (comptes de l'Hôtel-Dieu de Soissons, 414, f° 23). — *Belleaüe*, 1709 (intend. de Soissons, C 205).

Une ordonnance royale, du 22 mai 1822, a uni Belleau à Torcy; elle a été rapportée par une autre du 6 juillet 1832).

BELLE-AULNE (LA), petit ruisseau qui prend sa source dans la forêt de Ris et se jette dans la Marne à Jaulgonne.

BELLECOUR, f. c°° de Remaucourt. — Constr. en 1839.

BELLE-ÉPINE (LA), m°° isolée, c°°° de Froidestrées et de Logny-lez-Aubenton.

BELLE-ÉTOILE (LA), m°° isolée, c°° de Villers-lez-Guise.

BELLE-FONTAINE, f. c°° de Gutry. — *La Fontaine* (carte de Cassini).

BELLE-FONTAINE, f. c°° de Nampcelle-la-Cour. — Cette ferme appartenait autrefois à la chartreuse du Val-Saint-Pierre.

BELLE-FONTAINE, m°° isolée, c°° de Villeneuve-sur-Fère. — La ferme de Belle-Fontaine appartenait autrefois à l'abb. du Val-Chrétien.

BELLENGLISE, c°° du Catelet. — *Belaineglise*, 1190 (cart. de l'abb. du Mont-Saint-Martin, p. 574). — *Bellana ecclesia*, 1195 (cart. AA de l'abb. de Saint-Quentin-en-l'Île, p. 69). — Territorium de *Biaullaineglise*, 1395 (Colliette, Mém. du Vermandois, t. II, p. 559). — *Belenneglise*, 1384; *Berenglise*, 1390 (arch. de l'Emp. P 135; transcrits de Vermandois). — *Belenglise*, 1565 (tit. de l'Hôtel-Dieu de Saint-Quentin).

Bellenglise relevait de la seigneurie de Thorigny (Recueil des fiefs, p. 105).

BELLENGLISE, bois, c°° de Benay; défriché.

BELLEPERCHE, f. c°° de Landouzy-la-Cour. — « Est uins, appellé au subject que dans l'estendue de cette terre, qui estoit anciennement partie en bois, il y avoit des arbres et des perches fort eslevées en hauteur et très belles à la voue, pourquoy ce nom luy a esté donné. » (Livre de Foigny, par de Lancy, p. 50.)

BELLES-FONTAINES, petit ruiss. affluent de celui de Bouffignereux à Guyencourt. — Il n'alimente aucune usine dans son parcours de 1,060 mètres.

BELLETTE, fief, c°° d'Audignicourt.

BELLEU, c°° de Soissons. — Ecclesia de *Bello-Loco*, 1143 (suppl. de D. Grenier, 294, Bibl. imp.). — Nemus de *Beloy*, 1215; Nemus de *Belloi*, 1222 (ch. de l'Hôtel-Dieu de Soissons, 166). — *Belleu-empres-Soissons*, 1384 (arch. de l'Emp. P 136; transcrits de Vermandois). — *Berleu*, 1447 (comptes de l'Hôtel-Dieu de Soissons, 343). — *Bellu*, 1491 (ibid. 362, f° 30).

Autrefois seign. vassale de l'évêché de Soissons.

BELLEVALLE (GRAND et PETIT), h. c°° de Rozoy-Bellevalle. — Territorium de *Bellavalle*, 1154 (cart. de l'abb. de Saint-Crépin-le-Grand, f° 9). — In nemore de *Beleval*, 1234 (cart. de l'abb. de Saint-Jean-des-Vignes, f° 64, Bibl. imp.). — *Belevale-Grand-et-Petit* (carte de Cassini).

Autrefois seigneurie vassale de Montmirail.

BELLEVALLÉE, m°° isolée, c°° de Brancourt; détruite.

BELLEVUE, m°° isolée, c°°° d'Alaincourt, Courcelles, Cuissy-et-Geny, Évergnicourt, Loudtre, Saint-Quentin, Vaux-Andigny, Versigny.

BELLEVUE, chât. c°° de Billy-sur-Aisne.

BELLEVUE, petit h. c°°° de la Capelle et de la Flamangrie. — *Belleveue*, 1716 (plan de la Flamangrie, arch. de l'Aisne).

BELLEVUE, h. c°°° de Cierges, Pargny, Vauxaillon.

Bellevue, m⁰⁰ isolée, c⁰⁰ de Courcelles.
Bellevue, m⁰⁰ isolée, c⁰⁰ de Crépy. — Ferme appartenant autrefois à l'abb. de Saint-Nicolas-aux-Bois.
Bellevue, f. c⁰⁰⁰ d'Esquehéries et de Gouy.
Bellevue, f. c⁰⁰ du Héric-la-Viéville. — Cette ferme appartenait autrefois à l'abb. de Saint-Nicolas-des-Prés de Ribemont.
Bellevue, h. c⁰⁰ de Landouzy-la-Ville. — Uni actuellement à la population agglomérée.
Bellevue, c⁰⁰ de Louâtre.
Bellevue, m¹⁰ à eau, c⁰⁰ d'Origny-Sainte-Benolte. — Ce moulin, construit sur le bras principal de l'Oise, est abandonné depuis 1860.
Bellevue, m⁰⁰ isolée, c⁰⁰ de Vaux-Andigny.
Bellicourt, c⁰⁰ du Catelet. — *Belleincourt*, 1228 (cart. de l'abb. du Mont-Saint-Martin). — *Berincort*, 1164 (ch. de l'abb. de Fervacques). — *Belycourt*, 1565 (ch. de l'Hôtel-Dieu de Saint-Quentin).

Seign. vassale de Malincourt-en-Cambrésis, vendue le 3 février 1638, par Jean de la Porte, au chap. de Saint-Quentin. — Chapell. dite de Liessart, transférée en l'église sous le vocable de Notre-Dame.

Bellimont, f⁰⁰, c⁰⁰ de Burelles. — *Grangia de Banni-Monte*, 1324 (suppl. de D. Grenier, 287; Bibl. imp.). — *Bellynnon*, 1544 (comptes de l'Hôtel-Dieu de Marle). — *Belimont*, 1710 (intend. de Soissons, C 320).

Les fermes de Bellimont appartenaient autrefois à la chartreuse du Val-Saint-Pierre.

Bellois, bois, c⁰⁰ de Lœuilly.
Bellonière, f. c⁰⁰ de Viffort.
Belot, fief, c⁰⁰ de Renansart; vassal du comté de Ribemont.
Belsart, m¹⁰ à eau, c⁰⁰ de Torcy.
Belval, f. et chât. c⁰⁰ de Goudelancourt-lez-Berrieux.
Belvéder (Le), m⁰⁰ isolée, c⁰⁰⁰ de Fossoy et de Vivières.
Benay, c⁰⁰ de Moy. — *Benais*, 1231 (cart. de l'abb. de Saint-Michel, p. 152, Bibl. imp.). — *Benaix*, 1384 (arch. de l'Emp. P 135; transcrits de Vermandois). — *Benays*, 1464 (comptes de la maladrerie de la Fère, Hôtel-Dieu de la même ville). — *Saint-Martin-de-Benay*, 1697 (chambre du clergé du dioc. de Noyon). — *Benaix*, 1695 (arch. comm. de Benay).

Autrefois baronnie vassale du duché de Guise.

Benicourt, f. c⁰⁰ de Marchais. — *Begnicourt* (carte de Cassini).
Bésite ou la Fontaine-Bénite, h. c⁰⁰ de Vielsmaisons. — *Benitre* (carte de Cassini).
Bergeau (Le), h. c⁰⁰ de Bassoles-Aulers.
Bergeaumont (Forêt de), c⁰⁰⁰ de Bois-lez-Pargny et de Dercy. — *Burgeaumont*, 1606 (maîtrise des eaux et forêts de la Fère). — *Berjeaumont*, 1627 (tit. de

l'Hôtel-Dieu de Laon). — *Bourgeaumont*, 1645; *Berjaumont*, 1662 (tit. de l'abb. de Saint-Jean de Laon). — *Bargemont* (carte de Cassini).

Le bois des avoueries de Bergeaumont ou de Saint-Jean appartenait autref. à l'abb. de S¹-Jean de Laon.

Bergène (La), m⁰⁰ isolée, c⁰⁰ de Bellenglise.
Bergerie (La), f. c⁰⁰ de Montchâlons; détruite. — Était à l'extrémité des territ. de Cherét et de Parfondru.
Bergeries (Les), f. c⁰⁰ de Bonneil; convertie en grange. — *La Bergerie* (carte de Cassini).
Bergeries (Les), f. c⁰⁰ de Saint-Paul-aux-Bois; détruite.
Bergicourt, ruiss. qui prend sa source sur le territ. de Remies et se jette dans la Serre à Pont-à-Bucy. — *Aqua de Bergicort*; aqua de Belgicort, 1234 (cart. de l'abb. de Saint-Martin de Laon, f⁰ 61, bibl. de Laon).

L'ancien territoire du même nom situé à Mesbrecourt-Richecourt est couvert de débris de constructions romaines. — *In territorio de Bergicort*, 1204 (*ibid.* f⁰ 60).

Bengues, c⁰⁰ du Nouvion. — *Berghes*, 1227 (cart. de l'abb. de Foigny, f⁰ 239, Bibl. imp.). — *Bergues-en-Thiérache*, 1344 (arch. de l'Emp. Tr. des ch. reg. 107, pièce 152). — *Bergues-au-Sard-de-Nouvion*, 1385 (arch. de l'Emp. Tr. des ch. reg. 150, pièce 156). — *Bergue*, 1648 (chambre du clergé du diocèse de Laon).

Le village dépendait autrefois du duché de Guise et ressortissait au baill. de ce duché.

Berjotterie (La), p. h. c⁰⁰ de la Chapelle-sur-Chézy.
Berlancourt, c⁰⁰ de Sains. — *In territorio de Berlaincurt*, 1144; *altare de Berleincurt*, 1177; *Berlencurt*, 1195 (cart. de l'abb. de Thenailles, f⁰⁰ 15, 32, 33). — *Bellaincort*, 1244 (cart. de l'abb. de Foigny, f⁰ 264, Bibl. imp.). — *Bellencourt*, 1329 (arch. de l'Emp. Tr. des ch. reg. 67, f⁰ 21 v⁰). — *Bellancourt*, 1460 (arch. de l'Emp. Q 7). — *Barlancourt*, 1544 (comptes de l'Hôtel-Dieu de Marle). — *Barlencourt*, xvi⁰ s⁰ (arch. de l'Emp. P 249-3). — *Beillencourt*, 1603 (terrier de Catillon-du-Temple, f⁰ 5).

Seigneurie vassale du comté de Marle (arch. de l'Emp. PP 17), et dont la justice a été unie à celle de Marfontaine en 1781 (baill. de Marfontaine).

Berlinval, h. c⁰⁰ de Morsain. — *Bertinval* (Cassini). C'était une dépendance du marquisat de Coucy-le-Château.
Berlise, f. c⁰⁰ de Bertricourt; ancien château. — *Berlize* (carte de Cassini).
Berlize, c⁰⁰ de Rozoy-sur-Serre. — *Villa que dicitur Berlisia*, 1148; *Berlise*, 1166 (cart. de l'abb. de

Signy, f° 66, arch. des Ardennes). — *Bellise*, 1230; *Bellisia*, 1240 (ch. de l'Hôtel-Dieu de Laon, B 37). — *Belise*, 1248 (cart. de l'abb. de Saint-Denis, arch. de l'Emp. LL 1158). — *Berlyse*, 1495 (comptes de l'Hôtel-Dieu de Laon, E 26). — Paroisse de *Saint-Martin de Berlize*, 1675 (état civil de Berlize, trib. de Laon).

Territ. très-accidenté formant trois vallons de l'est à l'ouest. — La seign. rel. autref. de Rozoy-sur-Serre (reg. des décrets du baill. de Laon, 1613-1624).

BERLUSETTE (LA), m⁰ⁿ isolée et m¹⁰ à vent, c⁰ᵉ de la Malmaison.

BERNA, bois, c⁰ᵉ de Vauxaillon. — Ce bois dépendait du fief de Malvoisine.

BERNAGE, fief, c⁰ᵉ de Beugneux. — Dépendance de la baronnie de Cramaille.

BERNAUX (LES), m⁰ⁿ isolée, c⁰ᵉ d'Hannape; construite en 1857.

BERNEHIER, m¹ⁿ à eau, c⁰ᵉ de Laon. — *Molendinum Bernehier*, 1123 (ch. de l'abbaye de Saint-Vincent de Laon).

Ce moulin, donné par Barthélemy, évêque de Laon, à l'abb. de Saint-Vincent, était déjà détruit en 1280. — *Juxta locum qui dicitur locus Molendini de Bernehier* (gr. cart. de l'év. de Laon, ch. 9).

BERNOT, c⁰ᵉ de Guise. — *Villa quæ dicitur Bresnoth*, 1ᵉʳ s⁰ (cart. d'Homblières, f° 23). — *Villa quæ Bresnost appellatur*, xıᵉ s⁰ (Aug. Virom. etc. Claude Hémeré, preuves, p. 38). — *Brenot*, 1142; *Bresnort*, 1156; alodin de Brosnoco, xııᵉ s⁰ (cart. de l'abb. de Fervacques, f° 71, 59, 63). — *Brenort*, 1157; *Bernoth*, 1165 (ch. de l'abb. de Saint-Martin de Laon). — *Bernort*, 1199 (arch. de l'Emp. L 994). — *Bernordium*, 1278 (ch. de l'Hôtel-Dieu de Laon, B 81). — *Brenort*, 1296 (cart. de l'abb. de Saint-Martin de Laon, t. III, p. 6). — *Brenodium*, 1340 (fonds latin, ms. 9228, Bibl. imp.). — *Brenod*, 1375 (arch. de l'Emp. P 248-2). — *Bernod*, 1600 (tit. de l'abb. d'Origny-Sainte-Benoîte).

Seigneurie dépendant autrefois de la châtellenie de Bohain et relevant de Guise.

BERNOVILLE, h. c⁰ᵉ d'Aisonville-et-Bernoville. — *Beronvilla*, 1157; *Bernenvilla*, xııᵉ s⁰ (cart. de l'abb. de Liessies, f° 88, arch. du Nord). — *Territorium de Bernonvile*, 1223 (ch. de l'abb. de Fervacques). — *Bernonville*, 1340 (fonds latin, ms. 9228, Bibl. imp.).

Autrefois seigneurie vassale de Guise.

BERNY-RIVIÈRE, c⁰ᵉ de Vic-sur-Aisne. — *Bernacum, villa publica*, vıı⁰ s⁰ (continuateur de Frédégaire, ch. 120, L. V). — *Bernacha, villa*, ıxᵉ s⁰ (Nithard, lib. III, cap. 3). — *Berneium, Berneyum*, ıxᵉ s⁰ (dipl. de Charles le Chauve, cart. de Saint-Médard, f° 125).

Seigneurie vassale de Pierrefonds; elle appartenait à l'abb. de Saint-Médard de Soissons. — L'église a été érigée en chapelle vicariale par ordonnance royale du 20 mars 1822.

BÉROLLE, f. c⁰ᵉ de Berzy-le-Sec; auj. détruite. — Elle appartenait autrefois au chap. de Berzy.

BERRIEUX, c⁰ⁿ de Craonne. — *Besru*, 1146; *Berru*, 1153; *Berriu*, 1174 (cart. de l'abb. de Vauclerc, f⁰ˢ 6 et 50). — *Berrucum*, 1252 (arch. de l'Emp. L 996). — *Berrieu*, 1405 (*ibid*. J 801, n° 1). — *Berieus*, 1515 (comptes de l'Hôtel-Dieu de Laon, E 43). — *Besreu*, 1537 (comptes de Roucy). — *Berieu*, 1603 (tit. de l'év. de Laon). — Paroisse de *Saint-Cir de Berrieux*, 1668 (état civil de Berrieux, trib. de Laon).

Autrefois seigneurie vassale de Neuville.

BERRY, h. c⁰ᵉ de Sᵗ-Christophe-à-Berry. — *Berry-Saint-Christophe*, 1257 (ch. de l'Hôtel-Dieu de Soissons). — *Bery*, 1695 (tit. du chap. cath. de Soissons).

Anc. dépend. du marquisat de Coucy-le-Château.

BERRY-AU-BAC, c⁰ⁿ de Neufchâtel. — *Bairetus*, ııᵉ s⁰ (polypt. de Saint-Remy de Reims). — *Berriacum*, 1081 (mém. ms. de l'Eleu, t. I, p. 205). — *Altare de Bairy*, 1145; *Bairi*, xııᵉ s⁰ (ch. de l'abb. de Saint-Vincent de Laon). — *Bayri*, 1156 (cart. de l'abb. de Vauclerc, f° 20). — *Baireium*, 1214; *Bairiacum*, 1285; *Bery*, 1344 (ch. de l'abb. de Saint-Vincent de Laon). — *Bery-au-Bac*, 1409 (comptes de l'Hôtel-Dieu de Laon, E 7). — *Bac*, 1536 (*ibid*. E 62). — *Bery-au-Bacq*, 1491 (baill. de Roucy, cabinet de M. d'Imécourt). — *Bacq-à-Berry*, 1564 (abb. de Saint-Remy de Reims, arch. de la Marne). — *Le Bacq*, 1586 (tit. de l'abb. de Saint-Vincent de Laon). — *Bac-à-Berry*, 1652 (arch. du Dépôt de la guerre, intérieur; corresp. milit. pièce 144). — *Bacq-à-Béry*, 1663 (tit. de l'abb. de Saint-Vincent de Laon). — Paroisse de *Saint-Hylaire-de-Bery-au-Bacq*, 1675 (état civil de Berry-au-Bac, trib. de Laon). — *Berry-au-Baq*, 1682; *Berry-au-Bac*, 1745 (tit. de l'abb. de Saint-Vincent de Laon). — *Berrye-au-Bacq*, 1766; *Berri-au-Bac*, 1767 (chambre du clergé du dioc. de Laon).

Ce village ress. autref. par appel au baill. de Roucy, et pour les cas royaux à celui de Laon. — La seign. avait titre de vicomté (arch. comm. de Juvincourt).

BERTAIGNEMONT, f⁰ˢ, c⁰ᵉ de Landifay-et-Bertaignemont. — *Bretegnimons, Bertignimons*, xııᵉ s⁰ (cart. de l'abb. de Foigny, f⁰ˢ 193 et 190, Bibl. imp.). — *Bertignemont*, 1258 (cart. de l'abb. de Saint-Michel, p. 363). — *Bretignemons*, 1278 (gr. cart. de l'év.

de Laon, ch. 171). — *Bretignemont*, 1333 (cart. de la seigneurie de Guise, f° 120). — *Breteignemont*, *Bretegnemont*, 1561 (arch. de la ville de Guise). — *Berthainemont*, 1603 (terr. de la comm^rie de Laon, f° 62). — *Berteinemont*, 1740 (baill. de Ribemont, B 35). — *Berthemont* (carte de Cassini). — *Bertennemont*, 1759 (baill. de Landifay).

Comm^rie unie à celle de la ville de Laon. Les fermes formaient une commune; elles ont été unies à Landifay par ordonnance royale du 9 juin 1819.

BERTAUCOURT, h. c^ne de Pontru. — Chef-lieu d'une municipalité avant 1789 (intend. d'Amiens, C 775).

BERTAUCOURT-ÉPOURDON, c^on de la Fère. — *Bertolcourt*, 1133 (ch. de l'abb. de Saint-Vincent de Laon). — *Bertoucourt*, 1214 (ch. de l'abb. de Saint-Nicolas-aux-Bois). — *Bertaucourt-et-Eppourdon*, 1381; *Berthaucourt*, 1523 (ch. de l'abb. de Saint-Vincent de Laon). — *Berteaucourt*, 1683 (maîtrise de la Fère).

Ancienne dépendance de la châtell. de la Fère. — Le bailliage ressortissait autrefois au baill. de la même ville.

BERTHELIMÉ, fief, c^ne de Wassigny; vassal de Guise.

BERTHENAY, h. c^ne de Villers-Agron-Aiguizy. — *Brethenay*, 1406; *Bretenay*, 1426 (comptes de l'Hôtel-Dieu de Soissons, 327, 337). — *Berttenay*, 1664 (arch. comm. de Villers-Agron-Aiguizy). — *Bertenay*, 1706 (tit. de l'Hôtel-Dieu de Soissons, 9). — *Bertenet*, 1733 (intend. de Soissons, C 205).

BERTHENICOURT, c^on de Moy. — *Bertegnicourt*, in pago Laudunensi, 1114 (cart. AA de l'abb. de Saint-Quentin-en-l'Île, p. 113). — *Bertegnicort*, *gnicourt*, 1235 (cart. de l'abb. de Saint-Quentin-en-l'Île, f° 125, arch. de l'Emp. LL 1017). — *Bertignicort*, 1253 (suppl. de D. Grenier, 191, abb. de Montreuil, Bibl. imp.). — *Berthegnicourt*, 1575 (cart. de l'abb. de Saint-Quentin-en-l'Île, f° 56, arch. de l'Emp. LL 1017). — *Berthnicourt*, 1577 (terr. d'Alaincourt, cab. de M. Gauger, arpenteur à Mayot). — *Bertheghnicourt*, 1613 (abb. de Maroilles, 351, arch. du Nord). — *Bertenicourt*, 1619 (tit. de l'abb. de Saint-Quentin-en-l'Île). — *Bertinicourt*, 1662 (chambre du clergé du dioc. de Laon).

BERTRICOURT, c^on de Neufchâtel. — *Bertrici-curtis*, 1093 (ch. de l'abb. de Saint-Thierry de Reims, arch. de la Marne). — *Berturicurtis*, 1126 (cart. de Saint-Thierry de Reims, f° 386, arch. de la Marne). — *Berthricourt*, 1547 (coll. des bénéfices du dioc. de Laon, secr. de l'év. de Soissons).

Ancienne dépendance de la cure d'Orainville.

BERZY-LE-SEC, c^ne de Soissons. — *Bersiacus* in comitatu Suessonico, 877; *Berzisus*, 879 (Hist. de France, t. VIII, p. 666, et t. IX, p. 416). — *Bersiacus*, 893 (dipl. du roi Eudes; Mabillon, *De Re diplom*.). — *Berzi*, 1161 (cart. de l'abb. de Saint-Médard, f° 51, arch. de l'Aisne). — *Berzicum*, 1239 (cart. de Longpont, f° 39, arch. de l'Aisne). — *Bersy*, 1383 (arch. de l'Emp. P 136; transcrits de Vermandois). — *Berzy-le-Secq*, xviii° siècle (tit. de l'Hôtel-Dieu de Soissons, 25).

Autrefois mairie et vicomté vassales du comté de Soissons. — Chapitre établi en 1524.

BESACE (LA), m^lin à vent, c^ne de Saint-Erme-Outre-et-Ramecourt.

BESMÉ, c^ne de Coucy-le-Château. — *Besmez*, 1576 (arch. de la ville de Chauny). — *Besmes* (Cassini).

Ancienne dépendance du marquisat de Blérancourt et de la paroisse de Camelin. — Autrefois seigneurie vassale de Coucy-le-Château. Le village ressortissait au baill. de cette ville.

BESMONT, c^ne d'Aubenton. — *Bovis-Mons*, 1181; *Buemont*, 1192; *Buefmont*, 1382 (cart. de l'abb. de Bucilly, f° 72, 81, 96). — *Beumont*, 1405 (arch. de l'Emp. J 801, n° 1). — *Beufmon*, 1625 (terr. de Besmont). — *Beufmont*, 1625 (min. de Roland, notaire, arch. de l'Aisne). — *Besmond*, 1684; *Besmon*, 1700; *Bémont*, 1714 (baill. d'Aubenton). A 507. — *Besmont-en-Thiérache*, 1705 (min. de Thouille, notaire, arch. de l'Aisne).

Autrefois membre de la châtell. de Martigny. — Le village ressortissait pour la justice au bailliage d'Aubenton.

BESNY-ET-LOISY, c^on de Laon. — *Bisiniacum* in comitatu Laudunensi, 877 (Hist. de France, t. VIII, p. 666 B). — *Benni*, 1173 (cart. de l'abb. de Saint-Martin de Laon, f° 70, bibl. de Laon). — Altare de *Besni*, 1183 (coll. de D. Grenier, 24° paquet, n° 5). — *Besniacum*, 1261 (ch. de l'abb. de Saint-Vincent de Laon). — *Beesny*, 1340 (fonds latin, ms. 9228, Bibl. imp.). — *Begny*, 1399 (comptes de l'Hôtel-Dieu de Laon, E 2). — *Beny*, 1397; *Besny-les-Laon*, 1403 (ch. de l'abb. de Saint-Vincent de Laon). — *Beesgny*, 1475; *Beagny*, 1515 (comptes de l'Hôtel-Dieu de Laon, E 21, E 43). — *Besnis*, 1729 (intend. de Soissons, C 205).

La seigneurie appartenait autrefois à l'abb. de Saint-André du Cateau-Cambrésis.

BESSY (LES), f. c^ne de Vauxaillon.

BÉTHANCOURT, h. et m^in à eau, c^ne de Crécy-au-Mont. — *Bertheinicurtis*, 1145 (Chron. de Nogento, p. 427). — *Bethencourt*, xii° s° (cart. de l'abb. de Prémontré, bibl. de Soissons). — *Betencourt*, 1246 (ch. de l'abb. de Prémontré).

Ce hameau doit son origine à une ferme qui appartenait à l'abb. de Nogent.

4.

Béthancourt-en-Vaux, c⁹⁰ de Chauny. — *Bethencourt*, 1153 (Colliette, *Mém. du Vermandois*, t. II, p. 335). — Territorium de *Betancourt*, 1226 (cart. de Saint-Médard, f° 60, Bibl. imp.). — *Betacurtis*, xiiiᵉ s'; *Bethencourt-en-Vaus*, 1284; *Bethencourt-in-Vallibus*, 1285 (cart. de l'abb. d'Ourscamp, f°⁵ 2, 145 et 148). — *Bethencourt-ès-Vaux*, 1373 (arch. de l'Emp. P 135; transcrits de Vermandois, f° 307). — *Bethencourt-ès-Vaulx*, 1525 (tit. de l'abb. de Gentis). — *Bethancourt*, 1647; *Saint-Médard-de-Betencourt*, 1697 (arch. comm. de Villequier-Aumont). — *Betancourt-en-Vaux*, 1710 (intend. de Soissons, C 206). — *Bethancourt-en-Veaux* (carte de Cassini).

Autrefois vicomté unie au marquisat de Guiscard érigé en 1703.

Beugneux, c⁹⁰ d'Oulchy-le-Château. — *Buingnaus*, xiiiᵉ s' (cueilleret de l'Hôtel-Dieu de Soissons, 191). — *Bugneux*, 1464 (ch. de l'abb. de Saint-Jean-des-Vignes de Soissons). — *Bugnieux*, 1515 (comptes de l'Hôtel-Dieu de Soissons, 386, f° 27). — *Bugneulx*, 1519 (*ibid.* 391, f° 4). — *Buigneux*, 1573 (pouillé du dioc. de Soissons, f° 33). — *Beugneulx*, 1627 (arch. comm. de Beugneux). — *Beugneux-Vuallée*, 1733; *Beugneu-Wallée*, 1745 (intend. de Soissons, C 206).

Autrefois seigneurie vassale d'Oulchy-le-Château.

Beuvardelle, h. c⁹⁰ de Beuvardes. — *Buvardelle* (Cass.).

Beuvardes, c⁹⁰ de Fère-en-Tardenois. — *Beuvarda*, 1223; *Buverde*, 1464; *Beuvarde*, 1509 (suppl. français, n° 1195, Bibl. imp.). — *Buvarda, Beuverde*, 1573 (pouillé du dioc. de Soissons, f° 33). — *Buvarde*, 1580 (tit. de l'abb. de Saint-Jean-des-Vignes de Soissons). — *Buvardes*, 1710 (intend. de Soissons, C 274).

Justice unie à celle de Mont-Saint-Père par lettres patentes de février 1783.

Bevière, fief, c⁹⁰ d'Ébouleau. — Relevait autrefois de la châtell. de Pierrepont.

Bézanderie (La), m⁹⁰ isolée, c⁹⁰ de Chézy-l'Abbaye.

Bézuet, h. c⁹⁰ de Bézu-Saint-Germain. — *Besuel*, 1217 cart. de l'abb. de Saint-Jean-des-Vignes, f° 51, Bibl. imp.). — *Baisuel*, 1226 (suppl. de D. Grenier, 293, Bibl. imp.). — *Bezois* (carte de Cassini).

Bézu-le-Guéry, c⁹⁰ de Charly. — Altare de villa que *Besuacus-Vastatus* nuncupatur, 1186 (suppl. de D. Grenier, 293). — *Bezu-lez-Guery*, 1567 (comptes de l'Hôtel-Dieu de Soissons, f° 29). — *Bezu-le-Guerri*, 1573 (pouillé du dioc. de Soissons, f° 25). — *Bezu-les-Guary*, 1679 (arch. comm. de Bézu-le-Guéry).

Autrefois vicomté.

Bézu-les-Fèves, h. c⁹⁰ d'Épaux-Bézu. — *Baysu, Besu*, 1110 (cart. de l'abb. de Saint-Jean-des-Vignes de Soissons, Bibl. imp.). — *Besu-prope-Clincampum*, 1220 (suppl. de D. Grenier, 293, Bibl. imp.). — *Besu-les-Feuvres*, 1297 (ch. des arch. de la ville de Chauny). — *Bessu-les-Fevres*, xiiiᵉ s' (cueilleret de l'Hôtel-Dieu de Soissons, 191). — *Bezu-les-Febvres*, 1554 (insinuations du baill. de Vermandois). — *Bezu-les-Febves*, 1680 (arch. comm. d'Épaux-Bézu). — *Bezu-les-Fevres*, 1744 (int. de Soissons, C 206).

Bézu-les-Fèves a été uni à Épaux par décret du 2 janvier 1851.

Bézu-Saint-Germain, c⁹⁰ de Château-Thierry. — *Besu-Saint-Germain*, 1410 (suppl. de D. Grenier, 294, Bibl. imp.). — *Bezu-Sainct-Germain*, 1500 (ch. de l'abb. de Nogent-l'Artaud). — *Bezu-Sainct-Germain*, 1524 (arch. comm. de Brécy).

Bichancourt, c⁹⁰ de Coucy-le-Château. — Altare de *Becencurte*, 1059 (coll. de D. Grenier, 24ᵉ paquet, n° 6, Bibl. imp.). — *Bekencurtis*, 1120; altare de *Bekencurt*, 1174; ecclesia de *Becenicurte*, 1193 (Chron. de Nogento, p. 114, 239, 433). — *Bessencourt*, 1340 (fonds latin, ms. 9228, Bibl. imp.). — *Bechancourt*, 1341 (arch. de l'Emp. P 136; transcrits de Vermandois). — *Beschencourt*, 1568 (acquits, arch. de la ville de Laon). — *Bichencourt*, 1581 (terr. de Bichancourt).

Seigneurie incorporée au marquisat de Gentis au mois de mai 1645 (baill. de Chauny, B 1505).

Bieuxy, c⁹⁰ de Vic-sur-Aisne. — *Bieuxi*, 1122; *Bieuci*, 1447; *Bieuxy-les-Espaigny*, 1458; *Bieuxy-les-Baignieux*, 1481; *Bieuxy-en-Soissonnais*, 1546 (ch. du chap. cath. de Noyon, arch. de l'Oise).

Autrefois seigneurie vassale de Coucy; elle appartenait au séminaire de Soissons.

Bièvres, c⁹⁰ de Laon. — *Beveria*, 1180; *Bevra*, xiiᵉ s' (cart. de l'abb. de Foigny, f°⁵ 118 et 132, Bibl. imp.). — *Bièvre*, 1189; *Bievra*, 1261 (cart. de l'abb. de Saint-Martin de Laon, f°⁵ 143 et 149, bibl. de Laon). — *Byevra*, 1340 (fonds latin, ms. 9228, Bib. imp.). — *Byèvres*, 1498 (comptes de l'Hôtel-Dieu de Laon, E 29). — *Byeuvres*, 1555 (taxe des décimes du dioc. de Laon, secr. de l'év. de Soissons). — *Byeuvre-les-Orgeval*, xivᵉ s' (arch. de l'Emp. P 249-2). — Parrochia de *Bieuvre*, 1663 (arch. comm. de Martigny-en-Laonnois).

La seigneurie de Bièvres relevait autrefois de l'évêché de Laon.

Biez, f. c⁹⁰ de Courboin.

Bigasse, bois, c⁹⁰ de Villers-le-Sec; défriché.

Biliécourt, h. c⁹⁰ de Vermand. — *Buiecourt*, xiiiᵉ s' (Livre rouge de l'abb. de Saint-Quentin-en-l'Île, f° 195, arch. de l'Emp. LL 1018). — Molendinum de *Bunercourt*, 1245 (arch. de l'Emp. L 738).

Billets (Ru des), petit affluent du ruisseau d'Ardon à Urcel. — Il alimente les moulins de Boncourt et Sylvot. Son parcours est de 2,500 mètres.

Billon (Le), h. et moulins à vent, c°° de Montaigu.

Billonnerie (La), f. c°° de Viffort. — *Bionerie* (carte de Cassini).

Billy-sur-Aisne, c°° de Soissons. — *Billiacus*, 858 (cart. de l'abb. de Notre-Dame de Soissons, f° 33). — *Billi*, 1143 (cart. de l'abb. de Saint-Crépin-le-Grand, p. 73). — *Billiacum*, 1219 (ch. de l'Hôtel-Dieu de Soissons, 166). — *Billiacus-supra-Axonam*, 1268 (suppl. de D. Grenier, 289, Bibl. imp.). — *Billiacus-super-Auxonam*, *Billi-sur-Aine*, 1268 (ibid. 295). — *Billi-seur-Aine*, 1294 (ibid. 293). — *Billi-seur-Aisne*, 1354 (ch. du chap. de Saint-Pierre-au-Parvis de Soissons). — *Billiacus-super-Axonam*, 1361 (arch. de l'Emp. Tr. des ch. reg. 81, n° 386). — *Billy*, 1364 (ch. du chap. de Saint-Pierre-au-Parvis de Soissons). — *Billi-sur-Aisne*, 1384 (arch. de l'Emp. P 136; transcrits de Vermandois). — *Bally-sur-Aisne*, 1384 (cart. de l'abb. de Notre-Dame de Soissons, f° 45). — *Billy-sur-Aixne*, 1414 (ch. du chap. de Saint-Pierre-au-Parvis de Soissons). — *Billy-sur-Aine*, 1783 (intend. de Soissons, C 205).

La vicomté, vassale de la châtell. de Pierrefonds, appartenait autrefois à l'abbaye de Notre-Dame de Soissons. Elle a été acquise de Jean de Thumery le 5 août 1518 (cart. de l'abb. de Notre-Dame de Soissons, f° 442).

Billy-sur-Ourcq, c°° d'Oulchy-le-Château. — *Billi-super-Urcam* fluvium, 1129; *Billi*, *Billi-super-Orcham*, 1143; *Biliacus-super-Ulcum*, 1184; *Billiacus-super-Urcam*, 1236 (cart. de l'abb. de Saint-Crépin-le-Grand de Soissons, p. 70, 3, 693, 256). — *Billiacum-super-Urcum*, 1247 (cart. de l'abb. de Saint-Médard de Soissons, f° 129). — *Billiacus-super-Urcum*, 1258 (suppl. de D. Grenier, 294, Bibl. imp.). — *Billi-sur-Ourc*, 1345 (arch. de l'Emp. Tr. des ch. reg. 80, pièce 160). — *Billy-sur-Ourcq*, 1624 (tombe de Charles de Ligny, en l'église de Rozet-Saint-Albin).

Bimont ou Côte de Bimont, fief, c°° de Faucoucourt.

Biscauderie (La), m°° isolée, c°° de Montfaucon. — *Fayaudry* (carte de Cassini).

Bisselet, h. c°° de Breny.

Biza, f. c°° de Missay-sur-Aisne. — Fief des *Boullets*, 1695 (délib. hôp. de Soissons) : ce fief appartenait en partie à la prévôté de Chivres.

Blanc-Chêne, m°° is. c°° de Beaurevoir; détr. en 1856.

Blanc-Fort, h. c°° d'Origny.

Blanchard, f. et plâtrière, c°° de Château-Thierry.

Blanche, f. c°° de Burelles. — *Fons*, 1200 (ch. de la Chartreuse du Val-Saint-Pierre).

Blanchecourt, h. c°° de Rogécourt. — Ancienne dépendance de la paroisse de Versigny et seigneurie vassale de la châtell. de la Fère (baill. de la Fère, B 660).

Blanchefontaine, f. c°° de Dolignon. — Cense de *Blanchefontaine*, 1745 (arch. comm. de Dolignon).

Elle fait aujourd'hui partie de la population agglomérée.

Blanchisserie (La), m°° is. c°° de Manicamp; détruite.

Blancmont, fief, c°° de Grugis. — Ce fief limitait le territ. d'Urvillers (intend. d'Amiens, C 775).

Blancmont (Le), m¹° à eau, c°° de Saint-Clément. — Alimenté par les ruisseaux de Ringeat et d'Iviers.

Blancpain, fief, c°° de Verly; vassal de Guise.

Blanc-Sablon, m°° is. c°° de Craonnelle. — *Blancq-Sablon*, 1615 (appointés du baill. de Vermandois).

Blancs-Fossés, m°° isolée, c°° de Vaux-Andigny.

Blancs-Fossés (Les), bois, c°° de Fontaine-Notre-Dame; défriché en 1846.

Blanques-Voies, m°° isolée, c°° de Monceau-le-Neuf; détruite. — *Blanques-Voyes*, 1416 (arch. de l'Emp. J 801, n° 6).

Blanzy, h. c°° de Saint-Remy-Blanzy. — *Blanziacus*, 1219 (arch. de l'Emp. L 1003).

Seign. appart. autref. à l'abb. de Saint-Pharon de Meaux; elle était vassale d'Oulchy-le-Château.

Blanzy-lez-Fismes, c°° de Braine. — *Blanziaci* villa, 1135 (cart. de l'abb. de Saint-Yved de Braine, Bibl. imp.). — Grangia de *Blanzi*, 1219 (ch. de l'abb. de Saint-Yved de Braine). — *Blanzis*, xiii° s° (arch. de l'Emp. Tr. des ch. reg. 30, pièce 343). — *Blanzy-les-Feimes*, 1515; *Blanzy-les-Feime*, 1528; *Blanzy-les-Fynes*, 1533 (arch. du comté de Roucy). — *Blanzy-les-Perles* (carte de Cassini).

Dépendance de la baronnie de Pontarcy.

Blaury, petit ruiss. affluent du Petit-Gland, avec lequel il se confond sur le territ. de Wattigny. Son parcours, dans le département de l'Aisne, est de 1,580 mètres. Ce ruisseau n'alimente aucune usine. — Rivus de *Blaaingnis*, 1260 (cart. de l'abb. de Saint-Michel, p. 258). — *Blanc-Rieu*; ruisseau *Blancqrieux*, 1612 (terr. d'Any-Martin-Rieux).

Blécourt, fief, c°° de Marest-Dampcourt; vassal de Varennes.

Blérancourdelle, c°° de Coucy-le-Château. — *Blérencourdel*, 1679; *Blérancourdel*, 1679 (arch. comm. de Blérancourdelle).

Blérancourt, c°° de Coucy-le-Château. — *Blarencurtis*, 1138 (Chron. de Nogento, p. 119). — *Blérencourt*,

1287 (cart. de l'abb. d'Ourscamp, f° 156, arch. de l'Oise). — *Blérencourt*, 1298 (*Olim*, t. II, p. 416).

Chef-lieu : 1° d'un marquisat relevant de Coucy-le-Château; 2° d'un doyenné rural de l'archidiaconé de la Rivière. Ce doyenné comprenait Audignicourt, Blérancourdelle, Blérancourt, Bourguignon, Caisne, Camelin, Cutz, Manicamp, Morsain, Nampcel, Quierzy, Saint-Aubin, Saint-Paul-aux-Bois, Selens, Trosly-Loire, Vassens et Vézaponin.

Blérancourt avait une maison de Feuillants fondée en 1614 par Bernard Potier de Gesvres. L'orphelinat date de 1661 ; l'hôpital, de 1726.

Blérancourt devint, en 1790, le chef-lieu d'un canton du district de Chauny ; ce canton comprenait Audignicourt, Blérancourdelle, Blérancourt, Besmé, Bourguignon, Camelin, le Fresne, Lombray, Saint-Aubin, Saint-Paul-aux-Bois et Vassens.

BLESMES, c^{ne} de Château-Thierry. — *Belesmia*, 1131 (arch. de l'Emp. L 1005). — Ville et terroir de *Belesme*, 1337 (suppl. de D. Grenier, 293, Bibl. imp.). — *Blesme* (carte de Cassini).

La seigneurie appartenait autrefois à l'abbaye de Chézy ; elle relevait de Montmirail. — Maladrerie unie à l'Hôtel-Dieu de Château-Thierry par arrêt du conseil d'État du 2 mars 1696.

BLEUCOURT, fief, c^{ne} d'Amifontaine. — Il relevait, dans l'origine, de la châtell. de Montaigu, et avant 1789, directement de l'évêché de Laon.

BLISSY, h. et m^{in} à eau, c^{ne} de Saint-Michel. — *Bliciacum*, 1193 ; *Bliceium*, 1145 (cart. de l'abb. de Saint-Michel, p. 22 et 27). — *Blici*, 1148 (cart. de Bucilly, f° 3). — *Blisci*, 1169 (suppl. de D. Grenier, 289, Bibl. imp.). — *Blicy*, 1217 (cart. de la seign. de Guise, f° 38). — *Blicicurtis*, 1222 (cart. de l'abb. de Foigny, f° 60, Bibl. imp.). — *Bleci*, 1240 (cart. de l'abb. de Bucilly, f° 68). — *Blecy*, 1260 (cart. de l'abb. de Foigny, f° 278, Bibl. imp.).

BLOCUS (GRAND et PETIT), h. c^{ne} de Vénérolles. — *Blocqu*, 1584 (baill. de Ribemont, B 194).

Ces hameaux doivent leur origine à une ferme qui appart. à l'abb. de Saint-Médard de Soissons.

BLONDEL, fief, c^{ne} de Vasseny ; vassal de Fère-en-Tardenois (arch. de l'Emp. Q 8).

BOBIGNY, h. c^{ne} de Leuze. — Villa *Bubigneium*, 1136 (mém. ms. de l'Eleu, t. I, f° 353). — *Balbinies*, 1148 (cart. de l'abb. de Bucilly, f° 3). — *Baubigniacus*, 1163 ; *Baubignies*, 1178 (cart. de l'abb. de Foigny, f°s 41 et 42, Bibl. imp.). — *Baubigny*, 1622 (insinuations du baill. de Ribemont, B 17).

Autrefois château relevant de la châtell. de Martigny, puis filature de laine et enfin hameau.

BOCHAGE (LE), h. c^{ne} de Courboin.
BOCHAGES (LES), h. c^{ne} de Fontenelle. — *Haut-Beausages*, 1739 (arch. comm. de Fontenelle). — *Haut et Bas Bochages* (carte de Cassini).
BOCHAT, m^{on} isolée, c^{ne} de Rozoy-Bellovalle. — *Beauchat* (carte de Cassini).
BOCHET, h. c^{ne} de Bézu-Saint-Germain.
BOCHET (LE), m^{on} isolée, c^{ne} de Bouffignereux et de Grandrieux.
BOCHET (LE), m^{in} à eau, c^{ne} de Venizel.
BOCQUEAU, c^{ne} de la Neuville-Bosmont. — *Bouqueteaulx*, 1561 (délibérations de la chambre des comptes de la Fère).

Fief peu important relevant autref. de la Neuville-Bosmont, et au XVIIIe s^e, du marquisat de Vervins.

BOCQUETEAU, petit fief, c^{ne} de Rogécourt. — Il a été aliéné, le 14 février 1604, par les commissaires du roi Henri IV (arch. de l'Emp. Q 8).
BOCQUIAULX, petit fief, c^{ne} de Chaourse ; vassal de Maucreux. — *Bocquiaux*, 1702 (dénombr. de la châtell. de Pierrepont, présenté à l'évêque de Laon).
BOCQUIAUX, h. c^{ne} d'Étaves-et-Bocquiaux. — *Boskiaus*, 1284 (cart. de l'abb. de Fervacques, f° 84, Bibl. imp.). — *Bocqueaulx*, 1561 (arch. de la ville de Guise).

Seigneurie vassale de Fieulaine. — Chapellenie sous le vocable de Sainte-Anne.

BOCQUILLART, petit fief, c^{ne} de Franqueville ; vassal du marquisat de Vervins.
BOCQUILLÈRE, bois, c^{ne} de Marteville.
BOCQUILLON, petit fief, c^{ne} de Bernot ; vassal de Guise.
BOCQUILLON, petit fief, c^{ne} de Chevennes ; vassal de Chevennes. — *Bocquillion*, 1774 (reg. des reliefs de la seign. de Chevennes).
BOCQUILLOS, petit fief, c^{ne} de Condren.
BODU, petit fief, c^{ne} de Renansart ; vassal de Ribemont.
BOGNIEUX, m^{on} isolée, c^{ne} de Bornot.
BOHAIN, arrond. de Saint-Quentin. — *Bohang*, 1138 (Colliette, *Mém. du Vermandois*, t. II, p. 275). — *Bohaing*, 1156 (ch. de l'abb. de Saint-Nicolas-des-Prés de Ribemont).— *Buchammum*, XIIe s^e (*ibid.* f° 32, LL 1015, arch. de l'Emp.). — *Bouhaing*, 1230 (cart. de l'abb. de Fervacques, f° 460, arch. de l'Aisne). — *Boshaing, Boshain*, 1292 ; *Bhouaing-in-Taresca, Bouhaing-en-Thiérache*, 1298 (cart. de la seign. de Guise, f°s 48 et 56). — Bourg de *Bohain-en-Picardie*, 1723 (relat. véritable des grands incendies arrivés dans le bourg de Bohain-en-Picardie).

Châtellenie vassale de Guise et de l'abbaye de Vermand. Ce qui relevait de cette abbaye (les bois des Ramettes et d'Archies, Archies et quelques terres jusqu'au chemin de Busigny, et jusqu'au bois de la Sablière enclavé dans la forêt de Bohain) ressortissait pour la justice au baill. de Saint-Quentin; le surplus, à celui de Ribemont. — Seigneurie unie au domaine de l'État par l'avénement du roi Henri IV, engagée le 12 juin 1594 à Mme de Balagny, et le 8 septembre 1654 à la famille de Meilly. Elle a été érigée en comté en 1703.

Chef-lieu, en 1790, d'un c^on du distr. de Saint-Quentin. Il comprenait dans son enclave : Becquigny, Bohain, Brancourt, Escaufourt, Fresnoy-le-Grand, Montbrehain, Prémont, Ramicourt et Serain.

Les armoiries de Bohain sont : *de gueules à la lettre B capitale d'or, couronnée de même.*

BOHÉRIES, h. c^ne de Vadencourt. — Ecclesia Sancte-Marie-de-*Boheriis*, 1156 (suppl. de D. Grenier, 288, Bibl. imp.). — *Boheris*, 1167 (ch. de l'abb. de Saint-Martin de Laon). — *Boheris-super-Hesiam*, 1170 (suppl. de D. Grenier, 288, Bibl. imp.). — *Boheria*, 1175 (cart. de l'abb. de Foigny, f° 181). — *Beherius*, 1183 (arch. de l'Emp. L 992). — *Behories*, 1189 (suppl. de D. Grenier, 288, Bibl. imp.). — *Bohories*, 1222 (arch. de l'Emp. L 992). — *Bohoris*, 1295; *Bohories-doles-Guise*, 1333 (cart. de la seign. de Guise, f° 119). — *Behoris*, 1340 (fonds latin, ms. 9228, Bibl. imp.). — *Bouhories*, 1395 (cart. de la seigneurie de Guise, f° 324). — *Bauhoury*, 1584 (arch. de la ville de Guise). — *Bouhoury*, 1622 (arch. comm. de Lesquielles-Saint-Germain, comptes des pauvres). — *Bohery*, 1709; *Bois-Héries*, 1710 (int. de Soissons, C 274, C 320).

Abbaye de Bernardins sous le vocable de la Vierge, de la filiation de Foigny, établie en 1141. — Bohéries ressortissait au baill. de Guise pour la justice. Ce hameau a formé une commune et n'a été uni à Vadencourt qu'en vertu d'un décret du 20 janvier 1811 et d'une ordonnance royale du 19 juillet 1826. — Voy. ÉPINOIS.

BOHÉRIETTE (LA) ou BOUBY, f. c^ne de Jouy; détruite en 1603 (appointés et expertises du baill. de Vermandois, greffe du trib. de Laon). — Elle appartenait autrefois à l'abb. de Bohéries et se trouvait près d'Hameret.

BOIS-A-LEUP, petit h. c^ne d'Auffrique-et-Nogent. — *Bois-Aleu* (carte de Cassini).

BOISART, petit h. c^ne de Brancourt; détruit.

BOIS AU TILLEUL, bois, c^ne de Marle; défriché.

BOIS-BAILLARD, petit ruisseau affluent de celui de Parfond-Chemin à Concevreux. — Son parcours est de 740 mètres.

BOIS-BRÛLÉ, m^on isolée, c^ne de Montigny-sur-Crécy; détruite.

BOIS-CARBONNET OU LA FOLIE, h. c^ne d'Aubenton. — *Boy-Carbonnet*, 1612 (terr. d'Aubenton). — *La Follie*, 1660 (min. de Thouille, notaire, arch. de l'Aisne).

Seigneurie vassale de la châtell. d'Aubenton. Elle faisait partie de la paroisse de Saint-Nicolas d'Aubenton. — Le château a été démoli vers 1840.

BOIS-D'AAST, h. c^ne de Champs.

BOIS-DE-BLANZY, f. c^ne de Saint-Remy-Blanzy.

BOIS-DE-BRANGES, fief, c^ne de Chéry-Chartreuve; vassal de Braine.

BOIS-DE-FOIGNY, m^on isolée, c^ne de la Bouteille.

BOIS-DE-HAUT, f. c^ne de Clairefontaine. — Construite récemment sur l'emplacement d'un bois qui, selon d'Expilly (*Dict. géogr.* t. II, à l'art. EAUX ET FORÊTS), était d'une contenance de 70 arpents.

BOIS-DE-L'ABBAYE, f^e, c^ne de Clairefontaine. — Deux fermes ont été construites récemment sur l'emplacement d'un ancien bois de l'abb. de Clairefontaine.

BOIS-DE-L'ABBAYE, h. c^ne de Fesmy.

BOIS-DE-LAIGNY, h. c^ne de Laigny. — *Bois-de-Lagny*, 1644 (min. d'Ant. Carré, notaire).

BOIS-DE-MARFONTAINE, h. c^ne de Marfontaine.

BOIS-DE-PÉTRET, m^on isolée, c^ne de Monthiers.

BOIS-DE-PRÉMONT, m^on isolée, c^ne de la Ferté-Chevresis.

BOIS-DE-SAINT-GERMAIN, m^on isolée, c^ne de Lesquielles-Saint-Germain.

BOIS-DE-SAINT-PIERRE, m^on isolée, c^ne de Morsain.

BOIS DES JUIFS, c^ne de Louâtre. — Ce bois contenait autrefois 40 arpents (d'Expilly, *Dict. géogr.* t. II, p. 720).

BOIS DES MOINES, bois, c^ne de Clairefontaine; défriché. — Il contenait, en 1763, 30 arpents (d'Expilly, *Dict. géogr.* à l'art. EAUX ET FORÊTS).

BOIS-DES-NUÉES, f. c^ne d'Iviers; construite en 1862.

BOIS-DES-PLANTIS, fief, c^ne d'Escaufourt.

BOIS-DES-ROSES, h. c^ne de Fayet.

BOIS-DES-VACHES, h. c^ne de Champs. — *Bois-les-Vaches* (carte de Cassini).

BOIS-DE-TUPIGNY, f. c^ne de Tupigny.

BOIS-DE-WIMY, f. c^ne de Wimy; construite en 1861.

BOIS-D'IGNY, m^on isolée, c^ne de Dravegny. — *Petit-Bois-d'Igny* (carte de Cassini).

Domaine ancien de l'abb. d'Igny.

BOIS-DU-BRÛLÉ, f. c^ne d'Hargicourt.

BOIS-DU-CABARET, f. c^ne de Gouy.

BOIS-DU-CONGROY, m^on isolée, c^ne de Chacrise.

BOIS-DU-CREUX, h. c^ne de Beaumé. — *Bois-du-Crœux*, 1706; *Bois-du-Creu*, 1743 (minutes de François Thouille, notaire).

BOIS-DU-MOULIN, m^on à vent, c^ne d'Aulnois; détr. en 1789.

BOIS-DU-PARC (LE), m^on isolée, c^ne de la Fère.

BOIS-DU-PIED-DU-LOUP, fief, c^ne de Gricourt; vassal d'Estrées.

Bois du Roi, bois, c⁰ᵉ de Lugny; presque entièrement défriché. — Ce bois contenait, en 1763, 300 arpents de terre (d'Expilly, *Dict. géogr.* à l'art. Eaux et Forêts).

Boisencourt, dans le voisinage de Clacy. — *Boisencurt*, 1143; *Bosencurt*, 1189 (cart. de l'abb. de Saint-Martin de Laon, t. II, p. 384; t. I, p. 241).

Boisets (Les), h. cⁿᵉ de Saint-Agnan.

Bois-Fay, fief, cⁿᵉ de Berlancourt; vassal de Marfontaine.

Bois Fénin, bosquet, cⁿᵉ de Fontenoy. — On y a trouvé des monnaies gauloises d'or.

Bois Gérard, bois, cᵗᵉ de Wimy. — Ce bois contenait, en 1763, 125 arpents (d'Expilly, *Dict. géogr.* t. II, à l'art. Eaux et Forêts).

Bois-Griffard, fief, cⁿᵉ de Presles-et-Thierny; vassal de l'év. de Laon.

Bois-Hapart, fief et bois, cⁿᵉ de Jussy. — *Bois-Apart*, 1670 (baill. de Chauny, B 1591).

Bois-Hariez (Le), mⁿ isolée, cⁿᵉ d'Haramont.

Bois-Henrin, petit ruiss. affluent de la Marne à Fossoy. — Il alimente le moulin à blé de Moulinet. Son parcours est de 1,920 mètres.

Bois-Hénédy, petit h. cⁿᵉ de Leuze.

Bois-Hocuet, petit ruiss. qui prend sa source à la Chapelle-sur-Chézy et se jette dans celui de Lorges à la Charnois (Nogent-l'Artaud). — Son parcours est d'environ 5 kilomètres.

Bois-Jean, h. cⁿᵉ de Vendières.

Bois-l'Abbé, h. cⁿᵉ de Frières-Faillouel. — Il est uni maintenant à la population agglomérée.

Bois l'Abbesse, bois. — Ce bois, d'une contenance de 20 arpents en 1763, appartenait autrefois à l'abb. de Notre-Dame de Soissons (d'Expilly, *Dict. géogr.* t. II, à l'art. Eaux et Forêts).

Bois-la-Dame, f. cⁿᵉ de la Flamangrie. — Elle doit son nom à un bois en partie défriché qui contenait, en 1763, 220 arpents (d'Expilly, *Dict. géogr.* t. II, à l'art. Eaux et Forêts).

Bois-la-Haut, h. cⁿᵉ de Fontenelle.

Bois-la-Haut, f. cⁿᵉ de Lerzy; de construction récente.

Bois-Lavier, fief relevant de la Fère, à l'extrémité des territ. de Couvron et de Fourdrain.

Bois-les-Dames, chât. cⁿᵉ de Lugny-lez-Aubenton; détruit. — *Bois-la-Dame*, 1753 (minutes d'Adrien Thouille, notaire à Aubenton).

Bois-lez-Pargny, cⁿᵉ de Crécy-sur-Serre. — *Buxus*, 1065; *Buscum*, 1136 (mém. ms. de l'Eleu, t. I, p. 191 et 353). — *Bois*, 1236 (ch. de l'abb. de Saint-Jean de Laon). — *Boscus*, 1272; *Boscus-juxta-Parigniacum*, 1289 (ch. de l'Hôtel-Dieu de Laon, H 1). — *Boys*, 1338; *Bois-dessus-Crécy*, 1341 (ch. de l'év. de Laon). — *Boix*, 1405 (arch. de l'Emp. J 801, n° 1). — *Boiz*, 1411 (*ibid.* J 801, n° 4). — *Boys-emprès-Pargny*, 1425; *Boix-lez-Pargny*, 1431 (comptes de l'Hôtel-Dieu de Laon, E 13, E 16). — *Boys-lez-Pargny*, 1521 (tit. de l'Hôtel-Dieu de Laon, B 9). — Paroisse de Saint-Remy-à-Bois, 1669; *Boy*, 1694 (état civil de Bois-lez-Pargny, trib. de Laon).

La seigneurie appartenait à l'abb. de Saint-Jean de Laon; elle était vassale du duché de Laonnois.

Bois Loquet, bois, cⁿᵉ de Sommeron. — Il contenait, en 1763, 20 arpents (d'Expilly, *Dict. géogr.* t. II, à l'art. Eaux et Forêts).

Bois-Lotin, mⁿ isolée, cⁿᵉ de Montescourt-Lizerolles.

Bois-Loyer, f. cⁿᵉ de Sissonne; détruite. — Elle relevait de la châtell. de Sissonne.

Bois-Macon, p. ruiss. affluent de celui d'Aizy. — Son parcours est de 466 mètres.

Bois-Madame, f. cⁿᵉ de Lerzy.

Bois-Madame, f. et bois, cⁿᵉ de Rocquigny. — *Bois-Madame-de-Moustreuille*, 1612 (terr. de Rocquigny).

Bois-Maillard, h. cⁿᵉ d'Aubencheul-aux-Bois. — Ressortissait autref. aux châtell. et baill. de Cambrai.

Bois-Midi, h. cⁿᵉ de Folembray. — Ce hameau dépendait autrefois de Champs; il a été uni à Folembray par ordonnance royale du 7 mai 1818.

Bois-Milon (Le), h. cⁿᵉ d'Arlonges. — *Melion*, 1267 (ch. de l'abb. de Saint-Jean-des-Vignes).

Seigneurie vassale de Montmirail.

Bois-Mirand, mⁿ isolée, cⁿᵉ de Prémont. — *Bois-Meignerain*, 1577; *Bois-Miren*, 1684 (arch. comm. de Prémont). — *Bois-Miron* (carte de Cassini).

Ressortissait autrefois aux bailliage et châtellenie de Cambrai.

Bois-Mitel ou Hauys, fief, cⁿᵉ de Bellicourt; vassal de Thorigny.

Bois-Monsieur, f. cⁿᵉ de Bohain.

Bois-Monsieur, petit h. cⁿᵉ de Plomion.

Bois-Morin, h. cⁿᵉ de Presles-et-Boves. — Château des *Bois-Morins* (carte de Cassini).

Bois-Pierre, petit ruiss. qui prend sa source à Blesmes et tombe dans la Marne à Chierry, après avoir alimenté deux moulins à blé et une machine à battre. — Son parcours est de 2,480 mètres.

Bois-Planté, mⁿ isolée, cⁿᵉ de Lerzy.

Bois-Roger, mⁿ isolée, cⁿᵉ de Laniscourt. — *Boscus-Rogeri*, 1236 (gr. cart. de l'év. de Laon, ch. 135). — *Bois-Rogier*, 1329 (cart. de la seign. de Guise, f° 92).

Le fief du Bois-Roger, ayant sa paroisse distincte, relevait de Guise et faisait partie de la vicomté de Mons-en-Laonnois.

Bois-Roger, m^on isolée, c^ne de Pasly. — La ferme de Bois-Roger a été acquise en l'an 1279, par l'abbaye de Saint-Crépin-en-Chaye, de Colard de Dommiers (inv. de Saint-Crépin-en-Chaye, p. 38).

Bois-Saint-Mard, bois, c^ne d'Essommes. — Il appartenait autref. à l'abb. de Saint-Médard de Soissons.

Bois-Saint-Pierre, h. c^ne de Molain. — In territorio *Sancti-Petri-Vallis*, 1198; *Saint-Pierreval*, 1300 (suppl. de D. Grenier, 288, Bibl. imp.).

Le territ. est couvert de traces de constructions.

Boissière, h. c^ne de Crézancy.

Boissière, fief, c^ne d'Épagny; vassal de Coucy-le-Château.

Bois-Tiroul, c^ne de Montcornet. — *Bois-Tyroul*, 1496 (comptes de l'Hôtel-Dieu de Laon, E 27).

Autrefois fief relevant de l'évêché de Laon.

Bois-Venet, h. c^ne d'Ugny-le-Gay. — *Boivenet*, 1720 (baill. de Chauny, B 1391).

Bolocier, m^in à eau, c^ne de Laon, entre les faubourgs d'Ardon et de Leuilly; auj. détruit. — *Molendinum de Bolocier, Bolochier*, 1280 (gr. cart. de l'évêché de Laon, ch. 5 et 10).

Bombert, fief, c^ne de Bucy-le-Long. — Il appartenait autrefois au chap. cath. de Soissons.

Bonaire, f. c^ne de Gouy; détruite en 1858. — *Bon-Air*, 1787 (intend. d'Amiens, C 775).

Boncourt, c^ne de Sissonne. — *Bouncurtis*, 1107; *Boncurtis*, 1138; *Boncort*, 1157; *Bouncort*, 1157; *Buncurt*, 1169 (cart. de l'abb. de Saint-Michel-en-Thiérache, p. 20, 237, 241, 114). — Hospitale de *Bona curia*, 1225 (gr. cart. de l'év. de Laon, ch. 104).

Comm^rie fondée par les Templiers vers 1140. — Ce village ressortissait au baill. de Laon.

Boncourt, bois, c^ne de Beaurieux. — Il appartenait autrefois à l'abb. d'Origny-Sainte-Benoîte.

Boncourt, m^in à eau, c^ne d'Urcel.

Bondelette (La), h. c^ne de Clavignon. — Il se trouve à l'est du village, dont il est séparé par un pont.

Bondot, m^on isolée, c^ne de Pierremande.

Bonnefontaine ou Plumart, f. c^ne de Chermizy. — Cette ferme, détruite depuis longtemps déjà, appartenait autrefois à l'abb. de Foigny.

Bonnefontaine, f. c^ne de Montbavin.

Bonnefoy, fief, c^ne de la Chapelle-Monthodon; vassal de Dormans.

Bonne-Idée, m^on isolée, c^ne de Chaourse.

Bonne-Idée (La), m^on isolée, c^ne d'Artonges.

Bonneil, c^ne de Château-Thierry. — *Bonogilum villa*, 834 (Vita Ludovici regis imp. magni filii, ch. 15, *Hist. de France*, t. VIII, p. 115 A). — *Bonnel*, 1122 (cart. de l'abb. de Notre-Dame de Soissons, f° 242).

— *Bonoil*, 1264 (ch. de l'Hôtel-Dieu de Soissons, 89). — *Bonelium*, 1270 (ch. de l'abb. d'Essommes). — *Bonolium*, 1301 (Ordonn. des rois de France, t. XII, p. 349). — Terrouer de *Bonnoil*, 1318 (arch. de l'Emp. L, 1165). — *Boneil*, 1355 (suppl. de D. Grenier, 293, Bibl. imp.). — *Bonneul*, XVII° s° (arch. de l'Emp. Q 5).

Autrefois comté.

Bonnemaison, ferme, c^ne de Pont-Saint-Mard. — *Bona domus*, 1193 (Chron. de Nogento, p. 435).

Elle appartenait autrefois à l'abb. de Nogent.

Bonnemuk, territ. près de Vauberon. — *Terra Bonimodio*, 1143; *Bonnemue*, 1204 (cart. de l'abb. de Saint-Crépin-le-Grand, p. 3 et 536).

Bonnes, c^ne de Neuilly-Saint-Front. — In territorio de *Bonnis*, 1145; ecclesia de *Bonniis*, 1210 (cart. de l'abb. de Saint-Jean-des-Vignes, f° 95, Bibl. imp.). — Villa de *Bones*, 1256 (suppl. de D. Grenier, 293, ch. 51, Bibl. imp.). — *Bonne*, 1509; *Saint-Martin-de-Bonnes* (arch. comm. de Bonnes). — *Bosne*, 1763 (maîtrise de Soissons).

La seigneurie appartenait aux Célestins de Villeneuve-lez-Soissons.

Bonne-Volonté, m^on isolée, c^ne de Saint-Erme-Outre-et-Ramecourt.

Bonne-Volonté, petit h. c^ne de Neufchâtel.

Bonot, f. c^ne de Lesquielles-Saint-Germain. — *Bonno*, 1152 (ch. de l'abb. de Saint-Martin de Laon). — Cense de *Bonnot*, 1344 (cart. de Guise, f° 176). — *Bonnos*, 1517 (arch. comm. de Lesquielles-Saint-Germain).

Elle appartenait autrefois à l'abb. de Fesmy.

Bons-Hommes (Les), f. c^ne de Seringes-et-Nesles. — Elle appartenait autrefois à l'Oratoire de Paris.

Bons-Jardins, f. c^ne d'Achery. — Construite sur l'emplacement de l'ancien château épiscopal.

Bonval, h. c^ne de Saint-Christophe-à-Berry. — *Bonvalle*, 1656 (arch. comm. de Saint-Christophe-à-Berry).

Dépendance de la châtell. de Vic-sur-Aisne.

Bony, c^ne du Catelet. — Locus *Booni* vulgariter dictus, 1119; in *Boenensium* ecclesia, 1136; *Boeni*, 1188 (cart. de l'abb. du Mont-Saint-Martin, p. 612, 33, 400). — *Bonni*, 1347 (Livre rouge de l'abb. de Saint-Quentin-en-l'Île, f° 74, arch. de l'Emp. LL 1018). — *Boony*, 1780 (tit. de l'abb. du Mont-Saint-Martin).

Bony n'était qu'un hameau de la paroisse du Mont-Saint-Martin (intend. d'Amiens, C 775) et n'avait qu'une chapelle.

Boquets (Les), f. c^ne de Montreuil-aux-Lions; détruite vers 1789.

Borde (La), h. c^{ne} de l'Epine-aux-Bois. — *La Borde-Chailly* (carte de Cassini).
Borde (La), h. c^{ne} d'Essommes.
Borde (La), h. c^{ne} de Vielsmaisons.
Bordeaux (Les), m^{on} is. c^{ne} de Nesles. — Anc. château.
Borde-de-la-Couarde (La), h. c^{ne} de Vielsmaisons.
Bordes (Les), h. c^{ne} de Montfaucon.
Bordet, scierie, c^{ne} d'Anizy-le-Château. — *Bordel*, 1544 (tit. de l'abb. de Saint-Nicolas-aux-Bois). Autrefois moulin à eau.
Borne-Vit-Trop (La), f. c^{ne} de Villers-sur-Fère.
Bourny, bois, c^{nes} de Saint-Quentin-Louvry et de la Ferté-Milon. — *Buisson-de-Bourny*, 1632 (maîtrise de Villers-Cotterêts).
Bory, petit ruiss. affl. du Toty à Jouy. — Il n'alimente aucune usine. Son parcours est de 1,535 mètres.
Bosmont, c^{ne} de Marle. — *Bolmunt*, 1132 (musée de Soissons). — *Bealmont*, 1165 (cart. de l'abb. de Saint-Martin de Laon, f° 15, bibl. de Laon). — Territorium de *Boulmunt*, 1169 (ch. de l'abb. de Saint-Martin de Laon). — *Boemont*, 1213 (cart. de l'abb. de Thenailles, f° 13). — *Boumont*, 1216 (cart. de l'Hôtel-Dieu de Laon, ch. 175). — *Bosmont*, 1231 (ch. de l'Hôtel-Dieu de Laon, B 69). — *Boomont*, 1245 (gr. cart. de l'évêché de Laon, ch. 259). — *Beaumont*, 1405 (arch. de l'Emp. J 801). — Paroisse *Sainct-Remy-de-Bomont*, 1675 (état civil de Bosmont, trib. de Laon).
Comté relevant autrefois de Laon. — Le village ressortissait au baill. de cette ville.
Bosquet, m^{on} isolée, c^{ne} de Villers-Cotterêts.
Bosquet-de-Bellevue (Le), m^{on} isolée, c^{ne} de la Flamangrie.
Bosquet-de-Campigny, f. c^{ne} de la Neuville-en-Beine. — Origine moderne.
Bosquet-Loiseau, mⁱⁿ à eau, c^{ne} de Voulpaix.
Bosquet-Saint-Lazare, h. c^{ne} d'Autreville et de Sinceny.
Bosse (La), h. c^{ne} de la Chapelle-sur-Chézy.
Bossu, fief, c^{ne} d'Essigny-le-Grand. — Ce fief appartenait au chap. de Saint-Quentin.
Bot-sur-Sant, habit. détr. c^{ne} d'Étouvelles, 1562 (min. de Demouchy, notaire; greffe du trib. de Laon).
Bouchat, m^{on} isolée, c^{ne} de Montfaucon.
Bouche-à-Vesle, fief, c^{ne} de Ciry-Salsogne, à l'embouchure de la Vesle dans l'Aisne; vassal du comté de Braine.
Bouconville, c^{ne} de Craonne. — *Buncunvilla*, 1153 (cart. de Vauclerc, f° 17). — *Boconisvilla*, 1155 (ch. de l'abb. de Saint-Vincent). — *Bouconvilla*, 1160 (cart. de l'abb. de Thenailles, f° 47). — *Bucunvilla*, 1179; *Bocumvilla*, 1192; *Bochunvilla*, 1196; *Bochum-Villa*, *Bocunvilla*, xiie siècle (cart. de l'abbaye de Vauclerc, f° 50, 87, 91, 96, 85). — *Bocconville*, 1224 (arch. de l'Emp. L 996). — *Bouconville*, 1239 (cart. de l'abb. de Foigny, f° 136). — Territorium de *Bonconville*, 1247 (cart. de l'abb. de Thenailles, f° 50). — *Bouconville-soubz-la-Bove*, 1311 (arch. comm. de Bruyères-et-Montbérault).
La seigneurie relevait de la châtell. d'Eppes.
Boudenolles, h. c^{ne} de Cuizy-en-Almont. — Le nom de ce hameau vient de l'habitude où on était autrefois de mettre ses habitants au bout du rôle de la taille.
Boué, c^{ne} du Nouvion. — *Bonum-Vadum*, 1227; *Bonwez*, 1233 (cart. de l'abb. de Foigny, f°s 232, 236). — *Bonweis*, 1233 (arch. de l'Emp. L 994). — Ville de *Bouweis*, 1306; *Bouwees*, 1335 (cart. de la seign. de Guise, f°s 195, 187, Bibl. imp.). — *Bouwez*, 1295 (arch. de l'Emp. P 135; transcrits de Vermandois). — *Boues*, 1406 (cart. de la seigneurie de Guise, f° 325). — *Bouez*, 1498 (arch. comm. du Nouvion).
Boué dépendait du duché de Guise et ressortissait au baill. de cette ville.
Bouffignereux, c^{ne} de Neufchâtel. — *Wulfiniaci-Rivus*, *Bulfiniaci-Rivus*, ixe s^e (Flodoard, *Hist. Rem. ecclesiae*, lib. II, cap. 11; lib. I, cap. xx). — *Bulphiniaci-Rivum*, 1112 (ch. de l'év. de Laon). — *Buffinonriu*, 1149; *Bofegnonria*, 1173 (cart. de l'abb. de Vauclerc, f°s 55 et 53). — *Bouffignirivus*, 1340 (fonds latin, ms. 9228, Bibl. imp.). — *Bouffignyriu*, 1353; *Bouffignouru*, 1387; *Bouffigniru*, 1393 (dénombr. GG 1, cab. de M. d'Imecourt). — *Bouffignirieu*, 1405 (arch. de l'Emp. J 801, n° 1). — *Bouffigneuru*, 1491; *Bouffigneuru*, 1492 (audiencier de Roucy, cab. de M. d'Imécourt). — *Bouffignorue*, 1515 (comptes de Roucy, *ibid.*). — *Boffignereux*, 1568 (arch. de la ville de Laon).
Bougenelle, bois, c^{ne} de Gouy. — Nemus de *Bougenelée*, 1193; Nemus de *Bougenoule*, 1198 (cart. du Mont-Saint-Martin).
On n'en peut préciser l'emplacement maintenant.
Bourouay (Le), h. c^{ne} de Lerzy.
Bouillon (Le), petit ruisseau qui prend sa source à Parfondeval, où il se jette dans la Giberderie. — Son parcours est d'environ 3 kilomètres.
Bouillonneuse (La), petit ruisseau qui a sa source à Pont-Saint-Mard et s'y jette dans un autre sans nom, affluent de l'Ailette. — Il fait tourner un moulin. Son parcours est de 2,100 mètres.
Bouis, fief, c^{ne} de Fluquières.
Boujon (Le), h. c^{ne} de Buironfosse. — *Bougeon*, 1610 (baill. des bois de Guise).
Boulage ou Grande-Maison, fief, c^{ne} de Brécy.

Boulas, h. c^ne de Vendières.
Boulanoère (La), f. c^ne de Tréloup.
Boulant, h. bois et ruiss. c^ne de Guny. — Le ruisseau, affluent de l'Ailette à Guny, alimente les deux moulins de Guny. Son parcours est de 2,500 mètres.
Bouleau, f. c^ne de Besny-et-Loizy. — *Esboilleaux*, 1583; cense des *Boulleaux*, 1613; cense des *Bouilleaux* (tit. de l'abb. de Saint-Vincent de Laon).

Auj. détruite; elle devait son nom à l'essence d'arbres qui y dominait. Un lieu dit *Ébouleau* indique encore son emplacement au plan cadastral.
Bouleau, f. c^ne de Sinceny; détruite.
Boulleaux, h. c^ne de Chéry-Chartreuve. — *Les Bouteaux* (carte de Cassini). — Fief vassal du comté de Braine et d'Oulchy-le-Château.
Boulleaux, h. c^ne de Franqueville. — *Éboulliaux*, 1741 (baill. de Marfontaine).
Boulleaux (Les), f. c^ne de Bohain.
Boullencourt, f. c^ne de Jouy. — Cette ferme appartenait autrefois à l'abb. de Saint-Crépin-le-Grand de Soissons.
Boullois, h. c^ne de Nanteuil-la-Fosse.
Bouloie, bois et f. c^ne de Gercy. — Ainsi nommé à cause de l'essence qui y domine. Ce domaine appartenait autrefois à l'abb. de Thenailles; le bois est presque entièrement défriché.
Boulois, b. c^ne de Montreuil-aux-Lions; détruit.
Boulores, f. c^ne de Courboin.
Bouny, bois, près de Coulonges. — In nemore de *Bouny-supra-Coulonges*, 1251 (cart. de l'abb. d'Igny, f° 173).
Bourbelain, f. c^ne de Saint-Gobain; détruite.
Bourbeny, m^in à eau, c^ne de Craonne.
Bourbetin, h. c^ne d'Essommes.
Bourbout, m^in à eau, c^ne de Montigny-l'Engrain.
Bourdon, fief, vassal du comté de Ribemont.
Bourdonnerie (La), h. c^ne de Saint-Gobain. — Uni à la population agglomérée.
Bouresches, c^ne de Château-Thierry. — *Borraches*, 1264; *Borrachie*, 1271 (ch. de l'Hôtel-Dieu de Soissons, 89). — *Bouresche*, 1636 (arch. comm. de Bouresches). — *Boureche*, 1700 (tombe d'Antoine de Franco en l'église de Monthiers). — *Bouresche*, 1718 (arch. comm. de Bouresches).
Bourfaux, petit h. c^ne de Condé-sur-Aisne.
Bourg, f. c^ne de la Ferté-Milon. — Domaine de la chartreuse de Bourgfontaine; relevait de la châtell. de la Ferté-Milon.
Bourg, fief, c^ne de Saint-Quentin.
Bourg, centre actuel de la ville de Laon. — *Burgus Laudunensis*, 1281 (ch. de l'Hôtel-Dieu de Laon, B 70).

Bourgemont, fief, c^ne d'Abbécourt.
Bourgeois (Le), petit h. c^ne de Cohan.
Bourg-et-Comin, c^ne de Craonne. — *Burgum-et-Cuminum*, 1184 (cart. de Philippe Auguste, f° 38, Bibl. imp.). — *Burgum-super-Axonam*, 1224 (cart. de l'abb. de Vauclerc, f° 51). — *Bourc*, 1240 (ch. de l'Hôtel-Dieu de Laon, B 9). — *Borc*, 1261 (ch. du chap. cath. de Laon). — *Bourc-seur-Aisne*, XIII° s° (cueilleret de l'Hôtel-Dieu de Laon, B 62). — Villa de *Burgo*, 1276; ville de *Bourc-sur-Aisne*, 1377; *Bourgt*, 1389; *Bourch*, 1394 (ch. et comptes de l'Hôtel-Dieu de Laon, B 9, E 2 et E 3). — *Bourg-sur-Aisne*, XIV° s° (arch. de l'Emp. P 136; transcrits de Vermandois). — *Bourc-en-Lannoys*, 1405 (ch. de l'abb. de Saint-Yved de Braine). — *Bourg-en-Laonnois*, 1412; *Bourg-en-Launnoys*, 1515 (comptes de l'Hôtel-Dieu de Laon, E 8, E 48). — *Bourg-en-Lannoy*, 1515; *Bourcq-sur-Aisne*, 1564 (tit. de l'abb. de Saint-Yved de Braine). — *Bourcq-et-Commin*, 1580 (arch. de l'Emp. O 20,200). — *Bourcq-en-Lannois*, 1583; *Bourcq-en-Laonnois*, 1614; *Bourcq-en-Launois*, 1628 (ch. de l'abbaye de Saint-Yved de Braine). — *Bourcq*, 1659 (tit. de l'abb. de Cuissy). — Paroisse de *Saint-Martin de Bourg*, 1674 (état civil, trib. de Laon). — *Bourg-et-Comain*, 1729 (intend. de Soissons, C 205).

Seigneurie autrefois de Laon. — Le village ressortissait au baill. de cette ville.
Bourgfontaine, h. c^ne de Pisseleux. — *Burgus-juxta-Feritatem-Milonis*, 1260 (cart. du chap. de Soissons, f° 216). — *Fontaine-Notre-Dame*, 1328 (arch. de l'Emp. Tr. des ch. reg. 65, n° 74). — *Nostre-Dame-en-Valois*, 1329 (ibid. reg. 147, pièce 132). — *Fons-Beate-Marie-in-Valesio*, 1338 (ibid. reg. 80, pièce 84). — *Bourgfontaine-en-Valoys*, 1339 (ibid. reg. 73, n° 9). — *Fontaine-Nostre-Dame-en-Valois*, 1340 (ibid. reg. 71, n° 341). — *Fontainne-Nostre-Dame-en-Valoys*, 1340 (ibid. reg. 119, pièce 390). — *Borgfontaine-ès-Valoiz*, 1344 (ibid. reg. 75, pièce 233). — *Nostre-Dame-de-la-Fontaine-en-Rest*, 1393 (arch. de l'Emp. K 185). — *Nostre-Dame-de-Bourgfontaine*, 1404 (suppl. de D. Grenier, 294, Bibl. imp.). — *Fons-Beate-Marie-in-Vallesio*, 1475 (arch. de l'Emp. Tr. des ch. reg. 195, pièce 1345). — Église *Nostre-Dame-en-Rest*, dite de *Bourgfontaine*, 1503 (suppl. français, ms. 1355, Bibl. imp.).

La chartreuse de Bourgfontaine, établie en 1316, était vassale de la châtell. de la Ferté-Milon.
Bourgies, f. c^ne de Seraucourt. — *Bourgy*, 1664; *Bourgi*, 1681 (arch. comm. de Seraucourt).

Il y avait autrefois deux fermes à Bourgies; l'une d'elles a été incendiée et détruite vers 1835.

Bourguet, chât. c⁽ᵉ⁾ de Vendeuil. — *Bourgel-de-lez-Venduel*, 1298 (*Olim*, t. II, p. 416). — *Bourgel*, 1418 (comptes de la maladrerie de la Fère, Hôtel-Dieu de la Fère).

On remarque encore au plan cadastral de Vendeuil la *rue du Bourget*. — Le château est détruit.

Bourguignon-sous-Coucy, c⁽ⁿ⁾ de Coucy-le-Château. — *Oudancourt*, 1580 (arch. de l'Emp. E 12529). — *Doulchencourt*, 1619; *Doulcencourt*, 1632; *Ousancourt*, 1637; *Doussencourt-dict-Bourguignon*, 1674 (baill. de Chauny, B 1362, 1438). — *Ossancourt*, 1711 (intend. de Soissons, C 205). — *Doussancourt* (carte de Cassini).

Le village ressortissait au baill. de Chauny. — Doussancourt était la partie de Bourguignon où se trouve l'église, dont la cloche seule indique encore le nom; celui-ci ne figure même pas au cadastre.

Bourguignon-sous-Montbavin, c⁽ⁿ⁾ d'Anizy-le-Château. — *Furnum de Burgenum*, 1123 (ch. de l'abb. de Saint-Vincent de Laon). — *Burguinum*, 1138 (cart. de l'abb. de Prémontré, bibl. de Soissons). — *Bourghengnon*, 1152 (cart. de l'abb. de Saint-Martin de Laon, t. III, p. 176). — *Burguegnuns*, 1153 (ch. de l'abb. de Saint-Martin). — *Bourguinon*, 1158 (cart. de l'abb. de Prémontré, bibl. de Soissons). — Territorium de *Bourgegnuns*, 1187 (ch. de l'abb. de Saint-Vincent de Laon). — *Burguinon*, 1180, xɪɪᵉ siècle (cart. de l'abb. de Prémontré, fᵒ 11, bibl. de Soissons). — *Borgegnon*, *Borgenon*, *Borguegnon*, 1206 (cart. de l'abb. de Saint-Martin de Laon, fᵒˢ 60 et 81, bibl. de Laon). — *Bourgenon*, 1206 (cart. de l'abb. de Saint-Martin de Laon, t. II, p. 436). — In territorio de *Bourguignons*, 1279 (ch. de l'abb. de Saint-Vincent de Laon). — *Bourguynon*, 1518 (comptes de la maladrerie de la Fère, Hôtel-Dieu de la Fère). — *Bourghignion*, 1576 (tit. de l'Hôtel-Dieu de Laon, B 9).

Bourguignon-sous-Montbavin dépendait du duché de Laonnois et ressortissait pour la justice à la prévôté de Mons-en-Laonnois.

Bourguignons (Les), h. c⁽ⁿ⁾ de Monthurel. — *Bourguignon* (carte de Cassini).

Bourguignons (Les), h. c⁽ⁿ⁾ de Selens.

Bourlier (Le), h. c⁽ⁿ⁾ de Besmont. — *Rue-du-Bourietz*, 1725 (terr. de Besmont). — *Bourier*, 1758 (baill. de Ribemont, B 277). — *Rue-du-Bourlier* (carte de Cassini).

Bourneville, bois près de la Ferté-Milon. — Il dépendait du marquisat de Bourneville, érigé au mois de janvier 1728.

Bournonville, petit fief, c⁽ⁿ⁾ de Quincy-Basse. — Ce fief était situé entre Basse et Lobray.

Bournonville, fief, c⁽ⁿ⁾ de Thiernu. — *Brenqville*, 1562 (délib. du conseil de Navarre, fᵒ 196, chambre des comptes de la Fère). — *Bournoville*, 1577 (comptes de la chambre des comptes de la Fère).

Fief aliéné en 1600 par les commissaires royaux (arch. de l'Emp. R 404). — Le château a été détruit au xvɪɪɪᵉ siècle.

Boursier, fief, c⁽ⁿ⁾ de Chouy; vassal de Nesles. — Il appartenait autrefois au chap. cath. de Soissons.

Boury, fief, c⁽ⁿ⁾ de Bièvres; vassal de la châtell. de Montchâlons. — *Boury-les-Bievres*, 1651; *Bouzy*, 1720; *Bourry*, 1735; *Bouscy*, 1760 (tit. de l'év. de Laon).

Bourselle, fief, c⁽ⁿ⁾ de Charly; vassal de Charly.

Bousseuse (La), f. c⁽ⁿ⁾ de Chavignon; détruite. — Elle appartenait autrefois à l'abb. de Notre-Dame de Soissons.

Bousson, fontaine, c⁽ⁿ⁾ de Laon. — Fons de *Bouzon*, fons de *Bouzon*, 1230 (gr. cart. de l'év. de Laon, ch. 107 et 258). — *Bosson*, 1258 (ch. de l'Hôtel-Dieu de Laon, B 25).

Cette fontaine alimente la ville de Laon.

Boutache, f. c⁽ⁿˢ⁾ de Beauvardes; détruite. — Ancien fief.

Bout-d'Edla (Le), h. c⁽ⁿˢ⁾ de Bézu-le-Guéry.

Bout-de-la-Ville (Le), h. c⁽ⁿˢ⁾ de Ressons-le-Long.

Bout-du-Monde, h. c⁽ⁿˢ⁾ de Guivry.

Bouteille (La), c⁽ⁿˢ⁾ de Vervins. — *La Boutaille*, 1554 (reg. des insinuations du baill. de Laon). — *Boutaille*, 1564 (min. d'Herbin, notaire; greffe du trib. de Laon). — Parochia de *la Bouteille-in-Thiraschia*, 1633 (arch. comm. de Martigny-en-Laonnois). — Village de *Boutilly*, vulgairement dit *la Bouteille*, 1667 (reg. de la fabr. de la Bouteille).

La Bouteille rel. du comté de Marle : « La Bouteille est un nom d'un village qui a pris sa dénomination première d'une verrerie establye en ce lieu, à laquelle se faisoit quantité de bouteilles plus que tout autre sorte d'ouvrage de pareille nature. Les premières maisons basties environ du four à verre en forme d'un hameau servoient de demeure et retraitte aux gentilshommes verriers (Tassars et Gaspars), à leurs serviteurs et marchands qui y abordoient pour les achepter, les porter vendre ès villes et bourgades. Estoit ce lieu communément appellé la rue de la Bouteille au subject que cette marchandise s'y faisoit, et par aucuns, la rue de la Verrerie. Ce village de la Bouteille composé de retranchement de trois terrouers : celui de Foigny, de Landouzy..... La Bouteille est à présent une paroisse de la nouvelle datte. » (Livre de Foigny, par de Lancy, fᵒ 1.)

Bouteille (La), f. c⁽ⁿˢ⁾ de Fontaine; détruite.

Boutillerie (La), fief, c⁽ⁿˢ⁾ d'Assis-sur-Serre. — Ce

fief, vassal de l'évêché de Laon, appartenait pour deux tiers à la Congrégation de Laon.

BOUTILLIER, fief, c^nes de Farguiers et de Quessy; vassal de la Fère. — *Boutelly*, 1714 (baill. de Chauny, B 2403).

BOUZENVAL, bois, c^ne de Versigny.

BOUZINCAMP, h. c^ne d'Étaves-et-Bocquiaux. — *Busincamp*, 1157 (cart. d'Homblières, p. 47). — Domus *Boioncamp* que est ecclesie Clarifontis, 1222 (cart. de la seign. de Guise, f° 81). — *Bougencamp*, 1267 (ch. de l'abbaye de Fervacques). — *Boignonchamp*, 1274 (cart. de la seign. de Guise, f° 31). — *Bouzencan*, 1579 (arch. de la ville de Guise). — *Bougincamps*, 1667 (min. de P. Gallois, notaire). — *Bougincan*, 1758 (tit. de l'abb. de Clairefontaine).

Ancien domaine de l'abbaye de Clairefontaine; vassal de Guise.

BOUZY, fief, vassal de Guise.

BOVE (LA), f. et chât. c^ne de Bouconville. — *Bova*, 1259 (cart. de l'abb. de Thenailles, f° 52). — *Baulve*, 1581 (terr. de Montchâlons). — *Bauve*, 1693 (arch. comm. de Bouconville).

Autref. maison forte et bar. rel. de l'év. de Laon.

BOVE (LA), f. c^ne de Montgobert. — *Bove*, 1644; *Bauve*, 1699 (tit. de l'abb. de Longpont).

Ancien domaine de l'abb. de Longpont.

BOVE (LA), fief, c^ne de Saint-Pierre-Aigle.

BOVE-DU-GARINIER (LA), m^on isolée, c^ne de Branges.

BOVE-DU-GRAND-GÉANT, bâtiment rural, c^ne de Maast-et-Violaine.

BOVELLE (LA), f. c^ne de Cerny-en-Laonnois. — Elle appartenait autrefois à la comm^de de Boncourt. Les granges, écuries et bergeries qui en dépendent sont creusées dans la roche.

BOVES (LES), h. c^ne de Juvigny.

BOVES (LES), f. c^ne de Presles-et-Boves. — *Notre-Dame-des-Boves*, 1792 (reg. des ventes du distr. de Soissons).

BOVES (LES), hameaux, c^nes de Rozet-Saint-Albin, de Sermoise et de Troësnes.

BOVETTE (LA), h. c^ne de Fourdrain. — *Bauvette, Bovette-Surmain*, 1606 (baill. de la Fère, B 690).

Ce fief relevait de Rogécourt. — La justice a été unie au comté de Manicamp en 1703.

BOVETTE (LA), h. c^ne de Pargny-Filain.

BOVETTE (LA), fief, c^ne de Saint-Michel. — *Bosvette*, 1643 (baill. de Saint-Michel). — *Beauvette* (carte de Cassini).

Fief appartenant autrefois à l'abb. de Bucilly. — Le hameau est uni à la commune agglomérée.

BOVETTE (LA), fief, c^ne de Soupir. — *Bove*, 1363 (ch. de l'év. de Laon).

BOVETTES (LES), h. c^ne de Launoy. — *Les Bauvettes*, 1697 (arch. comm. de Launoy). — *Les Bouvettes* (carte de Cassini).

BOVETTES (LES), f. c^ne de Presles-et-Boves.

BOY, h. c^ne de Bertricourt. — Détruit sous le règne de Louis XIV (arch. comm. d'Orainville).

BRACHEUX, h. c^ne de Pontru; détruit. — *Braachuel*, 1316 (arch. de la ville de Saint-Quentin). — *Bracheul*, 1410 (cart. de l'abb. de Fervacques, p. 270, arch. de l'Aisne). — *Bracheuil*, 1772 (pouillé du dioc. de Noyon, par Colliette, p. 205).

BRADOULET, petit h. c^ne de Louâtre.

BRADOULET, bois, c^ne de Villers-Hélon.

BRAINE, arrond. de Soissons. — *Brennacum*, 560 (Fortunat, *Hist. de France*, t. II, p. 559 D). — *Brinnacum*, 578 (ibid. p. 520 B). — Castrum super Vidulam situm nomine *Braina*, 931 (Flodoard, *Hist. Rem. ecclesiæ*, lib. IV). — Potestas *Brennie*, 1143 (cart. de l'abb. de Saint-Crépin-le-Grand, p. 74). — Ecclesia beati Evodii de *Brana*, 1163 (pièces justificatives de l'Histoire du Valois, p. XIII et XIV). — *Brenna*, XII° s° (ch. de l'abb. de Saint-Nicolas-aux-Bois). — Castrum quod *Branium* vocant, XII° s° (Guillaume le Breton). — *Breina*, XIII° s° (cart. de l'abb. de Saint-Médard de Soissons, f° 62, arch. de l'Aisne). — *Brainne*, 1238 (ch. de l'abb. de Saint-Yved de Braine). — *Brena*, 1296 (*Olim*, t. I, p. 308). — Terre de Brenne, 1319 (cart. de l'abb. d'Igny, f° 174, Bibl. imp.). — *Brayne*, 1354 (ch. de l'abb. de Saint-Yved de Braine).

Abbaye de Prémontré sous le vocable de Saint-Yved; prieuré de Saint-Remy; couvent de religieuses de Notre-Dame fondé en 1647, en remplacement d'un hôpital établi en 1201. — Membre du comté de Valois (Pithou, *Coutume de Troyes*, p. 735, édition de 1628). — Vassal d'Oulchy-le-Château, où la justice du comté ressortissait. — Le grenier à sel de Braine, établi le 15 septembre 1486, a été remplacé en 1549 par une chambre à sel.

Braine devint, en 1790, le chef-lieu d'un canton du district de Soissons. Il avait dans son enclave Augy, Braine, Branges, Brenelle, Bruys, Cerseuil, Chassemy, Ciry, Courcelles, Couvrelles, Dhuizel, Lhuys, Limé, Loupeigne, Quincy-sous-le-Mont, Salsogne et Vasseny.

BRANCOURT, c^ne d'Anizy-le-Château. — *Brouncourt*, 1100 (Chron. de Nogento, p. 40). — *Broicurtiz*, 1121 (ch. du musée de Soissons). — *Broiuncurtis*, 1132 (ibid.). — Broiencourt, 1132 (cart. de Prémontré, bibl. de Soissons). — Molendinum de *Brouencurth*, 1140 (ch. de l'abb. de Saint-Vincent de Laon). — Parrochia de *Broincurt*, 1142 (suppl.

de D. Grenier, 290, Bibl. imp.).— *Boiencurt*, 1165 (ch. de l'abb. de Saint-Martin de Laon).— *Broicurt*, 1174 (Chron. de Nogento, p. 239). — *Broiencurt*, 1178 (ch. du musée de Soissons). — *Berencurt*, 1193 (Chron. de Nogento, p. 435). — Villa de *Broyencort*, 1213; *Broiencort*, 1218 (ch. de l'abb. de Prémontré). — *Broyencourt*, 1287 (gr. cart. de l'év. de Laon, ch. 179 B).—*Brancour*, 1729 (intend. de Soissons, G 205).

Brancourt dépendait autrefois de la mairie de Lizy et du comté d'Anizy. Ce village ressort. au baill. du duché de Laonnois, et pour les cas royaux, à celui de Laon.

Brascourt, c^{ne} de Bohain. — In villa que *Berincurtis* dicitur, 1127; *Brancurt*, 1136; *Berencort*, *Berencurt*, 1138 (cart. de l'abb. du Mont-Saint-Martin, p. 605, 154, 400). — *Brandicurtis*, 1145; *Brahencourt*, 1151 (cart. de l'abb. d'Homblières, p. 7 et 68). — In parrochia vel potestate de *Bruencort*, 1160; *Berincort*, 1176, *Berencurtis*, 1193; *Braincort*, 1222 (cart. de l'abb. du Mont-Saint-Martin, p. 735, 748, 370 et 89). — *Berincourt*, 1295 (cart. rouge de Saint-Quentin, f° 53, arch. de la ville de Saint-Quentin). — *Braincourt*, 1373 (arch. de l'Emp. p. 135; transcrits de Vermandois). — *Brancourt-la-Ville*, 1540 (tit. de l'abb. du Mont-Saint-Martin).

Seigneurie acquise par l'abb. du Mont-Saint-Martin du chap. de Saint-Quentin.

Brancourt-le-Court, f. c^{ne} de Brancourt. — *Brancoucourt*, 1610 (tit. de l'abb. du Mont-Saint-Martin). — *Brancocourt* (carte de Cassini).

Brandignon, bois, c^{ne} d'Hary. — Terra de *Brantignum*, xiie s^e (cart. de l'abb. de Thenailles, f° 23). — *Brandignion*, 1649 (baill. de Vervins).

Défriché en 1858, il a laissé son nom à un ruisseau qui prend sa source à Burelles und n'alimente aucune usine avant de se jeter dans la Brune à Gronard. Son parcours est de 2,500 mètres.

Brandouille, c^{ne} d'Étréaupont. — Dépendance du hameau d'Entre-deux-Bois.

Brandouzy, chât. c^{ne} de Malzy. — *Brandouzis*, 1483; *Brandouzi*, 1590 (arch. comm. de Lesquielles-Saint-Germain). — *Brandouzis*, 1568 (arch. de la ville de Laon).

Autref. châtell. relevant de la vicomté de Vadencourt.

Branges, c^{ne} d'Oulchy-le-Château. — *Brangia*, 1179 (cart. du chap. cath. de Soissons, f° 166). — *Brange*, 1645 (baill. de Château-Thierry).

Seigneurie vass. de Braine et d'Oulchy-le-Château.

Brangicourt, mⁱⁿ détr. dans le voisinage de Festieux. — Molendinum de *Brangicourt*, 1159 (cart. de l'abb. de Saint-Martin de Laon, t. III, p. 477, arch. de l'Aisne). — *Brangicourt*, 1173 (cart. de la même abbaye, f° 141, bibl. de Laon).

Branzons (Les), bois, c^{ne} d'Aizelles.

Bras de Travecy, bras de la rivière d'Oise de la Fère à Beautor. — Il alimente le moulin de Beautor. Son parcours est de 9,100 mètres.

Brasle, monticule, c^{ne} du Mont-d'Origny. — *Brasle*, xiie s^e (cart. de l'abb. de Foigny, f° 142, Bibl. imp.). — *Braslia*, xiie s^e (cart. de l'abb. d'Homblières, p. 73). — Terroir de *Brasle*, 1415 (arch. de l'Emp. p. 248-2, pièce 134).

Le mont de Brasle figure encore au plan cadastral du Mont-d'Origny.

Brasles, c^{on} de Château-Thierry. — *Berella*, 1188 (suppl. de D. Grenier, 293, Bibl. imp.). — *Berale*, 1267; *Beralle-lez-Chastiau-Thierry*, 1355; *Beralle*, 1483; *Beralles*, 1549 (ch. de l'abb. d'Essommes). — *Berelle*, 1573 (pouillé du diocèse de Soissons, f° 25). — *Bralles*, 1709; *Berasles*, 1710 (intend. de Soissons, G 205 et 274).

Brasserie (La), m^{on} isolée, c^{ne} de Moy.

Bray, f. c^{ne} de Jussy; détruite. — Curtis de *Braio*, 1198; curtis de *Brayo*, 1271; *Bray-lez-Jussy*, 1631 (ch. et tit. de l'abb. de Saint-Nicolas-aux-Bois). — La *Braie*, 1714 (baill. de Chauny, B 1726).

Autrefois seign. vassale de Chauny.— Ce domaine appartenait à l'abb. de Saint-Nicolas-aux-Bois.

Bray, h. c^{ne} de Mont-Notre-Dame. — Les moulins à eau et à huile appartenaient autrefois au séminaire de Soissons.

Bray, ruisseau qui prend sa source sur le territ. de Clairefontaine, près de la Rue de Paris, alimente un moulin auquel il a laissé son nom, et se jette dans la Gerbais ou ruisseau de Beauregard, à l'extrémité du territ. de Luzoir. — Son parcours est de 3 kilomètres.

Braye, c^{ne} de Vailly. — Villa de *Brayo*, 1281 (arch. de l'Emp. L 1004). — *Bray-dessoubz-Clamecy*, 1383 (arch. de l'Emp. P. 136; transcrits de Vermandois). — *Bray-sous-Clameci*, 1454 (ch. de l'abb. de Prémontré).— *Bray-sous-Clampsy*, *Brayesoubz-Clampsy*, 1672; *Braie*, 1757 (arch. comm. de Braye). — *Braie-sous-Clamecy*, 1777 (tit. de l'abb. de Saint-Crépin-en-Chaye).

Le moulin a été vendu par l'abbaye de Saint-Médard à celle de Saint-Crépin-en-Chaye de Soissons, en 1282 (inv. de Saint-Crépin-en-Chaye). — Autrefois seigneurie vassale du comté de Sorny.

Braye-en-Laonnois, c^{ne} de Craonne. — *Braium*, 1136 (mém. ms. de l'Eleu, t. I, f° 353). — *Brai*, 1203; *Brayum-in-Laudunesio*, 1258 (ch. de l'Hôtel-Dieu de Laon, B 10 et B 65). — *Brayum*, 1261 (ch. du chap. cath. de Laon). — *Braium-in-Laudunesio*, 1265 (gr. cart. de l'év. de Laon, ch. 105). — *Bray-in-Laudunesio*, 1273; *Bray-en-Laonnois*, 1396; Ville de *Bray*, 1333; *Bray-en-Laonnoys*, 1387; *Bray-en-Lannoys*, 1394 (ch. de l'Hôtel-Dieu de Laon, B 65 et B 10). — Paroisse de *Notre-Dame-de-Braye*, 1684 (état civil de Braye-en-Laonnois, trib. de Laon).

La seign. appartenait autref. au chap. cath. de Laon.

BRAYE-EN-THIÉRACHE, c^on de Vervins. — *Brai*, 1144; *Brait-in-Thiraschia*, 1144; *Brait*, 1162; *Braium*, 1253; *Braium-in-Therasca*, 1275 (cart. de l'abb. de Thenailles, f°s 15, 25, 94). — *Brayum-in-Therasca*, 1340 (fonds latin, ms. 9228, Bibl. imp.). — *Brait-en-Theraische*, 1405 (arch. de l'Emp. J 804, n° 1). — *Brait-en-Thieraiche*, 1416 (*ibid.* n° 6). — *Brait-en-Therasche*, 1466 (Journ. des assises du baill. de Vermandois). — *Bray-en-Therasse*, 1615 (min. d'Ozias Teilinge, not.). — *Bray-en-Thiérache*, 1710 (intend. de Soissons, C 274).

La seigneurie, relevant du comté de Bancigny et du marquisat de Vervins, a été acquise, le 4 février 1690 et le 20 mars 1696, par la chartreuse du Val-Saint-Pierre.

BRAY-LAVESNE, petit h. c^ne de Bray-Saint-Christophe.

BRAY-SAINT-CHRISTOPHE, c^on de Saint-Simon. — *Bray*, 1189; *Braium*, 1197 (cart. de l'abb. de Fervacques, p. 177 et 191, arch. de l'Aisne). — *Bray-emprés-Tugny*, 1383 (arch. de l'Emp. P 135; transcrits de Vermandois). — *Bray-Saint-Christophle*, 1629 (baill. de Chauny, B 1493). — *Saint-Christophe-de-Bray*, 1687; *Bray-Saint-Christophe*, 1710 (arch. comm. de Bray-Saint-Christophe). — *Braye-Saint-Christophe*, 1788 (intend. d'Amiens, C 768).

Seign. vassale de la châtell. de Saint-Quentin.

BRAZICOURT, h. c^ne de Grandlup-et-Fay. — *Branzicurt*, 1159; *Brangicort*, 1224; *Brangecort*, 1227; *Bransicort*, 1230 (ch. de l'Hôtel-Dieu de Laon, B 23). — *Branzicourt*, XIIIe siècle (cart. de l'abb. de Thenailles, f° 106). — *Branzicourt*, 1405 (arch. de l'Emp. J 801, n° 1). — *Brangicourt*, 1496; *Brangycourt*, 1496; *Banzicourt*, 1504 (comptes de l'Hôtel-Dieu de Laon, E 27 et 35).

Brazicourt dépendait autrefois du prieuré de Chantrud, relevait de la châtellenie de Pierrepont et ressortissait à cette châtellenie pour la justice.

BRÉCY, c^on de Fère-en-Tardenois. — *Breciacus*, 1213 (cart. de l'abb. de Saint-Jean-des-Vignes, f° 113, Bibl. imp.). — *Breceium*, 1223 (arch. comm. de Brécy). — *Berceium*, 1223 (cart. de Saint-Jean-des-Vignes, f° 61, *ibid.*). — *Berci*, *Berciacus*, 1227 (cart. du chap. cath. de Soissons, f° 152). — Parrochia de *Breci*, 1281 (*ibid.* f° 154). — *Sainct-Remy-à-Brecy*, 1520; *Brecy-le-Moncel*, 1500 (arch. comm. de Brécy). — *Bercy-le-Buisson*, XVIe siècle (tit. cab. de M. de Vertus).

Autrefois seigneurie vassale d'Oulchy-le-Château.

BRELLEMONT, f. c^ne de Septvaux. — *Bretemont* (carte de Cassini).

BRENEHA, m^in à eau, c^ne de Brancourt. — Il appartenait autrefois à l'évêché de Laon.

BRENELLE, c^on de Braine. — *Branella*, 1147; *Bernelle*, 1208 (cart. de Saint-Yved de Braine, arch. de l'Emp.). — *Bernella*, 1208 (arch. de l'Emp. L 1000). — *Brenelles*, 1369 (ch. de l'abb. de Saint-Yved de Braine). — *Bernelles*, 1733 (intend. de Soissons, C 205).

Autrefois seigneurie de la dépendance de la baronnie de Pontarcy. — Paroisse succursale érigée en vertu d'un décret du 15 novembre 1811.

BRENOISE, f. c^ne de Beugneux; détruite.

BRENY, c^on d'Oulchy-le-Château. — *Berny*, 1654 (arch. comm. de Breny).

BRESSET, f. c^ne de Crézancy. — Autrefois fief.

BRESSON, h. c^ne de Camelin. — Ressortissait autrefois au bailliage de Coucy-le-Château. — Le fief de Bresson portait aussi le nom de *Craullart*, 1627 (baill. de Chauny, B 1588).

BRETAGNE, f. c^ne du Hérie-la-Viéville; détruite. — *Bretaigne*, 1568 (arch. de la ville de Guise). — *Bertaigne*, 1586 (arch. de l'Emp. J 791).

Elle ressortissait à la justice du Hérie-la-Viéville et relevait de Guise.

BRETAGNE, h. c^ne de Puisieux-et-Clanlieu. — Il est de formation moderne.

BRETEUIL, f. c^ne d'Épieds.

BRETIGNY, fief, c^ne d'Épagny; vassal de Coucy-le-Château.

BRETIGNY, fief, c^ne de Vauxaillon; vassal de Coucy-le-Château.

BRETON (LE), petit affluent du ruisseau d'Orillon à Cohan. Il prend sa source à Coulonges et n'alimente aucune usine. — Son parcours est de 1,760 mètres.

BRETONNE, petit fief, c^ne de Chaourse; vassal de la châtell. de Pierrepont.

BREUIL, c^ne de Vic-sur-Aisne. — Mons de *Bruoliu*, 1271 (arch. de l'Emp. L 1001). — *Brueil*, 1337 (cart. de l'abb. de Saint-Jean-des-Vignes, bibl. de Soissons). — *Brueul*, 1460 (comptes de l'Hôtel-Dieu de Soissons, 346, f° 23). — *Breul-sur-Saconin*, 1624 (*ibid.* 507). — *Brueil-sur-Saconin*, 1698 (arch. comm. de Breuil). — *Brueil-sur-Saconin*, 1710 (intend. de Soissons, C 274).

La seign., vassale de la châtell. de Pierrefonds, appartenait à la trésorerie de la cath. de Soissons.

Breuil, bois, c^{ne} de Laon. — *Brolium*, 1238 (fonds latin, ms. 9227, f° 3, Bibl. impér.). — *Broliumsubtus-Laudunum*, 1247; *Bruillium*, 1268 (cart. de l'abb. de Saint-Martin de Laon, f° 182, bibl. de Laon).

Breuil, fief, c^{ne} de Travecy; vassal de la châtellenie de la Fère (baill. de la Fère, B 660). — Fief de *Breul*, 1634 (*ibid.* B 717).

Breuil (Le), f. c^{ne} d'Abbécourt; détruite.

Breuil (Le), mⁱⁿ à eau, c^{ne} d'Ambleny.

Breuil (Le), f. c^{ne} de Bruyères-et-Montbérault. — *Brolium*, 1065 (mém. ms. de l'Eleu, t. I, f° 141). — *Boscus dou Bruel*, xiiie s^e (cart. de l'abb. de Thenailles, f° 104). — *Bruel*, 1237 (ch. bibl. de Laon). — Bois de *Bruell*, 1291 (arch. comm. de Bruyères-et-Montbérault).

Breuil (Le), h. c^{ne} de Neuilly-Saint-Front. — *Bruel*, xve siècle (obituaire, arch. comm. de Pricz).

Autrefois seign. vassale de Neuilly-Saint-Front.

Breuil (Le), fief, c^{ne} d'Ognes.

Breuil (Le), c^{ne} de Saint-Quentin. — Predecessor noster Albertus (Viromandensis comes) in confinio suburbis Sancti-Quintini in manso indominicato loco qui dicitur *Broilus*, ubi placita et mallos tenebat jussu Lotharii (Cl. Hémeré, preuves, f° 37, Augusta Viromanduorum, etc.). — Emplacement de l'abbaye de Saint-Prix.

Bricart, fief, c^{ne} de Soissons. — Domaine de l'abb. de Saint-Crépin-le-Grand de Soissons (cart. de Saint-Crépin-le-Grand, p. 487).

Bricay, bois, c^{ne} de Saint-Remy-Blanzy. — Ce bois contenait 110 arpents (d'Expilly, *Dict. géogr.* t. II, p. 720).

Briconville, c^{ne} de Laon. — Lieu de l'établissement primitif des religieuses du Sauvoir. — In Veteri Salvatorio quod dicebatur *Briconvile* versus Rameum, 1259 (ch. de l'Hôtel-Dieu de Laon, B 31).

Briconville, fief, c^{ne} de Flavigny-le-Grand-et-Beaurain; vassal de Guise.

Bricourt, bois, c^{ne} de la Neuville-en-Beine.

Bricquet, fief, c^{ne} de Nouvron-et-Vingré; vassal de Coucy-le-Château. — Son emplacement est désigné sous le nom de *Champ-Bricquet* au plan cadastral.

Brie, c^{ne} de la Fère. — *Brearie in pago Laudunensi*, 855 (cart. de l'abb. de Saint-Crépin-le-Grand, p. 104). — *Bris*, 1209 (suppl. de D. Grenier, 290, Bibl. imp.). — *Bry-en-Laonnois*, *Bris-lès-Crespy*, 1466 (Journal des assises du baill. de Vermandois). — *Bry*, 1500 (comptes de l'Hôtel-Dieu de Laon, E 32). — *Brye*, 1599 (chambre du clergé du dioc. de Laon). — Paroisse de *Saint-Quentin-de-Brye*, 1672 (état civil de Brie, trib. de Laon).

Autrefois seigneurie vassale de Laon (arch. de l'Emp. P 136, f° 27).

Brie (La), petite province de la Champagne. — *Brieium*, 641 (Gesta Dagoberti, *Hist. de France*, t. II, p. 594). — *Briegius pagus*, 775 (Mabillon, *de Re diplom.* p. 497). — *Bria* (Ex gestis Ambasiensium Dominorum, *Hist. de France*, t. X, p. 239 D). — Pagus *Breensis*, 855 (cart. de Saint-Crépin-le-Grand, p. 104). — *Brigia* (Orderic Vital, *Hist. de France*, t. II, p. 247 A). — *Briegensis pagus* (Ex Fulcone archidiacono Meldensi, *Hist. de France*, t. XI, p. 440 A). — *Pagus Briacensis*, 1110 (cart. de l'abb. de Saint-Jean-des-Vignes de Soissons, bibl. de Soissons). — *Briensis pagus*, xiie s^e (Suger, *de vitâ Ludovici grossi regis*). — *Brye*, 1525 (arch. comm. de Parfondru).

Tout ce qui est à l'est de la Marne, dans le département de l'Aisne, jusqu'à Nogentel, appartient à la Brie. Nogentel, Viffort, l'Épine-aux-Bois, en formaient l'extrême limite, d'après Nicolas Sanson : ce géographe pensait que la rivière de Marne séparait la Brie du Soissonnais.

L'archidiaconé de Brie comprenait les doyennés ruraux de Châtillon, Château-Thierry, Chézy-l'Abbaye, Dormans, Montmirail et Orbais : c'était peut-être là ce qui constituait l'ancienne Brie. D'autres pensent que les limites de cette petite province sont formées par les territoires de Ronchères, Cierges, Villeneuve-sur-Fère, la Croix, Sommelans, Pricz et Veuilly-la-Poterie.

Brieux, bois, c^{ne} de Villers-Hélon. — Ce bois contenait 25 arpents (d'Expilly, *Dict. géogr.* t. II, p. 720).

Brillant (Le), ruisseau qui prend sa source au nord du territ. de Bucy, alimente un moulin et se jette dans la rivière d'Oise, à l'extrémité du même territoire. — Son parcours est de 4,500 mètres.

Briquenay, f. et mⁱⁿ à eau, c^{ne} de Saint-Gobain. — *Brikenay*, 1228 (ch. de l'abb. de Prémontré). — *Bricquenay*, 1408 (comptes de l'Hôtel-Dieu de la Fère). — *Briquenet*, 1708 (baill. de Ribemont).

Briquet, h. et mⁱⁿ à eau, c^{ne} de Bazoches.

Briqueterie (La), m^{sons} isolées, c^{nes} de Bosmont, la Bouteille, Hary, Levergies, Marly, Montigny-le-Franc, Rougeries, Vermand, Voulpaix.

Briqueterie (La), m^{on} isolée, c^{ne} de Bucy-lez-Pierrepont. — Connue aussi sous le nom de *l'Espérance*.

Briqueterie (La), h. c^{ne} de Chézy-en-Orxois. — Autrefois fief vassal de la Ferté-Milon.

Briqueterie (La), p. h. c^{nes} d'Oigny et Rozoy-sur-Serre.

Briqueterie (La) ou Warnelle, bois, c^{ne} de Villequier-Aumont.

Briqueterie-Féra (La), petit h. c^{ne} d'Iviers.

Baisé, m¹⁵ à eau, c⁰ᵉ de Monthiers.
Brisegault, fief, cⁿᵉ de Pont-Saint-Mard; vassal de Coucy-le-Château.
Brissay-Choigny, cⁿ de Moy. — Brisel, 1145; Brisseel, 1153 (ch. de l'abb. de Saint-Nicolas-aux-Bois). — Brissellum, 1262 (ch. de l'Hôtel-Dieu de Laon, B 64). — Drissel, 1278 (gr. cart. de l'évêché de Laon, ch. 171). — Bricais, 1282 (actes capitulaires du chap. de Laon, cab. de M. Hidé). — Brisset-et-Choisny, 1568 (arch. de la ville de Laon). — Brissat, 1636 (chambre du clergé du dioc. de Laon).
Autrefois vicomté.
Brissy, cⁿᵉ de Moy. — Brissiacus, 1123; Brisscium, 1130 (mém. ms. de l'Eleu, t. I, f° 291, 363). — Brisi, 1145 (ch. de l'abb. de Saint-Nicolas-aux-Bois). — Ecclesia Sancte-Genovefe de Brissiacco, 1261 (ch. du chap. cath. de Laon). — Brissi, 1268 (arch. de l'Emp. L 994). — Brici, 1288 (actes du parlement de Paris, par Boutaric, p. 421). — Brissiacum apud Hamegicurtem, 1366 (Tr. des chartes, reg. 91, n° 130).
Seigneurie dépendant autrefois de Vendeuil.
Brivarde, bois, cⁿᵉ de Guivry; défriché en 1830.
Broche, petit fief, cⁿᵉ de Beaumont-en-Beine.
Brocues (Les), petit fief, cⁿᵉ de Bertaucourt-Épourdon; vassal de la châtell. de la Fère.
Brochet (Le), petit affluent de la rivière d'Oise à Hirson. — Il n'alimente aucune usine. Son parcours est de 4,400 mètres.
Brochoy, f. cⁿᵉ de Chézy-l'Abbaye. — Brochet (carte de Cassini).
Brocourt, petit fief, cⁿᵉ de Bernot; vassal de Guise.
Brocourt, f°, cⁿᵉ d'Omissy. — Brovecourt, 1110 (cart. AA de l'abb. de Saint-Quentin-en-l'Île, p. 14). — Molendinum de Brauccourt, 1168 (cart. de l'abb. de Fervacques, p. 2, arch. de l'Aisne). — Braulcourt, 1599 (tit. de l'abb. de Saint-Prix).
Les deux fermes de Brocourt appartenaient autrefois à l'abb. de Saint-Prix.
Broie, bois, cⁿᵉ de Guny.
Broit (Le), m²⁹ isolée, cⁿᵉ d'Acy.
Brosse (La), m²⁹ isolée, cⁿᵉ de Chevregny. — Château détruit. Le fief de la Brosse avait titre de comté.
Brosses (Les), fief, cⁿᵉ de Coincy; vassal du marquisat d'Armentières. — Il était aussi connu sous le nom de Lua.
Brosses (Les), f. cⁿᵉ de Montfaucon. — La Bosse (carte de Cassini).
Brossette (La), écart, cⁿᵉ de Landouzy-la-Cour. — C'était autrefois l'une des fermes de Belleperche, entre la Robinette et la Grisolle.
Brossette (La), petit ruiss. affluent du ru du Mesnil ou ru de Servais à Servais. — Il n'alimente point d'usine. Son parcours est de 1,500 mètres.
Brouage, m¹⁵ à eau, cours d'eau et faubourg, cⁿᵉ de Chauny. — La dérivation de l'Oise alimente les moulins du Brouage et d'Abbécourt. Son parcours est de 4,650 mètres. — Petite-Oise, 1533 (comptes de Chauny, f° 75). — Petite-Oise, 1534 (ibid. f° 118).
Broyer (Le), m¹⁵ à eau, cⁿᵉ de Clacret.
Bruce (La), m¹⁵ à eau, cⁿᵉ de Fresnes.
Brugnon, petit ruiss. qui prend sa source à Saint-Michel et y alimente trois petits étangs et le moulin de l'abbaye. — Son parcours est de 7,500 mètres.
Bruiant (Bois de), près de Voyenne; défriché. — Boschus de Bruiant, versus Voienne, 1256 (cart. de Foigny, f° 262).
Brûlé, h. et m¹⁵ à eau, cⁿᵉ de Malzy. — Bruisle, 1266 (cart. de l'abb. de Fervacques, p. 559). — Le Bruylle, 1339; le Bruyle, 1355 (cart. de la seign. de Guise, f°⁸ 222 et 293, Bibl. imp.). — Bruille, 1568 (arch. de la ville de Guise). — Bruslle, 1590 (arch. comm. de Lesquielles-Saint-Germain).
Autrefois seigneurie vassale de Guise.
Brûlé, fief, cⁿᵉ de Seraucourt; vassal de Seraucourt. — Bruille, 1481; Brusle, 1506; Brulle, 1507 (arch. de l'Emp. P 248-2). — Broeul, 1581 (ibid. PP 17).
Brûle, fontaine, cⁿᵉ de Vénérolles. — Fontaine du Brusle, fontaine du Brille, 1632 (cueilleret de Vénérolles, arch. de l'Aisne).
Brûlé (La), petit ruiss. affluent de l'Aisne à Presle. — Il n'alimente aucune usine. Son parcours est de 830 mètres.
Brûle, bois, cⁿᵉ de Beaumont-en-Beine; défriché.
Brûlé (Le), m¹⁵ à eau, cⁿᵉ de Saint-Pierre.
Brulins, petit h. cⁿᵉ de Molinchart.
Brulis, bois, cⁿᵉ de Coincy-l'Abbaye.
Brulis (Les), bois, cⁿᵉ de Tugny-et-Pont. — Autrefois fief vassal de Villevêque. — Terra de Bruili, 1122 (Recueil des fiefs, p. 105).
Brulois, m¹⁵ à eau, cⁿᵉ d'Urcel; détruit.
Brumetz, cⁿ de Neuilly-Saint-Front. — Brumez, 1344 (arch. de l'Emp. Tr. des chartes, reg. 75, pièce 240). — Brumes, 1480 (ch. des Trinitaires de Corfroid). — Brumet, 1554 (arch. comm. de Gandelu). — Brumetz, 1674; Brenmeltz, 1678; paroisse de Saint-Crépin-de-Brumetz, 1684 (arch. comm. de Brumetz).
Autrefois seign. vassale de la châtell. de Gandelu.
Brunchamps, f. cⁿᵉ de Champs. — Domus leprosorum de Brunchant, 1245 (arch. de l'Emp. L 997). — Brunchamps, 1648 (tit. de l'Hôtel-Dieu de Crécy-sur-Serre, 2 B 1) — La maladrerie de Brun-

champs a été unie à l'Hôtel-Dieu de Crécy-sur-Serre par lettres patentes de décembre 1695 et arrêt du Conseil d'État du 10 juin précédent.

Brune, ruiss. qui prend sa source à Brunehamel, traverse les territ. de ce bourg et des c^{nes} de Dohis, Cuiry-lez-Iviers, Dagny-Lambercy, Nampcelle-la-Cour, Burelles, limite ceux de Gronard, Dagny-Lambercy, Saint-Clément, Rogny, alimente les moulins à blé de Dohis, Cuiry-lez-Iviers, Morgny, Dubuquoy, le moulin Neuf et ceux de Malvaux, Braye, Hary, Burelles, Prisces, Hary et Rogny, et afflue au Vilpion après un parcours de 38,817 mètres.

Brunehamel, bourg, c^{on} de Rozoy-sur-Serre. — *Brunehaut-Meis*, 1265 (cart. de l'Emp. L 997). — *Brunehautmes*, 1290 (ch. de l'abb. de Saint-Jean de Laon). — *Brunehaumez*, 1340 (Bibl. imp. fonds latin, n° 9228). — *Brunehaulmez*, 1527 (tit. de l'abb. de Bonnefontaine, arch. des Ardennes). — *Brunehamel-en-Térasse*, *Brunehamel-en-Thirasse*, 1618 (reg. des offices du baill. de Vermandois, greffe du trib. de Laon). — *Bruhamel-en-Thierache*, 1621 (baill. de Chauny, B 1430).

La seigneurie comprenait, en 1398, Brunehamel, les Autels, Mainbresson et Mainbressy (arch. de l'Emp. P 136; transcrits de Vermandois).

Brunehaut, f. c^{ne} de Laon; auj. détruite. — Fontes de *Brunehaut*, 1391 (acquits de comptes, arch. de la ville de Laon). — *Brunehaut-sous-Laon*, 1762 (intend. de Soissons, C 41).

Cette ferme était près de l'emplacement actuel de la gare du chemin de fer.

Brunerolles, m^{on} isolée, c^{ne} de Toruy-Sorny.

Bruni ou Franc Bois, bois, c^{ne} d'Aubigny. — *Terra Marculfi que dicitur Silva de Bruni*, 1161; ad titiam de *Bruniaco*, 1170 (cart. de l'abb. de Foigny, f° 148, Bibl. imp.).

Ce bois a été cédé par le monastère de Saint-Remy de Reims à l'abb. de Foigny, qui l'a aliéné le 28 juillet 1643 à Catherine-Diane de Bezanne, en échange de la ferme de Belleporche, sise à Landouzy-la-Cour. L'abbaye de Foigny avait fait défricher une partie du bois pour y établir une ferme qui exploita 90 arpents de terre et 13 de pré; un lieu dit *la Terre de Fussigny* indique l'emplacement de cette ferme, détruite depuis longtemps.

Brunin, f. c^{ne} de Cerny-en-Laonnois. — *Nemus de Brunain versus Aquilam*, 1236 (ch. de l'abb. de Saint-Vincent de Laon).

Un petit ruisseau, affluent de l'Ailette près de Neuville, porte son nom. Son parcours est d'environ 2 kilomètres.

Brunot, m^{on} isolée, c^{ne} de Presles-et-Thierny. — *Molendinum Brunort*, 1139 (cart. de l'abb. de Saint-Martin de Laon, t. II, p. 7, arch. de l'Aisne).

Ce moulin, détruit depuis longtemps, appartenait autrefois au chapitre cath. de Laon.

Brusse, bois, c^{ne} de Verdilly. — Il appartenait autrefois à l'abb. de Jouarre.

Brusses (Les), f. c^{ne} de Belleau. — *La Brusse*, 1509; *les Bruces*, 1608 (tit. de l'Hôtel-Dieu de Soissons, 21).

Brussettes (Les), bois, c^{ne} de Villers-Hélon. — Ce bois contenait 25 arpents (d'Expilly, *Dict. géogr.* t. II, col. 720).

Bruxelles, h. c^{ne} de la Chapelle-sur-Chézy et de Nogent-l'Artaud. — *Bruxella* (carte de Cassini).

Bruyère (La), h. c^{ne} de Grougis.

Bruyère (La), f. c^{ne} de Vendières.

Bruyères, c^{ne} de Fère-en-Tardenois. — *Bruerie*, 1139 (cart. de l'abb. de Saint-Jean-des-Vignes, Bibl. imp.). — *Brueria*, 1271 (cart. de l'abb. d'Igny, f° 102, Bibl. imp.). — *Bruières*, 1573 (pouillé du dioc. de Soissons, f° 33). — *Bruyères-lez-Voalpaix*, 1618 (arch. comm. de Bruyères). — *Bruyères-Val-Chrestien*, 1708 (ibid.). — *Bruyère*, 1710 (intend. de Soissons, C 274).

Bruyères, f. c^{ne} de Quincy-sous-le-Mont. — *Bruerie*, 1219; *Bruières*, 1332; *Bruières*, 1396 (ch. de l'abb. de Saint-Yved de Braine).

Cette ferme, vassale d'Oulchy-le-Château, appartenait autrefois à l'abb. de Saint-Yved de Braine.

Bruyères (Les), h. c^{ne} de Bertaucourt-Épourdon. — Uni maintenant à la population agglomérée.

Bruyères (Les), h. c^{ne} de Chavignon.

Bruyères-et-Montbérault, c^{ne} de Laon. — *Bruerie*, 1098; *Bruerie-in-Rochefort*, 1160 (ch. de l'abb. de Saint-Vincent de Laon). — *Bruere*, 1170; *Brueria*, 1173 (cart. de l'abb. de Saint-Martin de Laon, f°s 14 et 138, bibl. de Laon). — *Brueries-subtus-Laudunum*, 1239 (arch. comm. de Bruyères). — *Bruerie-in-Laudunesio*, 1254 (cart. de l'abb. de Vauclerc, f° 47). — *Bruieres-en-Luonois*, 1346 (ch. bibl. de Laon). — *Brueres-en-Laonnois*, 1330 (arch. de l'Emp. Tr. des ch. reg. 66, pièce 154). — *Bruières*, 1340 (fonds latin, ms. 9228, Bibl. imp.). — *Bruyère*, 1341 (arch. de l'Emp. Trésor des chartes, reg. 73, pièce 338). — *Bruieres-en-Loenois*, 1355; *Bruieres-en-Laonnois*, 1355; *Bruirez*, 1365; *Bruierez-en-Luonnois*, 1371 (arch. comm. de Bruyères). — *Brueres*, 1389; *Bruiere*, 1440 (comptes de l'Hôtel-Dieu de Laon, E 2, E 18). — *Bruyères-en-Lannoys*, 1522 (arch. comm. de Bruyères). — *Bruyères-soubz-Laon*, 1534 (Délibérations, arch. de la ville de

Chauny). — *Bruyerres*, 1536 (acquits, arch. de la ville de Laon). — *Bruyères-en-Vermandois*, 1544 (arch. comm. de Bruyères). — *Bruyères-en-Laonnoys*, 1563; *Bruier*, 1569 (*ibid.*). — *Brueres-en-Laonois*, 1584 (plan et vue de Bruyères, par Ledouble, collection de M. Hidé).

Eaux minérales sulfureuses qui ne sont utilisées que pour alimenter la ville. — Commune reconnue, en 1129, par le roi Louis le Gros; elle ressortissait au bailli. de Laon. — Bruyères a été fortifié en 1357; on y comptait dix tours et quatre portes. La maladrerie, qui existait déjà en 1211 (petit cart. de Signy, f° 126, arch. des Ardennes), a été unie à l'Hôtel-Dieu de Laon en vertu de lettres patentes du mois de juin 1695.

Bruyères était autrefois chef-lieu d'un doyenné rural de l'archidiaconé de Laon. Il comprenait : Athies, Bruyères, Chéret, Chevregny, Coucy-lez-Eppes, Étouvelles, Festieux, Fussigny, Gizy, Laval, Lierval, Liesse, Marchais, Martigny-en-Laonnois, Mauregny-en-Haye, Missy-lez-Pierrepont, Monampteuil, Montbérault, Montchâlons, Monthenault, Nouvion-le-Vineux, Orgeval, Parfondru, Prestes, Samoussy, Thierny, Urcel, Veslud et Vorges. — En 1790, Bruyères devint chef-lieu d'un canton du district de Laon. Ce canton comprenait Arrancy, Athies, Bièvres, Bruyères, Chambry, Chéret, Eppes, Festieux, Lavergny, Montbérault, Montchâlons, Orgeval, Parfondru, Ployart, Prestes - et - Thierny, Vaurseine, Veslud et Vorges.

Bauys, c⁰⁰ de Braine. — *Bruyt*, 1507 (cart. de l'abb. de Notre-Dame de Soissons, f° 423). — *Bruy* (carte de Cassini).

Autrefois baronnie. Le moulin de Bruys était vassal de la baronnie de Pontarcy.

Buchancourt, f. c⁰⁰ de Sissonne. — *Beconis-Curtis*, 1141 (cart. de l'abb. de Vauclerc, f° 90, Bibl. imp.).

Le fief de Buchancourt, situé près de la Selve, relevait autrefois de la châtell. de Pierrepont, 1681 (év. de Laon).

Buchet (Le), h. c⁰⁰ de Faverolles. — *Vastibuchet* (arch. comm. de Faverolles).

Buchet (Le), m⁰⁰ isolée, c⁰⁰ de Troësnes.

Bucilly, c⁰⁰ d'Hirson. — *Alodium de Buciliaco*, *Bucellensis ecclesia*, *ecclesia de Veteri Buciliaco*, *in honore beati Petri apostolorum principis*, 1120; *Buciliensis ecclesia*, 1139 (cart. de l'abb. de Bucilly, f°⁰ 10 et 2). — *Territorium de Bucellis*, 1125 (cart. de l'abb. de Foigny, f° 17, Bibl. imp.). — *Buceiliacum*, 1135; *ecclesia de Bucillis*, 1148 (cart. de l'abb. de Bucilly, f° 34). — *Buceiliacum*, 1162 (cart. de Thenailles, f° 25). — *Buceli*, 1169 (cart. de l'abb. de

Saint-Michel-en-Thiérache, p. 241). — *Ecclesia de Bucellis*, 1187; *Bucillies*, 1193; *ecclesia Sancti Petri Bucelliensis*, 1226 (cart. de l'abb. de Bucilly, f°⁰ 6, 43, 66). — *Bucélis-la-Vile*, 1240 (cart. de l'abb. de Saint-Michel-en-Thiérache, p. 65). — *Ecclesia Sancti-Petri de Bucillis*, terroir de *Bucillis-la-Vile*, 1276; *Bucilis*, 1300 (cart. de l'abb. de Bucilly, f°⁰ 58, 70 et 85). — Couvent de *Buchillis*, 1326 (cart. de la seign. de Guise, f°⁰ 15 et 183). — Église de *Busillis*, *Bussilies*, 1335 (*ibid.* f°⁰ 183 et 184). — Bos de *Buchillies*, *Buchillies-le-Ville*, 1344 (*ibid.* f°⁰ 222 et 249). — *Bucillis-en-Thiérasse*, 1360 (cart. de l'abb. de Saint-Michel-en-Thiérache, p. 130). — *Bucillis-l'Abbeye*, 1386; *Saint-Pierre-de-Bucillis-en-Thiérasche*, 1389 (cart. de l'abb. de Bucilly, f°⁰ 165 et 88). — *Busseilis*, xiv° s° (cart. E du chap. cath. de Reims, f° 139, arch. de la Marne). — *Bucillis-l'Abbie*, *Bucilly-la-Ville*, 1405 (arch. de l'Emp. J 801, n° 1). — *Bussilys*, 1451 (comptes de la châtell. de Pierrepont, cab. de M. d'Imécourt). — *Buyssyli*, 1505 (comptes de Chivres, *ibid.*). — *Bussily*, 1561 (délib. de la chambre des comptes de la Fère).

Abbaye de Bénédictines fondée vers 941 par le comte Elbert, rempl. en 1148 par des Prémontrés.

Bucquoy (Le), fief, c⁰⁰ d'Audigny. — *Cense de Bucquoy*, 1561; *Boucquoy*, 1567 (arch. de la ville de Guise).

La ferme de Bucquoy fait maintenant partie de la population agglomérée; c'était un fief vassal de Guise.

Bucy-le-Bras ou Bucy-le-Bezard, f. c⁰⁰ d'Arcy-Sainte-Restitue. — *Bucetum*, 1110; *Buciacus-Berardi*, xii° siècle (cart. de l'abb. de Saint-Jean-des-Vignes, Bibl. imp.). — *Buci-le-Bevart*, 1300 (arch. de l'Emp. L 1005). — *Bucy-le-Berart*, 1336 (*ibid.* L 1002). — *Bussy-le-Bras*, 1710; *Buzi-le-Bras*, 1747 (tit. de l'abb. du Val-Chrétien). — *Bussy-le-Bas* (cart. de Cassini).

Ce domaine appartenait autrefois à l'abb. du Val-Chrétien et relevait d'Oulchy-le-Château.

Bucy-le-Long, c⁰⁰ de Vailly. — *Buci*, 1132 (ch. du musée de Soissons). — *Buciacus-super-ripam-Axone*, 1137 (ch. de l'abb. de Prémontré). — *Buciacum*, xii° s° (ex Vitâ Guiberti abbatis de Nogento, cap. 15). — *Bucy*, 1147 (cart. de l'abb. de Notre-Dame de Soissons, f° 38). — *Buceium*, 1173 (Chron. de Nogento, p. 435). — *Bucyacum*, 1195 (cart. du chap. cath. de Soissons, f° 133). — *Busci*, xiii° s° (ch. de l'Hôtel-Dieu de Soissons). — *Busciacum*, 1306; *Bucy-sur-Aisne*, 1365 (cart. du chap. cath. de Soissons, f°⁰ 135 et 142). — *Bucy-en-Soissonnays*, 1378 (arch. de l'Emp. Tr. des ch. reg. 114, n° 118). — *Bussy; Bucy-les-Soissons*, xiv° siècle (arch. de l'Emp. P 136; transcrits de Vermandois). — *Bussy-sur-Aisne*, 1442 (comptes de l'Hôtel-Dieu de Soissons, 340, f° 36). — *Buissy-sur-Aisne*, 1656; *Bussy-le-Long*, 1753 (tit. de l'abb. de Prémontré).

Vicomté appartenant autrefois au chap. cath. de Soissons et aux comtes de la même ville. L'abbaye de Saint-Médard possédait également une partie de la seigneurie en 1525 (terr. de Chivres, f° 1). — La maladrerie a été unie par arrêt du Conseil d'État du 14 mai 1696 à l'Hôtel-Dieu de Soissons.

Bucy-le-Long devint, en 1790, chef-lieu d'un canton dépendant du district de Soissons et comprenant Braye, Bucy-le-Long, Chivres, Clamecy, Laffaux, Margival, Missy-sur-Aisne, Neuville-sur-Margival, Sorny, Terny, Vregny et Vuillery.

Bucy-lez-Cerny, c^{ne} de Laon. — *Altare de Buccio cum appendicio suo nomine Riculo*, 1125 (suppl. de D. Grenier, 286, Bibl. imp.). — *Villa de Buci*, 1181 (D. Grenier, 24° paquet, n° 7). — *Buissiacum*, 1260 (arch. de l'Emp. Tr. des ch. reg. 30, pièce 361). — *Villa et territorium de Bucy*, 1274 ; *villa de Buciaco*, 1287 (ch. de l'abb. de Saint-Vincent de Laon). — *Bucy-dalez-Sarny*, 1358 (comptes, arch. de la ville de Laon). — *Bucy-en-Laonnois-les-Crespy*, 1376; *Bucy-les-Crespy*, 1454; *Bucy-les-Sarny*, 1499; *Bussy-les-Serny*, 1500 ; *Bucy-près-Sarny*, 1517; *Bucy-juxta-Crespy*, 1525 (tit. de l'abb. de Saint-Vincent de Laon). — *Bucy-les-Crespy*, 1536 ; *Bucy-les-Ramonts*, 1583 (comptes de l'Hôtel-Dieu de Laon, E 63, E 104). — *Bucy-en-Laonnois*, 1546 (min. de Boussu, notaire, greffe du trib. de Laon). — *Bucy-au-Ramon*, 1675 (maîtrise de la Fère). — *Bussy-les-Cerny*, 1729 (intend. de Soissons, C 205). — *Bussy-les-Ramonts* (carte de Cassini).

La seigneurie appart. à l'abb. de Saint-Vincent de Laon.

Bucy-lez-Pierrepont, c^{ne} de Sissonne. — *Bussi*, 1156 (cart. de l'abb. de Saint-Martin de Laon, t. III, p. 41). — *Bussiacus*, 1163 (ch. de l'abb. de Saint-Martin de Laon). — *Ecclesia Sancti-Johannis de Busci*, 1178 (ch. de l'abb. de Saint-Vincent de Laon). — *Buissiacum*, 1250 (ch. de l'Hôtel-Dieu de Laon, B 11). — *Buissi*, 1292 (ch. de l'Hôtel-Dieu de Laon, A 1). — *Buissy*, 1312; *Buxi-des-Pierrepont*, 1365 (dénomb. cab. de M. d'Imécourt). — *Buissy-les-Pierrepont*, 1405 (arch. de l'Emp. J 801, n° 1). — *Bucy-les-Pierrepont*, 1457 (ch. de l'abb. de Saint-Vincent de Laon). — *Bussy*, 1475; *Bussy-lez-Liesse*, 1496; *Bussi-les-Pierrepont*, 1536; *Bucys-lez-Pierpont*, 1576 (comptes de l'Hôtel-Dieu de Laon, E 20, E 35, E 62, E 97).

— *Bussy-les-Pierpont*, 1729 (intend. de Soissons, C 205).

Bucy-lez-Pierrepont dépendait autrefois pour moitié de la châtell. de Pierrepont; l'autre relevait de cette châtellenie.

Buenie (La), h. c^{ne} de Soissons.

Buole (Le), petit fief, c^{ne} de Wassigny; vassal de Guise.

Bugny, petit ruiss. affluent de la Bouillonneuse à Pont-Saint-Mard. Il n'alimente aucune usine. — Son parcours est de 1,500 mètres.

Bugny (Haut et Bas), hameaux, c^{ne} de la Flamangrie. — *Feodum de Bregny*, 1203 (cart. de Guise, f°s 42 et 43). — *Villa de Bunyes*, 1212 (petit cart. de Chaourse, f° 164, arch. de l'Emp.). — *Capella in villa de Bugnies*, 1212; *Buegnies*, 1226 (cart. de l'abb. de Saint-Denis, f° 126, arch. de l'Emp. LL 1158). — *Buignies*, 1233 (cart. de l'abb. de Saint-Denis, f° 149, arch. de l'Emp. LL 1172). — *Bas-Bugni*, 1680; *Haubugny*, 1691 (baill. de Ribemont, B 319 et 250). — *Bas-Beugni*, 1706 (plan de la Flamangrie, arch. de l'Aisne).

Le ruisseau de Haut-Bugny, affluent de la Chaudière, n'alimente aucune usine. Son parcours est de 1,950 mètres.

Buin, f. c^{ne} de Barizis. — *Buyn*, 1512 (cab. de M. Desprez). — *Buain*, 1673 (arch. de Coucy-la-Ville).

Ancien domaine de la prévôté de Barizis.

Buire, c^{ne} d'Hirson. — *Bures*, 1145 (cart. de l'abb. de Saint-Michel, p. 28). — *Altare de Buire*, 1148 (cart. de l'abb. de Bucilly, f° 3). — *Buirez*, 1161 ; *Haia de Buirues*, 1170 (suppl. de D. Grenier, 288, Bibl. imp.). — *Buyres*, 1335 (cart. de la seign. de Guise, f° 181). — *Buyre, Notre-Dame-de-Buyre*, 1672 (arch. comm. de Buire).

Buire, h. c^{ne} d'Épaux-Bézu. — *Buires*, xiiie s° (cueill. de l'Hôtel-Dieu de Soissons, 191).

Seigneurie vassale d'Oulchy-le-Château.

Buirefontaine, h. c^{ne} d'Aubenton. — *Buirefontaine*, 1235 (cart. de l'abb. de Saint-Michel, p. 74). — *Burefontaine, Burefontaines*, 1264 (arch. de l'Emp. Tr. des ch. reg. 30, pièces 87 et 88). — *Buirfontaines*, 1606 (baill. de Ribemont, B 195). — *Buirfontaine*, 1624 (min. de Nicolas Roland, notaire, arch. de l'Aisne).

Buiron, f. c^{ne} de Selens. — *Biron*, 1709 (tit. de l'abb. de Prémontré). — *Buiron-de-l'Eau* (Cassini).

Cette ferme appartenait, depuis le 16 août 1672, à l'abb. de Prémontré; détruite au xviiie siècle.

Buironfosse, c^{ne} de la Capelle. — *Buironfossa, Buirunfossa*, xiie s° et 1212 (cart. de la seign. de Guise, f°s 166 et 143). — *Birenfosse*, 1223 (petit cart. de Chaourse, f° 199, arch. de l'Emp. LL 1172). —

Buronfosse, 1339 (chron. de Froissart, ch. 75). — *Bayronfosse*, 1541 (arch. comm. d'Erloy). — *Buronfosse*, 1751 (baill. de Ribemont, B. 12).

Buironfosse faisait partie du duché de Guise et ressortissait au baill. de cette ville.

Buisson (Le), chât. f. et mⁱⁿ, c^{ne} de Brécy. — Autrefois seign. vassale d'Armentières.

Buisson (Le), fief vassal d'Aubenton.

Buisson (Le) ou Montabaudière, f. c^{ne} de la Chapelle-sur-Chézy.

Buisson (Le), h. c^{ne} de Château-Thierry.

Buisson (Le), f. c^{ne} d'Essigny-le-Petit. — Construite vers 1840.

Buisson (Le), f. c^{ne} de Sissonne. — *Buisson-Gauché*, 1773 (tit. de l'év. de Laon).

Autref. fief rel. de la châtell. de Sissonne. La ferme dépend de la par. de Saint-Erme en 1608 (enquêtes du baill. de Vermandois, greffe du trib. de Laon).

Buisson-Comtesse (Le), fief, c^{ne} d'Ébouleau. — Relevait autrefois de la châtell. de Pierrepont.

Buisson-de-Crépy (Le), m^{on} isolée, c^{ne} de Chéry-lez-Pouilly. — Construite en 1860.

Buisson-Madame (Le), m^{on} isolée, c^{ne} de Montaigu.

Buisson-Robert (Le), h. c^{ne} de Fontenelle. — Il est uni au hameau du Garmouzet.

Burcourt, petit fief, c^{ne} de Contescourt; vassal du chap. de Saint-Quentin.

Burelles, c^{ne} de Vervins. — *Buruelles*, 1147; *Buroles*, 1160 (cart. de Thenailles, f°s 12 et 13). — *Pascua de Burolis*, 1178 (suppl. de D. Grenier, 287, Bibl. imp.). — *Terra de Buiroles*, 1200 (ch. du Val-Saint-Pierre). — *Boureulles*, 1228 (cart. de Thenailles, f° 77). — *Burolio*, 1324 (suppl. de D. Grenier, 287). — *Bureulles*, 1340 (Tr. des ch. reg. 75, pièce 234). — Ville de Bureules, 1361 (Minimes de Laon). — *Burellez*, 1410 (Hôtel-Dieu de la Fère, comptes de la maladrerie). — *Burolles*, 1416 (arch. de l'Emp. J 801, n° 6). — *Buirelles*, 1446 (ibid. n° 7). — *Bureuilles*, 1585; *Bureuilles*, 1621 (Minimes de Laon). — *Burelle-in-Thiraschia*, 1664 (arch. comm. de Martigny-en-Laonnois). — *Bureilles*, 1681; paroisse de Saint-Martin de Buteille, 1685 (arch. comm. de Burelles). — *Bureul*, 1717 (Famille de Coigny, arch. de l'Aisne).

La seign. faisait partie, au xviie et au xviiie siècle, de la châtell. de Voulpaix et relevait de Marle.

Burguet (Le), m^{on} is. c^{ne} de Clastres. — *Burgel*, 1270 (arch. de l'Emp. L 738). — Maison du *Burguel*, 1384 (arch. de l'Emp. P 135; transcrits de Vermandois). — Autrefois fief relevant de Montescourt.

Bury, h. c^{ne} de Tugny-et-Pont. — *Burris*, 1197 (cart. de l'abb. de Fervacques, p. 191, arch. de l'Aisne).

— *Bury*, xive s^e (arch. de l'Emp. P 135; transcrits de Vermandois).

Ce hameau, détruit depuis longtemps, était entre Happencourt et Tugny, le long de la rivière de Somme.

Bus-Petrarum, bois, c^{ne} de Gouy; défriché. — *Nemus de Bus-Petrarum*, 1193 (cart. de l'abb. du Mont-Saint-Martin).

Bussiares, c^{ne} de Neuilly-Saint-Front. — *Bossere*, 1169 (lettre du pape Alexandre III à Henri, arch. de Reims, *Hist. de France*, t. XV, p. 875 D). — *Boissuerre*, 1204 (cart. de l'Hôtel-Dieu de Soissons, 190). — *Boussuerie*, 1250 (cart. du chap. cath. de Soissons, f° 149). — *Boissuerra*, 1302 (pouillé du dioc. de Soissons, f° 40). — *Buiserre*, 1506 (tit. de l'Hôtel-Dieu de Soissons, 117). — *Bussière*, 1518 (comptes de l'Hôtel-Dieu de Soissons, f° 10). — *Bussierre*, 1573 (pouillé du dioc. de Soissons, f° 25). — *Bussiart*, *Bussiare*, 1710 (intend. de Soissons, C 205 et 274).

Autrefois seign. vassale de la Ferté-Milon.

Bussière (La), h. c^{ne} de Flavigny-le-Grand-et-Beaurain. — *Molendinum de Buxeria*, situm juxta Guisiam, 1225 (cart. de l'abb. de Foigny, f° 208, Bibl. imp.). — *Molendinum de Busseria*, 1322; Molin de la *Boussière*, 1340 (cart. de la seign. de Guise, f°s 51 et 224). — La *Bouissière*, 1413 (arch. de l'Emp. J 801, n° 5).

Le moulin de la Bussière, qui appartenait autrefois à l'abb. de Prum, a été converti en 1830 en un établissement de tissage et en filature de coton.

Bussière (La), f. c^{ne} d'Origny-Sainte-Benoîte. — Cette ferme, qui appartenait autrefois à l'abbaye d'Origny-Sainte-Benoîte, est détruite depuis un temps immémorial.

Bussigny, fief, c^{ne} d'Esquéhéries; vassal de Guise.

But, f. c^{ne} d'Andelain. — *Curia Sancti-Nicholai que dicitur Aldinbus*, 1156 (ch. de l'abb. de Prémontré). — *Curtis de Bus*, 1248 (ch. de l'abb. de Saint-Vincent de Laon). — Cense du *Bœuf*, 1721 (baill. de la Fère, B 1096).

Cette ferme appartenait autrefois à l'abb. de Saint-Nicolas-aux-Bois; elle a été détruite en 1596, lors du siège de la Fère par Henri IV. Un lieu dit *la Ferme du Bœuf* indique encore son emplacement.

But, f. et m^{on} is. c^{ne} de Crépy. — *Bus*, 1136 (ch. de l'abb. de Saint-Nicolas-aux-Bois). — *Bu*, 1166 (ch. de l'abb. de Prémontré). — Cense de *Bus-les-Crespy*, 1464 (Journal des assises du baill. de Vermandois). — Cense de *Butz*, 1598 (min. de Ledoulx, notaire à Crépy, greffe du trib. de Laon). — *Grand et Petit Bœuf* (carte de Cassini).

But-Martin (Le), h. c^{ne} de Bourguignon-sous-Coucy.

DÉPARTEMENT DE L'AISNE.

Butry (La), f. cne de Becquigny. — Autrefois fief vassal de Bohain.

Butte (La), f. cne de Saint-Michel. — Construite vers 1840.

Butte-Brunehaut (La), tumulus, cne de Laniscourt. — In territorio de Moreines sicut extendit a via que ducit ad tumulum Brunehaudis ultra Lanisicurtem, 1187 (ch. de l'abb. de Saint-Vincent de Laon). — Tumba-Brunehaut, 1280 (g. cart. de l'év. de Laon, ch. 9).

Buzancy, cne d'Oulchy-le-Château. — Birsenci, 1238 (cart. de l'Hôtel-Dieu de Soissons, f° 90, ch. 81). — Busency. 1384 (arch. de l'Emp. P 136; transcrits de Vermandois). — Buzency, 1511 (comptes de l'Hôtel-Dieu de Soissons, 384, f° 15). — Busancy-en-Soissonnay, 1561 (arch. de l'Emp. Q, carton 5). — Busancy (carte de Cassini).

Le seigneur était le plus ancien quart-comte de Soissons; il était vassal du comté de Soissons (arch. de l'Emp. Q, carton 5).

Buzancy devint, en 1790, le chef-lieu d'un canton du district de Soissons comprenant Berzy-le-Sec, Buzancy, Chacrise, Chaudun, Coutremin, Droizy, Noyant-et-Aconin, Rozières, Septmonts, Taux, Tigny, Vierzy et Villemontoire.

Buzancy, fief, cne de Camelin.

C

Cabane (La), mon isolée, cne de Bourg-et-Comin.

Cabaret, f. cne de Grisolles. — Cette ferme appartenait au prieuré du Charme.

Cabaret (Le), f. cne de Gouy. — Construite vers 1838, sur l'emplacement du bois de Cabaret.

Cabaret (Le), mon isolée, cne de Retheuil.

Cabraude, chât. cne de Dammard; détruit.

Cagny, petit h. cne de Saint-Christophe-à-Berry. — Domaine relevant autrefois de la châtell. de Vic-sur-Aisne et ressortissant au baill. de Soissons.

Cagny, mon isolée, cne de Vaux. — L'ancien fief du même nom était entre Vaux et Étreillers.

Caigny, fief, cne d'Audignicourt.

Cailleuse (La), f. cne de Rougeries. — Cailleuse, 1616 (baill. de Marfontaine). — Petite-Calleuse, 1616 (min. de Teilinge, notaire). — Petite-Cailleuse, 1616 (min. de Constant, notaire). — Cailleuse, 1618; Petite-Cailleuze, 1621 (min. de Carlier, notaire).

Autrefois fief vassal de Marle.

Cailleuse (La Grande-), h. cne de Saint-Pierre. — Grande-Cailleuse, 1667 (baill. de Marfontaine).

Autrefois fief vassal de Marle.

Caillomont, territ. cne de Grouart. — Territorium quod dicitur Caillomont, 1144; Cailloumont, xiii° s° (cart. de l'abb. de Thenailles, f°s 15 et 64). — Cailloemons, xiii° s° (ch. de l'Hôtel-Dieu de Laon).

Le territ. de Caillomont appartenait autrefois à l'abb. de Thenailles.

Caillouël-Crépigny, cne de Chauny. — Cailloei, 1153 (Colliette, Mém. du Vermandois, t. II, p. 335). — Callos, 1186 (arch. de la ville de Chauny). — In territorio de Crespigni-et-de-Cailloue, xii° s° (cart. de Longpont, Bibl. imp.). — Cailloes, 1217; Cailleoi, 1270 (cart. du chap. cath. de Noyon, f° 168, Oise). — Caillesi, 1310; Cailloue, 1311 (cart. de l'abb. d'Ourscamp, f°s 4 et 6). — Cailouel, 1583; Caillouel, 1612 (baill. de Chauny, B 1469, B 1476). — Saint-Pierre-de-Caillouel, 1647 (arch. comm. de Béthancourt-en-Vaux). — Cailloille, 1755 (état civil de Travecy, arch. comm.).

Cailloux (Le), mon isolée, cne de Sery-les-Mézières.

Caisnel (Le), h. cne de Villequier-Aumont. — Caisneel, 1203 (cart. de l'abb. d'Ourscamp, f° 16). — Quainnet, 1647; Quesnel, 1651 (min. de Barbier, notaire). — Caisnet, 1693 (baill. de Chauny, B 1632).

Calais, fief, cne de Lesdins; vassal de la châtell. de Saint-Quentin.

Californie (La), mon isolée, cne d'Anizy-le-Château.

Californie (La), petit h. cne de Concevreux.

Calogeons (Les), h. cne de Nogent-l'Artaud. — Les Calles-aux-Joncs (carte de Cassini).

Calvaire (Le), h. cne de Dommiers.

Calvaire (Le). — Mont-de-Calvaire, 1548 (comptes de la maladrerie de la Fère, arch. de l'Hôtel-Dieu de la Fère). — Mont-de-Calvaire-lez-le-Mont-Saint-Gilles, 1563 (comptes de la châtell. de la Fère, chambre des comptes de la Fère). — Notre-Dame-de-Pitié-sous-le-Mont-du-Calvaire, 1586 (min. de Jean Ledoulx, notaire, trib. de Laon). — Notre-Dame-de-Pityé-soubz-le-Mont-du-Calvaire, 1630 (baill. de la Fère, B 713).

Abbaye de Bénédictines établie en 1527 par le cardinal de Bourbon et par Marie de Luxembourg, duchesse de Vendôme, sa mère; elle a été détruite lors du siége de la Fère en 1596.

Calvaire (Le), mon isolée, cne de Longchamps.

CALVAIRE (LE), c⁽ᵉ⁾ de Montcornet. — Chapelle où l'on officie.
CALVAIRE-DE-LA-CHAPELLE (LE), m⁽ᵒⁿ⁾ isolée, c⁽ⁿᵉ⁾ de Neuilly-Saint-Front.
CALVAIRE-DE-SAINT-GERMAIN (LE), petit h. c⁽ⁿᵉ⁾ de Lesquielles-Saint-Germain.
CALVISE, fief, c⁽ⁿᵉ⁾ de Louâtre; vassal de la châtell. de la Ferté-Milon.
CAMAS, h. c⁽ⁿᵉ⁾ de Jussy. — *Camac*, 1269 (cart. de l'abb. de Fervaques, f° 73, Bibl. imp.). — *Camach*, 1271 (ch. de l'abb. de Saint-Nicolas-aux-Bois). — *Kamat*, 1277 (arch. de la ville de Saint-Quentin, liasse 30, dossier A). — *Chamas*, 1337 (ch. du chap. cath. de Laon). — *Cama*, 1582 (arch. de la ville de Saint-Quentin, liasse 182).
CAMBOTTE (LA), h. c⁽ⁿᵉ⁾ du Sart. — *Cambot*, 1728 (carte du Cambrésis de Deuse, ingénieur, arch. du Nord).
CAMBRÉSIS, petite province de la Flandre. — *Pagus Kambriacensis*, 677 (ch. de l'abb. d'Honnecourt, arch. du Nord). — *Pagus Camaracensis*, 799 (Mabillon, *de Re diplom.* p. 503). — *Pagus Cameracensis*, 799 (Doublet, *Hist. de l'abbaye de Saint-Denis*, p. 721). — *Cameracensis comitatus*, 843 (Annales Bertiniani, *Hist. de France*, t. VII, p. 2). — *Cameracensis provincia*, 1153 (*Hist. de France*, t. XIII, p. 511 E). — *Païs de Cambresis*, 1376 (cart. de l'abb. de Saint-Quentin-en-l'Île, f° 47, arch. de l'Emp. LL 1018). — *Cambraisis*, 1402 (Ordonn. des rois de France, t. IX, f° 199, reg. A du parlement de Paris). — *Cambrezy*, 1589 (man. d'Antoine Richard, bibl. de Laon, 490). — *Païs de Cambrezis*, 1592 (arch. de la ville de Saint-Quentin, liasse 182).

L'ancien pays et comté de Cambrésis comprenait, dans le département de l'Aisne, les portions de territoire qui dépendaient autrefois des doyennés ruraux de Cambrai et du Cateau-Cambrésis (voy. la préface). — Le département de l'Aisne a emprunté au Cambrésis moderne Aubencheul-aux-Bois, Lempire, Molain, Prémont, le Sart et Serain.
CAMBRIN, fief, c⁽ⁿᵉ⁾ de Lesquielles-Saint-Germain; vassal de Guise.
CAMBRIN, fief, c⁽ⁿᵉ⁾ de Molinchart; vassal de l'év. de Laon.
CAMBRON, h. c⁽ⁿᵉ⁾ de Fontaine et de Gercy. — Territorium viculi qui dicitur *Cameron*, 1136 (mém. ms. de l'Eleu, t. I, f° 353). — Territorium de *Camberon*, XIIIᵉ s⁽ᵉ⁾ (cart. de l'abb. de Thenailles, f° 60 et 61).

Fief vassal de Marle avant 1556, et, depuis, du marquisat de Vervins.
CAMBRONNE, fief, c⁽ⁿᵉ⁾ de Coulonges; vassal de la baronnie de Rognac.
CAMBRY, f. c⁽ⁿᵉ⁾ de Sissy. — *Cameli*, 1189; territorium de *Camelin*, 1206 (cart. AA de l'abb. de Saint-Quentin-en-l'Île, p. 109 et 28). — Terroir de *Camery*, 1309 (cart. AB de la même abb. p. 308). — *Cameri*, 1384 (arch. de l'Emp. P 135; transcrits de Yermandois, f° 256). — *Cambrie* (Cassini).

Elle appartenait autrefois à l'abbaye de Saint-Quentin-en-l'Île.
CAMELIN, c⁽ⁿᵉ⁾ de Coucy-le-Château. — In *Camaleio?* IXᵉ s⁽ᵉ⁾ (dipl. de Charles le Chauve : cart de l'abb. de Saint-Médard de Soissons, f° 127, arch. de l'Aisne). — *Cameli*, 1160 (ch. de l'abb. de Saint-Martin de Laon). — *Kameli*, 1207 (cart. de l'abb. d'Ourscamp, f° 199, arch. de l'Oise). — *Kammely*, 1311 (cloche de l'église de Camelin). — *Kamely*, 1394 (arch. de la fabr. de Camelin). — *Camely*, 1401 (comptes de l'Hôtel-Dieu de la Fère). — *Cammely*, 1491 (arch. de l'Emp. PP 17). — *Kamelin*, 1573 (pouillé du dioc. de Soissons, f° 31). — *Camelain*, 1624; *Cammelain*, 1625 (baill. de Chauny, B 1488, B 1489).

Camelin ressortissait autrefois au baill. de Chauny, à l'exception de Fresne et de Bresson, qui ressortissaient à celui de Coucy-le-Château.
CAMELY, fief, c⁽ⁿᵉ⁾ de Travecy; vassal de la chât. de la Fère.
CAMP (LE), f. c⁽ⁿᵉ⁾ de Sergy. — *Cans*, 1210 (cart. d'Igny, f° 167, Bibl. imp.). — *Camps*, 1734 (arch. comm. de Sergy).

Elle appartenait autref. à l'abb. de Saint-Médard de Soissons.
CAMPAGNE, f. c⁽ⁿᵉ⁾ de Neuflieux.
CAMP-DE-CÉSAR, c⁽ⁿᵉ⁾ d'Épagny. — Emplacement d'un camp où l'on trouve des sarcophages à 1ᵐ,75 de profondeur.
CAMP-DE-BEAUVAISIS (LE), fief, c⁽ⁿᵉ⁾ de Travecy; vassal de Travecy en 1399 (arch. de l'Emp. PP 17).
CAMPIGNOLLE, m⁽ᵒⁿ⁾ isolée, c⁽ⁿᵉ⁾ de Royaucourt-et-Chailvet; détruite. — Elle existait encore en 1685 (arch. comm. de Chaillevois).
CAMPIGNY (GRAND et PETIT), f⁽ˢ⁾, c⁽ⁿᵉ⁾ de la Neuville-en-Beine. — *Campasnier*, 1279 (cart. de l'abb. d'Ourscamp, f° 16, arch. de l'Oise). — *Campaigny*, 1648 (min. de Barbier, notaire à Genlis). — *Campery*, 1625; Campagny, 1670 (baill. de Chauny, B 1405, B 1451).
CAMP-MAINARD, port, c⁽ⁿᵉ⁾ de Chauny. — *Camp-Mainard*, 1646 (baill. de Chauny, B 1505).
CANAL (LE), h. c⁽ⁿᵉ⁾ de Jussy.
CANAL (LE), m⁽ᵒⁿ⁾ isolée, c⁽ⁿᵉ⁾ de Neuvillette.
CANALI, m⁽ⁱⁿ⁾ à eau, c⁽ⁿᵉ⁾ de Saint-Quentin; auj. détruit. — *Molendinum de Canali*, 1110 (cart. AA de l'abb. de Saint-Quentin-en-l'Île, p. 13). — *Sanctus-Petrus-in-Canali*, 1211 (Colliette, *Mém. du Vermandois*, t. II, p. 545).

CANARDERIE, f. c^{ne} de Bézu-Saint-Germain.
CANARDIÈRE (LA), f. c^{ne} de Charly. — *Cannardière*, 1736 (baill. de Charly).
Les fermes de la Canardière et de la Grande-Canardière étaient contiguës, 1632 (baill. de Charly); l'une d'elles est détruite.
CANIVET, h. c^{ne} de Pernant. — *Quenivet*, 1384 (cart. de l'abb. de Notre-Dame de Soissons, f° 43). — *Canivet*, 1650 (tit. de l'abb. de Saint-Jean-des-Vignes).
— *Canivet*, 1697 (arch. comm. de Pernant).
CANLAIR ou VILCAIR, fief, c^{ne} de Landifay; vassal de la vicomté de Landifay.
CANLERS, f. c^{ne} de Travecy. — Fief de *Canlers*, 1613; *Caulair*, 1617 (baill. de la Fère, B 699, B 700). — *Canlaire*, 1717; *Canler*, 1765; *Canlere*, 1767 (arch. comm. de Charmes).
Autrefois seign. avec titre de baronnie. — Le bois de Canlers fait partie des territ. de Travecy et de Liez.
CANNIS ou CANNY, fief, c^{ne} de Mont-Notre-Dame; vassal du comté de Braine.
CANNOTTE (LA), m^{on} isolée, c^{ne} de Mons-et-Laonnois.
CANTINE (LA), m^{on} is. c^{ne} de Merlieux-et-Fouquerolles.
CAPELLE (LA), arrond. de Vervins. — *Capella*, 1179 (cart. de l'abb. de Thenuilles, f° 12). — *Le Chapele*, 1218 (cart. de la seign. de Guise, f° 81). — *La Cappelle*, 1409 (arch. de l'Emp. J 802). — *Chapelle-en-Thiérasche*, 1466 (Journal des assises du baill. de Vermandois). — *Chapelle-en-Thiérache*, 1477 (comptes de l'Hôtel-Dieu de la Fère, f° 13 v°). — *La Chapelle*, 1553 (arch. de Chauny, comptes). — *La Capelle-en-Thieraisse*, 1568 (acquits, arch. de la ville de Laon). — *La Capelo*, 1591 (Correspondance de Henri IV, t. I, p. 446). — *La Cappellen-Thiérasche*, 1594 (famille Berthoult). — *La Chapelle-en-Thiérasche*, 1628 (baill. de Chauny, B 1569).
La moitié de la seigneurie appartenait autrefois au domaine de l'État; elle a été aliénée à M. d'Hervilly, le 18 avril 1785, en vertu d'un arrêt du Conseil d'État du 20 septembre 1784.
La Capelle était le chef-lieu d'un gouvernement militaire d'une très-grande étendue, d'après Petit-Bourbon, la carte publiée à Amsterdam par Guillaume Blaeu et Jean Blaeu et le Dictionnaire géographique d'Expilly. — Le gouvernement a été supprimé au mois d'avril 1674. Les localités qui en dépendaient ont été unies aux gouvernements militaires d'Aubenton, de la Fère et de Vervins.
Territoires extrêmes du gouvernement de la Capelle: la Flamangrie, la Capelle, Lerzy, Froidestrées, Gergny, Étréaupont, Autreppes, Haution, la Vallée-aux-Blés, Marfontaine, Cheveunes, Housset, la Neuville-Housset, Berlancourt, Thiernu, Marle,
Marcy, Erlon, Voyenne, Toulis-et-Attencourt, Vesles-et-Caumont, Mâchecourt, Bucy-lez-Pierrepont, Sainte-Preuve, Boncourt, Dizy-le-Gros, la Ville-aux-Bois-lez-Dizy, Lislet, Montloué, Soize, Chéry-lez-Rozoy, Archon, Dolignon, Renneval, Dagny-Lamberey, Saint-Clément, Bancigny, Jeantes, Besmont, Iviers, Beauraé, Aubenton, Any-Martin-Rieux, Wattigny, la Neuville-aux-Joutes, Saint-Michel, Mondrepuis, Clairefontaine et Rocquigny.
En 1790, la Capelle, du district de Vervins, devint le chef-lieu d'un canton comprenant Buironfosse, la Capelle, Clairefontaine, Étréaupont, la Flamangrie, Froidestrées, Gergny, Lerzy, Rocquigny-Montreuil, Sommeron et Sorbais.
CAPELLE (LA), f. c^{ne} de Manicamp; autrefois fief. — *La Capelle*, 1413 (arch. de l'Emp. J 801, n° 5). — *Chapelle-en-Febvre*, 1670; *Capelle-en-Fève*, 1736 (baill. de Chauny, B 1735).
CAPELLERIE (LA), petit fief, c^{ne} d'Iron. — Ce fief, vassal de la baronnie d'Iron, appartenait autrefois à la chapelle de Saint-Louis de Ribemont.
CAPET, fief, c^{ne} de Happencourt. — Ancien domaine du chap. de Saint-Quentin (recueil des fiefs, p. 160).
CAPIGNOLLE (LA), m^{on} is. c^{ne} de Vaucelles-et-Beffecourt.
CAPONNE, f. c^{ne} de Benay. — *Capones*, 1273 (arch. de la ville de Saint-Quentin, liasse 265). — *Cappones*, 1444 (délibér. arch. de la ville de la Fère). — *Capponne*, 1560 (arch. de la fabr. de Vendeuil. — *Capone* (carte de Cassini).
CAPPERON (LE), bras de la rivière d'Oise à la Fère. — Son parcours est de 1,000 mètres.
CAQUERETS (LES), h. c^{ne} d'Essises. — *Caquerez*, 1698 (reg. d'office du baill. de Château-Thierry).
CAQUET (LE), mⁱⁿ à eau et f. c^{ne} de Merlieux-et-Fouquerolles. — Molin du *Quaquet*, 1546; *Cacquet*, 1553 (comptes de la vidamie de Laon, cab. de M. d'Imécourt).
CAQUETONS (LES), h. c^{ne} de la Chapelle-sur-Chézy.
CARANDA, mⁱⁿ à eau, c^{ne} de Cierges.
CARANTON, f. et distillerie, c^{ne} de Ribemont. — *Crewnton*, 1176 (cart. de l'abb. de Saint-Denis, f° 245, arch. de l'Emp. LL 1158). — *Carenton*, 1406 (arch. de l'Emp. P 135; transcrits de Vermandois). — *Crenton*, 1405 (arch. de l'Emp. J 801, n° 1). — *Cranton*, 1583 (tit. de l'abb. de Saint-Vincent).
Cette ferme appart. autref. à l'abb. de Corbie.
CARBIN, petit h. c^{ne} de Trosly-Loire. — Le moulin appartenait autrefois au prieuré et à la seign. de Saint-Paul-aux-Bois; converti, en 1868, en usine à teiller et rouir le chanvre.
CARBONNIERS, bois vois. d'Origny, 1527 (arch. de l'Emp. P 249-3). — On n'en peut préciser l'emplacement.

DÉPARTEMENT DE L'AISNE.

Carcassonne, fief, c⁰ˢ de Coucy-la-Ville.
Carbonnette (La), m⁰ⁿ isolée, c⁰ᵉ de Montigny-l'Engrain.
Carlefust, bois, c⁰ᵉ de Villers-Agron-Aiguizy; défriché.
Carlette (La), h. c⁰ᵉ de Bassoles-Aulers.
Carlette (La), h. c⁰ᵉ de Vaurezis.
Carmanerie (La), m⁰ⁿ isolée, c⁰ᵉ de Nogent-l'Artaud.
Carmières, m⁰ⁿˢ détruites, c⁰ᵉ de Cuiry-lez-Iviers. — *Carnyer*, 1642 (min. de Nicolas Roland, notaire).
Elles dépendaient autrefois d'Iviers, lieu dit *la Carcinière*.
Carnoy, f. et bois, c⁰ᵉ de Marteville. — *Nemus de Carnoy*, 1356 (Livre rouge de Saint-Quentin-en-l'Île, f⁰ 200, arch. de l'Emp. LL 1018).
Domaine appartenant autrefois à l'abb. de Vermand. La ferme est détruite.
Carolus, f. c⁰ᵉ d'Andelain; détruite.
Carosse (La), h. c⁰ᵉ de Vivières.
Carrefour (Le), h. c⁰ᵉ de Thenailles.
Carrefour-des-Corbillards (Le), m⁰ⁿ isolée, c⁰ᵉ de Dampleux.
Carreux, petit h. c⁰ᵉ de Missy-sur-Aisne. — *Querreu*, *Charreu*, 1230 (cart. de l'abb. de Saint-Médard, Bibl. imp.). — *Caveux* (carte de Cassini).
Carrier (Le), h. c⁰ᵉ d'Acy.
Carrière (La), m⁰ⁿ isolée, c⁰ᵉˢ de Beaurevoir, Chéry-lez-Pouilly, Coincy, Condé-sur-Aisne, Lor, Moulins.
Carrière (La), m¹⁰ à vent et m⁰ⁿ isolée, c⁰ᵉ de Berrieux.
Carrière (La), h. c⁰ᵉ de Billy-sur-Aisne et Dommiers.
Carrière (La), f. c⁰ᵉ de Sancy. — Cette ferme appartenait autrefois à l'abb. de Saint-Ouen de Rouen; elle fait maintenant partie de la population agglomérée.
Carrière (La), habit. souterraine, c⁰ᵉ de Vauclerc-et-la-Vallée-Foulon.
Carrière-à-deux-Gueules (La), h. c⁰ᵉ d'Aizy.
Carrière-Bécret (La), m⁰ⁿ isolée, c⁰ᵉ de Cuizy-en-Almont. — Anciennes carrières autrefois habitées; elles ne servent plus qu'aux exploitations rurales.
Carrière-Blin (La), m⁰ⁿ isolée, c⁰ᵉ de Camelin.
Carrière-Buiot (La), m⁰ⁿ isolée et m¹⁰ à vent, c⁰ᵉ de Sissonne.
Carrière-d'Adrien (La), petit h. c⁰ᵉ de Selens.
Carrière-d'Aules (La), c⁰ᵉ de Pasly. — Carrières servant autrefois d'habitation.
Carrière-de-Paul (La), m⁰ⁿ isolée, c⁰ᵉ de Froidmont-Cohartille.
Carrière-des-Buttes, habitations souterraines, c⁰ᵉ de Clamecy.
Carrière-des-Grimoines (La), m⁰ⁿ isolée, c⁰ᵉ de Berny-Rivière.
Carrière-des-Lorrains (La), m⁰ⁿ isolée, c⁰ᵉ de Saint-Thibaut.

Carrière-de-Thurier (La), habitation souterraine, c⁰ᵉ de Laversine.
Carrière-du-Pont-aux-Perches, m⁰ⁿ isolée, c⁰ᵉ de Silly-la-Poterie.
Carrière-du-Sourd (La), petit h. c⁰ᵉ d'Aizy.
Carrière-Étreux, h. c⁰ᵉˢ de Barzy et de Fesmy. — *Carrée-Estreux-sur-Hainaut*, 1685 (baill. de Ribemont, B 44). — *Care-Estreu-Cambresis*, *Carc-Estreu-France*, *Care-Estreu-Hainaut*, 1728 (carte du Cambrésis de Deuse, arch. du Nord). — *Carre-Estreux*, 1760 (gruerie du Nouvion). — *Cartetreux* (carte de Cassini).
Ce hameau dépendait autrefois du Cambrésis, du Hainaut et de la France; le chemin de Carrière-Étreux au Sart séparait le Cambrésis du Hainaut; la rivière séparait la France de ces deux provinces.
Carrière-Jean-Leclerc, m⁰ⁿ isolée, c⁰ᵉ d'Aizy, près de la Carrière-du-Sourd.
Carrière-Jean-Leclerc, h. et m¹ⁿ à vent, c⁰ᵉ de Montaigu.
Carrière-l'Évêque, f. c⁰ᵉ de Septmonts. — *Quarrié-desseure-Septmons*, 1354 (arch. de l'Emp. Tr. des ch. reg. 85, pièce 119). — Maison de la *Quarrière*, XIV⁵ s⁰ (arch. de l'Emp. P 136; transcrits de Vermandois). — *Carrière-Levesque*, 1669 (terr. de Maupas, f⁰ 274, arch. de l'Aisne).
Cette ferme appart. autref. à l'év. de Soissons.
Carrière-Minouflet (La), f. c⁰ᵉ de Saint-Bandry.
Carrière-Rouge (La), h. c⁰ᵉ de Prémontré.
Carrières (Les), h. c⁰ᵉˢ d'Achery, Aubenton, Bagneux, Barenton-Bugny, Brancourt, Braye-en-Laonnois, Celles-sur-Aisne, Chavonne, Chéry-lez-Pouilly, Chivres, Ciry-Salsogne, Crécy-au-Mont, Muret-et-Crouttes, Pargny-Filain, Prémontré, Rocquigny, Vorges, Wissignicourt.
Carrières (Les), fief, c⁰ᵉ de Luzoir; vassal de la châtell. d'Hirson.
Carrières (Les), m⁰ⁿˢ is. c⁰ᵉˢ de Moulins et Vaudesson.
Carrières (Les), habit. souterraine, c⁰ᵉ de Saconin.
Carrières-de-Jumencourt (Les), h. c⁰ᵉ de Jumencourt. — *La Quarière*, 1416 (arch. de l'Emp. J 801, n⁰ 6).
Carrières-de-la-Ville (Les), h. c⁰ᵉ de Barizis.
Carrières-de-Sainte-Berthe, h. c⁰ᵉ de Sancy. — Son nom lui vient de la ferme de la Carrière, qui appartenait autrefois à l'abb. de Saint-Ouen de Rouen.
Carrières-de-Saint-Gobain, habitations souterraines, c⁰ᵉ de Saint-Gobain.
Carrières-des-Coutures, h. c⁰ᵉ de Saint-Gobain. — *Carrières-en-Couture* (carte de Cassini).
Carrières-des-Lentillières (Les), h. c⁰ᵉ de Barizis.
Carrières-du-Point-du-Jour (Les), h. c⁰ᵉˢ d'Auffrique-et-Nogent et de Jumencourt.

Carrière-Trouée (La), h. c⁰ᵉ de Chavonne.
Carrièrette (La), m⁰ⁿ isolée, c⁰ᵉ de Chavigny.
Carrièrette (La), m⁰ⁿ isolée, c⁰ᵉ d'Ostel.
Carrière-Véron (La), m⁰ⁿ is. c⁰ᵉ de Muret-et-Crouttes.
Carriveau (Le), m⁰ⁿ isolée, c⁰ᵉ de Chavignon.
Cartonnerie (La), m⁰ⁿ isolée, c⁰ᵉ de Braye-en-Laonnois.
Caserne (La), c⁰ᵉ de Saint-Michel. — Poste de douane construit en 1840.
Casinière (La), f. c⁰ᵉ de Chézy-l'Abbaye : démolie en 1825. — Il ne reste plus qu'une grange.
Castel, petit fief, c⁰ᵉ de Dhuizel. — Ce fief était enclavé dans la seigneurie de la Roche-le-Comte, près du moulin de Vieil-Arcy.
Castellaria, domaine situé autrefois près de Landifay et de Faucouzy, peut-être au lieu dit *le Vert donjon*. — Terra de *Castellaria*, 1168 (cart. de l'abb. de Thenailles, f° 36).
Castres, c⁰ⁿ de Saint-Simon. — *Castra*, 1143 (cart. de l'abb. de Saint-Crépin-le-Grand, p. 73). —*Castre*, 1584 (min. de Claude Huart, notaire.)
Seigneurie appartenant autrefois au chap. de Saint-Quentin.
Câtelet ou Châtelet, fief, c⁰ᵉ de Viry-Noureuil. — Il appartenait autrefois au chap. de Notre-Dame de Paris.
Câtelet (Le), arrond. de Saint-Quentin. — *Chastelet*, 1431 (comptes de l'Hôtel-Dieu de Laon, E 8). — Bourg du *Chastellet*, 1571 (délib. de la chambre des comptes de la Fère). — *Castellet*, 1577 (chambre du clergé du dioc. de Noyon). — *Castelet*, 1595 (Corresp. de Henri IV, t. IV, p. 406). — *Châtelet*, *Catellet*, 1650 (arch. du Dépôt de la guerre, 119, Corresp. militaire).
Seigneurie vassale de Saint-Quentin (arch. de l'Emp. Q 11). — Forteresse construite en 1520, démantelée en 1674.
Le Câtelet, du district de Saint-Quentin, devint en 1790 le chef-lieu d'un canton comprenant le Câtelet, Aubencheul-aux-Bois, Beaurevoir, Bellenglise, Bellicourt, Bony, Estrées, Gouy, Hargicourt, Jeancourt, Joncourt, Magny-la-Fosse, Nauroy, Vendhuile, le Verguier et Villeret.
Câtelet (Le), bois, c⁰ᵉ de Mondrepuis. — Bois des *Chastellers*, 1335 (cart. de l'abb. de Bucilly, f° 101). — Bos des *Castelers*, bois du *Casteller*, 1335 (cart. de la seign. de Guise, f⁰ˢ 181 et 184). — Bois du *Castelet*, étangs du *Castellet*, 1612 (terr. de Mondrepuis).
Ce bois, couvert de tuiles et de débris de poteries romaines, contenait, en 1763, 350 arpents (d'Expilly, *Dict. géogr.* t. II, p. 720).
Catenie (La), petit h. c⁰ᵉ de Vielsmaisons.

Catière, f. c⁰ᵉ de Trosly-Loire; détruite au xvii° siècle.
Catifez, h. c⁰ᵉ de Louâtre.
Catillon, f. c⁰ᵉ de Crécy-au-Mont. — *Castellio*, 1145 (Chron. de Nogento, p. 449). — *Castilion*, 1680 (état civil de Crécy-au-Mont, trib. de Laon).
Détruite en 1853.
Catillon-du-Temple, h. c⁰ᵉ de Nouvion-et-Catillon. — *Castellio*, 1197 (cart. de l'abb. de Saint-Nicolas-des-Prés de Ribemont, LL 1015, f° 62). — *Chatillon-du-Temple*, 1409 (arch. de l'Emp. J 801, n° 1). — *Chatillon*, 1518; *Chastellon*, 1525 (arch. comm. de Bruyères-et-Montbérault). — *Castillon*, 1603 (terr. de la commanderie de Catillon, f° 50). — *Castillion-du-Temple*, 1607 (baill. de Ribemont, B 236). — *Catillion*, 1710 (intend. de Soissons, C 320). — *Chatillon-du-Temple*, 1729 (*ibid.* C 205). — *Cathillon-du-Temple*, 1733 (baill. de Ribemont, B 268).
Commanderie établie au xii° siècle.
Catterinettes (Les), m⁰ⁿ is. et m⁰ⁿ à vent, c⁰ᵉ de Cherêt.
Caulaincourt, c⁰ⁿ de Vermand. — *Caulencurt*, 1137 (cart. de l'abb. de Prémontré, f° 84, bibl. de Soissons). — *Canlencurt*, *Chainlencurt*, 1147 (ch. de l'abb. de Prémontré). — *Caullaincort*, 1187; *Canlaincort*, xii° s⁰ (cart. du chap. cath. de Noyon, arch. de l'Oise). — *Caulencort*, 1224 (suppl. de D. Grenier, 290, abb. de Prémontré, Bibl. imp.). — *Caulencort*, 1229 (gr. cart. de l'év. de Laon, ch. 50 et 52). — *Caunlancort*, 1229 (ch. de l'év. de Laon). — *Coulleincort*, 1237; *Colaincourt*, 1426; *Caullaincourt*, 1460 (ch. du chap. cath. de Noyon, arch. de l'Oise). — *Collincourt*, 1654 (arch. du Dépôt de la guerre, intérieur; Corresp. militaire, 157, pièce 43). — *Sainct-Quentin de Caulaincourt*, 1660 (arch. comm. de Caulaincourt).
Châtelenie érigée en marquisat en 1715, relevant du marquisat de Nesles. Ce marquisat comprenait Beauvois, Caulaincourt, Textry, Tombes, Trefcon et Vrechy. — Autrefois cure du doyenné d'Athies.
Caumont, c⁰ⁿ de Chauny. — *Calmont*, ix° s⁰; *Calmunt*, 1075; *Calmunt-in-Valles*, 1093 (cart. de Saint-Bertin de Saint-Omer, publié par M. Guérard). — *Caulmont*, 1570 (arch. comm. de Béthancourt-en-Vaux). — *Caulmont-lez-Chauny*, 1609 (baill. de Chauny, B 1473). — *Camont*, 1652 (arch. comm. de Béthancourt-en-Vaux). — Paroisse *Saint-Pierre-de-Caumont*, 1703 (arch. comm. de Caumont).
Seigneurie appartenant autrefois à l'abb. de Saint-Bertin de Saint-Omer.
Caumont, f. c⁰ᵉ de Gouy. — Cette ferme, qui appartenait autrefois à l'abb. du Mont-Saint-Martin, a été détruite sous la Ligue.

CAUMONT, bois, cⁿᵉ de Grandlup-et-Fay.
CAUMONT, f. cⁿᵉ de Vesles-et-Caumont. — Molendinum curtis et terre de *Coumont*, 1167; *Curia de Colmont*, 1177 (cart. de l'abb. de Thenailles, fᵒˢ 38 et 40). — *Comont*, 1249 (cart. de l'abb. de Bucilly, fᵒ 17). — *Cosmont*, 1710 (int. de Soissons, C 320).

Ferme appartenant autrefois à l'abbaye de Thenailles, laquelle y fonda, en 1135, une communauté de filles qui dura peu de temps. — La ferme relevait de la châtell. de Pierrepont.

CAURETTE (LA), h. cⁿᵉ de la Neuville-lez-Dorengt. — *Corette* (carte de Cassini).
CAURREUX, petit fief, cⁿᵉ de Marly; vassal de Guise.
CAURNON ou MARIGNY, fief, cⁿᵉ de Nanteuil-la-Fosse; vassal de Pontarcy.
CAURROY, maladrerie, cⁿᵉ de Venizel; détruite. — *Caurroi*, 1573 (pouillé du dioc. de Soissons, fᵒ 92).

Unie à l'Hôtel-Dieu de Soissons par arrêt du conseil du 3 août 1696 et lettres patentes du mois de décembre suivant.

CAUVIGNY, f. cⁿᵉ de Lesdins. — Molendinum de *Calveceniaco*; 1158; Molendinum de *Cauveigni*, 1222; *Chavigniacum*, 1307 (cart. de l'abb. de Longpont).

Domaine de l'abb. de Longpont jusqu'en 1570; il relevait de Saint-Quentin. — Le moulin est auj. détruit.

CAUVIGNY, f. et fabr. de sucre, cⁿᵉ de Trefcon. — *Calvini*, 1132 (ch. du musée de Soissons). — *Calveniacum*, 1148 (Colliette, *Mém. du Vermandois*, t. II, p. 338). — *Calvenni*, 1162 (cart. du chap. de Noyon, fᵒ 89, arch. de l'Oise). — *Calveni*, 1190 (cart. de l'abb. du Mont-Saint-Martin, p. 597). — *Cauvegni*, 1384 (arch. de l'Emp. P 135; transcrits de Vermandois). — *Couvigny*, 1660 (tit. de l'abb. de Prémontré).

Autrefois fief vassal de Saint-Quentin.

CAVE (LA), mᵐᵉ isolée et mᶦⁿ à vent, cⁿᵉ de Sissonne.
CAVEGY, h. cⁿᵉ de Blérancourt.
CAVE-L'ABBÉ (LA), mᵐᵉ isolée, cⁿᵉ de Braine. — Autrefois domaine de l'abb. de Saint-Yved de Braine.
CAVES (LES), cⁿᵉ de Cuizy-en-Almont. — Habitations dans les carrières.
CAVET (LE), fief, cⁿᵉ d'Abbécourt; vassal de la seign. d'Abbécourt.
CAVET (LE), fief, cⁿᵉ d'Audigny; vassal de Guise.
CAVET (LE), fief, cⁿᵉ de Lesquielles-Saint-Germain; vassal de Guise.
CAVIN, bois, cⁿᵉ de Puisieux-et-Clanlieu; défriché.
Cé (LE), mᵐᵉ isolée, cⁿᵉ de Pasly.
CÉDÈRES (LES), mᵐᵉ isolée, cⁿᵉ de Berrieux.
CELLE (LA), cⁿᵉ de Condé. — *Celle-sous-Montenil*, paroisse de *Saint-Martin-de-la-Celle-sous-Montmirail*, 1741; *Celle-sous-Montmirail*, 1743 (arch. comm. de la Celle).

Autrefois seigneurie vassale de Montmirail. — La Celle dépendait des doyenné, archidiaconé, élection, subdélégation, prévôté et baill. de Sézanne, de l'intendance de Châlons et du dioc. de Troyes.

CELLES-LEZ-CONDÉ, cⁿᵉ de Condé. — *Kala*, 1156 (coll. de D. Grenier, 24ᵉ paquet, n° 9, Bibl. imp.) — *Cella, Celles-prope-Condatum*, xiiiᵉ sᵉ (cueilleret de l'Hôtel-Dieu de Soissons, 191). — *Celles-en-Brye*, 1384 (arch. de l'Emp. P 136; transcrits de Vermandois). — *Selles-Embrie*, 1400; *Celles-en-Brie*, 1427; *Celles-en-Brye*, 1442 (comptes de l'Hôtel-Dieu de Soissons, 324, 338, 340). — *Celles*, 1510; *Celle-en-Brie*, 1561 (tit. de l'Hôtel-Dieu de Soissons, 40). — *Vallon-Libre*, 1793.

Autrefois mairie royale ressortissant à la prévôté et au baill. de Château-Thierry. — Seigneurie vassale de Montmirail. — Justice seigneuriale unie à celle de Mont-Saint-Père par lettres patentes de février 1783. — Doyenné rural de Dormans.

CELLES-SUR-AISNE, cⁿᵉ de Vailly. — *Cella*, 1129 (cart. de l'abb. de Saint-Crépin-le-Grand de Soissons, p. 70). — *Celles*, 1185 (cart. de Philippe Auguste, fᵒ 42, Bibl. imp.). — *Ville de Sele-de-lez-Vailly*, 1310 (cart. du chap. cath. de Soissons, fᵒ 133). — *Selle-sur-Aixne*, 1546 (arch. comm. de Condé-sur-Aisne). — *Celle*, 1670; *Selle*, 1752 (tit. de l'Hôtel-Dieu de Soissons, 39).

Seigneurie vassale d'Oulchy-le-Château.

CELLIER (LE), chât. et mⁱⁿ à eau, cⁿᵉ de Martigny-en-Laonnois. — *Cellarium-de-Courpierre*, 1166 (cart. de l'abb. de Foigny, fᵒ 202, Bibl. imp.). — *Le Scellier*, 1710 (intend. de Soissons, C 320).

Autrefois domaine de l'abb. de Foigny.

CENDRIÈRE (LA), mᵐᵉ isolée, cⁿᵉ d'Aubenton et de Mont-Notre-Dame.
CENDRIÈRE (LA), petit h. cⁿᵉ d'Eppes.
CENSE (LA), h. cⁿᵉˢ de Beuvardes et de Viffort.
CENSE (LA), f. cⁿᵉ d'Essommes.
CENSE (LA), f. cⁿᵉ de Fresnes.
CENSE-À-DIEU (LA), f. cⁿᵉ de Mont-Saint-Père.
CENSE-AUX-LIÈVRES (LA), h. cⁿᵉ de la Flamangrie.
CENSE-AUX-PERNELLES (LA), mᵐᵉ isolée, cⁿᵉ de Wattigny.
CENSE-BASTIEN (LA), f. cⁿᵉ de Laval. — *Cense de la Montagne*, 1580 (baill. de la Fère, B 949).
CENSE-BERNIER (LA), petit h. cⁿᵉ de la Bouteille.
CENSE-BLEUE (LA), f. cⁿᵉ de Fontaine.
CENSE-BLEUE (LA), mᵐᵉ isolée, cⁿᵉ du Nouvion.
CENSE-BOULETTE (LA), fᵐᵉ, cⁿᵉ de Luzoir.
CENSE-BRÛLÉE (LA), f. cⁿᵉ de Vervins. — *Cense-Bruslée*, 1615 (min. d'Osias Teitinge, notaire). — *Cense-*

7.

Brullé, 1684 (collection de M. Édouard Piette, de Vervins). — *Cense-Brulé*, 1688 (baill. de Vervins).

Cense-Carrée (La), f. c^{ne} de Fontaine. — *Fliegniis*, terra de *Fliegniis*, xiie s^e; *Flehegnies*, *Flehignies*, 1168 (cart. de l'abb. de Foigny, f°s 7, 196, 201 et 23, Bibl. imp.). — *Fleinhies*, 1283 (suppl. de D. Grenier, 289, Bibl. imp.). — «Fligny est un petit terrouer du village et paroisse de Fontaine, deppendant de l'abbaye de Saint-Jean de Laon, qui estoit donné à surcens de plusieurs particuliers, et est situé entre les terres de l'ancien domaine d'Aubenton et le village de Fontaine, aujourd'hui appellé communément *la Cense Carrée*» (Livre de Foigny, par de Lancy, p. 31 et 32).

Cense-de-la-Paée, f. c^{ne} de Saint-Quentin. — Cette ferme appartenait autrefois à l'abb. de Saint-Prix; elle était déjà détruite en 1595.

Cense-de-Maître-Pierre-Clément, f. c^{ne} de Wattigny; détruite. — Aliénée en 1569 par l'abb. de Foigny pour le payement d'une subvention de guerre (Livre de Foigny, par de Lancy).

Cense-des-Dames (La), f. c^{ne} de Chéry-Chartreuve. — Cette ferme appartenait autrefois à l'abb. de Chartreuve.

Cense-des-Fontaines (La), petit h. c^{ne} de la Bouteille. — Autrefois domaine de l'abb. de Foigny. «Les fontaines Saint-Bernard, au nombre de sept, comprennent aujourd'hui ce qui estoit appellé *la Cense, le Mont* et *le Ponceau*, de dom Vualthier, d'où il estoit économe envoyez là pour veiller au desfrichement des terres emboschées et les rendre en nature de labeur. Sa situation estant voisine de l'abbaye avec le nom qu'elle porte donne lieu et sert de divertissement aux religieux» (Livre de Foigny, par de Lancy, p. 10 et 14).

Cense-des-Gandouins ou la Cense, h. c^{ne} de Besmont. — Rue de *la Cense-des-Gandouins*, 1737 (baill. d'Aubenton, B 2505).

Ce hameau doit son nom à la famille des Gandouins, qui l'habite encore. — Il n'est que le prolongement de la rue Charles; on ne le désigne plus dans le pays que sous le nom de *la Cense*.

Cense-des-Nobles (La), h. c^{ne} de Landouzy-la-Ville.

Cense-des-Raines (La), m^{on} isolée, c^{ne} de Quierzy. — *Cense-de-Reyne*, 1785 (baill. de Quierzy).

Autrefois ferme.

Cense-des-Trois-Chemins (La), f. c^{ne} de la Bouteille. «Est une cense distraicte et de la deppendance autrefois d'Aubenton faite par Me Robert de Coucy; elle est ainsi appellée pour estre environnée de trois chemins, du levant et midy» (Livre de Foigny,

par de Lancy, f° 11). — Cette ferme appartenait autrefois à l'abb. de Foigny.

Cense-Deuil ou Brandouille, f. c^{ne} de Hary. «Ferme de Rabouzy appellée anciennement la ferme de Madame-Deuil,» 1775 (prévôté d'Hirson, B 2594).

Cense-Drinet (La), m^{on} is. c^{ne} de Noircourt-et-le-Thuel.

Cense-du-Sourd (La), f. c^{ne} du Sourd. — *Sourdet*, 1219 (*Olim*, t. II, p. 289). — *Cense-du-Sour*, 1685 (investissements, arch. de la ville de Guise).

Cense-Élie (La), f. c^{ne} de Prouvais; détruite.

Cense-Hayon (La), m^{on} isolée, c^{ne} de Sorbais.

Cense-Hôtel (La), f. c^{ne} de Sermoise. — *Chassotel*, 1236 (cart. de l'abb. de Saint-Jean-des-Vignes de Soissons, f° 63, Bibl. imp.). — *Chasotel*, 1765 (tit. du prieuré du Charme). — *Jansautel* (Cassini).

Cette ferme appartenait autrefois au prieuré du Charme. Elle est détruite; on en voit encore les ruines et les grottes qui servaient de bergeries.

Cense-Irasse (La), f^o, c^{ne} de Luzoir.

Cense-Lenglet (La), f. c^{ne} de Thenailles. — *Enjolriu*, 1190; *Injorriu*, 1239 (cart. de l'abb. de Thenailles, f°s 8 et 4). — *Crévecuer*, 1247 (*ibid.* f° 3). — *Enjorin*, 1250 (*ibid.* f° 2).

Cette ferme appart. à l'abb. de Thenailles, dont les titres la désignent encore au xviiie siècle sous les noms de *Crévecœur* ou de *Journieux*.

Cense-Lapel (La), f. c^{ne} de Laigny.

Cense-Madame (La), f. c^{ne} de Lierval. — *Sence-Madame* (carte de Cassini).

Cense-Monet (La), f. c^{ne} de Saint-Eugène; détruite.

Cense-Mongret (La), m^{on} isolée, c^{ne} de Mondrepuis; détruite. — *Morgret* (carte de Cassini).

Cense-Piat (La), f. c^{ne} de Chauny; détruite. — Elle se trouvait au faubourg de Senicourt, en 1720 (baill. de Chauny, B 1582).

Cent-Jalois (Les), bois, c^{ne} de Wimy. — Ce bois contenait, en 1763, 30 arpents (d'Expilly, *Dict. géogr.* au mot Eaux et Forêts).

Céply, h. c^{ne} de Crécy-sur-Serre. — *Cepleium*, 1136 (mém. ms. de l'Eleu, t. I, f° 353). — Territorium de *Sepli*, 1190 (coll. de D. Grenier, 24e paquet, n° 10). — In molendino de *Cepli*, 1223; *Ceplijuxta-Creci*, 1237; *Ceppli*, 1240 (ch. de l'abb. de Saint-Jean de Laon). — *Cepli*, 1243 (Hôtel-Dieu de Laon, B 14). — *Sepli-sur-Sère*, 1327 (arch. de l'Emp. Tr. des ch. reg. 64, n° 606). — *Seply*, 1407 (comptes de la maladrerie de Laon, arch. de Laon). — *Seply-leys-Crécy*, 1474 (ch. de l'Hôtel-Dieu de Laon, B 1). — *Seply-sur-Serre*, 1668 (état civil de Crécy-sur-Serre, trib. de Laon).

Le village de Céply faisait partie de la c^{ne} de Crécy-sur-Serre et se trouvait dans la plaine, vers

Chalandry, entre la rivière de Souche et le nouveau lit de la rivière de Serre; l'emplacement de l'ancienne église appartient encore auj. à la fabrique de Crécy-sur-Serre. Il est maintenant détruit.

Cépy, f. c^ne de Saint-Quentin. — *Cepeium*, 1045 (Colliette, *Mém. du Vermandois*, t. I, p. 685). — Territorium de *Cepi*, 1189; *Cypi*, xiie s^e (cart. de l'abb. de Fervacques, p. 234, 309). — In valle de *Chipi*, 1232 (cart. de l'abb. de Fervacques, f° 53, Bibl. imp.). — *Chypiacum*, 1234 (arch. de l'Emp. L 998). — *Cypiacus*, xiiie s^e (Colliette, *Mém. du Vermandois*, t. II, p. 348). — In valle de *Chipiaco*, 1236 (cart. de l'abb. de Fervacques, p. 301). — *Chypi*, 1237 (cart. de l'abb. de Foigny, f° 257, Bibl. imp.). — Territorium de *Chepi*, 1295 (Colliette, *Mém. du Vermandois*, t. II, p. 541). — *Chepy*, 1384 (arch. de l'Emp. P 135; transcrits de Vermandois). — *Sepy*, 1584 (tit. du chap. de Saint-Quentin).

Autrefois fief appartenant au chapitre de Saint-Quentin.

Cerfroid, h. c^ne de Brumetz. — *Cerfroy-juxta-Wandeluz*, diocesis Meldensis, 1198 (*Hist. de France*, t. XVIII, p. 761, ex chronico Alberici Trium Fontium monachi). — *Cervus Frigidus*, Cerfroy, 1232 (cart. de Guise, f°s 68 et 69). — *Cerfroi*, 1344 (Tr. des ch. reg. 75, n° 240). — *Cerfrois*, 1689 (maîtrise de Valois).

Chef-lieu de l'ordre de la Sainte-Trinité pour la rédemption des captifs.

Cerfroid, f. isolée, c^ne de Montigny-Lallier.

Cerisier-Plingart, m^on isolée, c^ne de Villers-lez-Guise.

Cerisy, c^ne de Moy. — Parrochiatus de *Chirisiaco*, 1252 (arch. de l'Emp. L 998). — *Cherisiacus*, 1253 (suppl. de D. Grenier, 291, Bibl. imp.). — *Cherisi*, 1281 (ch. de l'abb. de Saint-Nicolas-aux-Bois). — *Cerunsi*, xiiie s^e (cart. de l'abb. de Saint-Michel, P 252). — *Serisy*, 1431 (comptes de l'Hôtel-Dieu de Laon, E 16). — *Cherizy*, 1709 (intend. de Soissons, C 274).

Le village dépendait en 1253 de la paroisse d'Urvillers. La seigneurie relevait de Regny.

Cerlud, f. c^ne de Chevresis-Monceaux. — *Cherliu*, 1172 (cart. de l abb. de Foigny, f°s 81 et 103, Bibl. imp.). — *Serliu*, 1183 (suppl. de D. Grenier, 289, Bibl. imp.). — *Charlux*, 1609; *Carlus*, 1655 (familles la Tremoïlle). — *Cerlu*, 1665 (baill. de Ribemont, B 209).

Cette ferme a été détruite vers la fin du xviie siècle; on en reconnaît encore l'emplacement. Elle relevait de la Ferté-sur-Péron. — Voy. Ferté-Chevresis (La).

Cerny-en-Laonnois, c^ne de Craonne. — *Cesurnium*, 530 (testament de saint Remy, ms. de l'ancien fonds 5308, Bibl. imp.). — *Cerni*, 1150 (cart. de l'abb. de Vauclerc, f° 15). — *Cerniacum*, 1184 (cart. de Philippe Auguste, f° 38, 9852 A). — *Cerniacum-in-Laudunesio*, 1213 (cart. de l'abb. de Vauclerc, f° 69). — *Sarniacum*, 1218 (petit cart. de l'év. de Laon, ch. 63). — *Cerny-en-Laonois*, 1276 (cab. des ch. GC 22, Bibl. imp.). — *Cerni-en-Laonnois*, 1281 (Livre rouge de l'arch. de Reims, p. 74). — *Cerni-en-Lanois*, *Serni-en-Lanois*, xiiie s^e (cueilleret de l'Hôtel-Dieu de Laon, B 62). — *Sarny*, 1311 (arch. comm. de Bruyères-et-Montbérault). — *Cerny*, 1340 (ms. fonds latin 9228, Bibl. imp.). — *Serny*, 1412 (comptes de l'Hôtel-Dieu de Laon, E 8). — *Cerny-en-Laonnoys*, 1510; *Cerny-en-Lannois*, *Serny-en-Laonnois*, 1511 (*ibid.* E 40).

On remarque dans les archives communales de Cerny que la commune établie en 1184 par Philippe Auguste était encore composée, au xviie siècle, de Beaulne-et-Chivy, Bourg-et-Comin, Cerny, Chamouille, OEuilly, Pancy, Pargnan, Troyon, Vendresse et Verneuil-sur-Aisne.

Cerny-lez-Bucy, c^ne de Laon. — *Sarniacum*, 1129 (cart. de l'abb. de Saint-Martin, f° 174, bibl. de Laon). — *Sarni*, xiiie s^e (arch. de l'Emp. Tr. des ch. reg. 30, pièce 343). — Villa de *Sarguiaco*, 1334 (mém. ms. de l'Eleu). — *Sarny*, 1383 (ch. de l'év. de Laon). — *Sarny-les-Bussy*, 1411 (arch. de l'Emp. J 801, n° 4). — *Serny*, 1416 (comptes de l'Hôtel-Dieu de Laon, E 10). — *Serny-les-Bussy*, 1521 (comptes de la châtellenie d'Aulnois). — *Sarny-les-Bucy*, 1624 (ch. de l'abb. de Saint-Vincent de Laon). — *Cerny-les-Bussy*, 1627 (tit. des Minimes de Laon). — *Serny-les-Bucy*, 1709 (intend. de Soissons, C 274).

La seigneurie avait titre de vicomté et relevait de la châtel. de Loizy.

Cerseuil, c^ne de Braine. — *Cersoïlus*, ixe s^e (polypt. de Saint-Remy de Reims). — *Celsiolus*, 1137; *Cerseolum*, 1147; *Cersialum*, xiie s^e (cart. de l'abb. de Saint-Yved de Braine, arch. de l'Emp.). — *Serchueil*, 1219 (cart. de l'abb. de Saint-Médard, f° 61, Aisne). — *Celsolium*, 1221 (cart. de l'abb. de Saint-Jean-des-Vignes, f° 74, Bibl. imp.). — *Cerzolium*, 1238 (ch. de l'abb. de Saint-Yved de Braine). — *Cerseuil*, 1503 (chap. de Notre-Dame de Soissons). — *Cerseuil*, 1573 (pouillé du diocèse de Soissons, f° 22). — *Cerseuile*, 1679 (arch. comm. de Cerseuil). — *Cerseuil*, 1710 (intend. de Soissons, C 274).

La seigneurie, vassale d'Oulchy-le-Château, faisait partie de la baronnie de Pontarcy.

Certaux, f. c^ne d'Ostel. — Curia de *Sarteas*, 1147

Curia de *Sartels*, 1154 (cart. de l'abb. de Saint-Yved de Braine, arch. de l'Emp.). — Grangia de *Satellis*, curia de *Sartellis*, 1166 (suppl. de D. Grenier, 296, Bibl. imp.). — *Sartiaux*, 1250 (gr. cart. de l'év. de Laon, ch. 84 et 105).—*Certeaux* (Cass.).

Certeau, f. c^{ne} d'Autremencourt. — *Sartels*, 1166 (ch. de l'abb. de Saint-Martin de Laon). — *Sarteaux*, *Sartiaux*, 1174; *Sartiar*, 1209 (ch. de l'abb. de Saint-Vincent de Laon). — Villa de *Sartellis*, 1279 (cart. de l'abb. de Thenailles, f° 37). — *Sertaux*, 1405 (arch. de l'Emp. J 801, n° 1). — *Sarteaux*, 1536 (acquits des comptes de Laon). — Saint-Nicolas de *Sartaux*, 1543 (coll. des bénéfices du dioc. de Laon, secrétariat de l'év. de Soissons).

La seigneurie, aliénée en 1602 par les commissaires de Henri IV, ressortissait au xviiie s^e, pour la justice, à la châtell. de Voulpaix (baill. de Voulpaix).

Certeau (Le), h. c^{ne} de Laniscourt.

Certel (Le), bois, c^{ne} de Frières-Faillouël; défriché vers 1856.

Certelles (Les), m^{on} isolée, c^{ne} de Condren.

Cessereux, f. c^{ne} d'Aisonville-et-Bernoville. — *Chessereolum*, 1177 (arch. de la ville de Saint-Quentin, liasse 269). — *Cesseruel*, xiiie s^e (cart. de l'abb. de Vermand, f° 3, Bibl. imp.). — *Chesserel*, 1358 (arch. de l'Emp. Tr. des ch. reg. 86, pièce 98). — Cense de *Cessereul*, 1561 (arch. de la ville de Guise). — Cense de *Sessereux*, 1573 (min. de Chalvois, notaire à Saint-Quentin).

Le fief de Cessereux dépendait du duché de Guise; il en a été détaché en faveur de M. de Puységur par Henri de Lorraine, qui en a réservé la justice et la mouvance audit duché.

Cessières, c^{ne} d'Anizy-le-Château. — *Cesserie*, 1125 (suppl. de D. Grenier, 286, Bibl. imp.). — *Cessarie*, xiie s^e (cart. de l'abb. de Prémontré, bibl. de Soissons). — *Cesseres*, 1239 (ch. de l'abb. de Saint-Jean de Laon). — *Cessièrez*, 1389; *Cessièrres*, 1417; *Cessière*, 1440; *Sessières*, 1497; *Cessiers*, 1504 (comptes de l'Hôtel-Dieu de Laon, E 2, E 11, E 18, E 28 et E 35).

La seigneurie, qui avait titre de vicomté et dépendait de la châtell. de la Fère, a été distraite du domaine de l'État et aliénée en 1600 pour relever de ladite châtellenie.

Chacrise, c^{ne} d'Oulchy-le-Château. — *Carcarisia*, 858; Altare de villa que dicitur *Carcrisia*, 1057; *Chacrisia*, 1147 (cart. de l'abb. de Notre-Dame de Soissons). — *Chacrisse*, 1392 (Manuel des dépenses de l'Hôtel-Dieu de Soissons, 3a3). — *Chacryse*, 1397 (comptes de l'Hôtel-Dieu de Soissons). — *Chacrize*, xviie siècle (tit. de l'Hôtel-Dieu de Soissons, 41).

Seigneurie vassale de la châtell. d'Oulchy-le-Château; elle appartenait à l'abb. de Saint-Médard de Soissons. — Chacrise ressortissait au baill. de Senlis (arch. de l'Emp. P 136; transcrits de Vermandois).

Chef-lieu de doyenné rural de l'archidiaconé de Soissons, comprenant dans sa circonscription Acy, Ambrief, Arcy-Sainte-Restitue, Branges, Buzancy, Cerseuil, Chacrise, Ciry-Salsogne, Couvrelles, Cuiry-Housse, Droizy, Hartennes, Launoy, Lesges, Maast-et-Violaine, Muret, Nampteuil-sous-Muret, Parcy, le Plessier-Huleux, Serches, Taux, Vasseny, Vierzy et Villemontoire.

Chafardenie, p. fief, c^{ne} de Fontaine; vassal de Vervins.

Chafosse, h. c^{ne} de Saint-Pierre-Aigle.

Chaillevois, c^{ne} d'Anizy-le-Château. — *Challevoy*, 1174 (gr. cart. de l'év. de Laon, ch. 2). — *Caillevoi*, 1183 (coll. de D. Grenier, 24° paquet, n° 5). — *Chevoie*, 1214 (ch. de l'abb. de Prémontré). — *Challevois*, 1216 (ch. de l'abb. de Saint-Vincent de Laon). — *Chalavoie*, 1241 (fonds latin, ms. 9227, f° 15, Bibl. imp.). — *Chalvoit*, 1243; *Chaillevoi*, 1249 (cart. de l'abb. de Saint-Martin de Laon, f°s 94 et 105, bibl. de Laon). — *Challevoi*, 1253 (ch. de l'Hôtel-Dieu de Laon, B 12). — *Chaillivoi*, 1258 (cart. de l'Hôtel-Dieu de Laon, ch. 428). — *Chaillevoy*, 1274 (chap. cath. de Laon). — *Chaillevoys*, 1400; *Challevoys*, 1588 (comptes de l'Hôtel-Dieu de Laon, E 5, E 109).

La seign. appart. autrefois au chap. cath. de Laon.

Chaillevois, petit fief, c^{ne} de Chevresis-Monceau; vassal du fief de Monampteuil.

Chaillouet-l'Abbé, m^{on} isolée, c^{ne} de Chézy-l'Abbaye.

Chaillouet-les-Bulots, f. c^{ne} de Chézy-l'Abbaye. — *Les Bulots* (carte de Cassini).

Chailvet, h. c^{ne} de Royaucourt-et-Chailvet. — *Chalevel*, 1138; *Calleviacum*, 1181 (cart. de l'abb. de Saint-Martin de Laon, f°s 135 et 166, bibl. de Laon). — *Chalivel*, 1215 (gr. cart. de l'év. de Laon, ch. 67). — *Chailleveel*, 1265 (ch. de l'Hôtel-Dieu de Laon, B 51). — *Chaillveil*, 1332 (ch. de l'év. de Laon). — *Chaillevellum*, 1361 (arch. de l'Emp. Tr. des ch. reg. 92, pièce 290). — *Challeves*, *Challevet*, 1430; *Chaillevet*, 1519 (comptes de l'Hôtel-Dieu de Laon, E 16, E 47).

La seigneurie, acquise en 1162 par la trésorerie du chapitre cath. de Laon, a été aliénée en 1554; elle relevait de l'évêché de Laon.

Chaincry, f. c^{ne} de Villeneuve-sur-Fère. — *Chinchy*, 1572 (prieuré du Charme).

Cette ferme, qui appart. au prieuré du Charme, a été démolie en 1786 (reg. des délib. de Villeneuve-sur-Fère, arch. de cette c^{ne}).

CHAINÉE (LA), f. c^{ne} de Martigny-en-Laonnois; détruite vers 1845. — Ferme de la Chennée, 1709 (arch. comm. de Martigny-en-Laonnois).

Bois du même nom, défriché récemment.

CHAINÉE (LA), bois, c^{ne} de Parpeville. — Silva que dicitur Chesneel, 1156 (ch. de l'abb. de Saint-Nicolas-des-Prés de Ribemont).

Ce bois, auj. défriché, était dans le voisinage de la ferme de Torcy.

CHAINÉE (LA), h. c^{ne} de Tartiers. — Uni maintenant à la population agglomérée.

CHAINÉE (LA), ruiss. affl. de celui de Saint-Nicolas à Glennes. — Son parcours est de 510 mètres.

CHAISE (LA), h. c^{ne} de Marchais.

CHAISNE, anc. affl. de la Souche près de l'ancien château de Pierrepont. — Chaîne, 1605; Chené, 1702 tit. de l'év. de Laon).

Ce ruisseau n'existe plus depuis les travaux de dessèchement des marais de la Souche.

CHALABRE, petit fief, c^{ne} de la Neuville-Bosmont. — Autrefois vassal de la seigneurie de la Neuville-Bosmont. Le lieu dit la Chalandre indique encore sa situation.

CHALANDRY, c^{ne} de Crécy-sur-Serre. — Kalendreium, 1136 (mém. ms. de l'Éleu, t. I, f° 153). — Kalendriacum, 1161 (coll. de D. Grenier, 24° paquet, n° 9). — Chalendri, 1240 (ch. de l'Hôtel-Dieu de Laon, B 12). — Chalendry, 1389; Challendri, 1486; Challendry, 1522 (comptes de l'Hôtel-Dieu de Laon, E 2, E 23, E 50).

La seigneurie appartenait à l'abb. de Saint-Jean de Laon, qui l'aliéna au XVI° siècle, en se réservant la suzeraineté. — Une autre seigneurie, vassale de la châtell. de Marle, fut aliénée en 1602 par les commissaires du roi Henri IV.

CHALET, h. c^{ne} de Coincy; détruit au XV° siècle.

CHALOTS (LES), h. c^{ne} d'Épaux-Bézu.

CHAMBERLIN OU MONTAGNE-DES-GUEULES, m^{on} isolée, c^{ne} de Bruyères-et-Montbérault. — Moulin à vent détruit en 1846.

CHAMBLON, h. c^{ne} de Montlevon. — Chaublon, 1201 (suppl. de D. Grenier, 296, Bibl. imp.). — Chaullon, 1261; terra de Chaolons, 1272 (cart. de l'abb. de Saint-Jean-des-Vignes, bibl. de Soissons). — Chaulon, 1317 (ch. de l'abb. de Saint-Jean-des-Vignes).

Au XVII° s°, Chamblon formait encore une paroisse.

CHAMBRE-AUX-LOUPS (LA), f. c^{ne} de Montchâlons; auj. détruite. — Elle relevait autrefois de la châtellenie de Montchâlons.

CHAMBRY, c^{ne} de Laon. — Chaume i, 1144 (cart. de l'abb. de Thenailles, f° 15). — Chameriacum, 1214 (cart. de l'Hôtel-Dieu de Laon, ch. 172). — Chaumeriacum, 1262 (cart. de l'abb. de Saint-Martin de Laon, t. III, f° 172). — Chaumery, 1389; Champmery, 1495; Chammery, 1496; Chamery, 1497 (comptes de l'Hôtel-Dieu de Laon, E 2, 26 et 27).

Couvent de frères de Nazareth, fondé au XII° siècle, détruit au XIV°. — La seigneurie, appartenant à l'abbaye de Saint-Jean de Laon, a été aliénée le 12 mars 1585. — Le château a été détruit en 1815.

CHAMERY, h. c^{ne} de Coulonges. — Cameri, 1154 (cart. de l'abb. de Saint-Yved de Braine, Bibl. imp.). — Chaumeri, Chamery-le-Monscel, 1202 (cart. de l'abb. de Saint-Médard de Soissons, f°s 106 et 28). — Chameri, 1218 (cart. de l'abb. de Saint-Yved de Braine, Bibl. imp.).

CHAMITEAUX (LES), h. c^{ne} de Saint-Michel. — Champ-Miteaux, 1687 (baill. de Saint-Michel).

Uni maintenant à la population agglomérée.

CHAMOREAU, fief, c^{ne} de Viry-Noureuil. — Emplacement à l'est de Viry-Noureuil, couvert de traces de constructions.

CHAMOUILLE, c^{ne} de Craonne. — Camolia, 1151 (coll. de D. Grenier, 24° paquet, n° 9). — Chamoyle, 1156 (cart. de l'abb. de Vauclerc, f° 22). — Camulgia, 1159; Chamulgia, 1166; Chamulia, 1183 (ch. de l'abb. de Saint-Vincent de Laon). — Camoilla, 1185 (cart. de l'abb. de Saint-Martin de Laon, f°s 112, 135, 100 et 131, bibl. de Laon). — Chanolia, 1220; curtis de Chamoille, 1226; Communitas ville de Chamuelle, 1260 (ch. de l'abb. de Saint-Vincent de Laon). — Chamouillia, 1271 (suppl. de D. Grenier, 286, Bibl. imp.). — Chamouille, 1340 (ch. de l'abb. de Saint-Vincent de Laon). — Chamouillia, 1340 (fonds latin, ms. 9228, Bibl. imp.). — Chamouilla, 1361 (arch. de l'Emp. Tr. des ch. reg. 92, pièce 309). — Chamouille-en-Laonnois, 1372 (ch. de l'abb. de Saint-Vincent de Laon). — Chamouilles, 1555 (comptes de l'Hôtel-Dieu de Laon, E 81).

Seigneurie appartenant autrefois à l'abb. de Saint-Vincent de Laon. — Le village faisait partie de la commune royale de Cerny.

CHAMPAGNE, province. — Campania, 1016 (ex gestis consulum Andegavensium). — Comitatus Campaniensis, 1152 (ex Roberti de Monte appendice ad Sigebertum, Hist. de France, t. XII, p. 293 C). — Comté de Champaingne, XIII° s° (Hist. de saint Louis, par Joinville). — Champaigne, 1515 (arch. comm. de Parfondru).

Nizy-le-Comte, le comté de Roucy et la baronnie de Rozoy-sur-Serre relevaient de la Champagne.

CHAMP-AUX-OIES (LE), h. c^{ne} de Condren.

Champ-Blin (Le), m⁰⁰ isolée, c⁰⁰ de Prémontré.

Champ-Bouvier (Le), h. c¹⁰ de Clairefontaine. — *Champ-Bouvyer*, 1565 (min. d'Herbin, greffe du trib. de Laon).

Champ-Buisson (Le), h. c⁰⁰ d'Urcel. — *Les Champs-Buissons*, 1750 (arch. comm. d'Urcel).

Champcourt, f⁰⁰, c⁰⁰ de Châtillon-lez-Sons. — *Chans*, 1164 (cart. de l'abb. de Thenailles, f° 18). — *Champs*, 1269; *Champ-le-Court*, 1508 (ch. de l'abb. de Saint-Vincent de Laon). — *Chancourt*, 1669 (baill. de Marfontaine). — *Chamcourt*, 1710 intend. de Soissons, C 274).

Elles appartenaient autref. à l'abb. de Thenailles.

Champ-d'Asile (Le), f. c⁰⁰ de Cuiry-lez-Chaudardes.

Champ-d'Asile (Le), m⁰⁰ isolée, c⁰⁰ d'Évergnicourt.

Champ-d'Asile (Le), h. c⁰⁰ de Saint-Simon.

Champ-d'Asile (Le), m⁰⁰ isolée, c⁰⁰ d'Urvillers.

Champ-de-Faye (Le), h. c⁰⁰ de Montfaucon. — *Champ-Faye* (carte de Cassini).

Petit ruisseau affluent du ru de Dolloir, à Montfaucon. — Il prend sa source à Rozoy-Bellevalle. — Son parcours est de 6,400 mètres.

Champ-de-la-Croix (Le), petit h. c⁰⁰ d'Urcel.

Champ-de-l'Étry (Le), h. c⁰⁰ de Saint-Michel et de Wattigny. — *Campus-de-l'Estrit*, 1300 (cart. de la seign. de Guise, f° 53). — *Champ-de-Lestry*, 1719 (baill. d'Aubenton, B 2507). — *Champ-de-Leterie* (carte de Cassini).

Champ-de-l'Ours (Le), f. c⁰⁰ de Montchâlons; détruite. — Elle était située entre le bois de la Tombe et les territ. de Bièvres et d'Orgeval et relevait autrefois de la châtell. de Montchâlons.

Champ-de-Pie (Le), m⁰⁰ isolée, c⁰⁰ de Pargny-Filain.

Champ-des-Pauvres (Le), m⁰⁰ isolée, c⁰⁰ de Courtrizy-et-Fussigny.

Champêtre, fief, c⁰⁰ de Fontenoy et de Berny-Rivière; vassal de Coucy-le-Château.

Champ-Gommez (Le), m⁰⁰ isolée, c⁰⁰ de Vaucelles-et-Beffecourt.

Champillon, h. c⁰⁰ de Bussiares.

Champillon, h. et f. c⁰⁰ de Gland.

Champ-Jolimot (Le), petit h. c⁰⁰ de Laval et d'Urcel.

Champleu, f. c⁰⁰ de Laon. — *Chanleus*, 1128; *Chanlex*, 1204 (cart. de l'abb. de Saint-Martin de Laon, f⁰⁰ 119 et 181). — *Campus-Lupi*, 1240 (ch. de l'abb. du Sauvoir); *Champleux*, 1246 (cart. de l'abb. de Saint-Martin de Laon, f° 196). — *Chanleus*, 1255; *Chanlius*, 1260; *Chanleu*, 1266 (cart. de la même abbaye, t. I. p. 34; t. III, p. 315 et 278). — *Ecclesia de Chanlou-subtus-Laudunum*, 1268 (ch. de l'abb. du Sauvoir). — *Champleux*, 1496 (comptes de l'Hôtel-Dieu de Laon, E 27).

Cette ferme, qui formait autrefois une paroisse et une mairie avec le faubourg Saint-Marcel, appartenait à l'abbaye du Sauvoir et était située entre ce faubourg et la ville de Laon; elle a été détruite en l'année 1857.

Champluisant, fief, c⁰⁰ de Chavigny et de Juvigny. — Ce fief, vassal de Manicamp, appartenait autrefois aux Célestins de Villeneuve-lez-Soissons.

Champluisant, f. c⁰⁰ de Verdilly. — *Champluisant*, 1298 (charte des archives de la ville de Chauny). — *Champluysant*, 1582 (tit. de l'abb. du Val-Secret).

Champ-Plet, petit h. c⁰⁰ de Septvaux.

Champraine, m⁰⁰ isolée, c⁰⁰ de Crouttes; détruite.

Champ-Robin, bois, c⁰⁰ de Chéry-Chartreuve. — Ce bois contenait, en 1763, 80 arpents (d'Expilly, *Dict. géogr.* t. II, p. 720).

Champrauche, f. c⁰⁰ de Crouttes; détruite. — *Champruse*, 1573 (pouillé du dioc. de Soissons, f° 25).

Champs, c⁰⁰ de Coucy-le-Château. — *Allare de Charum*, 1059 (coll. de D. Grenier, 24° paquet, n° 6). — *Chaum*, 1089; *Chaun*, 1193 (Chron. de Nogento, p. 419 et 435). — *Chauns*, 1188 (cart. de l'abb. de Prémontré, f° 12, bibl. de Soissons). — *Campi*, 1340 (fonds latin, ms. 9228, Bibl. imp.). — *Champdas*, 1411 (arch. de l'Emp. J 801, n° 4). — *Champ-d'Atte*, 1568 (acquits, arch. de la ville de Laon). — *Chaons*, 1580 (arch. de l'Emp. E 12529). — *Champ*, 1603 (iosin. du baill. de Vermandois). — Paroisse *Saint-Pierre-de-Champs*, 1687 (état civil de Champs, trib. de Laon). — *Champ-Datte*, *Champ-Dattes*, 1709 (intend. de Soissons, C 274 et 205). — *Chaomps* (carte de Cassini).

Seigneurie relevant autrefois de Coucy-le-Château.

Champs (Les), fief, c⁰⁰ de Chauny. — Fief des *Chanps*, 1659 (baill. de Chauny, B 1514).

Champteaux ou Fief Jean-Jacques, fief, c⁰⁰ de Martigny; vassal de la châtellenie de Martigny. — Ce fief était situé au nord de Martigny, tout près de la Fosse-au-Conin.

Champ-Vailly, petit h. c⁰⁰ de Vauxaillon.

Champvercy, m⁰⁰ isolée, c⁰⁰ de Bézu-le-Guéry. — *Chenversis*, 1673 (baill. de Charly). — *Champvcrsy*, 1673 (arch. comm. de Bézu-le-Guéry).

Ce hameau doit son origine à un château détruit en 1793 et dont on voit encore quelques ruines.

Champvoicy, petit ruisseau qui prend sa source à Goussancourt et se jette dans la Sémoigne à Villers-Agron. — Il alimente le moulin de Goussancourt. — Son parcours est de 4,800 mètres.

Champy, petit ruisseau affluent de la Dhuis à Pargny. — Il n'alimente aucune usine. — Son parcours est de 2,400 mètres.

CHANET (LE), h. c⁰ᵉ de Coonigis. — *Le Chasnet* (carte de Cassini), petit ruisseau affluent du Surmelin à Coonigis; il n'alimente aucune usine, et son parcours est de 800 mètres.

CHANISELLES, quartier de Laon. — In *Chanisella*, ante portam de *Chanisella*, que est sub turre Regis, 1243 (ch. de l'Hôtel-Dieu de Laon, B 27). — Fontes et Vada de *Chenisella*, 1390 (acquits des comptes de Laon).

CHANOIS, f. c⁰ᵉ de Mont-Saint-Père. — Cette ferme appartenait autrefois à l'abb. de Val-Secret.

CHANT-DES-OISEAUX (LE), m⁰ⁿ isolée, c⁰ᵉ de Bohain.

CHANT-DES-OISEAUX (LE), petit h. c⁰ʳˢ d'Étréaupont et de Froidestrées.

CHANTEAU, m⁰ⁿ isolée, c⁰ᵉ de Marchais.

CHANTE-MERLE, h. c⁰ᵉ d'Épaux-Bézu.

CHANTERAINE, p. h. c⁰ᵉ de Celles-sur-Aisne. — *Chantereine* (carte de Cassini), petit ruisseau affluent du ruisseau de Sancy à Celles-sur-Aisne; il prend sa source à Sancy, n'alimente aucune usine et a un parcours de 750 mètres.

CHANTERAINE, f. c⁰ᵉ de l'Épine-aux-Bois. — *Chantarenne* (carte de Cassini).

CHANTERAINE, petit h. c⁰ᵉ de Vendières.

CHANTERAINE, h. c⁰ᵉ de Villeneuve-sur-Fère.

CHANTEREL, m¹ˢ, c⁰ᵉ de Saint-Thomas; détruit. — Molendinum quod dicitur à *Chanterel*, 1251 (ch. de l'abb. de Saint-Vincent de Laon).

CHANTRAINE, m¹ˢ à eau, c⁰ᵉ de Rougeries. — *Cantarana*, *Cantoranum*, 1177 (cart. de l'abb. de Foigny, f⁰ˢ 66 et 16, Bibl. imp.). — Sedes Molendini de *Canteraine*, 1189 (cart. de l'abb. de Thenailles, f⁰ 12).

CHANTRUD, f⁰ᵘ, c⁰ᵉ de Grandlup-et-Fay. — In loco qui dicitur de *Cantruvis*, 1114 (mém. ms. de l'Eleu, t. I, p. 266). — In curte que *Chantruis* vulgo dicitur, 1145 (arch. de l'Emp. L 115a). — *Chantru*, 1159 (cart. de l'abb. de Saint-Martin de Laon, t. III, p. 476). — Prioratus de *Chantrus*, 1264 (Olim, t. I, p. 193). — *Chaintru*, xɪᴠᵉ sᵉ (cart. E du chap. de Reims, f⁰ 139). — *Champtrut*, 1389 (cart. de l'Hôtel-Dieu de Laon, E 2). — *Chantrut*, 1395 (ch. de l'abb. de Saint-Vincent de Laon). — *Champtrud*, 1496 (comptes de l'Hôtel-Dieu de Laon, E 27). — *Chantreux*, 1710 (intend. de Soissons, C 320). — *Chantrude* (carte de Cassini).

Prieuré fondé en 1099 par l'abbaye de Saint-Martin de Tournay. Il relevait de la châtellenie de Pierrepont, à laquelle il ressortissait pour la justice; une partie de la seigneurie était du domaine de cette châtellenie.

CHAOURSE, c⁰ᵉ de Rozoy-sur-Serre. — *Catusiacum*, station romaine (itin. d'Antonin). — *Cadussa villa in comitatu Laudunensi super fluvium Seræ*, 867 (dipl. de Charles le Chauve; Doublet, *Hist. de l'abb. de Saint-Denis*, p. 802). — *Cadurca*, 1055 (mém. ms. de l'Eleu, t. I, f⁰ 179). — *Chaursia*, 1145 (cart. de l'abb. de Saint-Martin de Laon, t. II, p. 210). — *Chaurse*, 1159 (cart. de l'abb. de Thenailles, f⁰ 34). — *Chaourcia*, 1163; *Chaursa*, 1177 (cart. de l'abb. de Saint-Denis, f⁰ˢ 89 et 91, LL 1158, arch. de l'Emp.). — *Caursa*, 1206 (cart. de Chaourse, arch. de l'Emp. LL 1172). — *Chaorsia*, 1207 (cart. de l'abb. de Saint-Denis, f⁰ 92). — In Molendinis de *Caursio*, 1211 (cart. de Chaourse). — *Chaossa*, 1212 (cart. de l'Hôtel-Dieu de Laon, ch. 14). — *Chaoursia*, 1214 (ch. de l'abb. de Saint-Martin de Laon). — *Chausia*, 1220 (cart. de l'abb. de Signy, f⁰ 127, arch. des Ardennes). — *Chaorsia*, 1251 (ch. de l'Hôtel-Dieu de Laon). — *Cheousse*, xɪᴠᵉ sᵉ (dénombr. cab. de M. d'Imécourt). — *Chaource*, 1444 (arch. de l'Emp. Tr. des ch. reg. 177, n° 156). — *Chaourses*, 1568; *Chaourse*, 1593 (arch. de la ville de Laon). — *Chausse-et-la-Déconfiture*, 1709 (intend. de Soissons, C 274). — *Chaousses*, 1710 (ibid. C 320).

La seigneurie a été donnée en 867 à l'abb. de Saint-Denis, qui l'a possédée jusqu'à la Révolution (*Hist. de France*, t. VIII, p. 601 E); elle était vassale de Montcornet.

CHAOURSE, bois, c⁰ⁿˢ de Chaourse et de Vigneux, auj. défriché; le même, probablement, que la Haye-de-Vigneux. — Ce bois, qui appartenait autrefois à l'abbaye de Saint-Denis, a été aliéné par l'État le 3 février 1815.

CHAPEAUMONT, f. c⁰ᵉ de Berny-Rivière.

CHAPELLE, bois, c⁰ᵉ de Chézy-en-Orxois. — Il contenait, en 1763, 100 arpents (d'Expilly, *Dict. géogr.* t. II, p. 720).

CHAPELLE (LA), f. c⁰ᵉ de Corbeny. — Autrefois fief de la *Chapelle-du-Clos*.

CHAPELLE (LA), m⁰ⁿ isolée, c⁰ᵉ de Mercin. — Cette maison doit son nom à une chapelle où l'on officiait autrefois.

CHAPELLE (LA), f. c⁰ᵉ de Mont-Saint-Père. — *La Chappelle*, 1611 (tit. de l'Hôtel-Dieu de Château-Thierry).

Cette ferme appartenait autrefois à l'abb. du Val-Secret. Elle est détruite.

CHAPELLE (LA), petit affluent d'un ruisseau sans nom venant de Coingt. — Il traverse les territ. de Jeantes et de Dagny. Son parcours n'est que de 740 mètres.

CHAPELLE-MENTARD (LA), fief, c⁰ᵉ de Montgobert; vassal de la châtell. de Pierrefonds. — Nemus nostrum de *Mentart*, 1162; domus *Mentardi*, 1170 (cart. de l'abb. de Saint-Léger, f⁰ˢ 30 et 12).

CHAPELLE-MONTHODON (LA), c^ne de Condé. — *La Chapele-en-Brie*, 1265 (ch. de l'abb. de Saint-Jean-des-Vignes de Soissons). — *La Chapelle-en-Monthaudon*, 1481 (comptes de l'Hôtel-Dieu de Soissons, 359, f° 67). — *Chapelle-Monthauldon*, 1508 (tit. de l'Hôtel-Dieu de Château-Thierry). — *Chapelle-soubz-Montaudon*, 1668 (arch. comm. de la Chapelle-Monthodon). — *La Chapelle-Montaudon*, 1709 (intend. de Soissons, C 274).

Autref. mairie royale unie à la prév. de Château-Thierry. — La paroisse était du doy. de Dormans.

CHAPELLE-SUR-CHÉZY (LA), c^ne de Charly. — *Chapelle-sur-Chesi*, 1659 (arch. comm. de la Chapelle-sur-Chézy).

La seigneurie appart. autref. à l'abb. de Chézy.

CHAPPIGNY ou SAPIGNY, petit fief, c^ne de Mesbrecourt-Richecourt; vassal de la Ferté-sur-Péron. — Voy. FERTÉ-CHEVRESIS (LA).

CHARCY, f. c^ne de la Ferté-Milon. — *Altare de Charcyaco, Charciacum, Charci-juxta-Firmitatem-Milonis*, 1260 (cart. du chap. cath. de Soissons, f°s 216, 217 et 221). — *Charchi*, 1573 (pouillé du dioc. de Soissons, f° 29). — *Saint-Pierre-de-Charcy* de la Ferté-Milon, 1743 (arch. de la Ferté-Milon). — *Charzy*, 1778 (maîtrise de Villers-Cotterêts).

Seigneurie vassale de la Ferté-Milon. — Autrefois paroisse sous le vocable de Saint-Pierre. L'église a été abandonnée en 1490 (arch. de la fabrique de la Ferté-Milon).

CHARBON-VERT (LE), m^on isolée, c^ne de Neuville-Saint-Amand.

CHARBON-VERT (LE), h. c^ne de Sequehart. — La première maison a été construite vers 1824.

CHARENTIGNY, h. c^ne de Villemontoire. — *Charentigni*, 1219 (suppl. de D. Grenier, 289, Bibl. imp.).

Fief et mairie relevant autrefois de la châtell. de Pierrefonds.

CHARFIONS (LES), petit ruisseau affluent de celui de Dolloir à Chézy-l'Abbaye. — Il n'alimente point d'usine. — Son parcours est de 2,400 mètres.

CHARITÉ (LA), f. c^ne de Chaourse; auj. détruite. — Elle était située vers Agnicourt, au lieu dit *le Pont-aux-Dames*, et appartenait autrefois à l'abb. de Saint-Denis.

CHARITÉ (LA), hospice isolé, c^ne de Château-Thierry.

CHARLES-FONTAINE, h. c^ne de Saint-Gobain. — Four à voires de *Charlefontaine-lez-Saint-Goubaing*, 1417 (inv. du xvie siècle de la chambre des comptes de la Fère).

Ce hameau doit son origine à une verrerie fort ancienne, remplacée en 1809 par une fabrique de soude qui a été transférée à Chauny en 1823.

CHARLY, arrond. de Château-Thierry. — *Carliacus*, 852 (cart. de l'abb. de Notre-Dame de Soissons, f° 33). — *Charliacus*, 1110 (cart. de St-Jean-des-Vignes, Bibl. imp.). — *Charleius*, 1154 (cart. de l'abb. de Notre-Dame de Soissons, f° 38). — *Charli*, 1158; *Challiacus*, 1261 (suppl. de D. Grenier, 295, Bibl. imp.). — *Challi*, 1266; *Charliacum*, 1273 (arch. de l'Emp. L 1004). — *Challiacum*, 1279 (ch. de l'abb. de St-Jean-des-Vignes de Soissons). — *Charliacum-super-Maternam*, 1348 (cart. de l'abb. de Notre-Dame de Soissons, f° 244). — *Chaally*, 1384 (arch. de l'Emp. P 136; transcrits de Vermandois). — *Chally*, 1481 (comptes de l'Hôtel-Dieu de Soissons, 359, f° 67). — *Chally-sur-Marne*, 1484 (ibid. 360, f° 79). — *Charly-sur-Marne*, 1552 (arch. de Charly).

Châtellenie vassale de l'év. de Soissons (arch. de l'Emp. P 136). Elle a été aliénée par l'abb. de Notre-Dame de Soissons le 22 mai 1787. Cette châtellenie avait son bailliage, dont les appels étaient portés directement au Châtelet de Paris depuis 1347. — Maladrerie unie à l'Hôtel-Dieu de Château-Thierry le 3 mars 1696.

Charly, du district de Château-Thierry, devint en 1790 le chef-lieu d'un canton comprenant Bézu-le-Guéry, Charly, Coupru, Crouttes, Domptin, Drachy, Gennevrois, Montreuil-aux-Lions, Romeny, Ruvet, Saulchery et Villiers-sur-Marne.

CHARME, m^in à eau, c^ne de Nanteuil-Notre-Dame. — *Moulin-du-Baille*, 1676 (tit. du prieuré du Charme).

Ce moulin appartenait autrefois au prieuré du Charme; on le désigne maintenant sous le nom de *moulin de Nanteuil*.

CHARME (LE), m^on isolée, c^ne de Couvron-et-Aumencourt.

CHARME (LE), m^on de Grisolles. — *Ecclesia de Charmo*, 1200 (arch. de l'Emp. L 1006). — *Ecclesia de Carmo*, 1203 (cart. de l'Hôtel-Dieu de Soissons, 190). — *Charmus*, 1217; ecclesia *Beati-Nicholai-de-Charmo*, 1220 (ch. du prieuré du Charme). — *Ecclesia de Charmeya*, 1220 (arch. de l'Emp. L 996). — *Karmeia*, 1279 (ibid. L 1006). — *Cherme*, 1384 (cart. de l'abb. de Notre-Dame de Soissons, f° 44).

Prieuré conventuel, de l'ordre de Fontevrault, fondé sous le vocable de Notre-Dame en 1098.

CHARMEL (LE), c^on de Fère-en-Tardenois. — *Parrochia de Charmello*, 1191; *Chermel*, 1311; *Chermelum*, 1222 (cart. de l'abb. d'Igny, f°s 190 et 138, Bibl. imp.). — *Charmeel*, 1298 (arch. de la ville de Chauny).

Seigneurie érigée en comté vers la fin du règne de Louis XIV. — La paroisse était du doy. de Dormans.

CHARMES, c^on de la Fère. — *Chermes*, 1340 (fonds latin, ms. 9228, Bibl. imp.). — *Chermes*, 1510 (reg.

de la maison de paix de la Fère). — *Chermes*, 1556 (maîtrise de la Fère). — *Charme*, 1583 (cab. de M. de Sagnes). — *Saint-Remy-de-Charmes*, 1679 (état civil, arch. comm. de Charmes).

Ce village ressortissait autrefois au baill. de la Fère.

Charmoie (La), f. c"ᵉ de Saint-Eugène. — Cette ferme appartenait autrefois aux Picpus de Condé.

Charmois, bois, c"ᵉ de Monthenault; défriché.

Charmois (La), h. c"ᵉ de Nogentel. — *Charmoise*, 1713 (arch. comm. de Nogentel).

Charmois (La), f. c"ᵉ de Vielsmaisons. — *Charmoy* (carte de Cassini).

Charnois (La), h. c"ᵉ de Nogent-l'Artaud. — *Haute-Charnois* (carte de Cassini).

Charrée, bois, c"ᵉ de Festieux. — *Quarrée*, 1503 (comptes de l'Hôtel-Dieu de Laon, E 34).

On n'en peut plus préciser l'emplacement.

Chartèves, c"ⁿ de Condé. — *Chartovorum-super-Maternam*, 1242 (suppl. de D. Grenier, 296, Bibl. imp.). — *Chartreuves*, 1577 (tit. de l'Hôtel-Dieu de Château-Thierry).

Chartreuve, c"ᵉ de Chéry-Chartreuve. — *Cartobra*, ix° s° (Flodoard, *Hist. Remensis*, lib. II). — *Chartovra*, 1132 (cart. de l'abb. d'Igny, f° 1, Bibl. imp.). — *Cartovra*, 1193 (Ann. Præm. t. I, col. 377). — *Cartovorum*, 1208 (arch. de l'Emp. L 1000). — Ecclesia *Carthovori*, 1209 (cart. de l'abb. de Saint-Yved de Braine, Bibl. imp.). — *Kartovorum*, *Chartovorum*, 1214; *Chartuevre*, 1259 (cart. de l'abb. d'Igny, f° 99 et 102). — *Chartreuve-en-Tardenois*, 1359 (arch. de l'Emp. Tr. des charles, reg. 90, pièce 215). — *Chartueuve*, 1399 (comptes de la seign. de Buzancy, cab. de M. d'Imécourt). — *Charteuvre*, 1474; *Chartreve*, 1655 (tit. de l'abb. de Val-Secret). — *Chartreuves*, 1745 (intend. de Soissons, C 306). — *Charteuve* (carte de Cassini).

Abbaye de l'ordre de Prémontré fondée en 1138.

Chassemy, c"ⁿ du Braine. — *Cucuma*, ix° s° (dipl. de Charles le Chauve, cart. de l'abb. de Saint-Médard de Soissons, f° 127, Aisne). — *Chassemi*, 1215 (cart. de l'abb. de Saint-Yved de Braine, Bibl. imp.).

La seigneurie, vassale d'Oulchy-le-Château, dépendait autrefois du comté de Braine.

Chassins, h. et m¹⁰ à eau, c"ᵉ de Tréloup. — *Chacins*, 1274 (cart. de l'abb. de Saint-Jean-des-Vignes de Soissons, bibl. de Soissons).

Chassins (Les), petit fief, c"ᵉ de Lesges; vassal du comté de Braine.

Chastelain, fief, c"ᵉ de Vadencourt; vassal de Guise.

Chataignières (Les) ou les Guerlupins, m"° isolée, c"ᵉ de Bézu-le-Guéry.

Chaté (Le), f. c"ᵉ d'Ambleny. — *Chastel*, 1479 (comptes de l'Hôtel-Dieu de Soissons, 359).

Le fief, vassal d'Ambleny, appartenait autrefois à l'abb. de Valsery. — On désignait aussi le Chaté sous le nom de *Margouille*.

Château (Le), m"° isolée, c"ᵉ d'Artonges.

Château (Le), h. c"ᵉ de Beugneux.

Château (Le), h. c"ᵉ de Buzancy.

Château (Le), f. c"ᵉ de Chalandry.

Château (Le), h. c"ᵉ du Charmel.

Château (Le), f. c"ᵉ de l'Épine-aux-Bois.

Château (Le), h. c"ᵉ de Fontenoy.

Château (Le), m"° isolée, c"ᵉ de Fossoy.

Château (Le), m"° isolée, c"ᵉ de Fresnes.

Château (Le), m"° isolée, c"ᵉ de Frières-Failloueel.

Château (Le), f. c"ᵉ de Gouy; détruite vers 1770.

Château (Le), f. c"ᵉ de Grisolles. — Elle appartenait autrefois au prieuré du Charme.

Château (Le), h. c"ᵉ de Largny.

Château (Le), f. c"ᵉ de Montfaucon.

Château (Le), f. c"ᵉ de Monthiers.

Château (Le), m"° isolée, c"ᵉ de Nesles.

Château (Le), h. c"ᵉ d'Ostel.

Château (Le), f. c"ᵉ de Pernant.

Château (Le), m"° isolée, c"ᵉ de Pinon.

Château (Le), m"° isolée, c"ᵉ de Pontavert.

Château (Le), m"° isolée, c"ᵉ de Quincy-Basse.

Château (Le), h. c"ᵉ de Seringes-et-Nesles.

Château (Le), m"° isolée, c"ᵉ de Vaux.

Château (Le), petit h. c"ᵉ de Verneuil-sous-Coucy.

Château (Le), h. c"ᵉ de Veuilly-la-Poterie.

Château (Le), f. c"ᵉ de Ville-aux-Bois-lez-Dizy.

Château-de-Brasles (Le), h. c"ᵉ de Brasles.

Château-de-Bucy (Le), m"° is. c"ᵉ de Bucy-lez-Cerny.

Château-de-Fère (Le), h. c"ᵉ de Fère-en-Tardenois.

Château-de-Montmirail (Le), f. c"ᵉ de Monampteuil.

Château-de-Nesles (Le), f. c"ᵉ de Nesles.

Château-des-Hullates (Le), m"° isolée, c"ᵉ de Villemontoire.

Château-des-Templiers (Le), f. isolée, c"ᵉ de Presles-et-Thierny. — Le *Château-de-Prelles*, 1710 (intend. de Soissons, C 320).

Ce chât. a appartenu aux Templiers, puis à l'év. de Laon; il existe encore quelques restes de la chapelle.

Château-de-Verdilly (Le), h. c"ᵉ de Verdilly.

Château-de-Villeneuve (Le), m"° isolée, c"ᵉ de Villeneuve-Saint-Germain.

Château-de-Villiers (Le), f. c"ᵉ de Villiers-sur-Marne.

Château-de-Vilmaine (Le), f. c"ᵉ de Marchais.

Château-Frileux (Le), h. c"ᵉ de Brasles. — *Château-Frileux*, 1687 (tit. de l'abb. de Val-Chrétien).

Autrefois domaine de l'abb. de Val-Chrétien.

8.

Château-Gaillard (Le), c^{ne} d'Aizelles. — Emplacement couvert de traces de constructions vers St-Thomas.
Château-Gaillard (Le), m^{on} isolée, c^{ne} de Baulne.
Château-Gaillard (Le), h. c^{ne} de Cugny.
Château-Gaillard (Le), m^{ae} isolée, c^{ne} de Fontenelle.
Château-Julien (Le), lieu-dit, couvert de ruines dans le bois de Monceau-lez-Leups, du côté de Versigny.
Château-Renaud (Le), c^{ne} d'Athies. — Emplacement couvert de traces de constructions.
Château-Renaud (Le), c^{ne} de Licy-Clignon. — Emplacement couvert de traces de constructions entre Courchamps et Clignon.
Château-Thierry, chef-lieu d'arrond. et de c^{on}. — *Castrum-Theoderici*, 923 (ex Chron. Turonensi, *Hist. de France*, t. IX, p. 51 A). — *Castellum-Theoderici*, 923 (Chron. Flodoardi presb. Remensis). — *Castrum-Teoderici*, 1157 (cart. de l'abb. de Vauclerc, f° 41). — *Castrum-Theoderici*, 1218 (epistola Honorii papæ III, *Hist. de France*, t. XIX). — *Chastel-Thierri*, XIIIe s^e (Hist. de saint Louis, par Joinville). — *Chasteau-Thierry*, 1303 (Ordonn. des rois de France, t. 1, p. 385). — *Chastiau-Thiery*, 1323 (cart. de l'abb. de Notre-Dame de Soissons, f° 255). — *Château-Thiery*, 1326; *Chastian-Thierry*, 1344 (arch. de l'Emp. Tr. des ch. reg. 64, n°s 319 et 42). — *Castrum-Thierrici, Chastel-Thierry*, 1344 (ibid. reg. 75, n°s 604 et 371). — *Castrodoricum*, 1615 (arch. comm. de Charly). — *Égalité-sur-Marne*, en vertu de la loi du 8 brumaire an II et des arrêtés de l'Administration centrale de l'Aisne du 4 thermidor et 13 fructidor an VI; Château-Thierry reprit son ancien nom en vertu d'un arrêté du 13 frimaire an VII de la même administration.

Seigneurie érigée en duché-pairie au mois de mai 1400 et les 8 février 1566 et 2 décembre 1665. Ce duché comprit, en 1566, les châtellenies de Château-Thierry, de Châtillon-sur-Marne et d'Épernay (Dictionnaire de la noblesse de La Chenaye-Desbois). — Brussel met le vicomté de Château-Thierry au nombre de celles qui relevaient directement de la Champagne. — La baronnie de Montmirail a été distraite de sa mouvance avant 1645.

Château-Thierry était chef-lieu d'un doyenné de l'archidiaconé de Brie, d'une prévôté, d'un bailliage uni au présidial créé en 1751 (le bailliage de Châtillon-sur-Marne ressortissait à ce présidial); d'une élection comprenant les subdélégations de Château-Thierry, de Fère-en-Tardenois et de Montmirail; d'un grenier à sel, d'une direction des aides, d'une maréchaussée et d'une maîtrise ducale des eaux et forêts.

Le doyenné rural comprenait Château-Thierry, Belleau, Bézu-Saint-Germain, Blesmes, Brasles, Bonnes, Bouresches, Bussiares, Charlèves, Chézy-en-Orxois, Chierry, Crézancy, Épaux, Épieds, Essises, Essommes, Étampes, Fossoy, Gland, Hautevesne, Licy-Clignon, Lucy-le-Bocage, Marigny-en-Orxois, Mézy-Moulins, Montfaucon, Mont-Saint-Père, Monthiers, Nesles, Nogentel, Priez, Saint-Gengoulph, Sommelans, Torcy, Verdilly, Veuilly-la-Poterie et Viffort.

La prévôté et le bailliage comprenaient : le canton de Château-Thierry; celui de Charly, moins Charly, Coupru, Lucy-le-Bocage, Pavant, Romeny; celui de Condé, moins la Celle; celui de Fère-en-Tardenois, moins Bruyères, Cohan, Coulonges, Dravegny, Goussancourt, Nanteuil-Notre-Dame, Saponay, Vézilly, Villers-Agron-Aiguizy. Ils ne prenaient au canton de Neuilly-Saint-Front que Bonnes, Bussiares, Courchamps, la Croix, Dammard, Gandelu, Grisolles, Hautevesne, Licy-Clignon, Monthiers, Priez, Saint-Gengoulph, Sommelans en partie et Veuilly-la-Poterie. — La maîtrise des eaux et forêts de Château-Thierry avait la même étendue. Elle a été supprimée en 1656 et partagée entre celles de Crécy-en-Brie et de Soissons.

La subdélégation comprenait : le canton de Château-Thierry, moins Belleau, Bézu-Saint-Germain, Épaux-Bézu, Épieds, Marigny-en-Orxois; le canton de Charly, moins Charly, Coupru, l'Épine-aux-Bois, Lucy-le-Bocage, Montfaucon, Pavant, Romeny et Vendières; le canton de Condé, moins Artonges, Barzy, Baulne, la Celle, la Chapelle-Monthodon, Fonlenelle, Jaulgonne, Marchais, Montlevon, Pargny, Passy-sur-Marne, Rozoy-Bellevalle et Tréloup; les communes de Bussiares, Cointicourt, Courchamps, Gandelu, Hautevesne, Licy-Clignon, Montron, moins Macogny, Priez, Saint-Gengoulph, Sommelans et Veuilly-la-Poterie, du canton de Neuilly-Saint-Front; Breny, du canton d'Oulchy-le-Château; celles de Citry, Méry-sur-Marne et Vaux-sous-Coulombs, du département de Seine-et-Marne.

Le grenier à sel avait pour limites extrêmes les territoires de Dormans, Soilly, Courthiézy, Comblizy, Igny-le-Jard, Breuil, Verdon, Orbais, Corribert, la Chapelle-sous-Orbais, Jeanvilliers, Vauchamps, Bergères, Courbetot, Montmirail, Marchais, la Celle, Montolivet, Mont-Dauphin, Sablonnières, Boitron, Orly, Saint-Ouen, Bussières, Bassevelle, Pavant, Drachy, Crouttes, Nanteuil-sur-Marne, Lusancy, Saint-Aulde, Montreuil-aux-Lions, Marigny-en-Orxois, Licy-Clignon, Courchamps, Bonnes, Épaux, Bézu-les-Fèves, Bézu-Saint-Germain, Épieds, Jaulgonne, Barzy et Tréloup.

En 1790, Château-Thierry devint le chef-lieu d'un district comprenant les cantons de Château-Thierry, Charly, Chézy-l'Abbaye, Coincy, Condé, Coulonges, Fère-en-Tardenois, la Ferté-Milon, Gandelu, Mont-Saint-Père, Neuilly-Saint-Front, Orbais et Vielsmaisons; et le chef-lieu d'un canton composé d'Azy, Bonneil, Belleau, Blesmes, Bouresches, Brasles, Château-Thierry, Chierry, Essommes, Étrépilly, Fossoy, Nesles et Nogentel.

Établissements : Abbaye de la Barre, ordre de Saint-Augustin, fondée en 1213, unie à celle de Saint-Paul de Soissons par lettres patentes de février 1778 et décret de l'évêque de Soissons du 13 mars suivant. — Cordeliers établis en 1479; Minimes, 1604; Capucins, 1623; hôtel-dieu et prieuré de Saint-Jean, 1304; hôpital, 1664; Dames de la Congrégation, 1633.

Les armoiries de Château-Thierry sont : *d'azur, à un château de 5 tours d'argent, chargé de deux fleurs de lys en chef et une en pointe.*

Châteaa-Vert (Le), m^{on} isolée, c^{ne} d'Any-Martin-Rieux; de construction récente.

Château-Vert (Le), m^{on} isolée, c^{ne} de Mont-Notre-Dame, au sud du village.

Châtelet, f. c^{ne} de Montigny-l'Engrain. — *Castelletum* (Gall. Christ. t. IX, p. 486). — *Castellum*, 1143; Territorium de *Chastelet*, 1236 (cart. de Saint-Crépin-le-Grand, p. 3, 258). — *Chasteler*, 1256 (cart. d'Ourscamp, f° 170). — *Chastel*, 1544 (comptes de l'Hôtel-Dieu de Soissons, f° 26). — *Chastellay*, 1619 (chap. de Notre-Dame-des-Vignes de Soissons.

Ancien prieuré. — Seigneurie vassale de Pierrefonds.

Châtelet (Le), bois, c^{ne} de Bosmont. — Emplacement, soit d'un camp, soit d'un château, dont on distingue encore les fossés.

Châtelet (Le), château, c^{ne} de la Fère. — *Chastelet*, 1295 (gr. cart. de l'évêché de Laon, ch. 195). — *Chastel de Chasteller*, membre de la châtell. de la Fère (arch. de l'Emp. Tr. des ch. reg. 155, pièce 347). — *Chastellet*, 1562 (délib. de la chambre des comptes de la Fère, f° 137).

Ce château a été démoli par ordre du roi Louis XI (arch. de l'Emp. $\frac{R}{0}$ 45). — La maison qui se trouvait encore près de la porte a été détruite en 1650 par des soldats de l'armée du maréchal Duplessis-Praslin, campée à la Fère.

Châtelet (Le), m^{on} isolée, c^{ne} de Vauxaillon.

Châtellerie (La), bois, c^{ne} de Saint-Martin-Rivière. — Nemus *Castellarie*, 1255 (arch. de l'Emp. L 992).

Châtemont, bois, c^{ne} d'Épaux-Bézu. — Ce bois contenait 127 arpents en 1763 (d'Expilly, *Dict. géogr.* t. II, p. 720).

Châtillon, h. et m^{in} à eau, c^{ne} de Fontenoy. — Molin de *Chastillon-près-Fontenoy*, 1571 (chap. de Notre-Dame-des-Vignes de Soissons).

Le moulin appartenait autref. à l'abb. de Saint-Médard de Soissons; il a laissé son nom à un petit affluent de l'Aisne à Fontenoy, qui alimente trois moulins à blé et dont le parcours est de 6,628 mètres.

Châtillon, fief, c^{ne} de Troësnes.

Châtillon-lez-Sons, c^{ne} de Marle. — Villa de *Castillon*, 1212 (cart. de l'abb. de Foigny, f° 207, Bibl. imp.). — *Castellio*, 1217; villa de *Castellion*, 1226 (cart. de l'abb. de Thenailles, f° 31). — In territorio de *Castellione-juxta-Mallam*, 1241 (arch. de l'Emp. L 1155 A). — *Casteillom*, 1248 (cart. de l'abb. de Foigny, f° 259, Bibl. imp.). — *Chastillons, Chastillonz*, ecclesia de *Chastellione*, xiiie s^e (cart. de l'abb. de Thenailles, f° 88 et 58). — *Chastillons-les-Sons*, 1405 (arch. de l'Emp. J 801, n° 1). — *Chastellon*, 1410 (compies de la châtell. d'Aulnois). — *Chastillon*, 1460 (arch. de l'Emp. Q, carton 7).

La seigneurie faisait autrefois partie du comté de Marle; elle a été aliénée, en 1601, par les commissaires du roi Henri IV.

Châtillon-sur-Oise, c^{ne} de Moy. — *Castelliacum-super-Isaram flumen*, 1124; *Castellulum*, 1146; *Castellio*, 1156 (cart. d'Homblières, p. 6, 48, 50). — *Castellon*, 1373 (arch. de l'Emp. P 135; transcrits de Vermandois). — *Chastillons-sur-Oise*, 1405 (arch. de l'Emp. J 801, n° 1). — *Chastillon*, 1565 (arch. de la ville de Saint-Quentin). — *Chastillon-sur-Oise*, 1536 (acquits, arch. de la ville de Laon). — *Castillon*, 1646 (délibérations municipales, arch. de la ville de Ribemont, BB 5). — *Castillon-sur-Oize*, 1667 (*ibid.* BB 7 et 8). — *Cattillon*, 1679 (arch. comm. de Châtillon-sur-Oise). — *Catillon-sur-Oise*, 1699 (insin. du baill. de Vermandois).

La seigneurie était vassale de l'abbaye d'Homblières (arch. de l'Emp. P 135). — Châtillon-sur-Oise a été uni à la subdél. de Laon en 1779.

Chativé, m^{in}; auj. détruit. — Ce moulin appartenait autrefois au prieuré d'Oulchy-le-Château et relevait de la seigneurie du même bourg.

Chaudardes, c^{ne} de Craonne. — Villa *Kaldarda*, 1136 (mém. ms. de l'Eleu, t. I, p. 353). — *Caldarde*, 1146; *Caldarda*, 1150; *Caldaldra*, 1150; territorium de *Chaldardria*, 1158 (cart. de l'abb. de Vauclere, f° 9, 12, 16 et 22). — *Chaudarde*, 1217 (arch. de l'Emp. L 994). — *Chaudardia*, 1340 (*ibid.* L 996). — *Chaudardres*, 1361 (*ibid.* Tr. des ch. reg. 91, pièce 187). — *Chaudardre*, 1385 (*ibid.* reg. 127, pièce 230). — *Chauldarde*, 1544 (compt. de la seigneurie de Roucy).

Vicomté appartenant autrefois à l'abb. d'Origny-Sainte-Benoîte et relevant du comté de Roucy. — La commune a été instituée en 1216.

CHAUDAY (RU DE), ruiss. qui prend sa source à Rozoy-le-Grand, passe à Oulchy-le-Château et se jette dans l'Ourcq, après avoir alimenté deux moulins à blé. — Son parcours est de 7,190 mètres.

CHAUDIÈRE (LA), ruisseau qui prend sa source sur le territ. de la Flamangrie et se jette dans la Petite-Helpe à Rocquigny. — Ce ruisseau alimente à la Flamangrie plusieurs moulins, et à Rocquigny celui de Montreuil. Son parcours est de 5,400 mètres.

CHAUDIÈRES, h. c^{ne} de Mercin-et-Vaux. — *Chaudières-Maulpas*, 1549 (chap. de Notre-Dame-des-Vignes de Soissons). — *La Chaudière* (Cassini).

Seigneurie vassale de Pierrefonds.

CHAUDRON (LE), h. c^{ne} d'Origny. — *Buisson-Chauldron*, 1615 (min. d'Ozias Teilinge, notaire). — Le bois du Tilliou »appellez par aucuns le *Buisson-Chaudron*», XVIIe siècle (Livre de Foigny, par de Lancy, p. 44).

CHAUDUN, c^{ne} d'Oulchy-le-Château. — *Caudunum*, 1147; *Chaldun*, 1157; *Caldun*, 1184 (cart. de l'abb. de Notre-Dame de Soissons). — *Caldunum*, 1179 (cart. de l'abb. de Saint-Jean-des-Vignes de Soissons, f° 1, Bibl. imp.). — *Cusdunum*, 1199 (arch. de l'Emp. L 1000). — *Cosdunum*, 1210 (*ibid.* L 1006). — *Chaudunum*, 1219 (cart. de l'abb. de Saint-Jean-des-Vignes de Soissons, f° 110, Bibl. imp.). — Mons de *Chauduin*, 1231 (ch. de l'abb. de Saint-Jean-des-Vignes de Soissons). — *Chaulduu*, 1184 (cart. de l'abb. de Notre-Dame, f° 42).

CHAUFFER (LE), fief, c^{ne} d'Acy.

CHAUFFOUR (LE), h. c^{ne} de Beaurevoir. — *Les Cauffours*, XVe s^e (dénombr. de Beaurevoir, chambre des comptes de la Fère). — *Chaufour* (Cassini).

Il est maintenant uni à la population agglomérée.

CHAUFFOUR (LE), petit h. c^{ne} de Blérancourt.

CHAUFFOUR (LE), m^{on} isolée, c^{ne} de Crépy.

CHAUFFOUR (LE), f. c^{ne} de Dommiers. — *Eschafou*, 1277 (ch. de l'abb. de Saint-Jean-des-Vignes de Soissons).

CHAUFFOUR (LE), m^{on} isolée, c^{ne} de Folembray.

CHAUFFOUR (LE), m^{on} isolée, c^{ne} de Lappion.

CHAUFFOUR (LE), m^{on} isolée, c^{ne} de Laversine.

CHAUFFOUR (LE), p. fief, c^{ne} d'Origny-Sainte-Benoîte.

CHAUFFOUR (LE), petit fief, c^{ne} de Villeneuve-Saint-Germain.

CHAUFFOURS (LES), h. c^{ne} de Saint-Michel. — *Chaurfour*, 1700 (min. de Michel Thouille, notaire).

La ferme des Chauffours appartenait autrefois à l'abb. de Saint-Michel.

CHAUMIÈRE (LA), f. c^{ne} de Billy-sur-Aisne.

CHAUMONT, f. c^{ne} de Monthenault. — *Chalmons*, 1139 (ch. de l'abb. de Saint-Martin de Laon). — *Chamont*, 1160; *Chaumons*, 1259 (cart. de l'abb. de Saint-Martin de Laon, f°s 13 et 133, bibl. de Laon). — *Chaumont-desseure-Coulliegis*, 1438 (ch. de l'abb. de Saint-Jean de Laon). — *Chaulmont*, 1710 (intend. de Soissons, C 320).

Chaumont était de la paroisse de Crandelain lorsque l'abbaye de Saint-Jean céda ce domaine, en 1145, à celle de Saint-Martin.

CHAUMONT, bois, c^{ne} de Pommiers et de Vaurezis.

CHAUNY, arrond. de Laon. — *Calnacum*, castellum supor Isaram fluvium, 949 (Chron. Frodoardi). — Castrum *Cauniaci*, 1067 (cart. de l'abb. de Notre-Dame de Paris). — *Calniacum*, 1133 (ch. de l'abb. de Prémontré). — Pagus *Calniacensis*, 1144 (Chron. Longipontis Muldrac). — *Calni*, 1153 (Colliette, *Mémoires du Vermandois*, t. II, p. 335). — *Chauniacum*, vers 1225 (cart. de Notre-Dame de Paris, Guérard, t. II, p. 333). — *Canniacum*, 1280; villa de *Chauneyo*, 1290; communia de *Channiaco*, 1292; ville de *Channy-sur-Oise*, 1296 (Livre rouge de Chauny, f° 14). — *Chauni*, 1334 (cart. de la seigneurie de Guise, f° 180). — *Chauny-sour-Oise*, 1370 (ch. de l'Hôtel-Dieu de Chauny). — *Calniacum-super-Ysaram*, *Calniacum-super-Ysarem*, 1384 (arch. de l'Emp. Tr. des ch. reg. 114, pièce 297). — *Chauny-sur-Oyse*, 1441 (Ordonn. des rois de France, t. III, p. 351). — *Chauny-lez-Selaigne*, 1480 (ch. de l'Hôtel-Dieu de Chauny). — *Chaulny*, 1581 (terr. d'Abbécourt).

Chauny était chef-lieu d'un doyenné rural, d'une subdélégation de l'élection de Noyon, d'un bailliage royal, d'un gouvernement militaire dépendant du gouvernement de l'Ile-de-France et d'une maîtrise des eaux et forêts ayant la même étendue que le bailliage. — Le ressort de ce dernier était d'abord très-étendu; mais, par lettres patentes de 1354, la ville de Noyon fut distraite des bailliage et prévôté de Chauny, et on donna aux vassaux de l'évêque de Noyon pour juge royal un officier appelé prévôt de l'exemption de Chauny, dont les appels étaient portés devant un lieutenant du bailli de Vermandois. Ce qui avait formé la prévôté de Noyon a constitué, en vertu de lettres patentes du 14 octobre 1435, le baill. de Noyon (reg. des causes du roi du baill. de Chauny).

L'ancienne prévôté de Chauny, qui ressortissait au bailliage de Roye, a été unie au baill. de Chauny par édit de novembre 1560. — La compétence de ce dernier était égale à celle du bailliage de Laon. Les appels de la ville et des faubourgs étaient portés au présidial de Laon; ceux des communes rurales, au parlement de Paris. Le bailliage de Chauny avait sa coutume particulière, au silence de laquelle celle de Laon suppléait.

Le marquisat de Genlis ayant été érigé en duché-pairie au mois d'avril 1774, sous le titre de *Ville-quier-Aumont*, les appels de ce duché furent portés directement au bailliage de Noyon, en vertu d'une décision royale.

La châtellenie de Chauny, unie au domaine par le roi Philippe Auguste, fut aliénée en 1353. La réunion au domaine, décidée par lettres patentes du 27 mai 1378, ratifiées par autres lettres d'octobre 1411, n'a été effectivement opérée que par l'avénement de Louis, duc d'Orléans, au trône. La châtellenie a été engagée le 22 décembre 1572, au mois de mai 1606 et le 3 août 1674, puis réunie de nouveau par arrêt du Conseil d'État; elle a encore été aliénée, le 16 octobre 1699, par voie d'échange avec le comte de Guiscard, qui devait la tenir directement de la tour du Louvre. Ce domaine a été, par lettres patentes de janvier 1703, uni à la seigneurie de Magny, pour ne former à l'avenir qu'un seul corps de seigneurie érigé en marquisat sous le nom de *Guiscard*. Les lettres patentes ont été enregistrées au parlement le 20 avril 1705. Le roi se réserva la haute justice. La justice était rendue en la maison du roi, reste de l'ancien château de Chauny.

Circonscriptions :

1° Du doyenné rural : Abbécourt, Béthancourt-en-Vaux, Caillouël-Crépigny, Caumont, Chauny, Commenchon, Condren, Fargniers, Frières-Faillouël, Genlis, Guyencourt, Marest-Dampcourt, Mondescourt, Neuflieux, Neuville-en-Beine, Ognes, Quessy, Tergnier, Ugny-le-Gay, Viry-Noureuil, Vouël.

2° Du bailliage : Abbécourt, Annois en partie, Badicourt, Bailly, Beaugies, Beaulieu, Beaumont-en-Beine, Berlancourt, Béthancourt-en-Vaux, Bichancourt, Bourguignon-sous-Coucy, Boutavent, Brétigny en partie (le prieuré), Brouchy, Buchoire, Buverchy, Caillouël, Camelin, Candor, Caumont, Chauny, Commenchon, Condren, Grisolles, Cugny (pour ce qui relevait de la vicomté de Renansart), Cuy, Dives, Éaucourt, Émery, Flavy-le-Martel, Flavy-le-Meldeux, Fréniches, Frières, Golancourt, Gredenville, Guyencourt, Hombleux (pour ce qui relevait du marquisat de Nesle), Jussy, Launoy, Licz, Manicamp, Marest, Maucourt, Mennessis, Mondescourt, Muille-Villette, Neuflieux, Neuville-en-Beine, Ollezy, Ourscamp, Pimprez, Potière-Pesée, Quennezy, Quesmy, Quiquery, Remigny, Ribécourt, Salency et le fief d'Orléans à Dominois, Sempigny, Ville, Villequier-Aumont, Villeselve, Vouël; à Appilly, le fief d'Étay; à Babeuf, celui des Onze-Mesures; à Ercheu, le château de Lannoy et Remecourt; à Ham, l'Hôtel-Dieu, les faubourgs de Chauny et de Noyon, depuis la rue qui descendait à Muille et à Flamicourt; à Libermont, Frossancourt et l'Hôpital-du-Temple; à Magny, la rue de l'Épée-de-Buchoize; à Nesle, le faubourg Saint-Jacques; à Noyon, l'hôtellerie de Longpont; à Ugny-le-Gay, les fiefs de Watompré et de Vauguyon; à Viry, la rue Châtelaine, la seigneurie du Sart, Rouez et Hellot.

3° De la subdélégation : Chauny, Abbécourt, Benay, Béthancourt-en-Vaux, Caillouël-Crépigny, Caumont, Cerizy, Clastres, Commenchon, Condren, Contescourt, Essigny-le-Grand, Fargniers, Frières-Faillouël, Gibercourt, Guyencourt et Plessis-Godin, Hinacourt, Jussy, Liez, Lyfontaine, Marest-Dampcourt, Mennessis, Montescourt-Lizerolles, Neuflieux, Neuville-en-Beine, Ognes, Quessy, Remigny, Seraucourt, Tergnier, Travecy, Tuguy-et-Pont, Ugny-le-Gay, Urvillers, Vendeuil, Villequier-Aumont, Viry-Noureuil et Vouël.

Le départ. de Chauny, de la direction des aides de Noyon, avait pour extrêmes limites les territ. suivants, qui en dépendaient : Vendeuil, Lyfontaine, Gibercourt, Hinacourt, Montescourt-Lizerolles, Jussy, Frières-Faillouël, Villequier-Aumont, Ugny-le-Gay, la Neuville-en-Beine, Beaumont, Guivry, Commenchon, Béthancourt-en-Vaux, Neuflieux, Marest-Dampcourt, Abbécourt, Ognes, Bichancourt, Autreville, Pierremande, Sinceny, Chauny, Viry-Noureuil, Condren, Vouël, Tergnier, Fargniers, Quessy et Travecy.

Le district de Chauny comprenait les cantons de Blérancourt, Chauny, la Fère, Genlis et St-Gobain.

Dates d'établissements : La maladrerie et l'Hôtel-Dieu, au XIIe siècle; le collége, avant 1363; chanoines du couvent de Sainte-Croix, ordre de Saint-Augustin, 1486; les Cordelières, 1500; les Minimes, 1616; les filles de la Croix pour l'instruction des jeunes filles, 1659 (leur établissement a été approuvé par lettres patentes de mai 1682); l'hôpital et l'orphelinat ont été institués au mois de décembre 1712 et reconnus par lettres patentes de novembre 1731, enregistrées au parlement de Paris le 20 janvier 1739. — Les armoiries de la ville de Chauny sont : *d'azur à une tour d'or maçonnée et ajourée d'une porte et de fenêtres de sable, accompagnée de six fleurs de lys mises en orle.*

pon, et se jette ensuite dans le Vilpion. Son parcours est de 9,860 mètres.

Chéry-Chartreuve, c^on de Braine. — *Cheherium*, 1132; *Cheheri*, 1150; *Caherium*, 1162; *Chaheri*, *Chaeri*, xiie s^e (cart. de l'abb. d'Igny, f°s 1, 6, 85, 91). — *Cheriacus*, 1186 (cart. de l'abb. de Saint-Yved de Braine, Bibl. imp.). — *Cheri*, xiiie s^e (arch. de l'Emp. Tr. des ch. reg. 30, n° 343).

Vicomté relevant du comté de Braine. — Maladrerie unie le 3 mars 1696 à l'Hôtel-Dieu de Château-Thierry.

Chéry-lez-Pouilly, c^on de Crécy-sur-Serre. — *Chiriacum-Villa*, 1065 (mém. ms. de l'Éleu, t. I, f° 191). — *Ciriacum*, 1145; *Cheri*, 1193 (Chron. de Nogento, p. 428 et 433). — *Chiri*, 1198 (ch. de l'Hôtel-Dieu de Laon, B 77). — *Cheriacum*, 1230 (ch. de l'abb. du Sauvoir). — *Chery*, 1389 (comptes de l'Hôtel-Dieu de Laon, E 2). — *Chery-les-Pouilli*, 1405 (arch. de l'Emp. J 801, n° 1). — *Chery-les-Pouilly*, 1415 (ibid. P. 249-3). — *Chery-sur-Sère*, 1430 (comptes de l'Hôtel-Dieu de Laon, E 16). — *Chery-en-Laonnois*, 1504 (tit. des Minimes de Laon). — *Chery-les-Poilly*, 1536 (acquits, arch. de la ville de Laon). — *Chery-en-Lannois*, 1554 (reg. des insin. du baill. de Vermandois). — *Cherry*, 1586 (tit. de l'abb. de Saint-Vincent de Laon). — *Chery-en-Laonnois*, 1674; *Cherie-en-Laonnois*, 1697 (état civil de Chéry-lez-Pouilly, trib. de Laon). — *Chery-lez-Poilly*, 1709 (intend. de Soissons, C 274).

Autrefois seigneurie relevant en partie du comté de Marle (arch. de l'Emp. P 248-3).

Chéry-lez-Rozoy, c^on de Rozoy-sur-Serre. — *Cheries*, 1187 (cart. de l'abb. de Saint-Martin, t. III, p. 53). — *Cheri*, xiiie siècle (cart. de l'abb. de Thenailles, f° 83). — *Chery-in-Therasca*, 1340 (fonds latin, ms. 9228, Bibl. imp.). — *Chery-en-Thirasse*, 1396; *Chery-en-Thérache*, 1398 (arch. de l'Emp. P 136). — *Cheriacus-juxta-Rosetum*, 1545 (coll. des bénéfices du dioc. de Laon, sec. de l'év. de Soissons). — *Chery-les-Rozoy-en-Thiérache*, 1562; *Chery-lez-Rozoy*, 1574 (tit. de l'abb. de Saint-Vincent de Laon). — *Cherry*, 1630 (chambre du clergé du dioc. de Laon). — *Chery-Monceaux*, 1710; *Chery-les-Rozois*, 1745; *Cherry-et-Montceau-lès-Rozoy*, 1750 (intend. de Soissons, C 205 et 206). — *Chery* (Cassini).

Autrefois seigneurie relevant de Rozoy-sur-Serre.

Chesneau (Le), h. c^ne de Château-Thierry. — *Chasnel-les-Chasteau-Thierry*, 1393; *Chasnel*, 1421; *Chesneaulx-les-Chasteau-Thierry*, 1460; *Chasneaux*, 1469 (ch. de l'abb. de Val-Secret). — *Les Chesnoux* (carte de Cassini).

Chesnotis (Le), bois, c^ne d'Essommes. — *Chesniotis*, 1693; *Chenotis*, 1784 (maîtr. de Soissons).

Ce bois contenait 32 arpents; il appartenait autrefois à l'abb. d'Essommes.

Cheté (Le), m^on isolée et m^in à vent, c^ne de Mons-en-Laonnois.

Chevalet (Le), petit fief, c^ne de Franqueville; vassal du marquisat de Vervins.

Chevalet (Le), h. c^ne de Papleux.

Chevalier (Le), bois, vers Buire et Mondrepuis. — *Bos du Chevalier*, 1335 (cart. de l'abb. de Bucilly, f° 101).

Chevance, f. c^ne de Chézy-l'Abbaye.

Chevennes, c^on de Sains. — *Chevesnie*, 1123; Allodium de *Chevesnio*, 1129 (cart. de l'abb. de Saint-Michel, p. 30 et 35). — *Chavesnes*, 1128 (cart. de l'abb. de Saint-Martin, f° 130, bibl. de Laon). — In territorio *Cavesnense*, 1139; *Cavesnes*, 1144 (cart. de l'abb. de Thenailles, f° 39 et 15). — *Chevesnes*, 1169 (cart. de l'abb. de Saint-Michel, p. 241). — *Chevesnez*, 1249 (cart. de l'abb. de Thenailles, f° 35). — *Chevesne*, 1640 (baill. de Marfontaine).

La seigneurie de Chevennes relevait de la Neuville-Housset (min. de Raoulet, notaire, 1566; ét. de M. Petit de Reimpré).

Chevillon, h. c^ne de Saint-Gengoulph. — *Chevillion*, 1554 (arch. comm. de Gandelu).

Chèvre (La), bois, c^ne de Samoussy; défriché.

Chevregny, c^ne d'Anizy-le-Château. — *Caprinicum in pago Laudunensi*, 893 (Mab. *De Re dipl.* p. 460). — *Chivrigniacum*, 1174 (gr. cart. de l'év. de Laon, ch. 2). — *Capriniacus*, 1176 (cart. de l'abb. de Saint-Yved de Braine, Bibl. imp.). — *Chievreni*, 1227 (cart. de l'abb. de Foigny, f° 50, Bibl. imp.). — *Chievrigni-in-Laudunesio*, 1229 (gr. cart. de l'év. de Laon, ch. 51). — *Chevrigni*, 1243 (arch. de l'Emp. L 994). — *Chievreigni*, 1250 (gr. cart. de l'év. de Laon, ch. 84). — *Chevreniacus*, 1258 (cart. de l'abb. de Saint-Jean-des-Vignes, f° 91, Bibl. imp.). — *Chievrigniacum*, 1259 (ch. de l'Hôtel-Dieu de Laon, B 58). — *Caprigniacum*, 1261; *Chievregni*, 1265; *Chevriniacum*, 1287 (gr. cart. de l'év. de Laon, ch. 165, 105 et 182). — *Caprinniacus*, 1296 (cart. de l'abb. de Saint-Martin de Laon). — *Chievriugni*, *Chievrigni*, xiiie s^e (cueilleret de l'Hôtel-Dieu de Laon, B 62). — In territorio de *Chievrigni*, 1300 (ch. de l'Hôtel-Dieu de Laon, B 58). — *Chievregny*, 1405 (arch. de l'Emp. J 801, n° 1). — *Chevregnys*, 1568 (acquits, arch. de Laon). — *Chivregny* (intend. de Soissons, C 205).

Autrefois vicomté relevant de l'évêché de Laon et ressortissant à la prévôté de Mouampteuil.

Chevregny fut, en 1790, le chef-lieu d'un canton dépendant du district de Laon et formé des c^{nes} de Braye-en-Laonnois, Chamouille, Chevregny, Colligis, Courtecon, Crandelain et Malval, Martigny-en-Laonnois, Monampteuil, Monthenault, Pancy, Trucy et Urcel.

CHEVRESIS-LES-DAMES, h. c^{ne} de la Ferté-Chevresis. — *Chevresis*, 1156 (ch. de l'abb. de Saint-Nicolas-des-Prés de Ribemont). — *Chievresis*, 1182; *Chievresi*, 1184 (cart. de l'abb. de Prémontré, f°s 46 et 45). — *Chivrisei*, 1184 (arch. de l'Emp. L 995). — *Chivresis*, 1218 (cart. de l'Hôtel-Dieu de Laon, ch. 177). — *Chevrisiacum-Beatæ-Mariæ*, *Chivresiacum*, 1262 (coll. de D. Grenier, 24° paquet, n° 9). — *Kievresis-Notre-Dame*, 1319 (ch. de l'abb. de Saint-Nicolas-des-Prés de Ribemont). — *Chievresis-Notre-Dame*, 1522 (arch. de l'Emp. P 249-3). — *Chievresy-Notre-Dame*, 1523; *Chivresy-Notre-Dame*, 1536 (comptes de l'Hôtel-Dieu de Laon, E 49, E 63). — *Chevresys-Nostre-Dame*, 1536 (acquits, arch. de la ville de Laon). — *Chevrezy*, 1630 (chambre du clergé du dioc. de Laon). — *Cheversi-les-Dames*, 1702 (baill. de Ribemont, B 256). — *Chevresis-Notre-Dame*, 1708; *Chevrezis-Notre-Dame*, 1750 (int. de Soissons, C 274). — *Chevresy-les-Dames*, 1784 (tit. de l'abb. de Saint-Nicolas-des-Prés de Ribemont).

Autrefois vicomté relevant de la baronnie de la Ferté-sur-Péron (la Ferté-Chevresis); elle appartenait à l'abb. de Saint-Nicolas-des-Prés de Ribemont. — La c^{ne} de Chevresis-les-Dames a été unie à celle de la Ferté par ordonnance royale du 2 juin 1819.

CHEVRESIS-MONCEAU, c^{ne} de Ribemont. — *Chevresi-le-Merdeux*, 1405 (arch. de l'Emp. J 801, n° 1). — *Chevresi-le-Merdeux*, 1527; *Chevresis-le-Merdeux*, XVI° s^e (arch. de l'Emp. P 249-3). — *Chevresy-le-Meldeux*, 1573; *Chevrezy-le-Meldeux*, 1609 (famille La Tremoïlle). — *Chevresye-le-Meldeux*, 1677 (min. de Baillet, notaire).

La seigneurie de Chevresis-le-Meldeux relevait du fief de la Motte de la Ferté-sur-Péron.

CHEVRESSON, c^{ne} de Laon; quartier détruit lors de la construction de la citadelle. — *Capricornium*, 1148 (ch. de l'Hôtel-Dieu de Laon, H 4). — *Chievrecon*, 1294 (suppl. de D. Grenier, 284, Bibl. imp.). — *Chevresson*, 1498 (comptes de l'Hôtel-Dieu de Laon, E 29).

CHEVREUX, h. c^{ne} de Craonne.

CHEVREUX, m^{on} isolée, c^{ne} de Dhuizel.

CHEVREUX, h. c^{ne} de Soissons. — *Molendinum de Chevriel*, *Chevrueil*, 1274 (cart. du chap. cathédral de Soissons, f° 103). — *Molendinum de Chevrel*, 1278 (arch. de l'Emp. L 1006). — *Molendinum de Chevreul*, 1307 (cart. de l'abbaye de Notre-Dame de Soissons, f° 61). — *Chevroil*, 1405 (comptes de l'Hôtel-Dieu de Soissons, 327, f° 30). — *Chevrieux*, 1479; *Chevreux*, 1480; *Cheverenlx*, 1481 (ibid. 359, f°s 7, 80, 65).

Le moulin de Chevreux a été vendu par le chapitre de Saint-Gervais de Soissons à l'abbaye de Notre-Dame de la même ville.

CHEVROTAINE, f. c^{ne} d'Artonges. — Elle appartenait autrefois aux missionnaires.

CHEVROTINE, f. c^{ne} de Reuilly-Sauvigny. — Elle appartenait autrefois aux Picpus de Condé.

CHÉZY, h. c^{ne} de la Chapelle-Monthodon. — *Chezi-le-Menil* (carte de Cassini).

CHÉZY-EN-ORXOIS, c^{ne} de Neuilly-Saint-Front. — *Chesis-en-Ausois*, 1309; *Chesi-en-Aussoys*, 1312; terra de *Cheniaco-in-Orceyo*, 1315 (arch. de l'Emp. Tr. des ch. 163, n°s 36, 67 et 52). — *Chezy-en-Orceois*, 1549 (Hôtel-Dieu de Soissons, 151). — *Chezi-en-Orchois*, 1573 (pouillé du dioc. de Soissons, f° 25). — *Chesy-en-Orxois*, 1573; *Chesy-en-Orxois*, 1585 (arch. comm. de Brumetz). — *Chezy-en-Orxois*, 1586 (comptes de l'Hôtel-Dieu de Soissons, 473, f° 24). — *Chezy-en-Orxois*, 1711 (intend. de Soissons, C 205). — *Chezy-en-Orxoy*, 1726 (maîtr. de Soissons). — *Chezy-en-Orceoix* (Cass.). — *Chezy-en-Orxois*, 1788 (maîtr. de Villers-Cotterêts).

Prieuré uni vers le commencement du XII° siècle au monastère des Bénédictins de Saint-Arnoul de Crépy-en-Valois, qui possédait la seigneurie; celle-ci relevait de la Ferté-Milon. — Maladrerie unie à l'Hôtel-de-Dieu de Château-Thierry le 3 mars 1696.

CHÉZY-L'ABBAYE, c^{ne} de Charly. — In villa *Casiacus*, 855 (dipl. de Charles le Chauve, arch. de l'Aisne). — *Casiei* villa regia, 867 (ex Vitâ Alfredi Anglo-Saxonum regis, Hist. de France, t. VIII, p. 100 B). — *Garziaca* super Maternam fluvium, 940 (dipl. de Louis d'Outre-mer, Hist. de France, t. IX, p. 593)? — Abbatia Sancti Petri quæ dicitur *Casiacus-super-Matronam*, vers 980 (lettre du pape Benoît VII, confirmative des priviléges de l'Église de Paris, Hist. de France, t. IX, p. 247). — *Gatiacus*, 987 (Annales Vedastini, Hist. de France, t. VIII, p. 86)? — *Gauziacus*, 987 (ex chronico de gestis Normanorum, Hist. de France, t. VIII, p. 96)? — *Caziacum*, 1238 (cart. de l'Hôtel-Dieu de Soissons, 190, ch. 81). — *Chezi*, 1240 (cart. de Saint-Médard de Soissons, f° 20, Aisne). — Sanctus Martinus de *Casa*, 1264 (ch. de l'Hôtel-Dieu de Soissons, 205). — *Chaisi*, 1383 (arch. de l'Emp. P 136; transcrits de Vermandois). — *Chezy-La-*

bahie, 1590 (arch. comm. d'Azy). — *Chézy-sur-Marne*, 1793. — Chézy reprit son ancien nom de Chézy-l'Abbaye en vertu d'une ordonnance royale du 8 juillet 1814 et d'un arrêté préfectoral du 12 février 1816.

Chézy-l'Abbaye avait autrefois deux paroisses : *Sanctus Martinus superior*, ou *Saint-Martin-le-Haut*, et *Sanctus Martinus inferior*, 1585 et 1649 (arch. comm. de Chézy-l'Abbaye). — Abbaye de Bénédictins fondée vers le viii° siècle.

Chézy-l'Abbaye était de l'archidiaconé de Brie et chef-lieu de doyenné rural. Celui-ci comprenait : Azy, Bassevelle, Bézu-le-Guéry, Bonneil, la Chapelle-sur-Chézy, Charly, Chézy-l'Abbaye, Citry-Saint-Ponce, Crouttes, Domptin, Montreuil-aux-Lions, Nanteuil-sur-Marne, Nogent-l'Artaud, Pavant, Saulchery et Villiers-sur-Marne. Ce doyenné était autrefois plus important; le doyenné de Montmirail, créé le 4 mars 1762, qui n'en était qu'un démembrement, comprit Artonges, Courboin, Léchelle, l'Épine-aux-Bois, Fontenelle, Janvilliers, Corrobert, Montigny-lez-Condé, Montlevon, Montmirail, Purgny, Rozoy-Bellevalle, Vauchamps, Vendières, Verdelot, Viclsmaisons et Villeneuve-sur-Bellot.

Chézy-l'Abbaye devint, en 1790, le chef-lieu d'un canton dépendant du district de Château-Thierry et formé des c°° de la Chapelle-sur-Chézy, Chézy-l'Abbaye, Essises, Montfaucon, Nogent-l'Artaud, Pavant et Vifford.

Chierry, c°° de Château-Thierry. — *Chierriacum*, 1218 (cart. du chap. cath. de Soissons). — *Chiery*, 1679 (tombe d'Antoine de Pinterel, seigneur d'Étampes, en l'église d'Étampes). — *Chiary*, 1719 (arch. comm. de Chierry). — *Chiarry*, 1744 (intend. de Soissons, C 206).

Seigneurie relevant autrefois de Montmirail.

Chigny, c°° de la Capelle. — *Cisnis*, 1333; *Chinis*, 1335; *Chisnis*, 1344; terroir de *Cinis*, 1349 (cart. de la seigneurie de Guise, f°° 118, 275, 287). — *Cigny*, 1532 (comptes de la châtellenie de Ham, chambre des comptes de la Fère). — *Cignys*, 1533 (famille La Trémoille). — *Chiny*, 1561 (arch. de la ville de Guise). — *Chinie*, 1586 (arch. de l'Emp. J 791). — *Chigni-sur-Oise*, 1669 (baill. de Guise, B 1973).

Seigneurie relevant autrefois du Hérie-la-Viéville.

Chimay, bois, c°° de Saint-Michel et de Wattigny. — Bosum de *Cimaco*, bos de *Cimay*, 1300 (cart. de la seign. de Guise, f°° 53 et 54).

Chimy, f. c°° de Celles-sur-Aisne. — Mons de *Chamiaco*, 1191; *Chiemin*, 1219; *Chemi*, *Chaimi*, 1222 (cart. de l'abb. de Saint-Crépin-le-Grand, p. 555 à 557).

— *Chaimmi*, 1262 (cart. de l'abb. de Saint-Médard de Soissons, f° 99, Bibl. imp.). — *Chimie* (Cassini). Cette ferme appartenait autrefois à l'abb. de Saint-Crépin-le-Grand.

Chivres, c°° de Vailly. — *Capra*, 877 (dipl. de Charles le Chauve, cart. de l'abb. de Saint-Médard de Soissons, f° 138, arch. de l'Aisne). — *Caprea*, 893 (Mabillon, *De Re diplomatica*, p. 557). — Villa de *Chivra*, 1203; *Chiere-super-Axonam*, 1226; Villa que dicitur *Chiere*, 1228; *Chieria*, 1230 (cart. de l'abbaye de Saint-Médard, f°° 156, 92, 108, 105, Bibl. imp.). — *Chierre*, 1265 (Olim, t. I. p. 626). — *Chivres-sur-Aisne*, 1560 (arch. comm. de Missy-sur-Aisne). — *Chyeres*, 1589 (comptes de l'Hôtel-Dieu de Soissons, 476, f° 64).

La seigneurie appartenait autrefois au prévôt de Chivres et au chapitre cath. de Soissons. — Le ruisseau de Chivres prend sa source à Nanteuil-la-Fosse, passe à Chivres, se jette dans l'Aisne à Missy-sur-Aisne et alimente cinq moulins à blé. Son parcours est de 12,300 mètres.

Chivres-et-Mâchecourt, c°° de Sissonne. — *Chivre*, 1171 (cart. de Lavalroy, f° 14, Bibl. imp.). — *Chivres-lez-Liesse*, 1462; *Chivres-lez-Pierrepont*, 1466 (Journal des assises du baill. de Vermandois). — *Chyvre*, 1623 (min. de Wailcq, notaire).

Autrefois membre de la châtell. de Pierrepont, ressortissant à la justice de cette châtellenie.

Chivry, f. c°° de Rozières. — Cette ferme appartenait autrefois au chap. cath. de Soissons.

Chivy, h. c°° de Beaulne-et-Chivy. — *Chevis*, 1184 (cart. de Philippe Auguste, f° 38, Bibl. imp.). — *Chievi*, 1203 et 1254 (ch. de l'Hôtel-Dieu de Laon, B 8). — *Chiviacum-super-Axonam*, 1213 (cart. 91 de l'abb. de Vauclerc, f° 69, Bibl. imp.). — *Chivi-super-Axonam*, *Chievi-super-Auxonam*, 1221; *Chivi-super-Auxonem*, *Chievi-super-Axonam*, 1254; territorium de *Chivieco*, 1258; villa de *Chivi*, 1264; *Chivi-super-Auxonam*, 1279; *Chiei-super-Axonam*, 1309 (ch. de l'Hôtel-Dieu de Laon, B 8). — *Chivri-sur-Aigne*, 1326 (cueilleret de l'Hôtel-Dieu de Laon, B 63). — *Chiei-sur-Aisnes*, 1327 (arch. de l'Emp. Tr. des chartes, reg. 64, pièce 540). — *Chivy-supra-Auxonam*, 1340 (fonds latin, ms. 9228, Bibl. imp.). — *Chivy-sur-Aisne*, 1389; *Chivi-sur-Aisne*, *Chivi-sur-Aisne*, 1394 (Hôtel-Dieu de Laon). — *Civy-supra-Auxonam*, xiv° s° (comptes de Saint-Pierre-au-Marché de Laon, fonds latin, ms. 9229, Bibl. imp.). — *Chivy-sur-Aisne*, 1401 (Hôtel-Dieu de Laon). — *Chivy-sur-Aisne*, 1411 (arch. de l'Emp. J 801, n° 4). — *Chivy-sur-Aysne*, 1463; ville de *Chivi-Beaune*, 1474; *Chevy-sur-Aisne*,

1488; *Chivy-sur-Aynne*, 1498; *Chivi-sur-Axne*, 1500; *Chivy-et-Beaulne*, 1603 (Hôtel-Dieu de Laon). — Ecclesia domini Petri *Chiviaci-ad-Axonam*, 1629; *Chivy-ad-Axonam*, 1629 (arch. comm. de Martigny-en-Laonnois).— *Chivy-Beaulne*, 1685 (arch. comm. de Beaulne-et-Chivy).

Chivy-lez-Étouvelles, c^{on} de Laon.— *Chiviacus*, 1128, *Chievi*, 1144; *Chivi*, 1173 (cart. de l'abb. de Saint-Martin, t. II, p. 1, 10, 11). — *Chevi, Chiviacum*, 1280 (gr. cart. de l'év. de Laon, ch. 9 et 10). — *Chivy*, 1340 (fonds latin, ms. 9228, Bibl. imp.). — *Chivy-soubz-Laon*, 1389 (comptes de l'Hôtel-Dieu de Laon, E 2). — *Chivy-les-Estouvelles*, 1405 (arch. de l'Emp. J 801, n° 1).— *Chiviacum in Laudunesio*, 1455 (Hôtel-Dieu de Laon, F 2).

La seigneurie appartenait autrefois à l'évêché de Laon. Le village ressortissait à la prévôté de Monsen-Laonnois pour la justice.

Choignolle, petit fief, c^{ne} de Quincy-Basse.

Choigny, b. c^{ne} de Brissay-Choigny. — In territorio *Cholvengiace ville, Cholvengiacum, Chovengiacum*, 1089 (ch. de l'abb. de Saint-Nicolas-aux-Bois). — *Cauvini-super-Iseram*, 1110 (cart. AA de l'abb. de Saint-Quentin-en-l'Île, p. 14). — *Caveigniacum*, 1113; *Caveigniacum*, 1114 (ch. de l'abb. de Saint-Nicolas-aux-Bois). — *Choinniacum*, 1123; *Claignies*, 1138 (cart. de l'abb. de Saint-Michel, p. 20, 237). — *Chocni*, 1145 (cart. d'Homblières, p. 49). — *Cauniacus*, 1145 (ch. de l'abb. de Saint-Nicolas-aux-Bois). — *Choigniacum*, 1169; *Chooignies*, xiie s^e (cart. de l'abb. de Saint-Michel, p. 240, 22). — *Choelli*, 1197; *Choegnis*, 1215; curtis de *Chouini*, 1216 (ch. de l'abb. de Saint-Nicolas-aux-Bois). — *Saint-Denis-de-Choegni*, 1235 (arch. de l'Emp. L 1156) — In territorio de *Chooigni*, 1244 (ch. de l'abb. de Saint-Nicolas-aux-Bois). — *Choigni*, 1262 (ch. de l'Hôtel-Dieu de Laon, B 64). — *Choegni*, 1280; *Choisgni*, 1290 (ch. de l'abb. de Saint-Nicolas-aux-Bois). — *Choingni*, 1292 (gr. cart. de l'év. de Laon, ch. 197).— *Choigngny*, 1466 (comptes de l'Hôtel-Dieu de la Fère). — *Choisni*, 1479 (comptes de l'Hôtel-Dieu de Laon, E. 22). — *Choisgny-lez-Vendeuil*, 1497 (ch. de l'abb. de Saint-Nicolas-aux-Bois). — *Choysni*, 1515 (comptes de l'Hôtel-Dieu de Laon, E 43). — *Choigny*, 1634 (reg. de la maison de paix, arch. de la Fère). — *Chogni*, 1640 (arch. de la fabrique de Vendeuil).

La seigneurie, vassale de Vendeuil, appartenait autrefois à l'abb. de Saint-Nicolas-aux-Bois et formait une commune, qui a été unie à Brissay par arrêté de l'administration départementale du 6 décembre 1790. — Choigny n'est séparé de Brissay que par une ruelle.

Choisel (Le), h. c^{ne} de Vendières. — Ce hameau a laissé son nom à un ruisseau qui prend sa source à l'Épine-aux-Bois, traverse le territ. de cette commune et celui de Vendières, où il verse ses eaux dans le Petit-Morin. Son parcours est d'environ 1,600 mètres.

Choisel (Le), mⁱⁿ à eau, c^{ne} de Monthiers. — In molendino quod vocatur *Choisel-de-Saint-Martin*, 1288 (arch. de l'Emp. L 1006). — Moulin de *Choisel*, 1400 (comptes de l'Hôtel-Dieu de Soissons, 324).

Chol, bois, c^{ne} de Chartèves.

Choléra (Le), m^{on} isolée, c^{ne} de Berry-au-Bac.

Choléra (Le), mⁱⁿ à vent, c^{ne} de Saint-Erme-Outre-et-Ramecourt.

Cholet, petit fief, c^{nes} de Brissay-Choigny.

Chollet, petit fief, c^{ne} de Saint-Simon.

Chomi, fontaine, c^{ne} de Laon. — Fons qui dicitur *Chomi*, 1165 (cart. de l'abb. de Saint-Martin, f° 101, bibl. de Laon).

On ignore l'emplacement de cette fontaine.

Chouette (La), f. c^{ne} de Blérancourt; détruite.

Chouteaux (Les), h. c^{ne} de Marchais. — *Les Chanteaux*, (carte de Cassini).

Chouy, c^{on} de Neuilly-Saint-Front. — *Choa*, 872 (Hist. de l'abb. de Notre-Dame de Soissons, p. 475). — *Choy*, 1147 (cart. de l'abb. de Notre-Dame de Soissons, f° 37). — *Choi*, 1208 (cart. de l'Hôtel-Dieu de Soissons, f° 190).

La seigneurie relevait, au xvie siècle, de la châtell. d'Oulchy-le-Château et appartenait à l'abb. de Notre-Dame de Soissons. Elle ressortissait à la justice, à la prévôté de Neuilly-Saint-Front et au baill. royal de Villers-Cotterêts.

Christophenie (La), m^{on} isolée, c^{ne} de Vorges.

Cierges, c^{ne} du Fère-en-Tardenois. — *Cirgis*, 1154 (cart. de l'abb. de Saint-Yved de Braine, arch. de l'Emp.). — *Cierge*, 1234 (cart. de l'abb. d'Igny, f° 198). — *Siergos*, 1383 (arch. de l'Emp. P 136; transcrits de Vermandois).

Cigne (Le), fief, c^{ne} de Mercin-et-Vaux.

Cilly, c^{on} de Marle. — Villa *Ciliaci*, 1137 (cart. de l'abb. de Saint-Martin de Laon, f° 129, bibl. de Laon). — *Cilli*, 1138 (ibid. f° 135). — *Cilliacum*, 1245 (gr. cart. de l'év. de Laon, ch. 259). — *Cylli, Cylliacum*, 1266 (cart. de l'abb. de Saint-Martin, t. II, f° 275). — *Cylly*, 1340 (fonds latin, ms. 9228, Bibl. imp.). — *Silly*, 1493 (comptes de la ville de Laon). — *Cillici vicus* (épitaphe de Frédéric de la Bove, seign. de Cilly, mort le 15 novembre 1573). — *Chilly*, 1729 (int. de Soissons, C 205).

Autrefois marquisat vassal du marquisat de Vervins; la rue Franche et le château relevaient du comté de Marle (arch. du baill. de Vervins).

Ciry, fief, c⁰⁰ de Sermoise. — Il relevait autrefois de Fère-en-Tardenois (arch. de l'Emp. Q 8).

Ciry-Salsogne, c⁰⁰ de Braine. — *Ciri*, 1212 (cart. de l'abb. de Saint-Jean-des-Vignes de Soissons, f° 58). — *Ciriacum*, 1222 (cart. du chap. cath. de Soissons, f° 196). — *Cyriacus*, 1223 (cart. de l'abb. de Saint-Jean-des-Vignes, f° 58, Bibl. imp.). — In territorio et villa de *Cyri*, 1239 (arch. de l'Emp. L 1001). — *Cyry*, 1267 (cart. de l'abb. de Saint-Médard, f° 43, Bibl. imp.). — *Cyriacus*, 1278 (cart. du chap. cath. de Soissons, f° 200). — *Syry*, 1405 (comptes de l'Hôtel-Dieu de Soissons, f° 26, f° 26, v°). — *Siry*, 1464 (suppl. français, ms. 1195, Bibl. imp.).

La seigneurie, vassale d'Oulchy-le-Château, appartenait autref. au chap. cathédral et à l'abb. de Saint-Médard de Soissons. La partie de seign. de l'abbaye a été unie à la justice de Saint-Médard par lettres patentes d'octobre 1746.

Cité, fief, c⁰⁰ de Faverolles. — Emplacement couvert de ruines.

Clacy, c⁰⁰ de Laon. — *Claciacum*, 1122 (cart. de l'abb. de Saint-Martin de Laon, f° 172, bibl. de Laon). — *Claci*, 1161 (*ibid*. f° 175). — *Claccium*, 1222 (gr. cart. de l'év. de Laon, ch. 80). — *Claceyum*, xiii° siècle (inv. de Vauclerc, Bibl. imp.). — *Clacci*, 1396 (cueilleret de l'Hôtel-Dieu de Laon, B 63). — *Clacy-sous-Laon*, 1327 (arch. de l'Emp. Tr. des chartes, reg. 64, n° 740). — *Clachy*, 1447 (ch. de l'abb. de Saint-Vincent de Laon). — *Classy*, 1493 (comptes de l'Hôtel-Dieu de Laon, E 25). — *Clascy*, *Classy-et-Thiéret*, 1568 (acquits, arch. de la ville de Laon).

La seigneurie relevait autrefois de l'év. de Laon.

Claircourt, m⁰⁰ isolée, c⁰⁰ de Sissonne.

Clairefontaine, c⁰⁰ de la Capelle. — *Clara-Fontana*, xii° s° (ex lib. III Hermani monachi, *De Miraculis beatæ Mariæ Laudunensis*, ms. bibl. de Soissons). — *Sanctus Nicholaus de Claro fonte*, 1138 (cart. de l'abb. de Saint-Michel, p. 237). — *Ecclesia Clarefontensis*, 1170 (cart. de Bucilly, f° 52). — *Clerefontainnes*, 1199; *Clereffontaines*, 1200 (cart. de la seign. de Guise, f°⁸ 53, 82). — *Ecclesia Clari fontis*, 1211 (arch. de l'Emp. L 1006). — *Clerefontaines*, 1222 (cart. de la seign. de Guise, f° 82). — *Abbatia de Clarisfontanis*, 1241 (fonds latin, ms. 9227, f° 13, Bibl. imp.). — *Clerefontainne*, 1320; *Clerefontaiunes*, 1323; *Clerfontaine*, 1335; *Clerfontaines*, 1340 (cart. de la seign. de Guise, f°⁸ 13, 69, 184,

222). — *Clerefontaine*, 1519 (tit. de l'Hôtel-Dieu de Laon).

Clairefontaine ressortissait à Guise pour la justice. On donne communément le nom de Petit-Versailles à la partie du village qui avoisine l'église. — Abbaye de Prémontré, fondée vers 1131.

Clairefontaine, h. c⁰⁰ de la Chapelle-Monthodon. — Ce hameau donne son nom à un petit ruisseau affluent de celui des Vieux-Prés, qui alimente un moulin à blé et dont le parcours est de 1,150 mètres.

Clainval, h. c⁰⁰ de Tavaux-Pontséricourt.

Clamecy, c⁰⁰ de Vailly. — *Altare de Clamici*, 1124 (coll. de D. Grenier, 24° paquet, n° 6, Bibl. imp.). — *Altare de Clameci*, 1143 (suppl. de D. Grenier, 294, Bibl. imp.). — *Villa de Clamechy*, 1274 (arch. de l'Emp. Livre rouge de l'abb. de Saint-Quentin-en-l'Île, f° 159). — *Clamecy-les-Soissons*, 1407 (arch. de l'Emp. Q 5). — Paroisse *Saint-Gaugery-de-Clamecy*, 1733 (arch. comm. de Clamecy).

Seigneurie relevant autrefois de Pierrefonds.

Clamecy ou Corbie, fief, c⁰⁰ de Longueval. — Il relevait autrefois de la baronnie de Pontarcy.

Clanlieu, f⁰⁰, c⁰⁰ de Puisieux-et-Clanlieu. — Territorium de *Clainliu*, 1160 (cart. de l'abb. de Saint-Martin, t. II, p. 163). — *Clainleu*, xii° s° (arch. de l'Emp. L 1003). — Curia de *Clanliu*, 1167; *Clemliu*, 1189 (ch. de l'abb. de Saint-Martin de Laon). — *Clainlius*, 1232 (cart. de l'abb. de Foigny, f° 238, Bibl. imp.). — *Clamleu*, 1235 (cart. de l'abb. de Saint-Michel, p. 165). — *Clenliu*, 1236; *Clanlius*, 1248 (ch. de l'abb. de Saint-Martin de Laon). — *Clanleu*, 1247; *Clailleu*, 1248; Court de *Clainlieu-dales-Puisieux*, 1273 (*ibid*.). — *Claimlieu*, 1293 (cart. de l'abb. de Saint-Martin de Laon, f° 38, bibl. de Laon). — *Clamliu*, 1314 (cart. de la seign. de Guise, f° 7).

L'abbaye de Saint-Martin de Laon possédait la ferme et n'avait de justice que dans l'enclos; les appels étaient portés à Guise. — La commune de Clanlieu a été unie à celle de Puisieux par ordonnance royale du 2 juin 1819.

Clapied, petit bois, c⁰⁰ de Louâtre. — Ce bois appartenait autrefois au prieuré de Nadon.

Clary, m¹⁰ à eau, c⁰⁰ de Merlieux. — Molendinum de *Clariaco*, 1139; *Clairi*, 1153 (ch. de l'abb. de Saint-Martin de Laon). — *Clayri*, *Claiy*, 1251; *Clyri*, 1260 (cart. de la même abb. f° iii, bibl. de Laon). — Moulin de *Cleri*, 1505 (cart. de cette abb. t. II, f° 158, arch. de l'Aisne).

Ce moulin appartenait autrefois à l'abbaye de Saint-Martin et lui avait été cédé, au xii° siècle, par Barthélemy de Vir, évêque de Laon.

CLASTRES, cne de Saint-Simon. — Munitio *Clastris*, in pago Veromandinsi, 944 (Chron. Frodoardi). — *Claustres*, 1174 (Chron. de Nogento, p. 239). — *Claitres*, 1341 (arch. de l'Emp. P 136; transcrits de Vermandois). — *Clastres*, 1611 (tit. du chapitre de Saint-Quentin). — *Clatres*, 1743 (chambre du clergé du diocèse de Noyon). — *Clatre* (carte de Cassini).

La seigneurie, qui avait titre de vicomté, appartenait autrefois en partie au chapitre de Saint-Quentin (Recueil des fiefs, p. 149); le surplus dépendait du duché de Saint-Simon.

CLATRE, bois, cne de Mennessis.

CLAYE (LA) ou CLÉ, fief, cne de Pisseleux. — Relevait autrefois de la seign. de May-en-Multien et appartenait à la congrégation de Soissons.

CLÉMENCIN, f. cne de Crouy.

CLÉREMBAUTS (LES), bois, cne d'Essômmes. — *Les Clerembaux*, 1693 (maîtr. de Soissons).

Ce bois, contenant 134 arpents, appartenait autrefois à l'abb. de Collinances. — Défriché en 1861.

CLERMONT, cne de Rozoy-sur-Serre. — *Clarusmons*, 1163; *Clermons*, 1165 (ch. de l'abb. de Saint-Martin de Laon). — *Clérèmont*, 1404 (comptes de l'Hôtel-Dieu de Laon, E 6).

On comptait à Clermont, en 1789, sept fermes appartenant à l'abb. de Saint-Martin de Laon; elles relevaient de la châtell. de Pierrepont.

CLIGNON, h. et min à eau, cne de Licy-Clignon. — *Clignon*, 1200 (ch. de l'abb. de Saint-Jean-des-Vignes de Soissons).

Autrefois vicomté. — Ce hameau donne son nom à un ruisseau qui prend sa source à Bézu-les-Fèves, passe à Épaux-Bézu, Monthiers, Licy-Clignon, Bussiares, Gandelu, sépare Torcy de Licy-Clignon, Hautevesnes de Bussiares, Saint-Gengoulph de Gandelu et en partie de Veuilly-la-Poterie, et les départements de l'Aisne et de Seine-et-Marne depuis Brumetz jusqu'à son embouchure dans l'Ourcq à l'extrémité du territoire de Montigny-l'Allier. Ce ruisseau alimente douze moulins à blé, et son parcours est de 25,600 mètres.

CLINCHAMP, cne d'Épaux-Bézu. — *Clincampum*, 1220 (supp. de D. Grenier, 293, Bibl. imp.).

Habitations détruites.

CLOPERIE (LA), h. cne de la Bouteille. — «Cloperie est un nom ancien procédant du bois qui y a esté couppé pour donner plus d'air à la prairie...... La cense estoit autrefois du village de Landouzy-la-Cour avant l'érection de la Bouteille en village; à présent est de celui de la Bouteille» (Livre de Foigny, par de Laney, p. 13 et 47).

CLOPERIE (LA), mon isolée, cne de Wattigny. — *Cloperie*, 1612 (terr. d'Any-Martin-Rieux, baill. ducat de Guise).

CLOS (LE), petit h. cne de Latilly. — Moulin du *Clos*, 1641 (arch. comm. du Plessier-Huleux).

Autrefois fief vassal de Neuilly-Saint-Front.

CLOS (LE), mon isolée, cne d'Ostel.

CLOS (LE), f. cne de Proisy. — *Le Clos*, 1410 (arch. de l'Emp. J 801, n° 3).

CLOS (LES), h. cne de Villers-lez-Guise.

CLOS-BERNARD (LE), f. cne de Rozières; auj. détruite. — Appartenait au chap. de Notre-Dame de Senlis.

CLOS-DE-LA-BOVE (LE), fief, cne de Faverolles.

CLOS-DE-LA-FOLIE (LE), petit fief, cne d'Augy. — Dépendait autrefois du comté de Braine.

CLOS-DES-TEMPS (LE) ou VIEUX-MOULIN, min à eau, cne d'Achery. — Ce moulin appartenait autrefois à l'abb. de Prémontré.

CLOS-DUPUIS (LE), mon isolée, cne d'Artonges.

CLOS-DU-ROI (LE), h. cne d'Auffrique-et-Nogent. — *Clos-du-Roi* (carte de Cassini).

Ainsi nommé parce que les premiers rois de la troisième race y possédaient des vignes.

CLOSEAU (LE), petit bois, cne de Louâtre. — Ce bois appartenait autrefois au prieuré de Nadon.

CLOSEAUX (LES), f. cne de Chézy-en-Orxois. — Cette ferme fait maintenant partie de la population agglomérée. Elle donne son nom à un petit affluent de la Marne à Blesmes, qui alimente le moulin de Moulignon et dont le parcours est de 1 kilomètre.

CLOSEAUX (LES), fief, cne de Noyant-et-Aconin.

CLOS-POULAIN (LE) ou FIEF PIÉROS, petit fief, cne de Flavigny-le-Petit; vassal de Guise.

CLOS-SAINT-MARTIN (LE), mon isolée, cne de Jumencourt.

CLOS-TATA (LE), mon isolée, cne de Montaigu.

CLOS-WATEAU (LE), mon isolée, cne d'Archon.

CLOTAIS, h. cne de Reuilly-Sauvigny.

CLOUTERIE-FARY (LA), f. cne de Beuvardes.

CLOZEL, f. cne de Juvigny; auj. détruite. — Cense du *Closel*, 1550 (comptes de l'Hôtel-Dieu de Soissons, 424, f° 7).

Cette ferme appartenait autrefois aux Célestins de Villeneuve-lez-Soissons.

CLOZEL, fief, cne de Pont-Saint-Mard; vassal de Coucy-le-Château.

COCHEREL, bois, cne de Mont-Saint-Martin. — *Nemus de Chocherel*, 1150; *Nemus Cocheriaus*, 1235; *Cochrel*, 1289 (cart. de l'abb. d'Igny, fos 85, 96 et 143, Bibl. imp.).

COCHEVESSE, min à eau, cne de Pancy. — *Vivarium quod Quaissi vesse vocatur*, 1188; *Quasse vesce*, 1234; *Couchevesse*, 1588 (ch. et tit. de l'abb. de Saint-

Jean de Laon). — *Cocheresne*, 1710 (int. de Soissons, C 274). — Moulin *Couvesse* (carte de Cassini). Ce moulin appart. autr. à l'abb. de S¹-Jean de Laon.

Cocq-à-l'Huile (Le), petit h. c⁽ⁿ⁾ de Brenelle. — Autrefois fief vassal de la baronnie de Pontarcy.

Cocq-Banni (Le), h. c⁽ⁿ⁾ de Jeantes. — *Cocq-Banny*, 1676; *Coq-Banny*, 1694 (minutes de Thouille, notaire). — *Coc-Banny*, 1720 (baill. de Bancigny). Ce hameau donné son nom à un petit affluent du Hutteau ou Jeantelle, lequel n'alimente point d'usine et dont le parcours est de 3,026 mètres.

Cocq-Hardi (Le), m⁽ⁿ⁾ isolée, c⁽ⁿ⁾ de Bruyères.

Cocquerin, fief, c⁽ⁿ⁾ de Bucy-lez-Pierrepont. — *Cocquebuin*, 1720 (dénombr. cab. de M. d'Imécourt).

Cocquemprix, h. c⁽ⁿ⁾ de Wattigny. — *Quoquimprier*, 1366 (cart. de l'abb. de Saint-Michel, p. 184). — *Coquinprix* (carte de Cassini).

La ferme de Cocquemprix appart. autref. à l'abb. de Foigny.

Cocq-Vert (Le), h. c⁽ⁿ⁾ de Logny-lez-Aubenton. — *Cocq-Verd*, 1678 (min. de Thouille, notaire).

Coco-Vert (Le), h. c⁽ⁿ⁾ de Saint-Michel.

Cocréaumont, fief, c⁽ⁿ⁾ de la Neuville-lez-Dorengt. — *Cocquercaumont*, 1644 (baill. de Ribemont, B 20). Ce fief relevait de Guise et formait une communauté ayant maire et échevins.

Cocréaumont, h. c⁽ⁿ⁾ de Saint-Michel. — *Cocremont*, 1667 (minutes de Dostremont, notaire). — *Cauqueriomont*, 1675 (baill. de Saint-Michel). — *Coquercaumont* (carte de Cassini).

Uni maintenant à la population agglomérée.

Cœuvres-et-Valsery, c⁽ⁿ⁾ de Vic-sur-Aisne. — *Cova*, 1159 (chap. de Saint-Pierre-au-Parvis de Soissons). — *Queuves*, 1204 (cart. de l'abb. de Saint-Crépin-le-Grand de Soissons, p. 536). — *Keuve*, 1235 (cart. de l'abb. de Longpont [Aisne], f⁰ 80). — *Kuva*, 1280 (suppl. de D. Grenier, 297, Bibl. imp.). — Ville de *Queuve*, 1288 (*ibid.* 292). — *Cueuves*, 1530 (comptes de l'Hôtel-Dieu de Soissons, 398). — *Keuves*, 1550; *Cœuves*, 1556 (tit. du chap. de Saint-Pierre-au-Parvis de Soissons). — *Cœuvres*, 1590 (fonds de Béthune, ms. 9104, f⁰ 19, Bibl. imp.). — *Cœuvre*, 1710 (int. de Soissons, C 274).

Châtellenie, puis marquisat et enfin duché-pairie érigé en 1648, sous le nom d'Estrées, pour relever directement de la couronne et non de la châtellenie de Pierrefonds (9ᵉ vol. des ordonn. de Louis XIV, RRR, f⁰ 469, arch. de l'Emp.). — Le moulin a été cédé en 1554 au seigneur par le chapitre de Saint-Pierre-au-Parvis de Soissons.

Cœuvres fut, en 1790, le chef-lieu d'un canton dépendant du district de Soissons et formé des communes d'Ambleny, Cœuvres, Cutry, Dommiers, Laversine, Missy-aux-Bois, Montigny-l'Engrain, Mortefontaine, Pernant, Saint-Bandry, Saint-Pierre-Aigle, Ressons-le-Long, Saconin et Valsery.

Coffremont, fief, c⁽ⁿ⁾ de Vaux-Andigny.

Cohan, c⁽ⁿ⁾ de Fère-en-Tardenois. — *Corhuon*, xiiiᵉ s⁽ⁿ⁾; grangia de *Cohaum*, 1174; *Cohuom*, 1203; *Couhaum*, 1214 (cart. de l'abb. d'Igny, f⁰ 26, 168, 96, 99, 202). — Terra de *Couhaon*, 1224 (cart. de l'abb. de Saint-Médard de Soissons, f⁰ 106, Bibl. imp.). — Terra de *Cohaon*, 1264 (cart. du chap. cath. de Soissons, f⁰ 155). — "Terra de *Couhan*, in et de ressorto castri de Fimeis, olim ad cenobium Majoris Monasterii ac prioratum de Ventelayo membrum predicti cenobii pertinens" (Ordonn. des rois de France, t. IV, p. 645). — Ville de *Coulham*, 1384 (arch. de l'Emp. P 136; transcrits de Vermandois, f⁰ 30). — *Chouhan*, 1395 (ms. de l'Hôtel-Dieu de Soissons, 323). — *Couham*, 1475 (comptes de l'Hôtel-Dieu de Soissons, 356, f⁰ 6).

La partie unie autrefois à l'archev. de Reims ressortissait au parlement de Paris; le surplus, à Soissons. — La seigneurie relevait d'Oulchy-le-Château.

Cohartille, h. c⁽ⁿ⁾ de Froidmont-Cohartille. — *Gunhardi-insula*, 1136 (mém. ms. de l'Éleu, t. I, f⁰ 353). — *Gohardi-insula*, 1180 (coll. de D. Grenier, 21ᵉ paquet, n⁰ 4, Bibl. imp.). — *Gonhartile*, 1227; *Couhartille*, 1228; *Corhartille*, 1253 (ch. de l'Hôtel-Dieu de Laon, B 13). — *Gouhartille*, *Gohartille*, 1259 (cart. de l'Hôtel-Dieu de Laon). — *Gouhartil*, 1265 (arch. de l'Emp. L 996). — *Couhartire*, xiiiᵉ s⁽ⁿ⁾ (cart. de l'abb. de Thenailles, f⁰ˢ 78 et 104). — *Conhartile*, 1389; *Conhartille*, 1416; *Cohartil*, 1529 (comptes de l'Hôtel-Dieu de Laon, E 2, 5, 10, 36). — *Couhartil*, 1556; *Cohartile*, 1563 (tit. de l'abb. de Saint-Jean de Laon). — *Conhartil*, 1603 (terr. de la comm⁽ᵗᵉ⁾ de Laon, f⁰ 46).

La seigneurie appartenait autrefois à l'abb. de Saint-Jean de Laon et relevait de Marle. — *La paroisse dépendait de la cure de Barenton-sur-Serre*.

Cohayon, f. c⁽ⁿ⁾ de Laon. — Villa que dicitur in *Curte-Hugonis*, 1065 (mém. ms. de l'Éleu, t. I, f⁰ 191). — *Couhaion*, 1209 (cart. de l'abb. de Saint-Martin de Laon, f⁰ 181, bibl. de Laon). — *Courthaion*, 1210 (cart. AA de l'abb. de Saint-Quentin-en-l'Île, p. 73). — *Corthaion*, 1227 (ch. de l'Hôtel-Dieu de Laon). — *Courhayon*, 1277 (cart. de l'abb. de Saint-Martin de Laon, t. I, p. 389, arch. de l'Aisne). — *Waillon*, 1358 (ch. de la ville de Laon). — *Couhayon*, 1404 (comptes de l'Hôtel-Dieu de la Fère, f⁰ 21). — *Conhayon*, 1563 (comptes de la seign. d'Aulnois). — Cense de *Couhahion*, 1668 (arch. comm. de Crécy-sur-Serre). — *Cohaon*, 1733 (intend. de Soissons, C 205).

Cette ferme relevait autrefois en partie de la châtell. de Pierrepont, en partie de celle de Vendeuil.

Cohayox, petit fief, c^{ne} de Mesbrecourt-Richecourt; vassal de la baronnie de la Ferté-sur-Péron (baill. de Ribemont).

Coi-du-Vent (Le), petit h. c^{ne} de Mont-Saint-Jean. — Il remonte seulement au xviiie siècle.

Coimes, franc-alleu, c^{ne} de Braye-en-Thiérache. — *Coumie*, 1129; *Cumbi inferiores*, 1135; *Cumbi superiores*, 1135 (cart. de l'abb. de Saint-Médard).— Alodium de *Coïmes*, de *Coïmis superiore et inferiore*, 1200 (chartreuse du Val-Saint-Pierre).

Coincy, c^{on} de Fère-en-Tardenois. — *Consiacus*, 1164 (suppl. de D. Grenier, 293, Bibl. imp.). — Ecclesia *Conciacensis*, 1165 (cart. AA de l'abb. de Saint-Quentin-en-l'Ile, p. 63). — *Consi*, 1205 (cart. de l'abb. d'Igny, f° 108, Bibl. imp.). — Ecclesia *Sancti-Consiaci*, xiiie s^e (cart. de l'abb. de Saint-Médard, f° 128, arch. de l'Aisne). — *Coinsiacus*, 1222 (cart. de l'abb. d'Igny, f° 138). — *Coinssiacus*, 1250 (suppl. de D. Grenier, 293, ch. 51, Bibl. imp.).— *Coinssy*, 1328 (cart. de l'abb. de Saint-Crépin-le-Grand de Soissons, p. 307). — *Coinssi*, 1347 (suppl. de D. Grenier, 287, Bibl. imp.).— Prioratus sive ecclesia *Sancti-Petri-de-Coinssiaco*, 1354 (arch. de l'Emp. reg. 82, pièce 209). — *Cuensy-l'Abbeye*, 1398 (Vie de Louis d'Orléans, par Aimé Champollion).— *Coinchi*, 1400 (comptes de l'Hôtel-Dieu de Soissons, B 24).

Prieuré de Bénédictins fondé en 1072 par Thibaut, comte de Champagne. — Coincy a été distrait du ressort de la châtell. d'Oulchy-le-Château par ordonnance royale du 6 mai 1354, pour être annexé à celui de la prévôté de Meaux (Ordonn. des rois de France, t. IV, p. 286).

Coincy devint, en 1790, le chef-lieu d'un canton dépendant du district de Château-Thierry et formé des communes d'Armentières, Bézu-les-Fèves, Bézu-Saint-Germain, Brécy, Bruyères, Coincy, la Croix, Épaux, Grisolles, Nanteuil-Notre-Dame et Rocourt.

Coincy, f. c^{ne} de Ciry-Salsogne; unie à la population agglomérée.— Autref. domaine du prieuré de Coincy.

Coin-du-Bois (Le), petit h. c^{ne} de la Capelle.

Coin-du-Bois (Le), m^{on} isolée, c^{ne} de Mondrepuis.

Coingt, c^{ne} d'Aubenton. — *Culmis*, 1138; *Cuin*, 1160 (cart. de l'abb. de Saint-Martin de Laon). — *Cuings*, 1405 (arch. de l'Emp. J 801, n° 1). — *Cuingz*, 1411 (ibid. n° 4). — *Cuyns*, 1504; *Cuing, Cuin*, 1527; *Coin*, 1650 (tit. de l'abb. de Bonnefontaine,

arch. des Ardennes). — *Coing*, 1729 (intend. de Soissons, C 205).

Coinon (Le), m^{on} isolée, c^{ne} d'Acy. — *Moulin-Coinon* (carte de Cassini).

Cointicourt, c^{ne} de Neuilly-Saint-Front. — *Quenticourt*, 1173 (cart. de l'abb. de Saint-Médard, f° 19, (arch. de l'Aisne). — *Quenticort*, 1237 (Actes du parlement de Paris, par Boutaric, t. I).

Seigneurie dépendant autrefois de la prévôté de Marizy-Saint-Mard.

Colin-Nicaise, petit fief, c^{ne} d'Étaves-et-Bocquiaux; vassal de Guise.

Colligis, c^{ne} de Craonne. — *Curlegis*, 1136 (mém. ms. de l'Éleu, t. I, f° 353). — *Corlegis*, 1196 (gr. cart. de l'év. de Laon, ch. 8). — *Corlegis-in-Laudunesio, Coullegis*, 1233 (ch. de l'abb. de Saint-Jean de Laon). — Territorium de *Courlegis*, 1242 (cart. de l'abb. de Vauclerc, f° 52). — *Curliegis*, 1243 (cart. de l'abb. de Saint-Martin, f° 132, bibl. de Laon). — *Courliegis*, 1261 (suppl. de D. Grenier, 291, Bibl. imp.). — *Collegis*, 1393 (dénombr. cab. de M. d'Imécourt). — *Coulliegis*, 1405 (arch. de l'Emp. J 801, n° 1).— *Coilligis*, 1411 (ibid. n° 4). — *Couligis*, 1413 (ibid. n° 5). — *Coulliegy*, 1519 (comptes de l'Hôtel-Dieu de Laon, E 47). — *Colliegis*, 1554 (reg. des insinuations du baill. de Vermandois). — *Coulligis*, 1617 (arch. comm. de Bruyères-et-Montbérault, état civil). — *Coulliegis*, 1630 (chambre du clergé du dioc. de Laon). — *Coilegis*, 1675; *Coilligis*, 1690 (état civil de Colligis, tribunal de Laon). — *Couilligis*, 1709 (intend. de Soissons, C 274).

Colligis fit partie, en 1196, de la commune de Crandelain. La moitié de la seigneurie était vassale du comté de Rouey (arch. de l'Emp. P 136; transcrits de Vermandois).

Cologne, h. c^{ne} d'Hargicourt. — Bos de *Couloigne*, 1383 (arch. de l'Emp. P 135; transcrits de Vermandois). — *Coullongne*, 1496 (comptes de l'Hôtel-Dieu de Laon, E 26). — *Coulogne*, 1787 (intend. d'Amiens, C 775).

Colombe (La), f. c^{ne} de Jouy. — *Columpnæ*, 1129 (cart. de l'abb. de Saint-Crépin-le-Grand, f° 70).

Cette ferme appartenait autrefois à l'abbaye de Saint-Crépin-le-Grand de Soissons.

Colombier (Le), f. c^{ne} d'Acy; détruite. — Elle appartenait autrefois au chapitre cathédral de Soissons.

Colombier (Le), f. c^{ne} de Bohain; limitrophe de Régnicourt. — *Colombier-les-Bohain*, 1550 (comptes de la seign. de Bohain, chambre des comptes de la Fère). — *Couloumbier*, 1576 (arch. de l'Emp. P 248-2).

Cette ferme dépendait du domaine de Bohain.

COLOMBIER (LE), f. c^{ne} de Château-Thierry.
COLOMBIER (LE), petit ruisseau qui afflue à celui de Chassins, à Tréloup. — Il n'alimente point d'usine. Son parcours est de 1,040 mètres.
COLONFAY, c^{ne} de Sains. — *Colunfait*, 1161; *Colunfait*, 1169; *Colunfais*, XIIIe s^e; *Coulonfait*, 1348; *Coulonfay*, 1364 (cart. de l'abb. de Saint-Michel). — *Colonphay*, 1445 (cart. de l'abb. de Fervaques, p. 557, arch. de l'Aisne). — *Coullonfay*, 1568 (acquits, arch. de la ville de Laon). — *Collonfay*, 161 a (terr. de Beaurain).

Autrefois seigneurie vassale de Guise; elle ressortissait à Puisieux pour la justice.

COLSY, fief, c^{ne} de Vaux-Andigny; vassal de Guise.
COMBERNON (LE), f. c^{ne} de Fère-en-Tardenois. — *Combrenon*, 1628 (arch. comm. de Villeneuve-sur-Fère).

Seigneurie appartenant autrefois au prieuré de Saint-Remy de Braine. La justice a été unie à celle de Mont-Saint-Père par lettres patentes de février 1783.

COMBREZICOURT, f. c^{ne} de Tavaux-et-Pontsericourt; auj. détruite. — *Combrezicourt*, *Combersicourt*, 1703 (tit. de l'Hôtel-Dieu de Laon, B 57 et B 40).

Elle appartenait autrefois à l'abbaye de Saint-Pierre de Reims.

COMELANCOURT, h. c^{ne} de Morsain. — *Courblaincourt*, 1964 (cart. de l'abb. de Saint-Médard de Soissons, f° 80, Bibl. imp.). — *Gomelancourt* (carte de Cassini).

Comelancourt était du marquisat de Coucy et ressortissait au baill. de cette ville.

COMIN, f. et château, c^{ne} de Bourg-et-Comin. — *Comi*, 1175 (cart. de Vauclerc, f° 54). — *Cuninum*, 1184 (collect. Decamps, vol. 29, Bibl. imp.). — *Coumi*, 1223 (ch. de l'Hôtel-Dieu de Laon, B. 65). — *Commi*, 1228 (cart. de l'abb. de Vauclerc, f° 60). — In territorio de Comin. 1244 (ch. de l'Hôtel-Dieu de Laon, B 77). — *Comain*, 1729 (intend. de Soissons, C 205). — *Commun* (carte de Cassini).

COMMANDERIE (LA), f. et mⁱⁿ à eau, c^{ne} de Montigny-l'Allier.
COMMANDERIE (LA), f. c^{ne} de Viffort. — *La Commanderie* (carte de Cassini).
COMMENCHON, c^{ne} de Chauny. — *Caumenchon*, 1153 (cart. du chap. de Saint-Quentin, Bibl. imp.). — *Caumencon*, 1240 (ch. de l'abb. de Prémontré). — *Comenchon*, 1571 (tit. de l'abb. de Genlis). — *Notre-Dame-de-Commenchon*, 1684 (arch. comm. de Commenchon).

Seigneurie vassale de Chauny.

COMMUNE (LA), h. c^{ne} d'Auffrique-et-Nogent. — *La Commune-dessoubz-Coucy*, 1468 (comptes de l'Hôtel-Dieu de la Fère). — *La Commune-soubz-Coucy*, 1590 (baill. de Chauny, B 1469).

Autrefois ferme.

COMMUNE (LA), petit ruiss. qui prend sa source à l'extrémité du territoire de Bassevelle, traverse le territoire de Nogent-l'Artaud et y devient un affluent du ru de Lorges après un parcours d'environ 5 kilomètres.

COMPORTÉ, mⁱⁿ à eau, c^{ne} de Nanteuil-Notre-Dame; auj. détruit. — Il appartenait autrefois au prieuré du Charme.
COMPORTÉ, mⁱⁿ à eau, c^{ne} de Royaucourt-et-Chailvet; auj. détruit. — *Comportet*, 1141; *Comporteit*, 1152; *Comportatum*, 1178 (cart. de l'abbaye de Saint-Martin de Laon, t. I, p. 262; t. II, p. 8; t. III, p. 76). — *Molendinum Comporte*, 1258 (gr. cart. de l'év. de Laon, ch. 149).

Il avait été construit vers 1125 par l'abbaye de Saint-Martin de Laon. C'est là que s'est livrée, en 1177, la lutte entre la commune du Laonnois et Roger de Rozoy, évêque de Laon. On désignait encore par comptes de Comporté ceux de la taille des habitants de l'ancien territoire de cette commune, supprimée en 1190 par Philippe-Auguste.

COMPRÉS (LES), bois, c^{ne} de Vendeuil. — Défriché vers 1849.
CONCERMON, h. c^{ne} de la Celle. — *Coussermont* (carte de Cassini).
CONCEVREUX, c^{ne} de Neufchâtel. — *Superior Curtis*. 876 (ex Libro miraculorum sancti Dionisii epise. par. acta SS. ordin. S. Bened. p. 1, sæc. III, p. 361). — *Curtis superior*, 1145; *Corcevreus*, 1246; *Courcevres*, 1260; *Concevreus*, 1275 (cart. de l'abb. de Saint-Denis, f° 174, 117, 187, 179, arch. de l'Emp.). — *Courcevreus*, 1340 (fonds latin, ms. 9228, Bibl. imp.). — *Courcevreux*, 1351 (arch. de l'Emp. Tr. des ch. reg. 80, n° 255). — *Concevrex*, 1353 (dénombr. GG 1, cab. de M. d'Imecourt). — *Concevreu*, 1405 (arch. de l'Emp. J 801, n° 1). — *Concevreulx*, 1536 (acquits, archives de Laon). — *Concepvreux*, 1545 (comptes de Roucy). — Paroisse de *Saint-Pierre-de-Concevreux*, 1668; *Consevreux*, 1677 (état civil de Concevreux, trib. de Laon).

Seigneurie donnée en 875 par Berthe, fille de Charlemagne, à l'abbaye de Saint-Denis. La partie du village qui dépendait de la vicomté ressortissait en partie à Roucy pour la justice.

CONCLAINE, mⁱⁿ à eau, c^{ne} de Montfaucon.
CONCORDE (LA), m^{on} isolée, c^{ne} de Barzy.
CONCORDE (LA), mⁱⁿ à eau, c^{ne} de Jaulgonne.
CONCOURS (LE), m^{on} isolée, c^{ne} de Housset.

CONCROIS (LE), m⁰⁰ isolée et bois, c¹⁰ de Chacrise. — Nemus de *Concroi*, 1241 (arch. de l'Emp. L 1006). — *Concroys*, 1597 (cart. de l'abb. de Notre-Dame de Soissons, f° 318).

CONDÉ, arrond. de Château-Thierry. — *Conde-in-Bria*, 1205 (cart. de l'abb. d'Igny, f° 108, Bibl. imp.). — *Condetum-in-Bria*, 1261 (arch. de l'Emp. L 1001). — *Condé-en-Brye*, 1390 (comptes de l'Hôtel-Dieu de Soissons, 323). — *Vallon libre*, 1793.

Principauté vassale de Montmirail. — Paroisse du doyenné rural de Dormans. Picpus établis en 1657.

Condé devint, en 1790, le chef-lieu d'un canton dépendant du district de Château-Thierry et formé d'Artonges, Baulne, la Celle, Celles-lez-Condé, la Chapelle-Monthodon, Condé, Connigis, Courboin, Crézancy, Monthurel, Montigny-lez-Condé, Sauvigny et Verdilly.

CONDÉ-SUR-AISNE, c⁰⁰ de Vailly. — *Condolilum* (dipl. de Charles le Chauve, cart. de l'abb. de Saint-Médard de Soissons, f° 127)? — *Condé*, 1185 (cart. de Philippe Auguste, f° 42, Bibl. imp.). — *Condeium*, 1219; communia de *Condeto*, 1222 (cart. de l'abb. de Saint-Crépin-le-Grand de Soissons, p. 555). — *Condetum-super-Auxonam*, 1292 (arch. de l'Emp. L 1002). — *Condetum-super-Ausonam*, 1312 (cart. du chap. cath. de Soissons, f° 133). — *Condey*, 1323 (ch. de l'abb. de Saint-Remy de Reims, arch. de la Marne). — *Condetum-prope-Vailliacum*, XIV° s° (cart. E du chap. de Reims, f° 139). — *Condé-sour-Aisne*, 1363 (arch. comm. de Condé-sur-Aisne). — *Condé-sur-Aixne*, 1569 (tit. de l'abb. de Saint-Thierry de Reims, arch. de la Marne).

Autrefois vicomté vassale du comté de Braine. — Maladrerie unie à l'Hôtel-Dieu de Soissons par arrêt du Conseil d'État du 3 août 1696 et lettres patentes du mois de décembre suivant.

CONDÉ-SUR-SUIPPE, c⁰⁰ de Neufchâtel. — *Condatum super fluvium Suppiam*, 906 (dipl. de Charles le Simple, *Hist. de France*, t. IX, p. 501 E). — *Condetum*, 1126 (cart. de l'abb. de Saint-Thierry de Reims, f° 386). — *Condeda curtis*, 1136 (cart. B de l'abb. de Saint-Remy de Reims). — *Condetum-subtus-Agulgicurtem*, 1163 (ch. de l'abb. de Saint-Remy de Reims, arch. de la Marne). — *Condé*, 1226 (cart. de l'abb. de Vauclerc, f° 91). — *Condé-sur-Supe*, 1334; *Condé-sur-Suppe*, 1340 (arch. de l'Emp. Tr. des ch. reg. 69, pièce 139). — *Remi-sur-Suippe*, 1793.

Autrefois seigneurie vassale de Roucy. — Condé-sur-Suippe dépendait de la cure d'Aguilcourt.

CONDREN, c⁰⁰ de Chauny. — *Contraginnum* (Itinér. d'Antonin). — Altare sancti *Petri-de-Condrinio*, 1102 (suppl. de D. Grenier, 291, Bibl. imp.). — *Contran*, 1142 (ch. de l'abb. de Prémontré). — *Condrinus*, 1174 (Chron. de Nogento, p. 239). — *Condram*, 1223 (cart. de l'abb. d'Ourscamp, f° 89, arch. de l'Oise). — Parrochia de *Condren*, 1233; *Coudram*, 1265 (Olim, t. I, p. 225). — *Condrein*, 1276 (*ibid*. t. II, p. 172). — *Coudran*, 1326 (arch. de l'Emp. Tr. des ch. reg. 66, n° 167). — *Condrem*, 1365 (arch. de la ville de Chauny). — *Couldran*, 1498 (ch. de l'abb. de Prémontré).

Prieuré de Bénédictins fondé vers 1102 et uni à l'abbaye de Nogent. Couvent de croisés établi en 1282. — La seigneurie faisait autrefois partie de la châtellenie de Chauny; elle en a été distraite pour en relever (arch. de l'Emp. J 786).

CONDUITS (R⁰ DES), petit affluent du ruisseau d'Ardon, à Vaucelles-et-Beffecourt. — Ce ruisseau n'alimente aucune usine. — Son parcours est de 1,250 mètres.

CONFAVREUX, f. c⁰⁰ d'Armentières. — Villa que dicitur *Curtis fabrorum* in pago *Breensi*, 855 (cart. de l'abb. de Saint-Crépin-le-Grand, p. 104).

Autrefois seigneurie vassale d'Oulchy-le-Château.

CONFLANS, fief, c⁰⁰ de Chassemy. — Vers Condé-sur-Aisne.

CONFLANS, f. c⁰⁰ de Tréloup.

CONFRÉCOURT, f. c⁰⁰ de Berny-Rivière. — *Corbinifcurtis*, 893 (Mabillon, *De R⁰ diplomaticâ*, p. 557). — *Gunfrecourt*, 1203 (cart. de l'abb. de Saint-Médard de Soissons, f° 156, Bibl. imp.). — *Gonfroucort*, 1226; *Gonfroicourt*, 1236 (*ibid*. f° 72).

Cette ferme appartenait autrefois à l'abbaye de Saint-Médard de Soissons et dépendait de l'exemption de Pierrefonds.

CONFREMAUX, h. c⁰⁰ de Courboin. — *Confremeaux* (carte de Cassini).

CONGAILLARD (LE), h. c⁰⁰ de Coucy-la-Ville.

CONGÉ, bois, c⁰⁰ de Leuilly.

CONJUGAN, petit fief, c⁰⁰ de Missy-lez-Pierrepont. — Relevait de la châtellenie de Pierrepont.

CONNÉTABLE (LE), fief, c⁰⁰ d'Hamégicourt. — Relevait du comté de Ribemont.

CONNIGIS, c⁰⁰ de Condé. — *Conegi*, 1218 (cart. de l'abb. de Saint-Jean-des-Vignes, f° 54, Bibl. imp.). — *Connegy*, 1567 (tit. de l'Hôtel-Dieu de Château-Thierry). — *Connegi*, 1573 (pouillé du dioc. de Soissons, f° 26). — *Conigi*, 1634; *Conigy*, 1676 (famille Capendu de Boursonne). — *Connigy*, 1681 (arch. du baill. de Château-Thierry). — *Connegis*, 1709 (intend. de Soissons, C 205).

Connigis était autrefois du doyenné rural de Dormans.

Constantine, m°° isolée, c°° de Crépy et de la Neuville-Bosmont.

Contescourt, c" de Saint-Simon. — *Gundescort*, 1123 (cart. AA du l'abb. de Saint-Quentin-en-l'Île, p. 105). — *Condescurt*, xiv° s° (ch. du chap. de Saint-Quentin). — *Condescourt*, 1384 (arch. de l'Emp. P 135; transcrits de Vermandois). — *Excondescourt*, xiv° s° (Livre rouge de l'abb. de Saint-Quentin-en-l'Île, f° 59, arch. de l'Emp. LL 1018).

La seigneurie appartenait autrefois au chapitre de Saint-Quentin (Recueil des fiefs, p. 119).

Conversene (La), f. c°° de la Bouteille. «Dit la Converserie au subject de la demeure ordinaire de quelque frère convers» (Livre de Foigny, par de Lancy, p. 118). — On ne connaît plus l'emplacement de cette ferme.

Copevoie, h. c°° d'Aisonville-et-Bernoville. — *Coupevoye* (carte de Cassini).

Coquatrix (La), chât. c°° d'Épieds.

Coquembile, f. c°° de Gercy; auj. détruite. — *Cocquembille*, 1615 (min. de Teilinge, notaire).

Coquereaux, m°° isolée, c°° de Coupru. — *Cocquereaux*, 1632 (baill. de Charly). — *Cocreaux* (Cassini).

Coquerel, bois, c°° d'Annois, de Neuville-en-Beine et de Flavy-le-Martel; défriché en grande partie. — Autrefois fief relevant de Chauny.

Coquerel, f. c°° de Saint-Aubin. — *Coqueret* (carte de Cassini).

Cette ferme et le bois du même nom appartenaient autrefois au prieuré de Brétigny.

Coquet, m¹⁰ à vent, c°° de Dizy-le-Gros.

Coquibus, f. c°° de Thenailles. — *Cocquibus*, 1615 (min. de Teilinge, notaire).

Cette ferme appartenait autrefois à l'abb. de Thenailles.

Corbais, m°° isolée, c°° de Fontenelle.

Corbanche, fief, c°° de Merval. — Relevait autrefois de Roucy.

Corbeaux (Les), h. c°° de Courboin et de Saponay.

Corbeny, c°° de Craonne. — *Carbonacum* (monnaie mérovingienne, Combrouse). — *Corbenacum*, 768 (Œuvres d'Hincmar, t. II, p. 179). — *Corbonacum villa*, 771 (Mab. *Dipl.* t. II, annal. Bened. p. 724). — In villa *Corbinaco* (ex Libro miraculorum Marculfi, acta SS. ordin. sancti Bened. p. 2, sæc. IV, p. 519). — Villa que *Carbonaca* vocatur, 771 (De gestis Caroli Magni lib. 1). — *Corbanacum palatium regium*, 841 (dipl. de Charles le Chauve, *Hist. de France*, t. VIII, p. 431 D). — *Corbanacum*, 982 (Chron. de Flodoard). — *Corboniacum*, 1090 (cart. B de l'abb. de Saint-Remy de Reims, p. 119). — *Corbeni*, 1160; *Corbigni*, 1172 (cart. de l'abb. de Theuailles, f° 17). — *Sanctus Marculfus*, 1185 (cart. de Vauclerc, f° 63). — *Courbencyum*, xıı° siècle (cart. E du chap. de Reims, f° 139). — *Saint-Marcoul-de-Corbeny*, 1477; *Saint-Marcoul-de-Corbigni*, 1484 (arch. de l'Emp. Tr. des ch. reg. 201, n° 60, et reg. 211, n° 506). — *Saint-Marcoul*, 1493 (comptes de l'Hôtel-Dieu de Laon, E 25). — *Corbigniacum*, 1501 (tit. de l'abb. de Saint-Remy de Reims, arch. de la Marne). — Bourg de *Corbeny-de-Saint-Marcoul*, 1575 (arch. de l'Emp. *Mémorial*. 555, f° 174). — Bourg de *Saint-Marcoul-de-Corbigny*, 1635 (*ibid*. E 122).

Palais et domaine des rois carlovingiens donnés par Charles le Simple, en 906, à l'abb. de Saint-Remy de Reims pour y fonder un prieuré.

Corbeny, f. c°° de Bruyères. — Autrefois domaine de l'abb. de Val-Chrétien.

Corbeny, h. c°° de Pont-Saint-Mard. — *Courbeni* (carte de Cassini).

Autrefois fief.

Corbeny, h. c°° de Villers-Saint-Christophe. — *Carbegny*, 1373; *Corbeni*, 1383 (arch. de l'Emp. P 135; transcrits de Vermandois). — *Corbigny*, 1743 (plan de Villers-Saint-Christophe, arch. de l'Aisne).

Ce hameau forme aujourd'hui l'extrémité septentrionale de l'agglomération de Villers-Saint-Christophe.

Corberon (Haut et Bas), h. c°° de Vendières. — Fief relevant autrefois de Montmirail.

Corbesson, h. c°° de l'Épine-aux-Bois. — *Courbesson* (carte de Cassini).

Ce hameau donne son nom à un petit ruisseau dont le parcours, dans le département de l'Aisne, n'est que de 1,600 mètres.

Corbiaulchaine, petit ruiss. (xıv° s°, cart. de la seign. de Guise, f° 78) qui prend sa source au bas du bois des Ronces, sur le territoire d'Origny, où il fait tourner le moulin du Routy avant de se jeter dans le Ton.

Corbion (Le), h. c°° de Sorbais. — *Scorpion*, 1565 (minutes d'Herbin, notaire, greffe du tribunal de Laon). — Cense des *Corbions*, 1659 (tit. de l'abb. de Clairefontaine).

Autrefois ferme appartenant à l'abb. de Clairefontaine. — Ce hameau donne son nom à un petit affluent de la Fontaine-Royale dont le parcours est de 1,730 mètres et qui n'alimente aucune usine.

Corcheveaux, f. c°° de Barenton-Bugny; auj. détruite. — Cense d'*Escorcheveau*, 1615 (justice du chap. cath. de Laon).

Elle appartenait autrefois au chapitre cathédral de Laon. — On lui donnait aussi le nom d'*Écorcherache*.

Concy, c^ne de Villers-Cotterêts. — *Corci*, 1157; ferme de *Corsy*, 1384 (cart. de l'abb. de Notre-Dame de Soissons, f°s 37 et 38). — *Courci*, 1411 (archives de l'Emp. Q, carton 4). — *Courcy*, 1630 (maîtr. de Villers-Cotterêts).

Corcy ressortissait en 1384 au baill. de Senlis (arch. de l'Empire, P 136; transcrits de Vermandois).

Cordelle, fief, c^ne de Chevennes; vassal de Chevennes.

Corillon, f. c^ne de Pancy. — Villa *Curleum*, 1158 (cart. de l'abb. de Saint-Martin de Laon, f° 129, bibl. de Laon). — *Courlion*, 1175; *Curleum*, 1179 (ibid. f° 130).—*Corlion*, 1242 (ibid. f° 131).— Cense de *Corillion*, 1612 (insin. du baill. de Vermandois, greffe du tribunal de Laon). — *Coreillon* (carte de Cassini).

Cette ferme, auj. détruite, appartenait autrefois à l'abb. de Saint-Martin de Laon.

Cornaille ou la Justice, fief, c^ne du Houcourt; vassal de Thorigny.

Corneaux, h. c^ne d'Iviers.—Maison de *Cornial*, 1398; *Cornuel*, 1406 (arch. de l'Emp. P 136; transcrits de Vermandois). — *Corgneaux*, 1671 (min. de Thouille, notaire). — *Corniaux*, 1697 (aud. du baill. de Bancigny).

Corne-de-Cerf (La), f. c^ne de la Ferté-Milon. — Cette ferme appartenait autrefois à la chartreuse de Bourgfontaine; elle fait maintenant partie de la population agglomérée.

Corneil, bois, c^ne de Presles-et-Thierny. — Saltus de *Cornela*, 1123; nemus de *Cornelle*, quod antiquitus *Pulvins* vocabatur, vers 1140 (ch. de l'abb. de Saint-Vincent de Laon). — Domus de *Cornele*, 1280 (gr. cart. de l'év. de Laon, ch. 9). — Sanctus Cochonus, in censâ de *Cornelles*, 1531 (collation des bénéfices du diocèse de Laon, secrét. de l'év. de Soissons).— *Corneille*, 1710 (intend. de Soissons, C 274).

Il y avait jadis un château auj. détruit et autrefois fief vassal de l'évêché de Laon.

Cornelle, petit fief, c^ne de Voyenne. — Relevait autrefois de l'évêché de Laon.

Corniflert, f. c^ne de Landifay-et-Bertaignemont.

Cornillier (Le), h. c^ne de Viels-Maisons. — *Cornillet* (carte de Cassini).

Cornin (Le), ruisseau. — Rivus de *Cornuel* inter Biauvoir et Rokignicort, 1239 (cart. de l'abb. de Saint-Martin, t. III, p. 65). — Rivus de *Corgnuel*, 1255 (cart. de l'abb. de Bucilly, f° 25).

Il prend sa source à Cuirieux et tombe dans la Souche à Vesles-et-Caumont; son parcours est de 8 kilomètres. On donne également le nom de Cornin à un ravin qui d'Ébouleau à Vesles reçoit des eaux pluviales et les rend au lit du ruisseau.

Corneau, fief, c^ne de Fieulaine. — Relevait autrefois de Guise.

Corneaux, f. c^ne de Neuvillette, auj. détruite. — *Caureau*, 1564 (tit. de l'abb. d'Origny-Sainte-Benoîte).

Elle appartenait autrefois à l'abbaye d'Origny-Sainte-Benoîte.

Correrie (La), h. c^ne de Braye-en-Thiérache. — *La Corarie*, 1324 (suppl. de D. Grenier, 287, Bibl. imp.). — *Chorerie*, 1675 (état civil de Renneval, tribunal de Laon). — *Colerye*, 1690 (arch. comm. de Burelles). — *Collerie*, 1701 (aud. du baill. de Bancigny, B 2768). — *Coraris*, 1710 (intend. de Soissons, C 320).

La ferme de Correrie appartenait autrefois à la chartreuse du Val-Saint-Pierre.

Côte-de-Liverseau (La), m^on isolée, c^ne de Laversine.

Cottenêts (Les), fief, c^ne de Chouy. — Il relevait autrefois de celui des Fossés et appartenait au chapitre cathédral de Soissons.

Couarde (La), h. c^ne de Viels-Maisons.— Fief relevant autrefois de Fère-en-Tardenois (arch. de l'Emp. Q 8).

Couberchy, f. c^ne de Monthurel. — *Coberchy*, 1687 (arch. comm. de Monthurel). — *Couberchi* (carte de Cassini).

Coucy, bois, c^ne de Lugny. — *Coucy-les-Lugny*, 1570 (délib. de la chambre des comptes de la Fère). Auj. défriché.

Coucy-la-Ville, c^ne de Coucy-le-Château. — *Cociacum-villa*, 1120 (Chron. de Nogento, p. 114). — Altare de *Codiciaco-villa*, 1122 (suppl. de D. Grenier, 291, Bibl. imp.).—*Couci-villa*, 1128 (Chron. de Nogento, p. 141). — *Couci-villa*, 1158 (cart. de l'abb. de Prémontré, bibl. de Soissons). — *Cociville*, 1207; *Couci-villa-subtus-Couci-castrum*, 1268 (ch. de l'abb. de Prémontré). — *Couchi-la-Ville*, 1303 (Liber privilegiorum, abb. de Saint-Amand, arch. du Nord). — *Coucy-villa*, 1340 (fonds latin, n°s 9228, Bibl. imp.). — *Coucy-la-Vallée*, 1793.

Coucy-la-Ville était des châtell. et baronnie de Coucy-le-Château.

Coucy-le-Château, arrond. de Laon. — *Codiciacum*, 530 (testament de saint Remy, Bibl. imp.). — *Chocis*, denier carlovingien frappé à Coucy (Bulletin de la Société académique de Laon, t. VI, p. 32).— *Cotianum* (Vie de saint Hubert, Bollandistes, t. VII, mai, p. 278). — Terra que *Megiam* dicitur in qua est castellum *Cociaci*, 1116 (mém. ms. de l'Éleu, t. I, f° 268).—*Codiciacum castrum*, 1121; castrum *Codiciacense*, 1122 (Chron. de Nogento, p. 221,

213). — *Coci*, 1134 (ch. de l'abb. de Prémontré). — *Couciacum*, 1135 (cart. de l'abb. de Saint-Martin de Laon, f° 69). — *Cucci*, 1144 (cart. de l'abb. de Thenailles, f° 13). — *Castellum Coceium*, 1145 (Chron. de Nogento, p. 426). — *Castrum Cociacense*, 1173; Attare de Coci Castro, 1175 (ibid. p. 243). — *Chociacus*, 1176; Couci, xii° siècle (cart. de l'abb. de Saint-Yved de Braine, archives de l'Emp.). — *Couci Castrum*, 1188 (cart. de Prémontré, bibl. de Soissons). — *Couchiacum*, 1188 (cart. de l'abb. de Thenailles, f° 28). — *Cociacus*, xiii° siècle (denier de Raoul II, Pocy d'Avant, monnaies féodales, t. III, p. 356). — *Couchi-le-Castiel*, 1303 (Liber privilegiorum, f° 10, abb. de Saint-Amand, arch. du Nord). — *Couchi*, 1305 (ch. cab. de M. Desprez). — *Coucy-le-Chastel*, 1327 (arch. de l'Emp. Tr. des ch. registre 64, n° 683). — *Coucy Castrum*, 1340 (fonds latin, ms. 9228, Bibl. imp.). — *Couchy*, 1433 (Chron. de France, n° 26, bibl. de Lille). — *Coussy*, 1436; *Coucy-le-Chasteau*, 1510 (comptes de l'Hôtel-Dieu de Laon, E 17, E 40). — Paroisse *Saint-Sauveur de Coucy-le-Chasteau*, 1690 (état civil, tribunal de Laon). — *Coucy-la-Montagne*, 1793.

La ville de Coucy est construite à l'extrémité d'un plateau élevé; ses anciennes fortifications formant presque entièrement son territoire, complétement entouré par celui d'Auffrique-et-Nogent. — Domaine donné par Clovis à saint Remy, évêque de Reims. Hervé, l'un des successeurs de celui-ci, y fit faire, en 920, un château qui a été reconstruit au commencement du xiii° siècle par Enguerrand III, sire de Coucy. — L'abbaye de Nogent y fonda, en 1138, le prieuré de Saint-Remy, qui a été uni à la cure vers 1750. — La baronnie de Coucy relevait de la tour de Laon. Elle a été érigée en pairie en 1404 et 1505.

Le fief de la châtellenie de Coucy comprenait Champs, Pierremande, Pont-d'Aast, Praast et Villette.

Le grenier à sel de la même ville, établi au xiv° siècle, a été aboli le 12 décembre 1415, puis rétabli en 1442; les localités suivantes en dépendaient : Amigny-Rouy, Andelain, Anizy-le-Château, Auffrique-et-Nogent, Bagneux, Barizis, Bassoles, Beautor, Bichancourt, Brancourt, Brie, Champs, Charmes, Chauny, Condren, Coucy-la-Ville, Coucy-le-Château, Crécy-au-Mont, Danizy, Deuillet, Épagny, Épourdon, Fargniers, Faucoucourt, la Fère, Folembray, Fresne, Fressancourt, Guny, Jumencourt, Juvigny, Landricourt, Leuilly, Morsain, Pierremande, Pinon, Pont-Saint-Mard, Prémontré, Quessy, Quincy-Basce, Saint-Aubin, Saint-Gobain, Saint-Paul-aux-Bois, Selens, Septvaux, Servais, Sinceny, Trosly-Loire, Vassens, Vauxaillon, Verneuil-sous-Coucy, Vézaponin, Villequier-Aumont, Viry, Vouël et Wissignicourt.

Coucy-le-Château avait autrefois un gouvernement militaire dépendant de celui de l'Île-de-France. Son ressort était celui du bailliage royal, auquel une prévôté a été unie par édit de juillet 1563 (2° vol. des ordonn. de Charles IX, AA f° 92, arch. de l'Emp.). Elle a été rétablie par un édit d'août 1758, qui a supprimé le bailliage et réuni sa circonscription au bailliage royal de Soissons. Le bailliage de Coucy, qui avait sa coutume particulière, au silence de laquelle celle de Laon suppléait, a été de nouveau rétabli par édit du mois de mars 1780 : Cutz, Bourguignon-sous-Coucy, Saint-Paul-aux-Bois, Pierremande, Barizis, Septvaux, Prémontré, Bassoles-Aulers, Quincy, Landricourt, Pinon, Vaudesson, Vauxaillon, Leuilly, Juvigny, Crécy-au-Mont, Valpricz, Bieuxy, Montécouvé, Épagny en partie, Vassens, Audignicourt et Blérancourdelle formaient ses limites intérieures et en dépendaient.

La subdélégation de Coucy-le-Château, de l'élection de Laon, comprenait Auffrique-et-Nogent, Bassoles, Barizis, Bichancourt, Brancourt, Champs, Coucy-la-Ville, Coucy-le-Château, Courson, Folembray, Fresne, Jumencourt, Landricourt-et-Courval, Pierremande, Prémontré, Quincy-Basce, Septvaux, Sinceny, Trébecourt, Verneuil-sous-Coucy et Wissignicourt.

Coucy-le-Château fut, en 1790, le chef-lieu d'un canton dépendant du district de Chauny et formé des communes d'Auffrique-et-Nogent, Champs, Coucy-la-Ville, Coucy-le-Château, Crécy-au-Mont, Folembray, Fresne, Guny, Jumencourt, Landricourt, Leuilly, Pierremande, Pont-Saint-Mard, Prémontré, Quincy-Basce, Trosly-Loire et Verneuil-sous-Coucy.

La forêt de Coucy appartient à l'État; elle contient 3,267 hectares 8 ares.

Les armoiries de la ville de Coucy-le-Château sont : vairé d'argent et de gueules de six pièces.

Coucy-lez-Eppes, c^{on} de Sissonne. — *Cosci*, 1164; *Cousci*, 1173 (cart. de l'abb. de Saint-Martin de Laon, f° 141, bibl. de Laon). — *Coceium*, *Cociacum*, 1178 (ch. de l'abb. de Saint-Vincent de Laon). — *Couciacum*, 1190 (cart. de l'abb. de Saint-Michel, p. 172). — *Cociacum-juxta-Apiam*, 1204 (p. cart. de l'év. de Laon, ch. 79). — *Coucy-villa*, 1244 (cart. de l'abb. de Saint-Michel, p. 295). — *Couci-villa-juxta-Apiam*, 1245 (ibid. p. 137). —

Couciacus-juxta-Appiam, 1244 (cart. de l'abb. de Saint-Martin de Laon, t. III, p. 353). — *Coucy-juxta-Appiam*, 1340 (fonds latin, ms. 9228, Bibl. imp.). — *Coucy-les-Aippe*, 1405 (arch. de l'Emp. J 801, n° 1). — *Coucy-les-Eppe*, 1464 (comptes de la maladrerie de Laon, arch. de Laon). — *Coucy-emprès-Eppe*, 1475; *Couchi-emprès-Eppe*, 1476; *Coussy-emprès-Eppe*, 1489 (comptes de l'Hôtel-Dieu de Laon, E 20, 21 et 24). — *Coucy-les-Aippes*, 1536 (acquits de comptes, arch. de la ville de Laon). — *Coussy-lez-Eppe*, 1540 (épitaphe de Jean de Cuvilliers en l'église de Coucy-lez-Eppes). — *Coucy-les-Œppe*, 1559 (comptes de l'Hôtel-Dieu de Laon, E 83). — *Coucy-lez-Heppes*, 1643 (comptes de l'Hôtel-Dieu de Laon, E 156). — *Coucy-lez-Aippes*, 1661 (chambre du clergé du diocèse de Laon). — *Coussy-les-Aippes* (carte de Cassini).

Autrefois seigneurie qui relevait de la châtellenie d'Eppes.

COUDRE (LA), bois, c°° de Flavy-le-Martel.

COUESNON, petit h. c°° de Viels-Maisons.

COULENOIRE, petit h. c°° d'Auffrique-et-Nogent. — *Coullenoire*, 1613 (arch. de l'Hôtel-Dieu de Coucy-le-Château).

Ce hameau était autrefois de la paroisse de Coucy-le-Château.

COULOIS, h. c°° de Marchais.

COULLE-AU-MOUTON, petit fief, c°° de Marly. — Relevait autrefois de Guise.

COULOMMIERS, bois, c°° de Barizis. — *Columbarie*, 831 (dipl. *Hist. de France*, t. VI, p. 569). — *Sylva de Coulemières*, 1212 (Chron. de Nogento, p. 138). — *Nemus de Coulomier*, 1225 (arch. de l'Emp. Tr. des ch. J 234, n° 4). — *Silva de Coulowniers*, 1248 (Chron. de Nogento, p. 257). — *Boscus de Columbiers*, 1265; *parcus de Colomiers*, 1267 (Olim, t. I, p. 225 et 751). — *Bos quo on dit de Coulemnier*, 1285 (Liber privilegiorum, f° 9, abb. de Saint-Amand, arch. du Nord). — *Coulommier*, 1298 (arch. de la ville de Chauny). — *Bos de Coulemier*, xiv° s° (Liber ruber, 6, abb. de Saint-Amand, arch. du Nord). — *Bos de Coulomiers*, 1364 (Chron. de Nogento, p. 274). — *Bois du Coulomnier*, 1756 (chambre du clergé du diocèse de Laon).

Ce bois appartenait autrefois à la prévôté de Barizis et contenait 251 hectares 81 ares; il a été aliéné par l'État le 20 octobre 1819.

COULONGES, c°° de Fère-en-Tardenois. — *Colungia*, 1153; *Colunges*, 1219 (cart. de l'abb. d'Igny, f° 241, Bibl. imp.). — *Colonge*, 1219 (charte de l'abb. de Saint-Yved de Braine). — *Colonges*, 1234 (cart. de l'Hôtel-Dieu de Soissons, 190, ch. xix). — *Colunge*, 1239 (Hôtel-Dieu de Soissons, 9). — *Coulonges*, 1264; *Coulongie*, 1315 (cart. de l'abb. d'Igny, f°° 243 et 171, Bibl. imp.). — *Coulonges-en-Tardenois*, 1359 (arch. de l'Emp. Tr. des ch. registre 90, pièce 220). — *Coullonges*, 1405 (comptes de l'Hôtel-Dieu de Soissons, f° 17). — *Coulonge*, 1514 (tit. de l'abb. de Saint-Yved de Braine). — *Coullonge*, 1660 (tombe de F. Berart, curé, en l'église de Coulonges).

Autrefois seigneurie relevant d'Oulchy-le-Château. Le village ressortissait pour la justice à la prévôté de Fismes (arch. de l'Emp. P 136; transcrits de Vermandois).

Coulonges fut, en 1790, le chef-lieu d'un canton dépendant du district de Château-Thierry et formé d'Aiguizy, Cohan, Coulonges, Dravegny, Goussancourt, Vézilly et Villers-Agron.

COUPARVILLE, fief, c°° de Soissons. — *Couparville*, 1221 (cart. de l'Hôtel-Dieu de Soissons, 190). — *Copertville*, 1230 (cart. de l'abb. de Saint-Jean-des-Vignes, f° 64 (Bibl. imp.). — *Courparville*, 1251 (arch. de l'Emp. L 1001). — *Couparvilla-prope-Sanctum-Lazarum*, 1255 (suppl. de D. Grenier, ch. 55, Bibl. imp.). — *Coparville-prope-Suessionem*, 1257 (cart. de l'abb. d'Ourscamp, p. 169). — *Couppaville*, 1332 (cart. de l'abb. de Saint-Crépin-le-Grand, p. 581). — *Comparville-dale-Soissons*, xiv° s° (arch. de l'Emp. P 136; transcrits de Vermandois). — *Coupaville*, 1442 (comptes de l'Hôtel-Dieu de Soissons, f° 32). — *Coulpaville*, 1452 (cart. de l'abb. de Saint-Crépin-le-Grand, p. 583).

Ce fief relevait autrefois de Pierrefonds. L'abbaye de Saint-Crépin-le-Grand de Soissons l'a acquis, en 1332, de Gilles de Rosny.

COUPETTES (LES), h. c°° de Verdilly. — *Couppette*, 1582 (tit. de l'abb. de Valsecret).

COUPIGNY, h. c°° de Montlevon. — Ce hameau donne son nom à un petit ruisseau qui n'alimente point d'usine et dont le parcours est de 1,600 mètres.

COUPILLE (LA), m°° à eau, c°° de Saint-Algis.

COUPPET, f. c°° de Mesbrecourt-Richecourt. — *Coupet*, *Couppel*, 1411 (arch. de l'Emp. J 801, n° 4). — *Coppet*, 1541 (cab. de M. Gauger, arpenteur à Mayot). — *Couppet*, 1568 (acquits. arch. de la ville de Laon). — *Cense de Coupet*, 1699 (tit. de la comm°° de Laon).

Cette ferme appartenait autrefois à la commanderie de Laon; elle était située à l'extrémité des territoires d'Assis-sur-Serre et de Mesbrecourt. Sa destruction date de 1595. Le lieu dit *Coupet-Brûlé* indique encore l'emplacement de cette ferme au plan cadastral de Mesbrecourt.

Coupru, cne de Charly. — Nemus de Copperu, 1187; boscus de Coperu, 1204; nemus de Couppru, 1212; territorium de Coperu, 1243 (cart. de l'abb. de Notre-Dame de Soissons, p. 280, 281, 252 et 284). — Couperu, 1252; Coupperu, 1266; Couperru, 1292 (arch. de l'Emp. L 1004). — Coupperne, 1538 (arch. comm. de Charly). — Couperue, 1633 (arch. comm. de Domptin).

La seigneurie appartenait autrefois à l'abbaye de Notre-Dame de Soissons et ressortissait pour la justice au Châtelet de Paris.

Cour (La), f. c^{ne} de Courboin. — Autrefois fief relevant de Pavant.

Cour (La), fief, c^{ne} de Courtemont-Varennes. — Il relevait autrefois de Montmirail.

Cour (La), fief, c^{ne} de Pont-Saint-Mard.

Cour-aux-Bois (La), f. c^{ne} de Chézy-en-Orxois. — Ancien domaine des Bénédictins de Crépy-en-Valois. Unie à la population agglomérée.

Cour-aux-Moines (La), f. c^{ne} de Chézy-en-Orxois. — Ancien domaine des Bénédictins de Crépy-en-Valois. Unie à la population agglomérée.

Courbe, petit fief, c^{ne} de Chasseny. — Relevait autrefois de Braine.

Courbes, c^{ne} de la Fère. — In villa que dicitur Curbis, 1115 (ch. de l'abb. de Saint-Vincent de Laon). — Curbe, 1139 (ch. de l'abb. de Saint-Nicolas-aux-Bois). — Curbes, 1226 (gr. cart. de l'év. de Laon, ch. 70). — In territorio de Courbes, 1247 (ch. de l'abb. de Saint-Vincent de Laon). — Courbe, 1645 (baill. de la Fère, B 1152).

Le domaine de Courbes a été donné en 1115 par Helvide, veuve d'Ébert, vidame du Laonnois, à l'abb. de Saint-Vincent de Laon; il relevait de la châtellenie de la Fère. — La paroisse dépendait de la cure du Sart.

Courbesaut, fief, c^{ne} de Fargniers.

Courbesseaux, h. c^{ne} de Champs. — Courbessault, 1587 (baill. de la Fère, B 812). — Corbeceau, 1709 (baill. de Chauny, B 1390).

Fief relevant autrefois de la baronnie de Coucy. — Le hameau donne son nom à un petit ruisseau qui prend sa source à Folembray et traverse le territ. de Champs avant de se jeter dans la rivière d'Ailette. Son parcours est de 2,400 mètres.

Courbetis, f. c^{ne} de Vendières. — Courpetin, 1719 (tit. de l'abb. de Nogent-l'Artaud).

Courbillonerie (La), h. c^{ne} de Domptin.

Courbois, c^{ne} de Condé. — Curbuin, 1169 (ch. de l'abb. d'Essommes). — Villa de Corboyn, 1214; Corboin, 1231 (cart. de l'abb. de Saint-Jean-des-Vignes, f° 92, Bibl. imp.). — Courbouyn, 1507 (tit. de l'Hôtel-Dieu de Château-Thierry). — Corbouin, 1573 (pouillé du dioc. de Soissons, f° 26).

Autrefois communauté de Bénédictins. — Seigneurie relevant de Montmirail.

Courbon, petit fief, c^{ne} de Courcelles. — Relevait autrefois de la seigneurie du Plessier.

Courbouvin, m^{on} isolée, c^{ne} de Pargny. — Courbouain, 1300; Courbouvain, 1304 (suppl. de D. Grenier, 297, Bibl. imp.). — Courbevain, 1305 (ch. de l'abb. de Saint-Jean-des-Vignes de Soissons).

Courcelle, f. c^{ne} de Fossomme. — Villa que dicitur Curcelus, 1043; villa Curcelis, 1124 (cart. de l'abb. d'Homblières, p. 68 et 6).

Cette ferme appartenait autrefois à l'abb. d'Homblières.

Courcelle, f. c^{ne} de Lesquielles-Saint-Germain. — Altare de villa cui Curtylis nomen est, 1133 (ms. de Ducange ABCDE, Bibl. imp.). — Territorium de Corceles, 1243 (cart. de l'abbaye de Foigny, f° 250, Bibl. imp.). — Maison de Courcelles, 1334, maison et cense de Courcelles-delès-Guise, 1339 (cart. de la seign. de Guise, f°s 171 et 212).

Cette ferme appartenait autref. à l'abb. de Fesmy.

Courcelles, c^{ne} de Braine. — Curcelle, 1147 (cart. de l'abb. de Saint-Yved de Braine, arch. de l'Emp.). — Curceles, 1201 (pièces justificatives de l'Histoire du duché de Valois, t. III, xxxi). — Corcelle, 1208 (cart. de Saint-Yved de Braine, Bibl. imp.). — Corchelle, 1217 (ibid.). — Courceles, 1228; Corceles, 1229 (cart. du chap. cath. de Soissons, f° 288). — Courcelle, 1639 (tit. de l'Hôtel-Dieu de Soissons, 55).

Autrefois seigneurie relevant du comté de Braine.

Courcelles, fief, c^{ne} de Chevregny. — Relevait autrefois de l'évêché de Laon.

Courcelles, h. c^{ne} de Sancy. — Villa que dicitur Corcella in pago Laudunensi, 855. — Courcelle, 1200 (cart. de l'abb. de Saint-Crépin-le-Grand, p. 104 et 168).

La seigneurie appartenait autrefois à l'abb. de Saint-Crépin-le-Grand de Soissons. — Uni maintenant à la partie sud-ouest de la partie agglomérée.

Courcelles, h. c^{ne} de Tréloup. — Courcelle (carte de Cassini).

Courcenon, h. c^{ne} de Brasles.

Courcenon, mⁱⁿ à eau, c^{ne} de Verdilly.

Courchamps, c^{ne} de Neuilly-Saint-Front. — Corchamp, 1226 (ch. de l'Hôtel-Dieu de Soissons). — Curcus campus, 1231 (ch. de l'Hôtel-Dieu de Soissons, 89). — Courchant, xve siècle (Obituaire, arch. comm. de Priez). — Courchampt, 1544 (comptes de l'Hôtel-Dieu de Soissons, f° 17).

Autrefois seigneurie vassale de Fère-en-Tardenois (arch. de l'Emp. Q 8).

Cour-d'Airain (La), f. c^{ne} de Marchais.

Courdeau, f. c^{ne} de Laon. — *Courdaue*, 1517 (tit. de l'Hôtel-Dieu de Laon). — *Courdœut*, 1568 (acquits, arch. de la ville de Laon). — *Courdaux* (carte de Cassini).

Cédée, en 1672, par l'abbaye de Saint-Nicolas-aux-Bois au séminaire de Laon.

Cour-de-Braye (La), h. c^{ne} de Clairefontaine. — *Braium*, 1138; *Bray*, 1138 (Ann. Præm. t. I).

Cour-de-Largny, fief, c^{ne} de Largny.

Cour-de-l'Enfant (La), h. c^{ne} de Luzoir.

Courdemanche, c^{ne} de Montlevon. — *In territorio Curtis dominici*, 1263 (cart. de l'abb. de Saint-Jean-des-Vignes de Soissons, bibl. de Soissons). — *Courtdemenche-subtus-Mollevon-in-Bria*, 1274 (arch. de l'Emp. L 1001).

Cette localité a laissé son nom à un ruisseau qui prend sa source à Montarmaut et se jette dans la Dhuis près de Picheny. Ce ruisseau n'alimente aucune usine. Son parcours est de 1,600 mètres.

Cour-Demiselle-Marie, fief dans le voisinage de Jeantes. — Il relevait de Bancigny en 1398 (arch. de l'Emp. P 136; transcrits de Vermandois).

Cour-des-Bauchets (La), h. c^{ne} de Besmont. — *Courdes-Bauchés*, 1706 (minutes de Michel Thouille, notaire). — *Rue de la Cour-des-Bauchets*, 1725 (terrier de Besmont). — *Cour-des-Bochets*, 1740; *Cour-des-Bauchets*, 1747 (baill. d'Aubenton, B 2508, 2520).

Ce hameau doit son nom à la famille Bauchet.

Cour-des-Moines (La), f. c^{ne} d'Assis-sur-Serre; auj. détruite. — Elle appartenait autrefois à l'abb. de Nogent et se trouvait au centre du village.

Cour-des-Moines (La), c^{ne} de Dhuizel. — Elle appartenait autref. à l'abb. de Saint-Remy de Reims.

Cour-de-Soupir (La), f. c^{ne} de Soupir. — *Curtis Premonstratensis que dicitur Souppiacum*, *Curtis-de-Soupiaco*, 1250; *Court-de-Souppy*, 1324 (arch. de l'Emp. L 995). — *La Court-dessus-Souppy*, 1411 (arch. de l'Emp. J 801, n° 4). — *Court-de-Souspy*, 1554 (tit. de l'abb. de Prémontré). — *Court-de-Souppire*, 1585 (terrier de Bièvres). — *Court-de-Souspir*, 1595 (tit. de l'abb. de Prémontré). — *Cour-de-Soupire* (carte de Cassini).

Cette ferme appartenait autrefois à l'abbaye de Saint-Aubert de Cambrai.

Courdoux, h. c^{ne} de Rozoy-le-Grand. — *Curdul*, 1110; *Cordoul*, 1250 (cart. de l'abb. de Saint-Jean-des-Vignes de Soissons, Bibl. imp.). — *Territorium de Cordolio*, 1282; *Cordoul*, 1293 (arch. de l'Emp. L 1002). — *Villa de Cardol*, 1316 (ch. de l'abb. de Saint-Jean-des-Vignes). — *Ville de Cordou*, 1383 (arch. de l'Emp. P 136; transcrits de Vermandois). — *Courdou*, 1409 (ch. de l'abb. de Saint-Jean-des-Vignes).

Seigneurie vassale d'Oulchy-le-Château et ressortissant à la prévôté de ce bourg.

Cour-du-Cornay (La), fief, c^{ne} de Mont-Saint-Père.

Cour-du-Fief-d'Abbecourt (La), petit fief, c^{ne} de Juvigny.

Cour-du-Fief-du-Bailly (La), fief, c^{ne} d'Haramont. — Il appartenait autrefois au prieuré de Longpré.

Cour-Duval (La), f. c^{ne} de Trosly-Loire. — *Cour-Douval*, 1309 (arch. de l'Emp. L 995). — *Cour-du-Val*, 1407; *Court-Duval*, 1478 (ch. de l'abb. de Prémontré). = On devrait écrire *Cour-du-Val*.

Cette ferme et le bois du même nom appartenaient autrefois à l'abb. de Prémontré.

Coureaux, h. c^{ne} de Serches.

Cour-Faroux (La), petit h. c^{ne} de Sommeron.

Courgines, bois près de Launoy; auj. défriché. — *Nemus de Corgena*, 1195; *super nemore de Corjène*, 1214 (cart. de l'abb. de Saint-Jean-des-Vignes de Soissons, f° 44, Bibl. imp.).

Ce bois appartenait autrefois à l'abb. de Saint-Jean-des-Vignes de Soissons.

Courjenson, f. c^{ne} de Parguy. — *Curgessum*, 1195 (cart. de l'abb. de Saint-Jean-des-Vignes, f° 44, Bibl. imp.). — *Courgenson* (carte de Cassini).

Courjumelles, f^{me}, c^{ne} d'Origny-Sainte-Benoîte. — *Les Cours-Jumelles*, 1405 (arch. de l'Emp. J 801, n° 1). — *Les Grans-Courjumelles*, 1413; *les Petites-Courjumelles*, 1413 (ibid. n° 5). — *Courjumelle*, 1568 (acquits, arch. de la ville de Laon). — *Courjumelle-le-Bas*, 1678 (minutes de Baillet, notaire). — *Courjumel*, 1745 (intend. de Soissons, C 206).

Cour-le-Moine (La), petit h. c^{ne} de Chevresis-Monceau.

Cette ferme appartenait autrefois à l'abbaye de Saint-Nicolas-des-Prés de Ribemont et dépendait de Monceau-le-Vieil.

Cour-le-Moine (La), f. c^{ne} de Travecy. — *Cour-les-Moinnes*, 1361; Cense de *Cour-le-Moisne*, 1525 (ch. de l'abb. de Saint-Nicolas-aux-Bois). — *Court-les-Moynes*, 1613 (baill. de la Fère, B 695).

Cette ferme, unie maintenant à la partie sud-est de la population agglomérée, appartenait autrefois à l'abb. de Saint-Nicolas-aux-Bois.

Courlevon, h. c^{ne} de Montfaucon.

Courmelles, c^{on} de Soissons. — *Colomella*, 858; *Cormella*, 1184 (cart. de l'abb. de Notre-Dame de Soissons, f°s 33 et 71). — *Curmella*, 1190 (arch. de l'Emp. L 1006). — *Courmelle*, 1210 (cart. de l'abb. de Notre-Dame de Soissons, f° 467). — *Courmella*, 1280 (suppl. de D. Grenier, 295, Bibl. imp.). — *Cormeli, Cormelis*, 1243 (cart. de l'abb. de Longpont, f°° 43 et 44). — *Coumele*, 1250 (arch. de l'Emp. L 1004). — *Courmeilles*, xiii° s° (cueilleret de l'Hôtel-Dieu de Soissons, 191). — *Cormele*, 1310 (suppl. de D. Grenier, 295, Bibl. imp.).

La seigneurie de Courmelles appartenait autrefois à l'abb. de Notre-Dame de Soissons; elle relevait de Pierrefonds.

COURMONT, c°° de Fère-en-Tardenois. — *Curremons*, 1158; nemus de *Curremont*, xii° siècle; *Corremont*, 1223 (cart. de l'abb. d'Igny, f°° 14, 2, 138, Bibl. imp.).

COURMONT, h. c°° de Marchais.

COURMONT, m°° isolée, c°° de Vendières. — Ancien château.

COURONNE (LA) ou MANIOT-LE-MAIRE, petit fief, c°° d'Artemps.

COURPIERRE, h. c°° de Martigny-en-Laonnois. — In territorio de *Curtpierre*, 1101 (cart. de l'abb. de Foigny, f° 118, Bibl. imp.). — *Curta petra*, 1141 (suppl. de D. Grenier, 289, Bibl. imp.). — *Curpierre*, 1173 (cart. de l'abb. de Saint-Martin de Laon, f° 141, bibl. de Laon). — *Curpirer*, 1182; *Curpetra, Culperia*, xii° s° (ch. de l'abb. de Saint-Vincent de Laon). — *Curpere*, xii° siècle (cart. de l'abb. de Foigny, f° 64, coll. de M. P. D.). — *Corpière*, 1251 (cart. de l'abbaye de Saint-Martin, f° 133). — *Corpetra*, 1641; *Courtpierre*, 1670 (état civil, arch. comm. de Martigny-en-Laonnois). — *Croupière*, 1710 (intend. de Soissons, C 320).

COURPOIL, h. c°° d'Épieds.

COURQUEUX, petit h. c°° de Brasles.

COURNOIT, territ. c°° de Lavergies. — In territorio de *Courroit*, 1235 (arch. de l'Empire, L 738).

COURS (LE), h. c°° d'Ambleny. — Il dépend du hameau du Soulier, dont il n'est séparé que par un chemin.

COUR-SAINT-MARD, f. c°° d'Épieds. — Cette ferme, détruite depuis longtemps, appartenait à l'abbaye d'Essommes; une rue d'Épieds conserve encore son nom.

COUR-SAINT-MARD, f. c°° d'Essommes. — Cette ferme est détruite depuis longtemps. Elle était située dans l'intérieur du village, vers le sud, et appartenait à l'abb. d'Essommes.

COUR-SAINT-REMY ou SAINT-REMY, f. c°° de Monceau-sur-Oise; détruite récemment. — *Court-Saint-Remy*, 1586 (arch. de l'Emp. J 791).

Elle appartenait autrefois à l'abbaye de Saint-Remy de Reims.

COURSON, h. c°° de Landricourt. — *Molendinum de Courcon*, 1158 (cart. de l'abb. de Prémontré, bibl. de Soissons). — *Pont-à-Courson*, 1707 (archives comm. de Landricourt).

Ce hameau dépendait autrefois de la baronnie de Coucy (arch. de l'Emp. Tr. des ch. registre 99).

COURSON, fief, c°° de Monceau-les-Loups. — Relevait autrefois de la Fère (baill. de la Fère, B 660).

COURTAILLIS, m°° isolée, c°° de Viels-Maisons.

COURT-AU-BOIS (LA), f. c°° de Celles-sur-Aisne. — Cette ferme appartenait autrefois à l'abb. de Saint-Crépin-le-Grand de Soissons.

COURTEAU, h. c°° de Château-Thierry. — *Courtiot*, 1474 (ch. de l'abb. d'Essommes). — *Courteaux*, 1661 (fabr. d'Azy-Bonneil). — *Haut et bas Courtaus* (carte de Cassini).

COURTEAUX, f. c°° de Coulonges. — *Curia de Curthialt*, 1147; curia de *Corthiaut*, 1154 (cart. de l'abb. de Saint-Yved de Braine, arch. de l'Emp.). — *Courtialt*, 1158 (ch. de l'abb. de Saint-Yved de Braine). — *Chortiaut*, 1158; *Cortiaut*, 1159 (cart. de l'abb. d'Igny, f° 202, Bibl. imp.). — *Courteaux*, 1514; *Courteau*, 1654 (tit. de l'abb. de Saint-Yved de Braine).

Baronnie vassale d'Oulchy-le-Château.

COURTECON, c°° de Craonne. — *Curtecon*, 1136 (mém. ms. de l'Éleu, t. I, f° 353). — *Contrecon*, 1164 (cart. de l'abb. de Saint-Martin de Laon, t. I, p. 229). — *Cortecon*, 1196 (reg. de Philippe-Auguste, ms. 9852, f° 37, Bibl. imp.). — *Courtecon-in-Laudunesio*, 1213 (cart. de l'abb. de Vauclerc, f° 65, Bibl. imp.). — Ecclesia de *Cortrecon*, 1233; in territorio de *Cortrekon*, 1250; *Courtecon*, 1260 (ch. de l'abb. de Saint-Jean de Laon). — *Coutrecon*, 1340 (fonds latin, ms. 9228, Bibl. imp.). — *Courtcon*, 1684 (état civil de Courtecon, tribunal de Laon). — *Courcon*, 1728 (intend. de Soissons, C 205).

La seigneurie appartenait autrefois à l'abb. de Saint-Jean de Laon et le village dépendait de la c°° de Craudelain.

COURTEHAYE, m°° à eau, c°° de la Celle.

COURTELIN, h. c°° de Connigis. — *Curtelanum*, 1263 (arch. de l'Emp. L 1005). — *Courtelins* (carte de Cassini).

COURTEMANCHE, f. c°° de Flavy-le-Martel; auj. détruite. — Elle relevait de Chauny.

COURTEMANCHE, petit fief, c°° de Travecy. — *Courtemanches*, 1613 (baill. de la Fère, B 696).

Relevait autrefois de la châtellenie de la Fère, 1478 (arch. de l'Emp. PP 17).

COURTEMANCHE, garenne, c°° de Villequier-Aumont.

COURTEMÊCHE, h. c°° de Suzy. — Territorium de *Courdemeinche, 1243 (ch. de l'Hôtel-Dieu de Laon, B 77). — *Courdemence*, 1260; *Courdemainche*, 1271 (*ibid.* B 55). — *Courdemanche*, 1389 (*ibid.*). — *Courdemences*, 1387 (arch. de l'Emp. P 248 E). — *Courtemanche*, 1510 (comptes de l'Hôtel-Dieu de Laon, E 39).

COURTEMONT-VARENNES, c⁰ⁿ de Condé. — *Cortemont*, 1155 (cart. du chap. cath. de Soissons, f° 232). — *Courtemont-et-Varennes*, 1509 (suppl. français, ms. 1195, Bibl. imp.). — *Courtemon*, 1627 (arch. comm. de Barzy).

Courtemont-Varennes était autrefois du doyenné de Dormans.

COURTENÇON, h. et mⁿ à eau, cⁿᵉ de Saint-Bandry. — Molendinum de *Corthenon*, 1123 (cart. de l'abb. de Saint-Jean-des-Vignes de Soissons, Bibl. imp.). — *Courtencon*, 1275 (suppl. de D. Grenier, 296, Bibl. imp.). — *Courtenson*, 1303 (*ibid.* 297). — *Courtanson*, 1629 (tit. du chap. cath. de Soissons).

Autrefois seigneurie vassale de Pierrefonds.

COURTERIE (LA), f. cⁿᵉ de Nogent-l'Artaud. — *La Courtrie* (carte de Cassini).

COURTES-EAUX (LES), mⁿ isolée, cⁿᵉ de Baulne.

COURTE-SOUPE (LA), h. cⁿᵉ de Beaumé. — *Courtesouppe*, 1669 (min. de Thouille, notaire). — *Rue-de-la-Courte-souppe*, 1700 (min. de Michel Thouille, notaire).

COURTE-SOUPE, petit h. cⁿᵉ de Viffort.

COURTHUIS, f. cⁿᵉ de Vorges. — *Courtieux*, 1504; *Cortieulx*, 1513 (tit. de l'év. de Laon). — *Courtuy*, 1709 (intend. de Soissons, C 274).

Autrefois fief de la paroisse de Montbérault, relevant de l'évêché de Laon (arch. de la ville de Laon, acquits de 1568).

COURTIER, petit fief, cⁿᵉ de Bernot. — Il relevait de Guise.

COURTIEUX, mⁿ à eau, cⁿᵉ de Montigny-l'Allier.

COURTIGIL (LE), h. cⁿᵉ de Crécy-au-Mont. — Entre le Paradis et Crécy-au-Mont, au bas de la montagne, sous l'église.

COURTIGIS, f. cⁿᵉ de Condé. — *Cortergis, Courtigry*, xIIIᵉ s (cueilleret de l'Hôtel-Dieu de Soissons, 191). — *Coutrogis*, 1384 (arch. de l'Empire, P 136; transcrits de Vermandois). — *Courtigies*, 1408 (comptes de l'Hôtel-Dieu de Soissons, 327). — *Courtigi* (carte de Cassini).

COURTIGNY, h. cⁿᵉ de Savy; auj. détruit. — Autrefois domaine de l'abb. de Royaumont.

COURTIL, h. et mⁿ à eau, cⁿᵉ d'Osly-Courtil. — *Curteium*, 893 (dipl. du roi Eudes en faveur de l'abb. de Saint-Médard : Mabillon, *De re dipl.* p. 557). — Villa *Curtis*, 1057 (dipl. de Henri Iᵉʳ, *Hist. de*

France, t. II, p. 582). — *Courtieur*, 1216 (cart. de l'abb. de Saint-Jean-des-Vignes, f° 50, Bibl. imp.). — Villa *Courti*, 1217 (cart. de l'abb. de Saint-Médard, f° 142, arch. de l'Aisne). — *Courtius*, 1232; *Cortis*, xIIIᵉ s° (cart. de l'abb. de Saint-Médard, f° 76, Bibl. imp.). — *Courtieur-juxta-Pommiers*, 1256 (cart. du chap. cath. de Soissons, f° 234). — *Cortiex*, 1269; *Courtiex*, 1292 (suppl. de D. Grenier, 289 et 297, Bibl. imp.). — *Cortis*, xIIIᵉ s° (arch. de l'Emp. Tr. des chartes, reg. 30, pièce 245). — *Saint-Quentin*, 1589; *Saint-Quentin-à-Courtil*, 1612; *Saint-Quentin-à-Courty*, 1630 (tit. de Saint-Pierre-au-Parvis de Soissons). — *Courty*, 1643 (tit. du chap. cath. de Soissons).

Autrefois seigneurie vassale de Pierrefonds.

COURTILLET, mⁿ à eau, cⁿᵉ de Vendhuile, 1339 (arch. de l'Emp. Tr. des chartes, reg. 72, pièce 309).

COURTMEMBLAIN, h. cⁿᵉ de Vauclerc-et-la-Vallée-Foulon. — Hameau détruit près de l'emplacement duquel l'abbaye de Vauclerc a été construite (*Gallia Christ.* t. IX, col. 633).

Un étang porte encore le nom de *Canenblanc*.

COURTONNE, h. cⁿᵉ de Verneuil-Courtonne. — *Courtonna*, 1254 (cart. de l'abb. de Vauclerc, f° 68, Bibl. imp.). — *Courtone* (carte de Cassini).

COURTRIZIS, fief, cⁿᵉ d'Autremencourt. — Il relevait autrefois de la châtell. de Pierrepont.

COURTRISY-ET-FUSSIGNY, cⁿᵉ de Sissonne. — *Curtesic*, 1178 (ch. de l'abb. de Saint-Vincent de Laon). — *Courtesis*, 1205; *Courtysis*, 1234 (cart. de l'abb. de Foigny, f° 203 et 159, Bibl. imp.). — *Cortis*, 1236 (ch. de l'abb. de Saint-Vincent de Laon). — *Corteeis*, 1255 (cart. de l'abb. de Foigny, f° 169, Bibl. imp.). — *Courteisis*, xIIIᵉ s° (arch. de l'Emp. Tr. des chartes, reg. 30, pièce 343). — *Courtisis*, 1384 (arch. de l'Emp. P 136; transcrits de Vermandois, f° 29. — *Courtrisi*, 1474 (tit. de l'év. de Laon). — *Courtrisy*, 1536 (acquits, arch. de la ville de Laon).

La seigneurie relevait autrefois de la châtell. de Pierrepont et y ressortissait pour la justice. — La paroisse dépendait de la cure de Fussigny.

COURTSOURIS, h. cⁿᵉ de Serches.

COUSON, h. cⁿᵉ de Montfaucon. — *Couzon* (carte de Cassini).

COUVAL, h. cⁿᵉˢ de Landricourt et de Quincy-Basse. — *Corval*, 1650 (baill. de Coucy, trib. de Laon).

Autrefois vicomté relevant de Coucy-le-Château.

COUVENVAL, h. cⁿᵉ de Jeantes. — *Coustenval*, 1677 (baill. de Bancigny, B 2766).

COURTREMIN, h. cⁿᵉ de Parcy-Tigny. — *Cortermin, Cortermi*, 1222 (cart. de l'abb. de Saint-Jean-des-

Vignes de Soissons, f⁰⁸ 66 et 68, Bibl. imp.). — *Courtermin*, 1249 (arch. de l'Emp. L 1001). — *Coutermin*, 1384 (*ibid*. P 136; transcrits de Vermandois). — *Cutermin*, 1486 (comptes de l'Hôtel-Dieu de Soissons, f° 170). — *Coustermy*, 1498 (*ibid*. f° 3). — *Coutermy*, 1506 (*ibid*. f° 48). — *Coutermyn*, 1509 (*ibid*. f° 3). — *Courtemain* (carte de Cassini).

Seigneurie appartenant autref. au chap. cath. de Soissons; elle était vassale de la châtell. d'Oulchy-le-Château et y ressortissait pour la justice.

COUTURE (LA), h. cⁿᵉ de Montfaucon.

COUTURE-PAQUETTE (LA), f. cⁿᵉ de Louâtre. — *La Couture* (carte de Cassini).

Autrefois fief relevant de la Ferté-Milon.

COUTURES (LES), f. cⁿᵉ de Coincy; détruite en 1865. — Elle appartenait autrefois au prieuré de Coincy.

COUVAILLE, mⁿ à eau, cⁿᵉ de Celles-sur-Aisne. — *Courail*, 1768 (maîtr. de Soissons).

Ce moulin appartenait autrefois à l'abb. de Saint-Crépin-le-Grand de Soissons.

COUVAILLE, mᵒⁿ isolée, cⁿᵉ de Vailly.

COUVRELLES, cⁿᵉ de Braine. — *Coverellæ*, *Corporelle*, 893 (Mabillon, *De Re diplomat*. p. 557). — *Corprella*, 1109 (cart. de l'abb. de Saint-Médard de Soissons, f° 83, Aisne). — *Terra de Chaourella*, *Chevrella*, 1143 (cart. de l'abb. de Saint-Crépin-le-Grand de Soissons, p. 3 et 73). — *Couvrele*, 1258 (cart. de l'abb. de Saint-Médard de Soissons, f° 35, Bibl. imp.). — *Cuverella*, xɪɪɪᵉ s⁰ (cart. de la même abbaye, f° 61, arch. de l'Aisne). — *Quourrelles*, 1397 (comptes de l'Hôtel-Dieu de Soissons, 324). — *Couvrelle*, 1470; *Couverelles*, 1491; *Couvrel*, 1513 (*ibid*.). — *Couvresles*, 1733 (intend. de Soissons, C 205).

Autrefois vicomté relevant du comté de Braine.

COUVRON, f. cⁿᵉ de Beuvardes. — Autrefois fief.

COUVRON, f. cⁿᵉ de Macquigny. — *Coveron*, 1250 (cart. de l'abb. de Saint-Martin de Laon, t. II, p. 254). — *Couveron*, 1314 (cart. de la seigneurie de Guise, f° 7).

Cette ferme appartenait autrefois à l'abbaye de Saint-Martin de Laon.

COUVRON-ET-AUMENCOURT, cⁿᵉ de Crécy-sur-Serre. — Altare de *Cuveron*, 1125 (suppl. de D. Grenier, 186, Bibl. imp.). — *Coveron*, 1204 (ch. de l'abb. de Saint-Vincent de Laon). — *Couveron*, xɪɪɪᵉ s⁰ (arch. de l'Emp. Tr. des chartes, reg. 80, pièce 343).

Baronnie relevant autrefois de la châtellenie de la Fère (arch. de l'Emp. R/o 45). — Un tiers de cette seigneurie fut aliéné, le 23 juillet 1614, au profit de l'abbaye de Saint-Nicolas-aux-Bois, qui conserva la suzeraineté.

COYOLLES, cⁿᵉ de Villers-Cotterêts. — *Coliole*, 858 (preuves de l'Histoire de Notre-Dame de Soissons, p. 430). — *Cullolie*, 1212 (cart. de l'abb. de Saint-Jean-des-Vignes, f° 45, Bibl. imp.). — *Coilloles*, 1277 (arch. de l'Emp. L 1005). — *Coulloles*, 1363 (*ibid*. Tr. des chartes, reg. 92, n° 310). — *Colloles*, 1545 (comptes de l'Hôtel-Dieu de Soissons, f° 32). — *Coullioles*, 1558 (*ibid*. f° 24). — *Coyllioles*, 1583 (tombe de Jacques Bannier, curé de Vauciennes, doyen de Coyolles, en l'église de Coyolles). — *Coullioles*, 1592 (famille Desfossés). — *Colliolles-en-Valois*, 1617 (min. de Gosset, notaire). — *Couiolles*, 1679 (maîtr. de Villers-Cotterêts).

Autref. mairie relevant de la châtell. de Crépy-en-Valois.

Coyolles était chef-lieu d'un doyenné rural de l'archidiaconé de la Rivière. Ce doyenné comprenait Auteuil, Bonneuil, Coyolles, Dampleux, la Ferté-Milon, Haramont, Ivors, Lieu-Restauré, Marolles, Montigny-Russy, Oigny, Ormoy-le-Davien, Pisseleux, Retheuil, Silly-la-Poterie, Taillefontaine, Vauciennes, Vaumoise, Vez et Villers-Cotterêts.

CRADAUT, autrefois l'une des portes de la ville de Laon. — *Crahout*, 1246 (cart. de l'Hôtel-Dieu de Laon, ch. 354).

CRAMAILLE, petit fief, cⁿᵉ de Dammard.

CRAMAILLE, petit fief, cⁿᵉ de Missy-aux-Bois. — Ce fief dépendait de la baronnie de Cramaille.

CRAMAILLE, cⁿᵉ d'Oulchy-le-Château. — *Cremelle*, 1147 (cart. de l'abb. de Saint-Yved de Braine, arch. de l'Emp.). — *Cramelie*, 1223 (cart. de l'Hôtel-Dieu de Soissons, 190). — *Cramail*, 1652 (arch. comm. de Cramaille).

Baronnie, la première des quatre du Valois; elle relevait de Pierrefonds et d'Oulchy-le-Château.

CRAMAILLIÈRE (LA), f. cⁿᵉ de Pargny. — *Cramaillerie* (carte de Cassini).

CRAMOISELLE, petit h. cⁿᵉ de Cramaille. — *Cremoiselles*, 1221 (ch. de l'abb. d'Igny, arch. de la Marne).

La seigneurie relevait d'Oulchy-le-Château; elle prit le nom de *Vaubourg* en vertu de lettres patentes du mois de janvier 1699 (arch. de l'Emp. K 1277).

CRANDELAIN-ET-MALVAL, cⁿᵉ de Craonne. — *Cruandelen*, *Cruandelcin*, 1136 (mém. ms. de l'Éleu, t. I, f° 353). — *Parrochia de Crandelain*, 1145 (ch. de l'abb. de Saint-Jean de Laon). — *Communia Crandelanii*, xɪɪɪᵉ s⁰ (Guill. Arm. de gestis Philippi Aug. *Hist. de France*, t. XVII, p. 101 C). — *Crandelein*, 1261 (suppl. de D. Grenier, 286, Bibl. imp.). — *Grandelayn*, 1263 (Olim, t. I, p. 553). — Com-

munia de *Croandelain*, 1285 (Olim, t. II, p. 244).
— *Crandelin*, xiii° s° (petit cart. de l'év. de Laon, ch. 8).— *Grandelaing*, 1405 (arch. de l'Emp. J 801, n° 1). — *Crandelain-en-Laonnois*, 1470; *Grandelain*, 1579 (tit. de l'abb. de Saint-Jean de Laon). — *Crendelain* (carte de Cassini).

La seigneurie appartenait autrefois à l'abbaye de Saint-Jean de Laon. Cette abbaye créa, en 1196, à Crandelain une commune, à laquelle elle adjoignit les villages de Colligis, Courtecon, Trucy, Lierval et la ferme de Malval, et lui fit l'abandon de ses droits de justice. Cette justice communale a été unie au domaine et incorporée au bailliage de Laon par arrêt du Conseil d'État du 22 juin 1658 et lettres patentes de mars 1660 (reg. des chartes du baill. de Vermandois, trib. de Laon).

CRANIÈRE (LA), m⁸⁸ isolée, c⁸⁸ d'Happencourt. — Détruite en 1850.

CRANIÈRES (Les), h. c⁸⁸ de Saint-Gobain.

CRAONNE, f. c⁸⁸ de Coucy-la-Ville. — *Crenne*, 1416 (arch. de l'Emp. J 801, n° 6). — *Craines-sous-Coucy*, 1466 (Journal des assises du baill. de Vermandois, trib. de Laon). — *Crenni*, 1495 (tit. de l'abb. de Prémontré). — *Crosne*, 1568 (acquits, arch. de la ville de Laon). — Cense de *Cresnes*, 1709; Cense de *Crenes*, 1745 (intend. de Soissons, C 274 et 206). — *Crasne*, 1764 (tit. de l'Hôtel-Dieu de Coucy-le-Château).

CRAONNE, arrond. de Laon. — *Grauhenna*, ix° s° (polypt. de Saint-Remy de Reims). — *Croona* in comitatu Laudunensi, 906; *Crauna* (dipl. de Charles III le Simple, *Hist. de France*, t. IX, p. 501 D et 530).
— *Craunna*, 911 (cart. B de l'abb. de Saint-Remy de Reims, f° 111). — *Craubena*, vers 991 (cart. A de la même abbaye, p. 85). — *Creunna*, 1090 (cart. B de cette abbaye, p. 119). — *Croana*, 1112 (ch. de l'év. de Laon). — *Chroonia*, 1145 (cart. de l'abb. de Vauclerc, f° 4, Bibl. imp.). — *Crauenna* villa, 1154 (cart. de l'abb. de Saint-Remy de Reims, f° 19). — Villa de *Craonna*, 1230 (ch. de l'abb. de Saint-Remy de Reims, arch. de la Marne). — *Craule-en-Laonnois*, 1359 (Chronique de Froissart). — *Cranne*, 1631 (carte de Nicolas Sanson).

Le domaine de Craonne a été donné, en 918, par la reine Frédéronne à l'abbaye de Saint-Remy de Reims, qui l'a conservé jusqu'en 1790.

Craonne était le chef-lieu d'une subdélégation de l'élection de Laon. Cette subdélégation comprenait Aguilcourt, Ailles, Aizelles, Aubigny, Beaurieux, Berrieux, Berry-au-Bac, Bertricourt, Bouconville, Boufflignereux, Brienne et Radouais, Cerny-en-Laonnois, Chaudardes, Concevreux, Condé-sur-Suippe, Corbeny, Craonne, Craonnelle, Cuiry-lez-Chaudardes, Cuissy, Dammarie, Évergnicourt, Geny, Gernicourt, Glennes, Goudelancourt-lez-Berrieux, Guignicourt, Guyencourt, Jumigny, Juvincourt-le-Grand, Juvincourt-le-Petit, Lor, Maizy, Menneville, Meurival, Muscourt, Neufchâtel, OEuilly, Orainville, Oulches, Paissy, Pargnan, Pignicourt, Pontavert, Prouvais, Proviseux, Revillon, Roucy, Sainte-Croix, Variscourt, Vassogne, Vauclerc, la Ville-aux-Bois-lez-Pontavert et Villers-en-Prayères.

Craonne fut, en 1790, le chef-lieu d'un canton du district de Laon et formé des c⁸⁸⁸ d'Ailles, Aizelles, Aubigny, Berrieux, Bouconville, Chermizy, Corbeny, Craonne, Craonnelle, Dammarie-et-Fayaux, Goudelancourt-lez-Berrieux, Neuville, Sainte-Croix, Saint-Thomas et Vauclerc.

CRAONNELLE, c⁸⁸ de Craonne. — *Creunella*, 1140; *Croonella*, 1140; *Craonnella*, 1141; *Croonilla*, 1146 (cart. de Vauclerc, f° 1, 8 et 109, Bibl. imp.). — *Croonela*, 1220; *Croonella*, 1248 (cart. de l'abb. de Signy, f° 131, arch. des Ardennes). — *Crannella*, 1361 (arch. de l'Emp. Tr. des chartes, reg. 92, pièce 241). — *Cronnelles*, 1497; *Crannelle*, 1545 (tit. des Minimes de Laon). — *Sainte-Benoîte de Craonnelle*, 1676 (état civil, trib. de Laon). — *Craonele*, 1746 (intend. de Soissons, C 277).

La seigneurie appartenait autrefois à l'abbaye d'Origny-Sainte-Benoîte. — Le village dépendait de la c⁸⁸ de Chaudardes. — La cure a été érigée en 1263 (ch. du chap. cath. de Laon).

CRAOT, moulin appartenant autrefois à l'év. de Laon; auj. détruit. — *Molendinum Craot*, 1260 (gr. cart. de l'év. de Laon, ch. 154).

CRAULANT, petit fief, c⁸⁸ de Camelin-et-le-Fresne.

CRAVANÇON, f. c⁸⁸ de Chaudun. — *Cravenson*, 1628; *Cravensson*, 1662; *Cravençon*, 1699 (archives de l'hôpital de Soissons).

Cette ferme dépendait de la maladrerie de Saint-Lazare de Soissons. Elle a été unie à l'hôpital de Soissons par arrêts du Conseil d'État des 21 janvier 1695 et 4 mai 1696.

CRÉCY-AU-MONT, c⁸⁸ de Coucy-le-Château. — Villa que dicitur *Creci*, 1107 (Chron. de Nogento, p. 48). — *Cressi*, 1143; *Cressis*, 1146 (cart de l'abb. de Saint-Crépin-le-Grand, p. 4 et 596). — Altare de *Greciaco*, 1145; ecclesia de *Cresceio*, 1193 (Chron. de Nogento, p. 429 et 434). — *Crécy*, 1219 (cart. de l'abb. de Saint-Médard, Bibl. imp.). — *Crescy-dessus-Nongent*, 1368 (arch. de l'Emp. Tr. des chartes, reg. 99, n° 424). — *Crescy-au-Mont*, 1442 (comptes de l'Hôtel-Dieu de Soissons, f° 22).

— *Crécy-les-Nongent*, 1508 (arch. de l'Emp. O. 20190). — *Cressy-au-Mont*, 1651 (ch. de l'Hôtel-Dieu de Soissons, 63).

Autrefois vicomté relevant de Coucy-le-Château.

CRÉCY-AU-MONT, fief, c⁰⁰ de Dunizy. — Il appartenait autrefois à l'abb. du Calvaire de la Fère.

CRÉCY-SUR-SERRE, arrond. de Laon. — *Crissi*, 1132 ch. du musée de Soissons). — « Villa et potestas *Creciaci*, cum appenditiis suis Montiniaco videlicet et majori parte de *Ceploio, Criciacum*, 1136 » (mém. ms. de l'Éleu, t. I, f° 353). — *Creceium*, 1184 (cart. de l'abb. de Foigny, f° 201, Bibl. imp.). — *Creci*, 1207 (cart. de l'abb. de Saint-Martin de Laon, t. I, p. 6). — *Crechi*, 1216 (suppl. de D. Grenier, 288, Bibl. imp.). — Territorium de *Creceyo*, 1263; *Cresiacum*, 1265 (ch. de l'Hôtel-Dieu de Laon, B 14). — *Crécy*, 1287 (gr. cart. de l'év. de Laon, ch. 230). — *Creciacum-supra-Seram*, 1315 (Chron. de Nogento, p. 156). — *Crécy-et-Septi-sur-Serre*, 1327 (arch. de l'Emp. Tr. des chartes, reg. 64, pièce 606). — *Crécy-sur-Cere*, 1389 (arch. de l'Emp. Tr. des chartes, reg. 128). — *Cressy-sur-Sere*, 1429 (comptes de l'Hôtel-Dieu de la Fère, f° 9). — *Crécy-sur-Sère*, 1460 (arch. de l'Emp. Q 7). — *Crécy-sur-Serre*, 1504; *Crescy-sur-Sere*, 1515 (comptes de l'Hôtel-Dieu de Laon, E 35, E 43). — *Crécy-sur-Cerre*, 1590 (Corresp. de Henri IV, t. I, p. 308).

La seigneurie appartenait autrefois à l'abbaye de Saint-Jean de Laon, qui institua une commune en 1190. — La justice communale a été unie au domaine par arrêt du Conseil d'État du 22 juin 1658 et lettres patentes de mars 1660, pour être incorporée au baill. de Laon. — Hôtel-Dieu fondé en 1695.

Crécy-sur-Serre, de l'archidiaconé de Thiérache, était autrefois chef-lieu d'un doyenné rural comprenant les paroisses de Berlancourt, Bois-lez-Pargny et Pargny, Chevennes, Chevresis-le-Meldeux, Crécy-sur-Serre, Dercy, Erlon, la Ferté-sur-Péron, le Héric-la-Viéville, Housset et la Neuville-Housset, Landifay, Lemé, Lugny et Voharies, Marcy et Berbaine, Marfontaine et Rongeries, Mesbrecourt, Monceau-le-Neuf et Monceau-le-Vieil, Montigny-sous-Marle, Montigny-sur-Crécy, Mortiers, Neuville ou Saint-Nicolas-sous-Marle et Thiernu, Rogny, Sains, Sons-et-Châtillon.

Le bourg de Crécy-sur-Serre devint, en 1790, le chef-lieu d'un canton du district de Laon qui comprenait les c⁰⁰ˢ de Barenton-Bugny, Barentoncel, Barenton-sur-Serre, Bois-lez-Pargny, Chalandry, Chéry-lez-Pouilly, Crécy-sur-Serre, Dercy, Mesbrecourt, Montigny-sur-Crécy, Mortiers, Pouilly et Verneuil-sur-Serre.

CRÉPIGNY, h. c⁰⁰ de Caillouël-Crépigny. — *Crispini*, 1137 (ch. de l'abb. de Prémontré). — *Crespiniacum-super-Escram, Crespiniacum*, 1144 (Chron. Longipontis, Muldrac). — *Crispegnich*, 1153 (Colliette, *Mém. du Vermandois*, t. II, p. 335). — *Crispiniaeum, Crespeigny*, XII⁰ s⁰ (cart. de l'abb. de Longpont, Bibl. imp.). — *Crespigni*, 1230 (cart. de l'abb. d'Ourscamp, f° 156, arch. de l'Oise). — In territorio de *Crespegni*, 1240 (chap. cath. de Noyon, arch. de l'Oise). — *Crespingny*, 1340 (arch. de l'Emp. P 135; transcrits de Vermandois). — *Crespigny*, 1646 (baill. de Chauny, B 1361).

Autrefois seigneurie relevant de la châtellenie de Chauny.

CRÉPY, c⁰⁰ de Laon. — *Crespeium villa*, 1068 (mém. ms. de l'Éleu, t. I, f° 192). — *Sanctus-Petrus-de-Crispeio*, 1103 (ch. de l'abb. de Saint-Nicolas-aux-Bois). — Parrochia que dicitur *Crispiacus*, 1125 (cart. de Prémontré, f° 36, bibl. de Soissons). — In villa *Crispi*, 1132 (ch. du musée de Soissons). — *Crespi*, 1160 (ch. de l'abb. de Saint-Martin de Laon). — *Crispeium-in-Laudunesio*, 1231 (ch. de l'Hôtel-Dieu de Soissons, 89). — Communitas de *Crispiaco-in-Laudunesio*, 1249; *Crespiacum-in-Laudunesio*, 1266 (ch. de l'abb. de Saint-Nicolas-aux-Bois). — *Crespi-en-Loonois*, 1276 (arch. de la ville de Saint-Quentin, liasse 182). — *Crépy-en-Laonnois*, 1276 (cab. des chartes, CC 222, Bibl. imp.). — *Crespi-en-Lenois, Crespi-in-Laudunesio*, XIII⁰ siècle (cart. de l'abb. de Thenailles, f° 84). — Communia de *Crispeyo-in-Laudunesio*, 1327; *Crespy*, 1345 (ch. de l'abbaye de Saint-Nicolas-aux-Bois). — Ville et commune de *Crespy-en-Laonnoy*, 1377 (ch. de l'abb. de Saint-Vincent de Laon). — *Crespy-en-Lannoit*, 1419 (Chron. de France, ms. 20, Bibl. de Lille). — *Crespy-en-Laonnois*, 1506 (ch. de l'abb. de Saint-Jean de Laon). — *Crépy-en-Lannois*, 1643 (baill. de Marle, B 508).

Crépy comptait autrefois deux paroisses, dont les églises subsistent encore sous les vocables de Saint-Pierre et de la Vierge, *Beata-Maria de Crespiaco, Sanctus-Petrus de Crespiaco*, 1340 (fonds latin, ms. 9228, Bibl. imp.). L'église de Notre-Dame n'a été établie qu'en 1463.

Crépy possédait une prévôté royale ressortissant au baill. de Laon.

Crépy devint, en 1790, le chef-lieu d'un canton dépendant du district de Laon et formé des c⁰⁰ˢ d'Assis-sur-Serre, Aulnois, Aumencourt, Besny, Bucy-lez-Cerny, Cerny-lez-Bucy, Cessières, Couvron, Crépy, Molinchart, Remies et Vivaise.

Les armoiries de Crépy sont : *de gueules à trois épis d'or, posés en pal et en sautoir, avec un chef d'azur chargé de trois fleurs de lys d'or.*

CHESNE, bois, c^nes de Noroy et de Troësne. — *Chresne*, 1513 (maîtrise de Villers-Cotterêts). — Bois de *Craine* (carte de Cassini).

CRESSONNERIE (LA), f. c^ne de la Chapelle-Monthodon. — *Chersonnière*, 1677 (arch. comm. de la Chapelle-Monthodon).

CRESSONNIÈRE (LA), f. et filet d'eau, c^ne de Bosmont.

CRESSONNIÈRE (LA), f^te, c^ne de Landouzy-la-Cour. « La Cressonnière est une ferme qui a pris son nom de la quantité de cresson qui y croist par le moyen des fontaines qui sourdent en ce lieu; l'eau desquelles se jettant dans un petit étang voisin fait tourner un moulin à papier. Elle a esté autrefois un hameau avec des mazures, et à présent il y a deux maisons. Ce moulin à papier basty par Pierre Lothmet, par la permission de François Denoiers, intendant de messire Nicolas de Neufville, abbé de Foigny, sur un petit ruisseau qui vient des fontaines de la Cressonnière » (Livre de Foigny, par de Lancy, f°s 46 et 49). — *Quersonière* (carte de Cassini).

CRESSONNIÈRE (LA), petit fief, c^ne de Marest-Dampcourt.

CRESSONNIÈRE (LA), m^on isolée, c^ne d'Urcel.

CREUTTE (LA), m^on isolée, c^ne de Bièvres.

CREUTTE (LA), m^on isolée, c^ne de Bourguignon-sous-Montbavin.

CREUTTE (LA), petit h. c^ne de Braye-en-Laonnois.

CREUTTE (LA), m^on isolée, c^ne de Cuissy-et-Geny.

CREUTTES (LES), h. c^ne de Laon. — *Criptæ*, 1138 (cart. de l'abb. de Saint-Martin de Laon, f° 135, bibl. de Laon). — *Crueptes*, 1236 (gr. cart. de l'év. de Laon, ch. 135). — *Creutis*, 1272 (cart. de l'abb. de Saint-Martin de Laon, t. III, p. 363). — *Creuttes-de-Saint-Vincent*, 1754 (tit. de l'abb. de Saint-Vincent de Laon).

CREUTTES (LES), h. c^ne de Mons-en-Laonnois. — *Cripte*, 1153; *Creptis*, 1176 (cart. de l'abb. de Saint-Martin de Laon, t. II, p. 11; t. III, p. 364). — Territorium de *Creutis*, 1270 (ch. de l'abb. de Saint-Vincent de Laon). — *Creutes*, 1280 (gr. cart. de l'év. de Laon, ch. 9). — *Crueuttes*, 1463 (comptes de la maladrerie de Laon, arch. de Laon). — *Creustes*, 1555 (tit. de l'abb. de Saint-Vincent de Laon). — *Saint-Waast-des-Creuttes*, 1599 (chambre du clergé du dioc. de Laon).

La seigneurie appartenait autrefois à la trésorerie de l'abbaye de Saint-Vincent de Laon et faisait partie de la vicomté de Mons-en-Laonnois. — Paroisse de la cure de Laniscourt.

L'église a été détruite en 1794 et la commune des Creuttes unie à celle de Mons-en-Laonnois par décret du 19 septembre 1806.

CREUTTES (LES), f. c^ne de Vauclerc-et-la-Vallée-Foulon.

CRÈVECOEUR, f. c^ne de Courcelles.

CRÈVECOEUR, m^in à vent, c^ne de Levergies.

CRÈVECOEUR, f. c^ne de Montgobert.

CRÈVECOEUR, petit h. et m^in à eau, c^ne de Soissons. — Molin de *Crevecueur*, 1575 (comptes de l'Hôtel-Dieu de Soissons, f° 3).

CREVER, h. c^ne de Courboin.

CRÉZANCY, c^ne de Condé. — *Crésancy*, 1464 (suppl. français, ms. 1195, Bibl. imp.). — *Cresenci*, 1573 (pouillé du dioc. de Soissons, f° 26). — *Crezency*, 1744 (intend. de Soissons, C 206).

Maladrerie unie à l'Hôtel-Dieu de Château-Thierry par arrêt du Conseil d'État du 21 janvier 1695.

CHIENS, bois, c^ne de Prouvais; défriché en grande partie. — On trouve sur son emplacement un camp et des médailles gauloises et romaines.

CRISE ou SAINT-ANDRÉ, faubourg de Soissons qui dépendait autrefois de la châtell. de Pierrefonds. — *La Chapellette*, 1635 (hôpital de Soissons).

CRISE, ruisseau. — *Crisia*, 1183 (cart. de Saint-Crépin-le-Grand de Soissons, p. 280). — Rivière de *Crize*, 1296 (arch. de l'Emp. L 1004).

Ce ruisseau, affluent de l'Aisne à Soissons, prend sa source à Launoy, sépare d'abord Rozières de Septmonts et de Noyant, puis Vauxbuin de Soissons. Il alimente seize moulins à blé et un moulin à tan dans un parcours de 28,154 mètres.

CROANES, m^in à eau, c^ne de Cherêt. — Il donne son nom à un petit ruisseau qui prend sa source à Cherêt, passe à Bruyères, où il portait autrefois les noms de *Raier*, 1246 (cart. de l'abb. de Foigny, f° 26, Bibl. imp.), et de *riu Bernart*, 1326 (cueilleret de l'Hôtel-Dieu de Laon, B 63), et se jette enfin dans le ruisseau d'Ardon.

CROUAT, m^in à eau, c^ne de Nouvion-le-Vineux. — Molendinum de *Curvala*, vers 1120. — Molin séans ou terroir de Laval, au lieu que on dit à *Cruale*, 1353; Molin de *Cruailles*, 1366 (abb. de Saint-Vincent de Laon). — Molin de *Croualle*, 1613 (insin. du baill. de Vermandois). — *Crouar*, 1609; *Crauat*, 1651; *Crouart*, 1692 (tit. de l'abb. de Saint-Vincent de Laon).

Ce moulin appartenait autrefois à l'abbaye de Saint-Vincent de Laon.

CROCHETS (LES), h. c^ne de Nogent-l'Artaud.

CROCY, h. c^ne d'Essommes. — *Crogi*, XII° siècle (suppl.

de D. Grenier, 293, Bibl. imp.). — *Crogis*, 1684 (baill. d'Essommes, greffe du trib. de Château-Thierry).

Ce hameau donne son nom à un petit ruisseau qui n'alimente aucune usine, se jette dans la Marne à Essommes et a un parcours de 3,040 mètres.

Croisée-Cauchy, h. c^{nes} de Barzy et de Boué. — *Croisy-Cauchy* (carte de Cassini).

Croisette (La), m^{on} isolée, c^{ne} de Becquigny.

Croisette (La), h. c^{ne} de Beuvardes.

Croisette (La), h. c^{nes} de Coupru et d'Essommes. — *Croissette* (carte de Cassini).

Doit son origine à une plâtrière exploitée autrefois par l'abb. de Notre-Dame de Soissons.

Croisette (La), petit h. c^{ne} d'Eppes.

Croisette (La), f. c^{ne} de Fontaine-Uterte; auj. détruite. — *Croisetes*, 1296 (cart. de l'abb. de Fervaques, f° 40, Bibl. imp.).

Croisette (La), h. c^{ne} de Viffort. — *Croissette* (carte de Cassini).

Autrefois seigneurie vassale de Château-Thierry.

Croisette (La), h. c^{ne} de Villeneuve-Saint-Germain.

Croix (La), c^{ne} de Neuilly-Saint-Front. — *La Croix-en-Tardenois*, 1573 (pouillé du dioc. de Soissons, f° 34).

Croix (La), h. c^{ne} de Montigny-Lengrain.

Croix (La), bois, c^{ne} de Neuville. — «Nemus... juxta *Crucem*, quod dicitur nemus de Aquila, 1230» (ch. de l'abb. de Saint-Vincent de Laon).

Ce bois est limitrophe de l'Ailette.

Croix (La), petit fief, c^{ne} de Vassens.

Croix-à-l'Arbre (La), m^{on} isolée, c^{ne} de Cuizy-en-Almont.

Croix-aux-Arbres (La), c^{ne} de Crandelain-et-Malval. — Emplacement où la justice de la commune se rendait encore en 1737 (audiencier, baill. de l'abb. de Saint-Jean de Laon). Ce lieu-dit figure au plan cadastral.

Croix-Ban (La), m^{on} isolée, c^{ne} de Bézu-Saint-Germain.

Croix-Barlet (La), h. c^{ne} de Lucy-le-Bocage. — *Croix-Barlin* (carte de Cassini).

Croix-Belval (La), m^{on} isolée, c^{ne} de Neuilly-Saint-Front.

Croix-Blanche (La), h. c^{ne} de Jaulgonne.

Croix-Blanche (La), h. c^{ne} de Rozoy-Bellevalle.

Croix-Butin (La), petit h. c^{ne} de Longueval.

Croix-de-Dampleux (La), m^{on} isolée, c^{ne} de Dampleux.

Croix de Fay (La), croix, c^{ne} de Chacrise.

Croix-de-Fer (La), m^{on} isolée, c^{ne} de Chaudun. — *Croix-Blanche*, 1608; *la Hutte*, 1664 (arch. de l'hôpital de Soissons).

Croix-de-Fère (La), petit h. c^{ne} de Coincy.

Croix des Hermites (La), c^{ne} de Montigny l'Allier. — Calvaire attribué à Jean de Matha, fondateur de l'ordre des Trinitaires.

Croix du Greffier (La), croix, c^{ne} d'Itancourt.

Croix-du-Moulin (La), m^{on} isolée, c^{ne} de Pinon.

Croix-du-Vieux (La) ou la Sucrerie, petit h. c^{ne} de Berny-Rivière.

Croix-Fonsomme, c^{ne} de Bohain. — *Crux*, xiie siècle (Colliette, *Mém. du Vermandois*, t. II, p. 261). — Curtis de *Crois*, 1239 (arch. de l'Emp. L 1006). — *Crois*, 1367; *Crois-dales-Fonsommes*, 1384 (arch. de l'Emp. P 135; transcrits de Vermandois). — *Croix-lo-Fervaques*, 1692 (tit. du chap. de Sainte-Pécinne de Saint-Quentin). — *Croix-les-Fonsomme*, 1744 (chambre du clergé du dioc. de Noyon). — *Croix-Méricourt*, 1787 (intend. d'Amiens, C 775).

La seigneurie appartenait autrefois au chap. de Saint-Quentin par échange avec l'abbaye de Saint-Foillans de Rœux (Recueil des fiefs, p. 131).

Croix-Gilbert (La), fief, c^{ne} de Faucoucourt. — Relevait autrefois de l'évêché de Laon.

Croix-Lamons (La), m^{on} isolée, c^{ne} de Billy-sur-Aisne.

Croix-Morel (La), poste de garde forestier, c^{ne} de Taillefontaine.

Croix-Pignard (La), petit hameau, c^{ne} de Rozoy-Bellevalle.

Croix-Romain (La), petit hameau, c^{ne} d'Auffrique-et-Nogent.

Croix-Rouge (La), m^{on} isolée, c^{ne} de Fère-en-Tardenois.

Croix-Rouge (La), f. c^{ne} d'Hinacourt.

Croix-Saint-Genest (La), c^{ne} de Viry-Noureuil. — Fontaine autrefois fréquentée par les pèlerins. Ses eaux tarissent souvent. Les pèlerins attachent des liens autour du tronc des branches d'un arbre qui l'avoisine, croyant, par ce moyen, obtenir guérison de la fièvre.

Croix-Sezaine, calvaire en la forêt de Saint-Gobain, construit, dit-on, en expiation de l'assassinat de trois jeunes enfants par le sire de Coucy.

Croix-Verte (La), petit h. c^{ne} de Bertaucourt-Épourdon. — Ce hameau doit son origine à une ferme qui dépendait autrefois de Missancourt et appartenait à l'abb. de Saint-Vincent de Laon.

Crolart, mⁱⁿ à eau, c^{ne} de Soucy. — Moulin de *Crolart*, 1620; Moulin de *Crouslart*, 1645 (tit. de l'abb. de Valsery).

Autrefois moulin à drap et à huile appartenant à l'abb. de Valsery. Il a été détruit vers 1640.

Crolet, mⁱⁿ à eau et scierie, c^{ne} de Chivy-lez-Étouvelles. — *Molendinum cui Crollet nomen est*, 1128 (cart.

de l'abb. de Saint-Martin de Laon, f° 120, bibl. de Laon). — *Crolletum*, 1173 (*ibid.* f° 119).—*Crvelet*, 1292 (gr. cart. de l'évêché de Laon, ch. 206). — *Craoullet*, 1564 (tit. de l'abb. de Saint-Martin de Laon).

Ce moulin a été donné, en 1145, par Barthélemy de Vir, évêque de Laon, à l'abbaye de Saint-Martin de Laon.

CROLLES (LES), bois, c^{ne} de Chavigny.

CROLOIS (LE), m^{on} isolée, c^{ne} de Meurival.

CROQUET (LE), petit fief, c^{ne} d'Origny-Sainte-Benoîte. — 1683 (baill. de Ribemont, B 245).

CROTTOIR (LE), f. c^{ne} de Barizis. — *Crustidum*, 867 (dipl. de Charles le Chauve, prévôté de Barizis). — *Crotorium*, 1193; *Creutoir*, 1235 (Liber privilegiorum, abb. de Saint-Amand, arch. du Nord). — *Crotoy*, 1411 (arch. de l'Emp. J 801, n° 4). — *Crotoire*, 1685 (cab. de M. Desprez).

Cette ferme appartenait autrefois à la prévôté de Barizis.

CROUTELLE (LA), h. c^{ne} d'Acy.

CROUTTES, c^{ne} de Charly. — *Cruttes*, 1208 (cart. de l'abb. de Saint-Jean-des-Vignes de Soissons, f° 95, Bibl. imp.). — Paroisse de *Saint-Quiriace-de-Croutes*, 1699 (arch. comm. de Croutes).—*Croutes*, 1709; *Croustes*, 1710; *Croutte*, 1711 (intend. de Soissons, C 205 et 274). — *Crouttes-sur-Marne*, 1789 (arch. comm. de Crouttes).

CROUTTES, h. c^{ne} de Cugny. — *Crouttes-sous-Cugny*, 1678 (hôpital de Soissons). — *Croutte* (carte de Cassini).

Autrefois seigneurie relevant d'Oulchy-le-Château.

CROUTTES, h. c^{ne} de Muret-et-Crouttes. — *Croustes*, 1398 (comptes de l'Hôtel-Dieu de Soissons, 324). — *Croustez*, 1408 (*ibid.* f° 84). — *Croutes*, 1690 (tit. de l'Hôtel-Dieu de Soissons, 71).

La seigneurie appartenait autrefois au chapitre cathédral de Soissons et relevait d'Oulchy-le-Château. — Une partie du hameau portait aussi, avant 1790, le nom de *Petite-Croute* et dépendait de la paroisse de Maast.

CROUTTES (LES), mⁱⁿ à eau, c^{ne} de Chouy.

CROUTTES (LES), h. c^{ne} de Montigny-Leugrain. — *Les Croutes*, 1277 (suppl. de D. Grenier, 289, Bibl. imp.).

CROUY, c^{ne} de Soissons. — *Croviacus* (ex Vitâ sancti Medardi, Spicil. d'Achery, t. VIII, p. 397). — *Croiacus*, 870 (dipl. de Charles le Chauve, Hist. de France, t. VIII, p. 629 B). — Territorium de *Croyacco*, 1190 (cart. de l'abb. de Saint-Médard, f° 113, Bibl. imp.). — *Croi*, 1235 (cart. de l'abb.

de Longpont, f° 8). — *Croy*, 1251 (suppl. de D. Grenier, 293, ch. 53, Bibl. imp.). — *Croy-delez-Soissons*, 1333 (arch. de l'Emp. Tr. des chartes, reg. 66, f° 504). — *Crouys*, 1390 (comptes de l'Hôtel-Dieu de Soissons, 323). — *Croui*, 1638 (tit. de l'abb. de Saint-Crépin-en-Chaye).

La seigneurie appartenait autrefois au chapitre cath. de Soissons et à l'abbaye de Saint-Médard de la même ville.

Crouy donne son nom à un ruisseau qui prend sa source sur le territoire de Laffaux, traverse ceux de Neuville-sur-Margival, Vuillery et Braye et se jette dans l'Aisne à Crouy. Il alimente six moulins à blé dans un parcours de 13,245 mètres.

CROUAUX (LES), h. c^{ne} de Chéry-Chartreuve. — *Croaut*, 1126 (cart. de l'abb. d'Igny, f° 92, Bibl. imp.).

CRUPILLY, c^{ne} de la Capelle. — *Crupeliacum*, 1169; *Crupiliacus*, XII° s^e (cart. de l'abb. de Saint-Michel, p. 240 et 22). — *Crupilli*, 1261 (ch. du chap. cath. de Laon). — *Crupillis*, 1260; *Crupillies*, 1344 (cart. de la seign. de Guise, f° 1 et 236). — *Crupilly*, 1561 (arch. de la ville de Guise).

Dépendait autrefois du duché de Guise et ressortissait au baill. de ce duché.

CUBRY, mⁱⁿ à eau et batteuse, c^{ne} de Coulonges.

CUFFIES, c^{ne} de Soissons. — *Cupheis* (Annal. Bened. t. V, p. 12, n° 13). — *Cuphies*, 1232 (suppl. de D. Grenier, 293, ch. 37, Bibl. imp.). — *Cufies*, 1235 (cart. de l'abb. de Longpont, f° 80). — *Cuffiez*, 1366 (arch. de l'Emp. P 136; transcrits de Vermandois). — *Cuffyes*, 1479 (comptes de l'Hôtel-Dieu de Soissons, 96). — *Cuffies-au-Mares*, 1526 (Hôtel-Dieu de Soissons, 72). — *Cuffye*, 1571 (arch. de l'Hôtel-Dieu de Soissons, 72). — *Cuffie*, 1631 (tit. de l'abb. de Saint-Crépin-en-Chaye). — *Cuffy*, 1711 (intend. de Soissons).

Autrefois seigneurie relevant de Pierrefonds.

CUGNY, c^{ne} d'Oulchy-le-Château. — *Cuigniacus*, XII° s^e (cart. du chap. cath. de Soissons, f° 233). — *Cugni*, 1203 (arch. de l'Emp. L 1006). — *Cuigni*, *Cuigny*, 1405 (comptes de l'Hôtel-Dieu de Soissons, f°s 19 et 27). — *Kugni*, 1573 (pouillé du dioc. de Soissons, f° 21).

Ressortissait, en 1383, à la prévôté d'Oulchy-le-Château (arch. de l'Emp. P 136; transcrits de Vermandois).

CUGNY, c^{ne} de Saint-Simon. — *Cauviniacus*, vers 954; *Caviniacus*, 956; altare de *Cahunengy*, 1145 (cart. de l'abb. d'Homblières, p. 16 et 12). — Vile de *Keugny*, 1373 (arch. de l'Emp. P 135; transcrits de Vermandois).

Châtellenie vassale de Ham en 1532 (comptes

de la châtellenie de Ham, chambre des comptes de la Fère).

Cuirieux, c^{on} de Marle. — Alodium de *Cuiriex*, 1113; territorium ville de *Cuirues*, 1120; in territorio de *Curello*, 1156 (cart. de l'abb. de Bucilly, f°s 2 et 31). — *Curuex*, 1159 (suppl. de D. Grenier, 288, Bibl. imp.). — *Curiex*, 1209 (cart. de l'abb. de Saint-Martin de Laon, t. III, p. 56). — Domus de *Curiolis*, 1213; *Cuirex*, 1237; *Curius*, xiii^e s^e (cart. de l'abb. de Bucilly, f°s 13, 18, 106). — *Cuirieus*, 1246 (arch. de l'Emp. L 993). — *Curieu*, 1405 (ibid. J 801, n° 1). — *Cuireux*, *Cuirius*, 1476 (comptes de l'Hôtel-Dieu de Laon, E 21). — *Cuirieu*, 1486 (ch. du même Hôtel-Dieu, B 91). — *Cuyrieur*, 1498; *Curielx*, 1523 (comptes de la châtellenie de Pierrepont). — *Cuyrieu*, *Cuirieulx*, 1554 (reg. des insin. du baill. de Vermandois). — *Curieu*, 1596 (chambre du clergé du dioc. de Laon). — *Curieulx*, 1605 (tit. de l'év. de Laon).

La seigneurie appartenait autrefois à l'abbaye de Bucilly et dépendait de la châtellenie de Pierrepont, où elle ressortissait pour la justice.

Cuiry-Housse, c^{on} d'Oulchy-le-Château. — *Curi*, 1147 (cart. de l'abb. de Saint-Yved de Braine, arch. de l'Emp.). — *Cury*, 1383 (ibid. P 136; transcrits de Vermandois). — *Cuyri*, 1608 (arch. comm. de Loupeigne). — *Cury-Housse* (carte de Cassini).

Le fief de la tour de Cuiry relevait jadis de Pontarcy.

Cuiry-lez-Chaudardes, c^{on} de Craonne. — Villa de *Curi*, 1150 (cart. de l'abb. de Vauclerc, f° 15). — *Cury*, 1359 (arch. de l'Emp. Tr. des chartes, reg. 90, n° 155). — *Cuiry-les-Chaudardves*, 1405 (mêmes archives, J 801, n° 1). — *Curry*, 1535 (comptes de Roucy). — *Cuiry-les-Chaudarde*, 1568 (acquits, arch. de la ville de Laon). — *Cuiri* (carte de Cassini).

La seigneurie appartenait autrefois à l'abbaye d'Origny-Sainte-Benoîte. — Le village a été érigé en commune en 1216.

Cuiry-lez-Iviers, c^{on} de Rozoy-sur-Serre. — *Curi*, xiiie siècle (cart. de l'abb. de Thenailles, f° 83). — *Cury*, 1340 (fonds latin, ms. 9228, Bibl. imp.). — *Cuiry-en-Thiérache*, 1398 (arch. de l'Emp. P 136; transcrits de Vermandois). — *Cury-les-Yviers*, 1405 (ibid. J 801, n° 1). — *Cury-les-Dohis*, 1553 (reg. des insin. du baill. de Vermandois). — *Cury-les-Iviers*, 1620 (famille la Trémoille). — *Cuiry-les-Yviers*, 1709 (intend. de Soissons, C 274). — *Cury-les-Iviez* (carte de Cassini).

Ce village faisait partie du comté de Bancigny et relevait de Rozoy-sur-Serre.

Cuise, fief, c^{ne} de Belleu. — Acquis par l'Hôtel-Dieu de Soissons, le 8 septembre 1431, de Hugues de Moirancourt, écuyer.

Cuisse (Bois de), c^{on} de Bouconville. — *Boscus Cuissiaci*, 1160 (cart. de l'abb. de Thenailles, f° 47).

Cuissy-et-Geny, c^{on} de Craonne. — *Cuissiacus*, xiie s^e (ex lib. III Hermanni monachi, *De Miraculis Beate Marie Laudunensis*, bibl. de Laon). — *Cussiacum*, 1144 (cart. de l'abb. de Thenailles, f°s 15 et 35). — Abbatia de *Cosseio*, 1145 (cart. de l'abb. de Vauclerc, f° 29). — *Cuissiacensis ecclesia*, 1160 (cart. de l'abb. de Thenailles, f° 47). — *Quissiacum*, 1173 (ch. de l'abb. de Prémontré). — Monasterium de *Cuissyaco*, 1290 arch. de l'Emp. L 993). — *Cuissi-en-Loonois*, 1299 (arch. de l'Emp. L 993). — *Cuissi*, xiiie s^e (cart. de l'abb. de Thenailles, f° 95). — *Cuisseyum*, vers 1346 (cart. E du chap. cath. de Reims). — *Cuyssy*, 1523 (comptes de Roucy). — *Cuizy*, 1750 (int. de Soissons, C 283).

Abbaye de l'ordre de Prémontré fondée vers 1122; elle possédait la seigneurie du village. — Celui-ci ressortissait au baill. de Châtillon-sur-Marne.

Cuizy-en-Almont, c^{on} de Vic-sur-Aisne. — *Cusiacum*, 898 (dipl. du roi Eudes, Mabillon, *De Re diplom.* p. 557). — *Cuisi*, 1217 (cart. de l'abbaye de Saint-Médard, f° 142, arch. de l'Aisne). — *Cuizy*, *Curzi*, 1276 (ibid. f° 78). — *Cuysy*, 1390; *Quisyen-Allemont*, 1398 (comptes de l'Hôtel-Dieu de Soissons, 323). — *Cuisy-en-Aillemont*, 1567 (tit. du chap. de Notre-Dame-des-Vignes de Soissons). — *Cuisy*, 1601; *Cuisy-en-Allemont*, 1703; *Cuisi-en-Allemont*, 1768; *Cuizy-en-Allemont*, 1776 (tit. du séminaire de Soissons).

Autrefois chef-lieu d'une justice dite *pottée*, relevant de l'abb. de Saint-Médard de Soissons; cette justice comprenait Cuizy-en-Almont, Osly-Courtil et Villers-la-Fosse. Elle a été unie à celle de Saint-Médard par lettres patentes d'octobre 1746.

Culavé, petit h. c^{ne} de Taillefontaine.

Culblanc (Le), m^{on} isolée, c^{ne} de Septvaux.

Cul-de-Leup (Le), h. c^{ne} de Saint-Gobain. — *Cul-de-Leu* (carte de Cassini).

Culée (La), bois, c^{ne} de Chavigny.

Culerie (La), m^{on} isolée, c^{ne} de Saint-Gobert.

Curbigny, f. c^{ne} d'Houry. — In territorio de *Curbiniaco*, 1147; *Cuerbigni*, 1164 (cart. de l'abb. de Thenailles, f°s 16 et 18). — *Curbini*, 1167 (cart. de l'abb. de Saint-Martin de Laon, t. I, p. 416). — In territorio de *Corbinis*, 1173; in villa que dicitur *Curbinni*, 1194; in territorio de *Cuerbigni*, 1228; *Curbigniacum*, 1275 (cart. de l'abb. de Thenailles, f°s 12, 30, 27 et 19). — *Courbi-*

gnies, 1495 (arch. de l'Emp. P 248-2). — *Courbigny*, 1599 (comptes de la châtellenie de Marle, chambre des comptes de la Fère). — *Curbiny*, 1686 (coll. de M. Édouard Piette).

Le domaine de Curbigny dépendait autrefois de la châtellenie de Voulpaix et relevait du comté de Marle. Une partie du territoire de Curbigny a été unie à Gronard par arrêté de l'administration départementale de l'Aisne du 15 février 1797. La ferme est détruite.

Curenval, f. c^{ne} de Couvron-et-Aumencourt? Détruite.

Cutry, c^{ne} de Vic-sur-Aisne. — *Cutri*, 1143 (cart. de l'abb. de Saint-Crépin-le-Grand de Soissons, p. 3). — *Cuteri*, 1217 (cart. de l'Hôtel-Dieu de Soissons, 190, ch. 17). — *Cutrei*, 1225 (cart. de l'abb. de Saint-Jean-des-Vignes, Bibl. imp.). — *Cutery*, 1255 (cart. du chap. cath. de Soissons, f° 1). — *Cuteriacum*, 1358 (arch. de l'Emp. Tr. des chartes, reg. 86, n° 460). — *Qutery*, 1397 (Manuel des dépenses de l'Hôtel-Dieu de Soissons, 323). — *Cutery-les-Queuves-en-Soissonnais*, 1466 (Journal des assises du baill. de Vermandois). — *Cuttri*, 1513 (comptes de l'Hôtel-Dieu de Soissons, f° 55). — *Cuttery*, 1519 (tit. du chap. de Saint-Pierre-au-Parvis de Soissons). — *Cuitry*, 1529 (comptes de l'Hôtel-Dieu de Soissons, f° 10). — *Cuttry*, 1599 (tit. du chap. de Saint-Pierre-au-Parvis de Soissons).

Mairie de la châtellenie de Pierrefonds. La seigneurie relevait de cette châtellenie (arch. de l'Emp. Tr. des chartes, reg. 30, pièce 245). — La paroisse ressortissait pour la justice à la prévôté de Pierrefonds et au baill. de Senlis en 1384 (arch. de l'Emp. P 136; transcrits de Vermandois).

Cutry donne son nom à un petit ruisseau affluent du Rivelons à Cœuvres, qui prend sa source au territ. de Dommiers et traverse celui de Saint-Pierre-Aigle et dont le parcours est de 816 mètres.

Cys-la-Commune, c^{ne} de Braine. — *Cis*, IXe s^e (dipl. de Charles le Chauve, cart. de l'abb. de Saint-Médard, f° 127, arch. de l'Aisne). — *Cis-super-Azonam*, 1184 (cart. G, chap. cath. de Reims; f° 25). — *Ciis*, 1355 (pièces justificatives de l'Histoire du duché de Valois, xcii). — *Sis-outre-Aisne*, 1398 (cart. de l'abbaye de Saint-Martin de Laon, t. I, p. 83). — Commune de *Sisse*, 1464 (Journal des assises du baill. de Vermandois). — *Ciis-la-Commune*, 1711 (intend. de Soissons, C 205).

Commune érigée en 1191 par Thibaut, comte de Champagne; elle ressortissait pour la justice au baill. de Fismes.

D

Dagny-la-Cour, mⁱⁿ à eau, c^{ne} de Dagny-Lambercy. — *Daignis-la-Court*, 1398 (arch. de l'Emp. P 136; transcrits de Vermandois).

La seigneurie appartenait autrefois à la mense abbatiale de Saint-Nicaise de Reims et relevait de Rozoy-sur-Serre (arch. de l'Emp. P 136; transcrits de Vermandois).

Dagny-Lambercy, c^{ne} de Rozoy-sur-Serre. — *Daagni*, 1142 (cart. de l'abb. de Saint-Michel, p. 168). — Altare de *Aegniis*, 1144; altare de *Aeniis*, 1161 (cart. de l'abb. de Thenailles, f° 35 et 8). — *Dagnies*, 1169; *Daegniis*, 1174; *Daigniis*, xiie siècle (cart. de l'abb. de Saint-Michel, p. 240, 99 et 243). — In territorio de *Agnies*, 1205 (cart. de l'abb. de Thenailles, f° 5). — In toto territorio de *Daegnies*, xiiie s^e (*ib*. f° 61). — *Daignis*, 1398 (arch. de l'Emp. P 136; transcrits de Vermandois). — *Daignis-et-Lambrecys*, 1568 (acquits, arch. de la ville de Laon). — *Dagni*, 1720 (baill. de Bancigny). — *Dagnis-Lambrecis*, 1709 (int. de Soissons, C 274).

La seigneurie relevait autrefois de Rozoy-sur-Serre (arch. de l'Emp. P 136).

Dallon, c^{ne} de Saint-Simon. — *Dalon*, 1153 (cart. de l'abb. d'Homblières, p. 54). — *Saint-Médard-de-Dalon*, 1670; *Dallons*, 1694 (arch. comm. de Dallon).

La seigneurie relevait autrefois du chapitre de Saint-Quentin à cause du fief de la Coutrerie, dont elle a été démembrée (Recueil des fiefs, p. 135).

Damalis, petit ruiss. affluent de celui de Billy à Billy-sur-Aisne. Il n'alimente aucune usine. — Son parcours est de 1,873 mètres.

Dames (Les), f. c^{ne} de Chéry-Chartreuve.

Dammard, c^{ne} de Neuilly-Saint-Front. — *Dampmard-en-Orcois*, 1518 (Hôtel-Dieu de Soissons, 151). — *Dampmard*, 1569 (tombe de Robert de Lenoncourt, en l'église de Passy-en-Valois). — *Dammart*, 1582 (arch. comm. de Dammard). — *Damart*, 1621 (tombe de Catherine de Fleurigny, en l'église de Rozet-St-Albin). — *Damars*, 1709; *Damart*, 1750 (intend. de Soissons, C 276 et 278). — *Dammars* (Cassini).

Autrefois baronnie.

Dammarie, h. c^{ne} de Juvincourt-et-Dammarie. — *Donna Maria*, 1126 (cart. de l'abb. de Saint-Thierry de

Reims, f° 386). — Feodum de *Dona-Maria*, 1222 (p. cart. de l'év. de Laon, ch. 66 et 67). — *Damaria*, *Damerie*, 1244 (cart. de l'abb. de Vauclerc, f° 4). — *Damemaria*, 1246 (cart. de Saint-Thierry de Reims, f° 186). — Territorium de *Domina Maria*, 1248 (gr. cart. de l'év. de Laon, ch. 73). — *Dame-Marie*, xiii° s° (cart. de l'abb. de Thenailles, f° 97). — *Dame-Marie*, *Daleiz-Jevincourt*, 1363 (ch. de l'év. de Laon). — *Dame-Marie-et-Faiault*, 1568 (acquits, arch. de la ville de Laon). — *Dannemarie*, 1729 (intend. de Soissons, C 305). — *Damarie*, 1735 (état civil de Juvincourt, trib. de Laon). — *Dannemarie* (terr. de Juvincourt).

La seigneurie relevait autrefois de l'évêché de Laon. — La paroisse dépendait de la cure de Corbeny. — Dammarie a été uni à Juvincourt par l'assemblée provinciale du Soissonnais, le 25 juillet 1788, et par l'administration départementale de l'Aisne, le 21 octobre 1791.

Dammemarie ou Tilvot, fief, c"° d'Étampes; vassal de Montmirail. — *Dammemarye*, 1427; *Dannemarie*, 1586 (arch. du baill. de Château-Thierry).

Dampcourt, h. c"° de Marest-Dampcourt. — *Doencourt*, 1221 (cart. de l'abb. de Prémontré, f° 105, bibl. de Soissons). — *Dancourt*, 1500 (arch. du marquisat de Genlis). — *Dampcour*, 1632; *Damcourt*, 1666 (baill. de Chauny, B 1496 et B 1449).

Le fief relevait autrefois de Chauny.

Dampleu, c"° de Villers-Cotterêts. — *Damlou*, 1165; *Domnus lupus*, xii° s° (suppl. de D. Grenier, 292, Bibl. imp.). — Grangia de *Danleu*, 1189; *Damleu*, 1247 (arch. de l'Emp. L 1005). — Territorium de *Danlu*, 1264 (ch. de l'abb. de Valsery). — In territorio de *Dampleu*, 1271 (suppl. de D. Grenier, 296, Bibl. imp.). — *Dampleu*, 1348 (cart. de l'abb. de Notre-Dame de Soissons, p. 46). — *Damleux*, 1710; *Danleux*, 1745 (intend. de Soissons, C 206).

La seigneurie appartenait en partie à l'abbaye de Valsery et relevait de la châtell. de Crépy-en-Valois.

Dandry, f. c"° de Crépy. — *Danery*, 1166 (cb. de l'abb. de Prémontré). — *Dennery*, 1412 (comptes de la châtell. d'Aulnois). — *Damery*, 1596 (chambre du clergé du dioc. de Laon). — *Dandri* (carte de Cassini).

Cette ferme appartenait autref. à l'abb. de Prémontré.

Danizy, c"° de la Fère. — *Danisiacus*, 1267 (ch. de l'Hôtel-Dieu de Laon, B 68). — *Dennisy*, 1401 (comptes de l'Hôtel-Dieu de la Fère, f° 16). — *Dennysy*, 1444 (délibérations, arch. de la ville de la Fère). — *Damisy*, 1465; *Dannisy*, 1561 (comptes

de l'Hôtel-Dieu de la Fère). — *Saint-Pierre-de-Danisi*, 1680 (arch. comm. de Danizy). — *Danisi*, 1780 (chambre du clergé du dioc. de Laon).

Autrefois vicomté relevant de la châtell. de la Fère. — La paroisse dép. de la cure de Charmes.

Dannejeu, h. c"° de Celle-lez-Condé. — *Donjeu* (carte de Cassini).

Dardouret, f. c"° de Nogent-l'Artaud. — *La Dardourette* (carte de Cassini).

Ancien domaine de l'abb. de Nogent-l'Artaud.

Dantois (Le), h. c"° de Manicamp.

Daubins (Les), h. c"° de l'Épine-aux-Bois. — *Les Dobins* (carte de Cassini).

Daulle ou Haute-Maison, fief, c"° de Vezaponin.

Dauttecourt, fief, c"° de Vaux-Andigny.

Deaux (Le), m"° isolée, c"° de Vieil-Arcy.

Déconfiture (La), f. c"° de Chaourse; auj. détruite. — Elle était située près de Montcornet.

Défense (La), petit bois, c"° d'Épaux-Bézu. — Ce bois contenait 35 arpents (d'Expilly, *Dict. géogr.* t. II, p. 720).

Demi-Lieue (La), h. c"° d'Ohis. — *Demy-Lieue*, 1760 (prévôté d'Hirson). — *Demie-Lieux* (carte de Cassini).

Demi-Lieue (La), h. c"° de la Vallée-Mulâtre. — *Demy-Lieue*, 1602 (arch. de la ville de Guise). — *Demi-Lieux* (carte de Cassini).

Demi-Lieue (La), f. c"° de Verly.

Demi-Lune (La), h. c"° de Ciry-Salsogne.

Demiville, m"°, c"° de Molinchart; auj. détruit. — Il appartenait autrefois à l'abbaye de Saint-Nicolas-aux-Bois.

Demoiselle (La), petit h. c"° de Venizel.

Denizets (Les), h. c"° de Vendières.

Dennet, c"° de Meshrecourt-Richecourt; relevant autrefois de l'év. de Laon. — *Juet*, 1733 (tit. de l'év. de Laon).

Son nom vient de la famille d'Ennet, qui le possédait.

Denteuse (La), h. c"° de Vervins. — In treffundo ejusdem ecclesie (Thenoliensis), loco qui dicitur *Danteuse*, 1247; in toto territorio de *Donteuse*, xiii° s° (cart. de l'abb. de Thenailles, f° 5 et 62). — *La Denteuze*, 1617 (min. d'Ozias Teillinge, notaire).

Les fermes de la Denteuse appartenaient autrefois à l'abb. de Thenailles.

Dercy, c"° de Crécy-sur-Serre. — *Derciacum*, 1065 (mém. ms. de l'Éleu, t. I, f° 191). — *Derci*, 1144 (cart. de l'abb. de Thenailles, f° 15). — *Dersiacus*, 1156; *Dierci*, 1167; *Dercis*, 1186 (ch. de l'abb. de Saint-Nicolas-des-Prés de Ribemont). — *Derchi*, 1217 (suppl. de D. Grenier, 288, Bibl. imp.). —

Derceium, 1241 (arch. de l'Emp. L 992 et LL 1015). — *Derceyum*, 1247 (cart. de l'abb. de Thenailles, f° 9). — *Drecy*, 1431 (comptes de l'Hôtel-Dieu de Laon, E 16). — *Dercis*, 1568 (arch. de la ville de Laon). — *Dercys*, 1596 (minutes de Tupigny, notaire, greffe du trib. de Laon).

La seigneurie faisait partie du comté de Marle; elle a été aliénée, le 17 mai 1600, par les commissaires du roi Henri IV (arch. de l'Emp. Q 8).

DERNIER-SOU (LE), petit h. c^{ne} de la Capelle.

DESBONDES, f. c^{ne} de Viffort.

DÉSOLATION (LA), petit h. c^{nes} d'Audigny et de Flavigny-le-Petit.

DÉSOLATION (LA), f. c^{ne} de Poutru.

DÉSOLATION (LA), petit h. c^{ne} de Regny.

DESSOUS-LA-CABUTTE, m^{on} isolée, c^{ne} de Laversine. — De construction récente.

DÉTROIT-BLEU (LE), h. c^{ne} de Flavy-le-Martel. — *Destroict-de-Flavi*, 1608; *Destroyt*, 1611; *Destroy-du-Flavy*, 1624; *Grand-Destroit*, 1668; *Détroy-Bleu*, 1765 (baill. de Chauny, B 1376, 1377, 1402, 1450, 1460).

A pris son nom de la Maison-Bleue (*ibid.* 1450).

DÉTROIT-D'ANNOIS (LE), h. c^{ne} d'Annois. — *Destroy*, 1625; *Destroit*, 1661; *Destroit-d'Annoy*, 1696 (baill. de Chauny, B 1446, 1370). — *Détroit-Danmy* (carte de Cassini). — *Détroit-Ponthieu*, 1777 (baill. de Chauny, B 1665).

DEUILLET, c^{on} de la Fère. — *Duilliacus*, 1132 (cart. de l'abb. d'Homblières, p. 54). — *Doletum*, 1145; *Doillet*, 1193 (Chron. de Nogento, p. 428 et 433). — *Dueillet*, 1244 (gr. cart. de l'év. de Laon, ch. 27). — *Duillatum*, 1266 (cart. de l'Hôtel-Dieu de Laon, H 3). — *Deuillet*, 1336 (arch. de l'Emp. Tr. des chartes, reg. 70, pièce 129). — *Duellet*, 1341 (*ibid.* reg. 75, n° 234). — *Deullet*, 1405 (*ibid.* J 801, n° 1). — *Dœuillet*, 1559 (matt. de la Fère). — *Dœuiller*, 1577 (tit. de l'abb. de Saint-Nicolas-aux-Bois). — *Dœuilliet*, 1745 (intend. de Soissons, C 274 et 206).

La seigneurie relevait autrefois de la châtellenie de la Fère.

DEUX-ARBRES (LES), m^{on} isolée, c^{ne} d'Annois.

DEVANT-SAINT-PAUL, m^{on} isolée, c^{ne} de Crouy.

DEZILLES, petit fief, c^{ne} de Brissay-Choigny. — Relevait autrefois de Choigny.

DULIS (LA), rivière qui prend sa source à Artonges, traverse Pargny et Condé, fait encore tourner six moulins dans un parcours de 8 kilomètres, et se jette dans le ru de Verdon au-dessus de Montigny-lez-Condé. — Ses eaux ont été détournées en partie pour alimenter la ville de Paris.

DHUIZEL, c^{ne} de Braine. — *Dusel*, 1146 (cart. B de l'abb. de Saint-Remy de Reims, f° 80). — *Dusellum*, 1147; *Duisel*, XIIe s^e (cart. de l'abb. de Saint-Yved de Braine, arch. de l'Emp.). — *Duisellum*, 1225 (cart. B de l'abb. de Saint-Remy de Reims, f° 134). — *Duizel*, 1544 (min. de Pigache, notaire, greffe du trib. de Laon). — Prévosté de *Duysel*, 1569 (ch. de l'abb. de Saint-Remy de Reims, arch. de la Marne). — *Dhuisel*, 1620 (tit. de la Congrégation de Laon). — Paroisse de *Saint-Remy de Duisel*, 1686 (arch. comm. de Dhuizel). — *Duizelle*, 1725 (tombe de Henri-Louis de Cauchon, en l'église de Dhuizel). — *D'Huizel* (carte de Cassini).

Autrefois vicomté. — La partie de la seigneurie qui appartenait au prévôt de Dhuizel relevait de Braine; et le surplus, de la baronnie de Pontarcy, depuis 1601.

DHUIZY, h. c^{ne} de Serches. — *Dusi*, XIIe s^e (cart. de l'abb. de Saint-Yved de Braine, arch. de l'Emp.). — *Dhuysi*, 1252 (arch. de l'Emp. L 1005). — *Duisy*, 1604 (état civil de Beaurieux, trib. de Laon). — *Dhuisi*, 1669 (terr. de Maupas, f° 58). — *Grand-Dhuisy* (carte de Cassini).

Seigneurie relevant autrefois de Fère-en-Tardenois (arch. de l'Emp. Q 8).

DIALE, bois, c^{ne} d'Aunois; auj. défriché.

DIFFÉREND (LE), bois, c^{ne} d'Harcigny; auj. défriché. — Il appartenait autrefois à l'abb. de Bucilly.

DISTILLERIE (LA), m^{on} isolée, c^{ne} de Bucy-le-Long.

DIX-MAISONS (LES), h. c^{ne} de Servais.

DIZY-LE-GROS, c^{on} de Rozoy-sur-Serre. — *Diseie* (Relation des Miracles de saint Thierry, acta SS. ord. Ben. sæc. p. 626, n° 16). — Villa *Disiacum*, 907 (dipl. de Charles le Simple, *Hist. de France*, t. IX). — *Dysi*, 1176 (cart. de l'abb. de Saint-Yved de Braine, arch. de l'Empire). — *Dysy*, 1192 (cart. de l'abb. de Saint-Denis, f° 91, arch. de l'Emp.). — Altare de *Disi*, ubi olim villa fuit sed post destructa, cum parrochia, 1197 (ch. du chap. cath. de Laon). — *Dysiacus*, 1250 (arch. de l'Emp. L 994). — *Disy-la-Ville*, 1411 (*ibid.* J 801, n° 4). — *Magnus-Diziacus*, 1647 (arch. comm. de Martigny-en-Laonnois).

Le domaine de Dizy-le-Gros, qui appartenait au fisc royal, fut donné en 1060 à l'abb. de Saint-Martin-des-Champs de Paris (*Gall. Christ.* t. VII, col. 33), par Henri Ier, roi de France. Il fut acquis au XIIe siècle par l'abbaye de Cuissy, qui accorda en 1194, de concert avec Philippe Auguste, une charte de commune aux personnes qui l'habitaient.

DOGIERS (LES), petit h. c^{ne} de Viels-Maisons. — Les *Doguets* (carte de Cassini).

Douis, h. c^{ne} de Leschelle. — *Dohy*, 1629 (famille de Madrid de Montaigle). — *Ohy* (carte de Cassini).

Dois, c^{en} de Rozoy-sur-Serre. — *Dois*, 1145; *Doys*, xiiI^e s^e (cart. de l'abb. de Saint-Michel, p. 27 et 243). — *Dhoy*, 1190 (mém. ms. de l'Éleu, t. I, p. 467). — *Dhohis*, 1642 (chambre du clergé du dioc. de Laon). — *Dohy*, 1676 (baill. de Bancigny). — *Dhois*, 1729 (intend. de Soissons, C 205). — *Dohys* (carte de Cassini).

La seigneurie dépendait du comté de Bancigny et relevait de Rozoy-sur-Serre.

Dôle, h. c^{ne} de Chéry-Chartreuve. — *Daulle*, 1659 (tit. de l'abb. de Chartreuve). — *Daule*, 1714 (tit. du prieuré de Saint-Remy de Braine).

Ce hameau doit son nom à la forêt de Dôle, qui relevait du comté de Braine : Foresta de *Daule*, 1247 (cart. de l'abb. d'Igny, f° 170).

Dolignon, c^{en} de Rozoy-sur-Serre. — *Dolignon-juxta-Rainneval*, xiiI^e siècle (cart. de l'abb. de Theuailles, f° 83). — *Dollignon*, 1614 (baill. de la Fère, B 815). — *Dolignon-en-Tiérache*, 1699 (arch. comm. de Dolignon).

La seigneurie relevait autrefois de Rozoy-sur-Serre. — La paroisse dépendait de la cure de Sainte-Geneviève.

Dolloin, ruisseau qui prend sa source à Viffort, passe à Montfaucon, Essises, Chézy-l'Abbaye, et afflue à la Marne, après avoir alimenté dix moulins à blé dans un parcours de 11,280 mètres. — *L'Olloire* (carte de Cassini).

Doly, mⁱⁿ à eau, c^{ne} de Chartèves. — Ce moulin donne son nom au ruisseau qui l'alimente. Ce ruisseau prend sa source sur le territ. du Charmel, sépare Beuvardes de Chartèves et se joint à la Marne dans cette dernière c^{ne}, après avoir alimenté deux moulins à blé et une scierie et parcouru 5,280 mètres.

Domaine (Le), f. c^{ne} de la Capelle.

Domaine (Le), petit h. c^{ne} de Juvigny.

Dommiers, c^{en} de Vic-sur-Aisne. — *Domarie*, 1110; *Domarium*, 1179 (cart. de l'abb. de Saint-Jean-des-Vignes, f° 1, Bibl. imp.). — *Domiers*, 1200 (ch. de la même abb.). — *Dommies*, 1206 (cart. du chap. cath. de Soissons, f° 101). — *Doumiers*, 1236 (cart. de l'abb. de Saint-Jean-des-Vignes, f° 71, Bibl. imp.). — *Donmières*, 1268 (cart. de l'abb. de Longpont, f° 25). — *Dompmiers*, 1502 (comptes de l'Hôtel-Dieu de Soissons, f° 1). — *Dommyer*, 1589 (ibid. f° 10). — *Donmier*, 1733 (intend. de Soissons, C 205).

Domptin, c^{ne} de Charly. — *Dontin*, 1323 (cart. de l'abb. de Notre-Dame de Soissons, f° 254). — *Dontain*, 1606 (arch. comm. de Montron). — *Domptain*, 1618 (arch. comm. de Nogent-l'Artaud).

Seigneurie relevant autrefois de Gandelu.

Don (Le), petit h. c^{ne} de Saint-Eugène.

Donjon (Le), m^{on} isolée, c^{ne} de Seringes-et-Nesles.

Donjon (Le), fief, c^{ne} de Verly. — Relevait autrefois de Guise.

Donjon-d'Oulchy (Le), petit fief, c^{ne} d'Oulchy-le-Château.

Dorengt, c^{en} du Nouvion. — *Dorenc*, 1155 (ch. de l'abb. de Prémontré). — Villa que *Doreniacus* dicitur, 1141 (cart. de l'abb. de Fesmy, p. 444). — *Dorench*, xiiI^e s^e (cart. de l'abb. de Foigny, f° 192). — *Dorenk*, 1333 (suppl. de D. Grenier, 290, Bibl. imp.). — *Dorent*, 1561 (arch. de la ville de Guise). — *Doreng*, 1710 (intend. de Soissons, C 274). — *Dorangt*, 1754 (baill. de Ribemont, B 140).

Dormicourt, f. c^{ne} de Montigny-sous-Marle. — *Dormicurtis*, 1147; *Dormicurt*, 1174; *Dormicort*, 1243 (ch. de l'abb. de Saint-Vincent de Laon). — *Dormycour*, 1537 (comptes de l'Hôtel-Dieu de Laon, E 64). — *Dormicourt*, 1599 (tit. de l'abb. de Saint-Vincent de Laon).

La seigneurie appartenait autrefois à l'abbaye de Saint-Vincent de Laon et elle relevait du marquisat de Marfontaine.

Dossu (Le), petit fief, c^{ne} de Nouvion-le-Comte. — Relevait autrefois de Choigny.

Douchy, c^{en} de Vermand. — *Doucis*, 1163 (cart. de l'abb. de Saint-Martin de Laon, t. II, p. 251). — *Douci*, 1196 (cart. de l'abb. de Prémontré, f° 83, bibl. de Soissons). — *Douchi*, 1223 (cart. du chap. cath. de Noyon, f° 233). — *Doucii*, 1271 (suppl. de D. Grenier, 89, Bibl. imp.). — *Doulcy*, 1561 (tit. du chapitre de Saint-Quentin). — *Doulchy*, 1587 (tit. des chapelains de Saint-Quentin).

Ce village formait autrefois, avec Germaine, une paroisse du doyenné de Ham.

Doultre (La), mⁱⁿ à eau et chât. c^{ne} de Montfaucon.

Doultre (La), h. c^{se} de Viels-Maisons.

Douy (La), petit fief, c^{ne} de Ressons-le-Long. — Il était situé entre Gorgny et Mainville.

Dourné (Le), petit fief, c^{ne} d'Achery. — Relevait autrefois du comté d'Anizy.

Dracry, h. c^{ne} de Charly. — *Trachi*, 1250 (cart. de l'Hôtel-Dieu de Soissons, 190, ch. 89). — *Drachyacum*, 1266; parrochia de *Drachi*, 1271; *Draci*, 1408 (ch. de l'Hôtel-Dieu de Soissons, 77). — *Dracy*, 1406 (comptes de l'Hôtel-Dieu de Soissons, f° 25). — *Drachy-sur-Marne*, 1427 (ibid. f° 23). — *Dreschy*, 1444 (ibid. f° 61). — Parrochia de *Drechiacy*, 1545 (arch. comm. de Pavant). — *Dressy*,

1563 (tit. de l'Hôtel-Dieu de Soissons, 78). — *Drachie*, 1600 (comptes de l'Hôtel-Dieu de Soissons, f° 84). — *Draichy*, 1650 (terr. de Pavant, arch. de cette commune).

DRAVEGNY, c⁰ᵉ de Fère-en-Tardenois. — *Draviniaca* (Relat. des miracles de saint Denis, acta S. ord. Bened. sæc. III, part. 2, p. 363, C 13). — *Draveni*, 1177 (ch. de l'abb. d'Igny, f⁰⁵ 2 et 199, Bibl. imp.). — *Draveigneium*, 1227; *Draveneium*, 1250 (ch. de l'abb. d'Igny, arch. de la Marne). — *Draveny*, 1383 (arch. de l'Emp. P 136; transcrits de Vermandois, f° 82).

Vicomté relevant autrefois du comté de Braine. — Le village ressortissait pour la justice à la prévôté d'Oulchy-le-Château.

DROISY, c⁰ⁿ d'Oulchy-le-Château. — *Truceis* in pago Suessionico, 593 (Gesta regum Francorum). — *Trusia* in pago Suessionico (Aimoin, liv. III, ch. 81). — *Droisiacus*, 1138; *Droseius*, 1139 (cart. de l'abb. de Saint-Jean-des-Vignes, Bibl. imp.). — *Droisy*, 1226 (cart. du chap. cath. de Soissons, f° 257). — *Droisi*, 1229 (cart. de l'abb. de Saint-Jean-des-Vignes, f° 63, Bibl. imp.). — *Droysi, Droysiacum*, 1244 (ch. de l'abb. de Saint-Jean des Vignes). — *Troissi*, 1361 (bibl. de Reims, ms. du fonds Roussin, f° 256).

La seigneurie relevait autrefois de Pierrefonds et dépendait du comté de Muret. — Le village ressortissait à la prévôté d'Oulchy-le-Château (arch. de l'Emp. P 136; transcrits de Vermandois).

DUCHESNE, petit fief, c⁰ᵉ de Guise. — Relevait de Guise.
DUCHESNE, petit fief, c⁰ᵉ de Landifay-et-Bertaignemont. — Relevait de la vicomté de Landifay.

DUISELER, village détruit, c⁰ᵉ de Lemé. — *Durseyleir*, 1161 (cart. de l'abb. de Foigny, f° 57 M. P. D.) —

Duiserleir, Duiserler, 1161; *Dursiler, Durselers, Durserler*, 1164; *Dursellers*, 1167; *Durseler*, 1179 (cart. de l'abb. de Foigny, f⁰⁵ 64, 65 et 246, Bibl. imp.). — *Clos-du-Surlé*, 1411 (arch. de l'Emp. 801, n° 4). — *Clos-des-Urlez*, 1559 (*ibid*. J 791).

«Le Clotz des Urletz ou Urselets, qui est le nom ancien porté par les chartes, a esté autrefois un terrouer particulier ayant bornes qui fesoient la séparation d'avec ceux de Lemé, Richaumont, Colonfay et Sour. Il deppendoit de l'abbaye Notre Dame du Bois, au diocèse de Terouenne, et fut acheté par les religieuses de l'abbaye de Fervacques; mais elles, se voyant pressez de paier la convention de l'achapt, vendirent les deux parts l'année ensuivante à l'abbaye de Foigny» (Livre de Foigny, par de Lancy, p. 197).

DULCELON, h. détr. près de Lesquielles-Saint-Germain. — *Dulcilio*, 1132 (cart. de l'abb. de Saint-Martin de Laon, f° 54 v°, bibl. de Laon).· — *Dulcillun*, 1161 (ch. de l'abb. de Saint-Martin de Laon). — In territorio de *Dulcilon*, 1156; *Docellon*, 1200 (suppl. de D. Grenier, 288, Bibl. imp.). — Territorium de *Docelon*, 1198; *Docellon*, 1217 (arch. de l'Emp. L 992).

DUPONT, petit fief, c⁰ᵉ de Chavignon.
DUPUIS, fief, c⁰ᵉ de Pisseleux. — Ce fief relevait du Plessis-aux-Bois et appartenait à la Congrégation de Soissons.

DURY, c⁰ⁿ de Saint-Simon. — Altare de *Duri*, 1040 (carton 1790, Bibl. imp.). — *Duriacum*, 1262 (Olim, t. I, p. 537). — *Dury-lez-Hen*, 1445 (arch. de l'Emp. O 20,203). — *Saint-Médard-de-Dury*, 1688 (arch. comm. de Dury).

La seigneurie relevait de Béthancourt (Somme). — La paroisse dépendait du doyenné de Ham.

E

ÉAUCOURT, h. c⁰ᵉ de Sommette-Éaucourt. — *Yauecourt*, 1208 (cart. de l'abb. d'Ourscamp, f° 181, arch. de l'Oise). — *Aquicurtis*, 1233 (cart. du chap. cath. de Noyon, f° 231, arch. de l'Oise). — In territorio de Sommete et de *Aquacurte*, 1312 (ch. du chap. cath. de Noyon, arch. de l'Oise). — *Yaucourt*, 1384 (arch. de l'Emp. P 135; transcrits de Vermandois). — *Iaucourt*, 1624 (baill. de Chauny, B 1488).

Cure du doyenné de Ham donnée en 1130 par Simon de Vermandois, évêque de Noyon, à son chapitre. La seigneurie appartenait à ce chapitre, à l'abbaye de Notre-Dame de Ham et aux Minimes de Chauny. — Le village d'Éaucourt a été uni à Sommette par ordonnance royale du 2 juin 1819.

ÉBÉQUIS (LES), h. c⁰ᵉ de Beaumont-en-Beine. — *Esbeguis*, 1625; *Esbecquis, Hesbecqué*, hameau des *Becquis*, hameau des *Becquetz*, 1629; *Ebequiers*, 1751 (baill. de Chauny, B 1489, B 1493, B 1434, B 1394).

Ce domaine dépendait autrefois du prieuré de Marizelle; il a été aliéné le 7 février 1780. — La ferme a été détruite vers 1804.

ÉBOULEAU, c⁰ᵉ de Sissonne. — *Boeliaus*, 1227 (cart. de

l'abb. de Saint-Martin de Laon, t. III, p. 63). — *Bouliaus*, 1254 (cart. de l'abb. de Saint-Denis, f° 120, arch. de l'Emp. LL 1158). — *Les Bouleaus*, *Booleaus*, 1255 (ch. de l'Hôtel-Dieu de Laon, B 23). — Villa de *Bouliaus*, 1270 (suppl. de D. Grenier, 287, Bibl. imp.). — *Budellis*, 1340 (fonds latin, ms. 9228, Bibl. imp.). — Villa de *Boulliax*, 1369 (arch. de l'Emp. Tr. des ch. reg. 100, n° 479). — *Builiaus*, 1374 (cart. de l'abb. de Saint-Martin de Laon, t. II, p. 275). — *Bouleaux*, 1405 (archives de l'Emp. J 801, n° 1). — *Bouliaux*, 1486 (ch. de l'Hôtel-Dieu de Laon, B 1). — *Bouliaux*, 1488; *Boulleaux-lez-Montigny-le-Franc*, 1496; *Boulleaux*, 1523 (comptes de l'Hôtel-Dieu de Laon, E 24, E 28, E 50). — *Boullaux*, 1568 (arch. de la ville de Laon). — *Eboleau*, 1687 (tit. de la Congrégation de Laon). — *Boulleaux*, 1709 (intend. de Soissons, C 274). — *Esbouleaux* (carte de Cassini). La seigneurie appartenait autrefois à l'abbaye de Saint-Denis et relevait de la châtell. de Pierrepont.

Éboueau, f. c^{ne} de Sinceny; auj. détruite. — Elle appartenait autrefois à l'abb. de Saint-Nicolas-aux-Bois.

Eburgnis, f. c^{ne} de Nampcelle-la-Cour; auj. détruite. Fief acquis, au XVIII° siècle, par la chartreuse du Val-Saint-Pierre. — *Les Eburny*, 1709 (audiencier, baill. de Bancigny).

Écaille (L'), petit fief, c^{er} de Chigny. — Relevait autrefois de Chigny.

Écaille (L'), h. c^{ne} d'Étaves-et-Bocquiaux. — Maison de *l'Escaille*, 1700 (baill. de Ribemont, B 255). — *Les Cailles*, 1772 (pouillé du dioc. de Noyon, par Colliette, p. 153).

Écaille (L'), fief, c^{nes} d'Étreux et de la Neuville-lez-Dorengt. — Relevait de Guise.

Écaille (L'), f. c^{ne} de Froidmont-et-Cohartille; auj. détruite.

Écaille (L'), manoir, c^{ne} de Jouy; auj. détruit. — Maison de *l'Escaille*, 1451 (cab. de M. d'Imécourt).

Écaillon (L'), f. c^{ne} de Ribeauville. — *Les Caillons* (carte de Cassini).

Échamps, h. c^{ne} de Crézancy. — *Eschamp* (carte de Cassini).

Échelle (L'), mⁱⁿ à eau, c^{ne} de Parjny.

Écloseaux (Les), h. c^{ne} d'Ohis. — *Eclusieux* (carte de Cassini). — *Eclusiaur*, 1782 (baill. d'Aubenton, B 2522).

Écluse (L'), m^{on} isolée, c^{nes} de Beruot, Berthenicourt, Bourg-et-Comin, Brissy, Châtillon-sur-Oise, Fontenoy, Hamégicourt, Hannape, Hauteville, Jussy, Noyal, Origny-Sainte-Benoîte, Vadencourt et Verly.

Écluse (L'), petit h. c^{nes} de la Ferté-Milon, Seraucourt, Sissy, Tergnier, Vieil-Arcy.

Écluses (Les), petit h. c^{ne} de Chassemy.

Econest, f. c^{ne} de Chivres-et-Mâchecourt. — *Esquorel*, 1170; insula quæ dicitur *Eschorel*, in territorio de Chivre, 1171 (cart. de Lavalroy, f°s 17 et 14, Bibl. imp.). — *Escorel*, 1171 (cart. de l'abb. de Vauclerc, f° 47, Bibl. imp.). — *Esquarel*, 1175 (ch. de l'abb. de Lavalroy, arch. des Ardennes). — *Corretum*, 1182 (*ibid.*). — Bois d'*Escoretz*, 1630 (tit. de l'év. de Laon).

Elle appartenait autrefois à l'abb. de Lavalroy et relevait de la châtell. de Pierrepont, à la justice de laquelle elle ressortissait.

Écornets, petit fief, c^{ne} de Villers-Saint-Christophe. — Fief d'*Escornetz*, 1532 (comptes de la châtell. de Ham, chambre des comptes de la Fère).

Écotiers (Ru des), ruiss. qui se jette dans le ru des Feuillants à Bourguignon-sous-Coucy. — Il n'alimente point d'usine. — Son parcours n'est que de 1,000 mètres.

Écoucherel, bois, c^{ne} de Domptin. — Bois d'*Escoucherel*, 1323 (cart. de l'abbaye de Notre-Dame de Soissons, f° 254).

On n'en connaît plus l'emplacement.

Écouffe (L'), h. c^{ne} de Chigny. — *Lescouffe*, 1626 (baill. de Guise, B 1935). — *Escouffe*, 1669 (élection de Guise, C 882). — *Lecouffre*, 1694 (baill. de Ribemont, B 34). — *Ecouffre*, 1695 (élection de Guise, C 882). — *Ecoufle*, 1737 (famille de Madrid de Montaigle, dénombr. de Chigny).

Écouffeaux, mⁱⁿ à eau, c^{ne} de Crandelain-et-Malval. — *Escoufault*, 1565; *Escoufault*, 1609; *Escouffaulx*, 1664; *Ecoufaulx*, 1697; *Ecoufault*, 1733; *Ecouffeau*, 1749 (tit. de l'abb. de Saint-Jean de Laon). — Moulin *Couffeaux* (carte de Cassini). — Moulin à *Couffeaux* (carte du Dépôt de la guerre).

Ce moulin appartenait autrefois à l'abb. de Saint-Jean de Laon.

Écoute-s'il-Pleut, f. c^{ne} de la Chapelle-sur-Chézy. Démolie en 1835.

Écoute-s'il-Pleut, mⁱⁿ à eau, c^{ne} de Clairefontaine. — Moulin *Escoute-sil-Pleut*, 1602 (baill. de Guise, B 2502). — Moulin des *Fonds-de-Wimy* ou *Écoutesil-Pleut*, 1726 (terr. de Wimy).

Écoute-s'il-Pleut, h. c^{ne} de Marigny-en-Orxois.

Écoute-s'il-Pleut, petit ruisseau affluent du ruisseau de Chéry-Chartreuve. — Il n'alimente point d'usine. — Son parcours est de 1,800 mètres.

Écreveaux (Les), h. c^{ne} de Wimy. — *Escreveaux*, 1612 (terr. de Wimy). — *Ecreveau de haut et de bas*, 1726 (*ibid.*). — *Creveaux de bas*, 1742 (baill. d'Aubenton, B 2516). — Rue de *Crevieux*, 1782 (grenier à sel de Vervins).

Écuiry, h. et m¹ᵉ à eau, cⁿᵉ de Rozières. — *Escuri*, 1219 (cart. de l'Hôtel-Dieu de Soissons, 190, ch. 71). — *Escury*, 1296 (arch. de l'Emp. I. 1004). — *Escuiry*, 1383 (*ibid.* P 136; transcrits de Vermandois). — *Ecury*, 1384 (cart. de l'abb. de Notre-Dame de Soissons, f° 42). — *Ecuiries*, 1707 (arch. comm. de Rozières). — *Ecuyri-Mesnain*, 1745 (intend. de Soissons, C 205).

Le fief d'Écuiry relevait de Pierrefonds. — Le hameau a été uni à Rozières le 27 septembre 1788.

Écury, fief, cⁿᵉ de Fontenelle. — Relevait de Montmirail.

Édrolles, mᵒⁿ isolée, cⁿᵉ de Billy-sur-Ourcq. — *Capellania beati Nicholai de Wederoles*, 1242; *Voderoles*, 1242 (cart. du chapitre cath. de Soissons, p. 236 et 237). — *Edralle* (carte de Cassini). — *Edrolle*, 1776 (tit. des Sœurs de l'Enfant-Jésus de Soissons).

Autrefois fief relevant d'Oulchy-le-Château.

Édrolles, mᵒⁿ isolée, cⁿᵉ de Chouy. — *Edrolle* (carte de Cassini).

Seigneurie relevant autrefois de la Ferté-Milon et y ressortissant pour la justice.

Éduits (Les), m¹ⁿ à eau, cⁿᵉ de Lierval.

Effecjurt, f. cⁿᵉ de Bertaucourt-Épourdon. — *Molendinum de Escofort*, 1139 (ch. de l'abb. de Saint-Nicolas-aux-Bois). — *Hevicourt*, 1244 (gr. cart. de l'év. de Laon, ch. 27 B). — *Evecourt*, 1416 (arch. de l'Emp. J 801, n° 6). — *Hevecourt*, 1562 (tit. de l'abb. de Genlis). — *Heffecourt*, 1621; *Heffrecourt*, 1646; *Heffvecourt*, 1648 (baill. de la Fère, B 703, B 896 et B 1044). — *Efcourt*, 1663; *Efvecourt*, 1687 (tit. de l'abb. de Genlis).

Cette ferme appartenait autrefois à l'abbaye de Genlis et relevait de la châtell. de la Fère.

Effray, cᵒⁿ d'Hirson. — *Alodium de Effris*, 1120; *Effreis*, 1148; *Effries*, 1151 (cart. de l'abb. de Bucilly, fᵒˢ 2, 3 et 4). — *Erfries*, 1232 (cart. de l'abb. de Foigny, f° 213, Bibl. imp.). — *Œffris*, 1344 (cart. de la seign. de Guise, f° 249).

Églantier (L'), fief, cⁿᵉ de Coulonges. — Relevait d'Oulchy-le-Château.

Église (L'), h. cⁿᵉ de Lierval.

Églises (Les), bois, cⁿᵉˢ de Dommiers et de Missy-aux-Bois; auj. défriché — *Bois des Eglises*, 1674 (maîtr. de Soissons).

Ce bois appartenait autrefois aux abb. de Saint-Jean-des-Vignes et de Notre-Dame de Soissons.

Égrefis, petit fief, cⁿᵉ de la Ferté-Milon. — *Masure nommée le Château d'Égrefin*, 1471 (dénombr. de la chartreuse de Bourgfontaine, Tr. des chartes, LL, arch. de l'Emp.).

Ellémont, petit fief, cⁿᵉ de Neuve-Maison. — *Elmont*, 1611 (baill. de Ribemont). — *Le Mont*, 1756 (arch. comm. de Neuve-Maison).

Il relevait de la châtell. d'Hirson et ressortissait à la prévôté de ce bourg.

Elrest, bois, cⁿᵉ d'Englancourt.

Elvat, bois, cⁿᵉ de Montchâlons; en partie défriché. — Il contenait 220 arpents.

Emmené, fief, cⁿᵉ d'Hinacourt; vassal de Benay.

Émoy, petit h. cⁿᵉ de Saint-Agnan.

Empreville, f. et bois, cⁿᵉ d'Athies. — *Empireville*, 1217 (cart. de l'abb. de Saint-Martin de Laon, t. I, p. 424). — *Empreville*, 1661 (tit. de l'Hôtel-Dieu de Laon).

Ils appartenaient à l'abb. de Montreuil. — Le bois, aliéné par l'État le 3 février 1815, a été défriché, et la ferme détruite.

Enfer, m¹ⁿ à eau, cⁿᵉ d'Essommes. — *Moulin d'Enfert*, 1675 (baill. d'Essommes, trib. de Château-Thierry).

Englancourt, cⁿᵉ de la Capelle. — *Ainglencourt*, 1200; *Ainglancourt*, *Aynglencourt*, 1211 (cart. de la seign. de Guise, fᵒˢ 145 et 161). — *Englaincourt*, 1234 (cart. de l'abb. de Saint-Michel, p. 221). — *Anglencourt*, 1315 (arch. de l'Emp. L 1006). — *Esplaincourt*, 1335 (cart. de la seign. de Guise, f° 275). — *Eglancourt*, 1405 (arch. de l'Emp. J 801, n° 1). — *Englencourt*, 1561; *Anglancourt*, 1579 (arch. de la ville de Guise). — *Unglencourt*, 1607 (arch. comm. d'Erloy). — *Aglancourt*, 1670 (arch. comm. d'Englancourt).

Une partie de la seigneurie dépendait du duché de Guise; l'autre en relevait. Le village ressortissait au baill. ducal de Guise.

Entre-Deux-Bois, h. cⁿᵉ d'Étréaupont. — Ainsi nommé parce qu'il se trouvait entre les bois de Foigny et d'Effry.

Épagny, cⁿᵉ de Vic-sur-Aisne. — *Espagni*, 1131 (cart. de l'abb. de Saint-Léger, f° 6). — *Spanni*, 1158 (cart. de l'abb. de Saint-Martin de Laon, t. II, p. 481). — *Sphani*, 1164 (suppl. de D. Grenier, 293, Bibl. imp.). — *Espangi*, 1164 (ch. de l'abb. de Prémontré). — *Espaigneum*, 1209 (cart. de l'abb. de Saint-Léger, f° 48). — *Hespaigniacum*, 1226; *Espaigny*, 1239; *Espaigniacum*, 1261; *Espagni*, 1272; *Espongny*, 1407 (cart. du chap. cath. de Soissons (fᵒˢ 241, 262, 263). — *Espagny*, 1683 (tit. du chap. cath. de Soissons).

Épagny, petit fief, cⁿᵉ de Presles-et-Thierny. — *Maison d'Espagny*, 1631 (tit. de l'év. de Laon).

Appartenait autrefois aux chapelains de la Madeleine de Laon et relevait de l'évêché de la même ville.

Épaissenoux (L'), bois, c^{ne} de Chigny. — *Epessenault*, 1582 (comptes de la ville de Guise).

Ce bois fait partie de la forêt de Regnaval.

Éparcy, c^{ne} d'Hirson. — Ville d'*Esparsi*, 1130; villa qui *Sparsiacus* nomen est de casamento Lauduncnsis ecclesie, 1130; *Esparsi*, 1142 (cart. de la seign. de Guise, f°s 156, 155 et 159). — *Sparsi*, 1142 (cart. de l'abb. de Foigny, f° 25 M. P. D). — Tenement d'*Esparsy*, xiie siècle (cart. de la seign. de Guise, f° 157). — *Esparcy*, 1710 (intend. de Soissons, C 274).

«Le fief d'Éparcy, relevant autrefois de l'évesché de Laon, a été donné en 1130 par Clérembaud de Rozoy à l'abbaye de Saint-Martin de Tournay, qui l'a cédé à l'abb. de Foigny en 1147, avec l'agrément de Barthélemy de Vir, évesque de Laon... autrement dit lieu ospars ou terroir de grande étendue...» Le territoire de Landouzy-la-Ville en a été distrait en 1168 (Livre de Foigny, par de Lancy, p. 62).

Épargnemaille, f. c^{ne} de Saint-Quentin. — *Espargnemaille*, 1208 (arch. de l'Emp. L 738). — *Éparnemaille*, 1595 (min. de Claude Huart, notaire). — *Pargnemaille*, 1716 (tit. de l'abb. de Notre-Dame de Soissons).

La chapelle d'Épargnemaille, mentionnée en 1392 (cart. de l'abb. de Notre-Dame de Soissons, f° 190), subsistait encore; mais la ferme était détruite. Ce domaine appartenait à l'abbaye de Notre-Dame de Soissons.

Épaux-Bézu, c^{ne} de Château-Thierry. — *Espaus*, 1251 (suppl. de D. Grenier, 293, Bibl. imp.). — *Espaux*, 1464 (suppl. français, n° 1195 (*ibid*.). — *Espaulx*, 1600 (arch. comm. d'Épaux-Bézu). — *Épaulx* (carte de Cassini).

Vicomté érigée en comté vers 1680.

Épés (L'), f. c^{ne} de Marteville. — Domus de *Spata*, 1248 (arch. de l'Empire, L 738). — Bois de l'Espée, 1743 (maîtr. de la Fère).

Autrefois comm^{rie} qui se trouvait dans la paroisse de Miséry-en-Carnois. — La ferme appartenait, en 1610, à l'abb. d'Étampes; un bois l'entourait. Auj. détruite.

Épieds, c^{ne} de Château-Thierry. — *Spicarium* juxta villam que dicitur *Espiers*, 1110 (cart. de l'abb. de Saint-Jean-des-Vignes, Bibl. imp.). — *Espies*, *Espiers-en-Brie*, 1342; *Espiers-en-Tardenoys*, 1344; *Espierz*, 1347 (arch. de l'Emp. Tr. des chartes, reg. 75, pièces 392, 137, 391). — *Espiez*, 1432 (ch. de l'Hôtel-Dieu de Château-Thierry). — *Espied*, 1593 (arch. comm. de Bézu-Saint-Germain). — *Espieds*, 1709 (intend. de Soissons, C 205).

Autrefois vicomté appartenant à la prévôté de Marizy-Saint-Mard.

Épine (L'), f. c^{ne} de Pancy; auj. détruite. — Chasteau de *l'Espine*, 1612 (appointés du baill. de Vermandois, greffe du trib. de Laon). — *L'Espine*, 1709 (intend. de Soissons, C 274).

Épine (L'), f. c^{ne} de Vivières. — *Spina*, 1229 (arch. de l'Emp. L 1005). — *L'Epine*, 1688 (baill. de Villers-Cotterêts).

Elle relevait de Crépy-en-Valois et appartenait à l'abb. de Valsery.

Épine-aux-Bois (L'), cⁿ de Charly. — *Espinaubois*, 1214 (cart. de l'abb. de Saint-Médard, f° 130, arch. de l'Aisne). — *Spina ad Nemus*, 1573 (pouillé du dioc. de Soissons, f° 26). — *L'Espine-au-Bois*, 1709; *l'Espine-aux-Bois*, 1745 (intend. de Soissons, C 205 et 206).

Épine-de-Dallon (L'), h. c^{ne} de Dallon.

Épinette (L'), h. c^{nes} de Jeantes, Landouzy-la-Ville et Plomion. — *Secq-Épinette*, 1726 (audiencier, baill. de Baucigny).

Épinette (L'), fief, c^{ne} de Marest-Dampcourt. — Il relevait autrefois du fief de la Motte de Marest-Dampcourt.

Épinette (L'), bois, c^{ne} de Mennessis. — Appartenait autrefois au chapitre cathédral de Laon.

Épinettes (Les), mⁱⁿ à eau, c^{ne} de Mauregny-en-Haie.

Épinettes (Les), m^{on} isolée, c^{ne} d'Olis.

Épinois, c^{ne} de Macquigny. — *Spinetum*, xiie siècle (Hermann, *De Miraculis Beatæ Mariæ Laudunensis*, ms. bibl. de Laon). — *Ecclesia Beate-Marie-de-Spineto*, 1144 (cart. de l'abb. de Foigny, f° 79, Bibl. imp.).

Ancien établissement de Bernardins transféré à Bohéries en 1143; auj. détruit.

Épinois, fief, c^{ne} de Vaux-Andigny. — Il relevait de Guise.

Épinois, bois, c^{ne} de Villequier-Aumont.

Épinois (L'), h. c^{ne} d'Étaves-et-Bocquiaux. — Territorium de *Spinoit*, 1295 (cart. rouge, f° 43, arch. de la ville de Saint Quentin). — *Espinois*, 1561; *Espinoys*, 1579 (arch. de la ville de Guise). — *Espinoy*, 1710 (intend. de Soissons, C 274). — *Epinoy*, 1772 (pouillé du dioc. de Noyon, par Colliette, p. 153).

Ressortissait autrefois au baill. ducal de Guise. — Auj. détruit.

Épourdon, h. c^{ne} de Bertaucourt-Épourdon. — Altare de *Spordon*, 1189; *Espordon*, 1255; *Espourdon*, 1376 (ch. de l'abb. de Saint-Vincent de Laon). — *Esbourdon*, 1560 (tit. de la fabr. de Vendeuil). — Cense de *Mongon*, 1625 (baill. de la Fère,

B 955). — Paroisse de *Saint-Martin-d'Espourdon*, 1678 (arch. comm. de Bertaucourt-Épourdon).

Seigneurie relevant autrefois de la châtell. de la Fère. — Le nom de cense Mongon était donné à la ferme d'Épourdon (1625 *ut supra*).

Eppes, c^ne de Laon. — *Apia*, 1147 (ch. de l'abb. de Saint-Nicolas-aux-Bois). — *Appia*, 1250 (cart. de l'abb. de Saint-Martin de Laon, t. III, p. 28). — *Apya*, 1293 (cart. de l'abb. de Signy, p. 480, arch. des Ardennes). — *Aipe*, xiiie s^e (cueilleret de l'Hôtel-Dieu de Laon, B 62). — *Espe*, 1327 (arch. de la ville de Bruyères). — *Eppe*, 1342 (ch. de l'abb. du Sauvoir). — *Aippe*, 1405 (arch. de l'Emp. J 801, n° 1). — *Aeppe*, 1570; *Aeppes*, 1577; *Epes*, 1624; *Heppe*, 1634; *Aippes*, 1681 (comptes de l'Hôtel-Dieu de Laon, E 94, E 97, E 141, E 148, E 190).

Baronnie relevant autrefois de la châtellenie de Pierrepont.

Épritel, f. c^ne de Courvrelles. — *Grangia de Spritello*, 1219 (ch. de l'abb. de Saint-Yved de Braine). — *Domus de Esperitello*, 1312 (ch. de l'Hôtel-Dieu de Soissons, 61). — *Espritail*, 1541 (comptes de l'Hôtel-Dieu de Soissons, 407). — *Épritelle* (carte de Cassini).

Cette ferme relevait d'Oulchy-le-Château et dépendait de Vassony; elle appartenait à l'abbaye de Saint-Yved de Braine.

Équippée (L'), petit h. c^ne de Lanchy.

Éraucourt, f. c^ne d'Autremencourt. — *Airoldicurtis*, 1065 (mém. ms. de l'Éleu, t. I, f° 191). — *Altare Ariadicurte*, 1144; *altare de Ariadicurte*, 1145; *advocatia de Aralcurt*, 1147; *Eraucourt, Eroleourt*, xiie s^e; *curtis qui dicitur Arrolcourt*, 1174 (cart. de l'abb. de Thenailles, f°^s 15, 36, 20, 40, 41). — *Airolcourt*, 1174 (ch. de l'abb. de Saint-Vincent de Laon). — *Eroucourt*, 1175; *curtis de Eroucourt*, 1236 (cart. de l'abb. de Thenailles, f°^s 36 et 28). — *In territorio de Eroucourt*, 1236 (ch. de l'Hôtel-Dieu de Laon, B 69). — *Eraucourt*, 1279 (cart. de l'abb. de Thenailles, f° 37). — *Éraulscourt*, 1564 (comptes de l'Hôtel-Dieu de Laon, E 88). — *Héraucourt*, 1586 (tit. de l'abb. de Saint-Vincent de Laon). — *Raucourt*, 1709; *Erraucourt*, 1710 (intend. de Soissons, C 205 et 274).

Cette ferme appartenait autrefois à l'abbaye de Thenailles.

Erlon, c^ne de Marle. — *Villa que dicitur Araleonis*, 1113 (ch. de l'abb. de Saint-Vincent de Laon). — *Villa que dicitur Erlons*, 1131; *Herlons*, 1141 (coll. de D. Grenier, 24e paquet, n° 30). — *Erluns*, 1138 (ch. de l'abb. de Saint-Vincent de Laon). — *Erlunz*, 1174 (cart. de l'abb. de Thenailles, f° 36).

— *Herlon*, 1579 (arch. de l'Emp. P 248-2). — Paroisse de *Notre-Dame-d'Erlon*, 1686 (arch. comm. d'Erlon).

La seigneurie, possédée en partie par l'abb. de Saint-Vincent de Laon, relevait de Marle.

Erloy, c^ne de la Capelle. — *Erloi*, 1208 (cart. de Chaource, f° 143, arch. de l'Emp.). — *Erloit*, xiiie s^e (cart. de l'abb. de Saint-Michel, p. 161). — *Erloyt*, 1333 (cart. de la seign. de Guise, f° 115). — *Erloys*, 1565 (min. d'Herbin, notaire, greffe du trib. de Laon). — *Erloict*, 1568 (acquits, arch. de la ville de Laon). — *Éreloy*, 1572 (arch. de la ville de Guise). — *Erloix*, 1611 (baill. des bois de Guise). — *Arloy*, 1612 (terr. de Guise). — *Herloy-en-Thiéraiche, Herloy-en-Thiérache*, 1623 (arch. de la ville de Chauny). — *Erlois*, 1676 (élection de Guise, C 832).

Erloy faisait partie du duché de Guise.

Ermoville, f. c^ne de Fieulaine. — *Hermenoville*, 1274 (cart. de la seign. de Guise, f° 31). — *Ermenovilla infra metas Castellanie de Guysia*, 1285 (Olim, t. I, f° 650). — *Ernouille*, 1710 (intend. de Soissons, C 320). — Cense d'*Hernonville*, 1711 (baill. de Ribemont). — *Arnonville*, 1721 (arch. comm. de Fieulaine). — *Renoville* (carte de Cassini).

Cette ferme, auj. détruite, était située près d'une fontaine. Elle était autrefois de la paroisse d'Étaves et relevait de Bohain.

Érolle, hameau, c^ne de Tréloup. — *Lerolle* (carte de Cassini).

Errancourt, h. c^ne de Saint-Gobain. — *Rancourt*, 1557 (maîtr. de la Fère). — *Errancourt*, 1563 (compt. de la châtellenie de la Fère). — *Hérancourt*, 1592 (tit. de l'abb. de Saint-Vincent).

La ferme d'Errancourt appartenait autrefois à l'abb. de Prémontré.

Escaufourt, c^ne de Bohain. — *Les Caufours, les Cauffours*, 1234 (cart. de la seign. de Guise, f° 73). — *Escauffours*, 1405 (arch. de l'Emp. J 801, n° 1). — *Escauffourt*, 1568 (arch. de la ville de Laon). — *Écaufour*, 1672 (arch. comm. d'Escaufourt). — *Escaufour*, 1710 (intend. de Soissons, C 274).

La seigneurie relevait autrefois d'Honnechies et ressortissait en partie aux châtellenie et bailliage de Cambrai. — Les fiefs d'Elvacq et de la Couronne, qui faisaient partie du territ. d'Escaufourt, ont été unis au territ. de Saint-Souplet (Nord).

Escaut, rivière qui prend sa source au Mont-Saint-Martin, c^ne de Gouy, passe à Gouy et au Câtelet, alimente le canal de Saint-Quentin, baigne Vendhuile, puis entre dans le département du Nord à l'extrémité du territoire de cette dernière commune.

13.

100   DÉPARTEMENT DE L'AISNE.

Cette rivière, que les Flamands désignent sous le nom de *Schelde*, fait mouvoir les moulins à blé de Mont-Saint-Martin, du Câtelet et de Quincampoix et est navigable à Cambrai depuis le xvii° siècle. Son parcours dans le département de l'Aisne est de 7,500 mètres. — *Schaldis* (Fortunat, *Hist. de France*, t. II, p. 512, C). — *Scald* (ex Vitâ sancti Bertini, acta SS. ord. Bened. p. 1). — *Scaldus* (Aimoin, préface, *Hist. de France*, t. III, p. 731). — *Scaldea* (ex anonymo Ravenn. de Gallia, *Hist. de France*, t. I, p. 120). — *Scalt*, 706 (Mabillon, *De Re diplomaticâ*, p. 481). — *Scalda*, 771 (Ann. Eginhardi). — *Scaltus*, 860 (dipl. de Charles le Chauve en faveur de l'abb. de Saint-Denis, *Hist. de France*, t. VIII, p. 408, A). — *Schald*, ix° siècle (dipl. de Charles le Chauve en faveur de l'abb. de Saint-Bavon de Gand). — *Scalta*, 880 (Ann. Fuld. *Hist. de France*, t. VIII, p. 39, D). — *Scalth*, 953 (Chron. Balderici, *Hist. de France*, t. VIII, p. 280, B). — *Escaldius*, xiii° siècle (Guillaume Le Breton, *Philippide*, liv. x).

Esclavolle, fief, c°° de Baulne. — Appartenait au prieuré de Saint-Jean de Château-Thierry.

Espagne (L'), h. c°° de Montbrehain. — Son origine remonte à peine à 1813.

Espérance (L'), m°° isolée, c°° de Beaumé, Croix-Fonsomme, Fontaine, le Haucourt, Mont-Saint-Jean et Sissonne.

Espérance (L), f. c°° de Tavaux-et-Pontsericourt.

Esquehéries, c°° du Nouvion. — *Scheriis*, 1157 (cart. de l'abbaye de Liessies, f° 24, arch. du Nord). — *Escheheries*, 1199; *Esqueheris*, 1200 (cart. de la seign. de Guise, f°° 53 et 161). — *Escherie*, 1228 (arch. de l'Emp. L 992). — *Esqueheryes*, 1586 (ibid. J 791). — *Quicherie-en-Thiérasse*, xvi° siècle (minutes de Cl. Huart, not.). — *Esqueherry*, 1630; *Esquerie*, 1643; *Esqueherye*, 1644 (chambre du clergé du dioc. de Laon).

Dépendait du duché de Guise et ressortissait au bailliage ducal de cette ville. — Le moulin relevait de la baronnie d'Iron.

Essarts (Les), m°° isolée, c°° de Fontenelle.

Essarts (Les), f. c°° de Gandelu; auj. détruite.

Essarts (Les), petite font. c°° de la Vallée-Mulâtre, près du Tonnelet.

Essenlis, f. et m°° à eau, c°° de Chavonne. — Moulin de *Senly*, 1617 (tit. de l'abbaye de Prémontré). — Cour d'*Essenlisse*, 1685 (famille Martin-Dezilles).

Autrefois fief relevant de Courcelles. — Essenlis donne son nom à un petit ruisseau qui prend sa source à Ostel, alimente deux moulins à blé et afflue dans l'Aisne à Chavonne, après un cours de 4,480 mètres.

Essigny-le-Grand, c°° de Moy. — *Aissegny*, 1110 (cart. A1 de l'abb. de Saint-Quentin-en-l'Île, p. 141). — *Isseni*, 1152 (arch. de l'Emp. L 1161). — *Aissigni*, 1222 (ch. de l'abb. du Sauvoir). — *Issigniacum*, 1234 (Livre rouge de l'abb. de Saint-Quentin-en-l'Île, f° 174, arch. de l'Emp.). — *Aisseignî*, 1245 (mêmes arch. L 738). — Villa de *Aissicigniaco*, 1245 (cart. du chap. de Saint-Quentin, f° 45, Bibl. imp.). — *Ysegny*, 1251 (arch. de la ville de Saint-Quentin, liasse 187). — *Assigni*, 1259 (cart. de l'abb. de Foigny, f° 270, Bibl. imp.). — In villa de *Eissigniaco*, 1275 (cart. du chap. de Saint-Quentin, f° 28, Bibl. imp.). — *Aissigny*, 1279 (Livre rouge de l'abb. de Saint-Quentin-en-l'Île, f° 44, arch. de l'Emp.). — *Aissigni*, 1299 (ch. de l'abb. de Saint-Vincent de Laon).— *Essigni*, 1322 (ch. de l'abb. du Sauvoir). — *Yssegny*, 1368 (arch. de l'Emp. P 135; transcrits de Vermandois). — *Magnum-Essigniacum*, 1370 (Ann. de Noyon, par Levasseur, p. 996). — Domus de *Aissigniaco*, villa de *Essigniaco*, xiv° siècle (ch. du chap. de Saint-Quentin). — *Essegny, Yssegny*, 1384 (arch. de l'Emp. P 135). — *Essigny*, 1505; *Grant-Essigny*, 1541 (tit. de l'abb. du Sauvoir). — *Grand-Essigny*, 1560 (tit. de l'Hôtel-Dieu de Saint-Quentin). — *Grand-Essigny*, 1584 (ibid.). — *Grand-Essigny*, 1587 (tit. de l'abb. de Saint-Quentin-en-l'Île). — *Essigny*, 1614 (comptes de l'Hôtel-Dieu de Saint-Quentin).

Seigneurie et vicomté appartenant autrefois au chapitre de Saint-Quentin et relevant de Moy et de Chauny (Recueil des fiefs, p. 385).

Essigny-le-Petit, c°° de Saint-Quentin. — *Essigni*, 1147; *Isiniacensis parrochia*, 1155 (cart. de l'abb. d'Homblières, p. 45 et 43). — *Issegni*, xii° s° (cart. de Vicoigne, arch. du Nord). — *Yssegny*, 1262 (arch. de l'Emp. L 998). — *Issigny*, 1275 (cart. de l'abb. de Fervaques, f° 87, Bibl. imp.). — *Aissegny*, 1324; *Esseigny*, 1330; *Aissegny*, 1348 (cart. de la seign. de Guise, f°° 25, 90, 253). — *Petit-Essigny*, 1571 (min. de Herte, notaire). — *Petit-Essigny*, 1595 (min. de Cl. Huart, notaire).

La seigneurie relevait autrefois de Fieulaine.

Essises, c°° de Charly. — *Essise*, 1620 (tit. de l'Hôtel-Dieu de Château-Thierry.

Maladrerie unie à l'Hôtel-Dieu de cette ville par arrêt du Conseil d'État du 21 janvier 1695.

Essommes, c°° de Château-Thierry. — *Solma*, ix° s° (cart. de Saint-Médard, f° 127, Aisne). — *Sosmensis prepositura*, 1166 (cart. de l'abb. de Saint-Médard, f° 17, arch. de l'Aisne). — *Soma*, 1169 (cart. de la même abb. f° 30, Bibl. imp.). — *Ecclesia Sancti Ferreoli de Sosma*, 1181 (cart. de l'abb. de Saint-Médard, f° 18, arch. de l'Aisne). — *Ysolnius*, 1188 (cart. de la même abb. f° 28, Bibl. imp.). — *Essome domus ecclesie Sancti Medardi*, 1249 (cart. de Saint-Médard, f° 27, arch. de l'Aisne). — *Essoume*, xiii° siècle (cuilleret, Hôtel-Dieu de Soissons, 191). — *Essomes*, 1318 (arch. de l'Emp. L 1000). — *Essomez*, 1396; abbaye *Sainct-Ferreule d'Essonnes*, 1531; abbaye *Sainct-Ferreole d'Essomes*, 1543 (tit. de l'abb. d'Essommes). — *Essosmes*, 1664 (fabr. d'Azy-Bonneil).

Abbaye de chanoines réguliers fondée vers la fin du xi° siècle, remplacés au xvii° siècle par des Génovéfains. — La vicomté appartenait à ces communautés et à l'abbaye de Saint-Médard. — Maladrerie unie à l'Hôtel-Dieu de Château-Thierry par arrêt du Conseil du 2 mars 1696.

Estraon, h. c^{ne} d'Hary. — *Strado*, 877 (Mabillon, *De Re diplomaticâ*, p. 404). — *Straum*, 1147; *Estran*, 1168; *Estraum*, xii° siècle (cart. de l'abb. de Thenailles, f°s 20, 36 et 23). — Territorium de *Estraon*, 1185; *Estrahon*, 1205 (cart. blanc de l'abb. de Saint-Corneille de Compiègne, arch. de l'Emp.). — *Estraun*, 1187 (suppl. de D. Grenier, 287, Bibl. imp.). — *Estrain*, 1411, arch. de l'Emp. J 801, n° 4). — *Estahon*, 1689 (baill. de la Fère, B 1236). — *Train*, 1709 (intend. de Soissons, C 274).

Le domaine d'Estraon appartenait autrefois à l'abbaye de Saint-Corneille de Compiègne et relevait de Marle. — Ce hameau est uni au village et n'est plus connu que sous le nom de *rue d'Hary*.

Estrées, c^{ch} du Câtelet. — In territorio de *Estrée*, 1184 (cart. de l'abbaye du Mont-Saint-Martin, p. 643). — *Estrées-en-Arowaise*, 1323 (cart. de la seign. de Guise, f° 4). — *Etrées*, 1599; *Estrée-en-Arrouaise*, 1610 (tit. de l'abb. du Mont-Saint-Martin). — Paroisse de *Saint-Laurent-d'Estrée*, 1692 (arch. comm. d'Estrées).

La chaussée Brunehaut séparait les diocèses de Noyon et de Cambrai. La portion de territoire située vers Joncourt dépendait de la paroisse de ce dernier village. — Baronnie relevant de Guise. — Elle a été érigée de nouveau avec le Tronquoy par lettres patentes du 21 août 1748.

Estrelles-sous-Coucy, h. c^{ne} d'Auffrique-et-Nogent. — *Estrelles-soubz-Coucy*, 1572 (arch. de l'Emp. E 12526). — *Estrelle*, 1682 (tit. de l'Hôtel-Dieu de Coucy-le-Château). — *Estreil*, 1707; *Estreille*, 1718 (état civil de Coucy-le-Château).

Autrefois fief relevant de Coucy-le-Château.

Étampes, c^{ne} de Château-Thierry. — *Stapula*, xii° s° (cart. de l'abb. de Saint-Crépin-le-Grand, f° 14). — *Estampes*, 1421 (ch. de l'abb. de Valsecret). — *Estamples*, 1427 (baill. de Château-Thierry). — *Estempes*, 1529 (tit. de l'Hôtel-Dieu de Château-Thierry).

Autrefois comté dépendant du duché de Château-Thierry et relevant de Montmirail. — Maladrerie unie à l'Hôtel-Dieu de Château-Thierry par arrêt du Conseil d'État du 2 mars 1696.

Étang (L'), f. c^{ne} d'Audigny. — *Neufville d'Audigny*, 1464 (arch. comm. de Lesquielles-Saint-Germain). — Chasteau de *la Neufville*, 1612 (terr. de Flavigny).

Seigneurie relevant autrefois de Guise et ressortissant au baill. ducal de cette ville.

Étang (L'), f. c^{ne} de Château-Thierry. — Elle appartenait autrefois aux Bénédictins anglais.

Étang-du-Bois-Allemand (L'), m^{on} isolée, c^{ne} d'Amigny-Rouy.

Étangs (Les), m^{on} isolée, c^{ne} de Connigis.

Étangs (Les), petit h. c^{ne} de Danizy.

Étangs (Les), m^{on} isolée, c^{ne} de la Ferté-Milon. — Domaine dépendant autrefois de la chartreuse de Bourgfontaine.

Étangs (Les), f. c^{ne} de Watigny. — *L'Étang* (carte de Cassini).

Étangs (Les), petit ruisseau affluent du ruisseau des Conduits à Vaucelles-et-Beffecourt. — Il n'alimente point d'usine. — Son parcours est de 600 mètres.

Évaquoy, petit fief. — Relevait autrefois du comté de Braine.

Étaves-et-Bocquiaux, c^{ne} de Bohain. — *Stabule*, 1045 (Colliette, *Mém. du Vermandois*, t. I, p. 685). — Territorium de *Staules*, 1295 (cart. rouge de Saint-Quentin, f° 42, arch. de cette ville). — *Estables*, 1561 (arch. de la ville de Guise). — *Estaves*, 1629 (baill. de Guise, B 1912). — *Saint-Martin-d'Étaves* (chambre du clergé du dioc. de Noyon). — *Étave-et-Bocqueaux*, 1709 (intend. de Soissons, C 205). — *Étave*, 1720 (terr. d'Étaves). — *Étaves-les-Bocquiaux*, 1749 (famille de Rogres de Champignelles).

La seigneurie appartenait en partie au chap. de Saint-Quentin; elle relevait de Fieulaine et ressortissait au baill. de Guise.

Éternes (Les), bois, c^{ne} de Vaudesson.

Étolins (Les), m^{on} isolée, c^{ne} de Chézy-l'Abbaye.

Étots (Les), h. c^{ne} de la Bouteille. «Est un retranchement de la cense du Sart-Raoul-Mouton qui a retenu le nom des étots de chesnes qui y furent arrachés» (Livre de Foigny, par de Lancy, p. 13). — *Les Hétots*, 1731 (grenier à sel de Guise).

ÉTOURNELLES (LES) OU LES TOURNELLES, f. c^{ne} de Crécy-au-Mont. — Autrefois fief.

ÉTOUVELLES, c^{ne} de Laon. — *Scambulla*, villa ante Laudunum (Relation des miracles de saint Gibrien, Bolland. mai, t. VII, p. 611, n° 1). — *Stovella*, 1131; *Estoveles*, 1134 (cart. de l'abb. de Saint-Martin de Laon, f° 126, bibl. de Laon). — *Stovelle*, 1173 (ibid. f° 131). — *Estouveles*, 1244 (ch. de l'Hôtel-Dieu de Laon, B 77). — *Estouvelles*, 1253 (ibid. B 49). — *Estouvelles-dalez-Laon*, *Estouvelles-soubz-Laon*. 1414 (ch. de l'abb. de Saint-Vincent de Laon). — *Estouvelle*, 1486 (comptes de l'Hôtel-Dieu de Laon, E 23).

La seigneurie appartenait autrefois à l'évêché de Laon. — Le village ressortissait pour la justice à la prévôté de Mons-en-Laonnois. — La cure a été unie à celle de Chivy par décret de l'évêque de Laon du 13 novembre 1665 (arch. comm. de Chivy-lez-Étouvelles). — La maladrerie a été unie à l'Hôtel-Dieu de Crécy-sur-Serre par arrêt du Conseil d'État du 10 juin 1695 et lettres patentes du mois de décembre suivant. Sa chapelle était sous le vocable de Saint-Nicolas.

ÉTRÉAUPONT, c^{ne} de la Capelle. — *Streia*, 1126 (cart. de l'abb. de Foigny, f° 17, Bibl. imp.). — *Strata*, 1139; *Estrea*, 1139 (cart. de l'abb. de Saint-Michel, p. 23 et 20). — *Strea*, 1177 (ex Gisleberti Montensis Hannoniæ chronico, *Hist. de France*, t. XIII, p. 578 B). — *Estrée*, 1178; *Estrées*, 1192 (cart. de l'abb. de Saint-Michel, p. 104 et 53). — *Hestrea-villa*, XIIe s^e (cart. de Foigny, f° 16 M. P. D.). — *Estrées-outre-Oise*, villa de *Estrées-ultra-Oisiam*, 1224 (cart. de la seign. de Guise, f° 76). — *Estrries*, 1265 (suppl. de D. Grenier, 289, Bibl. imp.). — *Hestrei*, XIIIe s^e (cart. de l'abb. de Saint-Michel, p. 51). — *Strate*, 1340 (fonds latin, ms. 9228, Bibl. imp.). — *Estrez-sur-Oise*, 1372 (cart. de l'abb. de Saint-Martin, t. I, p. 14). — *Estrées-au-Pont*, 1393 (suppl. français, ms. 1142, Bibl. imp.). — *Estrée-au-Pont*, 1553 (reg. des insin. du baill. de Vermandois). — *Estréaupont*, 1548 (archives de l'Empire, P 249-3). — *Estrepont*, 1567; *Estraupont*, 1572 (arch. de la ville de Guise). — *Estrez-au-Pont*, 1643; *Estre-au-Pont*, 1780 (chambre du clergé du dioc. de Laon).

Baronnie relevant de Guise sur la rive droite de l'Oise, de Marle sur la rive gauche. Cette rivière séparait aussi les baill. de Ribemont et de Laon.

ÉTREILLERS, c^{ne} de Vermand. — *Austraillier*, *Estraillier*, 1045; altare de *Strahileto*, 1124 (Colliette, *Mém. du Vermandois*, t. I, p. 685; t. II, p. 528). — *Astreletum*, 1142; *Stratelieri*, 1190; *Strailieri*,

1190 (cart. de l'abb. du Mont-Saint-Martin, p. 556, 574 et 597). — *Strailletum*, 1221 (Livre rouge de l'abb. de Saint-Quentin-en-l'Île, f° 68, arch. de l'Emp.). — *Estrailiers*, 1237 (cart. de l'abb. de Foigny, f° 257, Bibl. impér.). — *Estreiliers*, 1242 (arch. de la ville de Saint-Quentin, liasse 178). — *Estrelierz*, 1264 (ch. de l'abb. de Prémontré). — *Strailetum*, 1287 (Livre rouge de l'abb. de Saint-Quentin-en-l'Île, f° 68, arch. de l'Emp.). — *Étreilliers*, 1294 (cart. de l'abb. de Fervaques, f° 60, Bibl. imp.). — *Estrailiers*, 1295 (cart. de l'Hôtel de ville de Saint-Quentin, f° 53). — *Estraillies*, 1297 (cart. de l'abb. de Saint-Martin, t. II, p. 257). — *Estreillies*, 1367 (arch. de l'Emp. P 135; transcrits de Vermandois). — *Estrilliers*, 1484 (arch. de la ville de Saint-Quentin). — *Estreilliers*, 1574 (tit. de l'Hôtel-Dieu de Saint-Quentin). — *Estrelly*, 1665 (arch. comm. d'Étreillers). — *Estreilly*, 1677 (tit. de l'abb. de Prémontré). — *Estrilly*, 1685 (grenier à sel de Guise). — *Étrillier*, 1718 (plan, arch. de l'Aisne).

Village érigé en paroisse en 1124. — Seigneurie donnée en 1258 par le roi Louis IX à l'abbaye de Royaumont.

ÉTRÉPILLY, c^{ne} de Château-Thierry. — *Estrepilli*, 1263; *Estrepeilli*, 1292 (ch. de l'Hôtel-Dieu de Soissons, 82 et 84). — In territorio de *Estrepelliaco*, 1295 (Hôtel-Dieu de Soissons, 77). — *Estripilli*, 1405 (comptes de l'Hôtel-Dieu de Soissons, f° 18). — *Estripilly*, 1591 (arch. comm. d'Essommes).

ÉTRÉPOIX, f. c^{ne} de Samoussy. — *Estrepot*, 1159 (cart. de l'abb. de Saint-Martin de Laon, f° 112, bibl. de Laon). — *Estrepoi*, 1217 (cart. de la même abb. t. I, p. 424). — *Estrepoyt*, 1411 (arch. de l'Emp. J 801, n° 4). — *Estrepois*, 1486 (tit. de l'Hôtel-Dieu de Laon, 9 B 1). — *Estrepoix*, 1498 (comptes de l'Hôtel-Dieu de Laon, E 29). — *Estrepoys*, 1536 (acquits, arch. de la ville de Laon). — *Estreaupois*, 1710 (intend. de Soissons, C 320).

Ces fermes appartenaient autrefois à l'abbaye de Saint-Martin de Laon; elles relevaient de la châtellenie de Pierrepont et y ressortissaient pour la justice.

ÉTREUX, c^{ne} de Wassigny. — *Estron*, 1114; Territorium de *Estruen*, 1189 (cart. de l'abb. de Fesmy). — *Estruem*, 1207 (arch. de l'Emp. L 1156). — *Estreuil*, *Estreuz*, 1561; *Estreux*, 1566 (arch. de la ville de Guise). — *Estreux-Landrena*, 1568 (acquits, arch. de la ville de Laon). — *Estreul*, 1587 (arch. de la ville de Guise). — *Estreu-Landrena*, 1599; *Estreux-Landrenal*, 1661 (chambre du clergé du diocèse de Laon). — *Estreux-Lan-*

drenas, 1709 (intend. de Soissons, C 274). — *Estreux-Landernat*, 1723 (terr. du duché de Guise). — *Étreu-les-Landerna*, 1742 (baill. de Ribemont, B. 187). — *Estreux-Landerna*, 1773 (gruerie du Nouvion).

Dépendance du duché de Guise.

ÉTRICOURT, h. c^{ne} de Nauroy. — *Ostricourt*, 1158 (cart. de l'abb. du Mont-Saint-Martin, p. 564). — *Estricourt*, 1464 (suppl. français, ms. 1195, Bibl. imp.). — *Étrecourt*, 1787 (intend. d'Amiens, C 775).

EUNY, h. et m^{lu} à eau, c^{ne} de Morsain. — *Oiry*, 1264 (cart. de l'abb. de Saint-Médard de Soissons, f° 80, Bibl. imp.).

ÉVAUX (Les), h. c^{ne} de Chierry. — Moulin de *Vaux*, 1735; moulin des *Éveaux*, 1744 (tit. de l'abbaye de Chézy).

Ce moulin appartenait autrefois à l'abbaye de Chézy; il a été converti récemment en une fabrique de machines à battre.

ÉVÊCHÉ (L'), m^{on} isolée, c^{ne} de Villers-Agron-Aiguizy.

ÉVERCAIGNE, h. c^{ne} de Charmizy. — *Molendinum Evrecanie*, 1152 (cart. de l'abb. de Foigny, f° 132, Bibl. imp.). — *Hervichaine*, 1156 (cart. de l'abb. de Saint-Martin de Laon, t. III, p. 41). — Curtis de *Evrechanne*, 1182 (ch. de l'abb. de Saint-Vincent de Laon). — *Evrecagnia*, 1183; *Evrekania*, 1204; *Evrekaignes*, 1206; *Evrekagne*, 1225; *Evrecaigne*, 1236; *Evrekaigne*, 1240; *Evrecaïnne*, 1247 (cart. de l'abb. de Foigny, f°s 133, 134, 135, 124, 137 et 126). — *Evrekaigne*, 1255 (cart. de l'abb. de Saint-Martin de Laon, f° 151, bibl. de Laon). — *Evrecaigne*, 1264 (cart. de la même abb. t. I, p. 283). — Curtis de *Euvrecaigne*, 1275 (cart. de l'abb. de Foigny, f° 144, Bibl. imp.). — *Évrecaigne*, 1603 (tit. de l'év. de Laon). — *Vercaines*, 1729 (plan, arch. comm. de Bièvres). — *Verqueane* (carte de Cassini). — «Évercaigne est un nom corrompu signifiant champ renversé» (Livre de Foigny, par de Lancy).

La seigneurie d'Évercaigne appartenait autrefois à l'abbaye de Foigny.

ÉVERGNICOURT, c^{ne} de Neufchâtel. — *Eberneicortis*, *Eberneicurtis*, 1071 (Martène, Ampl. coll. t. IV. col. 921). — *Everneicurti*, 1074 (ex Vitâ beati Theoderici abb. Andaginensis acta SS. ord. Ben. sæc. VI, part. II, p. 55). — Ecclesia beate Marie de *Evr-'gnicurt*, 1142 (cart. de l'abb. de Saint-Martin de Laon, t. II, p. 283). — *Evrenicurtis*, 1160; *Evrignicurtis*, 1161 (ch. de l'Hôtel-Dieu de Laon, 6, B 1). — *Evrenicurtis*, 1164 (ch. de l'abb. de Saint-Martin de Laon). — *Evernigcortis*, 1169 (cart. de l'abb. de Saint-Martin de Laon, t. II, p. 213). — *Evreinicurtis*, 1178 (ch. de l'Hôtel-Dieu de Laon, B 18). — Sancta-Maria de *Eberneticorte, Evringicurtis*, XIIe s^e (cart. de l'abb. de Vauclerc, f°s 37 et 38). — *Evrignicourt*, 1211; *Evrignicort*, 1235; domus hospitalis de *Ebernicorte*, 1237 (ch. de l'Hôtel-Dieu de Laon, B 18). — *Everegnicortis*, 1248 (ibid. B 44). — *Ebernicourt*, 1251 (cart. de l'abb. de Vauclerc, f° 25). — *Evringnicourt*, XIII^es^e (cueilleret de l'Hôtel-Dieu de Laon, B 62). — *Euvrignicurtis*, 1340 (fonds latin, ms. 9228, Bibl. imp.). — *Evregnycourt*, 1404; *Evregnicourt*, 1408; *Evrygnycourt*, 1416 (comptes de l'Hôtel-Dieu de Laon, E 6, E 7, E 10). — *Evernicourt*, 1642 (chambre du clergé du diocèse de Laon). — Paroisse de *Saint-Hubert-d'Évergnicourt*, 1680 (état civil d'Évergnicourt, trib. de Laon).

Prieuré sous le vocable de Saint-Hubert, fondé vers 1071 par saint Thierry. — L'abbaye de Saint-Hubert possédait la seigneurie dès le XIIe siècle.

ÉVRY, f. c^{ne} de Dravegny. — *Evre*, 1162; *Evril*, 1283 (cart. de l'abb. d'Igny, f°s 90 et 113, Bibl. imp.).

ÉVRY, h. c^{ne} de Saint-Agnan. — *L'Évry* (carte de Cassini).

F

FABRIQUE (LA), fabrique de sucre, c^{ne} d'Abbécourt.

FABRIQUE (LA), fabrique de produits chimiques, c^{ne} d'Andelain.

FABRIQUE (LA), fabrique de sucre, c^{ne} d'Aulnois.

FABRIQUE (LA), fabrique de sucre, c^{ne} d'Autremencourt.

FABRIQUE (LA), fabrique de produits chimiques, c^{ne} de Bourg-et-Comin.

FABRIQUE (LA), fabrique de sucre, c^{ne} de Cerny-en-Laonnois.

FABRIQUE (LA), fabrique et raffinerie de sucre, c^{ne} de Flavy-le-Martel.

FABRIQUE (LA), fabrique de sucre, c^{ne} de Fonsomme.

FABRIQUE (LA), fabrique de produits chimiques, c^{ne} de Jussy.

FABRIQUE (LA), fabrique de sucre, c^{ne} de Missy-les-Pierrepont.

FABRIQUE (LA), fabrique de sucre, c^{ne} de Nizy-le-Comte. — Construite en 1865.

Fabrique (La), fabrique de sucre, c^{ne} de Noyant-et-Aconin.

Fabrique (La), fabrique de sucre, c^{ne} d'Omissy. — Établie en 1857.

Fabrique (La), fabrique de sucre, c^{ne} de Pommiers.

Fabrique (La), fabrique de sucre, c^{ne} de Pouilly.

Fabrique (La), fabrique de sucre, c^{ne} de Quessy.

Fabrique (Ru de la), petit ruisseau affluent de l'Ailette à Chailvet. Il prend sa source à Chaillevois et n'alimente aucune usine. — Son parcours est de 1,450 mètres.

Fagneul, bois, c^{ne} de Couvron-et-Aumencourt, auj. défriché. — Bois de *Fagnoel*, xvie siècle (chambre des comptes de la Fère).

Fagnolet, fief, c^{ne} de Serain. — Relevait de la châtell. de Cambrai et ressortissait au baill. du comté de Cambrésis.

Fagnon, fief et bois, c^{ne} de Bucy-lez-Pierrepont. — Le fief relevait de la châtell. de Pierrepont. — Le bois est défriché.

Faunon, fief, c^{ne} de Jaulgonne.

Fagots (Les), petit h. c^{ne} de Viels-Maisons.

Failleux (Les), f. c^{ne} de Voulpaix. — Bois du *Faieu*, 1701; bois du *Faiau*, 1705 (bailliage de Voulpaix).

Cette ferme doit son nom au voisinage d'un bois défriché.

Faillouël, h. c^{ne} de Frières-Faillouël. — *Folloel*, 1230 (cart. du chap. cath. de Noyon, f° 224, arch. de l'Oise). — *Foilloel*, 1263; *Foillouel*, 1289 (cart. de l'abb. d'Ourscamp, f°s 181 et 168, mêmes arch.). — *Foluel*, xiiie s^e (arch. de la ville de Saint-Quentin). — *Faillosl*, 1326; *Flaillouël*, 1340; *Fouillouel*, 1344; villa de *Foillo vello*, 1378 (arch. de l'Emp. Tr. des ch. registre 66, n° 167; registre 71, n° 240; registre 75, n°s 240 et 234; registre 114, pièce 297 et J 786).

Autrefois dépendance de la châtell. de Chauny. — Prieuré de croisés de l'ordre de Saint-Augustin, dépendant de Sainte-Croix-de-la-Bretonnerie et fondé vers 1182.

Failly, fief, c^{ne} de Chevresis-Monceau. — Relevait autrefois de Chevresis-le-Meldeux.

Failly, bois, c^{ne} de Corbeny. — Ce bois appartenait autrefois au prieuré de Corbeny et portait souvent le nom de *Petit-Couvent-du-Fay*.

Faisanderie (La), h. c^{ne} de Villers-Cotterêts.

Falaise, chât. c^{ne} de Seraucourt; auj. détruit. — Il se trouvait au nord-est du village et a donné son nom à une rue.

Falaise (La), m^{on} isolée, c^{ne} de la Croix; détruite en 1862. — Elle n'était pas d'ancienne origine.

Falaise (La), h. c^{ne} de Louâtre. — La seigneurie relevait autrefois de la Ferté-Milon.

Falloises (Ru des), petit ruisseau qui prend sa source à Clamecy et se jette dans le ru de Josienne à Crouy.

Faloise, petit h. c^{ne} de Nouvron-et-Vingré.

Fantaisie (La), petit h. c^{ne} de Wattigny.

Fargniers, c^{ne} de la Fère. — Villa que dicitur *Farnerüs*, 1130; *Farnerium*, 1139 (ch. de l'abb. de Saint-Nicolas-aux-Bois).— *Farnet*, 1165; *Farneth*, 1190 (cart. de l'abb. du Mont-Saint-Martin, p. 423, 439). — *Farniers*, 1269 (Olim, t. I). — *Fairniers*, 1529 (tit. de l'abb. de Saint-Nicolas-aux-Bois). — *Fargnyer*, 1562 (baill. de la Fère, B 672). — *Farnier*, 1597 (état civil de Chauny, trib. de Laon). — *Fargnier*, 1681 (tit. de l'abb. de Saint-Nicolas-aux-Bois). — *Fargny*, 1709 (intend. de Soissons, C 274).

Prieuré sous le vocable de Saint-Denis, fondé en 1132 par l'abb. de Saint-Nicolas-aux-Bois, qui le céda à l'abb. de Nogent. — La seigneurie relevait de la châtell. de la Fère.

Fanon, fief, c^{ne} de Chivres. — Ancien domaine de la prévôté de Chivres.

Farsois, f. c^{ne} de Brasles. — *Fersuel*, 1564; *Farsoy*, 1589; *Farsoy-lès-Valsecret*, 1648 (tit. de l'abb. de Valsecret).

Cette ferme appartenait autref. à l'abb. de Valsecret.

Fary, f. et étang, c^{ne} de Beuvardes. — *Farry*, 1580 (tit. de l'abb. de Saint-Jean-des-Vignes de Soissons).

Faty, h. c^{ne} de Wiège-Faty. — *Fasticum*, 1142 (cart. de l'abb. d'Homblières, p. 71). — Territorium de *Fasti*, 1161 (cart. de la seign. de Guise, f° 153). — Terra de *Fastis*, 1189 (coll. de D. Grenier, 31° paquet, n° 2). — *Fasthi*, xiie s^e (arch. de l'Emp. L 992). — *Fasty*, 1285 (cart. de la seign. de Guise, f° 270). — *Fatty*, 1569 (arch. de l'Emp. J 791).

Dépendait autrefois de la baronnie de Wiège et y ressortissait pour la justice. — Faty-Wiège et le Sourd ne formaient qu'une cure avant 1789.

Faubourg-de-Crisy, h. c^{ne} de Belleu.

Faubourg-d'Écuiry, h. c^{ne} de Rozières.

Faucommé, h. c^{ne} de la Neuville-lez-Dorengt. — *Faulcommé*, 1564 (arch. de l'Emp. J 791). — *Foucomé*, 1691 (élection de Guise). — *Faucomé*, 1693 (baill. de Ribemont, B 251). — Maison de *Faucosmé*, 1710 (intend. de Soissons, C 320).

Fief relevant autrefois de Guise.

Faulcompré, f. c^{ne} de Beaumont-en-Beine; auj. détruite. — *Faulcompré*, 1532 (comptes de la châtell. de Ham, chambre des comptes de la Fère).

DÉPARTEMENT DE L'AISNE.

Faucompré, petit fief, c^{ne} de Roupy.

Faucoucourt, c^{ne} d'Anizy-le-Château. — *Foucoucourt*, 1205 (ch. de l'abb. de Saint-Vincent de Laon). — *Foucaucourt*, 1219 (gr. cart. de l'év. de Laon, ch. 113). — *Foukoucourt*, 1232 (cart. de l'abb. de Prémontré, f° 22, bibl. de Soissons). — *Feucoucourt*, 1257 (gr. cart. de l'év. de Laon, ch. 30). — *Faulcoucourt*, 1562 (délibér. de la chambre des comptes de la Fère).

La seigneurie relevait autrefois de la châtell. de la Fère.

Faucousis, h. c^{ne} de Monceau-le-Neuf. — *Foukousies*, *Fulchozyes*, 1143; *Fulcozies*, *Folcozies*, 1144; *Folcouzies*, 1145 (cart. de l'abb. de Foigny, f°s 80, 84, 79 et 238, Bibl. imp.). — *Foucouzies*, *Foucousies*, 1145 (cart. de l'abb. de Saint-Michel, p. 177). — *Foulcozies*, *Foucausis*, *Fulcosis*, 1161 (cart. de la seign. de Guise, f° 153). — *Folchozie*, 1167; *Foucosies*, 1169; *Fulchozies*, 1172 (cart. de l'abb. de Foigny, f°s 82, 41 et 81, Bibl. imp.). — *Parrochia Fochozies*, 1169 (cart. de la même abb. f° 75). — Altare de *Fulchosis*, 1172 (suppl. de D. Grenier, 289, Bibl. imp.). — *Foukousies*, 1208; *Foucozys*, 1211; *Folcosis*, 1213 (cart. de l'abb. de Foigny, f°s 205, 84 et 85). — *Foucozies*, 1213 (arch. de l'Emp. L 994). — *Foukosis*, 1235 (ch. de l'abb. de Saint-Vincent de Laon). — *Folkousies*, 1231; *Foucosis*, 1258 (cart. de l'abb. de Foigny, f°s 88 et 96, Bibl. imp.). — *Foucauzies*, 1415 (arch. de l'Emp. P 248-2). — *Foucouzis*, 1554 (reg. des insinuat. du baill. de Vermandois). — *Fauchouzi*, 1607 (arch. comm. de Lesquielles-Saint-Germain). — *Faulcousy*, 1621; *Faulxcouzy*, 1621 (minutes de Wallé, notaire, arch. de l'Aisne).—*Faucousy*, 1710 (intend. de Soissons, C 320). — «Foucouzy est un nom composé, dérivé du substantif latin *falx* et du verbe *carpo* (quasi falce carpere), comme qui diroit en françois coupper quelque chose avec une faux ou faucille. A esté autrefois un village ayant un petit chasteau ou chastellet qui servoit de retraitte aux habitans en temps de guerre et mauvais bruict. Il y a encore à présent une terre en deppendant au mesme terrouer qui porte ce nom de Chastellet» (Livre de Foigny, par de Lancy, p. 159).

Autrefois fief relevant de Guise. — La commune de Faucousis a été unie à celle de Monceau-le-Neuf par ordonnance royale du 9 juin 1819.

Fausse-Rivière (La), petit ruisseau qui va se jeter dans le ruisseau d'Ardon à Chivy-lez-Étouvelles. — Il n'alimente point d'usine. — Son parcours est de 1,200 mètres.

Fauvette (La), f. c^{ne} de Résigny,

Faux ou Petit-Faux (Le), h. c^{ne} de Bassoles-Aulers.— *Le Fau*, 1416 (arch. de l'Emp. J 801, n° 6).

Autrefois fief relevant de Coucy-le-Château.

Faux (Les), bois, c^{ne} de Dizy-le-Gros; auj. défriché. — Appartenait autrefois à l'abb. de Cuissy.

Faux-Bâton (Le), h. c^{ne} de Proisy. — Dépendait de la baronnie de Wiège.

Faux-Beauregard (La), fief relevant autrefois de l'abb. de Nogent.

Faverolles, c^{ne} de Villers-Cotterêts. — *Faveroles*, 1189; *Faverole*, 1224 (ch. de l'Hôtel-Dieu de Soissons, 86). — *Favrolles*, 1398 (comptes de l'Hôtel-Dieu de Soissons, 32A). — *Faverolle*, 1412 (ibid. 330, f° 15).

Seigneurie relevant autrefois de Pierrefonds. Le village ressortissait à la prévôté de cette châtellenie et au baill. de Valois.

Favette (La), f. c^{ne} de Manicamp. — *Fabvette*, 1597; Cense de *la Favette*, 1695 (baill. de Chauny, B 1359, B 1713).

Autrefois fief.

Favière, f. c^{ne} de Vic-sur-Aisne.

Favières, f. c^{ne} de Grandlup-et-Fay. — *Faverie*, 1225; *Favières-emprès-Pierrepont*, 1436 (ch. de l'Hôtel-Dieu de Laon, B 23). — *Favière*, 1482 (comptes de la châtell. de Pierrepont). — *Faviers*, 1511; *Fabvières*, 1524; *Favyers*, 1529; *Favyères*, 1548; *Favier*, 1557 (tit. de l'Hôtel-Dieu de Laon, B 24 et B 69).

Cette ferme, qui appartient à l'Hôtel-Dieu de Laon, avait autrefois territoire et paroisse dont Brazicourt dépendait et ressortissait à la châtell. de Pierrepont. Cette paroisse a été unie à Grandlup par lettres patentes de juillet 1748, en exécution de décrets de réunion des 26 août 1740, 31 janvier 1742 et 12 juin 1748. L'union n'a été faite qu'en 1777, par suite de l'opposition du curé de Grandlup (Hôtel-Dieu de Laon, C 1).

Favières, f. c^{ne} de Sergy. — *Faverie*, 1240 (cart. de l'abb. de Saint-Médard, f° 106, Bibl. imp.).

Autrefois prévôté dépendant de l'abb. de Saint-Médard de Soissons.

Fay, petit bois, c^{ne} de Blérancourt.

Fay, mⁱⁿ à eau, c^{ne} de Chacrise.

Fay, h. c^{ne} de la Chapelle-sur-Chézy. — *Fai*, 1154 (cart. de l'abb. de Saint-Crépin-le-Grand, f° 7).

Fay, fief, c^{ne} de Chéry-Chartreuve. — Relevait du comté de Braine.

Fay, bois, c^{ne} de Cilly; auj. défriché. — Il relevait autrefois de Vervins.

Fay ou le Petit-Couvent, bois, c^{ne} de Corbeny. — Ce bois appartenait autrefois au prieuré de Corbeny.

Fay, bois, c⁹ᵉ de Flavigny-le-Grand-et-Beaurain.
Fay, f. c⁹ᵉ de Grandlup-et-Fay. — *Faiacum*, 1132 (cart. de l'abb. de Saint-Martin de Laon, f° 55, bibl. de Laon). — *Fai*, 1244 (ch. de l'Hôtel-Dieu de Laon, B 69). — Vile de *Fayt-dalez-Pierrepont*, 1300 (suppl. de D. Grenier, 287, Bibl. imp.). — *Fayt-juxta-Petrapontem*, 1340 (fonds latin, ms. 9228, Bibl. imp.). — *Fay-les-Pierrepont*, 1536 (comptes, arch. de la ville de Laon). — *Fay-le-Secq*, 1546 (cab. de M. de Sagnes). — Paroisse de *Sainte-Geneviève-de-Fay*, 1672 (état civil de Fay, trib. de Laon). — *Fay-le-Sec*, 1745 (tit. de l'év. de Laon). — *Fai-le-Sec* (carte de Cassini).
Cette ferme appartenait autrefois à l'abbaye de Saint-Vincent de Laon et relevait de la châtellenie de Pierrepont, où elle ressortissait. — Fay a été uni à Grandlup par le directoire du département de l'Aisne, le 17 novembre 1791.

Fay, bois, c⁹ᵉ d'Origny-Sainte-Benoîte; auj. défriché.
Fay, bois, c⁹ᵉ de Pargny-Filain. — Appartenait autrefois à l'abb. de Notre-Dame de Soissons.
Fay, bois, c⁹ᵉ de Wiège-Faty. — Ce bois, d'une contenance de 26 muids, a été acquis en 1266 par l'abb. de Fervaques; il constituait un fief relevant de la baronnie de Wiège.
Fay (Le), f. c⁹ᵉ d'Essigny-le-Grand. — Autrefois fief relevant de Chauny (arch. de l'Emp. P 2217).
Fay (Le), m⁹ⁿ isolée, c⁹ᵉ de Flavigny-le-Petit.
Fay (Le), m⁹ⁿ isolée, c⁹ᵉ de Thenailles. — *Fagetum Sancti Cornelii*, 1198 (cart. de l'abb. de Foigny, f° 12, Bibl. imp.). — *Fagum*, 1200 (ch. de la chartreuse du Val-Saint-Pierre). — *Nemus de Fait*, 1231; *Curtis de Fayt*, xiiiᵉ s (cart. de l'abb. de Thenailles, f°ˢ 7 et 24). — *Fay-la-Court*, 1413 (arch. de l'Emp. J 801, n° 5). — *Fai*, 1616 (minutes d'Ozias Teilinge, notaire).
Fayaux, f. c⁹ᵉ de Corbeny. — Territorium de *Faiello-juxta-Corbeni*, 1160; territorium de *Fayel-juxta-Corbeni*, xiiiᵉ s (cart. de l'abb. de Thenailles, f°ˢ 46 et 97). — *Fayel*, 1228 (cart. de Saint-Thierry de Reims, f° 185). — *Faiaulx*, 1491 (baill. de Roucy). — *Fayaulx*, 1496 (*ibid.*). — *Fayaux grand et petit*, 1739 (terr. de Juvincourt). — *Les Fayaux* (carte de Cassini).
La seigneurie relevait autrefois de celle de Mauchamp. — La ferme ressortissait au baill. de Roucy; elle a été unie à Corbeny le 25 juillet 1788.
Fayelle (La), m⁹ⁿ isolée, c⁹ᵉ de Nogent-l'Artaud. — Autrefois fief.
Fayet, c⁹ᵉ de Vermand. — *Faiet*, 1145; *Faihel*, 1156 (cart. de l'abb. d'Homblières, p. 8 et 50). — *Fayel*, 1200 (Colliette, *Mém. du Vermandois*. t. II,

p. 526). — *Faiel*, 1200 (suppl. de D. Grenier, 290, Bibl. imp.). — *Faiellum*, 1241 (cart. de l'abb. de Fervaques, p. 133). — *Fayellum*, 1275 (arch. de l'Emp. L 998). — *Saint-Sulpice-de-Fayet*, 1739 (chambre du clergé du dioc. de Noyon).
Seigneurie qui relevait autrefois de la baronnie d'Estrées.

Fayet, h. c⁹ᵉ d'Essises.
Fayet, m⁹ⁿ isolée, c⁹ᵉ de Montfaucon.
Fay-le-Noyer, h. c⁹ᵉ de Surfontaine-et-Fay-le-Noyer. — *Fai*, xiiᵉ siècle (cart. de l'abb. de Saint-Denis, f° 199, arch. de l'Emp.). — *Fais*, 1215 (ch. de l'abb. de Saint-Nicolas-aux-Bois). — *Fagetum*, 1221 (ch. de l'abb. de Prémontré). — *Fay*, 1277; *Fayacum*, 1303 (cart. de Chaourse, f° 223, arch. de l'Emp.). — *Fayt-le-Noyet*, 1340 (fonds latin, ms. 9228, Bibl. imp.). — *Fay-le-Noyé*, 1405 (arch. de l'Emp. J 801, n° 1). — *Fay-le-Noyel*, 1448 (ch. de l'abb. de Saint-Nicolas-aux-Bois). — *Fay-le-Noier*, 1547 (tit. de l'Hôtel-Dieu de la Fère). — *Fay-le-Nouyer*, 1568 (arch. de la ville de Laon). — *Faye-le-Noier*, 1581; *Fays-le-Noyer*, 1662 (tit. de l'abb. de Saint-Nicolas-aux-Bois). — *Fay-le-Noyer-et-Cerfontaine*, 1745 (intend. de Soissons, C 206).
Domaine appartenant autrefois à l'abbaye de Saint-Nicolas-aux-Bois et relevant de Marle.
Féan, fief, c⁹ᵉ d'Arcy-Sainte-Restitue. — Relevait autrefois de Pierrefonds.
Féna, f. c⁹ᵉ de Cessières. — Détruite en 1855.
Fère (La), arrond. de Laon. — *Fera*, 898 (ex chronico Sithiensi, *Hist. de France*, t. IX, p. 73, D). — *Ferra*, 898 (Annales Vedastini, *Hist. de France*, t. VIII, p. 92, C). — *Fara*, 958 (*Hist. de France*, t. VIII, p. 211, Chronicon Flodoardi). — *Feria*, 1133 (ch. de l'abb. de Prémontré). — *La Ferre*, 1196 (ch. de l'abb. de Saint-Nicolas-aux-Bois). — «Canonici de *Farra* recognoverunt domum leprosorum de *Farra*, sita tene in parrochiatu de *Beautor*,» 1214; *la Fère*, 1317 (ch. de l'abb. de Saint-Vincent de Laon). — *La Fère-sur-Oise*, 1400 (arch. de l'Emp. Tr. des ch. registre 155, pièce 347). — *Laffere*, 1408 (comptes de l'Hôtel-Dieu de Laon, E 7). — *Le Fère-en-Vermendois*, 1449 (comptes de l'Hôtel-Dieu de Soissons, f° 73). — *La Fère-sur-Oise*, 1452 (tit. de l'Hôtel-Dieu de la Fère). — *Lafere-sur-Oyze*, 1478 (délib. de la ville de la Fère). — *La Ferve-sur-Oyse*, 1553 (reg. des insinuat. du baill. de Vermandois).

La Fère était autrefois chef-lieu :
1° D'un doyenné rural comprenant les paroisses d'Amigny, Andelain, Autreville, Barizis, Beautor, Bichancourt, Champs, Charmes, Coucy-la-Ville, Coucy-

le-Château, Courbes, Danizy, Épourdon, la Fère, Folembray, Fresne, Fressancourt, Pierremande, Quincy, Rouy, Saint-Gobain, Saint-Nicolas-aux-Bois, le Sart, Septvaux, Servais, Sinceny et Versigny;

2° D'une châtellenie qui comprenait, en 1562, Andelain, Beautor, Bertaucourt-Épourdon, Cessières, Charmes, Couvron, Danizy, Deuillet, Fargniers, Faucoucourt, la Fère, Monceau-les-Leups, Nouvion-le-Comte, Pont-à-Bucy, Rogécourt, Rouy, Saint-Gobain, le Sart, Suzy, Travecy, Versigny et Barizis en partie ;

3° D'une prévôté faisant partie du comté de Marle et relevant de la tour de Laon. Cette prévôté, qui n'avait pas de coutume particulière, a été remplacée par un bailliage royal érigé au détriment de celui de Laon, en vertu d'une déclaration du roi du 29 décembre 1607, vérifiée par le parlement de Paris le 2 avril 1622. Cette vérification ne comprit dans le bailliage de la Fère que Charmes, Danizy, Deuillet, Épourdon, la Fère, Fargniers, Fressancourt et Servais, du bailliage de Vermandois, et défendit d'y joindre les domaines qui dépendaient auparavant du ressort pour la réception des devoirs féodaux; mais on ne tint pas compte de cette restriction au xviiie siècle, et Andelain, Beautor, la Fère, Saint-Gobain, Pont-à-Bucy, Rogécourt et Versigny formèrent le ressort immédiat, et Achery, Amigny, Anguilcourt, Bertaucourt, Charmes, Courbes, Danizy, Deuillet, Épourdon, Fargniers, Fressancourt, Rouy, Servais en partie et Tergnier, le ressort par appel;

4° D'une maîtrise royale des eaux et forêts qui s'étendait sur les baill. de la Fère, Marle, Ribemont et Saint-Quentin [1];

5° D'une subdélégation de l'élection de Laon, comprenant Achery, Amigny, Andelain, Anguilcourt-et-le-Sart, Assis-sur-Serre, Beautor, Bertaucourt, Brie, Brissay-Choigny, Brissy, Charmes, Courbes, Couvron, Danizy, Deuillet, Épourdon, Faucoucourt, la Fère, la Ferté-sur-Péron, Fourdrain, Fressancourt, Hamégicourt, Mayot, Monceau-les-Leups, Nouvion-l'Abbesse, Nouvion-le-Comte, Pont-à-Bucy, Remies, Renansart, Rogécourt, Rouy, Saint-Gobain, Saint-Nicolas-aux-Bois, Servais, Suzy-et-Sebacourt, Versigny ;

6° D'un gouvernement militaire : les territoires de Crécy-sur-Serre, Montigny-sur-Crécy, Mesbrecourt, Pont-à-Bucy, Nouvion-le-Comte, Nouvion-l'Abbesse, le Sart, Achery, Mayot, Brissay-Choigny, Vendeuil, Lyfontaine, Remigny, Travecy, Fargniers, Tergnier, Quessy, Vouël, Beautor, Andelain, Deuillet, Servais, Rouy, Saint-Gobain, Mortiers, la Neuville-Bosmont, Richecourt-et-Certeau, Sainte-Preuve, Toulis, la Ville-aux-Bois et Voyenne.

En 1790, la Fère devint le chef-lieu d'un canton du district de Chauny. Ce canton était composé des communes d'Achery, Anguilcourt-et-le-Sart, Beautor, Catillon-du-Temple, Charmes, Courbes, Danizy, Fargniers, la Fère, Mayot, Monceau-les-Leups, Nouvion-l'Abbesse, Nouvion-le-Comte, Pont-à-Bucy, Quessy, Richecourt, Rogécourt, Tergnier, Travecy et Versigny.

Dates de fondations et de suppressions d'établissements: avant le xie siècle, chapitre de Saint-Montain; 1207, charte de commune; vers 1240, l'Hôtel-Dieu, auquel on réunit la maladrerie en 1695; vers 1250, les Annonciades, supprimées en 1552; xive siècle, Sœurs Augustines; 1527, l'abb. du Calvaire; 1539, chapitre de Notre-Dame et de Saint-Louis; 1615, collège; vers 1650, Capucins; 1666, arsenal; 1677, Filles de la Croix pour l'instruction des filles, l'hôpital des vieillards et des indigents; 1719, école d'artillerie; 1719, moulin à poudre supprimé en l'an xii; 1723 et 1767, casernes; 1738, les écoles chrétiennes; 8 avril 1756, école des cadets, supprimée en 1766.

Les armoiries de la Fère sont : *fascé de vair et d'or de six pièces.*

Fère-en-Tardenois, arrond. de Château-Thierry. — *Fera*, 1147 (cart. de l'abb. de Saint-Yved de Braine, arch. de l'Emp.). — *La Ferre*, 1296 (suppl. de D. Grenier, 297, pièce 175, Bibl. imp.). — *Fera-in-Tardenesio*, 1363 (arch. de l'Emp. Tr. des ch. registre 94, n° 12). — *Fère-en-Tardenoys*, 1490

---

[1] Voyez le mot Laon. — Les commissaires royaux unirent, le 17 décembre 1597, la juridiction des eaux et forêts du comté de Marle à la justice ordinaire. Leur décision fut confirmée par lettres patentes du roi Louis XIII, de juillet 1613. — La maîtrise de la Fère et du comté de Marle n'a été régulièrement instituée que par l'ordonnance des eaux et forêts d'août 1669; la maîtrise de Saint-Quentin lui a été unie par arrêt du Conseil d'État du 27 juin 1690 (baill. de la Fère, B 298). Les bois de la châtellenie de Vendeuil ont été unis à la même maîtrise par arrêt du Conseil d'État du 31 mai 1701, et les forêts de Bohain et de Beaurevoir en ont été distraites.

(comptes de l'Hôtel-Dieu de Soissons, f° 67). — *Fère-en-Tardenois*, 1605 (appointés, baill. de Vermandois, greffe du tribunal de Laon). — *Fer-en-Tardenois*, 1607; *Fère-en-Tardanois*, 1633 (arch. comm. de Beuvardes). — *Fère-en-Tartenois*, 1652 (arch. du Dépôt de la guerre, Corresp. milit. 134, pièce 386).

Baronnie relevant autrefois du comté de Braine.

Fère-en-Tardenois était chef-lieu :

1° D'un doyenné rural démembré, en 1661, de celui de Bazoches;

2° D'un grenier à sel du département de Soissons ;

3° D'une subdélégation de l'élection de Château-Thierry,

Et enfin d'un baill. royal dont les appels étaient portés directement au parlement de Paris, et pour les cas présidiaux, au baill. de Château-Thierry.

Le doyenné rural comprenait Aiguizy, Cierges, Cohan, Coulonges, Courmont, Dravegny, Fère-en-Tardenois, Fresnes, Goussancourt, Loupeigne, Mareuil-en-Dôle, Ronchères, Saponay, Sergy, Seringes, Vézilly, Villers-Agron et Villers-sur-Fère.

Le grenier à sel avait pour limites intérieures les territoires de Villers-Agron-Aiguizy, Olizy, Vézilly, Cierges, Sergy, Seringes-et-Nesles, Saponay, Cramaille, Cugny, Breny, la Croix, Grisolles, Rocourt, Brécy, Beuvardes, Fresnes, Champvoicy et Ronchères, qui en dépendaient.

La subdélégation comprenait le canton de Fère-en-Tardenois, moins Bruyères, Cohan, Coulonges, Dravegny, Goussancourt, Nanteuil-Notre-Dame, Saponay, Vézilly, Villers-Agron-Aiguizy; les communes de Belleau, Bézu-Saint-Germain, Épaux-Bézu, du canton de Château-Thierry; Barzy, Jaulgonne, Passy-sur-Marne et Tréloup, du canton de Condé; Bonnes, la Croix, Grisolles et Monthiers, du canton de Neuilly-Saint-Front; Lesges et Paars, du canton de Braine.

Le bailliage se composait de Fère-en-Tardenois, Lesges en partie, Villers-sur-Fère, Seringes en partie et Saint-Gilles près Fismes.

Fère-en-Tardenois fut, en 1790, chef-lieu d'un canton dépendant du district de Château-Thierry et formé des c^{nes} de Fère-en-Tardenois, Courmont, Fresnes, Mareuil-en-Dôle, Nesles, Ronchères, Saponay, Sergy, Seringes et Villeneuve-sur-Fère.

Les armoiries de Fère-en-Tardenois sont : *de sinople, chargé d'un fer à cheval d'or, surmonté d'une couronne de même.*

FERME (LA), m^{on} isolée, c^{nes} d'Andelain, d'Artonges et de Sommeron.

FERME BLANCHE (LA), f. c^{ne} de Brumetz. — Autrefois domaine de la comm^{rie} de Moisy-le-Temple.

FERME BLANCHE (LA), f. c^{ne} de Villers-sur-Fère.

FERME DE PARIS (LA), f. c^{ne} de Coupru.

FERME DES BOIS (LA), f. c^{ne} de Brunehamel. — De construction récente.

FERME DES INNOCENTS, f. c^{ne} de Nouvion.

FERME DES MAROLOIS (LA), f. c^{ne} du Nouvion.

FERME DU BOIS, f. c^{ne} d'Éparcy. — Construite vers 1845.

FERME DUVAL (LA), f. c^{ne} de Pernant. — Elle appartenait autrefois à l'abbaye de Saint-Crépin-le-Grand de Soissons, et fait maintenant partie de la population agglomérée.

FERME MARIE (LA), f. c^{ne} de Pavant.

FERME NEUVE (LA), f. c^{ne} de Charly. — *La Ferme-Nœuve*, 1710 (baill. de Charly).

FERME NEUVE (LA), f. c^{ne} de Rogecourt. — Construite en 1867, sur l'emplacement du bois de Tranois.

FERME PARIS (LA), f. c^{ne} de Dizy-le-Gros; auj. détruite. — Elle appartenait autrefois à l'abb. de Cuissy et se trouvait au sud-ouest de Dizy-le-Gros.

FERME ROUART (LA), f. c^{ne} de Parguy-les-Bois. — Construite sur l'emplacement du moulin Neuf, détruit en 1850.

FERME ROUGE (LA), f. c^{ne} d'Annois. — On la comprend dans le hameau du Détroit-d'Annois.

FERME ROUGE (LA), f. c^{ne} de Sommette-Éaucourt.

FERME-SÈCHE (LA), m^{on} isolée, c^{ne} de Chermizy. — Détruite en 1862.

FERME-SÈCHE (LA), m^{on} isolée, c^{ne} de Montaigu.

FERMIETTE (LA), f. c^{ne} de Becquigny. — *Fremiette*, 1689 (baill. de Ribemont).

Cette ferme dépendait autrefois de la paroisse de Prémont, relevait de la châtellenie de Cambrai et ressortissait au baill. de cette châtellenie.

FÉROLLE (LA), f. c^{ne} de Vouël. — *Ferreole*, 1158 (ch. de l'abb. de Saint-Vincent de Laon). — In domo de *Ferrole*, 1239 (cart. de l'abb. de Prémontré, f° 104, bibl. de Soissons). — Cense de *Farole*, 1608; cense de *la Farolle*, 1689 (baill. de Chauny, B 1472, B 1455).

Détruite vers la fin du règne de Louis XIV, elle appartenait à l'abb. de Prémontré et dépendait de la paroisse de Quessy; un lieu dit *la Férolle* indique encore son emplacement, couvert de débris de constructions. — La Férolle relevait de Chauny (arch. de l'Emp. P 2217).

FÉRONS, bois, c^{ne} de Frières-Faillouël.

FÉRONVAL, h. c^{ne} d'Haution. — *Féronva*, 1744 (gruerie du Nouvion).

FÉROTTERIE (LA), h. c^{ne} de Nogent-l'Artaud. — *Petite et Grande Feroterie* (carte de Cassini).

FERRIÈRE (LA), f. c¹ᵉ de Beaurieux; auj. détruite.
FERRIÈRES, f. c¹ᵉ de la Ferté-Chevresis. — *Ferreres*, 1156 (suppl. de D. Grenier, 290, Bibl. imp.). — *Ferreole*, 1158 (ch. de l'abb. de Saint-Vincent de Laon). — *Ferrarie*, 1168 (ch. de l'abbaye de Prémontré). — *Ferières*, 1182 (cart. de l'abb. de Saint-Nicolas-des-Prés de Ribemont, f° 40, archives de l'Emp.). — *Fericrie*, 1221 (cart. de l'abb. de Prémontré, f° 22, bibl. de Soissons).— *Ferrière*, 1536 (tit. de l'abb. de Prémontré). — Cense de *Ferrier*, 1635 (famille La Trémoille). — *Ferière*, 1676 (tit. de l'abb. de Prémontré). — *Ferier*, 1704 (int. de Soissons, C 274).

Cette ferme appartenait autrefois à l'abbaye de Prémontré.

FERTÉ-CHEVRESIS (LA), c¹ᵉ de Ribemont. — *Firmitas*, 1147 (ch. de l'abb. de Prémontré). — Ecclesia leprosorum apud *Firmitatem - Blihardi*, 1158 (ch. de l'abb. de Saint-Vincent de Laon). — *Le Fretei, le Freteit*, feodum de *Feritatis*, 1223 (cart. de la seign. de Guise, f°ˢ 45 et 76). — *Freté*, 1241 (Livre rouge de l'abb. de Saint-Quentin-en-l'Île, f° 154). — *La Fretei*, 1279 (gr. cart. de l'év. de Laon, ch. 17).— *Freté-Bliart*, 1306; *Fretet*, 1315; *Freteit-Bliart*, 1339 (ch. de l'abb. de Saint-Vincent de Laon). — *Freité-Beliart, Fraité*, 1380 (arch. de l'Emp. Tr. des ch. reg. 117, n° 18). — *La Frettee*, 1394 (comptes de l'Hôtel-Dieu de Laon, E 3).— *Ferté-Blyart-sur-Péron*, 1464 (journal des assises du baill. de Vermandois). — *Fresté-sur-Peron, Freete-sur-Péron*, 1472 (tit. de l'abb. de Saint-Vincent de Laon). — *Freté-sur-Perron*, 1475; *Laffreté-sur-Péron*, 1497 (comptes de l'Hôtel-Dieu de Laon, E 20, E 28). — *Freté-sur-Peron*, 1523 (reg. de la maison de paix de la Fère). — *Laffreté*, 1532 (comptes de l'Hôtel-Dieu de Laon, E 59).— *La Fretté*, 1536 (acquits, comptes de Laon). — *Fretté-Supperon*, 1568 (tit. de l'abb. de Saint-Vincent de Laon). — *Ferté-Blyart-Supperon*, 1577 (arch. de la ville de Laon). — *Fretté-sur-Peron*, 1577 (tit. de l'abb. de Saint-Vincent de Laon). — *Ferté-sur-Péron*, 1598 (tit. de l'abb. d'Origny-Sainte-Benoîte). — *Ferté-Superon*, 1600 (tit. de l'abb. de Saint-Vincent de Laon). — *Ferté-Belliart*, 1603; *Ferté-Blyard-sur-Péron*, 1604; la *Ferté-Bliard-soubz-Péron*, 1618 (famille La Trémoille). — *Ferté-sus-Péron*, 1630 (ch. du clergé du diocèse de Laon). — *La Ferté-sur-Crécy*, 1691 (just. cap. de Laon). — *La Ferté*, 1695 (tit. de l'Hôtel-Dieu de Laon, A 1). — *La Ferté-sur-Péron*, 1729 (int. de Soissons, C 205).

Prieuré de Bénédictins, fondé sous le vocable de Saint-Gilles vers 1090. — La baronnie releva, au xiii° siècle, de la seign. de Sains (cart. de la seign. de Guise, f° 76, arch. de l'Emp.) et ensuite du comté de Marle. — La léproserie de la Ferté a été unie, en 1695, à l'Hôtel-Dieu de Laon. — La rue Basse de la Ferté ressortissait au baill. de Ribemont; la rue Haute, à celui de Laon.

FERTÉ-MILON (LA), c⁰ⁿ de Neuilly-Saint-Front. — Theudo de *Firmitate* quæ appellatur *Urc* (dipl. de Henry I", *Hist. du Valois*, par l'abbé Carlier, t. III, pièces justificatives). — *Feritas-Milonis*, 1221 (Ord. des rois de France, t. XI, p. 310). — *Freté-Milon*, 1265 (ch. de l'abb. de Valsery).— *La Freté-Milon*, 1406 (comptes de l'Hôtel-Dieu de Soissons, f° 8). — *Laffreté-Milon*, 1484 (comptes de l'Hôtel-Dieu de Soissons, f° 80).— *Saint-Vuast de-la-Ferté-Milon*, 1745 (intend. de Soissons, C 206).— *Ferté-sur-Ourcq*, 1793.

Chef-lieu de châtellenie et prévôté royales dont l'existence est antérieure au xiv° siècle : son ressort immédiat s'étendait sur Chouy, Édrolles, la Ferté-Milon, Lionval, la Loge-Tristan, Marizy, Maucreux, Noroy, Saint-Quentin et Villers-le-Petit. Un édit de janvier 1638 a substitué à la prévôté ou bailliage ressortissant au présidial de Crépy-en-Valois; ce bailliage a été remplacé, en 1703, par une prévôté royale.

La Ferté-Milon était également le chef-lieu d'un grenier à sel du département de Soissons et d'une subdélégation de l'élection de Crépy-en-Valois. — Le grenier à sel avait pour limites intérieures Vivières, Soucy, Montgobert, Fleury, Corcy, Louâtre, Ancienville, Noroy, Chouy, Billy-sur-Ourcq, Oulchy-la-Ville, Oulchy-le-Château, Nampteuil-sur-Ourcq, Montgru-Saint-Hilaire, Latilly, Sommelans, Pricz, Saint-Gengoulph, Veuilly-la-Poterie, Hautevesne, Gandelu, Germigny, Coulombs, Gesvres, May-en-Multien, Varinfroy, Étavigny, Assy-en-Multien, Crouy, Vaux-sous-Coulombs, Brumetz, Chézy-en-Orxois, Saint-Quentin, Mareuil, Villeneuve-sous-Thury, Thury, Antilly, Marolles, Silly-la-Poterie, Oigny et Damplcu, qui en dépendaient. — La subdélégation comprenait Anteuil-et-Bilmont, Boullarcs, Échampeux, Étavigny, la Ferté-Milon, Fulaines, Mareuil, Marolles, May-en-Multien, Oigny, le Plessis-Placy, Rouvres-en-Multien, Rozoy, Varinfroy et Villeneuve-sous-Thury.

La Ferté-Milon devint, en 1790, le chef-lieu d'un canton dépendant du district de Château-Thierry et formé des communes de Chézy-en-Orxois, la Ferté-Milon, Marizy-Sainte-Geneviève, Montigny-l'Allier, Passy-en-Valois, Saint-Quentin, Silly-la-Poterie et Troësnes.

Château démoli en 1594 par ordre de Henri IV.

— Domaine engagé par Catherine de Médicis à Charlotte de Beaune, et par le roi Louis XIV à Philippe d'Orléans le 28 juin 1694 (arch. de l'Empire, Q 4). — Hôtel-Dieu fondé par édit de juin 1693. — Collége établi en 1709. — Compagnie d'arquebusiers instituée en 1751.

Les armoiries de la Ferté-Milon sont : *d'azur à une tour d'argent crénelée.*

FERVACQUE, f. c^{ne} de Lierval; auj. détruite. — Elle devait son nom à l'abbaye qui la possédait.

FERVAQUES, f. c^{ne} de Fonsomme. — *Favarkes*, 1188 (arch. de l'Emp. L 998). — *Ecclesia Favarcarum*, XIIe s^e (cart. de l'abb. de Fervaques, Bibl. imp.). — *Favairches, Favarchie*, 1200; *Favarches*, 1206 (cart. de l'abb. de Fervaques, p. 130, 127, 129, arch. de l'Aisne). — *Farvaches*, 1222 (cart. de l'abb. du Mont-Saint-Martin, p. 95). — *Favarche*, 1238 (cart. de l'abb. de Saint-Martin de Laon, t. III, p. 289). — *Favarques-juxta-Sanctum-Quintinum*, XIIIe s^e (cart. E du chap. cath. de Reims). — *Farvakes*, 1251; *Farvachie*, 1319 (cart. de l'abb. de Fervaques, p. 344 et 75, Aisne). — *Farevaches*, 1326 (cueilleret de l'Hôtel-Dieu de Laon, B 63). — *Fervacq*, 1709 (intend. de Soissons, C 274).

- Fervaeque, anciennement nomé Favarchque, est situé au comté de Vermandois, ressort de Sainct-Quentin, une lieue des pays de Cambresis entre le village de Croix et Fonsomme; ces pourquoi les religieuses anciennement estoient appelées les religieuses de Fonsomme (voy. FONSOMME). La maison est située dans ung valon avant l'estang qui borne une partie de la maison; le dict estang prenant son accroissement des fontaines qui sont dans l'abbaye, proche la place nommée *le Pont-de-Cambray*, et le dict estang avec les fontaines font l'origine de la rivière de Somme. Le dict lieu semble estre appelé Fervacques (*a Ferventibus aquis*) à cause des eaues qui sont fort fréquentes et qui semblent bouillonner (cart. de Fervaques, p. 59, arch. de l'Aisne). Cet étang est desséché et la Somme tarit quelquefois à Fervaques.

L'abbaye de Fervaques, de l'ordre de Cîteaux, établie en 1140 par Renier, sénéchal de Vermandois, a été incendiée en 1557, rétablie en 1580, détruite en partie en 1595, rétablie de nouveau en 1632, puis enfin abandonnée en 1635. — La seigneurie relevait de Guise.

FERVAQUES, f. cst de Villeret. — *Petit-Fervaques* (carte de Cassini). — *Petit-Fervaque*, 1787 (intendance d'Amiens, C 775).

Cette ferme était aussi connue sous le nom de *Cense-du-Pré*. Elle appartenait à l'abbaye de Fervaques.

FESMY, c^{on} du Nouvion. — *Fidemium*, 1103 (ch. de l'abb. de Saint-Nicolas-aux-Bois). — *Monasterium Sancti Stephani-Fidemensis*, 1155 (ch. de l'év. de Laon). — *Ecclesia Fidemensis*, 1155 (cart. de l'abb. de Saint-Martin de Laon, t. II, p. 161, arch. de l'Aisne). — *Faimy*, 1189; *Faimil*, 1211; *Fayma*, 1265; *Fesmy*, 1269; *Faisiny*, église *Saint-Estienne-de-Fesmy*, 1334; ville de *Fésny*, 1339 (cart. de la seign. de Guise, f°s 164, 163, 7, 91, 176, 212). — *Fesmy-en-Thiérasse*, 1575 (minutes de Horle, notaire).

Abbaye de Bénédictins, fondée en 1080 sous le vocable de Saint-Étienne; elle ressortissait pour la justice à Ribemont (baill. de Ribemont, B 7, f° 110). — Fesmy, du dioc. de Cambrai et du doy. du Câteau-Cambrésis, relevait du duché de Guise, qui en possédait le domaine jusqu'à la Sambre. La commune a été distraite du canton de Wassigny et unie au canton du Nouvion par ordonnance royale du 26 juin 1822.

FESTIEUX, c^{ne} de Laon. — *Festols*, 1125 (suppl. de D. Grenier, 286, Bibl. imp.). — *Festulium*, 1121 (petit.cart. de Signy, f° 89, arch. des Ardennes). *Festul, Festuls*, 1147 (ch. de l'abb. de Saint-Vincent de Laon). — *Festeolis*, 1161; *Festions*, 1175 (cart. de l'abb. de Foigny, f°s 148 et 203, Bibl. imp.). — *Festuez*, 1178; *Festuncum*, 1182 (cart. de l'abb. de Signy, f°s 70 et 142, arch. des Ardennes). — *Festouze*, 1203 (ch. de l'abb. de Saint-Remy de Reims, arch. de la Marne). — *Festulis, Festuel*, 1220 (cart. de l'abb. de Signy, f° 157, arch. des Ardennes). — *Festioli*, 1247 (Hôtel-Dieu de Laon, B 20). — *Festues*, 1264 (cart. de l'abb. de Foigny, f° 283, Bibl. imp.). — *Festie*, 1268 (ch. de l'Hôtel-Dieu de Laon, B 20). — *Festiut, Festius*, XIIIe s^e (cueilleret de l'Hôtel-Dieu de Laon, B 62). — *Festire*, 1337 (ch. du chap. cath. de Laon). — *Festieulx-en-Laonnoys*, XVIe s^e (tit. de l'abb. de Signy, arch. des Ardennes). — *Fetieu* (carte de Cassini).

La seigneurie de Festieux a été vendue, en 1245, par l'abb. de Saint-Vincent de Laon au chapitre cathédral de la même ville.

FEUILLANTS (Ru DES) ou DU PONCEAU, petit affluent de l'Ailette à Bourguignon-sous-Coucy. — Ce ruisseau prend sa source à Blérancourdelle. Il traverse le territ. de cette commune et ceux d'Audignicourt et de Bourguignon-sous-Coucy et alimente, dans un parcours de 11,200 mètres, les moulins de Blérancourdelle, de Blérancourt, de Besmé, de Bourguignon-sous-Coucy et du Ponceau.

FEUILLÉE (LA), h. c^ne d'Auffrique-et-Nogent. — *Foilolum*, *Folioel*, 1157 (Chron. de Nogent, p. 123). — *Feullie*, *Feuillye*, 1550; *Feuillye*, 1554 (comptes de l'Hôtel-Dieu de Coucy-le-Château). — *Fœuillye*, 1684 (maîtr. de Coucy). — *La Feuilly* (carte de Cassini).

Il dépendait autrefois de Coucy-la-Ville; l'abb. de Nogent en possédait la seigneurie.

FEUILLÉE (LA), h. c^ne de Baulne. — *Feullet*, 1541 (comptes de l'Hôtel-Dieu de Soissons, f° 39).

La paroisse subsistait encore en 1684 (arch. comm. de Baulne).

FEUILLÉE (LA), f. c^ne d'Hary.

FEUILLIE (LA), fief, c^ne de Pierrepont. — *Feuillye*, 1572 (audiencier de Pierrepont, cab. de M. d'Inecourt).

Il relevait autrefois de la châtellenie de Pierrepont.

FIEF (LE), f. c^ne de Buironfosse.

FIEF (LE), m^on isolée, c^ne de Luzoir.

FIENNES, petit fief, c^ne de la Neuville-Bosmont. — Il relevait autrefois de Vervins.

FIEULAINE, c^ne de Saint-Quentin. — *Fiulaines*, 1110 (cart. AA de l'abb. de Saint-Quentin-en-l'Île, p. 14). — *Fillene*, 1146 (Martène, Ampliss. coll. I, 798). — *In territorio de Fillanis*, 1158 (cart. de l'abb. de Saint-Nicolas-des-Prés de Ribemont, f° 37). — *Villa que dicitur Fulenis*, 1167 (ch. de la mêm. abb.). — *Villa que dicitur Filleinis*, 1186 (cart. de cette abb. f° 7). — *Fiullane*, 1242 (arch. de l'Emp. L 998). — *Fiulainnes*, 1266 (ch. de l'abb. de Prémontré). — *Fieullaines*, 1295 (cart. rouge de la ville de Saint-Quentin, f° 42). — *Fiulaynez en la prévosté de Ribemont*, 1358 (arch. de l'Emp. Tr. des ch. registre 86, pièce 90). — *Fullaines*, 1384 (arch. de l'Emp. P. 135; transcrits de Vermandois). — *Fieuleine*, 1742 (baill. de Ribemont, B 11).

Fieulaine dépendait autrefois de la paroisse de Fontaine-Notre-Dame. — La seigneurie, vassale de Guise, appartenait au chap. de Saint-Quentin.

FILAIN, c^ne de Vailly. — *Filaines*, 1143 (cart. de l'abb. de Saint-Martin de Laon, t. II, p. 385). — *Philenis*, 1172 (ch. de l'abb. de Ham, armoire 3, arch. du Pas-de-Calais). — *Filenis*, 1185 (cart. de Philippe Auguste, f° 427, Bibl. imp.). — *Filain*, 1210 (cart. de l'abb. de Saint-Martin, f° 92). — *Filens*, 1212 (cart. de l'abb. de Saint-Jean-des-Vignes, f° 50, Bibl. imp.). — *Phillenis*, 1236 (arch. de l'Emp. L 995). — *Fiulains*, 1326 (cueilleret de l'Hôtel-Dieu de Laon, B 63). — *Fillains*, 1384 (cart. de l'abb. de Notre-Dame de Soissons, f° 41). — *Fieulains*, 1389; *Fillain*, 1488; *Filain*, 1496; *Fiulain*, 1515 (comptes de l'Hôtel-Dieu de Laon, E 2, E 24, E 27 et E 43).— *Philains*, 1518 (cart. de l'abb. de Saint-Martin, t. I, p. 375). — *Fillainlez-Pargny*, 1556 (abb. de Saint-Jean-des-Vignes de Soissons). — *Philain*, 1573 (pouillé du dioc. de Soissons, f° 21).

Dépendait autrefois de la prévôté de Vailly (arch. de Reims, layette 34, liasse 116).

FILATURE (LA), m^on isolée, c^ne de Lislet. — Construite en 1854.

FILATURE (LA), h. c^ne de Saint-Michel. — Ce hameau doit son origine et son nom à une filature établie en 1804 sur l'emplacement de l'abbaye de Saint-Michel.

FILATURE SAINTE-ANNE, filature de coton, c^ne de Vervins.

FILLIEUX, fief, c^ne de Villers-en-Prayères. — Relevait autrefois de Pontarcy.

FLACQUE (LA), f. c^ne de Chivres-et-Mâchecourt. — Elle dépendait autrefois de Sissonne.

FLAMANGRIE (LA), c^ne de la Capelle. — *Flamingeria*, 1209 (cart. blanc de l'abb. de Saint-Denis, f° 89, arch. de l'Emp. LL 1159). — *Flamengeria*, 1212; *Flamigeria*, 1223 (petit cart. de Chaourse, f°s 165 et 199, arch. de l'Emp.). — *La Flamaingerie*, 1223 (cart. de la seign. de Guise, f° 45). — *Flamengria*, 1226 (mém. ms. de l'Élen, t. I, p. 542). — *Flamenguerie*, 1360 (arch. de l'Emp. Tr. des ch. registre 90, n° 565). — *La Flamangry*, 1681 (baill. de Marfontaine). — *Flammangrie*, 1704 (baill. de Ribemont, B 256).

La Flamangrie formait autrefois, avec Bugny, Roubais et le Petit-Bois-Saint-Denis, une châtellenie en franc-alleu.

FLAVIGNY, petits fiefs, c^nes de Dercy, Ognes et Pouilly.

FLAVIGNY, fief, c^ne de Fontaine-Notre-Dame. — Relevait autrefois de Guise.

FLAVIGNY-LE-GRAND-ET-BEAURAIN, c^ne de Guise. — *Flaviniacum*, 1156 (ch. de l'abb. de Saint-Martin de Laon). — *Flavigniacum*, 1178; *Flavigni*, 1248 (cart. de l'abb. de Saint-Martin, t. II, p. 287). — *Flavengiis*, 1189 (ch. de l'abb. de Saint-Martin de Laon). — Paroche *Saint-Salveur de Flavigny*, ecclesia parrochialis *Sancti-Salvatoris de Flavigniaco*, 1335; terroy de *Flavignis*, 1336 (cart. de la seign. de Guise, f°s 287, 286). — *Flavigniacum-Magnum*, 1340 (fonds latin, ms. 9228, Bibl. imp.). — *Flavigny-le-Grant*, 1405 (arch. de l'Emp. J 801, n° 1). — *Grand-Flavigny*, 1612 (terr. de Flavigny).

Flavigny-le-Grand-et-Beaurain formait autrefois deux communautés distinctes.

FLAVIGNY-LE-PETIT, c^{ne} de Guise. — *Flavegniacus*, 1129; *Flavegni*, 1142; *Flaveni*, 1169; *Flavegniacus-Parvus*, *Flavigni*, 1187 (cart. de l'abb. de Saint-Michel, p. 24, 168, 240, 188, 189). — *Flavigny-juxta-Audenis*, 1197 (bibl. de l'Arsenal, E 801 et 802). — *Flaveniacum*, xii^e s^e; *Flavigniacus*, 1244 (cart. de l'abb. de Saint-Michel, p. 22 et 246). — *Flavigni-de-les-Guise*, *Flavegni*, *Flaveigni*, 1256; *Flavignis*, 1331 (cart. de la seign. de Guise, f° 32, 3, 108). — *Flavigny-Saint-Soupply*, 1561 (arch. de la ville de Guise). — *Flavigny-lez-Guise*, 1584 (ibid. comptes des pauvres).

Flavigny-le-Petit dépendait du duché de Guise et ne formait, en 1612, qu'une seule communauté avec Saint-Sulpice et Flavigny-le-Grand.

FLAVY-LE-MARTEL, c^{ne} de Saint-Simon. — *Flalevi*, xiie s^e (cart. de l'abb. de Prémontré, f° 84, bibl. de Soissons). — *Flavi*, 1279 (cart. de l'abb. de Fervaques, f° 73, Bibl. imp.). — *Flavy-le-Marteau*, 1661 (délib. arch. de la ville de la Fère). — *Saint-Remy-de Flavy-le-Martel*, xviie siècle (arch. de Flavy-le-Martel).

La mairie relevait autrefois de Chauny (arch. de l'Emp. P 2217). — Un décret du 7 janvier 1808 a transféré le siège de la cure cantonale de Saint-Simon à Flavy-le-Martel.

FLAVY-LEZ-BOCQUIAUX, f. détruite et fief, c^{ne} d'Étaves-et-Bocquiaux. — Ce fief relevait autrefois de Ficulaine.

FLÈCHE (LA), f. c^{ne} de Dizy-le-Gros; auj. détruite.

FLEURICHET (LE), petit filet d'eau affluent du ruisseau de Mauregny. — Son parcours est de 800 mètres.

FLEURICOURT, f. c^{ne} d'Amifontaine. — *Altare villæ desertæ Floricurtis*, 1134; *Floricort*, 1153; *Floricurt*, 1167; *Floricourt*, 1171 (cart. de l'abb. de Saint-Martin de Laon, t. I, p. 416; t. II, p. 260, 261, 299). — *Fleuricour* (carte de Cassini).

Ce domaine, acquis en 1134 et en 1153 par l'abbaye de Saint-Martin de Laon, relevait de la châtellenie de Pierrepont.

FLEURY, c^{ne} de Villers-Cotterêts. — *Altare de Flori*, 1147 (cart. de l'abb. de Notre-Dame de Soissons, f° 38). — *Floriacus*, 1189 (ch. de l'abb. de Valsery). — *Floriacum*, 1197 (arch. de l'Emp. L 1005). — Ville de *Flory*, 1384 (ibid. P 136; transcrits de Vermandois). — *Floury*, 1544 (tit. de l'abb. de Valsery).

La seigneurie, relevant de la Ferté-Milon, appartenait à l'abbaye de Notre-Dame de Soissons et à la chartreuse de Bourgfontaine. — Le domaine de celle-ci a été uni au duché de Valois le 16 novembre 1771 (maîtr. de Villers-Cotterêts).

FLOART (LE), ruiss. affluent de la rivière d'Ailette à Chamouille; il prend sa source à Arrancy, où on le désigne sous le nom de *ruisseau Saint-Jacques*, traverse les territ. d'Arrancy, Bièvres, Chamouille, et alimente les moulins d'Arrancy, Vaurseine, Bièvres et Chamouille. Son parcours est de 16,150 mètres. — *Ductum aque que dicitur rivus Floardi usque ad molendinum Evrocanie*, 1152 (cart. de l'abb. de Foigny, f° 132, Bibl. imp.).

FLOCH (LE), bras de l'Oise à la Fère, qui doit probablement son nom au flottage entrepris en 1662 par Henri de Lorraine. — Ce cours d'eau alimente le moulin de Saint-Firmin de la Fère. Son parcours est de 800 mètres.

FLONGEARD, petit h. c^{ne} de la Flamangrie.

FLONVAL, h. c^{ne} de Montigny-Lengrain. — *Flaval* (carte de Cassini).

FLUQUIÈRES, c^{ne} de Vermand. — *Felchières*, 1190 (cart. de l'abb. de Fervaques, p. 234, arch. de l'Aisne). — Villa de *Fleschières*, 1194 (coll. de D. Grenier, 16e paquet, n° 2). — *Flekières*, 1208 (cart. de l'abb. de Fervaques, p. 236). — Territorium de *Flekeriis*, 1264 (ch. de l'abb. de Prémontré). — *Flequières*, 1276 (cart. de l'abb. de Fervaques, f° 48, Bibl. imp.). — *Floquières*, xive s^e (arch. de l'Emp. P 135; transcrits de Vermandois). — *Fluquière*, 1599 (cab. de M. Gauger, arpenteur à Mayot). — *Flecquière*, 1614 (comptes de l'Hôtel-Dieu de Laon, E 132). — *Flucquières*, 1633 (tit. du chap. de Saint-Quentin). — *Saint-Médard-de-Fluquières*, 1674; *Flucquières*, 1676 (arch. comm. de Fluquières).

Seigneurie donnée en 1288 à l'abbaye de Panthemont, aliénée par celle-ci le 11 janvier 1700 et acquise par le chapitre de Saint-Quentin le 24 mai 1749.

FOIGNY, h. et mⁱⁿ à eau, c^{ne} de la Bouteille. — *Fusni*, 1107 (bibl. de Cambrai, martyrologe de Fesmy, ms. 730). — *Allodium sancti Michaelis, quod Fusniacus vocatur*, xiie siècle (cart. de l'abb. de Foigny, f°s 27 et 190, Bibl. imp.). — *Ecclesia Fuisniacensis*, 1139 (cart. de l'abb. de Thenailles, f° 5). — *Beata Maria Fosniacensis ecclesie*, 1141 (suppl. de D. Grenier, 289, Bibl. imp.). — Église de *Foysni*, 1147 (cart. de la seign. de Guise, f° 158). — *Fusiniacum*, 1150 (ex Roberti appendice ad Sigebertum, Hist. de France, t. XIII, p. 332, E). — *Fusniacum*, 1243 (cart. de l'abb. de Saint-Martin, f° 132, bibl. de Laon). — *Foisni*, 1244 (cart. de l'abb. de Foigny, f° 110, Bibl. imp.). — *Foisny-en-Thiérasche, église de Foini*, 1311 (cart. de la seign. de Guise, f° 7). — *Foeni*, 1327 (arch. de l'Emp. Tr. des ch. registre 64). — *Foisni-en-Thirasce*, 1334; *Foyni*, 1342 (cart. de la seign. de Guise, f°s 125 et 222). — *Foisny*, 1405 (arch. de l'Emp. J 801, n° 1). — *Foysny*, 1411 (*ibid.* n° 4). —*Foigny*, 1613 (min. de Féry Constant, notaire).

Abbaye de Bernardins établie, en 1121, sur un terrain cédé par l'abbaye de Saint-Michel. — Le roi Louis XIV a décidé, par lettres patentes de juin 1678, que la justice rendue à Wattigny, Landouzy-la-Cour, Lemé, Éparcy et la Bouteille par un lieutenant du bailli de Foigny serait désormais rendue par ce bailli.

Foisies (Les), petit h. c^{ne} d'Aubenton.

Folembray, c^{ne} de Coucy-le-Château. — Altare de *Folembrayo*, 1059 (coll. de D. Grenier, paquet 24e, n° 6). — *Foulembrai*, 1158 (cart. de l'abbaye de Prémontré, bibl. de Soissons). — *Folembrai*, 1174; ecclesia de *Folembraie*, 1193; *Foulembray*, 1209 (Chron. de Nogento, p. 239, 434, 439). —Nemus quod dicitur parcus de *Folembrai*, 1276 (Olim, t. II, p. 72). — *Folembrays*, 1539 (arch. de l'Emp. E 12527). — *Foullembray*, 1592 (baill. de Chauny, B 1375). — *Folembray*, 1595; *Folambray*, 1596 (Corresp. de Henri IV, t. IV, p. 481 et 490). — Paroisse *Saint-Pierre-de-Folembrai*, 1681 (arch. communales de Folembray). — *Folembraye*, 1729 (intend. de Soissons, C 205).

Résidence royale sous la troisième race. — Château construit en 1200 par Enguerrand, sire de Coucy, et embelli par François Ier. — Verrerie établie avant le XVe siècle (arch. de l'Emp. J 801, n° 4). — Folembray ressortissait à Coucy-le-Château pour la justice. — Domaine réuni à la couronne le 31 décembre 1668.

Folemprise, f. c^{ne} de Fressancourt.

Folemprise, f. c^{ne} d'Ostel. — *Follemprinse*, 1564 (tit. de l'abb. de Prémontré). — *Folanprise* (carte de Cassini).

Ancien domaine de l'abb. de Saint-Nicolas-aux-Bois.

Folie (La), h. c^{ne} d'Any-Martin-Rieux. — *Follie-près-Agny*, 1675 (min. de Thouille, notaire).

Folie (La), m^{on} is. c^{ne} de Barenton-sur-Serre. — 1535, *la Folye* (arch. de l'Hôtel-Dieu de Laon, B 7).

Folie (La), manoir, c^{ne} de Bruyères-et-Montbérault. —*Bois de la Follye*, 1545 (arch. comm. de Bruyères-et-Montbérault).

Cette maison, auj. détruite, était située entre le bois de Breuil et la ferme de Lavergny, au lieu dit *le Vivier*. Ce domaine a été cédé, au mois de janvier 1291, par l'abbaye de Saint-Martin, à la commune de Bruyères (mêmes arch.).

Folie (La), m^{on} isolée, c^{ne} de Cerny-en-Laonnois.

Folie (La), petit fief, c^{ne} de Cerseuil. — Il relevait autrefois d'Oulchy-le-Château (terr. de Cerseuil de 1782, t. I, p. 469, arch. de l'Aisne). — Château du *Haut* ou de *Celso* (Notice sur le château de la Folie, par Stanislas Prioux).

Folie (La), petit h. c^{ne} de Chéry-lez-Rozoy.

Folie (La), h. c^{ne} de la Ferté-Milon.

Folie (La), fief, c^{ne} de Grandlup-et-Fay. — *Follie-les-Pierrepont*, 1474; *Feuilly*, 1702 (tit. de l'év. de Laon).

Ce fief relevait autrefois de la châtell. de Pierrepont.

Folie (La), fief, c^{ne} de Guise. — Relevait de Guise.

Folie (La), f. c^{ne} de Jeantes. — Détruite vers 1805.

Folie (La), f. c^{ne} de Jumigny; auj. détruite. —*La Folye*, 1603 (insin. du baill. de Vermandois, greffe du trib. de Laon). — *Follye*, 1649; *la Folly*, 1658; *la Folie*, 1681; *la Follie*, 1700 (tit. de l'abb. de Cuissy).

Cette ferme appartenait autrefois à l'abbaye de Cuissy.

Folie (La), m^{on} isolée, c^{ne} de Missy-aux-Bois; détruite.

Folie (La) ou la Planchette, petit fief, c^{ne} de Monceau-le-Neuf. — Relevait autrefois de la seign. de Monceau-le-Neuf.

Folie (La), m^{on} isolée, c^{ne} de Mont-Saint-Jean. — Détruite par un incendie.

Folie (La), bois, c^{ne} de Pavant.

Folie (La), m^{on} isolée et mⁱⁿ à huile, c^{ne} de Plomion; auj. détruits.

Folie (La), f. c^{ne} de Pont-Saint-Mard.

Folie (La) ou la Rivière, h. et mⁱⁿ à eau, c^{ne} de Vauxaillon.

Folie (La), fief, c^{ne} de Villeneuve-Saint-Germain. — Maison de *la Folie*, XIVe s^e (arch. de l'Emp. P 136; transcrits de Vermandois).

Ce fief appartenait autrefois au chap. de Saint-Wast de Soissons.

Folie (La), m^{on} isolée, c^{ne} de Villers-Hélon.

Folie (La), h. c^{ne} de Villers-sur-Fère. — Uni maintenant à la population agglomérée.

Folie (La), m^{on} isolée, c^{ne} de Wimy.

Folie-l'Abbé (La), h. c^{ne} de Brasles.

Follemprise, f^{me}, c^{ne} d'Estrées. — Cense de *Folemprise*, 1686 (arch. comm. de Bony).

Les fermes de Follemprise appartenaient autrefois à l'abb. du Mont-Saint-Martin et dépendaient de la paroisse de Bony.

Follenvie, petite f. c^{ne} d'Auffrique-et-Nogent. — *Foullenvye*, XVIe siècle (arch. de l'Emp. E 12527). — *Follenvye*, 1540 (arch. de Coucy-le-Château). — *Folenvy*, 1720 (état civil de Coucy-le-Château). — *Folenvie* (carte de Cassini).

Follepeing, f. c^{ne} de Trucy. — *Forpeine* (carte de Cassini).

Unie maintenant à la population agglomérée, cette ferme a donné son nom à une rue de Trucy.

Folleville, fief, c^{nes} de Caumont et d'Ognes.

Fonderlieu, bois, c^{ne} de Clacy. — *Nemus de Fonberlieu*, 1331 (cart. de l'abb. de Saint-Martin, t. III, p. 338).

On n'en connaît plus l'emplacement.

Fond-de-Dampleu (Le), petit b. c^{ne} d'Oigny.

Fond-d'en-Vaux (Le) ou la Vallée, h. c^{ne} de Verneuil-sous-Coucy. — *En Vaur* (carte de Cassini).

Fond-des-Bourdons (Le), petit ruisseau qui prend sa source à Verdilly, alimente cinq moulins à blé et se jette à Brasles dans la Marne. — Son parcours est de 3,360 mètres.

Fond-des-Rocs (Le), m^{on} isolée, c^{ne} d'Obis.

Fond-Dodu (Le), f. c^{ne} de Luzoir.

Fond-du-Roi (Le), fief, c^{ne} de Nampcelle-la-Cour. — Acquis, en 1611, par la chartreuse du Val-Saint-Pierre.

Fond-du-Ru (Le), m^{on} isolée, c^{ne} de Saint-Agnan.

Fond-Forel (Le), fief, c^{ne} de Dagny-Lamborcy. — *Fond-Forelle ou Seigneurie de Blanchart*, 1602 (tit. de l'Hôtel-Dieu de Laon, B 68).

Appartenait autrefois à la chartreuse du Val-Saint-Pierre (chambre du clergé du dioc. de Laon).

Fond-Gibert (Le), petit ruiss. affluent du ru de Sainte-Clotilde à Mortefontaine. — Il n'alimente aucune usine. — Son parcours est de 8,113 mètres.

Fond-Mourçon (Le), petit ruiss. affluent de celui de Puissy. — Parcours : 1,000 mètres.

Fondrillon (Le), h. c^{ne} de Cutry.

Fond-Saint-Jean (Le), fief, c^{ne} de Nampcelle-la-Cour. — Acquis, en 1613, de l'abb. de Saint-Jean de Laon par la chartreuse du Val-Saint-Pierre.

Fond-Saint-Léger, petit ruisseau affluent du ru Saint-Léger à Vézaponin. — Parcours : 919 mètres.

Fonsomme, c^{ne} de Saint-Quentin. — *Funsomis*, 1140; territorium *Fontissome*, 1152 (cart. de l'abb. de Fervaques, Bibl. imp.). — *Ecclesia Fontissumme*, 1164 (cart. de l'abb. de Foigny, f° 64, Bibl. imp.). — *Ecclesia Fontissomne*, 1171 (cart. de l'abb. de Fervaques, p. 171, arch. de l'Aisne). — *Ecclesia Fontis-Somene*, 1184 (suppl. de D. Grenier, 287, Bibl. imp.). — *Fontis-Sumena*, 1186 (cart. de l'abb. de Fervaques, Bibl. imp.). — *Ecclesia Sancte-Marie fontis Somone*, 1188; *Fontis-Summa*, 1193 (arch. de l'Emp. L 998). — *Fonsomes*, 1193 (cart. de l'abb. de Vermand, Bibl. imp.). — *Monasterium Beate Marie de Fonte Sumo, ecclesia parrochialis Sancti-Petri-Fontissume*, xiie siècle (cart. de l'abb. de Fervaques, f°s 71 et 73). — *Fonsummes*, 1242 (arch. de l'Emp. L 1161). — *Territorium et parrochia de Fonsumnis*, 1275; *Fonsommes*, 1293 (cart. de l'abb. de Fervaques, f°s 18 et 24, Bibl. imp.). — *Fonssommes*, 1595 (minutes de Claude Huart, notaire).

Cure donnée en 1160 par l'abb. de Saint-Prix à l'abb. de Fervaques. — Seigneurie relevant autrefois de Saint-Quentin.

Fonsomme fut, en 1790, chef-lieu d'un canton dépendant du distr. de Saint-Quentin et formé des c^{nes} de Croix-Fonsomme, Essigny-le-Petit, Étaves-et-Bocquiaux, Ficulaine, Fonsomme, Fontaine-Notre-Dame, Fontaine-Uterte, Harly, le Haucourt, Homblières, Lesdins, Marcy, Mesnil-Saint-Laurent, Montigny-en-Arrouaise, Morcourt, Omissy, Sequehart, Renansart, Rouvroy et le Vergies.

Fontaine, c^{ne} de Vervins. — *Fontes-Regie*, 1136 (mém. ms. de l'Éleu, t. I, f° 353). — *Fontanis*, 1180 (coll. de D. Grenier, 21e paquet, n° 4, Bibl. imp.). — *Fontainnes*, 1209 (cart. de l'abb. de Thenailles, f° 6). — *Funtanis*, 1261 (ch. du chap. cath. de Laon). — *Fontaiünes*, 1340 (fonds latin, ms. 9228, Bibl. imp.). — *Fontaines*, 1385 (arch. de l'Emp. P 136; transcrit de Vermandois). — *Fontaine-lez-Vrevin*, 1411 (ibid. J 801). — *Fontaines-les-Vervin*, 1498 (comptes de l'Hôtel-Dieu de Laon, E, 29). — *Fontaine-les-Vervins*, 1709 (intend. de Soissons, G 274).

Ce village dépendait du marquisat de Vervins et relevait du comté de Marle.

Fontaine, h. c^{ne} d'Hirson. — *Fontanis*, 1123; *Funtanis*, 1169; *Fontainez-sur-Yresson*, 1359 (cart. de l'abb. de Saint-Michel, p. 20, 240, 102).

Autrefois village.

Fontaine (La), m^{on} isolée, c^{ne} de Bucy-lez-Pierrepont.

Fontaine (La), c^{ne} de Chouy. — Appartenait autrefois au chap. cath. de Soissons.

Fontaine (La), f. c^{ne} de Pargny.

Fontaine-à-Jet (La), petit ruisseau, affluent du ru d'Hozier. — Il n'alimente aucune usine. — Son parcours est de 309 mètres.

Fontaine à la Goutte (La), fontaine, c^{ne} de Saint-Gobain. — *Fontaine-à-la-Goutte*, 1561 (délib. de la chambre des comptes de la Fère).

Fontaine-Alix ou Harlifontaine, h. c^{ne} de Billy-sur-Ourcq. — Ancien domaine appartenant à l'abbaye de Longpont et relevant d'Oulchy-le-Château.

Fontaine Alix (La), fontaine, c^{ne} de Juvigny.

Fontaine-au-Bah, h. c^{ne} de Marcy.

Fontaine-au-Chêne (La), f. c^{ne} de Saint-Remy-Blanzy. — *Fontaine-aux-Chesnes*, 1668 (tit. de l'abb. de

Saint-Crépin-le-Grand de Soissons).—*Fontaine-au-Chesne*, 1681 (arch. comm. de Saint-Remy-Blanzy). Seigneurie relevant autrefois de Braine.

FONTAINE-AU-VIVIER (LA), f. c^{ne} de Chaudardes. — *Fontayne-au-Vivier*, 1623 (baill. de Ribemont, B 17).

FONTAINE-AUX-CHARMES (LA), f. c^{ne} de Blesmes.

FONTAINE-AUX-CHARMES (LA), petit ruiss. affluent du Petit-Gland à Wattigny. — Aucune usine. — Parcours de 750 mètres.

FONTAINE-AUX-FAUX (LA), petit ruiss. affluent de celui de la Chaudière à la Flamangrie.—Il alimente le moulin du même nom. — Son parcours est de 370 mètres.

FONTAINE-AUX-FIÈVRES (LA), h. c^{ne} de Rozet-Saint-Albin.

FONTAINE-AUX-LOUPS (LA), fief, c^{ne} de Faucoucourt.

FONTAINE BOURDOUILLE (LA), fontaine, c^{ne} de Monceau-sur-Oise. — *Fontaine-Berdouille*, 1709 (baill. ducal de Guise).

FONTAINE-BRIZANTINE (LA), petit filet d'eau affluent du ru de Pontoise à Béthancourt-en-Vaux. — Parcours : 1,800 mètres.

FONTAINE-DE-COURTECON (LA), petit ruiss. affluent de l'Ailette. — Il n'alimente aucune usine. — Son parcours est de 1,000 mètres.

FONTAINE-DE-JEAN-LE-SOURD (LA), petit ruiss. affl. de la Fontaine-Saint-Gyr à Monampteuil. — Son parcours est de 1,000 mètres.

FONTAINE-DE-LA-GRANDE-VERTE (LA), petit ruiss. affl. de la rivière d'Ailette à Monampteuil. — Il n'alimente aucune usine. — Son cours n'est que de 500 mètres.

FONTAINE-DE-L'ORFÈVRE (LA), petit ruiss. affluent de l'Ailette à Landricourt.

FONTAINE DES BERNAUX (LA), fontaine, c^{ne} de Loury.

FONTAINE DES CAILLES (LA), fontaine, c^{ne} de Vaurezis.

FONTAINE-DES-CORBEAUX (LA), petit ruisseau, affluent de l'Ailette à Landricourt. — Son parcours est de 1,700 mètres.

FONTAINE-DES-MÉCHAINES (LA), h. c^{ne} de Mondrepuis.

FONTAINE DES MORCEAUX (LA), fontaine, c^{ne} de Vaurezis.

FONTAINE-DES-NOYERS (LA), petit ruiss. affluent de la rivière d'Ailette à Chevregny. — Son parcours est de 1,750 mètres. — Traces d'habitations sur ses rives. — *Fontaine-des-Noyels* (carte de Cassini).

FONTAINE-DES-PAUVRES (LA), h. c^{ne} du Nouvion.

FONTAINE DES TEMPLES (LA), fontaine, c^{ne} de Chavigny.

FONTAINE-DU-GUET (LA), petit ruisseau qui prend sa source à Blanzy-lez-Fismes et y alimente deux moulins. — Son parcours dans le département de l'Aisne est de 1,954 mètres.

FONTAINE-DU-LÉGER (LA), petit ruiss. affluent de la Serre à Agnicourt, où il alimente le moulin du Léger. — Son parcours est de 100 mètres.

FONTAINE-DU-PRINCE (LA), m^{on} isolée, c^{ne} de Corcy.

FONTAINE-DU-QUESNOT (LA), m^{in} à eau, c^{ne} de Vincy-Reuil-et-Magny.

FONTAINE-FERRÉE, bois, c^{ne} de Flavy-le-Martel. — Il appartenait autrefois à l'État.

FONTAINE GÉNOT (LA), fontaine, c^{ne} de la Bouteille. — *Fons-Jouenech*, 1229 (cart. de Foigny, f° 4, Bibl. imp.).

Elle se trouve vers Fontaine, entre les hameaux de l'Arbalète, de la Rue-des-Carettes et de la Rue-Saint-Étienne.

FONTAINE-HAUTE (LA), petit ruisseau affluent, à Laval, d'un ruisseau sans nom qui vient de Nouvion-le-Vineux. — Il n'alimente aucune usine. — Son parcours est de 1,300 mètres.

FONTAINE-HÉDUIN (LA), f. c^{ne} de Braye-en-Laonnois; auj. détruite.

FONTAINE LÉA (LA), fontaine, c^{ne} de Vigneux, près d'un camp romain.

FONTAINE-LEDEAU (LA), petit h. c^{ne} de la Chapelle-sur-Chézy.

FONTAINE-LES-CLERCS, c^{on} de Saint-Simon. — *Fontanis-supra-Somenam*, 1234 (Colliette, Mém. du Vermandois, t. I, p. 376). — *Fontane-juxta-Dalon*, 1238 (arch. de l'Emp. L 738). — *Villa de Fontanis*, 1258 (Olim, t. I, p. 51). — *Fontainnes-dales-Dalon*, 1321 (arch. de la ville de Saint-Quentin, liasse 269). — *Fontaines*, 1332; *Fontaines-les-Clercs*, 1336 (Livre rouge de l'abb. de Saint-Quentin-en-l'Île, f°s 45 et 52, arch. de l'Emp.). — *Fontaine-les-Clercqs*, 1616 (Recueil des fiefs, p. 152).

Seigneurie appartenant autrefois au chap. de Saint-Quentin.

FONTAINE-LE-VIVIER, fief, c^{ne} de Fontaine. — *Fontaine-l'Estang*, 1601 (baill. de Saint-Jean, reg. d'office). Relevait du marquisat de Vervins.

FONTAINE-MARTEAU (LA), petit ruiss. affl. de la Serre à Tavaux-Pontsericourt. — Il n'alimente aucune usine. — Son parcours est de 2,100 mètres.

FONTAINE-NANTIER (LA), m^{on} isolée, c^{ne} de Bazoches.

FONTAINE-NOTRE-DAME, c^{ne} de Saint-Quentin. — *Fontana*, 954; territorium Fontanense, 1152 (cart. de l'abb. d'Homblières, p. 53 et 70). — *Tota terra que in Fontanis-juxta-Fillanis erat*, 1152 (arch. de l'Emp. L 998). — *Fontes-juxta-Fulaines*, 1155 (cart. de l'abb. de Fervaques, p. 214, arch. de l'Aisne). — In territorio *Fontanis-beate-Marie*, 1276; *Fontainnes-Notre-Dame*, 1294 (cart. de l'abb. de Fervaques, f°s 27 et 24, Bibl. imp.). — *Fontaine-*

Nostre-Dame, 1574 (arch. de la ville de Saint-Quentin).

Seigneurie relevant autrefois des grandes et petites censes de Moy, sises à Ribemont.

Fontaine-Preuse (La), petit ruiss. affluent de celui de Sorcy à Longueval. — Il n'alimente aucune usine. — Son parcours est de 385 mètres.

Fontaine-Raimbaut, f. détruite, près de la Ferté-Chevresis. — Grangia que dicitur *fons Rainbodi*, 1186 (cart. de l'abb. de Prémontré, f° 46, bibl. de Soissons).

Fontaine-Royale (La), petit ruiss. qui prend sa source à la Capelle, alimente une usine à tourner le bois, deux moulins à la Capelle, deux à Lerzy et deux autres à Sorbais et va se jeter dans l'Oise à Lerzy. — Son parcours est de 11,320 mètres.

Fontaine-Saint-André (La), m°° isolée, c°° de Belleu.

Fontaine-Saint-Antoine (La), petit ruiss. affluent de l'Ailette à Chevregny. — Il n'alimente aucune usine. — Son parcours est de 2,200 mètres.

Fontaine Saint-Audin (La), fontaine, c°° de Chatandry. — Fréquentée par les fiévreux.

Fontaine-Saint-Cyr (La), petit ruisseau affluent de l'Ailette à Monampteuil. — Il n'a qu'un parcours de 1,500 mètres.

Fontaine-Sainte-Salaberge (La), f. et fontaine, c°° de Laon. — Apud Ardoncm prope fontem *Sancte Sallaberge*, 1231 (cart. de l'abb. de Foigny, f° 121, Bibl. imp.). — *Sainte-Saudebierge*, 1336 (arch. comm. de Bruyères).

La ferme est détruite. — Chapelle reconstruite en 1868.

Fontaine-Saint-Front (La) ou la Grille, m°° isolée, c°° de Neuilly-Saint-Front.

Fontaine Saint-Laurent, fontaine, c°° de Saint-Paul-aux-Bois, à une faible distance de l'étang du Moulin. — Ses eaux ferrugineuses, analysées par Lecat, ont beaucoup d'analogie avec celles de Forges et de Passy.

Fontaine Saint-Martin (La), fontaine et m°° isolée, c°° de Chaudardes.

Fontaine Saint-Martin (La), fontaine, c°° de Molinchart.

Fontaine Saint-Maurant (La), fontaine, c°° de Margival.

Fontaine Saint-Nicolas (La), fontaine, c°° de Vaurezis, près de Villers-la-Fosse.

Fontaine Saint-Pierre (La), m°° isolée, c°° de Chaillevois.

Fontaine-Saint-Pierre, ruiss. qui prend sa source près du pont d'Ancy et se jette dans la Vesle un peu plus loin.

Fontaine-Saint-Pierre (La), petit ruiss. affluent de la Serre à Tavaux-Pontsericourt.

Fontaine-Saint-Remy (La), h. c°° de Leuilly. — Prend son nom d'une fontaine dont les eaux se jettent dans la rivière d'Ailette après avoir alimenté trois moulins; l'un d'eux porte le nom de *Fontaine-Saint-Remy*. — Le parcours de ce ruisseau est de 3,900 mètres.

Fontaine-Saint-Remy (La), m°° isolée, c°° de Vassogne.

Fontaine-Saint-Thiébaut (La), ruiss. c°° de Mesbrecourt-Richecourt. — Rieu de la *Fontaine-Saint-Thiébaut*, 1566 (arch. de l'Emp. P 248-2).

Fontaine-Sourieux (La), petit ruiss. affl. de la Serre à Tavaux-Pontsericourt. — Il n'alimente aucune usine. — Son parcours est de 1,500 mètres.

Fontaine-Thomas (La), h. c°° de la Bouteille.

Fontaine-Uterte, c°° de Bohain. — *Fontanis-in-Colle*, 1168 (cart. de l'abb. d'Homblières, p. 3). — *Fontaine*, xii° s° (cart. de l'abb. de Fervaques, f° 63). — In territorio de *Fontanis*, 1224 (arch. de l'Emp. L 998). — *Fontaines-ou-Tertre*, 1292 (ibid.). — *Fontaine-Uterque*, 1601 (arch. de la fabr. de Vendeuil).

Seign. relevant autref. de Bohain et de Thorigny.

Fontaines (Les), h. c°° de la Bouteille.

Fontaines-Faroux (Les), petit ruiss. affluent de celui de Marfontaine. — Il alimente la papeterie Dussart. — Son parcours est de 354 mètres.

Fontenailles, h. c°° d'Acy. — Il donne son nom à un ruisseau qui n'alimente aucune usine et dont le parcours est de 1,311 mètres.

Fontenelle, c°° de la Capelle. — *Fontanis*, 1147; altare de *Fontanellis*, 1158 (cart. de l'abb. de Liessies, arch. du Nord). — *Fonteles*, 1223 (cart. de Chaourse, f° 199, arch. de l'Emp.). — *Fontenelles*, 1223 (mêmes archives, LL 1158, pièce 18). — *Fonthenelle*, 1536 (acquits, arch. de la ville de Laon). — *Fonthenelles*, 1572 (arch. de la ville de Guise).

Fontenelle était du Hainaut, du doyenné rural d'Avesnes, de l'archidiaconé de Valenciennes et du diocèse de Cambrai. — La seigneurie appartenait à l'abbaye de Liessies et ressortissait au bailliage ducal de Guise.

Fontenelle, c°° de Condé. — *Fonteneles-en-Brie*, 1329 (cart. de l'abbaye de Saint-Jean-des-Vignes, bibl. de Soissons). — *Fontenellez*, 1582 (arch. comm. de Pargny). — *Saint-Thibaut-de-Fontenelle*, 1668 (arch. comm. de Fontenelle).

Fontenelle, h. c°° de Montigny-lez-Condé.

Fontenille, f. c°° de Wissignicourt. — Curtis *Fontanella*, 1141 (ch. de l'abbaye de Prémontré). —

DÉPARTEMENT DE L'AISNE. 117

Curtis *Fontenelle*, 1141; curtis de *Fontenellis*, 1151 (cart. de la même abb. f° 24 et 20, bibl. de Soissons). — *Fontanille*, 1170 (cart. de l'abb. de Saint-Médard de Soissons, f° 38, Bibl. imp.).

Monastère de filles établi en 1140. Après sa suppression, Fontenille est resté à l'abbaye de Prémontré.

FONTENOY, c⁰ⁿ de Vic-sur-Aisne. — *Fontenoi*, 1224; *Fonteneium*, 1265 (cart. de l'abb. de Saint-Médard, f⁰ˢ 70 et 69, Bibl. imp.). — *Fontenetum*, 1316 (Olim, t. III, p. 1086). — *Fontenois*, 1706 (tit. du séminaire de Soissons).

La seigneurie relevait autrefois de Pierrefonds; elle appartenait à l'abb. de Saint-Médard de Soissons, à la justice de laquelle elle a été unie par lettres patentes d'octobre 1746.

FONTINETTES (LES), f. c⁰ⁿ de Ribeauvillé; auj. détruite.

FONTINETTES (LES), petit ruiss. qui prend sa source à Guyencourt, se jette dans le ruisseau de Roucy et n'alimente aucune usine. — Son parcours est de 1,520 mètres.

FOREST, bois, c⁰ⁿ de Gouy; auj. défriché. — Nemus de *Vieille-Forest*, nemus de *Forest*, 1193 (cart. du Mont-Saint-Martin, p. 390 et 457).

FOREST, f. c⁰ⁿ de Morsain. — Cette ferme appartenait autrefois à l'abbaye de Saint-Médard de Soissons. Elle a donné son nom à un petit ruisseau affluent du ru d'Hozier à Morsain, qui n'alimente aucune usine et dont le parcours est de 1,763 mètres.

FORESTE, c⁰ⁿ de Vermand. — *Forest-les-Doully*, 1505 (ch. de l'abb. de Prémontré).

Cette commune a été érigée par ordonnance royale du 25 mai 1843.

FORESTEL, bois, c⁰ⁿ d'Autreville et de Sinceny. — Nemus quod appellatur *parvum Forestellum* (Livre rouge de Chauny, f° 69, coll. de M. Peigné-Delacourt). — *Forestel*, 1475 (ch. de l'Hôtel-Dieu de Chauny).

Ce bois a été défriché en 1835.

FORESTEL, bois, c⁰ⁿ de Montbrehain. — Nemus de *Forestel-de-Berencort*, 1197 (cart. du Mont-Saint-Martin, p. 36). — *Forestel*, 1540 (tit. de l'abb. du Mont-Saint-Martin).

Ce bois était situé au nord-ouest de l'Arbre-Haut. Le lieu dit *Bois de Forté* indique l'emplacement de ce bois, qui est auj. défriché.

FORESTELLE, bois, c⁰ⁿ de Flavy-le-Martel.

FORÊT, bois et territoire, c⁰ⁿ de Pont-à-Bucy. — Nemus de *Forest*, 1216; territorium de *Forest*, 1220 (ch. de l'abb. de Saint-Martin de Laon).

Le bois est défriché depuis longtemps.

FORÊT (HAUT et BAS), h. c⁰ⁿ de Courboin.

FORÊT-MORMEAUX, bois, c⁰ⁿ de Travecy. — Défriché vers 1831.

FORGE-BLANGIS (LA), m⁰ⁿ isolée, scierie mécanique, c⁰ⁿ d'Hirson.

FORIAVILLE, fief, c⁰ⁿ de Leschelle. — *Forainville*, 1645 (tit. du chap. de Guise).

Ce fief appartenait autrefois au chapitre de Guise et avait son manoir près du Val. Il relevait de la châtell. de Leschelle.

FORT (LE), m⁰ⁿ isolée, c⁰ⁿ de la Bouteille.

FORT (LE), f. c⁰ⁿ de la Chapelle-sur-Chézy. — Unie maintenant à la population agglomérée.

FORT (LE), petit fief, c⁰ⁿ de Charly. — Relevait de la seigneurie de Charly.

FORT (LE), m⁰ⁿ isolée, c⁰ⁿ d'Happencourt.

FORT (LE), h. c⁰ⁿ de Mennessis.

FORT (LE) ou LE VIVIER, f. c⁰ⁿ d'Oizy.

FORT (LE), m⁰ⁿ isolée, c⁰ⁿ d'Origny.

FORT D'AUBENTON-LA-COUR (LE), c⁰ⁿ de la Bouteille. — «En 1557 le fort d'Aubenton-la-Cour fut basty pour servir de retraitte au fermier en temps de guerre afin de faire valoir les héritages. En 1582 le fort du dit Aubenton fut bruslé par des soldats de la garnison de Marle et la grange vint en ruine aussi bien que la chapelle. En 1628, 1661, 1662, 1663 et 1664 le fort du dit Aubenton avoit ses murailles toutes diffamez par dedans sans comble, couverture ny plancher» (Livre de Foigny, par de Lancy, p. 28 et 29). — On reconnaît encore l'emplacement de ce fort à 160 mètres à l'ouest de la cense d'Aubenton.

FORT-DE-CASTRES (LE), c⁰ⁿ de Castres. — Autrefois isolée, cette maison fait maintenant partie de la population agglomérée.

FORT-DE-DALLON (LE), f. c⁰ⁿ de Dallon; auj. détruite. — Elle était autrefois située dans la prairie vers Giffécourt.

FORT-DE-LA-VILLE (LE), h. c⁰ⁿ de Rozoy-Bellevalle.

FORTÉ, f. c⁰ⁿ de Grougis.

FORTE-FONTAINE (LA), f. c⁰ⁿ de Fontaine-les-Clercs. — Détruite vers 1811.

FORTE-MAISON ou CREUIL, petit fief, c⁰ⁿ de Guny. — Il relevait autrefois de Coucy-le-Château (arch. de l'Emp. E 12,527).

FORTE-MAISON (LA), fief, c⁰ⁿ de Nogentel. — Relevant autrefois de Montmirail.

FORTESSE, f. c⁰ⁿ de Coulonges.

FORT-HENRY (LE), m⁰ⁿ isolée, c⁰ⁿ de Bézu-le-Guéry, à l'extrémité du bois du même nom, au centre duquel on trouve des traces de constructions.

FORT-MUTIN (LE), petit h. c⁰ⁿ de Viry-Noureuil.

FORT-SAINT-PAUL (LE), m⁰ⁿ isolée, c⁰ⁿ de Neufchâtel.

Font-Vivier (Le), m^{on} isolée, c^{ne} d'Happencourt; auj. détruite.

Forzy, h. et mⁱⁿ à eau, c^{ne} de Villers-Agron-Aiguizy. — *Forzi*, 1239 (ch. de l'Hôtel-Dieu de Soissons, 9). — *Fourgy*, 1480 (comptes de l'Hôtel-Dieu de Soissons, f° 36). — *Fourzy*, 1494 (*ibid.* f° 14). — *Fossy*, 1624 (tombe de Charles de Ligny, en l'église de Rozet-Saint-Albin).

Fosse (La), f. c^{ne} de Courmont. — Autrefois domaine de l'abb. d'Igny.

Fosse (La), mⁱⁿ à eau, c^{ne} de Montlevon.

Fosse-au-Coq (La), f. c^{ne} de l'Épine-aux-Bois.

Fosse-au-Conin (La), h. c^{ne} de Martigny. — *Molendinum de Fossa*, 1148; molin de *la Fosse*, 1226 (cart. de l'abb. de Bucilly, f°s 3 et 83). — *Fosse-aux-Connins*, 1689 (baill. d'Aubenton).

Fosse-au-Laron (La), f. c^{ne} de Viffort.

Fosse-au-Loup (La), bois, c^{ne} de Chéry-Chartreuve. — Ce bois contenait autrefois 56 arpents (d'Expilly, *Dict. géogr.* t. II, au mot Eaux et Forêts.)

Fosse-aux-Larrons (La), h. c^{ne} de Landouzy-la-Cour. — *Fons Latronum*, 1179 (cart. de l'abb. de Thenailles, f° 5). — *Fosse-au-Laron*, 1616 (minutes de Constant, notaire). — «Est une cense ainsi appellée à cause des fosses emboschées, où autrefois des larrons se retirèrent comme estant un lieu d'embuscade pour voler les passans. Anciennement c'étoit au lieu dit, selon les chartes, le *Jardin de la Fontaine des Larrons*» (Livre de Foigny, par de Lancy, p. 44).

Ce hameau a donné son nom à un ruisseau, *Fons-Latronum*, 1170 (cart. de l'abb. de Foigny, f° 13, Bibl. imp.), qui prend sa source à Thenailles, passe à Landouzy-la-Cour, n'alimente aucune usine et se jette dans le Vilpion à Plomion, après un parcours de 1,352 mètres.

Fosse-aux-Loups (La), h. c^{ne} de Wattigny. — *Fosse-à-Loup*, 1634 (min. de Roland, notaire).

La ferme de la Fosse-aux-Loups appartenait autrefois à l'abb. de Foigny.

Fosse-aux-Lutons (La), mⁱⁿ à eau, c^{ne} d'Essommes.

Fosse-aux-Méliers (La), f. c^{ne} de la Bouteille; auj. détruite. — «La fosse aux Mesliers est une cense ou hameau de la contenance de onze muids neuf jalois quatre verges» (Livre de Foigny, par de Lancy, p. 7).

Fosse-Dorval, bois, c^{ne} de la Neuville-en-Beine.

Fosse-Gaudier (La), f. c^{ne} de Viffort.

Fosse-Marut (La), petit ruiss. qui prend sa source à Vailly et se jette dans le ruisseau d'Essenlis, sans avoir alimenté d'usine. — Son parcours est de 824 mètres.

Fosse-Mathon (La), m^{on} isolée, c^{ne} de Sorbais; détruite.

Fosse-Segard, fief, c^{ne} de Largny. — Il appartenait autrefois aux religieuses de Longpré.

Fossés (Les), petit h. c^{ne} de la Celle.

Fossés (Les), petit fief, c^{ne} de Chouy. — Il relevait autrefois du fief de la Fontaine.

Fossés (Les), m^{on} isolée et chât. c^{ne} d'Haramont. — Autrefois fief relevant de Crépy-en-Valois.

Fossés (Les), f. c^{ne} de Neuilly-Saint-Front; détruite vers 1830. Elle relevait autrefois de Neuilly-Saint-Front. — Un bois du même nom contenait, selon d'Expilly (*Dict. géog.* t. II, au mot Eaux et Forêts), 65 arpents; il est presque entièrement défriché.

Fosses-d'en-Haut-et-d'en-Bas (Les), h. c^{ne} d'Ambleny. — *Molendinum de Fossa*, 1238 (suppl. de D. Grenier, 292, Bibl. imp.).

Fossot, h. c^{ne} de Chéry-l'Abbaye. — Fait actuellement partie de la population agglomérée.

Fossoy, c^{ne} de Château-Thierry. — *Fausoi*, 1216 (cart. de l'Hôtel-Dieu de Soissons, 190). — Parrochia de *Falsiaco*, 1235; *Falsoy*, XIIIe s^e (ch. de l'Hôtel-Dieu de Soissons, 88). — *Faussoy*, XIIIe siècle (cart. de l'abb. de Notre-Dame de Soissons, f° 248). — *Faulsoy*, 1489 (tit. de l'Hôtel-Dieu de Valsecret). — *Faulcoy*, 1498 (comptes de l'Hôtel-Dieu de Soissons, f° 20). — *Faussoy in Brya*, 1512; *Faussoy in Bria*, 1520 (tit. de l'Hôtel-Dieu de Soissons, 88).

La seigneurie relevait autrefois de Montmirail; elle appartenait à l'abbaye de Valsecret et ressortissait pour la justice à la prévôté de Château-Thierry (arch. de l'Emp. P 136; transcrits de Vermandois).

Foucoucourt, bois, c^{ne} de Mennessis.

Fouée, bois, c^{ne} de Lerzy. — Ce bois appartenait autrefois à l'abb. d'Origny-Sainte-Benoîte.

Foufry, h. et mⁱⁿ à eau, c^{ne} d'Arcy-Sainte-Restitue. — *Foferi*, 1208 (cart. de l'abb. de Saint-Jean-des-Vignes de Soissons, f° 53, Bibl. imp.). — Villa de *Forferi*, 1217; Molendinum de *Fourferi*, *Fourfry*, 1257 (cart. de l'abb. de Saint-Médard de Soissons, f°s 106, 33 et 34, Bibl. imp.). — *Foufery*, 1447 (comptes de l'Hôtel-Dieu de Soissons, 343). — *Fauffery*, 1677 (arch. comm. d'Arcy-Sainte-Restitue). — *Faufry*, 1764 (maîtr. de Soissons).

Foulerie (La), petit h. c^{ne} de Berzy-le-Sec.

Foulerie (La), mⁱⁿ à eau, c^{ne} de Bourg-et-Comin.

Foulerie (La), filature, c^{ne} de Montcornet.

Fouleries (Les), m^{ins} à eau, c^{ne} de Montlevon. — Autrefois *le Buisson*.

Foulon (Le), h. c^{ne} d'Étréaupont.

Foulon (Le), mⁱⁿ à eau, c^{ne} de Saint-Bandry.

Foulon (Le), m^{on} isolée, c^{ne} de Soucy.

Foulons (Les), m^{on} isolée, c^{ne} de Pont-Saint-Mard.

Fouquerolles, h. c^{ne} de Merlieux-et-Fouquerolles. —

Fulcherolles, 1158 (cart. de Prémontré, f° 11, bibl. de Soissons). — *Foukeroles*, 1229 (*ibid.* f° 54). — *Foucroles*, 1589 (ch. de l'Hôtel-Dieu de Soissons, B 75). — *Fouquerolle* (carte de Cassini).

Autrefois fief et communauté de la mairie de Lizy et du comté d'Anizy. — Fouquerolles a été uni à Merlieux en 1791.

FOUQUEROLLES, m^{tn} à eau, c^{ne} de Tartiers. — *Fulcheruadus*, 893 (dipl. du roi Eudes en faveur de l'abb. de Saint-Médard de Soissons (Mabillon, *De Re dipl.* p. 557).

Ce moulin appartenait autrefois à l'abbaye de Saint-Médard de Soissons et relevait de Pierrefonds.

FOUR-À-CHAUX (LE), m^{on} isolée, c^{ne} de Crouy.

FOUR-À-CHAUX (LE), petit h. c^{ne} de Thenailles.

FOURAS, fief, c^{ne} de Seraucourt. — Relevait autrefois du chap. de Vincennes.

FOUR-AUX-VERRES (LE), h. c^{ne} de Beuvardes.

FOUR-À-VERRE (LE), f. c^{ne} de Saint-Michel. — Appartenait autrefois à l'abb. de Saint-Michel.

FOURBETTERIE (LA), m^{on} isolée, c^{ne} d'Épieds.

FOURCHE (LA), f. c^{ne} de Baulne. — Autrefois fief.

FOURCHERON (LE), m^{on} isolée, c^{ne} de Luzoir; détruite.

FOURCIÈRE (LA), f. c^{ne} de Barizis. — *Fourcières* (carte de Cassini).

FOURCIÈRE (LA), h. c^{ne} d'Étréaupont. — Il donne son nom à un petit ruisseau qui alimente quatre moulins à blé et se jette dans l'Oise à Sommeron, après un parcours de 8,750 mètres.

FOURDRAIN, c^{ne} de la Fère. — *Fundren*, 1166 (ch. de l'abb. de Prémontré). — *Fordrain*, 1209 (suppl. de D. Grenier, 290). — *Fourdrain-en-Laonnois*, 1402 (Ordonn. des rois de France, t. IX, p. 118). — *Fourderain*, 1425 (comptes de l'Hôtel-Dieu de Laon, E 13). — *Fouldrain*, 1498 (comptes de la châtellenie d'Aulnois, cab. de M. d'Imécourt). — *Fordrin*, 1634 (baill. de la Fère, B 956). — *Nostre-Dame-de-Fourdrain*, 1674; *Nostre-Dame-de-Fourdrin*, 1697 (arch. comm. de Fourdrain).

La seigneurie relevait autrefois de Laon (arch. de l'Emp. P 136; transcrits de Vermandois); elle a été unie au comté de Marle en 1702. — La paroisse dépendait de la cure de Brie.

FOURDRISOIS, fief près de Brie et de Fourdrain (insin. du baill. de Vermandois de l'année 1602).

FRAICOURT, f. c^{ne} de Brancourt. — *Frescourt*, 1540 (tit. de l'abb. du Mont-Saint-Martin). — *Frecourt* (carte de Cassini).

Cette ferme appartenait autrefois à l'abbaye du Mont-Saint-Martin.

FRAILLOIS (RU DES), petit ruisseau qui alimente le moulin du Roi et se jette dans la Marne à Château-Thierry.

FRAMBOISIÈRE, fief, c^{ne} de Vadencourt-et-Bohéries. — Ce fief, possédé par La Framboisière, médecin du roi Henri IV, a été uni au duché de Guise en 1722.

FRANC-BOIS, f. c^{ne} d'Aizelles; auj. détruite. — Elle avoisinait le territ. de Chermizy.

FRANCBOIS, f. c^{ne} de Barizis; auj. détruite. — Cense de Franbois, 1666 (maîtr. de Coucy).

FRANCBOIS, bois, c^{ne} d'Hirson. — Ce bois contenait, en 1763, 950 arpents (d'Expilly, *Dict. géogr.* t. II, au mot EAUX ET FORÊTS).

FRANCHIÈRE, h. c^{ne} de l'Épine-aux-Bois. — *Franchaine* (carte de Cassini).

FRANCHÈNE, petit h. c^{ne} de Viels-Maisons.

FRANCILLY, h. c^{ne} de Fayet. — *Francelli*, 1200 (cart. de l'abb. de Fervaques, p. 128, arch. de l'Aisne). — *Franceli*, 1241 (cart. de l'abb. d'Ourscamp, f° 180, arch. de l'Oise). — *Francilli*, 1307 (ch. du chap. de Saint-Quentin). — *Franchili*, 1384 (arch. de l'Emp. P 135; transcrits de Vermandois). — *Francelly*, 1584 (min. de Claude Huart, notaire). — *Franchilli*, 1677 (tit. de l'abb. de Saint-Prix). Les habitants prononcent *Franchilly*.

FRANC-JALÉ, f. c^{ne} de Château-Thierry; auj. détruite. — Appartenait autrefois à l'abb. d'Essommes.

FRANC-QUARTIER (LE), fief, c^{ne} de Camelin-et-le-Fresne; vassal de Guny, 1627 (baill. de Chauny, B 1588).

FRANC-SAINT-QUENTIN, f. c^{ne} de Villers-le-Sec; auj. détruite. — Cette ferme appartenait autrefois à l'abb. de Saint-Quentin-en-l'Île (arch. de l'Emp. P 135; transcrits de Vermandois, f° 257).

FRANCS-BOIS (LES), f. c^{ne} de Frières-Faillouël.

FRANQUEFONT, petit fief, c^{ne} de Montigny-sur-Crécy. — Relevait autrefois de Maurepaire.

FRANQUET (LE), f. c^{ne} de Charme. — *Franquest*, 1649 (tit. de l'Hôtel-Dieu de Château-Thierry). — *Les Franquets*, 1710 (intend. de Soissons, C 274).

FRANQUEVILLE, c^{ne} de Sains. — *Loleniacum que nunc dicitur Francheville*, 1157; *Molendinum de Loleigniis*, 1162 (cart. de l'abb. de Thenailles, f° 17). — *Territorium de Loligniis*, 1167 (cart. de l'abb. de Foigny, f° 66, Bibl. imp.). — *Frankevile, Franco villa*, 1270 (arch. de l'Emp. L 997). — *Franca villa*, 1340 (fonds latin, ms. 9228, Bibl. imp.). — *Francqueville*, 1568 (acquits, arch. de la ville de Laon). — *Nostre-Dame-de-Francville, Francville*, 1669 (arch. comm. de Franqueville). — *Franqville*, 1776 (baill. de Marfontaine).

La seigneurie, qui dépendait du comté de Marle, a été aliénée, le 8 novembre 1602, par les commissaires du roi Henri IV; elle relevait, au XVIIIe

siècle, de Vervins. Franqueville était probablement autrefois un La Neux comme ceux de Saint-Gobert.

Fraaval, h. c⁽ⁿ⁾ de Saint-Aubin.

Fredon, fontaine, c⁽ⁿ⁾ de Nampteuil-sous-Muret.

Frémin, territ. près de Bucy-le-Long. — In territorio de Fremin infra motas parrochie de Buciaco, 1255 (suppl. de D. Grenier, 296, Bibl. imp.).

Frémont, bois, c⁽ⁿ⁾ de Villers-le-Sec.

Fresnelest, manoir, c⁽ⁿ⁾ de Villers-le-Sec; auj. détruit. — Il appartenait autrefois à l'abbaye de Saint-Nicolas-aux-Bois.

Frénois, m⁽ᵒⁿ⁾ isolée, c⁽ⁿ⁾ de Bertaucourt-Épourdon. — Ecclesiola de *Fraisnoit*, 1139 (ch. de l'abb. de Saint-Vincent de Laon).

Frenoise, bois, c⁽ⁿˢ⁾ de Braine; défriché en partie. — *Frenoyse*, 1765 (maîtr. de Soissons).

Fresne, c⁽ⁿ⁾ de Coucy-le-Château. — *Frasnes*, 1132 (ch. du musée de Soissons). — Altare de *Fraisno*, 1152; altare de *Fraxino*, 1187 (Liber privilegior. abb. de Saint-Amand, arch. du Nord). — *Fraisne*, xıı⁽ᵉ⁾ s⁽ᵉ⁾ (cart. de l'abb. de Prémontré, bibl. de Soissons). — Ville de *Frainnes*, 1308 (arch. de l'Emp. Tr. des ch. registre 99, pièce 424). — *Frasna*, xıv⁽ᵉ⁾ siècle (Liber privilegiorum, *ut supra*). — *Fraisnes*, 1405 (arch. de l'Emp. J 801, n° 1). — *Fraisnes*, 1460; *Fresnes*, 1466 (*ibid.* E 1,2531). — *Fresnes*, 1671 (état civil de Fresnes, trib. de Laon). — *Saint-Martin de-Fresnes*, 1698; *Fresne*, 1710 (arch. comm. de Fresne). — *Frennes*, 1723 (intend. de Soissons, C 205).

Dépendait de la baronnie de Coucy et de la cure de Septvaux.

Fresne (Le), h. c⁽ⁿˢ⁾ de Gamelin-et-le-Fresne. — *Les Fresnes*, 1669 (baill. de Chauny, B 1514). — *Le Frene* (carte de Cassini).

Fresne (Le), f. c⁽ⁿˢ⁾ de Chouy. — Appartenait autrefois à la chartreuse de Bourgfontaine.

Fresnes, c⁽ⁿ⁾ de Fère-en-Tardenois. — *Fraxinum*, 1167; *Fraisne*, 1176 (cart. de l'abb. de Saint-Yved de Braine, arch. de l'Emp.). — *Fraines*, 1233 (cart. de l'abb. d'Igny, f° 184). — *Frenes*, 1250 (cart. de l'Hôtel-Dieu de Soissons, 190, ch. 50). — *Fresnes*, 1710 (intend. de Soissons, C 274).

Vicomté relevant autrefois du comté de Braine.

Fressoie (La), bois, c⁽ⁿˢ⁾ de Leschelle. — Ce bois était situé près de Dohis (cart. de la seign. de Guise, f° 202); l'emplacement en est inconnu.

Fresnoy-le-Grand, c⁽ⁿ⁾ de Bohain. — *Fraxiniacus*, 954; *Fransiniacus*, 982; *Fraisindum*, *Fraisnedum*, *Frainetum*, 1124; *Fransnium*, 1145; *Frainocetum*, 1151 (cart. de l'abb. d'Homblières, p. 53, 29, 59, 7, 68). — *Fraisnoyt*, 1151 (cart. de l'abb. du Mont-Saint-Martin, p. 735). — *Frasnetum*, 1152; *Fraxinetum*, 1168 (cart. de l'abb. d'Homblières, p. 3). — *Fraisnetum*, 1188 (arch. de l'Emp. L 999). — *Fraisnoi*, 1220 (*ibid.* L 998). — *Fresnoit*, 1222 (cart. de l'abb. du Mont-Saint-Martin, p. 150). — *Fresnetum*, 1239 (cart. de l'abb. de Fervaques, p. 424, arch. de l'Aisne). — In territorio de *Fresneto-in-Arrouaysia*, 1239 (arch. de l'Emp. L 998). — *Fraisnetum-in-Vironandia*, 1246; *Fresnoy*, 1357 (Livre rouge de Saint-Quentin-en-l'Île, f° 170, arch. de l'Emp.). — *Fraisnetum*, xıv⁽ᵉ⁾ s⁽ᵉ⁾ (ch. du chap. de Saint-Quentin). — *Grand-Fresnoy*, 1577 (arch. de la ville de Saint-Quentin). — *Frasnoy*, 1652 (arch. du Dépôt de la guerre, 137; Corresp. milit. pièce 40). — *Saint-Éloy-du-Grand-Fresnoy*, 1744 (chambre du clergé du dioc. de Noyon). — *Fresnoi-le-Grand* (carte de Cassini). — *Frenoi-le-Grand*, 1789 (intend. d'Amiens, C 775).

Le fief de l'avouerie de Fresnoy-le-Grand relevait de Guise.

Fresnoy-le-Petit ou Petit-Fresnoy, h. c⁽ⁿˢ⁾ de Gricourt. — *Fresnatum*, 1270 (Livre rouge de Saint-Quentin-en-l'Île, f° 63, arch. de l'Emp.). — *Frainoy-descur-Gricourt*, 1311 (ch. de l'Hôtel-Dieu de Saint-Quentin). — *Fresnoy-dales-Gricourt*, 1367 (arch. de l'Emp. P 135; transcrits de Vermandois). — *Fresnoy-les-le-Tronquoy*, 1419 (mêmes arch. Tr. des ch. registre 172). — *Petit-Fresnoy* (carte de Cassini).

Seigneurie relevant autrefois de la châtell. de Saint-Quentin. — Fresnoy-le-Petit avait sa municipalité avant 1789 (intend. d'Amiens, C 775).

Fressancourt, c⁽ⁿ⁾ de la Fère. — Munitio quæ *Francorum curtis* dicitur? xıı⁽ᵉ⁾ s⁽ᵉ⁾ (ex lib. Mirac. beati Marculfi acta SS ord. sancti Bened. sæc. 4, part. 2, p. 519, et Bollandistes, 24 mai, p. 539, n° 26). — *Fresvencort*, 1232 (cart. de l'abb. de Saint-Martin de Laon, t. III, p. 63). — *Fresencourt*, 1404 (comptes de la maladrerie de la Fère, Hôtel-Dieu de la Fère). — *Fressencourt*, 1475 (comptes de l'Hôtel-Dieu de Laon, E 20). — *Fressancour*, 1729 (int. de Soissons, C 205). — Paroisse de *Saint-Pierre-de-Fressancourt*, 1750 (arch. comm. de Fressancourt).

La seigneurie relevait de la châtellenie de la Fère. Elle a été donnée, le 10 novembre 1674, par Françoise de Harzillemont, veuve de Jean de Sciron, lieutenant général et gouverneur de Sainte-Menehould, à l'abb. de Saint-Martin de Laon.

Fressancourt, fief, c⁽ⁿˢ⁾ de Bernot. — Relevait autrefois de Guise.

Frette (La), h. c⁽ⁿˢ⁾ de Fargniers. — Ancien fief relevant de la châtell. de la Fère.

DÉPARTEMENT DE L'AISNE. 121

Frette (La), m⁰⁰ isolée, c⁰ᵉ de Tergnier.
Frières-Faillouël, c⁰ⁿ de Chauny. — *Ferrarie*, 1130 (Colliette, *Mém. du Vermandois*, t. II, p. 260). — *Ferieres*, 1289 (cart. de l'abb. d'Ourscamp, f° 168, arch. de l'Oise). — *Frière-Faillouel*, 1576 (arch. de la ville de Chauny).
Seign. relevant de la châtell. de Chauny, dont elle a été une dépendance au xv° et au xvi°.siècle.
Frique (Le), h. c⁰ᵉ d'Auffrique-et-Nogent.
Frival, f. c⁰ᵉ de Brancourt. — *Friva*, 1751 (tit. de l'év. de Laon).
Froidefontaine, petit ruisseau affluent du Surmelin.
— Son parcours est de 1,320 mètres.
Froidestrées, c⁰ᵉ de la Capelle. — *Frete-Estrei*, xii° s° (cart. de l'abb. de Saint-Denis, f° 215, arch. de l'Emp.). — *Fracta strata*, xii° s°; *Fraitestrées*, 1250; *Fraiestrées*, *Freiestrées*, 1253 (cart. de l'abb. de Saint-Michel, p. 243, 199, 338, 339). — *Frigide-Strate*, 1340 (fonds latin, ms. 9228, Bibl. imp.). — *Fretestrées*, 1405 (arch. de l'Emp. J 801, n° 1). — *Froitestrées*, 1416 (*ibid.* n° 6). — *Froictestrées*, 1568 (acquits, arch. de la ville de Laon). — *Froitestrée*, 1572 (arch. de la ville de Guise). — *Festre-Estré*, 1610 (baill. des bois de Guise). — *Frouldétré*, 1658 (Gazette de France). — *Froidestré*, *Fois-Destrée*, 1710 (intend. de Soissons, C 274 et 205).
La seigneurie de Froidestrées relevait autrefois du duché de Guise.
Froidmont, h. c⁰ᵉ de Braye-en-Laonnois. — *Frémon*, 1668 (tit. du chap. cath. de Soissons). — *Froidemont* (carte de Cassini).
Froidmont, f. c⁰ᵉ de Plomion. — *Froimont*, 1148 (cart. de l'abbaye de Bucilly, f° 3). — *Frosmont*, 1621 (min. de Carlier, notaire). — *Frémon*, 1721 (baill. de Bancigny).
Froidmont-et-Cohartille, c⁰ᵉ de Marle. — Territorium de *Frigido monte*, 1252; *Fromons*, xiii° s° (cart. de l'abb. de Saint-Martin de Laon, t. III, p. 485 et 495, arch. de l'Aisne). — Ville de *Froidmont*, 1260 (ch. de l'abb. du Sauvoir). — *Froymont*, 1389 (arch. de l'Emp. Trésor des chartes, reg. 128). — *Fruemont*, 1389 (comptes de l'Hôtel-Dieu de Laon, E 2). — *Froimont*, 1405 (arch. de l'Emp. J 801, n° 1). — *Froimont*, 1460 (*ibid.* Q 7). — *Fremont*, *Fresmont*, 1563 (tit. de l'abb. de Saint-Jean de Laon). — *Froimond-et-Cohartil*, 1599 (comptes de la châtellenie de Marle, chambre des comptes de la Fère). — *Fresmond*, 1609 (tit. de l'abb. de Saint-Jean de Laon). — *Frosmond*, 1651 (carte de Sanson, géographe). — Paroisse de *Saint-Quentin-de-Fresmont*, 1681 (état civil de Froidmont, trib. de Laon).

— *Fraismont*, 1710; *Froismont*, 1729 (intend. de Soissons, C 274 et 205). — *Fremon*, 1730 (tit. du chap. cath. de Laon).
Les seigneuries de Froidmont et de Cohartille appartenaient autrefois à l'abbaye de Saint-Jean de Laon.
Froidmonts (Les), h. c⁰ᵉ de Parfondeval. — *Froidzmonts*, 1682 (min. de Thouille, notaire). — *Les Fremons* (carte de Cassini).
Froidville, territoire, c⁰ᵉ de Saint-Nicolas-aux-Bois. — In territorio de *Froiville*, 1214 (ch. de l'abb. de Saint-Nicolas-aux-Bois).
Ce territoire avoisinait probablement le Tortoir, où la charrue fait à chaque instant découvrir des traces de constructions.
Froimont, f⁰ᵉ, c⁰ᵉ de Bony; auj. détruites. — *Froymont*, 1540 (tit. de l'abb. du Mont-Saint-Martin).
Ancien domaine de l'abbaye du Mont-Saint-Martin.
Fromentel, fief, c⁰ᵉ de Terny-Sorny. — Ce fief donnait à celui qui le possédait la qualité de quart-comte de Soissons.
Fronchine, fief, c⁰ᵉ de Viry-Noureuil.
Frontény, f. c⁰ᵉ de Saint-Remy-Blanzy. — *Fontenil*, 1191; *Fruntegni*, 1206 (cart. de l'abb. de Saint-Jean-des-Vignes, Bibl. imp.). — *Fronteni*, 1206 (suppl. de D. Grenier, 296, Bibl. imp.). — Domus *Frontigni* que dicitur *Novilla*, 1217 (arch. de l'Emp. L 1001).
Cette ferme appartenait autrefois à l'abbaye de Saint-Jean-des-Vignes de Soissons.
Frontigny, f. c⁰ᵉ de la Malmaison. — Terra de *Fronteneio*, 1146 (cart. de l'abb. de Vauclerc, f° 5). — Territorium de *Fronteni*, 1148 (cart. de l'abb. de Saint-Martin de Laon, t. I, p. 381, arch. de l'Aisne). — *Frontini*, 1150; *Fruntegni*, 1169; *Frontegni*, 1184; *Frontenacum*, 1185; altare de *Fronteneto*, xii° s°; grangia que vocatur *Frontigniacus*, 1213 (cart. de l'abb. de Vauclerc, f° 14, 44, 82, 73 et 37). — *Frontiniacus*, 1223 (arch. de l'Empire, L 996).
Frontigny appartenait autrefois à l'abbaye de Vauclerc et formait communauté et paroisse avant sa réunion à la Malmaison, ordonnée, le 21 octobre 1791, par le directoire du département de l'Aisne.
Fruchelle (La), f. c⁰ᵉ d'Hary.
Fruty (Le), m⁰⁰ isolée, c⁰ᵉ d'Allemant. — *Fruticum*, nemus quod dicitur *Fruitis*, nemus de *Frutich*, 1152 (cart. de l'abb. de Saint-Crépin-le-Grand de Soissons, p. 74, 173 et 174). — *Flutis*, 1262; *Grand-Fruty*, 1443; *Fruyty*, 1443; *Grand-Frulty*, 1490;

Grant-Fruitis, 1499; Fruitil, 1529; cense du Fruitif, 1550; Fruicti, 1598 (tit. de l'hôpital de Soissons). — Grand-Frutil, 1643; le Fruitil, 1710 (intend. de Soissons, C 274).

La ferme du Fruity, qui appartenait à la maladrerie de Saint-Lazare de Soissons, a été détruite au commencement du règne de Louis XIV.

Fulloir (Ru de), ruisseau. — Voy. Dolloir.

Fussigny, h. c^{ne} de Courtrizy-et-Fussigny. — *Fussengies*, 1148 (cart. de l'abb. de Foigny, f° 41, coll. de M. P. D.). — *Fussegnies*, 1148 (cart. de l'abb. de Foigny, f° 196, Bibl. imp.). — *Fussenie*, 1178 (ch. de l'abb. de Saint-Vincent). — *Fusegniis*, 1180; *Fusegnies, Fussegnis*, 1235; *Fussignis*, 1247 (cart. de l'abb. de Foigny, f°s 149, 151 et 160, Bibl. imp.). — *Fussignies*, XIIIe siècle (invent. de Vauclerc, Bibl. imp.). — *Fussignys*, 1497 (comptes de la vidamie de Laon, cab. de M. d'Imécourt).

La seigneurie de Fussigny relevait autrefois de la châtellenie de Montaigu et formait, sous le vocable de Saint-Remy, une paroisse qui dépendait de la cure de Courtrizy.

Ce hameau est alimenté par un ruisseau qui se jette dans le ruisseau de Haie à Courtrizy.

Fussigny, fief, c^{ne} de Villers-en-Prayères. — Relevait autrefois de Pontarcy.

G

Gadeffet, petit fief, c^{ne} de Vendeuil.

Gadiffet, f. c^{ne} de Seraucourt; auj. détruite. — Elle était située vers Roupy.

Gaillard, petit fief, c^{ne} de Rocourt.

Gaillardon, petit fief, c^{ne} de la Ferté-Chevresis. — Relevait autrefois de la Ferté-sur-Péron.

Gaillardon, petit fief, c^{ne} de Villers-le-Sec. — *Gallardon*, 1573 (arch. de l'Emp. P 248-2).

Relevait autrefois du Hérie-la-Viéville.

Gaillot, chât. c^{ne} de Laon. — Chastel de *Galiot*, 1440 (comptes, arch. de la ville de Laon). Construit vers 930 par Herbert, comte de Vermandois; détruit en 1740.

Gain (le), petit affluent de la Marne à Tréloup. — Il n'alimente qu'un moulin à blé, dans un parcours de 1,900 mètres.

Gaîté (La), m^{on} isolée, c^{ne} d'Omissy.

Galerme, m^{on} isolée, c^{ne} de Chartèves.

Galland, petit fief, c^{ne} de Bertaucourt-Épourdon. — Relevait autrefois de la châtell. de la Fère.

Gandelu, c^{on} de Neuilly-Saint-Front. — *Wandeluz*, 1198 (ex Chron. Alberici Trium Fontium monachi, Hist. de France, t. XVIII, p. 761, B). — *Vuandelus*, 1218 (Chronicon Longipontis, Muldrac). — *Gandeluz*, 1292 (cart. de l'abb. de Notre-Dame de Soissons, f° 282). — *Gandelus*, 1335a (ch. de l'abb. d'Essommes). — *Gandelluz*, 1564 (arch. comm. de Gandelu).

Châtellenie et ensuite marquisat. Cette châtellenie, qui comprenait Gandelu, Brumetz, Cerfroid et la Grange, a été cédée par Oudart de Chambly à Philippe le Bel (arch. de l'Emp. Tr. des chartes, registre 87, pièce 11) et érigée en titre de pairie avec Fère-en-Tardenois, le 6 juin 1399 (Recueil des ordonn. des rois de France, t. VIII, p. 331). — Le marquisat a été distrait, le 26 juin 1652, de la mouvance du duché de Château-Thierry, pour relever directement du Louvre (arch. de l'Empire, K 1277).

Le doyenné de Gandelu, du diocèse de Meaux et de l'archidiaconé de France, comprenait les paroisses de Brumetz, Bussiares, Cocherel, Coulombs, Crépoil, Crouy-sur-Ourcq, Dhuisy, Échampeu, les Essarts, Fulaines, Gandelu, Germigny-sous-Coulombs, Jaignes, Lizy-sur-Ourcq, Mary, May-enMultien, Méry, Montigny-l'Allier, Ocquerre, Rademont, Saint-Aulde, Tancrou, Ussy, Varinfroy et Vaux-sous-Coulombs, avec Vendrest et Villers-le-Rigault.

Gandelu devint, en 1790, le chef-lieu d'un canton dépendant du distr. de Château-Thierry et formé des c^{nes} de Brumetz, Bussiares, Courchamps, Gandelu, Hautevesnes, Licy-Clignon, Lucy-le-Bocage, Marigny-en-Orxois, Monthiers, Saint-Gengoulph, Torcy et Veuilly-la-Poterie.

Ganton, petit ruiss. affluent de l'Oise (Brouage). — Ru de Ganton-au-lez-devers-Oingne, 1378; ru de *Gauton*, 1380 (ch. de l'Hôtel-Dieu de Chauny). — Ru de *Gaulton*, 1536 (comptes, arch. de la ville de Chauny). — Ru *Queton*, 1697 (baill. de Chauny).

Gar (Le), petit ruisseau, affluent de celui de Montchâlons. — Il n'alimente aucune usine. — Son parcours est de 900 mètres.

Gard (Le), f. c^{ne} d'Any-Martin-Rieux. — *Le Gard-d'Any* contenait, en 1763, 300 arpents (d'Expilly, Dict. géogr. t. II, au mot Eaux et Forêts).

Le bois du Gard-d'Any, qui dépendait de la gruerie de Rumigny, est auj. défriché en grande partie.

GARD (LE), h. c⁻ d'Étreux. — Il n'existe que depuis l'établissement du canal de Sambre-et-Oise.

GARD-D'ASSIS (LE), bois, c⁻ d'Assis-sur-Serre; auj. défriché.

GARD-DE-GERCY (LE), bois, c⁻ de Gercy; auj. défriché.

GARDE (LA), petit fief, c⁻ de Flavigny-le-Grand-et-Beaurain. — Relevait autrefois de Guise.

GARDE-DE-DIEU (LA), h. c⁻ de Grandrieux. — *Riu la Planche*, 1504 (tit. de l'abb. de Bonnefontaine, arch. des Ardennes).

Il donne son nom à un petit ruisseau qui n'alimente point d'usine et se jette dans celui des Froidmonts à Rozoy-sur-Serre après un cours de 1,043 mètres.

GARDE-DE-DIEU (LA), h. c⁻ de Sommeron.

GARE (LA), h⁴, c⁻ de Château-Thierry, Ciry-Salsogne, Laon, Soissons et Tergnier.

GARE-DE-VAUMOISE (LA), mᵒⁿ isolée, c⁻ de Corcy.

GARENNE (LA), f. c⁻ de Coincy.

GARENNE (LA), mᵒⁿ isolée, c⁻ de Ronchères.

GARENNE-DE-LA-GRANGE (LA), bois, c⁻ de Chézy-en-Orxois. — Ce bois contenait 43 arpents en 1763 (d'Expilly, *Dict. géogr.* t. II, au mot EAUX ET FORÊTS).

GARENNE-MOTEL (LA), mᵒⁿ isolée, c⁻ des Autels; auj. détruite.

GARMOUZET (LE), h. c⁻ de Fontenelle et du Nouvion. — La verrerie est sur le territoire du Nouvion.

GARNIER (RU), ruiss. qui prend sa source dans le bois du Châtelet, passe à Rocourt, puis à Armentières, où il alimente un moulin à blé et un moulin à battre, et se jette dans l'Ourcq, après un parcours de 7,420 mètres.

GAUCHY, c⁻ de Saint-Simon. — *Gauchi, Gauci*, 1189 (cart. AA de l'abb. de Saint-Quentin-en-l'Île, p. 16 et 101). — *Gaulchy*, 1766 (tit. du chap. de Sainte-Pécinne).

La seigneurie relevait d'Estrées; elle a été incorporée au duché de Saint-Simon en 1635.

GAUCOURT, fief, c⁻ d'Omissy. — *Gaulcourt*, 1749 (arch. de l'Emp. Q cart. 11).

La seigneurie relevait de Saint-Quentin (intend. de Soissons, C 775).

GAUDON (RU), ruiss. qui prend sa source sur le territoire de Folembray, qu'il traverse ainsi que celui de Champs. — Il n'alimente aucune usine dans un parcours de 3,350 mètres.

GAYOT (LE), petit ruisseau qui prend sa source sur le territ. de Villemontoire, traverse celui de Buzancy et alimente deux moulins à blé dans un parcours de 3,787 mètres, avant de se jeter dans la Crise à Rozières.

GAZE, fief, c⁻ de Froidmont-et-Cohartille. — Ce fief, relevant du comté de Marle, a été donné, le 5 février 1744, au chapitre de Saint-Pierre et de Saint-Jean-au-Bourg par François-Joseph de Martigny.

GEFFRIN, mᵒⁿ isolée, c⁻ de Guivry. — Détruite vers 1855.

GELÉE (LA), petit h. c⁻ de Vauxaillon. — *Gellée*, 1722 (tit. de l'Hôtel-Dieu de Soissons, 248).

Uni maintenant au chef-lieu.

GELINIÈRE, bois, c⁻ de Chézy-l'Abbaye. — *Gelignye*, 1706 (maître de Crécy-en-Brie).

Ce bois appartenait autrefois à l'abb. de Chézy.

GENETTE (LA), f. c⁻ de Charly. — *Genest*, 1632 (baill. de Charly).

GENEVA, mᵒⁿ à eau, c⁻ de Chaourse. — *Gisenval*, 1221 (cart. de Chaourse, LL 1172, f° 103, arch. de l'Emp.).

Ce moulin donne son nom à un petit ruisseau affluent de la Serre à Chaourse. — Ce ruisseau porte aussi le nom de *Fontaine-Évon*. — Son parcours est de 4,400 mètres.

GENÈVE, mᵒⁿ isolée, c⁻ de Beaurevoir.

GENEVROY (LA), f. c⁻ de Rocourt. — *Genevroye*, 1531 (tit. du prieuré de Charme). — *Gennevroie*, 1710 (intend. de Soissons, C 274). — *Genevroux* (carte de Cassini).

Cette ferme, reconstruite en 1626, appartenait au prieuré de Charme.

GÉNISSART, mᵒⁿ à eau, c⁻ d'Anizy-le-Château.

GENNEVROIS, h. c⁻ de Bézu-le-Guéry. — *Gennevroie*, 1696 (arch. comm. de Bézu-le-Guéry). — *Gennevroie*, 1710 (intend. de Soissons, C 274).

GENY, h. c⁻ de Cuissy-et-Geny. — *Geniacum*, 1081 (mém. ms. de l'Élcu, t. I, f° 205). — *Jeniacum*, 1133 (arch. de l'Emp. L 1154). — *Altare de Geni*, 1148 (cart. de l'abb. de Bucilly, f° 3). — *Geni-en-Laonois*, 1256 (coll. de D. Grenier, 24ᵉ paquet, n° 15). — Paroisse de *Sainct-Pierre-de-Geny*, 1668 (état civil, trib. de Laon).

Vicomté appartenant au chapitre cathédral de Laon depuis 1255. Geny était alors de la paroisse de Pargnan. — Le village ressortissait au baill. de Châtillon-sur-Marne, bien qu'il fût enclavé dans celui de Laon.

GERBAIS, petit ruisseau qui prend sa source sur le territoire de Clairefontaine, où il alimente le moulin d'Écoute-s'il-Pleut, traverse le territoire de Luzoir, où il fait tourner un autre moulin, et va enfin se jeter dans la rivière d'Oise. — Son parcours est de 6,800 mètres.

GERBENOY, petit fief, c⁻ d'Étampes.

GERBETTE (LA), petit h. c⁻ de Sommeron.

Gerbettes (Les), m⁽ᵉ⁾ isolée, c⁽ⁿᵉ⁾ de Luzoir. — Construite sur l'emplacement du bois des Gerbettes.

Gercy, c⁽ⁿᵉ⁾ de Vervins. — *Territorium de Gericiis*, 1162; *Gericies*, xii⁽ᵉ⁾ s⁽ᵉ⁾; *Gercis-juxta-Vervinum, Gercis*, xiii⁽ᵉ⁾ s⁽ᵉ⁾ (cart. de l'abb. de Thenailles, f⁽ᵒˢ⁾ 17, 10, 84 et 60). — *Gerecies*, 1213; *Gerechies*, xiii⁽ᵉ⁾ s⁽ᵉ⁾ (arch. de l'Emp. L 992). — *Gerecis*, 1222 (petit cart. de l'év. de Laon, ch. 22). — *Gyrecis*, xiii⁽ᵉ⁾ s⁽ᵉ⁾ (cart. de l'abb. de Saint-Michel, p. 22). — *Gerciez*, 1273 (cart. de l'abb. de Thenailles, f⁽ᵒ⁾ 11). — *Gercies*, 1294 (ch. de l'év. de Laon). — *Gersis*, 1410 (comptes, arch. de la ville de Laon). — *Gercys*, 1411 (arch. de l'Emp. J 801, n° 4). — *Gercyes*, 1413 (ibid. PP 2, f⁽ᵒ⁾ 202). — *Gerciies*, 1460 (ibid. Q 7). — *Gersys*, 1544 (baill. de la Fère, B 810).

Châtellenie du comté de Marle, aliénée le 9 décembre 1590 par le roi Henri IV, sous la condition qu'elle relèverait du comté de Marle. Le monarque se réserva la haute et moyenne justice, qui furent unies au bailliage de Marle. — La cure a été unie à celle de Vervins le 1⁽ᵉʳ⁾ octobre 1709.

Gergny, c⁽ⁿᵉ⁾ de la Capelle. — *Grimacus, Girimacus*, 650 (Surius, t. VI, 3 décembre). — *Gerigniacum*, 1123; *Gerignies*, 1165; *Gereniacum*, 1169 (cart. de l'abb. de Saint-Michel, p. 20, 215, 240). — *Gereiignies*, 1221 (cart. de l'abb. du Mont-Saint-Martin, p. 173). — *Geregnis-juxta-Streias, Gercignis-juxta-Estreiam*, 1249 (cart. de l'abb. de Saint-Michel, p. 197). — *Gerignis*, 1340 (fonds latin, ms. 9228, Bibl. imp.). — *Gergnys*, 1565 (min. d'Herbin, notaire, greffe du trib. de Laon). — *Gerignyes*, 1568 (acquits, arch. de la ville de Laon). — *Gerguis*, xvi⁽ᵉ⁾ s⁽ᵉ⁾ (arch. de l'Emp. P 249-3). — *Gerigni*, 1780 (chambre du clergé du diocèse de Laon).

Vicomté relevant autrefois de Guise. — L'église a été érigée en chapelle vicariale le 13 mai 1842.

Gerigny, bois, c⁽ⁿᵉ⁾ de Thenailles. — *Gerenies*, 1139 (cart. de l'abb. de Bucilly, f⁽ᵒ⁾ 5). — *Geregniez*, 1168; *Gerrengiis*, 1172; *boscus de Gerignis*, 1201 (cart. de l'abb. de Thenailles, f⁽ᵒˢ⁾ 36, 3 et 4). — Rue de Gerignies, 1615 (min. d'Ozias Teilinge, notaire).

Le bois et la rue de Gergny figurent encore au plan cadastral de Thenailles. Le bois, qui contenait 374 hectares, a été défriché vers 1838.

Gerlaux, f. c⁽ⁿᵉ⁾ d'Ostel. — *Allodium apud Gillodi fontem*, xii⁽ᵉ⁾ s⁽ᵉ⁾ (ch. de l'abb. de Saint-Nicolas-aux-Bois). — *Gerlau*, 1728 (chambre du clergé du diocèse de Laon). — *Gerlot*, 1746 (maîtrise de Soissons). — *Gerleaux*, 1759 (tit. de l'abb. de Saint-Nicolas-aux-Bois).

Cette ferme appartenait autrefois à l'abbaye de Saint-Nicolas-aux-Bois.

Germaine, c⁽ⁿᵉ⁾ de Vermand. — *Alodium de Germania*, 1135 (ch. de l'abb. de Prémontré). — *Germanie*, 1196 (cart. de la même abb. f⁽ᵒ⁾ 83, bibl. de Soissons). — *Germaines*, 1230 (arch. de l'Emp. L 998). — *Geromonia*, 1231 (ch. de l'abb. de Prémontré). — *Germainnes*, 1238 (cart. de l'abb. d'Ourscamp, f⁽ᵒ⁾ 203, arch. de l'Oise). — Villa de *Germanis*, 1263; *in territorio de Germaignes*, 1264 ch. de l'abb. de Prémontré). — *Germainez*, 1383 (arch. de l'Emp. P 135; transcrits de Vermandois). — *Germaine-en-Vermandois*, 1743 (maîtrise de la Fère).

Germaine possédait, avant 1789, une municipalité et dépendait de la paroisse de Douchy. — La seigneurie appartenait à l'abb. de Prémontré.

Cette commune a donné son nom à un ruisseau qui prenait autrefois sa source près d'Étreillers et qui tarit ordinairement à Germaine, et dont les sources en sont maintenant à 500 mètres, au lieu dit *le Mont-Blanc*. — La Germaine se jette dans la Somme près d'Offoy et n'alimente aucune usine dans le département de l'Aisne.

Gernicourt, c⁽ⁿᵉ⁾ de Neufchâtel. — *Gerniaca curtis in pago Laudunensi*, viii⁽ᵉ⁾ s⁽ᵉ⁾ (Bollandistes, 4 janvier, p. 174; Vie de saint Rigobert, archev. de Reims). — *Gernicurtis*, 1112 (ch. de l'év. de Laon). — *Gernycourt*, 1545 (coll. des bénéfices du dioc. de Laon, secrét. de l'év. de Soissons). — *Gergnicourt*, 1568 (acquits, archives de la ville de Laon). — Paroisse de *Saint-Pierre-de-Gernicourt*, 1673 (état civil de Gernicourt, trib. de Laon).

Emplacement d'une métairie mérovingienne donnée, en 690, par Pépin à saint Rigobert, archevêque de Reims. La seigneurie est restée depuis à l'archevêché de Reims. — Le village ressortissait à Roucy pour la justice.

Géromesnil, f. c⁽ⁿᵉ⁾ de Billy-sur-Ourcq. — *Géroménil* (carte de Cassini).

Cette ferme appartenait autrefois à l'abbaye de Saint-Crépin-le-Grand de Soissons et elle relevait d'Oulchy-le-Château.

Gervely, m⁽ᵒⁿ⁾ isolée, c⁽ⁿᵉ⁾ de Leuilly. — *Gervilly, Gervelly*, 1722 (tit. de l'abb. de Nogent).

Gibercourt, c⁽ⁿᵉ⁾ de Moy. — *Gibertcort*, 1153 (cart. du chap. cath. de Noyon, f⁽ᵒ⁾ 99, arch. de l'Oise). — *Gibercurt*, 1169 (ch. de l'abb. de Saint-Michel). — *Gibecourt*, 1418 (comptes de l'Hôtel-Dieu de Laon, E 77).

Seigneurie relevant autrefois de Vendeuil.

Giberacourt, petit fief, c⁽ⁿᵈ⁾ de Pontruet.

GIBERTFAY, bois, c^{ne} de Surfontaine-et-Fay-le-Noyer. — Bos de *Gibert-Fay-delez-Serfontaine*, 1293 (cart. de l'abb. de Saint-Denis, f° 25, arch. de l'Emp.).

GIFFÉCOURT, h. c^{ne} de Castres. — *Cheuvicurtis*, 1153 (cart. de l'abb. d'Homblières, p. 51). — *Chiffecourt*, 1689 (tit. du chap. cath. de Noyon). ⹀ On écrit et on prononce souvent *Chiffécourt*.

Seigneurie appartenant autrefois au chap. de Saint-Quentin (Recueil des fiefs, p. 155). — Giffécourt avait sa collecte particulière avant 1789 (intend. d'Amiens, C 775).

GILGART, petit fief, c^{ne} du Hério-la-Viéville. — Relevait autrefois du Hério-la-Viéville.

GILCOURT, f. c^{ne} de Brancourt. — *Gillecourt*, 1540 (tit. de l'abb. du Mont-Saint-Martin).

Cette ferme, qui appartenait autrefois à l'abb. du Mont-Saint-Martin, a été détruite vers 1834.

GILETTERIE (LA), petit h. c^{ne} de Chézy-l'Abbaye.

GILLENT, f. c^{ne} d'Ostel; auj. détruite. — Domus de *Gillent*, 1292 (suppl. de D. Grenier, 291, Bibl. imp.).

GILLES-LESCOT, petit fief, c^{ne} de Couvron-et-Aumencourt. — Relevait autrefois de la Fère.

GILLIOTTE (LA), h. c^{ne} de Saint-Gobain; auj. détruit.

GILLOTINS, f. c^{ne} de Montfaucon. — *Gilotins* (carte de Cassini).

GILMONT, f. c^{ne} de Bony. — *Gillemont*, 1589 (tit. de l'abb. du Mont-Saint-Martin).

GILOTIN (LE), mⁱⁿ à eau, c^{ne} de Barizis. — Il est de construction récente.

GINGON, petit h. c^{ne} d'Allemant.

GIRONSART, f. c^{ne} d'Harcigny. — *Gilonsart*, 1214; bois de *Gillonsart*, 1266 (cart. de l'abb. de Bucilly, f°s 35 et 36). — *Gironssart*, 1607 (enquêtes, baill. de Vermandois, greffe du trib. de Laon). — *Gironsart*, 1618 (min. de Constant, notaire). — *Gironsart*, 1621 (min. de Teilinge, notaire).

GISOMPRÉ, petit fief, c^{ne} de Guise. — Ce fief, sis près la poterne de Guise, relevait de la seign. de cette ville.

GIVRAY, h. et filature, c^{ne} de Bruyères. — *Givroy*, 1603 (arch. comm. d'Oulchy-le-Château).

Baronnie relevant autrefois d'Oulchy-le-Château; elle a été inféodée à Cramaille le 2 novembre 1517 (arch. de l'Emp. Q, carton 5).

GIVRY, h. c^{ne} de Belleau. — *Giveri*, 1233; *Giveri*, 1264; *Givri*, 1268; *Giviriacum*, 1295 (Hôtel-Dieu de Soissons, 77). — *Gyvery-lez-Baleaue*, 1484 (ch. de l'Hôtel-Dieu de Soissons, 89). — *Givery*, 1516 (arch. de l'Emp. Q. 4).

La seigneurie de Givry ressortissait à la prévôté de Château-Thierry pour la justice (arch. de l'Emp. P 136; transcrits de Vermandois).

GIZY, c^{ne} de Sissonne. — *Gisiacus*, 1113; *Gisi*, 1182 (ch. de l'abb. de Saint-Vincent de Laon). — *Gizy*, 1340 (fonds latin, ms. 9228, Bibl. imp.). — *Gisiacum*, XIVe s^e (cart. E du chap. cath. de Reims, f° 139). — *Gizy-les-Liesse*, 1430; *Gysi*, 1476 (comptes de l'Hôtel-Dieu de Laon, E 16 et 21). — *Gisy-en-Laonnois*, 1566 (tit. du sémin. de Laon).

Prieuré fondé vers 1079 et dépendant de la Sauve-Majeure de Bordeaux; il a été uni au séminaire de Laon en 1671. — Vicomté relevant de la châtellenie de Pierrepont.

GLACIS (LE), mⁱⁿ à eau, c^{ne} de Merlieux-et-Fouquerolles.

GLAND, c^{ne} de Château-Thierry. — In molendinis de *Glandis*, 1218 (suppl. de D. Grenier, 293, Bibl. imp.). — *Glans*, 1573 (pouillé du dioc. de Soissons, f° 25).

Seigneurie relevant autrefois de Château-Thierry; sa justice a été unie à celle de Mont-Saint-Père par lettres patentes de février 1783.

GLAND (LE), petite rivière qui prend sa source à la Chapelle-des-Glands, dans le bois de Beaulieu (Ardennes), traverse dans le département de l'Aisne le territoire d'Any-Martin-Rieux, où il prend le nom de *rivière des Champs*, limite les territoires de Wattigny, Leuze et Martigny, et traverse ceux de Saint-Michel et d'Hirson avant de se jeter dans la rivière d'Oise à Hirson. Son parcours dans le département de l'Aisne est de 38,872 mètres; il y alimente cinq moulins à blé, deux filatures de laine, une de coton et une forge de fer laminé. — *Glans*, 1258 (cart. de l'abb. de Foigny, f° 57). — *Glan*, 1260 (cart. de l'abb. de Saint-Michel, p. 302). — *Glant*, 1300 (cart. de la seign. de Guise, f° 54).

GLANDONS (LES), h. c^{ne} de Gandelu et de Marigny-en-Orxois. — *Glandon* (carte de Cassini).

Ce hameau, distrait de Veuilly-la-Poterie, a été uni à Gandelu et à Marigny-en-Orxois par décret du 22 février 1812.

GLAPIEDS (LES), h. c^{ne} de Baulne.

GLAUART (LE), petit fief, c^{ne} de Lesquielles-Saint-Germain.

GLAUE (LA), h. c^{ne} d'Acy. — *La Glar* (carte de Cassini).

GLAUE (LA), petit fief, c^{ne} de Courcelles. — Relevait autrefois du comté de Braine.

GLAUE (LA), f. c^{ne} de Dommiers. — *Gloue*, 1270; domus de *Gloa*, 1292; *la Glau*, 1651 (ch. et tit. de l'abb. de Saint-Jean-des-Vignes de Soissons). — *La Gleau* (carte de Cassini).

Cette ferme appartenait autrefois à l'abbaye de Saint-Jean-des-Vignes de Soissons et elle relevait d'Oulchy-le-Château.

GLAUE (LA), bois, c^{ne} de Trosly-Loire.

GLAUETTE (LA), petit h. c⁰ᵉ de Pinon.

GLAUX-ROSE (LA) ou REGINA, m⁰ⁿ isolée, c¹ᵉ de Montaigu. — On y chante le *Regina cœli* aux Rogations.

GLENNES, c⁰ᵉ de Braine. — *Glanna*, ıxᵉ siècle (polypt. de Saint-Remy de Reims). — *Glenna*, 1123 (mém. ms. de l'Éleu, t. I, f° 291). — *Glene*, 1206 (ch. de l'Hôtel-Dieu de Laon, B 21). — *Glana*, 1261 (ch. du chap. cath. de Laon). — *Glanne*, xıııᵉ siècle (cueilleret de l'Hôtel-Dieu de Laon, B 62). — *Glenne*, 1641 (tit. de l'Hôtel-Dieu de Laon, B 21). — *Glenes*, 1701 (tit. du chap. cath. de Laon). — *Glesnes*, 1746 (intend. de Soissons, C 205).

Seigneurie appartenant autrefois au chap. cath. de Laon).

GLEUSE (LA), lieu-dit, c⁰ᵉ de Dercy, où l'on remarque les restes d'un château fort.

GLORIE (LA), h. c⁰ᵉ de Crécy-au-Mont.

GLORIETTE (LA), petit h. c⁰ᵉ d'Auffrique-et-Nogent.

GLORIETTE (LA), m⁰ⁿ isolée, c⁰ᵉ de Morcourt et de Rouvroy.

GLORIETTE (LA), fief, c⁰ᵉ de Suzy. — Relevait autrefois de la Fère.

GONAILLE ou BRETÈCHE, petit fief, c⁰ᵉ de Braine. — Il relevait autrefois du comté de Braine.

GOBELETS (LES), h. c⁰ᵉ de Vaux-Andigny. — Doit son origine à des fermes qui appartenaient à l'abb. de Bohéries.

GOBERT (RU), ruiss. qui prend sa source à l'extrémité du territ. de Marigny-en-Orxois, passe à Bouresche, Belleau, Torcy, et se jette dans le Clignon à l'extrémité du territ. de Torcy.

GOLETS (LES), m⁰ⁿ isolée, c⁰ᵉ de Nanteuil-la-Fosse.

GOMFOSSE, h. c⁰ᵉ de Saint-Michel.

GOMENÉ, petit fief, c⁰ᵉ de Prémont. — Relevait de la seign. de Prémont.

GOMMERON, petit h. c¹ᵉ d'Auffrique-et-Nogent. — *Gomeron*, 1582 (arch. de l'Empire, E 12527). — *Goumeron*, 1679 (arch. comm. de Coucy-la-Ville).

Ce hameau dépendait autrefois de Coucy-la-Ville.

GOMONT, h. c⁰ʳ de Marly. — *Goumont*, 1161 (cart. de l'abb. de Foigny, f° 59). — Territorium de *Gomunt*, 1163 (cart. de la seigneurie de Guise, f° 153). — *Goumont, vicus qui est in parrochia de Marli*, 1217 (ch. de Saint-Vincent de Laon). — *Gosmond*, 1572 (arch. de la ville de Guise). — *Gosmont*, 1685; *Gaumonts*, 1758 (tit. de l'abb. de Saint-Vincent de Laon).

GONDRAIN, c⁰ᵉ de Couvrelles, ravin. — Carrières jadis habitées.

GONELLE ou BEAUREGARD, m¹ⁿ à eau, c⁰ᵉ de Laigny.

GONENCOURT, petit fief, c⁰ᵉ de Saint-Quentin. — Relevait autrefois de Benay.

GONETERIE (LA), f. c⁰ᵉ de Bouresches. — *Gonneterye*, 1575; *Gonneterie*, 1597 (tit. de l'Hôtel-Dieu de Château-Thierry).

GONET, fief, c⁰ᵉ de Largny.

GORGE (LA), petit h. c⁰ᵉ de Billy-sur-Aisne.

GORGE (LA), f. c⁰ᵉ de Montigny-Lengrain. — *Gorgia*, 1291 (suppl. de D. Grenier, 294, Bibl. imp.).

Cette ferme appartenait autrefois à l'abbaye de Longpont et relevait de Pierrefonds.

GORGNY, h. c⁰ᵉ de Ressons-le-Long. — *Gournet* (carte de Cassini).

GORJAL, territ. c⁰ᵉ de Saint-Thomas. — Un ruisseau porte encore le nom de *ruisseau des Gorgeats*. — Voy. VIEUX-LAON.

GOSSOINS (LES), petit h. c⁰ᵉ de Viels-Maisons.

GOUDELANCOURT-LEZ-BERRIEUX, c⁰ⁿ de Craonne. — *Gundelencourt*, 1174; *Gundeleincourt*, xııᵉ s⁰ (cart. de l'abb. de Vauclerc, f° 51 et 85). — *Gondelencourt*, 1186; *Gondelaincourt*, 1199 (arch. de l'Emp. L 996). — *Goudelaincourt*, 1340 (fonds latin. ms. 9228, Bibl. imp.). — *Godalaincourt*, 1340 (arch. de l'Emp. Tr. des chartes, reg. 75, n° 484). — *Goudelancourt-lez-Berrieu*, 1405 (mêmes arch. J 801). — *Goudelancourt-lez-Berieux*, 1729 (intend. de Soissons, C 205).

La seigneurie relevait autrefois de Montchâlons.

GOUDELANCOURT-LEZ-PIERREPONT, c⁰ⁿ de Sissonne. — Curtis de *Gundeleicurt*, 1177 (cart. de l'abb. de Saint-Denis, LL 1158, arch. de l'Emp.). — *Gondelecort*, 1216 (cart. de l'Hôtel-Dieu de Laon, ch. 175). — *Goudelencort*, 1217; villa de *Gondellencort*, 1224; *Gondelaincurt*, 1225; *Gondellencort*, 1227; *Goudelaincort*, 1231; *Goudelaincort*, 1234; *Gontdelaincort*, 1237; *Godeleincort*, 1256; *Gondelaincourt-juxta-Petrapontem*, 1256 (ch. de l'Hôtel-Dieu de Laon), B 69 et B 23). — *Gondelencourt*, 1483; *Goudelancourt*, 1493; *Gondelraincourt*, 1506 (comptes de l'Hôtel-Dieu de Laon, E 24, 25, 36). — *Godelencourt*, 1536 (acquits. arch. de la ville de Laon). — *Godelancourt*, 1596 (chambre du clergé du dioc. de Laon). — *Godelencourt*, 1603 (comptes de l'Hôtel-Dieu de Laon, E 121). — *Goudelencourt-lez-Pierrepont*, 1621; *Goudlencourt-lez-Pierrepont*, 1625 (min. de Liegeois, notaire, trib. de Laon). — *Goudelancourt-lez-Pierrepont*, 1729 (intend. de Soissons, C 205).

Le village était déjà érigé en commune en 1250 (ch. de l'Hôtel-Dieu de Laon). — La seigneurie relevait autrefois de la châtell. de Pierrepont.

GOUILLE, territ. c⁰ᵉ de Brancourt. — Territorium de *Gouille*, 1138 (cart. de l'abb. du Mont-Saint-

Martin, p. 400). — Un lieu-dit vers Fraicourt porte encore le nom de *Buisson-Gouillard*.

Goujons (Les), ruisseau qui prend sa source dans la haie d'Aubenton, entre Mont-Saint-Jean et Iviers, traverse le territoire de Besmont, puis celui de Martigny, où il se jette dans le Ton après avoir alimenté, dans un parcours de 15,110 mètres, le moulin de Risquetout.

Goulée (La), petit ruiss. qui alimente le moulin de la Bruce et se jette dans l'Ourcq à Fresnes. — Son parcours est de 5,130 mètres.

Goulet (Le), f. c^{ne} de Voulpaix. — Un petit ruisseau du même nom prend sa source au Bas-Goulet et se jette dans le ruisseau de Laigny à Voulpaix, après un parcours de 2,705 mètres.

Gournaille, petit ruisseau qui afflue dans l'Aisne à Sermoise et n'alimente aucune usine. — Son parcours est de 2,420 mètres.

Gournay, chapelle, c^{ne} de Camelin-et-le-Fresne. — *Gournay*, 1573 (pouillé du dioc. de Soissons, f° 31). — Elle était sous le vocable de Sainte-Catherine, 1648 (baill. de Chauny, B 1612).

Gournay, manoir, c^{ne} de Laval. — *Gornai*, 1205 (arch. de l'Emp. L 993). — *Gournay-les-Estouvelles*, 1498 (comptes de l'Hôtel-Dieu de Laon, E 29).

Déjà détruit en 1498; il a été rétabli depuis. On n'en voit plus que les fossés au milieu d'un bois qui a conservé son nom.

Gournaye, petit h. c^{ne} de Soucy.

Gourneau (Le), petit h. c^{ne} de Retheuil.

Goussancourt, c^{ne} de Fère-en-Tardenois. — *Gozoncurtis*, 1163; *Goxencurtis*, 1178 (cart. blanc de Saint-Corneille de Compiègne, f°s 75 et 72, arch. de l'Emp.). — *Goucencort*, 1219 (ch. de l'abb. de Saint-Yved de Braine). — *Gousencortis*, 1231 (cart. de l'Hôtel-Dieu de Soissons, 190, ch. 52 et 76). — *Goucencourt*, 1259 (cart. de Saint-Corneille de Compiègne, arch. de l'Emp.). — *Gocencourt*, 1317 (cart. de l'abb. d'Igny, f° 148, Bibl. imp.). — *Goussencourt*, 1411 (arch. de l'Emp. reg. 166, f° 98). — *Cousancourt* (carte de Cassini).

La seigneurie relevait autrefois d'Oulchy-le-Château. Elle a été possédée d'abord par l'abb. de Saint-Corneille de Compiègne, et ensuite par les Dames du Val-de-Grâce de Paris.

Goutière (La), m^{on} isolée, c^{ne} de Bézu-Saint-Germain. — *Goutière-Boileaux*, 1534 (tit. de l'abb. du Valsecret).

Appartenait autrefois à l'abbaye du Valsecret.

Gouy, c^{ne} du Câtelet. — *Goi*, 1178 (cart. du Mont-Saint-Martin, f° 609). — *Goiacum*, 1195 (cart. AA de l'abb. de Saint-Quentin-en-l'Île, p. 69). — *Gouy-*

en-Arroasia, xiie s^e (ex Chron. Balderici, *Hist. de France*, t. XIII, p. 535 D). — *Goi-en-Arouaise*, 1347 (arch. de l'Emp. Tr. des chartes, reg. 96, pièce 48). — *Gouy-en-Arouaise*, 1619 (arch. comm. de Gouy). — *Gouy-en-Arrouaise* (carte de Cassini).

Seigneurie cédée par le chap. de Saint-Quentin à l'abb. du Mont-Saint-Martin.

Gouy-au-Mont, h. c^{ne} de Gouy.

Gouy-la-Ville, h. c^{ne} de Gouy.

Goyer-Marais, petit fief, c^{ne} de Chauny, au faubourg de Senicourt.

Grâce (La), f. c^{ne} de Montlevon.

Grand-Ballois (Le), h. c^{ne} de Nesles. — *Balloy*, 1566 (tit. de l'Hôtel-Dieu de Château-Thierry). — *Grand-Balloy* (carte de Cassini).

Grand-Campigny, f. — Voy. Campigny (Grand et Petit).

Grand-Champ, f. c^{ne} de Jumencourt. — *Grand-Champs*, 1647 (tit. de l'Hôtel-Dieu de Coucy-le-Château).

Grand-Champ, h. c^{ne} d'Urcel. — Autrefois fief relevant de l'évêché de Laon.

Grand-Chemin (Le), h. c^{ne} de Juvigny.

Grand-Cormont (Le), h. c^{ne} de Marigny-en-Orxois.

Grand-Cornoult (Le), h. c^{ne} de Viels-Maisons. — *Grand-Cornou* (carte de Cassini).

Distrait de Verdelot pour être uni à Viels-Maisons en 1811.

Grand-Cour, f. c^{ne} de Gouy.

Grand-Court-de-Buzancy, fief, c^{ne} de Buzancy. — Il relevait autrefois du comté de Soissons (arch. de l'Emp. Q. 4).

Grande-Boullois, h. c^{ne} de Martigny. — *Bouloy*, 1683 (baill. d'Aubenton, B 2504). — *Grande-Boulloye*, 1721 (ibid. B 2507). — *Grande-Bouloye*, 1725 (terrier de Martigny). — *La Bouloix*, 1733 (baill. d'Aubenton, B 2508).

Grande-Boulloye (La), f. c^{ne} de Marigny-en-Orxois. — *Bouloye* (carte de Cassini).

Grande-Cailleuse, h. — Voy. Cailleuse (La Grande-).

Grande-Carrière (La), f. c^{ne} de Presles-et-Boves.

Grande-Cense (La), fief, c^{ne} de Landifay-et-Bertaignemont. — Relevait autref. de la vicomté de Landifay.

Grande-demi-Lieue, f. c^{ne} de Cilly; auj. Détruite. — On en reconnaît encore l'emplacement.

Grande-Folie (La), f. c^{ne} de Serain. — Cense de *la Folie*, xvie siècle (arch. de l'Emp. P 248-3).

Elle ressortissait autrefois aux baill. et châtell. de Cambrai.

Grande-Fontaine (La), h. c^{ne} de Baulne. — *Grant-Fontaine*, 1557 (tombe de Gilles de Bois, en l'église de Villers-Agron). — *Grand-Fontaine*, 1666 (arch. comm. de Baulne).

Grande-Forêt (La), f. c^{ne} de la Chapelle-sur-Chézy.

GRANDE-FOURCIÈRE, h. et m⁹ à eau, c⁹ᵉ de Gergny.
GRANDE-LONGUE (LA), f. c⁹ᵉ de Bézu-le-Guéry. — Détruite en 1825.
GRANDE-MAISON, f. c⁹ᵉ de Saconin. — Elle appartenait autrefois à l'abb. de Notre-Dame de Soissons et est unie maintenant à la population agglomérée.
GRANDE-MAISON (LA), fief, c⁹ᵉ de Bucy-le-Long. — Il appartenait autrefois au chap. cath. de Soissons.
GRANDE-MAISON (LA), petite f. c⁹ᵉ de Chaudun. — Elle appartenait autrefois à l'abb. de Notre-Dame de Soissons et fait maintenant partie de la population agglomérée.
GRANDE-MAZURE (LA), petit h. c⁹ᵉ de Nogent-l'Artaud.
GRANDE-MONTAGNE (LA), h. c⁹ᵉ de Besny-et-Loisy.
GRANDE-PRAIRIE (LA), m⁹⁹ isolée, c⁹ᵉ d'Étampes.
GRANDE-QUEUE (LA), petit h. c⁹ᵉ de Chézy-l'Abbaye.
GRANDE-RAMÉE (LA), m⁹⁹ isolée, c⁹ᵉ de Corcy.
GRANDE-SAULE (LA), h. c⁹ᵉ de Chézy-l'Abbaye.
GRANDES-BRUYÈRES (LES), h. c⁹ᵉ de Merlieux-et-Fouquerolles.
GRANDES-CARRIÈRES (LES), f. c⁹ᵉ de Nanteuil-la-Fosse.
GRANDES-FONTAINES (LES), petit ruisseau qui prend sa source à Margival et se jette à Vuillery dans celui de Crouy. — Il n'alimente aucune usine. — Son parcours est de 1,332 mètres.
GRANDES-NOUES (LES), f. c⁹ᵉ de Nesles.
GRANDES-VALLÉES (LES), petit h. c⁹ᵉ de Viels-Maisons.
GRANDE-TAILLE (LA), bois, c⁹ᵉ de Wimy. — Ce bois contenait, en 1763, 170 arpents (d'Expilly, *Dict. géogr.* t. II, au mot EAUX et FORÊTS).
GRAND-FAUX (LE), fief, c⁹ᵉ de Bassoles-Aulers.
GRAND-HEURTEBISE (LE), f. c⁹ᵉ de Nesles.
GRAND-JACQUET (LE), h. c⁹ᵉ de Guny.
GRAND-LIEU, f. c⁹ᵉ de Barizis; auj. détruite. — Elle était sur le haut de la montagne, près de la Queue-de-Bettemont, 1608 (baill. de la Fère, B 951).
GRAND-LOUDIER (LE), h. c⁹ᵉ de Neuve-Maison.
GRAND-LUGNIS, c⁹ᵗ. — Voy. LUGNY.
GRANDLUP-ET-FAY, c⁹ⁿ de Marle. — In parrochia *Sancti Remigii de Grandi-Luco*, 1145 (arch. de l'Emp. L 1152). — *Grandis-Lucus*, 1220 (cart. de l'abb. de Saint-Martin de Laon, t. III, p. 22). — *Granlu*, 1221; *Granliu*, 1224 (ch. de l'Hôtel-Dieu de Laon, B 23 et 69). — *Granlu*, 1231 (petit cart. de l'év. de Laon). — *Grandis-Locus*, 1234 (ch. de l'Hôtel-Dieu de Laon). — *Granlut*, 1277 (cartul. de l'abb. de Saint-Martin de Laon, t. I, p. 389). — *Grandlut*, 1292 (ch. de l'Hôtel-Dieu de Laon, B 57). — *Grandliu*, 1357 (cart. de l'abb. de Saint-Martin de Laon, t. III, p. 192). — *Granlut*, 1425; *Grantlus*, 1474 (ch. de l'év. de Laon). — *Grandlut*, 1476; *Grandlud*, 1488 (comptes de l'Hôtel-Dieu de Laon, E 21, E 24). — *Grandleur*, 1536 (acquits, arch. de la ville de Laon). — *Grandleup*, 1729 (intend. de Soissons, C 205). = On devrait écrire *Grandlud*.

Ce village relevait autrefois de la châtellenie de Pierrepont et y ressortissait pour la justice.

GRANDMAISON (LA), f. c⁹ᵉ de la Ferté-Milon. — *Grande-Maison*, 1714 (baill. de Villers-Cotterêts, B 1873).

Cette ferme appartenait autrefois à l'abbaye de Sainte-Geneviève de Paris et relevait de la Ferté-Milon.

GRANDMAISON (LA), chât. c⁹ᵉ de Royaucourt-et-Chailvet.
GRAND'MAISON (LA), f. c⁹ᵉ de Vailly. — Appartenait autrefois au chap. cath. de Laon.
GRAND'MAISON (LA) ou DOLLÉ, fief, c⁹ᵉ de Vezaponin. — Relevait autrefois de Coucy-le-Château.
GRAND-MARAIS (LE), h. c⁹ᵉ d'Achery et de Gauchy.
GRAND-MARAIS (LE), m⁹ à eau, c⁹ᵉ de Berny-Rivière.
GRAND-MARAIS (LE), fief, c⁹ᵉ de Courcelles. — Relevait autrefois de Braine.
GRAND-MARAIS (LE), m⁹⁹ isolée, c⁹ᵉ de Liez.
GRAND-MESNIL (LE), h. c⁹ᵉ de Rozet-Saint-Albin. — *Mesny*, 1693 (arch. comm. de Rozet-Saint-Albin).
GRAND-MONGIVRAULT (LE), h. c⁹ᵉ de Lucy-le-Bocage. — *Montgiveroth*, 1203 (ch. de l'Hôtel-Dieu de Soissons, 117).
GRAND MOULIN (LE), m⁹ à eau, c⁹ᵉ de Chézy-l'Abbaye. — Appartenait autrefois à l'abb. de Chézy.
GRAND MOULIN (LE), m⁹ à eau, c⁹ᵉ d'Éparcy. — Détruit vers 1840.
GRAND MOULIN (LE), m⁹ à eau, c⁹ᵉ de Fourdrain.
GRAND MOULIN (LE), f. et m⁹¹, c⁹ᵉ de Juvigny.
GRAND MOULIN (LE), m⁹ à eau, c⁹ᵉ de Laigny.
GRAND MOULIN (LE), m⁹ à eau, c⁹ᵉ de Lavaqueresse.
GRAND MOULIN (LE), m⁹ à eau, c⁹ᵉ de Vervins.
GRAND-NORVINS (LE), f. c⁹ᵉ de Nesles. — *Grand-Norvin* (carte de Cassini).
GRAND'PICARDIE (LA), f. c⁹ᵉ d'Étrépilly.
GRAND-PIGNON (LE), fief, c⁹ᵉ d'Augy. — Appartenait autrefois à l'abb. de Saint-Paul de Soissons.
GRAND-PONT (LE), m⁹ à eau, c⁹ᵉ de Pont-Saint-Mard. — Autrefois fief.
GRAND-PRIEL (LE), f. c⁹ᵉ de Pontru. — In grangia de *Perrero*, XII⁹ siècle (cart. de l'abb. de Vermand, Bibl. imp. fonds latin 11069). — *Nemus de Priers*, 1222; *Periers*, 1225 (arch. de l'Emp. L 1161). — *Pries*, 1384 (arch. de l'Emp. P 135; transcrits de Vermandois).

Cédée le 7 août 1648, par l'abbaye de Vermand, au chap. de Saint-Quentin.

GRANDRIEUX, c⁹ᵉ de Rozoy-sur-Serre. — *Grantrieu*, 1327 (arch. de l'Emp. Tr. des chartes, reg. 61, pièce 130). — *Grandis-Rivus*, 1340 (fonds latin ms. 9228, Bibl. imp.). — *Granrieu*, 1405 (arch. de l'Emp. J 801, n° 1). — *Grantrieu-emprès-Rosoi*, 1456 (comptes de l'Hôtel-Dieu de Laon, E 19). — *Grantrieux*, 1458 (arch. de l'Emp. Tr. des chartes, reg. 187, f° 171). — *Gramrieux*, 1642 (chambre du clergé du dioc. de Laon). — *Grandriu*, 1709 (intend. de Soissons, C 274).

La seigneurie faisait autrefois partie du comté de Bancigny et relevait de Rozoy-sur-Serre.

GRANDRIEUX, f. c^{ne} de Gronard. — *Grandis-Rivus*, 1147; *Magnus-Rivus*, 1157; *Grantriu*, 1210 (cart. de l'abb. de Thenailles, f°s 16 à 18). — *Grantrieu*, 1460 (arch. de l'Emp. Q. 7). — *Grandriu*, 1710 (intend. de Soissons, C 274). — *Gramrieux*, 1745 (*ibid.* C 206).

Cette ferme appartenait autrefois à l'abbaye de Thenailles et relevait du comté de Marle. — Ruisseau affluent du Hutteau, à Jeantes, et dont le parcours est de 4,655 mètres.

GRANDRIEUX, m^{on} isolée, c^{ne} d'Origny. — *Rue de Granrieux*, 1743 (arch. comm. d'Origny).

GRAND-ROYAL (LE), fief, c^{ne} de Champs.

GRAND-RU, f. c^{ne} de Château-Thierry. — Elle appartenait autrefois à l'abb. d'Essommes.

GRAND'RUE, h. c^{ne} de Chézy-l'Abbaye. — *Grande-Rue* (carte de Cassini).

GRAND'RUE (LA), h. c^{ne} d'Esquehéries.

GRANDS-CHESNETS, f. c^{ne} de Nogent-l'Artaud. — *Grand-Chesnel* (carte de Cassini).

GRANDS-JARDINS (LES), m^{on} isolée, c^{ne} de Billy-sur-Aisne. — *Grand-Jardin* (carte de Cassini).

GRANDS-JARDINS (LES), h. c^{ne} de Celles-sur-Aisne.

GRANDS-JARDINS (LES), m^{on} isolée, c^{ne} de Moulins.

GRANDS-MARAIS (LES), petit h. c^{ne} de Gauchy.

GRANDS-OUIS (LES), h. c^{nes} de Brunehamel et de Parfondeval. — *Grandes-Houyes* (carte de Cassini).

GRANDS-PRÉS (LES), petit ruisseau qui prend sa source à Ugny-le-Gay et se jette dans celui de Viry à Villequier-Aumont. — Son parcours est de 2,700 mètres.

GRANDS-RIEZ (LES), f. c^{ne} d'Homblières.

GRANDS-TAILLIS (LES), f. c^{ne} d'Hirson. — *Grand-Tailly*, 1772 (arch. comm. d'Hirson, délib. municipales).

GRAND-TRAIN, f. c^{ne} de Malzy. — Détruite en 1828; elle devait son nom à l'affluence du roulage.

GRAND-VIVIER (LE), f. c^{ne} de Pinon. — Convertie en bâtiments ruraux.

GRAND-VOISIN, f. c^{ne} de Muret-et-Crouttes. — Détruite au XVIIe siècle (enseign. pour l'étude, etc.).

GRAND-WEZ (LE), h. c^{ne} d'Esquehéries. — *Grand-Haué*, 1690 (élection de Guise). — *Grand'houé*, 1758 (grenier à sel de Guise). — *Grand-Ouez*,

1760 (gruerie du Nouvion). — *Grand-Hué*, 1781 (terr. d'Ohis).

GRANGE (LA), f. c^{ne} de Braine. — *Granges*, 1147; *Grangies*, 1173 (cart. de l'abb. de Saint-Yved de Braine, arch. de l'Emp.). — *Grange-les-Moines* (carte de Cassini).

Cette ferme appartenait autrefois au prieuré de Braine.

GRANGE (LA) ou LA GRANGE-AU-VIVIER, h. c^{ne} de Longpont. — La ferme appartenait autrefois à l'abb. de Longpont et relevait de Pierrefonds.

GRANGE (LA), fief, c^{ne} de Morsain. — Relevait autrefois de Pierrefonds.

GRANGE (LA), f. c^{ne} de Nogent-l'Artaud.

GRANGE (LA), h. c^{ne} de Saint-Gobain.

GRANGE-AU-BOIS (LA), f. c^{nes} de Chézy-en-Orxois et de Saint-Agnan; auj. détruite. — Elle appartenait autrefois au prieuré de Saint-Arnoul de Crépy-en-Valois et était déjà en ruines en 1749 (présidial de Château-Thierry).

GRANGE-AU-MARAIS (LA), fief, c^{ne} de Bruyères. — Il relevait autrefois d'Oulchy-le-Château.

GRANGE-AU-PONT (LA), mⁱⁿ à eau, c^{ne} de Sergy.

GRANGE-AUX-BOIS (LA), f. c^{ne} de Beaumé. — *Grange-au-Bos*, 1413 (arch. de l'Emp. J 801, n° 5). — *Grange-aux-Boys*, 1568 (acquits, arch. de la ville de Laon).

Autrefois seigneurie avec moulin à eau relevant d'Aubenton et de Beaumé.

GRANGE-AUX-BOIS (LA), f. c^{ne} de Coincy. — *Grange-aux-Boys*, 1524 (arch. communales de Brécy). — *Grange-des-Bois* (carte de Cassini).

Anc. domaine du prieuré de Coincy. — Hameau et église détruits au XVIe siècle.

GRANGE-CŒURET (LA), f. c^{ne} de Brumetz. — *Grange-Curet*, 1742 (maîtr. de Villers-Cotterêts).

Cette ferme appartenait autrefois aux Trinitaires de Cerfroid.

GRANGE-DE-CHOUY (LA), f. c^{ne} de Chouy. — Appartenait autrefois à l'abb. de Notre-Dame de Soissons.

GRANGE-DES-BOIS (LA), h. c^{ne} de Domptin.

GRANGE-DES-MOINES (LA), f. c^{ne} d'Audignicourt. — Elle appartenait autrefois au prieuré de Pierrefonds.

GRANGE-DIMERESSE (LA), fief, c^{ne} de Paars. — Relevait autrefois de Braine.

GRANGE-EN-CHART (LA), petit h. c^{ne} de Marchais. — *Les Granges* (carte de Cassini).

GRANGE-L'ÉVÊQUE (LA), manoir, c^{ne} de Laon. — *Grange-l'Évesque*, 1680 (tit. de l'év. de Laon).

Cette maison était à l'entrée du faubourg de Vaux, vers Laon.

GRANGE-LEZ-OULCHY (LA) ou LA GRANGE-OISON, fief, c^{ne}

d'Oulchy-le-Château. — *Graange-les-Houchies*, 1342 (arch. de l'Emp. Tr. des chartes, reg. 74). — Relevait autrefois d'Oulchy-le-Château.

GRANGE-LOMBARD (LA), m⁰⁰ isolée, c⁰ᵉ de Nogent-l'Artaud.

GRANGE-MARCHANT (LA), m⁰⁰ isolée, c⁰ᵉ de Charly; auj. détruite.

GRANGE-MARIE (LA), m⁰⁰ isolée, c⁰ᵉ de Chartèves. — *La Graunge-Morin* (carte de Cassini). — Domaine de l'Hôtel-Dieu de Château-Thierry.

GRANGE-MOREL (LA), fief, c⁰ᵉ de Marizy-Sainte-Geneviève. — Relevait autrefois de la Ferté-Milon.

GRANGE-ROUGETTE (LA), f. c⁰ᵉ de Charly. — Cette ferme, qui appartenait à l'Hôtel-Dieu de Soissons, est détruite; un bois conserve encore son nom.

GRANGES (LES), f. c⁰ᵉ de Gandelu.

GRATTEPIERRE, fabrique de socs de charrue, c⁰ᵉ de Saint-Michel.

GRATTENEUX, h. c⁰ᵉ de Résigny. — *Gratreul*, 1527 (tit. de l'abb. de Bonnefontaine, arch. des Ardennes).

GRAUMIE (LA), m⁰⁰ isolée, c⁰ᵉ d'Aizy.

GRAVELLE (LA), petit ruisseau qui prend sa source à Perles. — Son parcours dans le département de l'Aisne est de 1,341 mètres.

GRAVELLES (LES), m⁰⁰ isolée, c⁰ᵉ de Luzoir. — Bois auj. défriché.

GRAVELLES (LES), f. c⁰ᵉ de Nogent-l'Artaud.

GRAVIER (LE), m¹ⁿ à eau, c⁰ᵉ de Chézy-l'Abbaye. — Ancien domaine de l'abb. de Chézy.

GRAVIER (LE), petit h. c⁰ᵉ de Mont-Saint-Jean.

GRAVIER-DE-CHIMAY (LE), h. c⁰ᵉ de la Flamangrie. — Ce hameau était autrefois de la paroisse de Roubais. — Ruisseau affluent de celui de Petit-Bois-Saint-Denis. Parcours : 1,400 mètres.

GRAVIÈNES, fief et bois, c⁰ᵉ de Quierzy.

GRAVIER-MAUBERT (LE), h. c⁰ᵉ d'Esquehéries.

GRÉANCE, autrefois paroisse de Saint-Quentin. — *Griancia*, 1220 (arch. de l'Emp. L 738). — *Ecclesia de Grianchia*, 1191 (Colliette, Mém. du Vermandois, t. II, p. 420).

GREHEN, f. c⁰ᵉ de Sinceny; auj. détruite. — *Curtis de Greham-super-Yzaram*, 1221 (suppl. de D. Grenier, 290, Bibl. imp.). — *Grehem*, xɪvᵉ siècle (ch. de l'Hôtel-Dieu de Chauny). — Elle appartenait autrefois à l'abb. de Saint-Nicolas-aux-Bois et relevait de Bichancourt.

GRELINES (LES), f. c⁰ᵉ de Braye-en-Laonnois. — *Grelins*, 1597 (audiencier de Roucy). — Elle appartenait autrefois au chapitre cath. de Laon.

GRELINS (LES), petit h. c⁰ᵉ de Cuissy-et-Geny.

GRENAUX (LES), f. c⁰ᵉ de Marchais.

GRENOUILLÈRE (LA), petit h. c⁰ᵉ de Crécy-au-Mont.

GRENOUILLÈRE (LA), h. c⁰ᵉ de la Flamangrie. — Uni maintenant à la population agglomérée.

GRENOUILLÈRE (LA), m⁰⁰ isolée, c⁰ᵉ de Gouy. — Détruite vers 1855.

GRENOUILLÈRE (LA), m⁰⁰ isolée, c⁰ᵉ de Lappion. — Autrefois *les Vallées*.

GRENOUILLÈRE (LA), m⁰⁰ isolée, c⁰ᵉ de Mondrepuis.

GRENOUILLÈRE (LA) ou LES PATUREAUX, petit h. c⁰ᵉ d'Ognes.

GRÉS (LES), petit h. c⁰ᵉ de Pernant.

GRÈVE (LA), m⁰⁰ isolée, c⁰ᵉ de Beuvardes.

GRÈVES (LES), f. et chât. c⁰ᵉ de Saint-Eugène. — Autrefois fief.

GRÈVES (RU DES), ruisseau qui prend sa source dans la Basse-Forêt de Coucy, au territoire d'Amigny-Rouy, traverse les territoires de Sinceny, de Pierremande et de Bichancourt, et n'alimente aucune usine dans un parcours de 7,100 mètres. Il séparait autrefois Bichancourt de Bac-Arblincourt. — *Riu de la Greeve*, 1235 (Liber privilegiorum, f⁰ 5, abb. de Saint-Amand, arch. du Nord). — *Rû de Greeve*, 1699 (maîtr. des eaux et forêts de Coucy-le-Château).

GRÉVIÈNE (LA), m⁰⁰ isolée, c⁰ᵉ de Variscourt.

GRICOURT, c⁰ᵉ de Vermand. — *Gricurt*, 1170 (cart. de l'abbaye de Longpont). — *Villa de Grecort*, 1239 (Colliette, Mém. du Vermandois, t. II, p. 684). — *Gricort*, 1240 (arch. de l'Emp. L 994). — *Graincourt*, 1275 (arch. de la ville de Saint-Quentin). — *Gricourt*, 1295 (cart. rouge de la ville de Saint-Quentin, f⁰ 52). — *Saint-Remy-de-Gricourt*, 1743 (chambre du clergé du dioc. de Noyon).

La seigneurie, qui appartenait autrefois à l'abb. de Royaumont, relevait en partie de l'abb. de Saint-Éloi de Noyon.

GRIL, petit ruisseau qui prend sa source à Passy-en-Valois et se jette dans l'Ourcq à Marizy-Saint-Mard. — Son parcours est de 4 kilomètres.

GRILLE (LA), f. c⁰ᵉ de Longpont.

GRIMECHONBUS, bois, c⁰ᵉ de Ficulaine. — *Nemus de Grimechonbus inter quatuor metas quarum una sita est versus Fiulanas, alia versus Fontanas, tertia versus Biautrou et quarta versus Favarchias et Funsammes*, 1242 (arch. de l'Emp. L 1161). — Ce bois était celui de Ficulaine, lequel a été défriché en 1840.

GRIMONT, manoir, c⁰ᵉ de Landifay-et-Bertaignemont; aujourd'hui détruit. — *Mansum qui dicitur Grimulbreias, in pago Laudunensi juxta villam que dicitur Putcolis*, 868 (cart. de l'abb. d'Homblières, p. 53 et 15).

Traces de constructions.

GRIMOAVAL, fief, cne de Faverolles.
GRIMPERIE (LA), fief, cne de Vic-sur-Aisne. — Relevait autrefois de Pierrefonds.
GRINGAUSE (LE), m{on} isolée, cne de Marchais.
GRISOLLE (LA), f. cne de Landouzy-la-Cour. — Cette ferme dépendait de la seigneurie de Belleperche et du domaine de l'abb. de Foigny.
GRISOLLES, f. cne de Beuvardes ; détruite au xve siècle. — On y remarquait une chapelle sous le vocable de Saint-Leu (*Histoire de Coincy*, par de Vertus, p. 219).
GRISOLLES, cne de Neuilly-Saint-Front. — *Grisolie*, xiie s{e} (suppl. de D. Grenier, 293, Bibl. imp.). — Villa de *Glisoriis*, 1214 (cart. du chap. cath. de Soissons, f° 269). — *Glisoles*, 1264 (ch. de l'Hôtel-Dieu de Soissons, 205). — *Grisolle*, 1709 ; *Grizolle*, 1710 ; *Grissolle*, 1711 (intend. de Soissons, C 205 et 274). — Paroisse de *Saint-Remy-de-Grisolles*, 1745 (arch. de l'Emp. L 1164).
C'était jadis une seigneurie qui appartenait au prieuré de Charme.
GRISON (LE) ou LE MOULIN-GRISON, f. cne de Joncourt.
GRONARD, cne de Vervins. — *Gronnars*, 1230 (cart. de l'abb. de Foigny, f° 246, Bibl. imp.). — *Gronnart*, 1251 (ch. de l'abb. de Saint-Martin de Laon). — *Gronart*, 1288 (cart. de l'abb. de Thenailles, f° 11). — *Gronnar*, 1668 (baill. de Marfontaine). — *Gros-nart*, 1678 ; paroisse de *Saint-Théodulfe-de-Gronart*, 1687 (arch. comm. de Gronard).
La seigneurie faisait autrefois partie du comté de Marle ; elle a été aliénée, le 15 octobre 1601, par les commissaires du roi Henri IV. — L'église de cette commune a été érigée en chapelle vicariale le 20 février 1822.
GRONART, m{in} à eau, cne de Saint-Quentin. — *Molendinum quod vocatur Grounart*, 1110 (cart. AA de l'abb. de Saint-Quentin-en-l'Île, p. 10). — *Molendinum de Grunart*, 1176 (preuves de Claude Héméré, *Augusta Viromanduorum*, etc.). — *Molendinum de Gronnart*, 1176 (cart. du chap. de Saint-Quentin, f° 98, Bibl. imp.).
«A esté desmoly et de tout anciennecté par les abrégement et fortifications de Sainct-Quentin,» 1384 (dénombr. de Saint-Quentin-en-l'Île, arch. de l'Emp. P 135 ; transcrits de Vermandois).
GROSBEL, m{in} cne de Saint-Thomas ; auj. détruit. — *Molendinum quod dicitur à Gros-Bel*, 1251 (ch. de l'abb. de Saint-Vincent de Laon).
GROS-BUISSON (LE), m{in} à vent, cne d'Athies.
GROSLOY, f. cne de Priez. — *Grooloi*, 1250 (prieuré de Charme). — *Grolois*, xve s{e} (obituaire, arch. comm. de Priez). — *Groloy*, 1549 (ch. de l'Hôtel-Dieu de Soissons, 150). — *Grauloy*, 1604 (*ibid.* comptes, f° 70). — *Groslois*, 1681 (arch. comm. de Sommelans). — *Grolloy*, 1711 (arch. comm. de Monthiers). — *Groslay* (carte de Cassini).

GROS-MARAIS ou LE PÉTRÉ, h. cne de Vesles-et-Caumont.
GROS-MOULIN (LE), m{in} à eau, cne de Brasles.
GROSSE-SAULE (LA), petit ruisseau qui va se jeter dans le ru de Chéry-Chartreuve. — Son parcours est de 780 mètres.
GROSSES-HERBES (LES), bois, c{er} de Neuilly-Saint-Front.
GROS-TRAITE (LE), m{on} isolée, cne de Mauregny-en-Haie.
GROUCHET ou SAINT-AMAND, petit fief, cne de Marest-Dampcourt. — Il relevait autrefois du fief de Baudoin-Targny et devait son nom à la famille Grouchet, qui le possédait au xve siècle.
GROUGIS, cne de Wassigny. — *Gerolgies*, 1132 (cart. de l'abb. de Saint-Martin de Laon, f° 55, bibl. de Laon). — *Gerolzies*, 1157 (cart. de l'abb. de Liessies, f° 87, arch. du Nord). — *Gerolgiis*, 1165 ; Grangia de *Greugies*, 1194 (cart. de l'abb. de Vermand, f° 5, Bibl. imp.). — *Greugiis*, 1197 (arch. de l'Emp. L 992). — *Gerosis*, 1200 ; *Grouzies*, 1220 (suppl. de D. Grenier, 288, Bibl. imp.). — *Grogies*, ville de *Grougies*, 1275 (cart. de la seign. de Guise, f° 5). — *Grougiz*, 1413 (arch. de l'Emp. J 801, n° 5). — *Grougys*, 1536 (acquits, arch. de la ville de Laon). — *Grougyes*, 1568 (*ibid.*). — *Grougi*, 1599 ; *Grugis*, 1644 (chambre du clergé du dioc. de Laon). — *Grougy-en-Arouaise*, 1693 ; *Grougis-en-Arrouaise*, 1711 (baill. de Ribemont, B 21 et 259).— *Grougies-en-Thiérache*, 1785 (tit. de l'abb. de Vermand).
La seigneurie, acquise et érigée en commune en 1275 par l'abbaye de Vermand, relevait de la vicomté de Vadencourt.
GROUILLÈRE (LA), petit h. cne de Viffort. — *La Gruyère* (carte de Cassini).
GRUE (LA), petit ruisseau qui prend sa source à Brenelle et se jette dans la Vesle à Braine. — Son parcours est de 3,295 mètres.
GRUERIE ou HUGUENOTS, bois entre Domptin et Villiers-sur-Marne. — Il appartenait autrefois à l'abb. de Notre-Dame de Soissons.
GRUET, fief, cne de Pouilly. — Relevait autrefois du comté d'Anizy.
GRUGIES, cne de Saint-Simon. — *Gurelziacus*, 1050 (*Gallia christiana*, t. X, col. 365). — *Garelgies*, 1116 ; *Grougies*, 1144 ; *Garelgeis*, 1145 ; *Gerolgies*, 1170 (cart. du chap. de Noyon, f{os} 61, 101, 71, arch. de l'Oise). — *Greugies*, 1341 (arch. de l'Emp. P 136). — *Greugiez*, 1383 ; *Greuzies-les-*

132   DÉPARTEMENT DE L'AISNE.

Saint-Quentin, 1452 (ch. du chap. de Noyon). — Grugie, 1571 (tit. de l'Hôtel-Dieu de Saint-Quentin). — Grugye, 1583 (minutes de Claude Huart, notaire).

Domaine du chapitre de Noyon, vassal de la châtellenie de Saint-Quentin.

Gruillière (La), petit ruisseau affluent de celui de Crouy à Neuville-sur-Margival. — Son parcours est de 774 mètres.

Grumilly, h. c^{ne} de Billy-sur-Ourcq.

Guaicre, petit ruisseau affluent de celui de Roucy. — Son parcours est de 1,550 mètres.

Gué (Le), petit h. c^{ne} d'Aizy.

Guérite (La), petit h. c^{nes} de la Neuville-en-Beine et d'Ugny-le-Gay. — Guéritte, 1651 (min. de Barbier, notaire). — Guéritte-du-Vauguyon, 1766 (baill. de Chauny, B 1395).

Gueule-d'Enfer, ruisseau qui prend sa source à Billy-sur-Ourcq, qu'il sépare de Chouy, puis va se jeter dans l'Ourcq à l'extrémité du territoire de cette dernière commune.

Gueule-de-Loup (La), m^{on} isolée, c^{ne} du Sart.

Gueule-Hoé (La), f. c^{ne} de Beaurieux; auj. détruite.

Gueules (Ru des), ruisseau qui prend sa source près de la ferme de la Folie et se jette dans la Marne entre Barzy et Marcilly.

Guignicourt, c^{ne} de Neufchâtel. — Altare apud Gunicurtem, 1082 (mém. ms. de l'Éleu, t. I, f° 205). — Gungicurtis, 1137 (cart. de Saint-Martin, f° 119). — Winicurtis, 1150; Guimicurt, 1162; Guinicurt, 1173; Gugnicurt, xiie s^e (cart. de l'abb. de Vauclerc, f°s 15, 36, 53, 56). — Gnignacurt, 1187 (ch. de l'abb. de Saint-Vincent de Laon). — Guignicort, 1221; Guignecort, 1224; Guynicort, 1226 (suppl. de D. Grenier, 222, Bibl. imp.). — Decanatus de Guignicurto, 1232 (cart. de l'abb. de Vauclerc, f° 23). — Guingnicort, 1237 (suppl. de D. Grenier, 292, Bibl. imp.). — Villa de Guignacuria, 1308 (arch. de l'Empire, Tr. des chartes, reg. 40). — Guignycourt, 1488 (comptes de l'Hôtel-Dieu de Laon, E 24). — Guygnicourt, 1599 (chambre du clergé du dioc. de Laon).

Dépendait autrefois du marquisat de Nazelle. — Voy. Neufchâtel.

Guillauche, h. c^{ne} de Viffort. — Galeschis, 1195 (cart. de l'abb. de Saint-Jean-des-Vignes de Soissons, f° 44, Bibl. imp.). — Gilloche (carte de Cassini).

Guillaume-Desains, petit fief, c^{ne} de Vouël. — Relevait autrefois de la Fère.

Guillomets (Les), h. c^{ne} de Domptin.

Guilloterie (La), h. c^{ne} de Villiers-sur-Marne.

Guillouvray, f. c^{ne} de Montigny-l'Allier.

Guinant, bois, c^{ne} de Saint-Paul-aux-Bois. — Traces de constructions à l'entrée de ce bois.

Guinguette (La), h. c^{ne} de Foreste et de Moy.

Guinguette (La), m^{on} isolée, c^{nes} d'Annois, Sancy, Saponay, Sommette-Éaucourt.

Guise, arrond. de Vervins. — Gusia, hujus Laudunensis pagi castellum est, xiie s^e (Guibert, abbé de Nogent, De vitâ suâ). — Gusgia, xiie s^e (Hermann, De Miraculis beatæ Mariæ Laudunensis, lib. I, bibl. de Laon). — Guzia, 1161 (cart. de l'abb. de Fesmy, p. 290). — Wisia, 1164 (abb. de Saint-Remy de Reims, arch. de la Marne). — Goisia, 1166 (cart. de l'abb. de Clairefontaine, d'après Adrien de Valois). — Guisa, 1174 (ex Gisleberti Montensis Hannoniæ Chronico, Hist. de France, t. XIII, p. 575 E). — Castrum Guisense, 1176 (ex Chronico anonymi canonici Laudunensis, Hist. de France, t. XIII, p. 681 D). — Gusium-Castrum, xiie s^e (cart. de l'abb. de Foigny, f° 16, M. P. D.). — Guysia, 1202 (ch. de l'abb. de Prémontré). — Gussia, 1211 (ch. bibl. de Laon). — Cucia, 1217 (ch. de l'abb. de Vaucelles, arch. du Nord). — Guize, 1312 (ch. de l'abb. de Saint-Martin de Laon). — Guise-en-Thyérache, 1312; Guyse, 1331; Guise-en-Thiéraische, 1356 (cart. de la seign. de Guise, f°s 8, 97, 300). — Guise-en-Tiérasse, 1423 (Chroniques de France, f° 189, n° 26, bibl. de Lille). — Guise-en-Theraische, 1443 (arch. de l'Emp. Tr. des chartes, reg. 172, pièce 241). — Guise-en-Terrace, 1444 (Chroniques de Monstrelet). — Guise-en-Thierace, 1618 (arch. de la ville de Chauny). — Réunion-sur-Oise, 1793 (en vertu d'un décret de la Convention nationale du 15 vendémiaire an ii, réclamé par la société populaire de Guise.

Guise était autrefois chef-lieu :

1° D'un doyenné rural dépendant de l'archidiaconé de Thiérache et du diocèse de Laon ;

2° D'une élection créée en 1614, comprenant les subdélégations de Guise et d'Hirson ;

3° D'une subdélégation ;

4° D'un grenier à sel ;

5° D'un gouvernement militaire ;

6° D'un bailliage royal, depuis 1768, en vertu d'édits de décembre 1764 et de mai 1766 (voy. Ribemont) ;

7° D'un bailliage ducal ;

8° D'un bailliage des bois converti en maîtrise en 1779, et enfin d'un bureau de marque des toiles ayant la même étendue que la subdélégation.

Le doyenné rural comprenait Aisonville, Audigny, Barzy, Beaurain, Bernoville, Boué-et-Bergues,

Buironfosse, Chigny-et-Crupilly, Dorengt, Esquehéries, Étreux, Faty-et-Wiège, Flavigny-le-Petit, Grougis, Guise, Hannapе, Hauteville, Iron, Lavaqueresse, Leschelles, Longchamps, Macquigny, Malzy, Marly-et-Englancourt, Mennevret, Monceau-sur-Oise, Montreux, la Neuville-lez-Dorengt, le Nouvion, Noyal, Oizy, Proisy, Proix, Puisieux-et-Colonfay, Saint-Algis-et-Erloy, Saint-Germain-et-Lesquielles, le Sourd, Vadencourt, Vénérolles, Verly et Villers-lez-Guise;

L'élection était formée de parties de l'élection de Noyon (Essigny-le-Petit, Fieulaine, Fonsomme-et-Fervaques, Fontaine-Notre-Dame, Homblières, Itancourt, Marcy et Mesnil-Saint-Laurent) et de l'élection de Laon. Cette dernière partie comprenait le canton de Guise, moins Bernot; celui de Wassigny, moins Molain; celui du Nouvion, moins la rive droite de la Sambre; les communes de Buironfosse, Chigny, Crupilly, Englancourt, Erloy, Étréaupont, Fontenelle, Lerzy, Papleux et Sorbais, du canton de la Capelle; Autreppes et Saint-Algis, du canton de Vervins; Bertaignemont, Colonfay, Puisieux, le Sourd, Wiège, Faty et les rues de Bohain et des Marmouseaux à Lemé, de celui de Sains; Becquigny, Bohain, Escaufourt, Étaves-et-Bocquiaux, Montigny-Carotte, Seboncourt, de celui de Bohain; le Mont-d'Origny, Origny-Sainte-Benoîte, Regny et Thenelles, de celui de Ribemont, et enfin Honnechies, de celui du Câteau-Cambrésis (Nord). Ces territoires formaient la subdélégation de Guise. L'élection de Guise comprenait aussi la subdélégation d'Hirson.

Le grenier à sel, dit de Thiérache, a été établi au xive siècle. Vers la fin du xviie siècle, les chambres à sel d'Aubenton et de Vervins en ont été démembrées, pour former de nouveaux greniers. Depuis cette époque, le grenier à sel de Guise a compris les cantons actuels de Guise et de Wassigny, moins Molain; le canton du Nouvion, moins le Sart; les villages de Buironfosse, Chigny, Crupilly, Englancourt, Erloy, Fontenelle, Papleux, du canton de la Capelle; ceux de Colonfay, Landifay, le Hérie-la-Viéville, Monceau-le-Neuf, Puisieux, Sains, le Sourd et Wiège-Faty, du canton de Sains; Becquigny, Bohain, Escaufourt, Étaves-et-Bocquiaux, Montigny-Carotte et Seboncourt, du canton de Bohain; Fieulaine, du canton de Saint-Quentin; Monceau-le-Vieil, Origny-Sainte-Benoîte, Parpeville et Villers-le-Sec, du canton de Ribemont, et Honnechies, du canton du Câteau-Cambrésis (Nord).

Le gouvernement militaire comprenait ce grenier à sel, moins Becquigny et Bohain. Saint-Algis et la rue Neuve d'Autreppes, du canton de Vervins; la rue de Bohain à Lemé, du canton de Sains; le Mont-d'Origny et Neuvillette, du canton de Ribemont, faisaient aussi partie du gouv^t militaire de Guise.

Le bailliage ducal comprenait Audigny, la rue Neuve d'Autreppes, Barzy, Becquigny en partie. Bergues, Boué, Buironfosse, Chigny, Clairefontaine, Crupilly, Englancourt, Erloy, Esquehéries, Étaves. Étreux, Flavigny-le-Grand-et-Beaurain, Flavigny-le-Petit, Fontenelle, Guise, Lesquielles-Saint-Germain, Macquigny, Marly, Mennevret, Monceau-sur-Oise, la Neuville-lez-Dorengt, le Nouvion, Oizy, Papleux, Saint-Algis, Saint-Martin-Rivière, Seboncourt, Sommeron, Vaux-en-Arrouaise (Vaux-Andigny) et Wassigny.

La prévôté d'Hirson et les bailliages d'Aubenton et de Rumigny y ressortissaient. Ce dernier bailliage comprenait Any-Martin-Rieux, Bay, Bogny, Bossus, la Ferée, Fligny, Liart, Logny-lez-Aubenton, la Neuville-aux-Joutes, la Neuville-aux-Tourneurs et Rumigny.

Le bailliage des bois avait probablement dans l'origine la même étendue que le bailliage ducal; il a été subdivisé en grueries dont les chefs-lieux ont été fixés à Aubenton, Guise, Hirson, le Nouvion, Rumigny et Saint-Michel. — La gruerie de Guise comprit les forêts de l'Arrouaise et de Regnaval et les bois d'Oizy, des Aulneaux, de la Motte, de Marly, de Beaurain, du Puits-des-Alliers et de l'Épaisseroux. Elle fut convertie en maîtrise des eaux et forêts par lettres patentes d'avril 1779, qui lui unirent la gruerie du Nouvion.

Guise fut, en 1790, pendant quelques mois, le chef-lieu du district de Guise-Vervins (voy. le mot Vervins). Son canton comprit alors Aisonville, Audigny, Bernot, Bernoville, Bertaignemont, Bohéries, Clauliеu, Colonfay, Crupilly, Dorengt, Esquehéries, Étreux, Faty, Flavigny-le-Grand-et-Beaurain, Flavigny-le-Petit, Grougis, Guise, Hauteville, Iron, Lavaqueresse, Leschelle, Lesquielles-Saint-Germain, Longchamp, Macquigny, Malzy, Monceau-sur-Oise, la Neuville-lez-Dorengt, Noyal, Proix, Puisieux, Romery, le Sourd, Tupigny, Vadencourt, Verly, Villers-lez-Guise et Wiège.

Établissements: chapitre de Saint-Gervais et de Saint-Protais avant le xiie siècle; hôpital existant déjà en 1219 (arch. de l'Emp. L 992). — Maladrerie du xiie siècle. — Béguines fondées en 1340; archers, en 1510; Minimes, en 1610; sœurs de l'Enfant-Jésus pour l'instruction des jeunes filles, et l'Hôtel-Dieu, en 1680; frères de la Doctrine chrétienne, en 1681; collège, en 1741.

Les armoiries de Guise sont: *d'azur semé de fleurs*

de lys d'or, un lion brochant sur le tout à dextre. Cette ville a aussi porté : semé de France au franc canton d'argent chargé d'un lion de sable armé et lampassé de gueules.

Grispines, f. c^{ne} de Dizy-le-Gros; auj. détruite. — Cette ferme appartenait autrefois à l'abbaye de Cuissy et se trouvait au sud de Dizy-le-Gros.

Guistelle, f. et fief, c^{ne} de Vendeuil. — *Guisthelle*, 1561 (délibérations de la chambre des comptes de la Fère). — *Ghistelle*, 1563 (comptes de la châtellenie de la Fère, chambre des comptes de la Fère).

Cette ferme, située à l'est de Vendeuil, à peu de distance de l'église, est détruite; son emplacement contient des sarcophages mérovingiens. Une rue de Vendeuil a conservé son nom.

Guivry, c^{en} de Chauny. — *Guiveri*, 1237 (cart. du chap. cath. de Noyon, f° 252, arch. de l'Oise). — *Guyveri*, 1314 (ch. du chap. cath. de Noyon, arch. de l'Oise). — *Guyvery*, 1539 (tit. ibid.). — *Guivery*, 1576 (arch. comm. de Chauny). — *Guvery*, 1625 (baill. de Chauny, B 1360). — Paroisse de *Saint-Jean-Baptiste de Guivry*, 1690 (arch. comm. de Guivry).

Guivry était uni au marquisat de Guiscart, lequel avait été érigé en 1703, et il dépendait du doyenné de Ham.

Guizancourt, h. c^{ne} de Gouy. — *Gisencort*, 1141 (cart. de l'abb. du Mont-Saint-Martin, p. 618). — *Guysoncourt*, 1540 (tit. de l'abbaye du Mont-Saint-Martin).

La seigneurie appartenait autrefois au chapitre de Saint-Quentin.

Guny, c^{ne} de Coucy-le-Château. — *Guniacus*, 858; ville de *Guny*, 1147 (cart. de l'abb. de Notre-Dame de Soissons, f° 33). — *Gunni*, 1158 (cart. de l'abb. de Saint-Martin de Laon, f° 80, biblioth. de Laon). — *Guñi*, 1164 (ch. de l'abb. de Prémontré). — *Gugny*, 1458 (arch. de l'Empire, E 19531). — Paroisse de *Saint-Georges-de-Guny*, 1677 (état civil de Guny, trib. de Laon).

La seigneurie relevait autrefois de la baronnie de Coucy.

Guyencourt, c^{ne} de Neufchâtel. — *Guiencourt*, 1269 (ch. du chap. cath. de Noyon, arch. de l'Oise). *Guyancourt*, paroisse de *Saint-Cyr et de Sainte-Julitte-de-Guiencourt*, 1683 (état civil de Guyencourt, trib. de Laon).

La seigneurie appartenait autrefois à l'abb. de Saint-Pierre de Reims.

Guyencourt, h. c^{ne} de Villequier-Aumont. — *Guiencourt*, 1225 (ch. de l'abbaye de Fervaques). — Paroisse de *Saint-Quentin-de-Guyencourt*, 1749 (arch. comm. de Villequier-Aumont).

La commune de Guyencourt a été unie à Villequier-Aumont par ordonn. royale du 2 juin 1819.

Guz, village, c^{ne} de Vesles-et-Caumont. — Altare de Veela et de *Guz*, 1194 (arch. de l'Emp. L 1006). — *Guiz*, 1277 (cart. de l'abbaye de Thenailles, f° 43).

Peut-être dans le voisinage du lieu-dit *l'Ancien cimetière*.

H

Hacot-Brûlé (Le), m^{on} isolée, c^{ne} du Charmel.
Haie (La), h. c^{ne} d'Armentières.
Haie (La), f. c^{ne} de la Capelle.
Haie (La), bois, c^{ne} de Châtillon-lez-Sons. — *Haia*, 1177; *Haia de Blaincourt*, 1189 (cart. de l'abb. de Thenailles, f°s 33 et 30). — Bois de *la Haye*, xvie s^e (chambre des comptes de la Fère). — Bois de *la Hay*, 1606 (famille Béguin).

Défriché en partie.

Haie (La), f. c^{ne} de Mauregny-en-Haie; auj. détruite. — Un lieu-dit *Mont-d'Haie* indique encore sa situation vers Marchais.

Cette ferme a laissé son nom à un petit ruisseau qui prend sa source au territoire de Courtrizy, alimente le moulin de Mauregny et va se perdre dans la forêt de Samoussy, après avoir traversé les territoires de Mauregny et de Coucy-lez-Eppes. Son parcours est de 8,800 mètres.

Haie (La), bois, c^{ne} de Plomion; auj. défriché.
Haie-d'Aubenton (La), bois, c^{ne} d'Aubenton. — Ce bois contenait, en 1763, 2,640 arpents (d'Expilly, *Dict. géogr.* t. II, au mot Eaux et Forêts).
Haie-de-Martigny (La), bois, c^{ne} de Martigny. — Ce bois contenait, en 1763, 570 arpents (d'Expilly, *Dict. géogr.* t. II, au mot Eaux et Forêts).
Haie-de-Wimy (La), bois, c^{ne} de Wimy. — *Haye-du-Merdier*, 1385 (cart. de la seigneurie de Guise, f° 185).

Ce bois contenait, en 1763, 200 arpents (d'Expilly, *Dict. géogr.* t. II, au mot Eaux et Forêts).

Haie-Équiverlesse, h. c^{ne} de Fontenelle. — *Haie-Quivreleche*, 1306; *Haye-de-Kevrelesche, Haie du Kie-*

vrelesche, 1357 (cart. de la seign. de Guise, f° 195 et 298). — *Haie-Esquievrelesse*, 1610 (baill. des bois de Guise). — *Haie-Cuverlesse*, 1760 (baill. de Ribemont, B 189).

La forêt d'Équiverlesse, contenant 299 hectares 69 ares, appartenait autrefois à l'abbaye de Liessies. Elle a été aliénée par l'État le 23 juillet 1832, et défrichée en grande partie peu de temps après.

HAINAUT, petite province de la Flandre à laquelle Fontenelle, Papleux et la partie de territoire comprise sur la rive droite du ruisseau de Barzy appartenaient. — *Hainau* pagus, vers 653 (ex Vitâ sancti Landelini, abb. Crispiniensis, acta SS. ordin. sancti Bened. sæc. II, p. 873). — *Hagnauvum* territorium, vii° s° (ex Vitâ sancti Ansberti, *ibid.* p. 1048, *Hist. de France*, t. III, p. 619). — Pagus *Hainonensis* (ex Vitâ sancti Vulmari, abb. Silviacensis, acta, *ibid.* p. 1; sæc. III, p. 234, *Hist. de France*, t. III, p. 625 C). — Pagus *Hainoavius*, 749 (*Hist. de France*, t. IV, p. 715 B). — Pagus *Hainoiensis*, 920 (cart. du ch. de Cambrai, fonds latin, ms. 10968, Bibl. imp.). — *Hagnaunum*, vers 1104 (Relation des miracles de saint Quentin, par Raimbert; Colliette, *Mém. du Vermandois*, t. I, p. 379). — In pago *Hainuacensi*, 1107 (Liber privilegiorum, f° 51, abb. de Saint-Amand, arch. du Nord). — *Henau, Hanonia*, 1355 (arch. de l'Emp. Tr. des ch. reg. 99, n° 358). — *Henaut*, 1375 (Recueil des ordonn. des rois de France, t. VI, p. 111). — *Henault*, vers 1400 (arch. de la ville de Saint-Quentin, liasse 127).

HAINAUT, fief, c°° de Bois-lez-Pargny. — Il relevait autrefois de l'év. de Laon.

HALLIERS (LES), m°° isolée, c°° de Buironfosse; auj. détruite. — On en connaît encore l'emplacement.

HALLOISE, bois, c°° de Mennessis; auj. défriché.

HALOIT, petit territ. c°° de Saint-Pierre. — In treffundo de *Haloit*, XIII° s° (cart. de l'abb. de Thenailles, f° 64). Où n'en connaît plus l'emplacement.

HALOR, bois, c°° de Frières-Faillouël.

HALOTS (LES), petite f. et m°° à vent, c°° d'Autremencourt.

HALOUDRAY, f. c°° de Latilly. — *Haurodroi*, 1195 (suppl. de D. Grenier, 296, Bibl. imp.). — *Harodroi*, 1195; domus de *Harondroi*, 1208 (cart. de l'abb. de Saint-Jean-des-Vignes, f° 50, Bibl. imp.). — *Allondrei*, 1743 (arch. comm. de Latilly). — *Aloudray* (carte de Cassini).

Cette ferme appartenait au prieuré de Charme et relevait de Neuilly-Saint-Front.

HALOUP, h. c°° de Montreuil-aux-Lions.

HAMEAU (LE), h. c°° de Coucy-la-Ville.

HAMÉGICOURT, c°° de Moy. — *Hamigicort*, 1238 (ch. de l'abb. de Saint-Vincent de Laon). — *Hamigicourt*, 1340 (fonds latin, ms. 9228, Bibl. imp.). — *Hamigecourt*, 1410 (arch. de l'Emp. PP 2). — *Hamgicourt*, 1642 (tit. du chap. de Saint-Quentin). — *Amegicourt*, 1693 (baill. de Ribemont, B 251). Dépendait autrefois de la châtell. de Vendeuil.

HAMEL (LE), petit h. c°° de Beautor.

HAMEL (LE), autrefois h. de Lierval.

HAMEL (LE), m°° isolée, c°° de Mézières-sur-Oise. — *Hamellum*, 1188 (ch. de l'abb. de Saint-Nicolas-aux-Bois).

Autrefois fief relevant du comté de Ribemont. 1385 (arch. de l'Emp. Trésor des chartes, reg. 127, pièce 8).

HAMERET (LE), f. c°° d'Aizy. — *Ameret* (Cassini).

HAMET ou PETIT-SERAUCOURT, h. c°° de Seraucourt. — Curtis que dicitur *Hamel*, 1184; *Hamelum*, 1188 (cart. AA de l'abb. de Saint-Quentin-en-l'Île, p. 100). — *Petit-Seraucourt*, 1475 (ch. de l'abb. de Saint-Jean de Laon). — *Petit-Seraulcourt*, 1503 (arch. de l'Emp. P 248-1). — *Seraulcourt-le-Petit*, 1583 (minutes de Claude Huart, notaire à Saint-Quentin). — *Hamelet*, 1786 (baill. de Chauny, B. 1753).

La seigneurie, vassale de la châtellenie de Saint-Quentin, appartenait aux abbayes de Saint-Jean de Laon et de Saint-Quentin-en-l'Île. — Ce hameau avait sa municipalité et il dépendait de l'intend. d'Amiens, élection et subdélégation de Saint-Quentin (intend. d'Amiens, C 775).

HAMETS (LES), h. c°° de Dumplin.

HANGEST ou GENLIS, fief, c°° de Beautor. — Relevait autrefois de la châtell. de la Fère.

HANGEST, fief, c°° de Chauny. — Relevait autrefois de la châtell. de Chauny.

HANNAPE, c°° de Wassigny. — Villa *Hanapio* in pago Laudunensi, 845 (dipl. de Charles le Chauve, Marlène, Ampliss. coll. col. 109). — Territorium *Hanapie*, 1138 (ch. de l'abb. de Prémontré). — *Henapia*, 1156 (ch. de l'abb. de Saint-Martin de Laon). — *Hennapes*, 1210; in territorio de *Hanapes*, 1210 (cart. de la seign. de Guise, f°° 55 et 56). — *Hennappes*, 1405 (arch. de l'Emp. J 801, n° 1). — Ville de Hennaples-lez-Guise, 1465; *Hanapples, Hanappes*, 1525 (tit. de l'abb. de Prémontré). — *Hennaples*, 1573 (arch. comm. de Lesquielles-Saint-Germain). — *Hanaples*, 1579 (arch. de la ville de Guise). — *Hanappe*, 1617 (tit. de l'abb. de Prémontré). — *Hennape*, 1710 (intend. de Soissons, C 320). — *Hanape*, 1730 (baill. de Ribemont, B 10). — *Hennappe*, 1780 (tit. de l'abb. de Prémontré).

Commune érigée en 1210. — Les seigneurs de

Guise étaient avoués. — Les habitants avaient le choix de l'appel devant le bailliage ducal de Guise ou devant le bailliage de l'abb. de Prémontré.

HANKETONNERIES (LES), petit h. c⁰⁰ de Brasles.

HANNOT, chât. c⁰⁰ de Barenton-Cel. — *Hanot*, 1780 (tit. du chap. cath. de Laon). — *Hanoy*, 1753 (baill. du chap. cath. de Laon). — Cense du *Huanot*, 1571 (*ibid.*).

On remarque encore l'emplacement des fossés et des traces de construction.

HAPPENCOURT, c⁰⁰ de Saint-Simon. — *Hapencourt*, 1581 (arch. de la ville de Guise). — *Appencourt*, 1671 (baill. de Chauny, B 1362). — *Apencourt*, 1720 (tit. du chap. de Saint-Quentin).

La seigneurie relevait autrefois de la châtellenie de Chauny.

HAPTARD (LE), m⁰⁰ isolée, c⁰⁰ d'Acy.

HARAMONT, c⁰⁰ de Villers-Cotterêts. — *Harimons*, 1192 (cart. de l'abb. de Saint-Médard de Soissons, f⁰ 5o, Aisne). — *Haramons*, 1242 (suppl. de D. Grenier, 293, ch. 45, Bibl. imp.). — *Haramond*, 1617 (min. de Gosset, notaire).

Ancienne mairie de la châtell. de Crépy-en-Valois.

HARBES, f. c⁰⁰ d'Housset. — *Curia de Harbis*, 1158 (cart. de l'abb. de Thenailles, f⁰ 34). — *Domus de Harbies*, 1168 (cart. de l'abb. de Saint-Michel, p. 169). — *Harbe*, 1728 (chambre du clergé du dioc. de Laon).

Cette ferme appartenait autrefois à l'abbaye de Thenailles.

HANCIGNY, c⁰⁰ de Vervins. — *Alodium de Harcigniis*, 1120; *Harcennie*, 1135 (cart. de l'abb. de Bucilly, f⁰⁰ 2 et 34). — *Harcegnuis*, 1144 (cart. de l'abb. de Thenailles, f⁰ 15). — *Ecclesia de Harcenuies*, 1148; ecclesia de *Harcignies*, *Harcennis*, *Arcennis*, 1162 (cart. de l'abb. de Bucilly, f⁰⁰ 34 et 35). — *Harcegnies*, 1169 (cart. de l'abb. de Saint-Michel, p. 241). — *Harcegnis*, 1231 (cart. de l'abb. de Bucilly, f⁰ 36). — *Harcenies*, 1244 (cart. de l'abb. de Thenailles, f⁰ 27). — *Harsignis*, 1360 (arch. de l'Emp. Tr. des ch. registre 88, n° 42). — *Harsegnys*, 1400 (comptes de l'Hôtel-Dieu de Laon, E 5). — *Harcignys*, 1616 (minutes d'Ozias Teilinge, notaire). — *Harsigny*, 1699 (tit. de la chartreuse du Val-Saint-Pierre). — *Harsigny-en-Thiérache* (carte de Cassini).

La seigneurie appartenait autrefois à l'abb. de Bucilly et relevait de Rozoy-sur-Serre.

HARDECOURT, fief, c⁰⁰ de Macquigny. — Il relevait autrefois de Guise.

Une des rues de Macquigny porte encore le nom de *Hardecourt*.

HARDRETS (LES), lieu-dit, c⁰⁰ de Pasly. — *Hardree*, 1262 (suppl. de D. Grenier, 296, Bibl. imp.). — *Hardrez*, 1667 (tit. du chap. de Soissons).

HARGICOURT, c⁰⁰ du Câtelet. — Nemus de *Hangicort*, 1200 (cart. de l'abbaye du Mont-Saint-Martin, p. 763). — *Argicort*, 1201 (cart. du ch. cath. de Noyon, f⁰ 141, arch. de l'Oise). — Nemus de *Hargicort*, 1214 (cart. de l'abbaye du Mont-Saint-Martin, p. 474).

Hargicourt dépendait autref. du doyenné rural d'Athies.

HARGIVAL, f. c⁰⁰ de Vendhuile. — *Orgival* (carte de Cassini).

Cette ferme relevait de Bohain; elle appartenait à l'abb. et à la paroisse du Mont-Saint-Martin (intend. d'Amiens, C 775).

HARGUE (LA), bois, c⁰⁰ de Saulchery; auj. défriché.

Il appartenait autrefois en partie à l'abb. de Notre-Dame de Soissons.

HARLY, c⁰⁰ de Saint-Quentin. — Altare *Sancti-Martini-de-Haleio*, 982 (cart. de l'abb. d'Homblières, p. 24). — *Harli*, *Harleium*, 986 (cart. AA de l'abb. de Saint-Quentin-en-l'Île, p. 12 et 100). — *Harliacum*, 1241 (cart. de l'abb. du Mont-Saint-Martin, p. 284). — *Arly*, 1688 (arch. comm. d'Harly).

La seigneurie appartenait autrefois au chapitre de Saint-Quentin et relevait de la châtellenie de la même ville. — Petit ruisseau qui prend sa source à Homblières et se jette dans la Somme à Rouvroy, après un parcours de 3 kilomètres.

HARMANDOT, f. c⁰⁰ de Chézy-l'Abbaye. — *Armandot* (carte de Cassini).

HARQUEBUSIER, fief, c⁰⁰ de Buironfosse. — Il relevait autrefois de Guise.

HARTAING, bois, c⁰⁰⁰ de Flavigny-le-Grand-et-Beaurain et de Wiège-Faty; auj. défriché.

HARTENNES, c⁰⁰ d'Oulchy-le-Château. — *Hartenne*, 1230 (cart. du chap. cath. de Soissons, f⁰ 271). — *Hartene*, 1491 (comptes de l'Hôtel-Dieu de Soissons, f⁰ 25). — *Hartenes*, 1626 (arch. comm. d'Hartennes). — *Artennes*, 1655 (tit. de l'Hôtel-Dieu de Soissons, 16). — *Hartanne*, 1733 (intend. de Soissons).

La seigneurie, vassale de Pierrefonds et d'Oulchy-le-Château, dépendait de la vicomté de Buzancy. — La maladrerie a été unie à l'Hôtel-Dieu de Soissons par arrêts du Conseil d'État des 14 mai et 16 juin 1696.

HARY, c⁰⁰ de Vervins. — *Hairiacum*, 877 (dipl. de Charles le Chauve, *Hist. de France*, t. VII, p. 660 C). — *Aheries*, 1162 (cart. de l'abb. de Bucilly, f⁰ 34). — *Haaris*, 1326 (suppl. de D. Grenier, 287, Bibl.

imp.).—*Haris*, 1405 (arch. de l'Emp. J 801, n° 1). — *Harys*, 1550 (chartreuse du Val-Saint-Pierre). — *Haris-et-Train*, 1568 (acquits, arch. de la ville de Laon). — *Harie*, 1661; *Haris-Estraon*, 1667; *Hary-Hétrain*, 1696 (chambre du clergé du diocèse de Laon).

La seigneurie relevait autrefois du comté de Marle.

Hatoy, bois, c^{ne} de Pavant. — Ce bois contenait 66 arpents en 1763 (d'Expilly, *Dict. géogr.* t. II, au mot Eaux et Forêts); il a été réduit à deux hectares.

Hattois, f. et mⁱⁿ à eau, c^{ne} de Bouffignereux; auj. détruits. — Cense du *Hatoys*, 1501 (tit. de l'abb. de Saint-Remy de Reims, arch. de la Marne). — Cense de *Hattoys*, 1585 (minutes de Macquelin, notaire, cab. de M. d'Imécourt).

Ancien domaine du prieuré de Corbeny.

Hatches, f. c^{ne} de Courboin.

Haucourt ou Hautecourt, fief, c^{ne} de Vaux-Andigny. — *Auttecourt*, 1748 (baill. de Ribemont, B 274).

Ce fief relevait autrefois de Guise.

Haucourt (Le), c^{ne} du Câtelet.—*Ludolficurtis*, 1124; *Haguncurtis*, 1145 (cart. de l'abb. d'Homblières, p. 6 et 7). — *Lanhircourt*, 1148; *Lehaucourt*, 1190 (cart. de l'abb. du Mont-Saint-Martin, p. 416 et 574). — *Lahoucourt*, 1192 (Colliette, *Mémoires du Vermandois*, t. II, p. 420). — *Lehouchort*, 1216 (coll. de D. Grenier, paquet 6, n° 5). — *Lehaucourt*, 1221; *Lehoucort*, 1225 (cart. de l'abb. du Mont-St-Martin, p. 172 et 768). — *Lehaultcourt*, 1227; *Lhaucourt*, 1250 (cart. de l'abb. de Fervaques, p. 355 et 364, arch. de l'Aisne). — *Lehautcourt*, 1295 (Colliette, *Mémoires du Vermandois*, t. II, p. 345). — *Lehaulcourt*, 1454 (arch. de la ville de Saint-Quentin).

La seigneurie relevait autrefois de Cléry (Somme).

Haudreville, f^{me}, c^{ne} de Marle. — *Altare Sancti-Martini-de-Hudivilla*, 1154; *Hildonis-Villa*, 1183; *Hodovilla*, 1183; *Hurdrivilla*, 1187 (cart. de l'abb. de Fesmy, p. 76, 80, 24, 78). — *Houdeuilla*, *Hudurville*, 1188 (cart. de l'abb. de Thenailles, f°s 28 et 29).— *Houdrevilla*, 1224 (cart. de l'abb. de Saint-Michel, p. 171).—*Houdreville*, 1244 (cart. de l'abb. de Foigny, f° 265). — *Houdrevile*, 1266 (suppl. de D. Grenier, 287, Bibl. imp.). — *Houdivilla*, 1301 (cart. de l'abb. de Fesmy, p. 117).— *Houldreville*, 1520 (tit. de l'Hôtel-Dieu de Marle). — *Hondreville*, 1523 (arch. de la ville de Marle). — *Haudelville*, 1648 (baill. de Marfontaine). — *Audreville*, 1714 (tit. de l'Hôtel-Dieu de Marle). — *Haudreville*, 1780 (chambre du clergé du diocèse de Laon).

Le prieuré et la ferme de Saint-Nicolas de Haudreville, construits en 1111 par l'abbaye de Fesmy, dépendaient de la communauté de Behaine.

Haudrillier, petit ruisseau qui afflue dans la Crise à Chacrise. — Il n'alimente aucune usine. — Son parcours est de 810 mètres.

Haudroit, h. c^{ne} de la Flamangrie.--*Haudroy*, paroisse de Bobay, 1675 (minutes de Constant, notaire). — *Hauldroy-les-Huttes*, 1716 (plans de la Flamangrie).

Hauger, petit fief, c^{ne} de la Ferté-Chevresis. — Relevait autrefois de la Ferté-sur-Péron.

Hauldroit, bois, c^{ne} d'Étaves-et-Bocquiaux; défriché en partie. — *Hauldroyt*, 1678 (minutes de Pierre Gallois, notaire).

Haumont ou Les Haumonts, h. c^{ne} de Lerzy. — On prononce *les Aumonts*.

Haumont (Le), f. c^{ne} de Coucy-la-Ville. — *Haultmont*, 1666 (baill. de Chauny, B 1622). — *Haultemont*, 1679 (arch. comm. de Coucy-la-Ville).

Haurie (La), f. c^{ne} de Beaurevoir. — *Grande et petite Haurie*, xve siècle (dénombrement de Beaurevoir, chambre des comptes de la Fère). — *Le Haurie*, 1573; fief de *la Haurye*, 1574 (arch. de l'Emp. P 248).

Cette ferme dépendait, en 1573, de Montbrehain (arch. de l'Emp. P 248-3) et appartenait au chap. de Saint-Quentin. — Détruite vers 1793.

Haurie (La), f. fief, c^{ne} de Frières-Faillouël. — Cense de la *Haurye*, 1576 (registre des délib. arch. de la ville de Chauny).

Appartenait au chap. de Saint-Quentin et relevait autrefois de Vendeuil. — Auj. détruite.

Haut-Bois (Le), mⁱⁿ à eau, c^{ne} de Buironfosse. — Autrefois fief relevant de Guise.

Haut-Bugny, h. — Voy. Bugny (Haut et Bas).

Haut-Buissons (Le), f. c^{ne} de Jeancourt; auj. détruite.

Haut-Chemin, f. c^{ne} de Nizy-le-Comte. — *Hault-Chemin*, 1697 (arch. comm. de Nizy-le-Comte).

Elle appartenait autrefois à l'abb. de Lavaltroy.

Haut-Chemin (Le), h. c^{ne} des Autels.

Haut-Corberon, h. — Voy. Corberon (Haut et Bas).

Haut-des-Bois (Le), h. c^{ne} de Cugny.

Hautdevin (Le), bois, c^{ne} de Landouzy-la-Ville; défriché en partie. — *Boscum Houdvini*, 1257 (cart. de l'abb. de Foigny, f° 18, Bibl. imp.).

Hautdevin (Le), h. et mⁱⁿ à eau, c^{ne} d'Origny.— Moulin de *Hautdevyn*, xvie s^e (chambre des comptes de la Fère). — *Haudevin*, 1616 (minutes d'Ozias Teilinge, notaire). — *Rue des Helvins*, ce qui tenait autrefois au moulin, 1680 (baill. de Foigny, enquêtes). — *Rue du Haudvin*, 1740; *rue des Haudhvin*, 1747 (arch. comm. d'Origny).

Hautebaudière (La), f. cne de Domptin.

Haute-Bonde (La), h. cne de la Bouteille : «principal hameau de la Bouteille se divise en grande et petite. La grande est tirant vers le corps du village, où il y a une haute bonde (détruite) au milieu d'un chemin, et la petite vers l'Esparmaille, paroisse de Landouzy-la-Cour. Cette dernière a esté autrefois de ceste mesme paroisse avant l'érection de la Bouteille en cure; à présent elle y est jointe» (Livre de Foigny, par de Lancy, p. 7). — *Haulte-Bonde*, 1721 (baill. de Foigny, inventaire).

Haute-Bruyère (La), f. cne de Pontru. — *Hautes-Bruyères* (carte de Cassini). — *Haute-Bruière*, 1772 (Colliette, pouillé du dioc. de Noyon).

Ce domaine appartenait autrefois à l'abbaye de Vermand.

Hautecourt, f. cne de Vigneux; auj. détruite. — On n'en connaît plus l'emplacement.

Haute-Épine (La), h. cne de l'Épine-aux-Bois. — *Hautépine* (carte de Cassini).

Haute-Laine (La), h. cne de Beuvardes. — *Hotelin* (carte de Cassini).

Haute-Maison (La), h. cne de Bazoches. — *Haulte-Maison*, 1635 (tit. de l'Hôtel-Dieu de Château-Thierry).

Uni maintenant à la population agglomérée.

Haute-Maison (La), f. cne de Chézy-en-Orxois. — Cette ferme appartenait autrefois à la commanderie de Moisy-le-Temple. Unie maintenant à la population agglomérée.

Haute-Pie (La) ou Thury, fief, cne de Vassens. — *Thory*, 1559; *Thorry*, 1608 (arch. de l'Empire, E 2532). — *Hautepys*, 1750 (maîtr. des eaux et forêts de Coucy-le-Château.

Relevait autrefois de Coucy-le-Château.

Haute-Pie (La), f. cne de Vaudesson. — *Hautepye* (carte de Cassini).

Haute-Pierre (La), f. cne de Couvron-et-Aumencourt; auj. détruite. — *La Haulte-Pierre*, 1411 (arch. de l'Emp. J 801, n° 4).

Elle dépendait autrefois de Monceau-les-Leups.

Haute-Rive, fontaine près de Braine.

Hautes-Brayes (Les), h. cne de Saint-Agnan. — *Hautebray* (carte de Cassini).

Hautes-Rives (Les), fabrique de sucre, cne de Maizy. — Construite dans le voisinage d'un fief du même nom qui relevait autrefois de Roucy.

Hautes-Roches (Les), h. cne de Chézy-l'Abbaye.

Hautevent, fief, cne de Bellicourt.

Hautevesne, cne de Neuilly-Saint-Front. — *Aultevesne*, 1411 (arch. de l'Emp. Q 4). — *Altavenna*, 1573 (pouillé du diocèse de Soissons, f° 25). — *Haul-*

tevesne, 1674 (tit. de l'Hôtel-Dieu de Château-Thierry). — *Haultevesnes*, 1709 (intend. de Soissons, C 205).

Seigneurie vassale de Château-Thierry en 1411, et au XVIIIe siècle, des fiefs de Saint-Vulgis et de Veuilly-la-Poterie. Elle ressortissait à Villers-Cotterêts pour ce qui relevait du premier fief et à Château-Thierry pour ce qui était mouvant du second.

Hauteville, cne de Guise. — Terra in pago Landunensi sita in loco qui dicitur *Altavilla*, 1018 (cart. de l'abb. d'Homblières, p. 37). — *Altavilla* que est in pago Vermandensi, 1148 (catal. de Joursenvault). — *Autevilla*, XIIIe s° (ch. de l'Hôtel-Dieu de Saint-Quentin). — *Haulteville*, 1581 (tit. de l'abb. de Corbie, arm. 3 n° 7, arch. de la Somme). — *Aulteville*, 1583 (baill. de Ribemont, B 7, f° 66). — *Hauteville-lez-Bernot*, 1617 (tit. du chap. de Sainte-Pécinne). — *Autheville*, 1630; *Hautteville*, 1645 (chambre du clergé du dioc. de Laon).

La seigneurie, vassale de Guise et appartenant autrefois à l'abb. d'Anchin, a été cédée vers 1560 à l'abb. de Saint-Pierre de Corbie.

Haute-Ville-du-Câtelet (La), h. cne de Bony.

Haut-Fondé (Le), mne isolée, cne de Charly; détruite au XVIIIe siècle.

Haut-Forêt, h. — Voy. Forêt (Haut et Bas).

Haut-Goulet (Le), f. cne de Voulpaix. — *Agoulet*, XIIIe s° (cart. de l'abb. de Thenailles, f° 62). — *Goulet*, 1624 (minutes de Teilinge, notaire). — *Goullay*, 1707 (baill. de Vervins). — *Cense-Pleurs* (carte de Cassini).

L'ancienne ferme est détruite; une autre a été construite à 300 mètres de là, vers Fontaine. — Voy. Goulet (Le).

Haution, cne de Vervins. — *Hautyon*, 1260 (cart. de l'abb. de Foigny, f° 280, Bibl. imp.). — *Hauttion*, 1499 (arch. de l'Emp. P 248-2). — *Hauttion*, 1617 (minutes d'Ozias Teilinge, notaire). — *Haution-en-Thiérache*, 1693 (baill. de Ribemont, B 7, f° 157). — *Authion*, 1709 (élection de Guise). — *Haultion-Féronval*, 1745 (intend. de Soissons, C 206).

La seigneurie relevait de Luigny.

Haut-Laval (Le), mne isolée, cne de Pargny.

Haut-Monbertoin (Le), h. cne de Montreuil-aux-Lions. — *Monbertouin* (carte de Cassini).

Hautmont (Le), f. cne de Frières-Faillouël. — Construite, en 1856, sur l'emplacement du bois du même nom.

Hautrieux, h. cne d'Iviers. — *Haurieux* (carte de Cassini).

Hauts-Cauvés (Les), mne isolée, cne de Saint-Erme-Outre-et-Ramecourt.

Haut-Vent (Le), m⁰⁰ isolée, c⁰ᵉ de Bucy-lez-Pierrepont.

Hautwisson, bois, c⁰ᵉ de Chouy. — *Enovyzons*, 1513; buisson de *Haulvison*, 1681; buisson de *Houilzon*, 1733 (maîtr. de Villers-Cotterêts).

Hauys, f. c⁰ᵉ de Mennevret; auj. détruite. — Elle appartenait autrefois à l'abb. de Bohéries.

Haye-Longpré (La), h. c⁰ᵉ de Barzy. — *Haye-Longpre:* (carte de Cassini).

Il donne son nom à un ruisseau qui afflue au Noirien et dont le parcours est de 7,600 mètres.

Haye-Manneresse (La), h. c⁰ᵉˢ de Molain et de Vaux-Andigny.

Haye-Maubecque (La), h. c⁰ᵉ de la Capelle.

Haye-Patenne (La), h. c⁰ᵉ de la Flamangrie.

Hayette (La), bois, c⁰ᵉˢ de Besny-et-Loisy; défriché.

Hayette (La), h. c⁰ᵉ de Logny-lez-Aubenton. — *Haiette*, 1624 (minutes de Roland, notaire).

Relevait autrefois de la châtell. d'Aubenton.

Hayette (La), f. c⁰ᵉ de Montigny-le-Franc; auj. détruite. — Son emplacement est couvert de mosaïques gallo-romaines.

Hayette-du-Coupe-Col (La), bois, c⁰ᵉ de Travecy. — Ce bois appartenait autrefois à l'abb. du Calvaire de la Fère et faisait partie du bois de Canlers. La fontaine servait de rendez-vous de chasse.

Hayettes (Les), h. c⁰ᵉ de Rocquigny.

Hayettes (Les), h. c⁰ᵉ de Saint-Algis.

Hayon (Le), f. c⁰ᵉ de Gizy; auj. détruite. — Elle appartenait autrefois à l'évêché de Laon.

Hayon (Le), f. c⁰ᵉ de Montigny-le-Franc. — *Waillon*, 1255 (cart. de l'abb. de Saint-Martin-de-Laon, t. I, p. 435). — *Haion*, 1638 (tit. de la même abbaye).

Cette ferme, située vers Ébouleau, appartenait autrefois à l'abbaye de Saint-Martin et relevait de la châtellenie de Pierrepont, où elle ressortissait pour la justice. Elle a dépendu jusqu'en 1474 de Montigny-le-Franc, et ensuite de Clermont. Sa destruction, qui date de 1636 à 1638, est due aux troupes du comte de Tresmes, compagnie de Gournay.

Hazoin, petit fief, c⁰ᵉ de Ribeauville. — Relevait autrefois de Guise.

Hazoir, mˡⁿ à eau, c⁰ᵉ de Saint-Mard.

Heaume (Le), petit fief, c⁰ᵉ d'Aubenton. — *Heyaume*, 1709 (minutes de Thouille, notaire). — *Hueaume*, 1789 (baill. d'Aubenton).

Ce fief consistait en une maison sise près de la halle et relevait de la châtell. d'Aubenton.

Heaume, habitation détruite près de Courmont. — *Heaumes*, 1231 (cart. de l'abb. d'Igny, f⁰ 191, Bibl. imp.).

Hébereaux (Les), f. c⁰ᵉ de Monampteuil. — *Ébereau*, 1693 (baill. du duché de Laon).

Hélin (Le), h. c⁰ᵉ d'Origny. — *Rue de Helin*, 1708 (audiencier, baill. d'Harcigny). — *Rue des Helins*, 1747 (arch. comm. d'Origny).

Hélot, h. c⁰ᵉ de Viry-Noureuil. — *Hellot*, 1670 (baill. de Chauny, B 1451).

Hémonlieu, f. c⁰ᵉ de Seboncourt; auj. détruite. — Elle avoisinait Cescreux.

Hennechy, f. et bois, c⁰ᵉ de Seboncourt. — *Hanechies*, 1157; *Hanecies*, 1176 (cart. de l'abb. de Liessies, f⁰⁵ 4 et 83, arch. du Nord). — *Hennechies*, 1710 (intend. de Soissons, C 205).

Ancien domaine de l'abbaye de Liessies, relevant de Bohain.

Hennepieux, h. c⁰ᵉˢ d'Esquehéries. — *Territorium de Hennepiuel*, 1239 (grand cart. de l'év. de Laon, ch. 104). — *Hanepieul*, 1269 (cart. de la seign. de Guise, f⁰ 29). — *Hennepie*, 1384 (arch. de l'Emp. P 135; transcrits de Vermandois, f⁰ 260). — *Hennepieul*, *Hennepiorl*, 1411 (arch. de l'Emp. J 801, n⁰ 4). — *Hennepieu*, 1610 (baill. des bois de Guise). — *Henepieux*, 1670 (élection de Guise).

La seigneurie a été aliénée, en 1675, par l'abbaye de Vermand.

Hennet, petit fief, c⁰ᵉ d'Essigny-le-Grand. — Relevait de Benay.

Herbennerie (L'), h. c⁰ᵉ de Fossoy. — *Herbinnerie*, 1736 (insin. du baill. de Château-Thierry).

Herbins (Les), m⁰ᵉ isolée, c⁰ᵉ de Viels-Maisons.

Hérie (La), c⁰ᵉ d'Hirson. — *Lankerie*, 1117 (cart. de l'abb. de Saint-Martin de Laon, f⁰ 166, bibl. de Laon). — *Leheries*, 1120 (cart. de l'abb. de Bucilly, f⁰ a). — *Leherie*, 1161 (*ibid.* f⁰ 55). — *Leheris*, 1271 (*ibid.* f⁰ 61). — *Leheris-en-Thirasse*, 1307 (arch. de l'Empire, L 1006). — *Leheris-en-Therasce*, *Leheris-en-Therasche*, 1342 (cart. de la seigneurie de Guise, f⁰ 23). — *Petite-Harye-en-Therasse*, 1617 (minutes d'Ozias Teilinge, notaire). — *La Hairie*, 1698 (minutes de Thouille, notaire). — *La Herry*, 1710 (intend. de Soissons, C 320).

La Hérie dépendait autrefois de la cure de Bucilly.

Hérie-la-Viéville (Le), c⁰ᵉ de Sains. — *Laheris*, 1144 (cart. de l'abb. de Thenailles, f⁰ 15). — *Leherie*, 1153 (cart. de l'abb. de Saint-Nicolas-des-Prés de Ribemont, arch. de l'Emp.). — *Leherie*, 1168 (cart. de l'abb. d'Homblières, p. 2). — *Lanheris*, 1175 (cart. de l'abb. de Thenailles, f⁰ 36). — *Leheris*, 1211 (cart. de l'abb. de Saint-Martin de Laon, f⁰ 18, bibl. de Laon). — *Leheries*, 1247

18.

{cart. de l'abb. de Foigny, f° 94, Bibl. imp.). — *Le Herys*, 1556 (famille de Madrid de Montaigle). — *Leheries-et-la-Viefville*, 1568 (acquits. arch. de la ville de Laon). — *Leheri*, 1578; *Lherys*, 1587 (famille de Madrid de Montaigle). — *Lehery*, 1603 (terrier de la commanderie de Câtillon). — *Leherye*, 1629; *Leheryes-en-Vermandois*, 1625 (famille de Madrid de Montaigle). — *La Herry*, 1630 (chambre du clergé du diocèse de Laon). — *Hérie*, 1700; *Laheries*, 1705 (baill. de Ribemont, B 256 et 257). — *La Hairie-la-Vieville*, 1709 (intend. de Soissons, C 274).

La seigneurie relevait autrefois de Guise.

Héricny, h. c^{ne} de Fieulaine et de Fontaine-Notre-Dame.

Hérisilve, forêt, c^{ne} de Vauclerc-et-la-Vallée-Foulon. — *Heri-Silva*, 1141 (cart. de l'abb. de Vauclerc, f° 2). — *Hairi-Silva*, 1161 (arch. de l'Emp. L 996).

Elle comprenait autrefois la forêt de Vauclerc et couvrait la vallée de l'Ailette.

Herli, bois, c^{ne} de Vaudesson. — *Forest de Rely*, 1547 (arch. de l'Emp. E 12531). — *Bois d'Arly*, 1582 (*ibid.* E 12527).

Herluet, petit fief, c^{ne} d'Achery. — Relevait autrefois de l'évêché de Laon.

Herlut ou Herlut, fief, c^{ne} de Chéry-lez-Pouilly. — Relevait autrefois du comté d'Anizy.

Hermitage (L'), petit h. c^{ne} de Beaumé.

Hermitage (L'), f. c^{ne} de Beaurevoir. — Détruite vers 1793.

Hermitage (L'), c^{ne} de Bézu-Saint-Germain. — *L'Ermitage*, 1628 (tit. du prieuré de Charme).

Hermitage (L'), m^{on} isolée, c^{ne} de Crépy. — Détruite en 1789.

Hermitage (L'), h. c^{ne} de Fesmy.

Hermitage (L'), f. c^{ne} de Launoy.

Hermitage (L'), h. c^{ne} de Lesquielles-Saint-Germain.

Hermitage (L'), h. c^{ne} de Leuilly.

Hermitage (L'), m^{on} isolée, c^{ne} de Marchais.

Hermitage (L'), cimetière de Montcornet.

Hermitage (L'), fontaine, c^{ne} de Pargny-les-Bois. — Elle se trouvait près d'une habitation d'hermites détruite vers 1789.

Hermitage (L'), m^{on} isolée, c^{ne} de Saint-Gobain. — Ancienne maison religieuse détruite en 1793, où les hermites du dioc. de Laon faisaient leur noviciat.

Hermitage (L'), f. c^{ne} de Saint-Paul-aux-Bois. — Détruite vers 1793.

Elle appartenait autrefois au prieuré de Saint-Paul-aux-Bois.

Hermitage (L'), m^{on} isolée et fontaine, c^{ne} de Vorges. — *Hermitage-Sainte-Madeleine* (carte de Cassini).

Hermitage-Saint-Antoine (L'), m^{on} isolée, c^t de Faverolles. — *L'Hermitage* (arch. de l'Emp. LL 1487).

Hermitage-Sainte-Yolaine (L'), f. c^{ne} de Pleine-Selve; auj. détruite.

Hermitage-Saint-Front (L'), m^{on} isolée, c^{ne} de Neuilly-Saint-Front.

Herne, bois, c^{ne} de Charly. — Anc. domaine de l'abb. de Notre-Dame de Soissons.

Héroderies (Les), h. c^{ne} de Mont-Saint-Père.

Héronval, bois, c^{ne} de Caillouël-Crépigny.

Héroubl, h. c^{ne} de Foreste. — *Lihirinez*, 1132 (ch. du musée de Soissons). — *Lihurweis*, 1151 (cart. de l'abb. de Fervaques, p. 177, arch. de l'Aisne). — *Le Hérouez* (Chron. de Nogento, p. 138). — *Heroez*, 1221; *Heroes*, 1230 (cart. de l'abb. de Fervaques, p. 178 et 283). — *Herouues*, 1230 (arch. de l'Emp. L 998). — *Heroues*, 1255; *Leherues*, 1264 (ch. de l'abb. de Prémontré). — *Heroues*, 1438 (arch. de l'Emp. MM 111). — *Herouez-en-Vermendois*, 1588 (*ibid.* Q 11). — *Hérouè*, 1601; *Hérouel-en-Vermandois*, 1767 (arch. comm. de Foreste).

Autrefois cure du doyenné de Ham. — Domaine aliéné par l'abb. de Nogent.

Herse (La) ou le Clos, f. c^{ne} de Crécy-sur-Serre. — Cense de *Lerse*, 1532 (tit. de l'abb. de Saint-Jean de Laon).

Aliénée par l'abbaye de Saint-Jean de Laon en 1623, elle est auj. détruite.

Herviné (Les), h. c^{ne} de Celles-lez-Condé.

Heurderie, f. c^{ne} de Viels-Maisons.

Heurtaut ou Moranvé, ruisseau qui prend sa source à Moranvé (Ardennes), traverse, dans le département de l'Aisne, les communes de Berlize, Noircourt, Montloué, Lislet, Montcornet, et alimente les moulins à blé de Berlize, Noircourt, Montloué, Montcornet, ainsi que la filature de Lislet, avant de se jeter dans la Serre, à l'extrémité du territ. de Montcornet. — Son parcours est, dans le département de l'Aisne, de 11,300 mètres.

Heurtebise, h. c^{ne} de Goussancourt. — *Hurtebise*, 1692 (arch. comm. de Goussancourt).

Uni à la population agglomérée.

Heurtebise, petit h. c^{ne} de Nesles. — *Hurtebise*, 1363 (arch. de l'Empire, L 1006). — *Petit-Hurtebise*, 1680 (tit. de l'hôtel-Dieu de Château-Thierry). — *Heurtebize*, xviie siècle (inv. des titres de la seign. des Grèves). — *Petit et Grand-Hurtebise* (carte de Cassini).

Ce hameau avait autrefois son territoire.

Heurteville, mⁱⁿ à eau, c^{ne} de Gandelu. — *Dame-Saincte*, 1554 (arch. comm. de Gandelu).

HEYE, m¹ⁿ à eau, cⁿᵉ de Berry-au-Bac; auj. détruit.
HÉZETTES (LES), h. cⁿᵉ de Guivry. — Ancien domaine de l'abb. d'Ourscamp.
HIDEVIÈRES, bois, cⁿᵉ de Quierzy. — Défriché en partie en 1864.
HIGNIÈRES, li. cⁿᵉ d'Ambleny. — *Ignières* (carte de Cassini).
HINACOURT, cᵃˡ de Moy. — *Hainacourt*, 1373 (arch. de l'Emp. P 135; transcrits de Vermandois). — *Haynacourt*, 1411 (comptes de la maladrerie de la Fère, Hôtel-Dieu de la même ville). — *Uynacourt*, 1422 (arch. de l'Emp. Tr. des ch. registre 171).— *Henacourt*, 1452 (comptes de la maladrerie de la Fère, Hôtel-Dieu de la même ville).— *Heinacourt*, 1489; *Hynacourt*, 1648 (*ibid.*).— *Hennacourt*, 1710 (intend. de Soissons, C 274). — *Hinacourt*, 1717 (arch. comm. d'Essigny-le-Grand). — *Notre-Dame-d'Hinacourt*, 1743 (chambre du clergé du dioc. de Noyon).
La seigneurie relevait autrefois de la châtellenie de Saint-Quentin.
HIRETS (LES), h. cⁿᵉ de Pavant; auj. détruit. — *Hirettes*, 1707 (baill. de Charly).
HIRSON, f. cⁿᵉ de Dercy; auj. détruite.
HIRSON, arrond. de Vervins. — *Iricio*, 1136 (cart. de l'abb. de Clairefontaine, d'après Adrien de Valois). —*Irezun*, 1183 (suppl. de D. Grenier, 289, Bibl. impér.). — Terra *Yricionis*, 1187 (cart. de l'abb. de Bucilly, f° 6). — *Yrizun*, 1189 (cart. de l'abb. de Clairefontaine, d'après Adrien de Valois).— *Ericon*, 1234 (cart. de l'abb. de Saint-Michel, f° 221). — *Hirechon*, 1243; *Yrechum*, 1262 (cart. de la seign. de Guise, f°ˢ 146 et 148). — *Yrechon-in-Therasca*, 1261; *Irechon*, xIII° s° (cart. de l'abb. de Bucilly, f°ˢ 7, 84). — *Hyrecon*, 1271 (cart. de l'abb. de Foigny, f° 218, Bibl. impér.). — *Yrechon-en-Thiérasche*, 1323 (cart. de la seign. de Guise, f° 33).— *Heircon*, *Heirson*, *Herson*, 1328 (cart. de l'abb. de Thenailles, f°ˢ 217 et 219). — *Ireson*, 1352 (cart. de l'abb. de Thenailles, f° 67). — *Hyrechon*, 1335; *Yrechon-en-Therasche*, 1379 (cart. de la seign. de Guise, f°ˢ 186, 308). — *Iresson*, 1405 (arch. de l'Emp. J 801, n° 1). — *Irson*, 1498; *Hirsson*, 1543 (comptes de l'Hôtel-Dieu de Laon, E 29, E 70). — *Hirresson*, 1567 (arch. de la ville de Guise). — *Herysson*, 1576 (arch. comm. d'Hirson). — *Hyresson*, 1612 (terrier de Sorbais). — *Hirson-en-Thiérasche*, 1632 (tit. des Minimes de Laon).— *Irson*, 1650 (arch. du Dépôt de la guerre, Correspondance militaire, 119, pièce 344).—*Notre-Dame-d'Hirson-en-Thiérache*, 1758 (baill. de Ribemont, B 13).

Commune érigée en 1156. — Maladrerie unie, en 1610, aux Minimes de Guise.
Chef-lieu de châtellenie, prévôté et gruerie comprenant Hirson, Luzoir, Mondrepuis, Neuve-Maison, Ohis, Rocquigny, Sorbais et Wimy. Les appels de cette prévôté étaient portés au baill. d'Aubenton. Cet usage a été confirmé par arrêt du parlement de Paris du 18 avril 1756.—La gruerie a été supprimée par lettres patentes d'avril 1779 et unie à la maîtrise seigneuriale des eaux et forêts d'Aubenton; elle comprenait alors les bois de Franclois, de Hauty, de Miloard, de Robertfay, des Ronces et de Wimy.
Hirson, de l'élection de Guise, était aussi le chef-lieu d'une subdélégation comprenant Any-Martin-Rieux, Aubenton, Beaumé, Besmont, la Bouteille, la Capelle, Clairefontaine, la Flamangrie, Hirson, Landouzy-la-Ville, Leuze, Luzoir, Martigny, Mondrepuis, la Nouville-aux-Joutes, Origny, Rocquigny, Saint-Michel, Sommeron, Wattigny et Wimy.
Hirson devint, en 1790, chef-lieu d'un canton dépendant du district de Vervins et formé des communes de Buire, Effry, Éparcy, Foigny, la Hérie, Hirson, Luzoir, Mondrepuis, Neuve-Maison, Ohis, Origny, Saint-Michel et Wimy.
HOCQUET (LE), h. cⁿᵉ de Vigneux. — *Hauquet*, 1626 (insin. baill. de Vermandois, greffe du tribunal de Laon).
HOLETTE, fief, cⁿᵉ de Brissay-Choigny. — Il relevait autrefois de Choigny.
HOLLANDE, m°ⁿ isolée, cⁿᵉ de Ronchères.
HOLNON, cⁿᵉ de Vermand. — Territorium de *Holenon*, 1225 (cart. de l'abb. de Fervaques, p. 402, arch. de l'Aisne). — *Hollenon*, 1384 (arch. de l'Emp. P 135; transcrits de Vermandois). — Paroisse de *Saint-Quentin-en-Misery-Carnois*, dit *Holnon*, 1682 (arch. comm. d'Holnon).
La seigneurie relevait de Fayet. — La paroisse a été distraite du doyenné d'Athies, pour être unie au doyenné de Saint-Quentin, lors du synode de 1664 (arch. comm. d'Holnon).
HOMBLIÈRES, cⁿᵉ de Saint-Quentin. — Altare Sancti-Stephani que est in villa *Humolarias*, 947; *Humolariæ*, 948 (cart. de l'abb. d'Homblières, p. 35 et 13). — Cella *Humolariensis*, 959 (Mabillou, De Re diplomaticâ, p. 571). — Villa *Sancte-Marie Humolaris*, xI° siècle (cart. de l'abb. d'Homblières, p. 38). — *Humblieris*, 1135 (ch. de l'abb. de Prémontré). — *Umbleres*, 1160 (suppl. de D. Grenier, 291, Bibl. imp.). — *Homblarie*, 1188 (arch. de l'Emp. L 998). — *Hombelieres*, 1233 (cart. de la seign. de Guise, f° 80). — *Honblières*, 1234; *Hum-*

blires, 1257 (arch. de la ville de Saint-Quentin, liasse 265). — *Humblerivs*, XIII° siècle (cart. de l'abb. de Saint-Nicolas-des-Prés de Ribemont, f° 54, arch. de l'Emp.). — *Homblures*, 1339 (suppl. de D. Grenier, 288, Bibl. imp.).

Abbaye de Bénédictins fondée en 650. — La seigneurie relevait de la châtellenie de Saint-Quentin. — Le village dépendait de l'élection et de la subdélégation de Guise. La portion de territoire comprise dans l'élection et la subdélégation de Saint-Quentin consistait dans l'abbaye et quatre maisons qui l'avoisinaient (intend. d'Amiens, C 775).

Homblières, bois, c^{ne} d'Urcel.

Homet (Le), petit ruiss. affluent de celui de Bouffignereux à Guyencourt. — Il n'alimente aucune usine. — Son parcours est de 440 mètres.

Hontonval, bois, c^{ne} d'Abbécourt.

Hôpital (L'), f. c^{ne} de Montreuil-aux-Lions. — Ancien domaine de la comm^{té} de Moisy-le-Temple.

Hôpital (L'), petit h. c^{ne} de Vieil-Arcy. — Doit son nom à une ferme qui appartenait à la comm^{té} de Maupas (terr. de Maupas de 1669, p. 169).

Hôpital-de-Cerny (L'), f. c^{ne} de Cerny-en-Laonnois. — Cette ferme appartenait autrefois à la comm^{té} de Boncourt.

Hoquette (La), m^{on} isolée, c^{ne} de la Capelle.

Horbe (La), f. c^{ne} de Barizis; auj. détruite. — Elle était située vers Septvaux et relevait de la Fère avec le fief du Mesnil, dont elle dépendait.

Horde (La) ou la Horse, f. c^{ne} de Fieulaine; auj. détruite. — Elle dépendait autrefois de la seign. de Croix et appartenait au chapitre de Saint-Quentin (Recueil des fiefs, p. 255).

Horsdevoie, f. c^{ne} de Laon. — *Horsdevoie*, 1536 (acquits, arch. de la ville de Laon).

Cette ferme appartenait autrefois à l'abb. de Saint-Jean de Laon; son nom vient de sa situation à quelque distance de la voie romaine de Reims à Saint-Quentin.

Hornay, petit fief, c^{ne} de Ribeauville. — Il relevait autrefois de Guise.

Horne, petit fief, c^{ne} de Chevregny. — Relevait autrefois de l'évêché de Laon.

Hortie (L'), h. c^{ne} de Barzy.

Horvennes, bois, c^{ne} de Roupy. — A été défriché au XII° siècle.

Hossoy, bois, c^e de la Croix. — On écrit aussi *Haussoy*.

Hôtel-des-Pierrots (L'), m^{on} isolée, c^{ne} de Soize.

Hotte (La), h. c^{nes} de Gizy et de Sainte-Erme-Outre-et-Ramecourt.

Hotte-de-Gargantua (La), c^{ne} de Molinchart. — Amas assez considérable et isolé de grès qui ne sont point couverts de terre.

Hottencourt, f. c^{ne} de Bonay. — *Ottencourt*, 1530 (comptes de la maladrerie de la Fère, Hôtel-Dieu de cette ville). — *Houtencourt*, 1561 (tit. de l'Hôtel-Dieu de Saint-Quentin). — *Hauttencourt*, 1569; *Haultencourt*, vers 1640 (tit. du chap. de Saint-Quentin). — *Hautencourt* (carte de Cassini). — *Autencourt*, 1772 (pouillé du dioc. de Noyon, par Colliette, p. 265).

Autrefois fief relevant de Moy. — Hottencourt est mieux connu actuellement sous le nom de *Château*.

Houblonnière (La), m^{on} isolée, c^{ne} de Soissons.

Houdier, bois, c^{ne} de Crécy-sur-Serre. — *Nemus Houdier*, 1244; nemus *Houdreii*, 1252 (ch. de l'Hôtel-Dieu de Laon).

On ignore son emplacement à Crécy-sur-Serre.

Houdimont, bois, c^{ne} de Lesquielles-Saint-Germain; mieux connu sous le nom de *bois de Courcelles*. — On le défriche.

Houdriet, bois et fief. — Ce bois appartenait autref. à l'abbaye de Notre-Dame de Soissons (cart. de cette abb. f° 42) et relevait de l'évêché de Soissons (arch. de l'Emp. 136; transcrits de Vermandois).

Houis (Les), f. c^{ne} de Blesmes. — *Houys*, 1682 (tit. de l'Hôtel-Dieu de Château-Thierry).

Houis (Les), mⁱⁿ à eau, c^{ne} de Wattigny. — Maison de *Hautony*, 1699 (baill. de Foigny).

Houppe (La), petit fief, c^{ne} d'Aubenton. — Relevait autrefois d'Aubenton.

Hourbe (La), h. c^{ne} de la Bouteille, «est un lieu ancien où demeuroient autrefois la plupart des manœuvres servans ès granges de Foigny et Aubenton pour battre les grains et faire autre chose de leur mestier; y avoient leur mesnage et leurs maisons les unes près des autres, comme celles de ville et bourg, qui descend du latin *urbis*. Le champ Saint-Bernard est compris dans son estendue, qui est du domaine des religieux» (Livre de Foigny, par de Lancy, p. 12).

Hourdin, fief, c^{ne} de Becquigny. — Relevait autrefois de Guise.

Hourdins (Les), m^{on} isolée, c^{ne} de Marchais.

Houry, c^{on} de Vervins. — *Olherie*, 1117; *Oheries*, 1138 (cart. de l'abb. de Saint-Michel, p. 237). — *Hoeries*, 1159 (cart. de l'abb. de Saint-Martin de Laon, f° 112, biblioth. de Laon). — Territorium de *Hoeriis*, 1162; *Oheris*, 1187 (cart. de l'abb. de Thenailles, f° 17 et 19). — *Oherie*, XII° s° (cart. de l'abb. de Saint-Michel, p. 22). — *Oheries*, 1279 (cart. de l'abb. de Thenailles, f° 12). — *Ohoris*, 1340 (fonds latin, ms. 9228, Bibl. imp.). — *Horis*,

1395 (ch. des arch. de la ville de Laon). — *Horys*, 1571 (délibérat. de la chambre des comptes de la Fère). — *Hory*, 1613 (min. de Féry Constant, notaire). — *Houris*, 1710 (intend. de Soissons, C 320).

La seigneurie de Houry était vassale pour moitié de la baronnie de la Ferté; l'autre moitié relevait directement du comté de Marle.

Housse, territ. c^{ne} de Cuiry-Housse. — Terra de *Houselis*, 1202 (cart. de l'abb. de Saint-Jean-des-Vignes de Soissons, f° 73, Bibl. imp.).

Fief relevant autrefois de Pierrefonds. — Habitation et maladrerie détruites. Cette maladrerie a été unie à l'Hôtel-Dieu de Château-Thierry par arrêt du Conseil d'État du 2 mars 1696.

Housseaux, h. c^{ne} d'Any-Martin-Rieux. — *Houssellum*, 1223; *Hossellum*, 1224; *Houssellus-versus-Aneiam*, 1227 (cart. de l'abb. de Foigny, f°° 47 et 49). — *Houssiaux*, 1642 (minutes de Roland, notaire). — *Houssaux* (carte de Cassini).

Housseaux (Les), bois, c^{ne} de Frières-Faillouël.

Houssen, fief, c^{ne} de Coucy-la-Ville. — *Vivier Houssen*, 1416 (arch. de l'Emp. J 801, n° 6).

Housset, c^{me} de Sains. — *Hussel*, 1139 (cart. de l'abb. de Thenailles, f° 33). — *Houssel*, 1142; *Husel*, 1169 (cart. de l'abb. de Saint-Michel, p. 167 et 240). — *Hosel*, XIIe siècle (suppl. de D. Grenier, 289, Bibl. imp.). — *Houcel*, *Housel*, XIIIe siècle (cueilleret de l'Hôtel-Dieu de Laon, B 62). — *Oussel*, 1312 (cart. de l'abb. de Saint-Martin de Laon, t. II, p. 201). — Territorium de *Houssello*, 1330 (cart. de l'abbaye de Foigny, f° 88, Bibl. imp.). — *Housset*, 1529 (comptes de l'Hôtel-Dieu de Laon, E 15). — *Houssey*, 1579 (arch. de l'Emp. P 248-2).— *Houset*, 1640 (baill. de Marfontaine).

Housset dépendait pour une moitié du comté de Marle; l'autre relevait de ce comté. La première a été aliénée, le 8 novembre 1602, par les commissaires du roi Henri IV (arch. de l'Emp. Q 8).

Houssière (La), f. c^{ne} de Nogent-l'Artaud.

Houx (Les), m^{on} isolée, c^{ne} de Champs.

Hozier (Ru d'), ruiss. qui prend sa source à Bagneux et à Audignicourt, traverse les territ. d'Épagny et de Vézaponin, alimente dans le dép^t de l'Aisne sept moulins à blé et deux féculeries et se jette dans l'Aisne à Vic-sur-Aisne. — Son parcours dans le département est de 19,203 mètres.

Huarderie (La), f. c^{ne} de Viels-Maisons.

Hubertpont, mⁱⁿ à huile et scierie, c^{ne} de Prémontré. — *Hunberti pons*, 1132 (cart. de l'abb. de Prémontré, f° 18, bibl. de Soissons). — Molendinum de *Humberti ponte*, 1145; molendinum de *Huberti ponte*, 1193 (Chron. de Nogento, p. 427 et 433). — *Huberpont*, 1237 (grand cart. de l'év. de Laon, ch. 175).

Huchez, h. c^{ne} de Nampteuil-sous-Muret; auj. détruit. — Distrait de Chacrise par arrêté préfectoral du 20 janvier 1821 et par ordonnance royale du 16 juillet 1822.

Hucquigny, h. c^{ne} de Flavigny-le-Grand-et-Beaurain. — *Huquignis*, 132 (cart. de la seign. de Guise, f° 50). — *Huquignies*, 1413 (arch. de l'Emp. J 801, n° 5).

Huet, h. c^{ne} de Lizy. — Molendinum de *Guez*, 1158; molendinum de *Weiz*, 1188 (cart. de l'abb. de Prémontré, f°s 10 et 11. bibl. de Soissons). — *Wez*, 1219 (grand cart. de l'év. de Laon, ch. 113). — *Hué*, 1684 (insinuations du baill. de Vermandois). — Cense du *Vez*, 1709 (intend. de Soissons, C 274). — Cense de *Ducet*, 1745 (ibid. C 206).

Fief relevant autrefois de la châtell. de la Fère et dépendant de la paroisse de Fauconcourt.

Hugoterie (La), petit h. c^{ne} de la Bouteille. — Autrefois *Beauregard*.

Huit-Setiers (Les), f. c^{ne} de la Nouvelle-en-Beine. — De construction moderne.

Huleux, fief, c^{ne} du Plessier-Huleux. — *Huleu-en-Valois*, 1624; *Herleu-en-Valois*, 1652; *Heuleux-en-Valois*, 1723 (tombes de Charles et d'Antoine de Ligny, en l'église de Rozet-Saint-Albin).

Humont, f. c^{ne} de Beautor. — *Heumont*, 1429 (arch. de l'Emp. P 248, E). — Cense de *Humon*, 1590 (comptes de la châtell. de la Fère).

Aliénée, en 1601, par le conseil privé de Navarre.

Humont, f. c^{ne} de Bertaucourt-Épourdon.

Détruite vers 1787, elle relevait autrefois de la châtell. de la Fère.

Hureaux (Les), h. c^{ne} de Silly-la-Poterie. — *Huriau*, 1745 (arch. comm. de Silly-la-Poterie).

Hurées (Les), h. c^{ne} d'Origny.

Hurimont, territ. près de Laigny, XIIIe siècle (cart. de l'abb. de Thenailles, f° 62). — On n'en connait plus la situation.

Hurtebise, h. c^{ne} d'Aubenton. — Cense de *Hurtebize*, 1612 (terrier d'Aubenton). — *Heurtebise*, 1624 (minutes de Nicolas Rolland, notaire).

Hurtebise, f. et h. c^{ne} de Malzy. — *Hurbis* (carte de Cassini).

L'emplacement de l'ancienne ferme se trouvait au nord-est de Brûle. On désigne actuellement sous le nom de *Hurtebise* la nouvelle ferme construite en 1838 à l'ouest du hameau du même nom.

Hurtebise, f. c^{ne} de Vauclerc-et-la-Vallée-Foulon. — Vetus *Hurtebise*, 1185 (cart. de l'abb. de Vauclerc, f° 64). — *Hurtrebise*, 1570 (minutes de Goget, notaire à Craonne, greffe du trib. de Laon). — *Heurtebise* (carte de Cassini).

Ancien domaine de l'abb. de Vauclerc.

Hurtevent, fief, c⁰⁰ de Bellicourt. — Ce fief avoit son territoire appartenant à l'abbaye du Mont-Saint-Martin et relevant de la baronnie d'Estrées.

Hutte (La), m⁰⁰ isolée, c⁰⁰ de Bourg-et-Comin.

Hutteau (Le), f°⁰, c⁰⁰ de Landouzy-la-Cour, «est une cense la plus considérable de Landouzy, ainsi appelé pour avoir esté anciennement un lieu de retraitte aux chevaux pendant le labour du jour et d'un parquis des moutons et brebis en l'été. . . . y avoit là, pendant le grand mesnage de la cense de Landouzy, des huttes et halles fermées de palissade pour leur seureté; près la dite maison, un four à ver où les ouvriers firent des huttes, d'où vient la continuation de ce nom Hutteau» (Livre de Foigny, par de Lancy, p. 42 et 43).

Ce hameau a laissé son nom à l'ancienne *Jeantelle*, ruisseau qui prend sa source à Jeantes, alimente les moulins de Jeantes, Bancigny, Plomion, Harcigny et la Tortue, et se jette dans la Brune à Plomion, après un cours de 19,585 mètres.

Hutte-d'Eau (La), m⁰⁰⁰ isolée, c⁰⁰ de Bernot.

Huttes (Les), petit h. c⁰⁰ de Coingt. — Dépendait, en 1690, de Saint-Clément (baill. de Bancigny, B 2780).

Huyots (Les), h. c⁰⁰ de Verdilly. — Dépendait autrefois de Brasles.

I

Ile-d'Amour (L'), m⁰⁰ isolée, c⁰⁰ de la Fère.

Ilots (Les), m⁰⁰ à eau, c⁰⁰ de Neuve-Maison. — Construit en 1796.

Inridoncourt, habitations détruites, c⁰⁰ d'Étaves-et-Bocquiaux. — *Inridencurtis*, 1045 (Colliette, *Mém. du Vermandois*, t. I, p. 685).

Iron, c⁰⁰ de Guise. — *Irun*, 1156 (ch. de l'abb. de Prémontré). — *Irun*, 1172 (ch. de l'abb. de Saint-Martin de Laon). — *Yron*, 1178 (cart. de la même abbaye, t. II, p. 287). — *Hiron*, 1643 (chambre du clergé du dioc. de Laon). — *Hiron*, 1668 (arch. comm. de Lavaqueresse).

Baronnie relevant autref. de Guise. — Le village a donné son nom à un ruiss. qui prend sa source à Buironfosse, entre sur le territoire de Leschelle, où on lui donne le nom de *Gravier-Bourgeois*, sépare ceux de Dorengt et de Lavaqueresse, traverse ce dernier, où on lui donnait autrefois le nom de *ru du Torchon*, 1688 (baill. de Lavaqueresse), et ceux d'Iron et d'Hannapes, pour se jeter dans le Noirieu. Il alimente, dans un parcours de 27,339 mètres, huit moulins à blé.

Issencourt, petit territ. c⁰⁰ d'Aizelles. — Un lieu dit *les Sencourts* en indique encore la situation.

Issonge, f. c⁰⁰ de Marigny-en-Orxois.

Itancourt, c⁰⁰ de Moy. — *Aintencourt*, 1218 (arch. de l'Emp. L 738). — *Ayntencort*, 1257 (chartes latines et françaises imprimées par Firmin Didot en 1841). — *Étencourt*, *Ataincourt*, 1373 (arch. de l'Empire, P 135; transcrits de Vermandois). — *Ytencourt*, 1506 (comptes de la maladrerie de la Fère, Hôtel-Dieu de la même ville). — *Intencourt*, 1512 (tit. de l'abb. de Saint-Nicolas-aux-Bois). — *Intancourt*, 1577 (tit. de l'abb. de Saint-Quentin-en-l'Île). — *Itencourt*, 1603 (terr. de la commanderie de Laon, f° 62). — *Aytancourt*, 1709 (intend. de Soissons, C 274).

La seigneurie appartenait autrefois en partie au chapitre de Saint-Quentin (Recueil des fiefs, p. 207); elle relevait de la châtellenie de la même ville.

Ivène, m¹⁰, c⁰⁰ de Vorges; auj. détruit. — *In grandi molendino de Ivene sito in villa de Vorgiis*, 1260 (ch. de l'Hôtel-Dieu de Laon, B 60).

Iviers, c⁰⁰ d'Aubenton. — *Iviers*, 1568 (acquits, arch. de la ville de Laon). — *Yviers-en-Thiérasse*, 1585 (audiencier de Roney). — *Ivier-en-Tiérace*, du gouvernement de la Capelle, 1651 (arch. comm. de Prémont). — *Ivier*, 1676 (baill. de Bancigny). — *Ivier*, 1772 (baill. d'Aubenton). — *Iviez* (carte de Cassini).

La seigneurie relevait autrefois de Bancigny. — Le ruisseau d'Iviers prend sa source à Nampcelle-la-Cour, alimente les moulins d'Iviers, de Corneau, des Blancs-Monts, de Saint-Clément et de Lambercy, et se jette dans la Brune à Saint-Clément. Son parcours est de 12,382 mètres.

Ivregny, h. c⁰⁰ de Douchy; auj. détruit. — *Yvregni*, 1235 (arch. de l'Emp. L 990). — *Yvregny*, 1398 (arch. de l'Emp. P 135; transcrits de Vermandois). — *Ivergny*, 1686 (tit. de l'abb. de Genlis).

Dépendait autrefois du duché de Saint-Simon et relevait de Ham (1777, terrier de Saint-Simon).

DÉPARTEMENT DE L'AISNE.

Ivregny figure encore au plan cadastral de Douchy. Détruite.

Ivreul, f. c^{ne} de Coingt; auj. détr. — *Ievreux* (plan cad. de Coingt). — Elle bordait le territ. de St-Clément.

J

Jacques-Mathieu, h. c^{ne} de la Flamangrie.
Jaillard, mⁱⁿ à eau, c^{ne} de Chézy-en-Orxois.
Janvier, m^{on} isolée, c^{ne} de Monthurel.
Jardis (Le), h. c^{ne} de Saint-Pierre-Aigle. — *Les Jardins* (carte de Cassini).
Jardinet ou Bellevue, h. c^{nes} de Bucilly et de Martigny.
Jaulgonne, c^{ne} de Condé. — *Jaugunne*, 1223 (ch. de l'abb. d'Igny, arch. de la Marne). — *Jargonia*, 1224 arch. de l'Emp. L 1006). — *Jaugone*, 1313 (ch. de l'abb. de Valsecret). —*Jaugonne*, 1326 (arch. de l'Emp. Trésor des chartes, reg. 84, n° 60 *bis*). — *Jogonne*, 1603 (tit. de l'abb. de Valsecret).
La seigneurie relevait en partie de Braine.
Javage, mⁱⁿ à huile, c^{ne} de Chouy. — Ancien domaine de la chartreuse de Bourgfontaine.
Javage, f. c^{ne} de Faverolles. — *Javagias*, 1048.(coll. de D. Grenier, 24° paquet, n° 17). — *Javages*, 1471 (arch. de l'Emp. LL 1487).
Jeancourt, c^{ne} de Vermand. — *Jehancourt*, 1196 (ch. de l'abb. de Fervaques). — *Johannis curtis*, xii° s° (ch. de l'abb. de Saint-Éloi de Noyon, arch. de l'Oise). — Terra de *Johancourt*, xii° s° (cart. de l'abb. de Fervaques, p. 234). — *Jehancourt*, 1265 (arch. de l'Emp. L 738). — *Jonnis curtis*, 1299 (cart. de l'abb. de Fervaques, f° 50, Bibl. imp.). — *Jehancour*, 1303 (ch. de l'Hôtel-Dieu de Saint-Quentin). — *Jantcqurt*, 1559 (arch. de Saint-Quentin, F n° 1). — Paroisse de *Saint-Martin-de-Jehancourt*, 1658 (arch. de Jeancourt). — *Jancourt*, 1782 (intend. de Soissons, C 785).
Autrefois cure du doyenné d'Athies (Somme), donnée en 1049 à l'abbaye de Saint-Éloi de Noyon. Hébécourt (Somme), partie de Vendelles et de Villechole, dépendaient de la paroisse de Jeancourt.
La seigneurie appartenait en partie au chapitre de Saint-Quentin (Recueil des fiefs, p. 204) et relevait de la châtell. de la même ville.
Jean-Lebeau, bois, c^{ne} d'Anizy-le-Château. — Ancien domaine de l'abb. de Prémontré.
Jean-Marie, fief, c^{ne} de Vaux-Andigny. — Il relevait autrefois de Guise.
Jeantes, c^{ne} d'Aubenton. — *Jante*, xii° s° (cart. de l'abb. de Saint-Denis, arch. de l'Emp.). — *Janta*, 1160; *Jantea*, 1205; *Janta-villa*, 1234 (cart. de

l'abb. de Saint-Michel, p. 104, 88 et 96). — *Jantes*, 1543 (arch. de l'Emp. P 136). — *Jante-en-Thiérache*, 1671 (baill. de Chauny, B 1551). — *Jeante-la-Ville*, 1691 (baill. de Bancigny, B 2804).
La seigneurie relevait autrefois de Rozoy-sur-Serre.
Jeantes-la-Cour, f. c^{ne} de Jeantes. — *Janta-Curtis*, xii° siècle; *Jante-le-Court*, 1351 (cart. de l'abb. de Saint-Michel, p. 81 et 79). — *Jantes*, 1409 (arch. de l'Empire, J 802). — *Cour-de-Jantes*, 1498 (ibid. P 136; transcrits de Vermandois). — *Jante-la-Cour*, 1611 (min. de Constant, notaire).
La ferme et le moulin de Jeantes-la-Cour appartenaient autrefois à l'abb. de Saint-Michel et relevaient du comté de Bancigny. Cette ferme est unie maintenant à la population agglomérée.
Jeoffrecourt, f. c^{ne} de Sissonne. — Altare de *Joffridi-Curte*, 1141; *Joffroicurt*, 1146; *Joffredicurtis*, 1146; *Joifroicurt*, *Gefroicurt*, 1179; *Gefroicurt*, 1181; *Jofrocurtis*, 1185; *Gaufridicurtis*, 1189; grangia que vocatur *Gayfridicuria*, 1192 (cart. de l'abb. de Vauclere, f°s 1, 6, 10, 9, 81, 73, 74, 79, 72). — *Jofredicurtis*, 1267 (cart. de l'abb. de Saint-Martin de Laon, t. II, f° 262). — *Joifroicourt*, 1292 (suppl. de D. Grenier, 291, Bibl imp.). — *Gefroicurt*, xiii° s° (arch. de l'Emp. L 996). — *Gieffroycourt*, 1384 (arch. de l'Emp. P 136; transcrits de Vermandois). — *Geoffroicurt*, 1630; *Jeoffrecourt*, 1681 (tit. de l'év. de Laon). — *Geofroicourt*, 1684 (arch. comm. de la Malmaison). — *Geoffroicour*, 1701; *Joffrecourt*, 1740 (tit. de l'abb. de Vauclerc).
Ces fermes appartenaient autrefois à l'abb. de Vauclerc et ressortissaient à Sissonne pour la justice.
Jérusalem, h. c^{nes} d'Hannape, d'Iron et de la Neuville-lez-Dorengt.
Jeton, faubourg d'Aubenton vers Leuze.
Jingon, petit h. c^{ne} d'Allemant.
Joinville, fief, c^{ne} d'Any-Martin-Rieux. — Doit son nom au chapitre de Joinville, qui le possédait.
Joisis, bois, c^{ne} de la Vallée-Mulâtre; auj. défriché. — In toto territorio de *Jusi* sitis que dicuntur sartum de *Jusi*, 1236 (arch. de l'Emp. L 992).
Il était situé près du Tonnelet.

Aisne.   19

Jommands (Les), m²⁰⁰ isolée, c^ne de Viels-Maisons. — Jomars (carte de Cassini).

Jomont, petit fief, c^ne de Martigny-en-Laonnois. — Relevait autrefois de l'évêché de Laon.

Jonc (Le), f. c^ne de Villiers-sur-Marne. — Convertie en bâtiments ruraux pour les récoltes.

Joncourt, c^ne du Câtelet. — *Joencort*, 1154 (cart. de l'abb. du Mont-Saint-Martin, p. 561). — *Joincourt*, 1486 (arch. de la ville de Saint-Quentin, liasse 187).

La seigneurie relevait autrefois de la châtell. de Saint-Quentin.

Joncs (Les), petit h. c^ne de Brunehamel.

Jonnecourt, fief, c^ne de Brancourt.

Jonquièse, f. c^ne de Macquigny. — *Joncosus*, 1143; *Joncosa*, xiie siècle (cart. de l'abb. de Foigny, f°s 80 et 190). — *Juncosa*, 1172 (suppl. de D. Grenier, 288, Bibl. imp.). — *Jonkeuse*, 1353 (cart. de la seign. de Guise, f° 284). — *Joncqueuse*, 1561 (arch. de la ville de Guise).

Domaine cédé, en 1144, par l'abbaye de Foigny à celle de Bohéries, en échange d'immeubles sis à Faucousis (Livre de Foigny, par de Lancy, p. 161); il ressortissait à Guise pour la justice (mss. de Du Cange, bibl. de l'Arsenal).

Jonquière (La), f. c^ne de Manicamp; détruite vers 1835. — *Joncquière*, 1576 (délib. arch. de la ville de Chauny).

Fief dépendant autrefois du comté de Manicamp et relevant de Chauny.

Jonquois (Les), h. c^ne d'Any-Martin-Rieux. — Le hameau des Jonquois se trouve uni actuellement à la population agglomérée.

Jonvelle, f. c^ne de Nizy-le-Comte; auj. détruite.

Jouaignes, c^ne de Braine. — *Joheniu*, 1143 (cart. de l'abb. de Saint-Crépin-le-Grand de Soissons, p. 3).

Goina, 1145; *Joigna*, 1154 (cart. de l'abb. de Saint-Yved de Braine, arch. de l'Emp. LL 1583). — *Joagne*, 1211 (cart. de l'abb. d'Igny, f° 95). — *Johognes*, 1238 (cart. de l'abb. de Saint-Crépin-le-Grand de Soissons, p. 558). — *Johagnes*, 1238; *Joognes*, 1239 (cart. du chap. cath. de Soissons, f° 272). — *Jouengnes*, 1358 (arch. de l'Emp. Tr. des chartes, reg. 86, pièce 377). — *Jehaignes*, 1384 (arch. de l'Emp. P 136; transcrits de Vermandois). — *Jouannes*, 1462 (Journal des assises du baill. de Vermandois). — *Jouengne*, 1493; *Jouangnes*, 1632; *Jouaignes*, 1684 (chap. de Notre-Dame-des-Vignes de Soissons). — Paroisse Sainct-Pierre-de-Jouaigne, 1692; *Jouanne*, 1694 (arch. comm. de Jouaignes). — *Jouagne*, 1700 (tit. du chap. cath. de Soissons). — *Jouagnes*, 1714 (tit. des Minimes de Soissons). — *Joanne*, 1731 (arch. comm. de Jouaignes).

Vicomté relevant autrefois de Soissons.

Jouarre, bois, c^ne de Chartèves. — Ce bois, limité au nord par le ruisseau de la Loude, contenait 107 hectares; il a été aliéné par l'État le 29 avril 1833.

Jouy, c^ne de Vailly. — *Joi*, 1147 (cart. de l'abb. de Saint-Yved de Braine, arch. de l'Emp.). — *Joiacum*, 1184 (cart. G du chap. cath. de Reims, f° 25). — *Joy*, 1322 (cart. de l'abb. de Saint-Crépin-le-Grand de Soissons, p. 732).

La seigneurie dépendait autrefois de la prévôté de Vailly et relevait d'Oulchy-le-Château (Ordonn. des rois de France, t. VI, p. 433).

Jozienne (Ru de), ruiss. qui doit son nom à un moulin détruit depuis longtemps et qui était situé au faubourg de Saint-Médard de Soissons. — Ru de *Jossienne*, 1293 (arch. de l'Emp. L 1004).

Jumencourt, c^ne de Coucy-le-Château. — *Jujamarcourt*, 1132 (cart. de l'abb. de Prémontré, bibl. de Soissons). — *Jumacourt*, 1451 (reg. des assises du baill. de Vermandois).

La seigneurie relevait autrefois de Coucy-le-Château.

Jumigny, c^ne de Craonne. — *Jumigniacum*, 1212 (cart. du chap. cath. de Soissons, f° 274). — *Jumigni*, xiiie s^e (arch. de l'Emp. Tr. des chartes, reg. 30, pièce 443). — *Jumegny*, 1460 (comptes de l'Hôtel-Dieu de Soissons, 346).

La seigneurie relevait autrefois de la châtell. de Montchâlons.

Jumilly, h. c^ne de Wattigny. — *Gemegnies*, *Gemegnis*, xiiie s^e (cart. de l'abb. de Foigny, f° 48). — *Jumelyr*, 1694 (min. de Thouille, notaire).

Junière (La), h. c^ne de la Neuville-lez-Dorengt. — *Joignière*, 1663 (baill. de la Fère, B 1234).

Jury, h. c^ne d'Acy. — Altare *Sancti-Remigii de Jury*, 1143 (cart. de l'abb. de Saint-Crépin-le-Grand de Soissons).

Jussy, c^ne de Saint-Simon. — *Jussi*, 1257 (Livre rouge de Chauny, collection de M. Peigné-Delacourt). Domus Templi de Jussiaco, 1269 (Olim, t. I, p. 538). — *Jussy-et-Cana*, 1582 (arch. de l'abb. de Saint-Quentin). — *Jussy-Camas*, 1729 (intend. de Soissons, C 274).

La seigneurie appartenait en partie à l'abbaye de Saint-Nicolas-aux-Bois et relevait de Chauny.

Justice (La), bois, c^ne de Barizis.

Justice (La), h. c^ne de Barzy.

Juvigny, c^ne de Soissons. — *Juviniacum* in pago Suessionico (ex Vitâ Sancti Arnulfi martyris, Bollandistes, 18 juillet, Hist. de France, t. III, p. 383 D). —

DÉPARTEMENT DE L'AISNE.

Altare de *Joviniaco*, 1110 (arch. de l'Emp. L 994). — *Juvegni*, 1174; ecclesia de *Juveniaco*, 1193 (Chron. de Nogento). — *Juveny*, 1390 (Manuel de l'Hôtel-Dieu de Soissons, 323). — *Juvegny*, 1463 (comptes de l'Hôtel-Dieu de Soissons, f° 6). — *Juvigni*, 1502 (*ibid.* f° 23). — *Juvini*, 1617 (arch. comm. de Juvigny).

La seigneurie relevait autrefois de Coucy-le-Château.

JUVINCOURT-ET-DAMMARIE, c^ne de Neufchâtel. — *Jurinicurtis*, 1082 (mém. ms. de l'Éleu, t. I, f° 205). — *Jovincurt*, 1156; *Jovinicurtis*, 1163 (cart. de l'abb. de Vauclerc, f^es 21 et 43). — *Givincurt*, 1165 (cart. de l'abb. de Foigny, f° 63 P. D.). — *Jurincort*, 1221 (arch. de l'Emp. L 993). — *Givincourt*, 1233; villa de *Gevincort*, 1234; *Juvincurtis*, 1238 (cart. de Saint-Thierry de Reims, f°s 182, 187 et 274). — *Jovincurtis*, 1263 (cart. de l'abb. de Vauclerc, f° 14). — *Gevincourt-Magnus*, 1340 (fonds latin, ms. 9228, Bibl. imp.). — *Gevincourt*, 1343 (arch. de l'Emp. Tr. des chartes, reg. 74, pièce 407).

Juvincourt-le-Grand et Juvincourt-le-Petit formaient autrefois deux paroisses distinctes : la première ressortissait au bailliage de Châtillon-sur-Marne; l'autre, au bailliage de Vermandois. Elles relevaient de Roucy et constituaient une châtellenie. La justice seigneuriale de Juvincourt-le-Grand et de Mauchamp a été unie à celle de la Bove par lettres patentes de février et mars 1778 (arch. comm. de Juvincourt, FF 2).

L

LABRY, f. c^ne de Bosmont. — Cense de *Labrye*, 1696 (arch. comm. de Cilly). — *Le Bry*, 1789 (arch. comm. de Bosmont). — *Le Brie* (carte du Dépôt de la guerre).

LAFFAUX, c^en de Vailly. — *Latofao*, 596 (Frédégaire). — *Lufao*, 679 (Gesta regum Francorum). — *Locoofao*, 680 (continuateur de Frédégaire). — *Lucofao*, 680 (ex chronico veteri Moissiacensis, *Hist. de France*, t. II, p. 653 A). — *Laffau*, 1146 (cart. de l'abb. de Notre-Dame de Soissons, f° 39). — *Lafou*, 1193 (Chron. de Nogento, p. 436). — *Lafau*, 1277 (arch. de l'Emp. L 1004). — *Laffau*, 1501 (comptes de l'Hôtel-Dieu de Soissons, f° 12). — *Lafault*, 1578 (*ibid.* f° 31). — *Laffaoulx*, 1597 (cab. de M. de Sagnes). — *Laffaou*, 1599; *Laffaulx*, 1628; *Lafaux*, XVII° siècle (tit. du séminaire de Laon).

La seigneurie appartenait aux abbayes de Saint-Médard et de Notre-Dame de Soissons.

LAFFRENÉ, f. c^ne de Beautor; auj. détruite. — *La Fresnoye*, 1745 (baill. de la Fère, B 935). — *La Fresnaye*, 1750; *Lafrenay*, 1752; *Laffrenay*, 1754 (baill. de la Fère, B 935, B 1104 et B 1105).

C'était un fief qui relevait de la Fère.

LAFFRENÉ, fief, c^ne de Viry-Noureuil.

LAIGNY, c^en de Vervins. — *Lacgnis*, 1236 (cart. de l'abb. de Thenailles, f° 9). — *Latiguies*, 1248 (cart. de l'abb. de Saint-Martin de Laon, t. II, p. 253). — *Laaignis*, 1260 (cart. de l'abb. de Saint-Michel, p. 366). — *Laaignis*, 1265 (cart. de l'abb. de Saint-Martin de Laon, f° 26, bibl. de Laon). — *Lasgny*, 1565 (minutes d'Herbin, notaire, greffe du trib. de Laon). — *Laignis-et-Beaurepaire*, 1568 (acquits, arch. de la ville de Laon). — *Lagny*, 1676 (arch. comm. de Laigny). — *Lagny-et-Beaurepaire*, 1709 (intend. de Soissons, C 274).

Comté relevant en partie de la châtellenie de Voulpaix; il comprenait Laigny, Hantion et la Vallée-aux-Blés (foi et hommages du marquisat de Vervins).

LAIGNY (RU DE), ruisseau qui prend sa source à Laigny, alimente plusieurs moulins et se jette dans le Vilpion à Voulpaix. — Son parcours est de 9,943 mètres.

LALOUZY, h. c^ne du Nouvion. — Altare de *Aloziis cum silva Taruscia*, 1107 (Martyrologe de Fesmy, ms. 730, bibl. de Cambrai). — *Alouzy*, 1708 (élection de Guise). — *Lalouzy-France* (carte de Cassini).

LALOUZY-HAINAUT, h. c^ne de Barzy. — *Lalousi-sur-Haynault*, 1685 (baill. de Ribemont, B 44).

LAMBAY, f. c^ne d'Urvillers. — *Lambais*, 1145; *Lambai*, 1155; *Lambaidis*, 1156 (cart. d'Homblières, p. 7, 42, 50). — *Lambays*, XIV° s° (cart. de l'abb. de Saint-Quentin-en-l'Île, arch. de l'Emp. LL 1016). — Cense de *Lambel*, 1709 (intend. de Soissons, C 274).

Ancien domaine de l'abb. d'Homblières.

LAMBRECY, h. c^ne de Dagny-Lambercy. — *Lambrecies*, 1216; villa de *Lambercis*, 1240 (ch. de l'abb. de Saint-Vincent de Laon). — *Lambrecis*, XIII° s° (cart. de l'abb. de Thenailles, f° 83). — *Lambrecy*, 1402 (ch. de l'abb. de Saint-Vincent de Laon). — *Lam-*

19.

bressis, 1406 (arch. de l'Emp. P 136; transcrits de Vermandois).

Vicomté possédée autrefois pour moitié par l'abb. de Saint-Vincent de Laon et relevant de Rozoy-sur-Serre.

Lamy, fief, c^ne d'Origny-Sainte-Benoîte. — Appartenait autrefois à l'abb. d'Origny-Sainte-Benoîte.

Lancuy, c^on de Vermand. — *Lanciacum*, 1145 (cart. de l'abb. d'Homblières, p. 8). — In territorio de *Lanci*, terra de *Lanchi*, 1147 (ch. de l'abb. de Prémontré).

La seigneurie relevait de Ham. — La cure était du doyenné rural de la même ville.

Landercourt, bois, c^ne de Lehaucourt. — A été défriché vers 1854.

Landifay-et-Bertaignemont, c^on de Sains. — *Landerfai*, 1131 (suppl. de D. Grenier, 289, Bibl. imp.). — *Landerfai*, 1135 (ch. de l'abb. de Prémontré). — *Landirfagetum*, 1145 (cart. de l'abb. de Foigny, f° 29 P. D.). — *Landerfaz*, 1145 (cart. de la même abb. f° 80, Bibl. imp.). — *Laudefai*, 1164 (cart. de l'abb. de Thenailles, f° 18). — Ecclesia *Sancti Michaelis de Landirfait*, 1169 (suppl. de D. Grenier, 289, Bibl. imp.). — *Landerfai*, xii° s° (cart. de l'abb. de Foigny, f° 4). — Altare de *Landierfageto*, xii° s° (cart. de la même abbaye, f° 41, Bibl. imp.). — *Landierfais*, 1218 (suppl. de D. Grenier, 288, Bibl. imp.). — *Landierfai*, 1245 (même cart. f° 210). — *Landierfay*, 1250 (cart. de l'abb. de Fervaques, f° 82, Bibl. imp.). — *Landierfayt*, 1278 (cart. de l'év. de Laon, ch. 171). — *Landiefaye*, 1415 (arch. de l'Emp. P 248-2). — *Landiefay*, 1495 (ibid. P 248-1). — *Landieffay*, 1564 (tit. de l'abb. d'Origny-Sainte-Benoîte). — *Landyfay*, 1603 (terrier de la commanderie de Câtillon, f° 3). — *Landiffaye*, 1729 (intendance de Soissons, C 205). — *Landiffay*, 1745 (ibid. C 206). — *Landifai*, 1780 (chambre du clergé du dioc. de Laon).

Vicomté relevant autrefois de la seigneurie de la Motte de la Ferté-sur-Péron (la Ferté-Chevresis).

Landouzy-la-Cour, c^on de Vervins. — Tumba de *Landuzüs*, 1162 (cart. de l'abb. de Thenailles, f° 25). — Territorium de *Landozies*, 1170 (cart. de l'abb. de Foigny, f° 13, Bibl. imp.). — In territorio de *Landusis*, *Landuzies*, 1179 (cart. de l'abb. de Thenailles, f° 5). — *Landozie-Grangia*, 1226 (cart. de l'abb. de Foigny, f° 4, Bibl. imp.). — *Landousies*, 1239; *Landouzis*, 1250 (cart. de l'abb. de Thenailles, f°s 4 et 2). — *Landouzis-la-Court*, 1536 (acquits, arch. de la ville de Laon). — *Landousi-la-Court*, 1710 (intend. de Soissons, C 320).

Petit ruisseau qui prend sa source à Landouzy-la-Cour et alimente le moulin de ce village et celui de Thenailles. — Son parcours est de 7,226 mètres.

Landouzy-la-Ville, c^on d'Aubenton. — *Landousiis*, 1162 (cart. de l'abb. de Bucilly, f° 35). — Advocatia de *Landouzies*, territorium de *Landozies*, 1168; *Landousi-villa*, 1170; *Landozies-villa*, 1226 (cart. de l'abb. de Foigny, f°s 23 et 13, Bibl. imp.). — *Landuziis*, 1183 (suppl. de D. Grenier, 289, Bibl. imp.). — *Landousis-la-Vile*, xiii° s° (cart. de l'abb. de Saint-Michel, p. 182) — *Landouzies-villa*, 1239 (ch. de l'abb. de Foigny). — *Landosis*, 1257 (cart. de la même abbaye, f° 18). — *Landouzis-en-Therasche*, 1398 (arch. de l'Emp. Tr. des chartes, reg. 153, pièce 384). — *Landouzis-la-Ville*, 1536 (acquits, arch. de la ville de Laon).

Landouzy-la-Ville a été érigé en paroisse en 1168; ce village dépendait auparavant d'Éparcy.

Landrenat, h. c^ne d'Étreux. — Uni actuellement à la population agglomérée : c'est la rue des Cressonnières.

Landricourt, c^on de Coucy-le-Château. — Villa que dicitur *Landricurtis*, 1059 (Chron. de Nogento, p. 416). — *Landricicurtis*, 1151 (suppl. de D. Grenier, 291, Bibl. imp.). — *Landricort*, 1260 (cart. de l'abb. de Saint-Martin, t. II, p. 325). — Saint-Martin-de-Landricourt, 1688 (arch. commun. de Landricourt).

C'était autrefois une dépendance de la baronnie de Coucy (arch. de l'Emp. Tr. des chartes, reg. 99, n° 441).

Landricourt, f. c^ne de Fresnoy-le-Grand. — *Landercurt*, 1124; *Landicurtis*, 1145; *Landrecurt*, 1148; *Landecurt*, 1168 (cart. de l'abb. d'Homblières, p. 32, 7, 46, 2).

Ancien domaine de l'abb. d'Homblières.

Laneux (Le), h. c^ne de Thiernu.

Laniel, petit fief, c^ne de Charmes. — Relevait autrefois de Rogécourt.

Lanisecourt, c^on d'Anizy-le-Château. — *Lanisicort*, 1152; villa de *Lanisicurtis*, 1166 (cart. de l'abb. de Saint-Martin de Laon, t. III, p. 415 et 361). — *Lanesicort*, *Lanesicurtis*, 1214 (ch. de l'abb. de Saint-Nicolas-aux-Bois). — *Lanisicourt*, 1236 (gr. cart. de l'év. de Laon, ch. 232). — *Lanisicourt*, 1284 (ch. de l'abb. de Saint-Nicolas-aux-Bois). *Lanysicourt*, 1389; *Lanisecourt*, 1488; *Lanissecourt*, 1516 (comptes de l'Hôtel-Dieu de Laon, E 2, 24 et 44). — *Lanicecourt*, 1729 (intend. de Soissons, C 205).

La seigneurie dépendait de la vicomté de Mons-en-Laonnois; elle relevait de Guise et de l'évêché de Laon.

LANNEUX-DU-GARD, h. et filature, c^{ne} de Saint-Gobert.
LANNEUX-PÉCHON, h. c^{ne} de Saint-Gobert.
LANNEUX-TOULOUSE, h. c^{ne} de Saint-Gobert.
LANNOIS, bois, c^{ne} de Barizis. — Ce bois, de la contenance de 154 arpents, appartenait à la prévôté de Barizis.
LANNOIS ou FONTAINE-D'ANNOIS, f. c^{ne} d'Hirson. — *Annois*, 1671 (arch. comm. d'Hirson). — Cense de *Lanoy* 1696 (arch. comm. de Neuve-Maison). — Cense de *Lannois*, 1697 (prévôté d'Hirson).
Fief appartenant autrefois à l'abb. de Bucilly et relevant de Guise.
LANNOY, fief, c^{ne} de Villeneuve-sur-Fère. — *Lannois*, 1723 (famille de Conflans).
LANSON, fief, c^{ne} de Marest-Dampcourt. — Relevait autrefois de Brétigny.
LAON, chef-lieu du département de l'Aisne. — *Bibrac*? (J. César, *De Bello Gallico*, lib. II, cap. vi). — *Bibracina Convallis*, xiie s^e (ex Vitâ Guiberti, abbatis de Novigento, *Hist. de France*, t. XII, p. 255 D). — *Lugdunum*, 539 (testament de saint Remy, Bibl. imp. ancien fonds ms. 5308). — *Lugdunum Clavatum*, 581 (Grégoire de Tours, liv. VII). — *Mons Clavatus* (monnaie mérovingienne, collect. de M. Dassy). — *Leudunum*, 632 (*Hist. de France*, t. IV, p. 46). — *Laodunum*, 680 (*ibid.* t. II, p. 653). — *Laudunum-Clavatum*, 680 (Gesta regum Francorum). — Urbs *Laudunensis*, 842 (Nithardi Caroli Nepotis Hist. lib. III). — *Laudunum mons*, 920 (*Hist. de France*, t. VIII, p. 368). — *Lucdunicum*, 963 (dipl. du roi Lothaire II, *Hist. de France*, t. IX, p. 628 E). — Urbs *Lugdunensis*, 968 (*ibid.* t. IX, p. 633 C.) — Urbs *Laudunica*, 975 (dipl. du roi Lothaire II, petit cart. de l'év. de Laon). — *Lauon*, viiie s^e (cueilleret de l'Hôtel-Dieu de Laon, B 62). — *Loun*, 1253 (ch. arch. de la ville de Laon). — *Loon*, 1257 (cart. de l'abb. de Saint-Michel, p. 261). — *Lan*, 1433 (Chroniques de France, n° 26, bibl. de Lille).
Le diocèse de Laon a été formé, en 497, d'une partie du diocèse de Reims, égale sans doute à celle que représentait le comté placé sous le commandement d'Émile, père de saint Remy (Flodoard, Bibl. imp. ms. 5575). — *Comitatus Laudunensis*, ixe s^e (ex Vitâ sancti Remigii). — Le diocèse de Cambrai le bornait au nord, celui de Noyon à l'ouest, celui de Soissons au sud et enfin celui de Reims à l'est. Il comprenait deux archidiaconés, dont l'un ne semble remonter qu'au xie siècle : le grand archidiaconé, le plus ancien, était composé des doyennés ruraux de Bruyères, Laon, Marle, Montaigu, Neufchâtel et Vervins; l'archidiaconé de Thiérache, de ceux d'Aubenton, Crécy-sur-Serre, la Fère, Guise, Mons-en-Laonnois et Ribemont. Cette subdivision ne répond pas à un état de choses plus ancien.

Le doyenné rural de Laon ne comprenait que les paroisses de la ville et de la banlieue, moins la Neuville. Cette banlieue, *Banluca de Lauduno*, 1222 (grand cart. de l'év. de Laon, ch. 80), était composée d'Ardon, Lœuilly, Semilly, Saint-Marcel, Saint-Ladre, Champleu, la Neuville et Vaux-sous-Laon; elle constituait avec la ville le pays ou la paix de Laon (pax Laudunensis), 1128 (grand cart. de l'év. de Laon, ch. 3). — Pays de Laon, 1333 (ch. de l'abb. du Sauvoir), qui n'était autre chose que le territoire de la commune. Celle-ci a été supprimée définitivement en 1331, pour être administrée par un prévôt royal secondé par des gouverneurs et des conseillers électifs qui se rassemblaient dans les salles voisines de la tour dite *de Louis d'Outre-mer*. De cette tour relevaient les châtellenies de Bosmont, Coucy-le-Château, la Fère et Marle, et les seigneuries de Bouconville, Bourg-et-Comin, Brie, Fourdrain, Montloué et Neufchâtel.

Indépendamment de cette prévôté, qui a été unie au bailliage de Laon en 1731, Laon avait encore une prévôté foraine dont la juridiction s'étendait, en 1371, sur le Soissonnais, le Laonnois, la Thiérache, le Porcien et une partie de la Champagne (arch. de l'Emp. Tr. des chartes, reg. 102, pièce 215). Le ressort de cette prévôté était primitivement celui du bailliage de Vermandois, dont le chef-lieu était à Laon; mais ce bailliage, ayant été à diverses reprises considérablement démembré, ne comprenait plus, dans le xviiie siècle, que ce qui constitue les cantons de Laon et de Sissonne; celui de Crécy-sur-Serre, moins Nouvion-l'Abbesse, depuis 1737, Nouvion-le-Comte, Pont-à-Bucy, Richecourt; celui d'Anizy-le-Château, moins Bassoles-Aulers, Pinon et Vauxaillon; celui de Craonne, moins Œuilly en partie, Oulches, Pargnan en partie, Vassogne; celui de Marle, moins cette ville; celui de Neufchâtel, moins Bouffignereux, Concevreux, Condé-sur-Suippe, Dammarie, Gernicourt, Maizy en partie, Meurival, Muscourt, Roucy et la Ville-aux-Bois-lez-Pontavert; celui de Rozoy-sur-Serre, moins Chaourse; celui de Vervins, moins Saint-Algis, Autreppes et Gercy; celui de Sains, moins Sains, Colonfay, le Hérie-la-Viéville, Landifay-et-Bertaignemont, Lemé, Monceau-le-Neuf, Puisieux-et-Clanlieu, le Sourd, Wiége-Faty. Il ne prenait du canton de la Fère que Brie, Fourdrain, Monceau-les-Leups, Saint-Nicolas-aux-Bois; de celui de Coucy-le-Château, que la partie de Barizis où se trouve l'église, Septvaux; de celui d'Aubenton, que Coingt, Iviers, Jeantes, Mont-Saint-Jean, Saint-Clément; de celui d'Hirson, qu'Éparcy, Origny en partie; de celui de la Capelle, qu'Étréaupont en partie (rive gauche de l'Oise); de celui de Ribemont, que la Ferté-Chevresis en partie; de celui de Vailly, que Soupir; de celui de Braine, que Revillon et Villers-en-Prayères; et enfin, Badouais et Brienne en partie, du canton d'Asfeld (Ardennes).

La maîtrise des eaux et forêts de Laon a été supprimée en 1669 pour être unie à celle de Coucy-le-Château, puis rétablie par édit de novembre 1689. Ses limites ont été fixées du côté de la maîtrise des eaux et forêts de la Fère, le 9 octobre 1700, de la manière suivante : la rive gauche du Noirieu, depuis Faucommé jusqu'à Vadencourt; l'Oise séparait ensuite jusqu'au-dessous de Ribemont; de là, une ligne droite fut tirée vers le ruisseau du Péron, à 1 kilomètre environ au-dessus de Monceau-le-Vieil et le ruisseau servait de limite jusqu'à la Serre. Cette démarcation ne tarda pas à être contestée de part et d'autre, la maîtrise de Laon voulant avoir les bois de Versigny, et sa rivale, ceux d'Origny, de l'ancien domaine de Navarre. Enfin un arrêt du conseil des finances, du 19 août 1722, attribua à la maîtrise de la Fère la circonscription des bailliages de Saint-Quentin, de Marle et de la Fère, et à celle de Laon, les bailliages de Ribemont et de Laon : de cette façon, le bois de Versigny fut laissé à la maîtrise de Marle et la Fère et celui d'Origny à celle de Laon, qui fit abandon de quelques bois à sa rivale.

Laon était aussi le chef-lieu d'une élection comprenant les subdélégations de Coucy-le-Château, Craonne, la Fère, Marle, Ribemont, Rozoy-sur-Serre et Laon. Cette dernière empruntait à l'arrondissement actuel de Laon le canton de Laon, ensuite celui d'Anizy-le-Château, moins Bassoles-Aulers, Brancourt, Faucoucourt, Pinon, Suzy, Vauxaillon et Wissignicourt. Elle prenait au canton de Craonne Bourg-et-Comin, Braye-en-Laonnois, Monthenault, Moulins, Moussy-sur-Aisne, Neuville, Pancy, avec Saint-Thomas, Trucy, Vendresse-et-Troyon, Verneuil-Courtonne; à celui de Crécy-sur-Serre, Crécy-sur-Serre, Barenton-Bugny, Barenton-Cel, Barenton-sur-Serre, Chalandry, Chéry-lez-Pouilly, Pouilly-et-Verneuil-sur-Serre; à celui de Marle, Grandlup-et-Fay, Monceau-le-Wast, Pierrepont et Vesles-et-Caumont; à celui de Neufchâtel, Amifontaine, la Malmaison; à celui de Sissonne, Sissonne, Boncourt, Chivres-et-Mâchecourt, Coucy-lez-Eppes, Courtrizy-et-Fussigny, Gizy, Leppion, Liesse, Marchais, Mauregny-en-Haie, Missy-lez-Pierrepont, Montaigu, Saint-Erme-Outre-et-Ramecourt, Sainte-Preuve, Samoussy et la Selve; à celui de Braine, Glennes, Revillon et Villers-en-Prayères; à celui de Vailly, Soupir.

Le grenier à sel de Laon comprenait le canton du même nom, plus le canton d'Anizy-le-Château, moins Anizy-le-Château, Bassoles-Aulers, Brancourt, Chevregny, Faucoucourt, Monampteuil, Pinon, Vauxaillon et Wissignicourt. Il prenait à celui de Craonne Ailles, Aubigny, Chamouille, Chermizy, Colligis, Crandelain-et-Malval, Lierval, Martigny-en-Laonnois, Monthenault, Neuville, Pancy, Sainte-Croix, Trucy; à celui de Crécy-sur-Serre, Assis-sur-Serre, Barenton-Bugny, Barenton-Cel, Chalandry, Chéry-lez-Pouilly, Couvron-et-Aumencourt, Mesbrecourt-Richecourt, Pont-à-Bucy, Pouilly, Remies, Verneuil-sur-Serre; à celui de la Fère, Anguilcourt-le-Sart, Courbes, Fourdrain, Monceau-les-Leups, Saint-Nicolas-aux-Bois et Versigny; à celui de Marle, Monceau-le-Wast; à celui de Sissonne, Sissonne, Coucy-lez-Eppes, Courtrizy-et-Fussigny, Saint-Erme-Outre-et-Ramecourt, Gizy, Liesse, Marchais, Mauregny-en-Haie, Montaigu et Samoussy.

Laon était également chef-lieu d'un gouvernement militaire de la province de l'Île-de-France et d'un présidial créé en 1551.

La ville de Laon devint, en 1790, le chef-lieu du département de l'Aisne, composé des districts de Château-Thierry, Chauny, Saint-Quentin, Soissons, Vervins et Laon. Ce dernier comprenait les cantons de Beaurieux, Bruyères, Chevregny, Crécy-sur-Serre, Crépy, Laon, Liesse, Marle, Montcornet, Neufchâtel, Roucy, Rozoy-sur-Serre et Sissonne; le canton de Laon fut composé des communes d'Athies, Bourguignon-sous-Montbavin, Chaillevois, Chambry, Chivy-lez-Étouvelles, Creuttes, Étouvelles, Laniscourt, Laon, Laval, Loizy, Merlieux, Mons-en-Laonnois, Montbavin-et-Montarcenne, Nouvion-le-Vineux, Puisieux, Royaucourt, Vaucelles-et-Beffecourt. — Le district de Chauny a été uni à celui de Laon par la loi du 17 février 1800, pour ne former qu'un seul arrondissement ayant pour limites : au nord, les arrondissements de Saint-Quentin et de Vervins; à l'est, les départements des Ardennes et de la Marne; au sud, l'arrondissement de Soissons, et à l'ouest, le département de l'Oise.

Dates d'établissements, d'institutions et de maisons religieuses à Laon : chapitre cathédral, v^e s^e; chapitres : de Saint-Pierre-au-Marché, 545; de Sainte-Geneviève et de Saint-Julien, avant le viie s^e :

de Saint-Jean-au-Bourg, 1065; — abbayes : de Saint-Vincent, 580 et 961 (Bénédictins); de Saint-Hilaire, vers 710 (*ibid.*); de Saint-Jean et de Notre-Dame-la-Profonde (Bénédictines), VII° siècle; de Saint-Nicolas-du-Val-des-Écoliers et du Sauvoir, 1200; — Hôtel des monnaies, 1456; collège, 1578; Minimes, 1610; Capucins, 1613; Sœurs de la Congrégation, vouées à l'instruction des jeunes filles, 1622; association de Notre-Dame-de-Paix, 15 janvier 1642; séminaire, 1660; hôpital, 1663 et 1669; Frères des écoles chrétiennes, 1683; Sœurs de la Providence, vouées à l'instruction des jeunes filles, 1685, rétablies en 1803; maison de retraite des prêtres du diocèse, 1687; école normale primaire, 1831; hôpital de Saint-Fiacre-de-Vaux-sous-Laon : voy. VAUX.

Les armoiries de Laon sont : *d'argent à trois merlettes de sable, posées deux et une, au chef d'azur chargé de trois fleurs de lys d'or.*

LAONNOIS, pays. — *Pagus Laudunensis*, 60 a (Aubert Miréc, Dipl. belg.). — *Laudunisus*, 853 (Capitularia Caroli Calvi). — *Laudunensis parrochia*, 867 (epistola Hincmari arch. Rem. ad Nicolaum papam, *Hist. de France*, t. VII, p. 526 C). — *Laudunensis civitas*, 936 (*Hist. de France*, t. IX, p. 65 D). — *Laudunensis provincia*, 978 (Chronique de Guillaume de Nangis). — *Laudunensis episcopatus*, 1209 (petit cart. de l'év. de Laon, ch. 102). — *Loonois*, 1276 (arch. comm. de Bruyères-et-Montbérault). — *Laonnoys*, 1359 (arch. de l'Emp. Tr. des chartes, reg. 90, pièce 250). — Pays de *Launoys*, 1367 (*ibid.* reg. 99, pièce 46). — *Lonois*, XIV° s° (actes du chap. cathédral de Laon, collection de M. Hidé).

Cette petite province avait la même étendue que le diocèse de Laon. Les prélats qui gouvernèrent celui-ci au moyen âge mirent souvent dans leur formule les mots *episcopus Laudunensium*, pour indiquer que leur autorité s'étendait sur ceux qui habitaient le Laonnois. Ce nom, dans son acception restreinte, n'indique que les domaines épiscopaux : *Laudunesus*, 1195; *Laudunesium*, 1174 (grand cart. de l'év. de Laon, chartes 29 et 2). — Terre de *Loonois*, 1282 (Olim, t. II, p. 218). — *Loonois*, 1293 (grand cart. de l'év. de Laon, ch. 211). — *Laonnois*, 1347 (ch. de l'év. de Laon).

Ces domaines ont formé le duché de Laonnois, comprenant le comté d'Anizy et les villages de Beffecourt, Étouvelles, Fouquerolles, Laval, Lizy, Merlieux, Mons-en-Laonnois, Nouvion-le-Vineux, Presles, Urcel, Valavergny, Vaucelles et Wissignicourt.

L'évêque de Laon était, en sa qualité de duc de Laonnois, suzerain des châtellenies d'Aulnois, Montaigu, Pierrepont et Sissonne; de la baronnie de Thiernu, etc. Son bailli rendait la justice à Laon, curia ducatus, 1269 (Olim, t. I, p. 779). — Salle de la duchée de *Loon*, 1336 (ch. de l'év. de Laon). — Dès le XIV° siècle, le duché de Laonnois tendait déjà à prendre celui de duché de Laon, qu'il a conservé depuis.

LAONNOIS, bois, c°° de Barizis.

LAPPION, c°° de Sissonne. — *Lapion*, XIII° s° (*Hist. de France*, t. XVIII, p. 714 E). — *Lapio*, 1340 (fonds latin, ms. 9298, Bibl. imp.). — *Lappyon*, 1411 (arch. de l'Emp. J 801, n° 4).

La seigneurie appartenait autrefois au prieuré de Saint-Paul-aux-Bois et relevait pour moitié de la baronnie de Nizy (Bulletin de la Société académique de Laon, t. II, p. 236). — La maladrerie a été unie à l'Hôtel-Dieu de Vervins par lettres patentes de novembre 1696.

LAPRÉ, m°° isolée, c°° d'Allemant.

LARGER, f. c°° de Bézu-le-Guéry. — Autrefois fief.

LARGNY, c°° de Villers-Cotterêts. — Ecclesia de *Lerniaco*, 1123 (cart. de l'abb. de Saint-Jean-des-Vignes de Soissons). — *Lerni*, XIII° siècle (Miracles de saint Louis, *Hist. de France*, t. XX, p. 151 D). — In villa et territorio de *Lergni*, 1270 (arch. de l'Emp. Tr. des chartes, reg. J 232).

Mairie relev. aut. du chât. de Crépy-en-Valois.

LARRIS (Les), h. c°°° de Versigny et de Vieil-Arcy.

LANZILLE, h. c°° d'Étréaupont.

LANZILLIÈRE, petit fief, c°°° de Proisy et de Romery. — Relevait autrefois de Guise.

LASAULX ou PRÉ-WILLOT, petit fief, c°° de Malzy. — Il relevait autrefois de Guise.

LATILLY, c°° de Neuilly-Saint-Front. — *Lastiliacus*, 1110; *Lastilli*, 1139; *Lastilly*, 1217 (cart. de l'abb. de Saint-Jean-des-Vignes, Bibl. imp.). — *Lately*, 1383 (arch. de l'Emp. P 136; transcrits de Vermandois). — *Latylly*, 1405 (comptes de l'Hôtel-Dieu de Soissons, f° 20). — *Lattilly*, 1464 (Bibl. imp. suppl. français, n° 1195). — *Lattily*, 1710 (intend. de Soissons, C 205).

Châtellenie du duché de Valois ressortissant à la prévôté de Neuilly-Saint-Front.

LATILLY ou VIEUX-CHÂTEAU, m°° à eau, c°° de Courcmelles. — *Lately*, XIV° siècle (arch. de l'Emp. P 136; transcrits de Vermandois).

LATOUR, fief, c°° de la Chapelle-Monthodon. — Relevait autrefois de Dormans.

LAUNAY, h. c°°° de Connigis et de Crézancy. — *Alnetum* 1573 (pouillé du dioc. de Soissons, f° 26).

Connu autrefois sous le nom de *Launoy-le-Bailli.*

LAUNAY, m⁰ⁿ isolée, c⁰ᵉ de Jaulgonne. — *Lanoy* (carte de Cassini).

LAUNOY, c⁰ⁿ d'Oulchy-le-Château. — *Alnetum*, 1139 (cart. de l'abb. de Saint-Jean-des-Vignes, Bibl. imp.). — *Lannoy*, 1427 (comptes de l'Hôtel-Dieu de Soissons, f° 17). — *Lannoy*, 1577; *Laulnoy*, 1617 (tit. de l'abb. de Saint-Jean-des-Vignes). — *Laonnoys*, 1648 (Minimesses de Soissons). — *Launois*, 1733 (intend. de Soissons, C 205).

La seigneurie de Lannoy relevait autrefois d'Oulchy-le-Château.

LAUZENOY, fief, c⁰ᵉ d'Houry. — Relevait autrefois du marquisat de Vervins.

LAVAL, c⁰ⁿ d'Anizy-le-Château. — In territorio de *Laval*, 1238 (arch. de l'Emp. L 994). — *Laval-en-Laonnois*, 1545 (cab. de M. de Sagnes).

Vicomté vendue en 1267 par Enguerrand II, sire de Coucy, à l'év. de Laon.

Laval ressortissait pour la justice à la prévôté de Presles et au duché de Laonnois.

LAVAL, f. c⁰ᵉ de Crézancy; détruite en 1814 par l'invasion.

LAVAL, h. et m¹ⁿ à eau, c⁰ᵉ de Cuizy-en-Almont. — *Lavalum*, 893 (dipl. du roi Eudes, *Hist. de France*, t. IX, p. 460 D). — *Lavalle*, 1761 (maîtrise de Soissons).

LAVAQUERESSE, c⁰ⁿ de Guise. — *Lavakerece*, 1270 (arch. de l'Emp. I. 999). — *Lavasqueresche*, 1405 (ibid. J 801, n° 1). — *Le Vacqueresse*, 1435 (arch. comm. de Lesquielles-Saint-Germain). — *Lavasqueresse*, 1640 (baill. de Ribemont, B 18, f° 144). — *Lavacresse*, 1643 (chambre du clergé du diocèse de Laon).

La seigneurie dépendait pour moitié de la baronnie d'Iron; le surplus dépendait de la chartreuse du Val-Saint-Pierre.

LAVAN, fief, c⁰ᵉ de Fontaine-Notre-Dame. — Relevait du comté de Ribemont.

LAVERGNY, f. c⁰ᵉ de Parfondru. — *Labriniacum*, 530 (test. de saint Remy, Bibl. imp. ms. 5308, ancien fonds). — *Laverniacum*, 1137 (cart. de l'abb. de Saint-Martin de Laon, f° 129). — *Laveriacus*, 1159 (cart. de l'abb. de Signy, f° 23). — *Lavreni*, 1162; *Laverneium*, 1166 (charte de l'Hôtel-Dieu de Laon, B 76). — *Lavregni*, 1204 (petit cart. de l'abb. de Signy, f° 151). — *Lavrigni*, 1204; *Lavergni*, 1216 (cart. de l'abb. de Saint-Martin, t. II, p. 77, 399). — *Lavregny*, 1408 (comptes de l'Hôtel-Dieu de Laon, E 7). — *Lavregnys*, 1568 (acquits, arch. de la ville de Laon).

Célinie, mère de saint Remy, a été inhumée à Lavergny, où elle était née. Ce domaine étant échu

à saint Remy, celui-ci le donna à Latron, évêque de Laon, son neveu (Marlot, *Hist. metrop. Rem.* t. I*ᵉʳ*). — Il fut ensuite acquis par l'abbaye de Saint-Martin de Laon, qui le donna, au xɪɪ° siècle, à l'abbaye de Signy; il relevait de l'évêché de Laon et formait une communauté. Celle-ci a été unie à Parfondru par arrêté du directoire du département de l'Aisne, du 21 novembre 1791.

La forêt dom. de Lavergny contient 234 hectares.

LAVERSINE, c⁰ⁿ de Vic-sur-Aisne. — *Lavercine*, xɪɪ° s° (cart. de l'abb. de Saint-Denis, f° 159, arch. de l'Emp.). — *Laversine*, 1153 (cart. de Chaourse, arch. de l'Emp.). — *Laversinie*, 1154; *Laversines*, 1204 (cart. de l'abb. de Saint-Crépin-le-Grand, p. 9 et 536). — *Lavrecinis*, 1261 (cart. de l'abb. de Saint-Denis, f° 161). — *Lavrecines*, 1260 (cart. de Chaourse, f° 9, arch. de l'Emp.). — *Lavercinnes*, 1573 (pouillé du dioc. de Soissons, f° 22).

La seigneurie relevait autrefois de Pierrefonds.

LAVIEN (LE), f. c⁰ᵉ de Crépy; détruite en 1850. — Elle constituait autrefois un fief relevant de la Fère.

LAVROY ou LOUVROY, f. c⁰ᵉ de la Ferté-Chevresis; auj. détruite. — *Le Lauroy*, 1536 (acquits de comptes de Laon).

LÉCHELLE, h. c⁰ᵉ de Berzy-le-Sec. — *Leschielles*, 1501 (comptes de l'Hôtel-Dieu de Soissons, f° 14). — *Leschielle*, 1531 (ibid. f° 38).

LÉCHELLE, bois, c⁰ᵉ de Sissonne. — Bois de l'*Eschelle*, 1773 (tit. de l'év. de Laon).

LÉCHELLOIS, petit fief, c⁰ᵉ de Vaux-Andigny. — Relevait autrefois de Guise.

LEDOUX, petit fief, c⁰ᵉ de Montigny-sur-Crécy. — Il relevait du fief de Maurepaire.

LEFÈVRE, petit fief, c⁰ᵉ de Flavigny-le-Petit. — Relevait autrefois de Guise.

LÉGÈRES (LES), m¹ⁿ à eau, c⁰ᵉ d'Agnicourt-et-Séchelles.

LEHONE, ruiss. qui afflue dans l'Oise à Tergnier, après avoir traversé les territoires de Liez, Quessy, Farguiers et Tergnier et alimenté les moulins à blé de Farguiers et de Quessy, et dont le parcours est de 10 kilomètres. — Rivulus qui dicitur *Lehona*, 962 (cart. de l'abb. d'Homblières, p. 19).

LELEU, petit fief, c⁰ᵉ de Crupilly. — Relevait autrefois de Guise.

LEMBREVAL, h. c⁰ᵉ de Chigny.

LEMÉ, c⁰ⁿ de Sains. — Grangia que *Mare* dicitur, 1161 (cart. de l'abb. de Foigny, f° 64, Bibl. imp.). — Terre de *Lamer*, 1173; *Lamere*, 1263 (cart. de la seign. de Guise, f° 154). — *Lemer*, 1274 (cart. de l'abb. de Fervaques, f° 12, Bibl. imp.). — *Lemez*, 1405 (arch. de l'Empire, J 801, n° 1). — *Lemeiz*, 1411 (ibid. n° 4). — *Lemet*, 1632 (délibér.

arch. de la ville de Guise). — *Lemée*, 1780 (chambre du clergé du dioc. de Laon).

Ancien domaine de l'abb. de Foigny. Le nord du village dépendait du baill. de Ribemont, et le sud, de celui de Laon.

LEMPIRE, c^ne du Câtelet. — *Lempire-en-Cambrésis*, 1746; *Lempire-Cambrésis*, 1766 (grenier à sel de Saint-Quentin). — *Lumpire* (carte de Cassini). — *Sart-Lempire*, 1791 (arch. comm. de Lempire).

Dépendait autrefois de la paroisse de Vendhuile et ressortissait au bailliage et à la châtellenie de Cambrai. La seigneurie relevait de Crèvecœur. — Commune érigée en 1791.

LENTY, fief, c^ne d'Éparcy. — Alodium de *Lontis*, 1120; *Lenti*, 1261 (cart. de l'abb. de Bucilly, f°s 2 et 58).

« Est un nom ancien divisé en grand et petit, faict un terrouer particulier à ces terres fortes à labourer et humides à cause de la lenteur de la terre, ce qui fait quelles ne sont pas de grand rapport, à moins d'estre bien cultivez et amendez pourquoy le nom de Lenty lui est donné» (Livre de Foigny, par de Lancy, p. 77).

LÉPINOY, m^on isolée, c^ne de Cugny.

LÉPOURDON, petit fief, c^ne de Monceau-le-Neuf. — Il relevait autrefois de Guise.

LERZY, c^ne de la Capelle. — *Lehersiacum*, 1123; *Lehersis*, 1169 (cart. de l'abb. de Saint-Michel, p. 20 et 241). — *Leherzies*, 1183 (coll. de D. Grenier, 30e paquet, n° 1). — *Lersies villa*, 1253; *Leheriies*, 1260 (cart. de l'abb. de Saint-Michel, p. 155 et 323). — *Lerzies*, 1337 (arch. de l'Emp. L 992). — *Lersis*, 1340 (Bibl. imp. fonds latin, ms. 9228). — *Leresis*, 1568 (acquits, arch. de la ville de Laon). — *Lerzi*, 1612 (terr. de Sorbais). — *Lersy*, 1710 (intendance de Soissons, C 320). — *Lerzis*, 1780 (chambre du clergé du dioc. de Laon).

La seigneurie appartenait autrefois à l'abbaye d'Origny-Sainte-Benoîte.

LESCHELLE, c^ne du Nouvion. — *Cella*, 1244 (cart. de l'abb. de Foigny, f° 215, Bibl. imp.). — *La Celle*, 1248 (cart. de Saint-Martin, t. II, p. 253). — *Le Cele*, 1261 (suppl. de D. Grenier, 288, Bibl. imp.). — *Le Celle*, XIIIe s^e (cart. de l'abb. de Thenailles, f° 63). — *Chele, la Chiele*, 1344 (arch. de l'Emp. Tr. des chartes, reg. 127, pièce 154) — *Lecel* et *Leval*, 1568 (acquits, arch. de la ville de Laon). — *Leschielle*, 1572 (tit. de l'abb. de Saint-Remy, arch. de la Marne). — *Leschelle*, 1579 (arch. de la ville de Guise). — *La Selle*, 1603 (terrier de Câtillon-du-Temple). — *L'Eschelle*, 1661 (chambre du clergé du dioc. de Laon).

Châtellenie relev. autref. de la baronnie d'Iron.

LESCUELLOIS, petit fief, c^ne de Lavaqueresse. — *Lechelois*, 1721 (baill. de Leschelle).

Relevait autrefois de la baronnie d'Iron.

LESDINS, c^ne de Saint-Quentin. — *Lesdin*, 1146 (cart. de Longpont). — In territorio de *Lesdino*, 1248 (arch. de l'Emp. L 738). — In territorio de *Laisdino*, 1250 (Livre rouge de Saint-Quentin-en-l'Île, f° 187, arch. de l'Emp. LL 1018). — *Lesding*, 1295 (cart. rouge de Saint-Quentin, f° 53, arch. de la ville de Saint-Quentin). — *Lesdaing*, 1307 (arch. de l'Emp. Tr. des chartes, reg. 84). — *Laisdin*, 1384 (mêmes arch. P 135; transcrits de Vermandois). — *Lesdain*, 1650 (archives du Dépôt de la guerre, 119, Corresp. militaire, guerres de la Fronde). — *Lesdin*, 1661 (Saisines, prévôté de Saint-Quentin). — *Lesdains*, 1700 (grenier à sel de Saint-Quentin).

La seigneurie relevait autrefois de Fonsomme et de la châtell. de Saint-Quentin (arch. de l'Emp. Q 10).

LESGES, c^ne de Braine. — *Legia*, 1147; *Lesge*, XIIe s^e (cart. de l'abb. de Saint-Yved de Braine, arch. de l'Emp.). — *Lesges*, 1401 (Manuel de l'Hôtel-Dieu de Soissons, 323). — *Leges*, 1633; *Lege*, 1646 (tit. de la Congrégation de Soissons). — *Laiges*, 1709 (intend. de Soissons, C 205).

La seigneurie relevait autrefois de Fère-en-Tardenois.

LESQUIELLES-SAINT-GERMAIN, c^ne de Guise. — *Lescherie*, 1133 (cart. de l'abb. de Foigny, f° 209, Bibl. imp.). — Castrum de *Lecheriis* in parochia Sancti Germani, 1133 (mss. de Du Cange, ABCDE, Bibl. imp.). — *Lescheria*, 1133 (cart. de l'abb. de Saint-Martin, t. I, p. 261). — Ecclesia de *Lescerii*s, 1134 (suppl. de D. Grenier, 286, Bibl. imp.). — *Leskerie*, 1139 (ch. de l'abb. de Prémontré). — *Lecherie*, 1145 (cart. de l'abb. d'Hombliêres, p. 8). — *Lecerie*, 1152 (ch. de l'abb. de Saint-Martin de Laon). — *Lescherees*, 1154 (cart. de l'abb. de Saint-Nicolas-des-Prés de Ribemont, f° 35, arch. de l'Emp.). — *Leskieres*, 1158 (cart. du Mont-Saint-Martin, p. 560). — *Leschieres*, 1161 (cart. de l'abb. de Bucilly, f° 55). — *Leschirie*, 1176 (suppl. de D. Grenier, 288, Bibl. imp.). — *Leschaerie*, 1186 (ch. de l'abb. de Prémontré). — *Eschelie*, 1196 (cart. de l'abb. de Saint-Martin de Laon, f° 45, bibl. de Laon). — *Leskerie*, 1202 (ch. de l'abb. de Prémontré). — *Leschierie*, 1243 (cart. de l'abb. de Foigny, f° 250). — *Leschielis, Leschielles*, 1245 (ch. de l'abb. de Saint-Vincent). — *Lesquerie*, 1248 (ch. de l'abb. de Prémontré). — *Lesquieles*, 1272 (ch. de l'abb. de Saint-Vincent de Laon). — *Les-*

chierez, 1322; *Lesquieres*, 1325 (cart. de la seign. de Guise, f°* 28 et 64). — Prioré de Saint-Jehan de Lelele, 1328 (ch. de l'abbaye de Saint-Vincent de Laon). — *Lesquiles*, 1334 (cart. de la seign. de Guise, f° 171). — *Scalis*, 1340 (Bibl. imp. fonds latin, ms. 9228). — *Lesquiellez*, 1352 (cart. de la seign. de Guise, f° 283). — *Lesquielles-en-Theraisce*, 1566 (arch. de l'Emp. P 249-3). — *Lesquielle*, 1620; *Lequelles*, 1643; *Lesquelle*, 1681 (tit. de l'abb. de Saint-Vincent de Laon).

L'église de Saint-Jean-Baptiste, distraite de la paroisse de Saint-Germain, a été érigée en paroisse en 1132. Barthélemy de Vir, évêque de Laon, y fonda, l'année suivante, un prieuré régulier de Bénédictins pour remplacer le chapitre.

Lessart, f. c°* de Montron. — *Lessard*, 1759 (maîtrise de Villers-Cotterêts). — *L'Essart* (carte de Cassini).

Ancien domaine de la prévôté de Marizy-Saint-Mard.

Lessart, f. c°* de Vivières. — *L'Essart* (carte de Cassini).

Cette ferme appartenait autrefois à l'abbaye de Valsery et relevait de Crépy-en-Valois.

Lessart, petit ruisseau qui afflue dans la Semoigne à Villers-Agron-Aiguizy. — Son parcours est de 1,600 mètres.

Leson, petit fief, c°* de Lesquielles-Saint-Germain. — Relevait autrefois du Guise.

Leuilly, c°* de Coucy-le-Château. — *Luliacum*, 530 (Bibl. imp. test. de saint Remy, ms. 5308, ancien fonds). — *Luli*, 1132 (ch. du musée de Soissons). — *Lulliacum*, 1141 (suppl. de D. Grenier, 289, Bibl. imp.). — Altare de *Lulli*, 1174 (Chron. de Nogento, p. 239). — Curtis de *Luilli*, 1188 (cart. de l'abb. de Prémontré, bibl. de Soissons). — *Luili*, xII° s° (ch. du musée de Soissons). — *Luylli*, 1213 (ch. de l'abb. de Prémontré). — *Luilly*, 1219 (cart. de l'abb. de Saint-Médard, f° 165, Bibl. imp.). — *Luilliacum*, 1264 (suppl. de D. Grenier, 291, Bibl. imp.). — *Luillium*, 1280 (gr. cart. de l'év. de Laon, ch. 9). — *Luilli-de-les-Vongent*, 1385; *Lully*, 1399 (ch. de l'év. de Laon). — *Leulli*, 1573 (pouillé du dioc. de Soissons, f° 20). — *Lieuly* (pierre tumulaire, en l'église de Leuilly, de Pierre de Longueval, mort le 17 janvier 1632). — *Læuly*, 1644 (tit. de l'Hôtel-Dieu de Coucy-le-Château). — *Læuilly* (carte de Cassini).

Domaine donné en 498, par Clovis, à l'évêché de Reims, qui le laissa usurper. — La seigneurie avait titre de comté et relevait de Coucy-le-Château.

Leups (Les), bois, c°* de Trosly-Loire.

Leupve (La), f. c°* d'Amifontaine; auj. détruite. — Elle tenait à un ruisseau.

Leury, c°* de Soissons. — Ville de *Loiry*, 1383 (arch. de l'Emp. P 136; transcrits de Vermandois).

La seigneurie relevait autrefois de Coucy-le-Château. — Ruisseau prenant sa source à Leury et allant se jeter dans celui de Juvigny à Juvigny; son parcours est de 1,752 mètres.

Leury ou Leéry, petit fief, c°* de Landifay-et-Bertaignemont. — Relevait autrefois de Landifay.

Leuze, c°* d'Aubenton. — *Lousa*, 1107; *Loosa*, 1123 (cart. de l'abb. de Saint-Michel, p. 19 et 20). — *Lothosa*, 1163; *Lutosa*, 1173; *Leusa*, 1178 (cart. de l'abb. de Foigny, f° 41 et 42, Bibl. imp.). — *Lathosa*, xII° s° (cart. de l'abb. de Bucilly, f° 80). — *Leuse*, 1236 (cart. de l'abb. de Saint-Michel, p. 232).

Leuze dépendait de la châtellenie de Martigny et ressortissait au bailliage d'Aubenton. — L'église a été érigée en chapelle vicariale le 6 mai 1822.

Leuzilly, f. c°* de Merlieux-et-Fouquerolles. — Alodium *Leusiliaci*, 1145; *Luzillies*, 1193 (Chron. de Nogento, p. 428 et 433). — *Lusilli*, 1238 (grand cart. de l'év. de Laon, ch. 8). — *Luscillies*, 1241 (cart. de l'Hôtel-Dieu de Laon, ch. 320). — In territorio de *Lusilliaco*, 1250 (ch. de l'Hôtel-Dieu de Laon, B 55). — *Luzuilliacum*, 1361; *Luuilly*, 1365 (Chron. de Nogento, p. 42, 270). — *Luseli*, 1389; *Luselly*, 1394; *Lusilis*, 1397; *Lusillis*, 1416; *Luzylly*, 1496 (comptes de l'Hôtel-Dieu de Laon, E 2, E 3, E 4, E 10 et E 27).

Cette ferme appartenait autrefois à l'abb. de Nogent, qui l'a aliénée le 15 janvier 1639. — La prévôté avait été établie en 1361.

Levergies, c°* du Câtelet. — *Vergie*, 1220 (cart. de l'abb. de Vermand, f° 8, Bibl. imp.). — *Levregies*, 1270 (Livre rouge de Saint-Quentin-en-l'Île, arch. de l'Emp. LL 1018). — *Le Vergie*, 1270 (cart. de l'abb. de Fervaques, f° 77, Bibl. imp.). — *Levregie*, 1384 (arch. de l'Emp. P 135; transcrits de Vermandois). — *Levregye*, 1566 (insinuations, baill. de Saint-Quentin). — *Levergyes*, 1584 (minutes de Claude Huart, notaire).

La seigneurie appartenait autrefois au chapitre de Saint-Quentin; le doyenné de Levergies en relevait.

Levintre, c°* de Champs. — Relevait autrefois de Coucy-le-Château.

Lèvre (La), h. c°* de Leuilly; auj. détruit.

Lheys, c°* de Braine. — *Luy*, 1147 (cart. de l'abb. de Saint-Yved de Braine, arch. de l'Emp.). — *Lui*, 1238; *Luyssiacum*, 1264 (cart. de l'abb. de Saint-Crépin-le-Grand de Soissons, f°* 558 et 367). —

Luyacum, 1266 (cart. du chap. cath. de Soissons, f° 285). — *Luis*, 1384 (cart. de l'abb. de Notre-Dame de Soissons). — *Luys*, 1470; *Lhuys-lez-le-Mont-Notre-Dame*, 1521; *Lhuy*, 1526 (tit. de l'abb. de Saint-Vincent de Laon). — *Lhuis*, 1554 (reg. des insin. du baill. de Vermandois). — Paroisse *Saint-Médard-et-Saint-Gildard de Lhuys*, 1701 (arch. comm. de Lhuys).

Vicomté relevant d'abord de Fismes, et ensuite du Soissons. — Maladrerie unie à l'Hôtel-Dieu de Château-Thierry par arrêt du Conseil d'État du 2 mars 1696.

LIBERTÉ (LA), m¹ⁿ à eau, c⁰ᵉ de Jaulgonne.

LIBRETTE (LA), petit ruisseau qui prend sa source sur le territoire de Sorbais, sépare Gergny d'Étréaupont et se jette dans l'Oise sur le territoire de cette dernière commune.

LICY-CLIGNON, c⁰ᵉ de Neuilly-Saint-Front. — *Lussi*, 1233 (ch. de l'Hôtel-Dieu de Soissons, 117). — *Licy-sur-Marne*, 1344 (arch. de l'Emp. Tr. des chartes, reg. 74, n° 29). — *Lisy-aux-Chanoines*, 1498 (comptes de l'Hôtel-Dieu de Soissons, f° 20). — *Lissy-ad-Canonicos*, 1505 (comptes de l'Hôtel-Dieu de Soissons, f° 20). — *Licy-les-Chanoines*, 1506 (tit. de l'Hôtel-Dieu de Soissons, 117). — *Lissy*, 1573 (pouillé du dioc. de Soissons, f° 25). — *Lizy-Clignon*, 1746 (intend. de Soissons, C 206). — *Licy-les-Chanoines* (carte de Cassini).

Licy-Clignon a repris son nom de *Licy-les-Moines* en vertu d'une ordonnance royale du 8 juillet 1814. Cette commune devrait prendre le nom du hameau de Clignon, où est la population agglomérée; Licy n'est qu'une ferme.

LIÉBUCIN, m¹ⁿ à eau, c⁰ᵉ de Brancourt. — *Liebinnum*, *Liebuinum*, 1252 (grand cart. de l'évêché de Laon, ch. 130).

LIÉRCOURT, fief, c⁰ᵉ de Mézières-sur-Oise. — Relevait de la Ferté-sur-Péron.

LIERVAL, c⁰ᵉ de Creaune. — *Lirevallis*, 1135 (ch. de l'abb. de Saint-Martin). — *Lirivallis*, 1187 (cart. de l'abb. de Saint-Martin de Laon, f° 129, bibl. de Laon). — *Lerival*, 1150 (cart. de l'abb. de Vauclerc, f° 15). — *Lerivallis*, 1156 (ch. de l'abb. de Saint-Vincent de Laon). — Tres Hamelli de *Lerveal*, 1174 (grand cart. de l'év. de Laon, ch. 2). — *Lerevallis*, 1189 (suppl. de D. Grenier, 287, Bibl. imp.). — *Liereval*, 1192 (ch. de l'év. de Laon). — *Lereval*, 1250 (cart. de l'abb. de Saint-Martin, f° 133, bibl. de Laon). — *Lyerveal*, 1259 (suppl. de D. Grenier, Bibl. imp.). — In territorio de *Lierevalle*, 1268 (arch. de l'Emp. LL 1161). — *Lyerval*, 1495 (comptes de l'Hôtel-Dieu de Laon, E 26).

— Paroisse *Notre-Dame-de-Lierval*, 1684 (arch. comm. de Lierval).

Lierval dépendait de la commune de Crandelain et avait pour seigneur le maréchal héréditaire du Laonnois. La seigneurie relevait de l'évêché de Laon.

LIESSE, c⁰ᵉ de Sissonne. — *Lientia*, ix° siècle (polypt. de Saint-Remy de Reims). — *Lience*, 1163 (cart. de l'abb. de Saint-Martin de Laon, t. III, p. 127). — *Lyencia*, 1340 (Bibl. imp. fonds latin, ms. 9238). — *Liesse*, 1398; *Lyence*, 1404 (comptes de l'Hôtel-Dieu de Laon, E 4, E 6). — *Leesse*, 1411 (arch. de l'Empire, J 801, n° 4). — *Lience*, 1422 (arch. de l'Empire, Tr. des chartes, reg. 172). — *Liesse*, 1437 (ch. de l'év. de Laon). — Ecclesia *Beatœ-Mariœ-de-Letitia*, 1442 (mém. mss. de l'Éleu, t. II). — *Notre-Dame-de-Lience*, 1471 (arch. de l'Empire, reg. 201, n° 169). — *Lyesse*, 1493 (comptes de l'Hôtel-Dieu de Laon, E 25).

La seigneurie relevait de la châtellenie d'Eppes; elle a été unie à la baronnie de Marchais en 1740 (arch. de l'Emp. K 1277). — Le village était de la paroisse de Marchais. — Pèlerinage très-fréquenté.

Liesse devint, en 1790, le chef-lieu d'un canton dépendant du distr. de Laon et formé des communes de Bucy-lez-Pierrepont, Chivres-et-Mâchecourt, Ébouleau, Fay-lez-Pierrepont, Gizy, Goudelancourt-lez-Pierrepont, Grandlup, Liesse, Marchais, Missy-lez-Pierrepont, Monceau-le-Wast, Pierrepont, Samoussy et Vesles-et-Caumont.

LIEVAL, f¹, c⁰ᵉ de Rozières. — *Lyeval*, 1516 (abbaye de Saint-Jean-des-Vignes de Soissons).

Seigneurie appartenant à la commanderie de Maupas.

LIEZ, c⁰ᵉ de la Fère. — *Leie-Villa*, 1130 (Colliette, *Mém. du Vermandois*, t. II, p. 260). — Territorium de *Lier*, 1196 (cart. de l'abb. d'Ourscamp, f° 16). — *Liet*, 1444 (délibér. arch. de la ville de la Fère). — *Lye*, 1608 (baill. de Chauny, B 1472). — *Liel*, 1619 (baill. de la Fère, B 711). — Paroisse de *Saint-Médard-de-Liez*, *Lié*, 1690 (arch. comm. de Liez). — *Liez*, 1781 (intend. d'Amiens, C 801).

La seigneurie appartenait à l'abbaye de Saint-Éloi-Fontaine et au chapitre de Saint-Quentin; la part de ce dernier a été acquise par la famille de Flavigny pour relever de ce chapitre.

LIGNIÈRES, h. c⁰ᵉ de Chéry-Chartreuve. — *Lineres*, 1126 (cart. de l'abb. d'Igny, f° 92, Bibl. imp.).

LIGNIÈRES, fief, c⁰ᵉ de Flavy-le-Martel. — Il était situé vers Frières-Faillouël.

LIMÉ, c⁰ᵉ de Braine. — *Limeir*, 1147; *Limer*, 1154 (cart. de l'abb. de Saint-Yved de Braine, arch. de

20.

l'Emp.). — *Limerie, Limers*, 1296 (ch. de l'abb. de Saint-Yved de Braine). — *Lymers*, 1331 (cartul. de l'abb. de Saint-Yved de Braine, Bibl. imp.). — *Limay*, 1468 (ch. de l'abb. de Saint-Yved de Braine). — *Lymer*, 1508 (tit. du chap. de Notre-Dame-des-Vignes de Soissons). — *Lynné*, 1549 (tit. de l'abb. de Saint-Yved de Braine). — *Lymel*, 1574 (min. de Bourget, notaire à Vailly).

LIMEVAL, bois, c^{ne} d'Harly. — Ce bois était déjà défriché en 1384 (arch. de l'Emp. P 135; transcrits de Vermandois, f° 256).

LIMONVAL, f. c^{ne} de Crécy-au-Mont. — *Liemundi vallis*, 1146; *Curtis Lemonvallis*, 1193 (Chron. de Nogento, p. 429 et 434). — *Lymonval*, 1513 (tit. de l'abb. de Prémontré).

Ancien domaine de l'abb. de Nogent.

LINCELIN, h. c^{ne} de Charly; auj. détruit. — A l'extrémité du bourg, vers Crouttes.

LIONVAL, f. c^{ne} de Chouy. — *Lyonval*, 1688 (tit. de l'abb. de Saint-Crépin-le-Grand de Soissons).

Ce domaine appartenait, dès le XIIIe siècle, à l'abbaye de Saint-Crépin-en-Chaye et relevait de la Ferté-Milon.

LIRAMONT, fief, c^{ne} de Bertaucourt-Épourdon. — Il relevait de la Fère (baill. de la Fère, B 660).

LISLET, c^{on} de Rozoy-sur-Serre. — *In territorio ville de Lislet*, 1188 (cart. de l'abb. de Thenailles, f° 10). — *Lilet*, 1326 (cueilleret de l'Hôtel-Dieu de Laon, B 63). — *Lillet*, 1340 (arch. de l'Emp. Tr. des chartes, reg. 75, n° 234). — *Lilletum*, 1340 (Bibl. imp. fonds latin, ms. 9228). — *Lillet*, 1363 (cueilleret de l'Hôtel-Dieu de Laon, B 63). — *Lylet*, 1394 (comptes de l'Hôtel-Dieu de Laon, E 3). — *Lislet-les-Moncornet-en-Thierache*, 1630 (tit. de l'év. de Laon). — *L'Islet*, 1709 (intend. de Soissons, C 274).

La seigneurie relevait de Soupir.

LIZEROLLES, h. c^{ne} de Montescourt-Lizerolles. — *Le Liserole*, 1269 (cart. de l'abb. de Fervaques, f° 73, Bibl. imp.). — *Lyzerole*, 1298 (ch. de l'abb. de Saint-Nicolas-aux-Bois). — *Liserole*, 1384 (arch. de l'Emp. P 135; transcrits de Vermandois). — *Lisrolle*, 1635 (baill. de Chauny, B 1547). — *Lizerolle* (carte de Cassini).

LIZY, c^{ne} d'Anizy-le-Château. — *Lisi*, 1122 (ch. du musée de Soissons). — *Leziacus*, 1202 (ch. de l'év. de Laon). — *Lisiacus*, 1212; *Lizi*, 1220; *Lysiacus*, VIIIe s^e (grand cart. de l'év. de Laon, ch. 91, 107 et 204). — *Lisy, Lizyacus*, 1340 (Bibl. imp. fonds latin, ms. 9228). — *Leizy*, 1568 (acquits, arch. de la ville de Laon).

Lizy, membre du comté d'Anizy, était le chef-lieu d'une mairie comprenant Brancourt, Fouquerolles, Lizy, Merlieux et Wissignicourt; la paroisse dépendait de la cure de Saint-Remy d'Anizy-le-Château.

LOBENIOT, c^{ne} de Franqueville. — Tilleul placé sur un terrain très-élevé, et arraché en 1863. On trouve à peu de distance de cet emplacement des restes de constructions.

LOBIETTE (LA), m^{ln} à eau, c^{ne} de Saint-Michel. — *La Lobiette*, 1349 (cart. de l'abbaye de Saint-Michel, p. 1:3).

LOBRAY, f. c^{ne} de Quincy-Basse; détruite vers 1830. — *Lobraie*, 1718 (arch. communales de Quincy-Basse).

LOCHES (LES), petit ruisseau qui afflue dans l'Artoise à Saint-Michel. — Son parcours dans le département de l'Aisne est de 5,700 mètres.

LOCONOIS, f. et plâtrière, c^{ne} de Château-Thierry. *Lauconoy* (carte de Cassini).

LOCQ, château et m^{ln} à eau, c^{ne} d'Anizy-le-Château. — *Locques*, 1551 (tit. de l'abb. de Prémontré). — *Locq*, 1634 (insin. du baill. de Coucy). — *Locque*, 1674 (arch. commun. d'Anizy-le-Château). *Locres* (carte de Cassini).

Relevait du comté d'Anizy.

LOEUILLY, faubourg de Laon. — *Luliacum*, 1113 (ch. de l'abb. de Saint-Vincent de Laon). — *Luilliacum*, 1138 (reg. de Philippe Auguste, Bibl. imp. f° 49). — *Lulliacum*, 1141 (cart. de l'abb. de Foigny, f° 117). — *In territorio de Luilli*, 1238 (ch. de l'abb. de Saint-Jean de Laon). — *In territorio Lunliaco*, 1252; *Lully*, 1383 (ch. de l'abb. de Saint-Vincent). — *Luylli*, 1400 (comptes de l'Hôtel-Dieu de Laon, E 14). — *Luilly*, 1407 (tit. de l'abb. de Saint-Vincent). — *Luly*, 1529; *Leuilli*, 1541 (comptes de l'Hôtel-Dieu de Laon, E 56 et E 68). — *Lhuilly*, 1567; *Louilly*, 1659; *Lieully*, 1670 (tit. de l'abb. de Saint-Vincent). — *Laeuillet*, 1746 (intend. de Soissons, C 277). — *Leully* (carte de Cassini).

La seign. appartenait à l'abb. de Saint-Vincent de Laon.

LOEUILLY, petit h. c^{ne} de Largny.

LOGE (LA), f. c^{ne} d'Épaux-Bézu.

LOGE (LA), f. c^{ne} de Montreuil-aux-Lions. — *La Loge-Pennier* (carte de Cassini).

LOGE (LA), m^{on} isolée, c^{ne} de Sancy.

LOGE-AUX-BOEUFS (LA), h. c^{ne} de Passy-en-Valois. — *Les Loges* (carte de Cassini).

La seigneurie relevait de la Ferté-Milon.

LOGE-AUX-COLOMBIERS (LA), f. c^{ne} de Pierremande; auj. détruite. — *Loge-aux-Couloumbiers*, 1411 (arch. de l'Emp. J 801, n° 4).

Loge-aux-Sauvages (La), fief, c^{ne} de Chouy. — Relevait de la Ferté-Milon.

Loge-Tristan (La), f. c^{ne} de Chouy. — *Loge-Tristrand*, 1530 (comptes de l'Hôtel-Dieu de Soissons, f° 44). Appartenait au chap. de Vincennes et relevait de la Ferté-Milon.

Logette (La), m^{on} isolée, c^{ne} de Beuvardes. — *Ogies*, 1670 (arch. comm. de Beuvardes).
Vicomté.

Logettes (Les), h. et mⁱⁿ à eau, c^{ne} de Wattigny. — *Le Logete*, 1334 (cart. de la seign. de Guise, f° 90).

Logis, bois, c^{ne} de Renansart.

Logny-lez-Aubenton, c^{on} d'Aubenton. — *Loognis, Loogny*, 1258 (arch. de l'Emp. Tr. des chartes, reg. 30, pièces 87 et 88). — *Longnis*, 1261 (ch. du chap. cath. de Laon). — *Lonnis, Lonnys*, 1346 (cart. E, chap. cath. de Reims). — *Longny*, 1546 (visites diocésaines du doyenné de Rumigny, arch. de la Marne). — *Longni*, 1624; *Longni-les-Aubenton*, 1628 (minutes de Roland, notaire). — *Longny-les-Aubenton*, 1765 (baill. d'Aubenton, B 2506).

Logny-lez-Aubenton était de la province et de la généralité de Champagne; de l'élection de Reims et de la subdélégation de Rocroy; de la cure d'Hannape, doyenné rural de Rumigny, grand archidiaconé et dioc. de Reims. — Ce village faisait partie de la baronnie de Rumigny (Ardennes). Il ressortissait à la justice seigneuriale de ce bourg, et pour les cas royaux, au bailliage et à la maîtrise des eaux et forêts de Sainte-Menehould.

Loire, f. c^{ne} de Trosly-Loire. — *Leor?* 867 (dipl. de Charles le Chauve, arch. de l'Aisne). — *Loyrre*, 1197; *Loirre*, 1206 (suppl. de D. Grenier, 290, Bibl. imp.). — *Loyre*, 1217 (cart. de l'abb. de Prémontré, f° 65, bibl. de Soissons). — *Curtis de Loire*, 1239 (cart. de l'abb. de Saint-Médard, f° 85, Bibl. imp.). — *Mons de Luorre, Luerre*, in loco qui dicitur *la Tombelle*, 1239; *Luozre*, 1260 (ch. de l'abb. de Prémontré).

Cette ferme appartenait à l'abb. de Prémontré.

Loiselet, petit fief, c^{ne} de Gronart. — Relevait de la châtell. de Marle.

Loistre, petit fief, c^{ne} de Limé. — Relevait de Braine.

Loizy, f. c^{ne} de Besny-et-Loizy. — *Lauscitum?* 530 (testament de saint Remy, Bibl. imp. anc. fonds, ms. 5308). — *Losiacus*, 1125 (suppl. de D. Grenier, 286, Bibl. imp.). — *Loisiacum*, 1138 (cart. de l'abb. de Saint-Martin de Laon, f° 135, bibl. de Laon). — *Loseracus*, 1146 (ch. de l'abb. de Saint-Vincent de Laon). — *Loisi*, 1160 (cart. de l'abb. de Saint-Martin de Laon, f° 13, bibl. de Laon). — *Loysi*, 1189 (ch. de l'abb. de Saint-Martin de Laon).

— *Loisiacus*, 1245-6 (arch. comm. de Bruyères-et-Montbérault). — *Loisy*, 1361 (ch. de l'abb. de Saint-Vincent de Laon). — *Loysy*, 1394 (comptes de l'Hôtel-Dieu de Laon, E 3).

La châtellenie relevait de la châtellenie de Vendeuil. — La ferme a été unie à Besny par arrêté du directoire du département de l'Aisne, du 27 octobre 1791.

Lombray, c^{on} de Coucy-le-Château. — *Longbray*, 1745 (intend. de Soissons, C 206).

Ce village dépendait de la seigneurie de Blérancourt et relevait de Coucy-le-Château.

Lombry, Nobry ou Royot, petit ruisseau qui prend sa source à la Folie-Bonjour, près de Malaise, et se jette dans le Gland ou rivière des Champs à Any-Martin-Rieux, après un parcours dans le département de l'Aisne de 2,500 mètres. — Ruisseau de *Naubrye*, 1612 (terr. d'Any-Martin-Rieux).

Longchamp, bois, c^{ne} de Goussancourt (cart. de Saint-Corneille de Compiègne, arch. de l'Emp.). — On n'en connaît plus l'emplacement.

Longchamps, c^{on} de Guise. — *Longus-Campus*, 1194 (cart. de l'abb. de Vermand, f° 5). — *Lonc-Champ*, 1267 (arch. de l'Emp. L 994). — *Molin de Lonchamp-dale-Boheris*, 1272 (ch. de l'abb. de Fervaques). — *Loncamp-de-les-Boherie*, 1272 (cart. de l'abb. de Fervaques, f° 85, Bibl. imp.). — *Lonchamps*, 1568 (acquits, arch. de la ville de Laon). — *Long-Champs*, 1643 (chambre du clergé du diocèse de Laon). — *Lonchamps*, 1710 (intend. de Soissons, C 320).

La seigneurie relevait de Guise.

Longchamps (Les), h. c^{ne} de Courboin.

Longeville, h. et mⁱⁿ à eau, c^{ne} de Draveguy. — *Longevilla*, 1156; *Longavilla*, 1170 (cart. de l'abb. d'Igny, f°s 10 et 6).

La seigneurie relevait de Braine.

Longpont, c^{ne} de Villers-Cotterêts. — *Longus-Pons*, 1118 (ex chronico Mauriniacensi, *Hist. de France*. t. XII, p. 72 B). — *Lonepont*, 1361 (arch. de l'Emp. L 1001). — *Lompont*, 1265 (cart. de l'abb. de Saint-Jean-des-Vignes de Soissons). — *Lompont*, 1271 (arch. de l'Emp. L 1001).

Abbaye de l'ordre de Citeaux fondée en 1132. La seigneurie lui appartenait et relevait de Pierrefonds.

Longpré, f. c^{ne} d'Haramont. — *Longus-Pratus*, 1208 (ch. du prieuré de Longpré). — *Ecclesia Sancta-Trinitatis-Longi-prati*, 1225 (l'abbé Carlier, *Hist. du duché de Valois*, XL). — *Ecclesia Beate-Marie-de-Longuo-Prato*, 1248 (suppl. de D. Grenier, 293, ch. 49, Bibl. imp.). — *Longprez*, xve s^e (dénombr.

158   DÉPARTEMENT DE L'AISNE.

de la chartreuse de Bourg-Fontaine, arch. de l'Emp. Tr. des chartes, LL 1487).

Prieuré de religieuses de l'ordre de Fontevrault; fondé vers 1180.

Longpré, f. c^{ne} de Vervins. — *Longus-Pratus*, 1212 (cart. de l'abb. de Saint-Michel, p. 119). — Cense de *Longprez*, 1616 (minutes d'Ozias Teilinge, notaire). — *Lonpré*, 1669 (baill. de Vervins).

Longuavesne, h. et mⁱⁿ à eau, c^{ne} de Vivières. — *Longavene*, XIIIe s^e (arch. de l'Emp. L 1005). — *Longdavenne*, 1689 (baill. de Villers-Cotterêts, B 1872). — *Longue-Avoine* (carte de Cassini).

Le moulin de Bécret ou de Longuavesne appartenait autrefois à l'abbaye de Valsery et relevait de la châtell. de Crépy-en-Valois; il a été détruit par un incendie en 1866.

Longue (La), f. c^{ne} de Bézu-le-Guéry. — Autrefois *Petite-Longue*.

Longuedeau, m^{on} isolée, c^{ne} d'Aulnois. — *Longue-Faue*, 1366 (ch. de l'év. de Laon). — *Longuiane*, 1409 (ch. de l'abbaye de Saint-Nicolas-aux-Bois). — Cense de *Longueau*, 1511 (comptes de la châtell. d'Aulnois, cabinet de M. d'Imécourt).

Longue-Ogne, f. c^{ne} de Seraucourt; auj. détruite. — Elle se trouvait près de Bourgie.

Longue-Rue (La), h. c^{ne} de Jeantes.

Longueval, c^{ne} de Braine. — In territorio *Longevallis?* 1169 (cart. de l'abb. de Saint-Yved de Braine, arch. de l'Emp.). — In territorio *Longivalle?* 1225 (ibid.). — *Longuavallis*, 1689 (arch. comm. de Longueval). — *Longueralle*, 1768 (tit. du sémin. de Soissons).

Comté qui relevait autrefois de la baronnie de Bazoches.

Longueval, f. c^{ne} de Folembray. — *Longuevalle* (carte de Cassini).

Longueval, petit fief, c^{ne} de Marest-Dampcourt. — Relevait d'Abbécourt.

Lor, c^{ne} de Neufchâtel. — Villa que dicitur *Ortus*, 1183; *Orthus*, 1186; *Lior*, 1189 (cart. de l'abb. de Vauclerc, f°s 65, 73 et 74). — *Liort*, 1189 (arch. de l'Emp. L 996). — *Lort*, 1193; *Hort*, 1197; villa que dicitur *Liorz*, XIIe s^e (cart. de l'abb. de Vauclerc, f°s 71, 74 et 92). — *Laurum*, vers 1346 (cart. E. du chap. cath. de Reims). — *Laure*, 1451 (visites diocésaines de l'archev. de Reims, arch. de la Marne). — *Lorre*, 1619 (épitaphe d'Anne Lecomte, veuve du sieur de Lor, église de Coucy-lez-Eppes). — *Loor*, 1756 (chambre du clergé du dioc. de Laon).

Lor faisait partie du doyenné de Germainemont, des diocèse et archidiaconé de Reims, et ressortissait pour la justice haute et moyenne au bailliage de Reims; il dépendait du marquisat de Nazelle pour la basse justice. Ce village a été détaché du diocèse de Reims et uni à celui de Laon en 1692, en échange d'Avaux.

Lorambert, h. c^{ne} de Martigny. — *Lauranbert*, 1624; *Lauranbert*, 1626 (minutes de Roland, notaire). — Cense ou fief de *Lorenberg* ou *Lambelly*, 1700; *Lambellis*, 1721; *Lambeli*, 1756 (baill. d'Aubenton, B 2503 et B 2516). — *Lorembert* (carte de Cassini).

Le fief de Lorambert appartenait à l'abbaye de Bucilly et relevait de la châtell. de Martigny.

Lorge (Ru de), ruisseau qui prend sa source dans la grande forêt de Viels-Maisons, reçoit à sa gauche le ru de la Commune, à sa droite, celui du Bois-Hochet, et se jette dans la Marne à Nogent-l'Artaud, au-dessous du moulin d'Ambraine. — Son parcours est d'environ 14 kilomètres.

Lorgne, h. c^{ne} du Sart.

Lorgodet, m^{on} isolée, c^{ne} de Chigny. — *Lorguodet* (carte de Cassini).

Loriest, m^{on} isolée, c^{ne} de Dommiers.

Lorieux ou Laurieux, bois, c^{ne} d'Harcigny. — Ce bois appartenait à l'abb. de Bucilly.

Lorival, f. et bois, c^{ne} de Neuville-Saint-Amand. Silva quæ dicitur *Lucosa vallis*, 1110 (cart. AA de l'abb. de Saint-Quentin-en-l'Île, p. 13). — Bos de *Leuseval*, XIVe s^e; Bos de *Leuseval*, 1338 (cart. de la même abbaye, f°s 55 et 57, arch. de l'Empire, LL 1016).

Ce bois est défriché.

Lormisset, f. c^{ne} de Gouy. — *Lormisset*, 1616 (tit. de l'abb. du Mont-Saint-Martin). — *Ormicet*, 1690 (arch. comm. de Gouy). — *Lourmisé*, 1728 (carte du Cambrésis, par Deuse, ingénieur, arch. du Nord).

Cette ferme appartenait à l'abb. du Mont-Saint-Martin.

Lormisset, petit fief. c^{ne} de Montigny-sur-Crécy. Relevait du fief de Maurepaire.

Lostaine, petite f. c^{ne} de Septvaux.

Louaillier, f. c^{ne} de Brasles; auj. détruite.

Louande (La), h. c^{ne} de Villeneuve-sur-Fère.

Louâtre, c^{ne} de Villers-Cotterêts. — *Lostria*, 1110; parrochia de *Loistria*, 1164; *Loistris*, 1199; *Loystres*, 1235; parrochia de *Loistres*, 1262 (cart. de l'abb. de Saint-Jean-des-Vignes, Bibl. imp.). — Parroche de *Loitres*, 1265 (cart. de la même abb. bibl. de Soissons). — *Louastre*, 1606 (arch. comm. de Loudâtre). — *Loâtre*, 1665 (arch. comm. de Villers-Hélon). — *Loatre*, 1672; *Loastre*, 1673 (arch. comm. de Louâtre).

LOUDIER (LE), h. c^{ne} de Neuvemaison. — *Lourdier* (carte de Cassini).

LOUEN, petit fief, c^{ne} de Landifay-et-Bertaignemont. — Relevait de la vicomté de Landifay.

LOUP (LE) ou LES ÉCOLIERS, bois, c^{nes} d'Azy-Bonneil et d'Essommes. — Ce bois appartenait à l'abbaye d'Essommes et au collége de Presles de Paris.

LOUPEIGNE, c^{ne} d'Oulchy-le-Château. — *Luppinis, Lupinis*, 1214; *Loupigne*, XIIIe siècle (cart. de l'abb. de Saint-Médard de Soissons, f° 40, Bibl. imp.). — *Loupegne*, 1653 (arch. comm. de Dammard). — *Loupeigne-et-Vaux*, 1708 (arch. comm. de Loupeigne).

La seigneurie relevait de Pierrefonds.

LOUVERNY, fief, c^{ne} d'Essommes. — *Louvergny*, 1740 (arch. comm. d'Essommes).

Ce fief était situé dans l'intérieur du village.

LOUVET, h. c^{ne} de Parfondeval.

LOUVETAIN, petit h. c^{ne} de Beaumont-en-Beine. — Ancien fief avec château; ce château est détruit.

LOUVIÈRE (LA), petit h. c^{ne} de Villiers-sur-Marne.

LOUVRY, f^{me}, c^{ne} d'Audigny. — Grangia de *Loveri*, 1217 (suppl. de D. Grenier, 288, Bibl. imp.). — *Louveri*, 1278 (cart. de l'abb. de Saint-Martin de Laon, t. I, p. 394). — *Luveri*, 1293 (arch. de l'Emp. L 992).

Domaine donné, en 1144, par l'abbaye de Foigny à l'abb. de Bohéries; il relevait de Guise, où il ressortissait pour la justice (mss. de Du Cange, bibl. de l'Arsenal).

LOUVRY, petit h. c^{ne} de Chézy-en-Orxois. — *Louveri*, (pouillé du dioc. de Soissons, f° 25).

Le prieuré appartenait aux Bénédictins de Saint-Arnoul de Crépy-en-Valois et relevait de la Ferté-Milon.

LUCERON, f. c^{ne} de Chaudun; auj. détruite. — *Luxeron*, 1183 (arch. de l'Emp. L 1003). — *Luisseron*, 1276 (ch. de l'abb. de Saint-Jean-des-Vignes). — *Lusseron*, 1745 (tit. de l'abb. de Longpont).

LUCHET, petit h. c^{ne} de Louâtre.

LUCY, h. c^{ne} de Ribemont. — *Luciacus*, 1083 (ch. de l'abb. de Saint-Nicolas-des-Prés de Ribemont). — *Luigiacum*, vers 1104 (relation des miracles de saint Quentin, Mém. du Vermandois, t. I, p. 379). — Territorium de *Luchiaco*, 1282 (ch. de l'abb. de Saint-Nicolas-des-Prés). — *Lussy*, 1609 (min. de Langellerie, notaire à Ribemont). — *Luci*, 1622 (tit. de l'év. de Laon).

LUCY-LE-BOCAGE, c^{ne} de Charly. — *Lussy*, 1233 (ch. de l'Hôtel-Dieu de Soissons, 117). — *Lucheyus*, 1279 (arch. de l'Emp. L 1006). — *Lucy*, 1383 (arch. de l'Emp. P 136; transcrits de Vermandois).

— *Lucy-le-Boquage*, 1463 (comptes de l'Hôtel-Dieu de Soissons, f° 3). — *Lucy-le-Boscage*, 1475 (ibid. f° 6). — *Lucy-le-Bocaige*, 1479 (ibid. f° 8). — *Lussi*, 1573 (pouillé du dioc. de Soissons, f° 25). — *Lussy-le-Bocage*, 1700 (tombe d'Antoine de France en l'église de Monthiers).

La seigneurie appartenait au chapitre cathédral de Soissons et à l'abbaye de Saint-Martin de Tours. Elle ressortissait pour la justice à la prévôté de l'exemption de Pierrefonds et suivait la coutume de Senlis.

LUD, bois, c^{nes} d'Oulchy-le-Château, de Breny et d'Oulchy-la-Ville; auj. défriché en partie. — Ce bois contenait, en 1753, 126 arpents (d'Expilly, Dict. géogr. au mot EAUX ET FORÊTS).

LUGNY, c^{ne} de Vervins. — *Luignis*, 1129; *Luegni*, *Luiegnies*, 1138; *Luignies*, 1169; *Luegnis*, 1244 (cart. de l'abb. de Saint-Michel, p. 24, 237, 238, 240, 245). — *Loingnies*, 1246 (arch. de l'Emp. L 994). — *Luignis*, 1340 (Bibl. imp. fonds latin, ms. 9288). — *Lugnis*, 1478 (arch. de l'Empire, P 248-3). — *Lugnys*, 1568 (arch. de la ville de Laon). — *Lugny-soubz-Marle*, 1610 (minutes de Constant, notaire). — *Lugnys-soubz-Marle*, 1617 (min. d'Ozias Teilinge, notaire). — *Lugny*, 1780 (chambre du clergé du dioc. de Laon).

La seigneurie relevait de Marle (arch. de l'Emp. PP 17 et P 248-3).

LUGNY-LA-COUR ou PETIT-LUGNY, h. c^{ne} de Thenailles. — Alodium de *Luinies*, 1148; alodium de *Luignies*, 1151; *Luegnis*, 1231 (cart. de l'abb. de Bucilly, f° 3, 4 et 6). — *Lugnis-la-Court*, 1411 (arch. de l'Emp. J 801, n° 4). — *Luingnis-la-Court*, *Lugnys-la-Court*, 1615 (min. d'Ozias Teilinge, notaire). — *Petit-Lugny* (carte de Cassini).

LUMERON (LE), petite ferme, c^{ne} de Nesles. — *Lumeront* (carte de Cassini).

LUQUIS (GRAND et PETIT), hameaux, c^{ne} de Chézy-l'Abbaye.

LURU, fief, c^{ne} de Bois-lez-Pargny. — Relevait de l'év. de Laon.

LUVRY, f. c^{ne} de Froidmont-et-Cohartille. — *Luveri*, 1235 (cart. de l'Hôtel-Dieu de Laon, ch. 293). — *Luvri*, 1536 (acquis, arch. de la ville de Laon). — *Leuvry*, 1661 (tit. du prieuré de Chantrud). — *Louvry*, 1709 (intend. de Soissons, G 274). — *Cense-Livry*, 1744 (arch. de Froidmont-et-Cohartille).

Cette ferme appartenait au prieuré de Chantrud.

LUXEMBOURG (LE), m^{on} isolée, c^{ne} de Nogentel.

LUZOIR, c^{ne} de la Capelle. — Altare de *Lusoir*, 1148 (cart. de l'abb. de Bucilly, f° 3). — *Luzorium*, 1169 (cart. de l'abb. de Saint-Michel, p. 240). —

Luxoir, 1232; Lusor, 1252 (cart. de l'abb. de Foigny, f° 3, 213, 19, Bibl. imp.). — Lusoit, 1261 (cart. de la seign. de Guise, f° 21). — Lussoir, 1338 (suppl. de D. Grenier, 287, Bibl. imp.). — Luzoys, 1565 (min. d'Herbin, notaire). — Luzoir, 1572; Luzoire, 1579 (arch. de la ville de Guise).

Ce village dépendait des châtellenie et prévôté d'Hirson, duché de Guise.

LYFONTAINE, c^on de Moy. — Liffontaine, 1560 (arch. de la fabrique de Vendeuil). — Lisfontaine, 1709 (intend. de Soissons, C 274).

Dépendait de la châtell. de Vendeuil.

M

MAAST-ET-VIOLAINE, c^on d'Oulchy-le-Château. — Parochia de Maas, 1260 (cart. de l'abb. de Saint-Médard, f° 32). — Mas-devant-Villanes, 1383 (arch. de l'Empire, P 136; transcrits de Vermandois).

MÂCHECOURT, c^ne de Chivres-et-Mâchecourt. — Maxicurtis, 1125 (ch. de l'abb. de Saint-Vincent de Laon). — Massecourt, 1161; Massicourt, 1252 (cart. de l'abb. de Saint-Martin de Laon, t. III, p. 42 et 70). — Mainsicourt, 1261 (ch. du chap. cath. de Laon). — Maissicourt, 1265 (ch. de l'Hôtel-Dieu de Laon, 8 B 1). — Maissecourt, 1381 (cart. de l'abb. de Saint-Martin de Laon, t. III, p. 85, arch. de l'Aisne). — Maessecourt, 1474 (ch. de l'év. de Laon). — Machecourt-lez-Pierpont, 1487 (arch. de la ville de Marle). — Maissecourt, 1519 (comptes de l'Hôtel-Dieu de Laon, E 47). — Maichecourt, 1559 (comptes de la châtell. de Pierrepont). — Maschecourt, 1664 (tit. de l'Hôtel-Dieu de Laon).

Ce village dépendait de la châtellenie de Pierrepont et y ressortissait pour la justice. — La paroisse était de la cure de Chivres.

MACHEBU, petit cours d'eau qui afflue dans la Souche à Froidmont-et-Cohartille. Il a été canalisé depuis quelques années. On ne le connaît plus que sous le nom de Rivelotte. — Macherieu, Merchereu, 1628 (tit. de l'abb. de Saint-Martin de Laon).

MACOGNY, h. c^ne de Montron. — Macongni, 1514 (comptes de l'Hôtel-Dieu de Soissons, f° 37). — Maccogny, 1660 (bailliage de Château-Thierry). — Macognis, 1665 (arch. comm. de Montron).

Ce hameau formait une communauté avec Lessart. — La seigneurie relevait de la Ferté-Milon.

MACQUIGNY, c^ne de Guise. — Makegni, 1137; Makigni, 1138 (cart. de l'abb. de Saint-Martin de Laon, f°s 41 et 135, bibl. de Laon). — Makigniacum, 1137 (ibid. f° 129). — Altare de Makegniaco, 1173 (ibid. f° 42). — Macuniacus, XIIe s^e (cart. de l'abb. de Foigny, f° 11 v°, P. D.). — Territorium Maquiniaci, 1176 (suppl. de D. Grenier, 288, Bibl. imp.). —

Macugniacus, XIIe siècle (cart. de l'abb. de Foigny, f° 192, Bibl. imp.). — Parochia de Makigni, 1264 (cart. de l'abb. de Saint-Martin de Laon, f° 35, bibl. de Laon). — Maquigny, 1340 (Bibl. imp. fonds latin, ms. 9228).

Ce village dépendait du duché de Guise.

MACQUIGNY, f. c^ne de Lappion. — Macqueny, Macheni, 1096 (cart. de l'abb. de la Sauve-Majeure, p. 159, bibl. de Bordeaux). — Machenis, 1185 (arch. de l'Emp. L 996). — Grangia de Makeni, 1189; grangia de Maquigniaco, 1213; grangia de Makigniaco, 1222 (cart. de l'abb. de Vauclerc, f°s 71 et 72). — Maquigny, 1709 (intend. de Soissons, C 274).

Ce domaine appartenait à la comm^rie de Roncourt.

MACQUIGNY, f. c^ne de Versigny. — Ancien domaine de l'abb. de Saint-Nicolas-aux-Bois.

MACQUIN, fief, c^ne de Vasseus.

MACQUINCOURT, h. c^ne de Bony. — Makencort, 1141; et pro libertate curiæ quæ Makincort dicitur, quæ est parrochiæ de Vendulia, 1148; Machincort, 1210 (cart. de l'abb. du Mont-Saint-Martin, p. 175, 416, 420). — Maquincourt, 1540 (tit. de l'abb. du Mont-Saint-Martin).

MADELEINE, fief, c^ne de Bieuxy. — Il appartenait au séminaire de Soissons et relevait de Coucy-le-Château.

MADELEINE (LA), f. c^ne de la Ferté-Milon. — Elle doit son nom au prieuré de la Madeleine, qui la possédait; elle a été unie ensuite à Saint-Pharon de Meaux. — Fait aujourd'hui partie de la population agglomérée.

MADELEINE (LA), fabrique de sucre, c^ne de Marle. — Établie en 1855.

MADELEINE (LA), h. c^ne de Montfaucon.

MAGENTA, m^on isolée, c^ne de Gizy et d'Urcel.

MAGNIVILLERS, f. c^ne de la Malmaison. — Magnevillers, 1142 (cart de l'abb. de Saint-Martin de Laon, t. II. p. 383). — Meneviler, 1146 (cart. de l'abb. de Vauclerc, f° 7). — Magniviler, 1147; Magnivilers.

DÉPARTEMENT DE L'AISNE.

1148 (cart. de l'abb. de Saint-Martin de Laon, t. II, p. 395; t. I, p. 381). — Territorium quod dicitur de *Menivillare*, 1153 (cart. de l'abb. de Vauclerc, f° 19). — Curtis de *Magnevilers*, 1164 (cart. de l'abb. de Saint-Martin de Laon, t. II, p. 387). — *Magnivileir*, 1164 (ch. de l'abb. de Saint-Martin de Laon). — *Maignevileir*, 1257 (cart. de l'abb. de Vauclerc, f° 18). — *Mannivillers*, 1554 (reg. des insin. du baill. de Vermandois). — *Magnivilez*, 1705 (plan, abb. de Saint-Martin de Laon).

Cette ferme appartenait à l'abb. de Saint-Martin de Laon; elle a été unie à la Malmaison par un arrêté de l'administration départementale du 28 octobre 1791.

MAGNY, h. c^{ne} de Vincy-Reuil-et-Magny. — *Macgnis*, XIIIe siècle (cart. de l'abb. de Thenailles, f° 83). — *Maigni*, XIVe siècle (ch. de l'abb. de Lavalroy, arch. des Ardennes). — *Magnis*, 1405 (arch. de l'Emp. J 801, n° 1). — *Maingny*, 1504 (tit. de l'abb. de Bonnefontaine, arch. des Ardennes). — *Maingny*, 1702 (baill. d'Aubenton, 2507).

La seigneurie relevait de Nizy-le-Comte. — La paroisse dépendait de la cure de Vincy.

MAGNY-LA-COUR, fief, c^{ne} de Fresnoy-le-Grand.

MAGNY-LA-FOSSE, c^{on} du Câtelet. — *Manni*, 1190 (cart. de l'abb. du Mont-Saint-Martin, p. 574). — *Magni*, territorium de *Magniaco*, 1227 (cart. de l'abb. de Fervaques, p. 355 et 357, arch. de l'Aisne). — *Maigniacum*, 1243; *Maigni*, 1253 (Livre de Saint-Quentin-en-l'Île, f°s 170 et 169). — *Maigniacus*, 1257 (cart. du chap. de Saint-Quentin, f° 109, Bibl. imp.). — *Maigni-en-le-Fosse*, 1290 (arch. de la ville de Saint-Quentin, liasse 869). — *Magni-in-Fovea*, 1295 (cart. rouge de Saint-Quentin, f° 42). — *Maignyacus-in-Fovea*, 1376 (mêmes archives, liasse 291). — *Maigny*, XIVe s^e (arch. de l'Emp. P 135; transcrits de Vermandois). — *Magny-en-le-Fosse*, 1453 (arch. de la ville de Saint-Quentin). — *Maigny-à-la-Fosse*, 1591 (minutes de Claude Huart, notaire).

La seigneurie relevait de Fontaine-Uterte. — La cure a été démembrée de celle de Joncourt.

MAHONNE, petit h. c^{ne} de Coucy-la-Ville.

MAHUROQUE, fontaine, c^{ne} du Nouvion, près du hameau de la Fontaine-des-Pauvres. — Supprimée.

MABY, fontaine, c^{ne} de Pasly; au versant de la montagne vers Cuffies.

MAIL (LE), chât. c^{ne} de Guny.

MAIL (LE), h. c^{ne} de Soissons.

MAILLICOURT, f. c^{ne} d'Oizy. — Fief relevant autrefois de Guise.

MAILLONS (LES), h. c^{ne} de Montreuil-aux-Lions.

MAILLY, h. et bois, c^{ne} de Laval. — *Mailli*, 1168 (cart. de l'abb. d'Homblières, p. 1). — *Magli*, 1186 (cart. de l'abb. de Thenailles, f° 51). — Nemus de *Mailliaco*, 1243 (cart. de l'abb. de Saint-Martin de Laon, f° 119, bibl. de Laon). — *Maillui*, 1550 (cabinet de M. de Sagnes).

Cette ferme a été aliénée par l'abbaye de Bohéries vers 1760.

MAIMERCEN, h. c^{ne} de Laval. — *Maimercen*, *Meimencum*, *Maimencon*, XIIIe s^e (grand cart. de l'év. de Laon, f°s 3 à et 119). — In territorio de *Maimencon*, 1233 (arch. de l'Hôtel-Dieu de Laon). — *Maumencon*, 1243 (cart. de l'abb. de Saint-Martin de Laon, f° 119, bibl. de Laon). — *Mainmencon*, 1267 (arch. de l'Emp. Tr. des chartes, reg. 30, n° 376).

Ce hameau, qui se trouvait au sud-ouest de Laval, près de Mailly, est aujourd'hui détruit.

MAINFERME (LA), h. c^{ne} de Rozoy-sur-Serre.

MAINVILLE, h. c^{ne} de Ressons-le-Long; autrefois fief.

MAINY, fief, c^{ne} de Benay. — Relevait de la baronnie de Benay.

MAISGNY, fief, c^{ne} de Vassens. — Relevait de Coucy-le-Château.

MAISON-AU-VENT (LA), fief, c^{nes} de Versigny et de Courbes. — Relevait de la Fère (baill. de la Fère, B 1029).

MAISON-BARBE (LA), m^{on} isolée, c^{ne} de Pernant.

MAISON-BELLEVILLE (LA), f. c^{ne} de Versigny. — *Chaucié-Robert-des-Boves*, 1201 (grand cart. de l'év. de Laon, ch. 195). — *Chaussée-Robert-de-la-Bove*, 1563 (comptes de la châtellenie de la Fère). — *Chaussée-Robert-de-la-Bauve*, 1575 (arch. comm. de Danizy).

MAISON-BERTAUT (LA), m^{on} isolée, c^{nes} de Mortiers et de la Ville-aux-Bois-lez-Dizy.

MAISON-BERTON (LA), m^{on} isolée, c^{ne} d'Erloy.

MAISON-BLANCHE (LA), m^{on} isolée, c^{nes} de Barenton-Bugny, Bouconville, Bucy-lez-Pierrepont, Chermizy, Macquigny, Montfaucon, Montbiers, Saint-Aubin et Vic-sur-Aisne.

MAISON-BLANCHE (LA), h. c^{nes} de Chivres-et-Mâchecourt, Lucy-le-Bocage et Merlieux-et-Fouquerolles.

MAISON-BLEUE ou BELLEVUE, f. c^{ne} d'Hary. — Cette ferme appartenait à la Chartreuse du Val-Saint-Pierre.

MAISON-BLEUE (LA), f. c^{ne} de Cuizy-en-Almont. — Anc. domaine de la Congrégation de Soissons.

MAISON-BLEUE (LA), m^{on} isolée, c^{ne} de Remaucourt.

MAISON-BLEUE (LA), h. c^{ne} de Saint-Erme-Outre-et-Ramecourt.

MAISON-BLOT (LA), petit h. c^{ne} de Mennevret.

MAISON-BRÛLÉE (LA), m^{on} isolée, c^{ne} de Froidestrées.

Aisne. 21

Maison-Brutus (La), mᵒⁿ isolée, cⁿᵉ de Mortiers. — Construite en 1795.
Maison-Buchet (La), mᵒⁿ isolée, cⁿᵉ de Saint-Pierre.
Maison-Corbet (La), mᵒⁿ isolée, cⁿᵉ de Fontenelle.
Maison-Corniquet (La), mᵒⁿ isolée et mᵢⁿ à vent, cⁿᵉ de Maissemy. — La maison a été détruite en 1863.
Maison-de-Pierre (La), f. cⁿᵉ de Prisces; auj. détruite. — Cense de la Maison-de-Pierre, xvi° s° (chambre des comptes de la Fère). — Ferme de la Mine-Pierre, 1609 (baill. de la Fère, B 1217).
Maison-des-Leups (La), mᵒⁿ isolée, cⁿᵉ de Monceau-lès-Leups; auj. détruite.
Maison-des-Ventes (La), mᵒⁿ isolée, cⁿᵉ de Dommiers.
Maison-des-Vignes, mᵒⁿ isolée, cⁿᵉ de Barizis.
Maison-Diot (La), mᵒⁿ isolée, cⁿᵉ de Leuze.
Maison-du-Bois (La), f. cⁿᵉ d'Assis-sur-Serre; auj. détruite.
Maison-du-Bois (La), mᵒⁿ isolée, cⁿᵉ de Beaurieux; auj. détruite.
Maison-du-Bois (La), f. cⁿᵉ de Bézu-Saint-Germain.
Maison-du-Bois (La), mᵒⁿ isolée, cⁿᵉˢ de Château-Thierry et de Saponay.
Maison-du-Chemin (La), f. cⁿᵉ de Chaudun. — Cette ferme appartenait à l'abb. de Saint-Jean-des-Vignes de Soissons.
Maison-Dupuis (La), mᵒⁿ isolée, cⁿᵉ de Folembray; auj. détruite. — Un arbre très-gros, dit l'arbre Dupuis, en indique encore l'emplacement au point de jonction de tous les chemins de la forêt de Coucy.
Maison-du-Temple (La), petite f. cⁿᵉ de Billy-sur-Ourcq; auj. détruite. — Cette ferme appartenait à l'ordre de Saint-Jean-de-Jérusalem.
Maison-Éclusière (La), mᵒⁿ isolée, cⁿᵉ de Macquigny.
Maison-Ferdrein (La), mᵒⁿ isolée, cⁿᵉ de Dommiers.
Maison-Fouroueux (La), mᵒⁿ isolée, cⁿᵉ de Savy.
Maison-Gagnier (La), mᵒⁿ isolée, cⁿᵉ de Lesquielles-Saint-Germain.
Maison-Goulant (La), mᵒⁿ isolée, cⁿᵉ d'Hamégicourt.
Maison-Goyat (La), mᵒⁿ isolée, cⁿᵉ de Fontaine-Notre-Dame.
Maison-Guinguette (La), mᵒⁿ isolée, cⁿᵉ de Vauxaillon.
Maison-Liesse (La), petite f. cⁿᵉ de Beugneux. — Ancien domaine de l'abb. de Saint-Léger de Soissons.
Maison-Luneau (La), mᵒⁿ isolée, cⁿᵉ d'Anizy-le-Château.
Maison-Machoire (La), mᵒⁿ isolée, cⁿᵉ de Saint-Aubin.
Maison-Madame (La), mᵒⁿ isolée, cⁿᵉ de Gergny.
Maison-Maquet (La), f. cⁿᵉ de Rozoy-Bellevalle. — La Maison-Maquer (carte de Cassini).
Maison-Morlain, mᵒⁿ isolée, cⁿᵉ de Malzy.
Maison-Mortier (La), mᵒⁿ isolée, cⁿᵉ de Seraucourt.
Maison-Mouvier (La), mᵒⁿ isolée, cⁿᵉ de Vivaise.

Maisonnette (La), petit h. cⁿᵉ de Leuilly.
Maisonnette (La), mᵒⁿ isolée, cⁿᵉ de Lizy.
Maisonnettes (Les), h. cⁿᵉ de Verdilly.
Maison-Neuve (La), f. cⁿᵉ de Chaudun. — Nova domus, 1273; Domus nova ecclesie Sancti Johannis prope Chaudunum, 1276 (abb. de S.t-Jean-des-Vignes). Cette ferme, vassale de Pierrefonds, appartenait à l'abb. de Saint-Jean-des-Vignes de Soissons.
Maison-Neuve (La), f. cⁿᵉˢ de Montigny-Lengrain et de Villeneuve-sur-Fère.
Maison-Neuve (La), mᵒⁿ isolée, cⁿᵉˢ de Mercin-et-Vaux, Puiseux, Rouilly-Sauvigny et Vieil-Arcy.
Maison-Neuve (La), petit h. cⁿᵉˢ d'Aubenton et de Terny-Sorny.
Maison-Neuve (La) ou Tuilerie de Rosay, mᵒⁿ isolée, cⁿᵉ de Passy-sur-Marne; auj. détruite.
Maison-Pigeon (La), mᵒⁿ isolée, cⁿᵉ de Malzy. — Pijon (carte de Cassini).
Maison-Quenet (La) ou Maison-Bannée, mᵐ isolée, cⁿᵉ de Vauxaillon.
Maison-Roinse (La), petit h. cⁿᵉ de Dommiers.
Maison-Rouge (La), f. cⁿᵉˢ de Fressancourt, Molinchart, Montlevon, Nesles, Pommiers, Pontru, Saint-Paul-aux-Bois, Viffort.
Maison-Rouge (La), h. cⁿᵉˢ d'Aubigny, Lesquielles-Saint-Germain, Montaigu.
Maison-Rouge (La), mᵒⁿ isolée, cⁿᵉˢ de Bertaucourt-Épourdon, Dury, Macquigny, Saint-Gobain, Tavaux-Pontsericourt, Vendelles.
Maison-Rousse (La), fief, cⁿᵉ de Courcelles. — Relevait du comté de Braine.
Maisons (Les), h. cⁿᵉˢ de Chézy-l'Abbaye et d'Essises.
Maisons-Bois (Les), h. cⁿᵉ de Fontenelle.
Maissemy, cⁿ de Vermand. — Maissemi, 1241 (cart. d'Ourscamp, f° 180). — Territorium de Maissini, 1247 (ch. de l'abb. de Fervaques). — Messemi, 1295 (Colliette, Mémoires du Vermandois, t. II, p. 346). — Messemi-emprès-Saint-Quentin, 1383 (arch. de l'Emp. P, 136).
Cure du doyenné d'Athies. — Vicomté vassale de la baronnie d'Estrées, à laquelle elle a été incorporée.
Maître-Eudon, fief, cⁿᵉ de Coucy-le-Château.
Maizy, cⁿᵉ de Neufchâtel. — Maisi, xiiiᵉ s° (cueilleret de l'Hôtel-Dieu de Laon, B 62). — Maisy, 1340 (Bibl. imp. fonds latin, ms. 9228). — Maisy-sur-Aisne, 1358 (arch. de l'Emp. Tr. des chartes, reg. 86, pièce 454). — Maysy, 1496 (audiencier de Roucy, cabinet de M. d'Imécourt). — Maisy-sur-Ayne, 1515 (ibid.). — Maisy-sur-Aisnes, 1528 (comptes de Roucy, ibid.). — Mezy-sur-Aisne, 1675 (arch. comm. de Maizy).
La seigneurie relevait du comté de Roucy.

MALABREUVÉE (LA), petit h. c°° d'Aubenton.

MALACQUISE (LA), f. et m^in, c^ne de Festieux. — Maison de *Male acquise*, séant ou terroir de Festieux, 1360 (suppl. de D. Grenier, Bibl. imp.). — On n'en peut préciser l'emplacement. Elle appartenait au chapitre cathédral de Laon.

MALADRERIE (LA), f. c^ne de Bazoches. — *La Maladrie* (carte de Cassini).

Cette ferme appartenait à l'Hôtel-Dieu de Soissons; elle a été aliénée sous la Révolution.

MALADRERIE (LA), m^on isolée c^ne de Brasles. — *La Maladrie* (carte de Cassini).

MALADRERIE (LA), m^on isolée, c^ne de Bucy-le-Long.

MALADRERIE (LA), f. c^ne de Ressons-le-Long.

MALADRERIE (LA), f. c^ne de Saint-Gobert; auj. détruite. — Elle était près de Septbois.

MALADRIE, ruisseau qui afflue dans le Barthel à Wissignicourt et qui n'alimente aucune usine. — Son cours est de 1,300 mètres.

MALAISE, h. c^ne d'Any-Martin-Rieux. — Uni actuellement à la population agglomérée.

MALAISE, chât., c^ne de Chambry; auj. détruit. — *Malaise-de-les-Puisieus*, 1331 (cart. de l'abb. de Saint-Martin de Laon, t. III, p. 183). — *Malaize*, 1633 (tit. de l'abb. de Saint-Jean de Laon). — *Mallaise*, 1682 (baill. de la Fère, B 1175).

MALAISE, petit fief, c^ne d'Étaves-et-Bocquiaux. — Il relevait de Bocquiaux.

MALAISE, f. c^ne de Tavaux-Pontsericourt. — *Malaise-juxta-Tavellos*, 1223 (cart. de l'Hôtel-Dieu de Laon, ch. 72). — *Malaises*, 1425; *Malaise-leys-Taveaulx*, 1475; *Malaise-lez-Thaveaux*, 1493; *Malaize-lez-Thaveaux*, 1500; *Malaise-lez-Thaviaux*, 1535 (comptes de l'Hôtel-Dieu de Laon, E 13, 20, 25, 32, 62). — *Malaisse*, 1624 (tit. de l'abb. de Montreuil).

Cette ferme appartenait à l'abb. de Montreuil.

MALAISE, h. et sucrerie, c^ne de Vadencourt-et-Bohéries. — *Malaisia*, 1201 (arch. de l'Emp. L 995). — Grangia de *Malasia* que est curtis de Boheris, 1256; *Malaise*, 1262 (suppl. de D. Grenier, 288, Bibl. imp.). — *Mallaise*, 1561 (arch. de la ville de Guise). — *Malaise-les-Bouhouris*, 1646 (min. de Vignois, notaire).

La ferme et le bois de Malaise appartenaient à l'abb. de Bohéries.

MALAISE, m^on isolée, c^ne de Vivières.

MALAKOFF, f. c^ne d'Hargicourt. — Construite vers 1858.

MALAQUAY, m^in à eau et scierie, c^ne de Baulne. — Moulin *Malaquet* (carte de Cassini).

MALASSISE, h. c^ne de Barzy et du Nouvion. — *Malasize*, 1731 (gruerie du Nouvion).

MALASSISE, f. c^ne d'Essommes. — *Mallassys*, 1692 (baill. d'Essommes, greffe du tribun. de Château-Thierry). — *Malaxise*, 1727 (arch. comm. d'Essommes).

MALASSISE, f. près de Lierval, vers Chaumont. — Il n'en reste qu'une cave.

MALASSISE, h. c^nes de Mennevret et de la Vallée-Mulâtre.

MALASSISE, f. c^ne de Montreuil-aux-Lions; détruite vers 1815.

MALASSIE (LA), m^on isolée, c^nes de Barenton-sur-Serre, Laon, Vendresse-et-Troyon.

MALASSIS (LA), m^on isolée, c^ne de Montaigu; auj. détruite. — Cette maison dépendait autrefois de Sissonne.

MALCOMPTÉ, f. c^ne de Craonne.

MALET (LE), m^on isolée, c^ne de Coucy-la-Ville.

MALGARNY, h. c^ne de Wattigny. — La ferme de Malgarny appartenait à l'abb. de Foigny.

MALHOMME, petit ruisseau qui prend sa source à Chermizy et se jette à Bièvres dans le ruisseau du Bassinot. — Il n'alimente aucune usine. — Son cours est de 1,500 mètres.

MALHÔTEL, f. c^ne de Crécy-au-Mont. — *Malhostel*, 1582 (arch. de l'Emp. E 12527). — *Malautel*, 1699 (arch. comm. de Crécy-au-Mont).

Elle appartenait à l'abb. de Nogent et relevait de Coucy-le-Château.

MALHÔTEL, fief, c^ne de Gricourt. — *Malhostel*, 1639 (insin. du baill. de Saint-Quentin).

Relevait du chap. de Saint-Quentin (Recueil des fiefs, p. 426).

MALHOTIÈRE (LA), f. c^ne de Saint-Paul-aux-Bois. — *La Mallotière* (carte de Cassini).

Cette ferme appartenait au prieuré de Saint-Paul-aux-Bois; elle a été détruite en 1793.

MALMAISON, petite f. c^ne de Festieux; auj. détruite. — *Mallemaison*, XVIe s^e; *Malmaison-lez-Festieux*, 1623 (tit. de l'abb. de Signy, arch. des Ardennes).

Elle était située près de Malacquise et relevait de l'abb. de Signy.

MALMAISON, petit fief, c^ne de Limé. — Relevait du comté de Braine.

MALMAISON (LA), f. c^ne de Chavignon. — *Malemaison* (suppl. de D. Grenier, 295, Bibl. imp.).

Cette ferme appartenait à l'abb. de Notre-Dame de Soissons.

MALMAISON (LA), c^ne de Neufchâtel. — *Maladomus*, 1237 (ch. de l'Hôtel-Dieu de Laon). — *Malemaison*, 1405 (arch. de l'Emp. J 801, n° 1).

Cure érigée en 1201.

MALMAISON (LA), h. c^ne de Viffort.

21.

Malpeine, fief, c^{ne} de Chevennes.
Maltara, petite f. c^{ne} de Laigny.
Maltournée, m^{on} isolée, c^{ne} d'Essommes.
Maltournée, f. c^{ne} de Viels-Maisons; détruite en 1851.
Malva, m^{on} isolée, c^{ne} de Septvaux.
Malval, f. c^{ne} de Crandelain-et-Malval. — *Maleval*, 1196 (grand cart. de l'év. de Laon, ch. 8). — *Malarallis*, 1203 (ch. de l'Hôtel-Dieu de Laon, B 10). — *Malleval*, 1536 (acquits, arch. de la ville de Laon).
Cette ferme appartenait à l'abb. de Saint-Jean de Laon.
Malvaux, h. c^{ne} de Nampcelle-la-Cour. — Doit son origine à une ferme qui appartenait à la Chartreuse du Val-Saint-Pierre. — Ruisseau affluent de la Brune à Nampcelle-la-Cour et dont le parcours est de 2,026 mètres.
Malvaux, h. c^{ne} de Plomion.
Malvoisine, h. c^{ne} de Manicamp. — *Malvoisinne*, 1754 (baill. de Chauny, B 1467).
Domaine donné à l'abb. du Sauvoir par Jeanne de Flandre.
Malvoisine, f. et mⁱⁿ à eau, c^{ne} de Vauxaillon. — *Malevoisine*, 1350; *Mallevoisine*, 1475 (arch. de l'Emp. O 20203).
Relevaient de Coucy-le-Château.
Malzy, c^{ne} de Guise. — *Malisis*, 1270 (cart. de l'abb. de Fervaques, f° 5, Bibl. imp.). — *Malesis*, *Malzis*, *Malexis*, 1335 (cart. de la seign. de Guise, f°s 275, 286 et 287). — *Malesis-les-Guise-en-Theraisse*, 1386 (arch. de l'Empire, Tr. des chartes, reg. 129, n° 137). — *Maleziz*, 1413 (*ibid.* J 801, n° 5). — *Mallesis*, 1465 (*ibid.* Tr. des chartes, reg. 195, n° 386). — *Malsis*, 1483; *Malzi*, 1590 (arch. comm. de Lesquielles-Saint-Germain).
La seigneurie appartenait aux chanoinesses de Maubeuge et relevait de Guise.
Manaplucq, bois près de Craonne, dont la moitié a été donnée en 1112 au prieuré de Roucy (évêché de Laon). — Emplacement inconnu.
Manercourt, h. c^{ne} de Ramicourt; auj. détruit.
Maneux, f. et mⁱⁿ à eau, c^{ne} de Faucoucourt. — *Territorium de Manneu*, 1256 (ch. de l'abb. de Saint-Vincent de Laon). — *Manleup*, 1427 (comptes de l'Hôtel-Dieu de Laon, E 14). — *Manneux*, 1543 (tit. de l'abb. de Saint-Vincent de Laon).
Manicamp, c^{ne} de Coucy-le-Château. — *Magnus-Campus* (Vie de saint Hubert, Bollandistes, 30 mai, t. VII, p. 278, n° 17). — *Mainchamp*, 1252 (arch. de l'Emp. L 995). — *Mainicamp*, 1303 (chambre des comptes de Lille, B 461, collection des inventaires sommaires). — *Manichamp*, 1329

(arch. de l'Emp. Tr. des chartes, reg. 66, n° 74). — *Magnicant*, 1448 (comptes de l'Hôtel-Dieu de Soissons). — *Magnicamp*, 1575 (cueilleret de Manicamp, arch. de l'Aisne). — *Manicampt*, 1576 (reg. des délibérations de la ville de Chauny). — *Manican*, 1591 (Corresp. du roi Henri IV, t. I). — *Mannicamp*, 1696 (tit. du chap. cath. de Soissons).
La baronnie de Manicamp relevait de la seigneurie de la Motte. Elle a été érigée en comté par lettres patentes d'octobre 1693, avec les seigneuries de Malvoisine, la Motte, Jonquière, la Tour-Rolland, la forêt de la Queue-de-Monceau, et les seigneuries de Fourdrain et de la Bovette : ces deux dernières devaient conserver leur justice.
Mannoises, f. et bois, c^{ne} d'Athies. — *Selve Mainoise inter villam que dicitur Aties et villam que dicitur Valles subtus Laudunum, Saive Maisnoise*, 1225 (ch. de l'abb. de Saint-Vincent de Laon). — *Boscus de Mennoise*, 1245; *Boscus de Mainoise*, 1254 (ch. de l'abb. du Sauvoir). — *Maisnoise*, xive s^e (actes du chap. cath. de Laon, p. 12, collection de M. Hidé). — *Mainnoise*, 1364; *Manoise*, 1395; *Manoises*, 1551 (ch. et tit. de l'abb. de Saint-Vincent de Laon). — *Menoize*, 1716 (tit. du chap. cath. de Laon).
Le bois des Mannoises appartenait au chap. cath. de Laon.
Manoir (Le), f. c^{ne} de la Ferté-Milon. — Appartenait à l'abbaye de Sainte-Geneviève de Paris. — Elle fait partie de la population agglomérée.
Manuet, bois, c^{ne} de Neuilly-Saint-Front.
Manufacture (La), m^{on} isolée, c^{ne} d'Essigny-le-Grand.
Manufacture (La), h. c^{ne} d'Urcel.
Many, f. et bois, c^{ne} de Chavignon. — *Mani* (carte de Cassini).
La ferme appartenait à la comm^{té} de Maupas (terr. de Maupas, f° 184). — Le bois est défriché.
Many, f. c^{ne} de Margival. — *Magny*, 1707 (tit. de l'abb. de Saint-Paul de Soissons).
Cette ferme appartenait à l'abb. de Saint-Paul de Soissons. — Auj. détruite.
Maqua, petit h. c^{ne} de Rocquigny et de Sommeron. — Doit son origine à une fonderie d'essieux et de poêles établie sur le ruisseau du Gravier.
Maquimont, bois, c^{ne} de Caillouël-Crépigny; défriché en partie.
Marais (Le), h. c^{nes} d'Ambleny, Charmes, Craonne, Guny, Jouy, Liez, Mayot, Pasly, Taillefontaine et Trosly-Loire.
Marais (Le), m^{on} isolée, c^{ne} de Cœuvres-et-Valsery. — Ce domaine appartenait à l'abb. de Valsery.
Marais (Le), m^{on} isolée, c^{nes} de Craonnelle, Remies et Vendresse-et-Troyon.

MARAIS (LE), f. c⁵ᵉ de Laffaux.
MARAIS (LES), f. c⁵ᵉ de Marchais. — Relevait de Montmirail.
MARAIS-AUX-VACHES (LE), mᵒⁿ isolée, c⁵ᵉ de Dury.
MARAIS-BOCAUX (LE), mᵒⁿ isolée, c⁵ᵉ de Lombray.
MARAIS-DE-LA-COURT, petit ruisseau qui afflue à celui de la Fontaine des Noyers à Chevregny et dont le cours est de 900 mètres. — Ce ruisseau n'alimente aucune usine.
MARAIS-DE-LA-RIVIÈRE, petit h. c⁵ᵉ de Vauxaillon. — Maison-des-Rivières (carte de Cassini).
MARAIS-DE-TROGNY, mᵒⁿ isolée, c⁵ᵉ de Fourdrain.
MARAIS-DE-VARSONVAL, petit ruisseau qui prend sa source à Béthancourt-en-Vaux et se jette dans le ruisseau de Marest-Dampcourt. — Son parcours est de 900 mètres.
MARAIS-DU-GRAS (LE), h. c⁵ᵉ de Taillefontaine.
MARAIS-FONTAINE (LE), h. c⁵ᵉ de Selens.
MARAIS-LISANDRE (LE), h. c⁵ᵉ de Champs.
MARAIS-VERT (LE), mᵒⁿ isolée, c⁵ᵉ de Crécy-au-Mont.
MARC-AUDRY, fief, c⁵ᵉ de Château-Thierry. — Relevait de la Ferté-Milon.
MARCHAIS, c⁵ᵉ de Condé. — *Marcheis*, *Marcheium*, 1110 (cart. de l'abb. de Saint-Jean-des-Vignes, Bibl. imp.). — *Marches*, 1383 (arch. de l'Emp. P 136; transcrits de Vermandois). — *Marchaix*, 1676 (arch. comm. de Marchais).
MARCHAIS, c⁵ᵉ de Sissonne. — *Terra Marconis*, XIIᵉ s⁵ (cart. de l'abb. de Saint-Martin de Laon). — *Marchaix*, 1405 (arch. de l'Emp. J 801, n° 1). — *Marchaix*, 1410 (ibid. n° 4). — *Marchay*, 1486 (*Marchays*, 1497 (comptes de l'Hôtel-Dieu de Laon, E 24, E 28). — *Marchetz*, 1544 (arch. comm. de Bruyères-et-Montbérault).
La baronnie relevait d'Eppes. — Commune érigée en 1210.
MARCHAVENNE, fⁱ, c⁵ᵉ de Grougis. — *Morencavenna*, 1157 (cart. de l'abb. de Liessies, f° 88, arch. du Nord). — *Morenchaven*, 1166; *Morenchevenne*, *Morenchevenna*, 1170 (suppl. de D. Grenier, 288, Bibl. imp.). — *Grangia de Moraincavesne*, 1194 (cart. de l'abb. de Vermand, f° 5, Bibl. imp.). — *Morcincavesne*, 1212; *Morenkavesna*, 1246 (suppl. de D. Grenier, 288, Bibl. imp.). — *Monchavesnes*, 1411 (arch. de l'Emp. J 801, n° 3). — *Morchavesne*, 1693 (baill. de Ribemont).
Ancien domaine de l'abb. de Bohéries.
MARCIAUX, petit affluent de l'Aisne à Concevreux, qui alimente le moulin Rouge. — Son parcours est de 2,550 mètres.
MARCIGNY, ruisseau qui afflue dans celui de Bourbout à Montigny-Lengrain. — Parcours : 821 mètres.

MARCILLETTE (LA), mᵒⁿ isolée, c⁵ᵉ d'Esquehéries.
MARCILLY, h. c⁵ᵉ de Barzy. — *Marcelli*, 1125 (cart. de l'abb. de Saint-Jean-des-Vignes, Bibl. imp.). — *Marsilly* (carte de Cassini).
MARCILLY, h. c⁵ᵉ de Faucoucourt. — In villa *Marciliaco*, 867 (dipl. de Charles le Chauve, arch. de l'Aisne). — *Marcili*, 1132 (ch. du musée de Soissons). — *Marcelliacum*, 1145 (Chron. de Nogento, f° 428). — *Marcilli*, 1211 (ch. de l'abb. de Saint-Vincent de Laon). — *Marceilli*, 1219 (grand cart. de l'év. de Laon, ch. 113). — *Marcilliacum*, 1265; *Marsilly*, 1399 (ch. de l'év. de Laon). — *Marsily*, 1383 (arch. de l'Emp. P 136; transcrits de Vermandois). — *Marcely*, 1403 (ibid. P 248-2, pièce 172). — *Marcilly-lez-Foucaucourt*, 1446 (ch. de l'Hôtel-Dieu de Laon, B 19).
Fief placé en 1265 par Simon, seigneur du Sart, sous la suzeraineté de l'évêché de Laon.
MARCOGNIENS, fⁱ, c⁵ᵉ de Wassigny. — *Marcoignet*, 1260 (arch. de l'Emp. L 992). — Maison de *Marcoingnet*, 1330 (suppl. de D. Grenier, 288, Bibl. imp.). — *Marcongnet*, 1413 (arch. de l'Emp. J 801, n° 5). — *Marconnet*, 1561; *Marconette*, 1567 (arch. de la ville de Guise). — *Marconnette*, 1568 (acquits, arch. de la ville de Laon). — *Marcognier*, 1621 (baill. de Ribemont). — *Marconier*, 1729 (ibid. B 10). — *Marconnier* (carte de Cassini).
Relevait de Gergny (baill. de Ribemont, B 181).
MARCOTTE (LA), mᵒⁿ isolée, c⁵ᵉ de Macquigny.
MARCOTTE (LA), petit fief, c⁵ᵉ de Neuvillette. — Relevait de l'abb. d'Origny-Sainte-Benoîte (baill. de Ribemont, B 40).
MARCY, c⁵ᵉ de Marle. — Altare de *Marci*, 1145 (cart. de l'abb. de Thenailles, f° 36). — *Marchi*, 1188 (arch. de l'Emp. L 1006). — *Marsi*, 1328 (ibid. Tr. des chartes, reg. 65, n° 295). — *Marcy-emprès-Marle*, 1478 (ch. de l'Hôtel-Dieu de Laon, B 17). — *Marsis*, 1486 (arch. de l'Empire, P 248-2, pièce 141). — Paroisse *Saint-Médard-de-Marcy*, 1643 (arch. comm. de Marcy). — *Marcy-sous-Marle*, 1695 (état civil de Marcy, tribunal de Laon).
La seigneurie relevait de Marle (arch. de l'Emp. PP 17).
MARCY, c⁵ᵉ de Saint-Quentin. — *Marci*, 1133; *Marceium*, 1145; territorium *Marchei*, 1147; *Marchi*, 1154 (cart. de l'abb. d'Hombières, p. 7, 34, 46, 67). — *Marchy*, XVᵉ s⁵ (dénombr. de Beaurevoir, chambre des comptes de la Fère). — *Marsy*, 1713 (arch. comm. de Neuville-Saint-Amand).
La seigneurie relevait de Guise; le domaine de l'abbaye d'Hombières, de Saint-Quentin.

Mardenson, fief et vivier, c^{ne} de Bertaucourt-Épourdon. — *Merdenson*, 1648 (baill. de la Fère, B 961).
Mardenson, f. c^{ne} de Mortefontaine. — Appartenait à l'ordre de Malte.
Mardensons (Les), fief, c^{ne} de Fontenoy. — Se trouvait au centre du village, du côté de l'église.
Mare-aux-Joncs (La), f. c^{ne} d'Essommes; auj. détruite.
Maréchal, petit fief, c^{ne} de Bernot. — Relevait de Guise.
Maréchalerie (La), h. c^{ne} de Nogent-l'Artaud. — *La Mareschalerie* (carte de Cassini).
Maréchaux (Les), h. c^{ne} de Lierval.
Maréchaux (Les), f. c^{ne} de Saint-Agnan.
Marengo, m^{on} isolée, c^{ne} de Marchais.
Marequiez, h. c^{ne} de Fargniers. — Uni à la population agglomérée.
Mares (Les), f. c^{ne} de Bussiares. — *Les Marres* (carte de Cassini).
Marest-Dampcourt, c^{ne} de Chauny. — *Mares*, 1221 (arch. de l'Emp. L 995). — *Marez*, 1482; *Maretz*, 1523 (arch. du marquisat de Genlis). — *Marestz*, 1576 (délibérations, arch. de Chauny). — *Maret*, 1609 (tit. de l'abb. de Prémontré). — *Marets*, 1752 (terr. de Marest, étude de M. Prévost, notaire à Villequier-Aumont).

Marest était autrefois un hameau de Dampcourt. — La seigneurie relevait de la châtell. de Chauny; elle a été unie en 1645 au marquisat de Genlis, désunie en 1685, réunie en 1736.

Mareuil, f. c^{ne} d'Épagny. — *Mareuil-aux-Tournelles*, 1458; *Mareul-les-Tournelles*, 1518 (arch. de l'Emp. E 12531). — *Mareul-aux-Tournelles*, 1574 (tit. de l'év. de Laon). — *Mareul*, 1622 (tombe de Pierre de Longueval, en l'église de Leuilly). — *Mareuille-d'Estournelles*, 1729 (arch. comm. d'Épagny).

Vicomté dépendant, en 1368, de la châtellenie de Coucy (arch. de l'Emp. Tr. des chartes, reg. 99, n° 424). — Elle appartenait, au XVIIIe siècle, aux Célestins de Villeneuve-lez-Soissons.

Mareuil-en-Dôle, c^{ne} de Fère-en-Tardenois. — *Maruel*, 1219 (cart. de l'abb. de Saint-Médard, f° 106, Bibl. imp.). — *Marueilg, Marueilg-en-Tardenois*, 1299 (cart. de l'abb. d'Igny, f° 146). — *Mareuil-in-Tardano*, 1573 (pouillé du dioc. de Soissons, f° 32). — *Mareuil-en-Dolle*, 1623; *Mareuille*, 1657; *Mareuil-en-Daule*, 1714 (arch. comm. de Mareuil-en-Dôle). — *Mareuil-en-Dosle*, 1710 (intend. de Soissons, C 205).

La vicomté de Mareuil-en-Dôle relevait pour moitié du comté de Braine.

Marfontaine, c^{ne} de Sains. — *Marfontanis*, 1123 (cart. de l'abb. de Saint-Michel, p. 22). — *Marfontaines*, 1161 (cart. de la seign. de Guise, f° 153). — *Marfontainnes*, 1340 (Bibl. imp. fonds latin, ms. 9228). — *Marfontainne*, 1615 (min. d'Ozias Teilinge, notaire).

Marquisat. — Une prévôté comprenant Marfontaine, Berlancourt, la Neuville-Housset, Rougeries et Voharies a été établie par lettres patentes de janvier 1781.

Margats (Les), petit h. c^{ne} de Nogent-l'Artaud.
Margival, c^{on} de Vailly. — In territorio *Margivallis*, 1158 (cart. de l'abb. de Saint-Jean-des-Vignes, Bibl. imp.). — *Mongival, Magival*, 1384 (arch. de l'Emp. P 136; transcrits de Vermandois). — *Margival-en-Laonnoys*, 1395 (ibid. Tr. des chartes, reg. 148, pièce 243).

La seigneurie relevait du comté de Soissons (arch. de l'Emp. Q 5).

Margival, fief, situé autrefois entre Cutry et Laversine. — Il appartenait au chapitre cathédral de Soissons.

Marguet, petit bois, c^{ne} de Septmonts.
Marigny, anc. fief. — Voy. Cauron.
Marigny-en-Orxois, c^{ne} de Château-Thierry. — *Mareigni, Marigny-lez-Gandeluz*, 1387 (arch. de l'Emp. Tr. des chartes, reg. 81, pièce 5). — *Marigny*, 1491 (tit. de l'Hôtel-Dieu de Château-Thierry). — *Marigny-en-Orçois*, 1756 (arch. comm. de Marigny-en-Orxois). — *Marigny-en-Orceois* (carte de Cassini).

Marquisat érigé en 1755 (arch. du baill. de Château-Thierry).

Marimont, f. c^{ne} de Bassoles-Aulers; ancien fief.
Mariozot, m^{on} isolée, c^{ne} de Vivières.
Marival, h. et mⁱⁿ à eau, c^{ne} de Mortefontaine et de Taillefontaine. — *Marrival*, 1383 (arch. de l'Emp. P 136; transcrits de Vermandois).

La seigneurie relevait de Pierrefonds, 1255 (ibid. Tr. des chartes, reg. 30, pièce 245).

Marivaux, h. et mⁱⁿ à eau, c^{ne} de Camelin-et-le-Fresne. — *Marivau*, 1677 (baill. de Chauny, B 1362). — *Mariveau* (carte de Cassini).

Marizelle, h. c^{ne} de Bichancourt. — *Marisel*, 1298 (ch. des arch. de la ville de Chauny). — *Marizet*, 1581 (terrier d'Abbécourt). — *Marizailles*, 1645 (tit. de l'abb. de Saint-Éloi-Fontaine). — *Marizet* (carte de Cassini).

C'était un fief qui relevait autrefois de Chauny; il a été incorporé au marquisat de Genlis au mois de mai 1645.

Marizelle (Ruisseau de), qui passe à Sinceny, à Bichancourt, et se jette dans l'Oise à Manicamp après un parcours de 6 kilomètres. — Aucune usine.

MARIZY-SAINTE-GENEVIÈVE OU MARIZY-LE-GRAND, c⁰ⁿ de Neuilly-Saint-Front. — Villa apostolorum Petri et Pauli et Sanctæ Genovefæ quæ *Marisiacus* nominatur (dipl. de Henri Iᵉʳ, *Hist. de France*, t. XI, p. 651, B). — *Marysiacus-Sancte-Genovephe*, 1232 (arch. de l'Emp. J 232). — *Marisy-Sainte-Geneviève*, 1631; *Marizy-Sainte-Genevefve*, 1669 (arch. comm. de Marizy-Sainte-Geneviève). — *Marisy-Sainte-Geneviefve*, 1677 (maîtr. de Villers-Cotterêts). — *Marizis-Sainte-Geneviève*, 1749 (tit. de l'abb. de Valsery). — *Grand-Marisy* (carte de Cassini).

La seigneurie relevait de la châtell. de la Ferté-Milon. — La commune a repris son nom de Marizy-Sainte-Geneviève en vertu d'une ordonnance royale du 8 juillet 1814.

MARIZY-SAINT-MARD, cⁿᵉ de Neuilly-Saint-Front. — *Marisiacus*, 879 (Mabillon, *De Re diplomaticâ*, p. 548). — *Maresiacum*, 1173; *Marisy*, 1221; *Marysi*, 1240; *Maresis*, 1275 (cart. de l'abb. de Saint-Médard, fᵒˢ 14, 26, 20 et 25, Aisne). — *Marisy-Saint-Mart*, 1330; *Marisy-Saint-Maart*, 1350 (Ordonn. des rois de France, t. II, p. 55 et 388). — *Marisi-Saint-Mard*, 1383 (arch. de l'Emp. P 136; transcrits de Vermandois). — *Marizi-Sainct-Mard*, 1573 (pouillé du dioc. de Soissons, fᵒ 34). — *Marisy-Saint-Mard*, 1680 (baill. d'Essommes, greffe du tribun. de Château-Thierry). — *Marizy-Saint-Marc*, 1709 (intend. de Soissons, C 274). — *Petit-Marisy* (carte de Cassini).

Au XIVᵉ siècle, le village ressortissait, pour la justice, à la prévôté de Château-Thierry et au baill. de Vitry (arch. de l'Emp. P 136; transcrits de Vermandois).

MARLANCOURT, cⁿᵉ de Liesse. — Emplacement couvert de restes de constructions romaines.

MARLE, arrond. de Laon. — *Castellum Marna*, 1112 (ex Vitâ Guiberti, abbatis de Nogento). — *Marla*, 1120 (cart. de l'abb. de Bucilly, fᵒ 10, Bibl. imp.). — *Malla*, 1206 (ibid. fᵒ 14). — *Marle-en-Thiérache*, 1333 (arch. de l'Emp. Tr. des chartes, reg. 66, fᵒ 558). — *Beata-Maria-de-Marla*, 1340 (Bibl. imp. fonds latin, ms. 9228). — *Marles-en-Thiérache*, 1607; *Marle-en-Picardie*, 1610 (tit. de l'Hôtel-Dieu de Marle).

La châtellenie de Marle, possédée jusqu'en 1413 par la famille de Coucy, a été érigée en comté avec celle de la Fère et celle de Montcornet, en août 1413, en faveur de Robert de Bar (arch. de l'Emp. Tr. des chartes, reg. 66, fᵒ 588). — Ce comté passa de la famille de Bar dans celles de Luxembourg et de Bourbon et fut réuni à la couronne par l'avénement du roi Henri IV. Il a été engagé le 9 juillet 1654 au cardinal de Mazarin, et donné en apanage au duc d'Orléans en 1766.

Marle avait deux églises : l'une, de Saint-Martin et de Notre-Dame; l'autre, de Saint-Nicolas. — Prieuré de Bénédictins établi au XIIᵉ siècle, sous le vocable de Saint-Pierre.

Marle était chef-lieu :

1° D'un doyenné rural;

2° D'un bailliage érigé en vertu d'une déclaration du roi du 22 décembre 1607, vérifiée par le parlement de Paris le 20 avril 1622, au détriment du bailliage de Laon;

3° D'une subdélégation qui dépendait de l'élection de Laon;

4° D'un grenier à sel.

Le doyenné rural comprenait Agnicourt, Autremencourt, Barenton-Bugny, Barenton-Cel, Barenton-sur-Serre, Bosmont, Bucy-lez-Pierrepont, Chalandry, Chambry, Chaourse, Chivres, Cilly, Cobartille, Cuirieux, Dizy-le-Gros, Ébouleau-et-Augicourt, Fay, Froidmont, Goudelancourt-lez-Pierrepont, Grandlup, Lislet, Mâchecourt, Marle, Monceau-le-West, Montcornet, Montigny-le-Franc, Montloué, la Neuville-Bosmont, Pierrepont, Pontsericourt, Richemont-et-Certeau, Saint-Pierremont, Séchelles, Soize, Tavaux, Toulis, Verneuil-sur-Serre, Vesles-et-Caumont, la Ville-aux-Bois-lez-Dizy et Voyenne;

Le bailliage : Bchaine, Gercy et Marle;

La subdélégation : Agnicourt-et-Séchelles, Autremencourt, Berlancourt, Bois-lez-Pargny, Bosmont, Bucy-lez-Pierrepont, Châtillon-lez-Sons, Chevennes, Cilly, Clermont, Cuirieux, Dercy, Ébouleau, Erlon, Froidmont-et-Cohartille, Goudelancourt-lez-Pierrepont, Housset, Lemé, Lugny, Marcy, Marfontaine, Marle, Montigny-le-Franc, Montigny-sous-Marle, Mortiers, la Neuville-Bosmont, la Neuville-Housset, Pargny-lez-Bois, Richaumont, Richemont, Rogny, Rougeries-et-Voharies, Sains, Saint-Pierremont, Sons, Tavaux-Pontsericourt, Thiernu, Toulis et Voyenne;

Le grenier à sel : Agnicourt-et-Séchelles, Autremencourt, Barenton-sur-Serre, Berlancourt, Bois-lez-Pargny, Boncourt, Bosmont, Bucy-lez-Pierrepont, Chaourse, Châtillon-lez-Sons, Chevennes, Chevresis-le-Meldeux, Chivres, Cilly, Clermont, Cohartille-et-Froidmont, Crécy-sur-Serre, Cuirieux, Dercy, Dizy, Ébouleau, Erlon, la Ferté-sur-Péron, Franqueville, Saint-Gobert, Goudelancourt-lez-Pierrepont, Grandlup, Housset, Lappion, Lemé, Lislet, Lugny, Mâchecourt, Marcy, Marfontaine, Marle, Missy, Montcornet, Montigny-le-Franc, Montigny-sous-Marle, Montigny-sur-Crécy, Mortiers, la Neuville-Bosmont, la Neuville-Housset, Pargny, Saint-Pierremont, Sainte - Preuve, Prisces, Rogny, Rougeries, Sons, Tavaux-Pontsericourt, Thiernu, Toulis-et-Attencourt, Vesles-et-Caumont, la Villeaux-Bois-lez-Dizy, Voharies et Voyenne.

Marle fut, en 1790, chef-lieu d'un canton dépendant du district de Laon et composé des communes d'Autremencourt, Behaine, Bosmont, Châtillon-lez-Sons, Cilly, Cohartille, Cuirieux, Éraucourt, Erlon, Froidmont, Marcy, Marle, Montigny-sous-Marle, la Neuville-Bosmont, Richemont, Saint-Pierremont-et-Rary, Sons, Thiernu et Toulis.

Commune instituée en 1174. — Léproserie fondée au xiiᵉ s°. — Hôtel-Dieu. La léproserie lui a été unie par lettres patentes de janvier 1696. — Frères de la Doctrine chrétienne, 1684.

Les armoiries de Marle sont : *d'azur à trois tours maçonnées et ajourées de sable; celle du milieu surmontée d'une fleur de lys d'argent.*

MARLEMONT, petit fief, cⁿᵉ de Beuvardes. — Anciennement *Mollemont*. — Relevait de Beuvardes.

MARLEMPERCHE, h. cⁿᵉˢ de Fontenelle et du Nouvion. — *Marlimperche*, 1610 (baill. des bois de Guise).

Une seule maison dépend de Fontenelle.

MARLETTE (LA), h. cⁿᵉ de Bohain.

MARLEVOUX, f. cⁿᵉ d'Essises. — *Marlevoux* (Cassini).

MARLIER, bois et mⁱⁿ à eau, cⁿᵉ de Voulpaix. — *Bois de Marlys*, 1573 (terr. de Voulpaix).

Le bois est défriché.

MARLIÈRE OU MENDE, fief, cⁿᵉ de Vregny; vassal de Montgobert.

MARLIÈRE (LA), mⁿ isolée, cⁿᵉ de Chivres-et-Mâchecourt. — Fief relevant autrefois de Pierrepont.

MARLIÈRES (LES), f. cⁿᵉ de Château-Thierry. — *Petites-Marlières*, 1737 (insinuations du baill. de Château-Thierry). — *Petite-Marly* (carte de Cassini).

Cette ferme dépendait de la paroisse de Saint-Crépin de Château-Thierry. — Auj. détruite.

MARLI, cⁿᵉ de Guise. — Altare de *Marli*, 1134 (suppl. de D. Grenier, 286, Bibl. imp.). — *Marley*, 1146 (coll. de D. Grenier, 30ᵉ paquet, n° 1). — Parrochia de *Marliaco*, 1241 (ch. de l'abb. de Saint-Vincent).

Dépendait du duché de Guise et ressortissait au baill. de cette ville.

Marly fut, en 1790, chef-lieu d'un canton du district de Vervins et qui comprenait Autreppes, Chigny, Englancourt, Erloy, Hantion, Marly, Proisy, Saint-Algis et la Vallée-aux-Blés.

MARMOUSEAUX, f. cⁿᵉ de Brancourt; auj. détruite. — Elle appartenait à la commᵉ de Boncourt.

MARNE (LA), rivière. — *Matrona* (J. César, *De Bello Gallico*, lib. V). — *Maderna* (ex anonymo Ravennate de Galliâ, *Hist. de France*, t. I, p. 120). — *Materna*, xᵉ siècle (ex Vitâ Reguli episcopi).

Cette rivière limite, dans le département de l'Aisne, les territoires de Tréloup, Reuilly-Sauvigny, Passy-sur-Marne, Azy-Bonneil, Barzy, Blesmes, Brasles, Charly, Chartèves, Chézy-l'Abbaye, Chierry, Jaulgonne, Mézy-Moulins, Mont-Saint-Père, Courtemont-Varennes, Essommes, Fossoy, Gland, Nogent-l'Artaud, Pavant, Romeny, Saulchery.

MARNOISE (LA), ruisseau qui prend sa source à Mondrepuis et alimente le moulin de ce village.

MARNOTTE, f. cⁿᵉ de Chézy-en-Orxois; auj. détruite.

MAROLLES, mⁿ isolée, cⁿᵉ de Fontaine-Notre-Dame.

MARONNE, fontaine, cⁿᵉ d'Ognes. — Elle tarit une partie de l'année.

MARTELETS (LES), bois, cⁿᵉ de Septmonts.

MARTEVILLE, cⁿᵉ de Vermand. — *Marteville*, 1190; *Martis villa*, xiiᵉ s° (cart. de l'abb. de Vermand, Bibl. imp.). — *Marthcville*, xivᵉ s° (arch. de l'Emp. P 136; transcrits de Vermandois). — *Martevilles*, 1572 (tit. de l'Hôtel-Dieu de Saint-Quentin).

Cure du doyenné d'Athies, donnée en 1068 par Baudouin, évêque de Noyon, à son chapitre. — La baronnie appartenait en partie au chap. de Saint-Quentin (Recueil des fiefs, p. 266).

MARTIGNIER, petit ruiss. affluent de la Vesle à Bazoches. — Son parcours est de 700 mètres. — Ce ruisseau n'alimente aucune usine.

MARTIGNY, cⁿᵉ d'Aubenton. — *Martigniacum*, 1120 (cart. de l'abb. de Bucilly, f° 2). — *Martigni*, 1219; *Martigni-in-Terasca*, 1225; *Martegni*, 1240 (cart. de l'abb. de Saint-Michel, p. 56, 219). — *Martigniacum-in-Therasca*, 1281 (suppl. de D. Grenier, 288, Bibl. imp.). — *Martigny-en-Theraische*, 1405 (arch. de l'Emp. J 801, n° 1). — *Martigny-en-Thieraiche*, 1416 (ibid. n° 4). — *Martigni-en-Therasche*, 1545 (comptes de l'Hôtel-Dieu de Laon, E 72). — *Martigny-en-Thiérache*, 1709 (intend. de Soissons, C 274).

La châtellenie ressortissait au baill. d'Aubenton (terr. de Martigny, de 1725).

MARTIGNY, petit fief, cⁿᵉ de Montigny-sur-Crécy. — Relevait de Maurepaire.

MARTIGNY-EN-LAONNOIS, cⁿᵉ de Craonne. — *Martiniacum*, 1162 (cart. de l'abb. de Saint-Martin, f° 131, bibl. de Laon). — *Martinni*, 1165; *Marthengi*, 1169 (ch. de l'abb. de Saint-Martin de Laon). — In territorio *Martinniaco*, 1191 (arch. de l'Emp. L 994). — *Martigni*, *Martigniacum*, 1236 (cart. de l'abb. de Foigny, f° 123 et 124, Bibl. imp.). —

Martigniacum-in-Laudunesio, 1262 (ch. de l'Hôtel-Dieu de Laon, B 75). — *Martegni*, 1266 (cart. de l'abb. de Foigny, f° 292, Bibl. imp.). — *Martignien-Laonois*, XIII° s° (cueilleret de l'Hôtel-Dieu de Laon, B 62). — *Martigny-en-Laonnoys*, 1612 (appointés du baill. de Vermandois). — *Martigny-en-Launois*, 1568 (acquits, arch. de la ville de Laon). — *Martigny-in-Laudunesio*, 1631 (arch. comm. de Martigny-en-Laonnois).

Vicomté acquise, en 1187 et 1247, par le chap. cathédral de Laon (Bellotte, *Ritus ecclesiæ Laudunensis*, p. 195, col. 1).

MARTIMONT, m^{se} isolée, c^{ne} de Marchais; auj. détruite.

MARTINE, petit fief, c^{ne} de Vassens.

MARTINET (LE), f. et martinet, c^{ne} de Pinon. — La ferme était désignée jadis sous les noms de *Chaussée* et de *Tordoir*.

MARTINPREZ, f. c^{ne} de Plessier-Huleu. — *Martinpré* (Cass.).

Cette ferme appartenait à l'abb. du Val-Chrétien et relevait d'Oulchy-le-Château.

MARTIN-RIEUX, h. c^{ne} d'Any-Martin-Rieux. — *Villa de Sancti-Martini-Rivo*, 1238 (cart. de l'abb. de Foigny, f° 54, Bibl. imp.). — *Saint-Martin-Rieux*, 1351 (cart. de l'abb. de Saint-Michel, p. 6). — *Saint-Martin*, 1409 (arch. de l'Emp. J 802). — *Martin-Ryeux*, 1549 (arch. comm. d'Any-Martin-Rieux). — *Martin-Rieulx*, *Sainct-Martin-Rieu*, 1612 (terrier d'Any-Martin-Rieux).

Ce hameau ressortissait au baill. de Rumigny.

MARTOLOIS, fief, c^{ne} de la Ferté-Chevresis. — Relevait de la Ferté-sur-Péron.

MARTOY, fief, c^{ne} de Charly; vassal de la châtell. de Charly.

MARZILLIENS (LES), petit h. c^{ne} de Merval.

MASSONIÈRE, petit fief, c^{ne} de Montigny-lez-Condé.

MASURE-BAUDET (LA), m^{on} isolée, c^{ne} de Concevreux.

MATENCOURT, petit fief, c^{ne} de Dercy.

MATHIS, petit fief, c^{ne} d'Augy.

MATIÈRE (LA), h. c^{ne} de Coucy-la-Ville.

MAUBEUGE, petit fief, c^{ne} de Vadencourt-et-Bohéries.

MAUBEUC, h. c^{ne} de Fresne.

MAUBRUN, h. c^{ne} d'Amblony. — *Monthaubren*, 1367 (cart. du chap. cath. de Soissons, f° 75).

MAUBRUN, h. c^{ne} de Saint-Bandry. — Domaine ancien de l'abbaye de Saint-Jean-des-Vignes; il relevait de Pierrefonds.

MAUBRY, h. c^{ne} de Neuilly-Saint-Front. — La seigneurie relevait d'Oulchy-le-Château.

MAUCARÉE (LA), m^{on} isolée, c^{ne} de Viels-Maisons. — Unie actuellement à la population agglomérée.

MAUCHAMP, f. c^{ne} de Juvincourt-et-Dammarie. — La seigneurie de Saint-Étienne-sur-Suippe relevait autrefois de la seigneurie de Mauchamp, qui avait toute justice et reconnaissait pour suzerain le comté de Roucy.

MAUCREUX, chât. c^{ne} d'Ébouleau. — *Maucrues*, 1221; *Malum crusum*, 1250 (ch. de l'Hôtel-Dieu de Laon, B 78 et B 39). — *Maucreu*, 1527 (audiencier de Pierrepont, cabinet de M. d'Imécourt). — *Maucreulx*, 1605 (tit. de l'év. de Laon). — *Moncrues* (plan cadastral d'Ébouleau).

La seigneurie de Maucreux relevait de la châtellenie de Pierrepont. On reconnaît encore les fossés du château dans un bois.

MAUCREUX, h. et moulin à eau, c^{ne} de Faverolles. — C'était autrefois un fief assez important.

MAUGARAY, petit fief, c^{ne} de Priscos. — Relevait de Marle.

MAUGIMONT, petit fief, c^{ne} d'Aubencheul-aux-Bois.

MAUPAS, petit h. c^{ne} d'Épaux-Bézu. — *Montpas* (carte de Cassini).

MAUPAS, f. c^{ne} de Rozières. — Unie maintenant à la population agglomérée.

MAUPAS, f. c^{ne} de Saint-Paul-aux-Bois; auj. détruite.

MAUPAS, h. c^{ne} de Soissons. — *Malus passus*, 1209; *Mauppas-subtus-les-Chaudières*, 1260 (cart. de l'abb. de Notre-Dame de Soissons, f°s 327 et 324). — *Malpas*, 1319 (Hôtel-Dieu de Soissons, 139). — *Mauppas*, 1408 (comptes de l'Hôtel-Dieu de Soissons, f° 98). — *Maulpas*, 1415 (*ibid.* f° 14).

La seigneurie relevait autrefois de Pierrefonds et le hameau dépendait de Mercin.

MAUPERTUIS, h. c^{ne} de Nogent-l'Artaud. — *Mauperthuis* (carte de Cassini).

MAUREGNY-EN-HAIE, c^{ne} de Sissonne. — *Molriniacum*, 1137 (cart. de Saint-Martin de Laon, f° 139). — *Molreni*, *Moriniacum*, 1178 (ch. de l'abb. de Saint-Vincent de Laon). — *Altare de Morigny*, 1183 (coll. de D. Grenier, 24° paquet, n° 5). — *Parrochiatus de Mouriniaco*, 1221 (ch. de l'abb. de Saint-Vincent de Laon). — *Morreni*, 1292 (ch. de l'Hôtel-Dieu de Laon, f° 1). — *Moregny*, 1345 (ch. de l'abb. de Saint-Vincent de Laon), 1405 (arch. de l'Empire, J 801, n° 1). — *Maureny*, *Maureny-en-Laonnois*, 1425 (ch. de l'abb. de Saint-Vincent de Laon). — *Maureni*, 1451 (reg. des assises du bailliage de Vermandois). — *Moregni*, 1494 (ch. de l'abb. de Saint-Vincent de Laon). — *Morgny*, 1572 (audiencier de Pierrepont, cab. de M. d'Imécourt). — *Mauregnier*, 1608 (minutes de Nicolas Baillet, notaire). — *Maurgny*, 1624; *Mauregny*, 1644 (tit. de l'abb. de Saint-Vincent de Laon). — *Mornye-en-Vermandois*, 1645 (reg. des chartes du baill. de Vermandois). — *Mauregni*, 1780 (chambre du clergé du dioc. de Laon).

La seigneurie, donnée en 1178, par Roger de

Rozoy, évêque de Laon, à l'abbaye de Saint-Vincent de Laon, relevait de la châtell. de Montaigu.

MAUREPAIRE, fief, c^{ne} de Montigny-sur-Crécy; relevait du fief de Maurepaire sis à Vauxaillon. — *Maurepair*, 1488; *Morepaire*, 1509 (arch. de l'Empire, O 20203).

MAUREPAIRE, fief, c^{ne} de Vauxaillon.

MAUREPAS, f. c^{ne} de Cugny. — *Maurepast*, 1373 (arch. de l'Emp. P 135; transcrits de Vermandois). — Hostel de *Malrepast*, 1532 (tit. du chap. cath. de Noyon). — Bois de *Maupas*. 1694 (maîtrise des eaux et forêts de la Fère).

Prévôté de la dépendance de l'abbaye d'Homblières et de la mouvance de la seigneurie de Savriennois.

MAUREPAS, fief, c^{ne} de Missy-aux-Bois. — Il relevait d'Ambleny.

MAUREPAS, f. c^{ne} de Montigny-lez-Condé. — *Morpas*, 1760 (arch. comm. de Monthurel).

MAUREPAS, bois, c^{ne} de la Neuville-en-Beine.

MAUVASON, mⁱⁿ à eau, c^{ne} de Courtrizy-et-Fussigny; auj. détruit. — Moulin de *Mauvason*, 1452 (comptes de la châtell. de Pierrepont, cabinet de M. d'Imécourt), «lequel est de longtemps en ruyne et desmolyn, 1474 (dénombr. de la châtell de Pierrepont, év. de Laon).

MAUVINAGE, fief, c^{nes} de Lugny et de Voharies. — *Montvinage*, 1698 (tit. de l'év. de Laon).

Ce fief dépendait du domaine de Marle. Il a été engagé, au mois de février 1601, à Catherine de Lorraine, comtesse de Vaudemont.

MAYEURS (LES), petit ruiss. affluent de la Fontaine-Royale. — Parcours : 2,160 mètres.

MAYOT, c^{ne} de la Fère. — *Maioc*, 1249; *Mayoc*, *Mayoch*, 1262 (ch. de l'Hôtel-Dieu de Laon, B 64). — *Mayock*, 1282 (ch. de l'abb. de Saint-Nicolas-aux-Bois). — *Mayhoc*, 1404 (comptes de l'Hôtel-Dieu de Laon, E 17). — *Maiocq*, 1417 (comptes de la maladrerie de la Fère). — *Maihoc*, 1436; *Maiot*, 1493; *Mayo*, 1523; *Mayot-sur-Oise*, 1571 (comptes de l'Hôtel-Dieu de Laon, E 17, E 25, E 49, E 95).

La seigneurie appartenait à l'évêché de Laon et relevait de la châtell. de Vendeuil.

MAZAGRAN, f. c^{ne} de Cessières.

MAZURE (LA), f. c^{ne} de Charly. — *Mazure-Niquaise*, 1664; *Mazure-Nicaise* ou *Maison-des-Bois*, 1694; fief, terre et seigneurie de *Boisvillers*, anciennement et vulgairement *fief des Bois*, 1720 (baill. de Charly).

Ce fief relevait de la châtell. de Charly.

MAZURE (LA), m^{on} isolée, c^{ne} d'Ostel; auj. détruite.

MAZURES (LES), h. c^{ne} de Chézy-l'Abbaye.

MAZURES (LES), h. c^{ne} d'Essises. — *Mazure-Michel* (carte de Cassini).

MAZURES (LES), h. c^{ne} de Fontenelle. — *Les Masures* (carte de Cassini).

MAZURES (LES), h. c^{ne} de Longueval. — *Masures*, 1544 (Pigache, notaire, greffe du trib. de Laon).

MAZURE-VATRIN (LA), m^{on} isolée, c^{ne} de Chézy-l'Abbaye.

MÉAULTRE, petit fief, c^{ne} de Trosly-Loire.

MÉCHAMBRE, f. c^{ne} de Renansart. — *Mecunia*, 1145 (cart. de l'abb. d'Homblières, p. 2). — *Mechumia*, 1177; *Mechume*, 1205; *Mechumia*, 1223; *Mechuma*, 1245 (ch. de l'abb. de Saint-Vincent). — Curtis de *Mechumes*, 1245 (arch. de l'Emp. L 738). — *Meschames*, 1406 (arch. de l'Emp. P 135; transcrits de Vermandois). — *Meschame*, 1623; *Meschambes*, *Meschambres*, 1663; *Meschammes*, 1690; *Mechamme*, 1712 (arch. comm. de Renansart).

Cette ferme appartenait à l'abb. de Saint-Vincent de Laon.

MÈGE, contrée. — *Terra quæ Megium in quâ est castellum Cociaci* (mém. ms. de l'Éleu, t. I, p. 468). — Voy. QUIERZY.

MÉGISSIENS (LES), petit affluent de l'Ourcq à Neuilly-Saint-Front. — Il alimente quatre moulins à blé. — Son cours est de 4 kilomètres.

MEHAULT, petit fief, c^{ne} de Montigny-sous-Marle.

MELÈZE, petit ruisseau affluent du ruisseau de Bois-Herbin à Fossoy. — Il n'alimente aucune usine. — Son cours est de 1,040 mètres.

MELCISANT, fontaine, c^{ne} de Maast-et-Violaine; peut-être la fontaine Saint-Ursace (suppl. de D. Grenier, 293, ch. 59, Bibl. imp.).

MEMENTO, petit h. c^{ne} de Rozet-Saint-Albin.

MÉNIL (LES), f. c^{ne} de la Croix; auj. détruite.

MÉNIL (LE), h. c^{ne} de Pernant.

MÉNILLOT (LE), h. c^{ne} de Nogent-l'Artaud.

MENNEIGAN, f. c^{ne} de Nanteuil-la-Fosse. — *Maiuvgen*, 1598; *Mauneigent*, 1627; *Mainegent*, 1627 (hôpital de Soissons, 808). — *Mennegent* (carte de Cassini).

MENNESSIS, c^{ne} de la Fère. — *Manassie*, 1130 (ch. du chap. de Saint-Quentin, Colliette, *Mémoires du Vermandois*, t. II, p. 260). — Terra *Manessiarum*, 1133; territorium de *Manessies*, 1263 (cart. de l'abbaye d'Ourscamp, publié par M. Peigné-Delacourt, p. 20 et 468). — *Menassies*, 1303 (actes du chap. de Laon, coll. de M. Hidé). — *Manissi*, 1337; *Mennesies*, 1510 (ch. et tit. du chap. cath. de Laon). — *Mennesye*, 1562 (délibérations de la chambre des comptes de la Fère, f° 132). — *Mannesye*, 1607; *Mennesey*, 1613 (tit. du chap. cath. de Laon). — *Mennesy*, 1634 (chambre du clergé du diocèse de

Noyon). — *Mannesy*, 1658 (tit. du chap. cath. de Laon). — *Mennessies*, 1710 (intend. de Soissons, C 205).

La seigneurie appartenait au chapitre de Laon et relevait de la vicomté de Trosly.

MENNEVILLE, c^{ne} de Neufchâtel. — *Muenna*, IIIe s^e (Itinéraire d'Antonin). — *Moienne vile*, XIIIe s^e (cueilleret de l'Hôtel-Dieu de Laon, B 62). — Villa de *Mannevuila*, 1308 (arch. de l'Emp. Tr. des chartes, reg. 40). — *Media-villa*, 1340 (Bibl. imp. fonds latin, ms. 9228). — *Mainneville*, 1385; *Meineville*, 1393 (arch. de l'Emp. P 136; transcrits de Vermandois). — *Maineville*, 1405 (ibid. J 801, n° 1). — *Magneville*, 1568 (acquits, arch. de la ville de Laon).

La seigneurie dépendait de la châtellenie de Neufchâtel et relevait du comté de Roucy. Elle a été unie au marquisat de Nazelle, érigé en 1753 (reg. des chartes du baill. de Vermandois).

MENNEVRET, c^{ne} de Wassigny. — *Meslevrel*, 1217 (cart. de la seign. de Guise, f° 169). — *Meislevrel*, 1220; *Mellevriel*, 1232 (suppl. de D. Grenier, 288, Bibl. imp.). — *Mainlevrel*, 1260 (arch. de l'Emp. L 992). — *Maisnevrel*, 1550 (comptes de Bohain, chambre des comptes de la Fère). — *Mainevrel*, 1561; *Mainlevret*, 1567 (arch. de la ville de Guise). — *Mannevret, Mainevrelle*, 1630; *Mainevrette*, 1642; *Mainnevreil*, 1709 (élect. de Guise). — *Mainevreel*, 1710 (intend. de Soissons, C 274).

Commune instituée en 1217. — Le village dépendait du duché de Guise et ressortissait, pour la justice, au bailli de ce duché.

MENTON, petite ferme, c^{ne} de Montigny-Lengrain. — Construite récemment près de celle de la Gorge.

MEPAS, h. c^{ne} de Mennevret. — *Meupas* (carte de Cassini).

Uni actuellement à la population agglomérée.

MÉRAULIEU, m^{on} isolée, c^{ne} de Fieulaine. — *Meraulleu*, 1146 (cart. de l'abb. de Saint-Nicolas-des-Prés de Ribemont, f° 3 v°, arch. de l'Emp.). — *Merallu*, 1186 (ch. de l'abb. de Saint-Nicolas-des-Prés de Ribemont).

La seigneurie relevait de Fieulaine.

MÉRAULIEU, m^{on} isolée, c^{ne} de Montigny-Carotte.

MERCIN-ET-VAUX, c^{ne} de Soissons. — *Maurcius*, 871 (dipl. de Charles le Chauve, Hist. de Notre-Dame de Soissons, preuves, p. 429). — *Mercinnus*, 1147 (cart. de l'abb. de Notre-Dame de Soissons). — *Muercinus*, 1203 (arch. de l'Emp. L 1003). — *Muercin*, 1213 (cart. de l'Hôtel-Dieu de Soissons, 190). — *Mercins*, 1225 (cart. de l'abb. de Notre-Dame de Soissons, f° 329). — *Muercyn*, 1226 (cart. de l'abbaye de Saint-Médard de Soissons, f° 108, Bibl. imp.). — *Murcin*, 1243 (cart. de l'abb. de Longpont, f° 446). — *Mercinus*, 1260 (cart. de l'abb. de Notre-Dame de Soissons, f° 327). — In territorio de *Muercin*, 1273 (suppl. de D. Grenier, 295, Bibl. imp.). — *Mercym*, 1392 (Manuel de l'Hôtel-Dieu de Soissons, 323). — *Mercin*, 1407 (comptes de l'Hôtel-Dieu de Soissons, 327, f° 66). — *Mercin-lez-Soissons*, 1419 (ch. du chap. de Saint-Pierre-au-Parvis de Soissons). — *Mercyn, Mersain*, 1491 (comptes de l'Hôtel-Dieu de Soissons, f° 8 et 13). — *Saint-Léger-de-Mercin* (carte de Cassini).

Vicomté acquise, au XIIIe et au XIVe siècle, par l'abbaye de Notre-Dame de Soissons; elle relevait de Pierrefonds.

MÉRICOURT, h. c^{ne} de Croix-Fonsomme. — *Merulficurtis*, 977 (lettre du pape Jean XII, Hist. de France, t. IX, p. 234 E). — In territorio de *Meurincort*, 1203 (arch. de l'Emp. L 738). — *Merincort*, 1225; *Morincort*, 1226 (cart. de l'abbaye de Fervaques, p. 416 et 419). — *Mucrincort*, 1228 (arch. de l'Emp. L 998). — *Mélicourt* (carte de Cassini).

La seign. relevait de la châtell. de Saint-Quentin.

MÉRIE, fief, c^{ne} d'Erlon. — Sedes molendinorum in viculo *Mairi*, 1136 (mém. ms. de l'Éleu). — *Méry* (tombe, en l'église de Charmes, de Charles Dupassage, mort le 20 janvier 1678).

Le château de Mérie se trouvait dans la rue du même nom, vers Dercy.

MÉRIE (LA), chât. c^{ne} de Besmont; auj. détruit. — *Lamerye*, 1687 (min. de Thouille, notaire). — *Lamerie*, 1687; château de *la Mairie*, 1714 (bailliage d'Aubenton).

MERLET, h. et m^{in} à eau, c^{ne} d'Aguilcourt. — *Merlée*, 1537; *Merletz*, 1544 (comptes de Roucy, cabinet de M. d'Imécourt).

Ce hameau, distrait de Variscourt, a été uni à Aguilcourt par ordonnance royale du 7 mai 1828.

MERLET, petit fief, c^{ne} de Condren. — Relevait de Chauny.

MERLIER, fontaine, c^{ne} de Bichancourt.

MERLIEUX-ET-FOUQUEROLLES, c^{on} d'Anizy-le-Château. — *Merli*, 1151 (ch. du musée de Soissons). — *Mellu*, 1219 (cart. de l'abb. de Vauclerc, f° 49). — Monasterium de *Merliu*, 1241 (grand cart. de l'év. de Laon, ch. 320). — *Merlieu*, 1389; *Mellieu*, 1413 (comptes de l'Hôtel-Dieu de Laon, E 2, E 9).

Merlieux faisait partie du duché de Laonnois et de la mairie de Lixy.

MERLOU, fief, c^{ne} de Pont-Saint-Mard. — Il relevait de Coucy-le-Château.

MERVAL, c^{ne} de Braine. — *Marval*, 1224 (arch. de l'Emp. L 993). — *Malval*, 1225 (cart. de l'abb. de

Saint-Yved de Braine, Bibl. imp). — *Merva*, 1491 (baill. de Roucy, cabinet de M. d'Imécourt).

Merveille, m^{on} isolée et m^{lo} à vent, c^{ne} du Haucourt.

Mésangère (La), m^{on} isolée, c^{ne} de Connigis.

Mesbrecourt-Richecourt, c^{ne} de Crécy-sur-Serre. — *Maibecourt*, 1274 (ch. de l'abb. de Saint-Vincent de Laon). — *Maimbrecourt*, 1384 (arch. de l'Emp. P 136; transcrits de Vermandois). — *Mebecourt*, 1405 (arch. de l'Emp. J 801, n° 1). — *Mesbecourt* (ibid. n° 3). — *Meblecourt*, 1460 (ibid. Q 7). — *Menbrecourt*, 1536 (acquis, arch. de la ville de Laon). — *Membrecourt*, 1555 (taxe des décimes du dioc. de Laon, sec. de l'év. de Soissons). — Paroisse Sainte-Benoite-de-Mesbrecourt, 1668 (état civil de Mesbrecourt, trib. de Laon). — *Mebrecourt*, 1699 (arch. de Laon).

La seigneurie relevait de la Ferté-sur-Péron.

Mesle, châtellenie, c^{ne} de Bruyères-et-Montbérault. — Châtellenie de *Mesle-lez-Bruyères*, 1580 (arch. de l'Emp. O 20200).

Meslov, bois, c^{ne} de Chevresis-Monceau; auj. défriché. — Silva de *Mesloi*, 1153 (suppl. de D. Grenier, 290, Bibl. imp.).

Il tenait au territ. de Valécourt (cart. de l'abb. de Prémontré, f° 49, bibl. de Soissons).

Mesmin, h. c^{ne} de Rozières. — *Maissemi*, 1267 (cart. de l'abbaye de Saint-Jean-des-Vignes de Soissons, bibl. de Soissons). — *Messemi*, *Maissemy*, 1276 (Bibl. imp. suppl. de D. Grenier, 296). — *Messemy*, 1384 (ch. de l'abb. de Saint-Jean-des-Vignes de Soissons). — *Messemin*, 1491 (comptes de l'Hôtel-Dieu de Soissons, f° 34). — *Messemy-lez-Rosières*, 1506 (ibid. f° 49). — *Meschemins*, 1511 (ibid. f° 17). — *Meschemin*, 1527 (ibid. f° 28). — *Mussemy*, 1528 (tit. de l'abb. de Saint-Jean-des-Vignes de Soissons). — *Messemain*, 1669 (terrier de Maupas, f° 85). — *Mesmain*, 1745 (intend. de Soissons, C 275).

La seigneurie relevait de Pierrefonds. — Le hameau a été uni à Rozières le 27 septembre 1788.

Mesnil (Le), h. c^{ne} d'Acy.

Mesnil (Le), petit fief, c^{ne} de la Chapelle-Monthodon. — Relevait de Dormans.

Mesnil (Le), f. c^{ne} de Nogent-l'Artaud. — *Le Menil* (carte de Cassini).

Cette ferme appartenait aux Célestins de Paris.

Mesnil (Le), h. c^{ne} de Parcy-Tigny.

Mesnil (Le), chât. c^{ne} de Septvaux. — *Mesny*, 1648 (baill. de Chauny, B 1441). — *Menille*, 1691 (arch. comm. de Septvaux).

Il ne reste qu'une cave de cet ancien manoir. — Celui-ci a donné son nom à un ruisseau qui prend sa source à Septvaux, traverse les territoires de Septvaux, Barizis, Saint-Gobain et Servais et se jette dans l'Oise à Amigny, après un cours de 17,900 mètres, pendant lequel il alimente les moulins Gilotin, de l'Abbaye, d'En-Bas, de Rossignol, de Briquenay et de Servais.

Mesnil (Le), h. c^{ne} de Vassens. — *Manil*, 1158 (cart. de l'abb. de Saint-Martin, f° 80). — *Haut-Mesnil* (carte de Cassini).

Mesnil-Saint-Laurent, c^{ne} de Saint-Quentin. — *Maisnil*, 1110; *Maisnill*, 1184; terra de *Maisnilio*, 1187 (cart. de l'abb. de Saint-Quentin-en-l'Ile, p. 12, 113 et 54). — *Maisnil*, 1270 (arch. de la ville de Saint-Quentin, liasse 269). — *Maisnil-emprez-Saint-Laurent*, xive s^e (arch. de l'Emp. P 135; transcrits de Vermandois). — *Mesnil-Sainct-Laurent*, 1572 (de Herte, notaire à Saint-Quentin). — *Menil-Saint-Laurent*, 1670 (arch. comm. d'Harly).

La seigneurie appartenait au chapitre de Saint-Quentin et relevait de la châtell. de la même ville.

Mesnizel, f. c^{ne} de Mesnil-Saint-Laurent. — *Maisnisel*, 1384 (arch. de l'Emp. P 135; transcrits de Vermandois).

Elle était probablement située au lieu dit *la Vallée-l'Écuyer*, où l'on trouve des traces de construction.

Metz (Le), petit fief, c^{ne} d'Amigny-Rouy. — Il appartenait au collège de Presles.

Metz (Le), f. c^{ne} de Moussy-sur-Aisne. — *Territorium de Maidi*, 1223 (ch. de l'Hôtel-Dieu de Laon, B 39). — In valle de *Maiddi*, 1236 (cart. de l'abb. de Prémontré, f° 30, bibl. de Soissons). — *Meel*, 1338 (ch. de l'év. de Laon). — *Le May* (carte de Cassini).

Metz (Le), fief, c^{ne} de Travecy. — Masure où «souloit jà pièça avoir maison appellée la maison du Metz», 1491 (arch. de l'Emp. P 248-2). — Fief du *Maitz*, 1613 (baill. de la Fère, B 696).

Ce fief relevait de la châtell. de la Fère.

Metz (Le), f. c^{ne} de Trosly-Loire.

Meule (La), f. c^{ne} de Nogent-l'Artaud.

Meules (Les), bois, c^{ne} de Monthiers. — Ce bois contenait, en 1763, 130 arpents (d'Expilly, Dict. géogr. t. II, p. 720).

Meulière (La), h. c^{ne} de l'Épine-aux-Bois. — *Les Meulières* (carte de Cassini).

Meunières (Les), bois, c^{ne} de Goussancourt. — Bois de *Miguières*, 1724; *Munière*, 1754; forêt de *Meunière*, 1763; bois de *Menière*, 1766 (maîtrise des eaux et forêts de Soissons).

Ce bois dépendait de la mense abbatiale de Saint-Corneille de Compiègne, unie au Val-de-Grâce de Paris.

Meuncy, f. c^{ne} de Seringes-et-Nesles.

Meurival, c^{on} de Neufchâtel. — *Morival*, 1246 (cart. de l'abb. de Saint-Denis, f° 117, arch. de l'Emp.). — *Mérival*, 1340 (Bibl. imp. fonds latin, ms. 9228). — *Murival*, 1553 (comptes de Roucy). — *Meurytal*, 1568 (acquits, arch. de la ville de Laon). — Paroisse de *Sainct-Nicolas-de-Meurival*, 1688; *Meurivalle*, 1733 (arch. comm. de Meurival).

Meutnu, fief, c^{ne} d'Arcy-Sainte-Restitue.

Mézières, c^{ne} de Moy. — *Macerias*, 921 (dipl. de Charles le Simple, *Hist. de France*, t. IX, p. 550 C). — *Masceria*, 1083 (ch. de l'abb. de St-Nicolas-des-Prés de Ribemont). — *Macheria*, 1104 (Colliette, *Mém. du Vermandois*, t. II, p. 109). — Altare *Sancti-Remigii-de-Maceriis*, 1116 (cart. de l'abb. de Maroilles, f° 351, arch. du Nord). — *Macerie*, 1183 (coll. de D. Grenier, 24° paquet, n° 19). — *Manseriæ*, 1168 (cart. d'Homblières, p. 2). — *Maisières-sur-Oise*, 1272 (cart. de l'abb. de Maroilles, f° 27, arch. du Nord). — Territorium de *Maisières*, 1295 (Colliette, *Mém. du Vermandois*, t. II, p. 558). — *Maserie-supra-Ysaram*, XIV° s° (cart. E du chap. cath. de Reims, f° 139). — *Masières*, 1496 (comptes de l'Hôtel-Dieu de Laon, E 27). — *Maizières*, 1565 (arch. de la ville de Saint-Quentin). — *Mesierre-sur-Oize*, 1579; *Maixières-sur-Oise*, 1586 (tit. du ch. de Saint-Quentin). — *Mézère-sur-Oize*, 1709 (intend. de Soissons, C 274). — *Maizière* (carte de Cassini).

Avouerie relevant autrefois de Ribemont.

Mézières, mⁱⁿ à eau, c^{ne} du Mont-Saint-Martin.

Mézy-Moulins, c^{on} de Condé. — *Mesy*, 1486 (tit. de l'abb. du Val-Secret). — *Mesi*, 1464 (Bibl. imp. suppl. français, n° 1195). — *Mesy-sur-Marne*, 1494 (tit. de l'abb. du Val-Secret). — *Mezi*, 1573 (pouillé du dioc. de Soissons, f° 26). — *Mézy-Molins*, 1710 (intend. de Soissons, C. 205).

Michelette, bois, c^{ne} de Crézancy.

Michettes, f. et sucrerie, c^{ne} d'Auffrique-et-Nogent. — La ferme de Michettes a donné son nom à un bois qui appartenait à l'abbaye de Nogent et qui a été aliéné par l'État le 28 février 1815.

Midellet, petit fief, c^{ne} d'Autremencourt. — Relevait de la châtell. de Pierrepont.

Miette (La), ruisseau qui prend sa source à la dernière maison d'Amifontaine, traverse les territoires de Juvincourt-et-Dammarie, de la Ville-aux-Bois-lez-Pontavert et de Pontavert et se joint à l'Aisne dans cette dernière commune, après un cours de 13 kilomètres. Il n'alimente que deux moulins à blé. — *Amiette*, 1739 (terr. de Juvincourt).

Ce dernier nom devrait être conservé.

Mignot, fief, c^{ne} de Presles-et-Thierny. — Relevait de l'év. de Laon.

Millancourt, m^{on} isolée, c^{ne} de Chavigny. — *Millencourt*, XII° s° (arch. de l'Emp. L 1006). — *Millencourt-dessoubs-Chavegny-le-Sors*, 1260 (coll. de D. Grenier, 30° paquet, n° 1). — *Milleincourt*, 1383 (arch. de l'Emp. P 136; transcrits de Vermandois). — *Milencourt*, 1486 (comptes de l'Hôtel-Dieu de Soissons, f° 143 v°). — *Mylencourt*, 1511 (*ibid*. f° 15). — *Miliancourt* (carte de Cassini). — *Millancourt*, 1775 (titre de l'abb. de Saint-Crépin-en-Chaye de Soissons).

Ce domaine appartenait à l'abb. de Saint-Crépin-en-Chaye de Soissons et relevait de Soissons. — Millancourt formait un hameau en 1383 (arch. de l'Emp. P 136; transcrits de Vermandois).

Millempart, bois, c^{ne} de Juvigny.

Millempart, m^{on} isolée, c^{ne} de Villeneuve-Saint-Germain.

Milly, village détruit, c^{ne} de Tartiers.

Misery-en-Carnois, village détruit, c^{ne} de Marteville. — *Miseri*, 1383 (arch. de l'Emp. P 135; transcrits de Vermandois). — Boys de Mont-Patin dict *Miseri-Carnois*, 1575 (min. de Chalvoix, notaire).

Attilly et la ferme de l'Épée dépendaient jadis de Misery-en-Carnois. Ces localités ont été distraites, en 1664, du doyenné d'Athies et unies à celui de Saint-Quentin.

Missancourt, h. et mⁱⁿ à eau, c^{ne} de Bertaucourt-Épourdon. — *Mussecourt*, 1416 (arch. de l'Emp. J 801, n° 6). — *Mussencourt*, 1557 (maîtrise des eaux et forêts de la Fère). — *Mussancourt*, 1709 (intend. de Soissons, C 274).

Ce hameau, dépendant autrefois de la paroisse d'Épourdon, doit son origine à une ferme de l'abb. de Saint-Vincent de Laon et donne son nom à un ruisseau qui prend sa source à Saint-Gobain et se jette dans le ruisseau de Saint-Lambert, après un parcours de 4 kilomètres.

Missel, bois, c^{ne} de Travecy. — Il appartenait au chap. cathédral de Laon.

Missy ou Moisy, fief, c^{ne} de Chevregny. — *Musciacum*, 1156 (ch. de l'abb. de Saint-Vincent).

Relevait de l'évêché de Laon.

Missy-aux-Bois, c^{ne} de Vic-sur-Aisne. — Altare de *Maisi*, 1147; in territorio de *Mincy*, 1267; *Mansi*, 1384 (cart. de l'abb. de Notre-Dame de Soissons, f°s 38, 40, 44). — *Mincy-au-Bos*, 1460 (comptes de l'Hôtel-Dieu de Soissons, f° 22). — *Miscy-ou-Bois*, 1463 (ch. du chap. de Saint-Pierre-au-Parvis de Soissons). — *Missy-au-Boys*, 1571 (délibérations de la chambre des comptes de la Fère).

MISSY-LEZ-PIERREPONT, c⁰⁰ de Sissonne. — *Missiacum*, 1132 (cart. de l'abb. de Saint-Martin de Laon, f° 55, bibl. de Laon). — *Missi*, 1150 (*ibid.* f° 112). — Ecclesia parrochialis *Sancti-Martini-de-Missiaco*, 1260 (cart. de la même abbaye). — *Missy, Massy*, 1475; *Massi*, 1476; *Misy*, 1508 (comptes de l'Hôtel-Dieu de Laon, E 20, E 21, E 38). — *Missy-lez-Lyesso*, 1536 (acquits, arch. de la ville de Laon). — *Missy-prope-Lætitiam*, 1585 (taxe des décimes, secrét. de l'év. de Soissons). — *Missy-les-Pierpont*, 1709; *Missy-lez-Pierrepont*, 1709 (C 205 et 274, intend. de Soissons).

MISSY-SUR-AISNE, c⁰⁰ de Vailly. — *Minciacum*, IXᵉ s° (dipl. de Charles le Chauve, cart. de l'abb. de Saint-Médard de Soissons, f° 127, Bibl. imp.). — *Mincy*, 1216; *Mincyacum*, 1219; *Minci-super-Auxonam*, 1221 (*ibid.* f⁰ˢ 104, 105 et 141). — *Minziacus*, 1226 (cart. de l'abb. de Saint-Jean-des-Vignes de Soissons, f° 70, Bibl. imp.). — *Mincy-super-Axonam*, 1230 (cart. de l'abb. de Saint-Médard de Soissons, f° 101, Bibl. imp.). — *Minciacum-supra-Axonam*, 1272 (Bibl. imp. suppl. de D. Grenier, 293, ch. 66). — *Minciacum-super-Auxonam*, 1275 (ch. de l'abb. de Marchiennes, archives du Nord). — *Micy-sur-Aisne*, 1333 (arch. de l'Emp. Tr. des chartes, reg. 66, pièce 514). — *Mincy-sur-Aisne*, 1383 (arch. de l'Emp. P 136; transcrits de Vermandois). — *Mincy-sur-Axone*, 1398 (cart. de l'abb. de Saint-Martin, t. I, p. 85). — *Michi-sur-Asne*, 1398 (comptes de l'Hôtel-Dieu de Soissons, 324). — *Mincy-sur-Aane*, 1406 (*ibid.* 327). — *Missy-sur-Vsne*, 1442 (*ibid.* 340, f° 37). — *Micy-sur-Aisne*, 1482 (*ibid.* 360, f° 16). — *Micy-sur-Aixne*, 1525 (terr. de Chivres, f° 1). — *Missy-sur-Aixne*, 1548 (chap. de Saint-Pierre-au-Parvis de Soissons). — *Missi*, 1565; *Missi-sur-Aixne*, 1637 (arch. comm. de Missy-sur-Aisne). — *Missy*, 1687 (titres du chap. cath. de Soissons). — *Missy-sur-Aine*, 1709 (intend. de Soissons, C 205).

La seigneurie appartenait au chapitre cathédral et à l'abbaye de Saint-Médard de Soissons.

MIVOIE (LA), fief, c⁰⁰ d'Aizy.

MIVOIE (LA), f. c⁰⁰ de Sissonne. — *Mivoy*, 1745 (tit. de l'év. de Laon).

MOBILLOT, mⁿ isolée, c⁰⁰ de Marchais.

MOCSOURIS, h. c⁰⁰ de Baulne. — *Montsouris* (carte de Cassini).

MOCSOURIS, m¹ⁿ à eau, c⁰⁰ de Blesmes.

MOILIEN, f. c⁰⁰ de Couvres-et-Valsery; auj. détruite. — *Moulien*, 1509; *Mollien, Moslien*, 1641; *Molien*, 1696 (tit. de l'abb. de Valsery).

On n'en connaît plus l'emplacement.

MOISEURIE (LA), f. c⁰ⁿ° de Leppion. — Cette ferme appartenait au prieuré de Saint-Paul-aux-Bois.

MOISY, h. c⁰⁰ de Montigny-l'Allier. — *Moisiacus*, 1158 (ch. de l'abb. de Saint-Jean-des-Vignes de Soissons, f° 98, Bibl. imp.).

Anc. commⁿⁱᵉ de Moisy-le-Temple; la seigneurie relevait de la Ferté-Milon.

MOIZY (LES), f. c⁰⁰ de Vauxaillon. — *La Montagne* (carte de Cassini).

MOLAIS, c⁰⁰ de Wassigny. — *Moylains*, 1220 (cart. de l'abb. de Foigny, f° 185, Bibl. imp.). — *Moxlain*, 1611 (baill. des bois de Guise). — *Molaing*, 1675 (minutes de Pierre Gallois, notaire). — *Molhn-en-Cambrésis*, 1700 (baill. de Ribemont, B 255). — *Moulin-en-Cambrésis*, 1767 (grenier à sel de Guise).

Molain était du Cambrésis, de la subdélégation du Quesnoy, du diocèse de Cambrai, des châtellenies et doyenné rural du Cateau-Cambrésis.

MOLIGNEAU (LE), h. c⁰⁰ de la Flamangrie.

MOLIGNEAU (LE), mⁿ isolée, c⁰⁰ de Guny.

MOLIGNEAU (LE), h. c⁰⁰ de Rouvroy. — *Molineau*, 1411 (arch. de l'Emp. J 801, n° 4). — *Molinneau*, 1451 (reg. du baill. de Vermandois). — *Le Moulineau* (carte de Cassini).

Le moulin de Moligneau appartenait au chapitre de Rozoy-sur-Serre.

MOLINCHART, c⁰⁰ de Laon. — *Molinchat*, 1135 (cart. de l'abb. de Prémontré, f° 41, bibl. de Soissons). — *Molincatum*, 1147 (cart. de l'abb. de Notre-Dame de Soissons, f° 379). — *Molinceth*, 1187 (ch. de l'abb. de Saint-Nicolas-aux-Bois). — *Molinchat*, 1195 (ch. de l'abb. de Prémontré). — *Murlinchat*, 1237 (ch. de l'Hôtel-Dieu de Laon, B 39). — *Moulinchat*, 1326 (cueilleret de l'Hôtel-Dieu de Laon, B 63). — *Mollinchart*, 1560 (comptes de l'Hôtel-Dieu de Laon, E 84).

La seigneurie appartenait à l'abbaye de Notre-Dame de Soissons et relevait de l'évêché de Laon.

MOLINEL, bois, c⁰⁰ de Seboncourt; auj. défriché. Nemus de *Molinel*, 1220 (arch. de l'Emp. L 998).

On n'en connaît plus l'emplacement.

MOLINET (LE), m¹ⁿ, c⁰⁰ de Saint-Quentin; auj. détruit. — *Molinellum*, 1174 (cart. AA de l'abb. de Saint-Quentin-en-l'Île, p. 53).

MOLINOIS, petit h. c⁰⁰ de Nogent-l'Artaud.

MOLINVAL, m¹ⁿ, c⁰⁰ de Suzy; auj. détruit. — *Molendinum de Molinval apud Suisi*, 1234; *Molinval-subtus-Suisi*, 1251; *Molendinum de Molainval*, 1277 (ch. de l'Hôtel-Dieu de Laon, B 55).

MOLLOY, h. c⁰⁰ de la Ferté-Milon. — *Moleium*, 1213 (Hist. du Valois, pièces justificatives, XXXII). —

Mosloy, 1471 (arch. de l'Emp. LL 1487). — Mauloy, 1745 (intend. de Soissons, C 206).

La ferme de Molloy appartenait à l'abb. de Sainte-Geneviève de Paris et relevait de la Ferté-Milon.

Moloy, bois, c^{ne} de Saint-Remy-Blanzy. — Sartum de Moloi, 1197; Moloy-desouz-Blanzi, 1228 (archives de l'Empire, L 1003). — Cense de Molloy, 1529 (tit. de l'Hôtel-Dieu de Soissons, 78).

Ce bois a été donné, vers la fin du xiie siècle, à l'abbaye de Longpont.

Molvon, f. c^{ne} de la Chapelle-Monthodon. — Maulevon, 1296 (arch. de l'Emp. L 1002).

Monampteuil, c^{ne} d'Anizy-le-Château. — Mons Nantolium, 973 (ch. de l'abb. de Saint-Vincent de Laon). — Villa Nantolii, 979 (mém. ms. de l'Éleu). — Natolium, 1125 (suppl. de D. Grenier, 286, Bibl. imp.). — Mons Nantolli, 1128 (cart. de l'abb. de Saint-Martin de Laon, f° 120, bibl. de Laon). — Mons Nantherii, 1136 (mém. ms. de l'Éleu, t. I, p. 313). — Monantilium, 1149 (cart. de l'abb. d'Homblières, p. 39). — Mons Nantholii, 1206 (ch. de l'abb. de Saint-Vincent de Laon). — Monantuel, 1208 (cart. de l'abb. de Vauclerc, f° 50). — Monantuel, 1240 (cart. de l'abb. de Saint-Martin de Laon, t. I, p. 520). — Montnantuel, 1265 (gr. cart. de l'év. de Laon, ch. 105). — Montnanthueil, Montnanthueu, 1363 (ch. de l'év. de Laon). — Monnanthuel, 1405 (arch. de l'Emp. J 801, n° 1). — Montnapteul, 1433 (Chroniques de France, ms. 26, bibl. de Lille). — Monnanteuil, 1452 (comptes de l'Hôtel-Dieu de la Fère). — Monantueil, 1493; Montnampteul, 1496; Montnantheul, 1517 (comptes de l'Hôtel-Dieu de Laon, E 25, E 27, E 45). — Monanteuille, Montnampteuil, 1523; Monantheul, 1527 (comptes de l'Hôtel-Dieu de Marle). — Montnanteuil-sur-Praesle-l'Évesque, 1587 (tit. de l'Hôtel-Dieu de Laon). — Monanthueil, 1540 (comptes de l'Hôtel-Dieu de Marle). — Monantheulles, 1550 (min. de Bossus, notaire). — Monantheulles, 1563 (comptes de l'Hôtel-Dieu de Marle). — Monnantheuille, 1568 (acquits, arch. de la ville de Laon). — Monantheuille, 1564 (tit. de l'abb. de Saint-Jean de Laon). — Monanteuil, 1662; Monanteuil, 1687 (chap. de Saint-Julien de Laon).

Vicomté inféodée par l'év. de Laon, le 19 mai 1597, pour relever dudit évêché. — Monampteuil était chef-lieu d'une prévôté comprenant Monampteuil, Chevregny et Urcel et dont les appels étaient portés au bailliage ducal du Laonnois. — L'église a été érigée en chapelle vicariale par ordonnance royale du 3 décembre 1828.

Monampteuil, petit fief, c^{ne} de Chevresis-Monceau. — Relevait de Chevresis-le-Meldeux.

Moncassin, petit fief, c^{ne} de Neuvillette.

Monceau, chât. c^{ne} de Chéry-lez-Rozoy. — Ancien château démoli de Monciaus, 1297 (arch. de l'Emp. Tr. des chartes, reg. 61, pièce 130). — Monciaus, 1383 (arch. de l'Emp. P 136; transcrits de Vermandois). — Monceaux-les-Rozoi, 1405 (arch. de l'Empire, J 801, n° 1). — Monceau-lez-Rozoy, 1709 (intend. de Soissons, C 274). — Montceau-les-Rozoy, 1750 (ibid. C 206).

Monceau-le-Neuf-et-Faucouzis, c^{ne} de Sains. — Moncelli-super-Peron, 1137 (ch. de l'abb. de Saint-Martin de Laon). — Moncelx-super-Perron, 1155 (cart. de l'abb. de Saint-Martin de Laon, f° 42, bibl. de Laon). — Monciaus-super-Perron, 1163 (cart. de la même abbaye, t. III, p. 126). — Moncelli, 1173 (cart. de l'abb. de Foigny, f° 203, Bibl. imp.). — Moncelli-super-Perron, 1216 (ch. de l'Hôtel-Dieu de Laon, B 75). — Moncelli-sur-Perron, 1220 (arch. de l'Emp. L 992). — Monciaus-sus-Perron, 1223; Moncelli-supra-Perron, 1233; Monchiaus-sus-Péron, 1311 (cart. de la seign. de Guise, f° 45, 7). — Monciaus, 1331 (ch. de l'Hôtel-Dieu de Laon, B 11). — Monceau-sur-Perron, 1409 (arch. de l'Emp. J 802). — Monchiaulx-sur-Perron, 1415 (arch. de l'Emp. P 248-2). — Monceaulx-sur-Perron, 1417; Monceaux-sur-Peron, 1437; Monceaulx-sur-Perron, 1476; Monceaux-sub-Péron, 1495; Monciaux-le-Neuf, 1496; Monceaux-le-Neuf, 1497; Moncau-Superon, 1499; Monciaulx-le-Neuf, 1511; Monsiaulx-sur-Péront, 1513; Monceaulx-le-Neuf, 1513; Monceaux-le-Neuf, 1513; Monceau-sur-Péron, 1515; Monceau-sur-Péron, 1586 (comptes de l'Hôtel-Dieu de Laon, E 11, E 21, E 26, E 28, E 30, E 41, E 42, E 48, E 107). — Montceau-le-Neuf, 1745 (intend. de Soissons, C 206).

La seigneurie relevait de Guise. — La paroisse dépendait de Monceau-le-Vieil.

Monceau-les-Leups, c^{ne} de la Fère. — Moncals in pago Laudunensi, 1110; Moncels, 1114 (cart. AA de l'abb. de Saint-Quentin-en-l'Île, p. 14, 113). — Moncil, 1125 (suppl. de D. Grenier, 286, Bibl. imp.). — Moncials, 1131 (cart. de l'abb. de Saint-Martin de Laon, f° 37, bibl. de Laon). — Monticelli-super-Seram fluvium, 1145 (cart. de l'abb. de Saint-Quentin-en-l'Île, AA 77). — Monciaus, Monceau, 1152 (cart. de Saint-Martin de Laon, f° 69, bibl. de Laon). — Monceals, 1160 (ch. de l'abb. de Saint-Martin de Laon). — Moncelli, 1204 (ch. de l'abb. de Saint-Nicolas-aux-Bois). — Moncelli-supra-Noviant, 1218 (cart. de l'abb. de Saint-

Yved de Braine, Bibl. imp.). — *Moncelli-supra-Seram*, 1340 (Bibl. imp. fonds latin, ms. 9228). — *Monciaus-sur-Sère*, 1346; *Monciaus-les-Leus*, 1355 (ch. de l'abb. de Saint-Vincent de Laon). — *Monchaux-les-Leup*, 1384 (arch. de l'Emp. P 135; transcrits de Vermandois). — *Monceaux*, 1398 (ch. de l'abb. de Saint-Vincent de Laon). — *Monceaux-les-Leup*, 1405 (arch. de l'Emp. J 801, n° 1). — *Monceaulx-lez-Leupz*, 1501 (comptes de la maladrerie de la Fère, Hôtel-Dieu de la Fère). — *Moncelliluporum*, 1546, coll. des bénéfices du diocèse de Laon, secrét. de l'év. de Soissons). — *Montceaux-lez-Leups*, 1577 (baill. de la Fère, B 1149). — *Monceaux-les-Leups*, 1599 (chambre du clergé du dioc. de Laon). — *Monseaulx-les-Leups*, *Monceaulx-le-Leup*, 1610 (terrier de Pont-à-Bucy et de Monceau-les-Leups, baill. de la Fère, B 1247). — *Monceaux-les-Leups*, 1714 (arch. de l'Emp. Q. 8).

La seigneurie dépendait de la châtellenie de la Fère. Elle a été aliénée, le 11 juillet 1601, par les commissaires du roi Henri IV; elle a relevé depuis de cette châtellenie.

MONCEAU-LE-VIEIL, h. c^{ne} de Chevresis-Monceau. — *Moncelli*, 1083 (ch. de l'abb. de Saint-Nicolas-des-Prés de Ribemont). — In territorio de *Monciaus*, 1183 (cart. de l'abb. de Prémontré, f° 49, bibl. de Soissons). — Decima *Veteris Moncelli*, 1219 (suppl. de D. Grenier, 290, Bibl. imp.). — *Vetera Moncella*, *Vies Monciaus*, XIV° s° (cart. de la seign. de Guise, f° 45). — *Monchiaus-le-Vies*, 1313 (ch. de l'abb. de Saint-Nicolas-des-Prés de Ribemont). — *Monceaulx-le-Vieil*, 1530 (comptes de l'Hôtel-Dieu de Laon, E 63). — *Monceaux-le-Vieux*, 1632 (délibérations, arch. de la ville de Guise). — *Monceaux-le-Vieil*, 1634 (famille la Trémoille). — *Montceau-le-Vieil*, 1643 (chambre du clergé du dioc. de Laon).

La seigneurie relevait de l'abb. de Saint-Nicolas-des-Prés de Ribemont. Ce hameau, qui formait commune, a été uni à Chevresis-le-Meldeux par ordonnance royale du 2 juin 1819.

MONCEAU-LE-WAST, c^{ne} de Marle. — *Monciaus*, 1130 (cart. de la seign. de Guise, f° 157). — *Moncelli-le-Waast*, 1220 (cart. de l'abb. de Foigny, f° 23, Bibl. imp.). — *Monciaus-le-Waast*, 1226 (cart. de l'abb. de Vauclere, f° 76). — *Moncelli-le-Wast*, 1256 (arch. de l'Emp. L 996). — *Monceaux-le-Waast*, 1405 (arch. de l'Emp. J 801, n° 1). — *Monceaulx-le-Wast*, 1460 (comptes de la châtellenie de Pierrepont, cabinet de M. d'Imécourt). — *Monceaulx-le-Waast*, 1476; *Monceaux-le-Vuast*, 1506; *Monceaulx-le-Vast*, 1509; *Monceaulx-l'Ouast*, 1513 (comptes de l'Hôtel-Dieu de Laon,

E 21, E 36, E 39, E 40). — *Monceaux-Louaste*, 1536 (acquits, archives de la ville de Laon). — *Montceau-Louast*, 1602 (dénombr. cab. de M. d'Imécourt). — *Monceaux-les-Watz*, 1607 (titres de l'évêché de Laon). — *Montceau-les-Vuast*, 1648 (chambre du clergé du dioc. de Laon). — *Monceau-le-Vuast*, 1677; paroisse *Saint-Laurent-de-Montceaup-le-Vuast*, *Monseau-le-Vaste*, 1693 (arch. comm. de Monceau-le-Wast). — *Monceau-Leuvast*, 1710 (intend. de Soissons, C 274).

La seigneurie relevait de la châtellenie de Pierrepont. — Le mot *Wast* ajouté à Monceau désigne la mauvaise qualité du sol en certains endroits. — La paroisse dépendait de la cure de Verneuil-sur-Serre.

MONCEAU-SUR-OISE, c^{on} de Guise. — *Moncels*, 1114 (cart. AA de l'abb. de Saint-Quentin-en-l'Île, p. 113). — Ecclesia beati Remigii Remensis que est in *Monticulis*, 1133 (ch. de l'abb. de Saint-Remy de Reims, (arch. de la Marne). — *Moncellus*, 1145 (cart. de l'abb. de Saint-Remy de Reims, B, p. 14). — *Moncelli*, 1220 (ch. de l'abb. de Saint-Remy de Reims, arch. de la Marne). — *Monchiaus-seur-Oise*, 1270 (arch. de l'Emp. L 992). — *Monchiaux-sur-Oise*, 1317 (ch. de l'abb. de Saint-Remy de Reims, arch. de la Marne). — *Moncelli-super-Isaram*, 1330; *Monciaus-sur-Oise*, *Moncelli-seur-Oyse*, 1340 (cart. de la seign. de Guise, f°s 220, 209 et 221). — *Monceaux*, 1445 (cart. de l'abb. de Fervaques, p. 557). — *Montceau-sur-Oize*, 1622; *Monceau-sur-Oyse*, 1712 (tit. de la chartreuse du Val-Saint-Pierre).

Dépendait du duché de Guise et ressortissait au baill. de ce duché.

MONCELLE (LA), h. c^{ne} de Mons-en-Laonnois. — Uni actuellement à la population agglomérée.

MONCELLES (LES), m^{on} isolée, c^{ne} de Laval.

MONCET (LE), h. c^{ne} de Chézy-l'Abbaye. — *Monsel* (carte de Cassini).

MONCET (LE), h. c^{ne} de Montfaucon. — *Moncet-le-Cheulard* (carte de Cassini).

MONCLERC, h. c^{ne} de Crouttes; auj. détruit. — *Montclaire* (carte de Cassini).

La ferme de Montclerc, détruite depuis longtemps, appartenait à la cure de Crouttes.

MONDE (LE), ruisseau qui prend sa source à Ugny-le-Gay, traverse les territoires de Villequier-au-Mont et de Viry-Noureuil et se jette dans l'Oise à Chauny, après un parcours de 15,500 mètres. — Ru de *le Monde*, qui fleut et descend de Viry en la rivière nommée *la Petite-Oise*, 1533 (comptes de la ville de Chauny. — Voy. BROUAGE.

MONDESCOURT, fief, c^{ne} de Caillouël-Crépigny. — Relevait de l'abb. de Saint-Éloi-Fontaine.

MONDREPUIS, c⁰⁰ d'Hirson. — *Monsputei*, 1170 (cart. de l'abb. de Bucilly, f⁰⁸ 2 et 40). — *Mons-dou-Puy*, 1170 (cart. de la seign. de Guise, f⁰ 68). — Ecclesia de *Monte-Podii*, 1173; *Montdelpui*, 1237; *Mondoupui*, 1287 (cart. de l'abb. de Bucilly, f⁰⁸ 41 et 44). — *Montdelpuis*, 1300 (cart. de la seign. de Guise, f⁰ 30). — *Mondrepuis-en-Therasche*, 1498 (comptes de l'Hôtel-Dieu de Laon, E 29). — *Mondrepuys*, 1612 (terr. de Mondrepuis). — *Montdrepuis*, 1721 (minutes de Thouille, notaire). — *Mondrepuy*, 1784 (baill. d'Aubenton).
Dépendait des châtellenie et prévôté d'Hirson.

MON-IDÉE, h. c⁰ᵉˢ de Barzy et de Flavigny-le-Grand-et-Beaurain.

MON-IDÉE, m⁰ⁿ isolée, c⁰ᵉˢ de Bourg-et-Comin, de Gricourt et de Vailly.

MONJARD, m¹ⁿ à eau, c⁰ᵉ d'Acy. — Ce moulin appartenait au chap. cath. de Soissons.

MONNEAUX, h. c⁰ᵉ d'Essommes. — *Moinnaux*, *Monniaux*, 1355; *Mosneaulx*, 1396; *Monneaulx*, 1485 (ch. de l'abb. d'Essommes). — *Moinneaux*, 1749 (baill. d'Essommes, greffe du trib. de Château-Thierry). — *Moineaux*, 1766 (arch. comm. d'Essommes). — *Moineau* (carte de Cassini).

MONNES, h. c⁰ᵉ de Cointicourt. — *Mosnes*, 1789 (baill. de Villers-Cotterêts, B 1880).
La seigneurie relevait de la Ferté-Milon.

MONPLAISIR, petit h. c⁰ᵉ de Beaumé. — Ferme de *Montplaisir*, 1700 (min. de Michel Thouille, notaire).

MONPLAISIR, h. c⁰ᵉ de Beaurieux. — Uni maintenant à la population agglomérée.

MONPLAISIR, f. c⁰ᵉ de Buironfosse.

MONPLAISIR, m⁰ⁿ isolée, c⁰ᵉˢ de Chaillevois et de Crouy.

MONPLAISIR, f. c⁰ᵉ de Mennessis; auj. détruite. — *Montplaisir*, 1618 (baill. de Chauny, B 1482).
Elle appartenait au chap. cath. de Laon.

MONPLAISIR, f. c⁰ᵉ d'Origny-Sainte-Benotte.

MONPLAISIR, m⁰ⁿ isolée, c⁰ᵉ de Saint-Quentin.

MONPLAISIR, f. c⁰ᵉ de Septvaux. — Cette ferme appartenait à la congrégation de Laon.

MONPLAISIR, m⁰ⁿ isolée, c⁰ᵉˢ de Vailly et de Vassens.

MONPLAISIR, f. c⁰ᵉ de Viry; auj. détruite. — Cense de *Momplaisir*, 1687 (baill. de la Fère, B 973). — Cense de *Montplaisir*, 1722 (baill. de Chauny, B 1458).

MONS-EN-LAONNOIS, c⁰⁰ d'Anizy-le-Château. — *Montes*, 1166 (cart. de l'abb. de Saint-Martin, f⁰ 98, bibl. de Laon). — *Montes-in-Laudunesio*, 1257 (grand cart. de l'év. de Laon, ch. 63). — *Mons-in-Loonois*, 1262 (cart. de la seign. de Guise, f⁰ 21). — *Montes-in-Laudunisia*, 1276 (suppl. de D. Grenier, 293, ch. 68, Bibl. imp.). — *Mons*, 1283 (cart. de l'év. de Laon, ch. 10). — *Mons-en-Lannois*, 1326 (cueilleret de l'Hôtel-Dieu de Laon, B 63). — *Mons-en-Lannoys*, 1339 (arch. de l'Emp. Tr. des chartes, reg. 75, n° 328). — *Mons-en-Laonnoys*, 1389; *Mons-à-Lannoys*, 1440 (comptes de l'Hôtel-Dieu de Laon, E 2, E 18). — *Mons-in-Laudunesio*, 1447 (ch. de l'abb. de Saint-Vincent-de Laon). — *Mons-en-Laoulnois*, 1541 (comptes de la vidamie de Laon, cabinet de M. d'Imécourt).

Mons-en-Laonnois, compris dans la commune du Laonnois de 1174 à 1190, a été chef-lieu :

1° D'une vicomté dont Laniscourt, le Bois-Roger et les Creuttes dépendaient (elle a été acquise, au mois d'octobre 1236, par l'évêché de Laon);

2° D'une prévôté dont les appels étaient portés directement au duché de Laonnois et qui comprenait Mons-en-Laonnois, Beffecourt, Bourguignon-sous-Montbavin, Chivy-lez-Étouvelles, Étouvelles et Vaucelles;

3° D'un doyenné rural composé des paroisses d'Anizy-le-Château, Assis-sur-Serre, Aulnois, Besny-et-Loizy, Brancourt, Brie et Fourdrain, Bucy-lez-Cerny, Cessières, Chaillevois, Chailvet-et-Royaucourt, Chéry-lez-Pouilly, Chivy et Étouvelles, Clacy, Couvron, Crépy (Notre-Dame et Saint-Pierre), Faucoucourt, Laniscourt et les Creuttes, Merlieux, Molinchart, Monceau-les-Leups, Mons-en-Laonnois, Montbavin, la Neuville (faubourg de Laon), Pont-à-Bucy, Remies, Saint-Remy et Lizy, Suzy, Vivaise.

Mons-en-Laonnois fut, en 1790, chef-lieu d'un canton dépendant du district de Laon et formé des c⁰ᵉˢ de Bourguignon, Chaillevois, Chivy-et-Étouvelles, Clacy-et-Thierret, les Creuttes, Étouvelles, Laniscourt, Merlieux-et-Fouquerolles, Mons-en-Laonnois, Montbavin, Royaucourt-et-Chailvet, Vaucelles-et-Beffecourt. — Ce canton a été supprimé l'année suivante et uni à celui de Laon.

MONT, bois, c⁰ᵉ d'Harcigny. — Ce bois appartenait à la commune.

MONT (LA), m⁰ⁿ isolée, c⁰ᵉˢ de Chézy-l'Abbaye et de Chouy.

MONTAGNE, f. c⁰ᵉ de Saint-Mard.

MONTAGNE (LA), f. c⁰ᵉ de Bouffignereux; auj. détruite. — Cense de *la Montagne*, 1585 (min. de Maquelin, notaire, au château de Roucy).

MONTAGNE (LA), f. c⁰ᵉˢ de Chéry-Chartreuve et de Saint-Mard.

MONTAGNE (LA), m⁰ⁿ isolée, c⁰ᵉˢ de Crandelain-et-Malval et de Vorges.

MONTAGNE (LA), h. c⁰ᵉˢ de Craonne, Pasly et Vassogne.

MONTAGNE (LA), fief, c⁰ᵉ de Margival; relevait du comté de Braine.

MONTAGNE (LA), h. c⁽ᵉ⁾ de Pasly.

MONTAGNE (LA), f. c⁽ⁿᵉ⁾ de Ressons le-Long. — Appartenait à l'abb. de Notre-Dame de Soissons.

MONTAGNE (LA), f. c⁽ⁿᵉ⁾ de Wissignicourt. — Maison et cense de *Rousseloy*, 1574, « estant à présent en mazure et inhabitée » 1673 (tit. de l'abb. de Prémontré).

Cette ferme appartenait à l'abb. de Prémontré.

MONTAGNE-DE-DROIZY (LA), m⁽ᵒⁿ⁾ isolée, c⁽ⁿᵉ⁾ de Chacrise.

MONTAGNE-DE-LA-PERRIÈRE (LA), petit h. c⁽ⁿᵉ⁾ de Crouy.

MONTAGNE-DE-NESLES, h. c⁽ⁿᵉ⁾ de Nesles.

MONTAGNE-DE-PARIS (LA), h. c⁽ⁿᵉ⁾ de Vauxbuin.

MONTAGNE-DE-PAROY (LA), m⁽ᵒⁿ⁾ isolée, c⁽ⁿᵉ⁾ de Reuilly-Sauvigny; auj. détruite.

MONTAGNE-DE-VAUCIENNES (LA), h. c⁽ⁿᵉ⁾ de Coyolles.

MONTAGNE-NEUVE (LA), h. c⁽ⁿᵉ⁾ de Crouy.

MONTAGNE-SACET (LA), petit h. c⁽ⁿᵉ⁾ de Tavaux-Pontsericourt.

MONTAGNETTE (LA), m⁽ᵒⁿ⁾ isolée, c⁽ⁿᵉ⁾ de Pisseleux.

MONTAIGU, c⁽ᵒⁿ⁾ de Sissonne. — *Monsacutus*, 948 (Chronicon Frodoardi). — *Montagut*, 1309; *Montagu*, 1322; *Montagut-en-Laonnois*, 1603 (ch. et tit. de l'év. de Laon). — *Montagur*, 1641; *Montaigut*, 1690 (tit. de l'abb. de Saint-Vincent de Laon). — *Montagu*, 1695 (tit. de l'Hôtel-Dieu de Laon, A 1).

Prieuré de bénédictins établi vers 1145 par l'abbaye de Saint-Vincent de Laon.

Montaigu était chef-lieu :

1° De châtellenie et baronnie relevant de l'évêché de Laon: voy. BERRIEUX, FUSSIGNY-ET-COURTRIZY, MAUREGNY-EN-HAIE et SAINT-ERME-OUTRE-ET-RAMECOURT ;

2° D'un doyenné rural comprenant les paroisses d'Aizelles, Arrancy et Vaurseine, Aubigny, Berrieux, Bièvres, Bouconville, Bourg-et-Comin, Braye-en-Laonnois, Cerny-en-Laonnois et Troyon, Chamouille et Pancy, Chermizy, Chivy-et-Beaulne, Colligis, Courtecon, Crandelain, Goudelancourt-lez-Berrieux, Lappion, Montaigu, Moulins, Neuville, Paissy, Ployart, Ramecourt, Sainte-Croix, Saint-Erme, Sainte-Preuve, Saint-Thomas, Sissonne, Soupir et Moussy, Trucy, Vendresse, Verneuil-sur-Aisne.

MONTAIGU, h. c⁽ⁿᵉ⁾ d'Ambleny. — *Montagu*, 1367 (cart. du chap. cath. de Soissons, f° 76).

La ferme de Montaigu appartenait au chap. cath. de Soissons et relevait du marquisat de Coeuvres.

MONTALAUX, bois, c⁽ⁿᵉ⁾ de Puisieux-et-Clanlieu. — *Montalaue*, 1566 (famille de Madrid de Montaigle).

MONTALIMONT, bois, c⁽ⁿᵉ⁾ de Vaux.

MONTALVANT, h. c⁽ⁿᵉ⁾ de Courboin.

MONTAON, h. c⁽ᵒⁿ⁾ de Draveguy. — *Montaum*, 1126; *Mons-Thaonis*, 1132; *Montaion*, 1156 (cart. de l'abb. d'Igny, f° 2, 1 et 10). — *Monthan*, 1590 (tit. de l'abb. d'Igny, arch. de la Marne). — *Montant* (carte de Cassini).

MONTAPUINE, m⁽ⁱⁿ⁾ à eau, c⁽ⁿᵉ⁾ de Noyal; détruit en 1679 (baill. de Ribemont, B 241).

MONTAPRINE, f. c⁽ⁿᵉ⁾ de Tavaux-Pontsericourt; détruite.

MONTARCÈNE, h. c⁽ⁿᵉ⁾ de Montbavin. — *Montarcenne*, 1132 (ch. du musée de Soissons). — *Montarcen*, 1158 (cart. de l'abb. de Prémontré, f° 11, bibl. de Soissons). — *Montarcenium*, 1166 (cart. de l'abb. de Saint-Martin de Laon). — *Montarchene*, 1250 (ch. de l'Hôtel-Dieu de Laon, B 55). — *Montarsenne*, 1339 (arch. de l'Empire, Tr. des chartes, reg. 75, pièce 316). — *Montassene*, 1344 (ibid. reg. 75, n° 316). — *Montacorne*, 1475; *Montarcennes*, 1596 (comptes de l'Hôtel-Dieu de Laon, E 20, E 112).

La seigneurie appartenait au chapitre cathédral de Laon.

MONTARMAUT, h. c⁽ⁿ⁾ de Montlevon. — *Montermost*, 1612 (tit. de l'Hôtel-Dieu de Château-Thierry). — *Montarmault*, 1710 (intend. de Soissons, C 274). — *Montermault*, 1730 (tit. de l'abb. de Saint-Jean-des-Vignes de Soissons). — *Montarmetz*, 1789 (arch. comm. de Montlevon). — *Montarmeau* (carte de Cassini).

MONTAUBAN, m⁽ᵒⁿ⁾ isolée, c⁽ⁿᵉ⁾ de Burizis.

MONTAUBAN, bois, c⁽ⁿᵉ⁾ de Lislet; auj. défriché.

MONTBAILLON, f. c⁽ⁿᵉ⁾ de Baulne. — *Monbayanne* (carte de Cassini).

MONTBANT, f. et m⁽ⁱⁿ⁾, c⁽ⁿᵉ⁾ de Mont-Notre-Dame. — *Montbeni* (carte de Cassini).

MONTBANT, h. c⁽ⁿᵉ⁾ de Breny.

MONTBASIS, h. c⁽ⁿᵉ⁾ de Courboin. — *Mombasin*, 1507 (tit. de l'Hôtel-Dieu de Château-Thierry).

MONTBAVIN, c⁽ⁿᵉ⁾ d'Auizy-le-Château. — *Monbaren*, 1158 (cart. de l'abb. de Prémontré, f° 20, bibl. de Soissons). — *Montbaren*, 1158 (ibid. f° 11). — *Montbavain*, 1261 (ch. du chap. cath. de Laon). — Villa de *Montebavonis*, 1283 (Hôtel-Dieu de Laon, B 9). — *Monbavain*, 1389; *Montbavaing*, 1425; *Mombavain*, 1475; *Montbavains*, 1521 (comptes de l'Hôtel-Dieu de Laon, E 2, E 13, E 20, E 48).

La seigneurie appartenait au chap. cath. de Laon.

MONTBÉRAULT, h. c⁽ⁿᵉ⁾ de Bruyères-et-Montbérault. — Alodium de *Beroudi eurte*, 1125 (suppl. de D. Grenier, 286, Bibl. imp.). — *Monsberoldi*, 1160 (cart. de l'abb. de Liessies, f° 95, arch. du Nord). — *Monberot*, 1181; *Monberaut*, 1243 (cart. de l'abb. de Saint-Martin de Laon, 132). — *Montberoui*, 1230; *Montberoud*, 1237; *Monberaut*, 1247 (cart. de l'abb. de Foigny, f° 126, Bibl. imp.). — *Mont-*

berault, 1405 (arch. de l'Emp. J 801, n° 1). — *Momberaut*, 1416 (*ibid.* n° 6). — *Monsberaldi*, 1642 (arch. comm. de Martigny-en-Laonnois). — *Saint-Montain-de-Montbéraut*, 1671; *Monberau*, 1671; *Montberau*, 1691 (état civil de Monthenault, trib. de Laon).

Montbérault formait autrefois une paroisse qui dépendait de la cure de Monthenault. Il a été uni à Bruyères en 1793.

MONTBERTIN (LE), m⁽ᵒⁿ⁾ isolée, c⁽ⁿᵉ⁾ d'Auffrique-et-Nogent.

MONTBERTOIN, h. et m^(ln) à eau, c^(ne) de Montreuil-aux-Lions. — Ce hameau est composé du Haut et du Bas Montbertoin, qui formaient autrefois deux hameaux.

MONTBREHAIN, c^(ne) de Bohain. — *Montbrahain*, 1151 (cart. d'Homblières, p. 68). — In territorio de *Montbrehaing*, 1227 (cart. de l'abb. du Mont-Saint-Martin, p. 183). — *Monbrehaing*, 1245 (arch. de l'Emp. L 738). — *Mombrehaing*, 1275 (cart. de l'abb. de Fervaques, f° 84, Bibl. imp.). — *Monbrahain*, 1318 (cart. de la seign. de Guise, f° 31). — *Mombrehains*, 1565 (arch. de la ville de Saint-Quentin). — *Monbrehin*, 1675 (baill. de Chauny, B 1362). — *Montbrin*, 1684 (arch. commun. de Ribemont). — *Mombrain*, 1684 (min. de Gallois, notaire).

La seigneurie relevait de Bohain.

MONTCAVÉ, f. c^(ne) de Vauxbuin. — Acquise en partie par les Minimes de Soissons, le 30 mars 1626.

MONTCEL, h. c^(ne) de Bucy-le-Long.

MONTCEL, h. c^(ne) de Coulonges. — Ferme de *Monciaus*, ferme de *Mouscel*, 1657-1672 (terr. de Coulonges, arch. comm. de Coulonges).

MONTCEL-ENGER (LE), h. c^(ne) de Viels-Maisons. — *Mont-Saint-Ger* (carte de Cassini).

MONTCHÂLONS, c^(ne) de Laon. — *Mons-Cavillonis*, 1132 (cart. de l'abb. de Saint-Martin de Laon, f° 55, bibl. de Laon). — *Monscavilli*, 1133 (*ibid.* p. 261, arch. de l'Aisne). — *Mons-Cablonis*, 1171 (cart. de Lavalroy, f° 14). — *Mons-Cabilonis*, 1173 (cart. de l'abb. de Saint-Martin de Laon, f° 143, bibl. de Laon). — *Mons-Cabillonis*, 1189 (charte de l'abb. de Saint-Martin de Laon). — *Mons-Cavallonis*, 1191 (coll. de D. Grenier, 24° paquet, n° 9, Bibl. imp.). — *Mons-Cavilonis*, 1240; *Monchaualon*, 1273 (cart. de l'abb. de Foigny, f°⁽ˢ⁾ 157 et 145, Bibl. imp.). — *Monchaulon*, 1317 (arch. de l'Emp. Tr. des chartes, reg. 55, n° 68). — *Montchablon*, 1326 (cart. de l'abb. de Saint-Martin de Laon, f° 153, bibl. de Laon). — *Montchauelon*, 1405 (arch. de l'Emp. J 801, n° 1). — *Montchallon*, 1522 (arch. comm. de Bruyères-et-Montbérault). — *Montchaalon*, 1534 (comptes de l'Hôtel-Dieu de Laon, E 61). — *Montchaalons*, 1585 (terrier de Montchâlons). — *Monchalons*, 1729 (plan, arch. comm. de Bièvres).

La seigneurie relevait de l'évêché de Laon.

MONTCHEL, h. c^(ne) de Dury.

MONTCHEVILLON, h. c^(ne) d'Oulchy-la-Ville. — *Monscavillonis*, 1139 (cart. de l'abb. de Saint-Jean-des-Vignes, Bibl. imp.). — *Montchevillon*, 1756 (maîtrise de Villers-Cotterêts). — *Monchevillon* (carte de Cassini).

La seigneurie relevait d'Oulchy-le-Château.

MONTCHEVRET, h. c^(ne) de Baulne. — *Montchevruel*, 1239 (suppl. de D. Grenier, 293, Bibl. imp.). — *Monschevrel*, XIII° s^(e) (cueilleret de l'Hôtel-Dieu de Soissons, 191). — *Montcheurrel*, 1511 (tit. de l'Hôtel-Dieu de Château-Thierry). — *Montchevrel*, 1538 (comptes de l'Hôtel-Dieu de Soissons, f° 23).

MONTCORNET, c^(ne) de Rozoy-sur-Serre. — *Monscornutus*, 1256 (arch. de l'Emp. L 994). — *Moncornet*, 1267 (ch. de l'abb. de Lavalroy, arch. des Ardennes). — *Monscornet*, 1296 (cart. de l'abb. de Saint-Martin de Laon). — *Montcornet-en-Thiereche*, 1360 (arch. de l'Emp. Tr. des chartes, reg. 89, n° 527). — *Montcornet-en-Thiéraisse*, 1384 (*ibid.* P 135; transcrits de Vermandois). — *Montcornet-en-Terrache*, 1413 (ch. de l'év. de Laon). — *Moncornetz*, 1586 (état civil de Montcornet, trib. de Laon). — *Montcornet-en-Tirache*, *Monchorne*, 1591 (Corresp. du roi Henri IV, t. I, p. 507 et 257). — *Montcornet-en-Thirasse*, 1601 (chambre des comptes de la Fère).

Montcornet était le chef-lieu d'une châtellenie qui relevait de Laon et comprenait les seigneuries de Montcornet et de Reuil, ainsi que moitié de celle de Renneval. Elle fut cédée le 13 septembre 1475, par le roi Louis XI, au duc de Bourgogne, retourna ensuite à la famille de Luxembourg, passa dans la maison de Bourbon, et fut réunie à la couronne par l'avénement de Henri IV. Elle a été engagée le 6 février 1601 à Catherine de Lorraine, duchesse de Mercœur, et donnée en douaire à Anne d'Autriche, puis réunie à la couronne, enfin engagée en 1654 au cardinal Mazarin. Elle a été donnée en apanage, en 1766, à la famille d'Orléans. — Le bourg de Montcornet était du gouvernement de Rocroy, d'après d'Expilly.

Montcornet fut, en 1790, chef-lieu d'un canton dépendant du district de Laon et formé des c⁽ⁿᵉˢ⁾ d'Agnicourt-et-Séchelles, Chaourse, Clermont, Dizy, Lislet, Montcornet, Montigny-le-Franc, Renneval, Tavaux-Pontséricourt, Vigneux, la Ville-aux-Bois-les-Dizy et Vincy-Reuil-et-Magny.

MONTCORNET, h. c^(ne) de Bassoles-Aulers.

23.

Montcourt, h. et m^ln à eau, c^ne d'Essommes. — *Moocourt*, 1355 (ch. de l'abb. d'Essommes). — *Moncourt*, 1750 (arch. comm. d'Essommes).
Mont-d'Arly (Le), h. c^ne de Sacconin.
Mont-Daurin (Le), petit h. c^ne de Charly. — *Mont-Dorin*, 1664; *Mondorin*, 1661 (baill. de Charly).
Mont-de-Bazoches (Le), m^on isolée, c^ne de Bazoches.
Mont-de-Belleu (Le), m^on isolée, c^ne de Belleu.
Mont-de-Blesmes (Le), f. c^ne de Blesmes.
Mont-de-Bonneil (Le), h. c^ne de Bonneil. — *Mont-de-Bonneil*, 1662 (baill. de Charly). — *Mont-Bonneil* (carte de Cassini).
Cette ferme appartenait aux Trinitaires de Meaux.
Mont-de-Bucy, h. c^ne de Bucy-le-Long.
Mont-de-Carrière (Le), m^on isolée, c^ne de Trosly-Loire.
Mont de Chezelles (Le), monticule, c^ne de Mont-Saint-Martin. — In monte de *Cheseles*, 1150 (cart. de l'abb. d'Igny, f° 85, Bibl. imp.).
Mont-de-Coupt (Le), f. c^ne de Martigny-en-Laonnois.
Mont-de-Courmelles (Le), f. c^ne de Courmelles. — Elle appartenait à la comm^rie de Maupas.
Mont-de-Cuffies (Le), f. c^ne de Cuffies. — Cette ferme appartenait à l'abb. de Saint-Paul de Soissons.
Mont-de-Fontenelle (Le), h. c^ne de Fontenelle.
Mont-de-Grandlup (Le), fief, c^ne de Pierrepont. — Relevait du châtell. de Laon.
Mont-de-Guny (Le), f. c^ne de Guny. — Cette ferme appartenait à l'abb. de Nogent.
Mont-de-Haie (Le), m^on isolée, c^ne de Mauregny-en-Haie.
Mont-de-Laffaux (Le), h. c^ne d'Allemant; uni actuellement à la population agglomérée. — Petit ruisseau dont le parcours est de 950 mètres.
Mont-de-la-Prairie (Le), f. c^ne de Montaigu; détruite.
Mont-de-l'Assaut, m^in, c^ne d'Anizy-le-Château; détruit vers 1835.
Mont-de-Leuilly (Le), h. c^ne de Leuilly. — La ferme du Mont-de-Leuilly appartenait à l'abb. de Nogent.
Mont de Marion (Le), monticule, c^ne de Vauxbuin.
Mont-de-Montceau (Le), m^on isolée et m^in à vent, c^ne de Marchais.
Mont-de-Paars (Le), m^on isolée, c^ne de Paars.
Mont-de-Pasly, f. c^ne de Pasly.
Mont-de-Pernant, f. c^ne de Pernant. — Cette ferme appartenait à l'abb. de Saint-Crépin-le-Grand de Soissons.
Mont-de-Sainte-Marguerite, m^on isolée, c^ne de Bucy-le-Long.
Mont-de-Soissons (Le), f. c^ne de Serches. — Cette ferme appartenait à la comm^rie de Maupas et relevait de Pierrefonds (terr. de Maupas, f° 50).

Mont-des-Roches ou Maison-Rouge, petit h. c^ne de Jouy.
Mont-des-Sièges (Le), h. c^ne de Vauxaillon.
Mont-des-Vaux, petit ruisseau affluent de la Serre à Tavaux-Pontsericourt. — Son parcours est de 4,500 mètres. — Ce ruisseau n'alimente aucune usine.
Mont-de-Vailli (Le), m^on isolée, c^ne de Chavignon.
Mont-Didier (Le), m^in à eau, c^ne de Filain.
Mont-d'Isle (Le), m^on isolée, c^ne de Marchais.
Mont-d'Origny (Le), c^ne de Ribemont. — *Mons-Origniaci*, 1340 (Bibl. imp. fonds latin, ms. 9298). — *Origny-le-Mont*, 1741 (arch. comm. du Mont-d'Origny).
La seigneurie appartenait à l'abbaye d'Origny-Sainte-Benoîte.
Mont-d'Origny (Le), h. c^nes d'Étréaupont et de la Bouteille. — *Mons-de-Aurigniaco*, 1260 (cart. de l'abb. de Saint-Michel, p. 333). — *Mont-d'Orignys*, 1620 (min. de Teilinge, notaire).
Mont-du-Cocq (Le), f. c^ne de Selens.
Mont-du-Faux (Le), h. c^nes de Beaumé et de Besmont. — *Mont-du-Faulx*, 1682; *Mondufaux*, 1707 (min. de Thouille, notaire).
Monte-à-Peine, m^on, c^ne de Barzy. — On désigne ainsi l'une des maisons de Malassise.
Montecouvé, f. et fabrique de sucre, c^ne de Juvigny.
Montécouvé, h. c^ne de Saint-Pierre-Aigle.
Montecouvé, h. c^ne de Veuilly-la-Poterie. — *Montécou* (carte de Cassini).
Mont-Elliot, f. c^ne de Montigny-Carotte; construite en 1818.
Montemafroy, h. c^ne de Dammard. — *Montemafroy-en-Auxois*, 1770 (arch. de l'Emp. Q 4).
Ce hameau dépendait de la baronnie de Cramaille et relevait de la Ferté-Milon.
Montespeine ou la Carrière, m^in à eau, c^ne de Marizy-le-Grand.
Montescourt-Lizerolles, c^ne de Saint-Simon. — *Montescurx*, 1137 (ch. de l'abb. de Prémontré). — *Montiscurt*, 1150 (coll. de D. Grenier, 16e paquet, n° 2). — *Montescurt*, 1165 (cart. de l'abb. de Saint-Martin de Laon, t. III, p. 127). — *Montescort*, 1201 (cart. du chap. cath. de Noyon, p. 176, arch. de l'Oise). — *Montescors*, 1244 (arch. de l'Emp. L 738). — *Montescourt*, 1577 (terr. d'Alaincourt, cabinet de M. Gauger, arpenteur). — *Montrescourt-Lizerolles*, 1572 (comptes de l'Hôtel-Dieu de Soissons, 457). — *Montescourt-Lizerol*, 1619 (baill. de Chauny, B 1670). — *Montescourt-Lizerolle*, 1743 (chambre du clergé du dioc. de Noyon). — *Montescourt-Lizerolle*, 1750 (bureau des vingtièmes de Soissons, rôles). — *Montescurt* (Cassini).

MONTFAUCON, cne de Charly. — *Mons-Falconis*, 1238 (cart. de l'Hôtel-Dieu de Soissons, 190, ch. 81). — *Montfaulcon*, 1629 (baill. d'Essommes, greffe du trib. de Château-Thierry). — *Monfaulcon*, 1704 (arch. comm. de Rozoy-Bellevalle).

Maladrerie unie à l'Hôtel-Dieu de Château-Thierry par arrêt du Conseil du 21 janvier 1695.

MONTFENDU, mon isolée, cne de Belleu. — *Montfendus*, 1464 (comptes de l'Hôtel-Dieu de Soissons, f° 39).

MONTFENDU, h. cne de Besny-et-Loizy.

MONTFRESNOY, f. cne de Charmes; auj. détruite. — Alodium de *Montefenois*, 1125 (coll. de D. Grenier, 286, Bibl. imp.). — *Mont-de-Fresnoy*, 1554; *Mont-de-Frainoy*, 1571 (ch. et tit. de l'abb. de Saint-Nicolas-aux-Bois). — *Mont-de-Fresnoye*, 1736 (arch. comm. de Charmes). — *Montfrenoy*, 1762 (tit. de l'abb. de Saint-Nicolas-aux-Bois).

Elle appartenait à l'abb. de Saint-Nicolas-aux-Bois et relevait de la Fère.

MONTFROBERT, h. cne d'Artonges. — *Monfrobert* (carte de Cassini).

MONT-GARNY, h. cne de Londouzy-la-Ville.

MONTGARNY, f. cne de Terny-Sorny.

MONTGIVRAULT, ht. — Voy. GRAND-MONTGIVRAULT (LE) et PETIT-MONTGIVRAULT (LE).

MONTGOBERT, cne de Villers-Cotterêts. — *Mons-Goberti*, 1158 (Martène, Ampliss. Coll. t. I, coll. 851). — *Montgumbert*, 1224 (arch. de l'Empire, L 1003). — *Mongoubert*, 1255; *Mongombert*, 1264 (*ibid.* L 1005). — *Montgoubert*, 1328 (*ibid.* Tr. des chartes, reg. 65, n° 148). — *Montgombert*, 1504 (tit. de l'abb. de Valsery). — *Mongobert*, 1632 (maîtrise des eaux et forêts de Villers-Cotterêts).

MONTGON, h. cne de Pargny. — *Monnegon*, 1412 (ch. de l'abb. du Valsecret).

MONTORIMONT, h. cne de Pargny.

MONTGRU-SAINT-HILAIRE, cne d'Oulchy-le-Château. — *Mungru*, 1187 (suppl. de D. Grenier, 295, Bibl. imp.). — *Mongru*, 1407 (comptes de l'Hôtel-Dieu de Soissons, f° 41). — *Saint-Hilaire-et-Mongru*, 1710; *Mongrue*, 1733 (intend. de Soissons, C 205 et 274). — *Saint-Hilaire-Montgru* (carte de Cassini).

La seigneurie relevait d'Oulchy-le-Château.

MONTGUIOT, château, cne d'Urvillers; au nord du village.

MONTHALLOT, h. cne d'Ugny-le-Gay. — Actuellement uni à la population agglomérée.

MONTHENAULT, h. cne de Craonne. — *Mons-Hunoth*, 1143 (cart. de l'abb. de Saint-Martin). — *Mons-Hunoldi*, 1159 (cart. de l'abb. de Saint-Martin de Laon, f° 135, bibl. de Laon). — Territorium de *Monte-Hunodi*, 1194 (cart. de l'abb. de Saint-Martin de Laon). — *Monthainaut*, 1237 (ch. de l'Hôtel-Dieu de Laon, B 67). — *Monthenout*, XIII° s° (cueilleret de l'Hôtel-Dieu de Laon, B 62). — *Monthennout*, 1326 (*ibid.* B 63). — *Mons-Henaudi, Mons-Henodi*, 1340 (Bibl. imp. fonds latin, ms. 9228). — *Monhenaut*, 1389; *Monhenault*, 1515 (comptes de l'Hôtel-Dieu de Laon, E 2, F 43). — *Monthenot*, 1411 (arch. de l'Emp. J 801, n° 4). — *Montenault*, 1605 (appointés, baill. de Vermandois). — *Mons-Henodii*, 1644 (arch. comm. de Martigny-en-Laonnois). — Paroisse de *Saint-Martin-de-Monhennault*, 1671; *Moineau*, 1684 (arch. comm. de Monthenault). — *Monshaynault*, 1691 (arch. de Laon, état civil de Saint-Remy-Place).

On prononce ordinairement *Moineau*. — La seigneurie relevait de Montbérault (D. Grenier, 24° paquet, n° 6, Bibl. imp.).

MONTHERY, bois, cne d'Harcigny. — Ce bois était situé près de la ferme de Gironsart et appartenait à l'abb. de Bucilly.

MONTHIAU, fief, cne de Chevregny; relevait de l'év. de Laon.

MONTHIÉMONT, fief, cne de Merlieux-et-Fouquerolles. — *Monteirmont*, 1165 (cart. de l'abb. de Saint-Martin de Laon, f° 15, bibl. de Laon). — *Monthiermont*, 1204 (cart. de Bucilly, f° 32). — *Montiémont* (carte de Cassini).

Vassal de l'évêché de Laon.

MONTHIERS, cne de Neuilly-Saint-Front. — Parrochia de *Monasteriis*, Parrochia de *Mostiers*, 1203; *Moustier*, 1233, *Moustiers*, 1408; *Monstiers*, 1400; *Montières*, XVII° siècle (ch. et tit. de l'Hôtel-Dieu de Soissons, 117). — *Montière*, 1574 (arch. comm. de Tréloup). — *Montiers*, 1683 (arch. comm. de Monthiers). — *Montier*, 1700 (tombe d'Antoine de France en l'église de Monthiers). — *Montiaire*, 1711 (intend. de Soissons, C 205).

Ce village ressortissait pour la justice à la prévôté de Château-Thierry (arch. de l'Emp. P 136; transcrits de Vermandois).

MONT-HINAS, petit h. cne de Sorbais.

MONTHODON, h. cne de la Chapelle-Monthodon. — *Mons-Haudon*, 1296 (arch. de l'Emp. L 1002). — *Mons-Houdonis*, 1328 (cart. de l'abb. de Saint-Jean-des-Vignes, bibl. de Soissons). — *Mons-Haudonis*, 1573 (pouillé du dioc. de Soissons, f° 26).

MONTHOISEL, h. cne de Saulchery. — *Monthoiselle*, 1734 (baill. de Charly).

MONTHONIER, fief, cne de Bouresches. — Relevait d'Armentières.

MONTHUBERT, h. c^{ne} de Vendières. — *Monhubert* (carte de Cassini).

MONTNUREL, c^{on} de Condé. — *Monturel*, 1710 (intend. de Soissons, C 274).

MONTHUSSART (LE), f. c^{ne} de Courcelles. — *Monthoucard*, 1233 (ch. de l'abb. de Saint-Yved de Braine). — *Domus Templariorum de Monte-Houssart*, 1242 (cart. du chap. cathédral de Soissons, f° 289). — *Monhausart*, 1244 (suppl. de D. Grenier, 293, ch. 48, Bibl. imp.). — Maison du temple de *Monthaussart*, 1256 (arch. de l'Emp. S 4953). — *Monthoussart*, 1669 (terrier de Maupas, f° 119). — *Mont-Houssart*, 1688; *Montsart*, 1700 (arch. comm. de Courcelles). — *Montsard* (carte de Cassini).

Cette ferme appartenait à la commanderie de Maupas.

MONTIGNY, chât. c^{ne} de la Croix; relevait de Château-Thierry (arch. de l'Emp. Q 4).

MONTIGNY, f. c^{ne} de Vendeuil; détruite au XVIIe siècle. — Elle dépendait de la châtell. de Vendeuil et bordait le territ. de Travecy.

MONTIGNY-CAROTTE, c^{on} de Bohain. — *Montigniacus*, 1083; *Montiniacus*, 1156 (ch. de l'abb. de Saint-Nicolas-des-Prés de Ribemont). — *Montegny*, 1110; *Montegny-super-Isaram*, 1155 (cart. AA de l'abb. de Saint-Quentin-en-l'Île, p. 14 et 63). — Alodium de *Montegni-in-Aruisia*, 1181 (cart. du chap. de Cambrai, f° 28, Bibl. imp.). — *Montigni*, 1234; *Montegni-juxta-Fulanes*, 1267 (cart. de l'abb. de Fervaques, p. 578 et 317). — *Montigni-juxta-Fiulaines*, 1267 (ch. de l'abb. de Fervaques). — *Montegni*, 1367; *Montigny-de-lez-Fullaines*, 1384 (arch. de l'Emp. P 135; transcrits de Vermandois). — *Montigny-en-Arouaise*, 1405; *Montigny-en-Aroise*, 1411 (ibid. J 801). — *Montygni-en-Arrouaise*, *Montigni*, 1456 (cart. du chap. de Saint-Quentin, Bibl. imp. fonds latin 10070). — *Montigny-en-Arroize*, 1568 (acquits, arch. de la ville de Laon). — *Montigny-en-Arrouaise*, 1734 (tit. de l'abb. de Saint-Nicolas-des-Prés de Ribemont).

La seigneurie appartenait à l'abb. de Saint-Nicolas-des-Prés de Ribemont et relevait de Fieulaine. — On devrait remplacer par les mots *en-Arrouaise* le mot *Carotte*, dû au caprice d'un maire pendant la Révolution.

MONTIGNY-LA-COUR, h. c^{ne} de Nizy-le-Comte. — *Montigny-la-Court*, 1475; *Montigny*, 1480 (comptes de Nizy, cab. de M. d'Imécourt).

Ce domaine appartenait à l'abb. de Lavalroy.

MONTIGNY-L'ALLIER, fief, c^{ne} de Neuilly-Saint-Front. — Relevait de la Ferté-Milon.

MONTIGNY-LE-COURT, f. c^{ne} de Montigny-Carotte. —
Montegny-le-Court, 1384 (arch. de l'Emp. P 135; transcrits de Vermandois).

Cette ferme appartenait à l'abb. de Saint-Nicolas-des-Prés de Ribemont.

MONTIGNY-LE-FRANC, c^{ne} de Marle. — *Montegni*, 1145; *Montigniacus*, 1159 (cart. de l'abb. de Saint-Martin de Laon). — *Montini*, 1164 (ch. de l'abb. de Saint-Vincent de Laon). — *Montingni*, 1165; parrochia de *Montiniaco*, 1173; *Montigni*, 1204 (cart. de l'abb. de Saint-Martin de Laon). — *Montegni-le-Franc*, 1212 (ch. de l'abb. de Saint-Jean de Laon). — *Montignis*, 1222 (cart. de Chaource, f° 1, arch. de l'Emp. LL 1172). — Territorium de *Montigniaco-le-Franc*, 1250; *Montignacus-Francus*, 1278 (ch. de l'Hôtel-Dieu de Laon, B 81). — *Montigni-le-Franc*, 1292 (ch. de l'Hôtel-Dieu de Laon). — *Montigny-Francus*, 1340 (Bibl. imp. fonds latin, ms. 9228). — *Montigny*, 1473 (cart. de l'abb. de Saint-Michel, p. 8). — *Montigny-le-Francq*, 1536 (acquits, arch. de la ville de Laon). — *Montigny-le-Franq*, 1536 (comptes de l'Hôtel-Dieu de Laon, E 63). — Paroisse *Saint-Martin-de-Montigny-le-Franc*, 1686 (arch. comm. de Montigny-le-Franc).

Le chapitre cathédral de Laon possédait la seigneurie dès le XIIe siècle.

MONTIGNY-LENGRAIN, c^{ne} de Vic-sur-Aisne. — *Montiniacum*, 938; *Montiniacum-Castellum*, 945 (chron. de Flodoard). — *Monteigni*, 1132; *Montegnetum*, *Montinetum*, 1148 (cart. de l'abb. de Longpont, f° 8 et 14). — *Montigny*, 1255 (arch. de l'Emp. Tr. des chartes, reg. 30, n° 245). — *Montigni*, 1256 (cart. de l'abb. d'Ourscamp, f° 169, arch. de l'Oise). — *Montigniacum-Langrin*, 1258 (arch. de l'Emp. Tr. des chartes, reg. 80, n° 282). — *Monteigni-Langrin*, *Montigni-le-Chastelèr*, 1269 (suppl. de D. Grenier, 289, Bibl. imp.). — *Montignyacus*, 1296 (cart. du chap. cath. de Soissons, f° 7).

La seigneurie relevait de Pierrefonds.

MONTIGNY-LEZ-CONDÉ, c^{ne} de Condé. — *Montigni-in-Bria*, 1302 (pouillé du dioc. de Soissons, f° 40). — *Montegny*, 1383 (arch. de l'Emp. P 136; transcrits de Vermandois). — *Montigny-lez-Condé*, 1706 (arch. comm. de Montigny-lez-Condé).

Seigneurie érigée en marquisat par lettres patentes de décembre 1651, enregistrées le 10 février 1652 (3e vol. des Ordonnances de Louis XIV, LLL, f° 517, arch. de l'Empire).

MONTIGNY-SOUS-MARLE, c^{on} de Marle. — *Montegni*, 1174; *Montigni*, 1205 (cart. de l'abb. de Thenailles). — *Montigni-juxta-Marlam*, 1244 (cart. de l'abb. de Foigny, f° 204, Bibl. imp.). — Villa de *Montegni-subtus-Marlam*, 1266 (suppl. de D. Grenier, 287, Bibl. imp.). — *Monteingni-seur-Marle*, xiii° s° (cueilleret de l'Hôtel-Dieu de Laon, B 62). — *Montigni-sous-Marle*, 1326 (*ibid.* B 63). — *Montigny-juxta-Marlam*, 1340 (Bibl. imp. fonds latin, ms. 9228). — *Montigni-sur-Marle*, 1389; *Montigny*, 1394; *Montigny-desseure-Marle*, 1394; *Montigny-desseur-Marle*, 1397 (comptes de l'Hôtel-Dieu de Laon, E 2, E 3, E 4). — *Montigny-dessoubs-Marle*, 1460 (arch. de l'Emp. Q 7). — *Monthigny-soubz-Marle*, 1487 (tit. de l'Hôtel-Dieu de Marle). — *Montigny-soubz-Marle*, 1520 (tit. de l'Hôtel-Dieu de Laon).

Montigny-sur-Crécy, c^ne de Crécy-sur-Serre. — *Montiniacum*, 1136 (mém. ms. de l'Élou, t. I). — *Montini*, 1164 (ch. de l'abb. de Saint-Vincent de Laon). — *Montigni*, 1219 (ch. de l'abb. de Saint-Jean de Laon). — *Monteigniacum*, 1222 (ch. de l'abb. de Prémontré). — *Montigniacum*, 1240 (ch. de l'Hôtel-Dieu de Laon, B 40). — *Montigniacum-super-Creciacum*, 1262 (ch. de l'abb. de Prémontré). — *Montegniacus-super-Creceyum*, 1266; villa de *Montigni-supra-Créci*, 1271; *Montigniacum-de-super-Creciacum*, *Montegniacum-desupra-Creciacum*, 1278 (ch. de l'abb. de Saint-Jean de Laon). — *Montegni-desseur-Creci*, 1306 (ch. de l'abbaye de Saint-Vincent de Laon). — *Montigni-desseur-Creci*, 1330 (ch. de l'Hôtel-Dieu de Laon, B 11). — *Montigny*, 1331 (*ibid.* B 41). — *Montigny-supra-Crécy*, 1340 (Bibl. imp. fonds latin, ms. 9228). — *Montigny-dessus-Crécy*, 1460 (arch. de l'Emp. Q 7). — *Montegny-dessus-Crécy*, 1462 (ch. de l'abb. de Saint-Jean de Laon). — *Montigny-Borlette*, xvi° s° (chambre des comptes de la Fère, comptes de la châtell. de Marle). — *Montigny-Barrolette*, 1582 (arch. de la ville de Saint-Quentin, liasse 182). — *Montigny-Bourlette*, 1634 (reg. de la maison de paix de la Fère). — Paroisse de *Saint-Pierre-de-Montigny-sur-Crécy*, 1675 (arch. comm. de Montigny-sur-Crécy).

La seign. appartenait en partie à l'abb. de Saint-Jean de Laon et relevait de la Ferté-sur-Péron.

Montinette (La), f. c^ne de Chivres-et-Mâchecourt.

Montinette (La), petit h. c^ne de Marginal.

Montizel, bois et vivier, c^ne d'Auffrique-et-Nogent. — *Montisel*, 1194 (arch. de l'Emp. L 995).

Le bois domanial de Montizet contient 103 hectares 31 ares; le vivier est défriché et converti en jardinages.

Montizel, fief, c^ne de Crécy-au-Mont.

Montjay, h. c^ne de Quierzy. — *Mongai*, 1620; *Monjay*, 1639 (baill. de Chauny, B 1501).—*Montjoy*(Cass.). Ancien fief.

Montjoie, chapelle, c^ne de Condren. — *Capella Sancti-Monboli-de-la-Montjoye* sita in parrochia de Condren, 1266 (Chron. de Nogento).
Ancien fief.

Montjoie, m^on isolée, c^ne de Crépy.

Montjoie, f. c^ne de Viry-Noureuil; auj. détruite. — *Mons-Joye*, 1635 (ch. de l'abb. de Genlis).

Cette ferme appartenait à l'abbaye de Genlis et se trouvait dans la réserve du bois de cette abbaye, au lieu dit *le Quesnoy*.

Mont-Laurent, petit fief, c^ne de Mézières.

Mont Lavé, monticule, c^ne de Vauxbuin.

Mont-l'Évêque, f. c^ne de Mont-Saint-Père; auj. détruite. — *Mont-Évêque*, 1656 (titre de l'abb. de Val-Secret).

Montlevon, c^on de Condé. — *Monslivonis*, 1110; *Monlevon*, 1202; *Mollevon*, 1210; *Molevon*, 1235 (cart. de l'abb. de Saint-Jean-des-Vignes, Bibl. imp.). — *Mollevon-in-Bria*, 1274 (arch. de l'Emp. L 1001). — *Moolevon*, 1413 (ch. de l'abb. de Saint-Jean-des-Vignes). — *Moullevon-en-Brye*, 1524 (min. de Lance, not. à Vailly). — *Moullevon-en-Brie*, 1632; *Moleon*, 1641; *Monlivon*, 1647 (tit. de la même abbaye). — Paroisse de *Saint-Martin-de-Molevon*, (arch. comm. de Montlevon).

Le bailliage ressortissait au buill. de Montmirail. — Maladrerie unie à l'Hôtel-Dieu de Château-Thierry par arrêt du Conseil du 21 janvier 1695.

Montlevroux, f. c^ne de Coyolles.

Montloué, c^on de Rozoy-sur-Serre. — *Menleuet*, 1166 (ch. de l'abb. de Saint-Martin de Laon). — *Mensloet*, vers 1182 (cart. G du chap. cath. de Reims). — *Manloez*, 1186 (arch. de l'Emp. L 997). — *Maulevres*, 1254 (cart. de l'abb. de Signy, arch. des Ardennes). — *Molendinum de Manloues*, 1256 (arch. de l'Emp. L 993). — *Montloues*, 1289 (cart. de l'abb. de Signy, arch. des Ardennes). — *Maulouez*, 1383 (arch. de l'Emp. P 136; transcrits de Vermandois). — *Manloué-en-Théraisse*, 1448 (*ibid.*). — *Mauloué*, 1488 (ch. de la chartreuse du Val-Saint-Pierre). — *Malovez*, 1504 (tit. de l'abbaye de Bonnefontaine). — *Montlouée*, 1643 (chambre du clergé du dioc. de Laon). — *Mauxloué*, 1709 (intend. de Soissons, C 277).

La baronnie relevait de la tour de Laon.

Montmançon, h. c^nes de Baulne et de Montigny-lez-Condé.

Montmarlet, h. c^ne de Dammard.

Montmengeon, h. c^ne de Pricz. — *Moumejon*, xv° s° (obituaire, arch. comm. de Pricz). — *Moumengion*, 1548 (Hôtel-Dieu de Soissons, 150). — *Montmenjon*, 1581 (comptes de l'Hôtel-Dieu de Soissons, f° 93). — *Monnaujon*, 1618 (arch. comm. de Priez). — *Montmangeon*, 1621 (épitaphe de Madeleine-Catherine de Fleurigny, en l'église de Rozet-Saint-Albin). — *Montmanjon*, 1707 (arch. comm. de Latilly).

Montmilon, h. c^ne de Crouttes. — *Monmillon*, 1691 (baill. de Charly).

Le fief du même nom appartenait à la cure de Crouttes; ce fief portait aussi le nom de *Picherel*.

Montmirel, bois, c^ne de Faucoucourt.

Mont-Notre-Dame, c^on de Braine. — *Mons-Sanctœ-Mariæ* in pago Tardanensi, 961 (Gallia christiana, t. IX, p. 187). — *Mons-beate-Marie*, 1239 (cart. B de l'abb. de Saint-Remy de Reims, f° 158). — *Mons-Beate-Marie-Magdalene*, 1267 (cart. de l'abb. d'Igny, f° 101, Bibl. imp.). — *Beata-Maria-de-Monte*, 1296 (ch. de l'Hôtel-Dieu de Soissons, 114).

Chapitre fondé, au IX° siècle, par Gérard de Roussillon. — La vicomté appartenait en partie à l'évêché de Soissons et relevait de Fère-en-Tardenois. — Hôtel-Dieu uni à celui de Soissons par arrêt du conseil d'État du 3 août 1696 et lettres patentes de décembre 1696. — Maladrerie unie à l'Hôtel-Dieu de Château-Thierry par arrêt du conseil d'État du 21 janvier 1695.

Montois (Le), bois, c^ne d'Épaux-Bézu; auj. défriché. — Ce bois contenait, en 1763, 24 arpents (d'Expilly, *Dict. géogr.* t. II, p. 720).

Montois (Le), forêt, c^ne d'Auffrique-et-Nogent. — Cette forêt de l'État contient 196 hectares 44 centiares.

Montois (Le) ou Petit-Thury, fief, c^ne de Marest-Dampcourt. — *Montoy*, 1619 (baill. de Chauny, B 1483).

Montois (Le), h. c^ne de Ressons-le-Long.

Montois (Le), h. c^ne d'Urcel. — Uni à la population agglomérée.

Montonage (Le), fief, c^ne de Seraucourt. — Relevait de la châtell. de Saint-Quentin.

Montorieux, h. c^ne de Saint-Michel. — *Montaurieux*, 1687 (baill. de Saint-Michel). — *Montourieux*, 1690 (min. de Thouille, notaire).

Montoury, petit h. c^ne de Montron. — Formait encore, au XVI° siècle, une paroisse dont la seigneurie relevait de la Ferté-Milon (arch. comm. de Dammard).

Montparnasse (Le), m^on isolée, c^ne de Chavignon.

Montpensé (Le), m^on isolée, c^ne d'Ostel. — *Montpensées* (carte de Cassini).

Mont-Pigeon (Le), m^on isolée, c^ne de Bruyères-et-Montbérault.

Montplaisir, m^on isolée, c^ne de Bazoches.

Montplaisir, f. c^nes de Breuil et de Saint-Eugène.

Montplaisir, f. c^ne de la Ferté-Chevresis; auj. détruite.

Montplaisir, m^on isolée, c^ne de Résigny; auj. détruite.

Montramboeuf, h. c^ne de Vierzy. — *Mons-Rambodium*, 1132; *Mons-Rambodii*, 1146 (cart. de l'abb. de Longpont, f°s 8 et 5). — Grangia *Montis-Reimbodii*, 1212 (suppl. de D. Grenier, 289; Bibl. imp.). — *Monreinbuef-versus-Bovas*, 1264; *Montraibuef*, 1272 (arch. de l'Emp. L 1003). — *Montraimbuef*, 1277 (suppl. de D. Grenier, 289; Bibl. imp.). — *Montraymbuef*, 1277 (arch. de l'Emp. L 1003). — *Morembeuf*, 1546 (comptes de l'Hôtel-Dieu de Soissons, f° 19). — *Mourenbeuf*, 1547 (Hôtel-Dieu de Soissons, 264). — *Morembœuf* (carte de Cassini).

La ferme de Montrambœuf appartenait à l'abb. de Longpont et relevait de Pierrefonds.

Mont-Raroult (Le), monticule, c^ne de Laon. — In *Monte-Raroul*, 1187 (ch. de l'Hôtel-Dieu de Laon, B 20). — On n'en connaît plus la situation.

Montrecouture, f. c^ne de Couvron-et-Aumencourt. — *Cultura-Monstrata*, 1135; *Monstrata-Cultura*, 1160; *Monstrecouture*, 1227; *Montrecouture*, *Monstreuil-Couture*, 1341; *Monstruel-Couture*, 1429 (cart. de l'abb. de Saint-Martin de Laon, f°s 69, 70). — *Monstreuil-Couture*, 1438 (ch. de l'abb. de Saint-Jean de Laon). — *Montrecouture*, 1568 (acquits, arch. de la ville de Laon). — *Montrescouture*, 1578 (baill. de la Fère, B 948).

Cette ferme appartenait à l'abbaye de Saint-Martin de Laon; elle a été détruite vers le milieu du XVIII° siècle.

Montregnien, f. c^ne de Baulne.

Montregny, f. c^ne de Crouttes. — *Mourgny*, 1656; *Montergnier*, 1720; *Montreignier*, 1736 (baill. de Charly). — *Grand-Montregnier* (carte de Cassini).

Montreuil, dépôt de mendicité du département de l'Aisne, c^ne de Laon. — *Sanctus-Lazarus*, 1215 (cart. de l'abb. de Saint-Martin, f° 195). — *Leprosis Sancti-Lazari-sub-Laudunum*, 1216 (ch. de l'Hôtel-Dieu de Laon, B 67). — *Domus Beati-Lazari-subtus-Laudunum*, 1219 (gr. cart. de l'évêché de Laon). — *Maison Saint-Lasdre-soubz-Laon*, 1464 (comptes de la maladrerie de Saint-Ladre, hôpital de Laon).

Ce dépôt a été établi, le 1er mai 1810, en vertu d'un décret du 16 mars 1809, sur l'emplacement de l'ancienne léproserie de Laon, fondée en 1132 (Bulletin de la Société académique de Laon, t. II, p. 256).

— Cet emplacement avait été concédé, en 1652, aux religieuses de Montreuil. Celles-ci y apportèrent la fameuse Véronique, qui leur avait été donnée par le pape Urbain IV, et qui est encore conservée dans l'église de Notre-Dame de Laon. La plupart des biens de la maladrerie ont été unis à l'hôpital de Laon par arrêt du conseil d'État du 16 juin 1695 (arch. de l'hôpital de Laon, 12 E 1).

Montreuil, h. et m^{in} à eau, c^{ne} de Rocquigny. — *Monsteriolum*, xii° s° (Hermann. *De Miraculis Beatæ Mariæ Laudunensis*, cap. xvii, bibl. de Laon). — *Monsteriolus*, 1144 (coll. de D. Grenier, 24° paquet, n° 26). — *Ecclesia de Monasteriolo*, 1151 (cart. de l'abb. de Saint-Michel, p. 141). — *Mosteriolum*, 1166 (suppl. de D. Grenier, 291, Bibl. imp.). — *Monasterium-apud-Teraciam*, xii° s° (cart. de l'abb. de Fervaques, p. 68, arch. de l'Aisne). — *Abbatia Beate Marie de Mosteruel*, 1208 (arch. de l'Emp. L 994). — *Boscus de Monsteriolo*, 1223 (cart. de Chaourse, f° 199, arch. de l'Emp.). — *Mostercolum*, *Mosterolum*, 1223 (cart. de la seign. de Guise, f° 44 et 69). — *Monasteriolum-in-Therasca*, 1236 (arch. de l'Emp. L 994). — *Mostcruel*, 1256 (suppl. de D. Grenier, 291, Bibl. imp.). — *Mousteruel-en-Thieraische*, 1260 (arch. de l'Emp. L 994). — *Ecclesia Beate Marie de Monasteriolo*, 1261; couvent de *Monstruel en-Thieraische*, 1262 (suppl. de D. Grenier, 291, Bibl. imp.). — *Monstereul*, 1270 (cart. de l'abb. de Fervaques, f° 17, Bibl. imp.). — *Moustruel-en-Tierassie*, 1275 (arch. de l'Emp. L 994). — *Monsteruel*, 1300 (cart. de la seign. de Guise, f° 2). — *Mousteruel*, 1318 (ch. de l'Hôtel-Dieu de Laon, B 37). — *Mousteruel-les-Dames*, 1326 (cart. de la seign. de Guise, f° 19). — *Mousteriolum*, 1340 (Bibl. imp. fonds latin, ms. 9228). — *Mousteruel-as-Dames*, 1343 (arch. de l'Empire, L 997). — *Monstruel-les-Dames-en-Therache*, 1344 (cart. de l'abbaye de Saint-Michel, p. 249). — *Monsteruel-les-Dames*, 1360; *Moustruel-en-Terraisse*, 1441 (archives de l'Empire, L 994). — *Moustruel-en-Therache*, 1473 (cart. de l'abb. de Saint-Michel, p. 8). — *Monstruel-les-Dames*, 1499; *Monstruel-Dames*, 1517 (comptes de l'Hôtel-Dieu de Laon, E 45). — *Moustruel-aux-Dames*, 1519 (arch. de l'Emp. L 994). — *Montreuil-en-Thierasse*, 1523; *Montreuil-en-Therasche* (comptes de la châtell. de Pierrepont, cab. de M. d'Imécourt). — *Moustrules-Dames*, 1539 (comptes de l'Hôtel-Dieu de Laon, E 66). — *Monstruel-les-Dames*, 1561 (arch. de la ville de Guise). — *Moustreul*, 1568 (acquits, arch. de la ville de Laon). — *Moustreuille*, 1612 (terr. de Rocquigny).

Abbaye de Bernardines fondée en 1136, transférée à Laon en 1651.

Montreuil-aux-Lions, c^{ne} de Charly. — *Monsteriolum*, 1573 (pouillé du dioc. de Soissons, f° 25). — *Monstreul-aux-Lyons*, 1607 (arch. comm. de Montreuil-aux-Lions). — *Montreul-aux-Lions*, 1696 (reg. d'office du baill. de Château-Thierry). — *Montreuille-aux-Lions*, 1709 (arch. comm. de Montreuil-aux-Lions). — *Montreuil-l'Union*, 1793.

Montreuil-sur-Somme, m^{on} isolée, c^{ne} de Fonsomme.
— La ferme de Montreuil-sur-Somme appartenait à l'abbaye de Fervaques.

Montreux, h. c^{ne} de Lesquielles-Saint-Germain. — *Monsteriolum*, 1242 (cart. d'Homblières, f° 71). — *Mousterueill*, 1302 (suppl. de D. Grenier, 288, Bibl. imp.). — *Moustruel*, 1320; *Mousteruel fons Sancti-Huberti de Maroles*, 1327; *Mosteruell*, 1334; *Mosteruel-dale-Lesquielles*, 1348; *Montreuil-de-Lesquielles*, 1382 (cart. de Guise, f° 6, 10, 100, 174, 254, 320). — *Moustreulx*, 1607; *Moustreulx-sous-Lesquielles*, 1612 (archives comm. de Lesquielles-Saint-Germain). — *Moustreuil*, 1643 (clergé du diocèse de Laon). — *Montreuille*, 1686 (baill. de Ribemont, B 319).

Autrefois paroisse sous le vocable de la Vierge; les foires créées en 1171 y étaient très-fréquentées par les Flamands. — Il fait aujourd'hui partie de la population agglomérée.

Montron, c^{ne} de Neuilly-Saint-Front. — *Grangia de Monteron, Monterum*, 1213 (cart. de l'abb. de Saint-Médard de Soissons, f° 35). — *Motron*, 1599; *Montrond*, 1653 (arch. comm. de Montron).

La seigneurie dépendait de la prévôté du Petit-Marizy et relevait de la Ferté-Milon.

Montrouge, fabrique de sucre, c^{ne} de Bertaucourt-Épourdon.

Montrouge, f. c^{ne} de Rogécourt.

Monts (Les), bois, c^{ne} de Macquigny; auj. défriché.

Mont-Saint-Bernard (Le), m^{on} isolée, c^{ne} de Pont-Saint-Mard; construite vers 1835.

Mont-Saint-Giles, f. c^{ne} de Charmes. — *Mont-Saint-Gilles*, 1520 (comptes de la maladrerie de la Fère, Hôtel-Dieu de la Fère). — *Monseille* (carte de Guillaume Delisle).

Cette ferme appartenait à l'abb. de Saint-Nicolas-aux-Bois et se trouvait près de l'abb. du Calvaire de la Fère; détruite vers 1792.

Mont-Saint-Hubert, h. c^{ne} de Vénéroilles; auj. détruit.
— *Altare de Nova Villa quod dicitur Mons-Sancti-Huberti* in parrochia et decimatione altaris de Villoreio situm, 1163 (cart. de l'abb. de Saint-Médard, f° 37, arch. de l'Aisne). — *Mont-Saint-Hubert-les-Hunappe*, 1612 (tit. de l'abb. de Maroilles, arch. du Nord).

Mont-Saint-Jean, c^{ne} d'Aubenton. — *Mont-Saint-Jehan*, 1616 (tit. de l'abb. de Saint-Jean de Laon).

La seigneurie appartenait à l'abbaye de Saint-Jean de Laon.

Mont-Saint-Martin, c^ne de Braine. — *Mons-Sancti-Martini*, 1153 (cart. de l'abb. d'Igny, f° 6).
Mont-Saint-Martin, h. et m^in à eau, c^ne de Gouy. — *Mons-Sancti-Martini*, 1123 (cart. de l'abb. de Saint-Michel, p. 20). — *Mont-Saint-Martin-lez-Goi*, 1485 (cart. de l'abb. du Mont-Saint-Martin, p. 23).

Les bâtiments de l'abb. du Mont-Saint-Martin ont été détruits en 1793.

Mont-Saint-Père, c^ne de Château-Thierry. — *Mont-Saint-Perre*, 1463 (Journal des assises du baill. de Vermandois). — *Mont-Belair*, 1793.

Les justices de Beuvardes, Celles-lez-Condé, Combermont, Gland, Préaux, Villemoyenne, Villeneuve-sur-Fère, ont été unies à celle de Mont-Saint-Père par lettres patentes de février 1783.

Mont-Saint-Père fut, en 1790, le chef-lieu d'un canton dépendant du distr. de Château-Thierry et formé des c^nes de Barzy, Beuvardes, le Charmel, Chartèves, Courtemont-Varennes, Épieds, Gland, Jaulgonne, Mézy-Moulins, Mont-Saint-Père, Passy-sur-Marne, Tréloup et Verdilly.

Mont-Saint-Remy, f. c^ne de Neuilly-Saint-Front; unie à la population agglomérée.

Mont-Sapin (Le), f. c^ne de Mercin-et-Vaux. — *Mont-Sempin* (carte de Cassini).

La seigneurie relevait de Pierrefonds.

Mont-Sapin (Le), m^on isolée, c^ne de Soupir.

Montson, h. c^ne de la Chapelle-Monthodon. — *Mond-son* (carte de Cassini).

Montvinage, h. c^ne d'Étréaupont. — *Malum-Vinagium*, 1250 (cart. de l'abb. de Saint-Michel, p. 210).

Uni actuellement à la population agglomérée, dont il n'est séparé que par la rivière d'Oise.

Montvoi loir, f. et fief, c^ne de Villeret. — Ce domaine appartenait au chap. de Saint-Quentin.

Moraines, pont et petit fief, c^ne de Mons-en-Laonnois. — *Moreines*, 1187 (ch. de l'abb. de Saint-Vincent de Laon). — *In medio Poncelli dicti de Morainnes*, 1280 (gr. cart. de l'év. de Laon, ch. 9 et 10).

Ce fief relevait de l'évêché de Laon.

Moranzy, f. c^ne d'Agnicourt-et-Séchelles. — Villa de *Morezia*, 1129; *Morolxia*, 1131 (cart. de l'abb. de Saint-Martin-de-Laon, t. II, f° 209). — *Morolzys*, 1131 (ibid. f° 37, bibl. de Laon). — *Morezi*, 1161; *Morelzis*, xiie s^e (cart. de l'abb. de Saint-Martin). — *Morouzies*, 1177 (cart. de l'abb. de Saint-Denis, f° 90, arch. de l'Emp. LL 1158). — *Marosies*, 1263 (cart. de Chaourse, f° 127, LL 1172). — *Morosies*, 1309 (actes du chap. cath. de Laon, coll. de M. Hidé). — *Morensis*, 1411 (arch. de l'Emp. J 801, n° 1). — *Morenzy-en-Thiérasche*, 1453 (comptes de la châtellenie de Pierrepont). — *Morensis-les-Ai-gnicourt*, 1529 (tit. du chap. cath. de Laon). — *Altare Sancti-Laurentii in Oppido seu colonia de Morenzy*, 1530; cense de *Morenzys*, 1554 (collation des bénéfices du dioc. de Laon, secrét. de l'év. de Soissons). — *Morenzis*, 1536 (acquis, arch. de la ville de Laon). — *Morenzi*, 1676 (baill. du chap. cath. de Laon). — *Moranzis*, 1687; *Moransi*, 1733 (tit. du chap. cath. de Laon). — *Maurensis*, 1709 (intend. de Soissons, C 274).

La ferme de Moranzy appartenait au chap. cath. de Laon, qui l'avait acquise, en 1204, de l'abb. de Saint-Martin de la même ville.

Morcourt, c^ne de Saint-Quentin. — *Maurincurtis*, 1145 (cart. de l'abb. d'Homblières, p. 7). — *Morcourt*, 1146 (ch. de l'abb. de Prémontré). — *Moricurtis*, 1147; curtis que dicitur *Morrecourt*, 1168; *Morecurt*, xiie s^e (cart. de l'abb. d'Homblières, p. 9, 10, 62). — Territorium de *Mourecourt*, 1295 (cart. Rouge, arch. de la ville de Saint-Quentin. — *Mourcourt*, 1334; *Moircourt*, 1334 (ch. de l'Hôtel-Dieu de Saint-Quentin). — *Maurcourt*, 1583 (tit. du chap. de Saint-Quentin). — *Moriencourt*, 1596 (coll. de D. Grenier, 26e paquet, n° 5).

Ancien domaine de l'abb. d'Homblières relevant de Saint-Quentin. — Chapellenie de Notre-Dame fondée en 1336.

Morcourt, h. c^ne de Flavigny-le-Grand-et-Beaurain. — *Morecourt*, 1612 (terr. de Flavigny).

Dépendait du duché de Guise et ressortissait au baill. de ce duché.

Mordanson ou Maddanson, fief, c^ne de Leuze; relevait de la châtell. de Martigny.

Moreaudenis (La), f. c^ne de Vendières et de Viels-Maisons.

Morel, petit fief, c^ne de Viry-Noureuil.

Morfontaine, f. c^ne de Coulonges. — Terra de *More-fontainne*, 1177; *Morefons*, 1197 (cart. de l'abb. d'Igny, f° 199 et 200).

Cette ferme appartenait à l'abb. d'Igny; détruite.

Morfontaine ou Bricoleuse, bois, c^ne de Prémontré.

— Ce bois appartenait à l'abb. de Prémontré; il a été aliéné par l'État le 18 février 1815.

Morgny-en-Thiérache, c^ne de Rozoy-sur-Serre. — *Ermoniacus*, 867 (dipl. de Charles le Chauve, cart. de Chaourse, arch. de l'Emp. LL 1172). — *Morignis*, 1129; *Morenis*, 1169; *Morignies*, xiie s^e (cart. de l'abb. de Saint-Michel, p. 22, 25, 240). — *Morigny*, 1405 (arch. de l'Emp. J 801, n° 1). — *Moregny*, 1568 (acquis, arch. de la ville de Laon).

Dépendait du comté de Bancigny et de la cure de Saint-Clément.

Morgret, m^on isolée. — Voy. Cesse-Morgret (La).

MORIENVAL, bois, c⁰ᵉ de Couvron-et-Aumencourt.
MORIEULOIS, h. c¹ᵉ de Crépy. — *Morieulois*, 1639 (baill. de la Fère, B 1212). — *Mauriculois*, 1684 (*ibid.* B 663). — *Monrieulois* (carte de Cassini).
MORILLON, fief, c⁰ᵉ de Villeneuve-Saint-Germain. — Ce fief a été possédé par l'abb. de Saint-Crépin-le-Grand de Soissons et les Célestins de Villeneuve-lez-Soissons.
MORLOT, m⁰ⁿ isolée et m¹ⁿ à vent, c⁰ᵉ de Laon. — *Molin de Mourlot*, 1348 (ch. de l'abb. de Saint-Vincent de Laon).
Ce moulin appartenait à l'abb. de Saint-Vincent de Laon.
MORMONT ou NOUVEAU-TRONQUOY, c⁰ᵉ de Lesdins. — *Morimondus, Morimondis, Morimons*, 1146 (cart. de l'abb. de Longpont).
MOROUARD, m⁰ⁿ isolée, c⁰ᵉ d'Arcy-Sainte-Restitue. — *Moroart*, 1766 (tit. de l'abbaye du Val-Chrétien). — *Maurou* (carte de Cassini).
La seigneurie relevait de Villers-Cotterêts.
MORSAIN, c⁰ᵉ de Vic-sur-Aisne. — *Murocinctus*, 879 (Mabillon, *De Re diplomatica*, p. 548). — *Morcains*, 1193; *Morcain*, 1224; *Morcen*, 1229 (cart. de l'abb. de Saint-Médard, f⁰ˢ 105 et 107, arch. de l'Aisne). — *Morcain*, 1225 (cart. de l'abb. de Saint-Jean-des-Vignes, f⁰ 59, Bibl. imp.). — *Morsin*, 1633 (arch. de l'hôpital de Soissons).
La vicomté de Morsain appartenait à l'abbaye de Saint-Médard de Soissons; elle se trouvait comprise dans l'ancien ressort de la prévôté de l'exemption de Pierrefonds.
MORTEAU (LE), f. c⁰ᵉ de Mons-en-Laonnois.
MORTEAU (LE), h. c⁰ᵉ d'Origny.
MORTEFEMME (LA), f. c¹ᵉ de Lor; auj. détruite. — Elle appartenait à l'abb. de Saint-Martin de Laon.
MORTEFERT, m⁰ⁿ isolée, c⁰ᵉ de Pisseleux.
MORTEFONTAINE, bois, c⁰ᵉˢ de Prémontré et de Wissignicourt; aliéné par l'État le 23 juillet 1832 et auj. défriché. — Sa contenance était de 37 hectares.
MORTEFONTAINE, c⁰ⁿ de Vic-sur-Aisne. — *Fons-Mortuum*, 1148 (cart. de l'abb. de Longpont, f⁰ 12).
La seigneurie relevait de Pierrefonds.
MORTE-SAMBRE, petit ruisseau qui prend sa source entre l'Hermitage et Fesmy; il se jette dans la Sambre à l'extrémité du territoire de Fesmy.
MORTIÈRE (LA), f. c⁰ᵉ d'Artonges. — *Mortaria?* vers 1168 (relation des miracles de Notre-Dame de Soissons). — *Les Mortières* (carte de Cassini).
Cette ferme appartenait aux missionnaires de Montmirail.
MORTIERS, bois et ferme, c⁰ᵉ d'Anizy-le-Château; auj. défriché. — Ce bois appartenait à l'évêché de Laon.

MORTIERS, c⁰ᵉ de Crécy-sur-Serre. — *Morteriolum*, 1156 (cart. de l'abb. de Foigny, f⁰ 202). — *Morties, Mortier*, 1389 (comptes de l'Hôtel-Dieu de Laon, E 2). — *Mortyer*, 1608 (appointés du baill. de Vermandois).
La seigneurie appartenait au chap. cath. de Laon.
MORTOISE, ancienne dérivation de l'Oise que la vase comble de jour en jour à Étréaupont. — *Mortua-Ysara*, 1250 (cart. de l'abb. de Saint-Michel, 207).
Moscou, m⁰ⁿ isolée, c⁰ᵉ de Berry-au-Bac.
Moscou, m⁰ⁿ isolée, c⁰ᵉ de Lucy-le-Bocage; détruite vers 1830.
MOTTE (LA), fief, c⁰ᵉ d'Achery; il relevait du comté d'Anizy et de la seigneurie de Pierremande. — Ce domaine appartenait au chapitre de Saint-Montain de la Fère.
MOTTE (LA), f. c⁰ᵉ d'Allemant.
MOTTE (LA), h. c⁰ᵉ de Beaumont-en-Beine; autrefois *la Motte-les-Buirande*. — Il est uni actuellement à la population agglomérée.
MOTTE (LA), m⁰ⁿ isolée, c⁰ᵉ de Beaurevoir. — *La Motte-les-Beaurevoir*, 1550 (chambre des comptes de la Fère).
MOTTE (LA), m⁰ⁿ isolée, c⁰ᵉ de Bernot; auj. détruite.
MOTTE (LA), petit fief, c⁰ᵉ de Brissay-Choigny.
MOTTE (LA), petit fief, c⁰ᵉ de Cerisy; relevait de Vendeuil.
MOTTE (LA), m⁰ⁿ isolée, c⁰ᵉ de Clastres. — *Domus de Mota apud Essigni*, xivᵉ s⁰ (ch. du chap. de Saint-Quentin).
Ancien domaine du chapitre de Saint-Quentin, de la mouvance de Guise.
MOTTE (LA), chât. c⁰ᵉ de Commenchon; détruit vers 1793. — *Cense de la Mothe*, 1701 (baill. de Chauny, B 1720).
MOTTE (LA), petit fief, c⁰ᵉ d'Ébouleau; il relevait de Pierrepont.
MOTTE (LA), m¹ⁿ à eau, c⁰ᵉ d'Englancourt.
MOTTE (LA), fief, c⁰ᵉ d'Étréaupont. — Ce fief, vassal de Guise, était situé en deçà de la rivière d'Oise, du côté de Sorbais.
MOTTE (LA), fief, c⁰ᵉ de Faucoucourt. — *La Mothe*, 1613 (baill. de la Fère, B 695).
Il relevait de la Fère et dépendait de Suzy.
MOTTE (LA), fief, c⁰ᵉ de la Ferté-Chevresis. — *La Mothe*, 1655 (famille la Trémoïlle).
MOTTE (LA), f. c⁰ᵉ de Fresnes.
MOTTE (LA), f. c⁰ᵉ de Guise. — *Maison de le Mote*, 1347 (cart. de la seign. de Guise, f⁰ 83). — *Cense de la Mothe*, 1580 (comptes de l'Hôtel-Dieu de Guise).
Cette ferme ressortissait au baill. de Guise.

24.

Motte (La), bois, c⁰ᵉ de Louâtre. — Ce bois contenait, en 1763, 30 arpents (d'Expilly, *Dict. géogr.* t. II, p. 720).

Motte (La), fief, c⁰ᵉˢ de Manicamp et de Quierzy; il relevait de Chauny.

Motte (La), f. c⁰ᵉ de Marchais.

Motte (La), fief, c⁰ᵉ de Marest-Dampcourt; relevait de la tour du Louvre.

Motte (La), f. c⁰ᵉ de Nampcelle-la-Cour. — Le fief de la Motte a été acquis, le 31 décembre 1610, par la chartreuse du Val-Saint-Pierre.

Motte (La), f. c⁰ᵉ de Nesles.

Motte (La), fief, c⁰ᵉ d'Oizy; relevait de Guise.

Motte (La), fief, c⁰ᵉ de Pont-Saint-Mard; relevait de Coucy-le-Château.

Motte (La), fief, c⁰ᵉ de Sainte-Geneviève.

Motte (La), h. c⁰ᵉ de Saint-Paul-aux-Bois.

Motte (La), bois, c⁰ᵉ de Sissonne. — Ce bois, qui jadis appartenait à l'abb. de Vauclerc, a porté autrefois le nom de *Vieilles-Mottes*.

Motte (La), m⁰ⁿ isolée, c⁰ᵉ de Soissons; relevait de Pierrefonds.

Motte (La), fief, c⁰ᵉ de Travecy; relevait de la châtell. de la Fère.

Motte (La), f. et bois, c⁰ᵉ d'Urvillers. — Le bois est défriché; la ferme est unie actuellement à la population agglomérée.

Motte (La), m¹ⁿ à eau, c⁰ᵉ de Vendeuil.

Motte (La), bois, c⁰ᵉ de Voulpaix. — *Motte-emprès-Wouppaix*, 1530 (arch. de l'Emp. P 248-2). — *Mothe*, 1735 (gruerie de Vervins).

Ce bois domine l'emplacement d'un ancien château dont il ne reste que des ruines; il relevait de Marle.

Motte (La), fief, c¹ᵉ de Wassigny; relevait de Guise.

Motte (La), fief, c⁰ᵉ de Wissignicourt; relevait du comté d'Anizy.

Motte-de-Chalandry (La), fief, c⁰ᵉ de Chalandry. — Maison de *la Mote*, 1385 (arch. de l'Emp. P 136; transcrits de Vermandois). — *La Motte* (carte de Cassini).

Ce fief, acquis vers 1690 par les dames de la congrégation de Laon, relevait de Crécy-sur-Serre.

Motte-de-Guistel (La), fief, c⁰ᵉ de Franqueville.

Motte-de-Lerzy (La), fief, c⁰ᵉ de Lerzy; relevait de Lerzy.

Motte-de-Missy (La), fief, c⁰ᵉ de Missy-lez-Pierrepont; relevait de la châtell. de Pierrepont.

Motte-de-Viry (La), fief, c⁰ᵉ de Viry-Noureuil; dép. du marquisat de Genlis.

Motte-Motton (La), fief, c⁰ᵉ de Morgny-en-Thiérache. — Ce fief, situé près de l'église, relevait du comté de Bancigny.

Mottier (Le), bois, c⁰ᵉ d'Harcigny. Ce bois appartient à la commune.

Mottin (Le), f. c⁰ᵉ de Bruys. — *Mottain*, 1650 (tit. de l'abb. de Chartreuve). — *Motin*, 1688 (arch. comm. de Bruys). — *Mothins* (carte de Cassini).

Cette ferme appartenait à l'abb. de Chartreuve.

Mouchel, h. c⁰ᵉ de Bray-Saint-Christophe.

Moucherelle, f⁰, c⁰ᵉ de Romeny. — *Moucherel*, 1631 (baill. de Charly). — *Moucheret*, 1745 (insin. du baill. de Château-Thierry).

Mouchery, h. c⁰ᵉ de Nizy-le-Comte. — *Terra de Muscherie*, 1150; *Grangia de Moscheri*, 1169; *Muschery*, 1197; *Moncheri*, 1247 (cart. de l'abb. de Vauclerc, f⁰ˢ 13, 27, 44). — *Moucheri*, 1479 (comptes de l'Hôtel-Dieu de Laon, E 22). — *Mouchri*, 1550 (comptes de Nizy-le-Comte). — *Moucherys*, 1602 (appointés du baill. de Vermandois). — *Moucheris*, 1724 (tit. de l'abb. de Vauclerc).

Ces fermes appartenaient à l'abb. de Vauclerc.

Moucheton, f. c⁰ᵉ d'Épieds.

Mouflaye, f. c⁰ᵉ de Saint-Christophe-à-Berry. — *Mouflai*, 1203 (cart. de Saint-Médard, f⁰ 156, Bibl. imp.).

La seigneurie dépendait de la châtell. de Vic-sur-Aisne.

Mouillie (La), f. c⁰ᵉ d'Athies. — *Mouillée*, 1366 (ch. de l'év. de Laon). — *Mouilly*, 1409 (arch. de l'Emp. J 801). — *Mouillye*, 1630 (titre de l'évêché de Laon).

Relevait de la châtell. de Pierrepont.

Moulignon (Le), m¹ⁿ à eau, c⁰ᵉ de Fossoy.

Moulin (Le), h. c⁰ᵉˢ de Cerseuil, Chartèves, Faverolles, Fieulaine et Fontaine-Notre-Dame.

Moulin (Le), m⁰ⁿ isolée, c⁰ᵉˢ de Benay, Béthancourt-en-Vaux, Couvron-et-Aumencourt, Cuirieux, Épieds, Fleury, Lanchy, Montescourt-Lizerolles, Monthurel, Montigny-le-Franc, Montigny-sur-Crécy, Paars, Rennansart, Roucy, Rozet-Saint-Albin.

Moulin (Le), m¹ⁿ isolée, c⁰ᵉ de Nogentel; auj. détruite.

Moulin (Le), m¹ⁿ à eau, c⁰ᵉˢ de Berlize, Besmé, Bosmont, Brunehamel, la Capelle, Chamouille, Chermizy, Courtrizy-et-Fussigny, Fossoy, Lislet, Macquigny, Pont-à-Bucy, Remies, Saint-Aubin, Septvaux.

Moulin-Adam (Le), h. c⁰ᵉ de Viffort.

Moulin Asselin (Le), m¹ⁿ à eau, c⁰ᵉ d'Ambleny. — *Molin Anselin*, 1628; *Moulin Ancellin*, 1694 (Hôtel-Dieu de Soissons, 146).

Moulin à Papier (Le), m¹ⁿ à eau, c⁰ᵉ de Ressons-le-Long.

Papeterie exploitée au xvi⁰ siècle; auj. détruite.

Moulin à Tan (Le), m¹ⁿ à tan et f. c⁰ᵉ d'Aizy. — Domaine de l'abb. de Vaucelles.

Moulin-à-Tan (Le), filature, c^{ne} de Fère-en-Tardenois.
Moulin au Bois (Le), mⁱⁿ à eau, c^{ne} de Mont-Saint-Jean.
Moulin-au-Bois (Le), m^{on} isolée, c^{ne} de Chivres. — Moulin du Boys, 1525 (terr. de Chivres, f° 214). Appartenait à la prévôté de Chivres.
Moulin Augier (Le), mⁱⁿ à eau, c^{ne} d'Urcel; détruit. — Il appartenait à la comm^{té} de Boncourt.
Moulin-à-Vent (Le), m^{on} isolée, c^{nes} d'Alaincourt, Autreville, Bruyères-et-Montbérault, Dury, Faucoucourt, la Ferté-Milon, Juvincourt-et-Dammarie, Mesbrecourt-Richecourt, Noircourt, Parfondru, Quierzy, Roucy, Saint-Gobain, Sancy, Tartiers et Villemontoire.
Moulin-à-Vent (Le), f. c^{ne} de Royaucourt-et-Chailvet.
Moulin Balizeau (Le), mⁱⁿ à eau, c^{ne} de Jeantes. — Moulin Barrizeau, 1691; Moulin Barriseau, 1722; Moulin Baluzeau, 1739 (baill. de Bancigny). Détruit vers 1820.
Moulin Barbet (Le), mⁱⁿ à eau, c^{ne} de Mézy-Moulins.
Moulin Barras (Le) ou le moulin de Villiers, mⁱⁿ à eau, c^{ne} de Villiers-sur-Marne.
Moulin Bart (Le), m^{on} isolée et mⁱⁿ à vent, c^{ne} de Lor.
Moulin Bataille (Le), mⁱⁿ à eau, c^{ne} des Autels. — Bataille (carte de Cassini).
Moulin Baudry (Le), mⁱⁿ à eau, c^{ne} de Grandrieux. — Molin Bodry, 1398 (arch. de l'Emp. P 136; transcrits de Vermandois). — Baudry (carte de Cassini).
Moulin Benard (Le), mⁱⁿ à eau, c^{ne} d'Oulchy-le-Château.
Moulin Beni (Le) ou du Pont-de-Marly, mⁱⁿ à eau, c^{ne} de Saint-Algis; détruit en 1841.
Moulin-Berlemont (Le), m^{on} isolée, c^{ne} de Savy.
Moulin-Berlemont (Le), m^{on} isolée, c^{ne} de Seraucourt. — Le moulin a été incendié au mois d'octobre 1852.
Moulin Bernard (Le), mⁱⁿ à eau, c^{ne} de Clairefontaine. — Moulin Saint-Bernard, 1788 (grenier à sel de Vervins).
Moulin Bertrand (Le), mⁱⁿ à eau, c^{ne} de Martigny-en-Laonnois.
Moulin Billa (Le), mⁱⁿ à eau, c^{ne} de Jumigny. — Moulin Billiart, 1644; Moulin Billart, 1665; Moulin Billiard, 1682; Moulin Billat (tit. de l'abb. de Cuissy).
Moulin Blanc (Le), mⁱⁿ à vent, c^{ne} de Corbeny.
Moulin Blanquy (Le), scierie et mⁱⁿ à eau, c^{ne} d'Hirson.
Moulin Bocquet (Le), mⁱⁿ à eau, c^{ne} de Courmelles.
Moulin Botté (Le), mⁱⁿ à eau, c^{ne} de Courmelles.

Moulin Boudinot (Le), m^{on} isolée et mⁱⁿ à vent, c^{ne} d'Itancourt.
Moulin-Briquet (Le), m^{on} isolée, c^{ne} de Bazoches.
Moulin-Brispert (Le), m^{on} isolée et mⁱⁿ à vent, c^{ne} d'Amifontaine.
Moulin-Brûlé (Le), m^{on} isolée, c^{ne} d'Alaincourt.
Moulin Brûlé (Le), mⁱⁿ à eau, c^{ne} de Braye-en-Laonnois. — Molendinum de Maiel, 1224 (ch. de l'Hôtel-Dieu de Laon, B 39). — Moulin Bruslé, 1701 (baill. du chap. cath. de Laon).
Moulin Brûlé (Le), mⁱⁿ à eau, c^{ne} de Molinchart; il appartenait à l'abb. de Notre-Dame de Soissons.
Moulin-Brûlé (Le), m^{on} isolée, c^{ne} de Morcourt.
Moulin Brûlé (Le), mⁱⁿ à eau, c^{ne} de Quincy-Basse.
Moulin Brûlé (Le), mⁱⁿ à eau, c^{ne} de Rouvroy. — Aqua de Luvengiis, 1144 (Colliette, Mém. du Vermandois, t. II, p. 276). — Molendinum de Luveunies, 1165 (ibid. p. 342). — Molendinum de Luvegnief, 1167 (cart. AA de l'abb. de Saint-Quentin-en-l'Île, p. 43). — Luvenie, 1168 (cart. de l'abb. d'Homblières, p. 2). — Luveignies, xive s^e (arch. de l'Emp. P 135; transcrits de Vermandois). Appartenait au chap. de Saint-Quentin.
Moulin-Brûlé (Le), f. c^{ne} de Samoussy.
Moulin Budet (Le) ou le moulin Priout, mⁱⁿ à eau, c^{ne} de Bourg-et-Comin. — Moulin Budé, 1659; Moulin Budée, 1730 (tit. de l'abb. de Cuissy). Appartenait à l'abb. de Cuissy.
Moulin Caillet (Le), mⁱⁿ à eau, c^{ne} de Moulins. — Moulin Cahier, 1684 (baill. du chap. cathédral de Laon).
Moulin Canelle (Le), mⁱⁿ à eau, c^{ne} de Juvincourt-et-Dammarie; auj. détruit.
Moulin Carlier (Le) ou le moulin de Pierres, mⁱⁿ à vent, c^{ne} de la Selve.
Moulin-Chevreux (Le), h. c^{ne} d'Ognes. — Molin-Sevrous, 1164 (cart. de l'abb. de Prémontré, f° 105, bibl. de Soissons). — Molin-Sevreux, 1368; Moulin-Sevrex, 1378 (ch. de l'Hôtel-Dieu de Chauny). — Moulins-Sevreux, xive s^e (arch. de l'Emp. P 135; transcrits de Vermandois). — Molin-Sevreux, 1581 (terrier d'Abbécourt). — Moslin-Chevreux, 1626; Molin-ChevreulX, 1634 (baill. de Chauny, B 1547). Ce hameau a été détruit en 1552; on trouve sur cet emplacement des traces de construction. — La chapelle de Saint-Georges a été transférée en l'église. Ce domaine appartenait aux religieuses de Sainte-Croix de Chauny et il relevait du marquisat de Guiscard.
Moulin Collard (Le), m^{on} isolée et mⁱⁿ à vent, c^{ne} de Neuville.
Moulin Collinet (Le), mⁱⁿ à eau, c^{ne} de Vorges.

Moulin-Coutte (Le), f. c⁰ᵉ de Fayet. — Unie actuellement à la population agglomérée.

Moulin Crépin (Le) ou de Saint-Crépin, mᵢₙ à eau, cⁿᵉ de Dravegny. — *Molendinum Sancti-Crispini*, 1162 (cart. de l'abb. d'Igny, f° 91). — *Molendinum Crispini*, 1220 (ch. de l'abb. d'Igny, arch. de la Marne).

Moulin-Dain (Le), mᵐⁿ isolée, c⁰ᵉ de Bruyères-et-Montbérault. — Le moulin à vent est sur Vorges.

Moulin d'Aisne (Le), mᵢₙ à eau, c⁰ᵉ de Cuiry-lez-Chaudardes; auj. détruit.

Moulin d'Argent (Le), mᵒⁿ isolée et mᵢₙ à vent, c⁰ᵉ de Laon; auj. détruits. — Situés jadis au champ Saint-Martin.

Moulin d'Arrancy (Le), mᵢₙ à eau, c⁰ᵉ d'Arrancy.

Moulin d'Aubigny (Le), mᵢₙ à vent, c⁰ᵉ d'Aubigny.

Moulin d'Azy (Le), mᵢₙ à eau, c⁰ᵉ d'Azy-Bonneil.

Moulin d'Eaux (Le), mᵢₙ à eau, cⁿᵉ de Leuilly.

Moulin de Bas (Le), mᵢₙ à eau, c⁰ᵉˢ de Suzy, Vauxaillon et Vieil-Arcy.

Moulin-de-Bas (Le), f. c⁰ᵉ de Vauclerc-et-la-Vallée-Foulon.

Moulin de Beaucourt (Le), mᵢₙ à eau, c⁰ᵉ de Braine.

Moulin de Berthe (Le), mᵒⁿ isolée et mᵢₙ à vent, c⁰ᵉ de Montchâlons.

Moulin de Berzy (Le), mᵢₙ à eau, cⁿᵉ de Berzy-le-Sec.

Moulin de Bièvres (Le), mᵢₙ à eau, c⁰ᵉ de Bièvres.

Moulin-de-Billy (Le), mᵢₙ isolée, c⁰ᵉˢ de Billy-sur-Aisne et de Venizel.

Moulin de Bourg (Le) ou le moulin Notre-Dame, mᵢₙ à eau, c⁰ᵉ de Bourg-et-Comin. — Ce nom de *Notre-Dame* vient de ce moulin appartenait à l'abb. de Notre-Dame de Cuissy.

Moulin de Braye (Le), mᵢₙ à eau, c⁰ᵉ de Braye-en-Laonnois.

Moulin de Breny (Le), mᵢₙ à eau, c⁰ᵉ de Breny.

Moulin de Brie (Le), mᵢₙ à eau, c⁰ᵉ de Fourdrain.

Moulin de Buirefontaine (Le), mᵢₙ à eau, c⁰ᵉ d'Aubenton.

Moulin de Chivres (Le), mᵒⁿ isolée et mᵢₙ à vent, c⁰ᵉ de Chivres-et-Mâchecourt.

Moulin de Courmelles (Le), mᵢₙ à eau, c⁰ᵉ de Courmelles.

Moulin de Couvrelles (Le), mᵢₙ à eau, c⁰ᵉ de Couvrelles.

Moulin de Grandelain (Le), mᵢₙ à eau, c⁰ᵉ de Grandelain-et-Malval.

Moulin de Craonne (Le), mᵢₙ à eau, c⁰ᵉ de Craonne.

Moulin Dedelet (Le), mᵢₙ à eau, c⁰ᵉ de Braye-en-Laonnois. — *Moulin de Edlet*, 1503 (comptes de l'Hôtel-Dieu de Laon, E 34). — *Moulin Dédelest*, 1763 (baill. du chap. cath. de Laon).

Moulin-de-Doly (Le), mᵐⁿ isolée, c⁰ᵉ de Chartèves. — *Moulin-de-Dolly*, 1750 (arch. comm. de Chartèves).

Moulin de Douche (Le), mᵢₙ à huile, c⁰ᵉ de Moulins.

Moulin-de-Fayet (Le), mᵒⁿ isolée, c⁰ᵉ de Fayet.

Moulin-de-Genlis (Le), f. c⁰ᵉ de Villequier-au-Mont; détruite en 1864.

Moulin-de-Gercy (Le), fief, c⁰ᵉ de Gercy; relevait de Marle.

Moulin-de-Gizy (Le), mᵐⁿ isolée, c⁰ᵉ de Gizy.

Moulin de Glennes (Le), mᵢₙ à eau, c⁰ᵉ de Glennes.

Moulin de Haut (Le), h. et mᵢₙ à eau, c⁰ᵉ de Guny.

Moulin de Haut (Le), mᵢₙ à eau, c⁰ᵉˢ de Nouvion-le-Vineux et de Vieil-Arcy.

Moulin de Haut (Le), h. et mᵢₙ à eau, c⁰ᵉ de Vauxaillon.

Moulin de Hugues, mᵢₙ à eau dans le voisinage de Laon, vers Lierval; auj. détruit. — *Molendinum Hugonis*, 1149 (cart. de Saint-Martin de Laon, f° 1, p. 411).

Moulin de l'Abbaye (Le), mᵢₙ à eau, c⁰ᵉ de Barizis.

Moulin de l'Abbaye (Le), mᵢₙ à eau, c⁰ᵉ de Bucilly. — Construit en 1820 sur l'emplacement d'une filature établie en 1800.

Moulin de la Croix (Le), mᵢₙ à vent, c⁰ᵉ de Monampteuil.

Moulin-de-Laffaux (Le), f. c⁰ᵉ de Laffaux.

Moulin de la Gueule (Le) ou le moulin de Labre, mᵢₙ à eau, c⁰ᵉ de Paissy.

Moulin de la Noue (Le), mᵢₙ à eau, c⁰ᵉ d'Ostel. — *Moulin de Noue* (carte de Cassini).

Moulin de la Planche (Le), mᵢₙ à eau, c⁰ᵉ de la Flamangrie.

Moulin de la Reine (Le), mᵢₙ à eau, c⁰ᵉ de Leuilly.

Moulin-de-la-Tour (Le), mᵐⁿ isolée, c⁰ᵉˢ de Fayet, Marchais, Paissy, Sons-et-Ronchères.

Moulin de Launoy (Le), mᵢₙ à eau, c⁰ᵉ de Droizy.

Moulin de la Vierge (Le), mᵢₙ à eau, c⁰ᵉ de Crécy-sur-Serre. — Construit en 1797; il est contigu au pont de la Vierge.

Moulin de Lesges (Le), mᵢₙ à eau, c⁰ᵉ de Lesges.

Moulin de l'Étang (Le), h. et mᵢₙ à eau, c⁰ᵉ d'Acy.

Moulin de Leuilly (Le), mᵢₙ à eau, c⁰ᵉ de Leuilly.

Moulin de l'Hôtel-Dieu (Le), mᵢₙ à eau, c⁰ᵉ de Neuilly-Saint-Front.

Moulin de Lierval (Le), mᵢₙ à eau, c⁰ᵉ de Lierval.

Moulin de Liesse (Le), f. c⁰ᵉ de Liesse.

Moulin de Limé, fief et mᵢₙ à eau, c⁰ᵉ de Limé; relevait de Braine.

Moulin de Lisle (Le), mᵢₙ à eau, c⁰ᵉ de Marizy-Sainte-Geneviève.

Moulin de Lislet (Le), mᵢₙ à eau, c⁰ᵉ de Lislet; reconstruit en 1851.

MOULIN DE LONGPONT (LE), m¹⁰ à eau, c⁰ᵉ de Longpont.
MOULIN DE LONGUEVAL (LE), m¹ⁿ à eau, c⁰ᵉ de Longueval.
MOULIN DE LOUPEIGNE (LE), m¹ⁿ à eau, c⁰ᵉ de Loupeigne.
MOULIN DE MÂCHECOURT (LE), m⁰⁰ isolée, c⁰ᵉ de Chivres-et-Mâchecourt.
MOULIN DE MAIZY (LE) ou DE LA CROIX, m¹ⁿ à eau, c⁰ᵉ de Maizy.
MOULIN DE MARNE (LE), m¹ⁿ à eau, c⁰ᵉ de Charly; détruit. — *Molendinum* quod dicitur *de Materna*, 1248 (cart. de l'abb. de Notre-Dame de Soissons, f° 249).
MOULIN-DE-MOULÇAIS (LE), m⁰⁰ isolée, c⁰ᵉ de Monthenault.
MOULIN DE MURET (LE), m¹ⁿ à eau, c⁰ᵉ de Muret-et-Crouttes.
MOULIN DE MUSCOURT (LE), m¹ⁿ à eau, c⁰ᵉ de Muscourt.
MOULIN DE NANTEUIL (LE), m¹ⁿ à eau, c⁰ᵉ de Nanteuil-la-Fosse.
MOULIN-D'EN-BAS (LE), m⁰⁰ isolée, c⁰ᵉ de Beaumont-en-Beine.
MOULIN D'EN-BAS (LE), m¹ⁿ à eau, c⁰ᵉ de Braslcs, Courcelles, Essommes, Hannapc, Suzy, Vauclerc-et-la-Vallée-Foulon, Vauxaillon.
MOULIN-D'ENFER (LE), m⁰⁰ isolée, c⁰ᵉ de Beuvardes; moulin à eau détruit.
MOULIN D'ENFER (LE), m¹ⁿ à eau, c⁰ᵉ d'Essommes.
MOULIN D'EN-HAUT (LE), m¹ⁿ à eau, c⁰ᵉˢ de Chevregny, Hannape, Pinon.
MOULIN-D'EN-HAUT (LE), m⁰⁰ isolée, c⁰ᵉˢ de Courcelles, Oulchy-la-Ville, Saint-Erme-Outre-et-Ramecourt.
MOULIN D'EN-HAUT (LE), m¹ⁿ à scier les pierres, c⁰ᵉ de Paissy. — *Moulin du Haut*, 1688 (baill. du chap. cath. de Laon).
MOULIN D'EN-HAUT (LE), m¹ⁿ à eau, c⁰ᵉ de Vauclerc-et-la-Vallée-Foulon. — Détruit en 1855.
MOULIN D'EN-HAUT (LE) ou DES COUPETTES, m¹ⁿ à eau, c⁰ᵉ de Verdilly. — Appartenait à l'abb. de Nogent-l'Artaud.
MOULIN DE NOYELLE (LE), m¹ⁿ à eau, c⁰ᵉ de Voulpaix.
MOULIN DE PARFONDEVAL (LE), m¹ⁿ à eau, c⁰ᵉ de Parfondeval.
MOULIN DE PINON (LE) ou MOULIN DU VIVIER, m¹ⁿ à eau, c⁰ᵉ de Pinon.
MOULIN DE PLOCQ (LE), m¹ⁿ à eau, c⁰ᵉ d'Eppes.
MOULIN DE PUISEUX (LE), m¹ⁿ à eau, c⁰ᵉ de Puiseux.
MOULIN DE RÉVILLON, m¹ⁿ à eau, c⁰ᵉ de Révillon.
MOULIN DE ROSAY (LE), m¹ⁿ à eau, c⁰ᵉ de Vaudesson.
MOULIN-DE-SAINT-ACQUAIRE (LE), m⁰⁰ isolée, c⁰ᵉ de Sainte-Preuve. — Moulin détruit en 1862.
MOULIN DE SAINT-NICOLAS-AUX-BOIS (LE), m¹ⁿ à eau, c⁰ᵉ de Saint-Nicolas-aux-Bois.

MOULIN DE SAINT-THOMAS (LE), m¹ⁿ à eau, c⁰ᵉ de Saint-Thomas.
MOULIN-DE-SAPONAY (LE), h. et m¹ⁿ à eau, c⁰ᵉ de Saponay.
MOULIN DES BOIS (LE), m¹ⁿ à eau, c⁰ᵉ de Chézy-l'Abbaye.
MOULIN-DES-COMTES (LE), m⁰⁰ isolée, c⁰ᵉ de Villers-Hélon. — *Moulin-des-Contres*, 1226 (arch. de l'Emp. L 1003). — *Molendinum* quod dicitur de *Comite*, 1268; *Molin-de-Contres*, 1288 (suppl. de D. Grenier, 289, Bibl. imp.). — *Moulin-des-Contes*, 1609 (comptes de l'Hôtel-Dieu de Soissons, 495).
Le Moulin-des-Comtes appartenait à l'abbaye de Saint-Pharon de Meaux.
MOULIN DES CONVERTS (LE), m¹ⁿ à eau, c⁰ᵉ de Mézy-Moulins; détruit. — Vendu, en 1635, par l'abbaye de Jouarre à celle de Val-Secret.
MOULIN DES CONVERTS (LE), m¹ⁿ à eau, c⁰ᵉ de Verdilly; appartenait à l'abb. du Val-Secret.
MOULIN DES ÉTAINS (LE), m¹ⁿ à eau, c⁰ᵉ de Pargny.
MOULIN DES GAUX (LE) ou DE LA PRAIRIE, m¹ⁿ à eau, c⁰ᵉ de Vendeuil.
MOULIN-DES-GONGEATS (LE), m⁰⁰ isolée, c⁰ᵉ de Saint-Thomas.
MOULIN-DES-MANNIAUX (LE), m⁰⁰ isolée, c⁰ᵉ de Vendresse-et-Troyon; détruite. — *Moulin-des-Mauniaux*, 1364 (ch. de l'abb. de Saint-Jean de Laon).
MOULIN DES MOINES (LE), m¹ⁿ à eau, c⁰ᵉ de Dagny-Lambercy.
MOULIN DE SOMMETTE (LE), m¹ⁿ à eau, c⁰ᵉ de Dury.
MOULIN DES PRÉS (LE), m¹ⁿ à eau, c⁰ᵉˢ de Blesmes, Braine, Neuilly-Saint-Front.
MOULIN-DE-TOUS-VENTS (LE), m⁰⁰ isolée et m¹ⁿ à vent, c⁰ᵉ de Gauchy.
MOULIN DE VAURSEINE (LE), m¹ⁿ à eau, c⁰ᵉ de Ployart-et-Vaurseiné.
MOULIN-DE-VAUXBUIN (LE), f. et m¹ⁿ, c⁰ᵉ de Vauxbuin.
MOULIN-DE-VERNEUIL (LE) ou FERME GOGART, f. c⁰ᵉ de Verneuil-sur-Serre.
MOULIN DE VEUILLY (LE), m¹ⁿ à eau, c⁰ᵉ de Veuilly-la-Poterie.
MOULIN-DE-VIFFORT (LE), m⁰⁰ isolée, c⁰ᵉ de Viffort.
MOULIN-DE-VILLERS (LE), m⁰⁰ isolée et m¹ⁿ à vent, c⁰ᵉ de Laon. — Détruits au XVIII° siècle.
MOULIN DE VILLERS-HÉLON (LE), m¹ⁿ à eau, c⁰ᵉ de Villers-Hélon.
MOULIN DIANNE (LE), m¹ⁿ à eau, c⁰ᵉ de Nouvion-le-Vineux; auj. détruit. — *Moulin* que on dist a *Dian*, 1390; *Molin de Dieu*, 1391; *Molin de Dian*, 1645 (ch. et tit. de l'év. de Laon).
MOULIN DIEUX (LE), scierie mécanique de pierres mue

par l'eau, c°° de Beaulne-et-Chivy. — *Moulin Dieu*, 1779 (cart. de l'Hôtel-Dieu de Laon, B 8).

Moulin d'Odon (Le), m¹⁰, c°° de Dravegny; auj. détruit. — *Molendinum Dodonis*, 1162 (cart. de l'abb. d'Igny, f° 90).

Moulin-Dongé (Le), f. et m¹⁰ à vent, c°° de la Selve.

Moulin-du-Barré (Le) ou Gouberu, petit h. c°° de Charly. — *Moulin-Barré* appelé *de Gouberu*, 1592 (baill. de Charly).

Le moulin à eau appartenait autrefois à l'abbaye de Notre-Dame de Soissons. Il a été converti, vers 1860, en une fabrique de peignes qui n'est plus en activité.

Moulin du Bas (Le), m¹⁰ à eau, c°°° de Blanzy-lez-Fismes, Lierval, Oulches.

Moulin du Bois (Le) ou de Coutrevin, m¹⁰ à eau, c°° de Besmont. — *Moulin de Couppevoie*, assis dans la forêt d'Aubenton, 1612 (baill. d'Aubenton, B a530). — *Moulin de Couppevoye*, 1725 (terr. de Besmont). — *Courlevoix* (carte de Cassini).

Moulin du Bois (Le), m¹⁰ à eau, c°° de Juvincourt-et-Dammarie.

Moulin du Cabutiau (Le), m¹⁰ à eau, c°° de Saint-Gobert.

Moulin du Chemin (Le), m¹⁰ à eau, c°° de Missy-sur-Aisne.

Moulin Ducrot (Le), m¹⁰ à eau, c°° de Gergny.

Moulin Dudot (Le), m¹⁰ à eau, c°° de Bruyères.

Moulin d'Ugny (Le), maison isolée et m¹⁰ à vent, c°° d'Ugny-le-Gay.

Moulin du Haut (Le), m¹⁰ à eau, c°° de Chevregny.

Moulin du Haut-de-Blanc (Le), m¹⁰ à eau, c°° de Blanzy-lez-Fismes.

Moulin du Marais-de-Roch (Le), m¹⁰ à eau, c°° de Faucoucourt; auj. détruit.

Moulin Dumeny (Le) ou Moulin Lachoix, petite ferme et m¹⁰ à vent, c°° d'Amifontaine.

Moulin du Milieu (Le), m¹⁰ à eau, c°° de Charly. — *Le Moulin de la Thuillerie*, autrement dit *le Moulin Morel*, 1682; *Moulin de la Tuillerie*, 1722; *Moulin de Mellieu*, 1731 (baill. de Charly).

Ce moulin appartenait à l'abb. de Notre-Dame de Soissons.

Moulin du Mitan (Le), m¹⁰ à eau, c°° de Moulins.

Moulin du Patard (Le), m¹⁰ à eau, c°° de Berny-Rivière.

Moulin Durand (Le), m¹⁰ à eau converti en foulerie, c°° de Bruyères-et-Montbérault.

Moulin du Roi (Le), m¹⁰ à eau, c°° de Brasles.

Moulin du Roux (Le), m°° isolée et m¹⁰ à vent, c°° de Laon. — Détruits au xviii° siècle.

Moulin du Tordoir (Le), m¹⁰ à eau, c°° de Coucy-la-Ville. — Détruit en 1864.

Moulin-du-Vivien (Le), m°° isolée, c°° de Saint-Thomas.

Moulin Emprèz (Le), m¹⁰ à eau, c°° d'Ambleny.

Moulin en Ville (Le), m¹⁰ à eau, c°° d'Ambleny. — Ce moulin appartenait au chap. cath. de Soissons; il était situé au milieu du village.

Moulinet (Le), h. c°° de Chézy-l'Abbaye.

Moulinet (Le), m¹⁰ à eau, c°° de Cohan. — *Le Moulineau* (carte de Cassini).

Moulinet (Le), m°° isolée, c°° de Domptin. — Doit son nom à un moulin détruit au xviii° siècle.

Moulinet (Le), m¹⁰ à eau, c°°° d'Épaux-Bézu et de Fossoy.

Moulinet (Le), m°° isolée, c°° d'Haramont.

Moulinet (Le), bois, c°° de Liez. — *Molinet*, 1714 (baill. de Chauny, B 1726).

Auj. défriché. — Ancien hameau. — Domaine de l'abb. de Clairefontaine.

Moulinet (Le), m¹⁰ à eau, c°° de Molinchart. — *Molinet*, 1332 (ch. de l'év. de Laon).

Ce moulin appartenait à l'abb. de Saint-Martin de Laon.

Moulinet (Le), f. et scierie de bois, c°° de Monampteuil.

Moulinet (Le), m¹⁰ à eau, c°° de Paissy; auj. détruit.

Moulin Évrard (Le), m¹⁰ à eau, c°° de Boué.

Moulin Ferté (Le), m¹⁰ à eau, c°° de Vorges.

Moulin Flament (Le), m¹⁰ à eau, c°° d'Iron.

Moulin Fourcy (Le), m¹⁰ à eau, c°° de Crécy-sur-Serre.

Moulin Fournier (Le), m¹⁰ à eau, c°° de Gercy.

Moulin-Galland (Le), fabrique de caoutchouc, c°° de Villiers-sur-Marne.

Moulin Garand (Le), m¹⁰ à eau, c°° de Saint-Quentin. — Ce moulin, détruit depuis longtemps, se trouvait auprès de la porte Saint-Martin et avait pris son nom de Léger Garand, ingénieur, donataire par brevet du 30 septembre 1678 du roi Louis XIV. Garand l'avait fait construire en vertu de lettres patentes de janvier 1679. — Un arrêt du Conseil d'État du 28 mars 1683 a permis l'établissement de lavanderies sur les canaux de ce moulin, conformément au plan de Vauban, commissaire général des fortifications de France, et de Breteuil, intendant de Picardie (arch. de l'Emp. Q 10). — Ce moulin a été donné par ledit Garand à l'ordre du Mont-Carmel et de Saint-Lazare le 4 janvier 1684 (insin. du baill. de Saint-Quentin).

Moulin Germain (Le), m°° isolée et m¹⁰ à vent, c°° de Sequehart.

MOULIN GILOT (LE), m^{in} à eau, c^{ne} de Beaulne-et-Chivy.
MOULIN GOBEAU (LE), m^{in} à eau, c^{ne} de Festieux.
MOULIN GOBLET (LE), m^{in} à eau, c^{ne} de Chevregny. — Convertie en scierie de bois.
MOULIN GODAT (LE), m^{in} à eau, c^{ne} de Berry-au-Bac.
MOULIN GODEAU (LE), m^{in} à eau, c^{ne} de Vorges.
MOULIN-GRISON (LE), m^{on} isolée, c^{ne} de Ramicourt.
MOULIN-GUÉRIN (LE), m^{on} isolée, c^{ne} de Prouvais.
MOULIN HENRY (LE) ou RY, m^{in} à eau, c^{ne} de Monampteuil. — *Molin Henri*, 1332 (ch. de l'év. de Laon). Ce moulin appartenait à la commanderie de Maupas.
MOULIN HERBERT (LE), m^{in} à eau, c^{ne} d'Oulches; auj. détruit.
MOULIN HERBIN (LE), m^{in} à eau, c^{ne} de Vorges.
MOULIN HOMÉ (LE), m^{in} à eau, c^{ne} de Guyencourt. — *Moulin ou Mé*, 1755 (arch. communales de Guyencourt).
MOULIN HOUDE (LE), m^{in} à eau, c^{ne} de Saint-Thomas.
MOULIN HUSSON (LE), m^{in} à eau, c^{ne} de Neuve-Maison. — *Moulin Musson* (carte de Cassini).
MOULIN JAMBON (LE), m^{in} à eau, c^{ne} de Cerny-en-Laonnois.
MOULIN LABARRE (LE), m^{in} à eau, c^{ne} de Cheret.
MOULIN LAHIRE (LE), m^{in}, c^{ne} d'Aizelles; auj. détruit.
MOULIN-LA-HOTTE (LE), m^{on} isolée, c^{ne} de Saint-Erme-Outre-et-Ramecourt.
MOULIN-LA-TOUR (LE), f. c^{ne} de Bruyères-et-Montbérault.
MOULIN-LAURENT (LE), m^{on} isolée, c^{ne} de Dizy-le-Gros.
MOULIN LE COMTE (LE), m^{in} à eau, c^{ne} de Brasles.
MOULIN LE COMTE (LE), m^{in} à eau, c^{ne} de Noroy-sur-Ourcq. — *Molin le Conte*, 1567 (comptes de l'Hôtel-Dieu de Soissons, f° 42). — *Moulin le Compte*, 1648 (arch. comm. de Noroy-sur-Ourcq). — *Moulin le Roi, dit le Comte*, 1749 (arch. de l'Emp. Q, cart. 4).
MOULIN LE COMTE (LE), m^{in} à eau, c^{ne} de Vierzy.
MOULIN LEFÈVRE (LE), m^{in} à vent, c^{ne} d'Urvillers.
MOULIN LEGROS (LE), m^{in} à eau, c^{ne} d'Aizelles.
MOULIN-LOINTAIN (LE), h. c^{ne} du Nouvion. — *Moulin-Loingtain*, 1696 (élect. de Guise).
MOULIN MAMBERT (LE), m^{in} à eau, c^{ne} de Molinchart. — *Molendinum de Muinbert*, 1264; *Molendinum de Mimbert*, 1270 (ch. de l'abb. de Saint-Nicolas-aux-Bois). Ce moulin appartenait à l'abb. de Saint-Nicolas-aux-Bois.
MOULIN MEUDICK (LE), m^{in} à eau, c^{ne} de Bruyères-et-Montbérault.
MOULIN MIDESSE (LE), m^{in} à eau, c^{ne} de Cerny-en-Laonnois. — *Mudessa*, 1136 (mém. ms. de l'Eleu, t. Ier, f° 353). Ce moulin appart. à la comm^{rie} de Boncourt.
MOULIN MINON (LE), m^{in}, c^{ne} de Grandelain-et-Malval. — Il appartenait à l'abb. de Saint-Jean de Laon.
MOULIN-NEUF (LE), m^{on} isolée, c^{nes} de Boncourt, Jeancourt, Vaux-Andigny et Villers-Saint-Christophe.
MOULIN-NEUF (LE), f. c^{ne} de Remigny.
MOULIN NEUF (LE), m^{in} à eau, c^{nes} d'Achery, Bourg-et-Comin, Brécy, Chézy-en-Orxois, Dagny-Lambercy, Dammard, Guise, Leuilly, Neuilly-Saint-Front, Rozoy-sur-Serre, Saint-Algis et Vieil-Arcy.
MOULIN NOËL (LE) ou NOÉ, m^{in} à eau, c^{ne} d'Armentières. — L'habitation est sur le territoire de Cugny.
MOULIN NOËL (LE), m^{in} à eau; auj. détruit. — *Molendinum Noël*, 1174 (gr. cart. de l'év. de Laon, ch. 2). Ce moulin était situé entre Bucse et Wissignicourt.
MOULIN NOTRE-DAME (LE), m^{in} à eau, c^{ne} de Bruyères-et-Montbérault. — Ce moulin appartenait au chap. de Notre-Dame de Laon.
MOULIN NOTRE-DAME (LE), m^{in} à Lan, c^{ne} de Soissons.
MOULIN-OBERT (LE), m^{on} isolée, c^{ne} du Verguier.
MOULIN OGER (LE), m^{in}, c^{ne} d'Eppes. — Il relevait de l'év. de Laon.
MOULIN PARIS (LE), m^{in} à eau, c^{ne} de Merlieux-et-Fouquerolles; auj. détruit.
MOULIN POLLET (LE), m^{on} isolée et m^{in} à vent, c^{ne} de Montchâlons.
MOULIN PONTOIS (LE), m^{in} à eau, c^{ne} de Craonne. — *Montois* (carte de Cassini).
MOULIN PRIOUX (LE), m^{in} à eau, c^{ne} de Bourg-et-Comin.
MOULIN PRUZIER (LE), m^{in} à eau, c^{ne} de Cessières.
MOULIN RAOUL (LE), m^{in} à eau, c^{ne} de Chevregny; auj. détruit. — *Molendinum Radulphi*, 1174 (grand cart. de l'év. de Laon, ch. 2).
MOULIN RASSET (LE), m^{in} à eau, c^{ne} de Juvincourt-et-Dammarie.
MOULIN RÉGINA (LE), m^{on} isolée, c^{ne} d'Aizelles.
MOULIN REGNAULT (LE), m^{in} à eau, c^{ne} de Prémontré. — *Molin Renout*, 1266 (ch. du musée de Soissons). — *Molin Regnault*, 1554; *Mollin Regnauld*, 1618 (tit. de l'abb. de Prémontré). Ce moulin appartenait à l'abb. de Prémontré.
MOULIN ROUGE (LE), m^{in}, c^{ne} de Bertaucourt-Épourdon; auj. détruit. — *Mollin Rouge*, 1652 (baill. de la Fère, B 1155). Ce moulin dépendait autrefois de Saint-Gobain.
MOULIN ROUGE (LE), m^{in} à eau, c^{ne} de Chavignon.
MOULIN-ROUGE (LE), m^{on} isolée, c^{ne} de Chevregny.
MOULIN ROUGE (LE), m^{in} à eau, c^{ne} de Concevreux.

MOULIN ROUGE (LE), m¹ⁿ à vent, c⁰ᵉ de Corbeny.
MOULIN ROUGE (LE), m¹ⁿ à eau, c⁰ᵉ de Vassogne.
MOULIN ROYAUX (LE), m¹ⁿ à eau, c⁰ᵉ de Vorges.
MOULINS, c⁰ᵉ de Craonne. — *Villa-Molini*, 1136 (mém. ms. de l'Éleu, t. I, f⁰ 353). — *Molins-juxta-Paissi*, 1220 (suppl. de D. Grenier, 283, Bibl. imp.). — *Molins*, 1384 (arch. de l'Emp. P 136; transcrits de Vermandois). — *Molin*, 1536 (acquits, arch. de la ville de Laon). — *Mollin*, 1568 (*ibid.*). — *Moulin-en-Laonnois*, 1570 (tit. de l'abb. de Saint-Jean de Laon). — *Molins-en-Laonnois*, 1596; *Molins-en-Laonnoys*, 1611 (tit. de la chartreuse du Val-Saint-Pierre). — Paroisse de *Saint-Pierre-de-Moulin*, 1692 (état civil de Moulins, trib. de Laon).

Le chapitre cathédral de Laon possédait déjà la seigneurie en 1238.

MOULINS, h. c⁰ᵉ de Mézy-Moulins. — *Molins*, 1393 (ch. de l'abb. du Val-Secret). — *Moullins*, 1635 (famille Capendu de Boursonne). — *Moulin* (carte de Cassini).

Autrefois fief d'Orbais.

MOULINS (LES), m⁰ⁿ isolée, c⁰ᵉ de Lappion.
MOULINS (LES), f. et m¹ⁿ à vent, c⁰ᵉ de Wassigny.
MOULIN-SAINT-AMAND (LE), m⁰ⁿ isolée, c⁰ᵉ d'Essigny-le-Grand.
MOULIN SAULTREAU (LE), m¹ⁿ, c⁰ᵉ de Courtrizy-et-Fussigny.
MOULIN SILLON (LE), m¹ⁿ à eau, c⁰ᵉ de Montreuil-aux-Lions.
MOULIN SYLVOT (LE), m¹ⁿ à eau, c⁰ᵉ d'Urcel.
MOULIN TANIEL (LE) ou MONTEMPEINE, m¹ⁿ à eau, c⁰ᵉ de Merlieux-et-Fouquerolles.
MOULIN TAUSSART (LE), m¹ⁿ à eau, c⁰ᵉ de Soissons; auj. détruit.
MOULIN TOUBEAU (LE), petit h. c⁰ᵉ de Pargny-Filain. — Moulin auj. détruit.
MOULIN-VATIN (LE), m⁰ⁿ isolée, c⁰ᵉ de Bellicourt.
MOULIN-VERCONSIN (LE), fabrique de caoutchouc, c⁰ᵉ de Villiers-sur-Marne.
MOULIN VERT (LE) ou D'HERMISSON, m¹ⁿ à eau, c⁰ᵉ d'Hirson. — Converti en 1864 en fonderie de cuillers métalliques.
MOULIN VERT (LE), m¹ⁿ à eau, c⁰ᵉ de Villers-sur-Fère.
MOULIN-VIEUX (LE), maison isolée et m¹ⁿ à vent, c⁰ᵉ de Villers-Saint-Christophe.
MOUSSÉ (LE), h. c⁰ᵉ de Saint-Eugène.
MOUSSEAUX (LES), f. c⁰ⁿ de Brasles.
MOUSSY-SUR-AISNE, c⁰ⁿ de Craonne. — *Muscœium*, vIII⁰ s⁰ (Vita sancti Rigoberti, arch. Remensis. Boll. 4 janv. p. 175). — *Moissi*, 1226 (grand cart. de l'év. de Laon, ch. 70). — Territorium de *Moussi*, 1238 (ch. de l'Hôtel-Dieu de Laon, B 76). — *Moussy*,

1326 (cueilleret de l'Hôtel-Dieu de Laon, B 63).
— *Mouissy*, 1339 (arch. de l'Empire, Tr. des ch. reg. 75, pièce 36). — *Mouyssy*, 1416; *Mousy*, 1506; *Moussi*, 1536 (comptes de l'Hôtel-Dieu de Laon, E 10, E 36, E 62). — *Moussy-le-Metz*, 1568 (acquits, arch. de la ville de Laon). — Paroisse de *Saint-Jean-de-Moussy*, 1674 (état civil de Moussy-sur-Aisne, trib. de Laon). — *Moucy-et-le-Metz*, 1709 (intend. de Soissons, C 274).

La seigneurie était possédée dès le XIII⁰ siècle par le chapitre cath. de Laon. La paroisse dépendait de la cure de Soupir.

MOUSTIER, f. c⁰ᵉ de Vouël; auj. détruite. — Appartenait aux Célestins de Sainte-Croix-sous-Offemont et relevait de la Fère (arch. de l'Emp. Q 8).
MOUTIER, f. c⁰ᵉ de Terny-Sorny. — Cense du *Moutier* ou de *Saint-Paul-aux-Bois*, 1731 (tit. du prieuré de Saint-Paul-aux-Bois).

MOY, arrond. de Saint-Quentin. — *Moi*, 1174 (suppl. de D. Grenier, 291, Bibl. imp.). — *Moyacum*, 1262 (Olim, t. I, p. 538). — *Moy-dalez-Ribemont*, 1385; *Moy-sur-Oise*, 1412 (arch. de l'Emp. P 135; transcrits de Vermandois). — *Mouys*, 1568 (acquits, arch. de Laon). — *Moui*, 1578 (tit. de la fabr. de Vendeuil). — *Mouy*, 1583 (tit. du chap. de Moy).

Le marquisat relevait de Vendeuil.

Moy fut, en 1790, chef-lieu d'un canton dépendant du district de Saint-Quentin et composé des communes d'Alaincourt, Benay, Berthenicourt, Brissay-Choigny, Cerisy, Châtillon-sur-Oise, Clastres, Essigny-le-Grand, Gibercourt, Hamégicourt, Hinacourt, Itancourt, Lyfontaine, Mézières, Montescourt-Lizerolles, Moy, Neuville-Saint-Amand, Remigny, Urvillers et Vendeuil.

MOY (GRANDE CENSE DE), f. c⁰ᵉ de Ribemont. — Détruite au mois de juillet 1636 par un corps d'armée espagnol (prévôté de Ribemont, B 433).
MOY (PETITE CENSE DE), f. c⁰ᵉ de Ribemont. — Petite cense de Moy, 1660 (arch. comm. de Ribemont, paroisse de Saint-Denis).
MOYENBRIE, chât. c⁰ᵉ d'Auffrique-et-Nogent. — *Mons-Hainerici*, 1145 (Chron. de Nogento, p. 427). — *Mons-Hainmeri*, 1165 (cart. de l'abbaye de Saint-Martin, f⁰ 113, bibl. de Laon). — *Monthaimeri*, 1165 (*ibid.*). — *Mons-Hammeri*, 1193 (Chron. de Nogento, p. 432). — *Monthyaumeri*, 1453 (arch. de l'Emp. Q 7). — *Monthiaumery*, 1481; *Monhiaumery*, 1495 (*ibid.* E 2531). — *Montheaumery*, 1521; *Monthéaulmery*, 1558 (tit. de l'Hôtel-Dieu de Coucy-le-Château). — *Moiembrye*, 1687 (arch. comm. de Landricourt).

Relevait de Coucy-le-Château.

DÉPARTEMENT DE L'AISNE.

Muette (La), fief, c^{ne} de Largny. — Restes d'ancien château.

Muid (Le), bois, c^{ne} de Laigny; auj. défriché.

Muisemont, fief, c^{ne} d'Urcel. — Relevait de l'év. de Laon.

Muizon, fief, c^{ne} de Vauxceré. — Relevait de Pontarcy.
Il a laissé son nom à un petit ruisseau qui prend sa source à Vauxceré et va se jeter dans la Vesle à Bazoches, après avoir alimenté un moulin à blé et parcouru 5,440 mètres.

Multon, fontaine, c^{ce} de Braye-en-Laonnois. — Fontaine de *Multon*, 1475; Fontaine *Mouton*, 1509 (comptes de l'Hôtel-Dieu de Laon, E 38).

Murcy, f. c^{ne} de Monceau-le-Neuf. — *Múrci*, 1153 (suppl. de D. Grenier, 290, Bibl. imp.). — *Miricie*, 1186 (ch. de l'abbaye de Saint-Nicolas-des-Prés de Ribemont). — Altare de *Murchi*, 1188 (cart. de Thenailles, f° 30). — Terra de *Miliricis*, 1197 (cart. de Saint-Nicolas-des-Prés de Ribemont, J 791, arch. de l'Emp.). — *Meurcy*, 1411 (arch. de l'Emp. J 801, n° 4).
Le fief de Murcy était vassal de Guise.

Muret-et-Crouttes, c^{ne} d'Oulchy-le-Château. — *Muretum*, 1173 (cart. de l'abbaye de Saint-Yved du Braine, arch. de l'Empire). — *Muret-et-Crouttes*, 1359 (arch. de l'Empire, Tr. des chartes, reg. 90, pièce 208).
Comté relevant de Septmonts et d'Oulchy-le-Château.

Muret-Saint-Jean, m^{on} isolée, c^{ne} d'Auffrique-et-Nogent.

Murger (Le), f. c^{ne} de Cœuvres-et-Valsery. — *Petit-Murget*, 1742 (tit. des Minimes de Soissons). — *Murgé* (carte de Cassini).
La seigneurie relevait de Pierrefonds.

Murs (Les), bois, c^{ne} d'Essommes. — Appartenait à l'abbaye d'Essommes. — L'on n'en connaît plus la situation.

Muscourt, c^{ne} de Neufchâtel. — *Mucecourt*, 1246; *Mossecort*, 1251 (cart. de l'abb. de Saint-Denis, f°s 117 et 118). — *Mussencourt*, 1260 (cart. de Chaourse, f° 45, arch. de l'Emp.). — Villa de *Mucencourt*, 1265 (cart. de la seign. de Guise, f° 70). — Ville de *Mucecourt-en-Loonnois*, 1284 (cart. de l'abb. de Saint-Denis, f° 187, arch. de l'Emp.). — *Mussecourt*, 1405 (ibid. J 801, n° 1). — *Muscour*, 1729 (intend. de Soissons, C 205).

Musette (La), m^{on} isolée, c^{ne} de Juvincourt-et-Damumarie et de Pontavert.

Muternes (Les), mⁱⁿ à eau, c^{ne} d'Hannape.

Muternes (Les), h. c^{nes} de Clairefontaine et de Mondrepuis. — Bos des *Muternes*, 1335 (cart. de Guise, f° 183). — Rue *Muterne*, 1774 (grenier à sel de Vervins).

Mutte (La), m^{on} isolée, c^{ne} de Braye-en-Laonnois. — Détruite en 1854.

Muzon (Le), ruiss. qui prend sa source à Loupeigne, sépare les territoires des communes de Courcelles, Lhuys, Mont-Notre-Dame, Paars, Quincy-sous-le-Mont, et va ensuite se jeter dans la Vesle près du pont d'Ancy, à l'extrémité des territoires de Mont-Notre-Dame et de Quincy-sous-le-Mont.
Il alimente six moulins à blé dans son parcours de 12,520 mètres.

N

Nadon, f. et mⁱⁿ à eau, c^{ce} de Louâtre. — In molendino de *Adon*, 1231 (cart. de l'abb. de Saint-Jean-des-Vignes, f° 65). — *Nadons*, 1671 (maîtr. des eaux et forêts de Villers-Cotterêts).
Ils appartenaient au prieuré de Saint-Nicolas de Nadon et relevaient de la Ferté-Milon.

Nampcelle-la-Cour, c^{ne} de Vervins. — *Nancele*, 1162 (cart. de l'abb. de Bucilly, f° 35). — *Nancelles*, 1178 (suppl. de D. Grenier, 287, Bibl. imp.). — *Nanceles*, 1260 (ch. de l'abb. de Saint-Vincent de Laon). — *Nancelle*, 1515 (tit. de la chartreuse du Val-Saint-Pierre). — *Nampcelle*, 1563 (tit. de l'abb. de Saint-Vincent de Laon). — *Namcelles*, 1602 (tit. de l'Hôtel-Dieu de Laon, B 68). — *Nampcelles*, 1745 (intend. de Soissons, C 206).

Nampcelle-la-Cour dépendait du comté de Bancigny.

Nampteuil-sous-Muret, c^{ne} d'Oulchy-le-Château. — *Nantheuil-soubz-Muret*, 1384 (cart. de l'abbaye de Notre-Dame de Soissons, f° 41). — *Nanthueil-soubs-Muret*, 1386 (arch. de l'Emp. P 136; transcrits de Vermandois). — *Nantolium-subtus-Muretum*, 1573 (pouillé du dioc. de Soissons, f° 21).
La seigneurie relevait d'Oulchy-le-Château et de Pierrefonds.

Namptioche, f. c^{ne} de Vauxaillon. — *Nantioche* (carte de Cassini). — On écrit souvent *Amptioche*, nom préférable.

Nanteuil-la-Fosse, c^{ne} de Vailly. — *Nanthoelus*, 858; Altare de villa *Nantoilo*, 1057 (cart. de l'abb. de

25.

Notre-Dame de Soissons, f" 33 et 37). — *Nantolium-in-Fovea*, 1239 (arch. de l'Emp. L 1004). — *Nantholium-in-Fovea*, 1250; *Nantuel*, 1310 (suppl. de D. Grenier, 295, Bibl. imp.). — *Nantuiel-à-la-Fosse*, 1336 (arch. de l'Emp. L 1004). — *Nantheul-à-la-Fosse*, *Nantheuil-à-la-Fosse*, 1384 (cart. de l'abb. de Notre-Dame de Soissons, f" 41 et 45). — *Nantheuil-en-la-Fosse*, 1412; *Nanthueil-en-la-Fosse*, 1416 (ch. de l'Hôtel-Dieu de Soissons, 122). — *Nanthueil-à-la-Fosse*, 1441 (comptes de l'Hôtel-Dieu de Soissons, f° 10). — *Nantuel-en-la-Fosse*, 1447 (ibid.). — *Nanthoeul-en-la-Fosse*, 1484 (ibid. f° 75). — *Nanteuil-à-la-Fousse*, 1492 (ibid. f° 7). — *Nampteuil-en-la-Fosse*, 1501 (ibid.). — *Nampteul-à-la-Fosse*, 1508 (tit. de l'Hôtel-Dieu de Soissons, 122). — *Nanteuil-à-la-Fosse*, 1532 (cart. de l'abb. de Notre-Dame de Soissons, f° 165). — *Namptruil-la-Fosse*, 1608; *Nanteuil-la-Fosse*, 1620 (tit. de l'Hôtel-Dieu de Soissons, 122). — *Nampteille-la-Fosse*, 1676 (tit. de l'abb. de Notre-Dame-des-Vignes de Soissons). — *Nanteuille-la-Fosse*, 1684 (famille de Montmaur).

La vicomté appartenait à l'abbaye de Notre-Dame de Soissons et relevait d'Oulchy-le-Château.

NANTEUIL-NOTRE-DAME, c"° de Fère-en-Tardenois. — *Nanthueil-Notre-Dame*, 1460; *Namptuel-Notre-Dame*, 1546; *Nenteul*, 1570 (tit. de l'Hôtel-Dieu de Château-Thierry). — *Namptheul-Nostre-Dame*, 1573 (pouillé du dioc. de Soissons, f° 33). — *Nampteuil-Nostre-Dame*, 1608 (cab. de M. de Vertus). — *Nantueil-Notre-Dame*, 1685; *Nampteuil-sous-Cugny*, 1696; *Nanteuil-sous-Cugny*, *Nanteuille-sous-Cugny*, 1712 (arch. comm. de Nanteuil-Notre-Dame). — *Nampteuille-Nostre-Dame*, 1714 (famille de Conflans). — *Nampteuil* (carte de Cassini).

Dépendait du marquisat d'Armentières.

NANTEUIL-VICHEL, c"° de Neuilly-Saint-Front. — *Nantolium*, 1190; *Nantholium-super-Urcum*, 1240 (cart. du chap. cath. de Soissons, f"' 151 et 175). — *Nanteuil-sur-Ourcq*, 1673 (arch. comm. de Nanteuil-Vichel). — *Nampteuil-sur-Ourcq* (carte de Cassini).

Relevait de Neuilly-Saint-Front.

NANTIER, petit ruisseau affluent de la Vesle à Bazoches. — Il n'alimente aucune usine. — Son parcours est de 1,956 mètres.

NARILLON, h. c"° d'Archon. — *Nevillon*, 1710 (intend. de Soissons, G 320). — *Narion* (carte de Cassini). — *Narillion*, 1772 (arch. comm. d'Archon).

NATION (LA), petit h. c"° de Mennevret.

NAUROY, c"° du Câtelet. — *Nogaridum*, vers 1104 (Actes de la passion de Saint-Quentin, par Raimbert: Mém. du Vermandois, t. I, p. 141). — *Nouroy*, 1158; *Nouroi*, 1193 (cart. de l'abb. du Mont-Saint-Martin, p. 566 et 607). — *Noroi*, 1220 (cart. de l'abb. de Fervaques, p. 366, arch. de l'Aisne). — Villa de *Noeroi*, 1220 (arch. de l'Emp. L 738). — *Noueron*, 1277 (arch. de la ville de Saint-Quentin, liasse 30, dossier A). — *Nourrai*, 1610 (tit. de l'abb. du Mont-Saint-Martin). — *Norroir*, 1699; *Noroy*, 1715 (arch. comm. de Nauroy). — *Saint-Léger-de-Noroy*, 1744 (chambre du clergé du dioc. de Noyon). — *Nouroir* (carte de Cassini).

La cure fut démembrée par Vermond, évêque de Noyon, de celle de Joncourt. — Une partie de la seigneurie relevait de Beauvois et ressortissait aux baill. et châtell. de Cambrai; l'autre appartenait au chap. de Saint-Quentin.

NAVARY, m°" isolée, c"° des Autels. — Cense d'*Audenarde*, 1714 (baill. de Baucigny). — *Navarie* (carte de Cassini).

NAVARY, fief, c"° d'Hirson. — Relevait de Guise.

NAVOIR, m°" isolée, c"° de Chauny; auj. détruite.

NESLES, c"° de Château-Thierry. — *Nigella*, 1131 (arch. de l'Emp. L 1005). — *Neelle-lez-Chasteau-Thierry*, 1363 (arch. de l'Emp. L 1006). — *Neelle*, 1494; *Nelle*, 1506 (tit. de l'abb. d'Essommes). — *Nesle*, 1710 (intend. de Soissons, G 274).

La baronnie relevait du comté de Braine.

NESLES, h. et moulin à eau, c"° de Seringes-et-Nesles. — *Parrochia et territorium de Nigella*, 1247 (cart. du chap. cath. de Soissons, f° 190). — *Castrum de Neelles*, 1274 (cart. de l'abb. d'Igny, f° 173). — *Neelle-en-Tardenois*, 1342 (cart. du chap. cath. de Soissons, f° 246). — *Nesle-en-Tardenois*, 1427 (arch. de l'Empire, Tr. des chartes, reg. 173). — *Nelle*, 1657 (terr. de Mareuil-en-Dôle). — *Nesles-en-Dole*, 1703 (baill. de Château-Thierry). — *Nesle* (carte de Cassini).

Relevait de Fère-en-Tardenois (arch. de l'Emp. Q 8).

NEUFCHÂTEL, arrond. de Laon. — *Novum-Castellum*, 741 (Ann. Franç. Éginard). — *Novum-Castrum*, vers 1050 (dipl. de Henri I"; Martène, Ampl. Coll. col. 492). — *Nuefchastel*, 1268 (cueilleret de l'Hôtel-Dieu de Laon, B 62). — *Neufchastel*, 1320 (ch. de l'év. de Laon). — *Neufchastel-sur-Aisne*, 1325 (suppl. de D. Grenier, 297, Bibl. imp.). — *Sancta-Crux-de-Novo-Castro*, *Sanctus-Nicholaus-de-Novo-Castro*, 1340 (Bibl. imp. fonds latin, ms. 9228). — *Nuefchastel-sur-Ayne en la comté de Roucy*, 1344 (arch. de l'Emp. Tr. des chartes, reg. 141). — *Novum-Castrum-super-Auxonam*, 1362 (ibid. reg. 92). — *Nuefchastel-sur-Aixne*, 1367 (ch. de l'abb. de Lavalroy, arch. des Ardennes). — *Neufchastel-sur-Aixne*, 1416 (arch. de l'Emp. J 801, n° 6). — *Nuefchastel-sur-Axone*, 1457 (cart. de l'abb. de Saint-Martin de Laon, t. I, p. 513). — *Noefchastel*, 1479; *Nœufchastel*, 1493; *Neuschâtel*, 1663 (comptes de l'Hôtel-Dieu de Laon, E 22, E 25, E 174). — *Neufchastel-en-Picardye*, xvii° siècle (reg. des chartes du bailliage de Vermandois). — *Nazelle*, 1780 (arch. comm. de Neufchâtel).

La châtellenie de Neufchâtel, vassale du comté de Roucy, comprenait Neufchâtel, Menneville, Proviseux et Brienne; les seigneuries de Lor, Aumenancourt-le-Petit, Pignicourt, et quelques petits fiefs en relevaient. Elle a été unie au comté d'Avaux (Ardennes) par lettres patentes de mars 1671 et en a été détachée par autres lettres patentes de décembre 1726. Elle fut érigée en marquisat avec Guignicourt, Prouvais et la ferme de Pontgivart, sous le nom de *du Cauzé de Nazelle*, par lettres patentes d'août 1753, qui décidèrent que désormais Sévigny, Lor, la Malmaison, Aguilcourt, Évergnicourt, le Grand et le Petit Aumenancourt, la Bricogne, Merlet, Hupignicourt, Bond-aux-Bois, les Ouis, Plesnoy, Magnivillers, Robert-Champs, Frontigny, le Trembleau et la Fosse du Moulin de Guignicourt relèveraient du marquisat, qui devait être de la mouvance du Louvre. Neufchâtel perdit alors son nom pour prendre celui de Nazelle. — La maladrerie a été unie à l'Hôtel-Dieu de Vervins par lettres patentes de novembre 1696.

Neufchâtel était le chef-lieu d'un doyenné rural comprenant les paroisses d'Aguilcourt et de Condé-sur-Suippe, Amifontaine, Beaurieux, Berry-au-Bac, Bouffignereux, Brienne (Ardennes), Chaudardes, Concevreux, Corbeny et Dammarie, Craonne, Craonnelle, Cuiry-lez-Chaudardes, Évergnicourt et Proviseux, Geny et Pargnan, Gernicourt, Glennes, Guignicourt, Guyencourt, Jumigny, Juvincourt, Lor, Maizy, la Malmaison, Menneville, Meurival, Neufchâtel, Nizy-le-Comte, Œuilly, Orainville et Bertricourt, Pignicourt, Prouvais, Révillon, Roucy, la Selve, Thenny-et-Pontavert, Variscourt, Vassogne et Oulches, la Ville-aux-Bois-lez-Pontavert, enfin Villers-en-Prayères.

Neufchâtel fut, en 1790, le chef-lieu d'un canton dépendant du district de Laon et formé des communes d'Aguilcourt, Amifontaine, Bertricourt, Condé-sur-Suippe, Évergnicourt, Frontigny-et-Robertchamps, Guignicourt, Juvincourt, Magnivillers-et-Plénoy, la Malmaison, Menneville, Neufchâtel, Orainville, Pontgivart, Prouvais, Proviseux et Variscourt.

Neufcourt, h. c°° de Saint-Michel. — *Nova-Curtis*, 1226; *Nuefvecourt*, 1360 (cart. de l'abb. de Saint-Michel, p. 129 et 157). — *Neuvecourt*, 1710 (int. de Soissons, C 320).

La ferme de Neufcourt appartenait à l'abbaye de Saint-Michel.

Neuffosse, petit fief, c°° de Coucy-la-Ville. — Relevait de Coucy-le-Château.

Neuflieux, c°° de Chauny. — *Neuli*, 1153 (Colliette, *Mém. du Vermandois*, t. II, p. 335). — *Neulieu*, 1365 (arch. de la ville de Chauny). — *Neuleu*, 1384 (arch. de l'Emp. P 135; transcrits de Vermandois). — *Nueflieu*, xiv° s° (ch. de l'Hôtel-Dieu de Chauny). — *Nœuflieu*, 1533 (comptes de la ville de Chauny, f° 67).

La seigneurie relevait de Chauny.

Neuilly-Saint-Front, arrond. de Château-Thierry. — *Noviliacum*, ix° s° (opera Hincmaris, arch. Rem. D. Bouquet, t. V, p. 362). — *Nemus de Nuelliaco*, 1173 (suppl. de D. Grenier, 293, Bibl. imp.). — *Capella de Nulliaco*, 1201 (ibid. 296). — *Nurliacum*, 1226 (ibid. 293). — In villa et territorio de *Nulli*, 1239 (arch. de l'Emp. L 1006). — *Nuelly-Saint-Front, Nuilli-Saint-Front*, 1342 (ibid. Tr. des chartes, reg. 74, n° 576). — Villa *Nulliaci-Sancti-Frontonis*, 1343 (pièces justificatives de l'histoire du duché de Valois). — *Nully-Saint-Front, Nueilly-Saint-Front*, 1359 (arch. de l'Emp. Tr. des chartes, reg. 90, pièces 297 et 364). — *Nulli-Saint-Front*, 1367 (cart. du chap. cath. de Soissons). — *Neuilly-Saint-Front*, 1464 (Bibl. imp. suppl. français, n° 1195). — *Nully*, xv° s° (obituaire, arch. comm. de Priez). — *Neuilly*, 1497 (tit. de l'Hôtel-Dieu de Soissons). — *Neully-Saint-Front*, 1509 (Bibl. imp. suppl. français, n° 1195). — *Nully-Saint-Front*, 1577 (comptes de l'Hôtel-Dieu de Soissons, f° 131). — *Neuilly-sur-Ourcq*, 1793.

Neuilly dépendait, sous la seconde race, du domaine royal. Ce bourg a été donné par Carloman au chap. cath. de Reims; il relevait, au xi° siècle, d'Oulchy-le-Château (l'abbé Carlier, *Histoire du Valois*, t. I, p. 259). — Neuilly-Saint-Front fit partie du duché de Valois et fut engagé, le 18 août 1598, par les commissaires du roi Henri IV (arch. de l'Emp. Q 4). — Châtellenie et prévôté antérieures au xiv° siècle, ressortissant au baill. de Crépy-en-Valois en vertu de lettres patentes d'octobre 1638. Elle a été remplacée par un bailliage royal qui a été supprimé en 1703; la prévôté fut alors rétablie. — La châtellenie comprenait Latilly, Montgru-Saint-Hilaire, Nanteuil-sur-Ourcq, Neuilly-Saint-Front, Sommelans.

On comptait à Neuilly-Saint-Front deux paroisses: Saint-Remy-du-Mont et Saint-Front. — Ce bourg était de la Champagne. Son doyenné rural, dépendant de l'archidiaconé de Tardenois, n'était qu'un démembrement de celui d'Oulchy-le-Château : ce doyenné comprenait Ancienville, Chouy, Cointicourt, Dammard, la Ferté-Milon, Latilly, Louâtre, Marizy-Sainte-Geneviève, Marizy-Saint-Mard, Montgru-Saint-Hilaire, Monlron, Neuilly-Saint-Front, Noroy-sur-Ourcq, Rozet-Saint-Albin, Troësnes et Villers-Hélon.

La subdélégation était de l'élection de Crépy-en-Valois et comprenait Chézy-en-Orxois, Coulombs, Dammard, Marigny-en-Orxois, Marizy-Sainte-Geneviève, Marizy-Saint-Mard, Neuilly-Saint-Front et Passy-en-Valois.

Neuilly-Saint-Front fut, en 1790, chef-lieu d'un canton dépendant du district de Château-Thierry et formé des communes de Bonnes, Chouy, Cointicourt, Dammard, Latilly, Marizy-Saint-Mard, Montron, Nanteuil-sur-Ourcq, Neuilly-Saint-Front, Priez, Rozet-Saint-Albin, Sommelans et Vichel.

Hôtel-Dieu fondé au xiv° siècle. Les maladreries de Neuilly-Saint-Front et d'Oulchy-le-Château lui ont été unies par lettres patentes de janvier 1696.

Neuve-Forge (La), ancienne forge, scierie mécanique, c°° d'Hirson. — *Neufforge*, 1714 (prévôté d'Hirson).

Neuve-Maison, c°° d'Hirson. — Altare de *Novis-Dominibus*, 1148 (cart. de l'abbaye de Bucilly, f° 3). — *Noves-Maisons*, 1256 (cart. de la seign. de Guise, f° 150). — *Nueve-Maisons*, 1314 (cart. de l'abb. de Bucilly, f° 101). — *Nueve-Maison*, 1335; *Nue-Maisons*, 1340 (cart. de la seign. de Guise, f°° 184 et 221). — *Nuefves-Maisons*, 1366 (arch. de l'Emp. Tr. des chartes, reg. 97). — *Neuf-Maisons*, *Neuf-Maison*, 1561 (arch. de la ville de Guise).

Dépendait de la châtellenie d'Hirson et ressortissait, pour la justice, à la prévôté de cette châtellenie.

Neuville, c°° de Craonne. — *Nova-Villa*, 1150 (cart. de l'abb. de Vauclerc, f° 13). — *Novilla*, 1152 (cart. de l'abb. de Saint-Martin, t. III, p. 166). — *Nova-Villa-in-Laudunesio*, 1249 (ch. de l'Hôtel-Dieu de Laon, B 14). — *Novilla-in-Laudunesio*, 1260 (ch. de l'abb. de Saint-Vincent de Laon). — *Nueville-en-Loenois*, 1261 (suppl. de D. Grenier, 283, Bibl. imp.). — *Nueville*, 1267 (ch. de l'abb. de Saint-Vincent de Laon). — *Neuveville-en-Lenois*, xiii° s° (cueilleret de l'Hôtel-Dieu de Laon, B 62). — *Nuefville-en-Launois*, 1359 (arch. de l'Emp. Tr. des chartes, reg. 80, n° 419). — *Nuefville-en-Laonnois*, 1394; *Nuefville-en-Lannoys*, 1394; *Noenfville-en-Lannois*, 1496; *Nevefville*, 1504 (comptes de l'Hôtel-Dieu de Laon, E 3, E 27, E 35). — *Neufville-en-Launois*, 1536 (acquis, arch. de la ville de Laon). — *Neufville-en-Lannoy*, 1624 (baill. de Marfontaine). -- *Neufville*, 1630 (chambre du clergé du dioc. de Laon). — *Saint-Julien-de-Neufville*, 1668 (état civil de Neuville, trib. de Laon).

Le prieuré de Saint-Julien de Neuville a été fondé en 1153 par l'abbaye de Saint-Vincent de Laon dans le château. Celui-ci relevait de la châtellenie de Montaigu.

Neuville (La), h. c°° de Coucy-la-Ville. — *Neuville-sous-Coucy*, 1405 (arch. de l'Emp. J 801, n° 1). — *Neufville-soubz-Coucy*, 1411 (ibid. n° 4).

Doit son origine à un fief relevant de Coucy-le-Château.

Neuville (La), faubourg de Laon. — *Nova-villa-sub-Laudunum*, 1187; *Nova-Villa*, 1216 (ch. de l'abb. de Saint-Nicolas-aux-Bois). — *Nova-Villa-subtus-Laudunum*, 1244; *Novilla*, 1270 (ch. de l'Hôtel-Dieu de Laon, B 74 et B 34). — *Nueve-Ville*, xiii° siècle (cueilleret de l'Hôtel-Dieu de Laon, B 62). — *Nueville*, 1294 (suppl. de D. Grenier, 284, Bibl. imp.). — Terroir de la *Nuefville-desoubz-Laon*, 1340 (ch. de l'abb. du Sauvoir). — *Nueville-dessoubz-Laon*, 1341 (ch. de l'Hôtel-Dieu de Laon). — *Nuefville-soubz-Laon*, 1357; *Neufville*, 1365 (ch. de l'abb. de Saint-Nicolas-aux-Bois). — *Nefville-desoubz-Laon*, 1389; *Noefville-sous-Laon*, 1497 (comptes de l'Hôtel-Dieu de Laon, E 2, E 28). — *Neufville-soubz-Laon*, 1603 (terr. de la comm°° de Catillon).

La seigneurie appartenait à l'abbaye de Saint-Nicolas-aux-Bois et relevait de Laon. — Voy. Montreuil.

Neuville (La), h. c°° de Mareuil-en-Dôle.

Neuville-Bosmont (La), c°° de Marle. — *Novavilla-de-Bomont*, 1245 (cart. de l'abb. de Thenailles, f° 109). — *Novavilla-de-Boumont*, 1254 (cart. de l'abb. de Bucilly, f° 24). — *Noravilla-de-Boumont*, 1340 (Bibl. imp. fonds latin, ms. 9228). — *Nuefville-de-Beomont*, 1389 (arch. comm. de Bruyères-et-Montbérault). — *Neuville-de-Bomont*, 1405 (arch. de l'Empire, J 801, n° 1). — *Neufville-de-Bumont*, 1520; *Neufville-Bumont*, 1540 (tit. de l'Hôtel-Dieu de Laon). — *Neufville-Bosmont*, 1626 (minutes de Normant, notaire). — Paroisse Notre-Dame-de-la-Neufville-Bosmont, 1674; *Neufville-Beaumont*, 1677 (arch. comm. de la Neuville-Bosmont). — *Neuville-Beaumont*, 1693 (baill. de Ribemont, B 251).

La seigneurie relevait du marquisat de Vervins.

Neuville-en-Beine (La), c°° de Chauny. — *Novavilla quæ sita est in bosco de Boyne*, 1223 (arch. de l'Emp. Tr. des chartes, reg. 53, f° 14 v°). — *Nueve-*

vile-en-Bainne, 1267; Novavilla-in-Bana, 1269 (ch. du chapitre cath. de Noyon). — Neufville-en-Bayne (arch. de la ville de Chauny, délib.). — Neuville-en-Baine, 1646 (baill. de Chauny, B 1505). — Neufville-en-Bayne, 1654 (arch. comm. d'Ugny-le-Gay). — Neufville-en-Baine, 1691 (arch. comm. de la Neuville-en-Beine). — Neufville-en-Baine, 1702 (baill. de Chauny, B 1637).

La seigneurie de la mairie de Neuville-en-Beine appartenait à l'abbaye de Sainte-Élisabeth de Genlis.

NEUVILLE-HOUSSET (LA), c°⁰ de Sains. — Novavilla, 1171 (cart. de l'abb. de Saint-Nicolas-des-Prés de Ribemont, f° 39, arch. de l'Emp.). — Nova-Villa-juxta-Hosel, XII° s° (suppl. de D. Grenier, 289, Bibl. imp.). — Nuevile-de-Housiel, 1274 (cart. de l'abbaye de Fervaques, f° 13, Bibl. imp.). — Nova-villa-de-Houssello, XIII° siècle (cart. de l'abb. de Thenailles, f° 78). — Nova-Villa-ad-Stilliada, 1340 (Bibl. imp. fonds latin, ms. 9228). — Neuville-de-Houssel, 1405 (arch. de l'Empire, J 801, n° 1). — Nuefville-de-Housset, 1436 (comptes de l'Hôtel-Dieu de Laon, E 17). — Neufville-de-Houssel, 1460 (arch. de l'Empire, Q 7). — Noeufville-leis-Houssel, 1475; Noefville-les-Houssel, 1479; Neufville-lez-Houssel, 1486; Nuefville-les-Houssel, 1488; Novefville-les-Houssel, 1504 (comptes de l'Hôtel-Dieu de Laon, E 20, E 22, E 23, E 24, E 25). — Neufville-de-Housset, 1536 (arch. de l'Emp. P 249-3). — Neufville-Houssel, 1559 (comptes de l'Hôtel-Dieu de Laon, E 83). — Neufville-Houssel, 1579 (arch. de l'Empire, P 248-2). — Neufville-Housset, 1596 (comptes de l'Hôtel-Dieu de Laon, E 42). — Neufville-de-Housset, 1640 (baill. de Marfontaine). — Neufville-Houssay, 1701 (minutes de Michel Thouille, notaire).

La justice a été unie en 1781 à celle de Marfontaine.

NEUVILLE-LEZ-DORENGT (LA), c°⁰ du Nouvion. — Novavilla, 1207 (arch. de l'Emp. L 992). — La Neuville-dessur-Estrées-en-Thiereschc, Nuevills-dales-Dorenc, 1329; Nueville-à-Dorenc, Nueveville, Nuevilla-juxta-Dorenc, Nuefville-en-costé-Dorenc, Nueveville-à-Dorenc, 1335 (cart. de la seign. de Guise, f°⁸ 5, 110, 162, 195, 275, 287). — Novavilla-de-Dorenc, 1340 (Bibl. imp. fonds latin, ms. 9228). — Neuville-de-Dorenc, 1346; Noveville-à-Dorenc, Nueville, 1347 (cart. de la seign. de Guise, f°⁸ 250, 254). — Neville-lez-Dorenc, 1405 (arch. de l'Emp. J 801, n° 1). — Neufville-lez-Dorenc, 1411 (ibid. n° 4). — Noefville, 1423 (Chronique de France, n° 26, bibl. de Lille). — Neufville-lez-Dorent, 1568 (arch. de la ville de Laon). — Neufville-lez-Doreng, 1580 (tit. de l'Hôtel-Dieu de Guise). — Neufville-Dorangt, 1590 (arch. comm. de Lesquielles-Saint-Germain). — Neufville-les-Dorengt, 1611 (baill. des bois de Guise). — Neufville-à-Dorend, 1654 (délibérat. arch. comm. de Ribemont). — Neuville-les-Doreng, 1709 (intend. de Soissons, C 274 et 320). — Neuville-le-Dorangt, 1752 (baill. de Ribemont, B 134).

Dépendait du duché de Guise et ressortissait au bailliage de ce duché (ms. de Du Cange, bibl. de l'Arsenal).

NEUVILLE-SAINT-AMAND, c°⁰ de Moy. — Castrum de Novavilla, 1110 (cart. AA de l'abb. de Saint-Quentin-en-l'Île, p. 12). — Nueville, 1268 (arch. de la ville de Saint-Quentin, liasse 269). — Neuville-Saint-Emont, 1275 (ibid. liasse 30, dossier A). — Novilla, 1295 (ibid. cart. Rouge, f° 53). — Neufville, 1313 (cart. AB de l'abb. de Saint-Quentin-en-l'Île, p. 18). — Nuefville, 1313 (cart. de la même abb. f° 3, arch. de l'Emp. LL 1016). — Neufville-prez-de-Saint-Quentin, 1384 (arch. de l'Emp. P 135; transcrits de Vermandois, f° 255). — Neufville-Saint-Amand, 1681 (tit. du chap. de Saint-Quentin).

La seigneurie appartenait à l'abbaye de Saint-Quentin-en-l'Île.

NEUVILLE-SAINT-JEAN, f. c°⁰ de Launoy. — Novavilla, 1110 (cart. de l'abb. de Saint-Jean-des-Vignes. Bibl. imp.). — Novilla, 1244; Nuevile, 1262 (ch. de l'abb. de Saint-Jean-des-Vignes). — Neufville-Saint-Jehan, 1383 (arch. de l'Emp. P 136; transcrits de Vermandois).

Cette ferme appartenait à l'abbaye de Saint-Jean-des-Vignes de Soissons et relevait d'Oulchy-le-Château.

NEUVILLE-SUR-MARGIVAL, c°⁰ de Vailly. — Novilla-de-super-Margival, 1289 (suppl. de D. Grenier, 297, pièce 162, Bibl. imp.). — Nueville, 1299 (épitaphe en l'église de Neuville-sur-Margival). — Novavilla-super-Margival, 1345; Novavilla-super-Margivallem, 1350 (arch. de l'Empire, Tr. des chartes, reg. 80, pièce 160). — Neufville-sur-Margival, 1617 (min. de Gosset, notaire).

Dépendait, en 1368, de la baronnie de Coucy (archives de l'Empire, Tr. des chartes, reg. 99, pièce 424).

NEUVILLETTE, c°⁰ de Ribemont. — Noeufvillette, 1390 (arch. de l'Emp. P 135; transcrits de Vermandois). — Nuefvillette, 1413 (ibid. J 801 n° 5). — Neufvillette, 1598 (tit. de l'abb. d'Origny-Sainte-Benoîte).

La seign. appartenait à l'abbaye d'Origny-Sainte-

Benoîte. — Le village dépendait de la paroisse et de la mairie d'Origny-Sainte-Benoîte.

Neuvivier (Le), m⁰⁰ isolée, c⁰⁰ de Troësnes. — Ancien fief relevant de la Ferté-Milon.

Neuviviers, m¹⁰ à eau, c⁰⁰ de Faverolles; auj. détruit. — *Neufrivier*, 1638 (tit. de la chartreuse de Bourgfontaine).

Nid-d'Aigle (Le), h. c⁰⁰ de Dommiers.

Nigaumène (La), h. c⁰⁰ de Plomion.

Ninelles (Les), h. c⁰⁰ de Thenailles. — *Nynelles*, 1617 (min. d'Ozias Teilinge, notaire).

Doit son nom à une ferme qui appartenait à l'abb. de Thenailles.

Nivelois, petit fief, c⁰⁰ de Marest-Dampcourt. — Fief de la *Nevelois*, 1621 (baill. de Chauny, B 1621). — Relevait de Bretigny.

Nizy-le-Comte, c⁰⁰ de Sissonne. — *Minaticum*, probablement au lieu de *Ninaticum*, III° siècle (Itinér. d'Antonin). — *Niunitaci* (table Théodosienne). — *Pagus Vennecti*, au lieu de *Nennecti* (pierre votive, musée de Soissons). — *Nisiacus fiscus regius* (Gallia Christ. t. IX, col. 634). — *Nisi*, 1146; Territorium de *Nisio*, 1147; *Niseium*, 1158; castrum de *Nisiaco*, 1189 (cart. de l'abbaye de Vauclerc, f° 23 et 74). — Dominium de *Nisy*, 1224 (ch. de l'Hôtel-Dieu de Laon). — *Nisiacum-Castrum*, 1251 (ch. de l'abb. de Lavalroy, arch. des Ardennes). — *Nysi*, 1320 (gr. cart. de l'év. de Laon, ch. 224). — *Nisi-Castrum*, 1340 (Bibl. imp. fonds latin, 9238). — *Nisy*, 1392 (arch. de l'Emp. P 135; transcrits de Vermandois). — *Nisy-le-Conte*, 1405 (arch. de l'Emp. J 801, n° 1). — *Nysy*, 1464 (comptes de Nizy-le-Comte, cab. de M. d'Imécourt). — *Nisyle-Comte*, 1536 (acquits, arch. de la ville de Laon). — *Nysy-le-Comte*, 1681 (tit. de l'év. de Laon). — Nizy-le-Marais, 1793.

Baronnie du comté de Roucy, relevant de la tour de Laon. Saint-Quentin-le-Petit, Lappion et la Selve en dépendaient (arch. de l'Empire, P 136, transcrits de Vermandois, et Bulletin de la Société académique de Laon, t. II).

Le seigneur de Nizy-le-Comte était avoué de l'abb. de Lavalroy. — La maladrerie a été unie à l'Hôtel-Dieu de Vervins par lettres patentes de février 1696.

Noelle, petit ruisseau; c⁰⁰ de Chauny. — Rivière de *Noelle*, 1378; *Petite-Noelle*, 1538 (tit. de l'Hôtel-Dieu de Chauny).

Noelle, bois, c⁰⁰ d'Épaux-Bézu; défriché en partie. — Ce bois contenait 25 arpents (d'Expilly, Dict. géogr. t. II, p. 720).

Nogemont, h. c⁰⁰⁰ de Jeantes et de Plomion. — *Nogemon*, 1678 (baill. de Bancigny).

Nogent, h. c⁰⁰ d'Auffrique-et-Nogent. — *Noviandum*, 1059 (coll. de D. Grenier, 24° paquet). — *Noviantus*, 1086 (Chron. de Nogento, p. 207). — *Sancta-Maria-Noviandi*, 1100 (suppl. de D. Grenier, 291, Bibl. imp.). — *Novigentum* in pago Laudunensi, 1100 (arch. de l'Empire, L 994). — *Nogenteuse monasterium*, 1102; *Noviannus*, 1132 (Chron. de Nogento, p. 211 et 225). — *Sancta-Maria-de-Nogento*, 1133 (ch. de l'abb. de Saint-Nicolas-aux-Bois). — Ecclesia *Sancte-Marie-de-Nogento*, 1158 (cart. de l'abb. de Prémontré, bibl. de Soissons). — *Noyant*, 1160 (suppl. de D. Grenier, 291, Bibl. imp.). — *Noviant-sub-Couci*, 1161 (cart. de l'abb. de Saint-Martin de Laon, t. II, p. 313). — *Nojantsub-Cociaco*, 1165 (ch. de l'abb. de Saint-Martin de Laon). — *Nongentum*, 1173 (ch. de l'abb. de Prémontré). — Altare de *Nogento-Villa*, 1174 (Chron. de Nogento, p. 238). — *Nogento*, 1190 (cart. de l'abb. de Notre-Dame de Soissons, f° 32). — *Nogentum-subtus-Couciacum*, 1239 (suppl. de D. Grenier, 291, Bibl. imp.). — *Beata-Maria-de-Nongento*, 1251 (cart. de l'abb. de Saint-Martin de Laon, t. II, p. 317). — *Nongent-desus-Couci*, 1261 (suppl. de D. Grenier, 291, Bibl. imp.). — *Nongent-desous-Couci*, 1290 (Chron. de Nogento, p. 261). — *Nostre-Dame-de-Nongant*, 1291 (suppl. de D. Grenier, 291, Bibl. imp.). — *Nongant*, 1327 (ch. de l'abb. de Prémontré). — *Nongent*, *Nostre-Dame-de-Nongent-les-Couci*, 1360; *Notre-Dame-dales-Coulonnier*, 1364 (ch. de l'abb. de Nogent). — *Nogant*, 1411 (arch. de l'Emp. J 801, n° 4). — *Nongent-soubz-Couci*, 1475 (comptes de l'Hôtel-Dieu de Laon, E 20). — *Nogent-soubz-Couci*, 1577 (tit. de l'abb. de Nogent). — *Paroisse-Saint-Giles-de-Nogent*, 1721; *Nogeant*, 1745 (arch. communales d'Auffrique-et-Nogent).

Abbaye de Bénédictins fondée en 1059. — La paroisse dépendait de la cure de Coucy-le-Château. — Nogent a été provisoirement uni à Coucy-le-Château par l'administration départementale de l'Aisne, le 4 décembre 1790, et a formé ensuite une commune avec Auffrique.

Nogent, h. c⁰⁰ de Baulne.

Nogentel, f. c⁰⁰ d'Auffrique-et-Nogent. — De construction récente.

Nogentel, c⁰⁰ de Château-Thierry. — *Nogentellum*, 1260; *Nongentel*, 1384 (cart. de l'abb. de Notre-Dame de Soissons, f° 44).

La maladrerie a été unie à l'Hôtel-Dieu de Château-Thierry le 3 mars 1696. — Vicomté.

Nogentel, fief, c⁰⁰ de Rozoy-le-Grand; vassal d'Oulchy-le-Château. — Le château est détruit.

Nogent-l'Artaud, c^ne de Charly. — *Novigentus*, 829 (Mabillon, t. II, Ann. Bened. p. 52). — *Nogentum*, xiii° s° (épitaphe d'Artaud en l'église de Nogent-l'Artaud). — *Nogent-l'Ertaut*, 1311 (archives de l'Empire, L 1002). — Église monseigneur *Saint-Locys-de-Nogent-l'Ertaut*, 1312 (ibid. L 1004). — *Nogent-l'Artaut*, 1355 (ch. de l'abb. d'Essommes). — *Noyant*, 1410 (comptes de l'Hôtel-Dieu de Soissons, f° 18). — *Nogent-sur-Marne*, 1474 (ch. de l'abb. de Nogent). — *Nogent-l'Arthault*, 1480 (ch. de l'abb. d'Essommes). — *Nougent-l'Artault-sur-Marne*, 1485 (comptes de l'Hôtel-Dieu de Soissons, f° 122). — *Nongent-l'Artaut*, 1511 (*ibid.* f° 25). — *Nogentum-Artaudi*, 1624 (arch. comm. de Nogent-l'Artaud). — *Nogent-l'Hartaut*, 1650 (terrier, arch. comm. de Pavant). — *Nogent-l'Artaux*, 1663 (tit. de l'Hôtel-Dieu de Château-Thierry). — *Nogent-l'Artault*, 1710 (intend. de Soissons, C 274). — *Nogent-la-Loi*, 1793.

Châtellenie avec prévôté du ressort de la prévôté de Paris (arch. de l'Emp. P 136; transcrits de Vermandois); elle a été distraite, en 1646, de la mouvance de Château-Thierry pour relever de la tour du Louvre, avec titre de baronnie. — Prieuré de Claristes-Urbanistes fondé vers 1299 par Blanche, reine de Navarre, comtesse de Champagne.

Noircourt, c^ne de Rozoy-sur-Serre. — *Nigra curtis*, 1199 (ch. de l'Hôtel-Dieu de Laon, B 76). — *Nigra curia*, 1221; *Noirecurt*, *Noirecort*, 1224 (cart. de l'abb. de Signy, arch. des Ardennes). — *Noirecourt*, 1327 (arch. de l'Emp. Tr. des chartes, reg. 61, pièce 130). — *Noyrecourt*, 1400; *Noyrcourt*, 1400; *Noirecourt-en-Thérasche*, 1497 (comptes de l'Hôtel-Dieu de Laon, E 5 et E 28). — *Noirecourt-et-Beaumont*, 1729 (intend. de Soissons, C 205).

On devrait écrire *Noirecourt*.

Noiret, f. c^ne de Dammard.

Noirieu (Le), petite rivière. — *Rivus de Braon*, 1208 (cart. de la seign. de Guise, f° 41).

Cette petite rivière prenait autrefois sa source sur le territoire d'Étreux, où elle recevait le Ségril venant de la Neuville-lez-Dorengt; son lit a été augmenté des eaux de l'ancienne Sambre sur le territoire de Boué, puis utilisé de 1662 à 1680 pour le flottage des bois de la forêt du Nouvion. Cette rivière prit alors le nom de canal de Braon, du Nouvion à Vadencourt, qu'elle perdit au xviii° siècle pour prendre celui de Noirieu, à cause de la limpidité de ses eaux, qui contrastaient avec les eaux jaunâtres de l'Oise. — Ces eaux limpides ont été prises et utilisées en 1837 par le canal de Sambre-et-Oise à Étreux, où l'ancien lit, considérablement élargi, constitue le deuxième réservoir de ce canal. Le Noirieu alimente le moulin de Marlempêche, celui du Nouvion, le moulin Lointain, le moulin Évrard et celui de Boué.

Noix, f. c^ne d'Hirson; détruite en 1789. — Elle était située entre Hirson et Neuve-Maison.

Nonettes (Les), bois, c^ne de Remigny; auj. défriché. — Appart. aux religieuses de Sainte-Croix de la Fère.

Nongent, petit fief, c^ne de Vassens.

Normay, h. c^ne de la Capelle; auj. détruit. — *Niger-Mare*, 1296; *Noirmère*, 1265 (cart. de Chaourse, f° 170 et 194).

On reconnaît encore son emplacement, couvert de traces de constructions, du côté de Lerzy et du ruisseau de la Fontaine-Royale qui le traversait.

Normezière, h. c^ne de Fresne. — *Nigra-Maceria*, 1145 (Chron. de Nogento, p. 417). — *Noires-Maisières*, 1267 (Liber privilegiorum, abb. de Saint-Amand, arch. du Nord). — *Noire-Maizières*, 1275 (arch. de l'Emp. E 12531). — *Noires-Maizières*, 1546 (*ibid.* E 12529). — *Normaisierres*, 1563 (comptes de la châtell. de la Fère, chambre des comptes de la même ville). — *Normezières* (carte de Cassini).

Dépendait de la baronnie de Coucy (arch. de l'Emp. Tr. des chartes, reg. 99, pièce 424).

Noroy-sur-Ourcq, c^ne de Villers-Cotterêts. — *Noeroi*, 1195 (cart. de l'abb. de Saint-Jean-des-Vignes de Soissons, f° 44, Bibl. imp.). — *Noroy*, 1410 (cart. du chap. cath. de Soissons, f° 252). — *Nourroy*, 1567 (comptes de l'Hôtel-Dieu de Soissons, f° 42). — *Noroy*, 1613 (arch. comm. de Noroy-sur-Ourcq). — *Nauroy*, 1698 (arch. comm. de Louâtre). — *Noroy-sur-Ourcq*, 1741 (arch. comm. de Noroy-sur-Ourcq).

Ressortissait au bailli. de la Ferté-Milon. — A pris le nom de Noroy-sur-Ourcq en vertu d'un décret du 7 août 1853.

Notre-Dame, f. c^ne d'Acy. — Unie à la population agglomérée.

Notre-Dame, f. c^ne de Dizy-le-Gros; auj. détruite. — Elle était située au nord de Dizy-le-Gros.

Notre-Dame, bois, c^ne de Marle; auj. défriché.

Notre-Dame, chapelle et cimetière, c^ne de Rozoy-sur-Serre.

Notre-Dame, h. c^ne de Versigny. — Appartenait à la cure de Notre-Dame du Sart.

Notre-Dame-des-Vignes, c^ne de Lesges. — Emplacement de nombreux sarcophages. — On prétend que c'était autrefois une paroisse.

Noue (La), bois, c^ne d'Épaux-Bézu. — Ce bois contenait 32 arpents (d'Expilly, *Dict. géogr.* t. II, coll. 720).

Noue (La), h. c⁰ᵉ de Pisseleux. — La seigneurie, vassale de Crépy-en-Valois, appartenait autrefois à la congrégation de Soissons.

Noue-Monghard (La), f. c⁰ᵉ d'Artonges. — *Noue-Maugreas* (carte de Cassini).

Noues (Les), h. c⁰ᵉ d'Essises.

Nouette (La), f. c⁰ᵉ d'Essommes. — *Lanouette*, 1763 (arch. comm. d'Essommes).

Noietres (Les), f. c⁰ᵉ de Braye-en-Laonnois; auj. détruite.

Noureuil, h. c⁰ᵉ de Viry-Noureuil. — *Noeruel*, 1173 (coll. de D. Grenier, 287, Bibl. imp.). — *Noureuilles-Viry*, 1455 (ch. du chap. cath. de Noyon, Oise). — *Noreuil*, 1495 (fam. de Villequier-Aumont). — *Noureulx*, 1626; *Noureul*, 1635 (tit. de l'abbaye de Genlis). — *Noureuille*, 1694 (arch. comm. de Viry-Noureuil).

La seigneurie relevait de la Fère.

Nouveau-Monde, m⁰ⁿ isolée, c⁰ᵉ d'Urvillers; détruite.

Nouvelle-Croix (La), h. c⁰ᵉ de Bucy-le-Long.

Nouvelle-France (La), h. c⁰ᵉ de Château-Thierry. — Dépendait autrefois d'Étampes.

Nouvion, petit fief, c⁰ᵉ de Neuville-Saint-Amand. — Il relevait de l'abb. de Saint-Quentin-en-l'Île.

Nouvion (Le), arrond. de Vervins. — *Nouvyon, Nouviam*, 1196 (cart. de la seign. de Guise, f⁰ˢ 139 et 141). — *Noviannum, Novyan*, 1219; *Novion*, 1222 (grand cart. de l'év. de Laon, ch. 122 et 260). — *Capellania hospitii de Noviono-in-Terrassia, Nouvion-en-Thiérasche*, 1298; *Novyon-en-Therasce*, 1306 (cart. de la seign. de Guise, f⁰ˢ 67 et 195). — *Nouvionnus*, 1340 (Bibl. imp. fonds latin, ms. 9228). — *Nouvion-en-Theraisse*, 1395; *Nouvion-en-Thiérache*, 1398 (arch. de l'Emp. P 135; transcrits de Vermandois). — *Nouvion-en-Therasce*, 1490 (arch. comm. du Nouvion). — *Novyon-en-Therasche*, 1498 (ibid.). — *Nouvyon-en-Thierache*, 1581 (arch. comm. du Nouvion). — *Nouvion-en Thiérasse*, 1573 (arch. comm. de Lesquielles-Saint-Germain). — *Nouvion-en-Thiérasche*, 1599 (tit. des Minimes de Guise). — *Nouviant-en-Thiérasche*, 1603 (comptes de l'Hôtel-Dieu de Marle). — *Nouvion-en-Tiérasche*, 1611 (baill. de Ribemont, B 196).

La châtellenie, de la dépendance du duché de Guise, était aussi connue sous le nom de *Sart-du-Nouvion*, 1357 (cart. de la seign. de Guise, f⁰ 298), ou *Sard-du-Nouvion*, 1386 (arch. de l'Emp. Tr. des chartes, reg. 130, pièce 156); elle comprenait les forêts du Nouvion et d'Équiverlesse, Barzy, Boué, Bergues, le Nouvion et la maison de Beaucamp (ibid. p. 135). — Cette châtellenie relevait, au xiv⁰ siècle, de Ribemont et ressortissait pour la justice au bailliage de Guise. — Le Nouvion était chef-lieu d'une gruerie remplacée, en 1779, par une maîtrise.

Ce bourg fut, en 1790, le chef-lieu d'un canton dépendant du district de Vervins et composé des c⁰ⁿˢ de Barzy, Bergues, Boué, Fesmy, Fontenelle, le Nouvion, Oizy, Papleux et le Sart. — Le Nouvion donne son nom à une forêt qui s'étend sur les territ. du Nouvion, de Boué, de Fontenelle et de Papleux.

Nouvion-Catillon, c⁰ᵉ de Crécy-sur-Serre. — *Municipium nomine Novigentum*, xii⁰ s⁰ (ex Vita Guiberti, abbatis de Nogigento). — *Noviant-Abbatissa*, 1163; *Nogentum-Abbatissa*, 1170; *Nongentum-Abbatissæ*, 1173 (cart. de l'abb. du Saint-Martin de Laon, t. I, p. 223; t. III, p. 133 et 146). — *Noviant*, 1216 (suppl. de D. Grenier, 288, Bibl. imp.). — *Noviant-Abbatissa*, 1221 (ch. de l'abb. de Saint-Jean de Laon). — *Noviantum-Abbatissæ*, 1252; *Nouviant-l'Abbesse*, 1327 (ch. de l'abb. de Prémontré). — *Noviant-l'Abesse*, 1389 (comptes de l'Hôtel-Dieu de Laon, E 2). — *Nouviant-l'Abesse*, 1393 (Bibl. imp. suppl. franç. n° 1142). — *Nouvyon*, 1481 (comptes de la châtell. d'Aulnois, arch. de M. d'Imécourt). — *Noviant-l'Abesse*, 1513 (tit. de l'Hôtel-Dieu de Laon, B 44). — *Nouvyant-l'Abbesse*, 1534; *Nouvion-l'Abbesse, Nouvyon-l'Abbesse*, 1552 (tit. de l'Hôtel-Dieu de la Fère). — *Nouvion-l'Abesse*, 1583; *Nouvyon-l'Abesse*, 1584; *Novion-l'Abesse*, 1607 (tit. de l'abb. de Saint-Jean de Laon). — *Nouvion-le-Franc*, 1793.

La seigneurie de Nouvion-l'Abbesse appartenait à l'abb. de Saint-Jean de Laon et relevait de la Fère. La rivière séparait les bailliages de Ribemont et de Laon (bailliage de Ribemont, B 230). Les registres de l'état civil étaient portés à Laon. — La commune de Catillon-du-Temple a été unie à celle de Nouvion-l'Abbesse, pour n'en former qu'une seule sous le nom de Nouvion-Catillon, par ordonnance royale du 7 septembre 1845.

Nouvion-le-Comte, c⁰ᵉ de Crécy-sur-Serre. — *Noviant*, 986 (cart. AA de l'abb. de Saint-Quentin-en-l'Île, p. 61). — *Novigentum-Comitis*, 1139; *Noviandum, curtis de Noviando-Comitis*, 1158 (ch. de l'abb. de Saint-Nicolas-aux-Bois). — *Novio-Comitis*, 1164 (cart. AA de l'abb. de Saint-Quentin en-l'Île, p. 107). — *Nouviant-Comitis*, 1169 (cart. de l'abb. de Saint-Martin-de-Laon, t. III, p. 109). — *Novion-le-Conte*, 1184 (Chron. de Nogento, p. 196). — *Nouviant-le-Conte*, 1200 (ch. de l'abb. de Saint-Nicolas-aux-Bois). — *Noviant-Comitis*, 1226 (gr. cart. de l'év. de Laon, ch. 70). — *Noviannum-Comitis*, 1240 (cart. de l'abb. de Saint-Martin de Laon, t. III, p. 149). — *Noviannus-Comes*, 1255; *Noviantum*,

1274 (ch. de l'abb. de Saint-Nicolas-aux-Bois). — *Noviant-le-Comte*, 1282 (Actes du chap. cathédral de Laon, coll. de M. Hidé). — *Nouviant-le-Compte*, 1306 (cart. de l'abb. de Saint-Quentin-en-l'Île, arch. de l'Empire, LL 1017). — *Nouvion-le-Conte*, 1337 (ch. de l'abb. de Saint-Nicolas-aux-Bois). — *Noviantum-Comitis*, 1340 (Bibl. imp. fonds latin, ms. 9228). — *Nouviant-le-Comte*, 1377 (arch. comm. de Bruyères-et-Montbérault). — *Novian-le-Conte*, 1384 (arch. de l'Emp. P 135; transcrits de Vermandois). — *Nouvyant-le-Comte*, 1533; *Nouvyon-le-Conte*, 1539 (tit. de l'abb. de Saint-Vincent de Laon). — *Nouvyant-le-Compte*, 1568 (acquits, arch. de la ville de Laon). — *Nouvyon-le-Compte*, 1581 (tit. de l'abb. de Saint-Vincent de Laon). — *Nouvian-le-Conte*, 1606 (tit. de l'abb. de Saint-Nicolas-aux-Bois). — *Novion-le-Compte, Novion, Novion-le-Comte*, 1614 (tit. de l'abb. de Saint-Vincent de Laon). — Paroisse de *Saint-Martin-de-Nouvion-le-Comte*, 1671 (état civil de Nouvion-le-Comte, trib. de Laon). — *Nouvion-le-Compte*, 1702 (baill. de Ribemont, B 8).

La seigneurie relevait de la châtellenie de la Fère.

Nouvion-le-Vineux, c^ᵉ de Laon. — *Novihant*, x^ᵉ s^ᵉ (cart. de l'abb. d'Homblières). — *Noviandum-Vinosum*, 1198 (cart. de l'abb. de Saint-Martin de Laon, f° 119, bibl. de Laon). — *Noviantum-Vinosum*, 1136 (ch. de l'abbaye de Saint-Vincent de Laon). — *Noviant*, 1176 (ch. de l'abb. d'Anchin, arch. du Nord). — *Nouviant*, 1214; *Noviantum*, 1267 (gr. cart. de l'év. de Laon, ch. 32 et 169). — *Noviant-le-Vineux*, 1389; *Nouviant-le-Vineux, Nouviant-le-Vigneux*, 1394 (comptes de l'Hôtel-Dieu de Laon, E 2 et E 3). — *Nouvyant-le-Vineux*, 1400 (arch. de l'Emp. Tr. des chartes, reg. 171). — *Nouviant-le-Vingneur*, 1404; *Nouvian-le-Vigneux*, 1408; *Nouvian-le-Vineux*, 1486; *Noviant-le-Vigneux*, 1490; *Nouvyant-le-Vineux*, 1506 (comptes de l'Hôtel-Dieu de Laon, E 6, E 7, E 23, E 30). — *Nouviant-le-Vineulx*, 1531 (tit. des Minimes de Laon). — *Noviant-le-Vigneulx*, 1560 (arch. de l'Hôtel-Dieu de Laon, inv.). — *Nouviant-le-Vinneux*, 1582 (cab. de M. de Sagnes). — *Novion-le-Vigneux*, 1596; *Nouvyant-le-Vigneulx*, 1599 (comptes de l'Hôtel-Dieu de Laon, E 112, E 114). — *Nouvion-le-Vignieux*, 1616 (tit. des chapelains de la Madeleine de Laon). — *Novion-le-Vineux*, 1617 (comptes de l'Hôtel-Dieu de Laon, E 135). — *Nouvion-le-Vignieux*, 1630 (chambre du clergé du diocèse de Laon).

La seigneurie appartenait en grande partie à l'év. de Laon; le surplus en relevait. — Le village ressortissait, pour la justice, à la prévôté de Presles et au bailliage ducal de Laonnois.

Nouvron-et-Vingré, c^ᵉ de Vic-sur-Aisne. — *Nouveron*, 1412 (ch. de l'abbaye de Saint-Jean-des-Vignes de Soissons).

La seigneurie appartenait à l'abbaye de Saint-Médard de Soissons.

Novian, petit fief, c^ᵉ de Landifay-et-Bertaignemont. — Relevait de la vicomté de Landifay.

Noyal, c^{ᵉⁿ} de Guise. — Territorium de *Noiale*, 1147; *Noiella*, 1152; villa que dicitur *Nigella*, 1155; territorium de *Noele*, 1156 (ch. de l'abb. de Saint-Martin de Laon). — *Noesne*, 1153 (Liber privilegiorum, f° 4, abb. de Saint-Amand, arch. du Nord). — *Noelai*, 1156 (cart. de l'abb. de Saint-Martin de Laon, f° 17, bibl. de Laon). — *Noala*, 1162 (catalogue de Joursanvault). — *Noella*, 1178; territorium de *Noale*, xii^ᵉ siècle (cart. de l'abb. de Saint-Martin de Laon, t. II, p. 287 et 166). — In territorio de *Noiala*, xii^ᵉ s^ᵉ (*ibid*. f° 25, bibl. de Laon). — *Noiasle*, 1257 (chartes latines et françaises imprimées par Firmin Didot, 1841). — *Noiaille*, 1317 (ch. de l'abb. d'Anchin, arch. du Nord). — *Noyale*, 1416 (arch. de l'Emp. J 801, n° 6). — *Noialles*, 1599 (baill. de Ribemont, B 194). — *Noialle*, 1642 (chambre du clergé du dioc. de Laon).

La seigneurie relevait de la baronnie d'Iron.

Noyant-et-Aconin, c^ᵉ de Soissons. — *Noiant*, 1297 (suppl. de D. Grenier, 294, Bibl. imp.). — *Noyan*, 1440 (ch. de l'Hôtel-Dieu de Soissons, 127). — *Noyam*, 1474 (comptes du même Hôtel-Dieu, f° 24). — *Noïan*, 1606 (tit. de l'évêché de Soissons).

La seigneurie appartenait à l'évêché de Soissons et relevait de Pierrefonds.

Noyelles, petit fief, c^ᵉ de la Ferté-Chevresis. — Il relevait de la baronnie de la Ferté-sur-Péron.

Noyelles (Les), petit ruisseau affluent du Ton à la Bouteille; il n'alimente aucune usine. — Son parcours est de 2,454 mètres.

Noyonnais. Cette petite province, qui formait au vii^ᵉ s^ᵉ un comté (Vie de saint Éloi), comprit d'abord ce qui appartient au département de l'Aisne dans les anciens doyennés ruraux de Chauny, de Vendeuil et de Noyon, puis, dans des temps plus modernes, les baill. de Chauny et de Noyon constituaient le Noyonnais. — *Noviomaginae pagus*, 664 (dipl. de Clotaire III, Mabillon, *De re diplomatica*, p. 606). — *Noriomisus pagus*, 853 (Hist. de France, t. VII, p. 66 D, capit. Caroli Calvi). — *Noviomensis pagus*, ix^ᵉ s^ᵉ (Frod. Hist. eccl. Remensis).

Nuées (Les), bois, c^ᵉ d'Aubenton.

Nuizy, petit fief, c⁰⁰ de Ciry-Salsogne. — Relevait du comté de Braine. — Lieu dit *Duizy*.
Nᴜʟ-s'ʏ-Fʀᴏᴛᴛᴇ, h. cⁿᵉ de Clairefontaine. — *Nulle-si-Frotte*, 1579 (archives de la ville de Guise). — *Nulci frotte*, 1710 (intendance de Soissons, C 274).

O

Oᴄʟᴀɪɴᴇ, h. cⁿᵉ de Montlevon. — *Les Oclaines*, 1709; *les Oclanes*, 1729 (intend. de Soissons, C 205).

Oᴅᴀɴᴄᴏᴜʀᴛ, fief, cᵉᵉ de Camelin-et-le-Fresne. — Relevait de Fresne.

Oᴇsᴛʀᴇs, h. et mⁱⁿ à eau, cⁿᵉ de Saint-Quentin. — *Hoestrum*, 986; *Oistrum*, 1045 (Colliette, *Mém. du Vermandois*, t. I, p. 559, 685). — *Oistre*, 1230 (cart. de l'abb. d'Ourscamp, f° 203). — *Ouestre*, 1728 (tit. de l'abb. de Saint-Prix).

OEᴜɪʟʟʏ, cᵐ de Craonne. — *Ulliacum*, 1133 (arch. de l'Emp. L 1154). — *Williacum*, 1238; *Villi*, 1234 (gr. cart. de l'év. de Laon, ch. 85 et 177). — *Wulli*, *Vylli*, 1234 (ch. de l'abb. de Saint-Vincent de Laon). — *Willy*, *Villy*, 1361 (arch. de l'Emp. Tr. des ch. reg. 91, pièce 144). — *Ully*, 1387 (dénomb. cab. de M. d'Imécourt, GG 6). — *Willy-soubz-Pargnan*, 1553 (reg. des insin. du baill. de Vermandois). — *Vuilly*, 1652 (tit. de l'abb. de Saint-Vincent de Laon). — *Saint-Remy-d'Willy*, 1672; *Eully*, 1687 (état civil d'OEuilly, trib. de Laon). — *Euilly*, 1746 (tit. de l'abb. de Saint-Vincent de Laon).

La seigneurie relevait de Roucy.

Oғғᴇᴍᴏɴᴛ, fief, cⁿᵉ de Brenelle. — Uni à la seign. de Brenelle au mois d'avril 1766.

Oғғᴇᴍᴏɴᴛ, fief, cⁿᵉˢ de Marest-Dampcourt et d'Ognes.

Oɢɴᴇs, cⁿᵉ de Chauny. — *Oingnia*, 1221 J (maladrerie de Saint-Lazare, Hôtel-Dieu de Chauny). — *Oygne*, 1272 (actes du parlement de Paris, par Boutaric, t. I, p. 172). — *Oingne*, 1284 (cart. de l'abb. d'Ourscamp, f° 141). — *Oigne*, 1296 (ch. de l'Hôtel-Dieu de Chauny). — *Ongne*, 1489 (fabr. d'Ognes). — *Ongne-les-Chauny*, 1627 (tit. de l'abb. de Saint-Éloi-Fontaine). — *Ogne*, 1651 (arch. comm. de Commenchon).

La seigneurie a été unie au marquisat de Genlis en 1645 et en 1736; elle relevait de Chauny. — La mairie appartenait au séminaire de Noyon.

Oɢɴʏ, f. et mⁱⁿ à eau, cᵉᵉ d'Archon. — *Oignis*, 1265 (arch. de l'Emp. L 977). — *Oingnis*, 1398 (ibid. P 136; transcrits de Vermandois). — *Ougnys*, 1568 (acquits, arch. de Laon). — *Ogny*, 1574 (tit. de l'abb. de Saint-Vincent de Laon). — *Ongnis*, 1709 (int. de Soissons, C 274). — *Augny* (carte de Cassini).

La seigneurie relevait de Rozoy-sur-Serre.

Oɪʜs, cⁿᵉ d'Hirson. — *Olherie*, 1117 (cart. de l'abb. de Saint-Martin de Laon, f° 166, bibl. de Laon). — *Ohies*, 1148; *Hauis*, 1202 (cart. de l'abb. de Bucilly, f° 3 et 80). — *Ohyes*, 1317 (arch. de l'Emp. L 992). — *Hohis*, xɪᴠᵉ siècle (cart. de la seigneurie de Guise, f° 92). — *Ohiz*, 1561 (arch. de la ville de Guise). — *Ohy*, 1572 (tit. de l'abb. de Saint-Remy de Reims, arch. de la Marne). — *Ohy-en-Thiérache*, 1759 (baill. de Ribemont, B 13).

La seigneurie était indivise entre le prieur de Corbeny et le duc de Guise. — Le village ressortissait à la prévôté d'Hirson.

Oɪx (L'), mⁱⁿ à eau, cⁿᵉ de Vendières.

Oɪɢɴʏ, cᵉᵉ de Villers-Cotterêts. — *Osniacus*, 1161 (cart. de l'abb. de Saint-Jean-des-Vignes, Bibl. imp.). — *Orsiniatum*, 1264 (arch. de l'Empire, L 1105). — *Oigny-en-Valois*, 1482; *Oygny*, 1535 (tit. de l'abb. de Valsery). — *Oigni*, 1700 (arch. comm. d'Oigny).

Oɪsᴇ, affluent de la Seine à Conflans-Sainte-Honorine. — Cette rivière prend sa source à Macquenoise. Son parcours dans le département de l'Aisne, jusqu'à Beautor, où elle est flottable, est de 130 kilomètres 700 mètres. Elle est navigable à Chauny. — Cette rivière alimente, dans le département, trente-trois moulins à blé, deux à huile, les forges du Pas-Bayard, les fonderies d'Hirson, les scieries du même bourg et d'Origny-Sainte-Benoîte, les filatures de coton d'Effry et de la Bussière, celle de lin de Berthenicourt, celles de laine et de tissage de Guise, les machines à battre de Seneroy, puis celles à élever les eaux de Moy, et enfin les martinets et scierie de l'arsenal de la Fère. — *Isara* (Pharsale de Lucain, liv. I). — *Esia* (ex Vibio sequestro. Hist. de France, t. I, p. 101 B). — *Isara*, 600 (Aimoin, liv. III). — *Ysira*, 673 (ex chronico veteri Moissiacensis, *Hist. de France*, t. II, p. 652). — *Hissera*, 673 (Gesta regum Francorum). — *Isra*, 673 (Chronique de Frédégaire, *Hist. de France*, t. II, p. 450 B). — *Issara*, 739 (continuateur de Frédégaire). — *Isira*, 741 (Gesta regum Francorum). — *Esera*, 74a (Doublet, *Hist. de l'abb. de Saint-Denis*). — *Hisa*, 880 (Annales Vedastini, *Hist. de France*, t. VIII, p. 801). — *Oysia*, 886 (ex chronico Sylh. *Hist. de*

France, t. IX, p. 71 D). — *Hysera*, 909 (Annales Vedastini, *Hist. de France*, t. VIII, ,p. 93 B). — *Ysera*, vers 919 (dipl. de Charles le Chauve, *Hist. de France*, t. IX). — *Ysara*, 1120 (cart. de l'abb. de Bucilly, f° 2). — *Oisia*, 1133 (ch. de l'abb. de Prémontré). — *Hesia*, 1170 (suppl. de D. Grenier, 288, Bibl. imp.). — *Osia*, 1184 (cart. AA de l'abb. de Saint-Quentin-en-l'Île, p. 109). — *Oesia, Oize*, 1300 (cart. de la seign. de Guise, f°° 53 et 54). — *Riparia de Oyse*, 1316 (Olim, t. III, p. 103).

OISELETS (LES), bois, c°° de Beauvois.

OIZE, c°° de Wassigny. — *Oysi, Oisy*, 1189 (cart. de la seigneurie de Guise, f° 164). — *Oisi*, 1207 (arch. de l'Emp. L 992). — *Ossiacum*, 1215 (cart. de la seign. de Guise, f° 40). — *Domus de Oysiaco-in-Therasca* Laudunensis diocesis, *Oisy-en-Thiérasce*, 1325 (ibid. f° 59). — *Oisy-en-Thiérasce*, 1350; vivier d'*Oysy*, 1357 (ibid. f°° 269 et 298). — *Oizia*, 1568 (acquits, arch. de la ville de Laon). — *Ozy*, 1572 (arch. de la ville de Guise).

Dépendait du duché de Guise et ressortissait au bailliage de cette ville (ms. de Du Cange, bibl. de l'Arsenal).

OLLEZY, c°° de Saint-Simon. — *Iliacum, Orisi*, 1148 (coll. de D. Grenier, 24° paquet, n° 23). — *Olisiacum*, 1185 (Chron. de Nogento, p. 133). — *Ollesi*, XIII° s° (suppl. de D. Grenier, 289, Bibl. imp.). — *Ollisi*, 1368; *Olezy*, 1384 (arch. de l'Emp. P 135; transcrits de Vermandois). — *Olezis*, 1532 (comptes de la châtellenie de Ham, chambre des comptes de la Fère).

La seigneurie relevait de la châtellenie de Ham.

OMIGNON, rivière qui prend sa source à Pontru, forme l'étang de Vadencourt, alimente les usines de Béhicourt, Vermand, Villevêque et Caulaincourt, et se jette dans la Somme à Saint-Christ (Somme). — *Dalminio fluvius* (Boll. Vita sancti Rigoberti, 4 jan. p. 180).

OMISSY, c°° de Saint-Quentin. — *Ulmicetum*, 1045; *Hulmiciacum*, vers 1104 (Colliette, *Mém. du Vermandois*, t. I, p. 379 et 685). — *Oumissi*, vers 1290 (arch. de la ville de Saint-Quentin, liasse 169). — *Omissi*, 1384 (arch. de l'Emp. P 135; transcrits de Vermandois). — *Omicy*, 1758 (intend. d'Amiens, C 786).

La seigneurie appartenait au chapitre de Saint-Quentin et elle relevait d'Estrées (Recueil des fiefs, p. 273).

OQUEMONT, bois, c°° de Brancourt.

ORAINVILLE, c°° de Neufchâtel. — *Unreniivilla*, 1093 (ch. de l'abb. de Saint-Thierry de Reims, arch. de la Marne). — *Wreivilla*, 1126 (ibid. f° 386). — *Unreivilla*, 1148; *Hunrenvilla*, 1156 (cart. de Saint-Thierry de Reims, f°° 382 et 384). — *Hourrainvilla*, XIII° s° (inv. de l'abb. de Vauclerc, Bibl. imp.). — *Ourainvilla*, 1262; *Onrainvilla*, 1301 (ch. de l'abbaye de Saint-Thierry de Reims, arch. de la Marne). — Villa de *Aurainvilla*, 1308 (arch. de l'Emp. Tr. des chartes, reg. 40). — *Orrainville*, 1340 (Bibl. imp. fonds latin, ms. 9228). — *Orinville*, 1563 (tit. de l'abb. de Saint-Thierry de Reims, arch. de la Marne). — *Aurainville*, 1699 (arch. comm. d'Orainville).

ORBATTU ou FIEF DES PORTES, f. et fief, c°° d'Origny-Sainte-Benoîte. — *Arabatu*, 1270 (cart. de l'abb. de Fervaques, f° 7, Bibl. imp.). — Maison de *Rabatu*, 1550 (arch. de l'Emp. P 248-2). — *Rabatu*, 1578 (chambre des comptes de la Fère). — *Petit-Rabatu*, 1579 (tit. de l'abb. d'Origny-Sainte-Benoîte). — *Orbatue*, 1586 (arch. de l'Emp. J 791). — *Horbattu*, 1687; cense du *Grand-Horbatu*, 1696 (minutes de Baillet, notaire). — *Orbattue*, 1728 (chambre du clergé du dioc. de Laon).

Relevait de la Ferté-sur-Péron. — Le manoir seigneurial était déjà détruit en 1598; la ferme avait disparu en 1640.

ORCAMP, f. c°° de Saint-Christophe-à-Berry.

ORCAMPS, h. c°°° de Belleu et de Soissons. — *Domus Ursi-Campi*, 1250 (ch. de l'abb. de Saint-Jean-des-Vignes de Soissons). — *Orchamp* (carte de Cassini).

ORDRIMOUILLE, ruisseau qui prend sa source à Épieds, passe à Brécy, à Coincy et à Nanteuil-Notre-Dame, où il se jette dans l'Ourcq, après un cours de 7,480 mètres. — Il alimente sept moulins à blé.

ORGERIEUX (LES), h. c°° de Montlevon. — *Orgericus*, 1265 (ch. de l'abb. de Saint-Jean-des-Vignes). — *Orguerieux*, 1709 (intend. de Soissons, C 205).

La seigneurie relevait de Montmirail.

ORGEVAL, c°° de Laon. — *Orgevallis*, 1360 (cart. de l'abb. de Saint-Martin de Laon, t. I, p. 291).

La seigneurie relevait de l'évêché de Laon. La paroisse dépendait, depuis l'an 1780, de la cure de Montchâlons.

ORGIVAL, fief, c°°° de Caumont et de Viry-Noureuil. — Relevait de Genlis.

ORGIVAL, f. c°° de Trosly-Loire.

ORIGNY, c°° d'Hirson. — *Iuriniacus*, 1187 (cart. de l'abb. de Saint-Michel, p. 25). — *Auriniacus*, silva *Origniaci*, XII° s° (cart. de l'abb. de Foigny, f°° 1 et 190, Bibl. imp.). — *Oriniacus* (ibid.). — *Origni*, 1203 (cart. de l'abbaye de Saint-Michel, p. 56). — *Oregni, Oregny-ultra-Aubenton*, 1224 (cart. de la seign. de Guise, f° 76). — *Auregniacum-in-Therasca*, 1232 (cart. de l'abb. de Saint-Michel, p. 183). — Decanus christianitatis de *Aurigniaco-in-Therasca*, 1232 (cart. de l'abb. de Foigny, f° 52, Bibl. imp.). — *Auregniacum*, 1233 (cart. de l'abb. de Bucilly, f° 63). — *Origniacus-in-Therasca*, 1244 (ch. de l'abb. de Saint-Jean de Laon). — *Origny-en-Thereche*, 1327 (arch. de l'Emp. Tr. des chartes, reg. 64). — *Origny-en-Theraisse*, 1404 (*ibid.* reg. 158, pièces 376 et 377). — *Origny-en-Theraische*, 1405 (arch. de l'Emp. J 801, n° 1). — *Origny-en-Terraisse*, 1407 (Recueil des Ordonn. des rois de France, t. IX, p. 363). — *Origny-en-Thieraiche*, 1416 (arch. de l'Emp. J 801, n° 6). — *Origny-en-Thiérasse*, 1505 (*ibid.* vol. J des ordonn. enreg. au parlement, f° 182). — *Origny-en-Therasce*, 1527; *Origny-en-Therasse*, xvi° s° (*ibid.* f° 249-3). — *Origny-en-Thiérace*, 1562 (délib. de la chambre des comptes de la Fère, f° 125). — *Origny-en Thiérasche*, 1581 (terr. d'Abbécourt, f° 115). — *Origny-en-Therasse*, 1615 (min. d'Ozias Teilinge, notaire). — *Origny-en-Therache*, 1645 (min. d'Antoine Carré, notaire). — *Origny-en-Thierrache*, 1750 (intend. de Soissons, C 283). — *Origni-en-Thiérache*, 1780 (chambre du clergé du dioc. de Laon). — *Origny-sur-le-Thon*, an vi (domaines nationaux, reg. des ventes).

Origny (Bois d'), c^{ne} de Mennevret. — Appartenait à l'abb. d'Origny-Sainte-Benoîte. — L'emplacement en est inconnu.

Origny-Sainte-Benoîte, c^{on} de Ribemont. — *Oriniacum*, 1145 (ch. de l'abb. de Saint-Nicolas-aux-Bois). — *Orini*, 1145; *Horigniacum*, 1146 (cart. de l'abb. de Vaucler, f° 4 et 7). — *Oriniacensis Abbatia*, *Horiniacum*, *Orengi*, 1157 (ch. de l'abb. de Saint-Martin de Laon). — *Auregniacum-Sancte-Benedicte*, *Auregniacum*, 1163; *Orogni*, 1175 (cart. de l'abb. de Saint-Michel, p. 145). — *Auriginacum*, 1181 (ch. de l'abb. de Prémontré). — *Erini*, 1181; *Orimium*, xii° s° (ex Gisleberti Montensis Hanonie chronico, *Hist. de France*, t. XIII, p. 554 B). — *Sancta-Benedicta*, xii° s° (cart. de l'abb. de Saint-Michel, p. 148). — *Aurigniacum-Sancte-Benedicte*, 1225 (cart. de l'abb. de Foigny, f° 185, Bibl. imp.). — *Aurigniacense monasterium*, 1260 (cart. de l'abb. de Saint-Michel, p. 323). — *Origni*, 1270 (cart. de l'abb. de Ferraques, f° 7, Bibl. imp.). — *Ureigni*, *Oreigni*, 1317 (arch. de l'Empire, L 992). — *Origny*, 1335 (cart. de la seign. de Guise, f° 199). — *Oringni*, 1339 (Chron. de Froissart, ch. 75). — *Oregniacum*, xiv° siècle (cart. E du chap. de Reims, f° 139). — *Origny-Sainte-Benoitte*, 1415 (arch. de l'Emp. P 248-2). — *Origny-Sainte-Benoiste*, 1603 (terr. de Catillon-du-Temple). — *Origny-sur-Oise*.

1793 (abb. de Bénédictines établie vers 854; chap. de chanoines). — Ecclesia *Sancti-Vedasti-Aurigniacensis*, 1278 (ch. de l'Hôtel-Dieu de Laon). — *Saint-Vuast-d'Origny-Sainte-Benoîte*, 1689 (arch. comm. d'Origny-Sainte-Benoîte).

Maladrerie unie à l'Hôtel-Dieu de Crécy-sur-Serre par arrêt du Conseil d'État du 10 juin 1695.

Orillon, rivière qui prend sa source à Coulonges, traverse les territ. de Cohan et de Dravegny et se jette dans l'Ardre, après un parcours de 6,700 mètres. Elle alimente quatre moulins à blé, plus une batteuse. — *Arelun*, 1153 (cart. de l'abb. d'Igny, f° 7, Bibl. imp.). — Rivus de *Orelun*, 1158 (cart. de l'abb. de Saint-Yved de Braine, Bibl. imp.). — Rivus de *Orillun*, 1193 (cart. de l'abb. d'Igny, f° 203). — Rivus de *Oreillon*, 1318 (cart. de l'abb. de Saint-Yved de Braine). — *Orileon*, 1657-1663 (terr. de Coulonges, arch. comm. de Coulonges).

Ormes (Les), f. c^{ne} de Brumetz; auj. détruite. — Elle appartenait aux Trinitaires de Cerfroid.

Ormont, bois, c^{ne} de Vézilly. — Nemus de *Audimont*, 1158; uemus de *Ancliment*, 1176 (cart. de l'abb. de Saint-Yved de Braine). — Nemus de *Augliment*, 1219 (ch. de l'abb. de Saint-Yved de Braine). — *Naucliment*, 1317 (cart. de l'abb. d'Igny, f° 148).

Ce bois a été aliéné par l'État le 23 décembre 1834.

Ors, h. c^{ne} de Berny-Rivière. — *Hors* (carte de Cassini).

Il relevait de l'exemption de Pierrefonds.

Orval, h. c^{ne} de Montigny-Lengrain.

Orville, fief, c^{ne} de Nouvion-Catillon. — Il relevait de Richecourt.

Orxois, petite province dont le nom paraît provenir d'*Urcum*, *Ulcum* (rivière d'Ourcq). — Elle était limitée au sud par le Multien, au nord par le Soissonnais, à l'ouest par le Valois et à l'est par le Tardenois. Oulchy-le-Château en était le chef-lieu. — Le doyenné de cette ville, l'un des premiers de la Champagne, comprenait tout l'*Orxois*, *pagus Urcensis*, 771 (dipl. de Carloman, *Hist. du duché de Valois*, t. I, p. 150). — *Pagus Urcius*, 853 (Baluze, cap. édit. de 1677, t. II, col. 68). — *Pagus Orciuse*, 864 (cart. de Saint-Crépin-le-Grand de Soissons, p. 107). — *Pagus Orceius*, xii° et xiii° s^{os} (d'après Carlier, t. I, p. 151). — *Orcheium*, *Orchois*, 1573 (pouillé du dioc. de Soissons, f° 35).

Osly-Courtil, c^{ne} de Vic-sur-Aisne. — *Oleium*, 893 (dipl. du roi Eudes, Mabillon, *De Re diplomatica*, p. 557). — *Olle*, *Olie*, 1256 (cart. du chap. cath. de Soissons, f° 234). — *Olye*, 1587 (comptes de l'Hôtel-Dieu de Soissons, f° 26). — *Ollye*, 1596 (tit. de l'Hôtel-Dieu de Soissons, 134). — *Ollie*, 1617; *Olly*, 1643 (tit. du chap. cath. de Soissons). Osly dépendait de la Pottée de Cuizy-en-Almont et relevait de Pierrefonds.

OSTEL, c^{ne} de Vailly. — *Hostel*, 1133 (ch. de l'abb. de Prémontré). — *Hostellum*, 1137 (cart. de l'abb. de Saint-Yved de Braine, f° 89, Bibl. imp.). — *Parrochia de Ostello*, 1178 (suppl. de D. Grenier, 296, ch. 7, Bibl. imp.). — *Hosticl*, XIIe s^e (ch. de l'abb. de Saint-Nicolas-aux-Bois). — *Chastel d'Othel*, 1358; *Otel*, 1423; forteresse d'*Autel*, 1429 (comptes de la ville de Laon). — *Ostel-les-Vailli*, 1458 (ch. de l'abb. de Saint-Jean-des-Vignes). — *Ostolium*, 1573 (pouillé du dioc. de Soissons, f° 21). — *Hotel*, 1750 (bureau des Vingtièmes de Soissons).

Vicomté.

OUIES (LES), m^{on} isolée, c^{ne} de Braye-en-Laonnois; auj. détruite.

OUIES (LES), h. c^{nes} de Parfondeval et de Résigny.

OUIES (LES), m^{on} isolée, c^{ne} de Saint-Gobain. — *Houy*, 1673 (arch. comm. de Saint-Nicolas-aux-Bois). — *En houis* (carte de Cassini).

OUILLY, h. c^{ne} de Morsain. — *Oillies*, 1193 (cart. de l'abb. de Saint-Médard, f° 107, arch. de l'Aisne). — *Oilly*, 1514; *Hully*, 1610; *Aully*, 1621 (tit. du chap. de Notre-Dame-des-Vignes de Soissons). — *Aulies* (carte de Cassini).

OULCHE, c^{ne} de Craonne. — *Uschia*, 1146; *Usche*, 1190 (cart. de l'abb. de Vauclere, f° 7 et 72). — *Osche*, 1217. — *In territorio de Ouche*, 1231 (arch. de l'Emp. L 966). — *Ousche*, 1253 (suppl. de D. Grenier, 292, Bibl. imp.). — *Ousche-en-Laonnois*, 1272 (arch. de l'Emp. L 994). — *Ouchia*, XIIIe s^e (inv. de Vauclere, Bibl. imp.). — *Auche*, 1301 (arch. de l'Emp. L 993). — *Ouches*, 1491 (baill. de Roucy, cab. de M. d'Imécourt). — *Saint-Pierre-d'Oulche*, 1693 (état civil d'Oulches, trib. de Laon).

Ressortissait aux bailliages de Roucy et de Châtillon. — La paroisse d'Oulche dépendait de la cure de Vassogne.

OULCHY-LA-VILLE, c^{ne} d'Oulchy-le-Château. — *Altaria de Ulchiaco-Villa et de Arciaco*, 1125 (cart. de l'abb. de Saint-Jean-des-Vignes, Bibl. imp.). — *Ouchie-la-Ville*, 1398 (comptes de l'Hôtel-Dieu de Soissons, B 323).

OULCHY-LE-CHÂTEAU, arrond. de Soissons. — *Ulcheium-castrum*, 964; *Ulcheiacum-castrum*, 1122 (cart. de l'abb. de Saint-Jean-des-Vignes, Bibl. imp.). — *Ulcheium*, 1143 (cart. de l'abb. de Saint-Crépin-le-Grand de Soissons, p. 74). — *Ulcheia*, 1156 (cart. de l'abb. d'Igny, f° 126, Bibl. imp.). — *Castellum-Ulciacum*, XIIe s^e (Hist. de France, t. XIV, p. 58 C, ex Vita sancti Arnulphi, Suessionensis episcopi). — *Beata-Maria-de-Ulcheio*, *Ouchi*, 1208 (arch. de l'Emp. L 1006). — *Ecclesia Sanctæ-Mariæ-de-Ulcheio*, 1225 (suppl. de D. Grenier, 296, Bibl. imp.). — *In castro de Ulcheyo*, 1262 (arch. de l'Emp. L 1006). — *Ulcheyum-Castrum*, 1267 (ibid. L 1004). — *Oulchie-le-Chastel*, 1280 (ibid. L 1006). — *Ouchia*, XIIIe s^e (cueilleret de l'Hôtel-Dieu de Soissons, 191). — *Ouchie*, 1330 (cart. de l'abb. de Saint-Crépin-le-Grand de Soissons, p. 543). — *Ouchie-le-Chastel*, 1342 (arch. de l'Emp. Tr. des chartes, reg. 74). — *Castrum de Ouchies*, 1354 (ibid. reg. 82, n° 209). — *Ouchy*, 1361 (bibl. de Reims, ms. du fonds Roussin, n° 256). — *Ouchye*, 1392 (Manuel des dépenses de l'Hôtel-Dieu de Soissons, 323). — *Ouchcyum-Chastel*, 1407 (arch. de l'Emp. reg. 161, n° 267). — *Aulchy-le-Chastel*, 1578 (ibid. Q 5). — *Oulchie-le-Chastel*, 1617 (tit. de l'abb. de Saint-Jean-des-Vignes de Soissons). — *Auchy-le-Chasteau*, 1633 (tit. de l'Hôtel-Dieu de Soissons). — *Oulchye-le-Chasteau*, 1688; *Auchy-le-Château*, 1717 (tit. du chap. cath. de Soissons). — *Oulchy-le-Châtel* (carte de Cassini). — *Oulchy-la-Montagne*, 1793.

Chef-lieu de l'Orxois et d'un comté sous les Carlovingiens, simple vicomté depuis, et chef-lieu d'une châtellenie avec prévôté royale; cette dernière a été remplacée par un bailliage qui a duré jusqu'en 1703. — La prévôté a été rétablie par édit d'août 1758: elle ressortissait d'abord à Villers-Cotterêts, et ensuite (1780), à Soissons : Beugneux, Givray, Oulchy-la-Ville et Oulchy-le-Château étaient de son ressort immédiat. Elle recevait les appels des justices d'Arcy-Sainte-Restitue, Armentières, Augy, Billy-sur-Ourcq, Blanzy-lez-Fismes, Braine, Bruyères, Cerseuil, Chartreuve, Chassemy, Ciry-Salsogne, Courcelles, Couvrelles, Cramaille, Cugny, Cuiry-Housse, Dravegny, la Folie et Maisons près Reims, Liné, Nanteuil-Notre-Dame, Oigny, Paars, Pontarcy, Quincy-sous-le-Mont, Rocourt, Rozet-Saint-Albin, Rozoy-le-Grand, Sermoise, Servenay, Vassony, Vauxtin, Vieil-Arcy et Villers-en-Prayères.

Oulchy-le-Château était le chef-lieu d'un doyenné rural, qui a été démembré pour former celui de Neuilly-Saint-Front. Ce doyenné comprenait, après le dénombrement : Armentières, Beugneux, Beuvardes, Billy-sur-Ourcq, Brécy, Breny, Bruyères, Coincy-l'Abbaye, Cramaille, la Croix, Cugny, Grisolles, Nanteuil-Notre-Dame, Oulchy-la-Ville, Oulchy-le-Château, Rocourt, Rozoy-le-Grand, Saint-Remy-Blanzy et Villeneuve-sur-Fère.

La subdélégation comprenait le canton d'Oulchy-le-Château moins Ambrief, Breny, Buzancy, Chacrise, Chaudun, Rozières, Taux, Vierzy et Villemontoire; les communes de Bruys, Chéry-Chartreuve, Lhuys, Mont-Notre-Dame, Mont-Saint-Martin, Saint-Thibaut et Villesavoye, du canton de Braine; Noroy-sur-Ourcq, de celui de Villers-Cotterêts; Charly, Coupru, Lucy-le-Bocage, Pavant et Romeny, du canton de Charly; Bruyères, Cohan, Coulonges, Dravegny, Goussancourt, Saponay, Villers-Agron-Aiguizy, du canton de Fère-en-Tardenois; Armentières, Chouy, Lailly, Montron en partie (Macogny), Nanteuil-Vichel, Rocourt et Troësnes, du canton de Neuilly-Saint-Front, et enfin Bassevelle et Nanteuil-sur-Marne, du canton de la Ferté-sous-Jouarre (Seine-et-Marne).

Oulchy-le-Château fut, en 1790, chef-lieu d'un canton du district de Soissons composé des communes d'Arcy-Sainte-Restitue, Beugneux, Billy-sur-Ourcq, Breny, Cugny, Hartennes, Montgru-Saint-Hilaire, Oulchy-la-Ville, Oulchy-le-Château, Parcy, Plessier-Huleu, Rozoy-le-Grand, Rugny-Foufry et Saint-Remy-Blanzy.

Domaine du duché de Valois engagé, le 18 août 1598, par les commissaires du roi Henri IV (arch. de l'Emp. Q 4). — Maladrerie unie, par arrêt du Conseil d'État du 21 janvier 1695, à l'Hôtel-Dieu de Neuilly-Saint-Front. — Hôtel-Dieu fondé au XIIIe siècle.

Ourcamp, h. c^{ne} de Montigny-Lengrain. — *Ourscamp* (carte de Cassini).

Ourcq, rivière qui prend sa source dans la forêt de Rie, passe à Fère-en-Tardenois, Cugny, Breny, Nanteuil-Vichel, la Ferté-Milon, et se jette dans la Marne à l'extrémité du territoire de Lizy-sur-Ourcq. Elle sépare, dans le département de l'Aisne, les communes suivantes : Montgru-Saint-Hilaire, Oulchy-la-Ville, Rozet-Saint-Albin, Montgobert, Marizy-Sainte-Geneviève, Bruyères, Armentières, Bussiares, Licy-Clignon, Hautevesnes, Troësnes, Noroy-sur-Ourcq, Marizy-Saint-Mard, Chouy, Neuilly-Saint-Front, Silly-la-Poterie et la Ferté-Milon. Son parcours est, dans le département de l'Aisne, de 36,426 mètres. Cette rivière y alimente dix-sept moulins à blé et quatre filatures. — *Urc*, 855 (cart. de l'abb. de Saint-Crépin-le-Grand de Soissons, p. 107). — *Super rivulum de Hurc*, 1205 (cart. de l'abb. d'Igny, f° 108). — *Ourque*, 1687 (maîtrise des eaux et forêts de Villers-Cotterêts).

Oussant, petit ruisseau affluent de l'Ailette à Jumencourt. — Il n'alimente aucune usine. — Son parcours est de 2,100 mètres.

Outel, f. c^{ne} de Coupru; auj. détruite.

Outrieux, f. c^{ne} de Largny. — Ancienne dépendance de l'abb. de Longpré.

Outre, h. c^{ne} de Saint-Erme-Outre-et-Ramecourt. — *Ultra-Aisne*, 1146 (cart. de l'abb. de Vauclerc, f° 10). — In villa et territorio de *l'Itra*, 1317 (arch. de l'Emp. L 996). — *Outres*, 1750 (intend. de Soissons, C 283).

Dépendait de la châtell. de Montaigu.

Outrepuis, fief, c^{ne} de Villers-Saint-Christophe. — *Outrepuis*, 1646 (insinuat. du bailli. de Saint-Quentin).

Relevait de la seigneurie de Bouffée.

P

Paans, c^{ne} de Braine. — *Pars*, 1176 (cart. de l'abb. de Saint-Yved de Braine, arch. de l'Emp.). — *Partes*, 1205 (arch. comm. de Paars). — *Parz*, 1209 (cart. de l'abb. de Saint-Yved de Braine).

Le nom de *Paars* provient sans doute de ce que le territoire appartenait aux paroisses de Bazoches et de Courcelles. — Ancien domaine du prieuré de Coincy.

Pachy-des-Chaups, petit h. c^{ne} de Landouzy-la-Cour.

Pagneux, f. c^{ne} de Montaigu. — *Paigneus*, 1166 (cart. de l'abb. de Saint-Martin de Laon, t. II, p. 261, arch. de l'Aisne). — *Paignieus*, 1166 (ibid. f° 131, bibl. de Laon). — *Paignius*, 1324 (arch. de l'Emp. L 996). — *Paignues, Pigniez*, 1384 (ibid. P 136; transcrits de Vermandois). — *Pagnieux*, 1471 (tit. de l'abb. de Vauclerc). — *Paigneux*, 1474 (ch. de l'év. de Laon). — Cense de *Paigneulx*, 1521 (arch. comm. de Bruyères-et-Montbérault).

La vicomté appartenait à l'abb. de Vauclerc; elle relevait de Montaigu.

Pagnon, m^{on} isolée, c^{ne} de Barenton-sur-Serre. — Unie actuellement à la population agglomérée.

Paillardise (La), m^{on} isolée, c^{ne} de Courboin.

Pain-de-Sucre (Le), m^{on} isolée, c^{ne} de Crécy-au-Mont; détruite en 1854.

Paissy, c^{ne} de Craonne. — *Paxiacum*, 1136 (mém. ms. de l'Éleu, t. I, f° 353). — *Passi, Passeium*, 1146; *Paissi*, 1150; *Paysi*, 1156; *Payssiacum*, 1158; territorium de *Payssi*, 1167; *Passi*, 1173 (cart. de l'abb. de Vauclerc, f°s 8, 9, 22, 24, 27,

53). — *Paissiacum*, 1227; *Passiacum*, 1262 (ch. de l'Hôtel-Dieu de Laon). — Paroisse de Saint-Remy-de-Paissy, 1674 (état civil de Paissy, trib. de Laon).

La vicomté appartenait au chapitre de Laon au XIII° siècle.

PAIX (LA), m⁰⁰ isolée, c⁰⁰ de Montaigu. — Ainsi nommée parce qu'elle a été construite, en 1856, lors de la proclamation de la paix entre la France et la Russie.

PALAIS-DE-JUSTICE (LE), f. c⁰⁰ de Bohain.

PALLAIS (LE), petit fief, c⁰⁰ de Vassens.

PANCY, c⁰⁰ de Craonne. — *Penci*, 1114 (mém. ms. de l'Éleu, t. I, f° 226). — In territorio de *Panci*, 1227 (suppl. de D. Grenier, 283, Bibl. imp.). — Territorium de *Paanci*, 1233 (ch. de l'abb. de Saint-Vincent de Laon). — *Saint-Jean-Baptiste-de-Pansy*, 1668 (état civil de Pancy, trib. de Laon).

La paroisse dépendait de la cure de Chamouille.

PANLEU, f. c⁰⁰ de Soissons; auj. détruite. — *Penleu*, 1183 (cart. de l'abb. de Saint-Crépin-le-Grand de Soissons, p. 280). — *Apenleu*, 1194 (cart. de l'abb. de Longpont, f° 92). — Porte que on dit à *Panleu*, 1283 (cart. de l'abb. de Saint-Jean-des-Vignes, bibl. de Soissons).

PANNERIE (LA), m⁰⁰ isolée, c⁰⁰ de Bohain, Étaves-et-Bocquiaux, Gouy, Montbrehain et Vendhuile.

PANNETERIE (LA), f. c⁰⁰ de Clastres; auj. détruite. — Elle appartenait au chap. de Saint-Quentin.

PASTILLON, f. c⁰⁰ d'Hirson; auj. détruite. — Ancienne forge à traiter le fer. — *Pantaléon*, taille de *Pantillon*, 1756 (prévôté d'Hirson).

PAPETERIE (LA), m⁰⁰ isolée et m¹⁰ à papier, c⁰⁰ de Monthenault; détruits en 1831.

PAPETERIE BOUXIN, papeterie, c⁰⁰ de Rougeries.

PAPETERIE DE LAMOTTE, papeterie, c⁰⁰ de Voulpaix.

PAPETERIE DE ROUGERIES, papeterie, c⁰⁰ de Rougeries; le moulin en dépend.

PAPETERIE POUPON, papeterie, c⁰⁰ de Gercy; construite en 1858.

PAPILLOTTERIE, m¹⁰ à eau, c⁰⁰ de Saint-Nicolas-aux-Bois.

PAPLEUX, c⁰⁰ de la Capelle. — *Papeleu*, XII° siècle (cart. de l'abbaye de Liessies, f° 24, arch. du Nord). — Ville de *Pappeleu*, 1339 (cart. de la seigneurie de Guise, f° 210). — *Pappeleux*, 1561 (arch. de la ville de Guise). — *Poppeleux*, 1629 (reg. des offices du baill. de Guise). — *Papelleur*, 1710 (intend. de Soissons, C 320).

La seigneurie appartenait à l'abb. de Liessies. Le village ressortissait à Guise pour la justice et formait une paroisse avec Fontenelle. — Papleux était du

Hainaut, du diocèse de Cambrai, de l'archidiaconé de Valenciennes et du doyenné rural d'Avesnes.

PARADIS (LE), f. c⁰⁰ de la Bouteille.

PARADIS (LE), h. c⁰⁰ de Crécy-au-Mont.

PARC (LE), f. c⁰⁰ de Braine.

PARC (LE), m⁰⁰ isolée, c⁰⁰ de la Fère.

PARC (LE), h. c⁰⁰ de Montaigu et de Samoussy.

PARCY, filature, c⁰⁰ de Fère-en-Tardenois. — Ancien fief relevant d'Oulchy-le-Château.

PARCY-TIGNY, c⁰⁰ d'Oulchy-le-Château. — In territorio de *Parrechi*, 1132 (cart. de l'abb. de Longpont, f° 8). — *Parreci, Pairecy*, 1143 (cart. de l'abb. de Saint-Crépin-le-Grand de Soissons, p. 3 et 73). — In territorio de *Parrecy*, 1218 (suppl. de D. Grenier, 289, Bibl. imp.). — *Parreciacum*, 1241 (arch. de l'Emp. L 1003).

PARENT, petit fief, c⁰⁰ du Verguier; vassal de Thorigny, puis uni à cette seigneurie.

PARFOND-DE-CERF, m⁰⁰ isolée, c⁰⁰ de Vauxaillon.

PARFONDERIVE, bois, c⁰⁰ de Vauxaillon; défriché en partie. — Bos de *Parfonderive*, 1384 (arch. de l'Emp. P 136; transcrits de Vermandois).

Il appartenait à l'abb. de Notre-Dame de Soissons.

PARFONDEVAL, c⁰⁰ de Rozoy-sur-Serre. — *Profunda vallis*, 1340 (Bibl. imp. fonds latin, ms. 9928). — *Parfundeval*, 1360 (arch. de l'Emp. Tr. des chartes, reg. 88, pièce 42). — *Parfondevalle*, 1625 (min. de Roland, notaire).

La seigneurie relevait de Rozoy-sur-Serre.

PARFONDRU, c⁰⁰ de Laon. — *Profunde rue*, 1150 (cart. de l'abb. de Saint-Martin de Laon, f° 112, bibl. de Laon). — *Parfonderue*, 1160 (cart. de l'abb. de Thenailles, f° 55). — *Profundarua*, 1166 (charte de l'Hôtel-Dieu de Laon, B 76). — *Parfondrue rivæ*, 1173 (cart. de l'abb. de Saint-Martin de Laon, t. II, p. 13). — *Parfunderue*, 1202 (cart. de l'abb. de Signy, arch. des Ardennes). — *Profundus vicus*, 1217 (petit cart. de l'év. de Laon, ch. 75). — *Parfondrus*, 1545 (arch. comm. de Bruyères-et-Montbérault). — *Parfondrues*, 1568 (acquits, arch. de la ville de Laon). — *Parfondrur*, 1617 (état civil de Beauricux, trib. de Laon). — *Nostre-Dame-de-Parfondrue*, 1669 (arch. comm. de Parfondru). — *Parfondrut*, 1729 (intend. de Soissons, C 205).

La seigneurie relevait de la châtellenie de Montchâlons.

PARGNAN, c⁰⁰ de Craonne. — *Pargnant*, 1225 (ch. de l'Hôtel-Dieu de Laon, B 45). — *Parignant*, 1333 (arch. de l'Emp. Tr. des ch. reg. 30, pièce 343). — Parrochia de *Parnant*, de *Geny* et de *Willi*, 1234 (gr. cart. de l'év. de Laon, ch. 55). — Leprosaria de *Pargnan*, 1243 (ch. de l'Hôtel-Dieu de Laon,

B 59). — *Pairgnant*, xiii° s° (cueilleret de l'Hôtel-Dieu de Laon, B 62). — *Pernant*, 1353 (dénomb. GG 1, cab. de M. d'Imécourt). — *Pargniant*, 1606 (tit. de l'Hôtel-Dieu de Laon, B 45). — *Sainct-Remy-de-Pargnant*, 1690 (état civil de Pargnan, trib. de Laon). — *Pargnant-en-Vermandois*, 1706 (état civil d'OEuilly, trib. de Laon).

Pargnan, Geny et OEuilly ne formaient, en 1234, qu'une seule paroisse. — La vicomté appartenait au chap. cath. de Laon et relevait de Roucy. Le village ressortissait aux baill. de Roucy et de Châtillon-sur-Marne et suivait la coutume de Vitry.

PARGNEMAILLE, f. c°° de Chaourse; auj. détruite. — Une fontaine voisine porte encore son nom. — *Fontaine-Espargnemaille*, xviii° siècle (terr. de Chaourse).

PARGNY, c°° de Condé. — *Pareniacus*, 1195 (cart. de l'abb. de Saint-Jean-des-Vignes, f° 44, Bibl. imp.). — *Parreigniacus*, 1201; parrochia de *Pargni*, 1211 (suppl. de D. Grenier, 296, Bibl. imp.). — *Pareignui*, 1213 (cart. de l'abb. de Saint-Jean-des-Vignes, f° 45, Bibl. imp.). — *Pargni-desouz-Monlevon*, 1272 (ibid. bibl. de Soissons). — *Parigni-en-Brie*, 1273 (suppl. de D. Grenier, 296, Bibl. imp.). — *Paregniacus*, 1274 (cart. de l'abb. de Saint-Jean-des-Vignes, bibl. de Soissons). — *Pargniacum*, 1296 (arch. de l'Empire, L 1002). — *Pargny-en-Brie*, paroisse de *Sainct-Martin-de-Pargny-en-Brie*, 1668; *Pargny-en-Brie*, xviii° s° (arch. comm. de Pargny).

PARGNY-FILAIN, c°° de Vailly. — *Patriniacus*, 858 (cart. de l'abb. de Notre-Dame de Soissons, f° 33). — *Parigniacum*, 1135 (cart. de l'abb. de Saint-Martin de Laon, f° 14, bibl. de Laon). — *Parigni*, 1160 (cart. de l'abbaye de Saint-Yved de Braine, Bibl. imp.). — *Parregniacum*, 1185 (cart. de Philippe Auguste, f° 46, Bibl. imp.). — *Paregni*, 1212 (cart. de l'abb. de Saint-Martin de Laon, f° 97, bibl. de Laon). — *Paregniacum*, 1217 (ibid. f° 95). — *Pargny*, 1268 (ch. de l'abb. de Saint-Vincent de Laon). — *Pargniacus*, 1335 (cart. de l'abb. de Saint-Yved de Braine, arch. de l'Empire). — *Pargny-les-Fillains*, 1463 (ch. de l'abb. de Saint-Jean-des-Vignes de Soissons). — *Pargny-Fillain*, 1553 (reg. des insin. du baill. de Vermandois). — *Pargny-Fillain*, 1565; *Pargny-les-Filain*, 1640; *Pargny-lez-Filin*, 1657 (tit. de l'abb. de Saint-Vincent de Laon).

Dépendait de la prévôté de Vailly.

PARGNY-LEZ-BOIS, c°° de Crécy-sur-Serre. — *Pariniacum*, 1065; *Parniacum*, 1136 (mém. ms. de l'Éleu, t. I, f° 191). — *Parregniacus*, 1164 (suppl. de D. Grenier). — *Parigniacus*, 1164 (cart. de l'abb. de Prémontré, f° 49, bibl. de Soissons). — *Parigni*, 1219; *Parigniacum*, 1256; *Parigniacum-desuper-Creciacum*, 1265 (ch. de l'Hôtel-Dieu de Laon, B 15 et 45). — *Pargni-dessus-Crécy*, 1385 (arch. de l'Emp. P 136; transcrits de Vermandois). — *Pargny-lez-Bois*, 1520 (tit. de l'Hôtel-Dieu de Marle). — *Pargny*, 1601 (tit. de l'év. de Laon). — *Pargnye*, 1670; *Parnye*, 1674 (état civil de Pargny-lez-Bois, trib. de Laon).

PARIS, fief, c°° de Charly. — Vicomté qui appartenait autrefois à l'abb. de Notre-Dame de Soissons.

PAROTEAU, sucrerie, c°° de Nizy-le-Comte.

PAROY, h. et m°° à eau. — *Perroi*, 1318 (ch. de l'abb. d'Essommes). — *Parroy*, 1674 (famille Capendu de Boursonne). — *Parois* (carte de Cassini).

PARPE, f. c°° de la Capelle. — *Parpre*, 1751 (baill. de Ribemont, B 129).

PARPE-LA-COUR, f. c°° de Pleine-Selve. — *Parpes*, 1133 (cart. de l'abbaye de Saint-Martin de Laon, t. II, p. 179). — *Parpez*, 1340 (Bibl. imp. fonds latin, ms. 9228). — Court de *Parppes*, 1550 (arch. de l'Emp. PP 248-2). — Cense de *Parpelacourt*, 1671 (arch. comm. de Ribemont). — *Parpecourt*, 1709 (baill. de Ribemont, B 52).

Appartenait à l'abb. d'Origny-Sainte-Benoîte.

PARPES, fief, c°° de la Ferté-Chevresis. — Relevait des fiefs des Bastards et de Noyelles.

PARPEVILLE, c°° de Ribemont. — Altare de *Parpres*, 1156; *Parpra*, 1245; *Parpres villa*, *Villa de Parpes*, 1250 (cart. de l'abb. de Foigny, f°° 112, 114 et 202, Bibl. imp.). — *Parpe-la-Ville*, 1568 (acquits, arch. de la ville de Laon). — *Parpelaville*, 1709 (intend. de Soissons, C 274).

PARTENAY, petit fief, c°° de Benay.

PARTY, h. c°° de Coulonges. — Grangia de *Parteiu*, *Partei*, xii° siècle; *Perti*, 1329 (cart. de l'abb. d'Igny, f°° 2 et 118).

Appartenait à l'abb. d'Igny et relevait d'Oulchy-le-Château.

PAS-BAYARD (LE), laminerie et petit h. c°° d'Hirson, sur l'Oise. — Ferme du *Grand-Pas-Baillard*, 1779 (prévôté d'Hirson).

PAS-D'AISNE (LE), h. c°° de Vaucelles-et-Beffecourt.

PAS-DE-VACHE (LE), h. c°°° de Barzy et de Prisches (Nord).

PASLY, c°° de Soissons. — *Paliacum*, 1226 (ch. de l'Hôtel-Dieu de Soissons, 136). — *Paluel*, xiii° s° (cueilleret de l'Hôtel-Dieu de Soissons, 191). — *Palia*, 1215; *Palie*, 1248 (arch. de l'Emp. L 1003). — *Palies*, 1451 (ch. de Notre-Dame-des-Vignes de Soissons). — *Palye*, 1502 (tit. de l'abb. de Saint-Léger de Soissons). — *Paslye*, 1548 (comptes de l'Hôtel-Dieu de Soissons, f° 6). — *Pallye*, 1564 (tit. du même Hôtel-Dieu). — *Pallie*, 1566 (Raoulet, notaire; ét. de M. de Rimpré, à Soissons). — *Pally*, 1666 (tit. de l'abb. de Saint-Léger de Soissons).

C'était autrefois un hameau de Vaurezis, relevant de Pierrefonds.

PASSAGE (LE), h. c^{ne} de Saint-Gobain et de Suzy.

PASSAGE-À-NIVEAU (LE), m^{on} isolée, c^{nes} de Chézy-l'Abbaye, Courtemont-Varennes et Fossoy.

PAS-SAINT-GEORGES (LE), fief, c^{ne} de Coincy. — Relevait du fief des Brosses.

PASSE-BRANLANTE (LA), h. c^{ne} de Saint-Michel. — Uni actuellement à la population agglomérée.

PASSY-EN-VALOIS, c^{on} de Neuilly-Saint-Front. — *Capella de Paciaco*, 1222 (pièces justificatives de l'Histoire du duché de Valois, XXVIII). — *Paci, Pacy*, 1280 (suppl. de D. Grenier, 297, Bibl. imp.). — *Passy-en-Vallois*, 1632 (maîtr. des eaux et forêts de Villers-Cotterêts). — *Passy-le-Château*, 1717 (baill. de Villers-Cotterêts, B 1874).

La châtellenie relevait de la Ferté-Milon.

PASSY-SUR-MARNE, c^{on} de Condé. — *Pacy-sur-Marne*, 1286 (arch. de l'Emp. L 1165). — *Paciacum*, XIIIe s^e (cueilleret de l'Hôtel-Dieu de Soissons, 191). — *Paissy*, 1426 (comptes du même Hôtel-Dieu, 337). — *Passi-sur-Marne*, 1737 (arch. comm. du Charmel).

Vicomté. — La paroisse dépendait du doyenné de Dormans.

PATIS, h. c^{ne} d'Astonges et de Connigis.

PATIS (LES), m^{on} isolée, c^{nes} de Passy-sur-Marne et de Rozoy-Bellevalle.

PATOUVILLE, f. c^{ne} de Boué; auj. détruite. — *Patouvile*, 1229; *Patouvilla*, 1233 (cart. de l'abb. de Foigny, f°s 226 et 235, Bibl. imp.). — Manoir de *Patonville*, 1398 (arch. de l'Emp. P¹ 135; transcrits de Vermandois).

Elle était située au nord, vers Bergues.

PATRUS (LES), f. c^{ne} de l'Épine-aux-Bois. — *Les Patres* (carte de Cassini).

PATRY (LE), h. c^{ne} de Pernant. — Actuellement uni à la population agglomérée.

PATTE (LA), bois, c^{ne} de Travecy; défriché vers 1838. — Anc. domaine de l'abb. du Calvaire de la Fère.

PATTE-D'OIE (LA), m^{on} isolée, c^{nes} de Gizy et de Marle.

PATTE-D'OIE (LA), f. c^{ne} de Vincy-Reuil-et-Magny; auj. détruite.

PÂTURE (LA), constructions rurales, c^{ne} de Caillouël-Crépigny.

PÂTUREAUX (LES), m^{on} isolée, c^{ne} d'Ognes. — *Pastureaux*, 1731 (baill. de Chauny, B 1361).

Unie actuellement à la population agglomérée.

PATY (LE), mⁱⁿ à eau, c^{ne} de Chézy-l'Abbaye.

PAUPIN, f. c^{ne} de Brasles; auj. détruite. — *Popin*, 1739 (tit. de l'abb. de Saint-Paul-lez-Soissons).

PAUVRELLE (LA), h. c^{ne} de Lempire. — *La Povrelle* (carte de Cassini). — *Poivrel*, 1787 (intend. d'Amiens, C 775).

PAVANT, c^{ne} de Charly. — *Penvennum*, 855 (Mabillon, t. III, Ann. Bened. p. 668). — *Penvent*, 1242 (ch. de l'Hôtel-Dieu de Soissons, 77). — *Panvent*, 1274 (arch. de l'Emp. L 1001). — *Panvant*, XIIIe siècle (cart. de l'abb. de Saint-Jean-des-Vignes, f° 115, Bibl. imp.). — *Pavent*, 1337 (tombe en l'église de Pavant). — *Pavant-sur-Marne*, 1484 (comptes de l'Hôtel-Dieu de Soissons, f° 80). — *Pavent-sur-Marne*, 1485 (ibid. f° 113). — *Pavant-en-Brye*, 1490 (ibid. f° 83). — *Pauvant*, 1539 (arch. comm. de Charly). — *Pavans*, 1563 (Mém. de Cl. Hatou, t. I, p. 348).

La baronnie relevait de la Ferté-sous-Jouarre.

Les appels étaient portés au Châtelet de Paris.

PAVÉ-DE-ROMENY (LE), m^{on} isolée, c^{ne} de Chézy-l'Abbaye.

PAVIER (LE), petit h. c^{ne} de Pinon.

PAVILLON (LE), f. c^{nes} d'Acy et de Dorengt.

PAVILLON (LE), petit h. c^{nes} de Barizis, Mont-Saint-Père et Septmonts.

PAVILLON (LE), m^{on} isolée, c^{ne} de Vauclerc-et-la-Vallée-Foulon.

PÊCHERIE (LA), m^{on} isolée, c^{ne} de Gouy.

PÊCHERIE (LA), fief, c^{ne} de Maizy. — *Pescherye-lez-Maisy*, 1491 (audienc. de Roucy, cab. de M. d'Imécourt).

PÊCHERIE (LA), f. c^{ne} de Pontavert. — *Apud grangiam Vallis-Clare que nominatur Riveria*, 1185 (cart. de l'abb. de Vauclerc, f° 63). — *Curtis Piscarie*, XIIIe s^e (inv. de Vauclerc, Bibl. imp. fonds latin, 127). — *Pescherie*, 1309 (arch. de l'Emp. L 996).

Appartenait à l'abb. de Vauclerc.

PÊCHERIE (LA), f. c^{ne} de Samoussy. — Appartenait à l'abb. de Saint-Martin de Laon.

PELLE (LA), petit ruisseau affluent de l'Ourcq à Fère-en-Tardenois. — Il n'alimente aucune usine. — Son parcours est de 3,440 mètres.

PENANCOURT, f. c^{ne} d'Anizy-le-Château. — *Pendancourt*, 1132 (ch. du musée de Soissons). — *Penencourt*, 1132 (cart. de l'abb. de Prémontré, f° 18, bibl. de Soissons). — *Pendencourt*, 1151 (ch. du musée de Soissons). — *Pennencourt*, 1165 (cart. de l'abb. de Saint-Martin de Laon, II, 169). — *Curtis de Panencourt*, 1218; *Pennancourt*, 1591 (tit. de l'abb. de Prémontré).

Appartenait à l'abb. de Prémontré et dépendait

212 DÉPARTEMENT DE L'AISNE.

du comté d'Anizy; elle a été réunie à celle de Fontenille.

PENDANTS (LES), bois, c^{ne} de Bosmont; défriché en partie.

PENONERIE (LA), f. c^{ne} de Bézu-Saint-Germain. — *Peronerie* (carte de Cassini).

PÉPINIÈRE (LA), poste forestier en la forêt domaniale de Retz, c^{ne} de Villers-Cotterêts.

PERCHOIR, bois, c^{ne} de Montigny-Carotte; auj. défriché. — Appartenait à l'abb. de Saint-Nicolas-des-Prés de Ribemont.

PERDREAUX (LES), h. c^{ne} d'Essises.

PÉRICHARD, petit ruisseau affluent du Clignon. — Il alimente le moulin du Rhône. — Son parcours, dans le département de l'Aisne, est de 5,600 mètres.

PERLE, fief, c^{ne} de Mercin-et-Vaux.

PERLE (LA), h. c^{ne} de Saint-Eugène.

PERLES, c^{on} de Braine. — *La Perles*, 1535 (tombe de Jehan Lemoine en l'église de Perles). — *Perle*, 1691; paroisse *Notre-Dame-de-Perle*, 1720 (arch. comm. de Perles).

Ressortissait au baill. de Fismes.

PERNANT, c^{on} de Vic-sur-Aisne. — *Parnacum*, 898; villa *Parnaut*, 1063; *Sparnant*, 1143 (cart. de l'abb. de Saint-Crépin-le-Grand de Soissons, p. 2, 117 et 147). — *Pernan*, 1589 (comptes de l'Hôtel-Dieu de Soissons, f° 13).

La vicomté et la mairie relevaient de Pierrefonds (arch. de l'Emp. Tr. des ch. reg. 30, pièce 245).

PÉRON (LE), m^{on} isolée, c^{ne} de Saint-Gobert.

PÉRON (LE), petit ruiss. qui traverse les territ. de Monceau-le-Neuf-et-Faucousis, de la Ferté-Chevresis et de Mesbrecourt-Richecourt, sépare les territ. de ces deux dernières sections de commune et va enfin se joindre à la Serre à Nouvion-Câtillon après un cours de 3,350 mètres. — *Perron*, 1228 (cart. de l'Hôtel-Dieu de Laon, ch. 234).

PÉRONELLE (LA), ruiss. qui confond son lit avec celui du Péron. Il avait autrefois un cours distinct.

PÉRONVA, fief, c^{ne} de Burelles. — Relevait de Vervins.

PERRIÈRE (LA), f. c^{ne} de Crouy. — *Perreria*, 1203 (cart. de l'abb. de Saint-Médard, f° 156, Bibl. imp.).

Cette ferme appartenait à l'abb. de Saint-Médard, à la justice de laquelle elle ressortissait en vertu de lettres patentes d'octobre 1756.

PERROY (LE), petit ruisseau qui afflue au ruisseau du Fond-des-Bourdons à Verdilly. — Son parcours n'est que de 2,000 mètres.

PERTIBOUT, h. c^{nes} de Montfaucon et de Viffort. — *Prestibout* (carte de Cassini).

On prononce *Pretiboue*.

PÉTEREAU, petit bois, c^{ne} de Sissonne; auj. défriché.

PETEREL, m^{on} à eau, c^{ne} de Priez; déjà détruit en 1530 (tit. de l'Hôtel-Dieu de Soissons, 153).

PETILLY, f. c^{ne} de Monceau-les-Leups. — *Alodium in villa Pistiliaca*, 1115 (ch. de l'abb. de Saint-Vincent de Laon). — *Alodium de Pisteli*, 1125 (suppl. de D. Grenier, 286, Bibl. imp.). — *Pistiliacum*, 1136 (ch. de l'abb. de Saint-Vincent de Laon). — *Pestilli*, 1148 (cart. de l'abb. de Saint-Martin de Laon, t. III, p. 125). — *Pestiliacum*, 1205; *Pesteilli-supra-Servan*, 1239; *Pestelly*, 1339; *Pestilly*, 1618; *Pestillys*, 1671 (ch. et tit. de l'abb. de Saint-Vincent de Laon).

Cette ferme, qui appartenait à l'abb. de Saint-Vincent de Laon et relevait de la châtell. de la Fère, a été détruite vers 1840.

PETIT-BALLOIS (LE), h. c^{ne} de Nesles. — *Petit-Baloy* (carte de Cassini).

PETIT-BARENTON (LE), petit h. c^{ne} de Crécy-sur-Serre.

PETIT-BELLEU (LE), h. c^{ne} de Belleu.

PETIT-BOIS-SAINT-DENIS (LE), h. c^{ne} de la Flamangrie. — Ainsi nommé pour le distinguer du Grand-Bois-Saint-Denis, sis à Étrœungt et à Wignehies, pays de Hainaut, 1612 (terr. de Rocquigny).

PETIT-BRIE (LE), h. c^{ne} de Brie.

PETIT-BROCOURT (LE), m^{on} isolée, c^{ne} d'Omissy.

PETIT-BUZANCY (LE), m^{on} isolée, c^{ne} de Buzancy.

PETIT-CAMBRÉSIS (LE), c^{ne} d'Oizy. — *Petit-Cambresy* (carte de Cassini).

PETIT-CAMPIGNY, f. — Voy. CAMPIGNY (GRAND et PETIT).

PETIT-CAPORAL (LE), m^{on} isolée, c^{ne} de Bucy-le-Long.

PETIT-CAUMONT (LE), h. c^{ne} de Vesles-et-Caumont.

PETIT-CHAROSSE (LE), h. c^{ne} de Saint-Pierre-Aigle.

PETIT-CHAMPVERCY (LE), h. c^e d'Épaux-Bézu.

PETIT-CHARMOIS (LE), m^{on} isolée, c^{ne} de Nogent-l'Artaud. — *Basse-Charnois* (carte de Cassini).

PETIT-CHEVREUX (LE), h. c^{ne} de Soissons.

PETIT-CHIVRES (LE), petit h. c^{ne} de Chivres.

PETIT-CLANLIEU (LE), f. c^{ne} de Sains; auj. détruite. — *Clanlieu-le-Petit* (carte de Cassini).

PETIT-CORBERON, h. — Voy. CORBERON (HAUT et BAS).

PETIT-COMMONT (LE), h. c^{ne} de Marigny-en-Orxois.

PETIT-COURMELLES (LE), h. c^{ne} de Courmelles.

PETIT-COUVENT (LE), f. c^{ne} de Chézy-en-Orxois; unie actuellement à la population agglomérée.

Cette ferme appartenait autrefois à Saint-Arnoul de Crépy-en-Valois.

PETIT-CROUY (LE), m^{on} isolée, c^{ne} de Soissons.

PETIT-DÉTROIT (LE), h. c^{ne} de Flavy-le-Martel. — *Petit-Destroy*, 1606 (arch. comm. de Flavy-le-Martel, GG 13).

PETIT-DORENGT (LE), h. c^{ne} de Dorengt. — *Dorent-le-Petit*, 1568 (acquits, arch. de la ville de Laon).

Petite-Arrouaise (La), f. c^ne d'Hannape. — Construite en 1857.
Petite-Boulloie (La), f. c^ne de Marigny-en-Orxois.
Petite-Boullois (La), h. c^ne de Martigny. — Rue de la Petite-Bouloye, 1708 (min. de Thouille, notaire). — Voy. Boullois.
Petite-Cense (La), petit fief, c^ne de Landifay-et-Bertaignemont. Ce fief relevait de la vicomté de Landifay.
Petite-Cense (La), petit fief et f. c^ne de Limé. — Le fief relevait du comté de Braine. — La ferme était au centre du village.
Petite-Croix (La), petit fief, c^ne d'Augy.
Petite-Demi-Lieue (La), f. c^ne de Cilly; auj. détruite.
Petite-Denteuse (La), h. c^ne de Thenailles. — Doit son origine à une ferme qui appartenait à l'abb. de Thenailles.
Petite-Fabrique (La), petit h. c^ne de Travecy.
Petite-Favière (La), f. c^ne de Vic-sur-Aisne. — Elle appartenait à l'abb. de Saint-Médard de Soissons et fait actuellement partie de la population agglomérée.
Petite-Feuillée (La), h. c^ne de Thenailles. — *Feuillie-de-Thenailles*, 1466 (Journal des assises du baill. de Vermandois). — *La Fœuillye*, 1676 (arch. comm. de Thenailles). — *Petite-Feuilly*, 1739 (baill. de Thenailles).
Petite-Folie (La), f. c^ne de Serain. — Ressortissait aux baill. et châtell. de Cambrai.
Petite-Forêt (La), petit h. c^ne de la Chapelle-sur-Chézy. — *Petit-Forest*, 1711 (baill. de Charly).
Petite-Helpe (La), petite rivière qui sépare les territ. de Rocquigny et d'Étrœungt, alimente le moulin de Rocquigny et afflue à la Sambre à Landrecies après un cours, dans le département de l'Aisne, de 4 kilomètres. — *Helpra* (ex Vita Sanctæ Hiltrudis, *Hist. de France*, t. V, p. 443 A). — *Helpre*, 920 (cart. du chap. de Cambrai, f° 5, Bibl. imp.).
Petite-Longue (La), f. c^ne d'Épaux-Bézu.
Petite-Montagne (La), h. c^ne de Besny-et-Loisy.
Petite-Motte (La), m^on isolée, c^ne de Marchais.
Petite-Pêcherie (La), fief, c^ne de Maizy. — Relevait de Roucy.
Petite-Picardie (La), f. c^ne d'Étrépilly; auj. détruite.
Petite-Queue (La), h. c^ne de Chézy-l'Abbaye.
Petite-Rue (La), h. c^nes de Clairefontaine et de Sommeron.
Petite-Rue (La), h. c^ne d'Esquehéries.
Petites-Bruyères (Les), m^on isolée, c^ne de Merlieux-et-Fouquerolles.
Petites-Grèves (Les), petit h. c^ne de Saint-Eugène.
Petites-Hayettes (Les), m^on isolée, c^ne de Rocquigny.

Petites-Maisons (Les), petit h. c^nes d'Essises et de Luzoir.
Petites-Manlières (Les), f. c^ne de Château-Thierry.
Petites-Masures (Les), petite f. c^ne de Mont-Saint-Jean.
Petites-Noues (Les), h. c^nes d'Essises et de Nesles. — *Petite-Noue* (carte de Cassini).
Petites-Vallées (Les), m^on isolée, c^ne de Viels-Maisons.
Petit-Fauconé (Le), h. c^ne d'Esquehéries.
Petit-Fayette (Le), m^on isolée, c^ne de Saint-Paul-aux-Bois.
Petit-Fief (Le), fief, c^ne d'Étreux. — Il relevait de Guise.
Petit-Fonsomme (Le), petit h. c^ne de Fonsomme.
Petit-Gland (Le), ruiss. qui afflue à l'Artoise à Saint-Michel. — Il alimente le moulin à blé des Logettes et la fabrique de socs de charrues de Wattigny. — Son parcours, dans le département de l'Aisne, est de 9,670 mètres.
Petit-Gossand (Le), m^on isolée, c^ne de Saint-Quentin.
Petit-Heurtebise (Le), f. c^ne de Nesles.
Petit-Juvincourt (Le), h. c^ne de Juvincourt-et-Dammarie.
Petit-Lesdins (Le), h. c^ne de Lesdins.
Petit-Longpont (Le), f. c^ne de Posly. — *Lonepont*, 1320; *Longpont*, 1526 (ch. et tit. de l'abb. de Soissons).
Petit-Loudier (Le), h. c^ne de Neuve-Maison.
Petit-Lucquis (Le), petit h. c^ne de Chézy-l'Abbaye.
Petit-Marais (Le), m^in à eau, c^ne de Saint-Martin-Rivière.
Petit-Maucheux (Le), h. c^er d'Ancienville. — Relevait du fief de la Fontaine.
Petit-May (Le), petit fief, c^ne de Moussy-sur-Aisne. — Il relevait de Pontarcy.
Petit-Ménil (Le), h. c^ne de Rozet-Saint-Albin.
Petit-Metz (Le), f. c^ne de Braye-en-Laonnois.
Petit-Missy (Le), petit h. c^ne de Missy-sur-Aisne. — *Petit-Micy* (carte de Cassini). Relevait de Chevregny.
Petit-Montgivrault (Le), h. c^ne de Lucy-le-Bocage.
Petit-Montigny (Le), m^on isolée, c^ne de Montigny-Carotte.
Petit-Montregnier (La), f. c^ne de Crouttes; détruite en 1840.
Petit-Morin (Le), affluent de la Marne à la Ferté-sous-Jouarre. — Il alimente trois moulins à blé dans le département de l'Aisne, où son parcours est de 8,000 mètres.
Petit-Moulin (Le), m^ins à eau, c^nes de Bourg-et-Comin, de Fère-en-Tardenois, de Laigny, de Lavaqueresse et de Vervins.

Petit-Neuville, h. c^{ne} de Neuville-Saint-Amand. — *Saint-Lazre*, 1237.—*Domus Lazari Sancti Quintini*, 1249; maison de *Saint-Lazare*, 1264; domus *Sancti Lazari*, 1295; maison de *Saint-Ladre-dales-Saint-Quentin*, 1318 (arch. de la ville de Saint-Quentin, liasse 269). — Maison *Saint-Laddre-lez-Saint-Quentin*, 1444 (ch. de l'Hôtel-Dieu de Saint-Quentin). — Cense de *Sainct-Lazare*, 1649 (insin. de la prév. de Saint-Quentin). — Cense de *Saint-Lapsare*, paroisse de Saint-Éloy de Saint-Quentin, 1713 (arch. comm. de Neuville-Saint-Amand). — *Saint-Ladre* (carte de Cassini).

Maladrerie de Saint-Quentin, fondée vers 1145. Ce hameau, désigné autrefois sous le nom de Saint-Lazare, a été uni à Neuville-Saint-Amand par arrêté préfectoral du 21 novembre 1822.

Petit-Norvins (Le), f. c^{ne} de Nesles. — *Norvin* (carte de Cassini).

Petit-Noyon (Le), maison isolée, c^{ne} de Marigny-en-Orxois.

Petit-Paris (Le), m^{on} isolée, c^{nes} de Bouffignereux et du Nouvion.

Petit-Paris (Le), h. c^{ne} de Montreuil-aux-Lions.

Petit-Port (Le), h. c^{ne} de Silly-la-Poterie.

Petit-Priel (Le), f. c^{ne} de Vendhuile. — *Petit-Priez* (carte de Cassini).

Petit-Quierzy (Le), h. c^{ne} de Quierzy.

Petit-Rabouzy (Le), h. — Voy. Rabouzy.

Petit-Rivière (Le), h. c^{ne} de Berny-Rivière.

Petit-Rougeries (Le), h. c^{ne} de Rougeries.

Petit-Ru-Chailly (Le), f. c^{ne} de Fossoy.

Petit-Saint-Jean (Le), f. c^{ne} d'Aubigny.

Petit-Saint-Jean (Le), m^{on} isolée, c^{ne} de Merlieux-et-Fouquerolles.

Petit-Saint-Pierre (Le), m^{on} isolée, c^{ne} de Merval.

Petit-Saut (Le), fief, c^{ne} de Grandlup-et-Fay. — Il relevait de la châtell. de Pierrepont.

Petits-Bordeaux (Les), hameaux, c^{ne} de Nesles; autrefois *Villeneuve-sur-Riposon*.

Petits-Bordeaux (Les), h. c^{ne} de Viels-Maisons.

Petits-Chenêts (Les), f. c^{ne} de Nogent-l'Artaud. — *Petit-Chesnel* (carte de Cassini).

Petits-Garats (Les), petit h. c^{ne} de Brasles.

Petits-Ouis (Les), h. c^{ne} de Résigny.

Petits-Poissons (Les), f. c^{ne} de Thenailles.

Petit-Taillis (Le), f. c^{ne} d'Hirson.

Petit-Tournay (Le), m^{on} isolée, c^{ne} de Beaurevoir. — Construite vers 1860.

Petit-Troncet (Le), f. c^{ne} de Chézy-l'Abbaye. — Elle appartenait à l'abb. de Chézy.

Petit-Ul, h. c^{ne} de Crécy-au-Mont.

Petit-Auberon (Le), f. c^{ne} de Saint-Bandry. — Cette ferme appartenait à l'abb. de Saint-Jean-des-Vignes de Soissons et relevait de Pierrefonds.

Petit-Vaux (Le), m^{on} isolée, c^{ne} d'Étreillers.

Petit-Vendhuile (Le), h. c^{ne} de Vendhuile; uni à la population agglomérée.

Petit-Verdonne (Le), h. c^{ne} de Chivres.

Petit-Verly (Le), h. c^{ne} de Verly. — La seigneurie appartenait à l'abb. d'Origny-Sainte-Benoite.

Petit-Versailles (Le), h. c^{ne} de Clairefontaine.

Petit-Vervins (Le), h. c^{nes} de Thenailles et de Vervins. — Doit son origine à une ferme qui appartenait à l'abb. de Thenailles.

Petit-Walaincourt (Le), f. c^{ne} de Prémont; détruit. — Relevait de la châtell. de Cambrai.

Petret, m^{on} isolée, c^{ne} de Monthiers.

Petret, h. c^{ne} de Nesles. — *Petray* (carte de Cassini).

Piat, fief, c^{ne} d'Amigny-Rouy. — Relevait de la Fère et de Coucy-le-Château.

Picardie, province. — Le département de l'Aisne a été formé d'une partie de la Haute-Picardie, qui comprend presque entièrement les arrondissements de Laon, Saint-Quentin, Soissons, Vervins, et la partie du nord de l'arrondissement de Château-Thierry qui n'appartenait ni à la Brie ni au Multien. Son étendue a été considérablement modifiée à plusieurs reprises : elle se bornait dès la seconde moitié du xviie siècle à ce qui dépendait du gouvernement général de Picardie, c'est-à-dire au Vermandois, au comté de Ribemont, au duché de Guise, au comté de Marle, au Noyonnais, à la presque totalité de la baronnie de Rozoy-sur-Serre et à une faible partie de la châtellenie de Pierrepont. — *Picardia*, 1353 (arch. de l'Empire, Tr. des chartes, reg. 82, pièce 118). — *Picardye*, 1578 (Bibl. imp. 8912, ms. de Béthune).

Picheny, fief, c^{ne} de Montigny-lez-Condé.

Picheny, h. c^{ne} de Montlevon. — *Pichigny*, 1652; *Pichegny*, 1698 (tit. de la congrégation de Château-Thierry).

Picicheux, fief, c^{ne} de Montigny-Carotte.

Picoterie (La), petit h. c^{ne} de Viels-Maisons.

Picpus, habitation, c^{ne} de Vailly. — *Picque-Puces* (carte de Cassini).

Établissement fondé au xve siècle; détruit. — Une fontaine située au milieu d'un bois a conservé ce nom.

Pied-du-Mont (Le), h. c^{ne} de Saint-Gobain. — Uni actuellement à la population agglomérée.

Pied-du-Terne (Le), h. c^{ne} de Rocquigny.

Pied-Terloye (La), petit h. c^{ne} de Manicamp.

Pienne, f. et fief, c^{ne} d'Aubencheul-aux-Bois. — Ressortissaient aux bailli. et châtell. de Cambrai. Le fief de Pienne était encore en 1773 des paroisse et territoire de Gouy (insin. du baill. de Saint-Quentin, f° 26).

Piergeot, étang, c"° de Villequier-Aumont; desséché.

Pierre (La), petit h. c"° de Pavant.

Pierrecourt, f. c"° de Crécy-sur-Serre; auj. détruite. — *Piercourt*, 1460 (arch. de l'Emp. Q 7).

Appartenait à l'abb. de Saint-Jean de Laon et se trouvait le long du chemin de Crécy-sur-Serre à Chéry-lez-Pouilly.

Pierre-de-Croix (La), fief, c"° de Vassens.

Pierre-des-Morts (La), c"° de Saint-Gobain. — On déposait sur cette pierre les morts de Charles-Fontaine pour éviter un plus long trajet au curé.

Pierremande, c"° de Coucy-le-Château. — *Petramantula*, 867 (dipl. de Charles le Chauve, arch. de l'Aisne). — Altare de *Petramanda*, 1059 (coll. de D. Grenier, 24° paquet, n° 6). — *Piermande*, 1588 (arch. de l'Emp. O 20203).

La seigneurie dépendait de la châtell. de Coucy et relevait de la baronnie du même nom.

Pierrepont, c"° de Marle. — Castrum *Petræpontis*, 938 (Chron. Flod.). — *Petrepont*, 1165 (ch. de l'abb. de Saint-Martin de Laon). — *Pérepont*, 1252 (ch. de l'Hôtel-Dieu de Laon, B 1). — *Pierpont*, 1644 (chambre du clergé du dioc. de Laon).

Les châtellenie et baronnie de Pierrepont relevaient de l'év. de Laon et comprenaient Brazicourt, Bucy-lez-Pierrepont, Chivres-et-Mâchecourt, Étrepois, Favières, Fay-le-Sec, Grandlup, Pierrepont, Rocquignicourt et Rougemont. — Chapitre au x° s°.

Hôtel-Dieu uni à celui de Laon vers 1471. — Maladrerie unie au même établissement en 1695.

Pierre-Ronde (La), petit h. c"° d'Urcel.

Pierres, f. c"° de Tavaux-Pontséricourt. — *Pieria*, *Pirolis*, 1055 (Doublet, *Histoire de l'abbaye de Saint-Denis*, p. 463, 494). — *Petre*, 1134 (cart. de l'abb. de Saint-Denis, f° 220, arch. de l'Emp.). — *Piere*, 1147; *Peivres*, 1149; *Perres*, 1156 (cart. de l'abb. de Saint-Martin de Laon, t. I, p. 411; t. II, p. 395; t. III, p. 41). — In territorio de *Pierres-juxtà-le-Hayon*, 1265 (ch. de l'abb. de Saint-Vincent).

Cette ferme, auj. détruite, était située vers Montigny-le-Franc.

Pierron, petit fief, c"° de Flavigny-le-Grand-et-Beaurain. — Relevait de Guise.

Pigeonnier, f. c"° de Bourguignon-sous-Coucy; auj. détruite (baill. de Chauny, B 1580).

Pignicourt, c"° de Neufchâtel. — *Puignicourt*, 1340 (Bibl. imp. fonds latin, ms. 9228). — Ville de *Pignicourt-les-Briengne*, 1466 (Journal des assises du baill. de Vermandois). — *Saint-Remi-de-Pignicourt*, 1670 (arch. comm. de Pignicourt).

La seigneurie dépendait de la châtell. de Neufchâtel; elle a été unie au marquisat de Nazelle au mois d'août 1753.

Pignon (Le), fief, c"° de Vassens. — Relevait de Coucy-le-Château (arch. de l'Emp. E 12527).

Pignon (Le), f. c"° de Verneuil-sous-Coucy.

Pignon-Vert (Le), m"° à eau, c"° de la Fère.

Pilliguet, fief, c"° de Viry-Noureuil.

Pillon (Le), m"° isolée, c"° de Baulne.

Pillot, petit fief, c"° de Vaux-Audigny. — Relevait de Guise.

Pirchevins, m"° isolée. c"° de Terny-Sorny.

Pinçon, f. c"° de Longueval. — Cense de *Pinson*, 1601 (appointés du baill. de Vermandois).

Pinon, c"° d'Anizy-le-Château. — *Pinun*, *Pinum*, 1143 (cart. de l'abb. de Saint-Crépin-le-Grand de Soissons, p. 73 et 3). — *Pynum*, 1207 (ch. de l'abb. de Prémontré). — *Pynon*, 1262 (grand cart. de l'évêché de Laon, ch. 110). — *Pignon*, 1318 (arch. de l'Emp. Tr. des chartes, reg. 55, pièce 122). — *Pygnum*, 1404 (comptes de l'Hôtel-Dieu de Laon, E 6).

La châtellenie relevait de la tour de Laon.

Pintons, petit h. c"° de Vauxaillon. — *Pinthons*, 1582 (arch. de l'Emp. E 12527). — *Les Pintas* (carte de Cassini).

Piots (Les), f. c"° de la Chapelle-Monthodon.

Pis-Aller (Le), petit h. c"° de Gauchy.

Pisieux, f. c"° de Cerisy. — *Puteolis*, 960 (cart. de l'abb. d'Homblières, p. 15). — Curtes de *Puisieus*, 1252 (arch. de l'Emp. L 998). — *Puisieux*, 1253 (cart. de l'abb. de Saint-Quentin-en-l'Île, f° 59, arch. de l'Emp. L 1016). — Curtis de *Puisieux*, 1253 (cart. de l'abb. de Saint-Quentin-en-l'Île, p. 301). — Territorium de *Puisius*, 1295 (cart. Rouge, arch. de la ville de Saint-Quentin). — *Puysieux*, 1577 (terr. d'Alaincourt, cab. de M. Gauger). — Cense de *Pusieux*, 1702; *les Oies*, *Tour-aux-Oyes*, 1725 (arch. comm. de Cerisy).

Pisieux et la Tour-aux-Oies formaient jadis deux fermes contiguës; celle de la Tour-aux-Oies, qui a été détruite au xviii° siècle, relevait de la baronnie de Benay.

Pislouvet, f. c"° d'Essises.

Pisseleux, c"° de Villers-Cotterêts. — La seigneurie relevait de Crépy-en-Valois.

Pisseloup, h. c"° de Bézu-le-Guéry.

Pisseloup, m"° à eau et ferme, c"° de Charly. — *Pisselou*, *Pisselou*, 1238 (ch. de l'Hôtel-Dieu de Soissons, 77). — *Pisselou*, 1271; *Pisselou-sur-Marne*, 1406 (comptes de l'Hôtel-Dieu de Soissons, f° 17). — *Pisseleux-en-Brie*, 1448 (*ibid.* f° 7). — *Pisseleu-sur-Marne*, 1475 (*ibid.* f°. 76). — *Pisellou*, 1497 (*ibid.* f° 14). — Était autrefois de la paroisse de Drachy, 1515 (*ibid.* f° 27).

Le moulin a été converti, depuis 1860, en une fabrique de caoutchouc.

Pisseloup, h. c^{nes} de Montreuil-aux-Lions et de Saint-Aulde (Seine-et-Marne).

Pissenotte (La), f. c^{ne} de Viffort.

Pissot, faubourg de Chauny. — Ainsi nommé à cause de l'abondance de ses eaux (D. Grenier, 16° paquet, n° 4).

Pissotte (La), bois, c^{ne} de Seringes-et-Nesles. — Il appartenait aux Bénédictins anglais.

Pissotte (La), fontaine, c^{ne} de Vaurezis.

Pithon, c^{ne} de Saint-Simon. — *Pieton*, 1444 (cart. de Prémontré, f° 11, bibl. de Soissons). — *Piton*, 1490 (arch. de l'Emp. D 20203). — *Saint-Remi-de-Pithon*, *Saint-Remy-de-Python*, 1672; *Python*, 1675 (arch. comm. de Pithon).

La seigneurie dépendait du duché de Saint-Simon et relevait de Ham. — Pithon était du doyenné de Ham.

Pithon, fief, c^{ne} d'Essigny-le-Grand. — Il relevait de la baronnie de Benay.

Pithon, fief, c^{ne} de Gricourt. — Il relevait de Vendeuil.

Piz, territ. qui se trouvait à l'extrémité de ceux de Thenailles et de Vervins. — *Territorium de Piz*, 1163 (cart. de l'abb. de Thenailles).

Place (La), fief, c^{ne} de Corcy.

Place (La), mⁱⁿ à eau, c^{ne} de Soissons. — Ce moulin, établi au XVIe siècle, appartenait au chap. cathédral de Soissons.

Place (La), f. c^{ne} de Taillefontaine. — Cette ferme appartenait aux religieuses Ursulines de Crépy-en-Valois; elle fait actuellement partie de la population agglomérée.

Plain (Le), h. c^{ne} de Deuillet.

Plain (Le), m^{on} isolée, c^{ne} de Servais.

Plainchâtel, c^{ne} de Crécy-au-Mont. — *Planum-Castellum*, 1107 (Chron. de Nogente, 215). — *Plainchastel-lez-Nogent*, 1536 (comptes de l'Hôtel-Dieu de Soissons, f° 63). — *Plainchastel*, 1687 (tit. de l'abb. de Nogent).

Prieuré de Bénédictins fondé par l'abb. de Nogent, en 1107, sous l'invocation de Sainte-Marie-Madeleine. Uni à l'abb. de Nogent en vertu d'un décret de l'évêque de Soissons du 12 mai 1744 et d'un arrêt du Conseil d'État du 29 mai 1745, il a été détruit en 1760.

Plaine (La), h. c^{ne} d'Ambleny. — Uni actuellement à la population agglomérée.

Plaine (La), f^t, c^{ne} de Ciry-Salsogne.

Plaine (La), mⁱⁿ à eau, c^{ne} de Festieux. — Moulin *de la Pleine*, 1720 (baill. du chap. cath. de Laon).

Plaine (La), mⁱⁿ à eau, c^{ne} de Marle-et-Behaine.

Plaine-Louiset (La), mⁱⁿ à eau, c^{ne} d'Anizy-le-Château.

Plainoux, petit ruisseau affluent de celui des Vieux-Prés à la Chapelle-Monthodon. — Il n'alimente aucune usine. — Son parcours est de 1,400 mètres.

Plaisance, h. c^{ne} de Bouvardes.

Plaisance, f. c^{ne} de Grisolles. — Appartenait au prieuré du Charme.

Plasards (Les), m^{on} isolée, c^{ne} d'Haramont.

Planche-à-Serre (La), h. c^{ne} de Résigny.

Planche-Bœuf (La), m^{on} isolée, c^{ne} d'Hamégricourt.

Planchette (La), f. c^{ne} de Coulonges. — Cette ferme relevait de la baronnie de Rognac; la destruction en remonte à 1792.

Planchette (La), h. c^{ne} d'Esquehéries.

Planchette (La), ruiss. qui prend sa source à Logny-lez-Aubenton et se jette dans le Ton à Aubenton. — Il n'alimente point d'usine. — Son parcours est de 2,158 mètres.

Plan-Noiron (Le), bois, c^{ne} de Caumont; auj. défriché. — Appart. à l'abb. de Saint-Bertin de Saint-Omer.

Planois, f. c^{ne} de Marchais.

Planque (La), m^{on} isolée, c^{ne} de Blérancourt.

Planquette (La), étang, c^{ne} de Villequier-au-Mont; auj. desséché.

Plante-au-Chesne (La), f. c^{ne} d'Essomnes; auj. détruite.

Plate-Écuelle (La), petit fief, c^{ne} de Chevennes.

Plate-Oreille (La), f. c^{ne} d'Ostel; auj. détruite.

Appartenait à l'abb. de Saint-Jean-des-Vignes de Soissons. — Un bois porte encore ce nom.

Platier-Godain (Le), m^{on} isolée, c^{ne} de Champs.

Platrerie (La), m^{on} isolée, c^{ne} de Concevreux.

Platrière (La), m^{on} isolée, c^{nes} de Pommiers et de Saint-Christophe-à-Berry.

Pleine-Selve (La), c^{ne} de Ribemont. — *Plana-Silva*, 1173 (suppl. de D. Grenier, 289, Bibl. imp.). — *Plena-Silva*, 1231 (cart. de l'abb. de Saint-Michel, p. 153). — *Plaine-Selve*, 1405 (arch. de l'Emp. J 801, n° 1). — *Plainne-Selve*, 1527; *Plaine-Serve*, XVIe s^e (arch. de l'Emp. P 249-3). — *Plene-Selve*, 1755 (baill. de Ribemont, B 144). — Doit probablement son nom à une forêt *Grossa-Silva*, *Nemus*, *Grosse-Silve*, 1131 (suppl. de D. Grenier, 289, Bibl. imp.).

La seigneurie relevait du comté de Ribemont (arch. de l'Emp. transcrits de Vermandois, p. 135).

DÉPARTEMENT DE L'AISNE. 217

Plenois, f. c^{ne} de Marchais.

Plesnoy, h. c^{ne} de Proviseux. — In territorio de *Planeto*, 1137 (cart. de l'abb. de Saint-Martin de Laon, f° 129, bibl. de Laon). — Grangia de *Planoit*, 1179 (cart. de la même abb. II, 216). — *Plennoit*, 1393 (arch. de l'Emp. P 136; transcrits de Vermandois). — *Plesnois*, 1623 (insin. du baill. de Vermandois). — *Planois*, 1681 (arch. comm. de Prouvais). — *Plenois*, 1705 (plan, abb. de Saint-Martin). — *Plenoy* (carte de Cassini).

Les fermes de Plesnoy appartenaient à l'abb. de Saint-Martin de Laon; elles ont été unies à Proviseux par arrêté du directoire du département de l'Aisne du 21 octobre 1791.

Plesnoye (La), f. et château, c^{ne} d'Englancourt. — *Planoia*, 1223 (cart. de l'abb. de Foigny, f° 73, Bibl. imp.). — *Planoie*, 1300 (arch. de l'Empire, L 992). — Fief de la *Plennoie*, 1339 (cart. de la seign. de Guise, f° 211). — *Plenoie*, xviii° s° (épitaphe de Catherine de Bongard dans l'église d'Englancourt). — *Plennoie*, 1605 (insin. du baill. de Saint-Quentin). — *Lapplenoye*, 1607 (arch. comm. d'Erloy). — *La Plenoy*, 1729 (reg. de la gruerie du Nouvion). — *La Plesnoie* (carte de Cassini).

Ancien marquisat relevant de Guise.

Plessier (Le), f. c^{ne} d'Épieds. — *Plesseium*, 1206 (cart. de l'abbaye de Saint-Jean-des-Vignes, Bibl. imp.).

Plessier (Le), hameau, c^{ne} de Saint-Paul-aux-Bois. — *Plessis-de-Saint-Paul*, 1634 (baill. de Chauny, B 1498). — *Plaissier*, 1749 (prieuré de Saint-Paul-aux-Bois).

Le domaine du Plessier appartenait au prieuré de Saint-Paul et relevait de la seign. de Cuts.

Plessier-Huleu, c^{ne} d'Oulchy-le-Château. — *Plesseium*, 1206 (cart. de l'abb. de Saint-Jean-des-Vignes de Soissons, Bibl. imp.). — *Saint-Loup-et-Saint-Gilles-de-Plessy-lez-Oulchie*, 1617; *Plessis-Huleu*, 1618; *Plessier-les-Oulchie-le-Chastel*, 1622 (archives comm. de Plessier-Huleu). — *Plessier-les-Ouchy*, 1624 (tombe de Charles de Ligny en l'église de Rozet-Saint-Albin). — *Plessis-lez-Oulchy*, 1644 (arch. comm. d'Hartennes-et-Taux). — *Plessier-Heuleu*, 1693 (arch. comm. de Plessier-Huleu). — *Plessier-Helen*, 1724 (tit. de la Congrégation de Soissons). — *Plessier-Heuleux*, 1768 (ibid.). — Le *Plessier-Huleu*, 1860 (Dict. des postes).

Relevait d'Oulchy-le-Château.

Plessis-Godin (Le), h. c^{ne} de Villequier-Aumont. — *Plaissie*, 1282 (ch. du chap. cathédral de Noyon). — *Plessier*, 1358 (arch. de l'Emp. Tr. des chartes, reg. 86, pièce 131). — *Plessier-Godin*, 1609; *Plessier-Godin*, 1612 (baill. de Chauny, B 1473 et B 1476). — *Plessier-Gaudin* (carte de Cassini).

Ce hameau dépendait autrefois de la paroisse de Guyencourt. Il a été uni à Villequier-Aumont par ordonnance royale du 2 juin 1819.

Plois, bois et habitation, c^{ne} de Braye. — Villa que dicitur *Ploys*, 1162 (carf. de l'abb. de Bucilly, f° 34).

Ce bois, auj. défriché, dépendait de la chartreuse du Val-Saint-Pierre. — On ne rencontre point de traces d'habitations au lieu dit *le Plouy*.

Plois, bois et manoir, c^{ne} de Guise. — Maison dudit Jehan (de Wallers), que on dit *le Ploich*, 1393; *Plois*, 1333 (cart. de la seign. de Guise, f° 34 et 171).

Auj. détruits, ils se trouvaient à l'ouest de Guise.

Ploisy, c^{ne} de Soissons. — *Ploisi*, 1200 (cart. de l'abb. de Saint-Jean-des-Vignes de Soissons, Bibl. imp.). — *Ploysi*, 1397 (Manuel des dépenses de l'Hôtel-Dieu de Soissons, 323).

Dépendait en partie du comté de Soissons. — La mairie relevait de Pierrefonds. — Au xviii° siècle, Ploisy ressortissait en première instance, par suite de l'union du bailliage du comté de Soissons, au baill. royal; ce qui composait l'ancien ressort de l'exemption de Pierrefonds portait les appels audit baill. royal.

Plomion, c^{ne} de Vervins. — *Plumio*, 1135 (cart. de l'abb. de Bucilly, f° 34). — *Plomium*, 1148 (cart. de l'abb. de Foigny, f° 39 P. D.). — *Plumion*, 1184 (ibid. f° 17, Bibl. imp.). — *Plomio*, 1191 (cart. de l'abb. de Thenailles, f° 26). — *Plomyon*, 1232; *Ploumion*, 1241 (cart. de l'abb. de Foigny, f°s 17 et 38, Bibl. imp.). — *Plomnion*, xiii° s° (cart. de l'abb. de Thenailles, f° 114).

Dépendait du comté de Bancigny.

Plomion fut, en 1790, le chef-lieu d'un canton dépendant du distr. de Vervins et composé des c^{nes} de Bancigny, la Bouteille, Coingt, Harcigny, Jeantes, Landouzy-la-Cour, Nampcelle-la-Cour, Plomion et Saint-Clément.

La maladrerie de Plomion a été unie à l'Hôtel-Dieu de Vervins par lettres patentes de novembre 1696.

Ployart-et-Vaurseine, c^{ne} de Laon. — *Pleiar*, 1152; *Ploiarth*, 1153 (cart. de l'abb. de Foigny, f°s 47 et 48 P. D.). — *Ploiart*, 1153; *Pliardum*, 1156; *Plcardum*, 1156 (ibid. f°s 50 et 202). — *Pleiart*, 1156 (cart. de l'abb. de Vauclerc, f° 21). — *Ploiart*, 1180 (arch. de l'Empire, L 994). — *Ployard* (carte de Cassini).

La seigneurie relevait des châtell. d'Eppes et de la Bove.

Ployer, petit bois, c⁰ⁿ de Guivry; défriché vers 1844.
Ployon (Le), ruiss. qui traverse les territ. de Craonnelle, Craonne, Beaurieux, Pontavert, Chaudardes, et afflue à l'Aisne dans ce dernier lieu, après avoir alimenté trois moulins à blé. — Son parcours est de 7,700 mètres.
Plumoison, château, c⁰ˢ d'Assis-sur-Serre; aujourd'hui détruit. — Fief de *Pumoison*, 1511; «le lieu et place appelés anc¹ *la Motte de Plumoizon*, entourée de fossés,» 1550 (arch. de l'Emp. P 249-3). Ce château relevait de Marle.
Pointaine, petit fief, c⁰ⁿ de Viry-Noureuil. — Relevait de Chauny.
Point-du-Jour (Le), m⁰ⁿ isolée, c⁰ⁿˢ des Autels, de Berrieux, Bouvardes, la Chapelle-Monthodon, Mont-Saint-Père, Nampcelle-la-Cour, Saint-Agnan.
Point-du-Jour (Le), petit h. c⁰ⁿˢ de Lappion, Pinon et Pont-Saint-Mard.
Pointe (La), m⁰ⁿ isolée, c⁰ⁿ d'Effry.
Polka (La), m⁰ⁿ isolée, c⁰ⁿ d'Aubigny.
Polton, m¹ⁿ à eau, c⁰ⁿ de Laon. — *Molendinum de Poleton*, 1160 (cart. de l'abb. de Thenailles, f⁰ 55). — *Paletown*, 1216 (arch. de l'Emp. L 1006). — Molin de *Pauleton*, 1466 (Journal des assises du baill. de Vermandois). — *Polleton*, 1510 (comptes de l'Hôtel-Dieu de Laon, E 40).
Il donne son nom à un ruiss. qui prend sa source à Chérêt, traverse le territoire de Bruyères-et-Montbérault, alimente les moulins à blé de la Verte-Place, de la Barre, du Broyer, de Provent, de Polton, et la foulerie Durant, puis se jette dans l'Ardon au sud de Laon, après un cours de 7,250 mètres. — *Rivus Raier*, 1246 (cart. de l'abbaye de Foigny, f⁰ 126, Bibl. imp.). — *Reu-Bernart*, 1326 (cueilleret de l'Hôtel-Dieu de Laon).
Pomesson, f. c⁰ⁿ de Vendières. — Relevait de Montmirail.
Pommeroie (La), h. c⁰ⁿˢ de Guivry. — *Pommeroye*, 1636 (baill. de Chauny, B 1612). — *Pomeroye* (carte de Cassini).
Pommeroie (La), f. c⁰ⁿˢ de Tavaux-Pontséricourt; auj. détruite. — In territorio *Pomereti*, 1131 (cart. de l'abb. de Saint-Martin de Laon, f⁰ 37, bibl. de Laon). — Territorium *Pommeret*, 1199 (cart. de Chaourse, f⁰ 114, archives de l'Emp.). — *Pomeroit*, xii⁰ siècle (cart. de l'abb. de Saint-Martin de Laon, t. II, p. 269). — *Pomeroie*, 1212 (cart. de l'Hôtel-Dieu de Laon, ch. 14). — In territorio *Pumeray*, 1284 (cart. de l'abb. de Saint-Denis, f⁰ 150, LL 1158 (arch. de l'Emp.).
Pommert, fief, c⁰ⁿ de Chevresis-Monceau. — Relevait de Marle et de Chevresis-Notre-Dame.

Pommery, fief, c⁰ⁿ d'Essigny-le-Grand. — Relevait du chap. de Saint-Quentin.
Pommery, h. c⁰ⁿˢ de Roupy et d'Étreillers. — *Pumeri*, 1230 (cart. du chap. cath. de Noyon, f⁰ 219, arch. de l'Oise). — *Pumerie*, 1384 (arch. de l'Empire, P 135; transcrits de Vermandois). — *Pommerie*, 1772 (pouillé du diocèse de Noyon, par Colliette, p. 153).
Pommiers, c⁰ⁿ de Soissons. — *Pomerium*, 1143 (cart. de l'abb. de Saint-Crépin-le-Grand de Soissons, p. 3). — *Pulmerium*, 1145 (Chron. de Nogento, p. 427). — *Pomeric*, 1196 (cart. de l'abb. de Saint-Crépin-le-Grand de Soissons, p. 190). — *Ponmiers*, 1226 (cart. de l'abb. de Saint-Médard, f⁰ 77, Bibl. imp.). — *Ponniers*, 1235 (cart. de l'abb. de Longpont, f⁰ 80). — *Pommiés*, 1391 (Manuel des dépenses de l'Hôtel-Dieu de Soissons, 323). — *Ponmier*, 1552 (cloche de l'église de Pommiers). — *Pommier*, 1580 (chap. de Notre-Dame-des-Vignes de Soissons).
La seigneurie relevait de Pierrefonds.
Pomoinet (Le), f. c⁰ⁿ de Bernot.
Pompe-à-Feu (La), h. c⁰ⁿ de Bellicourt. — Son origine remonte à 1811.
Pompiennes, h. c⁰ⁿˢ d'Essises. — *Pompière* (Cassini).
Ponceau (Le), m¹ⁿ à eau, c⁰ⁿ de Burelles. — Donne son nom à un ruisseau qui prend sa source à Braye et se jette dans la Brune à Burelles. — Son parcours est de 6,305 mètres.
Ponceau (Le), h. c⁰ⁿ de Leuilly.
Ponceau (Le), h. c⁰ⁿ de Manicamp. — Cense de *Ponceaux*, 1680; *Ponteceau*, 1770 (baill. de Chauny, B 1648 et B 1467).
Ponceau (Le), h. c⁰ⁿ d'OEuilly.
Ponceau (Le), petit h. et m¹ⁿ à eau, c⁰ⁿ de Quierzy. — Moulin des *Ponchiaux*, 1363 (arch. de l'Emp. P 136; transcrits de Vermandois). — Moulin d'*Espenceaulx*, 1616 (baill. de Chauny, B 1480).
Poncelet (Le), m¹ⁿ à eau et f. c⁰ⁿ de Chaourse. — Donne son nom à un ruisseau affluent de la Serre à Chaourse et dont le parcours est de 5,600 mètres.
Poncelet (Le), m⁰ⁿ isolée, c⁰ⁿ de Septvaux.
Poncets (Les), h. c⁰ⁿ de Montreuil-aux-Lions.
Ponchaux (Le), h. c⁰ⁿ de Beaurevoir. — *Poncelli*, 1145 (cart. de l'abb. d'Hombliéres, p. 7). — *Ponceaulx*, *Ponchaulx*, xv⁰ s⁰ (dénombr. de la seign. de Beaurevoir). — Cense du *Ponceau*, 1531 (terr. de Beaurevoir, f⁰ 18, chambre des comptes de la Fère). — *Poncheaux-les-Beaurevoir*, 1606 (titres de l'abbaye d'Honnecourt, arch. du Nord).
Les trois fermes du Ponchaux appartenaient à l'abb. d'Anchin et relevaient de Beaurevoir.

Pont (Le), h. c⁸ de Saulchery. — *Pont-de-Nogeant*, 1661. — *Pont-de-Nogent*, 1690 (baill. de Charly). Ce hameau dépendait autrefois de la paroisse de Charly.

Pont-à-Berger (Le), h. cⁿᵉ d'Origny. — *Pont-au-Berger*, 1615 (min. d'Ozias Teilinge, notaire).

Pont-à-Bucy, cⁿᵉ de Crécy-sur-Serre. — *Burcis*, 1131 (cart. de l'abb. de Saint-Martin de Laon, f° 37, bibl. de Laon). — *Burci*, 1144 (*ibid.* f° 54). — *Buci, Buici*, 1148 (cart. de la même abb. t. III, p. 124). — *Pons-de-Nogento-Abbatisse*, 1170 (*ibid.* t. I, p. 222). — *In curte de Bucciaco, Burciacum*, 1189 (cart. de cette abb. f° 56, bibl. de Laon). — *Pons-de-Burci*, 1231 (*ibid.* f° 57). — *Burceium*, 1240 (*ibid.* f° 147). — *Pons-à-Buci*, 1241 (ch. de l'abb. de Saint-Vincent de Laon). — Leprosaria de *Buyssi*, 1252 (cart. de l'abb. de Foigny, f° 162, Bibl. imp.). — *Buissiacum*, 1260 (arch. de l'Emp. Tr. des chartes, reg. 30, pièce 461). — *Pons-à-Burci*, 1264 (cart. de l'abb. de Saint-Martin de Laon, f° 63, bibl. de Laon). — *Pons-Buceium*, 1315 (Chron. de Nogento, p. 47). — *Pont-à-Buci*, 1317 (ch. de l'abb. de Saint-Vincent de Laon). — *Pont-à-Bussy*, 1327 (arch. de l'Emp. Tr. des ch. reg. 64, n° 683). — *Pont-à-Nouviant*, 1336 (ch. de l'év. de Laon). — *Pont-de-Noviant*, 1384 (arch. de l'Emp. transcrits de Vermandois). — *Pont-de-Buissy*, 1525 (comptes de la châtell. d'Avinois, cab. de M. d'Imécourt). — *Pont-à-Nourion*, 1615 (baill. de la Fère, B 698). — Paroisse de *Saint-Denis-de-Pont-à-Bucy*, 1671 (état civil de Pont-à-Bucy, trib. de Laon). — *Pont-à-Busci*, 1710 (intend. de Soissons, C 274).

La seigneurie faisait partie de la châtellenie de la Fère. — Maladrerie unie par arrêt du Conseil d'État du 10 juin 1695 à l'Hôtel-Dieu de Crécy-sur-Serre.

Pont-à-Couleuvre (Le), f. cⁿᵉ d'Auffrique-et-Nogent. — *Pons-de-Colovere*, 1145; *Pons-cui-Aperi*, 1252 (Chron. de Nogento, p. 149). — *Pont-aux-Couleuvres*, 1411 (arch. de l'Empire, J 801, n° 4). — *Pont-aux-Culeuvres*, 1416 (*ibid.* n° 6). — *Pont-à-Coullœuvre*, 1601 (arch. de la ville de Coucy-le-Château). — *Pont-à-Cuseure* (carte de Cassini).

Pont-à-Hart (Le), mⁿ isolée, cⁿᵉ d'Achery.

Pontaine, fief, cⁿᵉ de Brissay-Choigny. — Relevait de Saint-Nicolas-aux-Bois.

Pont-à-l'Écu (Le), h. cⁿᵉ de Martigny. — *Pont-à-l'Escu*, 1722 (baill. de Ribemont, B 263).

Pontarcher, h. et mⁿ à eau, cⁿᵉ d'Ambleny. — Molendinum de *Ponte-Archie*, 1593 (suppl. de D. Grenier, 295, Bibl. imp.). — Domus leprosorum de *Ponte-Archerii*, 1310 (cart. du chap. cath. de Soissons, f° 20). — *Pontarchier*, 1573 (pouillé du dioc. de Soissons, f° 23). — *Pontarché*, 1765 (maîtrise des eaux et forêts de Villers-Cotterêts).

Maladrerie unie à l'Hôtel-Dieu de Soissons par lettres patentes de décembre 1696 et arrêt du Conseil d'État du 3 août de la même année.

Pontarcher est uni actuellement à la population agglomérée.

Pontarcy, cⁿᵉ de Vailly. — *Pons-de-Arseio*, 1232 (cart. de l'abb. de Prémontré, f° 3, bibl. de Soissons). — *Pons-super-Ausonam*, 1250 (ch. de l'abb. de Saint-Vincent de Laon). — *Pons-Arcei*, 1258 (ch. de l'Hôtel-Dieu de Laon, B 8). — *Pontarsi*, 1293 (Olim, t. II, p. 346). — *Pont-d'Arcy*, 1386 (arch. de l'Emp. Tr. des chartes, reg. 129, n° 252). — *Pons-Archeius*, 1573 (pouillé du dioc. de Soissons, f° 21).

Châtellenie et l'une des quatre baronnies du Valois relevant du comté de Braine, excepté la tour, qui relevait du roi. — La justice de Pontarcy a été transférée à Braine en vertu de lettres patentes de février 1726 (arch. de l'Emp. K 1277).

Pontaugé, f. cⁿᵉ de Nouvron-et-Vingré. — *Pontaugé* (carte de Cassini).

Pontaugée, mⁿ à eau, cⁿᵉ d'Urcel; auj. détruit. — *Pontaugée*, 1716 (intend. de Soissons, C 205).

Pontavert, cⁿᵉ de Neufchâtel. — *Varocium*, ixᵉ s° (Vita Sᵗ Rigoberti, Boll. 4 janv. p. 75). — *Pons-Varius*, 1112 (ch. de l'év. de Laon). — *Ponsvarie*, 1125 (cart. de l'abb. de Saint-Thierry de Reims, f° 109). — *Pontavaire, Pons-Avarium*, xiiiᵉ s° (inv. de l'abb. de Vauclerc). — *Pont-au-Vaire*, 1378 (comptes, arch. de la ville de Laon). — *Pontavoyre*, 1515 (comptes de Roucy, cab. de M. d'Imécourt). — *Pontavayre*, 1521; *Pontharaire*, 1560; *Pontavere*, 1611 (comptes de l'Hôtel-Dieu de Laon, E 48, E 70, E 75, E 84, E 129). — *Ponthaver*, 1662 (chambre du clergé du dioc. de Laon). — Paroisse de *Saint-Médard-de-Pontavert*, 1683 (arch. comm. de Pontavert).

Dépendait du comté de Roucy.

Pont-Bernard (Le), mⁿ à eau, cⁿᵉ d'Armentières. — Détruit vers 1800.

Pont-Cailleau, f. cⁿᵉ de Chaourse; auj. détruite (baill. du chap. cath. de Laon, 1713).

Pont-Canal (Le), mⁿ isolée, cⁿᵉ d'Alaincourt.

Pont-Cheminet (Le), h. cⁿᵉ d'Ambleny. — Uni actuellement à la population agglomérée.

Postchu (Le), mⁿ isolée, cⁿᵉ d'Urvillers.

Pont-d'Aast (Le), f. et mⁿ à eau, cⁿᵉ de Champs. — *Aast*, 1575; terroir de *Pondaast*, 1623 (titre de l'Hôtel-Dieu de Coucy-le-Château). — *Pondast*,

1672 (maîtrise des eaux et forêts de Coucy-le-Château).

Dépendaient de la châtell. de Coucy.

Pont-de-Bellay (Le), m^on isolée, c^ne de Flavigny-le-Grand-et-Beaurain.

Pont-de-César (Le), m^in à eau, c^ne de Bazoches.

Pont-de-Concy (Le), petit h. c^ne de Louâtre.

Pont-de-la-Buse (Le), h. c^ne de Fontenelle.

Pont-de-la-Reine (Le), m^on isolée, c^ne de Blérancourt.

Pont-de-Pierre (Le), h. et m^in à eau, c^ne de Fontaine.

Pont-de-Reims (Le), h. et sucrerie, c^ne de Braine.

Pont-de-Saint-Mard (Le), m^on isolée, c^ne de Saint-Mard.

Pont-des-Brebis (Le), m^on isolée, c^ne de Dravegny. — 1540 (abb. d'Igny, arch. de la Marne).

Pont-des-Grès (Le), petit h. c^ne de Laversine, entre Laversine et le Chauffour.

Pont-des-Marais (Le), petit h. c^ne de Troësnes.

Pont-de-Somme (Le), m^on isolée, c^ne de Rouvroy.

Pont-de-Tugny (Le), h. c^ne de Tugny. — *Pons*, 1197; *Pons-juxta-Tugny*, 1206 (cart. de l'abb. de Fervaques, p. 191, arch. de l'Aisne). — *Pont-dales-Thugny*, XIVe s^e (arch. de l'Emp. P 135; transcrits de Vermandois).

Relevait du chap. de Saint-Quentin à cause de la confrerie. — Le hameau du Pont-de-Tugny a été uni à Tugny par décision ministérielle du 1er brumaire an XII.

Pont-de-Vailly (Le), m^on isolée, c^ne de Presles-et-Boves.

Pont-Drona (Le), m^on isolée, c^ne de Buironfosse.

Pont-du-Bois-des-Vaux (Le), m^on isolée, c^ne de Lesquielles-Saint-Germain.

Pont-du-Canal (Le), m^on isolée, c^nes de Saint-Mard et de Vendeuil.

Pont-du-Parc (Le), m^on isolée, c^ne de la Fère.

Pont-Fayot (Le), m^in à eau, c^ne de Crouy.

Pont-Givart (Le), h. c^ne d'Orainville et de Pignicourt (Aisne), d'Auménancourt-le-Grand et d'Auménancourt-le-Petit (Marne). — *Pons-Givart*, 1166 (cart. de l'abb. de Vauclere, f° 7). — *Pons-Givardi*, 1346 (cart. E du chap. cath. de Reims). — *Pont-Guinart*, 1501 (tit. de l'abb. de Saint-Thierry de Reims, archives de la Marne). — *Pont-Gival*, 1555 (taxe des décimes du dioc. de Laon, secr. de l'év. de Soissons). — *Pont-Givat*, 1568 (acquits, arch. de la ville de Laon).

Dépendait du marquisat de Canzé-de-Nazelle.

Pontrieu, fief, c^ne de la Neuville-lez-Dorengt. — Il relevait de Guise.

Posthoille ou Saint-Martin, faubourg de Saint-Quentin. — *Districtus de Pontolliis*, 1120; *vicus de Pontoliis*, 1252 (Colliette, *Mém. du Vermandois*, t. II, p. 166, 556). — *Pontoiles*, 1258 (arch. de l'Emp. L 998). — *Pontoilles*, 1334 (ch. de l'Hôtel-Dieu de Saint-Quentin). — *Ponthoille*, 1595 (tit. de l'abb. de Saint-Prix). — *Pontoille*, 1693 (baill. de Ribemont, B 251).

Pont-la-Voie (La), m^on isolée, c^ne de Molinchart. — *Pons-Lavoie*, 1174 (grand cart. de l'év. de Laon, ch. 2).

Pontois, m^in à eau, c^ne de Craonnelle. — *Ponthois*, 1553 (comptes de Roucy).

Pontoise, h. c^ne de Montfaucon.

Pontoise, ruisseau qui prend sa source à Commenchon et se jette dans le Brouage à Abbécourt, après avoir séparé Ognes d'Abbécourt. — *Ponthoile*, 1750 (terr. d'Ognes : étude de M. Pruvot, notaire à Villequier-Aumont).

Pont-Robert (Le), m^on isolée, c^ne de Faverolles.

Pont-Rouge (Le), h. et sucrerie, c^ne de Margival. — De création récente.

Pontru, c^ne de Vermand. — *Pontrudium*, vers 1104 (Livre des miracles de Saint-Quentin, par Raimbert; *Mém. du Vermandois*, t. I, p. 373). — *Pontrusium*, 1144; *Prondusium*, 1145 (cart. de l'abb. d'Homblières, p. 66 et 68).

Pontru était du doyenné d'Athies.

Pontruet, c^ne de Vermand. — *Pontrule*, 1110 (cart. AA de l'abb. de Saint-Quentin-en-l'Île, p. 14). — *Pontruel*, 1137 (cart. de l'abb. de Prémontré). — *Furnum ville de Pontruello*, 1220 (arch. de l'Emp. L 738). — *Pont-Truet*, 1496 (comptes de l'Hôtel-Dieu de Laon, E 26).

La seigneurie appartenait en partie au chapitre de Saint-Quentin et relevait de Thorigny; elle a été unie à cette dernière en 1640.

Pont-Saint-Mard, c^ne de Coucy-le-Château. — *Pons-Sancti-Medardi*, 1100 (Chron. de Nogento, p. 209). — *Pont-Sainct-Maard*, 1296 (cart. de l'abb. de Saint-Médard, f° 48, Bibl. imp.). — *Pont-Saint-Marcq*, 1375 (Chron. de Nogento, p. 279). — *Pont-Saint-Mard-lez-Guny*, 1384 (arch. de l'Emp. P 135). — *Pont-Saint-Mare*, 1384 (cart. de l'abb. de Notre-Dame de Soissons, f° 45). — *Pon-Saint-Mart*, 1646 (cloche de l'église de Leuilly). — *Pont-sur-Ailette*, *Pont-sur-l'Élette*, 1793.

La seigneurie dépendait de la baronnie de Coucy; elle ressortissait cependant, en 1384, au baill. de Senlis (arch. de l'Emp. P 136; transcrits de Vermandois).

Pontséricourt, h. c^ne de Tavaux-Pontséricourt. — *Sanctus-Medardus-de-Poncignicort*, 1242 (ch. de l'Hôtel-Dieu de Laon, B 57). — *Poncegnicourt*, 1245 (cart.

de l'abb. de Thenailles, f° 14). — Villa de *Poncignicourt*, 1250; *Poncignicuria*, 1265 (ch. de l'Hôtel-Dieu de Laon, B 39). — *Poncenicourt*, 1287 (suppl. de D. Grenier, 283, Bibl. imp.). — *Poncignycourt*, 1339 (arch. de l'Empire, Tr. des chartes, reg. 75, pièce 316). — *Ponssignicourt*, 1340 (suppl. de D. Grenier, 284, Bibl. imp.). — *Pontcignycourt*, 1344 (arch. de l'Emp. Tr. des ch. reg. 75, pièce 316). — *Ponsengnicourt*, 1476 (cb. de l'Hôtel-Dieu de Laon, B 57). — *Pussignicourt-lez-Thaucaux*, 1533 (comptes de la châtellenie de Pierrepont). — *Ponscignicourt*, 1560 (tit. de l'Hôtel-Dieu de Laon, B 57). — *Ponséricourt*, *Ponséricourt*, 1740 (état civil de Pontséricourt, trib. de Laon).

Pontséricourt formait une paroisse sous le vocable de Saint-Médard. — La seigneurie appartenait au chap. cath. de Laon.

Porale (La) ou Vigne-Porale, h. c^{ne} de Soissons.
Porcherie (La), petit h. c^{ne} d'Abbécourt.
Porcuies, m^{on} isolée, c^{ne} de Buironfosse; auj. détruite.
Pory (Le), h. c^{ne} de Fontenoy.
Port-aux-Perches (Le), petit h. c^{ne} de Silly-la-Poterie.
Porte-à-Quart (La), m^{on} isolée, c^{ne} de Bois-lez-Pargny. — Construite en 1830.
Porte-aux-Tils (La), f. c^{ne} d'Origny-Sainte-Benoîte; auj. détruite. — Elle appartenait à l'abb. d'Origny-Sainte-Benoîte depuis le 22 janvier 1569.
Porte-Joie, f. c^{ne} de Montigny-le-Franc; auj. détruite. — Son emplacement est couvert de débris de poteries romaines; elle appartenait autrefois à l'abb. de Saint-Denis.
Portenon, h. c^{nes} de Charly et de Crouttes. — *Potron*, 1563 (tit. de l'Hôtel-Dieu de Soissons, 78).
Posards (Les), f. c^{ne} de la Chapelle-Monthodon. — *Les Puzar* (carte de Cassini).
Poteau (Le), f. c^{ne} d'Ambleny et de Paars.
Poteau (Le), m^{on} isolée, c^{ne} de Frières-Faillouël, de Paars et de la Ville-aux-Bois-lez-Pontavert.
Potelle, fief, c^{ne} d'Étreux. — Relevait de Guise.
Poterie (La), h. c^{nes} de Bouconville et d'Urcel.
Poterie (La), h. et m^{lu} à eau, c^{ne} de Coincy. — *La Potterye*, 1582 (arch. comm. de Coincy). — *La Potterie*, 1709 (intend. de Soissons, C 205).

Le moulin de la Poterie appartenait au prieuré de Coincy. — Paroisse sous le vocable de Saint-Martin, interdite en 1745. Elle comprenait vingt feux en 1705.

Poterie (La), m^{on} isolée, c^{ne} de Courcelles.
Poudrerie (La), m^{on} isolée, c^{ne} de Faverolles.
Pougette, petit fief, c^{ne} de la Neuville-lez-Dorengt. — Relevait de Guise.
Pouilly, c^{ne} de Crécy-sur-Serre. — *Pauliacum*, IXe s^e

(Hincmari arch. Rem. epist. ad Hincmarum). — *Poilliacum*, 1065 (mém. ms. de l'Éleu, t. I, f° 191). — *Puillerum*, 1138 (ch. de l'abb. de Nogent). — *Poeli*, 1138 (cart. de l'abb. de Prémontré, bibl. de Soissons). — *Poliacum*, 1158 (grand cart. de l'év. de Laon, ch. 24). — *Poilli*, 1210 (ch. de l'Hôtel-Dieu de Laon, B 48). — *Puielli*, 1218 (grand cart. de l'év. de Laon, ch. 35). — *Poelli*, 1221 (*ibid*. ch. 40). — *Pooilliacum*, *Poelli-Castrum*, *Poelli*, 1221; *Poeli*, 1231; *Puoilli*, 1250 (grand cart. de l'év. de Soissons, ch. 40 et 41). — *Poillaeum*, 1261 (ch. du chap. cathédral de Laon). — *Pooylli*, 1336 (cueilleret de l'Hôtel-Dieu de Laon, B 63). — *Poly*, 1338 (ch. de l'év. de Laon). — *Pouilly*, 1340 (Bibl. imp. fonds latin, ms. 9228). — *Poilly*, 1389; *Poelly*, 1394; *Pouoilly*, 1417 (comptes de l'Hôtel-Dieu de Laon, E 2, E 3, E 11). — *Pooly*, 1417 (ch. du même Hôtel-Dieu, B 48). — *Puilly*, 1420 (comptes de cet Hôtel-Dieu, E 12, f° 19). — *Pouilly-en-Laonois*, 1498 (comptes de la châtell. d'Aulnois, cab. de M. d'Imécourt). — *Poylly*, 1506; *Poily*, 1596 (comptes de l'Hôtel-Dieu de Laon, E 36, E 112). — *Pouilly*, 1602 (baill. de la Fère, 688). — *Pouilly-sur-Serre*, 1604 (arch. de la ville de Guise).

— Paroisse de *Saint-Médard-de-Poilly*, 1674 (arch. comm. de Pouilly).

Dépendait du comté d'Anizy.

Poulain, fief, c^{ne} de Neuve-Maison. — Relevait de Guise.
Poullandon, f. c^{ne} de Ressons-le-Long. — *Poullandou*, 1661 (arch. comm. de Ressons-le-Long).
Poules-de-Mars (Les), m^{on} isolée, c^{ne} de Cherêt.
Poupelain, m^{on} isolée, c^{ne} d'Oulchy-le-Château. — *Pouplain* (carte de Cassini).

Unie actuellement à la population agglomérée. — Une rue porte encore ce nom.

Pousseny, h. c^{ne} de Pernant.
Pouy, f. c^{ne} de Mortefontaine. — *Poys*, 1302 (pouillé du dioc. de Soissons, f° 42). — *Pouyes*, 1455 (ch. des Célestins de Villeneuve-lez-Soissons). — Ostel de *Pouys*, 1487 (suppl. de D. Grenier, 294, Bibl. imp.). — *Pouie* (carte de Cassini).

Le fief de Pouy relevait de Guise et de Laversine; il a été acquis, le 9 décembre 1455, par les Célestins de Villeneuve-lez-Soissons.

Praast, h. c^{ne} de Champs. — Formait une châtellenie avec Pont-d'Aast et Villette.
Prairie (La), f. c^{ne} d'Augy. — Relevait du comté de Braine.
Prairie (La), m^{on} isolée, c^{ne} d'Épaux-Bézu.
Prangelois, fief, c^{ne} d'Alaincourt. — Désigné au plan cadastral sous les noms de *Pans-à-Joie* et *Plans-à-Joie*.

Pravette (La), h. cne de Bichancourt.

Pré (Le), f. cse de Chéry-Chartreuve. — *Prez*, 1742 (tit. de l'abb. de Chartreuve).
Appartenait à l'abb. de Chartreuve.

Pré (Le), f. cne de Montfaucon. — *Le Prez* (carte de Cassini).

Pré-à-Bergen (Le), h. cne d'Achery.

Pré-Alain (Le), petit fief, cne de Berlaucourt-Épourdon.

Pré-à-l'Ane (Le), petit fief, cne de Sebencourt. — Il relevait de Guise.

Préaux (Le), f. cne de Villeneuve-sur-Fère. — *Préau*, 1613 (arch. comm. de Villeneuve-sur-Fère). — *Prehaut* (carte de Cassini).
Sa justice a été unie à celle de Mont-Saint-Père par lettres patentes de février 1783.

Pré-aux-Pierres (Le), mln à eau, cne d'Essises.

Pré-Baillon (Le), mln à eau, cne de Barizis.

Pré-Cailloux (Le), h. et mln à eau, cne d'Esquehéries. — *Prez-Caillot* (carte de Cassini).

Pré-des-Dames (Le), mson isolée, cne de Fleury.

Prée (La), petit h. cne d'Aizy. — *Domus de Prato*, 1274 (cart. du chap. cath. de Soissons, f° 103).
Ce domaine a été acquis, en 1274, par le chapitre cathédral de Soissons.

Prée (La), mln à eau, cne de Festieux. — Appartenait au chap. cath. de Laon.

Pré-Foireux, mln à eau, cne de Soissons. — Appartenait autrefois à l'abb. de Saint-Jean-des-Vignes.

Pré-Fontaine (Le), f. cne de Crépy; auj. détruite — Elle appartenait à l'abb. de Saint-Nicolas-aux-Bois.

Pré-Gayant (Le), petit h. cne de Leuilly.

Pré-Guyart (Le), petit fief, cne de Vesles-et-Caumont. — Relevait de Vesles.

Pré-Jambon (Le), mson isolée, cne de Crouy.

Pré-la-Fosse (Le), mson isolée, cne de Cessières.

Pré-le-Comte (Le), mson isolée, cne de Concevreux.

Prélette (Le), h. cne d'Achery et d'Alaincourt.

Prélette (La), h. cne du Nouvion. — Uni à la population agglomérée.

Prelle (La), bois, cne de Guny.

Pré-Lorquin (Le), mson isolée, cne de Saint-Michel.

Pré-Marie (Le), mson isolée, cne de Marigny-en-Orxois.

Prémont, cne de Bohain. — *Petrosus-Mons*, xie s (cart. de l'abb. d'Homblières, p. 60). — *Castrum Perreusmont, quod novum construxit (Adam de Walincourt) in feodo ligio accepit*, xiie s (Gislebertus Montensis Hannoniæ chronic. Hist. de France, t. XIII, p. 500 A). — *In territorio de Perveumont*, 1202 (arch. de l'Emp. L 738). — *Pereumont*, 1207 (cart. de l'abb. du Mont-Saint-Martin, p. 746). — *Preumont*, 1357 (arch. de l'Emp. Tr. des ch. reg. 86).

— *Prémont-en-Cambrésis*, 1508 (arch. comm. de Prémont). — *Presmont*, 1540 (tit. de l'abb. du Mont-Saint-Martin). — *Perreumont-en-Cambrésis*, 1564 (arch. comm. de Prémont).
L'une des douze pairies des états du Cambrésis. — La seigneurie appartenait pour un quart au chap. de Saint-Quentin. — Le village ressortissait aux baill. et châtell. de Cambrai.

Prémont, petit fief, cne d'Abbécourt.

Prémont, petit fief, cne de Choigny. — Ce fief relevait de Choigny.

Prémont, h. cne de Gandelu. — *Preumont* (carte de Cassini).

Prémontré, cne de Coucy-le-Château. — *Premonstratum*, 1120 (Hermann. liv. III ex miraculis Beatæ Mariæ Laudunensis, bibl. de Laon). — *Pratum-Monstratum*, 1140 (ch. de l'abb. de Saint-Vincent de Laon). — *Prémontré*, 1219; *Prémoustré*, 1274; *Premonstret*, 1292 (grand cart. de l'év. de Laon). — *Presmoustré*, 1588 (titres de l'abbaye de Prémontré).
Abbaye chef d'ordre fondée en 1121; ses bâtiments ont été convertis en une verrerie en vertu d'un décret du 21 nivôse an III. — Le département de l'Aisne a acquis, en 1862, cet établissement, pour le destiner à la guérison des aliénés.

Pré-Pourry (Le), h. cne d'Ohis. — *Prez-Poury*, 1726 (terr. d'Ohis). — *Pré-Poury* (carte de Cassini).
Doit son origine à une ferme.

Pré-Prieur (Le), mson isolée, cne de Vieil-Arcy.

Pré-Robert, f. cne de Laon. — *Pratum-Roberti*, 1266 (ch. de l'abb. de Saint-Martin de Laon). — *Pres-Robert*, 1536 (acquits, arch. de Laon).
Appartenait à la maladrerie de Laon.

Prés (Les), f. cne de Bazoches. — Grangia de *Pratis*, 1300 (cart. de l'abb. d'Igny, f° 100). — *Prez* (carte de Cassini).
Appartenait à l'abb. de Chartreuve.

Presbytère (Le), fief, cne de Marly. — Il relevait de Guise.

Prés-des-Vaux, mson isolée, cne de Vaux-Andigny.

Prés-Fontaine, fief, cne de Vincy-Reuil-et-Magny. — Relevait de Montcornet.

Presle, fief, cne d'Amigny-Rouy. — Appartenait au collége de Presles.

Presle (La), petite ferme, cne de Fontenelle.

Presles, h. cne de Soissons. — *Praella*, 1193 (cart. de l'abb. de Prémontré, f° 30, bibl. de Soissons). — *Pratella*, 1194 (cart. de l'abb. de Longpont, f° 93). — *Praelle*, 1209 (cart. de l'abb. de Saint-Yved de Braine, arch. de l'Emp.). — *Praesles*, 1286 (suppl. de D. Grenier, 289, Bibl. imp.). — Maison de

Praelles-de-lez-Soissons, 1347 (cart. de l'abbaye de Saint-Jean-des-Vignes, bibl. de Soissons).
La ferme appartenait à l'abbaye de Longpont et relevait de Pierrefonds.

Presles, m¹⁰ à eau, c⁰ᵉ de Trosly-Loire. — Ancien domaine du prieuré de Saint-Paul-aux-Bois.

Presles, petit ruiss. qui se jette dans l'Aisne à Maizy sans avoir alimenté aucune usine, et dont le parcours n'est que de 850 mètres. — Rieu de *Presle*, 1515 (comptes de Roucy, cab. de M. d'Imécourt).

Presles-et-Boves, c⁰ᵉ de Braine. — *Praella*, 1208 (arch. de l'Emp. L 1000). — *Pratella*, 1219 (cart. de l'abb. de Saint-Jean-des-Vignes, f° 88, Bibl. imp.). — Communia de Cys et de *Praellis*, 1307 (Olim, t. III, p. 1148). — *Praelles*, 1359 (arch. de l'Empire, Tr. des chartes, reg. 88, n° 130). — *Praesles*, 1451 (Journal des assises du baill. de Vermandois). — *Prelles*, 1573 (pouillé du diocèse de Soissons, f° 20). — *Prele-la-Commune*, *Presles-la-Commune*, 1671 (tit. de l'Hôtel-Dieu de Soissons, 143). — *Preslles-et-Boves*, 1733 (intend. de Soissons, C 274).
Ce village ressortissait aux bailliage et prévôté de Fismes.

Presles-et-Thierny, c⁰ᵉ de Laon. — *Pratella-Villa*, 1134 (ch. du chap. de Saint-Jean-au-Bourg). — *Praela*, 1166 (cart. de l'abb. de Saint-Martin de Laon, f° 15, bibl. de Laon). — *Pratella*, 1225; *Pratellum*, 1273 (ch. de l'Hôtel-Dieu de Laon, B 49 et B 74). — *Preele*, 1287 (cart. de l'abb. de Saint-Martin, t. I, p. 491). — *Preelles-en-Laonnois*, 1311 (cart. de l'abb. de Saint-Martin, f° 167, bibl. de Laon). — *Presle*, 1326 (cueilleret de l'Hôtel-Dieu de Laon, B 63). — *Praella*, 1350 (arch. de l'Emp. Tr. des ch. reg. 80, n° 147). — *Praelles-Levesque*, 1357 (cart. de l'abb. de Saint-Martin, t. III, p. 192). — Chastel de *Praelles*, 1358 (comptes, arch. de la ville de Laon). — *Prelles*, 1405 (arch. de l'Emp. J 801, n° 1). — *Prellez-Leveseque*, 1405 (comptes de la maladrerie de la Fère, Hôtel-Dieu de la Fère). — *Preelles*, 1412 (comptes de l'Hôtel-Dieu de Laon, E 8). — *Perelles-Levesque*, 1454 (comptes de l'Hôtel-Dieu de la Fère). — *Praesle-Levesque*, 1495 (ibid.). — *Praesles*, 1540 (tit. de l'Hôtel-Dieu de Laon, B 49). — *Presles-juxtà-Laudunum*, 1661 (arch. comm. de Martigny-en-Laonnois). — Château de *Presles*, 1745 (intend. de Soissons, C 206). — *Presle-Lévesque*, 1772 (bailliage de la Fère, B 1113).
La seigneurie appartenait à l'évêque de Laon et possédait un chef-lieu de prévôté pour l'exercice de la justice foncière. Cette prévôté comprenait, avec Presles, Nouvion-le-Vineux, Laval et Thierny; les appels de cette juridiction étaient portés au baill. ducal du Laonnois.

Pressoir (Le), f. et bois, c⁰ᵉ d'Ambleny. — *Pressoyr*, 1560 (comptes de l'Hôtel-Dieu de Soissons, f° 38). Ce domaine appartenait à l'abb. de Valsery.

Pressoir (Le), fief, c⁰ᵉ de Celles-sur-Aisne. — Relevait du comté de Braine.

Pressoir (Le), f. c⁰ᵉ de Crouy. — Appartenait autref. à l'abb. de Saint-Médard de Soissons.

Pré-Sujet (Le), h. c⁰ᵉ de Villiers-sur-Marne. — *Pré-Subject*, 1688 (min. de Pierre Guynet, notaire). — *Pré-Sugais* (carte de Cassini).

Pré-Tillière ou la Haie-Mer, f. c⁰ᵉ de la Capelle.

Preuves (Les), m⁰ⁿ isolée, c⁰ᵉ de Marchais.

Preux (Le), h. c⁰ᵉ de Barzy.

Preux (Ru), ruiss. qui prend sa source à Serches, alimente quatre moulins à blé dans un parcours de 5,279 mètres et se jette dans l'Aisne en face d'Acy, à l'extrémité des territ. de Venizel et d'Acy, qu'il sépare. — Ru *Perreux*, 1539 (comptes de l'Hôtel-Dieu de Soissons, f° 39).

Prévílle, petit h. c⁰ᵉ d'Ambleny. — *Peville* (carte de Cassini).

Prévot, bois, c⁰ᵉ de Burizis. — Ce bois contenait 13 hectares.

Prévôté (La), petit fief, c⁰ᵉ d'Achery. — Relevait du comté d'Anizy.

Prévôté (La), f. c⁰ᵉ de Mont-Notre-Dame. — Appartenait autrefois à l'év. de Soissons.

Prévôté (La), f. c⁰ᵉ de Vénérolles. — Unie actuellement à la population agglomérée.

Prézelles, h. c⁰ᵉ de Levergies. — Les fermes de Prézelles appartenaient à l'abb. de Saint-Prix de Saint-Quentin.

Prieuré (Le), f. c⁰ᵉ de Sainte-Preuve. — Elle doit son nom à un prieuré de Bénédictins qui y fut institué en 1032.

Prieuré (Le), petit h. c⁰ᵉ de Vieil-Arcy.

Priez, c⁰ᵉ de Neuilly-Saint-Front. — *Periers*, 1203; *Priers*, 1280; *Periez*, 1493 (ch. de l'Hôtel-Dieu de Soissons, 149 et 151). — *Periers-en-Brie*, 1427 (comptes du même Hôtel-Dieu, f° 6). — *Pryers*, 1444 (ibid. f° 37). — *Perier*, 1498 (ibid. f° 20). — *Perrières*, 1567 (ibid. f° 39). — *Prier*, 1587 (ibid. f° 86). — *Pevies*, xvi° s° (obit. arch. comm. de Priez). — *Periectz*, 1650 (arch. comm. de Priez). — *Perriez*, 1709; *Perrier*, 1710 (intend. de Soissons, C 205 et 274).
Le village ressortissait, en 1384, à la prévôté de Château-Thierry (arch. de l'Emp. P 136; transcrits de Vermandois).

Painoy, m⁰⁰ isolée, c⁰⁰ de Nauteuil-Vichel.

Painoy, bois, c⁰⁰⁰ de Neuilly-Saint-Front et de Rozet-Saint-Albin. — Ce bois contenait 90 arpents (d'Expilly, *Dict. géogr.* t. II, col. 720).

Painot, f. et h. c⁰⁰ de Rozet-Saint-Albin. — *Pringi*, 1259 (cart. de l'abb. de Saint-Médard, f⁰ 66, arch. de l'Aisne). — *Pringeium*, xiii⁰ s⁰ (Bibl. imp. fonds latin, ms. 10,977, f⁰ 44).

Prisces, c⁰⁰ de Vervins. — Molendinum de *Prices*, 1166 (cart. de l'abb. de Thenailles, f⁰ 15). — *Perices*, 1190 (coll. de D. Grenier, 24⁰ paquet, n° 10). — *Prices-juxta-Marlam*, 1252 (cart. de l'abb. de Thenailles, f⁰ 22). — *Prices*, 1340 (Bibl. imp. fonds latin, ms. 9228). — *Priches*, 1405 (arch. de l'Emp. J 801, n° 1). — *Prisces, Priz-en-Thiérache*, 1466 (Journal des ass. du baill. de Vermandois). — *Prices-lez-Gronnart*, 1527 (tit. des Minimes de Laon). — *Prisse*, 1540 (tit. de l'Hôtel-Dieu de Marle). — *Prys*, 1570 (tit. des Minimes de Laon). — *Prise*, 1686 (coll. de M. Édouard Piette, de Vervins).

Le domaine de Prisces, qui faisait partie du comté de Marle, a été aliéné le 5 novembre 1602 par les commissaires du roi Henri IV (arch. de l'Emp. Q 8); il dépendait au xvii⁰ et au xviii⁰ siècle de la châtellenie de Voulpaix (baill. de Voulpaix). — La maladrerie a été unie à l'Hôtel-Dieu de Vervins par lettres patentes de novembre 1696.

Paise-Milot (La), f. c⁰⁰ de Saint-Michel; détruite en 1845. — Son emplacement est boisé.

Procheville (La), h. c⁰⁰ de Sissonne. — Uni actuellement à la population agglomérée.

Pnoisy, c⁰⁰ de Guise. — Territorium de *Proisi*, 1161 (cart. de la seign. de Guise, f⁰ 153). — *Proisis*, 1405 (arch. de l'Emp. J 801, n° 1). — *Proizy*, 1709 (intend. de Soissons, C 274).

La seigneurie relevait de Guise.

Pnoix, c⁰⁰ de Guise. — *Perroit*, 1168 (cart. de l'abb. d'Homblières, p. 2). — *Perroi*, 1331 (cart. de la seign. de Guise, f⁰ 95). — *Proy*, 1561; *Prouy*, 1566 (arch. de la ville de Guise). — *Proict*, 1568 (arch. de la ville de Laon). — *Proye*, 1716 (baill. de Ribemont, B 261).

La seigneurie relevait de Guise.

Pnoslins, f. c⁰⁰ de Chézy-l'Abbaye. — *Prolin*, 1626 (tit. de l'Hôtel-Dieu de Château-Thierry). — *Proslin*, 1743 (insin. du baill. de Château-Thierry).

Paouelles (Les), m⁰⁰ isolée, c⁰⁰ de Montfaucon.

Pnouvais, c⁰⁰ de Neufchâtel. — *Provasium*, 1082 (mém. ms. de l'Éleu, t. I, f⁰ 205). — *Provasis*, 1146 (cart. de l'abb. de Vauclerc, f⁰ 7). — *Provais*, 1147 (ibid.). — *Provais*, 1168 (ch. de l'Hôtel-Dieu de Laon, G, B 1). — *Prohais*, 1226 (ibid. f⁰ 21). — *Prouvaisium*, 1340 (Bibl. imp. fonds latin, ms. 9228). — *Prouvaix*, 1405 (arch. de l'Empire, J 801, n° 1). — *Prouvay*, 1598 (tit. de l'Hôtel-Dieu de Laon).

La vicomté a été unie au marquisat de Nazelle au mois d'août 1753.

Paouville, f. c⁰⁰ de Chivres-et-Mâchecourt. — *Pruville*, 1500 (comptes de la châtell. de Pierrepont, cab. de M. d'Imécourt).

Cette ferme, auj. détruite, faisait partie de la châtell. de Pierrepont.

Paovent, m⁰⁰ à eau, c⁰⁰ de Bruyères-et-Montbérault. — Molendinum de *Prouven*, 1180; *Proven*, 1180 (cart. de l'abb. de Thenailles). — *Pruent*, 1232 (ch. de la bibl. de Laon). — *Proent*, 1244 (cart. de l'abb. de Saint-Martin de Laon, f⁰ 158, bibl. de Laon). — *Prouvent*, 1538 (terr. de Roncourt).

Ce moulin a été cédé en grande partie, en 1180, par le chap. cathédral de Laon à l'abbaye de Thenailles.

Pnovins, petit fief, c⁰⁰ de Wassigny. — Il relevait de Guise.

Paoviseux, c⁰⁰ de Neufchâtel. — Capella de *Provisiolo*, 1082 (mém. ms. de l'Éleu, t. I, f⁰ 205). — *Provisioz*, 1226 (arch. de l'Emp. L 996). — *Previsieux, Provisier, Prouvisiex*, 1247 (cart. de l'abb. de Vauclerc, f⁰ 28). — *Provisius*, 1268 (cueilleret de l'Hôtel-Dieu de Laon, B 62). — *Prouvisueil*, 1393 (arch. de l'Emp. P 136; transcrits de Vermandois). — *Provisel*, 1405 (ibid. J 801, n° 1). — *Pourvisueil*, 1417 (comptes de l'Hôtel-Dieu de Laon, E 11). — *Provisseux*, 1630 (ch. du clergé du dioc. de Laon). — Paroisse de *Saint-Étienne-de-Provisseux*, 1674 (état civil de Provisieux, trib. de Laon). — *Proviseux*, 1729 (intend. de Soissons, C 205). — *Prouviseux*, 1756 (arch. comm. de Proviseux).

Proviseux faisait partie de la châtellenie de Neufchâtel; la paroisse dépendait de la cure d'Évergnicourt.

Pavignel, m⁰⁰ à eau, c⁰⁰ de Chivres; auj. détruit. — Molendinum de *Praerello*, 1228 (cart. de l'abb. de Saint-Médard de Soissons, f⁰ 1, Bibl. imp.).

Psautier (Le), h. c⁰⁰ de Chartèves.

Plozeux (Le), m⁰⁰ isolée, c⁰⁰ de Molinchart. — *Pustionis*? vers 876 (Relation des miracles de saint Denis, Ann. Bened. t. III, p. 195, n° 88).

Pudeval, petit ruisseau qui prend sa source à Billy-sur-Ourcq, y alimente un moulin à blé et se jette dans l'Ourcq à Rozet-Saint-Albin. — Son parcours est de 2,270 mètres.

Plisants (Les), f. et fabrique de sucre, c⁰⁰ de la Ferté-Chevresis. — *Espuisar*, 1237 (ch. de l'Hôtel-Dieu

DÉPARTEMENT DE L'AISNE.　225

de Laon, B 20). — *Puisart*, 1553 (reg. des insin. du baill. de Vermandois).

Puisarts (Les), petit ruisseau affluent du Saint-Mard à Saint-Mard. — Son parcours est de 298 mètres.

Puiseux, c^{ne} de Villers-Cotterêts. — *Puteolis*, ixe siècle (cart. de l'abb. de Saint-Médard, f° 127, arch. de l'Aisne). — *Puiseu*, 1110 (cart. de l'abb. de Saint-Jean-des-Vignes, Bibl. imp.). — *Puisous*, 1142 (même cart. de Saint-Médard, f° 50). — *Puiseus*, 1203 (cart. de l'abb. de Saint-Jean-des-Vignes, f° 118, Bibl. imp.). — *Puisieus*, 1238 (même cart. de Saint-Médard, f° 57). — *Puyseulx*, 1573 (pouillé du diocèse de Soissons, f° 23). — *Puiseulx*, 1622 (min. de Gosset, notaire). — *Pisseux*, 1657 (baill. de Villers-Cotterêts). — *Puizeux* (carte de Cassini).

La seigneurie relevait de Pierrefonds.

Puisieux, h. c^{ne} d'Acy. — *Puisous*, 1480 (comptes de l'Hôtel-Dieu de Soissons, f° 45).

Puisieux, f. c^{ne} de Chambry. — *Putellis*, 1137; *Puteolis*, 1150 (cart. de l'abbaye de Saint-Martin, f° 112, bibl. de Laon). — *Puselli*, 1173 (ibid. f° 15). — *Puisieux*, 1257 (suppl. de D. Grenier, 286, Bibl. imp.). — *Puisius*, 1272 (ch. de l'Hôtel-Dieu de Laon, H 4). — *Puisieux-du-Temple*, 1405 (arch. de l'Emp. J 801, n° 1). — *Puisieux-soubz-Laon*, 1410; *Puisieux-les-Chaumeri*, 1445 (cart. de l'abb. de Saint-Martin). — *Puiseulz*, 1480 (dénombr. de Monceau-le-Wast, cab. de M. d'Imécourt). — *Puysieux, Puysieulx*, 1525 (arch. comm. de Bruyères-et-Montbérault. — *Puisieulx*, 1560 (tit. de l'Hôtel-Dieu de Laon). — *Pisieux* (carte de Cassini).

Ce domaine appartenait à la commanderie de Laon.

Puisieux-et-Clanlieu, c^{on} de Sains. — *Pusellis*, 1172 (ch. de l'abb. de Saint-Martin de Laon). — *Puteolis*, 1187 (arch. de l'Emp. L 1003). — *Putcolis-in-Therasca*, 1261 (ch. du chap. cath. de Laon). — *Paisius*, 1266; *Puisius*, 1272 (cart. de l'abb. de Fervaques, f° 8, Bibl. imp.). — *Puisiex, Puisieu*, 1273 (charte et sceau de l'abbaye de Saint-Martin de Laon). — *Puisex*, 1297 (arch. de l'Emp. L 994). — *Puisieux-lez-Coulonfay*, 1411 (arch. de l'Emp. J 801, n° 4). — *Puisieulx*, 1568 (arch. de la ville de Laon). — *Puiseul*, 1609 (tit. de l'évêché de Laon). — *Puisieux*, 1630 (chambre du clergé du dioc. de Laon). — *Puisseux*, 1670; *Puisieu*, 1678 (élection de Guise). — *Puysieux*, 1745 (intend. de Soissons, C 206).

Marquisat vassal de Guise.

Puits-d'Ambrief, m^{on} isolée, c^{ne} d'Acy, auj. détruite. — Domus leprosarie de *Puteo d'Ambrier*, 1239 (ch. de l'Hôtel-Dieu de Soissons, 8).

C'était une maladrerie qui a été unie à l'Hôtel-Dieu de Soissons par arrêt du Conseil d'État du 3 août 1696 et par lettres patentes de décembre suivant.

Puits-Fondu, Hutte-Robert ou Hermitage de Frère-Robert, f. c^{ne} de la Bouteille; auj. détruite. «Son nom lui vient d'un puits fondu vers 1536 et des loges et bâtiments entourés de palissades qui s'y trouvaient» (Livre de Foigny, par de Lancy, p. 10).

Pumeruel, bois près de Wimy. — *Pumeruel*, 1331; *Pumeroie*, 1335 (cart. de la seign. de Guise, f°s 187 et 219).

Emplacement inconnu.

Punisimont, f. c^{ne} de Montaigu

Q

Quaise, bois, c^{ne} de Flavy-le-Martel. — Appartenait à l'abb. de Ham.

Quarante-Jalois (Les), h. c^{ne} d'Esquehéries.

Quaroux, petit fief, c^{ne} de Saint-Gengoulph.

Quartier-d'Orléans (Le), h. c^{ne} de Sissonne. — Uni actuellement au chef-lieu.

Quartier-Saint-Nicaise (Le), partie de territoire, c^{ne} de Saint-Michel. — *Quarterium-Sancti-Nichasii*, 1226 (cart. de l'abb. de Bucilly, f° 66). — *Quarterjum*, 1300 (cart. de la seign. de Guise, f° 53).

Quatorze-Frères (Les), m^{on} isolée, c^{ne} de Coyolles.

Quatre-Chênes ou du Chêne-Héry (Ruisseau des), petit cours d'eau qui prend sa source à Erloy, où il se jette dans la rivière d'Oise.

Quatre-Vents (Les), f. c^{ne} de Gouy. — *Les Trois Festus*, 1707 (grenier à sel de Saint-Quentin). Détruite en 1838.

Quenée (La), m^{on} isolée, c^{ne} de Pont-Saint-Mard.

Quenet, bois, c^{ne} de Liez; auj. défriché.

Quennemont, f. c^{ne} d'Hargicourt. — *Quainemont* (carte de Cassini).

Quenneton, usine et h. c^{ne} d'Ambleny. — Polissage de verres à lunettes. Ancien moulin au sud d'Ambleny, vers Saint-Bandry.

Quesnot, bois, c^{ne} de Saint-Paul-aux-Bois.

Quessy, c^{ne} de la Fère. — *Caziacus in pago Veromandensi*, 962; *Cassiacum-Villa*, vers 1030 (cart. de l'abb. d'Homblières, p. 19 et 38). — Ecclesia de

Aisne.   29

Caissi, 1173 (suppl. de D. Grenier, 287, Bibl. imp.). — *Caici*, 1182 (arch. de l'Emp. L 992). — *Choici*, xii° s° (cart. AA de l'abb. de Saint-Quentin-en-l'Île, p. 15). — *Quechi*, 1373 (arch. de l'Emp. P 135; transcrits de Vermandois). — *Quocy*, 1383 (*ibid.* P 136; *ibid.*). — *Quessi*, 1423; *Quescy*, 1480 (ch. de l'Hôtel-Dieu de la Fère). — Paroisse *Notre-Dame-de-Quessy*, 1719 (arch. comm. de Quessy).

Prieuré de Bénédictins établi, à la fin du xii° s°, par l'abbaye de Nogent.

Queue-de-la-Tombelle (La), bois, c°° de Marle-et-Behaine; auj. défriché.

Queue-de-Leu (La), f. c°° de Cys-la-Commune. — *Queue-de-Leu* ou *Val-Sainte-Anne*, 1746 (tit. des Minimesses de Soissons). — *Queue-de-Leux* (carte de Cassini).

Queue-de-Monceau (La), bois, c°° de Couvron-et-Aumencourt, Monceau-les-Leups, Versigny. — *Forest de la Queue-de-Monceaulx*, 1563 (chambre des comptes de la Fère).

Dépendait de la châtell. de la Fère.

Queue-de-Toulis (La), bois, c°° de Toulis-et-Attencourt; auj. détruit. — *Queue-de-Thoullis*, 1588 (baill. de la Fère).

Queues (Les), f. c°° d'Artonges.

Quicangrogne, h. et verrerie, c°° de Wimy. — *Quiquengrome*, 1604 (min. de Constant, notaire). — *Quiquengronne*, 1606 (baill. de la Fère, B 1150). — *Quinquengrogne*, 1612 (terr. de Wimy).

Ce hameau dépendait autrefois de Clairefontaine.

Quierzy, c°° de Coucy-le-Château. — *Carisicum* (monnaie mérovingienne; atlas de Damien de Templeux, p. 164). — *Cariciacum*, 605 (Aimoini Monachi Floreacensis lib. 3). — *Caraciacum*, 605 (Chron. de Frédégaire). — *Karici*, 605 (Chron. de Saint-Denis, liv. IV, chap. xiii). — *Carraciacum-Villa*, 702 (Mabillon, *De Re diplomatica*, p. 95). — *Carisiaco-Villa*, 741 (ex Chronico Fontanellensi, *Hist. de France*, II, 662). — *Carriacum-Villa*, 741 (Gesta regum Francorum). — *Charisagu*, 764 (Annales Francici Nazariani, *Hist. de France*, V, 10). — *Carisiagus*, 764 (ex Chronico Lamberti Schafnaburg, *Hist. de France*, V, 367). — *Karisiacum*, 836 (*ibid.* VI, 612 D). — *Carisiacus-villa-Sancti-Salvatoris*, 843 (diplôme de Charles le Chauve, *Hist. de France*, VIII, 446 A : Sainte-Marie est le vocable de la paroisse; Saint-Firmin, de la chapelle castrale; Saint-Martin, du prieuré; Saint-Sauveur, celui de Coucy-le-Château. S'agit-il ici de Quierzy regardé comme dépendance de Coucy, chef-lieu du pays de Mégu?). — *Chyrisiacus*, 891 (ex miraculis sancti Bertini abb. Sithiensi, acta SS. Ord.

Bened. p. 1, sæc. 3, p. 131). — *Chirisi*, 1177 (lettre du pape Alexandre III à Renaud, évêque de Noyon, *Hist. de France*, XV, 958). — *Castrum Chirisiaci*, 1206 (coll. de D. Grenier, 30° paquet, n° 1). — Domus de *Cherisi*, xiii° s° (arch. de l'Emp. J 234, n° 4). — *Kirrisis*, 1329 (*ibid.* Trésor des chartes, reg. 66, n° 10). — *Kierisy*, 1363 (*ibid.* P 136; transcrits de Vermandois). — *Kieresi*, 1383 (ch. du musée de Soissons). — *Quierisy*, 1396 (Livre rouge de Chauny, f° 76, coll. de M. Peigué-Delacour). — *Quieresy*, 1467 (arch. de la fabrique de Camelin). — *Quierisi*, 1573 (pouillé du dioc. de Soissons, f° 31). — *Quiersis*, 1750 (int. de Soissons, C 283).

Palais mérovingien et carlovingien dont il reste, dit-on, quelques traces. — La seigneurie relevait de Manicamp et de l'év. de Soissons (arch. de l'Emp. P 136; transcrits de Vermandois). Elle a été unie, en 1703, au comté de Manicamp.

Quincampoix, f. et m¹ⁿ à eau, c°° du Câtelet. — *Molendinum de Quikenpoist*, 1240; vivier de *Kikenpoist*, 1270 (cart. de l'abb. du Mont-Saint-Martin, p. 785). — Étang de *Quiquempois*, 1571 (délib. de la chambre des comptes de la Fère). — *Quinquempoix*, 1714 (tit. de l'abb. du Mont-Saint-Martin).

La seigneurie relevait de Guise.

Quincampoix, m¹ⁿ à eau, c°° de Ciry-Salsogne. — *Cuiquenpoist*, 1208 (arch. de l'Emp. L 1000). — *Quiquenpoist*, 1209 (*ibid.* cart. de l'abb. de Saint-Yved de Braine). — *Molendinum de Quiquenpoit*, 1264 (ch. de l'abb. de Saint-Jean-des-Vignes de Soissons). — *Quinquempoix* (carte de Cassini).

Relevait autrefois du comté de Braine.

Quincy (La), châtel. c°° de Nanteuil-la-Fosse.

Quincy-Basse, c°° de Coucy-le-Château. — *Quinci*, 1164 (ch. de l'abb. de Prémontré). — *Quinciacum*, 1193 (cart. de l'abb. de Saint-Médard, f° 107 (arch. de l'Aisne). — *Cuincy*, 1318 (suppl. de D. Grenier, 291, Bibl. impériale). — *Notre-Dame-de-Lorette-de-Quincy*, 1676 (arch. comm. de Quincy-Basse). — *Cuincy-et-Basse*, 1709 (intend. de Soissons, C 274).

Ce village dépendait autrefois de Landricourt.

Quincy-de-Bas, h. c°° de Guny.

Quincy-Haute, h. c°° de Guny.

Quincy-sous-le-Mont, c°° de Braine. — *Quinci*, 1147 (arch. de l'Emp. cart. de l'abb. de Saint-Yved de Braine). — *Quincy*, 1383 (*ibid.* P 136; transcrits de Vermandois).

La vicomté relevait de Braine; le village ressortissait à Oulchy-le-Château pour la justice.

R

Rabouzy, h. c^{ne} de Gercy, Hary et Vervins. — *Raboxiis*, 1161; *Raboasis*, xiiie s^e (cart. de l'abb. de Thenailles, f°s 8 et 60). — Molendinum de *Rabosies*, 1213 (arch. de l'Emp. L 992). — *Rambouzy*, 1610 (min. de Constant, notaire). — *Rabousie*, 1685 (baill. de Bancigny).

On donnait, en 1783, le nom de *Cense Monaque* à une ferme de Rabouzy, territ. d'Hary (ventes jud. baill. de Vervins). — Papeteries détruites en 1834 et en 1841: celle du Grand-Rabouzy (Vervins) remontait au xviie siècle; celle du Petit-Rabouzy (Hary) avait été établie par Nicolas Walmé, en 1788, sur l'emplacement de la foulerie Genneva, détruite au commencement du xviiie siècle: on voit encore les restes d'un mur de cette foulerie à la rive gauche du bras septentrional du ruisseau.

Rademer, petit fief, c^{ne} de Folembray.

Ragrenet, petit h. et mⁱⁿ à eau, c^{ne} de Chézy-l'Abbaye.

Ragrenet, m^{on} isolée, c^{ne} de Montigny-lez-Condé.

Rague (La), f. c^{ne} de Braye-en-Laonnois; auj. détruite (1718, baill. du chap. cath. de Laon).

Raillimont, h. c^{ne} de Rouvroy. — *Roillemont*, 1340 (arch. de l'Emp. Tr. des ch. reg. 75, pièce 234). — *Rayllimont*, 1671 (arch. comm. de Rozoy-sur-Serre).

Le domaine de Raillimont appartenait autrefois au chapitre de Rozoy-sur-Serre.

Ramassin, h. c^{ne} de Dhuizel. — Uni actuellement à la population agglomérée.

Ramassin, chât. c^{ne} de Martigny-en-Laonnois; détruit.

Ramecourt, h. c^{ne} de Saint-Erme-Outre-et-Ramecourt. — *Ramecort*, 1174 (cart. de l'ab. de Vauclerc, f° 51). — *Ramcourt* (carte de Cassini).

Faisait partie de la châtell. de Montaigu.

Ramée (La), m^{on} isolée, c^{ne} de Dampleux.

Ramée (La), manoir, c^{ne} de Laon. — *Rametum*, 1230 (cart. de l'Hôtel-Dieu de Laon, ch. 248). — *Rameia*, 1246; *Rameya-subtus-Laudunum*, 1254 (ch. de l'abbaye du Sauvoir). — *Rameis*, 1254 (ch. de l'Hôtel-Dieu de Laon, B 31). — Maison de *la Ramée*, 1399 (cart. de Laon, f° 46, baill. de Laon).

Auj. détruit. — On remarque encore des traces de constructions.

Ramettes (Les), h. c^{ne} de Bohain.

Ramicourt, c^{ne} de Bohain. — *Ramincurt*, 1146 (cart. de l'abbaye de Longpont). — *Ramincort*, 1148 (cart. du chap. de Cambrai, Bibl. imp. fonds latin, ms. 10,968). — *Ramelcort*, 1190; *Ramicort*, 1214 (cart. de l'abb. du Mont-Saint-Martin, p. 311 et 574).

Baronnie vassale de la châtell. de Saint-Quentin. — Le village dépendait de la paroisse de Montbréhain avant 1790.

Ramoneries (Les), m^{on} isolée, c^{ne} de Chézy-l'Abbaye.

Ramouzy, f. c^{ne} de Nampcelle-la-Cour. — *Remulciis*, 1178 (suppl. de D. Grenier, 287, Bibl. imp.). — *Ramoesins*, 1231 (arch. de l'Emp. L 993).

Randours, pont, c^{ne} de Vadencourt-et-Bohéries; auj. détruit.

Ranicourt (Grand et Petit), f. et mⁱⁿ à eau, c^{ne} de Juvincourt-et-Dammarie; détruits. — *Ranlii-curtis*, 1082 (Martène, Ampl. coll. t. I, col. 501). — *Randricourt*, *Randricurtis*, 1176 (cart. de Vauclerc, f° 61). — Molendinum de *Ranlicort*, 1234 (cart. de Saint-Thierry de Reims, f° 181). — Via de *Renecourt*, versus *Ranlicourt*, 1244 (cart. de l'abb. de Vauclerc, f° 4). — *Ranicort*, 1246 (cart. de Saint-Thierry de Reims, f° 188). — Saint-Théodulfe de *Ranicourt*, 1542 (collat. des bénéfices du diocèse de Laon, secr. de l'év. de Soissons). — *Ranicourtles-Amye*, 1603; *Ragnicourt*, 1670 (tit. de l'év. de Laon).

Ce hameau, de la paroisse de Dammarie, relevait de l'év. de Laon et avait une église sous le vocable de Sainte-Geneviève, en 1082. Cette église fut donnée, à cette époque, à l'abb. de Saint-Hubert (Ardennes). — Le territoire de Sainte-Geneviève s'étendait entre Amifontaine et Ranicourt: «Territorium *Sancte-Genovefe* situm inter Arneiam et *Randricurtem*, »1161 (cart. de l'abb. de Vauclerc, f° 61).

Ranzy, f. c^{ne} de Dravegny. — *Rarorium*, *Rarerium*, 1156; *Raroi*, 1232; *Raroy*, 1399 (cart. de l'abb. d'Igny, f°s 10, 117, 126 et 128).

Cette ferme appartenait à l'abb. d'Igny.

Ranzy, f. c^{ne} de Villers-Agron-Aiguizy. — Relevait de Véxilly.

Ranizu, f. c^{ne} d'Éparcy. — Elle était contiguë au territ. de Bucilly, lieu dit *l'Arrieu*. — On n'en trouve pas de traces.

Rary, f. c^{ne} de Saint-Pierremont. — *Raheris*, 1144 (cart. de l'abb. de Thenailles, f° 66). — *Raeris*, 1458 (cart. de l'abb. de Foigny, f° 264). — *Raris*, 1536 (acquits, arch. de la ville de Laon).

Auj. détruite. — Elle dépend. autrefois de Bosmont.

Rasset, ruisseau qui sépare les territoires de Saint-Agnan et de la Chapelle-Monthodon et se jette dans le Surmelin à Celles-lez-Condé.

Rassy, h. c^{ne} de Neuilly-Saint-Front. — Racy (carte de Cassini).

Rateint-Tout (Le), petit h. c^{ne} d'Anguilcourt-le-Sart.

Ratentout (Le), mⁱⁿ à eau, c^{ne} de Dorengt.

Rattentout (Le), h. c^{ne} de Mont-Saint-Jean. — Son origine ne remonte qu'à 1815.

Raucouture, petit fief, c^{ne} de Liez. — Rocousture, 1627 (baill. de Chauny, B 1491).

Un bois défriché récemment portait le nom de Raoulcouture.

Rauprè, f. c^{ne} de Parfondeval. — Ropres, 1712 (arch. comm. d'Archon).

Détruite en 1802.

Réaulieu, f. c^{ne} de Neuville-Saint-Amand. — Reulocus, 1168 (cart. de l'abb. d'Homblières, p. 2). — In campo de Reulieu, 1226 (arch. de l'Emp. L 1161).

Auj. détruite. — Elle relevait d'Estrées (arch. de la ville de Saint-Quentin, liasse 261).

Rebert, m^{on} isolée, c^{ne} de Monthenault.

Reculy, fontaine, c^{ne} d'Ognes. — Ru-de-Culy, xive s^e (ch. de l'Hôtel-Dieu de Chauny). — Fontaine du Ruculy, 1656 (baill. de Chauny, B 1444). — Ruculis, Reculis, 1672 (ibid.). — Reculi, 1767 (ibid.).

Reddy, h. c^{ne} de Coulonges. — Redy (carte de Cassini). — Rhaidy, 1768 (arch. comm. de Barzy).

Relevait de la baronnie de Rognac.

Redon, f. c^{ne} de Courboin.

Reget (Le), h. c^{ne} de Wassigny. — Reget-de-Beaulieux, 1779 (élection de Guise).

Reget-de-Colonfay, h. c^{ne} du Sourd. — Reject-de-Colonfay, paroisse de Wiège, 1641 (min. de Wallé, notaire).

Reget-d'en-Bas (Le), h. c^{ne} du Nouvion. — Il est uni actuellement à la population agglomérée.

Reget-d'en-Haut (Le), h. c^{ne} du Nouvion.

Régiment (Le), h. c^{ne} de Landouzy-la-Ville.

Regina ou Glaux-Rose, m^{on} isolée, c^{ne} de Montaigu. — Ainsi nommée parce qu'on y chante le Regina cœli aux Rogations.

Regny, fief, c^{ne} de Condren.

Regnaval, forêt, c^{nes} de Sorbais, Lerzy, Erloy, Englancourt, Buironfosse. — Forest de Regnaulval, 1531 (arch. comm. d'Erloy). — Regnardval, Regnarval, 1611 (baill. des bois de Guise). — Forêt de Renneval, 1612 (terr. de Sorbais).

Regnicourt, h. c^{ne} de Vaux-Andigny. — Reniecourt, 1411 (arch. de l'Emp. J 801, n° 4). — Regniecourt, 1561 (arch. de la ville de Guise). — Regniecourt, 1683 (min. de Gallois, ét. de M. Toffin).

Les quatre fermes de ce hameau appartenaient à l'abbaye de Bohéries et ressortissaient à Guise pour la justice.

Regny, c^{ne} de Ribemont. — Altare de Regni, 1110 (cart. de l'abb. d'Homblières, p. 12). — Reini, 1143 (cart. de l'abb. de Saint-Nicolas-des-Prés de Ribemont, f° 1). — Rengi, 1153 (cart. de l'abb. de Vicoigne, arch. du Nord). — Ecclesia Sancti-Martini-de-Regniaco, 1206 (cart. de l'abb. d'Homblières, p. 32). — Rigni, 1221 (arch. de l'Emp. L 738). — Reigny, 1249 (Livre rouge de Saint-Quentin-en-l'Île, f° 185, arch. de l'Emp. LL 1018). — Rigny, 1344 (cart. AB de l'abbaye de Saint-Quentin-en-l'Île, p. 198). — Reugny, 1594 (arch. de l'Emp. D 20,200). — Paroisse de Saint-Martin-de-Regny, 1710 (arch. comm. de Regny).

La vicomté a été concédée par l'abb. de Vicoigne à l'abb. de Saint-Prix de Saint-Quentin; elle relevait de Ribemont.

Reims, bois, c^{ne} de Vézilly.

Reinscourt, fief et moulin, près du Val-Chrétien; auj. détruit.

Reine, f. c^{ne} de Quierzy. — Cense de Reyne, 1785 (baill. de Quierzy).

Reinette (La), h. c^{ne} d'Hirson. — Rainette, 1630 (min. de Nicolas Roland, notaire). — Reinnette, 1699 (baill. de Ribemont, B 254). — Renette (carte de Cassini).

Ancien fief relevant d'Hirson.

Remaucourt, c^{ne} de Saint-Quentin. — Rumalcurth, 1140; Rumaucourt, xiie siècle (cart. de l'abb. de Vicoigne, arch. du Nord). — Ramalcurt, 1146 (cart. de l'abb. de Longpont). — Rumalcurt, 1152 (arch. de l'Emp. L 998). — Rumaldi-curtis, 1155; Roumancourt, 1168 (cart. de l'abb. d'Homblières, p. 44 et 3). — Romaucourt, 1248 (arch. de l'Emp. L 738). — Roumaucourt, xiiie siècle (cart. de l'abbaye de Fervaques, f° 143). — Remercourt, 1409 (archives de l'Empire, J 802). — Remaulcourt, 1591 (min. de Claude Huart, notaire). — Remaultcourt, 1614 (tit. de l'Hôtel-Dieu de Saint-Quentin).

Remicourt, f. c^{ne} d'Amifontaine. — Altare ville Remicurtis, 1137 (cart. de l'abb. de Saint-Martin de Laon, f° 129, bibl. de Laon). — Remicurt, 1140 (ch. de cette abbaye). — Remicort, 1142; curtis de Remicortis, 1164 (cart. de la même abbaye, t. II, p. 383, 387). — Remycourt, 1474 (ch. de l'év. de Laon).

Cette ferme appartenait à l'abb. de Saint-Martin de Laon dès le xiie siècle et ressortissait à Montaigu pour la justice.

REMICOURT, h. c^ne d'Estrées. — Uni actuellement à la population agglomérée.

REMICOURT, h. c^ne de Saint-Quentin. — Villa *Rumulfi curtis*, 982; *Remicurt*, 1168 (cart. d'Homblières, p. 2 et 29). — *Remicort*, 1251 (cart. de l'abb. de Fervaques).

REMIES, c^ne de Crécy-sur-Serre. — *Remeie*, 1121 (Chron. de Nogento, p. 221). — Villa que dicitur *Remiis*, 1167 (ch. de l'abb. de Saint-Nicolas-des-Prés de Ribemont). — *Remyez*, 1340 (Bibl. imp. fonds latin, ms. 9228). — *Remyes*, 1342 (ch. du chap. cath. de Laon). — *Remy*, 1462 (Journal des assises du baill. de Vermandois). — *Remyez*, 1486; *Remye*, 1517 (comptes de l'Hôtel-Dieu de Laon, E 23, E 45). — Paroisse de *Remye-et-Aumencourt*, 1695 (état civil de Remies, trib. de Laon).

La seigneurie appartenait au chap. cath. et relevait de la châtell. de la Fère.

REMIGNY, c^ne de Moy. — *Ruminiacus* in pago Vermandensi, 879 (Mabillon, *De Re diplomatica*, p. 548). — Territorium *Ruminiacense*, 1135 (cart. de l'abb. d'Ourscamp, f° 218, arch. de l'Oise). — Villa de *Remiliaco*, 1223 (cart. de l'abb. d'Homblières, p. 5). — *Rumigni*, 1269 (cart. de l'abb. de Fervaques, f° 73, Bibl. imp.). — *Rumeigni*, 1295 (cart. H de l'hôtel de ville de Saint-Quentin, n° 54). — *Rumegni*, 1303 (actes du chap. cathédral de Laon, coll. de M. Hidé). — *Remigni*, 1615 (baill. de Chauny, B 1479).

Dépendait du duché de Saint-Simon et ressortissait au bailliage de Chauny. — La seigneurie relevait de Vendeuil; la mairie, de Chauny.

REMISE (LA), maison isolée, c^nes de Monthiers et de Terny-Sorny.

REMONVOISIN, h. c^ne de Neuilly-Saint-Front. — *Renonvoisin*, xve s^e (obituaire, arch. comm. de Priez). — *Remontvoisin*, 1478 (Hôtel-Dieu de Soissons, 149). — *Remonvoisain*, 1627 (arch. comm. de Priez).

Relevait de Neuilly-Saint-Front.

RENANSART, c^ne de Ribemont. — *Ernansart*, 1171 (cart. de l'abb. de Saint-Martin de Laon, t. III, p. 131). — *Ernandsart*, 1239 (ch. de l'abb. de Saint-Vincent de Laon). — *Ernandisartus*, 1340 (Bibl. imp. fonds latin, ms. 9228). — *Ernansart*, 1494 (arch. de l'Emp. P 248-2). — *Renanssart*, 1455 (délibér. arch. de la ville de la Fère). — *Renansar*, 1727 (arch. comm. de Renansart). — *Renansard*, 1750 (bureau des vingtièmes de Soissons).

La vicomté relevait de la Ferté-sur-Péron et de Ribemont.

RENARD, f. c^ne de Chouy; auj. détruite. — Elle appartenait au chap. cath. de Soissons.

RENARDEAUX, h. c^ne de Chézy-l'Abbaye. — Uni actuellement au hameau des Roches.

RENAULT ou ALLEIN, ruisseau qui prend sa source à Coucy-la-Ville, où il alimente l'étang et le moulin de la Feuillie, et se jette dans l'Ailette à Auffrique-et-Nogent. — Son parcours est de 2,500 mètres.

RENEUIL, f. c^ne d'Aulnois. — *Renolus*, 1147; *Renolium*, *Reninol*, xiie s^e; domus de *Renueil*, 1214; domus de *Renolis*, 1262 (ch. de l'abb. de Saint-Nicolas-aux-Bois). — *Renuel*, 1336 (ch. de l'abb. de Saint-Vincent de Laon). — *Renol*, 1411 (arch. de l'Emp. J 801, n° 4). — *Reneulle*, 1568 (acquits, archives de la ville de Laon). — *Rencuille*, 1710 (intend. de Soissons, C 320). — *Renoeil*, 1798 (chambre du clergé du dioc. de Laon).

Ce domaine appartenait, dès le milieu du xiie s^e, à l'abb. de Saint-Nicolas-aux-Bois et relevait de la châtellenie de Pierrepont.

RENNEVAL, c^ne de Rozoy-sur-Serre. — *Raineval*, 1220 (cart. de l'abbaye de Saint-Denis, f° 96, arch. de l'Emp.). — *Rayneval*, 1317; *Reneval*, 1340 (arch. de l'Emp. Tr. des chartes, reg. 55, pièces 68 et 209). — *Raineval*, 1405 (*ibid.* J 801, n° 1). — *Reyneval*, 1531 (coll. des bénéfices du diocèse de Laon, secrét. de l'év. de Soissons). — *Raynneval*, 1571 (délibérations de la chambre des comptes de la Fère). — *Rainevalle*, 1675; *Rennevalle*, 1684; *Reineval*, 1687 (état civil de Renneval, trib. de Laon).

La moitié de la seigneurie faisait partie, en 1383, de la châtell. de Montcornet; l'autre relevait de cette châtellenie (arch. de l'Emp. P 136; transcrits de Vermandois).

RENOCQ ou SERPE, b^r, c^ne de Leuze. — Relevait de la châtell. de Martigny.

RENOUARD, bois, c^ne de Bosmont.

RENUDERIE (LA), f. c^ne de l'Épine-aux-Bois.

RÉSIGNY, c^ne de Rozoy-sur-Serre. — *Lisiniacus*, 867 (dipl. de Charles le Chauve; Doublet, *Hist. de l'abb. de Saint-Denis*, p. 802). — *Resignis*, 1405 (arch. de l'Emp. J 801, n° 1). — *Rezigny*, 1564 (tit. de l'abb. de Bonnefontaine, arch. des Ardennes).

Marquisat relevant de Rozoy-sur-Serre et de Brunehamel (arch. de l'Emp. P 136; transcrits de Vermandois). — La paroisse dépendait de la cure de Grandrieux.

RESSIGNY, f. et fief, c^ne de Vervins. — *Ressigny*, 1664 (baill. de Vervins).

Ce fief était situé près de l'hôpital de Vervins et relevait de la seign. de cette ville. — Ferme auj. détruite.

RESSON, h. c^ne de Latilly.

RESSONS, f. c^ne du Mont-Saint-Martin. — *Ressun*,

1132; *Reisun*, 1150 (cart. de l'abb. d'Igny, f° 1, 2 et 85). — *Arçon* (carte de Cassini).

Cette ferme appartenait à l'abb. d'Igny.

Ressons-le-Long, c^{on} de Vic-sur-Aisne. — *Ressontius*, 858 (cart. de l'abb. de Notre-Dame de Soissons, f° 33). — *Resson*, 1154 (cart. de l'abb. de Saint-Crépin-le-Grand de Soissons, p. 9). — *Resuns*, 1183 (coll. de D. Grenier, 24° paquet, n° 26, Bibl. imp.). — *Ressons*, 1254 (suppl. de D. Grenier, 295, Bibl. imp.). — *Ressons*, 1254; *Ressons-Longus*, 1281 (cart. de l'abb. de Notre-Dame de Soissons, f°s 337, 373). — In villa de *Resons*, 1283; villa de *Ressonio*, 1329; *Ressons-le-Lonc*, 1339 (arch. de l'Emp. L 1004). — *Reson*, 1396 (Manuel des dépenses de l'Hôtel-Dieu de Soissons, 323). — *Resons-de-Loncq*, 1442 (comptes du même Hôtel-Dieu, 340). — *Ression-le-Long*, 1551 (cart. de l'abb. de Notre-Dame de Soissons, f° 410).

Seigneurie et mairie relevant de Pierrefonds. — La vicomté appartenait à l'abb. de Notre-Dame de Soissons.

Rest, forêt, c^{nes} de Pisseleux, Fleury et Haramont. — Boscum de *Rest*, 1239 (arch. de l'Emp. L 1005). — Foresta *Resti*, 1265 (cart. de l'abb. de Saint-Jean-des-Vignes, bibl. de Soissons).

Réteau (Le), h. c^{ne} de Fontenelle.

Retheuil, c^{ne} de Villers-Cotterêts. — *Restolium*, 1211 (cart. du chap. cath. de Soissons, f° 176). — *Restuel*, 1216 (cart. de l'abbaye de Saint-Jean-des-Vignes, f° 58, Bibl. imp.). — *Restueil*, 1261 (cart. de la même abb. bibl. de Soissons). — *Rotheul*, 1573 (pouillé du dioc. de Soissons, f° 29).

Rethueil, h. c^{ne} de Bohain. — *Resteules*, 1130 (Mém. du Vermandois, t. II, p. 275). — *Restolie*, 1143 (cart. de l'abb. de Saint-Nicolas-des-Prés de Ribemont, f° 1, arch. de l'Emp.). — *Rutus*, 1145 (cart. de l'abb. d'Homblières, p. 7). — *Resteulia*, 1167 (ch. de l'abb. de Saint-Nicolas-des-Prés). — *Restuenles*, XII° s° (cart. de l'abb. de Vermand, f° 3). — *Reteuil*, 1255 (arch. de l'Emp. Tr. des ch. reg. 30, pièce 245). — *Retheulle*, 1586 (*ib.* J 791). — Cense de *Rosteuil*, 1647 (insin. du baill. de Saint-Quentin). — Cense de *Retheul*, 1680 (arch. comm. de Bohain).

La moitié de la seigneurie relevait de la vicomté de Gergny.

Retourne, rivière qui afflue dans l'Aisne près de Neufchâtel et qui n'a, dans le département de l'Aisne, qu'un parcours de 1,200 mètres; elle alimente le moulin de Neufchâtel. — *Retoune*, 1384 (arch. de l'Emp. P 136; transcrits de Vermandois).

Retourne-Loup, h. c^{ne} d'Essises. — *Tourneloup* (carte de Cassini).

Retourne-Loup, m^{on} isolée, c^{ne} de Vendières.

Reuil, h. c^{ne} de Vincy-Reuil-et-Magny. — *Rueil*, 1244 (cart. de l'abbaye de Thenailles, f° 48). — *Royt*, XIV° s° (arch. de l'Emp. P 136; transcrits de Vermandois). — *Roii*, 1405 (arch. de l'Emp. J 801, n° 1). — *Roye*, 1411 (*ibid.* n° 4). — *Roeu*, 1504 (tit. de l'abbaye de Bonnefontaine, arch. des Ardennes). — *Reux* (carte de Cassini).

Dépendait autrefois de la seigneurie de Montcornet (arch. de l'Emp. P 136).

Reuilly-Sauvigny, c^{ne} de Condé. — *Rœuilly-Sauvigny*, 1681; *Reuilly-Sauvigny*, 1692; *Reuilly-en-Champagne*, 1782 (arch. comm. de Reuilly-Sauvigny).

Le village dépendait du doyenné de Dormans.

Reuly, h. et mⁱⁿ à eau, c^{ne} de Cointicourt.

Reumont, bois, c^{ne} de Vauxaillon. — Ce bois se trouve près du hameau de Champvailly.

Révillon, c^{ne} de Braine. — *Revillion*, 1528; *Revilon*, 1537 (comptes de Roucy, cab. de M. d'Imécourt). — *Errillon*, 1630 (chambre du clergé du dioc. de Laon). — *Ervillion*, 1645 (tombe de Nicole de Creille, en l'église de Révillon). — Paroisse de *Saint-Hilaire-de-Revillon*, 1698 (arch. comm. de Révillon).

La seigneurie relevait de Roucy, où le village ressortissait pour la justice.

Rhône (Le), mⁱⁿ à eau, c^{ne} de Gandelu.

Rud, h. et mⁱⁿ à eau, c^{nes} de Cys-la-Commune et de Saint-Mard. — *Ilid*, 1208 (arch. de l'Empire, L 1168).

Ribaudes (Les), h. c^{nes} de Crécy-au-Mont et de Leuilly.

Ribaudon, mⁱⁿ à eau, c^{ne} de Soupir. — Molendinum de *Riboldun*, 1173 (ch. de l'abb. de Saint-Nicolas-des-Prés de Ribemont). — Molendinum de *Riboudon*, 1250 (suppl. de D. Grenier, 289, Bibl. imp.). — *Ribodon*, 1268 (arch. de l'Emp. L 995). — *Ribauldon*, 1630 (tit. de l'év. de Laon).

Ce moulin doit son nom à un petit ruisseau qui prend sa source à Vendresse, passe à Verneuil-Courtonne et se jette dans l'Aisne à Moussy, après avoir alimenté trois moulins à blé, et dont le parcours n'est que de 485 mètres. — Ce cours d'eau est aussi connu sous le nom de *la Pissotte*.

Ribeaufontaine, f. c^{ne} de Dorengt. — Ville de *Ribaufontaine*, 1334 (cart. de la seign. de Guise, f° 179). — *Ribaufontaine*, 1413 (arch. de l'Emp. J 801, n° 5). — *Ribaulfontaine*, 1575; *Ribaufontayne*, 1609 (arch. de la ville de Guise). — *Riboisfontaine* (carte de Cassini).

Cette ferme appartenait à l'abb. de Prémontré.

Ribeauville, c^{ne} de Wassigny. — *Ribaudivilla*, 1248 (cart. de l'abb. de Foigny, f° 259, Bibl. imp.). —

Ribauville, 1297 (arch. de l'Emp. L 992). — *Ribouville* (carte de Cassini).

Ribeauville était de l'ancien Cambrésis, diocèse de Cambrai, archidiaconé de Cambrésis, doyenné rural du Cateau-Cambrésis. — La seigneurie relevait de Guise.

RIBEAUVILLE, h. c^{ne} d'Aubenton. — *Riboiville*, 1684 (baill. d'Aubenton, B 2504). — *Ribauville*, 1730 (baill. de Ribemont, B 225).

Ce hameau doit son origine à un fort construit en 1568 (baill. de Ribemont, B 201).

RIBEAUVILLE OU FLAVIGNY, petit fief, c^{ne} de Buironfosse. — Ce fief relevait de Guise. Il tenait aux territoires de Chigny et de Leschelle.

RIBEFOSSE, fief, c^{ne} de Crécy-au-Mont. — Relevait de Coucy-le-Château.

RIBEMONT, arrond. de Saint-Quentin. — *Ribudimons*, 1083; *Ribotmons*, 1084 (suppl. de D. Grenier, 287, Bibl. imp.). — *Ribelmont*, 1142 (ch. de l'abb. de Prémontré). — In territorio de *Ribemunt*, 1176 (cart. de l'abb. de Saint-Denis, f° 245, arch. de l'Emp. LL 1158). — *Ribomont*, 1183 (cart. de l'abb. de Saint-Michel, p. 149). — *Ribemons*, xii° siècle (Hist. de France, t. XIII, p. 554 B). — *Ribaudimons*, 1208 (coll. de D. Grenier, 16° paquet, n° 2). — *Ribuemont*, *Ribmont*, 1208 (cart. de l'abb. de Saint-Nicolas-des-Prés de Ribemont, f° 57, arch. de l'Emp.). — *Ribemont*, 1278 (grand cart. de l'év. de Laon, ch. 171). — *Ribeumont*, 1297 (cart. de l'abb. de Saint-Martin de Laon, t. II, p. 257). — *Ribedimons*, 1363 (arch. de l'Emp. Tr. des chartes, reg. 95, n° 99). — *Rebemont*, 1404 (comptes de l'Hôtel-Dieu de Laon, E 6). — *Ribemont*, 1581 (reg. de la maison de paix, arch. de la ville de la Fère). — *Ribemont-en-Thiérasse*, 1623 (arm. 2, n° 49, abb. de Corbie, arch. de la Somme). — *Riblemont*, 1700 (tombe d'Antoine de France, gouverneur de Ribemont, en l'église de Monthiers). — *Ribemont-en-Thiérache*, 1765 (baill. de Ribemont, B 230, arch. de l'Aisne).

Ribemont était chef-lieu d'un comté uni en décembre 1646 au duché de Guise; d'un doyenné rural de l'archidiaconé de Thiérache; d'une prévôté royale unie le 25 juin 1742 au bailliage de Ribemont. Les appels de ce bailliage, qui remonte au xiv° siècle, étaient portés directement au parlement de Paris. Ce bailliage a été incorporé au duché de Guise et la translation du chef-lieu a été faite dans cette ville en 1768, conformément aux édits de décembre 1764 et de mai 1766. Ribemont était aussi chef-lieu d'une subdélégation de l'élection de Laon, et enfin d'un gouvernement militaire dont les dépendances ont été unies à celui de Saint-Quentin par le roi Louis XIV. Ribemont, Alaincourt, Berthenicourt, Châtillon-sur-Oise, Fontaine-Notre-Dame, Mézières, Moy, Regny, Sissy, Torcy et Villancet faisaient partie de ce gouvernement.

Doyenné rural, qui comprenait les cures suivantes : Alaincourt, Anguilcourt, Bernot, Berthenicourt, Brissay-Choigny, Brissy, Châtillon-sur-Oise, Chevresis-Notre-Dame, Fay-le-Noyer-et-Surfontaine, Harnégicourt, Mézières, Mayot et Achery, le Mont-d'Origny, Montigny-en-Arrouaise, Moy, Neuvillette, Nouvion-l'Abbesse, Nouvion-le-Comte, Origny-Sainte-Benoîte, Parpeville, Pleineselve, Renansart, Ribemont, Sery et Saint-Denis-de-Ribemont, Sissy et Villers-le-Sec.

Bailliage, châtellenie et prévôté. Leurs limites étaient celles des territoires des localités suivantes qui en dépendaient : Saint-Michel, Mondrepuis, Clairefontaine, Rocquigny, la Flamangrie, Papleux, Fontenelle, le Nouvion, Barzy, Fesmy, Oizy, Wassigny, Ribeauville, Saint-Martin-Rivière, Mennevret, Vaux-Andigny, Escaufourt, Honnechies, Becquigny, Bohain en partie (depuis 1737), Seboncour, Étaves-et-Bocquiaux, Montigny-Carotte, Fieulaine, Fontaine-Notre-Dame, Marcy, Regny, Sissy, Châtillon-sur-Oise, Mézières, Berthenicourt, Alaincourt, Harnégicourt, Brissy, Brissay-Choigny, Mayot, Anguilcourt, le Sart en partie, Nouvion-l'Abbesse (depuis 1737), Richecourt, Chevresis-les-Dames, la Ferté-Chevresis en partie, Chevresis-le-Meldeux, Monceau-le-Vieil, Monceau-le-Neuf, le Hérie-la-Viéville, Sains-ci-Richaumont, Lemé en partie, le Sourd, Proisy, Marly, Saint-Algis, Autreppes, Étréaupont en partie, Effry, Origny, la Hérie en partie (depuis 1737), Bucilly, Martigny, Besmont, Aubenton, Any-Martin-Rieux, Wattigny et la Neuville-aux-Joutes.

La subdélégation comprenait Ribemont, Alaincourt, Bernot, Berthenicourt, Châtillon-sur-Oise, Chevresis-le-Meldeux, Chevresis-Notre-Dame, Fay-le-Noyer-et-Surfontaine, le Hérie-la-Viéville, Landifay, Mesbrecourt, Mézières, Monceau-le-Neuf, Monceau-le-Vieil, Montigny-sur-Crécy, Moy, Parpeville, Pleineselve, Richecourt, Sery-les-Mézières, Sissy, Villers-le-Sec.

Ribemont fut, en 1790, chef-lieu d'un canton du district de Saint-Quentin dont la circonscription n'a point varié.

Les armoiries de Ribemont sont : *de gueules à une montagne d'argent surmontée d'un soleil d'or et accostée de deux gerbes de même, et un chef d'azur chargé de trois fleurs de lys d'or.*

Ricault, fief, c¹¹ de Champs et de Guny. — Relevait de Coucy-le-Château.

Ricaut ou Tertre, petit fief, c⁰ᵉ de Gouy.

Richaumont, h. cᵈᵉ de Sains. — *Richautmont*, 1541 (cab. de M. Gauger, arpenteur à Mayot). — *Richaulmont*, 1568 (arch. de la ville de Guise).

La seigneurie relevait de Guise.

Richebourg, h. cᵗᵉˢ de Chivres et de Nogent-l'Artaud.

Richecourt, h. cⁿᵉ de Mesbrecourt-Richecourt. — Villa que dicitur *Rogiscurtis*, 1167; *Rogiscurtis*, 1197 (ch. de l'abb. de Saint-Nicolas-des-Prés de Ribemont). — *Communitas de Rigescort*, 1221 (ch. de l'Hôtel-Dieu de Laon, B 77). — *Rigecort*, 1246 (arch. de l'Emp. S 4950, n° 16, sceau). — Villa de *Rigecourt*, 1261 (ch. de l'abb. de Prémontré). — *Regiscourt*, 1278 (grand cart. de l'évêché de Laon, ch. 171). — *Rigicourt*, 1331 (ch. de l'Hôtel-Dieu de Laon, B 11). — *Richecour*, 1700 (baill. de Ribemont, B 442).

Ancien domaine des chevaliers de Malte de Laon. — Vicomté vassale de la Ferté-sur-Péron. — La commune de Richecourt a été unie à celle de Mesbrecourt par ordonnance royale du 18 août 1845.

Richée (La), mⁿ isolée, cⁿᵉ de Saint-Eugène.

Richemont, f. et chât. cⁿᵉ de la Neuville-Bosmont. — *Ruichemont*, *Ruschemont*, 1209; *Ruissemont*, 1270 (ch. de l'abb. de Saint-Vincent). — Ecclesia Sancte Marie Magdalene de *Roucemont*, ejusque succursus Sancti Nicolai de Sartaux, 1543 (coll. des bénéfices du dioc. de Laon, secrét. de l'év. de Soissons). — *Ruchemont*, 1555 (taxe des décimes du dioc. de Laon, év. de Laon). — *Richaumont*, 1709 (intend. de Soissons, C 274).

Le fief de Richemont relevait de Vervins. Le manoir seigneurial était au lieu dit *le Bas-Lieu*.

Richmont formait avec Certeau une paroisse sous le vocable de Sainte-Marie-Madeleine. Cette ferme a été unie à la Neuville-Bosmont par arrêté de l'administration départementale du 17 novembre 1791.

Rie, forêt située entre le Charmel, Barzy, Passy et Tréloup. — Foresta de *Rie*, 1165; nemus *Ri*, xii° s° (cart. d'Igny, fᵒˢ 179 et 26). — Forest de *Rye*, 1524 (arch. comm. de Brécy).

Cette forêt appartenait à l'abb. d'Igny; on la désignait, au xviii° siècle, sous le nom de *Villardel*.

Riencourt, h. cⁿᵉ d'Essigny-le-Grand.

Rieu, f. cᵗᵉˢ de Bucy-lez-Cerny, de Crépy ou de Molinchart; auj. détruite. — *Rivulus*, 1125 (suppl. de D. Grenier, 286, Bibl. imp.). — Alodium de *Riu*, 1183 (*ibid.* 291).

Rieux (Les), petit ruisseau affluent de celui de Villiers-sur-Marne. — Parcours : 3,840 mètres.

Riez-de-Cugny (Les), h. cⁿᵉ de Cugny. — *Les Erriers* (carte de Cassini).

Rigole (La), mⁿ isolée, cⁿᵉ de Vadencourt-et-Bohéries.

Rigolles (Les), f. et petit mⁿ à eau, cⁿᵉ de Wattigny. — Moulin de *Rigole*, 1702 (baill. de Ribemont, B 221). — Ferme de *Rigolle*, 1780 (baill. de Bobigny, arch. de l'Aisne).

Le moulin donne son nom à un petit affluent du Gland à Wattigny.

Rimbauval, petit fief, cⁿᵉ de Marest-Dampcourt. — Il relevait du fief de Nivelon.

Ringeat (Le), h. cⁿᵉ de Coingt. — Cense de *Ranga*, 1504; cense de *Rengea*, 1526 (tit. de l'abb. de Bonnefontaine, arch. des Ardennes). — *Rainja*, 1722 (aud. baill. de Bancigny). — *Ringea* (carte de Cassini).

Ce hameau donne son nom à un ruisseau qui prend sa source à Coingt, alimente les moulins du Ringeat et des Blancs-Monts et se jette dans le ruisseau d'Iviers à Saint-Clément. — Son parcours est de 1,787 mètres.

Riqueval, h. cⁿᵉ de Bellicourt. — *Richeval*, *Rikeval*, 1178 (cart. de l'abb. du Mont-Saint-Martin, p. 615 et 676). — *Ricqueval*, 1363 (Livre rouge de l'abb. de Saint-Quentin-en-l'Ile, f° 325, arch. de l'Emp. LL 1018).

On remarque dans ce hameau l'entrée du canal souterrain de Saint-Quentin.

Riqueval, mⁿ isolée, cⁿᵉ de Bobain. — Construite vers 1844.

Risemont, fⁿᵉ, cⁿᵉ de Septvaux.

Risquetout, mⁿ à eau, cⁿᵉ de Martigny.

Riture, h. cⁿᵉ de Saint-Eugène.

Riu, f. cⁿᵉ de Deuillet; auj. détruite. — Allodium de *Rivo*, 1145; Allodium de *Riu*, 1178 (Chron. de Nogento, p. 129).

Rivelons ou de Rest (Ru des), ruiss. qui prend sa source à Puiseux, traverse les territ. de Montgobert et de Cœuvres, sépare ceux de Cutry et de Laversine, passe à Saint-Bandry et se jette dans l'Aisne à Ambleny. — Il alimente, dans un parcours de 15,776 mètres, treize moulins à blé et une scierie.

Rivery, petit fief, cⁿᵉ de Vaux-Andigny. — Relevait de Guise.

Rivière, Petit-Rivière ou Petit-Bout, h. cᵗᵉ de Berny-Rivière. — *Riparia*, 1272 (Olim. t. I, p. 918). — *Ripparia*, 1284 (*ibid.* t. II, p. 240). — *Rivyere*, 1626 (arch. de l'hôpital de Soissons).

Rivière (La), archidiaconé du dioc. de Soissons comprenant les doyennés ruraux de Béthizy, Blérancourt, Coyolles et Vic-sur-Aisne. — *Ripparia*, 1490 (comptes de l'Hôtel-Dieu de Soissons, f° 64). — *Rivyère*, 1626 (hôpital de Soissons).

Rivière (La), faubourg de Vailly.

Rivièrette (La), bras de l'Oise à la Fère alimentant des moulins à blé et à huile. — Son parcours est de 3,450 mètres.

Rivièrette-d'Happencourt (La), ruisseau qui prend sa source à Happencourt, traverse ensuite le territoire d'Artemps en partie et se jette dans la Somme à Tugny; il n'alimente point d'usine. — Son parcours est de 3 kilom. 8 hectomètres.

Roardoux, petit fief, c^{ne} de Beauvois. — Vassal de Guise.

Robbé, h. c^{nes} de Guise et de Vadencourt-et-Bohéries. — *Robes*, 1289 (arch. de l'Emp. L 1156).

La ferme de Robbé dépendait de la maladrerie de Guise; elle a été donnée, en 1610, aux Minimes de la même ville.

Robert-Champ, f. c^{ne} de la Malmaison. — *Robercamp*, 1181; *Robertcamp*, xiie siècle (cart. de l'abb. de Vauclerc, f°s 31 et 35). — *Roberticampus*, xiiie s^e (arch. de l'Emp. L 996). — *Robertchamp*, 1568 (acquits, arch. de la ville de Laon). — *Robertchamps*, *Roberchamps*, 1675 (arch. comm. de la Malmaison).

Cette ferme appartenait à l'abb. de Vauclerc; elle a été unie à la Malmaison par arrêté de l'administration départementale de l'Aisne, du 21 octobre 1791.

Robertcourt, f. c^{ne} de Saint-Erme-Outre-et-Ramecourt. — *Roberti curtis*, 1156 (cart. de l'abb. de Vauclerc, f° 21). — Grangia de *Roberticurt*, 1176 (suppl. de D. Grenier, 292, Bibl. imp.). — *Robercurt*, 1176; *Roberti curia*, 1192 (cart. de l'abb. de Vauclerc, f°s 61 et 89). — *Cense-aux-Croseilles*, 1756 (chambre du clergé du diocèse de Laon). — *Cense-des-Groseilles* (carte de Cassini).

Le nom de cette ferme vient de Robert le Diable, qui la vendit, en 1156, à l'abb. de Vauclerc.

Robertfay, petit h. c^{ne} de Luzoir. — Construit sur l'emplacement d'un bois défriché.

Robignaules (Les), petit ruisseau qui prend sa source à Origny et se jette dans le Ton sans alimenter une usine. — Son parcours est de 2,384 mètres.

Robinet (Le), m^{in} à eau, c^{ne} de Joantes.

Robinette (La), f. c^{ne} de Landouzy-la-Cour. — Cette ferme appartenait à l'abb. de Foigny et fait partie des fermes de Belleperche.

Robiseux (Le), m^{on} isolée, c^{ne} de Bergues. — *Robisuel*, 1229; *Rubisuel*, 1240 (cart. de l'abb. de Foigny, f°s 257 et 266, Bibl. imp.). — Maison dou *Robiseul*, 1261; *Roubisuel*, 1335; fief du *Robissueil*, 1394 (cart. de la seign. de Guise, f°s 11, 189, 324).

— *Robiul*, 1398 (arch. de l'Empire, P 135; transcrits de Vermandois). — *Robizeux* (carte de Cassini).

Relevait du Nouvion.

Roc (Le), f. c^{ne} de Cessières; auj. détruite. — Elle a laissé son nom à un petit ruisseau qui traverse les territoires de Laniscourt, Montbavin, Molinchart et Cessières. Il n'alimente aucune usine dans un parcours de 4,400 mètres.

Rochais (Les), f. c^{ne} de Montfaucon. — *Les Rochets* (carte de Cassini).

Roche (La), h. c^{ne} de Braine. — *La Roche-des-Fées*, 1242 (cart. du chap. cath. de Soissons, f° 249). — *Roche-Feretz*, 1691; *Roche-Feret*, 1706; *Roche-Ferret*, 1714; *Roche-Feret*, 1725 (tit. de l'abbaye de Notre-Dame de Braine). — *Roche-Ferrée* (carte de Cassini).

Cette ferme appartenait à l'abb. de Notre-Dame de Soissons. Elle donne son nom à un petit ruisseau, affluent de la Vesle à Braine, dont le parcours est de 2,340 mètres.

Roche (La), h. c^{ne} de Courmelles.

Roche (La), petit fief, c^{ne} d'Hamégicourt. — Relevait de Regny et de Thenelles.

Roche (La), m^{in} à eau, c^{ne} d'Osly-Courtil.

Roche (La), h. c^{ne} de Vieil-Arcy. — *Grande-Roche* (carte de Cassini).

Rochefont, f. c^{ne} d'Ostel. — *Rougefort*, 1754 (baill. du chap. de Laon).

Rochefort, c^{ne} de Saint-Michel. — *Rupes fortis*, 1183 (cart. de l'abb. de Saint-Michel, p. 35). — *Rocheffort*, 1405 (arch. de l'Emp. J 801, n° 1).

Le moulin de ce lieu appartenait à l'abb. de Saint-Michel. — Rochefort forme aujourd'hui le centre du bourg de Saint-Michel.

Roche-le-Comte (La), fief, c^{ne} de Pontarcy. — Grangia de *Ruppe*, 1238 (ch. de l'abb. de Saint-Yved de Braine).

Dépendait de la baronnie de Pontarcy.

Rochelle (La), h. c^{ne} d'Escaufourt. — Uni actuellement à la population agglomérée.

Rochelle (La), m^{on} isolée et m^{in} à vent, c^{ne} de Sissonne. — Leur construction remonte à 1864.

Rochelle (La), m^{in} à eau, c^{ne} de Vauxaillon.

Rochemont, ferme, c^{ne} de Pommiers. — *Rochis*, 1047 (diplôme de Henri Ier en faveur de l'abb. de Saint-Médard de Soissons).

Roches (Le), petit ruisseau affluent de celui de Vieux-Prés à la Chapelle-Monthodon. — Il n'alimente pas d'usine. — Son parcours est de 1,600 mètres.

Roches (Les), h. c^{nes} de Berny-Rivière, Chézy-l'Abbaye, Pargny, Verdilly.

Roches (Les), m^ìa à eau, c^ne de Bucy-le-Long. — Molendinum ad Rupes, 1137; Molendinum de Rocheis, xiie siècle (ch. de l'abb. de Prémontré). — Molendinum de Rochis, 1151 (musée de Soissons). — Molendinum de Rupibus, 1172 (ch. de l'abb. de Ham, Arm. 3, arch. du Pas-de-Calais).

Roches (Les), m^on isolée, c^ne de Chacrise.

Roches (Les), h. c^nes de Chézy-l'Abbaye, de Pargny et de Verdilly.

Roches (Les), f. c^ne de Jouy. — Maison des Roches ou Rouge-Maison, 1601 (tit. de l'abb. de Saint-Crépin-le-Grand de Soissons).

Cette ferme était déjà détruite en 1601.

Roches (Les), f. c^ne de Vierzy; auj. détruite. — Roches-les-Berzy, 1475 (arch. de l'hôpital de Soissons).

Elle appartenait autrefois à la maladrerie de Saint-Lazare de Soissons et elle avoisinait le territoire de Berzy-le-Sec.

Rochets (Les), f. et bois, c^ne de Château-Thierry. — Nemus de Rocheel, 1267 (ch. de l'abb. d'Essommes). —Bois de Rochetz, 1693 (maîtrise des eaux et forêts de Soissons).

Ancien domaine de l'abbaye d'Essommes. — Le bois appartenait au territoire de cette dernière localité et contenait 230 arpents (même source).

Rochettes (Les), h. et m^in à eau, c^ne de Saint-Michel. — Uni actuellement à la population agglomérée.

Rochettes (Les), h. c^ne de Vieil-Arcy.

Rocouat, c^ne de Neuilly-Saint-Front. — Ruecort, 1030 (arch. de l'Emp. L 1000). — Roocurt, xiiie siècle (cueilleret de l'Hôtel-Dieu de Soissons, 191). — Raocourt, 1316 (ch. de l'Hôtel-Dieu de Soissons, 192). — Raucourt, 1668 (arch. comm. de Rocourt).

Relevait d'Oulchy-le-Château.

Rocourt, fief, c^ne d'Autremencourt.

Rocourt, fief, c^ne de Caumont. — Vassal de Quierzy.

Rocourt, h. et m^in à eau, c^ne de Saint-Quentin. — Rufficurtis, 1045; Rodulficurtis, 1076; Radulficurtis, 1092 (Claude Héméré, Augusta Viromanduorum vindicata et illustrata, preuves, p. 36, 37 et 13a). — Rouecourt, 1110 (cart. AA de l'abb. de Saint-Quentin-en-l'Île, p. 13). — Roulcourt, villa de Roucourt, 1252 (Mémoires du Vermandois, t. II). — Roucourt, Roocourt, 1310 (cart. de l'abb. de Saint-Quentin-en-l'Île, f° 35 v°, arch. de l'Emp. LL 1016). — Raulcourt, 1586 (tit. de l'abb. de Saint-Prix). — Raucourt, 1735 (intend. d'Amiens, C 801).

La ferme et le moulin de Rocourt appartenaient à l'abb. de Saint-Prix.

Rocu (Le), f. c^ne de Blesmes. — Ferme du Roc (carte de Cassini).

Rocq-André (Le), f. c^ne de Landouzy-la-Cour; auj. détruite. — Cense de Rocandrie, 1670 (min. de Carré, notaire).

Cette ferme appartenait à l'abbaye de Foigny et dépendait du domaine de Belleperche.

Rocquemont, fief, c^ne de Montigny-l'Allier. — Appartenait à la comm^rie de Moisy-le-Temple.

Rocquignicourt, village auj. détruit, c^ne d'Ébouleau. — Rokignicourt, 1132 (cart. de l'abb. de Saint-Martin de Laon, f° 54, bibl. de Laon). — Roquignicort, 1143; Rokenicurtis, villa de Rokenicort, 1147 (cart. de la même abbaye, t. II, p. 384 et 395). — Rokegnicourt, 1160 (cart. de cette abb. f° 14, bibl. de Laon). — Rochinicort, 1161; Rocnicurt, 1165 (ch. de la même abbaye). — Roukinicurtis, 1166 (cart. de l'abb. de Saint-Martin de Laon, f° 224, bibl. de Laon). — Rokengicourt, 1169 (ch. de cette abb.). — Roquinnecourt, 1194 (cart. de l'abb. de Vauclerc, f° 87). — Rokignicort, 1239 (Hôtel-Dieu de Laon, B 16). — Roquignicourt, 1383 (ch. de l'Hôtel-Dieu de Laon, B 68). — Roquingnicourt, 1474 (ch. de l'év. de Laon). — Cense du Rocquet, 1500 (comptes de la châtellenie de Pierrepont, cabinet de M. d'Imécourt). — Roquinicourt, 1692 (arch. de Laon, état civil de Saint-Remy-Placé). — Roquet, 1702 (tit. de l'év. de Laon).

Un lieu dit le Roquet indique encore la situation de ce village au plan cadastral d'Ébouleau. Un dénombrement de la châtell. de Pierrepont, du 1er octobre 1474, porte cette mention : «laquelle ville est totalement détruite et en ruyne et de nulle valeur à l'occasion de la guerres» (év. de Laon). — La seign. appartenait en partie, au xviie siècle, aux religieuses de la Congrégation de Laon et ressortissait à Pierrepont par la justice.

Rocquigny, c^ne de la Capelle. — Villa in Therasca nomine Rocheni, 1144 (mém. ms. de l'Élcu, t. I, f° 381). — Roquignies, 1203; Rokennis, Roquennis, 1223 (cart. de la seign. de Guise, f°s 44 et 69). — Roquennies, 1223 (arch. de l'Emp. LL 1158, p. 128). — Rokennies, Rokengni, Rokegnies, 1223; Rokegni, 1272 (cart. de Chaourse, f°s 116, 199 et 200, arch. de l'Emp. LL 1172). — Roquignys, 1327; Roquignis, 1334 (cart. de la seign. de Guise, f° 208). — Roquigniez, 1340 (Bibl. imp. fonds latin, ms. 9228). — Roquigny-en-Théraiche, Rocquigny-en-Théraiche, 1612 (terrier de Rocquigny). — Roquigny, 1710 (intend. de Soissons, C 320). — Roquigni, 1780 (chambre du clergé du dioc. de Laon).

Dépendait des châtellenie et prévôté d'Hirson.

Rocquigny, bois, c^ne de Flavy-le-Martel.

Roelle (La), m^in, c^ne de Maizy; auj. détruit.

Rogécourt, c⁰ⁿ de la Fère. — *Rogercurt*, 1145 (ch. de l'abb. de Prémontré). — *Rogicourt*, 1160 (cart. de l'abb. de Saint-Martin de Laon, t. II, p. 164).— *Rogericurtis*, 1226 (grand cart. de l'év. de Laon, ch. 70). — *Rogiercourt*, 1287 (ch. de l'abb. de Saint-Nicolas-aux-Bois). — *Rogiezcourt*, 1355 (ch. de l'évêché de Laon). — *Rogiecourt*, 1416 (ch. de l'abb. de Saint-Vincent de Laon). — *Rougecourt*, 1541 (maîtrise des eaux et forêts de la Fère). — *Roger-Court*, 1568 (acquits, archives de la ville de Laon). — *Rogericourt*, 1709; *Rogericour*, 1729 (intend. de Soissons, C 205 et 274).

La seigneurie faisait partie de la châtellenie de la Fère; elle a été aliénée en 1604, sauf à relever de la Fère.

Rogécourt, f. c⁰ᵉ de Goudelancourt-lez-Pierrepont; auj. détruite. — Ancien domaine de l'abb. de Saint-Martin de Laon.

Rogierval, fief, c⁰ᵉ d'Assis-sur-Serre.

Rognac, fief, c⁰ᵉ de Coulonges. — *Rougnac*, 1610 (arch. comm. de Cohan). — *Rongnacq*, 1657 (terr. et arch. comm. de Mareuil-en-Dôle). — *Rongnac*, 1663 (terr. et arch. comm. de Coulonges).

Baronnie vassale de Châtillon-sur-Marne. — La vicomté d'Aiguizy, Reddy, la Planchette, Cambronne et les Buttes relevaient de cette baronnie.

Rognon, h. c⁰ᵉ de Vendières. — Relevait de Montmirail.

Rogny, c⁰ⁿ de Vervins. — Villa que dicitur *Roenias*, 1141 (coll. de D. Grenier, 24ᵉ paquet, n° 9). — *Roegnis*, 1144; in territorio de *Roigniez*, 1173; villa de *Roingnis*, 1186; *Roingniez*, 1195 (cart. de l'abb. de Thenailles, f⁰ˢ 12, 15, 21). — *Roignies*, xiiᵉ siècle (cart. de l'abb. de Saint-Michel, p. 22). — *Roognis*, 1259; *Roegnies*, 1266 (suppl. de D. Grenier, 287, Bibl. imp.). — *Rouegnies*, 1266 (cart. de l'abb. de Foigny, f⁰ 296, Bibl. imp.). — *Roignis*, 1284 (cart. de l'abb. de Thenailles, f⁰ 23).— *Roingnies*, 1320; *Rougnie*, 1372 (arch. de l'Emp. P 248-3). — *Rougnis*, 1389; *Roingniy*, 1397; *Roingnys*, 1404; *Rongnys*, 1416; *Rougnis*, 1436 (comptes de l'Hôtel-Dieu de Laon, E 2, E 4, E 6, E 10, E 17). — *Rougny*, 1484 (arch. de l'Emp. PP 17). — *Rogny-lez-Marle*, 1509; *Rogny-les-Marle*, 1510 (comptes de l'Hôtel-Dieu de Laon, E 38, E 39). — *Rongny*, xviᵉ siècle (chambre des comptes de la Fère). — *Rognis*, 1709 (intend. de Soissons, C 274).

La seigneurie dépendait autrefois de la châtellenie de Marle; elle a été aliénée, en 1600, par les commissaires du roi Henri IV.

Roise, ruiss. affluent de l'Ailette à Urcel. — Il n'alimente aucune usine. — Parcours de 1,500 mètres.

Roiselmont, bois, c⁰ᵉ de Bouffignereux. — Nemus de *Roisolmont*, 1149 (cart. de l'abb. de Vauclerc, f⁰ 55).

Rollequin, filature, c⁰ᵉ de Fère-en-Tardenois. — *Moulin-Roquin* (carte de Cassini).

Rollet (Le), h. c⁰ᵉ d'Ambleny et de Saint-Bandry.— *Les Rollets* (carte de Cassini).

Le chemin sépare les deux communes.

Rollon ou Rollois, fief, c⁰ᵉ de Guny. — Relevait de Coucy-le-Château.

Rolon (Ru de), ruiss. de la c⁰ᵉ de Mont-Saint-Père qui se jette dans la Marne vers Gland. — xviiiᵉ siècle (terr. de Mont-Saint-Père).

Romain, petit fief, c⁰ᵉ de Montigny-sur-Crécy. — Il relevait de Maurepaire.

Romandie, h. c⁰ᵉ de Baulne. — *Romanye*, 1568 (tit. de l'Hôtel-Dieu de Château-Thierry). — *Romandi* (carte de Cassini).

Romanerie, m⁰ⁿ isolée, c⁰ᵉ de Chézy-l'Abbaye.

Romelle (La), ruiss. affluent de la Souche à Gizy, et dont le parcours est de 7,300 mètres. — On lui donne de Missy à Pierrepont les noms de *Rivièrette* ou de *Buse*, mais plus communément ce dernier nom. — Aqua de *Romella*, xiiᵉ sᵉ (ch. de l'abb. de Saint-Vincent de Laon). — *Fil de Liesse*, 1453 (comptes de Pierrepont, cab. de M. d'Imécourt).

Romeny, c⁰ᵉ de Charly. — *Romaniacum*, ixᵉ sᵉ (dipl. de Charles le Chauve, cart. de l'abb. de Saint-Médard, f⁰ 125, arch. de l'Aisne). — *Romeniacus*, 1110; *Ruminiacus*, 1210 (cart. de l'abb. de Saint-Jean-des-Vignes, Bibl. imp.). — *Romneny*, 1491 (comptes de l'Hôtel-Dieu de Soissons, f⁰ 12). — *Roumeny-sur-Marne*, 1512 (tit. de l'Hôtel-Dieu de Château-Thierry). — *Romigni*, *Roumegny*, 1563 (fabrique d'Azy-Bonneil). — *Romegny*, xviᵉ sᵉ (arch. comm. de Nogent-l'Artaud). — *Rominiacum*, 1625 (arch. comm. de Charly). — *Romnegny*, 1630 (baill. de Charly).— *Romny-sur-Marne*, 1692; *Romeni*, 1719 (arch. comm. de Romeny).

La seigneurie relevait de l'évêché de Soissons et ressortissait à la prévôté de Paris (arch. de l'Emp. P 136; transcrits de Vermandois, f⁰ 83).

Romery, c⁰ᵉ de Guise. — *Romeris*, xiiiᵉ sᵉ; *Roumeris*, 1295 (cart. de Fervaques, f⁰ˢ 6 et 90, Bibl. imp.). — *Rommeris*, 1411 (arch. de l'Emp. J 801, n° 4). — *Rommeries*, 1445 (cart. de l'abb. de Fervaques, p. 577, arch. de l'Aisne). — *Rommery*, 1574 (famille de Madrid de Montaigle). — *Roumery*, 1586 (arch. de l'Emp. J 791).

Dépendait de la baronnie de Wiège et relevait de Guise et de Puisieux.

Romery, fief, c⁰ᵉ d'Achery. — Il relevait du comté d'Anizy.

30.

Rombry, fief, c^ne de Camelin-et-le-Fresne. — *Rommeries*, 1582 (arch. de l'Emp. E 12,527).
Relevait de Coucy-le-Château.

Romigny, petit ruisseau qui se jette dans la Sémoigne à Villers-Agron. — Il n'alimente aucune usine. — Son parcours est de 1,760 mètres.

Ronce (La), petit b. c^ne de Montlevon.

Ronchères, c^ne de Fère-en-Tardenois. — *Runcheria*, 1205; nemus de *Runchières*, 1227 (cart. de l'abb. d'Igny, f°s 108 et 139). — *Ronchière, Roncière*, 1514 (comptes de l'Hôtel-Dieu de Soissons, f° 15). — *Ronchers*, 1629 (insin. du baill. de Château-Thierry). — *Ronchère* (carte de Cassini).

Ronchères, f. c^lle de Sons-et-Ronchères. — *Ronchieres*, 1547 (arch. de l'Emp. P 249-3). — Cense de *Ronchers*, 1709 (intend. de Soissons, C 274).

Rondaille ou Fouace, fief, c^ne de Saint-Bandry. — Ce fief a été acquis, au mois de février 1297, par le chap. cath. de Soissons, de Raoul Fouace.

Rond-Buisson (Le), m^on isolée, c^ne de Beaumé.

Rond-Buisson (Le), h. c^ne de Mondrepuis. — *Bos la Maieur* ou *Rond Buisson*, 1335 (cart. de Guise, f° 186).

Rond-de-Châtillon (Le), m^on isolée, c^ne de Villers-Cotterêts.

Rond de-la-Reine (Le), m^on isolée, c^ne de Vivières.

Rond-d'Orléans, poste forestier et station de chemin de fer, c^ne de Sinceny.

Ronquenet (Le), f. c^ne de Remigny. — Cette ferme a été construite sur l'emplacement d'un bois défriché qui portait aussi le nom de *Ronquenet*.

Ronquerolles, h. c^ne de Villers-Saint-Christophe; auj. détruit. — *Rocquerolles*, 1532 (comptes de la châtellenie de Ham, chambre des comptes de la Fère). — *Roncquerolles*, xvie siècle; *Roqueroles*, 1578 (domaine de Navarre, chambre des comptes de la Fère).

Le fief de Ronquerolles relevait de la châtell. de Saint-Quentin.

Ronsoy, fief, c^ne de Marest-Dampcourt. — Ce fief appartenait aux sœurs de l'Enfant-Jésus de Noyon et relevait de Marest.

Roquemont, domaine, c^ne d'Housset. — *Terra de Roquemont*, 1168 (cart. de l'abbaye de Thenailles, f° 36).

Il était situé dans la partie du territoire limitrophe de celui de Sains.

Roquet, f. c^ne de la Ferté-Chevresis; auj. détruit. — *Rocquet*, 1663 (baill. de la Fère). — *Rocq*, 1709 (intend. de Soissons, C 274).

Roquien, fief, c^ne de Chauny. — Relevait de la châtellenie de Chauny.

Roquigny (Les), bois, c^nes de Flavy-le-Martel et de Villequier-Aumont. — *Bois des Roquignys*, 1763 (famille de Villequier-Aumont).

Roselfay, bois, c^ne d'Estrées. — Auj. défriché.

Rosière (La), m^on isolée, c^nes de Bazoches, Mauregny-en-Haie, Saint-Erme-Outre-et-Ramecourt.

Rossignol (Le), h. c^ne de Fleury.

Roteleux, bois et fief, c^ne de Vouël. — Ce bois appartenait à l'abbaye de Saint-Nicolas-aux-Bois; le fief relevait de Chauny.

Rotoy, fief, c^ne de Pontruet.

Roubais, h. c^ne de la Flamangrie. — *Resbacis super fluvium Resbacis in pago Laudunensi*, 879 (Doublet, *Histoire de l'abb. de Saint-Denis*, p. 782). — Villa cui *Robais* nomen est, 1126 (cart. de l'abb. de Saint-Denis, p. 210). — *Roboix*, 1413 (arch. de l'Emp. J 801, n° 5). — *Saint-Martin-de-Robecq*, 1679 (baill. de Ribemont, B 174). — *Robay*, autrefois paroisse, 1692 (*ibid.* B 250).

Dépendait de la châtell. de la Flamangrie.

Roubajois, m^on isolée, c^ne de Vieil-Arcy.

Roucy, arrond. de Laon. — *Rauciacus*, 851 (Chron. Fontanellense, *Hist. de France*, t. VII, p. 42 D). — *Rauciacus - super - Axonam - fluvium*, castrum de *Roceio*, 948 (Chron. Flodoardi). — *Ruceium*, 1150; *Rusceium*, 1156 (cart. de l'abb. de Vauclerc, f°s 12 et 20). — *Rosci*, 1160 (cart. de l'abb. de Saint-Martin de Laon, f° 13, bibl. de Laon). — *Sanctus-Nicholaus-de-Ruci*, 1163 (cart. de l'abb. de Prémontré, f° 33, bibl. de Soissons). — *Ruciacum*, 1166 (cart. de l'abb. de Saint-Yved de Braine, Bibl. imp.). — *Rusciacum*, xiie siècle (cart. de l'abb. de Foigny, f° 183, Bibl. imp.). — *Rusci*, 1200 (arch. de l'Emp. L 997). — *Rociacum*, 1202 (gr. cart. de l'év. de Laon, ch. 23). — *Roccium*, 1211; comitatus de *Roceyo*, 1224 (ch. de l'Hôtel-Dieu de Laon, A 1). — *Rosseium*, 1251 (ch. de l'abb. de Lavalroy, arch. des Ardennes). — *Rouceyum*, 1279; *Roussi*, 1280 (cart. de Chaourse, f°s 58 et 60; archives de l'Emp.). — *Rouci*, 1320 (grand cart. de l'év. de Laon, ch. 224). — *Roussy*, 1344 (arch. de l'Emp. Tr. des chartes, reg. 75, pièce 308). — *Roussiacum*, xive s^e (cart. E, ch. cath. de Reims, f° 139). — *Rousy*, 1615; paroisse de *Saint-Remy-de-Roucy*, 1674 (état civil de Beaurieux, trib. de Laon).

Chef-lieu d'un comté vassal de la châtellenie de Châtillon-sur-Marne; les appels de sa justice étaient portés au baill. de la même ville. — Chapitre de chanoines remplacé par un prieuré sous le vocable de Saint-Nicolas en 1114; ce dernier dépendait de l'abbaye de Marmoutiers.

Roucy fut, en 1790, le chef-lieu d'un canton dépendant du district de Laon et formé des communes de Roucy, Berry-au-Bac, Bouffignereux, Chaudardes, Concevreux, Gernicourt, Guyencourt, Muizy, Meurival, Muscourt, Pontavert et la Ville-aux-Bois-lez-Pontavert.

Roue (La), petit affluent de l'Ailette à Urcel. — Son parcours est de 1,500 mètres.

Rouelle (La), m^{on} isolée, c^{ne} de Concevreux. — Moulin de *la Roelle*, 1551 (comptes de la seigneurie de Roucy).

Rouet, m^{ln} à eau, c^{ne} d'Hirson. — *Hault-Roué*, 1675 (prévôté d'Hirson).

Rouets (Les), m^{on} isolée, c^{ne} de Villers-Agron-Aiguizy.

Rouez, h. et sucrerie, c^{ne} de Viry-Noureuil. — *Rowez*, 1173 (suppl. de D. Grenier, 287, Bibl. imp.). — *Roez*, 1378 (ch. de l'Hôtel-Dieu de Chauny). — *Roué*, 1655 (tit. de l'abb. de Genlis). — Cense de *Rouée*, 1690 (baill. de Chauny, B 1370).

La ferme de Rouez appartenait à l'abb. de Genlis.

Rougefort, fief, c^{ne} de Buironfosse. — Vassal de Guise.

Rougemaison, f. c^{ne} de Saint-Gobain; détruite en 1862.

Rougemaison (La), f. c^{ne} de Vailly. — Appartenait autrefois aux Picpus de Vailly.

Rougemont, f. c^{ne} de Bucy-lez-Pierrepont. — *Rogemont*, 1176 (cart. de l'abb. de Saint-Martin de Laon, t. II, p. 214). — *Rugemont*, 1177 (cart. de l'abb. de Saint-Denis, f° 90 (arch. de l'Emp. LL 1158). — *Roigemont*, 1221 (cart. de l'abb. de Signy, f° 128, arch. des Ardennes).

Domaine de la maladrerie de Laon dépendant autrefois de la paroisse d'Augicourt. — Il relevait de la châtellenie de Pierrepont et ressortissait au baill. de cette châtellenie.

Rougeries, c^{on} de Sains. — *Rogerie*, 1193 (cart. de l'abb. de Saint-Michel, p. 20). — Territorium de *Rogeris*, 1161 (cart. de la seign. de Guise, f° 153). — *Rogeries*, 1168 (cart. de l'abb. de Saint-Michel, p. 169). — *Rouguery*, 1496 (comptes de l'Hôtel-Dieu de Laon, E 27). — *Rougerix*, 1531 (tit. de l'Hôtel-Dieu de Marle). — *Rogery*, 1578 (terr. de Voulpaix). — *Rougery*, 1588 (tit. de l'Hôtel-Dieu de Marle). — *Rougerye*, 1606 (baill. de Marfontaine). — *Rogeryes*, 1616 (minutes de Teilinge, notaire). — *Rogerye*, 1620 (minutes de Cartier, notaire). — *Rougerys*, 1661 (chambre du clergé du dioc. de Laon). — *Rougeris*, 1709 (intend. de Soissons, C 274).

Le fief de Rougeries relevait de la seign. de la Tombelle; sa justice a été unie, en 1781, à la prévôté de Marfontaine.

Rouillée (La), h. c^{nes} de Montigny-Lengrain et de Retheuil.

Rouillée (La), mⁱⁿ à eau, c^{ne} de Pancy. — Fait partie de la population agglomérée.

Rouillie ou Vambaille, fief, c^{ne} d'Oizy. — Relevait de Guise. — Un bois de ce nom a été défriché en 1847.

Roupy, c^{on} de Vermand. — *Rupeium*, 1045; altare de *Roupi*, 1090 (Mém. du Vermandois, t. I, p. 619; t. II, p. 106). — *Rouppiacus*, 1153 (cart. de l'abb. de Saint-Martin de Laon, f° 36, bibl. de Laon). — *Ruppiacum*, 1163 (cart. de la même abb. t. II). — *Rupi*, vers 1200 (arch. de l'Emp. L 738). — *Repis castrum*, XIIe s^e (Gisleberti Montensis Hannoniæ chronico, *Hist. de France*, t. XIII, p. 566 E). — *Rouppi*, 1218 (cart. de l'abb. de Saint-Martin de Laon, f° 36, bibl. de Laon). — *Ruppiacum-in-Viromandia*, 1258 (arch. de l'Empire, Tr. des ch. reg. 30, n° 282). — *Roupiacum*, 1261 (preuves de Claude Héméré, *Augusta Viromanduorum*, etc. p. 54). — *Rouppy*, 1365 (ch. du chap. de Saint-Quentin). — *Roupis*, 1735 (intend. d'Amiens, C801).

La baronnie comprenait Roupy, Étreillers, Gricourt et Beauvois. Elle appartenait à l'abb. de Royaumont et relevait de la châtellenie de Saint-Quentin (arch. de l'Emp. P 135; transcrits de Vermandois).

Rousselois, bois, c^{ne} de Brancourt. — *Ronceloi*, 1214; *Roinceloi*, 1237; *Roncheroi*, 1239; *Roncheroi*, 1244 (ch. de l'év. de Laon). — *Roinseloi*, 1252; *Rousseloi*, XIIIe s^e (grand cart. de l'év. de Laon, ch. 135 et 205).

Ce bois, auj. défriché, appartenait à l'évêque de Laon.

Route-de-Reims (La), h. c^{ne} d'Athies.

Routhieux (Les), m^{on} isolée, c^{ne} de Blesmes.

Routier (La), h. c^{ne} de la Flamangrie.

Routières (Les), h. c^{ne} d'Origny. — *Routtiers*, 1641 (min. de Teilinge, notaire). — *Rue des Routières*, 1740 (arch. comm. d'Origny).

Routy (Le), m^{on} isolée, c^{nes} de Craonnelle et de Cuiry-lez-Chaudardes.

Routy (Le), h. c^{ne} d'Origny. — *Routis*, 1342 (cart. de la seign. de Guise, f° 223).

Routy (Le), f. c^{ne} de Vendeuil; auj. détruite. — Cense du *Routil*, 1561 (délib. de la chambre des comptes de la Fère).

Elle se trouvait dans la partie sud de Vendeuil et appartenait, au XIVe et au XVe siècle, à la famille de Luxembourg.

Rouvenois, bois, c^{ne} de Roucy, 1551 (comptes de Roucy).

Rouvillers, petit h. c^{ne} de Pont-Saint-Mard. — Ancien fief relevant de Coucy-le-Château. — Rouvillers fait actuellement partie de la population agglomérée.

Rouvray, petit ruisseau affluent de celui du Gain, à Tréloup, et dont le parcours est de 4,400 mètres.— Il n'alimente aucune usine.

Rouvroy, c⁽ⁿ⁾ de Rozoy-sur-Serre. — *Rovroi*, 1229; *Rovroy*, 1345 (cart. de l'abbaye de Saint-Michel, p. 77, 110). — *Rouveroit*, 1405 (arch. de l'Emp. J 801, n° 1). — *Rouvrois*, 1729 (intend. de Soissons, C 205).

Rouvroy, c⁽ⁿ⁾ de Saint-Quentin. — *Rouvroi*, 983; *Ruvereium*, 1130 (preuves de Claude Hémeré, *Augusta Viromanduorum*, etc.). — *Ruvereum*, 1147; *Rouvereium*, 1168 (cart. de l'abb. d'Homblières, p. 3 et 10). — *Roveroet*, xiii⁽ᵉ⁾ s⁽ᵉ⁾ (cart. de l'abb. de Vicoigne, arch. du Nord). — *Rouveroi*, 1453 (cart. de l'abb. de Saint-Quentin-en-l'Île, f° 1, arch. de l'Emp. LL 1017).

La seigneurie appartenait au chapitre de Saint-Quentin (Recueil des fiefs, p. 299).

Rouvroy, h. c⁽ⁿᵉ⁾ d'Essommes. — *Rouvray*, 1682 (baill. d'Essommes, trib. de Château-Thierry). — *Rouveroy*, 1752 (arch. comm. d'Essommes).

Rouvroy, petit fief, c⁽ⁿᵉ⁾ de Montescourt-Lizerolles.

Rouvroy, bois, c⁽ⁿᵉ⁾ de Villers-Hélon. — Ce bois contenait, en 1763, 30 arpents (d'Expilly, *Dict. géogr.* t. II, coll. 720).

Rouy, h. c⁽ⁿᵉ⁾ d'Amigny-Rouy. — *Ruffiacus-Villa*? 867 (dipl. de Charles le Chauve, *Hist. de France*, t. VIII, p. 602 C). — *Roeium*, 1027 (Gallia christiana, t. IX, col. 294). — *Roi*, 1197 (cart. de la chap. cath. de Noyon, f° 177, arch. de l'Oise). — *Roy*, 1210 (ch. de l'abb. de Saint-Vincent de Laon). — *Rouy-près-Chauny*, 1554 (insin. du baill. de Vermandois).

La seigneurie relevait de la Fère.

Rouzy, m⁽ⁿ⁾ à eau, c⁽ⁿᵉ⁾ de Dammard.

Rovinette (La), f. c⁽ⁿᵉ⁾ de Vendresse-et-Troyon; auj. détruite. — Elle relevait de Neuville.

Royants (Les), petit fief, c⁽ⁿᵉ⁾ de Marest-Dampcourt. — Relevait d'Abbécourt.

Royaucourt-et-Chailvet, c⁽ⁿᵉ⁾ d'Anizy-le-Château. — *Ruilcurtis*, 1139 (ch. de l'abb. de Saint-Martin de Laon). — *Rioucourt*, 1227 (cart. de l'abb. de Prémontré, f° 55, bibl. de Soissons). — *Riocourt*, 1249; *Riocourt*, 1259 (cart. de l'abb. de Saint-Martin de Laon, f⁽ᵒˢ⁾ 101 et 105, bibl. de Laon). — *Riocort*, *Riaucourt*, 1260 (grand cart. de l'évêché de Laon, ch. 90). — *Ryaucourt*, 1419 (ch. de l'Hôtel-Dieu de Laon). — *Riaulcourt-et-Saint-Julien*, 1474 (ch. de l'év. de Laon). — *Royaulcourt*, 1536 (acquits, archives de la ville de Laon). — *Royaucour*, 1729 (intend. de Soissons, C 205).

La seigneurie relevait de la châtell. de Montaigu et du comté de Roucy.

Royer, porte, c⁽ⁿᵉ⁾ de Laon. — *Porta-Regalis*, 1224 (abb. de Saint-Jean de Laon). — *Porte-Roial*, *Porte-Roel*, 1257 (petit cart. de l'év. de Laon, ch. 217). — *Porte-Rouet*, xiii⁽ᵉ⁾ s⁽ᵉ⁾ (cueilleret de l'Hôtel-Dieu de Laon, B 62). — *Porte-Royet*, 1389 (acquits, comptes de la ville de Laon).

Royère (La), f. c⁽ⁿᵉ⁾ de Filain. — *Roeria*, 1265 (grand cart. de l'év. de Laon, ch. 105). — *La Royer* (carte de Cassini).

Cette ferme appartenait au chapitre cathédral de Laon.

Roye-Saint-Nicolas, h. c⁽ⁿᵉ⁾ de Mortefontaine. — *Roy-Saint-Nicolas*, 1709 (intend. de Soissons, C 205).

La seigneurie relevait de Banru (l'abbé Carlier, *Hist. du Valois*, t. I, p. 366).

Rozay, h. c⁽ⁿᵉ⁾ de Berzy.

Roze (La), fief, c⁽ⁿᵉ⁾ de Soissons. — Relevait de l'évêché de Soissons.

Rozet, bois, c⁽ⁿᵉ⁾ de Neuilly-Saint-Front. — Ce bois contenait, en 1763, 117 arpents (d'Expilly, *Dict. géogr.* t. II, coll. 720).

Rozet, f. c⁽ⁿᵉ⁾ de Vaudesson. — *Rozay*, 1717 (arch. de l'hôpital de Soissons).

Elle appartenait à l'abb. de Prémontré.

Rozet-Saint-Albin, c⁽ⁿᵉ⁾ de Neuilly-Saint-Front. — *Rosel*, 1407 (comptes de l'Hôtel-Dieu de Soissons, f° 42). — *Rosel-Saint-Aulbin*, 1464 (ibid. f° 44). — *Rosel-Sainct-Aubbin*, 1479 (ibid. f° 25). — *Rosel Saint-Albin*, 1500 (ibid. f° 5). — *Rosel-Sainct-Aulbin*, 1573 (pouillé du dioc. de Soissons, f° 33). — *Rozay-Saint-Albin*, 1702; *Rozais-Saint-Albin*, 1704 (arch. communales de Rozet-Saint-Albin). — *Rosay-Saint-Albin* (carte de Cassini). — *Rozet-les-Mesnil*, 1793

Le village ressortissait pour la justice à Oulchy-le-Château (arch. de l'Emp. P 136; transcrits de Vermandois).

Rozières (La), bois, c⁽ⁿᵉ⁾ de Cailloüel-Crépigny. — Auj. défriché.

Rozières, c⁽ⁿᵉ⁾ d'Oulchy-le-Château. — *Rosires*, 1142 (charte de l'abbaye de Prémontré). — *Roseres*, 1256 (arch. de l'Emp. L 1004). — *Rosières*, 1383 (arch. de l'Emp. P 136; transcrits de Vermandois). — *Rozière-près-Soissons*, 1669 (terr. de Maupas, f° 274).

La seigneurie appartenait à la commanderie de Maupas et ressortissait à la prévôté de l'exemption de Pierrefonds.

Rozières, f. c⁽ⁿᵉ⁾ de Coucy-la-Ville. — *Roserie*, 1141 (Chron. de Nogento, p. 233). — *Rozieres*, 1536 (arch. de la ville de Laon). — *Rozieres-et-le-Bac*, 1709 (intend. de Soissons, C 274).

Rozoy-Bellevalle, c^ne de Condé. — *Rosoy-en-Brie*, 1386 (arch. de l'Emp. Tr. des chartes, reg. 129, n° 60). — *Rosoy-Gastebled*, 1532 (ch. de l'abb. de Saint-Jean-des-Vignes de Soissons). — *Rosiacum-in-Brid*, 1538 (arch. comm. de Charly). — *Rozoi*, 1573 (pouillé du dioc. de Soissons, f° 26). — *Rozoy-Gattebled*, 1683 (arch. comm. de Rozoy-Bellevalle). — *Rozoy-Gastebled*, 1710 (int. de Soissons, C 274). — *Rozoy-Gatebled* (carte de Cassini).

Vicomté vassale de Montmirail.

Rozoy-le-Grand-et-Courdoux, c^ne d'Oulchy-le-Château. — *Rosoy*, 1248 (suppl. de D. Grenier, 296, Bibl. imp.). — *Rosetum-versus-Ouchies*, 1262 (cart. de l'abb. de Saint-Martin de Laon, t. III, p. 490). — *Rosoy-vers-Ouchie*, 1268 (cart. de l'abb. de Saint-Jean-des-Vignes, bibl. de Soissons). — *Rosoy-versus-Ulcheium*, 1268 (suppl. de D. Grenier, 296, Bibl. imp.). — *Rosoy-delez-Ouchie*, 1320 (arch. de l'Emp. L 1002). — *Rosoy-dalez-Oulchies*, 1320 (suppl. de D. Grenier, 297, f° 201). — *Rosetum-prope-Ulcheium*, 1421; *Rozoy-les-Ouchie-le-Chastel*, 1446; *Rosoy-lez-Ouchie*, 1496; *Rosoy-les-Oulchy-le-Chastel*, 1544; *Rozoy*, 1573 (tit. de l'abb. de Saint-Jean-des-Vignes de Soissons).

La seigneurie relevait d'Oulchy-le-Château. — Cette commune a quitté son ancien nom de Rozoy-Courdoux en vertu d'une ordonnance royale en date du 8 juillet 1814.

Rozoy-sur-Serre, arrond. de Laon. — *Rosetum*, 1176 (cart. de l'abbaye de Saint-Martin de Laon, t. II, p. 214). — *Rosetense Capitulum*, 1186; ecclesia *Beati-Laurentii-de-Roseto*, 1233 (arch. de l'Emp. L 997). — *Rosoi, Rosoit*, 1327; *Rosoy-en-Thieresche*, 1337 (arch. de l'Emp. Tr. des ch. reg. 61, n° 130, et reg. 70, n° 328). — *Rosoir-en-Thieraasse*, 1345; *Rosoir-en-Thivasse*, 1346 (cart. de l'abb. de Saint-Michel, p. 77 et 78). — *Rosoy*, 1360 (arch. de l'Emp. Tr. des ch. reg. 100, n° 270). — *Rosoy-en-Thierache*, 1363 (arch. du château de Roucy). — *Rosoi-en-Theraische*, 1406 (arch. de l'Emp. P 136; transcrits de Vermandois). — *Rosoir*, 1479 (comptes de l'Hôtel-Dieu de Laon, E 22). — *Rosoy-en-Thierasche*, 1562; *Rozoy-en-Thérache*, 1574 (tit. de l'abb. de Saint-Vincent de Laon). — *Rozoir*, 1662 (chambre du clergé du dioc. de Laon). — *Rozoy-et-Apprémont*, 1745 (intendance de Soissons, C 206).

Chapitre de chanoines fondé en 1018. — Châtellenie comprenant, en 1406, Rozoy-sur-Serre, les Autels, Bancigny, Brunehamel, Chéry-lez-Rozoy, Cuiry-lez-Iviers, Dagny-Lambercy, Dohis, Dolignon, Grandrieux, Harcigny, Iviers, Jeantes, Mainbresson, Mainbressy, Nampcelle-la-Cour, Ogny, Parfondeval, Plomion, Rocquigny, Rouvroy, Rubigny, Saint-Clément, Sainte-Geneviève pour moitié, Saint-Jean-aux-Bois et enfin Vadimont (arch. de l'Emp. P 136).

La baronnie de Rozoy, érigée en pairie le 30 juillet 1466 pour relever de la tour du Louvre, a été unie au comté de Rethel en 1553 (Recueil des ordonnances des rois de France, t. XVI). — Maladrerie unie à l'Hôtel-Dieu de Marle par arrêt du Conseil d'État du 10 juin 1695.

Rozoy-sur-Serre, de l'élection de Laon, était le chef-lieu d'une subdélégation comprenant Rozoy-sur-Serre, Archon-et-Ogny, les Autels, Berlize, Brunehamel, Chaourse, Chéry-lez-Rozoy, Coingt, Cuiry-lez-Iviers, Dizy-le-Gros, Dohis, Dolignon, Sainte-Geneviève, Grandrieux, Iviers, Lislet, Montcornet, Montloué, Mont-Saint-Jean, Morgny-en-Thiérache, Noircourt, Parfondeval, Renneval, Résigny, Rouvroy, Soize, Vigneux, la Ville-aux-Bois-lez-Dizy, Vincy-Reuil-et-Magny.

Rozoy-sur-Serre devint, en 1790, le chef-lieu d'un canton dépendant du district de Laon et composé des communes de Rozoy-sur-Serre, Archon-et-Ogny, les Autels, Berlize, Brunehamel, Chéry-lez-Rozoy, Cuiry-lez-Iviers, Dagny-Lambercy, Dohis, Dolignon, Grandrieux, Montloué, Morgny-en-Thiérache, Noircourt, Parfondeval, Résigny, Rouvroy, Sainte-Geneviève et Soize.

Ru-Cuailly, f. c^ne de Fossoy. — Le château dépendait autrefois de Mézy.

Ru-Dallein, m^lin à eau, c^ne de Coucy-la-Ville.

Rudenoise, h. c^ne de Charly. — *Nerdenoise*, 1290 (cart. de l'abb. de Notre-Dame de Soissons, f° 248). — *Rue-De-Noise* (carte de Cassini).

Rue (La), h. c^ne de Nogent-l'Artaud. — *Lauru* (carte de Cassini).

Rue-à-Cochons (La), h. c^ne de Fontenelle.

Rue-Béranger (La), h. c^ne de Chézy-l'Abbaye.

Rue-Blanche, m^on isolée, c^ne de Selens.

Rue-Chanteraine (La), h. c^ne d'Origny. — *Chantraine* (carte de Cassini).

Rue-Charles (La), h. c^ne de Besmont. — *Rue-Charles* ou *de Marle*, 1725 (terr. de Besmont).

Rue-Coloure (La), h. c^ne de Berlize. — *Coloru* (carte de Cassini).

Rue-Dardenne (La), h. c^ne de Mondrepuis. — *Rue-Dardene* (carte de Cassini).

Doit son nom à la famille Dardenne.

Rue-d'Eau (La), petit h. c^ne de Cutry.

Rue-de-Bouain (La), h. c^ne de Lemé. — *Rue-des-Bohins*, 1632 (délib. arch. de la ville de Guise). —

Rue-des-Bohains, 1636 (minutes d'Ozias Teilinge, notaire).

«L'éthimologie duquel provient d'un bois nain qui ne pouvoit bien croistre à cause des dégasts continuels qui s'y faisoient. Estans desfrichez ce nom lui a esté donné au subject de l'estat précédent auquel il avoit esté et pour addoucir sa prononciation a esté appelé Bohain au lieu de *Bois nain*» (Livre de Foigny, par de Lancy, p. 206).

La Rue-de-Bohain relevait de Guise. Elle était de l'élection, de la subdélégation et du bailliage de la même ville. — Unie à la population agglomérée.

Rue-de-Caumont (La), h. c^{ne} de Caumont. — *Rue-de-Caulmont*, 1622 (baill. de Chauny, B 186).

Rue-de-Dessous (La), h. c^{ne} de Saint-Bandry. — *Rue-Disous* (carte de Cassini).

Rue-de-Foigny (La), h. c^{ne} de la Bouteille.

Rue-de-Genlis (La), h. c^{ne} de Béthancourt-en-Vaux.

Rue-de-Guise (La), h. c^{ne} du Nouvion. — Uni actuellement à la population agglomérée.

Rue-de-Guise (La), h. c^{ne} de Wimy.

Rue-d'Hinson (La), h. c^{ne} de Mondrepuis.

Rue-de-Jeantes (La), h. c^{ne} de Mondrepuis. — *Rue-de-Jeante*, 1612 (terr. de Mondrepuis). — *Rue-de-Jente*, 1726 (ibid.).

Rue-de-la-Capelle (La), h. c^{ne} de Sommeron.

Rue-de-la-Chasse (La), h. c^{ne} de Clairefontaine.

Rue-de-la-Haut (La), petit h. c^{ne} de Fontenelle.

Rue-de-Laonnois (La), h. c^{ne} de Servais. — *Rue-de-Lanoy*, 1684; *Rue de Lannois*, 1770 (arch. comm. de Servais).

Rue-de-Midi (La), h. c^{ne} de la Flamangrie.

Rue-de-Noyon (La), h. c^{ne} de Saint-Paul-aux-Bois. — Uni actuellement à la population agglomérée.

Rue-de-Paris (La), h. c^{nes} de Clairefontaine et de Sommeron.

Rue-de-Saint-Michel (La), h. c^{ne} de Saint-Michel. — Uni actuellement à la population agglomérée.

Rue-des-Baudets (La), h. c^{ne} de la Bouteille.

Rue-des-Blancs-Champs (La), h. c^{ne} de Besmont. — *Rue-des-Blanchamps*, 1725 (terr. de Besmont).

Doit son nom à un sol d'argile blanchâtre.

Rue-des-Bœufs (La), h. c^{ne} de Landouzy-la-Ville. — «Hameau qui contient un canton d'héritages plus propres pour la nourreture des bœufs, des vaches et des brebis, à cause qu'elles sont plus froides et fortes que non pas, pour la bonté de son labour et rapport des grains» (Livre de Foigny, par de Lancy, p. 108).

Rue-des-Bouleaux (La), h. c^{ne} de Lemé. — *Les Bouleaux*, 1618 (baill. de Marle). — *Bouilleau*, 1619 (min. de Carlier, notaire). — *Boulleau*, 1621 (min. de Teilinge, notaire). — *Les Boulleaux*, 1710 (intend. de Soissons, C 320). — *Rue-des-Bouillaux*, 1739 (min. de Dupouty, notaire).

«Son éthimologie se tire d'une espèce de bois que le limon de terre de ce canton produit naturellement et en abondance qui est le boulle» (Livre de Foigny, par de Lancy, p. 207).

Ce hameau était de l'élection de Laon; il est auj. uni à la population agglomérée.

Rue-des-Bruniers (La), h. c^{ne} de Fontenelle.

Rue-des-Cabots (La), m^{on} isolée, c^{ne} de Sommeron.

Rue-des-Carrettes (La), h. c^{ne} de la Bouteille. — *Voie-des-Carotes*, xiiie s^e (cart. de l'abb. de Thenailles, f° 62). — *Rue-des-Charettes*, 1625 (min. de Teilinge, notaire).

Rue-des-Cendreux (La), h. c^{ne} de Clairefontaine.

Rue-des-Charbons (La), h. c^{ne} de Leschelle. — *Rue-de-Carbon*, 1718 (baill. de Leschelle).

Uni actuellement à la population agglomérée.

Rue-des-Chesneaux (La), c^{ne} de Mondrepuis. — *Rue-des-Chesneaux*, 1726 (terr. de Mondrepuis).

Rue-des-Dorions (La), h. c^{ne} d'Esquehéries. — *Rue-Dorvion*, 1768 (gruerie du Nouvion).

Ce hameau dépendait autref. du territ. d'Hennepieux.

Rue-des-Étots (La), h. c^{ne} de Clairefontaine.

Rue-des-Faucharts (La), h. c^{ne} de Buironfosse. — *Fauchard* (carte de Cassini).

Rue-des-Fidèles (La), h. c^{ne} de la Flamangrie.

Rue-des-Fontaines (La), petit h. c^{ne} de Clairefontaine.

Rue-des-Fontaines (La), h. c^{ne} du Sourd. — Uni auj. à la population agglomérée.

Rue-des-Foulons (La), petit h. c^{ne} d'Étréaupont. — *Le Foulon*, 1748 (min. de Solon, notaire).

Rue-des-Halliers (La), h. c^{ne} de Leschelle. — *Rue-du-Hallier*, 1715 (baill. de Leschelle).

Uni actuellement à la population agglomérée.

Rue-des-Juifs (La), h. c^{ne} d'Étréaupont. — *Rue-du-Moulin*, 1756 (baill. de Ribemont).

Rue-des-Lambert (La), h. c^{ne} de Besmont. — *Rue-des-Lamberts* ou *la Tour-Génotte*, 1725 (terr. de Besmont).

C'est une prolongation du hameau de la Rue-Génot.

Rue-des-Laporte (La), h. c^{ne} de Mondrepuis.

Rue-des-Leups (La), h. c^{ne} de Saint-Michel.

Rue-des-Marais (La), h. c^{ne} de Wimy. — *Rue-des-Marest*, 1726 (terr. de Wimy).

Rue-des-Marets (La), h. c^{nes} de Leuze et de Beaumé. — *Rue-des-Marests*, 1696 (minutes de Thouille, notaire).

Rue-des-Marmouseaux (La), h. c^{ne} de Lemé. — «L'éthimologie duquel vient de plusieurs marmouseaux croionnez avec charbon aux parois, aux portes et fenestres d'une hutte ou petite maison sise en ce lieu qui servoit comme d'un cabaret aux ouvriers deffrichans le bois du terrouer. Le nom a esté donné à ce hameau par ironie à cause de la representation de tels marmots peints. » (Livre de Foigny, par de Lancy, p. 207.) — Ce hameau, qui était du bailliage, de l'élection et de la subdélégation de Guise, est uni auj. à la population agglomérée.

Rue-des-Maupins (La), petit h. c^{nes} de Beaumé et de Besmont.

Rue-des-Merciers (La), h. c^{ne} d'Étréaupont. — Uni à la population agglomérée.

Rue-des-Moines (La), h. c^{ne} de Vénérolles. — Rue-les-Moines (carte de Cassini).

Rue-des-Nourris (La), h. c^{ne} de Clairefontaine. — Nourry, 1611; Rue-des-Nouris, 1631 (baill. de la Fère, B 1150).

Rue-de-Sougland (La), h. c^{ne} de Saint-Michel. — Souglan, 1607 (baill. de Ribemont). — Soubsgland, 1610 (arch. de l'Emp. Recueil des ordonnances de Louis XIII). — Souglans, 1671 (min. de Thouille, notaire). — Sougland, 1694 (arch. de Laon, état civil de la paroisse de Saint-Remy-Place). — Soubgland, 1699 (min. de Thouille, notaire). — Souglant (carte de Cassini).

Forges établies en vertu d'une concession faite le 19 janvier 1848 et d'un décret du 21 octobre de la même année.

Rue-des-Paquets (La), h. c^{ne} du Sourd, situé entre la ferme du Sourd et la Rue-du-Rieux.

Rue-des-Potasses (La), h. c^{ne} du Nouvion. — Uni actuellement à la population agglomérée.

Rue-des-Préaux (La), h. c^{ne} de Lemé. — Préau, 1618 (min. de Constant, notaire). — Les Préaux (carte de Cassini).

« Estoit une terre emboschée où il y avoit un petit pret enclavé au milieu, dans lequel se deschargeoient les eaux descendans des terres voisines. Estoit ce lieu comme un esgout, mais les bois allentours estant deffrichez, le nom du petit pret ou preau a esté donné à ce hameau. » (Livre de Foigny, par de Lancỹ, p. 207.)

La Rue-des-Préaux était de l'élection de Laon; elle fait actuellement partie de la population agglomérée.

Rue-des-Rois (La), h. c^{ne} de Landouzy-la-Cour. — Rue-des-Roys (carte de Cassini).

« A pris nom de Louys-Leroy qui a esté le premier demeurant en ce lieu et qui a basty maison. » (Livre de Foigny, par de Lancy, p. 48.)

Rue-des-Vignes (La), h. c^{ne} de Béthancourt-en-Vaux.

Rue-des-Willots (La), hameau, c^{nes} de la Bouteille et d'Étréaupont. — Il comprend actuellement la Rue-des-Merciers et la Rue-des-Degoix, qui formaient autrefois deux hameaux distincts.

Rue-du-Bois (La), m^{on} isolée, c^{ne} du Sourd.

Rue-du-Boituc (La), h. c^{ne} de Fontenelle. — Compose aujourd'hui la partie nord du hameau de Garmouzet.

Rue-du-Moulin (La), h. c^{nes} d'Acy et de Serches.

Rue-du-Moulin (La), h. c^{ne} de Sommeron.

Rue-du-Nord (La) ou Houssoie, h. c^{ne} de la Flamangrie. — In nemore de Houssoie, 1226 (cart. de l'abb. de Saint-Denis, f° 130, arch. de l'Empire, LL 1158).

Rue-du-Rieux (La), h. c^{ne} du Sourd. — Situé entre la Rue-des-Fontaines et la Rue-du-Bois, il fait actuellement partie de la population agglomérée.

Ruée, fief, c^{ne} de Rozières.

Rue-Ferrée (La), h. c^{ne} de Landouzy-la-Cour. — « Ainsy dict à cause qu'en ce lieu il y a quantité de petits cailloux qui rendent le chemin ferme. » (Livre de Foigny, par de Lancy, p. 68.)

Rue-Fouquereux (La), h. c^{ne} de Clairefontaine.

Rue-Franche (La), petit fief, c^{ne} de Presles-et-Thierny. — La Franche-Rue, 1307 (suppl. de D. Grenier, 287, Bibl. imp.).

Relevait de l'év. de Laon.

Rue-Gaillot (La), f. et mⁱⁿ à eau, c^{ne} de Villemontoire.

Rue-Génot (La), h. c^{ne} de Besmont. — Tour-Hénot ou Rue-Hénot, 1719 (baill. d'Aubenton).

Rue-Grande-Jeanne (La), h. c^{ne} de Martigny-en-Thiérache.

Rue-Gutin (La), h. c^{ne} du Sourd. — Rue-Gustin, XVIIe siècle (arch. comm. de Wiége-Faty). — Rue-du-Thin (carte de Cassini).

Rue-Herbin (La) ou la Rue-des-Mahoux, h. c^{ne} de Buironfosse.

Rue-Herpeine (La), h. c^{ne} de Leschelle. — Herpeine (carte de Cassini). — Rue-Herpaine, 1781 (terr. d'Ohis).

Rue-Heureuse (La), h. c^{nes} de Landouzy-la-Ville et de Plomion. — Rue-Heureuze, 1622 (min. de Teilinge, notaire). — Rue-Erreuse (carte de Cassini).

« Ainsy dict pour la douceur et la bonté de ses terres à l'égard de celles du Chesne-Bourdon. » (Livre de Foigny, par de Lancy, p. 108.)

Rue-Heureuse (La), h. c^{ne} de Mondrepuis. — Rue-Héreuse, 1612 (terr. de Mondrepuis).

Rue-Hucon (La), petit fief, c^{ne} de Wassigny. — Relevait de Gergny.

Rue-Lagasse (La), ham. c^{ne} d'Englancourt. — Rue-l'Agasse (carte de Cassini).

Rue-Larcher (La), h. c⁰ᵉ d'Aubenton. — Autrefois *Rue-des-Charmeaux*, 1675 (min. de Thouille, notaire).

La famille Larcher lui a donné son nom. — Ce hameau dépendait de la paroisse de Saint-Nicolas-d'Aubenton, 1765 (audiencier du baill. d'Aubenton).

Ruelle-aux-Cailloux (La), h. c⁰ᵉ de Sorbais.

Ruelle-Collette (La), mᵒⁿ isolée, c⁰ᵉ du Sart.

Ruelles (Les), f. c⁰ᵉ de Vicils-Maisons. — Incendiée en 1815.

Rue-Maillard (La), petit h. c⁰ᵉ de Froidestrées.

Rue-Marin (La), h. c⁰ᵉˢ de Proisy et du Sourd.

Rue-Maris (La), mᵒⁿ isolée, c⁰ᵉ de Ressons-le-Long.

Rue-Mirande (La), mᵒⁿ isolée, c⁰ᵉ d'Artonges.

Rue-Neuve (La), h. c⁰ᵉˢ de la Flamangrie, de Jeantes et de Mondrepuis.

Rue-Neuve (La), h. c⁰ᵉ de Landouzy-la-Cour. — «La Rue-Neufve a esté ainsy nommée comme la dernière rue dressée d'une largeur considerable. Elle commence depuis les dernières maisons de la Bouteille en descendant plus bas à l'eglise de Landouzy..... C'est un hameau où il y a plusieurs maisons autrefois davantage, qui ont esté ruinées par les guerres de 1635.» (Livre de Foigny, par de Lancy, p. 48.)

Rue-Pierre-Caron (La), h. c⁰ᵉ de Clairefontaine. — Uni actuellement à la population agglomérée.

Rue-Quillette (La), h. c⁰ᵉ d'Ambleny.— Uni actuellement à la population agglomérée.

Rue-Robin (La), mᵒⁿ isolée, c⁰ᵉ de Landouzy-la-Ville. — « Ainsy nommée d'une personne portant le nom de *Robin*, qui a qasty, avec ses enfans, un hameau.» (Livre de Foigny, par de Lancy, p. 108.)

Rue-Saint-Étienne (La), petit h. c⁰ᵉ de la Bouteille. — *Alodium Sancti-Stephani*, 1121 (cart. de l'abb. de Foigny, fᵒ 7, Bibl. imp.).

Rue-Tortue (La), h. c⁰ᵉ de Clairefontaine.

Ru-Failly, ferme, c⁰ᵉ de Rozet-Saint-Albin; auj. détruite. — *Ruffay*, 1464 (Bibl. imp. suppl. français, ms. 1195).

Rugny, h. c⁰ᵉ d'Arcy-Sainte-Restitue. — *Ruiniacus*, 1172 (cart. de l'abb. de Saint-Médard, fᵒ 28, Bibl. imp.). — *Rugni*, 1247; Territorium de *Ruigni*, 1247, fᵒˢ 33 et 82 (*ibid.*).

Ce hameau ressortissait autrefois, pour la justice, à Oulchy-le-Château.

Rupiu, fontaine, c⁰ᵉ de Coulonges. — Fons de *Rupiut*, 1158 (ch. de l'abb. de Saint-Jean-des-Vignes de Soissons).

Situation inconnue.

Ru-Preux, f. et moulin à eau, c⁰ᵉ d'Acy.

Rutallin, mⁱⁿ à eau, c⁰ᵉ de Coucy-la-Ville.

Ruvet, h. c⁰ᵉ de Charly. — *Ruvetz*, 1543 (tit. de l'Hôtel-Dieu de Château-Thierry). — *Ruvest*, 1669 baill. de Charly).

Ce hameau formait, en 1660, une collerte de tailles distincte de Charly.

S

Sabaine, petit fief, c⁰ᵉ de Chacrise.

Sablonnière (La), f. c⁰ᵉ de Beaurevoir. — *Savelonnières*, xvᵉ sᵉ (dénombr. de la seign. de Beaurevoir, chambre des comptes de la Fère).

Sablonnière (La), h. c⁰ᵉ de Jeantes.

Sablonnière (La), h. c⁰ᵉ de Montreuil-aux-Lions. — *Sablonerie*, 1208 (ch. de l'Hôtel-Dieu de Soissons, 117). — *Salvonarie-suprà-Matronam*, 530 (testament de saint Remy, Bibl. imp. ms. 5308, ancien fonds). — *Sablunnieres*, 1238 (cart. de l'Hôtel-Dieu de Soissons, 190, ch. 81). — Commanderie de *Sablonieres*, 1564 (comptes de l'Hôtel-Dieu de Soissons, fᵒ 87). — *Sablonnière-le-Temple*. 1732 (insin. du baill. de Château-Thierry).

C'était autrefois une paroisse sous le nom de *Sablonnière-le-Temple*.

Sacerie, f. c⁰ᵉ de Courchamps. — Ancien domaine de l'abbaye de Chézy; unie auj. à la population agglomérée.

Sacerie, f. c⁰ᵉ de Verdilly. — *La Sasserie* (carte de Cassini).

Ancien domaine de l'abb. de Val-Secret.

Sacconay, h. et moulin à eau, c⁰ᵉ de Saint-Agnan. — *Sacconiacus*, 1225 (cart. de l'abb. de Saint-Jean-des-Vignes, fᵒ 56, Bibl. imp.). — *Sacconet*, 1603; *Saccony*, 1605 (arch. comm. de Saint-Agnan). — *Sacconny* (carte de Cassini).

Autrefois vicomté.

Saconin, c⁰ᵉ de Vic-sur-Aisne. — *Saconi*, 1147 (cart. de l'abb. de Notre-Dame de Soissons, p. 37). — *Saccuni*, 1203 (arch. de l'Emp. L 1003). — *Saccuni*, 1226 (cart. de l'abb. de Notre-Dame de Soissons, p. 321). — *Sacony*, 1240 (arch. de l'Empire, L 1005). — *Saconiacus*, 1263 (ch. de l'abb. de Saint-Jean-des-Vignes). — *Saconni*, 1269 (cart. de l'abb. de Saint-Jean-des-Vignes de Soissons, bibl. de Soissons). — *Sacconin*, 1299 (cart. de l'abb. de Notre-Dame de Soissons, fᵒ 325). — *Saconny*, 1337 (cart. de l'abb. de Saint-Jean-des-Vignes de Soissons, bibl. de Soissons). — Ville de *Saccony*, 1383 (arch. de l'Emp. P 136). — *Sacogni*, 1405; *Saconnin*, 1409 (ch. de l'abbaye de Saint-Jean-des-Vignes de Soissons).

La seigneurie, vassale de Pierrefonds, a été, au mois de février 1302, acquise par l'abbaye de Notre-Dame de Soissons, de Jean Fromons de Ressons et d'Emmeline de Mayot (cart. de l'abb. de Notre-Dame de Soissons, f° 335).

Sacy, petit h. c°° de Mercin-et-Vaux. — *Sassy*, 1565 (comptes de l'Hôtel-Dieu de Soissons, f° 106).

Sacy, h. c°° de Saint-Christophe-à-Berry. — La seigneurie dépendait de celle de Vic-sur-Aisne et elle ressortissait au baill. de Soissons.

Saignière, f. c°° de Tupigny. — Villa de *Salnerüs*, in pago Laudunensi, ix° siècle (dipl. de Charles le Chauve en faveur de l'abb. de Maroilles, Hist. de France, t. IX, p. 550 C). — *Sannier*, 1499; *Sannières*, 1525; *Saignières*, 1565 (tit. de l'abb. de Maroilles, 351, arch. du Nord). — Cense de *Sannière*, 1568 (arch. comm. de Lesquielles-Saint-Germain). — *Saulnières*, 1568 (acquits, arch. de la ville de Laon). — *Saghier*, 1633; *Sangnière*, 1633 (tit. de l'abb. de Maroilles, 351, arch. du Nord). — *Sagnières*, 1710 (intend. de Soissons, C 320). — *Sanières*, 1745 (*ibid.* C 206). — *Sanière* (carte de Cassini).

Ancien domaine de l'abb. de Maroilles (Nord).

Sailly, forge, c°° de Wattigny. — Château détruit.

Sains, arrond. de Vervins. — *Sainz*, 1123; *Sanctis*, 1138 (cart. de l'abb. de Saint-Michel, p. 20 et 237). — Territorium de *Sanz*, 1161 (cart. de l'abb. de Foigny). — *Seenz*, 1189 (ch. de l'abb. de Saint-Martin de Laon). — *Seinz*, 1216 (ch. de l'Hôtel-Dieu de Laon, B 75). — *Santis*, 1234 (cart. de l'abb. de Foigny, f° 153, Bibl. imp.). — *Sainct*, 1621 (min. de Wallé, notaire). — *Sainct-et-Richaulmont*, 1621 (baill. de Ribemont, B 17). — *Sain*, 1658 (baill. de Marfontaine).

Baronnie vassale de Guise. — Sains fut, en 1790, chef-lieu d'un canton dépendant du district de Vervins et composé des communes de Sains, Berlancourt, Chevennes, Franqueville, le Hérie-la-Viéville, Housset, Landifay, Lemé, Marfontaine, Monceau-le-Neuf, la Neuville-Housset, Rougeries, Saint-Gobert et Voharies.

Saint-Acquaire, f. c°° de Boncourt. — Cense de *Saint-Aquaire*, 1709 (intend. de Soissons, C 274). — *Saint-Aquere* (carte de Cassini).

C'était un ancien domaine de la commanderie de Boncourt.

Saint-Agnan, c°° de Condé. — *Sanctus Anianus* in pago Briacensi, 1110 (cart. de l'abb. de Saint-Jean-des-Vignes, Bibl. imp.). — *Sainct-Anien*, 1602; *Sainct-Agnian*, 1605 (arch. comm. de Saint-Agnan).

Anc. domaine de l'abb. de Saint-Jean-des-Vignes de Soissons.

Saint-Agnan, f. c°° de Cœuvres-et-Valsery. — *Sanctus-Anianus*, 1141; *Sainct-Aignyen*, 1513; *Saint-Anyen*, 1515; *Sainct-Aignen*, 1530; *Saint-Aignyens*, 1544 (ch. et tit. de l'abb. de Valsery).

Cette ferme appartenait à l'abbaye de Valsery et relevait de Pierrefonds.

Saint-Alois, c°° de Vervins. — *Sanctus-Algisus*, 1123 (cart. de l'abb. de Saint-Michel, p. 22). — *Saint-Augis*, 1339 (cart. de la seign. de Guise, f° 218). — *Saint-Aulgis*, 1561 (arch. de la ville de Guise). — *Sainct-Algy*, 1639 (minutes de Destrimont, notaire). — *Saint-Algy*, 1709 (intend. de Soissons, C 274).

La seigneurie relevait de Guise et ressortissait au baill. de Guise (ms. de Du Cange, bibl. de l'Arsenal).

Saint-Amand, f. c°° de Pierremande; auj. détruite. — Elle était située dans l'intérieur du village, près de l'église, et appartenait à la prévôté de Barizis.

Saint-André, f. c°° de Besny-et-Loizy; auj. détruite. — Cense *Saint-Andrieu*, 1681 (tit. de l'év. de Laon).

Elle devait son nom à l'abb. de Saint-André du Câteau-Cambrésis, qui la possédait.

Sainte-Anne, petit h. c°° de Chivres-et-Mâchecourt.

Sainte-Anne, cimetière, c°° de Vervins.

Saint-Antoine, f. c°° de Dizy-le-Gros; auj. détruite. — Ancien domaine de l'abb. de Cuissy.

Saint-Antoine, f. c°° de Mortefontaine; auj. détruite. — Cette ferme appartenait à l'ordre de Malte et au chap. de Saint-Pierre-au-Parvis de Soissons.

Saint-Antoine, f. c°° de Saint-Pierremont. — *Abbatia Beate-Marie-de-Pace*, 1284 (cart. de l'abb. de Thenailles, f° 14). — *La Paix-Nostre-Dame-dalez-Boumont*, 1336 (arch. de l'Emp. S-4, 965, n° 62). — *Paix-Saint-Antoine*, 1620; *Hospital-Saint-Anthoine*, 1540 (comptes de l'Hôtel-Dieu de Marle).

L'abbaye de filles de Notre-Dame-de-la-Paix, fondée en 1240 par l'abb. de Saint-Victor de Paris, cessa d'exister pendant les guerres soutenues contre les Anglais dans la seconde moitié du xiv° siècle.

Saint-Aubert, f. c°° de Soupir; auj. détruite. — Cette ferme appartenait à l'abb. de Saint-Aubert de Cambrai.

Saint-Aubin, c°° de Coucy-le-Château. — *Sanctus-Albinus*, 1145 (Chron. de Nogento, p. 429). — *Saint-Aubain*, 1609 (appointés du baill. de Vermandois).

— *Saint-Albin*, 1639 (arch. comm. de Saint-Aubin). — *Francœur-la-Carrière*, 1793. Dépendait de la baronnie de Coucy (arch. de l'Emp. Tr. des chartes, reg. 155, n° 348).

SAINT-AUBIN, montagne, c^{ce} de Barenton-sur-Serre.

SAINT-AUBIN, fief, c^{ce} de Vassens. — Relevait de Coucy-le-Château.

SAINT-AUDEBERT, h. c^{ce} de Presles-et-Boves. — Curtis quæ dicitur *Sanctus-Audebertus*, XIIe siècle (cart. de l'abb. de Saint-Crépin-le-Grand, p. 14). — *Saint-Odbert*, 1696 (arch. comm. de Presles-et-Boves).

SAINT-BANDRY, c^{ce} de Vic-sur-Aisne. — *Artesia*, 1110; *Arthesia*, 1123 (cart. de l'abb. de Saint-Jean-des-Vignes, Bibl. imp.). — *Artaise*, 1258 (arch. de l'Emp. Tr. des chartes, reg. 30, n° 282). — *Artaisia*, 1271 (Bibl. imp. suppl. de D. Grenier, 296). — *Artaisia*, 1281; ecclesia *Sancti-Bandaridi-de-Arthaisia*, 1304 (arch. de l'Emp. L 1002). — *Arthaise*, 1367 (cart. du chap. cathédral de Soissons, f° 75). — *Saint-Bandery*, 1448 (comptes de l'Hôtel-Dieu de Soissons, 344). — *Artoise*, 1469 (tit. de l'Hôtel-Dieu de Soissons, f° 14). — *Saint-Bandri*, 1506 (*ibid.* f° 36). — *Sainct-Bandry*, 1542 (tit. de l'abb. de Saint-Jean-des-Vignes).

La vicomté appartenait au chapitre cathédral de Soissons. — La mairie relevait de Pierrefonds.

SAINT-BAUDOUIN, fontaine, c^{ce} de Laon. — *Fons Sancti-Balduini*, 1283 (ch. de l'Hôtel-Dieu de Laon, B 30).

SAINT-BERNARD, ruiss. affluent de celui de Muscourt à Muscourt. — Son cours est de 1,270 mètres.

SAINTE-BERTHE, chapelle et fontaine, c^{ce} de Pargny-Filain.

SAINT-BLAISE, petit affluent de la Brune à Gronard. — Son cours est de 1,692 mètres.

SAINT-BRICE, mⁱⁿ à vent et m^{on} isolée, c^{ce} de Remies. Ancien domaine de l'abb. de Saint-Vincent de Laon. — Nombreux sarcophages.

SAINT-BRISSON, petit fief, c^{ce} de Charly.

SAINT-CAPRAIS, bois, c^{ce} de Chartèves.

SAINT-CASSIEN, fief, c^{ce} de Nouvion-le-Comte.

SAINT-CHARLES, usine, c^{ce} d'Urcel.

SAINT-CHRISTOPHE, faubourg de Soissons.

SAINT-CHRISTOPHE-À-BERRY, c^{ce} de Vic-sur-Aisne. — Territorium de *Sancto-Christoforo*, 1269 (cart. de l'abb. de Saint-Médard, f° 72, Bibl. imp.). — *Saint-Christofle*, XIVe s^e (arch. de l'Emp. P 136; transcrits de Vermandois). — *Saint-Christofe-à-Berry*, 1448 (comptes de l'Hôtel-Dieu de Soissons, f° 28). — *Saint-Cristofle*, 1613 (arch. comm. de Saint-Christophe-à-Berry).

Ce village dépendait de l'ancienne exemption de Pierrefonds.

SAINT-CLAUDE, mⁱⁿ à eau, c^{ce} de Chauny. — Converti en un atelier à polir les glaces, en vertu d'un arrêté préfectoral du 30 septembre 1823.

SAINT-CLAUDE, m^{on} isolée, c^{ce} de Saint-Quentin.

SAINT-CLÉMENT, c^{ce} d'Aubenton. — *Sanctus-Clemens*, 1129 (cart. de l'abb. de Saint-Michel, p. 25). — *Saint-Clemant*, 1406 (arch. de l'Emp. P 136). — *Sainct-Clément*, 1630 (chambre du clergé du dioc. de Laon).

Autrefois seigneurie vassale de Rozoy-sur-Serre.

SAINTE-CLOTILDE, petit ruisseau qui prend sa source à Vivières et traverse le territ. de Taillefontaine, où il se jette dans le ru de Vandy. — Il alimente deux moulins à blé. — Son parcours est de 4,910 mètres.

SAINT-CLOUD, h. c^{ce} de la Chapelle-sur-Chézy.

SAINT-CRÉPIN, mⁱⁿ à eau, c^{ce} de Soissons. — On donnait aussi le nom de *Saint-Crépin* à la partie méridionale du territ. de Soissons.

SAINT-CRÉPIN-EN-CHAYE, f. c^{ce} de Soissons. — *Sanctus-Crispinus-in-Cavea*, XIIe s^e (arch. de l'Emp. L 1006). — Ecclesia *Sancti-Crispini-de-Chavea*, 1206 (cart. de l'abbaye de Saint-Jean-des-Vignes, f° 88, Bibl. imp.). — Ecclesia *Beati-Crispini-in-Cavea*, 1230 (Bibl. imp. suppl. de D. Grenier, 293). — *Saint-Crispin-en-Chaye-lez-Soissons*, 1671 (maîtrise des eaux et forêts de Villers-Cotterêts).

Abbaye de l'ordre de Sainte-Geneviève fondée en 1135.

SAINT-CRÉPIN-LE-GRAND, abbaye et fief, c^{ce} de Soissons. — Ecclesia *Sancti-Crispini-Majoris*, 1217 (arch. de l'Emp. L 1000). — *Bourg-Saint-Crépin-le-Grant*, 1441 (comptes de l'Hôtel-Dieu de Soissons, f° 8). — *Saint-Crispin-le-Grant*, 1449 (*ibid.* f° 71). — *Bourg-Saint-Crispin*, 1480 (*ibid.* f° 41).

Autrefois seigneurie ayant titre de vicomté. — Abbaye de Bénédictins fondée vers le VIe siècle.

SAINTE-CROIX, c^{ce} de Craonne. — In villa *Sancti-Thome que vocatur Sancta-Crux*, 1195 (ch. de l'abb. de Saint-Vincent de Laon). — *Sainte-Crois*, XIIIe s^e (arch. de l'Emp. Tr. des ch. reg. 30, pièce 343). — *Saincte-Croix*, 1387 (ch. de l'abb. de Saint-Vincent de Laon).

C'était jadis une vicomté appartenant à l'abbaye de Saint-Vincent de Laon. — Maladrerie unie à l'Hôtel-Dieu de Vervins, en vertu de lettres patentes de septembre 1696.

SAINTE-CROIX-D'OFFÉMONT, fief, c^{ce} de Vouël.

SAINT-CYR, bois, mⁱⁿ isolée et mⁱⁿ à vent, c^{ce} de Berrieux. — *Boscus Sancti-Cirici*, 1244 (cart. de l'abb. de Vauclerc, f° 4).

Le bois est défriché; le moulin et la maison ont été détruits en 1864.

Saint-Eloi-Fontaine, c^{ne} de Commenchon. — *Saint-Éloi-Fontaine*, 1296 (ch. de l'Hôtel-Dieu de Chauny). — Monasterium *Sancti-Eligii-Fontis*, 1306 (Livre rouge de Chauny, f° 18, coll. de M. Peigné-Delacourt). — *Saint-Éloy-Fontaine*, 1378 (ch. de l'Hôtel-Dieu de Chauny). — *Sainct - Éloy - Fontaines*, 1532 (comptes de la ville de Chauny, f° 38). — *Sainct-Esloy-Fontaine-lès-Chauny*, 1684 (arch. de la ville de Chauny). — *Saint-Éloy-aux-Fontaines* (carte de Cassini).

Abbaye de l'ordre de Saint-Augustin fondée en 1139.

Saint-Émile, f. c^{ne} d'Ailles. — Cense de *Saint-Amille*, 1536 (acquits, arch. de la ville de Laon). — Cense de *Saint-Émille*, 1709 (intend. de Soissons, C 205).

Cette ferme appartenait au chap. cath. de Laon. Elle était déjà détruite en 1783. — On prétend que saint Remy, évêque de Reims, y est né.

Saint-Erme-Outre-et-Ramecourt, c^{on} de Sissonne. — *Ecliaci-Villa*, in pago Laudunensi, ixe s^e (ex gestis abbatum Lobiensium, Histor. de France, t. XIV, p. 415). — *Sanctus-Hermes*, 1141; territorium *Beati Hermini*, 1143; *Sanctus-Herminus*, 1150 (cart. de l'abb. de Vauclerc, f°s 2, 3, 14). — *Sanctus-Erminus*, 1190; *Sanctus-Erminius*, 1218 (arch. de l'Empire, L 996). — *Saint-Erme-Oultre-et-Ramecourt*, 1474 (ch. de l'év. de Laon). — *Saint-Herme*, 1630 (chambre du clergé du dioc. de Laon). — *Saint-Ermes*, 1661 (ibid.). — *Saint-Erme-Outre-Ramecourt*, 1729 (intend. de Soissons, C 205).

Ce village a changé de nom au xiie siècle et pris celui d'un prieuré qui y a été établi par l'abbaye de la Lobbe en l'honneur de saint Erme, auteur de poésies latines, né au viie siècle. — La seigneurie appartenait à l'abbaye de Saint-Remy de Reims et relevait de la châtellenie de Montaigu, à la justice de laquelle elle ressortissait.

Saint-Étienne, paroisse de Soissons. — *Ecclesia Beati-Stephani-juxta-Suessionem*, 1195; *ecclesia Sancti-Stephani-de-Suburbio*, 1260 (arch. de l'Empire, L 1000).

Saint-Étienne-de-Laon, c^{ne} de Laon. — *Parrochia Sancti-Stephani in campis*, 1217 (cart. de l'Hôtel-Dieu de Laon, ch. 69).

Église détruite, au sud-ouest de la ville.

Saint-Eugène, c^{ne} de Condé. — *Saint-Ouen*, 1659; *Saint-Ouan*, 1661; *Saint-Oyne*, 1664 (arch. comm. de Marigny-en-Orxois). — *Saint-Oinne*, 1682 (arch. comm. de Connigis). — *Saint-Thoinne*, 1709 (arch. comm. de Saint-Eugène). — *Saint-Eugenne*, 1710 (intend. de Soissons, C 205).

Sainte-Eugénie, fabrique de sucre, c^{ne} d'Hargicourt.

Saint-Férin, petit fief, c^{ne} de Nampcelle-la-Cour.
Saint-Fiacre, h. c^{ne} de Chézy-l'Abbaye.
Saint-Fiacre, fontaine, c^{ne} de Commenchon. — *Mont-de-Cape*, 1584 (baill. de Chauny, B 1469).

La fontaine de Saint-Fiacre de Montecappe était autrefois fréquentée par les pèlerins pour la guérison de la fièvre. La chapelle qui l'avoisinait est auj. détruite : c'était celle du prieuré de Montecappe, établi en 1160.

Saint-Fiacre, hôpital, c^{ne} de Laon. — Uni à l'hôpital de Laon. Les bâtiments en sont détruits.

Saint-Firmin, faubourg de la Fère. — *Saint-Fremin*, 1418 (comptes de la maladrerie de la Fère, Hôtel-Dieu de la Fère).

Doit son nom au voisinage de cette maladrerie, dont le vocable était Saint-Firmin.

Saint-Front, chapelle isolée, c^{ne} de Neuilly-Saint-Front.
Sainte-Geneviève, c^{ne} de Rozoy-sur-Serre. — *Sancta-Genovefa ante Rosetum*, 1250 (cart. de l'abb. de Signy, f° 152). — *Sainte-Genneviève*, 1405 (arch. de l'Emp. J 801, n° 1). — *Sainte-Geneviefve*, 1406 (ibid. P 136; transcrits de Vermandois). — *Sainte-Geneviève-lez-Rozoy*, 1714 (arch. comm. de Sainte-Geneviève).

La moitié de la seigneurie relevait de Rozoy-sur-Serre; l'autre, de Montcornet (arch. de l'Empire, P 136).

Sainte-Geneviève, m^{on} isolée, c^{ne} de Royaucourt-et-Chailvet. —. Exploitation de terres pyriteuses.

Sainte-Geneviève, f. c^{ne} de Soissons. — *Sancta-Genovefa*, 1143 (cart. de l'abb. de Saint-Crépin-le-Grand de Soissons, p. 3). — *Mons-Sancte-Genovefe*, 1206; *Mons Sancte-Genovephe*, *Beata-Genovefa-in-monte*, 1285 (ch. de l'Hôtel-Dieu de Soissons, 166). — Maison que l'on dit *Sainte-Geneviefve-devant-Soissons*, 1384 (arch. de l'Emp. P 136; transcrits de Vermandois). — *Montaigne-Sainte-Geneviève*, 1390 (comptes de l'Hôtel-Dieu de Soissons, 323).

Le seigneurie relevait de la châtell. de Pierrefonds et ressortissait à la justice de cette châtellenie et au baill. de Senlis (arch. de l'Emp. P 136). — La ferme de Sainte-Geneviève appartient à l'Hôtel-Dieu de Soissons.

Sainte-Geneviève, petit ruisseau affluent de celui de Châtillon à Tartiers. — Il n'alimente aucune usine. — Son parcours n'est que de 645 mètres.

Sainte-Geneviève, église. — Voy. Ranicourt.
Saint-Gengoulph, c^{ne} de Neuilly-Saint-Front. — *Parrochia de Sancto-Gingulpho*, 1353 (ch. de l'Hôtel-Dieu de Soissons, 192). — *Saint-Jangoul*, 1493; *Sainct-Gengoult*, *Saint-Jamgoulbt*, 1554 (archives comm. de Gandelu). — *Saint-Gilgoujt*, 1598; *Saint-*

Gilgouz, 1611 (arch. comm. de Dammard). — *Sainct-Gengouph*, 1639 (arch. comm. de Saint-Gengoulph). — *Saint-Jehan-Goulph*, 1647 (baill. de Château-Thierry). — *Saint - Gengoulptz*, 1662; *Saint-Gengoulpt*, 1665 (arch. comm. de Saint-Gengoulph). — *Saint-Gengoul*, 1670 (arch. comm. de Saint-Remy-Blanzy).

Saint-Georges, m⁽ⁿ⁾ isolée et m⁽ⁱⁿ⁾ à vent, c⁽ⁿᵉ⁾ de Barenton-Cel.

Saint-Georges, bois, c⁽ⁿᵉ⁾ de Guny.

Saint-Georges, fontaine, c⁽ⁿᵉ⁾ de Laon. — *Fontes ac Vada Sancti-Georgii*, 1391 (acquits, arch. de la ville de Laon).

Au sud-est de la ville.

Saint-Georges, fontaine, c⁽ⁿᵉ⁾ de Licy-Clignon.

Saint-Georges, f. c⁽ⁿᵉˢ⁾ de Rozoy-sur-Serre et de Villeneuve-sur-Fère.

Saint-Germain, h. c⁽ⁿᵉ⁾ de Lesquielles-Saint-Germain. — *Sancti-Germani que parochia est de possessione canonicorum Sancti-Gervasii de Guisia*, 1133 (mss. de Du Cange, A, B, C, D, E, bibl. de l'Arsenal). — *Saint-Germain-deles-Lesquières*, 1369 (cart. de la seigneurie de Guise, f° 306). — *Sainct-Germainsoubz-Lesquielle*, 1550 (comptes de Bohain, f° 43; chambre des comptes de la Fère). — *Saint-Germain-lez-Lesquielles-en-Theraisse*, 1566 (arch. de l'Emp. P 249-3). — *Saint-Germain*, 1630 (chambre du clergé du dioc. de Laon).

Il relevait de l'abb. de Fesmy et ressortissait à Guise pour la justice.

Saint-Germain, c⁽ⁿᵉ⁾ de Ribemont. — *Ecclesia Sancti-Germani-de-Ribodimonte*, *ecclesia Beati-Germani-Ribodimontis*, 1161 (cart. de l'abb. de Saint-Nicolas-des-Prés de Ribemont, f⁽ˢ⁾ 1 et 28).

Prieuré de Bénédictins donné, en 1104, à l'abb. de Saint-Nicolas-des-Prés de Ribemont.

Saint-Germain, h. c⁽ⁿᵉ⁾ de Villeneuve-Saint-Germain. — *Altare de Sancto-Germano*, 1129 (cart. de l'abb. de Saint-Crépin-le-Grand de Soissons, p. 70). — *Saint-Germain-lez-Soissons*, 1695 (arch. comm. de Villeneuve-Saint-Germain). — *Saint-Germain-les-Soissons*, 1711 (intend. de Soissons, C 274).

Saint-Gervais, fief, c⁽ⁿᵉ⁾ de Lucy-le-Bocage. — Doit son nom au chapitre de Saint-Gervais et de Saint-Prothais de Soissons, qui le possédait.

Saint-Gobain, c⁽ⁿᵉ⁾ de la Fère. — *Sanctus-Gobanus*, 1131; *ecclesia Beati-Gobani*, 1190 (ch. de l'abb. de Saint-Vincent de Laon). — *Sanctus-Goubanus*, 1202 (Liber privilegiorum, f° 4, abb. de Saint-Amand, archives du Nord). — *Sanctus-Guobanus*, 1269 (Olim, t. I, p. 770). — *Saint-Goubain*, 1344 (ch. de l'abbaye du Sauvoir). — *Saint-Goubaing*, 1417 (inventaire de la chambre des comptes de la Fère). — *Sainct-Goubain*, 1479 (comptes de l'Hôtel-Dieu de Laon, E 22). — *Sainct-Gobaing*, 1554 (baill. de la Fère, B 1217). — *Saint-Gaubin*, 1578 (chambre des comptes de la Fère). — *Saint-Gobin*, 1591 (Correspond. de Henri IV, t. I, p. 387). — *Sainct-Gobain*, 1630 (chambre du clergé du dioc. de Laon). — *Mont-Libre*, 1793.

Ce bourg doit son nom à un saint qui y mourut le 20 juin 670. — Prieuré du même nom établi, en 1068, par l'abb. de Saint-Vincent de Laon. — Saint-Gobain dépendait de la châtellenie de la Fère. — La manufacture des glaces a été établie, en 1685, par Abraham Thevart.

Saint-Gobain fut, en 1790, chef-lieu d'un canton dépendant du district de Chauny et composé des communes de Saint-Gobain, Barizis, Deuillet, Épourdon, Fourdrain, Fressancourt, Saint-Nicolas-aux-Bois, Septvaux et Servais.

Saint-Gobert, c⁽ⁿᵉ⁾ de Sains. — *Ecclesia Sancti-Goberti*, 1095 (mém. ms. de l'Eleu, t. I, f° 212). — *Saint-Goubert*, 1460 (arch. de l'Emp. Q 7). — *Sainct-Gobert*, 1596 (chambre du clergé du diocèse de Laon).

Chapitre de chanoines remplacé, vers 1095, par un prieuré de Bénédictins de l'abb. de Saint-Denis. — La seigneurie faisait partie du comté de Marle; elle a été aliénée, en 1601, par les commissaires du roi Henri IV.

Saint-Guislain, f. c⁽ⁿᵉ⁾ de Vaudesson. — *Saint-Guillam*, 1679 (arch. de l'Emp. O 233).

Cette ferme appartenait autrefois à l'abbaye de Saint-Nicolas-aux-Bois et relevait de Coucy-le-Château.

Sainte-Hélène, m⁽ⁿ⁾ isolée, c⁽ⁿᵉ⁾ de Marle.

Sainte-Hélène, petit h. c⁽ⁿᵉ⁾ de Pontruet. — Autrefois *Maison-Allongée*.

Saint-Hilaire, h. c⁽ⁿᵉ⁾ de Montgru-Saint-Hilaire. — *Saint-Hilaire*, 1607 (tit. du prieuré du Charmel).

Uni actuellement à la population agglomérée.

Saint-Hilaire, f. c⁽ⁿᵉ⁾ de Vadencourt-et-Bohéries. — *Saint-Vlaire*, 1411 (arch. de l'Emp. J 801, n° 4). — Cense de *Saint-Hillaire-de-Behorie*, 1583 (arch. comm. de Lesquielles-Saint-Germain). — *Saint-Hylaire*, 1728 (chambre du clergé du diocèse de Laon). — *Sainte-Claire* (carte de Cassini).

Cette ferme appartenait à l'abb. de Bohéries, de la paroisse de laquelle elle dépendait, et relevait de Guise.

Saint-Hubert, m⁽ⁿ⁾ isolée, c⁽ⁿᵉ⁾ d'Évergnicourt.

Saint-Hubert, fief, c⁽ⁿᵉ⁾ de Guignicourt.

Saint-Hubert, f. c⁽ⁿᵉ⁾ de Montaigu.

SAINT-HUMBERT, f. c⁽ⁿᵉ⁾ de Mézières. — *Saint-Humbert-lez-Maizière*, 1683 (baill. de Ribemont, B 245).
— *Saint-Humbert-près-Mezières*, 1691 (tit. de l'abb. de Maroilles, 351, arch. du Nord). — *Saint-Hombert-le-Mezière*, 1731 (baill. de Ribemont, B 35).

Cette ferme, qui appartenait autrefois à l'abb. de Maroilles (Nord), est actuellement unie à la population agglomérée.

SAINT-JACQUES ou MAISON ROGER, m⁽ᵒⁿ⁾ isolée, c⁽ⁿᵉ⁾ de Crécy-sur-Serre. — Cette maison, construite en 1815, à la jonction de la route vicinale n° 1 et de la route départementale n° 17, doit son nom à l'image de saint Jacques peinte sur une enseigne.

SAINT-JACQUES-D'ARANCOT, m⁽ⁿ⁾ à eau, c⁽ⁿᵉ⁾ d'Arrancy ; détruit en 1863.

Ancien fief relevant de Montaigu.

SAINT-JEAN, bois, c⁽ⁿᵉ⁾ d'Anizy-le-Château ; auj. défriché.
— Ainsi nommé parce qu'il appartenait à l'abb. de Saint-Jean de Laon.

SAINT-JEAN, f. c⁽ⁿᵉ⁾ d'Aubigny. — *In territorio ville que vocatur Sanctus-Johannes*, 1153 (cart. de l'abb. de Foigny, f° 49).

SAINT-JEAN, f. c⁽ⁿᵉ⁾ de Cerny-en-Laonnois. — Unie actuellement à la population agglomérée.

SAINT-JEAN, f. c⁽ⁿᵉ⁾ de Charly ; auj. détruite. — Appartenait à l'abb. de Saint-Jean-des-Vignes de Soissons.

SAINT-JEAN, f. c⁽ⁿᵉ⁾ de Ciry-Salsogne. — Vassale d'Oulchy-le-Château.

SAINT-JEAN, bois, c⁽ⁿᵉ⁾ de Marle ; auj. défriché.

SAINT-JEAN, moulin à eau, c⁽ⁿᵉ⁾ de Soissons. — Ancien domaine de l'abb. de Saint-Jean-des-Vignes de Soissons. — Le faubourg Saint-Jean de la même ville dépendait autrefois de la châtell. de Pierrefonds.

SAINT-JEAN, bois, c⁽ⁿᵉ⁾ de Suzy. — *Nemus situm inter Cesseres et Suisiacum quod dicitur Segreil*, 1239 (ch. de l'abb. de Saint-Vincent de Laon). — *Nemus de Segril*, 1241 ; *Boscus Sancti-Johannis*, 1272 ; *bois des Advoueries*, 1680 (ch. et tit. de l'abb. de Saint-Jean de Laon).

Ce bois a été donné en 1239, par Renaud de Vaux, à l'abb. de Saint-Jean de Laon. — Sa contenance était de 196 hectares.

SAINT-JEAN, f. c⁽ⁿᵉ⁾ de Versigny. — *Faiseleu*, 1156 ; cense de *Saint-Jean*, 1617 (ch. et tit. de l'abb. de Prémontré).

Cette ferme a été donnée, en 1156, à l'abbaye de Prémontré par Barthélemy de Vir, évêque de Laon.

SAINT-JEAN-AU-BOURG, c⁽ⁿᵉ⁾ de Laon ; chapitre de chanoines. — *Ecclesia Sancti-Johannis-in-Suburbio*, 1147 (cart. de l'abb. de Saint-Martin de Laon). — *Sanctus-Johannes-de-Burg*, 1158 (cart. de Prémontré, f° 10, bibl. de Laon). — *Sanctus-Johannes-in-Burgo*, 1250 (cart. de l'abb. de Thenailles, f° 32).
— Voy. LAON.

SAINT-JEAN-DES-VIGNES, c⁽ⁿᵉ⁾ de Soissons. — *Sanctus-Johannes-in-colle-Suessionico*, 1110 (cart. de l'abb. de Saint-Jean-des-Vignes, f° 25, Bibl. imp.). — *Saint-Jehan-ès-Vingnes-de-Soissons*, 1270 (arch. de l'Emp. L 1001).

Chef d'ordre des Johannistes, fondé en 1076. Le nom de Saint-Jean-des-Vignes provient d'un clos de vignes qui était situé à côté de l'église de Saint-Jean et qui fut donné par Hugues Chevalier dans le cours du XI⁽ᵉ⁾ siècle.

SAINT-JOSEPH, m⁽ⁿ⁾ isolée, c⁽ⁿᵉ⁾ d'Évergnicourt.

SAINT-JULIEN, h. c⁽ⁿᵉ⁾ de Royaucourt-et-Chailvet. — *Saint-Julien-de-Royaucourt*, 1463 (Journal des assises du baill. de Vermandois). — *Saint-Julien-de-Roiaulcourt*, 1554 (reg. des insin. de ce baill.) — *Saint-Julien-de-Royaucourt*, 1594 (min. de Desmarets, notaire).

Paroisse dépendant autref. de la cure de Chailvet.

SAINT-JUST, fontaine, c⁽ⁿᵉ⁾ de Laon. — *Fons-Sancti-Justi*, 1265 (ch. de l'abb. de Saint-Jean de Laon).

Elle est située près du cimetière du même nom.

SAINT-JUSTIN, f. c⁽ⁿᵉ⁾ de Wassigny ; auj. détruite.

SAINT-LADRE, c⁽ⁿᵉ⁾ de Guise. — Maladrerie. Elle se trouvait au faubourg de Landrecies qui porte encore le nom de *Faubourg Saint-Ladre*.

SAINT-LADRE, m⁽ⁿ⁾ isolée, c⁽ⁿᵉ⁾ de Sissonne ; auj. détruite.

SAINT-LAMBERT, c⁽ⁿᵉ⁾ de Fourdrain. — *Sanctus-Lambertus*, 1065 (mém. ms. de l'Eleu, t. I, f° 191).

Prieuré fondé en 1169 ; il dépendait autrefois de l'abbaye de Saint-Crépin-en-Chaye de Soissons et relevait de la châtell. de la Fère.

SAINT-LAZARE, f. c⁽ⁿᵉ⁾ de la Ferté-Milon. — Maladrerie appartenant autrefois aux religieux de Saint-Lazare de la Ferté-Milon.

SAINT-LAZARE, c⁽ⁿᵉ⁾ de Sinceny ; m⁽ⁿ⁾ à eau converti en scierie mécanique dans le voisinage de l'ancienne maladrerie de Chauny. Ce moulin appartenait autrefois à l'abb. du Sauvoir. — *Domus Sancti-Lazari*, 1217 ; *Saint-Lazdre-de-Chauny*, 1378 ; Maison des *Ladres*, 1467 (ch. de l'Hôtel-Dieu de Chauny). — *Sainct-Ladre*, 1611 (baill. de Chauny, 1377).

SAINT-LAZARE, f. c⁽ⁿᵉ⁾ de Soissons. — *Sanctus-Lazarus*, 1455 (suppl. de D. Grenier, 293 ; ch. 55, Bibl. imp.). — *Saint-Ladre*, 1262 (ch. de l'hôpital de Soissons). — Voy. NANTEUIL-LA-FOSSE.

Ancienne maladrerie de Soissons. Elle portait aussi le nom de la *Charité*, et se trouvait près de la rivière de Crise. — Elle a été unie à l'hôpital de Soissons par arrêts du Conseil d'État des 21 janvier 1695 et 4 mai 1696 et par lettres patentes de juin 1696.

SAINT-LÉGER, f. c⁰ˢ d'Épagny. — Doit son nom à l'abb. de Saint-Léger de Soissons, qui la possédait. Cette ferme relevait de Pierrefonds.

SAINT-LÉGER, c⁰ˢ de Soissons. — *Saint-Ligier-de-Soissons*, 1290 (suppl. de D. Grenier, Bibl. imp.). Autrefois abbaye, actuellement séminaire.

SAINT-LÉGER, petit ruisseau affluent du ru d'Hozier à Vézaponin. — Il n'alimente aucune usine. — Son parcours est de 1,665 mètres.

SAINTE-LÉOCADE, c⁰ˢ de Vic-sur-Aisne. — Prieuré établi, vers 1196, par l'abb. de Saint-Médard de Soissons; les constructions en sont presque entièrement détruites.

SAINT-LOT, h. c⁰ˢ de Gergny. — *Sanctus-Eloquius*, XII⁰ s⁰ (cart. de l'abb. de Saint-Michel, p. 243). — *Saint-Loth*, 1565 (min. d'Herbin, notaire, greffe du trib. de Laon). — Comté de *Saint-Lot*, 1581 (terr. d'Ablécourt). — *Sainct-Lot*, 1616 (min. d'Ozias Teilinge, notaire).

Le comté de Saint-Lot relevait de Guise.

SAINT-MARCEL, faubourg de Laon. — *Sanctus Marcellus*, 1071 (mém. ms. de l'Eleu, t. I, f⁰ 291). — *Sanctus-Marcellus-subtus-Laudunum*, 1265 (ch. de l'abb. de Saint-Vincent). — *Saint-Marcel-dessoubz-Laon*, 1389; *Saint-Marcel-soubz-Laon*, 1497 (comptes de l'Hôtel-Dieu de Laon, E 2, E 28).

SAINT-MARD, c⁰ˢ de Braine. — *Sanctus-Medardus*, 1208 (arch. de l'Emp. L 1158). — *Saint-Mard-lez-Soissons*, 1450 (plumitif du baill. de Vermandois). — *Saint-Marcq* en la commune de Sisse, 1464 (Journal des assises du baill. de Vermandois). — *Sanctus Medardus in communia*, 1573 (pouillé du dioc. de Soissons, f⁰ 21). — *Saint-Mardz*, 1575 (tit. de l'Hôtel-Dieu de Château-Thierry). — *Saint-Mard-la-Commune*, 1671 (arch. comm. de Saint-Mard). — *Saint-Marc*, 1776 (arch. de l'Emp. 3424, f⁰ 295).

SAINT-MARD, m¹ⁿ à eau, c⁰ˢ de Marizy-Saint-Mard. — Appartenait autrefois à la prévôté de Marizy-Saint-Mard.

SAINTE-MARGUERITE, h. c⁰° de Bucy-le-Long.

SAINTE-MARTHE, f. c⁰ˢ de Liesse.

SAINT-MARTIN, bois, c⁰ⁿ d'Ailles. — Silva *Sancti-Martini*, 1153; Sive ut alii dicunt *Martini-Curtis*, 1167 (cart. de l'abb. de Vauclerc, p. 18 et 27).

SAINT-MARTIN, fontaine et cimetière, c⁰ˢ de Benay.

SAINT-MARTIN, h. et m¹ⁿ à eau, c⁰ˢ de Château-Thierry. — Donne son nom à un petit ruisseau affluent de la Marne, aval de Château-Thierry, et dont le parcours est de 2,800 mètres.

SAINT-MARTIN, h. c⁰ˢ de Juvigny. — Ancien fief.

SAINT-MARTIN, c⁰ˢ de Laon; abbaye de l'ordre de Prémontré fondée en 1124. — *Monasterium Sancti-Martini-Laudunensis*, 1131 (ex Johannis Iperii chron. Sith. Sancti-Bertini). — *Sanctus-Martinus-de-Suburbio-Lauduni*, 1134 (cart. de l'abbaye de Saint-Michel, p. 144). — *Ecclesia Beati-Martini-ad-Campos-Laudunenses*, 1258 (cart. de l'abb. de Saint-Martin de Laon, t. III, p. 487).

SAINT-MARTIN, bois, c⁰ˢ de Lucy-le-Bocage. — Ce bois contenait, en 1763, 36 arpents (d'Expilly, *Dict. géogr.* t. II, p. 720).

SAINT-MARTIN, f⁰, c⁰ˢ de Macquigny. — Villa *Sancti-Martini-prope-Maquigny*, XV⁰ s⁰ (cart. de l'abb. de Saint-Martin de Laon, t. II, p. 306). — Cense de *Saint-Martin-lez-Maquigny*, 1697 (baill. de Ribemont, B 253).

Ces fermes, auj. détruites, appartenaient autrefois à l'abb. de Saint-Martin de Laon.

SAINT-MARTIN, faubourg de Marle.

SAINT-MARTIN, f. c⁰ˢ de Monceau-le-Wast; auj. détruite. — Cette ferme appartenait autref. au prieuré de Chantrud.

SAINT-MARTIN, f. c⁰ˢ de Versigny. — Cense de *Sainct-Martin-lez-Versigny*, 1587; cense de *Saint-Martin*, 1722 (tit. de l'abb. de Saint-Martin de Laon).

Ce domaine appartenait à l'abb. de Saint-Martin de Laon et relevait de la châtell. de la Fère.

SAINT-MARTIN, f. — Voy. ARBRE-SAINT-MARTIN.

SAINT-MARTIN-DES-PRÉS, h. c⁰ˢ de Trefcon. — *Sainct-Martin-des-Prez*, 1614; cense de *Saint-Martin-des-Prés*, 1714 (tit. de l'abb. de Prémontré).

Le petit hameau de Saint-Martin-des-Prés formait autrefois une paroisse du doyenné d'Athies; l'église existe encore. — La ferme appartenait à l'abb. de Prémontré.

SAINT-MARTIN-DES-TREILLES, h. c⁰ˢ de Berzy-le-Sec; auj. détruit. — *Sanctus-Martinus-des-Trailles*, 1302 (pouillé du dioc. de Soissons, f⁰ 42). — *Saint-Martin-aux-Trailles*, 1536 (comptes de l'Hôtel-Dieu de Soissons, f⁰ 50).

Formait une paroisse au XIV⁰ siècle.

SAINT-MARTIN-RIVIÈRE, c⁰ˢ de Wassigny. — *Sanctus-Martinus-de-Riveria*, 1170 (suppl. de D. Grenier, 288, Bibl. imp.). — *Sanctus-Martinus-in-Ripparia*, parrochia *Sancti-Martini-in-Riparia* Cameracensis diocesis, 1255 (arch. de l'Emp. L 992). — *Saint-Martin-en-le-Rivière*, 1280 (suppl. de D. Grenier, 288, Bibl. imp.). — *Sainct-Martin-en-la-Rivière*, 1550 (comptes de la seign. de Bohain, f⁰ 1, chambre des comptes de la Fère). — *Sainct-Martin-à-la-Rivière*, 1568 (acquits, archives de la ville de

Laon). — *Saint-Martin-Rivierre*, 1691 (baill. de Bancigny).

La seigneurie relevait de Bohain. — Le village ressortissait en partie à la châtell. et au baill. de Cambrai; le surplus, à celui de Guise.

Saint-Médard, église et cimetière, c^{ne} de Guise. — *Saint-Maarc*, 1289 (arch. de l'Emp. L 992).

Saint-Médard, fief, c^{ne} de Septmonts. — Appartenait à l'abb. de Saint-Médard de Soissons.

Saint-Médard, h. et m^{lu} à eau, c^{ne} de Soissons. — *Saint-Maard-de-Soissons*, 1361 (arch. de l'Emp. Tr. des ch. reg. 91, n° 510). — *Saint-Mard-lez-Soissons*, 1481 (comptes de l'Hôtel-Dieu de Soissons, 359).

Abbaye de Bénédictins fondée vers 560.

Saint-Miguel, c^{ne} d'Hirson. — Ecclesia *Beati-Michaelis-Archangeli*, 978 (Chron. Flodoardi). — *Beatus-Michael-Terraciensis*, xiie siècle (lib. III Hermanni monachi de Miraculis Beatæ Mariæ, bibl. de Laon). — *Sanctus-Michael-in-Theraschie-Silva*, 1107; *Sanctus-Michael-de-Terascia*, *Beatus-Michael-de-Terraissia*, 1123; *Sanctus-Michael-de-Terrascid*, 1130; *Sanctus-Michael-de-Terrassia*, 1131; *Sanctus-Michael-in-Therasca*, 1144; *Sanctus-Michael-de-Teratia*, 1145; *Beatus-Michael-de-Terascia*, 1147; *Beatus-Michael-de-Terasço*, 1157; *Sanctus-Michael-de-Silva*, 1164 (cart. de l'abb. de Saint-Michel, p. 19, 20, 27, 30, 35, 81, 114, 115, 144 et 172). — Ecclesia *Sancti-Mychaelis*, 1163; *Sanctus-Mychael-de-Therasca*, 1166 (cart. de l'abb. de Foigny, f° 41, Bibl. imp.). — *Sanctus-Michael-de-Therasia*, 1172 (suppl. de D. Grenier, 288, Bibl. imp.). — *Sanctus-Michael-de-Teraschia*, *Sanctus-Michael-de-Terasca*, 1173; *Sanctus-Michael-de-Sarto*, 1178; *Beatus-Michael-in-Therasca*, 1183; *Sanctus-Michael-in-Theraschia*, 1202; *Sanctus-Michael-in-Theraischia*, 1229; *Sanctus-Michael-in-Thorasca*, 1248; *Saint-Michel-en Thiéraisse*, 1256 (cart. de l'abb. de Saint-Michel, p. 29, 35, 77, 104, 158, 159, 167, 180, 229, 341, 365). — *Saint-Michiel-en-Therasse*, *Saint-Michiel-en-Thiérasse*, 1256 (cart. de la seign. de Guise, f° 3). — *Sanctus-Michael-de-Teorasca*, 1257 (cart. de l'abb. de Saint-Martin de Laon, f° 11, bibl. de Laon). — *Saint-Michel-en-Therasche*, *Sanctus-Michael-in-Thiérasche*, 1257; *Saint-Michel-in-Tiéresche*, 1258; *Beatus-Michael-in-Terrascha*, *Beatus-Michael-in-Therascha*, 1259; *Saint-Michel-in-Terasca*, 1295; *Sanctus-Michael-in-Terasca*, xiiie s^e (cart. de l'abb. de Saint-Michel, p. 9, 10, 58, 244, 259, 347). — *Sanctus-Michael-in-Terasca*, xiiie siècle (cart. de la seign. de Guise, f° 45). — *Saint-Michiel-en-Térache*, 1328; *Saint-Michel-en-Thiéresche*,

1340 (cart. de l'abb. de Saint-Michel, p. 3 et 217). — *Sanctus-Michael-in-Terassia*, 1340 (cart. de la seign. de Guise, f° 234). — *Saint-Michel-en-Thirasche*, 1343; *Saint-Michel-en-Thiérecasse*, 1345; *Saint-Michel-en-Thiéracha*, 1346; *Saint-Michiel-en-Thorasce*, 1348; *Saint-Michiel-en-Thiérase*, 1349; *Sanctus-Michel-en-Thierasce*, 1349; *Saint-Michiel-en-Thiéraiche*, 1351; *Saint-Michel-en-Teraisse*, 1352; *Saint-Michiel-en-Tesraise*, 1359 (cart. de l'abbaye de Saint-Michel, p. 6, 67, 77, 78, 112, 113). — *Saint-Michel-en-Terasce*, 1359 (arch. de l'Emp. Trésor des chartes, reg. 90, n° 250). — *Sanctus-Michael-in-Terrescha*, xive s^e (cart. E du chap. de Reims, f° 139). — *Saint-Michel-en-Terraische*, 1364; *Saint-Michel-in-Thieraische*, 1366 (cart. de l'abb. de Saint-Michel, p. 175 et 184). — *Rochefort-Saint-Michel*, 1405 (arch. de l'Emp. J 801, n° 1). — *Rochefort-Saint-Michel*, 1746 (intend. de Soissons, C 206).

Abbaye de Bénédictins, fondée en 944; les bâtiments en ont été affectés à une filature de coton en 1807. — Gruerie qui comprenait la forêt de Saint-Michel; elle a été supprimée par lettres patentes d'avril 1779.

Saint-Michel, c^{ne} de la Ferté-Milon. — Ancien hôpital desservi autrefois par des Cordeliers urbanistes.

Saint-Nicolas, faubourg d'Aubenton. — Autrefois paroisse à l'est d'Aubenton, vers Logny.

Saint-Nicolas, m^{lu} à eau et scierie mécanique, c^{ne} de Maizy. — Il donne son nom à un petit affluent de l'Aisne à Maizy, dont le parcours est de 5,230 mètres et qui alimente deux moulins à blé et une scierie de pierres.

Saint-Nicolas, faubourg de Marle. — *Homines Nove-Ville-de-Marla-ultra-aquam qui sunt de parochia de Ternu*, 1193 (coll. de D. Grenier, 24° paquet, n° 22). — *Parrochiatus Sancti-Nicholai-de-Marla-et-de-Thiernut*, 1266 (cart. de l'abb. de Foigny, f° 296, Bibl. imp.). — *Sainct-Nicholay*, 1389 (comptes de l'Hôtel-Dieu de Laon, E 2). — *Neufville-soubz-Marle*, 1588 (baill. de la Fère, B 122). — Paroisse *Sainct-Nicolas-soubz-Marle*, 1680 (état civil de Marle, trib. de Laon).

La paroisse de Saint-Nicolas était du doyenné de Crécy-sur-Serre, bien qu'il y eût un doyenné rural à Marle.

Saint-Nicolas-aux-Bois, c^{ne} de la Fère. — *Sanctus-Nicholaus*, 1089; *Sanctus-Nicholaus-de-Silva-que-dicitur-Vedogium*, 1101; *Sanctus-Nicholaus-de-Vosago*, *Sanctus-Nicholaus-de-Saltu*, 1130 (ch. de l'abb. de Saint-Nicolas-aux-Bois). — *Sanctus-Nicholaus-de-Silva-Vedogü*, 1144 (ch. de l'évêché de Cambrai, archives du Nord). — Monasterium *Sancti-Nicholai-de-Boscho*, 1153 (charte de l'abbaye de Saint-Nicolas-aux-Bois). — *Sanctus-Nicholaus-de-Bosco*, 1164 (ch. de l'abbaye de Saint-Vincent de Laon). — Ecclesia *Sancti-Nicholai-de-Nemore*, 1197; *Beatus-Nicholaus-in-Bosco*, 1216 (ch. de l'abb. de Saint-Nicolas-aux-Bois). — *Sanctus-Nicholaus-in-Boscho*, 1234 (cart. de l'abb. de Prémontré, f° 37, bibl. de Soissons). — *Saint-Nicholay-ou-Bos*, 1266 (ch. de l'abb. de Saint-Nicolas-aux-Bois). — *Saint-Nicholas*, XIII° siècle (*ibid.* Trésor des ch. reg. 30, pièce 343). — *Sanctus-Nicholaus-in-Bosco*, 1340 (Bibl. imp. fonds latin, ms. 9228). — *Saint-Nicolay-ou-Boys*, 1411 (arch. de l'Emp. J 801, n° 4). — *Sainct-Nicolas-aux-Boys*, 1604 (tit. de l'abb. de Saint-Nicolas-aux-Bois). — *Notre-Dame-de-la-Chaussée-de-Saint-Nicolas-aux-Bois*, 1669 (arch. de Saint-Nicolas-aux-Bois). — *La Vallée-aux-Bois*, 1793.

Abbaye de Bénédictins fondée vers 1085. — Cure érigée en 1103 sous le nom de *Notre-Dame-de-la-Chaussée*, au détriment de celle de Saint-Pierre de Crépy. — Seigneurie vassale de la châtellenie de la Fère. — Commune distraite du canton de Coucy-le-Château et unie au canton de la Fère par ordonnance royale du 10 mars 1833.

Saint-Nicolas-des-Prés, filature de laine, c°° de Ribemont. — *Sanctus-Nicholaus-de-Prato*, 1141 (Chron. de Nogento, p. 234). — *Sanctus-Nicholaus-de-Pratis*, 1161 (ch. de l'abb. de Saint-Nicolas-des-Prés). — *Beatus-Nicholaus-de-Pratis*, *Sanctus-Nicholaus-de-Ribodimonte*, 1178 (cart. de l'abb. de Saint-Michel, p. 167). — Ecclesia *Beati-Nicholai-sub-Ribodimonte*, 1182 (arch. de l'Emp. L 995). — *Sanctus-Nicholaus-in-Pratis*, 1217 (petit cart. de l'év. de Laon, ch. 75). — *Sanctus-Nicholaus-sub-Ribodimonte*, 1255 (ch. de l'abb. de Saint-Nicolas-aux-Bois). — Ecclesia *Sancti-Nicholai-de-Ribemont*, 1260 (arch. de l'Emp. L 997). — *Sanctus-Nicolaus-de-Ribbemont*, 1278 (grand cart. de l'év. de Laon). — *Saint-Nicholay-ès-près-dessous-Ribemont*, 1334; *Saint-Nicholay-dessous-Ribemont*, 1358 (charte de l'abb. de Saint-Nicolas-des-Prés).

Abbaye de Bénédictins fondée vers 1083; convertie en filature de laine.

Saint-Nicolas-du-Val-des-Écoliers, abb. — Voy. Laon.

Saint-Ouen, ruisseau qui prend sa source à Sancy et se jette dans le ru de Sancy à Celles-sur-Aisne. — Son parcours est de 300 mètres.

Saint-Paul, m°° isolée, c°° de Chaudardes.
Saint-Paul, f. c°° de Corcy.
Saint-Paul, h. c°° de Soissons. — Dépendait autref. de Cuffies. — Abbaye de filles fondée en 1228.

Saint-Paul, scierie, c°° de Vailly.
Saint-Paul, fief, c°° de Vaudesson.
Saint-Paul-aux-Bois, c°° de Coucy-le-Château. — *Sanctus-Paulus-in-Nemore*, 1115 (Ann. Bened. t. III, p. 602). — *Saint-Pol*, 1336 (ch. de l'év. de Laon). — *Saint-Pol-au-Bos*, 1419 (justice du duché-pairie de Laon). — *Saint-Pol-ou-Bois*, 1455 (comptes de la châtell. de Pierrepont, cab. de M. d'Imécourt). — *Saint-Pol-au-Bois*, 1510 (comptes de l'Hôtel-Dieu de Laon, E 39). — *Saint-Paul-au-Bois*, 1527 (comptes de Lappion, cab. de M. d'Imécourt). — *Saint-Pol-au-Boys*, 1546 (arch. de l'Empire, E 12,529). — *Sainct-Paul-au-Bois*, 1618 (baill. de Chauny, B 1482). — *Vignette-aux-Bois*, 1793.

Prieuré de Bénédictins fondé vers 1096, par l'abbaye de Sauve-Majeure. — Communauté de Bernardines établie en vertu d'une ordonnance royale du 22 avril 1827.

Fontaine d'eaux minérales analysées et vantées par Lecat.

Sainte-Pécinne, chapelle, c°° de Saint-Quentin. — Ecclesia *Sancte-Pecine*, 1283 (Livre rouge de Saint-Quentin-en-l'Île, f° 162, arch. de l'Emp. LL 1018). — *Sainte-Péchine*, XIV° s° (arch. de l'Emp. P 135; transcrits de Vermandois).

Saint-Pharon, f. c°° de Parcy-Tigny; auj. détruite. — Elle appartenait autrefois aux religieux de Saint-Pharon de Meaux.

Saint-Pierre, c°° de Sains. — Parochia de *Sancto-Petro*, 1144 (cart. de l'abb. de Thenailles, f° 15). — *Saint-Pierre-delès-la-Frankeville*, *Sanctus-Petrus-juxta-Francovillam*, 1270 (arch. de l'Emp. L 997). — *Sainct-Pierre-les-Franqueville*, 1512 (arch. de l'Emp. P 248-2). — *Sainct-Pierre*, 1599 (chambre du clergé du dioc. de Laon). — *Sainct-Pierre-lez-Francqueville*, 1615 (min. d'Ozias Teilinge, notaire). — *Saint-Pierre-les-Francfville*, 1621 (min. de Carlier, notaire). — *Saint-Pierre-les-Vervins*, 1763 (baill. de Saint-Pierre).

La seigneurie relevait de Marle.

Saint-Pierre, fief, c°° d'Autremencourt. — Relevait de Pierrepont.

Saint-Pierre, h. c°° de Blérancourt. — Uni actuellement à la population agglomérée.

Saint-Pierre, f. c°° de Cœuvres-et-Valsery; auj. détruite. — Elle appartenait au chap. de Saint-Pierre-au-Parvis de Soissons et se trouvait au centre du village.

Saint-Pierre, bois près d'Éparcy; auj. défriché.
Saint-Pierre, f. c°° d'Essigny-le-Grand.
Saint-Pierre, h. c°° de Fesmy et du Sart.
Saint-Pierre, f. c°° de Montigny-Lengrain. — Ancien

domaine des Célestins de Saint-Pierre-à-la-Châtre. — Cette ferme fait actuellement partie du hameau du Châtelet. — On y a trouvé des sarcophages.

SAINT-PIERRE, chapelle, c⁵⁶ de Moussy-sur-Aisne.

SAINT-PIERRE, fief, c⁵⁶ de Paissy. — Il était vassal de la vicomté de Paissy.

SAINT-PIERRE, c⁵⁶ de Vailly. — *Molin-Saint-Pierre*, 1336 (arch. de l'Emp. L 1002).

Usine à polir les glaces.

SAINT-PIERRE, m⁵⁶ isolée, c⁵⁶ de Vorges. — C'est la seule qui reste encore du village de Valbon. — Voy. VALBON.

SAINT-PIERRE-AIGLE, c⁵⁶ de Vic-sur-Aisne. — *Aquila*, 1175; villa que vocatur *Aila*, 1206 (cart. du chap. cath. de Soissons, f° 111). — *Aile*, 1235 (cart. de l'abb. de Longpont, f° 35, Aisne). — *Ayle*, 1255 (cart. du chap. cath. de Soissons). — Ville de *Saint-Pierre-à-Aile*, 1322 (suppl. de D. Grenier, 292, Bibl. imp.). — *Aale*, 1365; *Saint-Pierre-à-Aille*, 1366; *Saint-Pierre-Aelle*, 1394 (cart. du chap. cath. de Soissons, f° 66). — *Saint-Pierre-Aille*, 1507; *Sainct-Pierelle*, 1508 (tit. de l'abb. de Saint-Jean-des-Vignes de Soissons). — *Sainct-Pierrelles*, 1549 (tit. du chap. de Notre-Dame-des-Vignes de Soissons). — *Sainct-Pierre-Aigle*, 1551; *Saint-Piarelle*, 1647 (tit. de l'abb. de Saint-Jean-des-Vignes de Soissons). — *Saint-Pierresles*, 1702 (tit. du chap. cath. de Soissons).

La seigneurie relevait de la châtell. de Pierrefonds.

SAINT-PIERRE-À-LA-CHAUX, c⁵⁶ de Soissons. — *Sanctus-Petrus-de-Calce*, 1239 (suppl. de D. Grenier, 293, ch. 44, Bibl. imp.).

Autrefois prieuré.

SAINT-PIERRE-AU-MARCHÉ, chapitre. — Voy. LAON.

SAINT-PIERRE-DE-RANDON, petit fief, c⁵⁶ de Luzoir. — Créé le 17 mars 1774, par le prince de Condé, en faveur de M. Randon de Pommery. — Il relevait de Guise.

SAINT-PIERREMONT, c⁵⁶ de Marle. — *In parrochia Sancti-Petri-Monte*, 1245 (grand cart. de l'év. de Laon, ch. 259). — *Sainct-Pierremont*, 1536 (acquits, arch. de la ville de Laon). — *Saint-Piermont*, 1697 (état civil de Saint-Pierremont, trib. de Laon). — *Saint-Pierremont-et-Raris*, 1745 (intend. de Soissons, C 206).

Dépendait du marquisat de Vervins et relevait de Cilly et de Marle. — Ce village a été uni au gouvernement militaire de Vervins par déclaration du roi du 18 avril 1674 (baill. de la Fère, B 768). — La commune a été unie à celle de Bosmont par ordonnance royale du 18 novembre 1818; elle en a été distraite par autre ordonnance du 16 novembre 1833 et érigée de nouveau en commune.

SAINT-PIERREPRÉ, h. et m¹⁵ à eau, c⁵⁶ de Sorbais. — *Pratus-Sancti-Petri*, 1203 (cart. de l'abb. de Saint-Denis, arch. de l'Emp. LL 1158). — *Saint-Pierre-Prest*, 1413 (mêmes arch. J 801, n° 5). — *Sainct-Pierre-Prez*, 1612 (terr. de Sorbais). — *Pierrepre* (carte de Cassini).

Le domaine de Saint-Pierrepré appart. à l'abb. de Clairefontaine.

SAINT-PRÉCORD, faubourg de Vailly.

SAINTE-PREUVE, c⁵⁶ de Sissonne. — *Sancta-Proba*, 1312 (Olim, t. III, p. 727). — *Saincte-Preuve*, 1405 (arch. de l'Emp. J 801). — *Sainte-Prœuve*, 1496; *Saincte-Prœuve*, 1499 (comptes de l'Hôtel-Dieu de Laon, E 27, E 30). — *Sainte-Probve*, 1505 (titres de l'abb. de Lavalroy, arch. des Ardennes). — *Sainte-Priebve*, 1544 (comptes de Nizy-le-Comte).

Prieuré de Bernardius fondé, en 1115, par l'abb. de Lavalroy. — Sainte-Preuve relevait de la châtel¹; lenie de Pierrepont et y ressortissait pour la justice.

SAINT-PRIX, petit fief, c⁵⁶ de la Ferté-Chevresis.

SAINT-PRIX, f. c⁵⁶ de Fonsomme; auj. détruite. — *Curtis de Fonsommes que dicitur curtis Sancti-Projecti*, 1241 (cart. de Fervaques, f° 26, Bibl. imp.).

SAINT-PRIX, f. c⁵⁶ de Grugies; auj. détruite. — Devait son nom à l'abb. de Saint-Prix, qui la possédait.

SAINT-PRIX, f. c⁵⁶ de Saint-Quentin. — *Districtus Sancti-Projecti Sancti Quintini*, *Districtus Sancti-Projecti-juxta-Sanctum-Quintinum*, 1258 (cart. de l'abb. de Fervaques, f° 25, Bibl. imp.). — *Saint-Pry*, 1304 (cart. de l'abb. de Saint-Quentin-en-l'Île, f° 19, arch. de l'Emp. LL 1016). — *Saint-Pril*, 1373; *Saint-Pry-empres-Saint-Quentin*, 1384 (arch. de l'Emp. P 135; transcrits de Vermandois). — *Saint-Pri*, 1403 (ch. du chap. de Noyon, arch. de l'Oise). — *Saint-Priat*, 1578 (chambre des comptes de la Fère).

Cette ferme appartenait à l'abb. de Saint-Prix de Saint-Quentin.

SAINT-QUENTIN, chef-lieu d'arrond. et de canton. — Αὐγοῦστα Οὐρομανδόων (Ptolémée). — *Municipium Beati-Quintini*, 1167 (ch. arch. de la ville de Saint-Quentin, liasse 269). — *Sanctus-Quintinus-in-Viromandia*, 1306 (Livre rouge de Saint-Quentin, f° 21). — *Saint-Quentin-en-Vermandois* (comptes de l'Hôtel-Dieu de Soissons, f° 15). — *Sainct-Quentin-en-Vermandoys*, 1558 (comptes de la ville de Chauny, f° 49).

Saint-Quentin était chef-lieu de doyenné rural, de bailliage royal, d'élection et de subdélégation.

Le doyenné rural, du diocèse de Noyon, comprenait les paroisses de Bellenglise, Bellicourt, Bohain,

Brancourt, Croix, Dallon, Essigny-le-Petit, Étaves-et-Bocquiaux, Étreillers, Fayet, Fieulaine, Fluquières, Fonsomme, Fontaine - Notre - Dame, Fontaine-les-Clercs, Fontaine-Uterte, Fresnoy-le-Grand, Gauchy, Gricourt, Harly et Mesnil-Saint-Laurent, le Haucourt, Homblières, Itancourt, Joncourt, Lesdins, Levergies, Magny-la-Fosse, Marcy, Montbrehain, Morcourt, Nauroy, Neuville-Saint-Amand, Omissy, Pontruet, Prémont, Regny, Remaucourt, Roupy, Rouvroy, Savy, Seboncourt, Sequehart et Vaux.

Le bailliage avait pour limites les territoires suivants qui en dépendaient : Bohain, Brancourt, Montbrehain, Beaurevoir, Villers-outre-Eau, Malincourt, Aubencheul-aux-Bois, Honnecourt, Banteux, Vendhuile en partie, Bony, Hargicourt, Villeret, Jeancourt, Vendelles, Vermand, Caulaincourt, Beauvois, Lanchy, Ugny-l'Équippée, Douilly, Villers-Saint-Christophe, Sancourt, Offoy, Étouilly, Ham, Pithon, Dury, Tugny, Saint-Simon, Annois, Cugny (contesté par le baill. de Chauny), Clastres, Montescourt-Lizerolles, Gibercourt, Ly-Fontaine, Vendeuil, Travecy, Moy, Cerizy, Benay, Urvillers, Grugies, Gauchy, Neuville-Saint-Amand, Itancourt, Mesnil-Saint-Laurent, Homblières, Marcy, Essigny-le-Petit, Fonsomme, Croix-Fonsomme et Fresnoy-le-Grand.

La maîtrise royale, créée par édit de novembre 1689, avait la même étendue que le bailliage; elle a été unie, par arrêt du Conseil d'État du 30 juin 1690, à celle de la Fère.

L'élection de Saint-Quentin ne formait qu'une seule subdélégation, limitée intérieurement par les territoires de Villers-Guislain, Gonnelieu, Banteux, Honnecourt, Villers-outre-Eau, Malincourt, Beaurevoir, Brancourt, Archies, Fresnoy-le-Grand, Fontaine-Uterte, Remaucourt, Morcourt, Rouvroy, Homblières en partie (l'abb. et quatre maisons), Harly, Neuville-Saint-Amand, Urvillers en partie (ce qui se trouvait au nord des chemins d'Homblières et de Castres à Urvillers), Grugies, Castres, Dallon, Giffécourt, Fontaine-les-Clercs, Hamet ou Seraucourt-le-Petit, Happencourt, Tugny, Dury, Pithon, Étouilly, Saint-Sulpice de Ham, Sancourt, Offoy, Douilly, Croix, Ugny-l'Équippée, Lanchy, Beauvois, Trefcon, Caulaincourt, Vermand, Vendelles, Jeancourt, Villeret, Hargicourt, Vendhuile et le Câtelet.

Grenier à sel : Pouilly, Berne, Jeancourt, Villeret, Hargicourt, Bony, Vendhuile, le Câtelet, Honnecourt, Banteux, Villers-outre-Eau, Malincourt, Beaurevoir, Brancourt, Bohain, Fresnoy-le-Grand, Croix-Fonsomme, Fontaine-Notre-Dame, Marcy, Mesnil-Saint-Laurent, Thenelles, Sery-lez-Mézières,

Fay-le-Noyer-et-Surfontaine, Renansart, Brissay-Choigny, Mayot, Travecy, Liez, Mennessis, Frières-Faillouël, Flavy-le-Martel, Annois, Saint-Simon, Ollezy, Dury, Pithon, Étouilly, Offoy, Sancourt, Douilly, Ugny-l'Équippée, Hérouël, Beauvois, Trefcon et Caulaincourt, compris dans son ressort, en formaient les limites extrêmes.

Le district de Saint-Quentin, institué en 1790, était composé des cantons de Saint-Quentin, Bohain, le Câtelet, Fonsomme, Moy, Ribemont, Saint-Simon et Vermand. — Le canton de Saint-Quentin ne comprenait alors que la ville et son territoire.

Les armoiries de Saint-Quentin sont : *d'azur à un chef de saint Quentin d'argent, accompagné de trois fleurs de lys d'or posées deux en chef et une en pointe.*

Saint-Quentin, c^{ne} de Neuilly-Saint-Front. — *Saint-Quentin-les-Louvry*, 1680; *Saint-Quentin-les-Louvry*, 1682 (arch. comm. de Saint-Quentin).

Saint-Remy, fief, c^{es} d'Aulnois. — Il appartenait à la paroisse de Saint-Remy-Porte de Laon et relevait de l'évêché de la même ville.

Saint-Remy, m^{on} isolée, c^{ne} de Cerny-en-Laonnois.

Saint-Remy, c^{ne} de Coucy-le-Château. — Prieuré fondé en 1138 par l'abb. de Nogent.

Saint-Remy, f. — Voy. Cour-Saint-Remy.

Saint-Remy-Blanzy, c^{ne} d'Oulchy-le-Château. — Altare *Sancti-Remigii-d'Ivri*, 1143 (suppl. de D. Grenier. 294, Bibl. imp.).— *Ivry-Blanzi*, 1206 (cart. de l'abb. de Saint-Jean-des-Vignes de Soissons, Bibl. imp.). — In territorio de *Sancto-Remigio-apud-Yvri*, 1206; *Sanctus-Remigius-de-Ivreio*, 1206 (suppl. de D. Grenier, 296, Bibl. imp.). — *Saint-Remi-à-Ivri*, 1383 arch. de l'Emp. P 136; transcrits de Vermandois). — *Saint-Remy-à-Yvry*, 1405 (comptes de l'Hôtel-Dieu de Soissons, 327).—*Saint-Remy-Luvry*, 1578 (*ibid.* f° 31). — *Saint-Remy-Ivry*, 1624 (archives comm. de Plessier-Huleu). — *Saint-Remy-Yvrî*, 1665 ; *Saint-Remy-Blansi*, 1706 (archives comm. de Saint-Remy-Blanzy). — *Saint - Remy - Blansis*, 1733 ; *Saint-Remy-Blanzis*, 1745 (intendance de Soissons, C 206).

Marquisat vassal d'Oulchy-le-Château.

Saint-Remy-du-Mont-de-Neuilly, c^{ne} de Neuilly-Saint-Front. — *Sanctus-Remigius*, 1208 (cart. de l'Hôtel-Dieu de Soissons, ch. 36, 190).

Église aliénée, le 25 mai 1792, comme domaine national.

Saint-Remy-et-Saint-Georges, c^{ne} de Villers-Cotterêts. — *Saint-Remy-les-Villiers*, 1632 (min. de la Planche, notaire).

Abbaye de Bénédictines transférée, au mois d'août 1658, à la pointe de la forêt de Retz, à Villers-Cottérêts (7° volume des Ordonnances de Louis XIV, coté PPP, f° 215, arch. de l'Emp.).

SAINT-ROBERT, f. c^ne d'Épaux-Bézu. — Elle appartenait à l'abb. de Saint-Remy-et-Saint-Georges de Villers-Cotterêts.

SAINT-SIMON, arrond. de Saint-Quentin. — *Sanctus-Simon*, 1206 (cart. de l'abb. de Fervaques, f° 191). — *Calceia de Sancto-Symone*, 1271 (Livre rouge de Saint-Quentin-en-l'Île, f° 156; arch. de l'Emp. LL 1018). — *Saint-Symon*, 1296 (cart. du chap. de Saint-Quentin, f° 77, Bibl. imp.). — *Saint-Simon*, 1532 (comptes de la châtellenie de Ham, chambre des comptes de la Fère).

La seigneurie inféodée, en 1231, par l'abbaye de Saint-Bertin de Saint-Omer, pour relever de Caumont, a été érigée en duché-pairie au mois de janvier 1635. — Ce duché relevait directement de la couronne. Il comprenait les seigneuries de Saint-Simon, Aubigny, Avesne, Benay, Clastres, Corbeny, Dury, Gauchy, Pontruet, Remigny, Savy, Thorigny et Ugny-l'Équippée.

Saint-Simon fut, en 1790, chef-lieu d'un canton dépendant du district de Saint-Quentin et formé des communes de Saint-Simon, Annois, Artemps, Bray-Saint-Christophe, Castres, Contescourt, Cugny, Dury, Flavy-le-Martel, Fontaine-les-Clercs, Gauchy, Happencourt, Jussy, Montescourt-Lizerolles, Ollezy, Pithon, Seraucourt, Sommette et Tugny.

SAINT-SULPICE, h. c^ne de Flavigny-le-Petit. — *Sanctus-Sulpitius, Sanctus-Sulpitius-prope-Guisiam*, 1340 (Bibl. imp. fonds latin, ms. 9228). — *Saint-Souplis*, 1411 (arch. de l'Emp. J 801, n° 4). — *Sainct-Souply*, 1561; *Sainct-Soupplix*, 1580 (tit. de l'Hôtel-Dieu de Guise). — *Sainct-Souplis, Sainct-Sulpis, Sainct-Supplix, Sainct-Soupply*, 1612 (terrier de Beaurain). — *Sainct-Souply*, 1630 (chambre du clergé du dioc. de Laon).

Ne faisait, en 1612, qu'une communauté avec Flavigny-le-Grand et Beaurain.

SAINTE-SUZANNE, f. c^ne de Liesse. — Construite, vers 1837, sur l'emplacement d'un bois défriché.

SAINT-THIBAUT, c^ne de Braine. — *Sanctus-Theobaldus*, 1150 (cart. de l'abb. de Vauclerc, f° 14). — *Sanctus-Theobaldus-juxtà-Basochias*, 1247; *Saint-Thiébaut*, 1282 (cart. de l'abb. d'Igny, f°s 97 et 119). — Prioré de *Saint-Thiébaut-dessus-Bazoches*, 1384 (arch. de l'Emp. P 136; transcrits de Vermandois). — *Saint-Thibault*, 1710 (intend. de Soissons, C 274).

Prieuré dépendant autrefois de la maison de Saint-Edmond des Bénédictins anglais. — Ce prieuré possédait la seigneurie vassale de la châtellenie de Bazoches (arch. de l'Emp. Tr. des chartes, reg. 172, pièce 257).

SAINT-THOMAS, c^ne de Craonne. — *Ecclesia Sancti-Thome*, 1151; *Sainct-Thomas*, 1586 (ch. et tit. de l'abb. de Saint-Vincent de Laon).

Prieuré de Bénédictins établi vers 1081 par l'abb. de Saint-Vincent de Laon, et uni à la mense abbatiale de ce monastère par une bulle du 12 septembre 1389. — La seigneurie de Saint-Thomas appartenait à ce prieuré.

SAINT-VAST, faubourg de la Ferté-Milon. — *Prioratus Sancti-Vedasti-prope-Feritatem*, xiv° siècle (cart. E du chap. cath. de Reims, f° 139).

Dépendait de l'abb. de Sainte-Geneviève de Paris.

SAINT-VAST, faubourg de Soissons. — *Bourg-de-Saint-Vuast*, 1444 (comptes de l'Hôtel-Dieu de Soissons, f° 24). — *Bourg-d'Aisne*, 1492 (ibid. f° 5).

On lui donnait aussi le nom de *Bourg-Saint-Mard*, à cause du voisinage de l'abbaye de Saint-Médard.

SAINT-VAST, petit ruisseau, affluent de la Vesle à Villesavoye. — Il n'alimente aucune usine. — Son parcours est de 1,300 mètres.

SAINT-VENANT, c^ne d'Hirson. — Prieuré de Bénédictins fondé en 1234, par l'abbaye de Saint-Michel, dans la partie nord-est du bourg d'Hirson.

SAINT-VICTOR, f. c^ne de Craonne.

SAINT-VINCENT, m^on isolée, c^ne d'Essomes. — Construite en 1862 dans le bois du Loup, qui est auj. défriché en partie.

SAINT-VINCENT, m^on isolée, c^ne de Laon; abbaye de Bénédictins fondée en 580, 961. — *In suburbio Laudunense basilicam in honore Sancti construxit Vincentii* (Clotarius II) (Aimoin, t. II, liv. iv, ch. 1). — *Cœnobium Sancti-Vincentii*, 895 (Acta S. Ord. Bened. p. 250). — *Beatus-Vincentius*, xii° s° (Hist. de France, t. XII, p. 253 D). — *Saint-Vinchent*, 1357; abbaye monseigneur *Sains-Vincans-de-Laon*, 1430; *Saint-Vincent-lez-Laon*, 1447 (ch. de l'abb. de Saint-Vincent de Laon).

SAINT-VULGIS, c^ne de la Ferté-Milon. — *Ecclesia Sancti-Vulgisii-de-Firmitate-Milonis*, 1110; *Sanctus-Vulgisus*, 1210 (cart. de l'abb. de Saint-Jean-des-Vignes de Soissons, Bibl. imp.). — Prioulté *Saint-Vougis*, 1285 (suppl. de D. Grenier, 297, Bibl. imp.). — *Saint-Wougis*, 1386 (ch. de l'abb. de Saint-Jean-des-Vignes de Soissons).

Prieuré fondé, en 1110, par Hugues Le Blanc, seigneur de la Ferté-Milon (arch. de l'Emp. K 185). — Ses biens ont été unis à l'abb. de Saint-Jean-des-Vignes de Soissons après la démolition du château de la Ferté-Milon faite, en 1594, par ordre du roi

Henri IV (maîtrise des eaux et forêts de Villers-Cotterêts, arch. de l'Aisne).

SAINTE-YOLAINE, chapelle, c^{ne} de Pleine-Selve. — *Saincte-Yolaine*, 1586 (arch. de l'Emp. J 791).

SAINT-YVED, c^{ne} de Braine. — *Ecclesia Sancti-Evodii-de-Brana*, 1163 (pièces justificatives de l'Histoire du Valois, p. XIII). — *Monasterium Sancti-Evodii*, 1250 (grand cart. de l'év. de Laon, ch. 84). — *Saint-Iuvel*, 1280 (arch. de l'Empire, L 1000). — *Saint-Yvel-de-Brainne*, 1299 (ibid. L 1006). — *Monasterium-Sancti-Yvedii-de-Brana*, 1357 (ch. de l'abbaye de Saint-Vincent de Laon). — *Saint-Ived-de-Braine*, 1361 (ch. de l'abbaye de Saint-Yved de Braine).

Abbaye de Prémontré fondée en 1145.

SALLE (LA), f. c^{ne} d'Arcy; auj. détruite. — Appartenait autrefois à l'abb. de Saint-Crépin-le-Grand.

Une fontaine porte encore le nom de cette ferme.

SALLE (LA), f. c^{ne} d'Épieds. — Détruite en 1842.

SALNOVE ou SAINT-VINCENT, f. c^{ne} de Lhuys. — Acquiso, le 17 décembre 1664, par l'abb. de Saint-Vincent, en échange de celle des Roseaux; elle était au centre du village.

SALOBRÉE (LA), petit h. c^{ne} de Morsain. — *Salobré* (carte de Cassini).

SALSOGNE, h. c^{ne} de Ciry-Salsogne. — *Chalessoigne*, 1267; *Chaleconne*, 1278 (cart. du chap. cath. de Soissons, f°s 197 et 200). — *Salsongne*, 1563 (chap. de Saint-Pierre-au-Parvis de Soissons). — *Salsongnes*, 1573 (pouillé du dioc. de Soissons, f° 22). — *Saillesongne*, XVIe siècle (arch. de l'Emp. Q 8).

La seigneurie, vassale d'Arcy-Sainte-Restitue, appartenait à l'abbaye de Saint-Médard de Soissons et ressortissait à la justice de cette abbaye, en vertu de lettres patentes d'octobre 1766.

SAMBRE, rivière. — *Sambra*, XIIe s^e (cart. du chapitre cath. de Cambrai, fonds latin 10,960, Bibl. imp.).

— «Riu que on appelle le *Robissuel* liquels *Robissous* départ et divise le royaulme de France et l'empire et l'évesquiet de Laon de Cambray, 1306» (cart. de la seign. de Guise, f° 195).

Cette rivière n'alimente aucune usine dans le dép^t de l'Aisne, où son parcours est de 15,685 mètres; elle sépare le Nouvion de Beaurepaire (Nord) et les territoires de Barzy, de Bergues et d'Oizy. — On donne ordinairement le nom de *Fausse-Sambre* à l'ancienne Sambre, qui prend sa source dans la forêt du Nouvion, près du Chevalet, et qui passait autrefois au-dessus du Vivier-d'Oizy (1357, cart. de la seign. de Guise, f° 298), près du fort. Le chemin de la Morte-Eau à Boué donne la vraie direction de son ancien cours, qui a été détourné. — Voy. NOIRIEU.

SAMBRECOURT, fief et mⁱⁿ, c^{ne} de Grandlup-et-Fay. — Le moulin, construit par Roland de la Bove vers la fin de la première moitié du XVIe siècle (comptes de la châtell. de Pierrepont de 1553, cab. de M. d'Imécourt), est auj. détruit.

Le fief de Sambrecourt relevait de la châtellenie de Pierrepont. On remarque encore à Grandlup un lieu dit *la Fontaine-Sambrecourt*.

SAMECOURT, faubourg de Vailly.

SAMOUSSY, c^{ne} de Sissonne. — *Salmonciacum*, 766 (Eginardi annales, Hist. de France, t. V, p. 18 E). — *Salmuntiacum*, 766 (Ann. Franc. Mettenses). — *Salmongiacum-Villa* (Hist. de France, t. V, p. 36 B). — *Salmunciacum*, 771 (ex brevi chronico, Hist. de France, t. V, p. 29 A). — *Salmunciagum Palatium Publicum*, 771 (Mabillon, *De Re diplomatica*, p. 645). — *Saumonci*, 876 (Chroniques de Saint-Denis). — *Silva Salmoncei*, 1114 (mém. ms. de l'Eleu, t. I, p. 266). — Munitio *Saumoncei*, 1128; curtes *Salmuncei*, 1141; nemus de *Saumonciaco*, 1167; terra de *Saumoncey*, 1169 (cart. de l'abb. de Saint-Martin, t. I, p. 416; t. II, p. 2, 8). — *Samonci*, 1266 (ch. de l'abb. de Saint-Martin). — Nemus de *Saumoci*, 1287 (cart. de la même abb. t. I, p. 63). — *Saumoucy*, 1397; *Samoucy*, 1404; *Chaumoussy*, 1488; *Saulmoucy*, 1499 (comptes de l'Hôtel-Dieu de Laon, E 4, E 6, E 24, E 30). — *Saulmoncy* (carte de Cassini).

Palais mérovingien et carlovingien dont il reste quelques traces. — La seigneurie et la forêt appartenaient, dès la première moitié du XIIe siècle, à l'abbaye de Saint-Martin de Laon. Cette forêt, du domaine actuel de l'État, contient 1,347 hectares 66 centiares.

SANCY, c^{ne} de Vailly. — *Sansi*, 1340 (arch. de l'Emp. Tr. des ch. reg. 72, n° 304). — *Sanssy*, 1384 (ibid. P 136; transcrits de Vermandois). — *Sansy*, 1389 (comptes de l'Hôtel-Dieu de Laon, E 2).

La seigneurie appartenait autrefois au comté de Soissons et à l'abb. de Saint-Ouen. Elle ressortissait en 1re instance à Soissons, depuis la réunion du bailliage du comté au bailliage royal.

SANDRIGETTERIES (LES), f. c^{ne} de Celles-sur-Aisne; auj. détruite.

SANNOVILLE, h. c^{ne} de Viffort. — *Sou-la-Ville* (carte de Cassini).

SANSFONDS, h. c^{ne} de Fesmy.

SANTIGNY, m^{on} isolée, c^{ne} de Crépy. — *Sanctiniacum*, 1137 (cart. de l'abb. de Saint-Martin de Laon, f° 129, bibl. de Laon). — Curtis que eo Hilberti ecclesie de *Sentiniaco*, 1145 (ch. de l'abb. de Saint-Vincent de Laon). — *Santegni*, 1233 (suppl. de D. Grenier,

291, Bibl. imp.). — *Sentigni*, 1234 (cart. de l'abb. de Prémontré, f° 37; bibl. de Soissons).

Prieuré de Bénédictins dépendant de l'abbaye de Bertaucourt, établi vers 1140, supprimé en 1308.
— Santigny relevait de la châtell. de la Fère.

SAPIGNEULE, petit affluent de l'Aisne à Berry-au-Bac.
— Il n'alimente aucune usine. — Son parcours est de 1,200 mètres.

SAPIGNEUX ou VIÉVILLE, petit fief, c°° de la Ferté-Chevresis.

SAPONAY, c°° de Fère-en-Tardenois. — *Saponeum*, 1137 (cart. de l'abb. de Saint-Yved de Braine, arch. de l'Emp.). — *Saponai*, 1223 (cart. de l'Hôtel-Dieu de Laon, 199, ch. 37). — *Saponnai, Sapponnay*, 1359 (arch. de l'Empire, Tr. des chartes, reg. 90, pièces 208 et 484). — Paroisse *Nostre-Dame-de-Saponnay*, 1683 (arch. comm. de Saponay). — *Saponet*, XVII° siècle (arch. comm. de Bruyères).

La vicomté, vassale de Bazoches, dépendait de la seigneurie de Cramaille.

SARAZIN, fief, c°° de Missy-lez-Pierrepont. — *Sarrazin*, 1702 (tit. de l'év. de Laon).

Vassal de la châtell. de Pierrepont.

SARIGNY, f. c°° de la Chapelle-Monthodon. — Autrefois vicomté.

SAROIS, h. c°° d'Esquehéries.

SARROUART, fief, c°° de Vaux-Andigny. — *Sarrouars*, 1710 (intend. de Soissons, C 320).

Vassal de Guise.

SART (LE), c°° du Nouvion. — *Sart-en-Cambresis*, 1736 (baill. de Ribemont, B 91).

Le Sart dépendait du diocèse de Cambrai, de la province et de l'archidiaconé de Cambrésis, du doyenné rural du Câteau-Cambrésis, de l'intendance de Valenciennes et de la subdélégation de Landrecies.
— La seigneurie relevait de Fesmy (baill. de Ribemont, B 91). — Ce village a été uni à Fesmy par décret du 12 juillet 1807, et il en a été distrait en 1830 pour être érigé en commune.

SART (LE), village, c°° d'Anguilcourt-le-Sart. — *Sartum*, 1274 (ch. de l'abb. de Saint-Vincent de Laon). — *Sard*, 1454 (comptes de la maladrerie de la Fère, Hôtel-Dieu de cette ville). — *Sart-sur-Sère*, 1554 (comptes de l'Hôtel-Dieu de Laon, E 78). — *Sart-sur-Serre*, 1610 (baill. de la Fère, B 692). — Paroisse *Nostre-Dame-du-Sart-et-Courbes*, 1695 (arch. comm. du Sart, trib. de Laon).

La seigneurie relevait de la Fère (baill. de la Fère, B 660). — La rivière séparait les baill. de Ribemont et de Laon.

SART (LE), bois, c°° de Fieulaine. — Il a été défriché vers 1845.

SART (LE), f. c°° de Lempire. — *Le Sars* (carte de Cassini).

La seigneurie relevait de celle de Crèvecœur et ressortissait aux baill. et châtell. de Cambrai.

SART (LE), bois, c°° de Marteville; auj. presque entièrement défriché.

SART (LE), fief, c°° de la Neuville-Bosmont. — Relevait de Vervins.

SART (LE), f. et bois, c°° de Viry-Noureuil. — Dépendait du marquisat de Genlis. — La ferme portait aussi le nom de *Vigneux*, en 1764 (terr. de Noureuil).

SARTEDEAU, petit h. c°° de Sorbais.

SART-L'ABBÉ (LE), h. et m¹⁰ à eau, c°° de Bucy-lez-Cerny. — *In nemore quod Alodium nuncupatur*, 1179 (ch. de l'abb. de Saint-Vincent de Laon). — *Sars-Labbé*, 1411 (arch. de l'Emp. J 801, n° 4).
— *Essars-l'Abbé*, 1510 (comptes de l'Hôtel-Dieu de Laon, E 39). — *Cerf-Labbé*, 1650 (arch. de la ville de Guise).

SART-RAOUL-MOUTON (LE), f. c°° de la Bouteille. — «Autrefois de la deppendance d'Aubenton avoit jadis un bois en rapaille et deffrichez par Raoul Mouton et mis en terre de labour... est une cense qui en porte le nom et contient six muids seulement après le retranchement.» (Livre de Foigny, par de Lancy, liv. 12.)

SART-SAINT-MARTIN (LE), h. c°° d'Étaves-et-Bocquiaux. — *Villa Sancti-Martini, Sars-Saint-Martin*, 1222 (cart. de la seign. de Guise, f° 39).

Le hameau est détruit, mais un bois porte encore le nom de *Fontaine-Saint-Martin* vers Fresnoy-le-Grand.

SAUCET, f. c°° d'Anguilcourt-et-le-Sart. — *Nemus ad Salicem*, 1180 (ch. de l'abb. de Saint-Vincent de Laon). — *Sanchiaus*, 1215; *Saucellum*, 1244; Maison de *Saucel*, 1280 (ch. de l'abb. de Saint-Nicolas-aux-Bois). — *Saussel*, 1282 (ch. de l'abb. de Saint-Vincent de Laon). — *Saulcet*, 1549 (tit. du chap. cathédral de Laon). — *Saulsay*, 1676 (arch. comm. d'Anguilcourt-et-le-Sart). — *Saussaye*, 1710 (intend. de Soissons, C 320). — *Saussay*, 1728 (chambre du clergé du dioc. de Laon). — *Saucay*, 1725 (baill. de Ribemont, B 68). — *Saucez* (carte de Cassini).

Cette ferme dépendait autref. de la paroisse de Choigny; elle appartenait à l'abb. de Saint-Nicolas-aux-Bois et ressort. aux baill. et prévôté de Ribemont.

SAUCHELLES, petit fief, c°° d'Abbécourt.

SAUCHELLES, f. c°° de Bellicourt. — Cette ferme appartenait à l'abb. du Mont-Saint-Martin; elle était déjà détruite en 1540.

Saucy, petit fief, c^{se} de Berry-au-Bac. — *Saussy*, 1353 (dénomb. arch. de M. d'Imécourt, GG 1). — *Saulcy*, 1492; *Saussy-sur-Aisne*, 1492 (audienc. de Roucy, mêmes archives).

Relevait du comté de Roucy.

Saudraie (La), m^{on} isolée, c^{ne} de Pasly.

Saulchery, c^{ne} de Charly. — *Saucheri*, 1280; *Sanchery*, 1326 (cart. de Saint-Jean-des-Vignes, bibl. de Soissons). — *Sauchery*, 1480 (ch. de l'Hôtel-Dieu de Château-Thierry). — *Chauchery*, 1502; *Chaussery*, 1506; *Chaucery*, 1511 (comptes de l'Hôtel-Dieu de Soissons, 375, 379, 384). — *Saulcheriacum*, 1538 (archives communales de Charly). — *Sauchery-le-Pont*, 1650 (terr. arch. comm. de Pavant).

La seigneurie relevait de l'év. de Soissons. — Le village ressortissait, en 1383, à la prévôté de Paris (arch. de l'Emp. P 136; transcrits de Vermandois) et dépendait, en 1531, de la paroisse de Charly (comptes de l'Hôtel-Dieu de Soissons, f° 51).

Saulcy, f. c^{ne} de Dallon; auj. détruite. — *Saulchy*, 1500 (arch. de la ville de Saint-Quentin, liasse 179). — *Saulchy-les-Dallon*, 1596 (baill. de Saint-Quentin). — *Saucy*, 1663; *Saucy-les-Dallon*, 1693 (tit. de l'Hôtel-Dieu de Saint-Quentin).

Elle relevait de la châtellenie de Saint-Quentin.

Saule (Le), petit ruisseau qui prend sa source à Sergy et se jette dans celui de Cierges, après un cours de 1,200 mètres.

Saulminette (La), m^{on} isolée, c^{ne} de Chavignon. — *La Souminette* (carte de Cassini).

Détruite en 1865.

Saulnier, f. c^{ne} de Pisseleux. — Appartenait à l'abb. de Saint-Remy-et-de-Saint-Georges de Villers-Cotterêts.

Saulon, mⁱⁿ à eau, c^{ne} de Cœuvres-et-Valsery.

Saulx (La), mⁱⁿ à eau, c^{ne} de Molinchart. — *La Saux*, 1385 (arch. de l'Empire, P 136; transcrits de Vermandois).

Ce moulin est aussi connu sous le nom de *Fontaine-Saint-Martin* et de *moulin Dufrénoy*.

Saulx-Indré (La), m^{on} isolée, c^{ne} de Braine. — *Sainte-Judée* (carte de Cassini).

Saurèle, c^{ne} de Mont-Notre-Dame? — *Sauriacum*, 589 (Grégoire de Tours, lib. IX, cap. xxxvii).

Claude Dormay pense que cette localité était à Septmonts; d'autres la placent, avec plus de vraisemblance, à Mont-Notre-Dame.

Saussaie (La), petit fief, c^{ne} de la Neuville-lez-Dorengt. — Relevait de Guise.

Saussois (Le), f. c^{ne} de Saint-Quentin, auj. détruite.

— Cense de *Saulchoix*, proche la chapelle Espargnemaille, 1591 (min. de Claude Huart, notaire).

Elle dépendait du faubourg Saint-Jean.

Saussoit, bois, c^{ne} de Vermand; auj. défriché.

Saut-du-Lièvre (Le), mⁱⁿ à eau, c^{ne} de Bruyères-et-Montbérault.

Sautrier, bois, c^{ne} de Froidmont-et-Cohartille; auj. défriché.

Sauvigny, h. c^{ne} de Rouilly-Sauvigny. — Relevait de Montmirail.

Sauvoir (Le), f. c^{ne} de Laon. — *Salvamentum*, 1228; *Salvatorium-Beate-Marie*, 1237; *Salvatum-Beate-Marie-subtus-Laudunum*, 1243 (ch. de l'abb. du Sauvoir). — *Salvatorium-subtus-Laudunum*, 1251 (ch. de l'abb. de Saint-Vincent de Laon). — *Salvatorium-juxta-Laudunum*, 1269 (Ordonn. des rois de France, t. XI, p. 343). — *Sauvoir-Notre-Dame-desous-Laon*, 1269 (suppl. de D. Grenier, 290, Bibl. imp.). — *Sauvoir-desous-Laon*, 1273 (ch. de l'abb. de Saint-Vincent de Laon). — *Savoir-desous-Loon*, 1283 (ch. de l'abb. de Saint-Vincent de Laon). — *Salvatorium-subtus-Laudunum*, 1322 (ch. de l'Hôtel-Dieu de Laon, A 1). — *Saulvoir-soubz-Laon*, 1389; *Saulvoys*, 1601 (comptes de l'Hôtel-Dieu de Laon, E 117). — *Sauvoire* (carte de Cassini).

Abbaye de filles de l'ordre de Cîteaux fondée en 1220. On désignait par *le Vieil-Sauvoir* le premier endroit habité par ces religieuses (1504, comptes de l'Hôtel-Dieu de Laon, E 34). — Voy. Bricouville.

Sauvrezis, f. c^{ne} de Cessières. — *Sauvercis*, 1136 (mém. ms. de l'Eleu, t. I, f° 353). — *Molendinum de Sauvergi*, 1215 (cart. de l'abb. de Prémontré, f° 41, bibl. de Soissons). — *Sauvresis*, 1385 (arch. de l'Emp. P 136; transcrits de Vermandois). — *Sauvrezy*, 1496 (comptes de l'Hôtel-Dieu de Laon, E 27). — *Sauvresy*, 1525; *Sauvrisys*, 1565; *Sauversy*, 1656; *Sauverzy*, 1657; *Sauvesi*, 1662; *Sauverzie*, 1677; *Chauversy*, 1685; *Sauversi*, 1694 (tit. de l'abb. de Saint-Jean de Laon).

Ancien domaine de l'abbaye de Saint-Jean de Laon.

Sauvrezis-le-Neuf ou le Nouveau-Sauvrezis, f. c^{ne} de Cessières. — De construction récente.

Savant (Le), h. c^{ne} de Beuvardes.

Savants (Les), h. c^{ne} de Rozoy-Bellevalle.

Savelon (Le), m^{on} isolée, c^{ne} d'Urcel.

Savières (Ru de), rivière. — *Savarie*, 1148 (cart. de Longpont, f° 14, Aisne). — *Saveria*, 1197 (cart. de l'abb. de Saint-Jean-des-Vignes de Soissons, f° 44).

Cette rivière prend sa source au territoire de

DÉPARTEMENT DE L'AISNE. 257

Parcy, traverse ceux de Vierzy et de Longpont, sépare ce dernier village de Louâtre, Troësnes de Faverolles et de Silly-la-Poterie, et se jette dans l'Ourcq sur le territoire de cette dernière commune, après un cours de 16,862 mètres. — Cette rivière alimente cinq moulins à blé et un moulin à huile.

Savins, petit ruisseau affluent de celui de Roucy. — Il n'alimente aucune usine. — Son parcours est de 1,600 mètres.

Savoie (La), h. c^nes de Montreuil-aux-Lions et de Neslcs.

Savriennois, f. c^ne de Flavy-le-Martel. — *Saveriaunoy, Saveriaunoi*, 1269 (cart. de l'abb. de Fervaques, f° 73). — *Sauvriannoy*, 1341; *Saveryannoy*, 1411 (arch. de l'Emp. P 136; transcrits de Vermandois). — *Savriannoy*, 1474; *Savriennoys*, 1518 (arch. de M. Druet, ancien maire de Douchy). — *Sarrianoy*, 1605 (*ibid.*). — *Savriennoy*, 1617 (baill. de Chauny, B 1481). — *Savrienois*, 1625; *Savriesnois*, 1753 (arch. de M. Druet). — *Savrienoit* (carte de Cassini).

Le fief de Savriennois a été incorporé au marquisat de Genlis en mai 1645; il releva d'abord de Chauny et ensuite de Magny-Guiscard.

Savy, c^ne de Vermand. — *Savi*, 1137; in *Saviaco*, 1138 (cart. de l'abb. du Mont-Saint-Martin, p. 553 et 400).

Seigneurie donnée, en 1258, par le roi Louis IX à l'abb. de Royaumont.

Savy, h. c^ne de Pierrepont. — *Saviacus*, 1133 (mém. ms. de D. Bugnâtre, Bibl. imp. preuves, p. 458). — *Savi*, 1189 (cart. de l'abb. de Saint-Martin de Laon, t. I, p. 241). — *Savye*, 1690; *Savy-les-Pierpont*, 1754 (tit. de l'abb. de Saint-Vincent de Laon).

Le domaine de Savy appartenait, dès le xii° siècle, à l'abb. de Saint-Vincent de Laon, et il relevait de Pierrepont, où il ressortissait pour la justice.

Scierie Baudemont, scierie de bois sur l'Oise, c^ne d'Hirson.

Scierie Derche, scierie de bois, c^ne de Voulpaix.

Sebacourt, h. c^ne de Suzy. — *Subalcurt*, 1136 (mém. ms. de l'Eleu, t. I, p. 353). — *Subarcourt*, 1158 (cart. de l'abb. de Prémontré, bibl. de Soissons). — *Soubaucourt*, 1164 (arch. de l'Emp. L 995). — *Soubaccourt*, 1219 (grand cart. de l'év. de Laon, ch. 256). — *Soubarcourt*, 1219 (petit cart. du même évêché, ch. 71). — *Subaucourt*, 1241 (Bibl. imp. fonds latin, ms. 9227, f° 15). — In territorio de *Sourbarcort*, 1250; in territorio de *Soubaucourt*, 1257; *Soubecourt*, 1267 (ch. de l'Hôtel-Dieu de Laon, B 55). — *Soubaucourt*, 1387 (arch. de l'Emp. P 248-1). — *Sousbaucourt*, 1408; *Sebaucourt*, 1420 (comptes de l'Hôtel-Dieu de Laon, E 7, E 12). — *Saubourcourt*, 1511 (arch. de l'Emp. P 248-1). — *Sombacourt*, 1563 (comptes de la châtell. de la Fère). — *Subacourt*, 1709 (intend. de Soissons, C 274).

Ancienne dépendance de la châtell. de la Fère.

Sébastopol, m^en isolée, c^ne de Gernicourt.

Seboncourt, c^ne de Bohain. — *Segungourt*, 1043; *Seguncurtis*, 1124; *Segundicurtis*, 1145 (cart. de l'abb. d'Homblières, p. 7 et 37). — *Segouncort*, 1220 (arch. de l'Emp. L 998). — *Segoncort*, 1220 (cart. de l'abb. de Fervaques, p. 244). — *Segoncourt*, 1353 (arch. de l'Emp. Trésor des chartes, reg. 80, pièce 98). — *Ceboncourt*, 1543 (comptes de l'Hôtel-Dieu de Laon, E 69).

La seigneurie relevait de Guise.

Sec-Aulnois, f. près de Laon; auj. détruite. — *Secq-Aunoy*, 1570 (audiencier de Pierrepont, cab. de M. d'Imécourt). — *Sec-Annois*, 1702; *Sec-Aulnoy*, 1745 (tit. de l'év. de Laon).

Relevait de Pierrepont.

Sec-Aulnois, bois, c^ne de Missy-aux-Bois. — Bos du *Sec-Annoy*, 1270 (cart. de l'abb. de Saint-Jean-des-Vignes de Soissons, bibl. de Soissons). — Bois de *Sec-Aunoy*, 1271 (suppl. de D. Grenier, 296, Bibl. imp.). — *Nemus Sicci-Alneti*, 1279 (Olim, t. II, p. 152). — Bos du *Secq-Aulnoy*, dit *des Églises*, 1528 (cart. de Notre-Dame de Soissons, f° 312). — Voy. Églises (Les).

Séchelles, h. c^ne d'Agnicourt-et-Séchelles. — *Chesselle*, 1145 (cart. de l'abb. du Mont-Saint-Martin, t. II, p. 210). — *Sancta-Maria-de-Chassella*, 1150 (cart. de la même abbaye, f° 112, bibl. de Laon). — *Chasella*, 1265 (ch. de l'Hôtel-Dieu de Laon, B 39). — *Chécelles*, 1389; *Chesselles*, 1394; *Chesselle*, 1394; *Cecelles*, 1475; *Cexelle*, 1495; *Cechelle*, 1515 (comptes de l'Hôtel-Dieu de Laon, E 2, E 3, E 20, E 26, E 43). — *Ceschelles*, 1710 (intend. de Soissons, C 320).

La station romaine de *Catusiacum* se trouvait sur le territoire de Séchelles, du côté de Chaourse. — La paroisse de Séchelles, sous le vocable de Saint-Martin, relevait du chapitre de Laon et formait une commune qui a été unie, en 1794, à celle d'Agnicourt.

Ségbil, ruisseau qui prend sa source à l'extrémité des territ. de la Flamangrie et du Nouvion, traverse le territoire d'Esquehéries dans toute sa longueur, sépare sur une grande étendue ceux de Dorengt et de la Neuville-lez-Dorengt jusqu'au hameau de Cocréaumont, traverse la Neuville-lez-Dorengt et va se perdre dans le canal de Sambre-et-Oise à Étreux. Avant l'établissement de ce canal, il se jetait dans le Braon ou Noirieu. — Ce ruisseau, qui alimente à Esquehéries les moulins de Wiart, d'Esquehéries et du pré Cailloux, à Dorengt, trois moulins, et à la Neuville-lez-Dorengt, un autre moulin, a un cours de 20 kilom. — *Juxta rivulum qui dicitur Segrils*, 1211 (cart. de la seign. de Guise, f° 162).

Selaine, faub. de Chauny, au nord de la ville. — *Selegna*, 1099 (ch. de l'abb. de Saint-Éloi-Fontaine). — Court de *Seleingne*, 1250 (ch. de l'Hôtel-Dieu de Chauny). — *Sclaigne*, 1393 (Livre rouge de Chauny, f° 81, coll. de M. Peigné-Delacour). — *Celene*, 1624; *Celeine*, 1651 (baill. de Chauny, B 1530, B 1614).

Il relevait de la châtellenie de Chauny. — Uni à la ville, avec laquelle il est confondu actuellement.

Selency, h. c^{ne} de Fayet. — *Selenci*, 1200 (cart. de l'abb. de Fervaques, p. 128). — *In territorio de Selenchy*, 1241 (cart. de l'abb. d'Ourscamp, f° 180, archives de l'Oise). — *Sellenchy*, 1384 (arch. de l'Emp. P 136; transcrits de Vermandois).

Les habitants prononcent *Selenchy*.

Selens, c^{on} de Coucy-le-Château. — *Selenz*, 1158 (cart. de l'abb. de Saint-Martin, f° 80, bibl. de Laon). — *Celens*, 1258 (cart. de l'abb. de Saint-Médard de Soissons, Bibl. imp.). — *Selan-près-Coucy*, 1612 (terr. de Flavigny).

Dépendait de la seigneurie de Coucy-le-Château.

Selle (La), rivière qui prend sa source à Molain et passe à Saint-Martin-Rivière pour entrer ensuite dans le département du Nord. — Son parcours dans celui de l'Aisne, où elle alimente trois moulins à blé, est de 3,800 mètres. — *Sella* (Martène, Ampl. coll. t. I, p. 248). — *La Seille*, 1728 (cart. du Cambrésis, par Deuse, ingénieur, arch. du Nord).

Selve (La), c^{ne} de Sissonne. — *Silva*, 1257 (cart. de l'abbaye de Saint-Michel). — *Serve*, 1393 (arch. de l'Emp. P 136; transcrits de Vermandois). — *Notre-Dame-de-la-Selve*, 1760 (chambre du clergé du dioc. de Laon).

Ce village doit son nom au voisinage des bois. — La seigneurie relevait de la baronnie de Nizy-le-Comte (Bulletin de la Société académique de Laon, t. II, p. 236).

Selve (La), h. c^{ne} d'Haramont. — *Seves* (carte de Cassini).

Uni actuellement à la population agglomérée.

Sémery, petit fief, c^{ne} de Puisieux-et-Clanlieu, vers Audigny. — Relevait de Guise.

Semilly, faubourg de Laon. — *Similiacum?* (monnaie mérovingienne, cab. impérial). — Villa *Semelei*, 1031 (dipl. de Henri Ier, Hist. de France, t. XI, p. 565 C). — *Semelli*, 1164 (ch. de l'Hôtel-Dieu de Laon, B 25). — *Semeliacum*, 1168 (cart. de l'abb. d'Homblières, p. 1). — In territorio de *Semilli*, 1210 (ch. de l'abbaye de Saint-Vincent de Laon). — *Semiliacum*, 1219 (ch. de l'Hôtel-Dieu de Laon, B 83). — *Semilliacum*, 1238; *Semcilliacum*, 1239 (cart. de l'abb. de Saint-Martin, f°s 179 et 198). — Villa de *Similiaco-subtus-Laudunum*, 1265 (suppl. de D. Grenier, 286, Bibl. imp.). — *Sumeli*, XIIIe s^e (cueilleret de l'Hôtel-Dieu de Laon, B 62). — Villa de *Semilli-subtus-Laudunum*, 1389 (acquits, arch. de la ville de Laon). — *Semillysoubz-Laon*, 1493; *Semylly-soubz-Laon*, 1496 (comptes de l'Hôtel-Dieu de Laon, E 25, E 27).

Anc. domaine de l'abb. de Saint-Vincent de Laon.

Sémoigne (La), ruisseau qui prend sa source dans le département de la Marne. — Il alimente dans celui de l'Aisne, au territoire de Villers-Agron-Aiguizy, où son parcours est de 4 kilomètres, deux moulins à blé et une machine à battre.

Senancourt, f. c^{ne} d'Anguilcourt-le-Sart. — Villa *Sasnulcurt*, 978; *Sainnulficurtis*, 987 (dipl. de Hugues Capet, abb. de Saint-Vincent de Laon). — *Sinincurt*, 1132 (ch. du musée de Soissons). — *Curtis Sasnoncurtis*, 1138 (ch. de l'abb. de Saint-Vincent de Laon). — *Territorium de Saisnencourt*, XIIe s^e (cart. AA de l'abb. de Saint-Quentin-en-l'Île, p. 78). — *In territorio Sainencourt*, 1255 (ch. de l'abb. de Saint-Vincent de Laon). — *Senencourt*, 1306 (cart. de Saint-Quentin-en-l'Île (arch. de l'Empire, LL 1017). — *Salencourt*, 1765 (dénomb. de Nouvion-le-Comte).

On ne connaît pas l'emplacement de cette ferme; l'on désigne cependant les marais de Senancourt, vers Nouvion-le-Comte.

Senancourt, f. c^{ne} de Sequehart. — *Saisinulficurtis*, x^e s^e (cart. d'Homblières, p. 30). — *Sainnencort*, 1225 (arch. de l'Emp. L 998). — *Sannicort*, 1225 (cart. de l'abb. de Fervaques, p. 402).

Cette ferme dépendait autrefois de Levergies; elle a été détruite vers 1750.

Senave, f. c^{ne} de Vendelles. — *Senaive*, 1276 (cart. de l'abb. de Fervaques, f° 48, Bibl. imp.).

Elle appartenait autrefois à l'abb. de Vermand et dépendait du village du même nom.

Sendricourt, bois, c^{ne} de Frières-Faillouël.

Senercy, f. mⁱⁿ à eau et fabrique de sucre, c^{ne} de Sery-lez-Mézières. — *Altare de Senerci*, 1158 (preuves de Claude Héméré, *Augusta Viromanduorum*, etc. p. 43). — *Senerchi*, 1255 (cart. de l'abb. de Saint-Denis, f° 255, arch. de l'Emp. LL 1158). — *Senercis*, 1363 (mêmes archives, reg. 92, pièce 248). — *Senercis*, 1405 (ibid. J 801, n° 1). — *Senersy*,

1564 (tit. de l'abb. de Saint-Vincent de Laon). — *Senerchies*, 1700 (rôles du grenier à sel de Saint-Quentin, arch. de l'Aisne). — Moulin de *Senuercy*, 1709 (arch. de l'Emp. Q 11).

La seigneurie appartenait à l'abb. de Saint-Prix de Saint-Quentin.

SENICOURT, faub. de Chauny, à l'est de la ville. — *Siniscort*, 1167 (arch. de la ville de Chauny). — *Sinicort*, 1193 (cart. de Notre-Dame de Paris, publié par M. Guérard, t. I, p. 235). — *Senicourt-leez-Chauny*, 1393 (ch. de l'Hôtel-Dieu de Chauny). — *Senecourt*, 1680 (baill. de Chauny, B 1598).

Senicourt dépendait autref. de la paroisse Saint-Martin de Chauny.

SENTINELLE (LA), m°ⁿ isolée, c°ᵉ de Chavonne.

SEPTBOIS, petit h. c°ᵉ de Saint-Gobert. — Ce hameau doit son origine à une ferme qui se trouvait près de la maladrerie.

SEPTMONTS, c°ⁿ de Soissons. — *Mons-de-septem-Montibus*, 1203 (ch. de l'Hôtel-Dieu de Soissons, 166). — *Septmonz*, 1279 (arch. de l'Emp. L 1001). — *Setmonz*, 1280 (cart. de l'abb. de Saint-Jean-des-Vignes, bibl. de Soissons). — *Sepmons*, 1441 (comptes de l'Hôtel-Dieu de Soissons, 340). — *Sepmond*, 1600 (tit. de l'év. de Soissons).

La seigneurie appartenait à l'évêché de Soissons et relevait de Pierrefonds.

SEPT-SEIGNEURS (LES), bois, c°ᵉ de Flavy-le-Martel. — Appartenait à l'État.

SEPTVAUX, c°ⁿ de Coucy-le-Château. — Altare de *Sevallis*, altare de Fraxino et de *Septem-Vallibus*, 1152 (Liber privilegiorum, abb. de Saint-Amand, arch. du Nord). — *Sexvaux, Sesvaux*, 1218 (grand cart. de l'év. de Laon, ch. 35 et 25). — *Sesvax*, 1221 (petit cart. de l'év. de Laon, ch. 16). — *Setvaux*, 1332 (arch. de l'Emp. parlement de Paris, accords, carton 1). — Ville de *Septvaus*, 1336 (arch. de l'év. de Laon). — *Sepvaulx*, 1536 (acquits, arch. de la ville de Laon). — *Sepvaux*, 1555 (comptes de la châtellenie de La Fère, chambre des comptes de la Fère). — *Sevault*, 1669; *Sevaux*, 1690 (arch. comm. de Coucy-le-Château). — *Notre-Dame-de-Sepvaux*, 1698 (arch. comm. de Septvaux).

La seigneurie a été cédée, en 1336, par l'évêque de Laon à la baronnie de Coucy, en échange de la seigneurie d'Achery.

SEQUEHART, c°ⁿ du Câtelet. — Terra *Segardi*, 1147 (ch. de l'abb. de Prémontré). — Terra de *Seechehart*, XII° s° (cart. de l'abb. de Vicoigne, arch. du Nord). — *Sechehar*, 1202 (cart. de l'abb. du Mont-Saint-Martin, p. 104). — *Seckehard*, 1224 (arch. de l'Emp. L 998). — *Sekehart*, 1225 (cart. de l'abb.

de Fervaques, p. 402). — *Sechehart*, 1318 (cart. de la seigneurie de Guise, f° 31, Bibl. imp.). — *Secquehart*, 1384 (arch. de l'Emp. P 135; transcrits de Vermandois). — *Secquehard*, 1566 (ibid. P 248-2). — *Sequar*, 1684 (arch. comm. d'Harly).

La seigneurie relevait de Bohain; au XVI° siècle elle était vassale de Saint-Quentin.

SERAIN, c°ⁿ de Bohain. — *Serenes, Serena, Serayno*, XIV° et XV° siècles (Poey d'Avant, *Monnaies féodales de France*, t. III, p. 426 à 428). — *Serain-en-Cambresis*, 1570 (délibérations, chambre des comptes de la Fère).

La seigneurie relevait de Walincourt (Nord). — Le village dépendait du doyenné de Cambrai et ressortissait, pour la justice, au bailliage de la châtell. de cette ville.

SERAIN, bois, c°ᵉ de Ployart-et-Vaurscine; auj. défriché. — In valle de *Serainliu*, 1244 (arch. de l'Emp. L 1161). — Nemus quod dicitur *Seraing*, 1252 (cart. de l'abb. de Foigny, f° 162, Bibl. imp.).

SERAUCOURT, c°ⁿ de Saint-Simon. — *Serocourt*, 1114 (cart. AA de l'abb. de Saint-Quentin-en-l'Île; B 113). — *Serolcurt*, 1151 (ch. de l'abb. de Prémontré). — *Srolcurtis*, 1151; *Serocurt*, 1155; *Serocort*, 1189 (cart. de l'abb. de Fervaques, p. 177, 214, 220). — *Seroucort*, 1207 (cart. AA de l'abb. de Saint-Quentin-en-l'Île, p. 10). — In territorio de *Sohiercourt*, 1271 (arch. de l'Emp. L 738). — *Seraulcourt*, 1560 (arch. de la fabrique de Vendeuil). — *Seraulcourt-le-Grand*, XVIII° s° (plan, arch. de l'Aisne).

La seigneurie relevait de la châtellenie de Saint-Quentin (arch. de l'Emp. PP 17 et P 135).

SERCHES, c°ⁿ de Braine. — *Cerchia*, 1179 (cart. du chap. cathédral de Soissons, f° 95). — *Cerche*, 1238 (cart. de l'Hôtel-Dieu de Soissons). — Villa de *Cherche*, 1281 (arch. de l'Empire, L 1155). — *Serchez*, 1410 (comptes du même Hôtel-Dieu).

SERGY, c°ⁿ de Fère-en-Tardenois. — *Cergeolum*, 1156 (cart. de l'abb. d'Igny, f° 10, Bibl. imp.). — *Cergiacum-villa-Sancti-Medardi*, 1172 (cart. de l'abb. de Saint-Médard, f° 27, Bibl. imp.). — *Cergie*, 1225 (suppl. de D. Grenier, 296, Bibl. imp.). — Molendinum de *Cergyaco*, 1226; *Cergy*, 1238 (cart. de l'abb. de Saint-Médard, f° 106, Bibl. imp.). — *Cergy-en-Tardenois*, 1363 (arch. de l'Emp. Tr. des ch. reg. 94, pièce 95). — *Sergi*, 1573 (pouillé du dioc. de Soissons, f° 33). — *Sergy-en-Tardenois*, 1587 (comptes de l'hôpital de Soissons).

Ce village ressortissait à la prévôté de Fismes et au baill. de Vitry, au XIV° siècle. — Sa mairie royale a été ensuite unie à la prévôté de Château-Thierry.

33.

Seringes-et-Nesles, c^ne de Fère-en-Tardenois. — *Ceringe, domus leprosorum de Ceringes*, 1240 (cart. de l'abb. de Saint-Médard de Soissons, f° 27, Bibl. imp.). — *In parrochia de Cheringes*, 1292 (cart. de l'abb. d'Igny, f° 174). — *Seringe-et-Nesle*, 1710 (intend. de Soissons, C 274). — *Seringe-et-Nelle*, 1731 (arch. comm. de Seringes-et-Nesles). — *Seringe* (carte de Cassini).

La moitié de la vicomté relevait de Braine. — Communauté des Bons hommes établie au xiii° s°.

Serival, petit h. c^ne de Crépy.

Sermois, h. détruit dans le voisinage de Montigny-le-Franc.

Sermoise, c^on de Braine. — *Sarmasia*, 1223; *Sarmoyse*, 1237 (cart. de l'abb. de Saint-Jean-des-Vignes, f° 58, Bibl. imp.). — *Sermaise*, 1267; *Sarmosia*, 1278; *Sarmaises*, 1348 (cart. du chap. cathéd. de Soissons, p. 197, 198, 204). — *Cermaise*, 1364; *Sermaises*, 1398; *Sermoises*, 1464; *Cermoise*, 1622 (ch. et tit. de Notre-Dame-des-Vignes de Soissons).

La seigneurie a été acquise en partie en 1265, par le chapitre cathédral de Soissons, de Hugues d'Arsy, archidiacre de la même ville; elle relevait d'Oulchy-le-Château. — L'abbaye de Saint-Médard possédait aussi une partie de la seigneurie de Sermoise.

Sersy, chât. c^ne de la Flamangrie. — Ce château, détruit depuis longtemps, était dans le voisinage de la ferme de Bellevue.

Serre (La), rivière qui prend sa source à la Férée (Ardennes), traverse les territ. de Sainte-Geneviève et de Rouvroy, sépare ce dernier de celui de Rozoy-sur-Serre, qu'elle traverse, passe à Chéry-lez-Rozoy et à Montcornet, limite les territ. de Chaource et d'Agnicourt-et-Séchelles, passe ensuite à Saint-Pierremont, Erlon, Dercy, Mortiers, Crécy-sur-Serre, Assis-sur-Serre, Pont-à-Bucy, Anguilcourt-le-Sart, et se jette dans l'Oise, à Danizy, après un cours de 104,930 mèt. pendant lequel elle alimente vingt moulins à blé, une taillanderie, un moulin à huile et trois filatures. — *Sara*, vi° s° (Fortunat). — *Sera*, 867 (dipl. de Charles le Chauve, Hist. de France, t. VIII, p. 601 E). — *Serra*, 1162 (cart. de l'abb. de Saint-Martin de Laon, t. III, p. 46). — Rivière de *Sere*, 1368 (ch. de l'abb. de Saint-Vincent de Laon). — *Cere*, 1389 (archives de l'Emp. Trésor des ch. reg. 128).

Seru, f. c^ne de Ribemont. — *Soiruth*, xiii° s° (cart. de l'abb. de Saint-Nicolas-des-Prés de Ribemont, f° 65, arch. de l'Emp.). — Cense de *Serue*, 1747 (arch. comm. de Ribemont).

Servais, c^on de la Fère. — *Silviacum palatium regium*, 846 (dipl. en faveur de l'abb. de Saint-Germain-des-Prés). — *Silvaicum palatium regium*, 850 (dipl. de Charles le Chauve, Hist. de France, t. VIII, p. 508 E). — *Silvaticum*, 853 (Capitularia Caroli calvi). — *Silvacum*, 868 (Annales Bertiniani). — *Silvagium palatium*, 871; *Silvei*, 886 (dipl. de Charles le Gros, Hist. de France, t. VIII, p. 635 E). — *Selvai*, 1207 (suppl. de D. Grenier, 290, Bibl. imp.). — *Servai*, 1223 (grand cart. de l'év. de Laon, ch. 43). — *Servay*, 1368 (arch. de l'Emp. Tr. des ch. reg. 99, n° 424). — *Servays*, 1480 (comptes de l'Hôtel-Dieu de Laon, E 22). — *Cervès*, 1596 (Corresp. de Henri IV, t. IV, p. 503). — *Cervay, Servez, Serves* (ibid. p. 505, 512, 513).

Palais carlovingien dont il ne reste pas de vestiges. — La seigneurie relevait de la châtell. de la Fère; la paroisse dépendait de la cure de Deuillet.

Serval, c^ne de Braine. — *Cervi vallis*, 1169 (cart. de Saint-Yved de Braine, arch. de l'Emp.).

La seigneurie relevait d'Oulchy-le-Château.

Serveray, h. c^ne d'Arcy-Sainte-Restitue. — *Cerciniacus*, 1138 (Bibl. imp. suppl. de D. Grenier, 296). — *Cervenai*, 1215 (cart. de l'abb. de Saint-Jean-des-Vignes, Bibl. imp.).

La seigneurie relevait d'Arcy-Sainte-Restitue (arch. de l'Emp. Q 8).

Servoles, bois, c^ne de Verdilly. — *Cervoles*, 1757 (maîtrise des eaux et forêts de Soissons).

Ancien domaine de l'abb. de Jouarre.

Sery-lez-Mézières, c^on de Ribemont. — *Saeri*, 1104 (Colliette, *Mém. du Vermandois*, t. II, p. 108). — *Sariacus*, 1116 (Doublet, *Hist. de l'abb. de Saint-Denis*, p. 476). — *Sairicum*, 1136 (mém. ms. de l'Eleu, t. I, f° 353). — *Seriacus*, 1145; *Sairiacum*, 1168 (cart. de l'abb. d'Homblières, p. 2 et 8. — *Sairi*, 1171 (cart. de l'abb. de Saint-Martin de Laon, t. III, p. 130). — *Seri*, 1176 (cart. de l'abb. de Saint-Denis, f° 245, arch. de l'Emp.). — *Sayri-Maisières, Seyri*, 1225 (cart. de l'abb. de Foigny, f° 185, Bibl. imp.). — *Sairy*, 1340 (mém. bibl. fonds latin, ms. 9228). — *Sery-sur-Oise*, 1400 (arch. de l'Emp. Tr. des ch. reg. 171). — *Seriis*, 1496 (comptes de l'Hôtel-Dieu de Laon, E 26). — *Sery*, 1536 (acquits, arch. de la ville de Laon). — *Sery*, 1564; *Sery-Maizières*, 1600; *Cery-Maizière*, 1662; *Séry-Maizière*, 1669; *Séry-Mézière*, 1678 (tit. de l'abb. de Saint-Vincent de Laon).

Chef-lieu d'une vicomté vassale de Ribemont; elle comprenait Sery-lez-Mézières, Mézières, Hamegicourt, Surfontaine et Fay-le-Noyer (archives de l'Emp. Trésor des ch. reg. 127, p¹ᵉ 8). — Les biens de l'Hôtel-Dieu de Sery-lez-Mézières ont été réunis à celui de la Fère, par arrêt du conseil privé du 10 juin 1695 (terr. de Sery-lez-Mézières, arch. de l'Aisne).

Seuil, fief, cⁿᵉ de Guny.

Seuz, bois, cⁿᵉ de Laon. — Nemus Sancti Vincentii de *Seuz*, 1178; in territorio de Semili loco qui dicitur au *Seus*, 1241 (ch. de l'abb. de Saint-Jean-de-Laon).

Auj. défriché. On n'en connaît pas la situation précise.

Siège (La), f. cᵗᵉ d'Acy.

Siège (La), f. cⁿᵉ de Couvrelles. — In domo dicte ecclesie Sancti Medardi que vocatur *la Chiese*, 1237 (cart. de l'abb. de Saint-Médard de Soissons, ch. 60). — *La Sierge*, 1722 (arch. comm. de Couvrelles).

Cette ferme appartenait autrefois à l'abbaye de Saint-Médard de Soissons. Sa justice a été unie à celle de cette abbaye par lettres patentes d'octobre 1746.

Signe, fief, cⁿᵉ de Mercin-et-Vaux.

Silly-la-Poterie, cⁿᵉ de Neuilly-Saint-Front. — *Siliacus*, 1161 (cart. de l'abb. de Saint-Jean-des-Vignes, Bibl. imp.). — *Sylly*, 1584; *Silly-la-Potterie*, 1634 (arch. comm. de Silly-la-Poterie).

La seigneurie relevait de Pierrefonds.

Simonette (La), ruisseau qui se jette dans le Cher-Temps. — Il fait mouvoir les moulins de Fontaine, de Bas et du Pont-de-Pierre. — Son parcours est de 3,788 mètres.

Simons (Les), mᵐᵉ isolée, cⁿᵉ de Montfaucon. — Elle a été détruite en 1814.

Sinceny, cⁿᵉ de Chauny. — *Cincinniacus*, 877 (dipl. de Charles le Chauve, Hist. de France, t. VIII, p. 660 D). — *Cinciniei*, 1130. — Molendinum de *Cinckini*, 1150 (ch. de l'abb. de Prémontré). — *Cyncinith*, 1153 (cart. du chap. de Saint-Quentin, Bibl. imp.). — *Chinchinich*, 1153 (Colliette, *Mém. du Vermandois*, t. II, p. 335). — *Cinceny*, 1158 (cart. de Prémontré, f° 19, bibl. de Soissons). — *Chincheny*, xiiᵉ sᵉ (ch. de l'Hôtel-Dieu de Chauny). — *Cincheni*, 1217 (*ibid.*). — *Cinceniacum*, 1221 (arch. de l'Emp. J 232). — *Cinceniacus*, 1222 (cart. du chap. de Saint-Quentin, Bibl. imp.). — *Cinceni*, 1223 (ch. de l'abb. de Prémontré). — *Cincingni*, 1225 (ch. de l'abb. de Saint-Nicolas-aux-Bois). — *Chinceni*, 1298 (Livre rouge de Chauny, f° 15). — *Cinceny*, 1340 (Bibl. imp. fonds latin, ms. 9228). — *Chinchenny*, 1451 (ch. de l'Hôtel-Dieu de Chauny). — *Chinchegny*, 1470 (comptes de l'Hôtel-Dieu de la Fère). — *Sancheny, Seincheny*, 1533 (comptes de la ville de Chauny, f° 56). — *Sincheny*, 1534; *Saint-Cheny*, 1535 (tit. de l'Hôtel-Dieu de la Fère). — *Sainct-Cheny*, 1575; *Sainct-Chegny*, 1593 (tit. de l'abb. de Saint-Nicolas-aux-Bois). — *Saint-Cenys, Saint-Cenis*, 1596 (Corresp. de Henri IV, t. IV, p. 505, 506). — *Saint-Seny*, 1619 (tit. de l'abb. de Saint-Nicolas-aux-Bois). — *Saint-Ceny*, 1687 (arch. comm. d'Ugny-le-Gay). — *Sincenis* (carte de Cassini).

La seigneurie relevait de Chauny et de Coucy-le-Château. Une borne indiquait autrefois, à l'extrémité de son territoire, les limites des diocèses de Laon, de Noyon et de Soissons. — Ce village est séparé d'Amigny-Rouy par la chaussée romaine, de Viry-Noureuil par la rivière d'Oise. La maladrerie a été unie à l'Hôtel-Dieu de la Fère au mois de juillet 1695. Sinceny a été distrait d'Autreville et érigé en commune par ordonnance royale du 27 juin 1838.

Sissonne, arrond. de Laon. — *Sessonia*, 1107 (cart. de l'abb. de Saint-Michel, p. 19). — *Sussonia*, 1141 (cart. de l'abb. de Vauclerc, f° 15). — *Suessonia*, 1160 (cart. de l'abb. de Saint-Martin-de-Laon, f° 14, bibl. de Laon). — *Sisona*, 1210 (coll. de sceaux, t. II, p. 353, 358, 359). — *Theotunica villa de Sissonia*, 1222 (petit cart. de l'év. de Laon, ch. 66). — *Syssone, Syssonne, Syssonia*, 1257 (cart. de l'abb. de Saint-Michel, p. 253, 258, 259). — Territorium de *Syssonia*, 1267 (ch. de l'abb. de Saint-Martin de Laon). — Territorium et parochia de *Sissona*, 1267 (cart. de l'abb. de Saint-Martin de Laon, t. II, p. 362). — *Syssonia-la-Françoise*, 1275 (Boutaric, *Actes du parlement de Paris*, t. I, p. 204). — *Sissonne-la-Françoise*, 1278 (Olim, t. II, p. 126). — *Syssona*, 1312 (*ibid.* t. III, p. 726).

La châtellenie de Sissonne (la Françoise ou Teutonique, sans doute pour mieux indiquer son origine) était un franc-alleu qui fut placé, en 1223, sous la suzeraineté de l'évêque de Laon. — Maladrerie unie à l'Hôtel-Dieu de Vervins par lettres patentes de novembre 1696.

Sissonne fut, en 1790, le chef-lieu d'un canton dépendant du district de Laon et composé des communes de Sissonne, Boncourt, Coucy-lez-Eppes, Courtrizy-et-Fussigny, Lappion, Mauregny-en-Haie, Montaigu, Nizy-le-Comte, Saint-Erme-Outre-et-Ramecourt, Sainte-Preuve et la Selve.

Sissy, cⁿᵉ de Ribemont. — *Sissi*, 1157 (ch. de l'abb. de Saint-Martin-de-Laon). — *Sisi*, 1165 (cart. de l'abbaye de Saint-Nicolas-des-Prés de Ribemont, f° 64, arch. de l'Emp.). — *Sessiacum*, 1168 (cart. de l'abbaye d'Homblières, p. 2). — *Syssi*, 1246;

Sissiacus, 1248 (cart. du chap. de Saint-Quentin, f° 42, Bibl. imp.). — *Cissy*, 1295 (cart. rouge de Saint-Quentin, f° 43, arch. de la ville de Saint-Quentin). — *Sisiacus*, xiii° s° (cart. AA de l'abb. de Saint-Quentin-en-l'Île, p. 144). — *Syssy*, 1340 (Bibl. imp. fonds latin, ms. 9228). — *Sysi*, 1577 (terr. d'Alaincourt, cab. de M. Gauger).

Soigny, h. c°° de Trosly-Loire. — *Sogny* (Cassini).

Soissonnais, pays qui comprenait, dans son acception la plus ancienne et la plus large, le diocèse de Soissons et s'étendait même jusqu'à la rivière d'Oise. On donna ce nom au comté de Soissons après la formation de la Brie, de l'Orxois, du Tardenois et du Valois. Malgré ces démembrements, on continua à regarder ces trois derniers pays comme de véritables subdivisions du Soissonnais : aussi les comprit-on dans l'Île-de-France lors de la formation des grands gouvernements militaires. Cependant quelques localités du Tardenois furent rattachées à la Champagne; les villages de Villers-Agron, Goussancourt, Latilly et Dammard formèrent alors, au sud, l'extrême limite du Soissonnais. — *Suessionum civitas* (Notitia provinciarum et civitatum Galliæ). — *Suessionis civitas*, 511 (Historia Francorum epitomata). — *Suessionicum territorium*, 576 (Grég. de Tours, Historia Francorum, lib. V). — *Suessionicus pagus*, 584 (ibid. lib. VI). — *Suessionica provincia* (Acta sanctorum ord. Sancti Benedicti part. 1 sæc. 3, p. 21, ex Vitâ sanctæ Bertilæ, abbatissæ Kalensis primæ).

Soissons, chef-lieu d'arrond. et de canton. — Αὐγούστα Σουεσσόνων (Ptolémée). — *Augusta Suessionum* (tables de Peutinger). — *Suessonas* (Æthicus). — *Suessio*, 561 (ex chronico Virdunensi, Hist. de France, t. III, p. 358). — *Suessiones urbs*, 564 (Grég. de Tours, lib. IV). — *Suescio*, 841 (arch. de l'Emp. K 10, n° 2). — *Suessionis*, 1132 (ch. du musée de Soissons). — *Soisson*, 1268 (ch. de l'Hôtel-Dieu de Laon, B 62). — *Soyssons*, 1272 (Boutaric, Actes du Parlement de Paris, t. I, p.•322). — *Suessons*, 1406 (comptes de l'Hôtel-Dieu de Soissons, f° 8). — *Soyssons*, 1491 (ibid. f° 8).

Chef-lieu de diocèse «limité à l'est par l'archevêché de Reims, au sud-est par le diocèse de Châlons, au nord-est par celui de Laon, dont le séparait en partie le cours de l'Ailette. Il confinait au nord-ouest, dans un étroit intervalle, au diocèse de Noyon, et vers l'ouest, à ceux de Senlis et de Beauvais. Vers sa partie sud-ouest seulement, il confinait à l'évêché de Meaux; dans sa partie méridionale, il était contigu au diocèse de Troyes.» (Topographie ecclésiastique de la France pendant le moyen âge et dans les temps modernes. — Les Belgiques et les Germanies, par M. J. Desnoyers.) — Ce diocèse comprenait les archidiaconés de Soissons ou grand archidiaconé, de la Rivière, de Brie et de Tardenois. Celui de Soissons était composé des doyennés ruraux de Soissons, Chacrise, Vailly et Vivières.

Le doyenné rural de Soissons comprenait Bagneux, Belleu, Berzy, Bieuxy, Billy-sur-Aisne, Braye, Breuil, Bucy-le-Long, Claudun, Chavigny, Chivres, Clamecy, Courmelles, Crécy-au-Mont, Crouy, Cuizy-en-Almont, Épagny, Guny, Juvigny, Leuilly, Margival, Mercin-et-Vaux, Missy-sur-Aisne, Neuville-sur-Margival, Noyant, Osly-Courtil, Pernant, Ploisy, Pommiers, Pont-Saint-Mard, Rozières, Saconin, Septmonts, Tartiers, Terny, Vauroxis, Vauxaillon, Vauxbuin, Venizel, Vregny et Vuillery.

Le comté de Soissons comprenait un tiers de la ville de Soissons et Bagneux, Bucy-le-Long, Leury, Pommiers, Villeneuve-Saint-Germain et Vregny.

Le bailliage royal de Soissons comprenait, en 1595, deux tiers de la ville de Soissons, et, par appel, les justices seigneuriales suivantes : Acy, Aizy, Barbonval, Bazoches, Branges, Braye, Bruys, Celles-sur-Aisne, Chavignon, Chavigny, Chavonne, Clamecy, Cohan, Condé, Coulonges, Crouy, Dhuizel, Dhuizy, Filain, Goussancourt, Jouaignes, Jouy, Laffaux, Lhuys, Longueval, Loupeigne, Margival, Mont-Notre-Dame, Mont-Saint-Martin, Moussy-sur-Aisne, Muret, Nampteuil-sous-Muret, Nanteuil-la-Fosse, Neuville-sous-Sainte-Gemme, Neuville-sur-Margival, Ostel, Pargny, Sainte-Gemme, Saint-Thibaut, Serches, Serval, Sorny, Tannières, Terny, Villesavoye et Vuillery. — On le démembra pour établir : en 1638 d'abord, celui de Crépy-en-Valois; puis, en 1738, celui de Villers-Cotterêts. Un édit de 1758 unit leur ressort à l'ancien bailliage et supprima le présidial de Crépy-en-Valois, qui fut joint alors à celui de Soissons; le même édit unit au bailliage de Soissons ceux de Coucy-le-Château et du comté de Soissons. Enfin, un édit de 1780 rétablit les bailliages de Coucy-le-Château et de Villers-Cotterêts. Le bailliage de Soissons comprenait alors les prévôtés de Coucy-le-Château, la Ferté-Milon, Neuilly-Saint-Front, Oulchy-le-Château et quelques localités de l'exemption de Pierrefonds. Ce bailliage avait pour limites celles des territoires suivants, qui en dépendaient : Pargny-Filain, Chavignon, Jouy, Saucy, Nanteuil-la-Fosse, Laffaux, Neuville-sur-Margival, Terny-et-Sorny, Clamecy, Leury, Chavigny, Bieuxy, Bagneux, Épagny, Tartiers, Nouvron-et-Vingré, Morsain, Saint-Christophe-à-Berry, Autrèches, Nampcel,

Tracy, Moulin-sous-Touvent, Bitry, Vic-sur-Aisne, Ressons-le-Long, Ambleny, Saint-Bandry, Laversine, Cœuvres-et-Valsery, Saint-Pierre-Aigle, Chaudun, Vierzy, Longpont, Louâtre-et-Violaine, Billy-sur-Ourcq, Rozet-Saint-Albin, Nanteuil-Vichel, Neuilly-Saint-Front, Latilly, Oulchy-le-Château, Cugny, Armentières, Nanteuil-Notre-Dame, Bruyères, Beugneux, Saponay, Cramaille, Arcy-Sainte-Restitue, Loupeigne, Lhuys, Bruys, Chéry-Chartreuve, Mont-Saint-Martin, Villesavoye, Bazoches, Vauxceré, Condé-sur-Aisne, Celles-sur-Aisne, Vailly, Chavonne et Ostel.

La maîtrise des eaux et forêts de Soissons, établie en 1708, comprenait le ressort du bailliage de la même ville et ce qui se trouvait sur la rive droite de la Marne : voy. CHÂTEAU-THIERRY.

Soissons était chef-lieu de la généralité du même nom, dont les élections de Soissons, Château-Thierry, Clermont-en-Beauvaisis, Crépy-en-Valois, Guise, Laon et Noyon dépendaient. — Les subdélégations de Soissons, d'Oulchy-le-Château et de Vailly constituaient l'élection de Soissons.

La subdélégation de Soissons comprenait en entier le canton de Soissons; celui de Vailly, moins Vailly, Aizy, Celles-sur-Aisne, Chavonne, Chivres, Condé-sur-Aisne, Filain, Jouy, Ostel, Pargny-Filain, Pontarcy, Soupir ; celui de Vic-sur-Aisne, moins Mortefontaine; Acy, Augy, Ciry-Salsogne, Couvrelles, Quincy-sous-le-Mont, Serches, Sermoise, Vasseny, du canton de Braine; Ambrief, Buzancy, Chacrise, Chaudun, Rozières, Taux, Vierzy, Villemontoire, du canton d'Oulchy-le-Château ; Montgobert, Puiseux, Soucy, du canton de Villers-Cotterêts; Pinon et Vauxaillon, du canton d'Anizy-le-Château; Audignicourt, Besmé, Blérancourdelle, Blérancourt, Bourguignon, Camelin-et-le-Fresne, Crécy-au-Mont, Fresne, Guny, Leuilly, Lombray, Manicamp, Pont-Saint-Mard, Quierzy, Saint-Aubin, Saint-Paul-aux-Bois, Selens, Trosly-Loire et Vassens, de celui de Coucy-le-Château. Les localités suivantes du département de l'Oise en dépendaient également : Attichy, Autrêches, Berneuil-sur-Aisne, Bitry, Couloisy, Courtieux, Croutoy, Jaulzy, Moulin-sous-Touvent, Nampcel, Rethondes, Saint-Crépin-aux-Bois, Saint-Pierre-lez-Bitry et Trosly-Breuil, du canton d'Attichy; Choisy-au-Bac, de celui de Compiègne; Brétigny, Caisne et Cutz, de celui de Noyon, enfin Montmacq, le Plessis-Brion, Saint-Léger-aux-Bois et Thourotte, de celui de Ribécourt.

Soissons était chef-lieu d'un département dont le grenier à sel de la même ville faisait partie. Ce dernier avait pour limites extrêmes celles des territoires de Nouvron, Saint-Christophe-à-Berry, Berny-Rivière, Bitry, Vic-sur-Aisne, Courtieux, Montigny-Lengrain, Laversine, Cœuvres-et-Valsery, Saint-Pierre-Aigle, Chaudun, Vierzy, Villers-Hélon, Parcy-et-Tigny, Plessier-Huleu; Rozoy-le-Grand-et-Courdoux, Launoy, Arcy-Sainte-Restitue, Loupeigne, Branges, Maast-et-Violaine, Namptenil-sous-Muret, Serches, Acy et Venizel.

Soissons devint, en 1790, chef-lieu d'un district composé des cantons de Soissons, Acy, Bazoches, Braine, Bucy-le-Long, Buzancy, Cœuvres, Oulchy-le-Château, Septmonts, Vailly, Vic-sur-Aisne et Villers-Cotterêts.

Le canton de Soissons comprit alors les communes de Soissons, Belleu, Breuil, Chavigny, Courmelles, Crouy, Cuffies, Juvigny, Leury, Mercin-et-Vaux, Osly-Courtil, Pasly, Pommiers, Vaurezis, Vauxbuin et Villeneuve-Saint-Germain.

Dates d'établissements fondés à Soissons : chapitres de Sainte-Sophie, à Saint-Médard, 568; de Saint-Pierre-au-Parvis, 626; de Saint-Vast, 1127; de Notre-Dame-des-Vignes, 1180. — Abbayes d'hommes : Saint-Crépin-le-Grand, vers 566 ; Saint-Médard, vers 560. — Notre-Dame (Bénédictines), 660; abbaye de Saint-Jean-des-Vignes (chanoines réguliers), 1076; Saint-Crépin-en-Chaye, 1135; Saint-Léger (Génovéfains), 1139 ; Cordeliers, 1228 ; Hôtel-Dieu de Saint-Gervais, XIIIe s^e; Augustines de Saint-Paul, 1528; juridiction consulaire, septembre 1566; Capucins, 1620; Congrégation, 1622; Feuillants, vers 1627; Minimesses, 1643; hôpital, mars 1657; séminaire, 1668; Frères des écoles chrétiennes, 1680; sœurs de Genlis, 1727.

Les armoiries de Soissons sont : *de gueules à une fleur de lys d'or.*

SOIX, c^{ne} de Rozoy-sur-Serre. — *Soisa*, 1166 (ch. de l'abb. de Saint-Martin de Laon). — *Soise*, 1225 (ch. de l'Hôtel-Dieu de Laon, B 81). — *Soixes*, 1729 (intend. de Soissons, C 205).

Comté vassal de la châtellenie de Montcornet; la paroisse dépendait de la cure de Lislet.

SOLFÉRICOURT, f. c^{ne} de Sissonne. — Construite en 1859.

SOLMONT, h. c^{ne} de Sorbais. — *Curia de Soilemont*, 1203 (cart. de l'abbaye de Saint-Denis, arch. de l'Emp.). — Cense de *Solmont-en-Thiérache*, 1527 (audiencier du bailliage de Pierrepont, cabinet de M. d'Imécourt). — *Solemont*, 1565 (min. d'Herbin, not. greffe du trib. de Laon). — *Solemons*, 1610 (baill. des bois de Guise). — *Sollemont*, 1612 (terr. de Sorbais).

Ancien domaine de l'abb. de Clairefontaine.

Solon, petit fief, c^ne de Landifay-et-Bertaignemont; vassal de la vicomté de Landifay.

Soubray, étang, c^ne de Villequier-au-Mont. — Il est auj. desséché.

Somescaut, f. c^ne de Beaurevoir. — *Sumencault*, 1531 (terr. de Beaurevoir, f° 117, chambre des comptes de la Fère). — Fontaine de *Somescault*, xv° siècle (dénombrement de Beaurevoir, *ibid.*). — Le nom de cette ferme, détruite depuis longtemps, provient des sources de l'Escaut que l'on y remarquait autrefois.

Somme, rivière qui prend sa source au-dessous de Fonsomme, vers Essigny-le-Petit, traverse le territoire de cette commune et ceux de Lesdins, Morcourt, Saint-Quentin, Castres, Fontaine-les-Clercs, Sćraucourt-le-Grand, Happencourt, Artemps, Tugny-et-Pont, Dury et Pithon. Son parcours dans le département de l'Aisne, où elle alimente les moulins à blé de Morcourt, Moulin Brûlé, Saint-Quentin, Rocourt, Oëstres, Fontaine-les-Clercs, Seraucourt et Artemps, est de 38 kilom. 8 hectom. — *Sumna*, 428 (Hist. de France, t. II, p. 665). — *Suma*, vers 428 (*ibid.* p. 649, ex chronico veteri Moissiacensis cœnobii). — *Sumna*, 445 (*ibid.* p. 544, Gesta regum Francorum). — *Sumina*, vers 445 (Grég. de Tours, *Hist. Francorum*, lib. II). — *Somena* (ex Vitâ sancti Walarici ss. ord. Sancti Bened. Hist. de France, t. III, p. 496). — *Somma*, 859 (Duchesne, *Chronicon de Normannis gestis*, t. II). — *Somma*, 860 (Annales Bertiniani). — *Soma*, vers 901 (dipl. de Charles le Simple, Hist. de France, t. IX, p. 492 E). — *Somina*, 981 (Hist. Orderici Vitalis).

Soumelans, c^ne de Neuilly-Saint-Front. — *Sumelent*, 1201 (cart. de l'abb. de Notre-Dame de Soissons, f° 89). — *Summelent*, 1208; *Somelenz*, 1209; *Somelan*, 1217 (ch. du prieuré du Charme). — *Somelet*, 1226 (suppl. de D. Grenier, 293, Bibl. imp.). — *Sommelans*, *Soumelan*, *Soumelen*, *Summelens*, *Soumelant*, 1230; *Sonnelant*, 1238 ; *Soumelans*, 1240 (ch. du prieuré du Charme). — *Soumelent*, 1242 ; *Semolent*, 1255 (prieuré du Charme). — *Sommelens*, 1273 (cart. de l'abb. de Notre-Dame de Soissons, f° 171). — *Sumelent* (xiii° s°, cueilleret de l'Hôtel-Dieu de Soissons, 191). — *Sumelan*, 1302 (pouillé du dioc. de Soissons, f° 40). — *Sommelan*, 1623 (tit. de l'Hôtel-Dieu de Château-Thierry). — *Sommeland*, 1678 (arch. comm. de Brumetz). — Paroisse de *Saint-Éloy-de-Sommelans*, 1685 (arch. comm. de Sommelans).

La seigneurie appartenait au prieuré du Charme. — Le ruisseau d'Allan séparait le comté de Soissons du duché de Valois : la partie où se trouvait le presbytère était du duché de Valois; celle qui se trouvait du côté de l'église dépendait de la prévôté de Neuilly-Saint-Front et ressortissait au bailliage de Soissons.

Sommerons, c^ne de la Capelle. — *Sumerum*, 1138 (Annales Præmonstratenses, t. I). — *Someron*, 1156 (cart. de l'abb. de Saint-Michel, p. 215). — *Soumeron*, 1209 (cart. de l'abb. de Bucilly, f° 46). — *Summerum*, 1339 (cart. de la seigneurie de Guise, f° 216). — *Sommeron près la Cappelle-en-Thiérasse* (tit. de l'abb. de Clairefontaine).

Dépendait autrefois de la paroisse de Clairefontaine et doit son origine à une ferme de l'abbaye du même nom.

Sommette-Éaucourt, c^ne de Saint-Simon. — *Sumete*, 1134 (cart. de l'abb. de Prémontré, f° 93, bibl. de Soissons). — Terra de *Sumeta*, 1143 (cart. de l'abb. de Saint-Crépin-le-Grand de Soissons, p. 4). — *Summeta*, 1148 (coll. de D. Grenier, 24° paq. n° 23). — *Souzmete*, 1298; *Sommeta*, 1303; *Soumete*, 1303; *Sommete*, 1312; *Sommecte*, 1486 (ch. du chap. cath. de Noyon). — *Sommette-lez-Ham-en-Vermandois*, 1387 (tr. des ch. reg. 131, pièce 237). — *Sommettes*, 1666 (tit. de l'abb. de Corbie, arm. 3, liasse 95, arch. de la Somme).

La seigneurie appartenait au chapitre de Noyon et relevait de l'abbaye de Corbie.

Sons-et-Roncuères, c^ne de Marle. — In parrochia de *Seunt*, *Sunt*, 1160; *Sont*, 1177; *Sont-juxta-Chastillon* ; xiii° s° (cart. de l'abb. de Thenailles, f° 3, 17, 32, 78). — Parrochia de *Seont*, 1227 (suppl. de D. Grenier, p. 290, Bibl. imp.). — *Sons-et-Ronchières*, 1411 (arch. de l'Emp. J 801, n° 4). — *Son*, 1668 (état civil de Sons-et-Ronchères, trib. de Laon).

C'était le siège d'un marquisat qui relevait de la châtell. de Marle.

Sorbais, c^ne de la Capelle. — *Sorbois*, 1125 (cart. de Chaourse, f° 138, arch. de l'Emp. LL. 1158). — *Sourbais*, *Sourbays*, 1333; *Sorbays*, 1335 (cart. de la seign. de Guise, f°° 115, 190, 275). — *Sourbais*, 1565 (min. d'Herbin, notaire; greffe du trib. de Laon). — *Sobay*, 1567 (arch. de la ville de Guise). — *Sorbay*, 1612 (terr. de Surbais). — *Sourbay*, 1626 (min. de Constant, not.). — *Sorbai*, 1636 (Gazette de France). — *Sorbaix*, 1643 (tit. du clergé du dioc. de Laon).

Dépendait de la châtellenie d'Hirson. La rue Lecomte avait son maire et ses échevins; elle possédait des pâturages communs avec Froidestrées.

Sorbi, territ. c^ne d'Urvillers. — *Sorby*, 1110 (cart. AA de l'abb. de Saint-Quentin-en-l'Île, p. 14). —

Sorbeium, 1145 (cart. de l'abb. d'Homblières, p. 8).
— Fontaine à *Surbis* (plan cadastral d'Essigny-le-Grand).

Ce territoire était limitrophe de celui d'Essigny-le-Grand.

SORCY, ruiss. qui prend sa source à Longueval et va se jeter dans l'Aisne à Villers-en-Prayères; il n'alimente qu'un seul moulin à blé dans un parcours de 7,430 mètres.

SORMONT, territ. près de Laon (cart. de l'abb. de Saint-Martin de Laon, f° 179, bibl. de Laon).

SORNICOURT, h. détruit près de Cuirieux, Tavaux et Vesles. — *Sornicurt*, 1142 (cart. de l'abb. de Thenailles, f° 39). — In territorio de *Sorgnicurte*, 1168 (cart. de l'abb. de Bucilly, f° 12). — *Sornicort*, 1225; *Sorgnicort*, 1249 (cart. de l'abb. de Saint-Martin de Laon, t. III, p. 60 et 69). — Atrium de *Serignicort*, 1249 (cart. de l'abb. de Bucilly, f° 17, Bibl. imp.).

Peut-être le lieu dit *les Hauts-Nicourts*, à Tavaux, vers les territoires de Saint-Pierremont et de Montigny-le-Franc.

SORNY, h. c°° de Terny-Sorny. — Territorium de *Sorni*, 1265 (ch. de l'abb. de Prémontré).

Vicomté qui dépendait de la baronnie de Coucy (arch. de l'Emp. Trésor des ch. reg. 99, n° 424).
— Cette vicomté a été unie à la seigneurie de Terny.

SORT, h. c°° de Crécy-sur-Serre. — Pons qui *Soordi dicitur*, 1112 (ex Vitâ Guiberti, abb. de Novigento, cap. 8). — *Sort*, 1224; *Soort*, 1225 (ch. de l'Hôtel-Dieu de Laon, B 14 et B 48). — *Sors*, 1306 (ch. de l'Hôtel-Dieu de la Fère). — *Sore*, 1703 (tit. de l'év. de Laon). — *Sorre*, 1715; *Sorres*, 1729 (intend. de Soissons, C 205).

Le pont de Sort, sis au sud de Crécy-sur-Serre, a été détruit en 1848.

SORTISS (LES), bois, c°° de Dercy. — Ce bois contient 31 hectares.

SOTIÈRE (LA), h. c°° d'Épaux-Bézu.

SOUCHE (LA), rivière qui prend naissance à Sissonne. La première source tarit pendant six mois de l'année depuis la Viéville jusqu'au parc de Sissonne, où sont les sources principales, passe à Chivres-et-Mâchecourt, à Pierrepont, où ses bras portaient autrefois divers noms, tels que le *Chêne* qui entourait le château : l'eau des *Chesnes*, 1453 (comptes de la châtellenie de Pierrepont, cab. de M. d'Imécourt). — *Chaisne*, 1605; *Chêne*, 1702 (tit. de l'év. de Laon). — La *Rivière-le-Comte*, qui tombait dans celle de *Vausserye* et s'étendait du moulin de Chivres jusqu'à Vausserye (1605, tit. de l'év. de Laon). — On la connaissait aussi sous le nom de *Chocque*, 1453 (ut supra). — *Choc*, 1605 (ut supra). — *Socq*, 1692 (arch. de l'Emp. K 1277). — *Soq*, 1701 (Hôtel-Dieu de Laon, E 1), ou *la Roye*, 1702 (év. de Laon) : «La Rois foraine courant sur la rivière de *Chocque* a son cours depuis le molinet de Sissonne jusqu'au dessoubs du molin de Bransicourt et du bois de Luvry.» (1536, comptes de la châtell. de Pierrepont.)

La Souche passe à Liesse, Missy-lez-Pierrepont, Pierrepont, Grandlup-et-Fay, Vesles-et-Caumont, Toulis-et-Attencourt, Froidmont-et-Cohartille, qu'elle limite jusqu'à la route impériale, Barenton-sur-Serre, Mortiers, Chalandry, Crécy-sur-Serre, Chéry-lez-Pouilly, Pouilly et Assis-sur-Serre. Elle alimente les moulins de Froidmont et de Chalandry, le vieux moulin de Crécy et les batteuses Oudin et Turquin. — Son parcours est de 36,550 mètres. — Cette rivière allait autrefois rejoindre Dercy; mais des travaux ont dérangé son cours, au xviii° siècle, pour faciliter la culture de terrains fertiles. Cette ancienne Souche, qui se détache à Chalandry et se jette dans la Souche à Barenton-sur-Serre, où elle porte aussi le nom de *Rivière-Haute*, offre un parcours de 1,600 mètres.

SOUCY, c°° de Villers-Cotterêts. — Altare de *Susciaco*, 1110 (cart. de l'abb. de Saint-Jean-des-Vignes de Soissons, Bibl. imp.). — *Suciacum*, 1142; *Sulcy*, 1161 (cart. de l'abb. de Saint-Médard de Soissons, f°° 50 et 51, Aisne). — *Souci*, 1203; *Souciacus*, 1246 (cart. de l'abb. de Saint-Jean-des-Vignes de Soissons, f°° 115 et 118). — *Susci*, xiii° siècle (*ibid*.).
— *Soulcy*, 1620 (tit. de l'abb. de Valsery).

La seigneurie relevait de Pierrefonds.

SOUDAN, h. c°° de Fontenelle.

SOUILLARD, f. c°° d'Étrépilly. — *Souliart*, 1702 (arch. comm. d'Étrépilly).

On remarquait autrefois dans son voisinage la ferme du *Petit-Souillard*; elle est détruite depuis longtemps.

SOULIER (LE), h. c°° d'Ambleny. — *Sodoleium*, 870; *Sodolegus*, *Soleregium* (Mabillon, *De Re diplomatica*, p. 548, 557). — *Solli*, 1110; *Sohilis*, 1195; *Soilli*, 1203 (cart. de l'abbaye de Saint-Jean-des-Vignes de Soissons, Bibl. imp.). — *Soilliacum*, 1289 (arch. de l'Emp. L 1002). — *Sollier*, 1615 (min. de Gosset, notaire).

SOUPIR, c°° de Vailly. — Parochia *Soupeiacensis*, 1124 (cart. de l'abbaye de Prémontré, f° 33, bibl. de Soissons). — *Sulpi*, 1132; *Supeium*, 1134 (ch. de cette abbaye). — *Soupeium*, 1134; Ecclesia de *Sopi*, 1144 (cart. de l'abbaye de Prémontré, f° 27 et 32). — *Suppeium*, 1163 (cart. de l'abb. de Saint-Martin de Laon, t. III, p. 126). — *Soppi*, 1217 (cart. de l'abb. de Prémontré, f° 26).—*Soupi*, 1221 (ch. de l'Hôtel-Dieu de Laon, B 10). — *Soppiacum*, 1222; *Sopiacum*, 1225 (gr. cart. de l'év. de Laon, ch. 22 et 75). — *Souppi, Souppiacum*, 1230; *Soupiacum*, 1243 (ch. de l'abb. de Prémontré). — *Soupi-la-Vila*, 1278 (arch. de l'Emp. L 1278). — *Souppyacum*, 1287 (gr. cart. de l'év. de Laon, ch. 244). — *Souppy*, 1303 (suppl. de D. Grenier, 295, Bibl. imp.). — *Soupy*, 1319 (ch. de l'Hôtel-Dieu de Laon, B 27). — *Supi*, 1482 (Hôtel-Dieu de Laon, B 77). — *Souppy-en-Lannoys*, 1487 (ch. de l'év. de Laon). — *Souppy-en-Lannois*, 1487 (tit. de l'abb. de Prémontré). — *Souppir*, 1554 (reg. des insin. du baill. de Vermandois). — *Soupire*, 1671 (ch. de l'abb. de Prémontré).

On remarque à Soupir une pierre qui bornait les évêchés de Laon et de Soissons : *Lapis qui dividit Laudunensem et Suessionensem episcopatum*, 1133 (cart. de l'abbaye de Prémontré, f° 26, bibl. de Soissons). — Relevait de l'évêché de Laon.

Source (La), mⁱⁿ à eau, c^{ne} de Pargny. — Récemment détruit pour favoriser l'alimentation de Paris.

Sourd (Le), c^{ne} de Sains. — *Sourt*, 1270 (cart. de l'abb. de Forvaques, f° 14, Bibl. imp.). — *Sort*, 1289 (Olim, II, 289). — *Le Sour*, 1405 (arch. de l'Emp. J 801, n° 1).

Ce village dépendait autrefois de la baronnie de Wiége; il a été distrait de Wiége-et-Faty et érigé en commune par ordonnance royale du 26 avril 1835.

Sourd (Le), petit fief, c^{ne} du Hérie-la-Viéville. — Il relevait du Hérie-la-Viéville.

Sourdon, m^{on} isolée, c^{ne} de Saint-Agnan.

Sourdon (Le), bois dans le voisinage de Mondrepuis (1335, cart. de la seign. de Guise, f° 186).

Sourizette (La), m^{on} isolée, c^{ne} de Celles-sur-Aisne. — Appartenait autrefois aux religieux du Petit-Vaucelles.

Sous-la-Périère, h. c^{ne} de Crouy. — *Sous-Périère* (carte de Cassini).

Souterrains ou Fins-Étroits (Les), h. c^{ne} de Lehaucourt.

Souvrien (Le), f. c^{ne} de Crézancy; auj. détruite.

Soyecourt, h. c^{ne} de Vermand. — *Soicourt*, 1341 (arch. de l'Empire, P 136; transcrits de Vermandois).

Ancien domaine des chapitres de Saint-Quentin et de Noyon.

Station (La), maison isolée, c^{ne} de Courtemont-Varennes.

Sucrerie (La), fab. de sucre, c^{ne} de Neuilly-Saint-Front.

Suippe (La), rivière. — *Suppia* (dipl. de Childéric II, Hist. de France, t. IV, p. 650). — *Suippia*, xe siècle (Flodoard, lib. II, cap. xi). — *Sopia*, xie siècle (ex Vitâ sancti Rigoberti, Boll. IV Jan.). — *Fluvium Suppiaum*, 1154 (cart. de l'abb. de Saint-Remy de Reims, f° 11). — *Supe*, 1334; *Suppe*, 1340 (arch. de l'Emp. Tr. des chartes, reg. 69).

Cette rivière, qui traverse dans le département de l'Aisne les territoires de Pignicourt, d'Oroinville, d'Aguilcourt et de Condé-sur-Suippe, où elle se jette dans la rivière d'Aisne, y alimente quatre moulins à blé; son parcours dans le même département est de 11,150 mètres.

Surfontaine-et-Fay-le-Noyer, c^{ne} de Ribemont. — *Septem-Fontes*, xiie siècle (cart. de l'abb. de Saint-Denis, f° 199, arch. de l'Emp.). — *Serene-Fontes*, 1153 (cart. de Chaource, f° 155, ibid.). — *Territorium de Fontanis*, 1244 (ch. de l'abb. de Saint-Vincent de Laon). — *Serfontaines*, 1270 (arch. de l'Emp. L 738). — *Serfontaine*, 1273 (cart. de l'abb. de Saint-Denis, f° 249, arch. de l'Emp.). — *Serfontainnes*, 1273 (cart. de Chaource, f° 214). — *Seurfontainne*, 1406 (arch. de l'Emp. P 135; transcrits de Vermandois). — *Cerfontaine*, 1536 (acquits, arch. de la ville de Laon).

C'était autrefois une baronnie vassale du comté de Ribemont.

Sullemont, f. c^{ne} de Retheuil. — *Sullemont* (carte de Cassini).

Cette ferme appartenait aux Célestins de Villeneuve-lez-Soissons et elle relevait de l'exemption de Pierrefonds.

Surmelin (Le), rivière. — *Surmollin*, 1635 (tit. de l'abb. de Val-Secret).

Cette rivière prend sa source à Beaunay, passe à Orbais, Breuil, Baulne, Celles lez-Condé, sépare en partie Connigis de Crézancy et se jette dans la Marne à Mézy-Moulins. — Elle fait mouvoir dans le département de l'Aisne, où son parcours est de 15,200 mètres, sept moulins à blé, une scierie et une fabrique de boutons.

Surmont (Le), f^m, c^{ne} de Beaumont-en-Beine.

Suze (La), fief, c^{ne} d'Arrancy. — Relevait de Montaigu.

Suze (La), fief, c^{ne} de Montigny-le-Franc. — *Usellum*, 1239 (cart. de l'abb. de Saint-Martin de Laon, t. III, p. 65). — *Épine-de-la-Suze*, 1745 (tit. de l'év. de Laon).

Relevait de Pierrepont.

Suzemont, faubourg de Ribemont, vers Lucy.

DÉPARTEMENT DE L'AISNE.   267

Suzenval, faubourg de Ribemont. — *Suxenval, Susanivallis*, XII° s° (cart. de l'abb. de Saint-Nicolas-des-Prés de Ribemont). — *Suxanval*, 1662 (baill. de Ribemont, B. 91). — *Sous-en-Val*, 1677; faubourg de *Souzenval*, 1709; Saint-Denis, paroisse de *Sousenval*, 1709 (arch. de la ville de Ribemont).

Suzy, c°° d'Anizy-le-Château. — *Susicum*, 1136 (mém. ms. de l'Eleu, t. I, p. 353). — *Suisi*, 1204 (ch. de l'Hôtel-Dieu de Laon, B 77). — *Susiacum*, 1211 (*ibid.* C 1). — Territorium de *Suisi*, 1230 (*ibid.* B 77). — *Suisiacum*, 1239; parrochia de Sancto-Remigio de *Suisyaco*, 1246 (*ibid.*). — *Suysiacum*, 1271; *Suixi*, XIII° s° (ch. de l'Hôtel-Dieu de Laon, B 55, B 77). — *Suizy, Suissi*, 1326 (cueilleret de l'Hôtel-Dieu de Laon, B 63). — *Suisy*, 1333 (ch. de l'Hôtel-Dieu de Laon, B 55). — *Susi*, 1387 (arch. de l'Emp. P 248-1). — *Suisi-en-Laonnois*, 1476; *Suysy*, 1489 (Hôtel-Dieu de la Fère). — *Suzi*, 1488; *Susy*, 1493; *Sousy*, 1497 (comptes de l'Hôtel-Dieu de Laon, E 24, E 25, E 28).

La vicomté a été aliénée, le 20 septembre 1611, par l'abb. de Saint-Jean de Laon.

T

Tabouret, h. c°° de Beuvardes.

Taconet, fief, c°° d'Abbécourt. — Appartenait autref. au séminaire de Noyon.

Tafournay, f. c°° d'Essommes. — *Tafournet* (carte de Cassini).

Taille-d'Effry (La), petit h. c°° d'Effry.

Taillefontaine, c°° de Villers-Cotterêts. — *Taillefontaine*, XII° s° (arch. de l'Emp. L 1006). — *Taillefonteine*, 1283 (ch. de l'abbaye de Lieu-Restauré, arch. de l'Oise). — *Taillefontainne*, 1416 (ch. du chap. de Saint-Pierre-au-Parvis de Soissons).

La seigneurie relevait de Pierrefonds.

Taillepieds, h. c°° de Crouy. — *Taillepié*, 1250 (arch. de l'Emp. L 1003).

La seigneurie appartenait en partie au chap. cath. de Soissons.

Taillepieds, m°° à eau, c°° de Dammard.

Taillette (La), m°° isolée, c°° de Gergny.

Taillettes (Les), petit h. c°° de Rozet-Saint-Albin.

Tambour ou Bellevue, h. c°° d'Any-Martin-Rieux.

Tambour (Le), m°° isolée, c°° d'Urcel. — Dans le voisinage d'un moulin à eau détruit.

Tancourt, h. c°° de Vaurezis. — *Attonis-Curtis*, 987 (dipl. de Hugues Capet : Mabillon, *De Re diplomaticâ*, p. 575). — Terroir de *Aitencourt*, 1474 (ch. du chap. de Notre-Dame-des-Vignes de Soissons). — *Attancourt* (carte de Cassini).

La seigneurie appartenait au prieuré de Laval; le moulin, au chap. cath. de Soissons.

Tanière (La), territoire, c°° d'Harcigny. — *Thainerie*, 1162 (cart. de l'abbaye de Bucilly, f° 35). — *Taisnières*, 1213 (arch. de l'Emp. L 992). — *Taisnerie*, 1264 (cart. de l'abb. de Bucilly, f° 8).

Peut-être *la Terrière*, bois appartenant à la commune?

Tannerie (La), petit h. c°° d'Étréaupont.

Tannières, c°° de Braine. — *Taisnières*, 1154 (cart. noir de Corbie, f° 218). — *Tainerie*, 1286 (cart. du chapitre cath. de Soissons, f° 285). — *Taignières*, 1542 (comptes de l'Hôtel-Dieu de Soissons, f° 82). — *Tagnières*, 1573 (pouillé du dioc. de Soissons, f° 32). — *Tagnière*, 1666 (arch. comm. de Mont-Notre-Dame).

La seigneurie appartint d'abord aux seigneurs de Cramaille (arch. de l'Empire, P 136); elle releva ensuite de Cramaille (*ibid.* Q 4).

Tannières, h. c°° de Montigny-Lengrain. — *Tanierie*, 1238 (cart. de l'abb. de Saint-Crépin-le-Grand de Soissons, p. 558). — *Tanières*, 1654 (arch. comm. de Montigny-Lengrain).

Relevait autrefois de Pierrefonds. — Ce hameau a été uni à Montigny-Lengrain le 7 juillet 1790.

Tardenois, petite province du Soissonnais dont l'étendue semble avoir été à peu près celle de l'archidiaconé du même nom, composé des doyennés ruraux de Bazoches, Fère-en-Tardenois, Neuilly-Saint-Front et Oulchy-le-Château, en retranchant cependant ce qui appartenait à l'Orxois. — *Tardinius* (Hist. de Fr. t. VII, p. 616 C). — *Pagus Tardanensis*, 795 (Flodoard, *Hist. eccl. Rem.* lib. II, cap. 18). — *Tardonensis pagus*, IX° s° (Boll. ex Vitâ sancti Rigoberti). — *Tardanensis Comitatus*, 1058 (Hist. de France, t. XI, p. 599 C). — *Tardanum*, 1250 (grand cart. de l'év. de Laon, ch. 84). — *Tardanesium*, 1262 (cart. de l'abb. de Notre-Dame de Soissons, f° 248). — *Tarduncsis*, 1262 (suppl. de D. Grenier, 295, Bibl. imp.). — *Tardenoys*, 1390 (comptes de l'Hôtel-Dieu de Soissons, f° 323). — *Tardenoy*, 1446 (*ibid.* f° 20). — *Tartenoys*, 1605 (appointés, baill. de Vermandois).

Targny, petit fief, c°° de Viry-Nourouil.

Tarte-à-Pierre (La), petit h. c°° de Marchais.

34.

TARTIENS, c^on de Vic-sur-Aisne. — *Tartigerium*, 893 (Mabillon, *De Re diplomaticâ*, p. 557). — *Tartiel*, 1217 (cart. de l'abbaye de Saint-Médard, f° 142, arch. de l'Aisne). — *Tarties*, 1384 (arch. de l'Emp. P 136; transcrits de Vermandois). — *Tartielx*, 1465 (comptes de l'Hôtel-Dieu de Soissons, f° 28 v°). — *Tartié*, 1469 (*ibid.* f° 8). — *Tartier*, 1644 (tit. du chap. cath. de Soissons).

La seigneurie appartenait à l'abbaye de Saint-Médard de Soissons et dépendait de la pottée de Cuizy-en-Almont; elle relevait de Pierrefonds. — Maladrerie unie à l'Hôtel-Dieu de Soissons par arrêt du Conseil d'État du 4 mai 1697 et lettres patentes du mois de décembre suivant.

TARTRE (LA), h. c^ne d'Ambleny. — Doit son origine à une ferme qui appartenait autrefois à l'abb. de Valsery. — On regarde maintenant la Tartre comme une dépendance du hameau du Soulier.

TARTRE (LE), hameaux, c^nes d'Épaux-Bézu et de Nogent-l'Artaud.

TASSIGNY, fief, c^ne de Ribemont. — *Tasiné*, 1158; *Tasiniacus*, 1267 (ch. de l'abb. de Saint-Nicolas-des-Prés de Ribemont). — *Thaisignis*, 1220 (cart. de la même abbaye, f° 71, arch. de l'Emp.). — Vassal de Ribemont.

TATEREL, m^in à eau dans le voisinage de Montbavin; auj. détruit. — 1158 (cart. de Prémontré, f° 20, bibl. de Soissons).

TAUCHÈRES, bois, c^ne de Septmonts.— *Tauchère*, 1501; *Tauchières-les-Septmont*, XVI° s° (comptes de l'Hôtel-Dieu de Soissons).

TAUX, h. c^ne d'Hartennes. — *Villa que Thou nominatur*, 1179; *Tou*, 1205 (cart. de l'abb. de Saint-Jean-des-Vignes, f° 1, Bibl. imp.). — *Taut*, 1525 (terr. de Chivres). — *Thau*, 1573 (comptes de l'Hôtel-Dieu de Soissons, f° 27). — *Thaux*, 1694 (tit. de la congrégation de Soissons).

La seigneurie relevait de Pierrefonds. Elle dépendait en partie de la vicomté de Buzancy; le surplus appartenait au chap. cath. de Soissons.

Taux a été uni à Hartennes par décret du 7 juin 1859.

TAVAUX-PONTSÉRICOURT, c^on de Marle. — *Tavellus*, 867 (dipl. de Charles le Chauve, Doublet, *Hist. de l'abb. de Saint-Denis*, p. 802). — *Thaveals*, 1165 (ch. de l'abb. de Saint-Martin de Laon). — *Taviaus*, 1200 (tit. de la chartreuse du Val-Saint-Pierre). — Territorium de *Tavellis*, 1244 (ch. de l'Hôtel-Dieu de Laon, B 57). — *Taviaulx*, 1326 (cueilleret de l'Hôtel-Dieu de Laon, B 63). — *Thavius*, 1338 (arch. de l'Emp. Tr. des ch. reg. 71, n° 86). — *Thaviaux*, 1340 (mém. ms. de l'Eleu). — *Taviaux*,

1404; *Taveaux*, 1436 (comptes de l'Hôtel-Dieu de Laon, E 6, E 17).—*Thaveaulx*, 1451 (reg. du baill. de Vermandois). — *Thaveaux*, 1498; *Tavaulx*, 1541; *Taveau*, 1560 (comptes de l'Hôtel-Dieu de Laon, E 29, E 68, E 84). — *Thaveau*, 1536 (acquits, arch. de la ville de Laon).

La seigneurie appartenait au chap. cathédral de Laon.

TEMPET (LE), m^in à eau et à tan, c^ne de Guny. — *Tempex*, 1700 (arch. comm. de Guny).

TEMPLE (LE), f. c^ne de Pontavert.

TEMPLET, m^in à eau, c^ne de Marle-et-Belaine.

TERGNIER, c^ne de la Fère. — *Terniacum*, XIII° s° (ch. du musée de Soissons). — *Tarigny*, 1419 (comptes de l'Hôtel-Dieu de la Fère). — *Targny*, 1498; *Tergny*, 1581; *Terny*, 1682 (tit. de l'abb. de Saint-Nicolas-aux-Bois).

Domaine du prieuré de Fargniers, relevant de la châtell. de la Fère.

TERNY-ET-SORNY, c^ne de Vailly. — *Terni*, 1160 (cart. de l'abb. de Saint-Yved de Braine, Bibl. imp.). — *Treny*, territorium de *Treniaco*, 1271 (cart. de l'abb. de Saint-Médard de Soissons, f° 90, Bibl. imp.). — *Terreigny*, 1320 (cart. du chap. cath. de Soissons, f° 29). — *Tergniacus*, 1335 (cart. de l'abb. de Saint-Yved de Braine, Bibl. imp.). — *Targni*, 1554 (insin. du bailliage de Vermandois). — *Tregny*, 1628 (comptes de l'Hôtel-Dieu de Soissons, 532). — *Targny*, 1745 (intend. de Soissons, C 206).

Vicomté érigée en comté sous la régence du duc d'Orléans. — Cette seigneurie relevait d'Oulchy-le-Château.

TERRE-CACÉE (LA), m^on isolée, c^ne de Beuvardes.

TERRE-DE-ROSES (LA), h. c^ne de Saint-Michel.

TERRE-D'IGNY (LA), m^on isolée, c^ne du Charmel.

TERRE-NEUVE (LA), h. c^ne d'Homblières.

TERRES-D'OBIGNY (LES), f. et m^in à vent, c^ne de Cherêt.

TERRIER (LE) ou LE TERRIER-PRÉVOST, h. c^ne de la Flamangrie.

TERRIER-BECQUET (LE), m^on isolée, c^ne de Cessières.

TERRIÈRE (LA), h. c^ne de Vendhuile. — Ancien fief relevant d'Hargival.

TERVA, emplacement couvert de débris de constructions et de vases romains entre le hameau du Routy et la Hérie.

TERVANNE, m^in à eau, c^ne de Faucoucourt. — *Tervana*, 1174 (gr. cart. de l'év. de Laon, ch. 2). — Molendinum de *Terrani*, 1250 (ch. de l'Hôtel-Dieu de Laon, B 55). — *Terrenne*, 1272 (suppl. de D. Grenier, 291, Bibl. imp.). — *Tarvenne*, 1696 (tit. de l'év. de Laon).

Ce domaine appartenait au chap. cath. de Laon.

TÉTOIE, h. c^ne de Nogent-l'Artaud. — *La Tetoye* (carte de Cassini).

THENAILLES, c^ne de Vervins. — *Teloniæ*, xiie siècle (ex lib. III Hermanni monachi de Miraculis beatæ Mariæ Laudunensis, bibl. de Soissons). — *Tenolie*, 1161 (cart. de la seign. de Guise, f° 153). — *Thenolles*, 1160; territorium de *Thenoliis*, 1161; *Tenaillie*, 1190; *Thenolium*, *Tenalie*, xiiie s^e; ecclesia de *Thenolliis*, 1228 (cart. de l'abb. de Thenailles, f°s 8, 13, 16, 39, 46, 54, 84). — *Tenelle*, *Tenalle*, in territorio de *Tenaille*, 1229 (cart. de l'abb. de Prémontré, f° 62, bibl. de Soissons). — *Abbatia de Tenallis*, 1240 (Bibl. imp. fonds latin 9227, f° 13). — Ecclesia de *Thenellis*, 1247 (cart. de l'abb. de Thenailles, f° 50). — *Tenellis*, xive s^e (cart. E du chap. cath. de Reims, f° 139). — *Tenailles-l'Abbie*, 1405 (arch. de l'Emp. J 801, n° 1).

Abbaye de l'ordre de Prémontré fondée en 1130.

THENAILLES (Bois de), c^ne de Bouconville. — Ainsi nommé parce qu'il appartenait à l'abbaye de Thenailles; il a été aliéné par l'État le 13 février 1815.

THENELLES, c^ne de Ribemont. — *Tenella*, 1143 (cart. de l'abb. de Saint-Nicolas-des-Prés de Ribemont, arch. de l'Emp.). — *Tenailes*, 1202 (cart. AA de l'abb. de Saint-Quentin-en-l'Île, p. 36). — *Tenullis*, 1225 (cart. de l'abb. de Foigny, f° 185). — *Thenellis*, 1340 (Bibl. imp. fonds latin, ms. 9228). — *Thenailles-sur-Oise*, 1405 (arch. de l'Empire, J 801, n° 1). — *Thenelle*, 1536 (acquits, arch. de la ville de Laon). — *Saint-Quentin-de-Thenelle*, 1677 (arch. comm. de Thenelles).

Vicomté érigée en comté en 1711 (baill. de Ribemont, B 180). — La seigneurie de Thenelles relevait de Ribemont.

THÉODERIE (LA), f. c^ne de Mont-Saint-Père. — Cense de la *Thuandrie*, 1654; *Théandrie*, 1670; *Tuanderie*, 1679 (tit. de l'abb. de Val-Secret). — *Thiauderie* (carte de Cassini).

Cette ferme appartenait à l'abb. de Val-Secret.

THERED, petit ruisseau affluent de l'Ardon à Chivy-lez-Étouvelles. — Rivus de *Terred*, 1187 (ch. de l'abb. de Saint-Martin de Laon).

Il passe à Bucy-lez-Cerny, Cessières, Molinchart, Laniscourt, Clacy, Mons-en-Laonnois et Chivy-lez-Étouvelles, et alimente les moulins du Sart-l'Abbé, la Saulx, Brûlé, Manbert et Crolet. — Son parcours est de 10,900 mètres.

THÉVIGNY, chât. c^ne de Ployart-et-Vaursoine. — *Tewengi*, 1153 (cart. de l'abb. de Foigny, f° 202, Bibl. imp.). — *Tevinniacum*, 1156 (cart. de la même abbaye, f° 50). — *Teviginacum*, 1156; terra de *Tevengni*, *Tewengnis*, xiie siècle; *Tevigni*, 1173; *Tievinianus*, 1236; *Thievignis*, 1243; *Thievigni*, 1275 (cart. de cette même abb. f°s 135, 202, 203, Bibl. imp.).

Vicomté de la dépendance de la paroisse de Chermizy. — Le château est détruit.

THÉZY, f. c^ne de Montigny-Lengrain. — *Thesy* (carte de Cassini).

La seigneurie relevait de Pierrefonds.

THIÉRACHE, petite province ou contrée limitée au nord par le Cambrésis et le Hainaut, à l'est par la Champagne, au sud par le Laonnois et à l'ouest par le Vermandois. Elle comprenait le duché de Guise, les comtés de Marle et de Ribemont, la baronnie de Rozoy et une faible partie de la baronnie de Pierrepont. — *Teoracia pagus*, 690 (ex Vitâ sancti Ursmari, abbatis Laubiensis, acta SS. ord. S. Bened. pert. 1, p. 255). — *Terascia*, 882 (Annales Vedastini, Hist. de France, t. VIII, p. 82 D). — *Terracia*, 882 (ex chronico de gestis Normannis, Hist. de France, t. VIII, p. 954). — *Theoracensis pagus*, xie s^e (acta SS. ord. S. Bened. p. 2, sæc. III, p. 421). — *Tarascia Silva*, xie siècle (Hist. de France, t. IV, p. 196 C, a chronico Cameracensi et Atreb. auctore Balderico Noviomensi et Tornacensi episcopo cap. 112). — *Tarascia*, 1107 (martyr. de Fesmy, bibl. de Cambrai, ms. 730). — *Theraschiæ Sylva*, 1107 (cart. de l'abb. de Saint-Michel, p. 19). — *Theorascia Silva*, 1117 (cart. de l'abb. de Saint-Martin, f° 166, bibl. de Laon). — *Therassia*, 1118 (cart. de l'abbaye de Saint-Michel, p. 23). — Silva quæ vocatur *Terrascia*, 1119 (ex libro III Hermanni monachi de Miraculis beatæ Mariæ Laudunensis, bibl. de Laon). — Selva *Theorasie*, 1136 (mém. ms. de l'Éleu, t. I, p. 353). — *Terrassia*, 1148 (cart. de l'abb. de Bucilly, f° 3). — *Tarasca*, xiie siècle (cart. de l'abb. de Saint-Michel, 243). — *Therasca*, 1184 cart. de l'abb. de Foigny, f° 18, Bibl. imp.). — Forest de *Thierasche*, 1268 (cart. de l'abb. de Bucilly, f° 78). — *Terrasche*, *Therace*, 1332; *Theraissc*, 1336; *Therasche*, 1342; *Theraische*, *Theraissc*, 1357 (cart. de la seign. de Guise, f°s 8, 115, 200, 223, 298). — *Thiéraisse*, 1371 (arch. de l'Emp. Tr. des chartes, reg. 105, pièce 215). — Pais de *Thierasse*, 1396 (charte de l'abbaye de Saint-Jean de Laon). — *Thierasse*, 1447 (arch. de la ville de Bruyères). — Pais de *Thirasse*, xvie siècle (Guerres de Belgique, Rabutin). — *Thyerache*, 1670 (baill. de Lavaquerosse).

La forêt du Nouvion était une dépendance de la forêt de Thiérache (Nécrologe de Fesmy, ut supra).

THIENNUEL, petite ferme, c^ne de Thiernut; auj. détruite. — *Ternuel*, 1411 (arch. de l'Emp. J 801, n° 4).

THIERNUT, c⁰ˢ de Marle. — *Ternut*, 1177; *Tiernut*, 1189 (cart. de l'abb. de Thenailles, f⁰ˢ 30 et 33). — *Parochia de Ternu*, 1193 (coll. de D. Grenier, 24ᵉ paquet, n° 22). — In territorio de *Tyernu*, 1244 (cart. de l'abb. de Foigny, f⁰ 284, Bibl. imp.). — *Tergnut*, 1362 (ch. de l'év. de Laon). — *Thernut*, 1574 (tit. de l'Hôtel-Dieu de Marle). — *Thyernu*, 1675; paroisse de *Saint-Martin-de-Thiernut*, 1680; *Thierneuf*, 1748; *Tierneuf*, 1781 (arch. comm. de Thiernut). — *Tierneut* (carte de Cassini).

Baronnie vassale de l'év. de Laon. — La paroisse dép. de la cure de la Neuville-sous-Marle (Saint-Nicolas) (suppl. de D. Grenier, 287, Bibl. imp.).

THIERNY, h. c⁰ᵉ de Presles-et-Thierny. — *Tyriniacum*, 1117 (cart. de l'abb. de Saint-Martin, f⁰ 166, bibl. de Laon). — *Thireni*, 1123 (ch. de l'abb. de Saint-Vincent de Laon). — *Tirigniacus*, 1128 (cart. de l'abbaye de Saint-Martin de Laon, f⁰ 120, bibl. de Laon). — Villa *Tiriniaci*, 1134 (ch. de l'abb. de Saint-Vincent de Laon). — *Thierigni*, 1143 (cart. de l'abb. de Saint-Martin de Laon, t. II, p. 386). — *Tireni*, *Tyreni*, 1150 (cart. de l'abb. de Vauclerc, f⁰ˢ 13 et 15). — *Tyriniacus*, 1153 (ch. de l'abb. de Saint-Martin de Laon). — *Tirigniacus*, 1209 (ch. de la chartreuse du Val-Saint-Pierre). — *Thirigniacum*, *Tyrigni*, 1217 (grand cart. de l'évêché de Laon, ch. 46). — *Tirigni*, 1223 (ch. de l'abb. de Saint-Vincent de Laon). — *Tyrignineus*, 1224 (cart. de l'Hôtel-Dieu de Laon, ch. 206 et 209). — *Tiregni*, 1228 (cart. de l'abb. de Foigny, f⁰ 211, Bibl. imp.). — In territorio de *Thierigniaco*, 1256 (ch. du chap. de Saint-Jean-au-Bourg). — *Thieringni*, *Thierengi*, 1268 (cueilleret de l'Hôtel-Dieu de Laon, B 62). — *Thierigny*, 1311 (cart. de l'abb. de Saint-Martin de Laon, f⁰ 167, bibl. de Laon). — *Thérigny-en-Laonnois*, 1364 (archives comm. de Bruyères-et-Montbérault). — *Thierrigny*, 1371 (ch. de l'abb. de Saint-Vincent de Laon). — *Thyrigny*, *Tirrygny*, 1404 (comptes de l'Hôtel-Dieu de Laon, E 6). — *Thiergny*, 1454 (comptes de l'Hôtel-Dieu de la Fère). — *Thievregny*, 1488; *Tierigny*, 1493; *Thyerrigny*, 1496 (comptes de l'Hôtel-Dieu de Laon, E 24, E 25, E 27). — *Thierregny*, 1554 (ch. de l'Hôtel-Dieu de Soissons, B 49). — *Thiergni*, 1651 (tit. de la chartreuse du Val-Saint-Pierre). — *Tierny*, 1699 (chapelains de la Madeleine de Laon).

Ce village ressortissait autrefois à la prévôté de Presles et au baill. ducal du Laonnois.

THIERRET, f. c⁰ᵉ de Clacy-et-Thierret. — *Tierre*, 1174 (grand cart. de l'év. de Laon, ch. 2). — Villa de *Terrei*, 1190 (cart. de Laon, bibl. de la même ville). — *Tyerre*, 1206 (cart. de l'abb. de Saint-Martin de Laon, f⁰ 175, bibl. de Laon). — *Thierré*, 1232 (cart. de l'abb. de Saint-Martin, f⁰ 173, bibl. de Laon). — In territorio de *Tierre*, 1254 (ibid. f⁰ 100). — *Tierret*, 1326 (cueilleret de l'Hôtel-Dieu de Laon, B 63). — *Thierre*, 1340 (Bibl. imp. fonds latin, ms. 9228). — *Terrey*, xivᵉ s⁰ (ch. de l'Hôtel-Dieu de Laon, B 64). — *Tierest*, 1709 (intend. de Soissons, C 274).

THIERRISUELLE OU BOIS DE LA HUTTE, bois, c⁰ᵉ de Bucilly. — *Thierissuele*, 1248; *Thyerissuele*, 1273 (cart. de l'abb. de Bucilly, f⁰ˢ 30 et 45). — *Tierissuele*, 1274 (cart. de la seign. de Guise, f⁰ 33). — *Teriselve*, 1287 (grand cart. de l'évêché de Laon, ch. 189). — Bos de *Therusuelle*, 1334; *Therusseule*, 1334; *Tiérissuelle*, xivᵉ s⁰ (cart. de l'abb. de Bucilly, f⁰ˢ 87, 97, 101). — *Therisseule*, 1335 (cart. de la seign. de Guise, f⁰ 181).

On a trouvé dans ce bois, défriché en partie, des meules à bras, des traces de fondations et une jolie statuette en bronze de l'époque romaine.

THIERY, fief, c⁰ᵉ de Dommiers.

THUIL (LE), bois près de la Malmaison. — Nemus quod vocatur *Tilleum*, 1189 (cart. de l'abb. de Vauclerc, f⁰ 74). — *Tilleyum*, 1222 (arch. de l'Emp. L 996).

THIMET, m¹ⁿ à eau, c⁰ᵉ de Taillefontaine. — *Thimay*, 1696 (maîtrise des eaux et forêts de Villers-Cotterêts).

THIOLET, h. c⁰ᵉˢ de Grougis et de Verly. — Ancien domaine de l'abb. d'Origny-Sainte-Benoîte.

THIOLET (LE), petit h. c⁰ᵉ d'Essommes. — *Tiollet*, 1759 (maîtrise des eaux et forêts de Soissons).

Le bois du Thiolet appartenait à la prévôté de Marizy-Saint-Mard.

THOMAS (LES), f. c⁰ᵉ de Vieils-Maisons.

THONY, f⁰ᵉ de Pontavert. — Territorium de *Thooni*, *Thoiniaco*, 1153; *Toyni*, *Thoeni*, 1156; *Toeni*, 1163 (cart. de l'abb. de Vauclerc, f⁰ˢ 16, 19, 20, 22, 25). — *Thoegni*, 1239 (arch. de l'Empire, L 996). — *Tooni*, 1261 (ch. du chap. cath. de Laon). — *Thoony*, 1340 (Bibl. imp. ms. latin 9228). — *Thoany*, 1405 (arch. de l'Emp. J 801, n° 1). — *Tougny*, 1482; *Tosny*, 1553; *Tonny*, 1572 (tit. de l'Hôtel-Dieu de Laon, B 46).

Thony appartenait autref. à la comm¹ᵉ de Boncourt, et il se trouvait groupé autour de l'exploitation principale de cette commanderie. — L'église de Pontavert a été construite, en 1688, des débris de celle de Thony placée sous le vocable de Saint-Georges. — Thony est complètement détruit.

THORIGNY, f⁰ᵉ, c⁰ᵉ du Haucourt. — *Toriniacus* in comitatu Viromandensi, 911 (diplôme de Charles le Simple, Hist. de France, t. IX, 514 A). — *Tori-*

niacum, 920 (cart. du chap. de Cambrai, fonds latin 10,968). — *Thoriniacus*, 1136 (cart. de l'abb. du Mont-Saint-Martin, p. 400). — Territorium de *Thorinny*, 1170 (cart. de Longpont). — Ecclesia de *Thoregni*, 1181 (cart. du chap. de Cambrai, f° 30, Bibl. imp. fonds latin 10,968). — Altare de *Tauriniaco*, 1190; *Toregni*, 1225 (cart. de l'abb. du Mont-Saint-Martin, p. 596 et 769). — *Toreigni*, 1269 (arch. de la ville de Saint-Quentin, liasse 269). — *Toregny*, 1277 (*ibid.* liasse 30, dossier A). — *Thoreigny*, 1295 (*ibid.* cart. rouge). — *Torgny*, 1506 (dénombr. de la seign. d'Honnecourt, 908, bibl. de Cambrai).

Comté vassal de la baronnie d'Honnecourt; il a été réuni au duché de Saint-Simon. — Villers-Guislain (Nord), la ferme de Montigny (Somme) et le fief d'Assonville en relevaient.

THORIGNY, territoire, c⁰ⁿ de Lappion ou de la Selve. — *Thorigni*, 1156; *Torini*, 1161 (cart. de l'abb. de Saint-Martin, t. I, p. 412, et t. III, p. 43).

THUEL (LE), h. c⁰ⁿ de Noircourt.

THUMERY, fief, c⁰ⁿ de Suzy. — Relevait de la Fère.

THURY, f. c⁰ⁿ de Marest-Dampcourt. — *Thoiri-super-Isaram*, 1137 (ch. de l'abbaye de Prémontré). — *Toyri*, 1202 (arch. de l'Emp. L 995). — In territorio de *Toiri*, 1216 (cart. de l'abb. de Prémontré, f° 104 v°, bibl. de Soissons). — Domus de *Thoiri*, 1221; in territorio de *Thoyri*, 1252 (arch. de l'Emp. L 995). — *Thoiry*, 1331 (Livre rouge de Chauny, f° 129). — Cense de *Thuri*, 1685 (bailliage de Chauny, B 1706).

Domaine de l'abbaye de Prémontré dépendant autrefois d'Ognes.

On donne aussi le nom de *Petit-Thury* à quelques maisons de Marest-Dampcourt.

THERCELOT, bois, c⁰ⁿ de Camelin-et-le-Fresne.

TIEULLERIE (LA), f. c⁰ⁿ de Chartèves. — *Thieullerie*, 1744 (insin. du baill. de Château-Thierry).

TIGNY, h. c⁰ⁿ de Parcy-et-Tigny. — *Tigni*, 1222 (cart. de l'abb. de Saint-Jean-des-Vignes de Soissons, Bibl. imp. f° 100). — *Tingni*, xɪɪɪ⁰ s⁰ (cueilleret de l'Hôtel-Dieu de Soissons, 191). — *Thigny*, 1488 (comptes de l'Hôtel-Dieu de Soissons, f° 36). — *Tygny*, 1595 (*ibid.* f° 13).

La seigneurie de Tigny appartenait au chap. cath. de Soissons et relevait de Pierrefonds. — La commune de Tigny a été réunie à celle de Parcy par décret du 23 mai 1810.

TIL (LE), petit fief, c⁰ⁿ d'Origny-Sainte-Benoîte.

TILLEROIE, f. c⁰ⁿ de Bucilly. — *La Tilleroye*, 1411 (arch. de l'Emp. J 701, n° 4).

Cette ferme, qui dépendait autrefois du territ.

d'Éparcy, a été détruite sous le règne de Henri IV (Livre de Foigny, par de Lancy, p. 75).

TILLEUL (LE), m⁰ⁿ isolée et bois, c⁰ⁿ de Landouzy-la-Ville. — Boscus ad *Tyliam*, 1237 (cart. de l'abb. de Foigny, f° 30).

TILLEUL (LE), h. c⁰ⁿ de Leschelle. — *Tilie* villa, 1132 (ch. de l'abb. de Saint-Vincent de Laon).

TILLEUL (LE), bois, c⁰ⁿ⁰ de Monceau-le-Neuf-et-Faucousis et de Sons-et-Ronchères. — Auj. défriché.

TILLEUL-D'ARCHIES (LE), h. c⁰ⁿ de Bohain. — Il est de construction récente.

TILLOIS, fief, c⁰ⁿ de Ribemont. — Appartenait à la chapelle de Liesse (arch. de l'Emp. Q 11) et relevait de Ribemont.

TILLOY, bois, c⁰ⁿ de Brissay-Choigny. — Nemus de *Tilloi*. 1138 (ch. de l'abb. de Saint-Vincent de Laon).

Ce bois appartenait à l'abb. de Saint-Nicolas-aux-Bois.

TILLOY, h. c⁰ⁿ de Remaucourt. — *Tilloit*, 1140 (cart. de l'abb. de Vicoigne, arch. du Nord). — *Tilloie*, xɪɪ⁰ s⁰ (cart. de l'abb. d'Homblières, p. 62). — Maison du *Tillois*, 1709 (intend. de Soissons, C 274).

Domaine possédé d'abord par l'abb. de Vicoigne, qui le céda à l'abb. de Vermand.

TILVOT, f. c⁰ⁿ de Courboin. — *Tilvaux*, 1665 (arch. comm. de Montlevon). — *Tillevot*, 1682 (tit. de l'Hôtel-Dieu de Château-Thierry).

Autrefois fief vassal de Montmirail.

TIMON, bois, c⁰ⁿ de la Neuville-en-Beine.

TINENS (BOIS DE), c⁰ⁿ de Martigny-en-Thiérache. — Appartenait à l'abb. de Bonnefontaine (cart. de la seign. de Guise, f° 36).

TINETTE (LA), h. c⁰ⁿ de Trosly-Loire.

TINSELVE, f. c⁰ⁿ⁰ de Leuilly et de Vauxaillon. — Curtis de *Thinselva*, 1129 (Chron. de Nogento, p. 117). — *Thinselve*, 1172 (ch. du musée de Soissons). — *Tinselva*, 1193 (Chron. de Nogento, p. 435). — *Tinsilva*, 1220; *Tinserve*, 1232 (chartes du musée de Soissons). — *Tinselle*, 1684 (archives comm. de Leuilly). — *Tincerve* (carte de Cassini). — *Tincelve*, 1773 (plan, abb. de Prémontré).

Le bois de Tinselve appartenait à l'abb. de Prémontré.

TIVOLY, m⁰ⁿ isolée, c⁰ⁿ de Mont-Saint-Père.

TOFELAINE (LA), petit h. c⁰ⁿ de Pont-Saint-Mard.

TOITERIE, f. c⁰ⁿ de Chievry.

TOMBE (LA), bois, c⁰ⁿ de Montchâlons. — Ad *Tumbam Rainouardi*, 1235; *Bonda Rainouardi*, 1253 (cart. de Foigny, f⁰⁸ 126 et 168).

Un petit tumulus est au centre. — Allée druidique très-récemment détruite en défrichant le bois.

TOMBE (LA), m⁰ⁿ isolée, c⁰ⁿ de Vouël.

TOMBELLE, bois, c⁰ᵉ de Saint-Gobain. — Ce bois, engagé le 31 mai 1601 par les commissaires du roi Henri IV, a été réuni à la forêt de Saint-Gobain par arrêt du Conseil d'État du 25 janvier 1701; il contenait, en 1701, 75 jalois 41 verges.

TOMBELLE, fief, c⁰ᵉ de Wissignicourt. — Ce fief, vassal du comté d'Anizy a été acquis, le 8 mai 1743, par l'abb. de Prémontré.

TOMBELLE (LA), mᵒⁿ isolée, cᵒᵉˢ de Crépy et de Fluquières.

TOMBELLE (LA), f. c⁰ᵉ de Marle. — *Toumella, Tomella*, 1234; *Tommelia*, 1256 (cart. de l'abb. de Foigny, fᵒˢ 241 et 252). — *Tumella*, 1259 (grand cart. de l'év. de Laon, ch. 159). — *Tombella-juxtà-Marlam*, 1271 (ch. de l'abb. de Saint-Nicolas-aux-Bois). — *La Toumelle*, 1291 (cart. de l'abb. de Thenailles, fᵒ 112). — *La Tomelle*, 1440 (arch. de l'Emp. P 248-3). — *Tommelle*, 1487; *Thombelle*, 1607 (tit. de l'Hôtel-Dieu de Marle).

Fief vassal de la châtell. de Marle.

TOMBELLE (LA), f. c⁰ᵉ de Romery. — Elle appartenait aux religieuses de la congrégation de Laon.

TOMBE-REGNIER, tumulus entre Commenchon et Guivry, au milieu d'un bois.

TOMBES, h. c⁰ᵉ de Beauvois. — *Tombe*, in territorio de *Tombis*, 1243 (cart. de la seign. de Guise, fᵒˢ 74 et 79, Bibl. imp.).

Ce hameau formait autrefois une paroisse sous le vocable de Saint-Remy et dépendait du marquisat de Caulaincourt. Il n'en restait plus, au commencement de ce siècle, qu'une ferme, qui a été détruite en 1818.

TOMBOIS (LE), f. c⁰ᵉ de Vendhuile. — *Le Tombay* (carte de Cassini).

La seigneurie relevait de Crèvecœur; elle ressortissait au baill. de la châtell. de Cambrai.

TON (LE), riv. — *Fluvius qui dicitur Aubenton*, 1179; *Aubentunia*, xııᵉ sˢ (Livre de Foigny, par de Lancy, p. 281 et 286). — *Versus riveriam que Aubentons appellatur*, 1239 (suppl. de D. Grenier, 289, Bibl. imp.).

Cette petite rivière, qui prend sa source à Boson (Ardennes), traverse dans le département de l'Aisne les territoires de Logny-lez-Aubenton, Aubenton, Leuze, Martigny, Bucilly, Éparcy, la Hérie, Origny, la Bouteille et Étréaupont, où elle se jette dans l'Oise après avoir alimenté une filature de laine et onze moulins à blé dans un parcours de 45,095 mètres.

TONNELET (LE), f. c⁰ᵉ de la Vallée-Mulatte. — Fief des *Essarts*, 1683 (baill. de Ribemont, B 245).

Ce hameau dépendait autrefois de Wassigny.

TOPFVILLE, f. c⁰ᵉ de Marcy. — Construite en 1863.

TORAILLE, h. c⁰ᵉ de Vendières. — *Torailles*, 1728 (tit. de l'abb. de Nogent-l'Artaud).

Ancien fief.

TORCANT-DE-CHENY ou TORQUANT, petit fief, c⁰ᵉˢ de Ribemont et de Villers-le-Sec. — Il relevait du Hérie-la-Viéville.

TORCHON (LE), h. c⁰ᵉ de Lavaqueresse; uni actuellement à la population agglomérée. — On le connaissait aussi sous le nom de *fief Bridoux*.

TORCY, c⁰ᵉ de Neuilly-Saint-Front. — *Turci*, 1231; *Truci*, 1233 (ch. de l'Hôtel-Dieu de Soissons, 89). — *Tarcy*, 1383 (arch. de l'Emp. P 136; transcrits de Vermandois). — *Tursy*, 1405 (comptes de l'Hôtel-Dieu de Soissons, fᵒ 6). — *Torsy*, 1464 (Bibl. imp. suppl. français, ms. 1195). — *Turcy*, 1477; *Teurcy*, 1497; *Torcy-et-Ballaux*, 1497 (titres de l'Hôtel-Dieu de Soissons, B 89).

La commune de Torcy a été unie à celle de Belleau par ordonnance royale du 22 mars 1822; elle en a été distraite, par une autre ordonnance du 6 juillet 1832, pour former une commune.

TORCY, fᵐᵉ, c⁰ᵉ de Parpeville. — *Tursiacus*, 1143 (cart. de l'abb. de Saint-Nicolas-des-Prés de Ribemont, fᵒ 1, arch. de l'Emp.). — *Torsis*, 1150 (coll. de D. Grenier, 30ᵉ paquet, nᵒ 1). — *Turciacus*, 1156 (ch. de l'abb. de Saint-Nicolas-des-Prés). — *Alodium de Tursi, Torsi*, xııᵉ sˢ (cart. de l'abb. de Foigny, fᵒˢ 5 et 36). — *Troussi*, 1174; *Toursi*, 1245; *Toursis*, 1246 (ibid. fᵒˢ 46, 102, 103, Bibl. imp.). — *Tourcy*, 1621; *Thorsy*, 1627 (minutes de Wallé, notaire). — *Thoursy*, 1753 (plan de Courjumelles).

Ces fermes appartenaient autrefois à l'abb. de Saint-Nicolas-des-Prés de Ribemont; elles ont été distraites de Ribemont et unies à Parpeville en vertu d'un arrêté de l'administration départementale de l'Aisne du 3 thermidor an vı (21 juillet 1798).

TORDOIR (LE), fabrique de sucre, c⁰ᵉ d'Abbécourt.

TORDOIR (LE), mᵒⁿ isolée, c⁰ᵉˢ d'Aubigny, Beaurieux, Chavignon, Tugny-et-Pont, Vendeuil.

TORDOIR (LE), f. c⁰ᵉ de Barizis.

TORDOIR (LE), mᵒⁿ isolée, c⁰ᵉ de Maizy; auj. détruite.

TORDOIR (LE), h. c⁰ᵉˢ d'Happencourt et de Remigny.

TORDOIR (LE), mⁱⁿ à huile, c⁰ᵉ de Pont-à-Bucy.

TORDOIR (LE), mⁱⁿ à eau, c⁰ᵉ de Vieil-Arcy.

TORDOIR-BLEU (LE), mᵒⁿ isolée, c⁰ᵉ de Manicamp.

TORDOIR-DE-BESMÉ (LE), mᵒⁿ isolée, c⁰ᵉ de Besmé; auj. détruite.

TORTOIR (LE), f. c⁰ᵉ de Saint-Nicolas-aux-Bois. — *Tortorium*, 1130; *in villa que Tortois nuncupatur*, 1196; *Thorthoir*, 1204 (ch. de l'abbaye de Saint-Nicolas-aux-Bois). — *Tortoy*, 1604 (appointés du baill. de Vermandois). — *Dortoir*, 1653 (archives comm. de Saint-Nicolas-aux-Bois).

Ferme cédée, en 1130, par le trésorier de la cath. de Laon à l'abb. de Saint-Nicolas-aux-Bois. — Autrefois église paroissiale sous le vocable de Sainte-Geneviève.

Tortue (La), m^{in} à eau et papeterie, c^{ne} de Thenailles. — *Tarbotue*, 1738 (chambre du clergé du dioc. de Laon).

Domaine acquis par l'abb. de Thenailles en 1749. — Papeterie détruite vers 1809.

Toty (Le), f. c^{ne} de Jouy. — *Toly* (carte de Cassini).

Toulis-et-Attencourt, c^{ne} de Marle. — *Tolis*, 1152; *Tholis*, 1163 (cart. de l'abb. de Saint-Martin de Laon, t. III, p. 127 et 474). — Villa de *Toulies*, 1259 (ch. de l'Hôtel-Dieu de Laon, B 57). — *Thoulis*, 1277 (cart. de l'abb. de Thenailles, f° 43). — *Toullys*, 1475; *Toulys*, 1493; *Thoulys*, 1496; *Thoullys*, 1498; *Toully*, 1519; *Thoullis*, 1599 (comptes de l'Hôtel-Dieu de Laon, E 20, E 25, E 27, E 29, E 46, E 114). — *Thoully*, 1586 (ibid. E 106). — *Toullis*, 1599 (comptes de la châtell. de Marle, chambre des comptes de la Fère). — *Touly*, 1649 (épitaphe d'Abraham de Foucault, inhumé en l'église de Toulis). — *Touli*, 1668; paroisse de *Saint-Martin-de-Toully*, 1718 (état civil de Toulis, trib. de Laon).

La seigneurie faisait autrefois partie du comté de Marle; elle a été aliénée, le 8 novembre 1602, par les commissaires royaux (arch. de l'Emp. Q 8).

Tour (La), fief, c^{ne} de Béthancourt-en-Vaux. — Relevait de l'abb. de Saint-Éloi-Fontaine.

Tour (La), f. c^{ne} d'Essigny-le-Grand. — Appartenait autrefois au chap. de Saint-Quentin.

Tour (La), f. c^{ne} de Fontenoy.

Tour (La), m^{in} à vent, c^{ne} de la Malmaison.

Tour (La), f. et m^{ia} à vent, c^{ne} de Paissy.

Tour (La), f. c^{ne} de Saint-Aubin. — *Tour-du-Fay*, 1634 (baill. de Chauny, B 1498).

Ancien fief vassal de Manicamp situé à Selens et à Saint-Aubin.

Tourbière (La), m^{on} isolée, c^{ce} de Chivres-et-Mâchecourt.

Tour-Bourdin (La), fief, c^{ne} de Villers-le-Sec. — *Tour-Bourdain*, 1649 (arch. comm. de Surfontaine-et-Fay-le-Noyer).

Vassal de Surfontaine.

Tour-Carrée (La), fief, c^{ne} de Guny. — Vassal de Coucy-le-Château.

Tour-d'Épagny (La), fief, c^{ne} d'Épagny. — Vassal de Coucy-le-Château.

Tour-de-Ville, ruiss. affluent de l'Oise à la Fère. — Son parcours est de 2,500 mètres.

Tournant (Le), m^{on} isolée, c^{ne} de Brancourt.

Tournelle (La), bois et fief, c^{ne} de Coincy-l'Abbaye. — *Tornella*, 1573 (pouillé du dioc. de Soissons, f° 34).

Tournelle (La), f. c^{ne} de Marcuil-en-Dôle; auj. détruite.

Tournelles, f. c^{ne} d'Ambleny. — Cette ferme, située au centre du village, appartenait autrefois au chap. cath. de Soissons.

Tournelles ou Châtelet-d'Ancy, fief, c^{ne} de Courçelles. — Dépendait du comté de Braine.

Tournelles, fief, c^{ne} de Guny et de Crécy-au-Mont.

Tournelles, fief, c^{ne} de Marest-Dampcourt. — Vassal du fief de la Motte de Marest-Dampcourt.

Tournelles (Les), fief, c^{ne} de Belleu. — Ce fief, situé à l'est de Belleu, appartenait autref. au chap. cath. de Soissons.

Tournelles (Les), fief, c^{ne} de Chézy-l'Abbaye.

Tourneux (Les), h. c^{ne} de Fontenelle.

Tourneux (Les), m^{on} isolée, c^{ne} de Marchais.

Tournevelle, f. c^{ne} de Travecy. — *Tourneveel*, 1287 (grand cart. de l'év. de Laon, ch. 189).

Fief vassal de la seigneurie de Travecy. — Le château était dans l'intérieur du village.

La nouvelle ferme de Tournevelle a été construite, vers 1844, sur l'emplacement du bois de même nom.

Tourniquet, fief, c^{ne} de Folembray.

Tournoison, f. c^{ne} de Ribemont. — *Tournooison*, 1245 (arch. de l'Emp. L 1156). — *Tornoison*, 1448 (cart. de l'abb. de Saint-Michel, p. 154). — *Tournoizon*, 1516 (cart. du chap. de Saint-Quentin, Bibl. imp.). — *Tournoisson*, 1619 (baill. de Ribemont, B 198).

Relevait du comté de Ribemont (arch. de l'Emp. P 135; transcrits de Vermandois).

Tour Réaumont, c^{ne} de Puiseux. — Emplacement d'une ancienne tour mentionnée dans le Valois royal par Muldrac.

Tour-Rolland (La), fief, c^{ne} de Quierzy. — Il faisait partie du comté de Manicamp et relevait de Coucy-le-Château.

Tournoy, m^{in} à eau, c^{ne} de Martigny-en-Laonnois; auj. détruit. — *Tourvoys*, 1407; *Tourvoye*, 1463 (comptes de la maladrerie de Laon, arch. de la ville de Laon). — Moulin des *Trois-Voyes*, 1733; Moulin des *Trois-Voies*, 1769 (tit. de la chartreuse du Val-Saint-Pierre).

Ce domaine a été cédé par l'abb. de Liessies à la chartreuse du Val-Saint-Pierre.

Toussine, m^{on} isolée, c^{ne} de Sissonne.

Tout-le-Monde, fief, c^{ne} de Travecy. — Vassal de la Fère (baill. de la Fère, B 660).

Tout-Vent, f. c^ne de Chermizy; auj. détruite. — Elle appartenait à l'abb. de Foigny, qui l'aliéna en 1677 pour payer sa part des subsides.

Tout-Vent, h. c^ne de Leuilly.

Tout-Vent, f. c^ne de Villequier-au-Mont. — Cense de *Touven*, 1648 (min. de Barbier, notaire). — *Tourent*, 1678 (baill. de Chauny, B 1362).

Cette ferme dépendait autrefois de la paroisse du Plessis-Godin; elle a été détruite vers 1830.

Tracy, fief, c^ne de Mercin-et-Vaux. — Relevait du fief de Bacquencourt.

Thainaut (Le), f. c^ne d'Housset. — *Tranliaus*, 1244 (cart. de l'abb. de Saint-Michel, p. 245). — *Tranleaux*, 1416 (arch. de l'Empire, J 801, n° 6). — *Trasneau*, 1593 (min. de Tupigny, greffe du trib. de Laon). — Cense de *Tregneau*, 1605 (appointés du baill. de Vermandois). — *Traineau*, 1702 (min. de Michel Thouille, not.). — *Traineaux*, 1710 (intend. de Soissons, C 320). — *Treneau* (carte de Cassini).

Cette ferme, auj. détruite, appartenait à l'abbaye de Saint-Michel.

Thaindelot, fief, c^ne d'Escaufourt. — Vassal d'Honnechies.

Tran, h. c^ne de Résigny. — *Estran*, 1188 (ch. de l'Hôtel-Dieu de Laon, B 16). — *Trant*, 1710 (intend. de Soissons, C 320).

Tranchée (La), m^on isolée, c^ne de Chézy-l'Abbaye.

Tranleau, f. c^ne de Juvincourt-et-Dammarie; auj. détruite. — Nemus de *Transliaus*, 1279; Maison de *Transleau*, 1381 (cart. de l'abb. de Saint-Martin de Laon, t. I, p. 441; t. III, p. 84).

Tranne (Tremble), h. c^ne, auprès de Mondrepuis (cart. de la seign. de Guise, f° 184).

Tranois, bois et f. c^ne de Rogécourt. — Nemus de *Tranloy*, 1282 (grand cart. de l'év. de Laon). — *Trennoy*, 1458; bois de *Transloy*, 1466 (comptes de l'Hôtel-Dieu de la Fère). — *Transnoy*, 1555 (reg. des ventes, maîtrise des eaux et forêts de la Fère). — *Trannoy*, 1563 (comptes de la châtell. de la Fère, chambre des comptes de la Fère). — *Tresnoy*, 1604 (baill. de la Fère, B 687). — *Trannois*, 1723; *Trasnoir*, 1746; *Tranoire*, 1757; bois *Rillart*, 1768 (à cause de Claude Rillart, engagiste; maîtrise des eaux et forêts de la Fère).

Engagé par l'État en 1624; défriché en 1865. — Ce bois contenait 264 jalois en 1671 (baill. de la Fère, B 1169).

Traslon, f. c^ne de Saint-Pierre-Aigle. — *Translons*, 1110; *Tramblon*, 1145; *Tranlun*, 1172 (cart. de l'abb. de Saint-Jean-des-Vignes, Bibl. imp.). — *Tralum*, 1172 (cart. de l'abb. de Saint-Médard, f° 52, arch. de l'Aisne). — *Tranlon*, 1270 (cart. de

l'abb. de Saint-Jean-des-Vignes, bibl. de Soissons). — *Translon*, 1585; *Trallon*, 1631 (tit. de l'abb. de Saint-Jean-des-Vignes). — *Tralons* (carte de Cassini).

Cette ferme appartenait autrefois à l'abb. de Saint-Jean-des-Vignes de Soissons. — On prononce *Tranon*.

Travecy, c^ne de la Fère. — *Traveci*, 1133 (ch. de l'abb. de Prémontré). — *Travesci*, 1208 (cart. de l'abb. de Saint-Martin de Laon, t. III, p. 134). — Domus de *Travechi*, 1255 (ch. de l'abb. de Saint-Nicolas-aux-Bois). — *Traveschy*, 1326 (Livre rouge de Chauny, f° 32, coll. de M. Peigné-Delacour). — *Travessy*, 1372 (archives de l'Emp. P 248-2, pièce 155). — *Travecy*, 1490 (délibér. arch. de la ville de la Fère). — *Traversy-près-la-Fère*, 1595; *Traversis*, 1596 (Correspondance de Henri IV, t. IV, p. 422 et 543). — *Saint-Médard-de-Travecy*, 1702 (chambre du clergé du dioc. de Noyon). — *Travescy*, 1745 (Mémoires de Sully, édition de Londres).

Dépendait en partie de la châtell. de la Fère; le surplus relevait de cette châtellenie. Ce qui en dépendait a été aliéné, en 1604, par les commissaires du roi Henri IV.

Travers (Le), h. c^ne de Danizy. — *Travers-lez-le-Chastellé*, 1491 (arch. de l'Emp. PP 17). — *Traverslez-Danisy*, 1515 (tit. de l'abb. de Saint-Nicolas-aux-Bois). — *Traver*, 1630 (maîtrise des eaux et forêts de la Fère).

Le nom de ce hameau vient d'un bac où l'on percevait un droit. — Le Travers relevait de la châtell. de la Fère.

Thaival, m^on isolée, c^ne de la Celle.

Trébecourt, h. c^ne de Jumencourt. — *Trubercort*, 1158 (cart. de l'abb. de Prémontré, bibl. de Soissons). — Domus de Trubercurt, 1165 (ch. de l'abb. de Saint-Martin de Laon). — Domus de *Trubercort*, 1165; *Trebercort*, 1173; *Tribercort*, 1259; *Trubercourt*, 1296 (cart. de la même abb. t. II, p. 15, 178, 324). — *Tribercourt*, 1405 (arch. de l'Emp. J 801, n° 1).

Ancien fief relevant de Coucy-le-Château.

Treffcon, c^ne de Vermand. — *Trevecon*, 1242 (ch. de l'abb. de Saint-Éloi de Noyon, arch. de l'Oise). — *Treuvecon*, 1565 (arch. de la ville de Saint-Quentin). — *Treffcon*, 1693; *Treffecon*, 1698 (arch. comm. de Trefcon).

Dépendait du doyenné d'Athies et faisait partie du marquisat de Caulaincourt.

Treffons-Blanchart, fief, c^nes de Dagny-Lambercy et de Nampcelle-la-Cour. — Vassal de Montcornet.

TRÉLOUP, cⁿᵉ de Condé. — *Treslure*, 1110 (cart. de l'abb. de Saint-Jean-des-Vignes, Bibl. imp.). — *Trelodium*, 1158 (Bibl. imp. suppl. fr. ms. 1195). — Nemus de *Treloue*, 1228 (cart. d'Igny, f° 137). — *Trellouc-super-Maternam*, 1269 (cart. de l'abb. de Saint-Jean-des-Vignes, bibl. de Soissons). — *Trellouc*, 1269 (coll. de D. Grenier, 24° paquet, n° 30). — Ecclesia parrochialis de *Trelludio*, 1278 (suppl. de D. Grenier, 296, Bibl. imp.). — *Treloud*, 1558 (comptes de l'Hôtel-Dieu de Soissons, f° 101). — *Trelou*, 1575 (arch. comm. de Tréloup). — *Treslou*, 1667 (arch. comm. de Cierges).

Tréloup dépendait du doyenné de Dormans. — La baronnie, vassale de Château-Thierry, comprenait Tréloup, Chassins, la ferme de Chérolles, la Haute-Vergue et Nucrolles.

TREMBLAY (LE), h. cⁿᵉ de Marchais. — *Chemin-Tremblet* (carte de Cassini).

TRÉMONT, f. cⁿᵉ de Noyal. — *Tresmontz*, 1586 (arch. de l'Emp. J 791). — *Tresmond*, 1666; *Tremon*, 1694 (tit. de l'abb. de Corbie, arm. 3, liasse 130, arch. de la Somme). — *Tremond*, 1709 (intend. de Soissons, C 274).

Cette ferme appartenait à l'abb. de Corbie.

TRENEL, h. cⁿᵉ de Villiers-sur-Marne.

TRÉSOR (LE), f. cⁿᵉ du Mont-d'Origny; auj. détruite. — Cense du *Thrésor*, 1675 (arch. comm. de Ribemont).

TRÉSORERIE (LA), fief, cⁿᵉ de Ressons-le-Long, au nord du village.

TRÉVILLE, h. cⁿᵉ de Latilly. — Le domaine de Tréville appartenait à l'abb. de Saint-Jean-des-Vignes de Soissons.

TRIANGE, f. cⁿᵉ de la Croix. — *Trianges*, 1509 (Bibl. imp. suppl. fr. ms. 1195).

TRIANGLE, h. cⁿᵉ d'Essommes. — *Triangles*, 1217 (suppl. de D. Grenier, 293, Bibl. imp.). — *Triangulum*, 1257 (arch. de l'Emp. L 1001).

Le domaine de Triangle appartenait à l'abbaye d'Essommes.

TRIANON, m⁰ⁿ isolée, cⁿᵉ de Cherêt.

TRIBUNAL (LE), h. cⁿᵉ de Pierrepont.

TRINITÉ (LA), f. cⁿᵉ de Nesles. — *Campus Meibout*, 1224; *Chemmeinbout*, 1240 (ch. de l'abb. d'Essommes). — *Chamainbout*, 1248 (arch. du chap. cath. de Soissons, f⁰ˢ 190 et 191). — *Sainte-Trinité-de-Chemibault*, 1569 (tit. de l'Hôtel-Dieu de Château-Thierry). — *Chamainbourg*, 1573 (pouillé du dioc. de Soissons, f° 27).

Vassale d'Épaux.

TRISTRAN, fief, cⁿᵉ de Bucy-lez-Pierrepont. — Vassal de Pierrepont.

TRISTRE-DE-PINON, bois, cⁿᵉ de Pinon. — Nemus del *Tristre-de-Pinum*, 1207 (ch. de l'abb. de Prémontré).

N'est plus connu sous ce nom.

TRIVAL, m⁰ⁿ isolée, cⁿᵉ de Vendières.

TROËSNES, cⁿᵉ de Neuilly-Saint-Front. — *Troyna*, 1110; *Troisna*, 1161; *Troina*, 1195; *Troigna*, 1216; *Troigne*, 1219 (cart. de l'abb. de Saint-Jean-des-Vignes, Bibl. imp.). — *Troyne*, 1265 (cart. de la même abb. f° 197, bibl. de Soissons). — *Troine*, 1610; *Trpisne*, 1619 (tit. de la chartreuse de Bourgfontaine). — *Trouayne*, 1689; *Trouenno*, 1757 (arch. comm. de Dammard). — *Trouaine* (carte de Cassini).

La seigneurie appartenait à la chartreuse de Bourgfontaine.

TROIS-SAUVAGES (LES), h. cⁿᵉ de Gricourt.

TRONQUOY, fief, cⁿᵉˢ de Beautor et de la Fère. — Vassal de la Fère.

TRONQUOY, h. cⁿᵉ de Lesdins. — *Troncoi*, 1163 (Colliette, *Mém. du Vermandois*, t. II, p. 341). — *Troncoit*, 1168 (cart. de l'abb. d'Homblières, p. 3). — *Troncoi*, 1288 (ch. de l'Hôtel-Dieu de Saint-Quentin). — Molendinum de *Tronkoy*, 1295 (cart. rouge, f° 42, arch. de Saint-Quentin).

La baronnie appartenait à l'abb. de Longpont et relevait de Thorigny.

TRONQUOY, bois, cⁿᵉ de Pinon.

TROPINS (LES), h. cⁿᵉ de Fontenelle. — *Les Tropins Jacquarts* (carte de Cassini).

TROSLY-LOIRE, cⁿ de Coucy-le-Château. — *Trosliacus*, 858 (cart. de l'abb. de Notre-Dame de Soissons, f° 33). — *Throlli*, 1132 (ch. du musée de Soissons). — *Trolli*, 1145 (Chron. de Nogento, 429). — *Troisli*, 1188 (cart. de l'abb. de Prémontré, f° 11, bibl. de Soissons). — *Trosli*, 1235 (suppl. de D. Grenier, 287, Bibl. imp.). — *Troili*, 1255 (cart. du chap. cath. de Soissons). — Territorium de *Trolliaco*, 1257; mons de *Troisli*, 1260; *Troli*, 1264; *Troli-juxtà-Guni*, 1267 (ch. de l'abb. de Prémontré). — *Troly*, 1368 (arch. de l'Emp. Tr. des ch. reg. 99, n° 424). — *Trolly-lez-Coucy*, 1407 (ibid. p. 5). — *Saint-Pierre-de-Troly*, 1721 (tit. du prieuré de Saint-Paul-aux-Bois). — *Trosly-aux-Bois*, 1763 (arch. comm. de Trosly-Loire).

Relevait de Coucy-le-Château. — La vicomté en a été distraite en 1756.

TROU-CARRIÈRE (LE), h. cⁿᵉ de Servais.

TROU-CATTEAU (LE), h. cⁿᵉ de Suzy. — *Trou-Catteau* (carte de Cassini).

TROU-DES-LEUPS (LE), h. cⁿᵉ de Leuilly. — *Trou-de-Leu* (carte de Cassini).

35.

Trou-du-Diable (Le), h. c⁻ᵉ de Besmont. — *Troup-le-Diable*, 1612 (terr. de Besmont). — *Trou-le-Diable*, 1734; *Trou-Diable*, 1738 (baill. d'Aubenton, reg. des offices, B 2505, B 2508).

Trou-Foency (Le), h. c⁻ᵉ de Suzy.

Trou-Maître-Eudon, bois, c⁻ᵉ de Sinceny. — Connu actuellement sous le nom de *Trou-Maître-Ourdou*.

Trou-Pissot (Le), m⁻ⁿ isolée, c⁻ᵉ de Coucy-la-Ville.

Troyant, f. c⁻ᵉ de Vincy-Reuil-et-Magny; auj. détruite. — *Le Trauwiart-les-Montcornet-en-Thiéraisse*, 1384 (arch. de l'Emp. P. 135; transcrits de Vermandois). — *Troya* (carte de Cassini).

C'était jadis un domaine de l'abbaye de Saint-Prix de Saint-Quentin, laquelle y avait établi un prieuré.

Troyon, h. c⁻ᵉ de Vendresse-et-Troyon. — *Troion*, 1136 (mém. man. de l'Elcu, t. I, f° 353). — *Troiun*, 1164 (ch. de l'Hôtel-Dieu de Laon, B 65). — *Troyon-en-Laonnois*, 1675 (état civil de Troyon, trib. de Laon). — *Troions*, 1698 (arch. comm. de Cerny-en-Laonnois).

La seigneurie appartenait à l'abbaye de Saint-Jean de Laon. — Troyon a été uni à Vendresse par décret du 30 août 1804.

Trucy, c⁻ᵉ de Craonne. — *Troissi*, 1132 (cart. de l'abb. de Prémontré, f° 18, bibl. de Soissons). — *Trusscium*, 1136 (mém. man. de l'Elcu, t. I, p. 353). — *Trussi*, 1150 (cart. de l'abb. de Vauclerc, f° 13). — *Troussi*, 1165 (cart. de l'abb. de Saint-Martin, t. II, p. 169). — *Troussiacum*, 1174; *Trossi*, 1196 (gr. cart. de l'év. de Laon, ch. 2 et 8). — *Troisi*, 1223 (arch. de l'Emp. L 997). — *Troci-juxtà-Crandelein*, 1226; *Trouissy*, 1232; *Trouissiacum*, 1245 (ch. de l'abb. de Saint-Jean de Laon). — *Troussy*, *Trouissi*, 1247 (cart. de l'abb. de Vauclerc, f° 51). — *Trussiacum*, *Truissy*, 1258 (ch. de l'abb. de Saint-Jean de Laon). — *Trousi*, 1259 (suppl. de D. Grenier, 286, Bibl. imp.). — *Troussiacum*, 1266; *Trouey*, 1358 (ch. de l'Hôtel-Dieu de Laon, B 58). — *Trouyssy*, 1440 (ibid. E 18). — *Trouissy-en-Laonnois*, 1461 (ch. de l'abb. de Saint-Jean de Laon). — *Trussy*, 1493 (comptes de l'Hôtel-Dieu de Laon, E 25). — *Sainte-Trinité-de-Trucy*, 1675 (état civil de Trucy, trib. de Laon).

Dépendance de la commune érigée à Crandelain en 1196. — La seigneurie était possédée par l'abbaye de Saint-Jean de Laon.

Trugny, h. c⁻ᵉ de Bruyères. — *Trugny-les-Vaulpien*, *Trusgny*, *Treugny*, 1607 (arch. comm. de Brécy).

Ce hameau, vassal d'Oulchy-le-Château, dépendait en partie de la seigneurie de Cramaille.

Trugny, h. c⁻ᵉ d'Épieds. — *Trugny-sur-Ourcq*, 1378 (arch. de l'Emp. P. 136). — *Truigny*, 1419; *Trugny*, 1556; *Treugny*, 1583 (tit. de l'Hôtel-Dieu de Château-Thierry).

Tuby, territ. c⁻ᵉ d'Housset. — *Teubie*, 1123; *Tubies*, xii⁻ᵉ siècle; *Tyubies*, 1138 (cart. de l'abb. de Saint-Michel, 20, 21, 237). — In parrochia que Sanctis nuncupatur in confinio Tubiensis territorii; territorium de Tybiis, 1139; territorium de Tibiis, 1144 (cart. de l'abb. de Thenailles, f°⁵ 5, 15, 34). — *Tiubies*, 1169 (cart. de l'abb. de Saint-Michel, p. 239). — *Tibies*, xii⁻ᵉ siècle (cart. de l'abb. de Foigny, f° 13). — *Tybies*, xii⁻ᵉ siècle; territorium de *Tiebis*, 1214 (ibid. f°⁵ 86, 192). — *Tybiis*, xiii⁻ᵉ siècle (cart. de l'abb. de Thenailles, f° 109).

Ce territoire était situé entre le chemin d'Housset à Landifay et la route de Marle à Valenciennes. — On remarque encore à Housset un lieu dit *le Bosquet de Tuby* et à Sains un autre lieu dit *l'Épine à Tuby*. Cette épine a été arrachée, en 1843, lors de la construction de la route départementale n° 7, de Vervins à la Fère.

Tuerie (La), petit h. c⁻ᵉ de la Bouteille. — Doit son nom à un double assassinat commis, le 11 novembre 1808, par un soldat déserteur.

Tueries (Les) ou les Thuries, h. c⁻ᵉ de Vauxaillon. — *Thury* (carte de Cassini).

Tugny-et-Pont, c⁻ᵉ de Saint-Simon. — *Tuigni*, 1171 (coll. de D. Grenier, 16ᵉ paquet, n° 20). — Parrochia de Tugni, 1171; *Tugnis*, 1197 (cart. de l'abb. de Fervaques, p. 191 et 195). — *Tungni*, 1197 (coll. de D. Grenier, 16ᵉ paquet, n° 2). — *Tugniacum*, 1224 (cart. de l'abb. de Fervaques, p. 185). — *Tuniacum*, 1288 (Actes du parlement de Paris, par Boutaric, p. 260). — *Thugni*, 1335 (ch. de l'Hôtel-Dieu de Saint-Quentin). — *Thugny*, 1495 (ch. du chap. de Saint-Quentin).

La châtellenie appartenait au chapitre de Saint-Quentin. — La coutrerie du même chapitre possédait une ferme à Tugny.

Tuilerie (La), f. c⁻ᵉ de Chartèves. — *Thuillerye*, 1636; *Thuellerie*, 1655 (tit. de l'abb. de Val-Secret). — *La Thieullerie*, 1744 (insin. du baill. de Château-Thierry). — *Thieutterie* (carte de Cassini).

La ferme de la Tuilerie appartenait à l'abb. de Val-Secret.

Tuilerie (La), f. c⁻ᵉ de Chavignon. — Contiguë au hameau de la Bondelette.

Tuilerie (La) ou la Baudainerie, f. c⁻ᵉ de Chézy-l'Abbaye.

Tuilerie (La), h. c⁻ᵉ d'Ailles, Chéry-Chartreuve, Corcy, Mont-Notre-Dame, Quincy-sous-le-Mont,

Taillefontaine, Trosly-Loire, Vieil-Arcy, Vieils-Maisons, Villers-sur-Fère, Viry-Noureuil.

Tuilerie (La), m⁰⁰ isolée, c⁰⁰ d'Artonges, Billy-sur-Aisne, Champs, Coucy-lez-Eppes, Courcelles, Cuiry-Housse, Épieds, Étampes, Jouaignes, Latilly, Limé, Mesnil-Saint-Laurent, Moulins, Pargny-Filain, Saint-Eugène, Ville-aux-Bois-lez-Pontavert, Villers-Hélon.

Tuilerie (La), m⁰⁰ isolée, c⁰⁰ de Crécy-au-Mont. – Détruite vers 1700.

Tuilerie-Baron (La), m⁰⁰ isolée, c⁰⁰ de Prouvais.

Tuilerie-Beuvelet (La), m⁰⁰ isolée, c⁰⁰ de Prouvais.

Tuilerie-de-Marigny (La), m⁰⁰ isolée, c⁰⁰ de Marigny-en-Orxois.

Tuilerie-d'en-Haut (La), petit h. c⁰⁰ de Chassemy.

Tuilerie-des-Plâtriers (La), m⁰⁰ isolée, c⁰⁰ de Marigny-en-Orxois.

Tuilerie-de-Triangle (La), h. c⁰⁰ d'Essommes. — Anc. domaine de l'abb. d'Essommes.

Tuilerie-Neuve (La), m⁰⁰ isolée, c⁰⁰ de Prouvais.

Tuilerie-Plongeron (La), petit h. c⁰⁰ de Coucy-lez-Eppes.

Tuileries (Les), h. c⁰⁰ de Corbèny et de Quincy-sous-le-Mont.

Tuilerie-Saint-Paul, petit h. c⁰⁰ de Chéry-Chartreuve.

Tuilettes (Les), h. c⁰⁰ de Rozet-Saint-Albin.

Tuillière (La), petit ruisseau qui prend sa source à Blérancourt et s'y jette dans celui des Feuillants. — Il n'alimente aucune usine. — Son parcours est de 1,450 mètres.

Tupigny, c⁰⁰ de Wassigny. — *Tupegies*, 1145; *Tuvegies*, 1169 (cart. de l'abb. de Saint-Michel, p. 28, 39). — *Tuppigni*, 1148 (cart. de l'abb. de Saint-Martin de Laon, t. II, p. 281). — *Tupegny*, 1155 (cart. AΛ de l'abb. de Saint-Quentin-en-l'Île, p. 63). — *Tupigni*, 1256 (ch. de l'abb. de Saint-André du Câteau-Cambrésis, arch. du Nord). — *Tupegni*, 1270; *Tupeigny*, 1312 (arch. de l'Emp. L 992). — *Tupigniacum*, xiv° siècle (cart. E du chap. cath. de Reims, f° 139). — *Thupigny*, 1446 (arch. de l'Emp. J 801, n° 7). — *Thuppigny*, 1568 (acquits. arch. de la ville de Laon). — *Tuppigny*, 1609 (famille Mennechot).

Prieuré de Sainte-Croix, de la dépendance de celui de Coincy. — Comté vassal de Guise.

Tupigny, fief, c⁰⁰ de Prémont.

Turgennes, bois, c⁰⁰ de Rozoy-le-Grand-et-Courdoux. — Appartenait autrefois à la commanderie de Maupas.

Turpin, fief, c⁰⁰ de Vaux-Andigny. — Vassal de Guise.

U

Ugny, bois, c⁰⁰ de Beauvois.

Ugny-le-Gay, c⁰⁰ de Chauny. — *Wingnies*, 1268; *Wuignies*, 1270; *Wignies*, 1289; *Wignies-le-Gay*, 1510; *Ugnyes-le-Gay*, 1535 (ch. et tit. du chap. cath. de Noyon). — *Wgnies*, 1569; *Ugnyes*, 1571 (tit. de l'abb. de Genlis). — *Ugnis-le-Gay*, 1617 (baill. de la Fère, B 699). — *Ugni-le-Gai*, 1628 (insin. du baill. de Vermandois). — *Ugnies-le-Gay*, 1635; *Ugnye-le-Gaye*, 1641 (tit. de l'abb. de Genlis). — *Ugny-le-Gaye*, 1651 (arch. comm. d'Ugny-le-Gay). — *Ugnie-le-Gay*, 1684 (arch. comm. de Béthancourt-en-Vaux). — *Ugny-le-Guay*, 1694 (baill. de Ribemont, B 441).

Les justices seigneuriales de Guyencourt, de la Neuville-en-Beine, du Plessis-Godin, de Vauguyon et de Campigny ont été unies à celle d'Ugny-le-Gay par lettres patentes de mars 1779 enregistrées au parlement le 7 janvier suivant.

Urcel, c⁰⁰ d'Anizy-le-Château. — *Ursel, Urser*, 973 (dipl. de l'abb. de Saint-Vincent). — *Ursellum*, 1131 (cart. de l'abb. de Saint-Martin de Laon, f° 37, bibl. de Laon). — *Urceals*, 1165 (ibid. f° 15). —

Urcellum, 1225 (cart. de l'év. de Laon, ch. 141). — *Urcel-in-Laudunesio*, xiii° s° (cart. de l'abb. de Thenailles, f° 97). — *Ursel*, 1412 (comptes de l'Hôtel-Dieu de Laon, E 8). — *Urcelles*, 1644 (tit. de l'Hôtel-Dieu de Crécy-sur-Serre, BB 1). — *Ucel*, 1653 (tit. de l'abb. de Saint-Vincent de Laon).

Vicomté vassal de l'évêché de Laon. — Urcel ressortissait, pour la justice, à la prévôté de Chevregny et au baill. du duché de Laonnois.

Unsins (Les), fief, c⁰⁰ de Lesges. — Vassal de Soissons.

Urvillers, c⁰⁰ de Moy. — *Urbvillaris*, 1094 (cart. de l'abb. d'Homblières, p. 33). — *Urvilerie*, 1124 (cart. du chap. cath. de Noyon, f° 122). — Altare de *Urvillari*, 1125; villa que dicitur *Ursvillare*, 1140 (cart. de l'abb. d'Homblières, p. 6 et 72). — *Urvileir*, 1147 (ch. de l'abb. de Prémontré). — *Urviler*, 1170 (cart. du chap. cath. de Noyon, arch. de l'Oise). — Parrochiatus de Chirisiaco et de *Urvilari*, 1252 (arch. de l'Emp. L 998). — Tombelle de *Urvileir*, 1256 (ch. de l'abb. du Sauvoir). — *Urviller*, 1262 (cart. de l'abb. d'Homblières, p. 74). — *Eurvilier*, 1316 (Livre rouge, f° 18, arch. de la ville de Saint-Quentin). — *Ervillers*, 1454 (ch. de l'Hôtel-Dieu de Saint-Quentin). — *Urvilers*, 1647 (arch. comm. d'Urvillers). — *Urvillés*, 1696 (arch. comm. de Ly-Fontaine). — *Ervillé*, 1709 (intend. de Soissons, C 274). — *Urvilliés* (carte de Cassini).

Usages (Les), h. c^{ne} de Papleux.

Usages (Les), bois, c^{ne} de Chézy-en-Orxois. — Ce bois contenait 100 arpents (d'Expilly, *Dict. géogr.* t. II, col. 720).

Usages (Les), f. c^{ne} de Wimy. — Construite en 1843.

Usine-de-Chailvet, petit hameau, c^{ne} de Royaucourt-et-Chailvet.

V

Vache-Noire (La), m^{on} isolée, c^{ne} de Montigny-Lengrain.

Vache-Noire (La), petit h. c^{ne} de Ressons-le-Long.

Vacherie ou Vauchène, bois, c^{ne} de Coulonges. — Anc. domaine du prieuré de Saint-Thibaut de Bazoches.

Vacherie (La), petite ferme, c^{ne} de Longpont; auj. détruite. — Cette ferme était située dans l'intérieur du village et appartenait à l'abb. de Longpont.

Vacquerie, fief, c^{ne} d'Erlon. — Vassal du comté de Marle.

Vadencourt, petit h. c^{ne} de Maissemy. — *Windicurtis*, 1145; *Vaudencurt*, 1168 (cart. de l'abb. d'Homblières, p. 2 et 8). — *Wadencourt*, 1453 (ch. de l'Hôtel-Dieu de Saint-Quentin). — *Waudencourt*, 1600 (insin. du baill. de Saint-Quentin). — *Vuadancourt* (carte de Cassini). — *Vadancourt-sur-Aumignon*, 1772 (pouillé du diocèse de Noyon, par Colliette, p. 203).

Vadencourt-et-Bohéries, c^{on} de Guise. — *Audoncurtis*, 1083 (suppl. de D. Grenier, 287, Bibl. imp.). — *Waldencort*, 1132 (cart. de l'abb. de Saint-Martin, t. III, p. 122). — *Waldecurtis*, *Waldencurtis*, 1137 (ch. de l'abb. de Saint-Martin). — *Waudencort*, 1201 (arch. de l'Emp. L 992). — *Waudencort*, 1220 (*ibid*. L 998). — *Wadencort*, 1243 (cart. de l'abb. de Saint-Médard, Bibl. imp.). — *Vaudencourt*, 1266 (ch. de l'abb. de Maroilles, 351, arch. du Nord). — *Wadencourt*, 1431 (comptes de l'Hôtel-Dieu de Laon, B 16). — *Vuadencourt*, 1572 (arch. de la ville de Guise). — *Vadancour*, 1692 (baill. de Ribemont, B 250). — *Vadancourt*, 1710 (intend. de Soissons, C 274).

Autrefois vicomté relevant de Guise.

Vacisson, f. c^{ne} de Dravegny; auj. détruite. — *Wagison*, 1632 (tit. de l'abb. d'Igny, arch. de la Marne).

Vailly, arrond. de Soissons. — *Vasliacus*, in pago Suessonico, 857; *Vaeslei*, 864 (dipl. de Charles le Chauve, Hist. de France, t. VIII, p. 550 E et 594 E). — *Veisli*, 1138; *Vesliacum*, 1143 (cart. de l'abb. de Saint-Yved de Braine, arch. de l'Empire). — *Vesli*, 1143 (cart. de l'abb. de Saint-Crépin-le-Grand de Soissons, p. 3). — *Vailliacum*, 1145; *Valli*, 1147; *Vaisli*, 1154 (cart. de l'abb. de Saint-Yved de Braine, arch. de l'Emp.). — *Velli communia*, 1177 (ex chronico-anonymi canonici Laudunensis, Hist. de France, t. XIII, p. 682 B). — Villa de *Valli*, 1184; *Vaellium*, XIIIe siècle (abb. de Vaucelles, arch. du Nord). — *Vaisly*, 1185 (cart. de Philippe Auguste, f° 42, Bibl. imp.). — *Vesliacus*, XIIe siècle (Guillelmus Armoricus, *De gestis Philippi Augusti*). — *Walli*, 1213 (cart. de l'abb. d'Ourscamp, f° 49). — *Velliacum*, 1229 (cart. de Saint-Crépin-le-Grand de Soissons, f° 541). — *Vaili*, 1240 (suppl. de D. Grenier, 295, Bibl. imp.). — *Vaisliacus*, 1247 (cart. noir de Corbie, f° 219, Bibl. imp.). — *Vesly*, 1276 (cab. des chartes, CC 232, Bibl. imp.). — *Vailli*, 1287 (coll. de D. Grenier, 24e paquet, n° 10). — Villa *Velliaci*, 1291 (cart. du chap. de Saint-Quentin, f° 100, Bibl. imp.). — Villa *Vaylyaci*, 1310 (cart. noir de Corbie, f° 35, Bibl. imp.). — *Vaely*, 1319 (cart. de l'abb. d'Igny, f° 174). — *Vailli-sur-Ayne*, 1345 (arch. de l'Emp. Tr. des ch. reg. 75, n° 496). — *Veely*, 1353 (cart. de l'abb. de Notre-Dame de Soissons, f° 68). — *Velly*, 1392 (Manuel des dépenses de l'Hôtel-Dieu de Soissons, 323). — *Wailly*, 1554 (insin. du baill. de Vermandois). — *Vesly-sur-Axne*, 1594 (arch. de l'Emp. O 20 200). — *Vely*, 1652 (Gazette de France).

Vailly était chef-lieu de prévôté, vicomté, doyenné rural, subdélégation et grenier à sel.

La prévôté était composée de Vailly, Aizy, Chavonne, Filain, Jouy et Pargny-Filain. Elle a été cédée, en 1379, par le roi Charles V à l'archev. de Reims (layette 34, liasse 16, ville de Reims).

Le doyenné rural, qui dépendait de l'archidiaconé de Soissons, comptait vingt-deux cures : Aizy, Braine, Celles-sur-Aisne, Chassemy, Chavignon, Chavonne, Condé-sur-Aisne, Cys-la-Commune, Dhuizel, Filain, Jouy, Laffaux, Nanteuil-la-Fosse, Ostel, Pargny, Pinon, Pontarcy, Presles-la-Commune, Saint-Mard, Soncy, Vailly et Vaudesson.

La subdélégation comprenait le canton de Braine, moins Acy, Augy, Bruys, Chéry-Chartreuve, Ciry-Salsogne, Courcelles, Couvrelles, Glennes, Lesges, Lhuys, Mont-Notre-Dame, Mont-Saint-Martin, Paars, Quincy-sous-le-Mont, Révillon, Saint-Thibaut, Serches, Sermoise, Vasseny, Villers-en-Prayères et Villesavoye, et en outre Vailly, Aizy, Celles-sur-Aisne, Chavonne, Chivres, Condé-sur-Aisne, Filain, Jouy, Ostel, Pargny-Filain, Pontarcy et Vézilly.

Le grenier à sel avait pour limites intérieures celles des territoires suivants : Chevregny, Monampteuil, Filain, Chavignon, Vaudesson, Pinon, Laffaux, Nanteuil-la-Fosse, Missy-sur-Aisne, Sermoise, Ciry-Salsogne, Vasseny, Couvrelles, Lesges, Cuiry-Housse, Jouaignes, Lhuys, Bruys, Mareuil-en-Dôle, Cohan, Coulonges, Dravegny, Villesavoye, Mont-Saint-Martin, Saint-Gilles, Fismes, Blanzy-lez-Fismes, Merval, Révillon, Villers-en-Prayères, Bourg-et-Comin, Cuissy-et-Geny, Jumigny, Moulins, Paissy, Vendresse-et-Troyon, Cerny-en-Laonnois et Malva.

Vailly fut, en 1790, chef-lieu d'un canton dépendant du district de Soissons et composé des c⁰⁰ˢ de Vailly, Aizy, Allemant, Celles-sur-Aisne, Chavignon, Chavonne, Condé-sur-Aisne, Cys-la-Commune, Filain, Jouy, Nanteuil-la-Fosse, Ostel, Pargny-Filain, Pontarcy, Presles-la-Commune, Saint-Mard, Sancy, Soupir, Vaudesson et Vieil-Arcy.

Les armes de cette ville sont : *d'azur à la lettre V capitale d'or, surmontée d'une fleur de lys de même.*

VAILLY, h. cⁿᵉ de Chézy-en-Orxois.

VAL (LE), h. cⁿᵉ de Leschelle. — Allodium de *Vallejuxtà-Cellam*, 1132 (cart. de l'abb. de Saint-Martin de Laon, f° 54 v°, bibl. de Laon). — *Laval-juxtà-Cellam*, 1265 (ibid. f° 26, ibid.). — *Levalle*, 1654 (min. de Destrimont, not.). — *Levale*, 1715 (baill. d'Iron).

Le Val relevait de la baronnie d'Iron.

VAL (LE), f. cⁿᵉ de Nogent-l'Artaud. — *Leva* (carte de Cassini).

VAL (LE), petit h. cⁿᵉ de Vendières.

VAL (LE), mⁿ isolée, cⁿᵉ de Villemontoire.

VALAVERGNY, h. cⁿᵉ de Merlieux. — *Vallavrini*, 1132 (cart. de l'abb. de Prémontré, f° 18, bibl. de Soissons). — *Vallarveni*, 1153 (cart. de l'abb. de Vauclerc, f° 17). — *Vallaverni*, 1158 (ch. du musée de Soissons). — *Valaverni, Valaverniacum*, 1163 (ch. de l'abb. de Saint-Martin de Laon). — *Valavrigni*, xiiⁱᵉ s⁰ (cart. de l'abb. de Prémontré, bibl. de Soissons). — *Valavergni*, 1218; *Valauvergni*, 1219; *Vallavrigni*, 1223; *Vallavergni*, 1223 (gr.

cart. de l'év. de Laon, ch. 48, 54, 272, 59). — *Vallavregni*, 1265 (ch. de l'abb. de Saint-Vincent de Laon). — *Wallaeregny*, 1412; *Walavergny*, 1420 (comptes de l'Hôtel-Dieu de Laon, E 8, E 20). — *Vallavergny*, 1554 (insinuat. du baill. de Vermandois).

Fief vassal du comté d'Anizy; il appartenait au prévôt du Laonnois, qui résidait à Valavergny.

VALBON, village détruit, cⁿᵉ de Vorges. — *Valebon*, 1130 (ch. de la bibl. de Laon). — *Vallis-Bona*, 1137 (cart. de l'abbaye de Saint-Martin, t. III, p. 274). — *Valebon*, 1168 (ch. de l'abb. de Saint-Vincent de Laon). — *Vallebum*, 1186 (cart. de Philippe Auguste, f° 30). — *Vallebon*, 1186 (grand cart. de l'év. de Laon, ch. 7). — *Valles Bone*, 1208 (cart. de l'abb. de Saint-Martin, f° 156, bibl. de Laon). — *Saint-Piere-en-Vallebon*, 1671 (arch. de la ville de Bruyères).

Anc. dépendance de la cⁿᵉ de Bruyères.

VAL-CHRÉTIEN (LE), cⁿᵉ de Bruyères. — *Vallis-Christiana*, 1176 (cart. de l'abb. de Saint-Yved de Braine, arch. de l'Emp.). — *Vaucrestien*, 1317 (mêmes archives, L 1005). — *Vauxcrestien*, 1384 (ibid. P 136). — *Vauxeristien*, 1384 (cart. de l'abb. de Notre-Dame de Soissons, f° 41). — *Valcrestien*, 1442 (comptes de l'Hôtel-Dieu de Soissons, f° 16). — *Vaulxcrestion*, 1449 (ibid. f° 72). — *Vauchretien*, 1463 (ibid. f° 11). — *Vaulcrestien*, 1608 (coll. de M. de Vertus).

Abbaye de l'ordre de Prémontré fondée en 1130, au lieu dit *Reincourt*, où se trouvaient déjà des habitations.

VAL-DAVID (LE), fief, cⁿᵉ de Mortefontaine. — Appartenait au chap. cath. de Soissons.

VALÉCOURT, f. cⁿᵉ de Chevresis-Monceau. — Alodia de *Valescurt*, 1142 (suppl. de D. Grenier, 290, Bibl. imp.). — *Walescor*, 1153 (cart. de l'abb. de Saint-Martin, t. III, p. 511). — Curtis de *Walescourt*, 1158 (cart. de l'abb. de Prémontré, f° 18, bibl. de Soissons). — Allodium de *Walescurt*, 1164 (suppl. de D. Grenier, 290, Bibl. imp.). — *Walescot*, 1173 (cart. de l'abb. de Saint-Martin de Laon, f° 141, bibl. de Laon). — Curtis de *Waliscort*, 1222 (ch. de l'abb. de Prémontré). — *Walescours*, 1277 (arch. de l'Emp. L 995). — Curtis ecclesie Premonstratensis que dicitur *Walescors*, 1290 (cart. de l'abb. de Foigny, f° 89, Bibl. imp.). — *Vallescourt*, 1460 (arch. de l'Emp. Q, carton 7). — *Vallecourt*, 1670 (tit. de l'abb. de Prémontré). — *Valescourt*, 1710 (intend. de Soissons, C 320).

Les fermes de Valécourt appartenaient à l'abb. de Prémontré.

VALERESSE, m⁽ⁿ⁾ isolée, c⁽ᵉ⁾ de Gronard.

VALIGNY, m⁽ᵒⁿ⁾ isolée, c⁽ᵉ⁾ de Coyolles.

VALLACAURE (LE HAUT et LE BAS), hameaux, c⁽ᵉ⁾ d'Aubenton. — *Val-de-la-Caure*, 1612 (terr. d'Aubenton). — *Val-de-la-Corve*, 1644 (min. de Nicolas Roland, notaire); — *Val-la-Caure-de-Hault*, 1721; *Val-de-la-Caure-d'en-Bas*, 1742 (min. de Thouille, notaire). — *Val-de-la-Caure-de-la-Yaut*, 1751 (baill. d'Aubenton, B 2508).

VALLAINE, bois, c⁽ᵉ⁾ de Cilly; défriché en 1849.

VALLÉE, m⁽ᵒⁿ⁾ isolée, c⁽ᵉ⁾ de Mortefontaine.

VALLÉE (LA) ou LA VALLÉE-GUERBETTE, h. c⁽ᵉ⁾ d'Allemant.

VALLÉE (LA), h. c⁽ⁿᵉ⁾ de Beugneux. — *Walez*, 1450 (comptes de l'Hôtel-Dieu de Soissons, f° 145). — *Walerz*, 1480 (ibid. f° 53). — *Wallé*, 1544 (ibid. f° 30).

VALLÉE (LA), h. c⁽ⁿᵉ⁾ de Crécy-au-Mont. — *Les Vallées* (carte de Cassini).

VALLÉE (LA), h. c⁽ⁿᵉ⁾ d'Haramont.

VALLÉE (LA), h. c⁽ⁿᵉ⁾ de Montigny-Lengrain. — *La Valée*, 1255 (cart. du chap. cath. de Soissons, f° 51). — *Les Vallées* (carte de Cassini).

Seigneurie vassale de Pierrefonds.

VALLÉE (LA), h. c⁽ⁿᵉ⁾ de Villemontoire.

VALLÉE-ANSEAU (LA), f⁽ᵗ⁾, c⁽ⁿᵉ⁾ de Martigny-en-Thiérache. — De construction récente.

VALLÉE-AU-BLÉ (LA), c⁽ⁿᵉ⁾ de Vervins. — *Vallée-le-Bled*, 1573 (terr. de Voulpaix). — *Valée-au-Bled*, 1628 (coll. de M. Édouard Piette).

Seigneurie vassale de Marle. — Commune érigée par ordonnance royale du 15 juillet 1829 et composée de parties des territoires de Haution, de Lemé et de Voulpaix.

VALLÉE-AUX-BOIS (LA), f. c⁽ⁿᵉ⁾ de Fontaine-Notre-Dame. — Construite vers 1844.

VALLÉE-BRIOLET (LA), petit h. c⁽ⁿᵉ⁾ du Sart. — *Vallée-Briolée*, 1736 (baill. de Ribemont, B 91).

VALLÉE-D'AILLEVAL (LA), petit h. c⁽ⁿᵉ⁾ de Vauxaillon.

VALLÉE-DE-MISSY, h. c⁽ⁿᵉ⁾ de Missy-aux-Bois.

VALLÉE-DE-NADON ou VALLÉE-DU-GROS-CHÊNE, h. c⁽ⁿᵉ⁾ de Louâtre.

VALLÉE-DES-BARGES (LA), h. c⁽ⁿᵉ⁾ de Fresne.

VALLÉE-FORTIER (LA), maison isolée, c⁽ⁿᵉ⁾ de Silly-la-Poterie.

VALLÉE-FOULON (LA), h. c⁽ⁿᵉ⁾ de Vauclerc-et-la-Vallée-Foulon. — *Altare de Luy*, 1145; *in valle de Lui*, 1146 (cart. de l'abb. de Vauclerc, f°⁸ 8 et 45). — *Valdeville*, 1190; *Vaudelui*, 1272 (arch. de l'Emp. l. 996). — *Vaudeluy*, 1316 (suppl. de D. Grenier, 292, pièce 64). — *Molin-Foulon*, 1383 (arch. de l'Emp. P 136; transcrits de Vermandois). — *Vaudeluye*, 1411 (arch. de l'Emp. J 801, n° 4). — *Vallée-Foullon*, 1574 (min. de Macquelin, notaire à Roucy, cab. de M. d'Imécourt).

Ce hameau doit son nom à un moulin à façonner le drap (arch. de l'Emp. P 136). — Cassini donne le nom de *Vaudelus* à la partie de ce hameau contiguë au territoire d'Oulches.

VALLÉE-GUYOT (LA), h. c⁽ⁿᵉ⁾ de Bohain.

VALLÉE-HASART (LA), h. c⁽ⁿᵉ⁾ de Bohain.

VALLÉE-MARIOLETTE (LA), f. c⁽ⁿᵉ⁾ de Montcornet; auj. détruite.

VALLÉE-MULATTE (LA), c⁽ⁿᵉ⁾ de Vassigny. — La seigneurie relevait de Guise.

La Vallée-Mulatte, distraite de Saint-Martin-Rivière, a été érigée en commune par ordonnance du 27 février 1834.

VALLÉE-PACOGNE (LA), fief, c⁽ⁿᵉ⁾ de Landifay-et-Bertaignemont. — Vassal de Landifay.

VALLÉES (LES), f. c⁽ⁿᵉ⁾ de Boncourt.

VALLÉES (LES), f. c⁽ⁿᵉ⁾ d'Épaux-Bézu.

VALLÉES (LES), h. c⁽ⁿᵉ⁾ de Saint-Michel.

VALLÉE-SAINT-PIERRE (LA), petit h. c⁽ⁿᵉ⁾ de Vorges.

VALLEGRANGE, fief, c⁽ⁿᵉ⁾ de la Ferté-Chevresis. — Vassal de la Ferté-sur-Péron.

VALLERY, h. c⁽ⁿᵉ⁾ de Vieils-Maisons. — Ancien fief.

VALLONS (LES), h. c⁽ⁿᵉ⁾ de Chavignon. — *Les Valons* (carte de Cassini).

VALNOIS (LES), h. c⁽ⁿᵉ⁾ de Brenelle.

VALOIS, petite province dont on ne connaît pas exactement l'étendue dans les diocèses de Soissons, de Meaux et de Senlis. — Le ru de Parmailles la séparait du Soissonnais; elle était limitée au nord par le Noyonnais et le Santerre, au nord-ouest et à l'ouest par le Beauvaisis, au sud par une partie de l'Île-de-France et du Multien et à l'est par le Soissonnais. — Ancien comté. — *Pagus Vadensis*, 795 (Flodoard, Hist. eccl. Remensis, lib. II, cap. 18). — *Vadisus*, 853 (Baluze, *Capitularia Caroli calvi*). — *Vadensis Comitatus*, 1047 (Duchesne, Script. Franc. t. IV). — *Valesium*, XII° s° (Gislebertus Montensis Hannoniæ chron. Hist. de France, t. XIII, p. 566 E). — *Walesia*, 1276 (Olim, t. II, p. 78). — *Vallois*, 1325 (arch. de l'Emp. L 1005). — *Valesie Comitatus*, 1352 (Tr. des ch. reg. 81, n° 359). — Comté de *Valois*, 1399 (reg. A du parlement de Paris, f° 153). — *Valois*, 1508 (comptes de l'Hôtel-Dieu de Soissons, f° 30). — *Vallois*, 1540 (ibid. f° 17). — Duché de *Valloys*, 1561 (arch. de l'Emp. Q 5).

Le comté a été érigé en duché en 1406.

VALORET, m⁽ᵒⁿ⁾ isolée, c⁽ⁿᵉ⁾ de Coucy-la-Ville; auj. détruite.

VALPRIEZ, f. c⁽ⁿᵉ⁾ de Bieuxy. — *Valdeperiers*, 1218

(cart. de Valpriez). — *Vaudeprier*, 1577 (tit. de Valpriez donnés, en 1870, aux archives de l'Aisne par M. le Sérurier). — *Valprier*, 1786 (tit. de l'abb. de Prémontré).

Ancien domaine de l'abb. de Prémontré.

VAL-SAINT-PIERRE (LE), h. c`ne` de Braye-en-Thiérache. — *Vallis-Sancti-Petri*, 1168 (cart. de l'abb. de Saint-Michel, p. 239).— *Vaulx-Saint-Pierre*, 1408; *Vault-Saint-Pierre*, 1533; *Vaulx-Saint-Pierre*, 1535 (comptes de l'Hôtel-Dieu de Laon, E 7, E 60, E 61).

Chartreuse fondée, en 1140, par Renaud, seigneur de Rozoy, et Barthélemy de Vir, évêque de Laon.

VAL-SECRET, f. c`ne` de Brasles. — Conventus *Vallis-Secrete*, 1131 (arch. de l'Emp. L 1005). — *Valsecre*, xiii`e` siècle (Histoire de saint Louis, par Joinville). — Église *Notre-Dame-de-Valsecré*, 1263 (arch. de l'Emp. L 1005). — *Nostre-Dame-de-Vaussecré*, 1290 (ch. de l'abb. de Val-Secret).

Abb. de l'ordre de Prémontré fondée vers 1140.

VALSEMOIS, fief, c`ne` de Montigny-sous-Marle. — Vassal d'Housset.

VALSERIN, m`on` isolée, c`ne` d'Auffrique-et-Nogent. — *Valseren* (carte de Cassini).

VALSERY, h. c`ne` de Cœuvres-et-Valsery. — Ecclesia *Vallis-Serene*, 1153; ecclesia *Beate-Marie-de-Vausseri*, 1189; ecclesia *Valserene*, 1238; *Wauserit*, *Vausseri*, 1265 (ch. de l'abb. de Valsery). — *Vaussery*, 1270 (suppl. de D. Grenier, 296, Bibl. imp.). — *Valseri*, 1270 (Olim. t. I, p. 804). — *Vaussery*, 1341 (cart. du chap. cath. de Soissons, f° 69). — *Notre-Dame-de-Vaulsery*, 1455; *Vaulx-Sery*, 1504; *Valceri*, *Valcery*, 1562 (tit. de l'abb. de Valsery). — *Valserie*, 1765 (maîtrise des eaux et forêts de Villers-Cotterêts).

Abbaye de l'ordre de Prémontré fondée en 1149, pour remplacer un chap. de chanoines. La mense abbatiale a été unie provisoirement à l'évêché de Soissons en 1713 et en 1730. — Seigneurie vassale de Pierrefonds. — La commune de Valsery a été unie à Cœuvres par ordonnance royale du 29 mai 1830; elle était séparée de Cœuvres par les ruisseaux de Saint-Pierre-Aigle et le ru de Saint-Agnan.

VALSERY, m`on` isolée, c`ne` de Mercin-et-Vaux. — Elle dépend du hameau de Vaux et appartenait autrefois à l'abb. de Valsery.

VANDY ou VENDY (RU DE), rivière qui traverse les territ. de Retheuil, de Taillefontaine et de Mortefontaine, n'alimente dans le département de l'Aisne, où son parcours est de 6,182 mètres, qu'un moulin à blé, et va se jeter dans la rivière d'Aisne en aval d'Attichy. — Le lit du ru de Vandy a été affecté en 1562 au flottage, qui coûta, dit-on, 40,000 livres. Cette circonstance lui fit donner le nom de Vendy, parce qu'au lieu de le donner on le vendit. — *Vandi* (carte de Cassini).

VAREILLES, f. c`ne` de Latilly. — *Vareil*, 1678 (arch. comm. de Saint-Gengoulph).

VARENNES, h. c`ne` de Courtemont-Varennes. — *Vuarennes*, 1212; Molendinum *de Varennis*, 1215 (cart. de l'abbaye de Saint-Crépin-le-Grand de Soissons, p. 180 et 261).

Le moulin de Varennes a été donné en 1190, par Gérard du Castel, à l'abbaye de Saint-Crépin-le-Grand (même cart. p. 179).

VARIPONT, fief, c`ne` de Montescourt-Lizerolles. — *Waripon*, 1303 (arch. du marquisat de Genlis). — *Waripont*, xiv`e` s`e` (arch. de l'Emp. P 135; transcrits de Vermandois). — *Vuaripont*, 1704 (arch. comm. de Caillouël-Crépigny).

Ce fief a été aliéné, en 1564, par le chapitre de Saint-Quentin.

VARISCOURT, c`ne` de Neufchâtel. — *Warisicurtis*, 1211 (ch. de l'Hôtel-Dieu de Laon, C 1). — *Warisicort*, 1243; *Waurisicourt*, 1244 (*ibid.* B 59). — *Warisicourt*, 1389; *Warisycourt*, 1436; *Warisicourt*, 1475; *Varisscourt*, 1486 (comptes de l'Hôtel-Dieu de Laon, E 2, E 17, E 20, E 23). — *Warissecourt-sur-Aisne*, 1493 (ch. de cet Hôtel-Dieu, B 78). — *Vuariscourt*, 1509 (comptes du même Hôtel-Dieu, E 39). — *Warichecourt*, 1520 (tit. de cet Hôtel-Dieu, C 1).

Fief vassal de la châtellenie de Cormicy (arch. de l'Emp. P. reg. 30, cote 177).

VAROLE (LA), m`on` isolée, c`ne` de Chierry. — *Varolles* (carte de Cassini).

VASSENS, c`ne` de Coucy-le-Château. — In monte *de Vassen*, 1139 (cart. de l'abb. d'Ourscamp, f° 66). — *Vassan*, 1802 (pouillé du dioc. de Soissons, f° 40). — *Vassant*, 1710; *Vassent*, 1745 (intend. de Soissons, C 206 et 274).

Fief vassal de Coucy-le-Château, dont il a été détaché en 1756. — Chef-lieu d'un doyenné rural transféré, en 1556, à Blérancourt. — Maladrerie unie à l'Hôtel-Dieu de Soissons par un arrêt du Conseil d'État du 4 mai 1697 et des lettres patentes du mois de décembre suivant.

VASSENY, c`ne` de Braine. — *Vaisniacum*, 898 (cart. de l'abb. de Saint-Crépin-le-Grand, p. 127). — *Vatineium*, 1109 (cart. de Saint-Médard, f° 63, Aisne). — Villa *Vaceni*, 1137 (cart. de l'abb. de Saint-Yved de Braine (arch. de l'Emp.). — *Vasniacum*, 1143 (cart. de l'abbaye de Saint-Crépin-le-Grand de Soissons, p. 127). — Villa *Vacinni*, 1147 (cart.

282   DÉPARTEMENT DE L'AISNE.

de l'abb. de Saint-Yved de Braine, arch. de l'Emp.). — *Vacminicum*, 1238; *Vaceny*, 1250 (cart. de l'abb. de Saint-Médard de Soissons, f° 38, Bibl. imp.). — *Vasceny*, 1265 (Actes du parlement de Paris, par Boutaric, t. I, p. 76). — *Vauceny*, 1333 (arch. de l'Emp. L 1004). — *Vasseni*, 1573 (pouillé du diocèse de Soissons, f° 22). — *Vassegny*, 1589 (comptes de l'Hôtel-Dieu de Soissons, f° 25). — *Vasegny*, 1591 (*ibid.* f° 37). — *Vassegni*, xvi° siècle (arch. de l'Emp. Q 8).

Vicomté vassale d'Oulchy-le-Château. — L'abbaye de Saint-Médard de Soissons possédait un fief dont la justice a été unie à celle de cette abbaye par lettres patentes d'octobre 1746.

Vassogne, c^{ne} de Craonne. — *Vassonia*, 1121 (ch. de l'Hôtel-Dieu de Laon, B 8). — *Vassunia*, 1146 (cart. de l'abb. de Vauclerc, f° 10). — *Vasoingne*, 1261 (ch. du chap. cath. de Laon). — *Vassoigne*, 1277 (actes capitulaires du chapitre cath. de Laon, coll. de M. Hidé). — *Vassoingnia*, 1340 (Bibl. imp. fonds latin, ms. 9928). — *Vassongnes*, 1393 (dénomb. cab. de M. d'Imécourt). — *Vassoingne*, 1455 (comptes de Roucy, *ibid.*). — *Vassonne*, 1496 (audiencier de Roucy, *ibid.*). — *Vasongne*, 1673 (tit. de la chartr. du Val-Saint-Pierre). — Paroisse de *Sainte-Geneviève-de-Vassogne*, 1698 (arch. comm. de Vassogne).

La seigneurie, vassale de Roucy, ressortissait à Roucy et à Châtillon-sur-Marne pour la justice.

Vast (Le), petit ruisseau affluent de celui de la Chatnée à Glennes. — Son parcours est de 260 mètres.

Vastiboute, mⁱⁿ à eau, c^{ne} de Celles-sur-Aisne. — Moulin *Vasseniboute* (carte de Cassini).

Vatroie (La), petit h. c^{ne} de la Fère.

Vauberlin, h. c^{ne} de Courcelles. — *Vaubellein*, 1208 (arch. de l'Emp. L 1168). — *Vaubellain*, 1208; *Vaubellen*, 1209 (cart. de l'abb. de Saint-Yved de Braine, Bibl. imp.). — *Veauberlin* (carte de Cassini).

Donne son nom à un petit ruisseau qui alimente deux moulins à blé et se jette dans la Vesle, à Courcelles, après un cours de 3,310 mètres.

Vauberon, f. c^{ne} de Mortefontaine. — *Valleberon*, 1150 (cart. de Chaourse, f° 3, arch. de l'Emp.). — *Valberon*, 1158 (suppl. de D. Grenier, 289, Bibl. imp.). — *Capella de Puis prope Vallon-Beronis*, 1270 (cart. de l'abb. d'Ourscamp, f° 6, arch. de l'Oise). — *Vallis-Beron*, 1272 (Olim, t. II, p. 1035).

Cette ferme appartenait autrefois à l'abbaye de Longpont.

Vaucelles, chât. c^{ne} d'Aizy.

Vaucelles, territoire, c^{ne} de Chaourse. — In territorio de *Vacellis* in parrochia de Chaursiâ, 1224 (cart. de l'abb. de Saint-Denis, f° 97, arch. de l'Emp.). — Il était situé au nord, vers Vigneux.

Vaucelles, f. et mⁱⁿ à eau, c^{ne} de Vailly. — *Vacellis-juxtâ-Braium*, 1136 (ms. de l'Eleu, t. I, f° 353). — *Petit-Vaucelles*, 1753 (maître de Soissons).

L'abbaye de Vaucelles y avait un prieuré dit *du Petit-Vaucelles*.

Vaucelles (Les), h. c^{ne} de Lugny; auj. détruit.

Vaucelles (Les), f. c^{ne} de Vauxaillon.

Vaucelles-et-Beffecourt, c^{ne} d'Anizy-le-Château. — Alodium de *Valcellis*, 1125 (suppl. de D. Grenier, 286, Bibl. imp.). — *Vauceles*, xiii° s° (cueilleret de l'Hôtel-Dieu de Laon, B 6a). — *Vaucellez*, 1389; *Vausselles*, 1394; *Vauchelles*, 1417; *Vauxcelles*, 1493; *Vaucelle*, 1518 (comptes de l'Hôtel-Dieu de Laon, E 2, E 3, E 11, E 25, E 46). — *Vaulcelles*, 1544; *Vaulxcelles*, 1602 (tit. de l'abb. de Saint-Vincent de Laon). — *Vasselles*, 1606 (appointés du baill. de Vermandois). — *Vauxelle*, 1713 (tit. du chap. cath. de Laon).

La seigneurie appartenait à l'évêché de Laon. Le village ressortissait, pour la justice, à la prévôté de Mons-en-Laonnois et au duché de Laonnois.

Vauchêne (La), bois, c^{ne} de Vézilly. — Nemus de *Lavanchière* in territorio de Curchaum, 1209; *La Veuchière*, 1274 (cart. de l'abb. d'Igny, f°s 202 et 208).

Ce bois, d'une contenance de 17 hectares, a été aliéné par l'État le 23 décembre 1834.

Vauclerc-et-la-Vallée-Foulon. — *Valclarus*, 1134 (ex tertio lib. Hermanni monachi de Miraculis beatæ Mariæ Laudunensis). — Ecclesia *Beatæ-Mariæ-de-Valleclara*, 1141; altare siquidem de Curmanblein que nunc *Vallis-Clara* nuncupatur, 1141; *Vallis-Clara-in-Laudunesio*, 1232; *Vauclers*, xiii° s° (cart. de l'abb. de Vauclerc, f°s 1, 2, 13, 22). — *Vadum-Clerum*, 1239 (cart. de l'abb. de Thenailles). — *Vaucler-en-Loonois*, 1292 (arch. de l'Emp. l. 996). — *Vaucleir*, 1293 (*ibid.*). — *Vaucler*, 1536 (acquits, arch. de la ville de Laon). — *Vauclaire*, 1630 (chambre du clergé du dioc. de Laon).

Abbaye de Bernardins établie en 1134. — La forêt domaniale de Vauclerc provient de cette abbaye et contient 317 hectares 63 centiares.

Vaudegleux, fief, c^{ne} de Marest-Dampcort. — *Vaudegeleur*, 1411 (arch. de l'Emp. P 136; transcrits de Vermandois). — *Veaugelieu*, 1703 (baill. de Chauny, B 1721).

Vaudesson, c^{ne} de Vailly. — *Absona-juxtâ-Fruticum*, 1143 (cart. de Saint-Crépin-le-Grand, p. 74)? — *Valdesson*, xii° s° (arch. de l'Empire, L 1006). — *Vaudeusson*, *Vaudenson*, 1265 (cart. de l'abb. de Saint-Martin de Laon, f° 110, bibl. de Laon). —

Vaudecon, 1272 (ch. de l'abbaye de Prémontré). — *Vaudesson-lez-Chavignon,* 1384 (arch. de l'Emp. P 136; transcrits de Vermandois).

Vaudesson était, au xiv° s°, une dépendance de la baronnie de Coucy (arch. de l'Emp. Tr. des chartes, reg. 99, pièce 424). — En 1755, ce village relevait du marquisat de Coucy.

VAUDIGNY, fief, c"° de Lesges. — Ressortissait à Soissons pour la justice.

VAUDIGNY, fief, c"° de Mont-Notre-Dame. — Vassal de la seign. de Mont-Notre-Dame.

VAUDOISE, f. c"° d'Englancourt; auj. détruite.

VAUDRIAL, h. c"° de Montigny-Lengrain.

VAUFOURCHER, fief, c"° de Bucy-le-Long. — Domaine inféodé par le chap. cath. de Soissons.

VAUGERINS, m°° isolée, c"°° de Tartiers et de Cuizy-en-Almont.

VAUGOUDAIN, f. c"° de Saint-Bandry. — *Vaugodain, Valgodain,* 1203 (cart. de l'abb. de Saint-Jean-des-Vignes, f°° 91 et 100, Bibl. imp.). — *Vaugourdain,* 1792 (domaines nationaux, arch. de l'Aisne).

Cette ferme appartenait autref. aux Célestins de Villeneuve-lez-Soissons. — Un lieu dit *Vaugdaing* indique encore son emplacement.

VAUGUYON (LE), h. c"° de Neuville-en-Beine. — *Valguyon,* 1282 (ch. du chap. cath. de Noyon, arch. de l'Oise). — *Vaulguyon,* 1445 (ibid.). — *Vaulxguyon,* 1522 (ibid.). — *Wauggion,* 1576 (délibér. arch. de la ville de Chauny). — *Vuauguion,* 1653; *Wauguion,* 1663 (arch. comm. d'Ugny-le-Gay).

Ce hameau dépendait autrefois d'Ugny-le-Gay; il fait actuellement partie de la population agglomérée. — Le fief de Vauguyon relevait de Chauny.

VAUQUEBERT, bois, c"° de Cœuvres-et-Valsery. — Anc. domaine de l'abb. de Valsery.

VAUREZIS, c"° de Soissons. — *Valresiacum,* 893 (dipl. du roi Eudes, Mabillon, *De Re diplomatica,* p. 557). — *Valrisiacum,* xii° s°; *Vauresis,* 1215 (cart. de l'abb. de Saint-Médard, f° 63, arch. de l'Aisne). — *Valresis,* 1222 (ch. de l'abb. de Prémontré). — *Varesis,* 1233 (cart. de l'Hôtel-Dieu de Soissons, 190, ch. 79). — *Vaurisis,* 1383 (arch. de l'Empire, P 136; transcrits de Vermandois). — *Vaurresis,* 1402 (cart. de l'Hôtel-Dieu de Soissons, 323). — *Notre-Dame-de-Vaulresis,* 1451 (chap. de Notre-Dame-des-Vignes de Soissons). — *Vaulxresis,* 1619 (tit. de l'abb. de Saint-Jean-des-Vignes de Soissons). — *Vaurzy,* 1668 (archives comm. de Vaurezis). — *Vaurresis,* 1698; *Vaulxrezis,* 1708 (tit. du chap. de Saint-Pierre-au-Parvis de Soissons). — *Ecclesia parrochialis Sancti-Mauritii-de-Vaurezies,* 1787 (cloche de l'église de Vaurezis).

VAURIEU, fief, c"° de Vassens. — Vassal de Coucy-le-Château.

VAURINS, f. et fabrique de sucre, c"° de Vaudesson. — Curtes de *Valle-Rami,* xii° s° (arch. de l'Empire, L 1006). — *Vaurain,* 1605 (tit. de l'abb. de Saint-Crépin-en-Chaye de Soissons). — *Veaurains* (carte de Cassini).

VAURSEINE, h. c"° de Ployart-et-Vaurseine. — *Valles-Russene,* 1178; *Vauressania, Vauresseina, Varessania,* 1189 (cart. de l'abbaye de Saint-Martin de Laon, f°° 144 et 145). — *Vauressaine,* 1217; fortis domus de *Vauresseine,* 1218 (petit cart. de l'év. de Laon, chartes 74 et 75). — *Vauresaine,* 1229 (charte de l'Hôtel-Dieu de Laon, 8 B 1). — *Valressaine,* 1247 (cart. de l'abb. de Foigny, f° 126, Bibl. imp.). — *Valresaine,* 1261 (ch. du chap. cath. de Laon). — *Varessaine,* 1271; *Vauresseine,* 1296 (cart. de l'abbaye de Saint-Martin de Laon, t. I, p. 285; t. III, p. 178). — *Vaurressainna, Vauressainne,* 1340 (Bibl. imp. fonds latin, ms. 9228). — *Vauressaines,* 1357 (ibid. 191). — *Vaursaines,* 1552 (tit. de l'Hôtel-Dieu de Laon, B 23). — *Vorsaine,* 1622 (reg. des offices du baill. de Vermandois). — Vicomté de *Vaurseigne,* 1627 (min. de N. Normant, notaire). — *Vaursaines,* 1729 (plan, arch. comm. de Bièvres). — *Vorsaines* (carte de Cassini).

Vicomté vassale de la seigneurie de Montchâlons.

VAUSSOY, bois, c"° de Maast-et-Violaine. — Défriché en partie.

VAUVENT, h. c"° de Nanteuil-la-Fosse. — Dépendait autrefois de l'exemption de Pierrefonds.

VAUVILLÉ, petit fief, c"° de Landifay-et-Bertaignemont. — Relevait de Landifay.

VAUX, c"° de Vermand. — *Vaus,* 1264 (ch. de l'abb. de Prémontré). — *Veaux,* 1599 (cab. de M. Gauger, arpenteur à Mayot). — Paroisse *Notre-Dame-de-Vaux,* 1695 (arch. comm. de Vaux). — *Vaulx,* 1700 (rôles du grenier à sel de Saint-Quentin).

VAUX, h. c"° de Berny-Rivière. — *Vaulx-soubz-Confrecourt,* 1595 (hôpital de Soissons).

Ce hameau donne son nom à un petit ruisseau qui n'alimente aucune usine et se jette dans la rivière d'Aisne, à Berny-Rivière, après un cours qui n'est que de 1,457 mètres.

VAUX, f. et m"° à eau, c"° de Chavigny. — Terra que dicitur *Valles-de-Millencourt,* xii° s° (arch. de l'Emp. L 1006). — *Vaus,* 1299 (ibid. L 1004). — *Vaulxdessous-Chaveny,* 1383 (ibid. P 136). — *Vauxsous-Chavigni,* 1775 (tit. de l'abb. de Saint-Crépin-en-Chaye de Soissons).

Ce domaine, vassal de Soissons, a été acquis par

l'abb. de Saint-Crépin-en-Chaye de Soissons, en 1142 et en 1266.

Vaux, m¹⁰ à eau, c⁰ª de Chéry-Chartreuve. — *Vaulx*, 1651 (tit. de l'abb. de Chartreuve).

Ce moulin appartenait à l'abbaye de Chartreuve; il donne son nom à un ruisseau dont le parcours est de 6 kilomètres et qui se jette dans l'Orillon à Chéry-Chartreuve.

Vaux, h. c⁰ª d'Essommes. — *Vaulx*, 1355; *Vaulx*, 1415 (ch. de l'abb. d'Essommes). — *Veaux*, 1744 (insinuat. du baill. de Château-Thierry).

Vaux, faub. de Laon. — In suburbio Laudunense in villa que *Valles* vocatur, 1065 (mém. ms. de l'Eleu, t. I). — *Vaus*, 1130 (cart. de la seign. de Guise, f° 157). — *Valles-sub-Laudunum*, 1173 (cart. de l'abb. de Saint-Michel, p. 341). — *Valz*, xɪɪ° siècle (cart. de l'abb. de Thenailles). — *Vallis-subtus-Laudunum*, 1238 (Bibl. imp. fonds latin 9227, f° 2). — *Vas*, 1295 (actes capitulaires du chap. cath. de Laon, p. 111, coll. de M. Hidé). — *Vaus-desous-Laon*, 1317 (ch. de l'abb. de Saint-Jean de Laon). — *Vaus-desoux-Laon*, 1326 (ch. de l'abb. du Sauvoir). — *Vaulx-dessous-Laon*, 1336 (arch. de l'Emp. Tr. des ch. reg. 70, p. 149). — *Vaulx-soubz-Laon*, 1394; *Vaulz*, 1412; *Vaulx-sous-Laon*, 1560 (comptes de l'Hôtel-Dieu de Laon, E 2, E 3, E 8, E 85). — L'hôpital de Saint-Fiacre, domus Dei de *Vallibus-subtus-Laudunum*, 1375; hôpital M. Saint-Fiacre de *Vaulx-sous-Laon*, 1406; Ostel-Dieu de *Vaux-soubz-Laon*, 1519 (tit. de l'hôpital de Laon, 13 E 1); a été uni à l'association de Notre-Dame de la Paix par décret du 29 août 1656 (13 A 1, ibid.) et, en 1669, à l'hôpital de Laon.

Vaux, h. c⁰ª de Loupeigne. — *Vaus*, 1250 (cart. de l'abb. de Saint-Médard de Soissons, Bibl. imp.).

La seigneurie relevait de Pierrefonds.

Vaux, h. c⁰ª de Mercin-et-Vaux. — Villa de *Vallibus*, 1213 (cart. de l'abb. de Notre-Dame de Soissons, f° 329). — *Valles-Sancti-Nicholai*, 1250 (cart. de l'abb. de Saint-Jean-des-Vignes, f° 130, Bibl. imp.). — *Valles-juxtà-Muercin*, 1264 (ch. de l'abb. de Saint-Jean-des-Vignes de Soissons). — *Vaus*, 1281 (Bibl. imp. suppl. de D. Grenier, 295). — *Vaulx*, 1303; *Vaux-Saint-Nicolas*, 1384; *Vaulx-Saint-Nicolas*, 1407 (cart. de l'abb. de Notre-Dame de Soissons, f° 33, 345). — *Veaux-Saint-Nicolas* (carte de Cassini).

Vicomté acquise, en 1281, par l'abb. de Notre-Dame de Soissons.

Vaux, m¹⁰ à eau, c⁰ª de Morsain.

Vaux, f. c⁰ª de Neuilly-Saint-Front.

Vaux, petit h. c⁰ª de Serches.

Vaux (Les), petit ruisseau qui afflue au ru de Doly, à Mont-Saint-Père, après un cours de 2 kilomètres. — Il n'alimente aucune usine.

Vausaillon, c⁰ª d'Anizy-le-Château. — Altare de *Valsalione*, 1100 (arch. de l'Emp. L 994). — Altare de *Vassalione*, 1100 (Chron. de Nogento, p. 209). — *Vallis-Selv*, 1143 (cart. do l'abb. de Saint-Crépin-le-Grand de Soissons, f° 4). — *Vausallon*, 1174 (Chron. de Nogento, p. 239). — *Vausalion*, *Vausalon*, 1197 (ch. de l'abb. de Saint-Nicolas-aux-Bois). — *Vausaillum*, xɪɪ° siècle (cart. de l'abb. de Prémontré, bibl. de Soissons). — *Vassalon*, 1209 (cart. de l'abb. de Longpont, f° 17, arch. de l'Aisne). — *Vasalion*, 1216; *Vausaillon*, 1219 (ch. de l'abb. de Saint-Vincent de Laon). — *Valsaillum*, 1223 (coll. de D. Grenier, 24° paquet, n° 9). — *Valsalio*, 1228 (suppl. de D. Grenier, 291, Bibl. imp.). — *Vaussallon*, 1237; *Vausseillon*, 1258 (cart. de l'abb. de Saint-Médard, f° 90, Bibl. imp.). — *Vasaillon*, 1383; *Vaussillon*, 1384 (arch. de l'Emp. P 136; transcrits de Vermandois). — *Vaussaillon*, 1525 (terr. de Chivres, f° 1). — *Vaussaillion*, 1669 (tit. de l'Hôtel-Dieu de Soissons, 248).

Vauxaillon dépendait de la baronnie de Coucy.

Vaux-Andigny, c⁰ª de Wassigny. — In territorio de *Vallibus*, 1201 (arch. de l'Emp. L 992). — *Vaux-en-Arrouaize*, 1312 (ibid. L 995). — *Vaux*, 1318 (cart. de la seigneurie de Guise, f° 31). — *Vault-en-Arouaise*, 1405 (arch. de l'Empire, J 801, n° 1). — *Vaux-en-Aruoyse*, 1462 (arch. communales de Lesquielles-Saint-Germain). — *Vaulx-en-Aroysee*, 1518; *Vaulx-en-Aroise*, 1519 (tit. de l'Hôtel-Dieu de Laon). — *Vaulx-en-Arouaise*, 1561; *Vaulx-en-Arrouaise*, *Vaulx-en-Arvouaize*, 1567 (arch. de la ville de Guise). — *Vaux-en-Arouaise*, 1612 (terr. du duché de Guise). — *Vaux-en-Arvouayse*, 1645 (arch. commun. de Lesquielles-Saint-Germain). — *Vaux-en-Arroize*, 1662 (reg. de la justice foncière de Vaux). — *Vaux-en-Arroise*, 1664 (bailliage de Ribemont, B 207). — *Vaux-en-Aroise*, 1700 (ibid. B 255). — *Vaux-en-Arroize*, 1709 (intend. de Soissons, C 205). — *Vaux-en-Arrouaise* (carte de Cassini).

Vaux dépendait de l'ancien Cambrésis, du diocèse de Cambrai, archidiaconé de Cambrésis, doyenné rural du Câteau-Cambrésis, et du duché de Guise. Il ressortissait au bailliage de cette ville pour la justice.

Vauxbuin, c⁰ª de Soissons. — *Valbuin*, 1199 (arch. de l'Emp. L 1003). — *Vaubuyn*, *Vaubuyn*, 1215 (cart. de l'abb. de Saint-Jean-des-Vignes, Bibl. imp.). — *Vaubuain*, 1218 (coll. de D. Grenier,

24ᵉ paq. n° 31, Bibl. imp.). — *Vaubuin*, 1218 (arch. de l'Emp. L 1003). — *Valbuyn*, 1346 (cart. du chap. cath. de Soissons, f° 235). — *Vaubin*, 1408 (comptes de l'Hôtel-Dieu de Soissons, 327). — *Vaulbuin*, 1534 (tit. de l'abb. de Saint-Jean-des-Vignes de Soissons). — *Vaulxbuyn*, 1551 (tit. de l'Hôtel-Dieu de Soissons, 244). — *Vaulrbuin*, 1620 (tit. de l'abb. de Saint-Jean-des-Vignes). — *Vaubeuin*, 1659 (tit. de l'Hôtel-Dieu de Soissons, 244). — Paroisse de *Saint-Martin-de-Vauxbuin*, 1770 (maîtrise des eaux et forêts de Soissons).

Autrefois seigneurie vassale de Pierrefonds.

VAUXCASTILLE, h. cⁿᵉ de Vierzy. — *Vaulx-de-Castille*, 1484 (comptes de l'Hôtel-Dieu de Soissons, f° 97). — *Vaux-le-Gustille*, 1529 (ibid. f° 46). — *Vaucastil*, 1664 (chap. de Saint-Pierre-au-Parvis de Soissons).— *Vaucastille*, 1704 (tit. de l'hôp. de Soissons).

Donne son nom à un ruisseau qui n'alimente aucune usine et se jette dans celui de Vierzy après un cours de 1,784 mètres.

VAUXCERÉ, cⁿᵉ de Braine. — *Vauserée*, 1240 (cart. de l'abb. de Saint-Médard de Soissons, f° 131). — *Vaussoré*, XIVᵉ s⁰ (arch. de l'Emp. P. 136; transcr. de Vermandois). — *Vauseray*, 1579 (baill. de la Fère). — *Vausseré*, 1609 (arch. comm. de Longueval). — *Vauceré*, 1709; *Vaulseré*, 1717 (arch. comm. de Vauxceré).

Autrefois seigneurie vassale de Braine.

VAUXFOURCHE, fief, cⁿᵉ de Fossoy.

VAUXGERINS, mⁿᵉ isolée, cⁿᵉ de Tartiers.

VAUXGOUDRAN, f. cⁿᵉ de Montgobert; auj. détruite. — *Vaulxhoudran*, 1594; *Vauxhoudran*, 1622; *Vaux-Goudren*, 1659; *Bauvaudron*, 1700; *Vauvandran*, 1771 (tit. de l'abbaye de Saint-Jean-des-Vignes de Soissons).

VAUX-LE-PRÊTRE, h. cⁿᵉ de Beaurevoir. — *Vallis Presbiteri*, 1217 (cart. de l'abb. du Mont-Saint-Martin, p. 159). — *Le Val-Prestre*, 1260 (arch. de l'Emp. J 229). — *Vallepreestre*, 1384 (ibid. p. 135, transcrits de Vermandois). — *Vaulx-le-Prestre*, 1546 (tit. de l'abb. du Mont-Saint-Martin).— *Valpretre*, XVIᵉ s⁰ (ch. des comptes de la Fère). — *Volpreestre*, 1650 (*Gazette de France*). — *Vaux-le-Prestre*, ferme de *Vaulprêtre*, 1748 (grenier à sel de Saint-Quentin). — *Vaulepreestre*, 1755 (insin. du baill. de Saint-Quentin, f° 59). — *Vollepreestre* (carte de Cassini).

VAUXMERON, mⁿᵉ isolée, cⁿᵉ de Beaulne-et-Chivy; auj. détruite. — *Valeron*, *Waleron*, 1389. — *Valleron*, 1509 (comptes de l'Hôtel-Dieu de Laon). — *Vaumeron*, 1551 (baill. capital. de Laon, justice de Braye-en-Laonnois).

VAUXMERS (LES), h. cⁿᵉ de Chevregny. — En *Valmert*, 1259 (ch. de l'Hôtel-Dieu de Laon, B 58).

VAUXMESNIL, f. cⁿᵉ de Villemontoire; auj. détruite. — *Vaumesnil*, 1456; *Vaulmesnil*, 1550; *Vaulxmesnil*, 1560; *Vaumenil*, 1649 (ch. de Notre-Dame-des-Vignes de Soissons).

VAUXRAINS, h. cⁿᵉ de Clamecy. — *Vaureins*, 1230 (Bibl. imp. suppl. de D. Grenier, 293). — *Vaurrein*, 1431 (arch. de l'Emp. L 1006).

La ferme de Vauxrains appartenait à l'abbaye de Saint-Crépin-en-Chaye de Soissons.

VAUX-REMY, petit ruisseau, affluent de la Vesle à Courcelles. — Il n'alimente aucune usine. — Son parcours n'est que de 524 mètres.

VAUXROT, h. et verrerie, cⁿᵉ de Cuffies. — *Vaurros*, 1470; *Vaurrot*, 1471 (comptes de l'Hôtel-Dieu de Soissons, fᵒˢ 18 et 59). — *Vaulrou*, 1531 (ibid. f° 27). — *Vaulrot*, 1587; *Vaurot*, 1631 (tit. de l'Hôtel-Dieu de Soissons, 72).

La ferme de Vauxrot appartenait autref. à l'abb. de Saint-Crépin-en-Chaye de Soissons.

VAUXTIN, cⁿᵉ de Braine. — *Vauchetin*, 1208 (arch. de l'Emp. L 1000). — *Vauchetain*, 1208; *Vauchetein*, 1209 (cart. de l'abb. de Saint-Yved de Braine, arch. de l'Emp.). — *Vauchetains*, 1363 (ch. de l'abb. de Saint-Yved de Braine). — *Vaustin*, 1509 (Bibl. imp. suppl. fr. n° 1195). — *Vaustyn*, 1554 (insin. du baill. de Vermandois). — *Vaussetin*, 1701 (arch. comm. de Courcelles).

C'était autrefois une seigneurie vassale du comté de Braine.

VEAUX-DE-PLACE, ruisseau qui prend sa source à Caillouël et traverse le territoire de Marest-Dampcourt. — Il sert de fossé au canal de Manicamp et n'alimente aucune usine. — Son parcours, dans le département de l'Aisne, est de 7 kilomètres.

VENDANGEOIR (LE), petit h. cⁿᵉ de Camelin-et-le-Fresne; auj. détruit.

VENDELLES, cⁿᵉ de Vermand. — In territorio de *Vendaile*, 1245 (arch. de l'Emp. L 738). — *Vendaille*, 1384 (arch. de l'Emp. P. 135; transcr. de Vermandois). — *Vendailles*, 1453; *Vendelle*, 1587 (arch. de la ville de Saint-Quentin). — *Vendel*, 1631 (baill. de Chauny, B 1644). — *Vendal*, 1670 (arch. comm. de Jeancourt).

Vendelles possédait, avant 1790, sa municipalité et n'en dépendait pas moins cependant de la paroisse de Bernes (Somme) et de celle de Jeancourt (intend. d'Amiens, C 775).

VENDEUIL, cⁿᵉ de Moy. — *Vendoil*, 1147 (ch. de l'abb. de Prémontré). — *Vendolium*, 1211 (ch. de l'abb. de Saint-Vincent de Laon). — *Vendueil*, 1346 (ch.

de l'abb. de S¹-Vincent de Laon). — *Vendel*, 1358; *Venduel*,1410(arch. de l'Emp. P. 246-1).—*Vendeil*, 1461 (*ibid.* P. 248-1). — *Vendeuil-en-Vermandois*, 1475 (2ᵉ vol. des ordonn. de Louis XI, f° 98). — *Vendeul*, 1531 (terr. de Beaurevoir, f° 1, chambre des comptes de la Fère). — *Vendœul*, 1561 (délibérat. de la chambre des comptes de la Fère). — *Vandeuil*, 1640 (tombe de Roland de Braillon, seigneur de Brissay, en l'église de Brissay-Choigny).

Emplacement d'un oppide des Viromandui, dont on distingue trois circonvallations au sud de la commune. Un château y fut construit au moyen âge. — Prieuré sous le vocable de Saint-Jean-Baptiste, fondé vers 1081 par l'abbaye de Saint-Vincent de Laon, qui, au xvııɪᵉ siècle, le céda à l'abbaye de Saint-Éloi de Noyon. — Châtellenie unie à celle de la Fère, et qui a été aliénée, le 2 février 1594, par les commissaires du domaine de Navarre, à Henri de Comblène, évêque de Maillezais, sous réserve de vassalité. Cette châtellenie relevait de Saint-Quentin et comprenait Vendeuil, Cerizy, Hamégicourt, Ly-Fontaine et Mayot. — Hôtel-Dieu établi en vertu d'un arrêt du conseil du 7 février 1695, qui lui a uni la maladrerie de Vendeuil.

Vendeuil était de l'évêché de Noyon et possédait un chef-lieu de doyenné rural comprenant les par. de Vendeuil, Annois, Artemps, Benay, Castres, Cerizy, Clastres, Contescourt, Cugny, Essigny-le-Grand, Flavy-le-Martel, Gibercourt, Hinacourt, Jussy, Liez, Ly-Fontaine, Mennessis, Montescourt-Lizerolles, Pont-de-Tugny, Remigny, Saint-Simon, Seraucourt, Travecy, Tugny et Urvillers.

Vᴇɴᴅʜᴜɪʟᴇ, cⁿᵉ du Câtelet. — *Vendulia*, 1148; *Vendulium*, 1228 (cart. de l'abb. du Mont-Saint-Martin, p. 177 et 416). — *Venduile*, 1283 (ch. de l'abb. d'Honnecourt, arch. du Nord). — *Venduille*, 1339 (arch. de l'Emp. Tr. des ch. reg. 72, p⁰ᵉ 309). — *Venduile-en-l'Empire*, 1389 (*ibid*. P. 248-3). — *Vandouille*, 1728 (carte du Cambrésis par Deuse, ingénieur, arch. du Nord). — *Vendhuille-Cambresis*, *Vendhuille-sur-Cambresis*, 1743 (grenier à sel de Saint-Quentin). — *Venduille-en-Cambresis*, 1753 (arch. comm. de Vendhuile). — *Vandhuille*, 1781 (discours de Laurent de Lyonne). — *Vendhuile*, 1786 (intend. d'Amiens, C 803).

Autrefois seigneurie vassale de Crèvecœur et de la dépendance de la baronnie de Honnecourt (ms. 803, bibl. de la ville de Cambrai).

Vᴇɴᴅɪᴇ̀ʀᴇs, cⁿᵉ de Charly. — *Venderæ super fluvium Maternam* (ex Vita sancti Theoderici, Hist. de France, t. III, p. 406 B). —.—*Venderie*, 1110 (cart. de l'abbaye de Saint-Jean-des-Vignes de Soissons, Bibl.

imp.). — Grangia de *Vanderiis*, 1210 (coll. de D. Grenier, 30ᵉ paq. n° 1). — *Vendires*, *Vendières-dessous-Montmirail*, 1337 (arch. de l'Emp. L 1002). — *Vandières*, 1710 ; *Vendiers*, *Vendierve*, 1745 (intend. de Soissons, C 206 et 274). — *Vandière* (carte de Cassini).

Vᴇɴᴅɪᴇ̀ʀᴇs, bois, cⁿᵉ de Coincy-l'Abbaye.

Vᴇɴᴅɪᴢʏ, mᵃⁿ isolée, cⁿᵉ de Veslud.

Vᴇɴᴅᴏᴍᴇ, h. cⁿᵉ de Vézilly. — *Vandhome* (carte de Cassini).

Ancien fief relevant de Vézilly.

Vᴇɴᴅʀᴇssᴇ-ᴇᴛ-Tʀᴏʏᴏɴ, cⁿᵉ de Craonne. — *Venderessa*, 1136 (mém. man. de l'Eleu, t. I, p. 353). — *Venderissa*, 1185 (cart. de l'abb. de Vauclerc, f° 65). — Communitas ville de *Venderesse*, 1251; *Vendrece*, 1278 (ch. de l'abb. de Saint-Jean de Laon). — *Vanderesse*, 1361 (arch. de l'Emp. Tr. des ch. reg. 91, n° 144). — *Venderesse-en-Laonnois*, 1474 (ch. de l'Hôtel-Dieu de Laon). — *Vandresse*, 1755 (tit. de l'abb. de Saint-Jean de Laon).

Vicomté appartenant autrefois à l'abb. de Saint-Jean de Laon.

Vᴇ́ɴᴇ́ʀᴏʟʟᴇs, cⁿᵉ de Wassigny. — Altare de *Villereio*. 1163; parrochia de *Vellereio*, 1171; nemus de *Veleroy*, 1208 (cart. de l'abbaye de Saint-Médard, f°ˢ 37, 38, arch. de l'Aisne). — *Veleroile*, *Velervi*, 1208 (cart. de la seign. de Guise, f°ˢ 40 et 41).— *Villeroy*, 1216 (cart. de l'abb. de Saint-Médard, f° 88, Bibl. imp.). — *Veleroyles*, 1297; *Velerolles*, 1229 (cart. de l'abb. de Foigny, f°ˢ 132 et 266).— Territorium de *Veneroilles*, 1243; *Vellerolles*, 1247; *Veneroiles*, 1253 (cart. de l'abb. de Saint-Médard, f°ˢ 86 à 88, Bibl. imp.). — *Vennerolles*, 1780 (chambre du clergé du dioc. de Laon).

Autrefois prévôté sous le vocable de Saint-Timothée, dépendant de l'abb. de Saint-Médard. — La seigneurie appartenait à cette prévôté.

Vᴇɴɪᴢᴇʟ, cⁿᵉ de Soissons. — *Venizel*, 1200 (cart. de l'abb. de Saint-Crépin-le-Grand de Soissons, p. 169). — In territorio de *Vaisnisel*, 1217; *Vexnisellum*, 1232 (cart. de l'Empire, L 1000). — *Venisellum*, 1344 (cart. de l'abb. de Saint-Crépin-le-Grand, p. 265). — *Vanizel*, 1480 (comptes de l'Hôtel-Dieu de Soissons, f° 50 v°). — *Vennizel*, 1562 (comptes de l'Hôtel-Dieu de Soissons, f° 134).

La seigneurie appartenait autrefois à l'abb. de Saint-Crépin-le-Grand et relevait de Pierrefonds.

Vᴇɴᴛᴇʟᴇᴛ, f. cⁿᵉ de Bézu-le-Guéry. — *Ventelet*, paroisse de Coupru, 1693 (baill. de Charly).

Vᴇɴᴛᴇʟᴇᴛ, mⁿ à eau, cⁿᵉ de Villiers-sur-Marne.

Vᴇʀʙᴇʟʟᴏɪ, petit ruisseau qui alimente un moulin à Audignicourt.

VERCAGNIER OU VILCANIER, petit fief, c^{ne} de Trosly-Loire.
VERDELETTES (LES), h. c^{ne} de Chézy-l'Abbaye.
VERDILLY, c^{ne} de Château-Thierry. — *Vredilly*, 1298 (arch. de la ville de Chauny). — *Verdeilly-les-Chasteau-Thierry*, 1422 (arch. de l'Emp. Trésor des ch. reg. 71). — *Verdili*, 1573 (pouillé du dioc. de Soissons, f° 25).

La seigneurie appartenait à l'abbaye de la Ferté-sous-Jouarre.

VERDON, petit ruisseau qui afflue dans la Dhuys à Montigny-lez-Condé. — Son parcours, dans le département de l'Aisne, est de 4,800 mètres.

VERDONNE, f. c^{ne} de Chivres.
VERDURE (LA), mⁱⁿ à eau, c^{ne} de la Chapelle-Monthodon.
VERGENETTE, h. c^{ne} de Braye-en-Thiérache. — *Verdesgenettes*, 1642; *Verdegenette*, 1718 (titres de la chartreuse du Val-Saint-Pierre).

Il doit son origine à une ferme qui appartenait à la chartreuse du Val-Saint-Pierre.

VERGUIER (LE), c^{ne} de Vermand. — *Vergeium*, 1137 (cart. de Longpont, f° 7). — *Virgultum*, 1200 (cart. de l'abb. de Vermand, f° 5, Bibl. imp.). — *Vreguier*, 1336 (Livre rouge de Saint-Quentin-en-l'Île, f° 82 v°, arch. de l'Emp. LL 1018). — *Vergier*, 1367 (ibid. Tr. des ch. reg. 86, n° 127). — *Vreguiet*, 1367 (ibid. P. 135; transcrits de Vermandois). — *Leverguier*, *Leverguer*, 1692; paroisse *Notre-Dame-du-Verguier*, 1696; *Verguyer*, 1701 (arch. comm. du Verguier).

Autrefois seigneurie vassale de Thorigny. — La paroisse était du doyenné d'Athies.

VERLY, c^{ne} de Wassigny. — Territorium de *Verli*, 1197 (bibl. de l'Arsenal, E 801 et 802). — *Vieslis*, XII° s° (arch. de l'Emp. L 994). — *Velly*, 1327 (cart. de la seign. de Guise, f° 100).

La seigneurie appartenait autrefois à l'abbaye d'Origny-Sainte-Benoîte et relevait de Guise.

VERMAND, arrond. de Saint-Quentin. — *Viromandis* (monnaie d'or mérovingienne, cab. des médailles de la Bibl. imp.). — Castrum *Viromandensium* (Surius, 31 octobre, Vie de saint Quentin). — *Vermant*, 1160 (suppl. de D. Grenier, 291, Bibl. imp.). — *Vermans*, 1200 (ch. de l'Hôtel-Dieu de Laon, B 88). — In territorio de *Vermando*, 1222 (arch. de l'Emp. L 99a). — *Sainte-Marguerite-de-Vermand*, 1672 (arch. comm. de Vermand).

Oppide gaulois le plus important des Viromandui pour la défense de leur civitas contre les Nervii. — Camp romain d'une plus grande importance au sud, territoire de Marteville.

Abbaye de Prémontré fondée, au XII° s°, sous le vocable de Notre-Dame. — Monasterium *Sanctæ-Mariæ-Vermandensis* (coll. de D. Grenier, 24° paquet, n° 31). — Ecclesia *Virmandi*, 1131; *Veromandense cœnobium*, 1135 (Mém. du Vermandois, t. II, p. 262 et 311). — Ecclesia *Beatæ-Mariæ-de-Vermans*, 1171 (Bibl. imp. fonds latin, ms. 11069).

La seigneurie appartenait en partie au chapitre de Saint-Quentin.

Vermand fut, en 1790, chef-lieu d'un canton comprenant le canton actuel moins Jeancourt et le Verguier.

VERMAND OU LA CROIX, fief, c^{ne} de Mennevret. — Vassal de Guise.

VERMANDOIS, petite province bornée au nord par le Cambrésis et l'Artois, à l'ouest par le Santerre, au sud par le Noyonnais et la Thiérache, et à l'est par cette dernière province, qui en avait été en partie, au moyen âge, une dépendance. Les comtés de Ribemont et de Guise relevaient alors du Vermandois; le surplus de la Thiérache relevait de Laon et de la Champagne. — In pago *Vironandensi*, 1153 (Liber privilegiorum, f° 4, abb. de Saint-Amand, arch. du Nord). — *Vermandasium*, 1215 (arch. de l'Emp. Tr. des ch. P. 229 Picardie n° 3, layettes du trésor des chartes par Teulet, t. I, p. 418). — *Viromandia*, 1246 (mêmes arch. LL 1018).

VERMELINAIN, bois, c^{ne} de Neuville.
VERNEUIL-COURTONNE, c^{ne} de Craonne. — *Vernolium*, 1184 (cart. de Philippe-Auguste, Bibl. imp. 9852 A, f° 38 et 39). — *Vernolium-super-Ausonam*, 1229; *Vernolium-super-Axonam*, 1233 (ch. de l'Hôtel-Dieu de Laon, B 59 et B. 76). — *Vernuel-sur-Aine*, XIII° siècle (cueilleret de l'Hôtel-Dieu de Laon, B 62). — *Vernuel*, *Vernuel-sur-Aigne*, *Verneil*, XIV° s°; *Vernuel-sur-Ainne*, 1389 (tit. B 8 du même Hôtel-Dieu). — *Vernueil-super-Auxonam*, XIV° s° (comptes de Saint-Pierre-au-Marché, Bibl. imp. fonds latin, ms. 9329). — *Vernueil-sur-Aixne*, 1394 (comptes de l'Hôtel-Dieu de Laon, E 3). — *Vernueil-sur-Aine*, 1405 (arch. de l'Emp. J 801. n° 1). — *Verneuil-sur-Aine*, 1416; *Vernoeul-sur-Aynne*, 1495; *Vernœul-sur-Aynne*, 1497; *Vernouel-sur-Aiene*, 1499; *Verneuil-sur-Aixne*, 1506; *Verneuil-sur-Aixne*, 1526 (comptes de l'Hôtel-Dieu de Laon, E 10, E 26, E 28, E 29, E 51). — *Verneuille*, 1673; paroisse *Saint-Féry-et-Saint-Ferréolr-de-Verneuil-sur-Aixne*, 1676 (état civil de Verneuil-Courtonne, trib. de Laon).

Relevait autrefois de la seigneurie de Soupir.

VERNEUIL-SOUS-COUCY, c^{ne} de Coucy-le-Château. — *Vernulium viculus*, 1066 (Boll. t. I, fév. p. 896). — In territorio de *Vernuel*, 1207 (cart. de l'abb. de

Prémontré, f° 23, bibl. de Soissons). — *Vernolium*, 1228; *Vernweil*, 1238 (ch. de l'abb. de Prémontré). — *Vernueil*, 1383 (arch. de l'Emp. P. 136; transcrits de Vermandois). — Terroir de *Verneul-lez-Coucy-le-Chastel*, 1517 (tit. de l'abb. de Prémontré). — *Vernueil-soubs-Coucy*, 1536 (acquits, arch. de la ville de Laon). — *Verneul*, 1556 (tit. de l'abb. de Prémontré). — *Verneul-soubs-Coucy*, 1568 (acquits, arch. de la ville de Laon). — Paroisse *Nostre-Dame de Verneuil-soubz-Coucy*, 1696 (arch. comm. de Verneuil-sous-Coucy).

D'abord membre de la baronnie de Coucy (arch. de l'Emp. Tr. des ch. reg. 99, n° 424); ensuite, vicomté relevant de cette seigneurie.

VERNEUIL-SUR-SERRE, c*^{ne}* de Crécy-sur-Serre. — *Vernolium*, 1261; *Verneul*, 1337 (ch. du chap. cath. de Laon). — *Verneul-sur-Sere*, 1339 (arch. de l'Emp. Tr. des ch. reg. 75, p^{es} 316). — *Vernolium-suprà-Seram*, 1340 (Bibl. imp. fonds latin, ms. 9228). — *Vernuel*, 1346 (arch. de l'Emp. ut suprà). — *Vernuel-sur-Sere*, *Vernuel-sur-Cère*, 1389 (comptes de l'Hôtel-Dieu de Laon, E 2). — *Verneil*, xive s^e (ch. de l'Hôtel-Dieu de Laon, B 64). — *Vernueil-sur-Sere*, 1411 (arch. de l'Emp. J 801, n° 4). — *Vernueyeil-sur-Sere*, 1416; *Verneuil-sur-Sele*, 1499; *Verneul-sur-Serre*, 1518; *Verneulle*, 1521; *Vernœuil-sur-Sere*, 1540; *Verneuille-sur-Sere*, 1600 (comptes de l'Hôtel-Dieu de Laon, E 10, E 29, E 46, E 48, E 67).

Vicomté appartenant autrefois au chapitre cathédral de Laon.

VEROMANDUI, ancien peuple de la Gaule Belgique. — Ils étaient limités au nord par les Nervii, à l'est par les Remi, au sud par les Bellovaci et les Remi, et enfin, à l'ouest, par les Atrebates. — Ρομάνδυες (Ptolémée). — Civitas *Veromanduorum* (J. César, de Bello Gallico). — *Veromandense territorium*, viie siècle (Vie de saint Médard, évêque de Noyon). — Voy. VERMANDOIS.

VERNERIE (LA), petit h. c^{ne} d'Artonges.

VERNERIE (LA), petit bois, c^{ne} de Chézy-en-Orxois. — Appartenait autrefois au prieuré de Saint-Arnoul de Crépy-en-Valois.

VERNEZÈRES, fief, c^{ne} d'Autremencourt.

VERSIGNY, c^{ne} de la Fère. — Villa *Verciniacum*, 987 (dipl. de Hugues Capet, Hist. de France, t. I, p. 549 E). — *Vercigniacum*, 1117 (cart. de l'abb. de Saint-Martin de Laon, f° 166, bibl. de Laon). — *Verceni*, 1143; *Vercigni*, *Vercennis*, 1145 (ch. de l'abb. de Saint-Vincent de Laon). — *Vercenni*, 1145 (ch. de l'abb. de Prémontré). — *Vercini*, 1151 (ch. du musée de Soissons). — *Vercegni*, 1218; *Vercegnis*, 1219; *Vercingni*, 1221 (grand cart. de l'év. de Laon, ch. 16, 28 et 37). — *Verseny*, 1392; *Versygni*, 1396 (manuel des dépenses de l'Hôtel-Dieu de Soissons, 323). — *Vressigny*, 1404 (comptes de l'Hôtel-Dieu de Laon, E 6). — *Vressignis*, 1416 (ch. de l'abb. de Saint-Vincent de Laon). — *Versignys*, 1464 (comptes de la maladrerie de Saint-Ladre de Laon). — *Vercigny*, 1634 (reg. de la maison de paix de la Fère). — *Vrecigny*, 1556 (maîtrise des eaux et forêts de la Fère). — *Vercygny*, 1563 (comptes de la châtellenie de la Fère). — Paroisse de *Saint-Jean-Baptiste-de-Versigny*, 1674 (état civil de Versigny, trib. de Laon).

VERT-BUISSON (LE), h. c^{ne} de Leschelle.

VERT-CHASSEUR (LE), m^{on} isolée, c^{ne} de Vendeuil.

VERTE-PLACE (LA), mⁱⁿ à eau, c^{ne} de Cherêt.

VERTES-FEUILLES, h. c^{ne} de Crépy.

VERTES-FEUILLES, petit b. c^{ne} de Saint-Pierre-Aigle. — Curtis de *Viridi folio*, 1307 (cart. de l'abb. de Longpont, f° 45). — *Verfueil*, 1413 (comptes de l'Hôtel-Dieu de Soissons, 333). — *Verfeuille*, 1644; *Verfœuil*, 1676 (maîtrise de Villers-Cotterêts). — *Verdfeuille*, 1735 (tit. de l'abb. de Saint-Jean-des-Vignes de Soissons). — *Vertefeuille* (carte de Cassini). — *Verte-Feuille* (Dict. des Postes, 1860).

La seigneurie appartenait autrefois à l'abbaye de Longpont et relevait de Pierrefonds.

VERTE-VALLÉE (LA), h. c^{nes} de Landouzy-la-Cour, de Thenailles et de Vervins. — *Verdevallée*, 1616 (min. d'Ozias Teilinge, notaire). — *Verte Valée*, xviie siècle (coll. de M. Édouard Piette).

VERT-MUGUET (LE), m^{on} isolée, c^{ne} de Bellou.

VERT-PIGNON (LE), f. c^{ne} de Fresne. — *Verpignon*, 1756 (chambre du clergé du dioc. de Laon).

Appartenait autrefois à la prévôté de Barizis. — Détruite vers 1820.

VERVINS, chef-lieu d'arrond. — *Verbinum*, iiie s^e (Itinéraire d'Antonin). — *Verviuz*, 1138 (cart. de l'abb. de Prémontré, f° 52, bibl. de Soissons). — *Vervin*, 1164 (cart. de l'abb. de Thenailles, f° 18). — *Vervinium*, 1190 (ch. de l'abb. de Saint-Martin de Laon). — *Vereinnum*, 1193 (cart. de l'abb. de Saint-Michel, p. 81). — *Vervinum castrum*, xiie s^e (ex Gisleberti Montensis Hannoniæ chronico, Hist. de France, t. XIII, p. 556 E). — *Vrevin*, xiiie s^e (cart. de l'abb. de Saint-Michel, p. 374). — *Vreving*, 1385 (suppl. de D. Grenier, 287, Bibl. imp.). — *Vrevyn*, 1554 (reg. des insin. du baill. de Vermandois). — *Vervyn*, 1573 (arch. de la ville de Vervins).

Marquisat composé de Vervins, Fontaine et Saint-Pierremont; il relevait du comté de Marle.

Chef-lieu d'un doyenné rural de l'archidiaconé de Thiérache, d'un grenier à sel transféré à Guise dès la seconde moitié du xiv° s°; d'une chambre à sel, remplacée vers la fin du xvii° s° par un grenier à sel ayant le même ressort que cette chambre; d'une subdélégation de l'élection de Laon; d'un gouvernement militaire créé en 1674, et enfin d'une prévôté seigneuriale établie par lettres patentes de juillet 1787.

Le doyenné rural comprenait les cures de Bancigny et Nampcelle-la-Cour, Berlize, Braye-en-Thiérache, Brunehamel et les Autels, Burelles, Chéry-lez-Rozoy, Coingt, Cuiry-lez-Iviers, Dagny-Lambercy, Dohis, Fontaine, Franqueville et Saint-Pierre, Grandrieux et Résigny, Gronard et Hary, Harcigny, Haution et la Vallée-au-Blé, Iviers, Mont-Saint-Jean, Noircourt, Parfondeval et Archon, Plomion, Prisces et Houry, Renneval, Rozoy-sur-Serre et Rouvroy, Saint-Clément et Morgny, Sainte-Geneviève et Dolignon, Saint-Gobert, Vervins et Gercy, Vigneux, Vincy-et-Magny, Voulpaix et Laigny.

La subdélégation était composée de la ville de Vervins et des villages de Braye-en-Thiérache, Buire, Burelles, Bucilly, Dagny-Lambercy, Effry, Éparcy, Fontaine, Franqueville, Froidestrées, Gercy, Gergny, Gronard, Harcigny, Hary, Haution, la Hérie, Houry, Jeantes, Laigny, Landouzy-la-Cour, Nampcelle-la-Cour, Neuve-Maison, Ohis, Plomion, Prisces, Saint-Clément, Saint-Gobert, Saint-Pierre-lez-Franqueville, Thenailles et Voulpaix.

Le grenier à sel comprenait le canton de Vervins moins Lugny, Prisces et Rogny. Il empruntait au canton d'Aubenton Jeantes et Landouzy-la-Ville; à celui de la Capelle, Clairefontaine, Étréaupont, Froidestrées, Gergny, la Capelle, la Flamangrie, Lerzy, Luzoir, Rocquigny, Sommeron et Sorbais; à celui d'Hirson, Buire, Effry, Éparcy, Hirson, la Hérie, Mondrepuis, Neuve-Maison, Ohis, Origny et Wimy; à celui de Rozoy-sur-Serre, Vigneux.

La circonscription du gouvernement militaire était celle du gouvernement militaire de la Capelle, moins Aubenton, Beaumé, Besmont, Leuze, Martigny et les localités sises au nord de la Serre.

La prévôté comprenait le canton de Vervins, le comté de Laigny et la châtellenie de Voulpaix.

Vervins fut, en 1790, après quelques contestations avec la ville de Guise, chef-lieu d'un district comprenant les cantons de Vervins, Aubenton, la Capelle, Guise, Hirson, Marly, Nouvion, Plomion, Sains et Wassigny. Les communes de Vervins, Braye-en-Thiérache, Burelles, Fontaine, Gercy, Gronard, Hary, Houry, Laigny, Lugny, Prisces, Rogny, Thenailles et Voulpaix formèrent alors le canton de Vervins.

Les armoiries de la ville de Vervins sont: *de gueules à trois tours d'argent crénelées, maçonnées et ajourées de sable; celle du milieu domine les autres.*

VERVINS, fief, c⁰⁰ de Ciry-Salsogne. — Vassal du comté de Braine.

VESLE, rivière qui afflue à l'Aisne à Condé-sur-Aisne, à l'extrémité du territoire de Ciry-Salsogne, après avoir séparé les territoires de Braine, Limé, Courcelles, Augy, Bazoches, Fismes, Villesavoye, Saint-Thibaut, Mont-Notre-Dame, Paars, Chassemy et Vasseny; elle fait mouvoir six moulins à blé dans le département de l'Aisne, où son parcours est de 30,752 mètres. — *Vindola* (actes de saint Rufin et de saint Valère, Sirmond, coll. 1710). — *Vitulena*, ix° siècle (cart. de Saint-Médard de Soissons, f° 127, Aisne). — *Vellula*, *Vehela*, 877 (dipl. de Charles le Chauve, Hist. de France, t. VIII, f° 163 et 660). — *Vidula*, 922 (Chron. de Flodoard). — *Villula*, 1058 (dipl. de Henri I°°, Hist. de France, t. XI). — Rivière de *Veelle*, chéant en Aisne, 1363 (arch. comm. de Condé-sur-Aisne).

VESLES-ET-CAUMONT, c⁰⁰ de Marle. — *Veele*, 1113 (cart. de l'abb. de Bucilly, f° 10). — *Veela*, 1160 (cart. de l'abb. de Thenailles, f° 38). — *Vehela*, vers 1167 (ch. de l'abb. de Saint-Vincent de Laon). — *Vitella*, 1223 (cart. de l'Hôtel-Dieu de Laon, ch. 72). — *Vitula*, 1278 (ch. de l'Hôtel-Dieu de Laon, B 81). — *Velle-emprés-Pierrepont*, 1436 (comptes de l'Hôtel-Dieu de Laon, E 2). — *Veelle*, 1444 (comptes de la châtell. de Pierrepont, cab. de M. d'Imécourt). — *Vesle*, 1474 (tit. de l'év. de Laon). — *Veesles*, 1486; *Vesle*, 1488; *Veel*, 1499 (comptes de l'Hôtel-Dieu de Laon, E 23, E 24, E 30). — *Vesle-lez-Pierrepont*, 1566 (Raoullet, not. étude de M. Petit de Rimpré, notaire à Soissons). — Paroisse de *Saint-Martin-de-Vesles*, 1707; *Velles*, 1777 (état civil de Vesles-et-Caumont, trib. de Laon).

Autrefois seigneurie vassale de la châtellenie de Pierrepont.

VESLUD, c⁰⁰ de Laon. — *Veelu*, 1190 (cart. de l'abb. de Signy, f° 71, arch. des Ardennes). — *Velui*, 1220 (cart. de l'abb. de Saint-Martin, t. III, p. 22). — *Veelut*, 1239 (cart. de l'abb. de Foigny, f° 155, Bibl. imp.). — *Veelui*, 1248 (suppl. de D. Grenier, 290, Bibl. imp.). — *Veeluy*, 1340 (Bibl. imp. fonds latin, ms. 9228). — *Velut*, 1357; *Veelud*, 1394 (ch. de l'Hôtel-Dieu de Laon). — *Veelluy*, 1410 (arch. de l'Emp. J 801, n° 3). — *Velud*,

1417 (tit. de l'Hôtel-Dieu de Laon). — *Veeslieu*, 1474 (tit. de l'év. de Laon). — *Velu*, 1493; *Velluy*, 1493; *Veluyd*, 1495 (comptes de l'Hôtel-Dieu de Laon, E 25, E 26). — *Veluy*, 1501 (arch. comm. de Parfondru). — *Velutz*, 1521 (comptes de l'Hôtel-Dieu de Laon, E 48). — *Vellud*, 1624 (ibid. E 141).

La seigneurie relevait de la châtell. d'Eppes.

VEUILLY-LA-POTERIE, c⁹ᵉ de Neuilly-Saint-Front. — *Veuilly-la-Potterie*, 1534 (Bibl. imp. suppl. français, n° 1195). — *Vuilly*, 1554; *Veuilly-la-Potterye*, 1564 (arch. comm. de Gandelu). — *Veuly*, 1645 (arch. comm. de Marigny-en-Orxois). — *Veuly-la-Potterie*, 1676; *Vueilly*, 1677; *Veuilly-la-Potterye*, 1679 (arch. comm. de Veuilly-la-Poterie). — *Veuilly-la-Potterie*, 1710 (intend. de Soissons, C 274).

Châtellenie et baronnie relevant d'Arcy-Sainte-Restitue; Étoup et Montécouvé en dépendaient en 1749 (arch. de l'Emp. Q 41). — La mairie faisait partie de la baronnie de Gandelu (arch. comm. de Gandelu).— Le village ressortissait, pour la justice, au Châtelet de Paris.

Vez (Le), mᵢⁿ à eau, cⁿᵉ d'Hautevesne. — Molendinum de *Vado*, 1204 (cart. de l'Hôtel-Dieu de Soissons, 190). — *Va*, 1698 (tit. du chapitre cath. de Soissons).

Il dépendait, au xɪvᵉ siècle, de Bussiares.

VÉZAPONIN, cⁿᵉ de Vic-sur-Aisne. — *Apponi*, 1188 (cart. de l'abb. de Prémontré, f° 11, bibl. de Laon). — *Wezapponin*, 1542 (comptes de l'Hôtel-Dieu de Soissons, f° 20). — *Wezapponin*, 1572; *Wezaponin*, 1661 (arch. de l'Emp. E 12526).

Maladrerie unie à l'Hôtel-Dieu de Soissons par arrêt du Conseil d'État du 4 mai 1697 et lettres patentes du mois de décembre suivant.

VÉZILLY, cⁿᵉ de Fère-en-Tardenois. — *Vezilli*, 1285 (cart. de l'abb. d'Igny, f° 142). — *Veselly*, 1485 (comptes de l'Hôtel-Dieu de Soissons, f° 111). — *Vesilly*, 1585 (ibid. f° 41). — *Vezilli*, 1695 (tombe d'Adrien Aubriot, curé, en l'église de Vézilly).

Baronnie qui relevait directement du Louvre.— L'ancien château était autrefois connu sous le nom de *la Porte*.

VEZIN, h. cⁿᵉ de Vassens. — *Vesin* (carte de Cassini).

VIANDE (LA) ou LA PLANCHETTE, mᵢⁿ à eau, cⁿᵉ d'Esquehéries.

VIANDERIE (LA), f. cⁿᵉ de Bézu-Saint-Germain. — *La Verderie* (carte de Cassini).

On écrit souvent la *Vaillarderie*.

VICHEL, h. et mᵢⁿ à eau, cⁿᵉ de Nanteuil-Vichel. — *Vichieles*, 1211 (cart. du chap. cath. de Soissons). — Ville de *Vichiel*, 1383 (arch. de l'Emp. P. 136). — *Vichelle*, 1672 (arch. comm. de Nanteuil-Vichel, f° 176).

Vicomté dépendant de la vicomté de Chelles et relevant de la châtell. de Neuilly-Saint-Front. — Annexe de Neuilly-Saint-Front. — La commune de Vichel a été unie à celle de Nanteuil-sur-Ourcq, par ordonnance royale du 2 juin 1819, pour former une commune du nom de *Nanteuil-Vichel*.

VICOMTÉ (LA), h. cⁿᵉ de Montaigu.

VIC-SUR-AISNE, arrond. de Soissons. — Munitio *Vicsuper-fluvium-Axone*, 893 (dipl. du roi Eudes, Hist. de France, t. IX, p. 460 D). — Ad molendinum *Vicy-castri-ad-Sanctam-Mariam*, 1152 (cart. de l'abb. de Saint-Médard, f° 96, arch. de l'Aisne).— Villa de *Vi*, 1211 (cart. de Chaourse, f° 66, arch. de l'Emp.). — *Vicus-super-Axonam*, 1228; *Vyacus*, 1258; *Vicum-castrum-super-Axonam*, 1258; *Viacum*, 1258 (cart. de l'abb. de Saint-Médard de Soissons, f° 96, 97 et 100, arch. de l'Aisne). — *Viacus-super-Axonnem*, 1280 (cart. de Chaourse, f° 58). — *Vyacus-super-Auxonam*, 1288 (cart. de l'abb. de Saint-Denis, f° 193). — *Vy*, 1316 (Olim, t. III, p. 1086). — *Vy-sur-Aixne*, 1358 (comptes, arch. de la ville de Laon). — *Vy-seur-Aisne*, 1364 (arch. de l'Emp. L 1006). — *Vy-sur-Aisne*, 1383 (ibid. P. 136). — *Vi-sur-Aixne*, 1503 (comptes de l'Hôtel-Dieu de Soissons, f° 27). — *Vis-sur-Aixne*, 1515 (tit. de l'Hôtel-Dieu de Laon). — *Vy-sur-Haine*, 1536 (arch. comm. de Vic-sur-Aisne). — *Vix-sur-Aisne*, 1560 (comptes de l'Hôtel-Dieu de Soissons, f° 26). — *Vic-sur-Aixne*, 1569 (tit. du séminaire de Laon). — *Vis-sur-Aisne*, 1633 (tit. de l'abb. de Saint-Jean-des-Vignes). — *Vis-sur-Aisne*, 1682; *Vis-sur-Aine*, 1690; *Vis-sur-Ayne*, 1695; *Vis-sur-Axne*, 1697; *Vix-sur-Aines*, 1755 (tit. de l'Hôtel-Dieu de Soissons, 262).

Châtellenie qui appartenait à l'abbaye de Saint-Médard de Soissons. — École de charité établie en 1751 par Henri-Charles-Arnauld de Pomponne, abbé de Saint-Médard de Soissons (arch. comm. de Vic-sur-Aisne). — Maladrerie unie à l'Hôtel-Dieu de Soissons par arrêt du Conseil d'État du 4 mai 1697 et lettres pat. du mois de décembre suivant.

Chef-lieu d'un doyenné rural de l'archidiaconé de la Rivière. Ce doyenné comprenait Attichy, Autrêches, Berneuil, Berny-Rivière, Bitry-Saint-Sulpice, Choisy-au-Bac, Courtieux, Fontenoy, Montmacq, Moulin-sous-Touvent, Nouvron, Rethondes, Saint-Christophe-à-Berry, Saint-Crépin-aux-Bois, Saint-Léger-aux-Bois, Saint-Pierre-lez-Bitry, Thourotte et Vic-sur-Aisne.

Vic-sur-Aisne fut, en 1790, chef-lieu d'un canton dépendant du district de Soissons et composé des communes de Vic-sur-Aisne, Bagneux, Berny-Rivière, Bieuxy, Cuizy-en-Almont, Épagny, Fontenoy, Morsain, Nouvron, Saint-Christophe-à-Berry, Tartiers et Vézaponin.

VIEIL-ARCY, c^{ne} de Braine. — *Vicus arsus*, 1297 (cart. de l'abb. de Saint-Crépin-le-Grand, p. 689). — *Vetus arseium*, XIV° s° (cart. E du chap. de Reims, f° 139). — *Vieilz-Arceys*, 1423 (arch. de l'Emp. Tr. des ch. reg. 172, p^{ce} 257). — *Vetus archeium*, 1578 (pouillé du dioc. de Soissons, f° 20). — *Vielarcy*, 1668 (arch. comm. de Vieil-Arcy).

VIEILLE-HARTENNES, c^{ne} d'Hartennes. — *Vieille-Hartané*, 1629 (arch. comm. d'Hartennes).

On désignait ainsi la portion de territoire avoisinant celui de Launoy. La Neuville-Saint-Jean en faisait partie.

VIEILLE-TUILERIE (LA), m^{on} isolée, c^{ne} de Château-Thierry et de Prouvais.

VIEILLE-TUILERIE (LA), petit h. c^{de} de Vieils-Maisons.

VIEILLE-VILLE (LA), f. c^{ne} de Sissonne. — *Vetus-villa*, 1157 (cart. de l'abb. de Saint-Michel, p. 114). — *Vieville*, 1687 (min. de Thouille, not.).

Cette ferme, qui appartenait à l'abb. de Saint-Michel, est auj. détruite.

VIEILLE-VILLE (LA), m^{in} à eau, c^{ne} de Vincy-Reuil-et-Magny. — *Molin de la Viezville*, XIV° s° (arch. de l'Emp. P. 136; transcrits de Vermandois).

VIEILS-MAISONS, c^{ne} de Charly. — *Ecclesia de Veteris domibus*, 1301 (cart. de l'abb. de Saint-Jean-des-Vignes, bibl. de Soissons). — *Vies-Maison-en-Brie*, 1379 (ch. de l'abb. de Braine). — *Vieilzmaisons*, 1452 (plumitif du baill. de Vermandois). — *Vieux-Maisons*, 1697 (arch. comm. de Vieils-Maisons). — *Viemaisons*, 1709 (intend. de Soissons, C 205). — *Vieux-Maisons-le-Vidame*, 1748 (insin. du baill. de Château-Thierry). — *Viels-Maisons* (Dict. des Postes, 1860).

Vidamie ressortissant, pour la justice, à la prévôté de Château-Thierry et au baill. de Vitry.

VIENZY, c^{ne} d'Oulchy-le-Château. — In territorio de *Virzi*, 1212 (suppl. de D. Grenier, 289, Bibl. imp.). — Villa de *Virziaco*, 1264 (arch. de l'Empire, L 1003). — Villa de *Vierziaco*, 1317 (Bibl. imp. suppl. de D. Grenier, 294). — *Viersi*, 1337 (cart. de l'abb. de Notre-Dame de Soissons, f° 140). — *Viersy*, 1443 (comptes de l'Hôtel-Dieu de Soissons, f° 13). — *Viersis*, XVI° siècle (tombe de Jacques de Nogent en l'église de Nogentel).

Seigneurie vassale de l'évêché de Soissons (arch. de l'Emp. P. 136).

VIEUX-BAC (LE), m^{on} isolée, c^{ne} de Romeny; auj. détruite. — *Bac* (carte de Cassini).

VIEUX-LAON (LE), m^{in} à vent, c^{ne} de Saint-Thomas. — In territorio de Ligneval et de Gorial et de *Veteris-Lauduni*, 1213 (ch. de l'abb. de Saint-Vincent de Laon).

Emplacement d'un camp romain.

VIEUX-MAISON, fief, c^{ne} de Celles-sur-Aisne. — Vassal du comté de Braine.

VIEUX-MOULIN, fief, c^{ne} de Villiers-sur-Marne.

VIEUX-MOULIN (LE), m^{on} isolée, c^{nes} de Bois-lez-Pargny, Clastres, Mesnil-Saint-Laurent, Montaigu, Villers-en-Prayères.

VIEUX-MOULIN (LE), f. et m^{in}, c^{ne} de Boncourt.

VIEUX-MOULIN (LE), m^{in} à eau, c^{ne} de Crécy-sur-Serre. — Reconstruit en 1855.

VIEUX-MOULIN (LE), m^{in} à eau, c^{ne} de Landouzy-la-Ville; auj. détruit.

VIEUX-MOULIN (LE), petit h. c^{ne} de Romeny. — Doit son existence et son nom à un petit moulin détruit vers 1820.

VIEUX-MOULIN (LE), m^{in} à eau, c^{ne} de Rozoy-sur-Serre.

VIEUX-PRÉS (RUISSEAU DES), qui prend sa source dans le département de la Marne, passe à la Chapelle-Monthodon, à Saint-Agnan et à Celles-lez-Condé, et afflue au Surmelin après un cours de 6,780 mètres. — Il alimente deux moulins à blé.

VIEUX-REIMS, c^{ne} de Condé-sur-Suippe. — Camp de Titurius Sabinus (?).

VIEUX-SARTS (LES), f. c^{ne} de Rocquigny.

VIEUX-VÉZILLY (LE), h. c^{ne} de Vézilly. — *Vezilli-le-Vieux* (carte de Cassini).

VIEUX-WEZ (LE), f. c^{ne} de Nanteuil-la-Fosse. — Détruite auj. à l'exception de l'abreuvoir; elle appartenait à la maladrerie de Saint-Lazare de Soissons.

VIÉVILLE ou SAPIGNEUX, fief, c^{ne} de la Ferté-Chevresis. — Vassal de la baronnie de la Ferté-sur-Péron.

VIÉVILLE, h. c^{ne} de Fesmy (entre Fesmy et Saint-Pierre).

VIÉVILLE (LA), f. c^{ne} du Héric-la-Viéville; auj. détruite. — *Viesville*, 1353 (cart. de la seign. de Guise, f° 279). — *La Vievville*, 1413 (arch. de l'Empire, J 801, n° 5). — Cense de *la Wiesville*, 1606 (cueilleret du Hérie-la-Viéville, famille de Madrid de Montaigle). — Cense de *Viefville*, 1713 (baill. de Guise, B 2175).

Acquise, au XII° s°, par l'abbaye de Saint-Nicolas-des-Prés de Ribemont, de l'abbaye d'Honnecourt; elle était située près de l'église.

VIFFORT, c^{ne} de Condé. — In territorio de *Vifort*, 1210 (cart. de l'abb. de Saint-Jean-des-Vignes de

Soissons, f° 49, Bibl. imp.). — *Viffors*, 1498 (tit. de l'Hôtel-Dieu de Château-Thierry). — *Viffortz*, 1596 (arch. comm. de Viffort). — *Viffore*, 1671 (arch. comm. de Montlevon). — *Vuiffort*, 1673 (arch. comm. de Viffort). — *Vifforts*, 1710 (intend. de Soissons, C 205).

Dépendait de la seigneurie de Montmirail.

Vifforteau, f. c^{ne} de Montfaucon. — *Vifforteaux* (carte de Cassini).

Vignaudelain, f. c^{ne} de Soupir; auj. détruite.

Vigne-de-Resson (La), m^{on} isolée, c^{ne} de Mont-Saint-Martin.

Vigne-Midi (La), fief, c^{ne} d'Urcel. — Vassal de l'évêché de Laon.

Vignet ou Vigneux, fief, c^{ne} de Mézy-Moulins. — Cédé, le 7 mars 1605, par la fabrique de Mézy-Moulins à Robert de Hérisson (terr. de Mézy).

Vigneux, c^{ne} de Rozoy-sur-Serre. — *Viniacus*, 1162 (cart. de l'abb. de Saint-Médard, f° 46, arch. de l'Aisne). — *Vinoit*, 1165 (cart. de l'abb. de Saint-Martin de Laon, f° 15, bibl. de Laon). — *Vinnoit*, 1171 (ch. de l'abb. de Saint-Martin de Laon). — *Vinioit*, 1172 (cart. de l'abb. de Saint-Médard, f° 47, arch. de l'Aisne). — *Vignoit*, 1172 (cart. de l'abb. de Saint-Martin de Laon). — *Vinoix*, 1182 (ex Gisleberti Montensis præpositi chronico Hannoniæ, Hist. de France, t. XVII, p. 369 A). — *Vinetum*, 1210; *Vignot*, 1220 (cart. de l'abb. de Saint-Médard, f°s 47 et 48, arch. de l'Aisne). — *Vignetum*, 1261 (grand cart. de l'év. de Laon, ch. 166). — *Vigneulx*, 1568 (acquits, arch. de la ville de Laon). — *Vigneux*, 1603 (tit. de la chartreuse du Val-Saint-Pierre).

Commune établie, en 1162, par l'abb. de Saint-Médard. — Prieuré de Sainte-Léocade, fondé au XIIe s^e par la même abbaye. — Marquisat relevant, au XIVe siècle, de Montcornet.

Vignois, fief, c^{ne} de Folembray. — Vassal de Coucy-le-Château (arch. de l'Emp. E 12527).

Vignole, f. c^{ne} de Flavy-le-Martel. — Const. vers 1854.

Vignoles, h. c^{ne} de Courmelles. — *Vignoles-desuper-Mallum-Rivum*, 1249 (ch. de l'abb. de Saint-Jean-des-Vignes de Soissons). — *Vineole*, 1290 (ch. du séminaire de Soissons). — *Vignolles*, 1384 (cart. de l'abb. de Notre-Dame de Soissons, f° 41). — *Vingnolles*, 1384 (arch. de l'Emp. P. 136; transcrits de Vermandois). — *Vinolle*, 1464 (comptes de l'Hôtel-Dieu de Soissons, f° 36). — *Vignolle*, 1633 (tit. du chap. cath. de Soissons). — *Vigniol*, 1695 (arch. comm. de Villeneuve-Saint-Germain).

Vignolle, fief, c^{ne} de Viry-Noureuil. — Ancien domaine des religieux de la Motte.

Vignon (Le), m^{on} isolée, c^{ne} de Verneuil-sous-Coucy.

Village (Le), f. c^{ne} de Sommeron.

Villardel, f. c^{ne} de Courmont. — A territorio de *Vilerzel*, 1152; *Vilarzel, Vilardel*, 1205 (cart. de l'abb. d'Igny, f°s 108 et 179). — *Villardet*, 1662 (tit. de l'abb. d'Igny, arch. de la Marne). — *Villardelle*, 1693 (maîtrise des eaux et forêts de Soissons). — *Vilardelle* (carte de Cassini).

Cette ferme appartenait à l'abb. d'Igny.

Ville, m^{lin} à eau, c^{ne} de Charly; sis au pont de la ville. — *Molendinum de Ville*, 1280 (cart. de l'abb. de Notre-Dame de Soissons, f° 258).

Ville, f. c^{ne} de Clouy. — Ancien domaine du chapitre cathédral de Soissons.

Ville (La), bois, c^{ne} de Monceau-le-Neuf.

Villé (La), f. c^{ne} de Rozoy-le-Grand-et-Courdoux. — Appartenait autrefois à l'abbaye de Saint-Jean-des-Vignes de Soissons.

Villé (Le), f. c^{ne} de Montlevon. — *Le Villiers* (carte de Cassini).

Villé (Le), h. c^{nes} de Pasly et de Pommiers.

Ville-aux-Bois (La), m^{on} isolée, c^{ne} d'Artonges. — Ancien château vassal de Montmirail.

Ville-aux-Bois (La), h. c^{ne} de Montlevon.

Ville-aux-Bois (La), h. c^{ne} de Pargny. — *Ville-aux-Bois-delez-la-Fontaine*, 1315 (ch. de l'abb. de Saint-Jean-des-Vignes de Soissons).

Ville-aux-Bois (La), m^{on} isolée, c^{ne} de Sorbais.

Ville-aux-Bois-lez-Dizy (La), c^{ne} de Rozoy-sur-Serre. — *La-grande-Ville-aux-Boys paroche de Dizy*. 1574 (Fernays, not. greffe du trib. de Laon). — *La Ville-aux-Boys*, 1596 (chambre du clergé du diocèse de Laon). — *La Ville-aux-Bois-en-Thiérache*, 1732 (arch. comm. de la Ville-aux-Bois).

La seigneurie appartenait à l'abbaye de Cuissy et dépendait, au XVIe siècle, de la paroisse de Dizy-le-Gros.

Ville-aux-Bois-lez-Pontavert (La), c^{ne} de Neufchâtel. — *Boscus*, 1192 (cart. de l'abbaye de Vauclerc, f° 70). — *Villa-ad-Boscum*, 1252 (gr. cart. de l'év. de Laon, ch. 123). — Maison et forteresse dou Bos, 1340-1 (dénombr. cab. de M. d'Imécourt). — *Ville-au-Bos*, 1405 (arch. de l'Emp. J 801 n° 1). — *Ville-au-Boys*, 1528 (comptes de Roucy, même cab.). — *Ville-aux-Boys*, 1596 (chambre du clergé du dioc. de Laon). — *Paroisse de Saint-Jean-l'Évangéliste-de-la-Ville-aux-Bois, Ville-aux-Bois-les-Thony*, 1676; *Ville-aux-Bois-en-Laonnois*, 1736 (état civil de la Ville-aux-Bois-lez-Pontavert, trib. de Laon).

La seigneurie de Radouais (Marne) en relevait.

VILLEBLAIN, h. c^{ne} de Chacrise. — *Villain-Blain*, 1241 (arch. de l'Emp. L 1006). — *Vilblain*, 1243 (cart. de l'abb. de Longpont, f° 43). — *Villebelain*, 1532; *Villeblin*, 1609 (chap. de Saint-Pierre-au-Parvis de Soissons).

VILLE-CHAMBLON, ham. et moulin à eau, c^{ne} de Montfaucon.

VILLECHOLES, h. c^{ne} de Vermand. — *Villecholia*, 1209 (cart. de l'abb. de Vermand, f° 7, Bibl. imp.). — *Vilechole*, 1248 (arch. de l'Emp. L 738). — Destroit de *Villechole*, XIIIe s^e (Livre rouge de Saint-Quentin-en-l'Île, f° 195). — *Villecole*, 1320 (arch. de la ville de Saint-Quentin, liasse 269).

La seigneurie appartenait en partie au chapitre de Saint-Quentin (Recueil des fiefs, p. 325). — Le hameau de Villecholes avait sa collecte particulière. — Treize maisons dépendaient de la paroisse de Vermand; et neuf, de celle de Maissemy (intend. d'Amiens, C 775).

VILLECHOLES, fief, c^{ne} d'Urvillers. — Vassal du chapitre cathédral de Noyon.

VILLEFONTAINE (LA), f. c^{ne} de Marchais. — Vassale de Montmirail.

VILLE-LEZ-SEGONCOURT, f. c^{ne} d'Étaves-et-Bocquiaux. — *Villeneufve-lez-Segoncourt*, 1574 (min. de Chalvoix, notaire). — *Villeneuve-lez-Segoncourt*, *Ville-lez-Segoncourt*, 1577 (tit. de l'abb. de Vermand).

Cette ferme, qui appartenait autrefois à l'abbaye de Vermand, est auj. détruite.

VILLEMAINS (LES), fief, c^{ne} de Gouy. — Il consistait en quatre étangs et relevait de Guise.

VILLEMARIE, territoire près de Coucy-lez-Eppes et d'Eppes. — *Villa Marie*, 1128 (cart. de l'abb. de Saint-Martin, f° 119, bibl. de Laon).

VILLEMONTOIRE, c^{ne} d'Oulchy-le-Château. — *Villemontoir*, 1335 (cart. de l'abb. de Longpont, f° 80). — *Villemontoire*, 1383 (arch. de l'Emp. P. 136). — *Vilmontoir*, 1456 (chap. de Notre-Dame-des-Vignes de Soissons). — *Villemathoy*, 1547; *Villemantoy*, 1562; *Villemothore*, 1570; *Villemanthoir*, 1586; *Villemantoir*, 1595 (tit. de l'Hôtel-Dieu de Soissons, 264). — *Villemonthoir*, 1598 (tit. du chap. de Notre-Dame-des-Vignes de Soissons). — *Villemanthoire*, 1603; *Villemanthuy*, 1608 (tit. de l'Hôtel-Dieu de Soissons, 264). — *Vilmanthoire*, 1629 (chap. de Notre-Dame-des-Vignes de Soissons). — *Vilmontoire*, 1729 (intend. de Soissons, C 205).

La seigneurie appartenait autrefois au chapitre cathédral de Soissons et relevait de Pierrefonds.

VILLEMOYENNE, h. c^{ne} de Fère-en-Tardenois.

VILLEMOYENNE, h. c^{ne} de Fontenelle. — *Villemoienne*, 1384 (arch. de l'Emp. Trésor des chartes, reg. 30, p^{ce} 192).— *Vilmenne*, 1707; *Villemaine*, 1714 (arch. communales de Fontenelle). — *Villemène* (carte de Cassini).

Ce hameau ressortissait, pour la justice, à Montmirail. — Sa justice seigneuriale a été unie à celle de Mont-Saint-Père par lettres patentes de février 1723.

VILLEMOYENNE, h. c^{ne} de Marchais.

VILLENCET, f. c^{ne} de Parpeville. — *Vilencel*, 1145 (cart. de l'abb. de Saint-Michel, p. 28). — *Vilencel*, 1157 (ch. de l'év. de Laon). — *Vilecel*, 1157; *Villancel*, 1189 (ch. de l'abb. de Saint-Martin de Laon). — Terra *Villercelli*, XIIe s^e (cart. de l'abb. de Foigny, f° 4 v°). — Curtis *Villencelli*, *Vilercelle*, XIIe s^e; in territorio curtis que *Vilenciaux* dicitur, 1236; *Vilencials*, 1244; *Vilencella*, 1245 (cart. de l'abb. de Foigny, f°s 101 bis, 106, 110, 112, 199, Bibl. imp.). — *Villencel*, XIIIe s^e (cart. de l'abb. de Saint-Nicolas-des-Prés de Ribemont, f° 58). — *Vilenchel*, 1415 (arch. de l'Emp. P. 248). — *Villenchet*, 1586 (ibid. J 791). — *Villancet*, 1640 (délib. arch. de la ville de Ribemont, B 4). — *Velancet*, *Vilancet*, 1687 (baill. de Ribemont, B 247). — *Villanset*, 1732 (baill. de Landifay). — *Villancé* (carte de Cassini).

« Vilencel est une seigneurie sise en la paroisse de Parpeville, qualifiée franc-alleu par les chartes, qui tire son éthymologie de deux noms latins, *villa* et *cella*. » (Livre de Foigny, par de Laucy, p. 216.) — Elle a été cédée par l'abbaye de Foigny à celle du Sauvoir, au mois de juin 1330 (suppl. de D. Grenier, 290, Bibl. imp.). — Un fief dit de *Villencet* relevait de la vicomté de Landifay et il consistait en un droit de terrage à la onzième gerbe sur 71 muids 5 jalois 37 verges (baill. de Landifay).

VILLENCOURT, fief, c^{ne} de Vincy-Reuil-et-Magny. — *Vuillencourt*, 1699 (arch. comm. de Vincy-Reuil-et-Magny).

On a trouvé, en 1865, des traces de constructions sur son emplacement.

VILLENERON, f. c^{ne} de Montlevon. — *Villaneronis*, 1239 (arch. de l'Emp. L 1001).

Vassale de Montmirail.

VILLENEUVE, h. c^{ne} de Viffort. — *Villanova*, 1573 (pouillé du dioc. de Soissons, f° 26).

Autrefois paroisse.

VILLENEUVE-SAINT-GERMAIN, c^{ne} de Soissons. — *Villanova*, 1147 (cart. de l'abb. de Notre-Dame de Soissons, f° 38). — *Villenuefve*, 1352 (cart. de l'abb. de Saint-Crépin-le-Grand, f° 565). — *Villeneuve-emprès-Soissons*, 1390 (ch. des Célestins de Villeneuve). — *Villenefve*, 1398 (comptes de l'Hôtel-

Dieu de Soissons, 323). — Monastère des Célestins de la Sainte-Trinité de *Villeneuve-les-Notre-Cité de Soissons*, 1406 (suppl. de D. Grenier, 294, Bibl. imp.). — *Villeneufve-emprès-Soissons*, 1408 (cart. de l'abb. de Notre-Dame de Soissons, f° 123). — Monastère de *la Saincte-Trinité-de-Villenefve-lez-Soissons*, 1410 (arch. de l'Emp. Q 5). — *Villeneuve-lez-Soissons*, 1444 (tit. des Célestins de Villeneuve). — *Villeneuve*, 1498 (tit. de l'abb. de Saint-Jean-des-Vignes de Soissons). — *Villeneufve*, 1513 (tit. de l'Hôtel-Dieu de Soissons, 269). — *Villeneuves-les-Soissons*, 1559 (tit. des Célestins de Villeneuve-lez-Soissons).

Monastère de Célestins établi en 1390, supprimé par décret du 12 mai 1781 de l'archevêque de Reims, et dont les biens ont été unis à la communauté des Prêtres, établie en l'église de Saint-Wast de Soissons.

VILLENEUVE-SUR-FÈRE, c^ne de Fère-en-Tardenois. — *Villa nova*, 1223 (Bibl. imp. supplément français, n° 1195, p. 15 et 16). — *Villeneufve*, 1399 (comptes de l'Hôtel-Dieu de Soissons, 324). — *Villeneufve-en-Tardenois*, 1580; *Villeneve*, 1581; *Vilneufve-en-Tardenois*, 1609 (arch. comm. de Beuvardes). — *Vilneufve*, 1635 (tit. du prieuré du Charme).

Justice seigneuriale unie à celle de Mont-Saint-Père par lettres patentes de février 1783. — La seigneurie relevait de Braine (insin. de 1734 du baill. de Château-Thierry).

VILLENEUVE-SUB-RIPOSON, f. c^ne de Nesles.

VILLEQUIER-AUMONT, c^ne de Chauny. — *Genli*, 1173 (suppl. de D. Grenier, 287, Bibl. imp.). — *Genliacum, Genliacum-juxta-Viriacum*, 1251 (cart. de Notre-Dame de Paris, Guérard, t. II, p. 333 et 329). — *Genly*, 1295 (ch. de l'abb. de Saint-Nicolas-aux-Bois). — *Janliacum*, 1357 (arch. de l'Emp. Tr. des ch. reg. 89, f° 49). — *Jenly*, 1438 (ibid. MM 14). — *Genlys*, 1533 (ibid. P. 16, n° 6028). — Paroisse de *Saint-Martin-de-Genlis*, 1676 (arch. comm. de Villequier-Aumont).

Prieuré de Prémontré établi en 1421, converti, en 1495, en une abbaye du même ordre. — Sœurs de Genlis établies en 1714.

La seigneurie, vassale de Chauny, a été érigée en marquisat, au mois de mai 1645, en faveur de Florimond Bruslart de Genlis, pour relever désormais de la Tour du Louvre (1er vol. des Ordonn. de Louis XIV, HHH, f° 438, arch. de l'Emp.). — Abbécourt, Marest, Ognes et Moulin-Chevreux en ont été distraits en 1685; Savriennois, Viry-Noureuil, Genlis, Abbécourt, Bichancourt, Marizelle,

Arblincourt et Ognes faisaient partie de ce marquisat : ces seigneuries lui ont été réunies par lettres patentes de juin 1736. — La seigneurie de Genlis a été érigée en duché sous le nom de Villequier-Aumont en 1774. Ce duché comprit alors Genlis, Abbécourt, Ognes, Marest-Dampcourt, Neuflieux, et les fiefs de Blécourt, Grand-Longueval, Noureuil, Sart, Condren, Tout-Vent, Follemprise, Hellot, Rouez.

Genlis devint, en 1790, chef-lieu d'un canton dépendant du district de Chauny et composé des communes de Genlis, Beaumont-en-Beine, Frières-Faillouël, Guyencourt, Liez, Mennessis, Neuville-en-Beine et Ugny-le-Gay.

Genlis cessa de porter le nom de *Villequier-Aumont* de 1790 à 1814; une ordonnance royale du 8 juillet 1814 et un arrêté préfectoral du 12 février 1816 le lui rendirent. Il le porte encore, on ne sait pourquoi.

VILLERET, c^ne du Câtelet. — Territorium de *l'illerel*, 1200 (cart. de l'abb. de Vermand, f° 8). — *Vilerel*, 1295 (cart. rouge de Saint-Quentin, f° 53, arch. de cette ville). — *Villerel-dales-Hargicourt*, 1367 (arch. de l'Emp. P. 135; transcrits de Vermandois). — *Villerets* (carte de Cassini).

Villeret possédait, avant 1790, sa municipalité et dépendait des paroisses d'Hargicourt et de Pontru (intend. d'Amiens, C 775). — La seigneurie relevait de la châtell. de Saint-Quentin.

VILLERS, village détruit entre Crépy et Couvron, près de la station du chemin de fer de Reims à Tergnier. — In territorio de *Vileirs*, 1234 (cart. de l'abb. de Prémontré, f° 37, bibl. de Soissons).

De nombreux cercueils en pierre ont été découverts sur l'emplacement de ce village.

VILLERS-AGNON-AIGUIZY, c^ne de Fère-en-Tardenois. — *Villereium*, 1192 (cart. de l'abb. d'Igny, f° 97). — *Villers-Hagron*, 1573 (pouillé du dioc. de Soissons, f° 32). — *Vilers-Hagron*, 1635 (arch. comm. de Villers-Agron-Aiguizy).

Autrefois vicomté relevant de Châtillon-sur-Marne.

VILLERS-COTTERÊTS, arrond. de Soissons. — *Vilers-Coldereist*, 1174 (cart. AA de l'abb. de Saint-Quentin-en-l'Île). — *Villare-Coldereest*, 1196 (gr. cart. de l'év. de Laon, ch. 85). — *Viler-Codereest*, XII° s° (Hist. de France, t. XIII, p. 567 A). — *Villare-incollo-Resti*, 1273 (Actes du parlement de Paris, par Boutaric, t. I,°p. 177). — *Villaro-colli-Resti*, 1276 (Olim. t. II, p. 78). — *Villiers-Coste-Rest*, 1328 ; *Villiers-Coste-Rez*, 1330 ; *Villers-Coste-Rest*, 1340 (arch. de l'Emp. Tr. des ch. reg. 66, n° 74 ; reg.

80, p^es 84; reg. 73, p^es 266). — *Villers-Costeretz*, 1418 (comptes de l'Hôtel-Dieu de Laon, E 18). — *Villers-Cotterel*, 1573 (pouillé du dioc. de Soissons, f° 29). — *Viler-Cotteray*, 1618 (arch. de la ville de Laon). — Bourg de *Villers-Cotterets*, 1703 (intend. de Soissons). — *Villers-Coterets* (carte de Cassini).

Villers-Cotterêts relevait de la châtellenie du Crépy-en-Valois. Sa prévôté en dépendait en 1585 et comprenait Bonneil, Coyolles, Dampleux, Haramont, Longpré, Pisseleux, Vauciennes, Vaumoise, Villers-Cotterêts et Viviers; elle lui a été unie en 1679.

Le bailliage royal de Villers-Cotterêts, institué par édit de mars 1780, comprit la prévôté de la Ferté-Milon, celle de Villers-Cotterêts et les localités suivantes, qui dépendaient des prévôté et châtellenie de Pierrefonds: Attichy, Bérognes et Chelles en partie, Châtelet, Couloisy, Courtieux, Crotoy, Cuise-la-Motte, Faverolles, Hautefontaine, Jaulzy, Montgobert, Mortefontaine, Retheuil, S¹-Étienne, Silly-la-Poterie et Taillefontaine.

La subdélégation de Villers-Cotterêts, de l'élection de Crépy-en-Valois, comprenait Villers-Cotterêts, Ancienville, Boursonne, Corcy, Dampleu, Faverolles, Fleury, Gondreville, Haramont, Ivors, Largny, Louâtre, Mortefontaine, Oigny, Pisseleux, le Plessier-sur-Autheuil, Silly-la-Poterie, Taillefontaine, Thoiry, Vauciennes, Villers-Hélon et Vivières.

Villers-Cotterêts fut, en 1790, chef-lieu d'un canton dépendant du district de Soissons et formé des communes de Villers-Cotterêts, Ancienville, Corcy, Dampleu, Faverolles, Fleury, Longpont, Montgobert, Noroy, Oigny, Retheuil, Soucy, Taillefontaine, Villers-Hélon, Violaine et Vivières.

VILLERS-EN-PRAYÈRES, c^ne de Braine. — *Villare-super-Auxonam*, 1137; *Villare-super-Axonam*, 1147 (cart. de l'abb. de Saint-Yved de Braine, arch. de l'Emp.). — *Vilers-super-Auxonam*, 1164 (suppl. de D. Grenier, 296, Bibl. imp.). — In villa et territorio de *Villaribus-en-Praières*, 1269 (cart. de l'abb. de Saint-Jean-des-Vignes, bibl. de Soissons). — *Villers*, XIII° s° (arch. de l'Emp. Tr. des ch. reg. 30, p^ce 443). — *Villers-en-Praelles*, 1361 (*ibid.* reg. 91, p^ce 144). — *Villers-en-Praières*, 1405 (*ibid.* J 802). — *Vilaire-en-Prières*, 1673; *Villaire-en-Prière*, 1681; *Villers-en-Prières*, 1693 (tit. de l'abb. de Cuissy). — *Villers-en-Priers*, 1792 (intend. de Soissons, C 205). — *Villers-en-Prayère* (carte de Cassini).

C'était autrefois une seigneurie vassale de la baronnie de Pontarcy.

VILLERS-HÉLON, c^ne de Villers-Cotterêts. — *Villeir*, 1209 (cart. de l'abb. de Notre-Dame de Soissons, f° 107). — *Villaris*, 1216 (suppl. de D. Grenier, 289, Bibl. imp.). — *Villers-le-Hélon*, 1228 (cart. de l'Hôtel-Dieu de Soissons, 190). — *Villers-Monseigneur-Héron*, 1255 (arch. de l'Empire, Tr. des chartes, reg. 30, n° 245). — In territorio de *Villari-Helonis*, 1261 (suppl. de D. Grenier, 289, Bibl. imp.). — *Villaria-Helonis*, 1262 (*ibid.* 296). — In territorio de *Villaribus-Domini-Helonis*, 1263; in territorio de *Villaribus-le-Hellon*, 1277 (*ibid.* 289, *ibid.*). — *Villers-Monseigneur-Heloir*, 1277 (arch. de l'Emp. L 1003). — Terrenir de *Vilers-Monseigneur-Helon*, 1280 (suppl. de D. Grenier, 289). — *Willers*, XIII° s° (cueilleret de l'Hôtel-Dieu de Soissons, 191). — *Vilers-le-Heilon*, 1318 (arch. de l'Emp. L 1003). — *Villers-Hellonis*, 1529 (tit. de l'Hôtel-Dieu de Soissons). — *Villers-le-Hellon*, 1545 (comptes du même Hôtel-Dieu, f° 83). — *Villers-Huilrons*, 1552 (tombe de Périnette de Gernicourt, en l'église de Villers-Hélon). — *Villers-le-Hellon*, XVI° s°; *Villers-le-Hélon*, 1561 (tombes en l'église de Villers-Hélon). — *Villers-le-Hélon*, 1623 (tit. de l'abb. de Saint-Jean-des-Vignes de Soissons). — *Villers-Héron*, 1653 (arch. comm. de Villers-Hélon). — *Villers-les-Hérons*, 1668 (arch. comm. de Nanteuil-Vichel). — *Villers-Hellon*, 1677 (maîtrise des eaux et forêts de Villers-Cotterêts). — *Villers-les-Hellon*, 1696 (arch. comm. de Villers-Hélon). — *Villers-le-Long*, 1736 (*ibid.*).

Villers-Hélon était autrefois une vicomté vassale de Bazoches.

VILLERS-LA-FOSSE, h. c^ne de Vaurezis. — In territorio *Sancti-Medardi-ad-Fossam*, 1221; *Vilers*, 1225; *Villiers-la-Fosse*, *Vilers-in-Fossa*, 1236 (cart. de l'abb. de Saint-Médard de Soissons, f°s 77, 104 et 142). — *Villers-à-la-Fosse*, 1559 (chap. de Saint-Pierre-au-Parvis de Soissons).

La seigneurie appartenait à l'abb. de Saint-Médard et faisait partie de la pottée de Cuizy-en-Almont; elle relevait de Pierrefonds.

VILLERS-LE-PETIT, petit h. c^ne de Chouy. — *Villiers-le-Petit*, 1603 (tit. de l'hôpital de Soissons). — *Villers-Petit*, 1623 (tit. de l'abb. de Saint-Crépin-le-Grand de Soissons).

Autrefois *Maucreux* (l'abbé Carlier, *Hist. du duché de Valois*, t. I, p. XXVII). — Domaine appartenant à l'abbaye de Saint-Crépin-en-Chaye et relevant de la Ferté-Milon.

VILLERS-LE-SEC, c^ne de Ribemont. — *Villers*, 1138; *Viler*, 1143 (cart. de l'abb. de Saint-Nicolas-des-Prés de Ribemont, f°s 1 et 58). — *Villare-Siccum*,

1176 (cart. de l'abb. de Saint-Denis, f° 245). — Altaria de *Vileirs*, 1186 (cart. de l'abb. de Saint-Nicolas-des-Prés, f° 6). — *Vilers*, xiiᵉ sᵉ (ch. de la même abbaye). — Ecclesia de *Viller-le-Sec*, 1203 (coll. de D. Grenier, 24ᵉ paquet, n° 1). — Hospitalaria de *Villaribus*, 1278 (ch. de l'Hôtel-Dieu de Laon). — Terroir de *Vilers-le-Sec*, 1295 (suppl. de D. Grenier, 290, Bibl. imp.). — Ville de *Villers-le-Secq*, 1362 (cart. de l'abb. de Saint-Quentin-en-l'Île, f° 37, arch. de l'Emp. LL 1016). — *Villers*, 1371 (ch. de l'abb. de Saint-Vincent de Laon). — *Villers-le-Secq*, 1411 (arch. de l'Emp. J 801, n° 4).— *Villiers-le-Secq*, 1588 (tit. de l'abb. de Saint-Nicolas-des-Prés de Ribemont). — *Villers-Sec*, 1630 (chambre du clergé du dioc. de Laon). — *Vilers-Secq*, 1634 (tit. de l'abbaye de Saint-Quentin-en-l'Île). — *Villers-lez-Secq*, 1637 (baill. de Ribemont, B 18).

La seigneurie appartenait aux abbayes de Saint-Quentin-en-l'Île et de Saint-Vincent de Laon et relevait du comté de Ribemont.

Villers-lez-Guise, cⁿᵉ de Guise. — *Vilers*, 1327; *Villers*, 1336 (cart. de la seign. de Guise, f° 83 et 206). — *Villare-juxtà-Guisiam*, *Villaria-ultrà-Guisiam*, 1340 (Bibl. imp. fonds latin, ms. 9228). — *Villers-oultre-Guise*, 1405 (arch. de l'Emp. J 801, n° 1). — *Villers-desseure-Guise*, 1410 (cart. de la seign. de Guise, f° 328). — *Villiers-oultre-Guise*, *Villiers-oultre-Oise*, 1561 (arch. de la ville de Guise). — *Villers-au-lez-Guise*, 1568 (acquits, arch. de la ville de Laon). — *Villiers*, 1650 (arch. du Dépôt de la guerre, intér. Corresp. milit. 119). — *Viller-lez-Guise*, 1689 (baill. de Ribemont, B 249). — *Villers-la-Réunion*, 1793.

Villers-lez-Guise était autrefois une seigneurie vassale de Guise.

Villers-le-Vast, h. cⁿᵉ de Marigny-en-Orxois. — *Villers-le-Vaste*, 1639 (baill. de Charly).

Ce hameau ressortissait, pour la justice, au Châtelet de Paris. — Il a été distrait de la cⁿᵉ de Veuilly-la-Poterie et uni à celle de Marigny-en-Orxois par décret du 22 février 1812.

Villers-le-Vert, mⁿ à eau, cⁿᵉ de Sissy. — *Villiere-le-Vert-dessoubz-Ribemont*, 1383 (arch. de l'Emp. P 135; transcrits de Vermandois). — *Villers-le-Verd*, 1451 (plumitif du baill. de Vermandois). — *Viler-le-Vert*, 1619 (Hist. de Ribemont, par Furcy Baurin). — *Viller-Vert*, 1693 (prévôté de Ribemont). — *Viler-Vert*, 1725 (arch. de la ville de Laon). — *Villers-Vert* (carte de Cassini).

Ce domaine appartenait à l'abb. de Saint-Nicolas-des-Prés et relevait de Ribemont.

Villers-Saint-Christophe, cⁿᵉ de Saint-Simon. — *Villers-de-lez-Ham-en-Vermandois*, 1383 (archives de l'Emp. P 135; transcrits de Vermandois). — *Villers-emprés-Ham*, 1436 (tit. de l'Hôtel-Dieu de Saint-Quentin). — *Villiers-Saint-Christofle*, 1532 (comptes de la châtel. de Ham, chambre des comptes de la Fère). — *Villers-Sainct-Christofle*, 1554 (titres de l'abbaye du Calvaire de la Fère). — *Villers-l'Uni*, 1793.

La seigneurie relevait de Ham. — La paroisse dépendait du doyenné de la même ville.

Villers-sur-Fère, cⁿᵉ de Fère-en-Tardenois. — *Villers*, 1147 (cart. de l'abb. de Saint-Yved de Braine, arch. de l'Emp.). — *Villereium-in-Quarella*, 1192 (cart. de l'abb. d'Igny, f° 97). — *Vilers-en-Tardenois*, 1208 (cart. de l'abb. de Saint-Yved de Braine, arch. de l'Emp.). — *Villiers*, 1344 (arch. de l'Emp. Tr. des ch. reg. 74, n° 29). — *Villiers-en-Tardenoys*, 1383 (arch. de l'Emp. P 136; transcrits de Vermandois). — *Villers-de-Coste-d'Ochys*, 1392 (Manuel de l'Hôtel-Dieu de Soissons, 323). — *Villers-en-Tardenois*, 1408 (comptes de l'Hôtel-Dieu de Soissons, f° 117). — *Villares-in-Tardano*, 1573 (pouillé du dioc. de Soissons, f° 32). — *Villiers*, 1620 (arch. comm. de Villers-sur-Fère).

Dépendait autrefois de la baronnie de Fère-en-Tardenois.

Villerzy, f. cⁿᵉ d'Any-Martin-Rieux. — *Willerzy*, *Viliersy*, 1612 (terr. d'Any-Martin-Rieux).

Autrefois seigneurie, vassale de la baronnie de Benay. — La ferme a été construite en 1838.

Villesavoye, cⁿᵉ de Braine. — *Villa-Savoir*, 1150; *Villa-Savoyr*, 1153; *Villa-Saverie*, 1162; *Killesever*, xiiᵉ sᵉ (cart. de l'abb. d'Igny, f° 83, 85, 88, 91). — *Villa-Sapientie*, 1317 (arch. de l'Emp. Q 5). — *Villesavoir*, 1412 (tombe de Raouline de Torote en l'église de Villesavoye). — *Villesavoie*, 1619 (tombe d'Antoine Lecamus, président au parlement de Paris dans l'église de Cramaille). — *Vilsavoie*, 1710; *Vilsavoye*, 1759 (intend. de Soissons, C 206, C 320).

La seigneurie relevait de la baronnie de Bazoches (arch. de l'Emp. P 136; transcrits de Vermandois).

Villette (La), h. cⁿᵉ de Caumont. — *Villette-lez-Caumont*, 1688 (baill. de Chauny, B 1708).

Ce hameau dépendait du marquisat de Geulis et relevait de Villers-Saint-Christophe.

Villette (La), h. cⁿᵉ de Champs. — *Villecte*, 1492 (arch. de l'Emp. O 20190).

Villette (La), quartier de la ville de Laon avoisinant l'abbaye de Saint-Vincent et détruit, en 1359, par les Anglais. — *Villa-Sancti-Vincentii*, 1259 (ch. de l'abb. de Saint-Vincent de Laon).

VILLETTE (LA), f. ĉ de Sissonne. — Cette ferme provenait de l'abbaye de Saint-Martin de Laon; elle a été unie à la châtell. de Sissonne.

VILLEVÊQUE, h. et ḿ̂ à eau, ĉ de Marteville. — *Vilevesque*, 1202; *Villeveske*, 1203; territorium *Ville Episcopi*, 1225 (cart. de l'abb. de Fervaques, p. 254, 255, 260). — *Vileveske*, 1264 (arch. de l'Emp. L 998). — *Villevesque*, 1373 (*ibid.* P 135; transcrits de Vermandois). — *Villevesque-en-Vermandois*, 1602 (maîtrise des eaux et forêts de la Fère).

Villevêque possédait sa municipalité avant 1789 (intend. d'Amiens, C 775). — La seigneurie appartenait alors en partie au chapitre de Saint-Quentin (Recueil des fiefs, p. 328).

VILLIERS, h. et ḿ̂ à eau, ĉ de Vendières.

VILLIERS-SUR-MARNE, ĉ de Charly. — *Vilare-juxtà-Charliacum*, 1247 (cart. de l'abb. de Saint-Médard, f° 33, Bibl. imp.). — *Villers-sur-Marne*, 1710 (int. de Soissons, C 205). — *Villers-aux-Pierres*, 1793.

Formait autrefois un comté avec Domptin. — Il conviendrait de conserver le nom de *Villiers-aux-Pierres* pour éviter de fréquentes erreurs dans les bureaux de poste.

VILLOMÉ, h. ĉ de Coulonges. — *Villaumer*, 1224 (cart. de l'abb. de Saint-Médard, f° 27, Bibl. imp.). — *Vilomé*, 1664 (terr. arch. comm. de Coulonges).

Vicomté vassale de Braine.

VILPION (LE), ruisseau. — *Losenge-Vairon*, 1266 (cart. de l'abb. de Foigny, f° 299, Bibl. imp.). — *Wilpion*, 1789 (tit. de l'Hôtel-Dieu de Marle).

Il prend sa source à Plomion, sépare les territ. de Rogny, Montigny-sous-Marle, Thiernut et Lugny, alimente onze moulins à blé, un à huile, deux papeteries et une filature de laine, dans un cours de 46,423 mètres, et se jette dans la Serre à Dercy. Il recevait autrefois cette rivière à Erlon.

VILZEAU, h. ĉ de Viffort.

VINAUDREUX, h. ĉ de Rozoy-Bellevalle. — *Vinodreux* (carte de Cassini).

VINCELLES, h. ĉ de Château-Thierry.

VINCY-REUIL-ET-MAGNY, ĉ de Rozoy-sur-Serre. — *Vinci*, 1229 (ch. de l'Hôtel-Dieu de Laon, B 13). — *Vinciacus*, 1251 (cart. de l'abb. de Saint-Martin de Laon). — *Vinci-juxtà-Moncornet*, XIIÎ siècle (cart. de l'abb. de Thenailles, f° 83). — *Vincy-Roit-et-Maigny*, 1416 (arch. de l'Emp. J 801, n° 6).

Le fief de Vincy relevait de Vigneux.

VINET, h. ĉ de la Celle.

VINGRÉ, h. ĉ de Nouvron-et-Vingré. — *Vingrez*, 1573 (pouillé du dioc. de Soissons, f° 28).

Ce hameau, qui formait une commune, a été uni à Nouvron par ordonnance royale du 1̂ mars 1826.

VINGT-MUIDS (LES), m̂̂ isolée, ĉ de Bouresches.

VINLY, h. ĉ de Saint-Gengoulph. — *Vinly-Jeangoult*, 1707 (arch. comm. de Saint-Gengoulph). — *Villy* (carte de Cassini).

La seigneurie relevait en partie de Gandelu et ressortissait à Meaux pour la justice.

VINOT-COUESNON (LE), maison isolée, ĉ de Vieils-Maisons.

VINOT-GILBERT (LE), petit h. ĉ de Vieils-Maisons.

VINOT-GUYART (LE), petit h. ĉ de Vieils-Maisons.

VIOLAINE, h. ĉ de Louâtre. — *Villane*, 1110 (cart. de l'abb. de Saint-Jean-des-Vignes). — *Villanie-suprà-Saveriam*, 1132 (cart. de l'abb. de Longpont, f° 8, Aisne). — *Villanie*, 1216 (suppl. de D. Grenier, 289 Bibl. imp.). — *Viullaines*, 1235 (ibid. 297, ibid.). — *Violeines*, 1256; *Vieulaines-suprà-Longum-Pontem*, 1262 (ibid. 296). — *Vieulainnes*, 1262 (arch. de l'Emp. L 1001). — *Vieulainnes-de-seur-Loncpont*, 1265 (cart. de l'abb. de Saint-Jean-des-Vignes, bibl. de Soissons). — *Viullaines-suprà-Villaria-Helonis*, 1279 (arch. de l'Emp. L 1002). — *Vieulanie*, 1279 (suppl. de D. Grenier, 297. Bibl. imp.). — *Violaine-sur-Longpont* (carte de Cassini).

Cette ferme appartenait à l'abbaye de Saint-Jean-des-Vignes et relevait de Pierrefonds.

VIOLAINE, h. ĉ de Maast-et-Violaine. — *Villana*, 1047 (cart. de l'abb. de Saint-Médard, f° 127). — *Villa de Villenes*, 1203 (ibid. f° 156, Bibl. imp.). — *Villane*, 1210; *Viulaines*, *Vieulaines*, 1226; *Villaines*, 1228; *Violaines-in-parrochia de Maast*, 1260; *Vyolences*, XIIÎ ŝ (ibid. f° 64, 67, 132 et 134, arch. de l'Aisne). — *Viollaines-soubz-le-Maas*, 1358 (cart. de l'abb. de Notre-Dame de Soissons, f° 136). — *Villanes*, 1384 (arch. de l'Emp. P 136; transcrits de Vermandois). — *Vieulaine*, 1410 (comptes de Launoy, cab. de M. d'Inécourt). — *Violaine-sur-Mas*, 1643 (comptes de l'hôpital de Soissons). — *Violainne*, 1664 (reg. des délib. du même établissement).

La seigneurie, vassale de Pierrefonds, a été unie à la justice de l'abbaye de Saint-Médard par lettres patentes d'octobre 1746.

VINEUL, bois, ĉ de Beaulne-et-Chivy. — Appartenait à l'Hôtel-Dieu de Laon.

VIRLY, h. ĉ de Jouaignes. — Autrefois seigneurie vassale de Vieil-Arcy.

VIRY-NOUREUIL, ĉ de Chauny. — *Viriacum*, 1115 (cart. de Notre-Dame de Paris, publié par M. Guérard, t. I, p. 306). — *Viri*, 1186 (arch. de la ville de Chauny). — *Viriacum-in-Viromandia*, 1291 (cart. de Notre-Dame de Paris, t. II, p. 335). —

Vyriacum-in-Viromandia, 1332 (arch. de la ville de Chauny). — *Viry-en-Vermandois*, 1411 (arch. de l'Empire, P 136). — *Viry-Noreuil*, 1709 (intend. de Soissons, C 274).

La seigneurie de Viry appartenait autrefois au chap. cath. de Notre-Dame de Paris, à la barre duquel étaient portés les appels de la justice seigneuriale. Cette seigneurie était en partie vassale de la Fère (arch. de l'Emp. P 248-2).

VISIGNEUX, h. c^{ne} de Berzy. — *Visengnueil*, 1272 (Bibl. imp. suppl. de D. Grenier, 293, ch. 66). — *Visenuelz*, 1297 (ibid. 294). — *Visigneul, Visegnieu*, XIVe s^e (arch. de l'Emp. P 136; transcrits de Vermandois). — *Visinicur*, 1632 (chap. de Notre-Dame-des-Vignes de Soissons). — *Visignieux*, 1540 (comptes de l'Hôtel-Dieu de Soissons, f° 17). — *Visignieulx*, 1550 (ibid. f° 4).

Le hameau de Visigneux doit son origine à une ferme qui appartenait au chapitre de Berzy. — La seigneurie était vassale de l'évêché de Soissons et ressortissait à l'exemption de Pierrefonds, pour la justice.

VIT-TROP, f. c^{be} de Villers-sur-Fère.

VIVAISE, c^{ne} de Laon. — Territorium de *Vivasiis*, 1205 (Bibl. imp. suppl. de D. Grenier, 283). — *Vivayse*, 1521 (tit. de l'Hôtel-Dieu de Laon). — *Vivaize*, 1599 (chambre du clergé du dioc. de Laon).

La seigneurie appartenait autref. au chap. cath. de Laon.

VIVIER, partie du bois de Puisieux où l'on voit encore les traces d'un étang.

VIVIER (LE), petit h. c^{ne} d'Aizy.

VIVIER (LE), fief, c^{ne} d'Autremencourt.

VIVIER (LE), m^{on} isolée, c^{ne} de Coincy-l'Abbaye. — Autrefois *Moulin-de-Sainte-Marie* (Hist. de Coincy, de Vertus, p. 101).

VIVIER (LE), f. c^{ne} d'Étreux.

VIVIER (LE), h. c^{ne} de Folembray. — Verrerie établie, en 1717, par Gaspard Thévenot; elle a été rétablie depuis quelques années.

VIVIER (LE), f. c^{ne} de Grougis. — La ferme du *Vivier-la-Loge* appartenait autrefois à l'abb. de Bohéries.

VIVIER (LE), mⁱⁿ à eau, c^{ne} de Saint-Thomas.

VIVIER-DU-BOIS (LE), m^{on} isolée, c^{ne} de Coupru. — Détruite au XVIIIe siècle.

VIVIÈRES, c^{ne} de Villers-Cotterêts. — *Sancta-Maria-de-Vivariis*, 1141 (ch. de l'abbaye de Valsery). — *Vivaria*, 1215 (cart. de Philippe-Auguste, f° 57, Bibl. imp.). — *Vivarium*, 1238 (cart. de l'abb. de Longpont, f° 31). — *Vivers*, 1273 (Actes du parlement de Paris, par Boutaric. t. I, p. 177). — *Vivarie*. 1293 (cart. du chap. cath. de Soissons, f° 7).

— *Vivyers*, 1577 (comptes de l'Hôtel-Dieu de Soissons, f° 31).

Autrefois prieuré tenu en bénéfice simple. — Châtellenie vassale de Pierrefonds. — Prévôté foraine supprimée lors de l'érection du bailliage de Villers-Cotterêts, en 1703.

Vivières tire son nom de quelques pièces d'eau qui se trouvaient originairement sur son territoire (Hist. du Valois, par Carlier, t. I, p. 413). — Maladrerie unie à l'Hôtel-Dieu de Pierrefonds en 1697, désunie et unie à l'Hôtel-Dieu de la Ferté-Milon par arrêt du Conseil d'État du 3 juillet 1699.

Vivières était chef-lieu d'un doyenné rural dépendant du grand archidiaconé de Soissons et composé d'Ambleny, Breuil, Cheltes, Cœuvres, Corcy, Couloisy, Croutoy, Cuise-la-Motte, Cutry, Dommiers, Favcrolles, Haute-Fontaine, Jaulzy, Laversine, Longpont, Martimont, Montgobert, Montigny-Lengrain, Mortefontaine, Pierrefonds, Ressons-le-Long, Saint-Bandry, Saint-Étienne, Saint-Jean-aux-Bois, Saint-Pierre-Aigle, Soucy, Valsery, Vieux-Moulins et Vivières.

VIVIER-LE-PANDEUX, fief, c^{ne} d'Haution; vassal du marquisat de Vervins.

Le manoir seigneurial était dans le voisinage d'Hambrecy et n'existait plus en 1760 (foi et hommages du marquisat de Vervins).

VIVIER-LE-ROI, fief, c^{ne} de Sissy, vers Rogny.

VIVRAY, m^{on} isolée, c^{ne} de Bertaucourt-Épourdon.

VIVRAY (LE), f. c^{ne} d'Essommes. — *Viveray*, 1760 (arch. comm. d'Essommes).

VIVRET, m^{on} isolée, c^{ne} de Saint-Gobain. — *Vivrest*, 1555; *Viverest*, 1556; *Viveretz*, 1557 (maîtrise des eaux et forêts de la Fère). — *Vivarest*, 1606 (comptes de la châtell. de la Fère, chambre des comptes de la même ville). — *Vivray*, 1664 (baill. de la Fère, B 1079).

Doit son nom au voisinage d'un vivier.

VOHARIES, c^{ne} de Sains. — Molendinum de *Waheris*, 1144 (cart. de l'abb. de Theuailles, f° 15). — *Vaheries*, 1168 (cart. de l'abbaye de Saint-Michel, p. 240). — *Wauhary*, XVe siècle (arch. de l'Emp. P 292-2). — *Waharis*, 1411 (ibid. J 801, n° 4). — *Vaulxharis*, 1606 (min. de Constant, not. greffe du trib. de Laon). — *Vaulhary*, 1618 (min. de Carlier, notaire). — *Vaulxharry*, 1650 (baill. de Marfontaine). — *Vauharys*, 1656 (coll. de M. Édouard Piette). — *Vohary*, 1661 (chambre du clergé du dioc. de Laon). — *Vauhary*, 1685 (arch. comm. de Voharies). — *Vauxharis*, 1745 (intend. de Soissons, C 206).

Autref. seigneurie vassale du fief de la Tombelle de Marle.

Voidon, m^{ln} à eau, c^{ne} de Mercin-et-Vaux. — Domus leprosorum de *Weisdon*, 1213 (arch. de l'Empire, L 1003). — Domus leprosorum de *Wedon*, 1213 (cart. de l'abb. de Notre-Dame de Soissons, f° 329). — *Woidon*, 1270; *Waidon*, 1263 (cart. de l'abb. de Saint-Jean-des-Vignes de Soissons, bibl. de Soissons).

Ce moulin appartenait autrefois à la comm^{de} de Maupas. — La maladrerie a été unie à l'Hôtel-Dieu de Soissons par arrêt du Conseil d'État du 3 août 1696.

Voie (La), bois, c^{ne} d'Urvillers; auj. défriché.

Voie-à-Cailloux (La), h. et m^{ln} à eau, c^{ne} de Lescholle. — *Voie-à-Cailleaur*, 1741 (arch. comm. de Lavaqueresse). — *Voye-à-Cailloux*, 1742 (élection de Guise).

Voie-du-Chàtel, h. c^{ne} de Marigny-en-Orxois.

Voierie (La), h. c^{ne} d'Esquehéries. — *La Voiry*, 1745 (gruerie du Nouvion).

Voies anciennes. — De Châtillon-sur-Oise au Câteau-Cambrésis, par Fieulaine, Méraulieu, Étaves, Seboncourt et Vaux-Andigny.

De Condren à Noyon, par Viry, Mondescourt, Babœuf et Salency.

De Corbeny à Noyon, par Craonne, Hurtebise, le territoire de Cerny-en-Laonnois, se confondant avec la route des Dames. La route de Laon à Soissons la recouvre depuis l'Ange-Gardien jusqu'à Laffaux. Elle sert de démarcation aux territoires de Terny-Sorny, Leuilly, Crécy-au-Mont, Juvigny, Selens, Morsain, Audignicourt, Blérancourdelle, et rejoint au-dessous de Nampcel la voie de Soissons à Amiens, avec laquelle elle se dirige vers Noyon.

De Cutz vers Ham, par Quierzy, Caillouël-Crépigny et Guivry.

De Laon à Arras, par Loizy, Vivaise, Monceaules-Leups, Pont-à-Bucy, Nouvion-l'Abbesse, Serylez-Mézières, Mézières, Itancourt, Saint-Quentin, Pontruet et Cologne.

De Laon à Cambrai, par Aulnois et Chéry-lez-Pouilly.

De Laon à Mézières (Ardennes), par Chambry, Monceau-le-Wast, Pierrepont, les fermes de Beauvois, Rocquignicourt (village détruit), Montcornet et Rozoy-sur-Serre.

De Laon à Péronne, par Crépy, Versigny, Rogécourt, Danizy, Travecy, Remigny, Montescourt-Lizerolles, Seraucourt, Roupy, Vaux et Beauvois.

De Noyon à Villers-Cotterêts, par Attichy (Oise) et Vivières.

De Reims à Cambrai, par Nizy-le-Comte, Voyenne, Sons, Landifay, Proix, Copevoie, Bohain.

De Reims à Crépy-en-Valois, par Fismes, Mareuil-en-Dôle, Wallée, Oulchy-la-Ville, Neuilly-Saint-Front et la Ferté-Milon.

De Reims à Paris : 1° par Crézancy, Fossoy, Blesmes, Chierry, Étampes, Chézy-l'Abbaye, Nogent-l'Artaud, Charly, Crouttes et Meaux; 2° par Fismes, Mareuil-en-Dôle, Trianges et Gandelu.

De Saint-Quentin à la Capelle, par Longchamps, Vadencourt et Lesquielles.

De Saint-Quentin à Nesles, par Savy et Étreillers.

De Saint-Quentin à Noyon.

De Soissons à Laon, par Crouy, Chavignon, Urcel, Étouvelles et Chivy-lez-Étouvelles (voy. les Actes de saint Ansery, évêque de Soissons, Boll. Acta sanctorum, 5 sept., p. 548, n° 14).

De Soissons à Ribemont, la même que la précédente jusqu'à Chavignon. Elle passe à Chaillevois, Royaucourt, Vaucelles, Mons-en-Laonnois, Thierret, Cerny-lez-Bucy, Courvon, Monceau-les-Leups, Pont-à-Bucy, Nouvion-et-Câtillon, Fay-le-Noyer.

De Soissons à Troyes, par Taux, Hartennes, Oulchy-le-Château, Château-Thierry, Viffort, Fontenelle, Montmirail.

Voies romaines. — *De Bavay à Reims*, mentionnée dans l'Itinéraire d'Antonin et la Table Théodosienne. Elle suit, depuis Étrœungt (Nord), la route impériale n° 2, de Paris à Maubeuge, avec laquelle elle se confond en très-grande partie, passe à Vervins, Rabouzy, la ferme de Deuil, la Chaussée-d'Hary, Hary, traverse la forêt du Val-Saint-Pierre, et se dirige vers le hameau de Séchelles, où se trouvait la station de *Catusiacum*, laissant sur la gauche Vigneux, dominé par un camp de 400 mètres de long sur 250 de large; remonte vers la Ville-aux-Bois, traverse Dizy-le-Gros, Nizy-le-Comte, atteint les dernières maisons de Lor, passe l'Aisne à Évergnicourt, où se trouvait la station de *Muenna* ou d'*Auxenna*, et quitte ensuite le département de l'Aisne, en se dirigeant vers Reims.

De Bavay à Beauvais. Elle pénètre dans le département de l'Aisne en séparant les territoires de Prémont et de Serain près d'un tumulus, traverse celui de Beaurevoir, dominé par un camp, Estrées, Riqueval; atteint à 2 kilomètres de là la voie de Saint-Quentin à Arras, suit le versant nord de la vallée de l'Omignon, passe près du tumulus de Pontru, atteint le camp de Vermand et se réunit à la voie d'Amiens à Saint-Quentin, dont elle se sépare au delà de Marteville, passe ensuite à Beauvois et Lan-

38.

chy, pour entrer dans le département de la Somme à Ugny-l'Équipée. — *Chaussée-Brunehaut*, 1573 (arch. de l'Emp. P 248-3).

De Reims à Thérouanne. Mentionnée dans l'Itinéraire d'Antonin et la Table Théodosienne, elle passe au Câtelet, à Bony, Quennemont, Cologne, Pontruet; atteint, avant d'entrer à Saint-Quentin, la voie de Reims à Arras, traverse Essigny-le-Grand, atteint Montescourt-Lizerolles, où se trouve un tumulus, le bois de Liez, Remigny, Vouël, où se voit un autre tumulus, Condren, remonte la butte d'Amigny, passe sur le territoire d'Autreville, s'enfonce dans la forêt basse de Coucy, pour gagner Folembray, Pont-Saint-Mard, où elle traverse l'Ailette, puis se dirigeant vers Juvigny, où se trouvent encore des bornes milliaires, parcourt Pasly après avoir laissé, à onze mètres sur la droite, le dolmen de Vaurezis, et atteint Soissons et la voie d'Agrippa qui conduisait d'Amiens à Reims.

De Reims à Amiens. Cette voie, mentionnée dans l'Itinéraire d'Antonin, la Table Théodosienne, le testament de saint Remy et l'inscription de Tongres, passe par Fismes, le pont d'Ancy, Courcelles, Soissons, Arlaines; elle se confond avec la route impériale n° 31 à Sermoise jusqu'au delà d'Arlaines, franchit l'Aisne au-dessous de Vic-sur-Aisne pour atteindre les hauteurs de Moulaye, où elle entre dans le département de l'Oise près de la croix Sainte-Léocade.

De Reims à Arras. La route impériale n° 44 la recouvre entièrement jusque vis-à-vis du territoire de Sainte-Croix, atteint la montagne d'Aubigny, qu'elle franchit pour aboutir à la Maison-Rouge, où elle se confond de nouveau avec la route impériale n° 44, jusqu'au lieu dit *la Fosse Grisarde*, descend du côté de Veslud, où elle forme la rue de la Barrière, et se dirige vers Athies, qu'elle traverse, atteint Chambry, pour laisser à droite Hordevoie, gagne Longuedeau, limite les territoires de Mesbrecourt-Richecourt et de Nouvion-Câtillon, passe à Câtillon-du-Temple, effleure les dernières maisons de Surfontaine, passe entre Neuville-Saint-Amand et Itancourt, traverse Saint-Quentin. La route impériale la recouvre ensuite jusqu'à 300 mètres au delà de Saint-Quentin. Elle se dirige vers l'extrémité nord de Pontruet et le bois de Cologne. — *Chemin-Roumeres*, 1271 (ch. de l'abb. de Saint-Nicolas-aux-Bois). — *Chemin-Rommeres*, 1292 (ch. de l'Hôtel-Dieu de Laon, A I).

Voie de la Barbarie (iter barbaricum).— De Reims à Laon, par Beauregard, Maizy, Cuissy, Cerny-en-Laonnois, Chamouille, Monthenault, Bruyères et Laon.

De Soissons à Senlis. Elle se confond avec la route de Soissons à Vic-sur-Aisne jusqu'à Pontarcher, laisse sur sa droite Montigny-Lengrain pour atteindre ensuite le département de l'Oise. — Cette chaussée est citée dans l'Itinéraire d'Antonin.

De Soissons à Paris: 1° par Villers-Cotterêts et Crépy-en-Valois; 2° par Longpont, Corcy, Favcrolles, la Ferté-Milon et Meaux.

De Saint-Quentin à Amiens, par Holnon, Marteville et Vermand.

Ces chaussées ont été parfaitement décrites dans un remarquable travail de M. Amédée Piette, où la nomenclature qui précède a été en grande partie puisée.

Vois, forêt. — *Silva que dicitur Vedogium*, 1101 (ch. de l'abb. de Saint-Nicolas-aux-Bois). — *Sylva Vosagum*, 1119 (ex lib. tertio Hermanni monachi de Miraculis beate Marie Laud. bibl. de Laon). — *Foresta Vosagii*, 1170 (cart. de l'abb. de Saint-Martin de Laon, t. III, p. 129). — In foresta de *Voxs*, 1209 (cart. de l'abb. de Prémontré, f° 22). — *Forêt de Voix*, 1287; forêt de *Wois*, 1289 (grand cart. de l'év. de Laon, ch. 189). — Forêt de *Vouys*, 1397 (ch. de l'abb. de Saint-Nicolas-aux-Bois).

Les forêts de Coucy, de Saint-Gobain et de Monceau-les-Leups sont des restes de la forêt de *Vois*, qui semble avoir laissé son nom à une habitation près de Quincy-Basce, 1318 (Bibl. imp. suppl. de D. Grenier, 291).

Voisin, fief et mⁱⁿ à cau, cⁿᵉ de Camelin-et-le-Fresne. — *Voysin*, 1648 (baill. de Chauny, B 1612).

Il ne reste plus que deux pavillons de l'ancien château.

Volvreux, f. cⁿᵉ de Jouy. — Elle a été acquise, le 27 juillet 1714, par l'abb. de Saint-Paul de Soissons.

Vorges, cⁿᵉ de Laon. — *Vorgia*, 1186 (cart. de Philippe-Auguste, f° 39, Bibl. imp.). — *Worges*, 1213 (ch. de l'abb. de Saint-Vincent de Laon). — *Beatus Johannes-de-Vorgiis*, 1230 (ch. de l'abb. du Sauvoir). — *Vïorges*, xiiiᵉ sᵉ (cueilleret de l'Hôtel-Dieu de Laon, B 62). — *Vorgie*, 1260 (ch. de l'Hôtel-Dieu de Laon, B 60). — *Vorge*, 1678 (arch. comm. de Bruyères-et-Montbérault).

Vorges faisait partie de l'ancienne commune de Bruyères.

Vouël, cⁿᵉ de la Fère. — *Voerium*, 1132 (cart. du chap. cath. de Noyon, f° 82, arch. de l'Oise). — *Voëil*, 1145; *Voel*, 1174 (Chron. de Nogento, p. 239 et 427). — *Woel*, 1220 (arch. de l'Emp. L 994). — *Voué*, 1298 (Olim, t. II, p. 416). — Saint-

Martin-de-Vouel, 1684 (arch. comm. de Vouël). — Wouel (carte de Cassini).

La seigneurie dépendait de la châtell. de Chauny et relevait de l'évêché de Noyon.

VOULPAIX, c^{ne} de Vervins. — Altare de *Vulpasio*, 1065 (mém. ms. de l'Eleu, t. I, p. 191). — *Ulpaz*, 1135 (ch. de l'abb. de Prémontré). — Territorium de *Vouspais*, 1161 (cart. de la seign. de Guise, f° 153). — *Uspars*, 1161 (cart. de l'abb. de Foigny, f° 57). — *Voupais*, 1169 (cart. de l'abb. de Foigny, f° 65, P.D. Bibl. imp.). — *Voupair*, 1179 (Livre de Foigny, par de Lancy, p. 281). — *Vospais*, 1196 (cart. de l'abb. de Saint-Martin de Laon, t. II, p. 290). — *Wospais*, 1228 (cart. de l'abb. de Bucilly, f° 33). — *Woupais*, 1234 (cart. de l'abb. de Saint-Martin de Laon, f° 25, bibl. de Laon). — *Ouspais*, 1239 Bibl. imp. suppl. de D. Grenier, 288). — *Voupaix*, 1405 (arch. de l'Emp. J 801, n° 1). — *Wouppaix*, 1478 (ibid. P 249-3). — *Wouppaix*, 1530 (ibid. P 248-2). — *Voulpais-près-Vrevyn*, 1554 (registre des insin. du baill. de Vermandois). — *Woulpais*, 1573; *Vouxpaix*, 1670 (coll. de M. Édouard Piette). — *Vouspaix*, 1692 (baill. de Marfontaine).

La châtellenie, qui relevait du comté de Marle, comprenait, au XVIIe et au XVIIIe siècle, Voulpaix, Burelles, Curbigny et Prisces (audiencier du baill. de Voulpaix).

VOUTY, h. c^{ne} de Faverolles. — *Vouthies*, 1229 (arch. de l'Emp. L 1005). — Ville de *Voultis*, 1471 (ibid. L 1487).

VOYAUX, f. c^{ne} de Mennessis. — Terra *Vadulorum*, 1133 (cart. de l'abb. d'Ourscamp, f° 18, arch. de l'Oise). — *Woiaus*, *Waiaus*, 1282; Bos des *Voieus*, 1303 (actes cap. du chap. de Laon, coll. de M. Hidé). — Forest de *Voiaux*, 1424 (comptes de la maladrerie de la Fère). — *Voyaulx*, 1594 (tit. de l'abb. du Sauvoir).

Le domaine de Voyaux a été donné, en 1331, par Jeanne de Flandre à l'abb. du Sauvoir; il relevait de Chauny (arch. de l'Emp. P 2217).

VOYENNE, c^{ne} de Marle. — *Voienna*, 1136 (mém. ms. de l'Eleu, t. I, f° 353). — *Veana*, 1147 (cart. de l'abb. de Thenailles, f° 16). — *Voiana*, 1148 (cart. de l'abb. de Bucilly, f° 3). — *Voenna*, 1158 (ch. de l'abb. de Saint-Vincent de Laon). — *Voianna*, 1245 cart. de l'abb. de Bucilly, f° 28). — *Voienes*, 1256 (cart. de l'abb. de Foigny, f° 262, Bibl. imp.). — *Voyenna*, 1340 (ibid. fonds latin, ms. 9228). — *Voiennes*, 1479 (tit. de l'Hôtel-Dieu de Laon). — *Voyenne*, 1668; paroisse de *Saint-Remy-de-Voyenne*, 1692 (état civil de Voyenne, trib. de Laon).

La seigneurie appartenait autrefois à l'abbaye de Saint-Jean de Laon.

VOYEU (LE), petit h. c^{nes} de Chavignon, Jumencourt, Pinon.

VOYEU-DE-L'ÉTANG (LE), h. c^{ne} de Bucy-lez-Cerny.

VOYEU-DES-VACHES ou VOYEU-TROUSSET, h. c^{ne} d'Urcel. — Uni actuellement à la population agglomérée.

VRAINES, fief, c^{ne} de Beautor. — *Veraing*, 1634 (baill. de la Fère, B 717).

Vassal de la Fère.

VRECHY, h. c^{ne} de Caulaincourt; auj. détruit. — *Verchi*, 1242 (ch. de l'abb. de Saint-Éloi de Noyon, arch. de l'Oise). — *Warsis*, 1420; *Vrecy*, 1449 (arch. de M. le duc de Vicence, à Caulaincourt). — *Very*, 1595; *Verchy*, 1722 (tit. de l'abb. de Prémontré). — *Werchy*, 1701 (rôles du grenier à sel de Saint-Quentin). — *Vrechi*, 1787 (intend. d'Amiens, C 775).

Ce hameau faisait autrefois partie de la châtell. et du marquisat de Caulaincourt.

VREGNY, c^{ne} de Vailly. — Altare de *Virniaco*, 1132; altare de *Verniaco*, 1145; altare de *Vergni*, 1174; ecclesia de *Verni*, XIIe s^e (Chron. de Nogento, p. 118, 239, 428, 435). — Territorium de *Vregni*, 1222 (cart. de l'abb. de Saint-Médard, f° 96, Bibl. imp.). — Villa de *Vreugni*, 1394 (Bibl. imp. suppl. de D. Grenier, 291).

L'abbaye de Saint-Médard possédait en partie la seigneurie, qui ressortissait en première instance à Soissons, par suite de l'union du comté de Soissons au bailliage royal.

VUILLERY, c^{ne} de Vailly. — *Villeresium*, 1047 (cart. de l'abbaye de Saint-Médard de Soissons, f° 65, arch. de l'Aisne). — *Villery*, 1224; *Villerey*, 1251 (cart. de la même abb. f°s 27 et 92, Bibl. imp.). — In territorio de *Ulleris*, 1251 (arch. de l'Emp. L 1000). — *Villeri*, 1573 (pouillé du diocèse de Soissons, f° 21). — *Willery*, 1682; *Vuillerie*, 1692 (arch. comm. de Vuillery).

Autrefois seigneurie vassale des comtés de Braine et de Soissons.

VULGIS, fief, c^{ne} de Hautevesne. — Vassal de la Ferté-Milon.

W

Wadon, h. c^{nes} de Latilly et de Montgrû-Saint-Hilaire.

Waiaus, ruisseau qui prend sa source à Braye-en-Laonnois et va se jeter dans le ru Baudon, à Moussy-sur-Aisne, après un parcours de 4,400 mètres. — Rivulus de *Waiaus*, 1223 (ch. de l'Hôtel-Dieu de Laon, B 39).

Waillons (Les), fief, c^{ne} de Braine. — Il était limitrophe de la Vesle dans le voisinage de la Cave-l'Abbé.

Wallée, h. c^{ne} de Beugneux. — *Walez-les-Ouchie-le-Chastel*, 1466 (Journal des assises du baill. de Vermandois).

Ancien fief de la dépendance de la baronnie de Cramaille.

Wallée, f. c^{ne} de Cugny.

Wallon, h. c^{ne} de Trosly-Loire.

Wallu, mⁱⁿ à eau, c^{ne} de Largny.

Waripont, fief, c^{ne} de Bertaucourt-Épourdon. — Vassal de la Fère (arch. de l'Emp. PP 17 et P 248-2).

Warmont, f. c^{ne} de Chevregny. — *Varmont*, 1609 (appointés du baill. de Vermandois). — *Ouarmont* (carte de Cassini).

Warul, habitation détruite, c^{ne} de Pontavert (comptes de Roucy, 1553). — Voy. PONTAVERT.

Wary, c^{ne} de Crépy. — *Wadriacus*, 1101; *Waeriacum*, 1136; curtis de *Wairi*, 1265; curtis de *Wahairis*, maison de *Waris*, 1266 (ch. de l'abb. de Saint-Nicolas-aux-Bois). — *Warry*, 1416 (arch. de l'Emp. J 801, n° 5). — *Wery*, 1552 (tit. de l'abbaye de Prémontré). — *Woiry*, 1581; cense de *Voiry*, 1605 (tit. de l'abb. de Saint-Nicolas-aux-Bois). — *Hoiry*, 1708 (arch. comm. de Pleine-Selve).

Le domaine de Wary dépendait du fisc royal; il en a été détaché, en 1101, par Philippe Ier, roi de France, et donné à l'abbaye de Saint-Nicolas-aux-Bois. — La ferme de Wary paraît avoir été détruite au xviie siècle.

Wassigny, arrond. de Vervins. — *Vassenis*, 1190 (arch. de l'Emp. L 992). — *Wassignis*, 1274; *Wassegnies*, 1275 (ch. de l'Hôtel-Dieu de Laon, B 6). — *Wasseignies*, 1297 (arch. de l'Emp. L 992). — Ville de *Wassignys*, 1339; *Vassignies*, 1351 (cart. de la seign. de Guise, f°s 214 et 270). — *Vassigny*, 1396 (comptes de l'Hôtel-Dieu de Soissons, 323). — *Wassegnie*, 1573 (min. de Deherte, notaire). — *Vassignyes*, 1586 (arch. de l'Emp. J 791). — *Vuassigny*, 1709 (intend. de Soissons, C 274).

Wassigny faisait partie du duché de Guise et ressortissait au baill. de cette ville.

Wassigny fut, en 1790, chef-lieu d'un canton dépendant du district de Vervins et composé des communes de Wassigny, Andigny, Hannape, Mennevret, Molain, Ribeauville, Saint-Martin-Rivière, Vaux-en-Arrouaise et Vénérolles.

Watompré, f. c^{ne} d'Ugny-le-Gay. — *Vautronpre*, *Walteri pratum*, 1269; in territorio de *Wautronpré*, 1272; *Vauteronpré*, 1276 (ch. du chap. cath. de Noyon, arch. de l'Oise). — Sepes de *Warthompret*, 1300 (cart. de la seign. de Guise, f° 54). — *Wautoompré*, 1502 (tit. du chap. cath. de Noyon, arch. de l'Oise). — *Vuatompré*, 1619 (baill. de Chauny, B 1483). — *Vualtompré*, *Vatompré*, 1654 (tit. de l'abb. de Prémontré).

Domaine acquis, au xiie siècle, par le chap. cath. de Noyon.

Wattier, petit bois, c^{ne} de Chéry-Chartreuve.

Wattignt, c^{ne} d'Hirson. — *Watigniis*, 1155; *Wategnies*, 1166 (cart. de l'abb. de Saint-Michel, p. 178 et 179). — *Wategnis*, 1166 (cart. de l'abb. de Foigny, f° 41, Bibl. imp.). — *Watenis*, 1169; terra de *Watheniis*, xiie s^e (Bibl. imp. suppl. de D. Grenier, 289). — *Watignis*, xiie s^e (cart. de l'abb. de Foigny, f° 14). — *Watengnie*, xiie s^e (ibid. f° 34). — *Watigniez*, 1366 (cart. de l'abb. de Saint-Michel, p. 184). — *Woirtigny*, 1616 (min. de Roland, notaire). — *Vuattigny*, 1709 (intend. de Soissons, C 274).

«Est un lieu situé en un climat assez froit d'où vient que les heritages qui sont vers la pente d'un grand estang et avoisinent la forest ne sont beaucoup estimées estant froides au subject des autains. Pour cette raison ce lieu est appellé *Vuatigny* ou terres en *Vuatinnes*, c'est-à-dire de petite valeur.» (Livre de Foigny, par de Lancy, p. 198.)

Wattines (Les), f. c^{nes} de Dorengt. — *Wataine*, 1721 (baill. de Leschelle).

Wattines (Les), f. c^{ne} de Martigny-en-Thiérache. — Maison de *le Watine*, maisons de *la Wastynes*, 1335 (cart. de la seign. de Guise, f°s 194 et 199). — *Voitines*, 1722 (baill. d'Aubenton, B 2508). — *Les Woitines* (carte de Cassini).

Wiancourt, h. c^{ne} de Joncourt. — *Wiencourt*, 1257 (cart. du chap. de Saint-Quentin, f° 109, Bibl. imp.). — Ville de *Wiencourt-les-Beaurevoir*, xve s^e

(dénombr. de la seign. de Beaurevoir, chambre des comptes de la Fère). — *Viancourt*, 1742 (insin. du baill. de Saint-Quentin, f° 47). — *Vuiancourt*, 1786 (tit. de l'Hôtel-Dieu de Saint-Quentin).

Le fief de Wiancourt relevait de Bohain.

WICHERY, f. c⁰ᵉ de Chambry; auj. détruite. — Cense de *Wychery*, 1483 (tit. du chap. de Saint-Jean-au-Bourg de Laon).

Cette ferme a été acquise, le 16 avril 1483, par le chapitre de Saint-Jean-au-Bourg.

WICHERY, h. c⁰ᵉ de Rozoy-sur-Serre. — *Wicherie* (carte de Cassini).

WIÉGE-FATY, c⁰ⁿ de Sains. — *Gisneium*, 1010 (cart. de l'abb. d'Homblières, f° 57). — *Uiége*, 1228 (ch. de l'Hôtel-Dieu de Coucy-le-Château). — *Parrochia de Viége*, 1248 (coll. de D. Grenier, 31ᵉ paquet, n° 2, Bibl. impér.). — *Wege*, 1253 (cart. de l'abb. de Saint-Martin de Laon, f° 25, bibl. de Laon). — Villa de *Viegia*, 1304 (cart. de l'abb. de Fervaques, p. 398). — *Wyeges*, 1408 (ch. de l'abb. de Prémontré). — *Wiesges*, 1411 (arch. de l'Emp. J 801, n° 4). — *Wyege*, 1424 (comptes, arch. de la ville de Laon). — *Vuiége*, 1614 (tit. du prieuré de Chantrud). — *Vuyege*, 1694 (tit. de la congrégation de Laon). — *Huiége*, 1710 (arch. comm. d'Iron).

Baronnie vassale de Guise : elle comprenait Wiége, Faty, le Sourd, Romery et une partie d'Autroppes et d'Effry. — Fort détruit, au mois de mai 1424, par le capitaine de Rouen, maréchal des Anglais (comptes de la ville de Laon).

WIERMONT, f. c⁰ᵉ du Mont-d'Origny. — *Guiermont*, xiiᵉ s⁰ (bibl. de l'Arsenal). — *Huiermont*, 1634 (tit. de l'Hôtel-Dieu de Crécy-sur-Serre, comptes E 3). — *Hiermont*, 1696 (baill. de Ribemont, B 252). — *Vuiermont*, 1710 (intend. de Soissons, C 320).

Cette ferme était vassale d'Origny-Sainte-Benoîte. Elle a été unie à l'Hôtel-Dieu de Crécy-sur-Serre par arrêt du Conseil d'État du 10 juin 1695 et lettres patentes du mois de décembre suivant.

WIET, fief, c⁰ᵉ de Trosly-Loire. — Vassal de Coucy-le-Château.

WIMEREL, bois près de Mondrepuis. — Bois de *Wimerouel*, 1335 (cart. de la seign. de Guise, f° 186). On n'en connaît plus l'emplacement.

WIMY, c⁰ⁿ d'Hirson. — *Wimi*, 1138 (cart. de l'abb. de Saint-Michel, p. 237). — Parrochia de *Wimis*, territorium de *Woemiis*, 1138 (annales Præmonstratenses, t. I). — *Vuimi*, 1142 (cart. de l'abb. de Saint-Michel, p. 168). — Ville de *Wymi*, 1241 (cart. de la seign. de Guise, f° 150). — *Wimiacum*, 1244 (cart. de l'abb. de Saint-Michel, p. 245). — *Wymiacum*, 1335; *Wymy*, 1335 (cart. de la seign. de Guise, f⁰ˢ 286 et 287). — *Vuymy*, 1662 (chambre du clergé du dioc. de Laon). — *Huimy*, 1697 (baill. de Ribemont, B 253). — *Vuimy*, 1709 (intend. de Soissons, C 274).

Wimy dépendait de la châtellenie d'Hirson et ressortissait, pour la justice, à la prévôté du même lieu.

WIONVAL, fief, c⁰ᵉ d'Estrées.

WISSIGNICOURT, c⁰ⁿ d'Anizy-le-Château. — *Hursinicourt*, xiiᵉ siècle (cart. de l'abb. de Saint-Martin). — *Ursignecurrum*, 1174 (grand cart. de l'év. de Laon, ch. 2). — *Wisenicourt*, 1568 (acquits, arch. de la ville de Laon). — *Vuisignicourt*, 1634 ; *Visegnicourt*, 1644 (tit. de l'abb. de Prémontré). — *Wisnicourt*, 1696 (tit. de l'Hôtel-Dieu de Laon). — *Vuissignicourt*, 1709 (intend. de Soissons, C 274). — *Vissenicourt*, 1743 (tit. de l'abb. de Prémontré).

Wissignicourt faisait partie du comté d'Anizy et de la mairie de Lizy.

Y

YEUX-BLOIS (LES), h. c⁰ᵉ de l'Épine-aux-Bois. — *Les Yeux-Bloif* (carte de Cassini).

Z

ZOBEAU, h. c⁰ᵉ du Sart. — *Orbaux*, 1688 (baill. de Ribemont, B 248).

Ce hameau doit son origine à un fief qui portait le nom des Obeaux.

TABLE DES FORMES ANCIENNES.

A

Aacy. *Acy.*
Aale. *Saint-Pierre-Aigle.*
Aast. *Pont d'Aast.*
Aazy. *Azy.*
Abbatis curia. *Abbecourt.*
Abbatis villa. *Abbeville.*
Abbecort, Abbecour, Abbecurt, Abbescourt, Abecort, Abecourt, Abecurt. *Abbécourt.*
Abellacus, Abellai, Abellay. *Auberlaye.*
Abemont. *Aubermont.*
Abeville. *Abbeville.*
Abiette. *Abbiette.*
Aboilardum. *Aboilard.*
*Absiacus. *Acy.*
Absona-juxta-Fruticum. *Vaudesson.*
Abugnies, Abugniez. *Albigny.*
Accelum. *Acy.*
Acconi. *Aconin.*
Accium. *Assis-sur-Serre.*
Aceyum. *Acy.*
Acheri, Acheri-le-Maio, Acheri-le-Maiot, Acherry, Achery-le-Mayot, Achery-lez-Maiotz, Achery-lez-Mayot, Achery-prope-Sartum, Achery-sur-Oise, Achiriacum, Achiriacus. *Achery.*
Achies. *Assis-sur-Serre.*
Aciacum, Aciacum-supra-Biliacum. *Acy.*
Aconi, Aconium, Aconnin. *Aconin.*

Aisne.

Acy. *Assis-sur-Serre.*
Acyacum-prope-Suessionem, Acy-devant-Soissons. *Acy.*
Acys-Saincte-Restitude. *Arcy-Sainte-Restitue.*
Adon. *Nadon.*
Adventure. *L'Aventure.*
Advoueries. *Les Avoueries.*
Advoueries. *Saint-Jean.*
Aegnies. *Any.*
Aegniis. *Dagny-Lambercy.*
Aele. *Ailette* (rivière).
Aengniis. *Any.*
Aeniis. *Dagny-Lambercy.*
Aeppe, Aeppes. *Eppes.*
Affricque. *Auffrique.*
Agicourt, Agiscourt. *Augicourt.*
Aglancourt. *Englancourt.*
Agnicort. *Agnicourt.*
Aguie. *Any.*
Agnie-et-Martin-Rieux, Any-Martin-Rieux.
Agnies. *Dagny-Lambercy.*
Agoulet. *Haut-Goulet.*
Aguilcourt. *Anguilcourt.*
Aguilcort, Aguillecourt, Aguillicourt. *Aguilcourt.*
Aguillicourt. *Anguilcourt.*
Aguillicurtis. *Aguilcourt.*
Aguiseium, Agui'si, Aguisiacus, Aguisy. *Aiguisy.*
Agulicortis, Agulicurtis, Agullicortis. *Aguilcourt.*
Aguseium, Agusi, Agusiacus, Agusy. *Aiguizy.*
Aheries. *Hary.*

Aignecort, Aignicort, Aignicourt, Aignicurt, Aignicurtis. *Agnicourt.*
Aignie, Aignies. *Any.*
Aiguisi. *Aiguizy.*
Aila. *Ailette* (rivière).
Aila, Aile. *Saint-Pierre-Aigle.*
Ailincourt. *Alaincourt.*
Ailles. *Saint-Pierre-Aigle.*
Aillet, Ailleite. *Ailette* (rivière).
Ailval. *Ailleval.*
Aine. *Aisne* (rivière).
Ainglancourt, Ainglencourt. *Englancourt.*
Aintencort. *Itancourt.*
Aipe, Aippe, Aippes. *Eppes.*
Airolcurt, Airoldicurtis. *Éraucourt.*
Aisele, Aisella, Aiselle, Aiselles. *Aizelles.*
Aisiacus. *Aizy.*
Aisonvilla. *Aisonville.*
Aissegni, Aissegny. *Essigny-le-Grand. Essigny-le-Petit.*
Aisseigni, Aisseigniacus, Aisseigny. *Essigny-le-Grand.*
Aissella. *Aiselle. Aizelles.*
Aissiacus. *Aizy.*
Aissigui, Aissigniacus. *Essigny-le-Grand.*
Aistraillier. *Étreillers.*
Aisunvilla, Aisunville. *Aisonville.*
Aisy. *Aizy.*
Aitencourt. *Tancourt.*
Aixne. *Aisne* (rivière).
Aizella, Aizelle. *Aizelles.*
Aiziacus. *Aizy.*
Aizonville. *Aisonville.*

39

TABLE DES FORMES ANCIENNES.

Albeguiacus-in-Laudunesio, Albeni. *Aubigny.*
Albenton. *Aubenton.*
Albentum. *Aubenton-la-Cour.*
Albigni, Albigniacus, Albiniacus. *Aubigny.*
Albunies. *Albigny.*
Aldengicurt. *Augicourt.*
Aldenicurtis. *Agnicourt.*
Aldigneis. *Audigny.*
Aldimbus. *But.*
Aldiniacum. *Audigny.*
Aldinicurtis. *Audignicourt.*
Alen. *Ailette* (rivière).
Alemaigne. *Allemagne.*
Alemans, Alemant, Alemanz. *Allemant.*
Algoyum, Algi. *Augy.*
Algicourt, Algiscourt, Algiscurt, Algiscurth. *Augicourt.*
Alincourt. *Alaincourt.*
Alins. *Allains.*
Allain. *Allan* (ruisseau).
Allaincourt. *Alaincourt.*
Alleiu. *Renault* (ruisseau).
Allemaigne, Allemaingne. *Allemagne.*
Alleman, Allemans. *Allemant.*
Allencourt, Allincourt. *Maincourt.*
Allois. *Alloix.*
Alloudrot. *Haloudray.*
Almans, Almant. *Allemant.*
Alnetum. *Annois. Aulnois. Launay. Launoy.*
Alnetum-sub-monte-Cavillonis. *Annois ou Anniot.*
Alnoit. *Annois.*
Alodium. *Le Sart-l'Abbé.*
Aloudray. *Haloudray.*
Alouzy. *Lalouzy.*
Aloys. *Allois.*
Aloziis. *Lalouzy.*
Altaria. *Les Autels.*
Altavenna. *Hautevesne.*
Altavilla. *Autreville. Hauteville.*
Altivilla. *Autreville.*
Altona. *Automne* (rivière).
Altrepia, Altrippia. *Autreppes.*
Altumna. *Automne* (rivière).
Amblegni, Amblegniacus, Amblegny, Ambleigny, Ambloniacus, Amblenius, Amblenyacus, Ambliniacus, Amblolacus, Amblonatus. *Ambleny.*
Ambreium. *Ambrief.*
Ambresy. *Ambercy.*
Ambriers. *Ambrief.*
Amegicourt. *Hamégicourt.*
Amegni, Ameigny, Ameni. *Amigny.*
Ameret. *Hameret.*

Amia, Amia-Villa, Amie, Amiefontaine. *Amifontaine.*
Amiette. *Miette* (rivière).
Amifontaines. *Amifontaine.*
Amigni, Amigniacum. *Amigny.*
Amigny-et-Rouy, Amigny-lez-Chauny, Amigny-Roy. *Amigny-Rouy.*
Aminiacus. *Amigny.*
Amya, Amye, Amyefontaine, Amyefontaines, Amyes, Amyfontaine, Amyfontayne. *Amifontaine.*
Anci, Anciacum. *Ancy.*
Ancienvilla. *Ancienville.*
Andegnies, Andegnis, Andegnis, Andegny, Andeignies. *Andigny.*
Andelein, Andelen, Andellain. *Andelain.*
Andengiis, Andenis, Andennis, Andignies, Andignis, Andignyes, Andignys. *Andigny.*
Andlin. *Andelain.*
Anesincuni. *Anizy-le-Château.*
Anet. *Dennet.*
Angicort, Augicurt, Angicurtis. *Augicourt.*
Anglancourt, Angleurcourt. *Englancourt.*
Angousis, Angouzies-juxta-Leberis, Angozie, Angoziis. *Angozies.*
Anguilcourt-au-Sart, Anguillecourt, Anguillicors. *Anguilcourt.*
Anguillicourt. *Aguilcourt. Anguilcourt.*
Anguillicurtis. Anguliurtis. *Anguilcourt.*
Angutior curtis. *Aguilcourt.*
Ani, Ania, Anie. *Any.*
Aniot, Anioth. *Annois ou Anniot.*
Anisi, Anisiacum, Anisiacum-castrum, Anisiacum-in-Laudunesio, Anisiacus, Anisi-le-Chastel, Anisy-le-Chasteau, Anisy-le-Chastel, Anizy-la-Rivière, Anizy-le-Chastel. *Anizy-le-Château.*
Anleirs, Anlers. *Aulers.*
Anniot. *Annois.*
Annoi. *Aulnois.*
Annois. *Aulnois. Launois.*
Annoit, Annoit-soubz-Laon. *Aulnois.*
Annoy. *Annois, Aulnois.*
Annoyt. *Aulnois.*
Ansay. *Ancy.*
Anslers. *Aulers.*
Antiqua-villa. *Ancienville.*
Antoilum. *Anteuil.*
Anye et Saint-Martin-Rieu. *Any-Martin-Rieux.*
Anysi. *Anizy-le-Château.*
Anzois. *Antoy.*

Aonnoy. *Aulnois.*
Apencourt. *Happencourt.*
Aponleu. *Ponleu.*
Apia. *Eppes.*
Appencourt. *Happencourt.*
Appia. *Eppes.*
Apponi. *Vézaponin.*
Appremont. *Apremont.*
Apya. *Eppes.*
Aquacurtis, Aquicortis. *Eaucourt.*
Aquilo. *Aile. Ailette* (rivière). *Ailles. Saint-Pierre-Aigle.*
Arabatu. *Orbatu.*
Aragon. *Arangon.*
Aralcurt. *Éraucourt.*
Aralconis. *Erlon.*
Arancy. *Arrancy.*
Aransot. *Arançot.*
Arblincourt. *Bac-Arblaincourt.*
Arbre-Jolly, Arbre-Joly. *L'Arbre-Joli.*
Arceium, Arceius. *Arcy-Sainte-Restitue.*
Arcennis. *Harcigny.*
Arceyum-Sainte Restitute. *Arcy-Sainte-Restitue.*
Archentré. *Archantre.*
Archie. *Archies.*
Archon-en-Thérasche, Archon-et-Oignis. *Archon.*
Archy, Archy-les-Bohain. *Archies.*
Arci, Arciacus. *Arcy-Saint-Restitue.*
Arçon. *Ressons.*
Arcy-Sainte-Restitude, Arcy-Sainte-Rethicule, Arcy-Sainte-Reticule. *Arcy-Sainte-Restitue.*
Ardillier. *Ardillières.*
Ardo, Ardon-dessous-Laon, Ardon-soubz-Laon, Ardon-sur-Liane, Ardo-subtus-Laudunum, Ardun. *Ardon.*
Arechot. *Arançot.*
Arelun. *Orillon* (rivière).
Arencault. *Arançot.*
Areneeium, Arenceyum, Arenchi. *Arrancy.*
Arenchot. *Arançot.*
Arenci, Arenciacum. *Arrancy.*
Arençot, Arençot-le-Cour. *Arançot.*
Arency. *Arrancy.*
Arengon. *Arangon.*
Arensi. *Avrancy.*
Arensot. *Arançot.*
Arentiacus. *Arrancy.*
Arenzot, Arenzoth. *Arançot.*
Argentel. *Argentolle.*
Argentele, Argenteole, Argentolle. *Argentol.*
Argentré. *Archantré.*

TABLE DES FORMES ANCIENNES.

Argicort. *Hargicourt.*
Ariadicurtis, Arialdicurtis. *Éraucourt.*
Arida-Gamantia. *Arrouaise* (forêt).
Arloy. *Erloy.*
Arly. *Harly. Herli* (bois).
Armandot. *Harmandot.*
Armantière, Armenterie, Armentière. *Armentières.*
Arnonville. *Ernoville.*
Arosnia, Aroise, Arouuise. *Arronaise* (forêt).
Arouart. *Arrouard.*
Aroyse. *Arrouaise* (forêt).
Arragon. *Arangon.*
Arrensy. *Arrancy.*
Arroize. *Arrouaise* (forêt).
Arrolcurt. *Éraucourt.*
Arrouasia, Arrouayse, Arrouaysia, Arrovuasia. *Arrouaise* (forêt).
Arsena. *Aisne* (rivière).
Arseyum-Sainte-Restitue. *Arcy-Sainte-Restitue.*
Arson. *Archon.*
Arsy. *Arcy-Sainte-Restitue.*
Artaing. *Artemps.*
Artaise, Artaisia. *Saint-Bandry.*
Artam, Artan. *Artemps.*
Artasia. *Saint-Bandry.*
Artem, Arteng. *Artemps.*
Artennes. *Hartennes.*
Artesia, Arthaise, Arthaisia. *Saint-Bandry.*
Artheu, Artheng. *Artemps.*
Arthesia. *Saint-Bandry.*
Arthoise. *Artoise.*
Artoise. *Saint-Bandry.*
Artoit. *Artois.*
Artonge. *Artongeæ.*
Aruisia, Aruyoise. *Arrouaise* (forêt).
Asceium, Asci. *Assis-sur-Serre.*
Asconnin. *Aconin.*
Ascy. *Acy. Assis-sur-Serre.*
Ascy-les-Crécy-sur-Serre. *Assis-sur-Serre.*
Asclla. *Aizelles.*
Asionvilla. *Aisonville.*
Aspremont. *Apremont.*
Assi. *Assis-sur-Serre.*
Assigni. *Essigny-le-Grand.*
Assonville-les-Macquigny. *Assoneville.*
Assy. *Acy. Assis-sur-Serre.*
Assye, Assy-sur-Sère, Assy-sur-Serre. *Assis-sur-Serre.*
Astreletum. *Étreillers.*
Asy. *Azy-Bonneil.*
Ataincourt. *Itancourt.*
Ateli, Atelli, Athelli. *Attilly.*
Athiez. *Athies.*

Athilly, Athily. *Attilly.*
Athis, Athis-subtus-Laudunum, Athiz, Athy, Athyas, Athys. *Athies.*
Atilli. *Attilly.*
Atis, Atiz. *Athies.*
Attancourt. *Tancourt.*
Atticmont. *Athiémont.*
Attonis-curtis. *Tancourt.*
Atyes, Atys. *Athies.*
Aubegni, Aubegni-as-Quaisnes, Aubegnie. *Aubigny.*
Aubegnisel. *Aubenizel.*
Aubegny. *Aubigny.*
Aubegny-le-Petit. *Aubenizel.*
Aubemont. *Aubermont.*
Aubenceul, Aubenceux-au-Bois, Aubencheul-au-Bois, Aubencheûl-en-Cambresis, Aubenchoel, Aubenchoeul, Aubenchoeulx-au-Bois, Aubenchuel. *Aubencheul-aux-Bois.*
Aubeni. *Aubigny.*
Aubenton. *Aubenton-la-Cour. Le Ton* (rivière).
Aubentonium, Aubentounum. *Aubenton.*
Aubentons, Aubentunia. *Le Ton* (rivière).
Auberlacus. *Auberlaye.*
Aubigni, Aubigniacus. *Aubigny.*
Aubignis. *Albigny.*
Aubigny-au-Kaisnes, Aubigny-aux-Caisnes, Aubigny-aux-Quesnes. *Aubigny.*
Aubremont. *Aubermont.*
Aubygny. *Aubigny.*
Auche. *Oulche.*
Auchy-le-Chasteau, Auchy-le-Château. *Oulchy-le-Château.*
Aucigny. *Aussigny.*
Aucliment. *Bois d'Ormont.*
Audegniacum. *Audigny.*
Audegnies, Audegnis. *Audigny.*
Audenarde. *Navary.*
Audenicurtis. *Audignicourt.*
Audenis. *Audigny.*
Audignecort, Audignecourt. *Audignicourt.*
Audigniacus, Audignies, Audignis. *Audigny.*
Audimont. *Bois d'Ormont.*
Audiniacus. *Audigny.*
Audocurtis. *Audoncourt.*
Audoncurtis. *Vadencourt.*
Audreville. *Haudreville.*
Auffrieque, Auffrieques. *Auffrique.*
Augi. *Augy.*
Augicort. *Augicourt.*

Augis. *Augy.*
Augliment. *Ormont* (Bois d').
Augny. *Ogny.*
Αὐγοῦστα Οὐρομανδύων. *Saint-Quentin.*
Αὐγοῦστα Σουεσσόνων. *Soissons.*
Augusta Suessionum. *Soissons.*
Augymont. *Augimont.*
Augys. *Augy.*
Aulchy-le-Chastel. *Oulchy-le-Château.*
Auldigny. *Audigny.*
Aulers-Bassole. *Bassoles-Aulers.*
Aules-Bouillants. *Aulnes-Bouillants.*
Auliers. *Aulers.*
Aulies. *Ouilly.*
Aullers. *Aulers.*
Aullers-et-Bassoles, Aullers-et-Bassolles. *Bassoles-Aulers.*
Aully. *Ouilly.*
Aulnejoyes, Aulnets-Johais. *Aulnejovis.*
Aulnois. *Annois. Aulnois-Bontemps.*
Aulnoy, Aulnoye, Aulnoys. *Aulnois.*
Aultevesne. *Hautevesne.*
Aulteville. *Hauteville.*
Aultremencourt. *Autremencourt.*
Aultreppe. *Autreppes.*
Aultreville. *Autreville.*
Aumoncurtis. *Aumencourt.*
Aunoi, Aunois, Aunoit. *Aulnois.*
Aunoit (L'). *Annois ou Anniot.*
Aunoyl. *Aulnois.*
Aurainvilla, Aurainville. *Orainville.*
Auregniacum. *Origny.*
Auregniacum, Auregniacum-Sancte-Benedicte, Aurigniacum. *Origny-Sainte-Benoite.*
Aurigniacum-in-Therasca. *Origny.*
Aurigniacum-Sancte-Benedicte. *Origny-Sainte-Benoite.*
Aurigniacus. *Origny.*
Auroy. *Auroir.*
Ausigny. *Aussigny.*
Auslare, Ausleirs. *Aulers.*
Ausnoy. *Aulnois.*
Ausona, Ausonna, Aussons. *Aisne* (rivière).
Autel. *Ostel.*
Autels-les-Disy, Autelz (Les). *Les Autels.*
Autencourt. *Hottencourt.*
Autermencourt. *Autremencourt.*
Auteville, Autheville. *Hauteville.*
Authion. *Hution.*
Autonne. *Automne* (rivière).
Autreivilla. *Autreville.*
Autremancourt, Autremoncourt. *Autremencourt.*

39.

TABLE DES FORMES ANCIENNES.

Autrepe, Autreppe, Autreppia. *Autreppes.*
Autrevilla. *Autreville.*
Autlocourt. *Haucourt.*
Auxonna. *Aisne* (rivière).
Avains, Aven. *Avin.*
Avesne - en - Vermandois, Avesnes, Avesne-Saint-Simon. *Avesne.*
Aviaulx, Aviaux, Avieu, Avieux. *Avaux.*
Axne, Axona, Axone, Axonus. *Aisne* (rivière).
Aξονα. *Aisne* (rivière).
Ayle. *Saint-Pierre-Aigle.*
Aylle. *Ailles.*
Ayne. *Aisne* (rivière).
Ayngleneourt. *Englancourt.*
Aynne. *Aisne* (rivière).
Ayntencourt. *Itancourt.*
Ayselle. *Aizelles.*
Aysiacum. *Aizy.*
Aysne. *Aisne* (rivière).
Aysonvilla, Aysonville. *Aisonville.*
Aysy. *Aizy.*
Aytancourt. *Itancourt.*
Ayzy. *Aizy.*
Azi. *Azy-Bonneil.*
Aziacus. *Aizy.*
Azona. *Aisne* (rivière).
Azyacus. *Azy-Bonneil.*

B

Babillon. *Barbillon* (bois).
Bac. *Berry-au-Bac. Le Vieux-Bac.*
Bac-à-Berry. *Berry-au-Bac.*
Bac-à-Bery, Bacq-à-Berry. *Berry-au-Bac.*
Bacancourt. *Bacquencourt.*
Bac-de-d'Arblaincourt. *Bac-Arblaincourt.*
Bacinet. *Bassinet.*
Bacon. *Bascon.*
Bacq (Le). *Berry-au-Bac.*
Bacq-Arblaincourt, Bacq-d'Arblincourt. *Bac-Arblaincourt.*
Bagneu, Bagneulx, Bagnieux, Bagnols. *Bagneux.*
Baienpons, Baienpont, Baiepons. *Bayempont.*
Baigneu, Baigneul, Baigneulx, Baigneux, Baignieulx, Baignieux, Baignous. *Bagneux.*
Baileau, Baillaulx, Baillaux, Bailleau, Bailleaue, Bailleaux, Bailleax, Baillex. *Belleau.*
Bailli. *Bailly.*
Bailliaux, Bailluel. *Belleau.*

Baine. *Beine.*
Baingneux. *Bagneux.*
Baire, Baireium, Baireius. *Berry-au-Bac.*
Bairesis, Bairesy, Bairezy. *Barizis.*
Bairi, Bairiacum. *Berry-au-Bac.*
Bairicort. *Baricourt.*
Bairzy. *Barizis.*
Baisis. *Barzy.*
Baisuel. *Bézuet.*
Baizemont. *Baisemont.*
Baleau, Baleaue. *Belleau.*
Balbinies. *Bobigny.*
Balencher. *Balenchères.*
Baliau, Balleaux. *Belleau.*
Ballio. *Bar* (bois).
Balloy. *Le Grand-Ballois.*
Bally-sur-Aisne. *Billy-sur-Aisne.*
Balneolis. *Bagneux.*
Balolium. *Belleau.*
Bancegni, Bancegnies, Bancengies, Bancignies, Banciguiez, Bancignis, Bancigny-en-Thiérache, Bancignys. *Bancigny.*
Baneulx, Bangnieu. *Bagneux.*
Bangscignis. *Bancigny.*
Banleu, Banleuca, Banleuga, Banliue. *Banlieue.*
Banni-Mons. *Bellimont.*
Bannyeulx. *Bagneux.*
Bansacegnis, Bansegnis, Banseigny, Bansignis. *Bancigny.*
Banzicourt. *Brazicourt.*
Baquencourt. *Bacquencourt.*
Baranton-Bugni. *Barenton-Bugny.*
Baranton-sur-Serre. *Barenton-sur-Serre.*
Baraque (La). *La Barraque.*
Barbevallis, Barbonvalle, Barboval, Barbuuval. *Barbonval.*
Barcy. *Barzy.*
Bare (La). *La Barre.*
Barenthon, Barenton-Bugni, Barenton-Bugnys, Barenton-Buigni, Barenton-Buigny, Barenton-Busgny, Barenton-Buygny. *Barenton-Bugny.*
Barenton-Cella, Barenton-le-Scel, Barenton-le-Sce, Barenton-le-Sceq, Barenton-le-Scl, Barenton-Seel, Barenton-Socq, Barenton-Sel, Barenton-Sellum. *Barenton-Cel.*
Barenton-seur-Sère, Barenton-super-Seram, Barenton-supra-Seram, Barenton-sur-Cere, Barentum-super-Seram, Barentum-super-Seram. *Barenton-sur-Serre.*
Baresis. *Barizis. Barzy.*
Baretel, Barethel. *Barthel.*

Barezis. *Barizis.*
Bargemont. *Bergeaumont* (forêt).
Barisetum. *Barizis.*
Borisi. *Barzy.*
Barisiacum, Barisiacum - Saucti - Amandi, Barisiacus. *Barizis.*
Barisiacus. *Barzy.*
Barisis. *Barizis. Barzy.*
Barisis-au-Bois, Barizy. *Barizis.*
Barizy. *Barzy.*
Barlancourt, Barlencourt. *Berlancourt.*
Barra, Barra-juxta-castrum-Theodoricum. *La Barre*
Barranton-Bugni. *Barenton-Bugny.*
Barre-les-Chasteau-Therry. *La Barre.*
Barrenton-Buguy, Barrenton-Buygny. *Barenton-Bugny.*
Barrenton-Sel. *Barenton-Cel.*
Barrenton-sur-Serre. *Barenton-sur-Serre.*
Barcisy. *Barizis.*
Barsi. *Barzy.*
Barsi-Marcilly, Barsis. *Barzy.*
Barsy. *Barizis.*
Bartel, Bartelle. *Barthel.*
Baru. *Banru.*
Barzi. *Barzy.*
Barzis. *Barizis. Barzy.*
Barzy-en-Picardie, Barzy-Henault, Barzys, Barzy-sur-France, Barzys-sur-Hainaut. *Barzy.*
Bas-Beugni, Bas-Bugni. *Bugny.*
Basche. *Basee.*
Baschole, Bascholes. *Bassoles.*
Bascia. *Basee.*
Bascole. *Bassoles.*
Basculeus. *Basculieux.*
Bas-Guierval. *Bas-Lierval.*
Basilice, Basilieuse, Basoche, Basoches. *Bazoches.*
Basoles. *Bassoles.*
Basosche. *Bazoches.*
Bas-Rosière. *Bas-Rozières.*
Bassa, Basse. *Basce.*
Basse-Boline. *Basse-Boulogne.*
Basse-Charnois. *Le Petit-Charmois.*
Basse-la-Réalle, Busse-la-Royale. *Basce.*
Bassole, Bassolie, Bassolles. *Bassoles.*
Bastorné. *Bastourné.*
Bastrevallis. *Bastreval.*
Basty. *Batis* (bois).
Bataille. *Le Moulin Bataille.*
Batelz. *Batis* (bois).
Baterez. *Batrez.*
Batitio. *Batis* (bois).
Bat-le-Tem. *Bat-le-Temps.*
Batourné. *Bastourné.*
Battye. *Baty.*

TABLE DES FORMES ANCIENNES. 309

Batuin-Silva. *Batis* (bois).
Baubigniacus, Baubignies, Baubigny. *Bobigny.*
Baudainerie (La). *La Tuilerie.*
Baudrières. *La Baudière.*
Baudry. *Le Moulin Baudry.*
Baulthor, Baultour. *Beautor.*
Baulve. *La Bove.*
Baune-et-Chivy. *Beaulne-et-Chivy.*
Bauthor, Bauthord, Bauthort, Bautor, Bautor-lez-Lafère, Bautorl, Bautour. *Beautor.*
Bauvaudron. *Vauxhoudran.*
Bauve. *La Bove.*
Bauvette. *La Bovette.*
Bauvoir, Bauvoire. *Beauvoir.*
Bauvois. *Beauvois.*
Baylluel. *Belleau.*
Baynne. *Beine* (forêt).
Bayri. *Berry-au-Bac.*
Baysu. *Bézu-les-Fèves.*
Baza. *Barce.*
Bazoche, Bazochie, Bazolchie. *Bazoches.*
Bealmont. *Bosmont.*
Bealvoir. *Beauvois.*
Beantcourt. *Beancourt.*
Beata-Genovefa-in-monte. *Sainte-Geneviève.*
Beata-Maria-do-Aubentonnio. *Aubenton.*
Beata-Maria-de-Crespiaco. *Crépy.*
Beata-Maria-de-Fontesumo. *Fonsomme.*
Beata-Maria-de-Letitia. *Liesse.*
Beata-Maria-de-Longuo-Prato. *Longpré.*
Beata-Maria-de-Marla. *Marle.*
Beata-Maria-de-Monasteriolo. *Montreuil.*
Beata-Maria-de-Monte. *Mont-Notre-Dame.*
Beata-Maria-de-Mosteruel. *Montreuil.*
Beata-Maria-de-Nogento. *Nogent.*
Beata-Maria-de-Pace. *Saint-Antoine.*
Beata-Maria-de-Spineto. *Épinois.*
Beata-Maria-de-Ulcheio. *Oulchy-le-Château.*
Beata-Maria-de-Valle-Clara. *l'auclerc.*
Beata-Maria-de-Vauseri. *Valsery.*
Beata-Maria-de-Vermans. *Vermand.*
Beata-Maria-Fosniacensis. *Foigny.*
Beatus-Crispinus-in-Cavea. *Saint-Crépin-en-Chaye.*
Beatus-Germanus-Ribodimontis. *Saint-Germain.*
Beatus-Gobanus. *Saint-Gobain.*
Beatus-Johannes-de-Vorgiis. *Vorges.*

Beatus-Laurentius-de-Roseto. *Rozoy-sur-Serre.*
Beatus-Lazarus-subtus-Laudunum. *Montreuil.*
Beatus-Martinus-ad-Campos-Laudunenses. *Saint-Martin.*
Beatus-Michael-Archangelus, Beatus-Michael-de-Terascia, Beatus-Michael-de-Terasco, Beatus-Michael-de-Terraissia, Beatus-Michael-in-Terrescha, Beatus-Michael-in-Thorasca, Beatus-Michael-Terraciensis. *Saint-Michel.*
Beatus-Nicholaus-de-Charmo. *Le Charme.*
Beatus-Nicholaus-de-Pratis. *Saint-Nicolas-des-Prés.*
Beatus-Nicholaus-in-Bosco. *Saint-Nicolas-aux-Bois.*
Beatus-Nicholaus-sub-Ribodimonte. *Saint-Nicolas-des-Prés.*
Beatus-Quintinus. *Saint-Quentin.*
Beatus-Stephanus-juxta-Suessionem. *Saint-Étienne.*
Beatus-Vincentius. *Saint-Vincent.*
Beauchat. *Bochat.*
Beaulieu-en-Beine. *Beaulieu.*
Beaulmay, Beaulmez. *Beaumé.*
Beaulmont. *Beaumont.*
Beaulne, Beaulne-en-Brie, Beaulne-en-Brye, Beaulnes. *Baulne.*
Beaulvoir. *Beauvoir.*
Beaumaretz. *Beaumarais.*
Beaumée, Beaumes, Beaumet. *Beaumé.*
Beaumon. *Beaumont-en-Beine.*
Beaumont. *Bosmont.*
Beaumont-en-Baine, Beaumont-en-Bayne, Beaumont-en-Beynes. *Beaumont-en-Beine.*
Beaune, Baulne. *Beaulne-et-Chivy.*
Beaune-en-Brie. *Baulne.*
Beaunne. *Beaulne-et-Chivy.*
Beaurains. *Beaurain.*
Beauregard. *Gonelle. La Hugoterie.*
Beaurepair, Beaurepeix, Beaurepeire, Beaurepere. *Beaurepaire.*
Beaureu. *Beaurieux.*
Beaurieulx. *Beaurieux.*
Beaurin. *Beaurain.*
Beausages (Haut-). *Les Bochages.*
Beautreau, Beautreaux, Beautrou, Beautroucq. *Beautroux.*
Beauvais. *Beauvoir, Beauvois.*
Beauvaix. *Beauvois.*
Beauvette. *La Bovette.*
Beauvoir. *Beauvois.*
Beauvoir-en-Aroqaise, Beauvoir-en-Cambrosis. *Beauvoir.*

Beauvois, Beauvoy. *Beauvoir.*
Beauvoys. *Beauvois.*
Becencurtis, Boceniourtis, Bechancourt. *Bichancourt.*
Becherel. *Becquerel.*
Becordel. *Beccordet.*
Becquegnies. *Becquigny.*
Becquetz. *Les Ébéquis.*
Becquignie, Becquignies. *Becquigny.*
Becquigniete. *Becquignette.*
Becquis. *Les Ébéquis.*
Beclrepair. *Beaurepaire.*
Beclvoir. *Beauvois.*
Becsgny, Beosny. *Besny.*
Becvoir. *Beauvois.*
Befcourt, Beffecour, Beffrocour, Beffrecourt, Beffrocurtis. *Beffecourt.*
Begnicourt. *Benicourt.*
Bogny, *Besny.*
Behagne, Behaigne, Behaingne, Behaiunes, Behaisnes. *Behaine.*
Behelna. *Beaulne-et-Chivy.*
Beherius, Behories, Behoris. *Bohéries.*
Beillencourt. *Berlancourt.*
Bekegnies. *Becquigny.*
Bekencurt, Bekencurtis. *Bichancourt.*
Bekerel. *Bécheret. Becquerel. Bécret.*
Belaineglise. *Bellenglise.*
Belaire. *Belair.*
Beleau. *Belleau.*
Belenglise, Belenneglise. *Bellenglise.*
Belesme, Belesmia. *Bleesmes.*
Beleval, Belevale (Grand et Petit). *Bellevalle.*
Belgicort. *Bergicourt* (ruisseau).
Belimont. *Bellimont.*
Belise. *Berlize.*
Bellaincort. *Berlancourt.*
Bellaire. *Belair.*
Bellana-ecclesia. *Bellenglise.*
Bellancourt. *Berlancourt.*
Bellavallis. *Bellevalle.*
Belleaue. *Belleau.*
Belleincourt. *Bellicourt.*
Bellencourt. *Berlancourt.*
Bellen-emprès-Soissons. *Bellen.*
Bellevue. *Bellevue.*
Bellise, Bellisia. *Berlize.*
Belloi, Bellu. *Belleu.*
Bellum-videre. *Beauvoir.*
Bellum-visum. *Beauvevoir. Beauvoir. Beauvois.*
Bellus-campus. *Beaucamp.*
Bellus-locus. *Beaulieu. Belleu.*
Bellus-mons. *Beaumont.*
Bellus-ramus. *Beaurain.*
Bellus-redditus. *Beaurepaire.*

TABLE DES FORMES ANCIENNES.

Bellus-rivus. *Beaurieux.*
Bellymon. *Dellimont.*
Belna. *Baulne, Beaulne.*
Belowart. *Beaurevoir.*
Beloy. *Belleu.*
Belrepair. *Beaurepaire.*
Belru. *Beaurieux.*
Belvarium. *Beauvois.*
Belveor. *Beauvoir.*
Belvoir. *Beaurevoir.*
Belycourt. *Bellicourt.*
Bémont. *Besmont.*
Benais, Benaix, Benaiz, Benays. *Benay.*
Bencinnées. *Bancigny.*
Benitre. *Benite.*
Benni, Beny. *Besny.*
Bequeniette. *Becquignette.*
Bequerel. *Becquerel.*
Bequerel-desseur-Velui, Bequeriaux. *Berret.*
Bequignettes. *Becquignette.*
Bequignies. *Becquigny.*
Beraie, Beralle, Beralle-lez-Chastiau-Thierry, Berailes, Berasles. *Brasles.*
Berecium, Berci, Berciacus, Bercy-le-Buisson. *Brécy.*
Berella. Berelle. *Brasles.*
Berencort, Berencurt, Berencurtis. *Brancourt.*
Berenglise. *Bellenglise.*
Bergerie (La). *Les Bergeries.*
Berghes. *Bergues.*
Bergicort. *Bergicourt (ruisseau).*
Bergue, Bergues-au-Sard-de-Nouvion, Bergues-en-Thiérache. *Bergues.*
Berguine. *Bargaine.*
Berieu, Berieux. *Berrieux.*
Berincort. *Bellicourt. Brancourt.*
Berincourt, Berincurtis. *Brancourt.*
Berith. *Beaurieux.*
Berjaumont, Berjesumont. *Bergeaumont (bois).*
Berlaincurt, Berleincurt, Berlencurt. *Berlancourt.*
Berlou. *Belleu.*
Berlise, Berlisia. *Berlize.*
Berlize. *Berlise.*
Berlyse. *Berlize.*
Bermont. *Aubermont.*
Berneium. *Berny-Rivière.*
Bernella, Bernelle, Bernelles. *Brenelle.*
Bernenvilla. *Bernoville.*
Berneyum. *Berny-Rivière.*
Bernod. *Bernot.*
Bernonvile, Bernonville. *Bernoville.*
Bernordium, Bernort, Bernoth. *Bernot.*

Berny. *Breny.*
Beronvilla. *Bernoville.*
Beroudi curtis. *Montberault.*
Berriacum, Berri-au-Bac. *Berry-au-Bac.*
Berrieu, Berriu, Berru, Berrucum. *Berrieux.*
Berrye-au-Bacq. *Berry-au-Bac.*
Berry-Saint-Christophe. *Derry.*
Bersiacus, Bersy. *Berzy-le-Sec.*
Bertaigne. *Bretagne.*
Bertaucourt-et-Eppourdon, Bertaucourt. *Bertaucourt-Épourdon.*
Bertegnicort, Bertegnicourt. *Berthenicourt.*
Berteinemont. *Bertaignemont.*
Bertenay, Bertevel. *Berthenay.*
Bertenicourt. *Berthenicourt.*
Bertennemont, Berthainemont. *Bertaignemont.*
Berthaucourt. *Bertaucourt.*
Berthegnéicourt, Bertheglnicourt. *Berthenicourt.*
Berthemont. *Bertaignemont.*
Berthnicourt. *Berthenicourt.*
Berthricourt. *Bertricourt.*
Bertignemont, Bertignimons. *Bertaignemont.*
Bertignicort, Bertignicourt, Bertinicourt. *Berthenicourt.*
Bertinval. *Berlinval.*
Bertoleurt, Bertoncurt. *Bertaucourt.*
Bertricicurtis. *Betricourt.*
Bertlenay. *Berthenay.*
Berturicurtis. *Bertricourt.*
Bery. *Berry. Berry-au-Bac.*
Bery-au-Bac, Bery-au-Bacq, Bery-au-Baq. *Berry-au-Bac.*
Berxi, Berziacus, Berzicum. *Berzy-le-Sec.*
Berzis. *Darzy.*
Berzisus, Berzy-le-Socq. *Berzy-le-Sec.*
Beschencourt. *Bichancourt.*
Bescheret. *Bécheret.*
Beschouet. *Bichaué.*
Besgny. *Besny.*
Besmes, Besmez. *Besme.*
Besmon, Besmond, Besmont-en-Thiérache. *Besmont.*
Besni, Besniacum, Besnis, Besny-les-Laon. *Besny.*
Besreu, Besru. *Berrieux.*
Bessencourt. *Bichancourt.*
Bessu-les-Fevres, Besu. *Bezu-les-Fèves.*
Besuacus-Vastatus. *Bézu-le-Guéry.*
Besuel. *Bézuet.*
Besu-les-Feuvres, Besu-prope-Clincampum. *Bézu-les-Fèves.*

Besu-Saint-Germain. *Bézu-Saint-Germain.*
Betacurtis, Betancourt, Betancourt-en-Vaux. *Béthancourt-en-Vaux.*
Bétencourt. *Béthancourt.*
Béthaucourt, Béthancourt-en-Veaux. *Béthancourt-en-Vaux.*
Bethania. *Behaine.*
Betheinicurtis, Bethencourt. *Bethancourt.*
Bethencourt, Bethencourt-en-Vaus, Bethencourt-ès-Vaulx, Bethencourt-ès-Vaux, Bethencourt-in-Vallibus. *Béthancourt-en-Vaux.*
Beufcourt, Beuffecourt. *Beffecourt.*
Beufmon, Beufmout. *Besmont.*
Beugneulx, Beugneu-Vallée, Beugneux-Vuaillée. *Beugneux.*
Beumont. *Besmont.*
Beuvarda, Beuvarde. *Beuvardes.*
Beuvecourt. *Beffecourt.*
Beuverde. *Beuvardes.*
Beveria, Bevra. *Bièvres.*
Beyne, Beyne. *Beine (forêt).*
Bezois. *Bézuet.*
Bezu-le-Guary, Bezu-le-Guerri, Bezu-lez-Guery. *Bézu-le-Guéry.*
Bezu-les-Febvres, Bezu-les-Fevbres, Bezu-les-Fevres. *Bézu-les-Fèves.*
Bezu-Sainct-Germain. *Bézu-Saint-Germain.*
Bhouaing-in-Taresea. *Bohain.*
Biaucamp, Biauchamp. *Beaucamp.*
Biaullaineglise. *Bellenglise.*
Biaulrepaire. *Beaurepaire.*
Biaumes, Biaumez. *Beaume.*
Biaune. *Baulne. Beaulne-et-Chivy.*
Biaurain, Biauraine, Biauraing. *Beaurain.*
Biaurepair, Biaurepaire. *Beaurepaire.*
Biaurevart. *Beaurouart.*
Biaurevoir. *Beaurevoir.*
Biaurewart. *Beaurouart.*
Biaurieu-en-Laonnois, Biauriu. *Beaurieux.*
Biauroer. *Beaurevoir.*
Biauru. *Beaurieux.*
Biautrau, Biautrou. *Beautroux.*
Biauvoir. *Beaurevoir. Beauvoir. Beauvois.*
Biauvoir-dales-Pierrepont, Biavoir. *Beauvois.*
Bibracina-Convallis, Bibrax. *Laon et la Vallée.*
Bichancourt. *Bichancourt.*
Bieuci. *Bieuxy.*
Bieuvre. *Bièvres.*
Bieuxi, Bieuxy-en-Soissonnais, Bieuxy-

TABLE DES FORMES ANCIENNES. 311

les-Baigneux, Bieuxy-les-Espaigny. *Bieuxy.*
Bievra, Bièvre. *Bièvres.*
Biliacus - super - Ulcum. *Billy - sur - Ourcq.*
Billi, Billiacum. *Billy-sur-Aisne.*
Billiacum-super-Ureum. *Billy - sur - Ourcq.*
Billiacus, Billiacus-super-Auxonam, Billiacus-super-Axonam. *Billy-sur-Aisne.*
Billiacus-super-Urcam, Billiacus-super-Urcam. *Billy-sur-Ourcq.*
Billiacus-supra-Axonam, Billi-seur-Aine, Billi-seur-Aisne. *Billy-sur-Aisne.*
Billi-super-Orcham, Billi-super-Ur-cam. *Billy-sur-Ourcq.*
Billi-sur-Aine, Billi-sur-Asne. *Billy-sur-Aisne.*
Billi-sur-Ourc. *Billy-sur-Ourcq.*
Billy, Billy-sur-Aine, Billy-sur-Aixne. *Billy-sur-Aisne.*
Bionerie. *La Billonnerie.*
Birenfosse. *Buironfosse.*
Biron. *Buiron.*
Bisiniacum. *Besny.*
Blaingnis, Blancq-rieux. *Blancrieu. Blaury* (ruisseau).
Blancq-Sablon. *Blanc-Sablon.*
Blanques-Voyes. *Blahques-Voies.*
Blanzi. *Blanzy-lez-Fismes.*
Blanziacus. *Blanzy, Blanzy-lez-Fismes.*
Blanzis, Blanzy-les-Feime, Blanzy-les-Feimes, Blanzy-les-Fymes, Blanzy-les-Perles. *Blanzy-lez-Fismes.*
Blarencurtis. *Blérancourt.*
Bleci, Blecy. *Blissy.*
Blerancourdel. *Blérancourdelle.*
Blérencort. *Blérancourt.*
Blerencourdel. *Blérancourdelle.*
Blerencourt. *Blérancourt.*
Blesme. *Blesmes.*
Bliceium, Blici, Bliciaeum, Blicicurtis, Blicy, Blisci. *Blissy.*
Blocqu. *Blocus.*
Bocconville, Bochunvilla, Bochunville, Boconisvilla. *Bouconville.*
Bochages (Haut et Bas). *Les Bochages.*
Bocquaulx. *Bocquiaux.*
Bocquiaux. *Bocquiaulx.*
Bocquillon. *Bocquillon.*
Bocumvilla, Bocunvilla. *Bouconville.*
Boeliaus. *Ébouleau.*
Boemont. *Bosmont.*
Boenensis, Boeni. *Bony.*
Rœuf. *But.*
Bœufmont. *Besmont.*

Bofegnonriu, Boffignereux. *Bouffignereux.*
Bohaing, Bohang. *Bohain.*
Boheria, Boherie, Boheris, Boheris-super-Hesiam, Bohery, Bohories, Bohories-dales-Guise, Bohoris. *Bohéries.*
Boignonchamp. *Bouzincamp.*
Boileau, Boileaue. *Bailleau.*
Boileauc. *Belleau.*
Boiliaus. *Ébouleau.*
Boiliaux. *Belleau.*
Boifleaue. *Bailleau.*
Boilleaux. *Bouleau.*
Bois. *Bois-lez-Pargny.*
Bois-Aleu. *Bois-à-Leup.*
Bois-Apart. *Bois-Hapart.*
Bois-de-Lagny. *Bois-de-Laigny.*
Bois de la Hutte. *Thierrisuelle.*
Bois des Hermites. *Le Chêne-Toalet.*
Bois-dessus-Crécy. *Bois-lez-Pargny.*
Bois-du-Creu, Bois-du-Crœux. *Bois-du-Creux.*
Boisencourt. *Boisencourt.*
Bois-Fondé. *Bas-Fondé.*
Bois-Heries. *Bohéries.*
Bois-la-Dame. *Bois-les-Dames.*
Bois-les-Vaches. *Bois-des-Vaches.*
Bois-Madame-de-Moustreuille. *Bois-Madame.*
Bois-Meignerain, Bois-Miren, Bois-Miron. *Bois-Mirand.*
Bois-Morins. *Bois-Morin.*
Bois-Rogier. *Bois-Roger.*
Boissuerra, Boissuerre. *Bussiares.*
Bois-Tyroul. *Bois-Tiroul.*
Boisvillers. *Mazure.*
Boivenet. *Bois-Venet.*
Boix, Boix-lez-Pargny, Boiz. *Bois-lez-Pargny.*
Bolmont, Bolmunt. *Beaumont-en-Beine.*
Bolmunt. *Bosmont.*
Bolochier. *Bolocier.*
Bomont. *Bosmont.*
Bona-Curia. *Boncourt.*
Bona-Domus. *Bonnemaison.*
Bon-Air. *Bonaire.*
Bouconville. *Bouconville.*
Boncort, Boncurtis. *Boncourt.*
Bonda-Rainouardi. *La Tombe.*
Boneil, Bonelium. *Bonneil.*
Bones. *Bonnes.*
Bonimodium. *Bonne-Mue.*
Bonne. *Bonnes.*
Bonnel. *Bonneil.*
Bonnemue. *Bonne-Mue.*
Bonneul. *Bonneil.*
Bonni. *Bony.*

Bonnie, Bonnis. *Bonnes.*
Bonno, Bonnos, Bonnot. *Bonot.*
Bonoil, Bonogilum, Bonoil, Bonolium. *Bonneil.*
Bonum-Vadum. *Boué.*
Bonvalle. *Bonval.*
Bonweis, Bonwez. *Boué.*
Boolcaus, Booliaus. *Ébouleau.*
Boomont. *Bosmont.*
Booni, Boony. *Bony.*
Borc. *Bourg.*
Borde-Chailly (La). *La Borde.*
Bordel. *Bordet.*
Borgegnon, Borgenon. *Bourguignon-sous-Montbavin.*
Borgfontaine-ès-Valoiz. *Bourgfontaine.*
Borguegnon. *Bourguignon-sous-Montbavin.*
Borraches, Borrachie. *Bourvches.*
Bos, Boscus. *Ville-aux-Bois-lez-Pontavert.*
Boscus-Cuissiaci. *Cuissy.*
Boscus-juxta - Parigniacum. *Bois-lez-Pargny.*
Boscus-Rogeri. *Bois-Roger.*
Bosencurt. *Boisencourt.*
Boshain, Boshaing. *Bohain.*
Boskiaus. *Bocquiaux.*
Bos le Maieur. *Rond-Buisson.*
Bosne. *Bonnes.*
Bospatium. *Beaurepaire.*
Bosse (La). *Les Brosses.*
Bossere. *Bussiares.*
Bosson. *Bousson* (fontaine).
Bosve. *La Bove.*
Bosvette. *La Bovette.*
Boucho-d'Amiette. *Amiette.*
Bouconvile, Bouconvilla, Bouconville-soubz-la-Bove. *Bouconville.*
Bouequoy. *Le Bucquoy.*
Boues, Bouez. *Boué.*
Bouffigneuru, Bouffiguiricu, Bouffiguirivus, Bouffigniru, Bouffignorue, Bouffignouru, Bouffignyriu, Bouffigneuru. *Bouffignereux.*
Bougencamp. *Bouzincamp.*
Bougenelée. Bougeneules. *Bougeneux* (bois).
Bougeon. *Le Bugon.*
Bougincamp, Bougiucan. *Bouzincamp.*
Bouhaing, Bouhaing-en-Thierache. *Bohain.*
Bouhories, Bouhouris, Bouhoury. *Bohéries.*
Bouilleau. *La Rue-des-Bouleaux.*
Bouilleaux. *Ébouleau.*
Bouissière. *La Bussière.*
Bouleaux (Les), Bouleaux. *Ébouleau.*

TABLE DES FORMES ANCIENNES.

Bouleanx (Les). *Boulleaux.*
Boulieus, Boulioux, Boulieaux, Boullaux. *Ébouleau.*
Boulleau. *La Rue-des-Bouleaux.*
Boulleaux. *Boulcau. Ébouleau. La Rue-de-Bouleaux.*
Boulleaux - lez - Montigny - le - Franc, Boulliax. *Ébouleau.*
Boullets. *Biza.*
Boulois (La), Bouloy. *Grande-Boullois.*
Bouloye. *La Grande-Boulloye.*
Boumont. *Beumont - en - Beine. Bosmont.*
Bouncort, Bouneurtis. *Boncourt.*
Bouny-supra-Coulonges. *Bouny* (bois).
Bouquetcaulx. *Bocqueaux.*
Bourc. *Bourg-et-Comin.*
Bourc-d'Aixne. *Saint-Vast.*
Bourc-en-Lannoys, Bourch, Bourcq, Bourcq-en-Lannois, Bourcq-en-Laonnois, Bourcq-en-Launois, Bourcq-et-Commin, Bourcq-sur-Aixne, Bourc-seur-Aine, Bourc-sur-Aisne, Bourc-sur-Aixne. *Bourg-et-Comin.*
Boureche, Bouresche. *Bouresches.*
Bourg-de-Saint-Vuast. *Saint-Vast.*
Bourgcaumont. *Bergeaumont* (bois).
Bourgel, Bourgel - de - lez - Venduel. *Bourguet.*
Bourg-en-Lannoy, Bourg-en-Laonnois. Bourg-et-Launnoys. *Bourg-et-Comin.*
Bourgenon. *Bourguignon-sous-Montbavin.*
Bourg-et-Comain. *Bourg-et-Comin.*
Bourgfontaine - en - Valoys. *Bourgfontaine.*
Bourghengnon. *Bourguignon - sous - Montbavin.*
Bourgi. *Bourgies.*
Bourg-Saint-Mard. *Saint-Vast.*
Bourg-sur-Aisne, Bourgt. *Bourg - et - Comin.*
Bourguignion. *Bourguignon-sous-Montbavin.*
Bourguignon. *Les Bourguignons.*
Bourguignons, Bourguinon, Bourguynon. *Bourguignon-sous-Montbavin.*
Bourgy. *Bourgies.*
Bourier. *Le Bourlier.*
Bourmont (Le). *Aubermont.*
Bournoville. *Bournonville.*
Bourny. *Borny* (bois).
Bourresche. *Bouresches.*
Bourry, Boury-les-Bièvres. *Boury.*
Boury. *Bohériette.*
Bouscy. *Boury.*

Boussière. *La Bussière.*
Boussuerie. *Bussiares.*
Bouszon. *Bousson* (fontaine).
Boutaille. *La Bouteille.*
Bouteaux (Les). *Boulleaux.*
Bouteille - in - Thirascbia. *La Bouteille.*
Boutelly. *Boutillier.*
Boutily, Bouttaille. *La Bouteille.*
Bouvetles. *Les Bovettes.*
Bouwees, Bouwez. *Boué.*
Bouzeneau, Bouzincamp.
Bouzon. *Bousson* (fontaine).
Bouzy. *Boury.*
Bova. *La Bove.*
Bove, Bovette-Surmain. *La Bovette.*
Bovis-Mons. *Besmont.*
Boy. *Bois-lez-Pargny.*
Boy-Carbonnet. *Bois-Carbonnet.*
Boyleaux. *Belleau.*
Boyne. *Beine* (forêt).
Boys, Boys-emprès-Pargny, Boys-les-Pargny. *Bois-lez-Pargny.*
Braachucl, Bracheuil, Bracheul. *Brachoux.*
Brabencourt. *Brancourt.*
Brai. *Braye-en-Laonnois, Braye - en - Thiérache.*
Bruie. *Bray.*
Braie-sous-Clamecy. *Braye.*
Braina. *Braine.*
Braincort, Braincourt. *Brancourt.*
Brainne. *Braine.*
Brait, Brait-en-Theraische, Brait-en-Therasche, Brait-en-Thiéraiche, Brait-in-Thirascbia. *Braye-en-Thiérache.*
Braium. *Bray. Braye - en - Laonnois. Braye - en - Thiérache. Bray-Saint - Christophe. La Cour-de-Braye.*
Braium-in-Laudunesio. *Braye-en-Laonnois.*
Braium-in-Therasca. *Braye - en - Thiérache.*
Bralles. *Brasles.*
Brana. *Braine.*
Brancocourt. *Brancourt-le-Court.*
Brancort. *Brancourt.*
Braneoucourt. *Brancourt-le-Court.*
Brancour, Brancourt-la-Ville, Brandicurtis. *Brancourt.*
Brandignion. *Brandignon.*
Brandoville. *Cense-Deuil.*
Brandousis, Brandouzi, Brandouzis. *Brandouzy.*
Branella. *Brenelle.*
Brange. *Branges.*
Brangecort. *Brazicourt.*

Brangia. *Branges.*
Brangicort, Brangicourt, Brangycourt. *Brazicourt.*
Branium. *Braine.*
Bransicort, Bransicourt. *Brazicourt.*
Brantignum. *Brandignon.*
Branzicourt, Brazicurt. *Brazicourt.*
Braon. *Le Noirieu* (rivière).
Braslia. *Brasles.*
Brauccourt, Braulcourt. *Brocourt.*
Bray. *Braye-en-Laonnois. Bray-Saint-Christophe. La Cour-de-Braye.*
Bray-dessoubs-Clamecy. *Braye.*
Bray-emprès-Tugny. *Bray-Saint-Christophe.*
Bray-en-Lannoys, Bray-en-Laonnois. Bray-en-Laonnoys. *Braye-en-Laonnois.*
Bray-en-Therasse, Bray-en-Thiérache. *Braye-en-Thiérache.*
Braye-Saint-Christophle. *Bray-Saint-Christophe.*
Braye-soubz-Clampsy, Braye-sous-Clamecy. *Braye.*
Bray-in-Laudunesio. *Braye-en-Laonnois.*
Bray-les-Jussy. *Bray.*
Brayne. *Braine.*
Bray-Saint-Christophle. *Bray-Saint-Christophe.*
Bray-sous-Clameci, Bray-sous-Clampsy. *Braye.*
Brayum, Brayum - in - Laudunesio. *Braye-en-Laonnois.*
Brayum-in-Therasca. *Braye-en-Thiérache.*
Brearie? *Brie.*
Brecceium, Brcci, Brcciacus, Brecy-le-Moncel. *Brécy.*
Breensis pagus. *La Brie* (province).
Breffocourt. *Beffecourt.*
Bregny. *Bugny* (Haut et Bas).
Breina, Brena. *Braine.*
Brenelles. *Brenelle.*
Brenna, Brennacum, Brenne, Brennia. *Braine.*
Brennort, Brenod, Brenodium, Brenort, Brenost, Brenot. *Bernot.*
Brenoville. *Bournonville.*
Bresnort, Bresnoth. *Bernot.*
Bretaigne. *Bretagne.*
Bretèche. *Gobaille.*
Bretegnemont, Bretegnimons, Breteignemont. *Bertaignemont.*
Bretemont. *Brellemont.*
Bretenay, Brethenay. *Berthenay.*
Bretignemons, Bretignemont. *Bertaignemont.*

TABLE DES FORMES ANCIENNES.

Breuil-sur-Saconin, Breul, Breul-sur-Saconin. *Breuil.*
Broumeltz. *Brumetz.*
Briconvile. *Briconville.*
Bris, Bris-les-Crespy. *Brie.*
Broyon. *Ambroyon.*
Bruces. *Brusses.*
Brucil, Brueil-sur-Saconin, Bruel, Bruell. *Breuil.*
Brucre, Brueres-en-Laonnois. *Bruyères-et-Montbérault.*
Brueria, Bruerie. *Bruyères. Bruyères-et-Montbérault.*
Bruhamel-en-Thiérache. *Brunehamel.*
Bruier, Bruiere, Bruières-en-Laonnois, Bruières-en-Loenois. *Bruyères-et-Montbérault.*
Bruieres, Bruières-Val-Chrestien. *Bruyères.*
Bruierez, Bruierez-en-Laonnois, Bruiers. *Bruyères-et-Montbérault.*
Bruili. *Les Brulis.*
Bruille. *Brûle. Brûlé.*
Bruillium. *Breuil.*
Bruisle. *Brûle.*
Brulle. *Brûle. Brûlé.*
Brumchamps. *Brunchamps.*
Brumes, Brumet, Brumez. *Brumetz.*
Brunsin-versùs-Aquilam. *Brunin.*
Brunchant. *Brunchamps.*
Brunehamel, Brunehamel-en-Thirasse, Brunehamel-en-Tirasse, Brunehaulmez, Brunehaumez, Brunehautmeis, Brunehautmez. *Brunehamel.*
Brunehaut-sous-Laon. *Brunehaut.*
Bruniacum. *Bruni.*
Brunort. *Brunot.*
Bruoliam. *Breuil.*
Brusle. *Brûle. Brûlé.*
Bruslle. *Brûle.*
Brusse (La). *Les Brusses.*
Bruxelle. *Bruxelles.*
Bruy. *Bruys.*
Bruyère. *Bruyères. Bruyères-et-Montbérault.*
Bruyères-en-Lannoys, Bruyères-en-Leonnoys, Bruyères-en-Vermandois. *Bruyères-et-Montbérault.*
Bruyères-les-Voulpaix. *Bruyères.*
Bruyères-soubz-Laon, Bruyerres. *Bruyères-et-Montbérault.*
Bruyle (Le), Bruylle. *Brûlé.*
Bruyt. *Bruys.*
Bry. *Brie.*
Bry (Le). *Labry.*
Brye. *Brie. La Brie (province).*
Bry-en-Laonnois. *Bric.*
Bu. *But.*

Buain. *Buin.*
Bubigneium. *Bobigny.*
Bucciacum. *Pont-à-Bucy.*
Bucciliacum, Bucciliacum. *Bucilly.*
Buceium. *Bucy-le-Long. Bucy-lez-Cerny.*
Buceli, Bucelie, Bucelis-la-Vile, Bucellensis ecclesia, Bucellies. *Bucilly.*
Bucetum. *Bucy-le-Bras.*
Buchammum. *Bohain.*
Buchillies, Buchillies-le-Ville, Buchillis. *Bucilly.*
Buci. *Bucy-le-Long. Bucy-lez-Cerny. Pont-à-Bucy.*
Buciacum. *Bucy-le-Long. Bucy-lez-Cerny.*
Buciacus-Berardi. *Bucy-le-Bras.*
Buciacus-super-ripam-Asone. *Bucy-le-Long.*
Buci-le-Bérart. *Bucy-le-Bras.*
Buciliacus, Buciliensis ecclesia, Bucilis, Bucillies, Bucillis, Bucillis-en-Thiéraisse, Bucillis-en-Thiérascho, Bucillis-l'Abbeye, Bucillis-l'Abbie, Bucillis-la-Vile, Bucillys-la-Ville. *Bucilly.*
Bucunvilla. *Bouconville.*
Bucy, Bucyacum. *Bucy-le-Long.*
Bucy-au-Ramon, Bucy-dalez-Sarny, Bucy-en-Laonnois, Bucy-en-Laonnois-les-Crespy. *Bucy-lez-Cerny.*
Bucy-en-Soissonnays. *Bucy-le-Long.*
Bucy-juxtà-Crespy. *Bucy-lez-Cerny.*
Bucy-le-Bérart. *Bucy-le-Bras.*
Bucy-les-Crespy, Bucy-les-Remonts, Bucy-les-Sarny. *Bucy-lez-Cerny.*
Bucy-les-Soissons. *Bucy-le-Long.*
Bucy-près-Sarny. *Bucy-lez-Cerny.*
Bueys-les-Pierpont. *Bucy-lez-Pierpont.*
Bucy-sur-Aisne. *Bucy-le-Long.*
Budellis. *Ébouleau.*
Buefmont. *Besmont.*
Buegnies. *Bugny.*
Buffinonriu. *Bouffignereux.*
Bugneulx, Bugneux, Beugneux. *Bugnies.*
Bugnies. *Haut et Bas Bugny.*
Bagnieux. *Beugneux.*
Buici. *Pont-à-Bucy.*
Buiecourt. *Bihécourt.*
Buigneux. *Beugneux.*
Buignies. *Bugny.*
Buingoaue. *Beugneux.*
Buires, Buires. *Buire.*
Buirfontaine, Buirfontaines. *Buirefontaine.*
Buiron-de-l'Eau. *Buiron.*
Buironfossa. *Buironfosse.*

Buiraues. *Buire.*
Buirunfossa. *Buironfosse.*
Buiserre. *Bussiares.*
Buissi. *Bucy-lez-Pierrepont.*
Buissiacum. *Bucy-lez-Cerny. Bucy-lez-Pierrepont. Pont-à-Bucy.*
Buisson. *Les Fouleries.*
Buisson-Chaudron, Buisson-Chauldron. *Le Chaudron.*
Buisson-Gauché. *Le Buisson.*
Buissy, Buissy-les-Pierrepont. *Bucy-lez-Pierrepont.*
Buissy-sur-Aisne. *Bucy-le-Long.*
Bulfiniaci-Rivus. *Bouffignereux.*
Bulots (Les). *Chaillouet-les-Bulots.*
Bulphiniaci-Rivus. *Bouffignereux.*
Buncunvilla. *Bouconville.*
Buncurt. *Boncourt.*
Bunercourt. *Bihécourt.*
Bunyes. *Haut et Bas Bugny.*
Burceium, Burci, Burciacus, Burcis. *Pont-à-Bucy.*
Burefontaine, Burefontaines. *Buirefontaine.*
Bureficz. *Burelles.*
Burcufosse. *Buironfosse.*
Bures. *Buire.*
Burgeaumont. *Forêt de Bergeaumont.*
Burgegnuns. *Bourguignon-sous-Montbavin.*
Burgel. *Le Burguet.*
Burgenuns, Burgueghuns, Burguinon, Burguinum. *Bourguignon-sous-Montbavin.*
Burguel. *Burguet.*
Burgum, Burgus-et-Cuminus. *Bourg-et-Comin.*
Burguef-juxtà-Feritatem-Milonis. *Bourgfontaine.*
Burgus-super-Axonam. *Bourg-et-Comin.*
Buronfosse. *Buironfosse.*
Burris. *Bury.*
Bus. *But.*
Busancy, Busancy-en-Soissonnay. *Busancy.*
Busci. *Bucy-le-Long. Bucy-lez-Pierrepont.*
Buscus. *Bois-lez-Pargny.*
Buse. *La Romelle (ruisseau).*
Busenci, Busency. *Busancy.*
Busillis. *Bucilly.*
Busincamp. *Bouzincamp.*
Bus-les-Crespy. *But.*
Busseilis. *Bucilly.*
Busseria. *La Bussière.*
Bussi, Bussiacum, Bussiacus. *Bucy-lez-Pierrepont.*

Bussiare, Bussiart, Bussière, Bussierre. *Bussiares.*
Bussi-les-Pierrepont. *Bucy-lez-Pierrepont.*
Bussilies, Busseily, Bussilys. *Bucilly.*
Bussy. *Bucy-lez-Pierrepont.*
Bussy-le-Bas, Bussy-le-Bras. *Bucy-le-Bras.*
Bussy-le-Long. *Bucy-lez-Long.*
Bussy-les-Corny, Bussy-les-Crospy, Bussy-les-Ramonts. *Bucy-lez-Corny.*
Bussy-les-Pierpont. *Bucy-lez-Pierrepont.*
Bussy-les-Serny. *Bucy-lez-Corny.*
Bussy-lez-Liesse. *Bucy-lez-Pierrepont.*
Bussy-sur-Aisne. *Bucy-le-Long.*
Buvarda, Buvarde, Buvardes. *Beuvardes.*
Buvardelle. *Beuvardelle.*
Buverde. *Beuvardes.*
Buxeria. *La Bussière.*
Buxi-de-les-Pierrepont. *Bucy-lez-Pierrepont.*
Buxus. *Bois-lez-Pargny.*
Buyre, Buyres. *Buire.*
Buyronfosse. *Buironfosse.*
Buyssi. *Pont-à-Bucy.*
Buysayli. *Bucilly.*
Buzi-le-Bras. *Bucy-le-Bras.*
Byanne. *Beaulne-et-Chivy.*
Byaumares. *Beaumarais.*
Byaumes. *Beaumé.*
Byaurain. *Beaurain.*
Bycuvres, Byèvra, Byevre-les-Orgeval, Byèvres. *Bièvres.*

C

Cacquet. *Le Caquet.*
Cadurca, Cadussa-Villa. *Chaourse.*
Caherium. *Chéry-Chartreuse.*
Cahunengy. *Cugny.*
Caici. *Quessy.*
Cailleoi. *Caillouël-Crépigny.*
Cailles. *L'Écaille.*
Caillieuse. *Cailleuse.*
Caillioueł, Cailloe, Cailloei, Cailloeł. *Caillouël-Crépigny.*
Caillocmons. *Caillomont.*
Cailloille. *Caillouël-Crépigny.*
Caillons (Les). *L'Écaille.*
Cailloue. *Caillouël-Crépigny.*
Cailloumont. *Caillomont.*
Caillovoi. *Caillevois.*
Coilouel. *Caillouël-Crépigny.*
Caisneel, Caisnet. *Le Caisnel.*
Caissi. *Quessy.*

Caldarda, Caldarde, Caldardra. *Chaudardes.*
Caldun, Caldunum. *Chaudun.*
Calles-aux-Joncs (Les). *Les Calogeons.*
Calloe. *Caillouël-Crépigny.*
Calmesi, Calmesius. *Chermizy.*
Calmont, Calmunt, Calmunt-in-Valles. *Caumont.*
Calnacum, Calni, Calniacensis, Calniacum, Calniacum-super-Ysaram, Calniacum-super-Ysarom. *Chauny.*
Calveni, Calveniacum, Calveniacus, Calvenni, Calvini. *Cauvigny.*
Cama, Camac, Camach. *Camas.*
Camaleium. *Camelin.*
Camaracensis. *Le Cambrésis* (province).
Camberon. *Cambron.*
Cambot. *La Cambotte.*
Cambraisis, Cambrezis, Cambrezy. *Le Cambrésis* (province).
Cambrie. *Cambry.*
Camclain. *Camelin.*
Cameli. *Cambry. Camelin.*
Camelin. *Cambry.*
Camely. *Camelin.*
Cameracensis, Comitatus, Provincia. *Le Cambrésis* (comté et province).— Voy. Pagos.
Cameri. *Cambry. Chambry.*
Cameron. *Cambron.*
Camery. *Cambry.*
Cammelain, Cammely. *Camelin.*
Camoilla, Camolia. *Chamouille.*
Camont. *Caumont.*
Campagny, Campaigny. *Campigny.*
Campania. *La Champagne* (province).
Campasnier, Campeny. *Campigny.*
Campi. *Champs.*
Camps. *Le Camp.*
Campus-de-l'Estrit. *Le Champ-de-l'Étry.*
Campus-Lupi. *Champleu.*
Campus-Meibout. *La Trinité.*
Cemulgia. *Chamouille.*
Canlaincort. *Caulaincourt.*
Canlair, Canlaire. *Canlers.*
Canlencort, Canlencurt. *Caulaincourt.*
Canler, Canlere. *Canlers.*
Canllaincort. *Caulaincourt.*
Cannardière. *La Canardière.*
Canniacum. *Chauny.*
Cannivet. *Canivet.*
Canny. *Cannis.*
Cans. *Le Camp.*
Cantarana, Canteraine, Centoranum. *Chantraine.*
Cantruvis. *Chantrud.*
Canyvet. *Canivet.*
Capele (La), Capella. *La Capelle.*

Capelle-en-Feve, Capelle-en-Thieraisse. *La Capelle.*
Capone, Capones. *Caponne.*
Cappelle-en-Thiérasche (La). *La Cupelle.*
Capponne, Capponnes. *Caponne.*
Capra, Caprea. *Chivres.*
Capricornium. *Chevresson.*
Caprigniacum, Capriniacum, Capriniacus, Caprinniacus. *Chevregny.*
Caquerez. *Les Caquerets.*
Caraciacum. *Quierzy.*
Caracum. *Cheret.*
Carbnacum, Carbonaca. *Corbeny.*
Carcarisia, Carcrisia. *Chacrise.*
Cardol. *Courdoux.*
Care-Estreu-Cambresis, Care-Estreu-France, Care-Estreu-Hainaut. *Carrière-Étreux.*
Carenton. *Caranton.*
Careux. *Carreux.*
Gariciacum, Carisiacum-Villa, Carisiacus-Villa-Sancti-Salvatoris, Carisiagus, Carisicum. *Quierzy.*
Carliacus. *Charly.*
Carmesium, Carmisi. *Chermizy.*
Carmus. *Le Charme.*
Carnyer. *Carnières.*
Carrciacum-Villa. *Quierzy.*
Carro-Estreux, Carrée-Estreux-sur-Hainaut. *Carrière-Étreux.*
Carriacum-Villa. *Quierzy.*
Carrière (La). *Montenpeins.*
Carrière-l'Évesque. *Carrière-l'Évêque.*
Carrières-en-Couture. *Carrières-des-Coutures.*
Cartetreux. *Carrière-Étreux.*
Carthovorum, Cartobra, Cartovorum. *Cartovra. Chartreuse.*
Casincus, Casincus-super-Maternam, Casieus. *Chézy-l'Abbaye.*
Cassiacum-Villa. *Quessy.*
Casteillom. *Châtillon-lez-Sons.*
Castelers, Castelet. *Le Câtelet.*
Castellaria. *La Châtellerie.*
Castellier, Castellet. *Le Câtelet.*
Castelliacum-super-Isaram. *Châtillon-sur-Oise.*
Castellio. *Catillon. Catillon-du-Temple. Châtillon-lez-Sons. Châtillon-sur-Oise.*
Castellion. *Châtillon-lez-Sons.*
Castellon, Castellulum. *Châtillon-sur-Oise.*
Castellum-Theoderici. *Château-Thierry.*
Castilion. *Catillon.*
Castillon-du-Temple, Castillon. *Catillon-du-Temple.*

TABLE DES FORMES ANCIENNES.

Castillon. *Châtillon-lez-Sons. Châtillon-sur-Oise.*
Castillon-sur-Oise, Castillon-sur-Oize. *Châtillon-sur-Oise.*
Castra, Castre. *Castres.*
Castrodoricum, Castrum - Teodorici, Castrum-Theoderici, Castrum-Theodorici, Castrum-Thierrici. *Château-Thierry.*
Catellet. *Le Câtelet.*
Cathillon-du-Temple, Catillion. *Catillon-du-Temple.*
Catillon-sur-Oise, Catillion. *Châtillon-sur-Oise.*
Catusiacum. *Chaourse.*
Caudunum. *Chaudun.*
Cauffours. *Le Chauffour. Escaufourt.*
Caufours (Les). *Escaufourt.*
Caulencort, Caullaincourt. *Caulaincourt.*
Caulmont, Caulmont-lez-Chauny. *Caumont.*
Caumenchon, Caumencon. *Commenchon.*
Cauniacum. *Chauny.*
Cauniacus. *Chauny. Choigny.*
Caunlencort. *Caulaincourt.*
Cauqueriomont. *Cocréaumont.*
Caureau. *Correaux.*
Caurroi. *Courroy.*
Caursa, Caursio. *Chaourse.*
Cauvegni, Caùvcigni. *Cauvigny.*
Cauviniacus. *Cugny.*
Cauvini-super-Iseram. *Choigny.*
Cavegni. *Chavigny.*
Cavêgniacum, Cavcigniacum. *Choigny.*
Cavengnum. *Chavignon.*
Cavenni. *Chavigny.*
Cavesnense territorium, Cavesnes. *Chevennes.*
Cavigniacum. *Chavigny.*
Caviniacus. *Chavigny. Cugny.*
Cavinio, Cavinionus. *Chavignon.*
Caxiacus. *Quessy.*
Ceboncourt. *Seboncourt.*
Cechelle. *Séchelles.*
Cele (Le). *Leschelle.*
Celeine, Celene. *Solaine.*
Celens. *Selens.*
Cella. *Celles-lez-Condé. Celles-sur-Aisne. Leschelle.*
Cellarium-de-Courpierre. *Le Cellier.*
Celle. *Celles-sur-Aisne.*
Celle (La). *Leschelle.*
Celle-en-Brie, Celles. *Celles-lez-Condé.*
Celles. *Celles-sur-Aisne.*
Celles-en-Brie, Celles-en-Brye. *Celles-lez-Condé.*

Celio-sou-Montenil, Celle-sous-Montmirail. *La Celle.*
Celles - propè - Condatum. *Celles-lez-Condé.*
Celsiolus, Celsolium. *Cerseuil.*
Cense-aux-Croseilles. *Robertcourt.*
Cense-Brulé, Cense-Brullé, Censo-Bruslée. *La Cense-Brûlée.*
Cense-de-Bucquoy. *Le Bucquoy.*
Cense-de-la-Montagne. *La Cense-Bastien.*
Cense-de-Reyne. *La Cense-des-Raines.*
Cense-des-Groseilles. *Robertcourt.*
Cense-du-Sour. *La Cense-du-Sourd.*
Cense-Mouaque. *Rabouzy.*
Cense-Pleurs. *Le Haut-Goulet.*
Cepeium, Cepi. *Cépy.*
Cepleium, Cepli, Cepli-juxtà-Creci, Ceppli, Ceply.
Cerceuil. *Cerseuil.*
Cerche, Cerchia. *Serches.*
Cere. *La Serre (rivière).*
Cerf-Labbé. *Sart-l'Abbé.*
Cerfontaine. *Surfontaine.*
Cergoelum, Cergiacum-Villa-Sancti-Medardi, Cergie, Cergy, Cergyacum, Cergy-en-Tardenois. *Serches.*
Ceringe, Ceringes. *Seringes.*
Cerlu, Cerlus. *Corlud.*
Cermaise, Cermoise. *Sermoise.*
Cerni, Cerniacum, Cerniacum-in-Laudunesio, Cerni-en-Lanois, Cerni-en-Laonnois, Cerny, Cerny-on-Lannois, Cerny - en - Laonnoys, Cerny-en-Laonois. *Corny-en-Laonnois.*
Cerny-lez-Bussy. *Cerny-lez-Bucy.*
Cerseolum, Cerseuïle, Cersoul, Cersiolum, Cersoilus, Cersolium, Cersueil. *Cerseuil.*
Certeaux. *Certaux.*
Cerunsi. *Corisy.*
Cervay. *Servais.*
Cervenai. *Servenay.*
Cervès. *Servais.*
Cerviniacus. *Servenay.*
Cervi-Vallis. *Serval.*
Cervolcs. *Servoles.*
Cery-Maisières. *Sery-lez-Mézières.*
Ceschelles. *Séchelles.*
Cessaric, Cesseres, Cesseric. *Cessières.*
Cessereul, Cesseruel. *Cessecroux.*
Cessière, Cessières, Cessièrres, Cessiers. *Cessières.*
Cesurnicum. *Corny-en-Laonnois.*
Couvres. *Couvres.*
Cexelle. *Séchelles.*
Chastly. *Charly.*

Chacins. *Chassins.*
Chacrisia, Chacrisse, Chacrize, Chacryse. *Chacrise.*
Chaeri, Chaheri. *Chéry-Chartreuve.*
Chaici. *Quessy.*
Chailleveil, Chaillevel, Chaillevellum, Chaillevet. *Chailvet.*
Chaillevoi, Chaillevoy, Chaillevoys, Chaillivoi. *Chaillevois.*
Chaimi, Chaimmi. *Chimy.*
Chainlencurt. *Caulaincourt.*
Chaintru. *Chantrud.*
Chaisi. *Chézy-l'Abbaye.*
Chaisne. *La Souche (rivière).*
Chalavoio. *Chaillevois.*
Chaldardrie. *Chaudardes.*
Chaldun. *Chaudun.*
Chaleconne. *Salsogne.*
Chalendri, Cholendry. *Chalandry.*
Chalessoigne. *Salsogne.*
Chalevel. *Chailvet.*
Chalevoit. *Chaillevois.*
Chaliveeil. *Chailvet.*
Challendri, Challendry. *Chalandry.*
Challeves, Challevet. *Chailvet.*
Challevoi, Challevois, Challevoy, Challevoys. *Chaillevois.*
Challi, Challiacum, Challiacus, Chally, Chally-sur-Marne. *Charly.*
Chalmons. *Chaumont.*
Chamainbourg, Chamainbout. *La Trinité.*
Chamas. *Camas.*
Chamcourt. *Champcourt.*
Chameri. *Chamery.*
Chameriacum, Chemory. *Chambry.*
Chamiacus. *Chimy.*
Chamleu, Chamleus. *Champleu.*
Chammery. *Chambry.*
Chamoille, Chamolia. *Chamouille.*
Chamont. *Chaumont.*
Chamouilla, Chamouille-en-Laonnois, Chamouilles, Chamouillia, Chamoulle, Chamoullia, Chamoyle. *Chamouille.*
Champ. *Champs.*
Champaigne, Champaingne. *La Champagne (province).*
Champ-Das, Champ-Datte, Champ-d'Atte, Champ-Dattes. *Champs.*
Champ-de-Lestry, Champ-de-Léterie. *Le Champ-de-l'Étry.*
Champ-Faye. *Le Champ-de-Faye.*
Champ-le-Court. *Champcourt.*
Champleux. *Champleu.*
Champluysant. *Champluisant.*
Champmery. *Chambry.*
Champ-Miteaux. *Chamiteaux.*

40.

316 TABLE DES FORMES ANCIENNES.

Champruse. *Champruche.*
Champs. *Champcourt.*
Champs-Buissons. *Champ-Buisson.*
Champtrud, Champtrut. *Chantrud.*
Champversy. *Champvercy.*
Chamuelle, Chamulgia, Chamulia. *Chamouille.*
Chancourt. *Champcourt.*
Chaneium. *Le Chênois* (bois).
Chanisella. *Chaniselles.*
Chanlou-subtùs-Laudunum, Chanlous, Chanlex, Chanlius. *Champleu.*
Chanoi. *Le Chênois* (bois).
Chans. *Champcourt.*
Chantarenne. *Chanteraine.*
Chanteaux. *Chouteaux.*
Chanteraye (La). *Archantré.*
Chantereine. *Chanteraine.*
Chantraine. *La Rue-Chanteraine.*
Chantrés (La). *Archantré.*
Chantreux, Chantru, Chantrude, Chantrais, Chantrus, Chantrut. *Chantrud.*
Chaolons. *Chamblon.*
Chaomps, Chaons. *Champs.*
Chaorsia, Chaossa, Chaource. *Chaourse.*
Chaourcia, Chaources, Chaouria, Chaoursse, Chaousses. *Chaource.*
Chaourelle. *Couvrelles.*
Chapele-en-Brie (La). *La Chapelle-Monthodon.*
Chapelle (La). *La Capelle.*
Chapelle-du-Clos. *La Chapelle.*
Chapelle-en-Febvre. *La Capelle.*
Chapelle-en-Monthaudon (La). *La Chapelle-Monthodon.*
Chapelle-en-Thiérache (La), Chapelle-en-Thiérasche. *La Capelle.*
Chapelle-Montaudon, Chapelle-Monthauldon, Chapelle-soubz-Montodon. *La Chapelle-Monthodon.*
Chapelle-sur-Chesi. *La Chapelle-sur-Chézy.*
Chapellette (Faubourg de la). *Crise.*
Chappelle. *La Chapelle.*
Characum. *Cherdt.*
Charchi, Charciacum, Charci-juxtà-Firmitatem-Milonis, Charcyaeus. *Charcy.*
Charentigni. *Charentigny.*
Charisagu. *Quierzy.*
Charlefontaine-lez-Saint-Goubaing. *Charles-Fontaine.*
Charleius, Charli, Charliacum-super-Maternam, Charliacus, Charlliacum. *Charly.*
Charlux. *Cerlud.*

Charly-sur-Marne. *Charly.*
Charme. *Charmes.*
Charmeel, Charmellus. *Le Charmel.*
Charmeseius, Charmesius, *Chermizy.*
Charmeya. *Le Charme.*
Charmisci, Charmisiacum, Charmisy, Charmizy, *Chermizy.*
Charmoise, Charmoy. *La Charmois.*
Charmum, Charmus. *Le Charme.*
Charreu. *Carreux.*
Charteuvre, Chartoverum. *Chartreuve.*
Chartovorum-super-Maternam. *Chartèves.*
Chartovra, Chartreuve-en-Tardenois. *Chartreuve.*
Chartreuves. *Chartèves. Chartreuve.*
Chartreve, Chartruve, Chartucuve, Chartuevre. *Chartreuve.*
Charzy. *Charcy.*
Chasella. *Séchelles.*
Chaselle. *Chazelle.*
Chasneaulx-lez-Chasteau-Thierry, Chasneaux. *Le Chesneau.*
Chasno-Benoist. *Le Chêne-Benoît.*
Chasnel, Chasnel-les-Chasteau-Thierry. *Le Chesneau.*
Chasnet. *Le Chanet.*
Chasotel. *La Cense-Hôtel.*
Chasselia *Séchelles.*
Chassemi. *Chassemy.*
Chassotel. *La Cense-Hôtel.*
Chasteau-Thierry. *Château-Thierry.*
Chasteillon. *Châtillon-lez-Sons.*
Chastel. *Le Châté.*
Chastelet. *Le Câtelet. Le Châtelet.*
Chasteller. *Le Châtelet.*
Chastellers. *Le Câtelet.*
Chastellet. *Le Câtelet. Le Châtelet.*
Chastellio. *Châtillon-lez-Sons.*
Chastellon. *Catillon-du-Temple.*
Chastel-Thierri, Chastel-Thierry, Chastiau-Thierry, Chastiau-Thiery. *Château-Thierry.*
Chastillon. *Catillon-du-Temple. Châtillon-lez-Sons. Châtillon-sur-Oise.*
Chastillon-du-Temple. *Catillon-du-Temple.*
Chastillon-près-Fontenoy. *Châtillon.*
Chastillons. *Châtillon-lez-Sons. Châtillon-sur-Oise.*
Chastillon-sur-Oise, Chastillons-sur-Oise. *Châtillon-sur-Oise.*
Chastillonz. *Châtillon-lez-Sons.*
Château-de-Preiles. *Le Château-des-Templiers.*
Château-Thiery. *Château-Thierry.*
Châtelet. *Le Câtelet.*
Châtelet-d'Ancy. *Tournelles.*

Châtillon-du-Temple. *Catillon-du-Temple.*
Chaublon. *Chamblon.*
Chaucory, Chauchery. *Saulchery.*
Chaucié-Robert-des-Boves. *La Maison-Belleville.*
Chaudarde, Chaudardia, Chaudardre, Chaudardres. *Chaudardes.*
Chaudière (La), Chaudières-les-Maulpas. *Chaudières.*
Chauduin, Chaudunum. *Chaudun.*
Chaufour. *Le Chauffour.*
Chauldarde. *Chaudardes.*
Chauldun. *Chaudun.*
Chaullon. *Chamblon.*
Chaulmont. *Chaumont.*
Chaulny. *Chauny.*
Chaulon. *Chamblon.*
Chaum. *Champs.*
Chaumeri, Chaumeriacum, Chaumery. *Chambry.*
Chaumons, Chaumont-desseure-Coutliegis. *Chaumont.*
Chaumousey. *Samoussy.*
Chaun. *Champs.*
Chauneyus, Chauni, Chauniacum. *Chauny.*
Chauns. *Champs.*
Chauny-les-Selaigne, Chauny-seur-Oise, Chauny-sur-Oyse. *Chauny.*
Chaursa, Chaursia, Chausse. *Chaource.*
Chaussée-Brunehaut. *Voies romaines* (voie de Bavay à Beauvais).
Chausséo-Roberl-de-la-Bauve, Chausséo-Robert-du-la-Bove. *La Maison-Belleville.*
Chaussery. *Saulchery.*
Chauversy. *Sauvrezis.*
Chauvonnes. *Chavonne.*
Chauxfour. *Les Chauffours.*
Chavail, Chavaille, Chavalla, Chavalle, Chavallie. *Chavailles.*
Chavegni, Chavegni-desseure-Cavresson, Chavegni-le-Sor. *Chavigny.*
Chavegnon, Chavegnum, Chaveignum. *Chavignon.*
Chaveigni, Chavengniacus. *Chavigny.*
Chavesnes. *Chevennes.*
Chavigni. *Chavigny.*
Chavigniacum. *Cauvigny. Chavigny.*
Chavigni-le-Sor, Chavigni-le-Sot. *Chavigny.*
Chavignion. *Chavignon.*
Chavigny-desseure-Cravenson, Chavigny-le-Soc, Chavigny-le-Sor, Chavigny-le-Sort, Chavigny-Saint-Léger. *Chavigny.*
Chavignon. *Chavignon.*

TABLE DES FORMES ANCIENNES. 317

Chavini. *Chavigny.*
Chavon, Chavone, Chavones, Chavongnes, Chavonnes, Chavonnes-super-fluvium - Axone, Chavonnes, Chavonum. *Chavonne.*
Chavum. *Champs.*
Chazel, Chazelles. *Chazelle.*
Chécelles. *Séchelles.*
Cheberi, Cheberium. *Chéry-Chartreuve.*
Chele. *Leschelle.*
Chemi. *Chimy.*
Chemin-Rommeres. *Voies romaines (voie de Reims à Arras).*
Chemin-Tremblet. *Le Tremblay.*
Chenmeinbout. *La Trinité.*
Chêne. *Chaisne. La Souche (rivière).*
Chêno-Héry (Ruisseau du). *Ruisseau des Quatre-Chênes.*
Cheneu (Le). *Cheneux.*
Cheniselle. *Chaniselles.*
Chennée (La). *La Chainée.*
Chenotis. *Le Chesnotis (bois).*
Chenversie. *Champvercy.*
Cheousse. *Chaource.*
Chepi, Chopy. *Cépy.*
Cherche. *Serches.*
Cheró, Cherec, Cherech. *Cheret.*
Cherekel. *Cherequel.*
Chercat, Chereth. *Cherêt.*
Cheri. *Chéry-Chartreuve. Chéry-lez-Pouilly. Chéry-lez-Rozoy.*
Cheriacum. *Chéry-lez-Pouilly.*
Cheriacus. *Chéry-Chartreuve.*
Cheriacus-juxtà-Rosetum. *Chéry-lez-Rozoy.*
Cheris-en-Laonnois. *Chéry-lez-Pouilly.*
Cheries. *Chéry-lez-Rozoy.*
Cherisi. *Cerisy. Quierzy.*
Charisiacus, Chorizy. *Cerisy.*
Cherkel. *Cherequel.*
Cherliu. *Cerlud.*
Cherme. *Le Charme. Charmes.*
Chermel, Chermelum. *Le Charmel.*
Chermes. *Charmes.*
Churmisi, Chermisiacum, Chermisis, Chermisy. *Chermizy.*
Cherost. *Cherot.*
Cherquel. *Cherequel.*
Cherracum. *Cherêt.*
Cherry. *Chéry-lez-Pouilly. Chéry-lez-Rozoy.*
Chersonnière. *La Cressonnerie.*
Chery. *Chéry-lez-Pouilly. Chéry-lez-Rozoy.*
Chery-en-Lannois, Chery-en-Leonnois. *Chéry-lez-Pouilly.*
Chery-en-Therache, Chery-en-Thirasse. *Chéry-lez-Rozoy.*

Chery-et-Mayot. *Achery.*
Chéry-et-Montceaux-les-Rozoy. *Chéry-lez-Rozoy.*
Chery-in-Therasca. *Chéry-lez-Rozoy.*
Chery-les-Poilly, Chery-les-Pooilli, Chery-les-Pooilly. *Chéry-lez-Pouilly.*
Chery-les-Rozois, Chery-les-Rozoy-en-Thiérache. *Chéry-lez-Rozoy.*
Chery-lez-Mayot. *Achery.*
Chery-lez-Poilly. *Chéry-lez-Pouilly.*
Chery-Mayot. *Achery.*
Chery-Monceaux. *Chéry-lez-Rozoy.*
Chery-sur-Sère. *Chéry-lez-Pouilly.*
Cheseles. *Le Mont de Chezelles.*
Cheselle. *Séchelles.*
Chesiacus-in-Orceyo, Chesi-en-Ausoys, Chesi-en-Orceois, Chesis-en-Ausois. *Chézy-en-Orxois.*
Chesne (Le). *Le Chêne.*
Chesne-Bourdon. *Le Chêne-Bourdon-de-Haut.*
Chesne-Bourdon-de-Bas. *Le Chêne-Bourdon-de-Bas.*
Chesneil. *La Chainée.*
Chesneron. *Le Chêneron.*
Chesno-Rond. *Le Chêne-Rond.*
Chesnes. *La Souche (rivière).*
Chesniotis. *Le Chesnotis (bois).*
Chesnots (Les). *Le Chênoy (bois).*
Chesnoux (Les). *Le Chesneau.*
Chesselle, Chesselles. *Séchelles.*
Chesserel, Chessercolum. *Cessereux.*
Chesy-en-Orceois, Chesy-en-Orçois, Chesy-en-Orxois. *Chézy-en-Orxois.*
Cheuvicurtis. *Giffécourt.*
Cheuvrel. *Chevreux.*
Chevegnes, Chevenne. *Chevennes.*
Cheverculx, Chevereux, Chevérieux. *Chevreux.*
Cheverel-les-Dames. *Chevresis-les-Dames.*
Chevesnex, Chevosnie, Chevesnius. *Chevennes.*
Chevi. *Chivy-lez-Étouvelles.*
Chevigny-le-Sor. *Chavigny.*
Chevis. *Chivy-Beaulne.*
Chevoie. *Chaillevois.*
Chevregnys, Chevreniacus. *Chevregny.*
Chevresi-le-Merdeux. *Chevresis-Monceau.*
Chevresis. *Chevresis-les-Dames.*
Chevresis-le-Merdeux. *Chevresis-Monceau.*
Chevresis-Nostre-Dame. *Chevresis-les-Dames.*
Chevresy-le-Meldeux, Chevresye-le-Meldeux. *Chevresis-Monceau.*

Chevresy-les-Dames, Chevresys-Nostre-Dame. *Chevresis-les-Dames.*
Chevreul. *Chevreux.*
Chevrezis-Notre-Dame, Chevrezy. *Chevresis-les-Dames.*
Chevrezy-le-Meldeux. *Chevresis-Monceau.*
Chevriel. *Chevreux.*
Chevrigni, Chevrinincum. *Chevregny.*
Chevrisiacum-Beato-Marie. *Chevresis-les-Dames.*
Chevroil, Chevrueil. *Chevreux.*
Chevy-sur-Aisne. *Chivy-Beaulne.*
Chézi. *Chézy-l'Abbaye.*
Chézi-le-Monil. *Chézy.*
Chézy-en-Orceois, Chézy-en-Orsois, Chézy-en-Orsoy, Chézy-en-Orzoy, Chezy-en-Oxois. *Chézy-en-Orxois.*
Chézy-l'Abahie, Chézy-sur-Marne. *Chézy-l'Abbaye.*
Chiarry, Chiary. *Chierry.*
Chiele (La). *Leschelle.*
Chiemin. *Chimy.*
Chierriacum, Chiery. *Chierry.*
Chiese (La). *La Siége.*
Chievi. *Chivy-Beaulne. Chivy-lez-Étouvelles.*
Chievi-super-Auxonam, Chievi-super-Auxonem, Chievi-super-Axonam. *Chivy-Beaulne.*
Chièvre. *Chivres.*
Chiévrecon. *Chevresson.*
Chievregni, Chievregny, Chievreigni, Chievreni. *Chevregny.*
Chievresi, Chievresis, Chievresis-Notre-Dame. *Chevresis-les-Dames.*
Chievresis-le-Merdeux. *Chevresis-Monceau.*
Chievresy-Notre-Dame. *Chevresis-les-Dames.*
Chievrigni, Chievrigniacum, Chievrigni-in-Laudunesio, Chievringni. *Chevregny.*
Cliffécourt. *Giffécourt.*
Chigni-sur-Oise. *Chigny.*
Chilly. *Gilly.*
Chimie. *Chimy.*
Chinceni, Chinceniacus, Chinchegny, Chincheny, Chincheny, Chinchinich. *Sinceny.*
Chinchy. *Chainchy.*
Chinie, Chinis, Chiny. *Chigny.*
Chipi, Chipiacus. *Cépy.*
Chiri, Chiriacum-Villa. *Chéry-lez-Pouilly.*
Chirisiacum. *Cerisy. Quierzy.*
Chisnis. *Chigny.*

318　　　TABLE DES FORMES ANCIENNES.

Chivi. *Chivy-Beaulne. Chivy-lez-Étouvelles.*
Chiviacum, Chiviacum-in-Laudunesio. *Chivy-lez-Étouvelles.*
Chiviacum, Chiviacum-super-Auxonam. *Chivy-Beaulne.*
Chiviacus. *Chivy-lez-Étouvelles.*
Chiviacus-ad-Axonam, Chivi-Beaune, Chivi-super-Auxonam, Chivi-super-Axonam, Chivi-sur-Aigne, Chivi-sur-Ainsne, Chivi-sur-Aisne, Chivi-sur-Aixne, Chivi-sur-Axne. *Chivy-Beaulne.*
Chivra, Chivre. *Chivres.*
Chivre. *Chivres-et-Máchecourt.*
Chivrogny. *Chevregny.*
Chivresiacum, Chivresis. *Chevresies-Dames.*
Chivres-lez-Liesse, Chivres-lez-Pierrepont. *Chivres-et-Máchecourt.*
Chivre-super-Axonam, Chivre-sur-Aixne. *Chivres.*
Chivresy-Notre-Dame. *Chevresies-les-Dames.*
Chivria. *Chivres.*
Chivrigniacum, Chivringni. *Chevregny.*
Chivrisei. *Chevresies-les-Dames.*
Chivy. *Chivy-lez-Étouvelles.*
Chivy-et-Beaulne. *Chivy-Beaulne.*
Chivy-les-Estouvelles. *Chivy-lez-Étouvelles.*
Chivy-suprà-Auxouam, Chivy-sur-Aine, Chivy-sur-Aisne, Chivy-sur-Aixne, Chivy-sur-Aynne, Chivy-sur-Aysne. *Chivy-Beaulne.*
Choa. *Chouy.*
Choe. *La Souche (rivière).*
Chocherel. *Cocherel (bois).*
Chociacus, Chocis. *Coucy-le-Château.*
Chocque. *La Souche (rivière).*
Choogni, Choognis, Choelfi, Choeni, Chogni. *Choigny.*
Choi. *Chouy.*
Choigni, Choigniacum, Choignies, Choingni, Choingny, Choinniacum. *Choigny.*
Choisel-de-Saint-Martin. *Le Choizel.*
Choisgni, Choisgny, Choisgny-lez-Vendeuil, Choisni. *Choigny.*
Choissel (Le). *Le Choizel.*
Cholvengiaca-Villa, Cholvengiacum. *Choigny.*
Chooigni, Chooignies. *Choigny.*
Chorerie. *La Correrie.*
Chortiaut. *Courteaux.*
Chouhan. *Cohan.*
Chouini, Chovingiacum. *Choigny.*
Chovrella. *Couvrelles.*

Choy. *Chouy.*
Choysui. *Choigny.*
Chresne. *Cresne.*
Chroonia. *Craonne.*
Chrysiacus. *Quierzy.*
Chypi, Chypiacum. *Cépy.*
Chyvre. *Chivres-et-Máchecourt.*
Chyvres. *Chivres.*
Cierge. *Cierges.*
Cigny, Cignys. *Chigny.*
Ciis, Ciis-la-Commune. *Cys-la-Commune.*
Giliacus, Cilli, Cilliacum, Cillicus. *Cilly.*
Cimacus, Cimay. *Chimay (bois).*
Cinceni, Cinceniacum, Cinceuy, Cincheni, Cincingni, Cincinluei, Cincinniacus, Cinckini. *Sinceny.*
Cinis. *Chigny.*
Ciretum. *Cherdt.*
Cirgis. *Cierges.*
Ciri. *Ciry-Salsogne.*
Ciriacum. *Chéry-lez-Pouilly. Ciry-Salsogne.*
Cis. *Cys-la-Commune.*
Cisnis. *Chigny.*
Cis-super-Axonam. *Cys-la-Commune.*
Cissy. *Sissy.*
Civy-suprà-Auxonam. *Chivy-Beaulne.*
Clacci, Claceium, Claccyum, Clachy, Claci, Claciacum, Clacy-sous-Laon. *Clacy.*
Claileu, Claimlieu, Claincu, Clainlieu-dales-Puisiex, Clainliu, Clainlius. *Clanlieu.*
Clairi, Clairy. *Clary.*
Claitres. *Clastres.*
Clamechy, Clameci, Clamecy-lez-Soissons, Clamici. *Clamecy.*
Clamleu, Clamliu, Clanleu. *Clanlieu.*
Clanlieu-le-Petit. *Le Petit-Clanlieu.*
Clanliu, Clenlius. *Clanlieu.*
Clara-Fontana, Clarefontane, Clarefontensis (Ecclesia). *Clairefontaine.*
Clariacus. *Clary.*
Clarus-Fons. *Clairefontaine.*
Clarus-Mons. *Clermont.*
Clascy, Classy, Classy-et-Thiéret. *Clacy.*
Clastre, Clastris, Clatre, Clatres, Claustres. *Clastres.*
Clayri. *Clary.*
Clemliu, Clenliu. *Clanlieu.*
Clereffontaines, Clerefontaine, Clerefontaines, Clerefontainne, Clerefontainnes. *Clairefontaine.*
Clerembaux. *Les Clérembauts (bois).*
Cleremont. *Clermont.*

Cleresfontainnes, Clerfontaine, Clerfontaines. *Clairefontaine.*
Cleri. *Clary.*
Clermons. *Clermont.*
Clincampum. *Clinchamp.*
Clingnon. *Clignon.*
Clopperie. *La Cloperie.*
Clos (Le). *La Herse.*
Clos-des-Urlex, Clos-du-Surlé. *Duiseler.*
Closcl. *Clozel.*
Cloz. *Le Clos.*
Clygnon. *Clignon.*
Coartil. *Cohartille.*
Coberchy. *Couberchy.*
Coc-Banny. *Le Cocq-Banni.*
Coceium. *Coucy-lez-Eppes.*
Coceium-Castellum. *Coucy-le-Château.*
Cocheriaus. *Cocherel (bois).*
Cochevesne. *Cochevesse.*
Cochrel. *Cocherel (bois).*
Coci, Cociacense-Castrum. *Coucy-le-Château.*
Cociacum. *Coucy-lez-Eppes.*
Cociacum-Villa. *Coucy-la-Ville.*
Coci-Castrum. *Coucy-le-Château.*
Coci-Villa, Cociville. *Coucy-la-Ville.*
Cocq-Banny. *Le Cocq-Banni.*
Cocquebain. *Cocquebin.*
Cocquembille. *Coquembile.*
Cocqueraumont. *Cooréaumont.*
Cocquereaux. *Coquereaux.*
Cocquibus. *Coquibus.*
Cocq-Verd. *Le Cocq-Vert.*
Cocreaux. *Coquereaux.*
Cocremont. *Cocréaumont.*
Codiciacense-Castrum, Codiciacum, Codiciacum-Castrum. *Coucy-le-Château.*
Codiciacum-Villa. *Coucy-la-Ville.*
Cœuves, Cœuvra. *Cœuvres.*
Cohaom, Cohaou. *Cohan.*
Cohaou. *Cohayon.*
Cohartil, Cohartile. *Cohartille.*
Cohaum. *Cohan.*
Coilegis, Coilliegis, Coilligis. *Colligis.*
Coimis inferior et superior. *Coimes.*
Coin. *Coingt.*
Coinchy. *Coincy.*
Coing. *Coingt.*
Coinsiacus, Coinssi, Coinssiacus, Coinssey. *Coincy.*
Colaincourt. *Caulaincourt.*
Colerye. *La Correrie.*
Coliole. *Coyolles.*
Collegis, Colliegis. *Colligis.*
Collincourt. *Caulaincourt.*
Colliolles-en-Valois, Colloles. *Coyolles.*

TABLE DES FORMES ANCIENNES. 319

Collonfay. *Colonfay.*
Colmont. *Caumont.*
Colombier-les-Bohain. *Le Colombier.*
Colomella. *Courmelles.*
Colomiers. *Coulomniers* (bois).
Colomphay. *Colonfay.*
Colonge, Colonges. *Coulonges.*
Coloru. *La Rue-Colorue.*
Columbarie, Columbiers. *Coulomniers* (bois).
Columfait. *Colonfay.*
Columpnæ. *La Colombe.*
Colunfais, Colunfait. *Colonfay.*
Colunge, Colunges, Colungie. *Coulonges.*
Comain. *Comin.*
Combersicourt. *Comberzicourt.*
Combrenon. *Le Combernon.*
Comenchon. *Commenchon.*
Comi. *Comin.*
Commandrie (La). *La Commanderie.*
Commi, Commun. *Comin.*
Commune-dessoubz-Coucy, Commune-soubz-Coucy. *La Commune.*
Comont. *Caumont.*
Comparville-dales-Soissons. *Couparville.*
Comportatum, Comporteit, Comportet. *Comporté.*
Concevreux, Concevreu, Concevreulx, Concevreus, Concevrex. *Concevreux.*
Concroi. *Concrois.*
Condatum-super-fluvium-Suppiam. *Condé-sur-Suippe.*
Condé. *Condé-sur-Aisne. Condé-sur-Suippe.*
Condedu. *Condé-sur-Suippe.*
Condé-en-Brye, Conde-in-Bria. *Condé.*
Condeiutu, Condelilum. *Condé-sur-Aisne.*
Condescourt, Condescurt. *Contescourt.*
Condé-seur-Aisne, Condé-sur-Aixne. *Condé-sur-Aisne.*
Condé-sur-Supe, Condé-sur-Suppe. *Condé-sur-Suippe.*
Condetum. *Condé-sur-Aisne. Condé-sur-Suippe.*
Condetum-in-Bria. *Condé.*
Condetum-propè-Vaillacum. *Condé-sur-Aisne.*
Condetum-subtus-Agulgicurtem. *Condé-sur-Suippe.*
Condetum-super-Ausonam, Condetum-super-Auxonam, *Condey. Condé-sur-Aisne.*
Condram, Condrein, Condrem, Condrinus. *Condren.*

Conegi. *Connigis.*
Confremeaux. *Confremaux.*
Conhartil, Conhartille. *Cohartille.*
Conhayon. *Cohayon.*
Conigi, Conigy, Connegi, Connegis, Connegy, Connigy. *Connigis.*
Conrarie. *La Correrie.*
Consevreux. *Concevreux.*
Consi, Consiacensis. *Coincy.*
Contraginnum, Contran. *Condren.*
Contrecon. *Courtecon.*
Copartville, Coparville-propè-Successionem. *Couparville.*
Coperru, Coperu, Copperu. *Coupru.*
Coppel. *Couppet.*
Coq-Banny. *Le Cocq-Banni.*
Coquereaumont. *Cocréaumont.*
Coqueret. *Coquerel.*
Coquinprix. *Cocquemprix.*
Coraris. *La Correrie.*
Corbanacum. *Corbeny.*
Corbeceau. *Courbesseaux.*
Corbegny, Corbeigni, Corbenacum, Corbeneyum, Corbeni, Corbenisocum, Corbennacum, Corbeny-de-Saint-Marcoul, Corbigniacum, Corbigny, Corbiniacum. *Corbeny.*
Corbinificurtis. *Confrécourt.*
Corbiniis. *Curbigny.*
Corbions. *Le Corbion.*
Corboin. *Courboin.*
Corbonacum-Villa. *Corbeny.*
Corbouin, Corboyn. *Courboin.*
Corceles. *Courcelle. Courcelles.*
Corcelle. *Courcelles.*
Corcevreus. *Concevreux.*
Corchamp. *Courchamps.*
Corchelle. *Courcelles.*
Corci. *Corcy.*
Cordolium, Cordou, Cordoul. *Courdoux.*
Corcillon. *Corillon.*
Corette. *Caurette.*
Gorgena. *Courgines* (bois).
Corgneaux. *Corneaux.*
Corgnuel. *Le Cornin* (ruisseau).
Corhaon. *Cohan.*
Corhartille. *Cohartille.*
Corillion. *Corillon.*
Corjène. *Courgines* (bois).
Corlegis, Corlegis-in-Laudunesio, Corliegis. *Colligis.*
Corlion. *Corillon.*
Cormele, Cormeli, Cormella. *Courmelles.*
Corneille, Cornela, Cornele, Cornelle, Cornelles. *Corneil.*
Cornial. *Corneaux.*

Cornillet. *Le Cornillier.*
Cornuel. *Corneaux. Le Cornin* (ruisseau).
Corpetra, Corpière. *Courpierre.*
Corporelle, Corprella. *Couvrelles.*
Corremont. *Courmont.*
Corretum. *Écorest.*
Corsy. *Corcy.*
Cortecon. *Courtecon.*
Cortemont. *Courtemont-Varennes.*
Cortorgis. *Courtigis.*
Cortermi, Cortermin. *Coutremin.*
Cortesis. *Courtrizy.*
Corthaion. *Cohayon.*
Corthenon. *Courtençon.*
Cortihaut. *Courteaux.*
Cortieulx. *Courthuis.*
Cortiex, Cortis. *Courtil.*
Cortisis. *Courtrizy.*
Cortrecon, Cortrekon. *Courtecon.*
Corval. *Courval.*
Cosci. *Coucy-lez-Eppes.*
Cosdunum. *Chaudun.*
Cosmont. *Caumont.*
Cosseium. *Cuissy.*
Cotianum. *Coucy-le-Château.*
Couberchi. *Couberchy.*
Couchevesse. *Cochevesse.*
Couchi, Couchiacum. *Coucy-le-Château.*
Couchi-empres-Eppe. *Coucy-lez-Eppes.*
Couchi-la-Ville. *Coucy-la-Ville.*
Couchi-le-Castiel, Couchy, Couci, Couciacum. *Coucy-le-Château.*
Conciacum, Couciacum-juxtà-Appiam, Couciacus-juxtà-Apiam. *Coucy-lez-Eppes.*
Couci-Castrum. *Coucy-le-Château.*
Couci-Villa. *Coucy-la-Ville.*
Couci-Villa-juxtà-Apiam. *Coucy-lez-Eppes.*
Couci-Villa-subtùs-Couci-Castrum. *Coucy-la-Ville.*
Coucy-Castrum. *Coucy-le-Château.*
Coucy-emprès-Eppe, Coucy-juxtà-Appiam. *Coucy-lez-Eppes.*
Coucy-la-Montagne. *Coucy-le-Château.*
Coucy-la-Vallée. *Coucy-la-Ville.*
Coucy-le-Chasteau, Coucy-le-Chastel. *Coucy-le-Château.*
Coucy-les-Aippe, Coucy-les-Aippes, Coucy-les-Eppe, Coucy-les-Hoppes. Coucy-les-OEppes, Coucy-lez-Aippes. *Coucy-lez-Eppes.*
Coucy-les-Luguy. *Coucy* (bois).
Coucy-Villa. *Coucy-la-Ville. Coucy-lez-Eppes.*
Coudram, Coudran. *Condren.*
Couffeaux. *Écouffeaux.*

TABLE DES FORMES ANCIENNES.

Couliahion, Couhaion. *Cohayon.*
Couham, Couhan, Couhaon. *Cohan.*
Couhartil, Couhartille, Couhartire. *Cohartille.*
Couhayon. *Cohayon.*
Couillegis. *Colligis.*
Couiolles. *Coyolles.*
Couldran. *Condren.*
Coulemier, Coulemières, Coulemnier. *Coulomniers* (bois).
Coulham. *Cohan.*
Couliegis, Couliegis. *Colligis.*
Coulleincourt. *Caulaincourt.*
Coullenoire. *Coulenoire.*
Coulliegis, Coulliegy, Coulligis. *Colligis.*
Coullioles, Coullioles-en-Valois, Coullolcs. *Coyolles.*
Coullonfay. *Colonfay.*
Coullonge, Coullonges. *Coulonges.*
Coullongne, Coulogne, Couloigne. *Cologne.*
Coulombier. *Le Colombier.*
Coulomiers, Coulomnier. *Coulomniers* (bois).
Coulonfait, Coulonfay. *Colonfay.*
Coulonge, Coulonges-en-Tardenois, Coulongez, Coulongie. *Coulonges.*
Coulonmiers. *Coulomniers* (bois).
Coulpavilla. *Couparville.*
Coumele. *Courmelles.*
Coumi. *Comin.*
Coumie. *Coimes.*
Coumin. *Comin.*
Coumont. *Caumont.*
Couparvile, Couparvilla-propè-Sanctum-Lazarum, Coupaville. *Couparville.*
Coupel. *Couppet.*
Couperru, Couperu, Couperue. *Coupru.*
Coupet. *Couppet.*
Coupevoyo. *Copevoie.*
Couppaville. *Couparville.*
Couppel. *Couppet.*
Coupperu, Coupperue. *Coupru.*
Couppette. *Les Coupettes.*
Couppevoie, Couppevoye. *Le Moulin du Bois.*
Couppra. *Coupru.*
Courbe. *Courbes.*
Courbeneyum, Courbeni. *Corbeny.*
Courbessault. *Courbesseaux.*
Courbesson. *Corbesson.*
Courbevain. *Courbouvin.*
Courbignies, Coùrbigny. *Curbigny.*
Courbtaincourt. *Comelancourt.*
Courbouain, Courbouvain. *Courbouvin.*

Courbouyn. *Courboin.*
Courcales, Courcelle. *Courcelles.*
Courcelles. *Courcelle.*
Courcelles-dales-Guise. *Courcelle.*
Courcevres, Courcevreus, Courcevroux. *Concevreux.*
Courchampt, Courchant. *Courchamps.*
Courci. *Corcy.*
Courçon. *Courson.*
Courcon. *Courtecon.*
Courcy. *Corcy.*
Courdaue, Courdaut, Courdaux. *Courdeau.*
Cour-de-Jantes. *Jeantes-la-Cour.*
Courdemainche, Courdemanche, Courdemeinche, Courderpence, Courdemences. *Courtemèche.*
Cour-des-Bauchés, Cour-des-Beauchets. *La Cour-des-Bauchets.*
Cour-de-Soupire. *La Cour-de-Soupir.*
Courdou, Courdoui. *Courdoux.*
Cour-Douval, Cour-du-Val. *La Cour-Duval.*
Courgenson. *Courjenson.*
Courhayon. *Cohayon.*
Courjumel, Courjumelle, Courjumelle-le-Bas. *Courjumelles.*
Courlegis. *Colligis.*
Cour-le-Moisne. *La Cour-le-Moine.*
Courlevoix. *Le Moulin du Bois.*
Courliegis. *Colligis.*
Courlion. *Corillon.*
Courmeilles, Courmella, Courmelle. *Courmelles.*
Courpetin. *Courbetin.*
Cours-Jumelles, *Courjumelles.*
Courtanson. *Courtençon.*
Courtaus (Haut et Bas). *Courteau.*
Couricon. *Courtecon.*
Courtdemenche-subtùs-Mollevon-in-Bria. *Courdemanche.*
Court-de-Souppy, Court-de-Souspir, Court-de-Souspy, Court-dessus-Souppy. *La Cour-de-Soupir.*
Court-Duval. *La Cour-Duval.*
Courteau. *Courteaux.*
Courtecon-in-Laudunesio. *Courtecon.*
Courtelins. *Courtelin.*
Courtemain. *Coutremin.*
Courtemanche. *Courtemèche.*
Courtemanches. *Courtemanche.*
Courtemon, Courtemont-et-Varennes. *Courtemont-Varennes.*
Courtenson. *Courtençon.*
Courtermin. *Coutremin.*
Courtesis. *Courtrizy.*
Courte-Souppe. *La Courte-Soupe.*
Courthaion. *Cohayon.*

Courti. *Courtil.*
Courtialt. *Courteaux.*
Courtieux. *Courthuis. Courtil.*
Courtieux-juxtà-Pommiers, Courtiex. *Courtil.*
Courtigi, Courtigies, Courtigy. *Courtigis.*
Courtiot. *Courteau.*
Courtis. *Courtil.*
Courtisis. *Courtrizy.*
Courtius. *Courtil.*
Court-les-Moinnes, Court-les-Moynes. *La Cour-le-Moine.*
Courtone, Courtonna. *Courtonne.*
Courtpierre. *Courpierre.*
Courtrecon. *Courtecon.*
Courtrie. *La Courterie.*
Courtrisi, Courtrisy. *Courtrizy.*
Court-Saint-Remy. *Cour-Saint-Remy.*
Courtuy. *Courthuis.*
Courty. *Courtil.*
Couriysis. *Courtrizy.*
Cousancourt. *Goussancourt.*
Cousci. *Coucy-lez-Eppes.*
Coussermont. *Concermon.*
Coussy. *Coucy-le-Château.*
Coussy-emprès-Eppe, Coussy-les-Aippes, Coussy-lez-Eppe. *Coucy-lez-Eppes.*
Coustenval. *Coutenval.*
Coustermy, Coutermy, Coutermyn. *Coutremin.*
Coutrecon. *Courtecon.*
Coutregis. *Courligis.*
Couture (La). *La Couture-Paquette.*
Couvail. *Convaille.*
Couvercelles. *Couvrelles.*
Couveron. *Couvron.*
Couvosse. *Cochevesse.*
Couvigny. *Cauvigny.*
Couvret, Couvrele, Couvrelle, Couvresles. *Couvrelles.*
Couzon. *Couson.*
Cova. *Couvres.*
Coverella, Coverelle. *Couvrelles*
Coveron. *Couvron.*
Coyllioles. *Coyolles.*
Coynetus. *Le Chênois* (bois).
Crahout. *Crahaut.*
Craine. *Craone.*
Craines-sous-Coucy. *Craone.*
Cramail. *Cramaille.*
Crandelain-en-Laonnois, Crandelanius, Crandelcin, Crandelin. *Crandelain.*
Granne. *Craonne.*
Crannella, Crannelle. *Craonnelle.*
Cranton. *Caranton.*

TABLE DES FORMES ANCIENNES.

Craonele. *Craonnelle.*
Craonna. *Craonne.*
Craonnella. *Craonnelle.*
Craouilet. *Crolot.*
Crasne. *Craone.*
Crauat. *Croart.*
Craubena, Crauenna, Craule-en-Laonnois, Crauna, Craunna. *Craonne.*
Craullart. *Bresson.*
Cravencon, Cravenson, Cravensson. *Cravançon.*
Creceium, Creceyum, Crechi. *Crécy-sur-Serre.*
Créci, Creciacum. *Crécy-au-Mont. Crécy-sur-Serre.*
Creciacum-suprà-Seram. *Crécy-sur-Serre.*
Crécy. *Crécy-au-Mont. Crécy-sur-Serre.*
Crécy-et-Sepli-sur-Serre. *Crécy-sur-Serre.*
Crécy-les-Nongent. *Crécy-au-Mont.*
Crécy-sur-Cère, Crécy-sur-Cerre, Crécy-sur-Sère. *Crécy-sur-Serre.*
Creenton. *Carenton.*
Cremelle. *Cramaille.*
Crendelein. *Crandelain.*
Crenes, Crenne, Crenni. *Craone.*
Crenton. *Caranton.*
Creonella. *Craonnelle.*
Crepte. *Creuttes.*
Crépy-en-Lannois, Crépy-en-Laonnois. *Crépy.*
Crésancy. *Crézancy.*
Cresceium, Crescy-au-Mont, Crescy-dessus-Nongent. *Crécy-au-Mont.*
Crescy-sur-Sere, Cresiacum. *Crécy-sur-Serre.*
Crescnci. *Crézancy.*
Cresnes. *Craone.*
Crespegni, Crespeigny. *Crépigny.*
Crespeium, Crespi, Crespiacum, Crespiacum-in-Laudunesio, Crespien-Lonois, Crespi-en-Loonois. *Crépy.*
Crespigni. *Crépigny.*
Crespi-in-Laudunesio. *Crepy.*
Crespigny, Crespiniacum, Crespiniacum-super-Eseram. *Crépigny.*
Crespy, Crespy-en-Lannoit, Crespy-en-Laonnois, Crespy-en-Laonnoy. *Crépy.*
Cressi, Cressis, Cressy-au-Mont. *Crécy-au-Mont.*
Cressy-sur-Sere, Crésy-sur-Serre. *Crécy-sur-Serre.*
Creuil. *Fortemaison.*
Creumoiselles. *Cramoiselle.*
Creunella. *Craonnelle.*

Creunna. *Craonne.*
Crouptes, Creustes, Creute, Creutes. *Creuttes.*
Creutoir. *Crottoir.*
Creuttes-de-Saint-Vincent. *Les Creuttes.*
Crevaux-de-Bas. *Les Écreveaux.*
Crevecœur, Crévecuer. *La Cense-Langlet.*
Crovecueur. *Crévecœur.*
Crevieux. *Les Écreveaux.*
Crezency. *Crézancy.*
Criciacum. *Crécy-sur-Serre.*
Criptæ, Cripte. *Les Creuttes.*
Crisia. *La Crise* (rivière).
Crispegnich. *Crépigny.*
Crispeium, Crispeium-in-Laudunesio, Crispeyum-in-Laudunesio, Crispi, Crispiacum-in-Laudunesio, Crispiacus. *Crépy.*
Crispini, Crispiniacum. *Crépigny.*
Crissi. *Crécy-sur-Serre.*
Crise. *La Crise* (rivière).
Croana. *Craonne.*
Croandelain. *Crandelain.*
Croaut. *Les Cruaux.*
Croelet. *Crolet.*
Croenela, Croenella, Croenilla. *Craonnelle.*
Crogi, Crogis. *Crogy.*
Croi, Croiacus. *Crouy.*
Crois, Crois-dales-Fonsommes. *Croix-Fonsomme.*
Croisetes, Croissette. *La Croisette.*
Croisy-au-Mont, Croisie-Cauchy. *Croix-Cauchy.*
Croix-Barlin. *La Croix-Barlet.*
Croix-Blanche. *La Croix-de-Fer.*
Croix-en-Tardenois. *La Croix.*
Croix-le-Fervaques, Croix-les-Fonsomme, Croix. *Croix-Fonsomme.*
Crollet, Crolletum. *Crolet.*
Cronnelles. *Craonnelle.*
Croons. *Craonne.*
Crosne. *Craone.*
Crotoire, Crotorium, Crotoy. *Crottoir.*
Crouaile, Crouar, Crouart. *Croart.*
Croui. *Crouy.*
Croupière. *Courpierre.*
Crouslart. *Crolart.*
Croustes, Croustes-sous-Cugny, Croustez, Croutes, Croutes (Les), Croutle, Croutles-sur-Marne. *Crouttes.*
Crouys, Croviacus, Croy, Croyacum, Croy-delez-Soissons. *Crouy.*
Cruailles, Cruale. *Croart.*
Cruandelein, Cruandelen. *Crandelain.*
Crueuttes. *Creuttes.*
Crupeliacum, Crupiliacus, Crupilli, Crupillies, Crupillis. *Crupilly.*

Crustidum. *Crottoir.*
Cruttes. *Creuttes.*
Crux. *La Croix. Croix-Fonsomme.*
Cucci. *Coucy-le-Château.*
Cucis. *Guise.*
Cucusma. *Chasseeny.*
Cuensy-l'Abbeye. *Coincy.*
Cuerbigni. *Curbigny.*
Cueuves. *Cœuvres.*
Cuffle, Cuffies-au-Marez, Cufflez, Cuffy, Cuffye, Cuffyes, Cufles. *Cuffies.*
Cugni, Cuigni, Cuigniacus, Cuiguy. *Cugny.*
Cuin. *Coingt.*
Cuincy, Cuincy-et-Basse. *Quincy-Basse.*
Cuing, Cuings, Cuinga. *Coingt.*
Cuiquenpoist. *Quincampoix.*
Cuireux, Cuirex. *Cuirieux.*
Cuiri. *Cuiry-lez-Chaudardes.*
Cuirieu, Cuirieulx, Cuirieus, Cuiriex, Cuirius, Cuirues. *Cuirieux.*
Cuiry-en-Thiérarche. *Cuiry-lez-Iviers.*
Cuiry-les-Chaudarde, Cuiry-les-Chaudardres. *Cuiry-lez-Chaudardes.*
Cuiry-les-Yviers. *Cuiry-lez-Iviers.*
Cuisi, Cuisi-en-Allemont. *Cuizy-en-Almont.*
Cuisseyum, Cuissi, Cuissiacenesis, Cuissiacus, Cuissi-en-Loonois, Cuissyacum. *Cuisy.*
Cuisy, Cuisy-en-Aillemont, Cuisy-en-Allemont. *Cuizy-en-Almont.*
Guitry. *Cutry.*
Cuizy. *Cuissy. Cauchy-en-Almont.*
Cul-de-Leu. *Le Cul-de-Leup.*
Cullolie. *Coyolles.*
Culmi. *Coingt.*
Culperia. *Courpierre.*
Cultura Monstrata. *Montrecouture.*
Cumbi inferiores, Cumbi superiores. *Coimes.*
Cuminum. *Comin.*
Cupheies, Cuphies. *Cuffies.*
Curbe, Curbes. *Courbes.*
Curbigniacum, Curbini, Curbiniacum, Curbinni, Curbiny. *Curbigny.*
Curbis. *Courbes.*
Curbuin. *Courboin.*
Curcelas. *Courcelle.*
Curceles. *Courcelles.*
Curcelis. *Courcelle.*
Curcelle. *Courcelles.*
Curcus campus. *Courchamps.*
Curdul. *Courdoux.*
Curelium. *Cuirieux.*
Curgessum. *Courjenson.*
Curi. *Cuiry-Housse. Cuiry-lez-Chandardes. Cuiry-lez-Iviers.*

Aisne. 41

Curielx, Curieu, Curieulx, Curieux, Curiex, Curiolis, Curius. *Cuirieux.*
Curlegis. *Colligis.*
Curleum. Curleun. *Corillon.*
Carmella. *Courmelles.*
Curpere, Curpetra, Curpierre, Curpirer. *Courpierre.*
Curremons, Curremont. *Courmont.*
Curry. *Cuiry-lez-Chaudardes.*
Curta-Petra. *Courpierre.*
Curtecon. *Courtecon.*
Curteium. *Courtil.*
Curtelanum. *Courtolin.*
Curtesie. *Courtrizy.*
Curthialt. *Courteaux.*
Curtis. *Courtil.*
Curtis-Acutior, Curtis-Agutior. *Aguilcourt.*
Curtis de Soupiaco. *La Cour-de-Soupir.*
Curtis-Dominici. *Courdemanche.*
Curtis-Fabrorum. *Confavreur.*
Curtis-Hugonis. *Cohayon.*
Curtis superior. *Concevreux.*
Curtpierre. *Courpierre.*
Curtylis. *Courcelles.*
Curuex. *Cuirieux.*
Curvala. *Croart.*
Cury. *Cuiry-Housse. Cuiry-lez-Chaudardes. Cuiry-lez-Iviers.*
Cury-Housse. *Cuiry-Housse.*
Cury-les-Dohis, Cury-les-Iviers, Cury-les-Iviez, Cury-les-Yviers. *Cuiry-lez-Iviers.*
Curzi. *Cuizy-en-Almont.*
Cusdunum. *Chaudun.*
Cusiacum. *Cuizy-en-Almont.*
Cussiacum. *Cuissy.*
Cuteri, Cuteriacum. *Cutry.*
Cutermin. *Coutremin.*
Cutery, Cutery-les-Queuves-en-Soissonnais, Cutrei, Cutri, Cuttery, Cuttri, Cuttry. *Cutry.*
Cuverella. *Couvrelles.*
Cuveron. *Couvron.*
Cuyns. *Coingt.*
Cuyri. *Cuiry-Housse.*
Cuyrieu, Cuyrieux. *Cuirieux.*
Cuyssy. *Cuissy.*
Cuysay. *Cuizy-en-Almont.*
Cylli, Cylliacum, Cylly. *Cilly.*
Cyncinith. *Sinceny.*
Cypi, Cypiacus. *Cépy.*
Cyri, Cyriacus, Cyry. *Ciry-Salsogne.*

D

Daagni, Daegnies, Daegniis, Dagni, Dagnies, Dagnis-Lambrecis, Daignies, Daignis, Daignis-et-Lambrecys. *Dagny-Lambercy.*
Daignis-la-Court. *Dagny-la-Court.*
Dainteuse. *La Denteuse.*
Dallon. *Ru d'Allan* (ruisseau).
Dallons, Dalon. *Dallon.*
Dalminio. *L'Omignon* (rivière).
Damard, Damart. *Dammard.*
Damaria, Damarie. *Dammarie.*
Damars. *Dammard.*
Damcourt. *Dampcourt.*
Damemaria, Dame-Marie, Dame-Marie-daleiz-Juvincourt, Dame-Marye-et-Foiault, Damerie. *Dammarie.*
Damery. *Dandry.*
Dame-Saincte. *Heurteville.*
Damieu, Damleux, Damlou. *Dampleu.*
Dammars, Dammart. *Dammard.*
Dammemarie. *Dammarie.*
Damnemarie. *Dammemarie.*
Dampcour, Dancourt. *Dampcourt.*
Dandri, Daneri. *Dandry.*
Danisi, Danisiacus, Danisy. *Danizy.*
Danleu, Danleux, Danlu. *Dampleu.*
Dannemarie. *Dammarie. Dammemarie.*
Dannisy. *Danizy.*
Dardourette. *Dardouret.*
Daule, Daulle. *Dôle.*
Demie-Lieux, Demi-Lieux, Demy-Lieue. *La Demi-Lieue.*
Dennery. *Dandry.*
Denniey, Dennysy. *Danizy.*
Denteuze. *La Denteuse.*
Derceium, Derceyum, Derchi, Derci, Derciacum, Dercia, Dercys, Dersiacus, Dersis. *Dercy.*
Des Portes (Fief). *Orbattu.*
Destroict-de-Flavi. *Le Détroit-Bleu.*
Destroit, Destroit-d'Annoy, Destroy. *Le Détroit-d'Annois.*
Destroy-du-Flavy, Destroyt. *Le Détroit-Bleu.*
Détroit-d'Annoy, Détroit-Ponthieu. *Le Détroit-d'Annois.*
Détroy-Bleu. *Le Détroit-Bleu.*
Deuillet. *Deuillet.*
Dhohis, Dhois, Dhoy. *Dohis.*
Dhuisel. *Dhuizel.*
Dhuisi. *Dhuizy.*
D'huizel. *Dhuizel.*
Dhuysi. *Dhuizy.*
Dierci. *Dercy.*
Dissie, Disi, Disiacum, Disy-la-Ville. *Dizy-le-Gros.*
Dobins (Les). *Les Daubins.*
Doceillon, Docellon, Docelon. *Dulcelon.*
Doencourt. *Dampcourt.*
Dœuiller, Dœuilliet, Dœullet. *Deuillet.*
Doguets (Les). *Les Dodiers.*
Dohy, Dohys. *Dohis.*
Doillet. *Deuillet.*
Dointeuse. *La Denteuse.*
Dois. *Dohis.*
Doletum. *Deuillet.*
Dolignon-en-Tiérache, Dolignon-juxta-Rainneval. *Dolignon.*
Dollé. *La Grand'Maison.*
Dollignon. *Dolignon.*
Domard. *Dammard.*
Domarie, Domarium, Domiers. *Dommiers.*
Domina Maria. *Dammarie.*
Dommier, Dommières, Dommies, Dommyer. *Dommiers.*
Domnus-Lupus. *Dampleu.*
Dompmiers. *Dommiers.*
Domptain. *Domptin.*
Domus-Nova. *Maison-Neuve.*
Dona-Maria. *Dammarie.*
Donjeu. *Dannejou.*
Donna-Maria. *Dammarie.*
Dontain, Dontin. *Domptin.*
Dorangt, Dorenc, Dorench, Doreng. Doreniacus, Dorenk, Dorent. *Dorengt.*
Dorant-le-Petit. *Le Petit-Dorengt*
Dormicort, Dormicour, Dormicurt, Dormicurtis, Dormycour. *Dormicourt.*
Dortoir. *Le Tortoir.*
Douchi, Douci, Doucii, Doucis. *Douchy.*
Doulcencourt, Doulchencourt. *Bourguignon-sous-Coucy.*
Doulcby, Douley. *Douchy.*
Doumiers. *Dommiers.*
Doussancourt, Doussencourt. *Bourguignon-sous-Coucy.*
Doys. *Dohis.*
Drachi, Drachie, Drachyacum, Drachy-sur-Marne, Draci, Dracy, Draichy. *Drachy.*
Dravoigneium, Draveneium, Dravent, Draveny, Draviniaca. *Dravegny.*
Drechiacy, Dreechy, Dressy. *Drachy.*
Droisi, Droisiacus, Droisy, Droseius, Droysi, Droysiacum. *Droizy.*
Dueillet, Duellet, Duilliacus. *Deuillet.*
Duisel, Duisellum. *Dhuizel.*
Duisorleir. *Duiselor.*
Duisy. *Dhuizy.*
Duizel, Duizelle. *Dhuizel.*
Dulcilio, Dulcillum, Dulcilon. *Dulcelon.*
Duri, Duriacum. *Dury.*

TABLE DES FORMES ANCIENNES.

Durseler, Durselers, Dursellers, Durserler, Durseylcir, Dursiler. *Duiseler.*
Dury-lez-Hen. *Dury.*
Dusel, Duseflum. *Dhuizel.*
Dusi. *Dhuizy.*
Duvet. *Huet.*
Duysel. *Dhuyzel.*
Dysi, Dysiacus, Dysy. *Dizy-le-Gros.*

E

Ebequiers. *Les Ébéquis.*
Ébereau. *Hébereau.*
Eberneicortis, Eberneicurtis, Ebernoticortis, Ebernicortis, Ebernicourt. *Évergnicourt.*
Éboleau. *Ébouleau.*
Eboulliaux. *Boulleaux.*
Éburny. *Ébourgnis.*
Écauffour. *Escaufourt.*
Ecliaci villa. *Saint-Erme.*
Ecluaieux. *Les Écloscaux.*
Écoliers (Les). *Le Loup (bois).*
Ecoufault, Ecoufaulx, Ecouffeau. *Écouffeaux.*
Ecoufle, Ecoufre. *L'Écouffe.*
Ecreveau de Haut et de Bas. *Les Ecreveaux.*
Ecuiries, Ecury, Ecuyri-Mesmain. *Écuiry.*
Edraille, Edrolle. *Édrolles.*
Efcourt. *Effecourt.*
Effreis, Effries, Effris. *Effry.*
Efvecourt. *Effecourt.*
Égalité-sur-Marne. *Château-Thierry.*
Eglancourt. *Englancourt.*
Eguisy. *Aiguizy.*
Eissigniacus. *Essigny-le-Grand.*
Eistraillier. *Éreillers.*
Elette. *Ailette (rivière).*
Ellcincourt. *Alaincourt.*
Emont. *Ellemont.*
Empireville. *Empreville.*
Enfort. *Enfer.*
Engaigne (L'). *Angaine.*
Engeain, Engens. *Angin.*
Englaincourt, Englencourt. *Englancourt.*
En houis. *Les Ouies.*
Enjolriu, Enjoriu. *La Cense-Langlet.*
Enovyzons. *Hautwisson (bois).*
En Vaux. *Le Fond-d'Envaux.*
Eparnemaille. *Épargnemaille.*
Epaulx. *Épaux.*
Epes. *Eppes.*
Epessenault. *L'Épaissenoux (bois).*

Épine-de-la-Suze. *La Suze.*
Épinoy. *L'Épinois.*
Eppe. *Eppes.*
Épritelle. *Épritel.*
Eraucurt, Eraulscourt. *Éraucourt.*
Erbelaincourt, Erbeloancourt, Erblaincourt, Erblancourt, Erblencourt, Erblincourt. *Bac-Arblaincourt.*
Erchentré. *Archantré.*
Ercloy. *Erloy.*
Erenchos, Erenchot. *Arançot.*
Erenci. *Arruncy.*
Erengon. *Arangon.*
Erenzolh. *Arançot.*
Erfries. *Effry.*
Ericou. *Hirson.*
Erini. *Origny-Sainte-Benoite.*
Erloi, Erloiet, Erlois, Erluit, Erloix. *Erloy.*
Erlons. *Erlon.*
Erloys, Erloyt. *Erloy.*
Erluns, Erlunz. *Erlon.*
Ermenovilla. *Ernoville.*
Ermentières. *Armentières.*
Ermitage. *L'Hermitage.*
Ermoniacus. *Morgny-en-Thiérache.*
Ernandi-Sartus, Ernandsart, Ernausart, Ernanssart. *Renansart.*
Ernouille. *Ernoville.*
Eroleourt, Eroucort, Éroucourt, Eroucurt, Eraucourt. *Éraucourt.*
Erriers. *Les Riez-de-Cugny.*
Ervillé, Ervillers. *Urvillers.*
Ervillion, Ervillon. *Névillon.*
Esbecquis, Esbeguis. *Les Ébéquis.*
Esboilleaux. *Bouleau.*
Esbouleaux. *Ébouleau.*
Esbourdon. *Épourdon.*
Escaille (L'). *L'Écaille.*
Escaldus. *Escaut (rivière).*
Escauffours, Escauffourt, Escaufour. *Escaufourt.*
Eschafou. *Le Chauffour.*
Eschamp. *Échamps.*
Escheberies. *Esquehéries.*
Eschelie. *Lesquielles.*
Eschelle (L'). *Leschelle.*
Escherie. *Esquehéries.*
Eschorel. *Écorest.*
Escofort. *Effecourt.*
Escorcheveau. *Corchevaux.*
Escorel, Escoretz. *Écorest.*
Escornetz. *Écornets.*
Escoucherol, Escoucherel.
Escoufault, Escouffault, Escouffaulx. *Écouffeaux.*
Escouffe. *L'Écouffe.*
Escoute-sil-Pleut. *Écoute-s'il-Pleut.*

Escréveau. *Les Écreveaux.*
Escuiry, Escuri, Escury. *Écuiry.*
Esera. *Oise (rivière).*
Esglaincourt. *Englancourt.*
Esglises. *Les Églises.*
Esguisy. *Aiguizy.*
Esia. *Oise (rivière).*
Esiacus. *Aizy.*
Eslecte, Eslettre. *Ailette (rivière).*
Esna, Esne. *Aisne (rivière).*
Esonville. *Aisonville.*
Espagni, Espagny, Espaigneum, Espaigniacum, Espaigny, Espaggi. *Épagny.*
Esparcy. *Eparcy.*
Espargnemaille. *Épargnemaills.*
Esparsi, Esparsy. *Eparcy.*
Espaus, Espaux. *Épaux.*
Espe. *Eppes.*
Espée (L'). *L'Épée.*
Espeine. *L'Épine.*
Espengny. *Épagny.*
Espérance (L'). *La Briqueterie.*
Esperitellum. *Épritel.*
Espied, Espieds, Espiers, Espiers-en-Brie, Espiers-en-Tardenoys, Espierz, Espies, Espiez. *Épieds.*
Espinaubois. *L'Épine-aux-Bois.*
Espine (L'). *L'Épine.*
Espine-aux-Bois (L'). *L'Épine-aux-Bois.*
Espinois, Espinoy, Espinoys. *L'Épinois.*
Esponceaulx. *Le Ponceau.*
Espordon, Espourdon. *Épourdon.*
Espritail. *Épritel.*
Espuisar. *Les Puisarts.*
Esquarel. *Écorest.*
Esqueberis, Esqueherry, Esqueherye, Esqucheryes, Esquerie. *Esquehéries.*
Esquorel. *Écorest.*
Esrancourt. *Errancourt.*
Essars-l'Abbé. *Sart-l'Abbé.*
Essart (L'). *Lessart.*
Essarts. *Le Tonnelet.*
Essegny. *Essigny-le-Grand. Essigny-le-Petit.*
Esseigni. *Essigny-le-Petit.*
Esseigny. *Essigny-le-Grand.*
Essenlisse. *Estenlis.*
Essigni. *Essigny-le-Grand. Essigny-le-Petit.*
Essigniacus, Essigny. *Essigny-le-Grand.*
Essise. *Essises.*
Essome, Essomes, Essomet, Essonnes, Essosmes, Essoume. *Essommes.*
Estables. *Étaves-et-Bocquiaux.*
Estahon. *Estraon.*
Estampes, Estamples. *Étampes.*

TABLE DES FORMES ANCIENNES.

Estaves. *Étaves-et-Bocquiaux.*
Estompes. *Étampes.*
Estouveles, Estouvelle, Estouvelles, Estouvelles-dalex-Laon, Estouvelles-sous-Laon, Estoveles. *Étouvelles.*
Estrahon. *Estraon.*
Estraillers, Estraillies. *Étreillers.*
Estrain. *Estraon.*
Estraliers. *Étreillers.*
Estran. *Estraon. Tran.*
Estraum, Estraun. *Estraon.*
Estraupont, Estrea. *Étréaupont.*
Estreaupois. *Étrépoix.*
Estréaupont, Estre-au-Pont, Estrée. *Étréaupont.*
Estrée. *Estrées.*
Estrée-au-Pont. *Étréaupont.*
Estrée-en-Arrouaise. *Estrées.*
Estrées, Estrées-au-Pont. *Étréaupont.*
Estrées-en-Arowaise. *Estrées.*
Estrées-outre-Oise, Estrées-ultra-Oisiam, Estréeies. *Étréaupont.*
Estreil, Estreille. *Estrelles.*
Estreiliers, Estreilliers, Estreilly, Estreliers. *Étreillers.*
Estrelle, Estrelles-soubz-Coucy. *Étrelles-sous-Coucy.*
Estrellies, Estrelly. *Étreillers.*
Estropeilli, Estropilli, Estrepilliacus. *Étrépilly.*
Estrepoi, Estrepois, Estrepoit, Estropoix. *Étrépoix.*
Estrepont. *Étréaupont.*
Estrepoys, Estrepoyt. *Étrépoix.*
Estreuil, Estreul, Estreu-Landrena, Estreux, Estreux-Landerna, Estreux-Landernat, Estreux-Laudrena, Estreux-Landrenal, Estreux-Landrenas, Estreuz, Etreux-les-Landerna. *Étreux.*
Estres-au-Pont, Estres-sur-Oise. *Étréaupont.*
Estricourt. *Étricourt.*
Estrilliers, Estrilly. *Étreillers.*
Estripilli, Estripilly. *Étrépilly.*
Estroem, Estruen. *Étreux.*
Esvrekaingne. *Évercaigne.*
Étang (L'). *Les Étangs.*
Étave, Étave-et-Bocqueaux, Étaves-les-Bocquiaux. *Étaves-et-Bocquiaux.*
Étencourt. *Itancourt.*
Étrocourt. *Étricourt.*
Étrées. *Estrées.*
Étrelliers, Étrillier. *Étreillers.*
Euilly, Eully. *Œuilly.*
Eurvilier. *Urvillers.*
Euvrecaigne. *Évercaigne.*
Euvrignicurtis. *Évergnicourt.*

Éveaux. *Les Évaux.*
Évecourt. *Effocourt.*
Everneicourt, Everneicurt, Evernigcortis. *Évergnicourt.*
Evre. *Évry.*
Evrecagnis, Evrecaigne, Evrecaingne, Evrecainne, Evrocanie, Evrechanne. *Évercaigne.*
Evredium. *Auroir.*
Evregaigne. *Évercaigne.*
Evregnicortis, Evrognicourt, Evrognicurt, Evregnicurtis, Evrognycourt, Evreinicurtis. *Évergnicourt.*
Evrekagne, Evrekaigne, Evrekaignes, Evrekania. *Évercaigne.*
Evrenicurtis, Evrignicort, Evrignicourt. *Évergnicourt.*
Evril. *Évry.*
Evringnicourt, Evringnicurtis. *Évergnicourt.*
Évry (L'). *Évry.*
Evrygnycourt. *Évergnicourt.*
Excondescourt. *Contescourt.*
Exelle. *Aizelles.*

F

Fabvette. *La Favette.*
Fabvières. *Favières.*
Fagetum. *Fay-le-Noyer.*
Fagetum-Sancti-Cornelii. *Le Fay.*
Fagnoel. *Fagneul (bois).*
Fagum. *Le Fay.*
Fai. *Le Fay. Fay-le-Noyer.*
Faiacum. *Fay.*
Faiau. *Les Failleux (bois).*
Faiaulx. *Fayaux.*
Faiel, Faicllum. *Fayet.*
Faiellum-juxta-Corbeni. *Fayaux.*
Faiet. *Fayet.*
Faieu. *Les Failleux (bois).*
Faihel. *Fayet.*
Fai-le-Sec. *Fay.*
Failloel. *Faillouel.*
Faimil, Faimy. *Fesmy.*
Fairnieres. *Fargniers.*
Fais. *Fay-le-Noyer.*
Faiseleu. *Saint-Jean.*
Faismy. *Fesmy.*
Fait. *Le Fay (bois).*
Falevi. *Flavy-le-Martel.*
Falsiacum, Falsoy. *Fossoy.*
Fara. *La Fère.*
Farevaches. *Fervaques.*
Fargoier, Fargny, Farguyer, Farnerie, Farnerium, Farnet, Farneth, Farnier, Farniers. *Fargniers.*

Farole, Farolle. *La Férolle.*
Farra. *La Fère.*
Farry. *Fary.*
Farsoy. Farsoy-lès-Valsecret. *Farsois.*
Farvaches, Farvachie, Farvakes. *Fervaques.*
Fasthi, Fasti, Fasticum, Fastis, Fasly, Fatty. *Faty.*
Fauchard. *La Rue-des-Fauchards.*
Fauchouzi. *Faucousis.*
Faucomé, Faucosmé. *Faucomme.*
Faucousy. *Faucousis.*
Fauffery, Faufry. *Foufry.*
Faulcommé. *Faucommé.*
Faulcompré. *Faucompré.*
Faulcoucourt. *Faucoucourt.*
Faulcousy. *Faucousis.*
Faulcoy, Faulsoy. *Fossoy.*
Faulxcousy. *Faucousis.*
Fausoi, Faussoy. *Fossoy.*
Favairches, Favarce, Favarche, Favarches, Favarchie, Favarkes, Favarques-juxta-Sanctum-Quintinum. *Fervaques.*
Faverie. *Favières.*
Faverole, Faveroles, Faverolle. *Facerolles.*
Favior, Favière, Favieres-emprés-Pierrepont, Faviers. *Favières.*
Favrolles. *Faverolles.*
Favyères, Favyers. *Favières.*
Fay, Fayaeum. *Fay-le-Noyer.*
Fayaudry. *La Bisgauderie.*
Fayaulx, Fayaux (Grand et Petit). *Fayaux.*
Fayel. *Fayet.*
Fayel, Fayel-juxta-Corbeni. *Fayaux.*
Fayo-le-Noier. *Fay-le-Noyer.*
Fayellum. *Fayet.*
Fay-la-Court. *Fay.*
Fay-le-Noier, Fay-le-Nouyer, Fay-le-Noyé, Fay-le-Noyel. *Fay-le-Noyer.*
Fay-le-Sec, Fay-le-Secq, Fay-les-Pierrepont. *Fay.*
Faymi. *Fesmy.*
Fays-le-Noyer. *Fay-le-Noyer.*
Fays-le-Noyer-et-Cerfontaine. *Fay-le-Noyer-et-Surfontaine.*
Fayt, Fayt-dolez-Pierrepont, Faytjuxta-Petrapontem. *Fay.*
Fayt-le-Noyet. *Fay-le-Noyer.*
Foemi. *Fesmy.*
Felchbières. *Pluquières.*
Fémy. *Fesmy.*
Feru. *La Fère. Fère-en-Tardenois.*
Fera-in-Tardenesio. *Fère-en-Tardenois, Fère-en-Tardenoys, Fère-en-*

TABLE DES FORMES ANCIENNES. 325

Tartenois, Fer-en-Tardenois. *Fère-en-Tardenois.*
Fère-sur-Oise (La), Feria. *La Fère.*
Ferier, Forière, Ferières, Ferierie. *Ferrières.*
Feritas. *La Ferté-Chevresis.*
Feritas-Milonis. *La Ferté-Milon.*
Ferme Gogart. *Le Moulin-de-Verneuil.*
Ferme Nœuve (La). *La Ferme Neuve.*
Féronva. *Féronval.*
Ferra. *La Fère.*
Ferrerie. *Ferrières. Frières-Faillouël.*
Ferre (La). *La Fère.*
Ferreole. *La Férolle. Ferrières.*
Ferreres, Ferrier, Ferrière. *Ferrières.*
Ferrole. *La Férolle.*
Fersuel. *Farsois.*
Ferté (La), Ferté-Belliart, Ferté-Bliard-soubz-Péron (La), Ferté-Blyart-Supperon, Ferté-Blyart-sur-Péron, Ferté-Supéron, Ferté-sur-Crécy. *La Ferté-Chevresis.*
Ferté-sur-Ourcq. *La Ferté-Milon.*
Ferté-sur-Péron, Ferté-sus-Péron. *La Ferté-Chevresis.*
Fervacq, Fervacques. *Forvaques.*
Fesmy-en-Thiérasse. *Fesmy.*
Feste-Estré. *Froidestrées.*
Festeolis, Festieulx-en-Laonnoys, Festiex, Festiez, Fustioli, Festious, Festius, Festiut, Festols, Festouze, Festuacum, Festuel, Festues, Festuez, Festul, Festulis, Festulium, Festuls, Fetiex. *Festieux.*
Feucoucourt. *Faucoucourt.*
Feuillie-de-Thenailles. *La Petite-Feuillée.*
Feuilly. *La Feuillée. La Folie.*
Feuillye. *La Feuillée. La Feuillie.*
Feullet, Feullie. *La Feuillée.*
Fidemensis ecclesia, Fidemium. *Fesmy.*
Fief des Bois. *La Mazure.*
Fief des Portes. *Orbattu.*
Fief Jean-Jacques. *Champteaux.*
Fieulain, Fieulains. *Filain.*
Fieuleine, Fieullaines. *Fieulains.*
Filaines, Filains. *Filain.*
Fil-de-Liesse. *La Romelle (ruisseau).*
Filonis, Filons, Fillain, Fillain-lez-Parguy, Fillains. *Filain.*
Fillanis, Filleinis, Fillene. *Fieulaines.*
Firmitas. *La Ferté-Chevresis. La Ferté-Milon.*
Firmitas-Blihardi. *La Ferté-Chevresis.*
Fiulaines, Fiulainnes. *Fieulains.*
Fiulains. *Filains.*
Fiulaynex, Fiullane. *Fieulaine.*
Flaillouel. *Faillouël.*

Flamaingerie, Flamangry, Flamengeria, Flamengria, Flamenguerie, Flamigeria, Flamingeria, Flammangrie. *La Flamangrie.*
Flaval. *Flonval.*
Flavegni, Flavegniacus, Flavegniacus-Parvus, Flavcigni. *Flavigny-le-Petit.*
Flavongie. *Flavigny-le-Grand.*
Flavonie, Flaveniacum. *Flavigny-le-Petit.*
Flavi. *Flavy-le-Martel.*
Flavigni. *Flavigny-le-Grand. Flavigny-le-Petit.*
Flavigniacum, Flavigniacum-Magnum. *Flavigny-le-Grand.*
Flaviguiacus, Flavigui-de-les-Guise. *Flavigny-le-Petit.*
Flavignis. *Flavigny-le-Grand. Flavigny-le-Petit.*
Flavigny. *Ribeauville.*
Flavigny-juxta-Audenis. *Flavigny-le-Petit.*
Flavigny-le-Grant. *Flavigny-le-Grand.*
Flavigny-lez-Guise, Flavigny-Saint-Soupply. *Flavigny-le-Petit.*
Flaviniacum. *Flavigny-le-Grand.*
Flavy-le-Marteau. *Flavy-le-Martel.*
Flecquière. *Fluquières.*
Flehegnies, Flehignies, Fleinhies. *La Cense-Carrée.*
Flekerio, Flekières, Fleschières, Fleuquière. *Fluquières.*
Fleuricour. *Fleuricourt.*
Fliegnic, Fliognies, Fligny. *La Cense-Carrée.*
Floardus, *Le Floart (ruisseau).*
Floquières. *Fluquières.*
Flori, Floriacum, Floriacus. *Fleury.*
Floricort, Floricourt, Floricurt, Floricurtis. *Flouricourt.*
Flory, Floury. *Fleury.*
Flucquière, Flucquières. *Fluquières.*
Flutis. *Le Fruty.*
Fochoxies. *Faucousis.*
Foeni. *Foigny.*
Fœuillye (La). *La Feuillée. La Petite-Feuillée.*
Foleri. *Foufry.*
Folfelum. *La Feuillée.*
Foilloel, Foillouel, Foillum-Vellum. *Faillouël.*
Foini. *Foigny.*
Fois-Destrée. *Froidestrées.*
Foisgny, Foisni, Foisni-en-Thirasce, Foisny, Foisny-en-Thiérache. *Foigny.*
Folanbray. *Folembray.*
Folanprise. *Folemprise.*

Folchozie, Folcosie, Foicouzies, Folcozies. *Faucousis.*
Folembrai, Folembraie, Folembraye, Folembrayum. *Folembray.*
Folemprise. *Follemprise.*
Folenbraye. *Folembray.*
Folenvy. *Follenvie.*
Folio (La). *La Grande-Folie.*
Folioel. *La Feuillée.*
Folkousies. *Faucousis.*
Follembray. *Folembray.*
Follemprinse. *Folemprise.*
Follenvye. *Follenvie.*
Follie (La). *Bois-Carbonnet ou la Folie.*
Follie-les-Pierrepont. *La Folie.*
Follie-près-Agny. *La Folie.*
Folloel. *Faillouël.*
Folly, Follye. *La Folie.*
Foluel. *Faillouel.*
Folye. *Folie.*
Fondé, Fondez. *Bas-Fondé.*
Fond-Forelle. *Le Fond-Forel.*
Fonds-de-Wimy. *Écoute-s'il-Pleut.*
Fons. *Blanche.*
Fons-Beate-Marie-in-Valesio, Fons-Beate-Marie-in-Vallesio. *Bourgfontaine.*
Fons-Jouencch. *La Fontaine Génot.*
Fons Latronum. *La Fosse-aux-Larrons.*
Fons-Mortuum. *Mortefontaine.*
Fonsomes, Fonsommes. *Fonsomme.*
Fons-Rainbodi. *Fontaine-Raimbaut.*
Fons-Sancti-Balduini. *Saint-Baudouin.*
Fons-Sancti-Justi. *Saint-Just.*
Fonsumme, Fonsummes. *Fonsomme.*
Fontaiencz-sur-Yreson. *Fontaine.*
Fontaine. *Fontaine-Uterte.*
Fontaine (La). *Bellefontaine.*
Fontaine-au-Chesne, Fontaine-aux-Chesnes. *La Fontaine-au-Chêne.*
Fontaine-Bénite (La). *Bénite.*
Fontaine-Berdouille. *La Fontaine Bourdouille.*
Fontaine-d'Annois. *Lannois.*
Fontaine-des-Noyets. *La Fontaine-des-Noyers (ruisseau).*
Fontaine-Espargnemaille. *Pargnemaille.*
Fontaine-les-Clercq. *Fontaine-les-Clercs.*
Fontaine-l'Estang. *Fontaine-le-Vivier.*
Fontaine-les-Vervins, Fontaine-lez-Vrevin. *Fontaine.*
Fontaine-Nostre-Dame. *Fontaine-Notre-Dame.*
Fontaine-Nostre-Dame-en-Valois, Fontaine-Notre-Dame. *Bourgfontaine.*
Fontaines. *Fontaine. Fontaine-les-Clercs.*

TABLE DES FORMES ANCIENNES.

Fontaine-Saint-Martin. *La Saulx.*
Fontaines - les - Clercs. *Fontaine - les - Clercs.*
Fontaines-les-Vrevin. *Fontaine.*
Fontaine-Uterque. *Fontaine-Uterte.*
Fontainne - Nostre - Dame - en - Valoys. *Bourgfontaine.*
Fontainnes. *Fontaine.*
Fontainnes-dalez-Dalon. *Fontaine-les-Clercs.*
Fontainnes - Notre - Dame. *Fontaine - Notre-Dame.*
Fontainnes-ou-Tertre. *Fontaine-Uterte.*
Fontainnez. *Fontaine.*
Fontana. *Fontaine-Notre-Dame.*
Fontanæ-Beatæ-Mariæ. *Fontaine-Notre-Dame.*
Fontane. *Fontaine. Fontaine-les-Clercs. Fontaine-Uterte. Fontenelle. Surfontaine.*
Fontane-in-Colle. *Fontaine-Uterte.*
Fontane - juxtà - Dalon. *Fontaine - les Clercs.*
Fontane-juxtà-Fullanis. *Fontaine-Notre-Dame.*
Fontanella. *Fontenille.*
Fontanelle. *Fontenelle.*
Fontanense territorium. *Fontaine-Notre-Dame.*
Fontane - suprà - Somenam. *Fontaine-les-Clercs.*
Fontanille. *Fontenille.*
Fonteles. *Fontenelle.*
Fontenelum. *Fontenoy.*
Fonteneles-en-Brie. *Fontenelle.*
Fontenelle. *Fontenille.*
Fontenelles, Fontenellez. *Fontenelle.*
Fontenetum. *Fontenoy.*
Fonteuil. *Fronteny.*
Fontenoi, Fontenois. *Fontenoy.*
Fontes-ac-Vada-Sancti-Georgii. *Saint-Georges.*
Fontes-juxtà-Fulaines. *Fontaine-Notre-Dame.*
Fontes-Regie. *Fontaine.*
Fonthenelle, Fonthenelles. *Fontenelle.*
Fontissome, Fontis-Somene, Fontissomina, Fontis-Sumena, Fontis-Summa. *Fonsomme.*
Foràinville. *Forinville.*
Fordrain, Fordrin. *Pourdrain.*
Forest. *Forêt.*
Forest-les-Douilly. *Foreste.*
Forferi. *Foufry.*
Forpeine. *Follepoine.*
Forxi. *Forzy.*
Fosniscensis ecclesia. *Abbaye de Foigny.*

Fossa. *La Fosse-au-Conin. Les Fosses-d'en-Haut-et-d'en-Bas.*
Fosse. *La Fosse-au-Conin.*
Fosse-à-Loup. *La Fosse-aux-Loups.*
Fosse-au-Laron. *La Fosse-aux-Larrons.*
Fosse-aux-Connins. *La Fosse-au-Conin.*
Fossy. *Forzy.*
Fouace. *Rondaille.*
Foucaucourt. *Faucoucourt.*
Foucausis, Foucouzis. *Faucousis.*
Foucomé. *Faucommé.*
Foucosies, Foucosis. *Faucousis.*
Foucoucourt. *Faucoucourt.*
Foucousies, Foucouzies, Foucouzis, Foucozies, Foucozys. *Faucousis.*
Foufery. *Foufry.*
Fouillouel. *Faillouel.*
Foukeroles. *Fouquerolles.*
Foukosis. *Faucousis.*
Foukoucourt. *Faucoucourt.*
Foukousies, Foulcozies. *Faucousis.*
Fouldrain. *Fourdrain.*
Foulembrai, Foulembray, Foullembray. *Folembray.*
Foulerie Genneva. *Rabouzy.*
Foulleuvyc. *Follenvie.*
Foulon (Le). *La Rue-des-Foulons.*
Fouquerolle. *Fouquerolles.*
Fourcières. *La Fourcière.*
Fourderain, Fourdrain-en-Laonnois, Fourdrin. *Fourdrain.*
Fourferi, Fourfri, Fourfry. *Foufry.*
Fourgy, Fourzy. *Forzy.*
Foyni, Foysni, Foysny. *Foigny.*
Fracta stratu, Fraiestrées. *Froidestrées.*
Fraines. *Fresne.*
Frainetum. *Fresnoy-le-Grand.*
Frainnes. *Fresne.*
Frainocetum, Fraisindum. *Fresnoy-le-Grand.*
Frainoy-desour-Gricourt. *Fresnoy-le-Petit.*
Fraismont. *Froidmont.*
Fraisne. *Fresne, Fresnes.*
Fraisnedum. *Fresnoy-le-Grand.*
Fraisnes. *Fresne. Fresnes.*
Fraisnetum, Fraisnetum-in-Viromandia, Froisnoi, Fraisnoyl. *Fresnoy-le-Grand.*
Fraisnoit. *Frénois.*
Fraisnum. *Fresne.*
Fraité. *La Ferté-Chevresis.*
Fraitestrées. *Froidestrées.*
Franbois. *Francbois.*
Franca villa. *Franqueville.*
Franc Bois. *Bruni (bois).*
Franceli, Francelli, Francelly. *Francilly.*

Franchaine. *Franchêne.*
Franche-Rue (La). *La Rue-Franche.*
Francheville. *Franqueville.*
Franchili, Franchilli, Francilli. *Francilly.*
Francœur-la-Carrière. *Saint-Aubin.*
Francorum curtis. *Fressancourt.*
Francovilla, Francqueville, Francville, Frankeville. *Franqueville.*
Franquest, Franquets (Les). *Le Franquet.*
Franqville. *Franqueville.*
Fransiniacus, Fransnium. *Fresnoy-le-Grand.*
Frasna, Frasne. *Fresne.*
Frasnetum, Fresnoy, Fraxinetum, Fraxiniacus. *Fresnoy-le-Grand.*
Fraxinum. *Fresne. Fresnes.*
Frecourt. *Fraicourt.*
Freeté-sur-Péron. *La Ferte - Chevresis.*
Freiestrées. *Froidestrées.*
Freité-Béliart. *La Ferté-Chevresis.*
Fremiette. *La Forniette.*
Fremon. *Froidmont.*
Fremons (Les). *Les Froidmonts.*
Fremont. *Froidmont.*
Frene (Le). *Le Fresne.*
Frenes, Frenne. *Fresne.*
Frenoi-le-Grand. *Fresnoy-le-Grand.*
Frenoyse. *Frenoise (bois).*
Frescencort. *Fressancourt.*
Frescourt. *Fraicourt.*
Fresencourt. *Fressancourt.*
Fresmond, Fresmont. *Froidmont.*
Fresnaie. *Fresnoy-le-Petit.*
Fresnaye (La). *Laffrené.*
Fresne. *Fresnes.*
Fresnes (Les). *Le Fresne.*
Fresnetum, Fresnetum-in-Arrouaysia. *Fresnoy-le-Grand.*
Fresnne. *Fresne.*
Fresnoi-le-Grand, Fresnoit. *Fresnoy, Fresnoy-le-Grand.*
Fresnoy - dalez - Gricourt, Fresnoy - le-Tronquoy. *Fresnoy-le-Petit.*
Fressancour, Fressencourt. *Fressancourt.*
Fresté-sur-Péron, Frété, Frété-Bliart. *La Ferte-Chevresis.*
Frete-Estrei. *Froidestrées.*
Fretei, Freteit (Le), Freteit-Bliart. *La Ferté-Chevresis.*
Freté-Millon (La), Freté-Milon. *La Ferté-Milon.*
Fretestrées. *Froidestrées.*
Frété-sur-Péron, Frété-sur-Perron. Fretet, Frettée, Frutté-Supperon,

TABLE DES FORMES ANCIENNES. 327

Fretté-sur-Péron, Frettei (La). *La Ferté-Chevrésis.*
Frière-Faillouel. *Frières-Faillouel.*
Frigide-Strate. *Froidestrées.*
Frigidus-Mons. *Froidmont.*
Froietestrées, Froidestré, Froidétré. *Froidestrées.*
Froidemont. *Froidmont.*
Froidzmonts. *Les Froidmonts.*
Froimont. *Froidmont.*
Froimont-et-Cohartil. *Froidmont-et-Cohartille.*
Froismont. *Froidmont.*
Froitestrée, Froitestrées. *Froidestrées.*
Froiville. *Froidville.*
Fromons, Fromont. *Froidmont.*
Frontegni, Frontencium, Frontenetum, Fronteni, Fronteniacum, Frontenil, Frontigniacus, Frontini, Froutiniacus. *Frontigny.*
Fronteni, Frontenil, Frontigni. *Frontemy.*
Frosmond, Frosmont, Froymont, Fruemont. *Froidmont.*
Froymont. *Froimont.*
Fruicti, Fruitif, Fruitil, Fruitis. *Le Fruty.*
Fruntegni. *Frontigny.*
Frutich, Fruticum, Frayty. *Le Fruty.*
Fuisniacensis ecclesia. *Abbaye de Foigny.*
Fulcherolles, Fulcheroadus. *Fouquerolles.*
Fulchosie, Fulchozies, Fulchoxyes, Fulcosis, Fulcozies. *Faucousis.*
Fulenis, Fullaines. *Fieulaine.*
Fundren. *Fourdrain.*
Funsome. *Fonsomme.*
Funtanœ. *Fontaine.*
Fusegnies, Fusegniis. *Fussigny.*
Fusiniacum, Fusni, Fusniacus. *Foigny.*
Fussegnies, Fussegnis, Fussengies, Fussenie, Fussignies, Fussignis, Fussignys. *Fussigny.*

G

Gâleschis. *Guillauche.*
Galiot. *Gailliot.*
Gallardon. *Gaillardon.*
Gandelluz, Gandelus, Gandeluz. *Gandelu.*
Ganton-au-lez-devers-Oigne. *Ganton (ruisseau).*
Garelgeie, Garelgies, Garelziacus. *Grugies.*
Garziaca, Gatiacus. *Chézy-l'Abbaye.*

Gauchi, Gaucl. *Gauchy.*
Gaufridicuria, Gaufridicurtis. *Jeoffrecourt.*
Gaulchy. *Gauchy.*
Gaulcourt. *Gaucourt.*
Gaulton. *Ganton (ruisseau).*
Gaumonis. *Gomont.*
Gauton. *Ganton (ruisseau).*
Gauziacus. *Chézy-l'Abbaye.*
Gefroicurt, Gofroicort, Gefroicurt. *Jeoffrecourt.*
Gelignye. *Gelinière (bois).*
Gellée. *La Gelée.*
Gemegnies, Gemegnis. *Jumilly.*
Genest. *Genette.*
Genevroie. *Gennevrois.*
Genevroux, Genevroye. *Gencvroy.*
Goni, Geniacum, Geni-en-Laonnois. *Geny.*
Genli, Genliæum, Genliscum-juxtà-Viriacum, Genlis, Genly, Genlys. *Villequier-au-Mont.*
Gennevroie. *Genevroy. Gennevrois.*
Geoffroicour, Geoffroicourt, Geofroicourt. *Jeoffrecourt.*
Gercies, Gerciez, Gerciies, Gercis, Gercis-juxtà-Vervinum, Gercyes, Gercys, Gerechies, Gereeics, Gerecis. *Gercy.*
Geregnies, Geregnis-juxtà-Strelas, Gereignies, Gereignis-juxtà-Estreiam. *Gergny.*
Geremonia. *Germaine.*
Gerengiis, Gereniacum, Gerenics. *Gergny.*
Gergnicourt. *Gernicourt.*
Gorgnis, Gerguys. *Gergny.*
Gericie, Gericies. *Gercy.*
Gerigni, Gerigniacum, Gerignics, Gerignis, Gerignyes. *Gergny.*
Gerlau, Gerleaux, Gerlot. *Gerlaux.*
Germaignes, Germaine-en-Vermandois, Germainez, Germainnes, Germania, Germanie. *Germaines.*
Germisi. *Chermizy.*
Gerniaca curtis, Gernicurtis, Gernycourt. *Gernicourt.*
Gerolgies. *Grougis. Grugies.*
Gerolgiis, Gerolzies. *Grougis.*
Géroménil. *Géromesnil.*
Gerosis. *Grougis.*
Gerrengiis. *Gergny.*
Gersis, Gersys. *Gercy.*
Gervely, Gervilly. *Gervely.*
Gevincort, Gevincourt, Gevincourt-Magnus. *Juvincourt.*
Gibecurt, Gibercurt, Gibertcort. *Gibercourt.*

Gibert-Fay-delez-Serfontaine. *Gibertfay.*
Gieffroycourt. *Jeoffrecourt.*
Gillocourt. *Gilcourt.*
Gillemont. *Gilmont.*
Gilloche. *Guillauchs.*
Gillodi fons. *Gerlaux.*
Gillonsart, Gilonsart. *Gironsart.*
Gilotins. *Gillotine.*
Gilronsart. *Gironsart.*
Gimont. *Augimont.*
Girimacus. *Gergny.*
Girronsart. *Gironsart.*
Gisencort. *Guizancourt.*
Gisenval. *Geneva.*
Gisi, Gisiacus. *Gizy.*
Gisneium. *Viége.*
Gisy, Gisy-en-Laonnois. *Gizy.*
Giverii, Giveril, Givery. *Givry.*
Givincourt, Givincurt. *Juvincourt.*
Giviriacum, Givri. *Givry.*
Givroy. *Givray.*
Gizy-les-Liesse. *Gizy.*
Glan (Le). *Le Gland (rivière).*
Glana. *Glennes.*
Glandis. *Gland.*
Glandon. *Les Glandons.*
Glanna, Glanne. *Glennes.*
Glans. *Gland.*
Glans, Glant. *Le Gland (rivière).*
Glar, Glau, Gleau. *La Glaus.*
Glene, Glenes, Glenna, Glonne, Glesnes. *Glennes.*
Glisoles, Glisorie. *Grisolles.*
Gocencourt. *Goussancourt.*
Godalaincourt. *Goudelancourt-lez-Berrieux.*
Godelancourt, Godeleincourt, Godelencourt, Godellencourt. *Goudelancourt-lez-Pierrepont.*
Godelencourt, Godelencourt. *Goudelancourt-lez-Berrieux.*
Gohardi-Insula, Gohartille. *Cohartille.*
Goi, Goiacum, Goi-en-Arouaise. *Gouy.*
Goina. *Jouaignes.*
Goisia. *Guise.*
Gomelancourt. *Comelancourt.*
Gomeron. *Gommeron.*
Gomunt. *Gomont.*
Gondelaincourt, Gondelaincourt-juxtà-Petraponteu, Gondelaincurt. *Goudelancourt-lez-Pierrepont.*
Gondelaincurt, Gondelencourt, Gondelancourt-lez-Berrieux.*
Gondeleincort, Gondellencort, Gondlecort. *Goudelancourt-lez-Pierrepont.*
Gonfroicourt, Gonfroücort. *Confrécourt.*
Gonhartile. *Cohartille.*
Gonneterie, Goqneteryé. *La Goneterie.*

Gontdelaincort. *Goudelancourt-lez-Pierrepont.*
Gorgia. *La Gorge.*
Gornai. *Gournay.*
Gosmond, Gosmont. *Gomont.*
Gouberu. *Le Moulin-du-Barré.*
Goucencort, Gouconcourt. *Goussancourt.*
Goudelaincort. *Goudelancourt-lez-Pierrepont.*
Goudelaincourt. *Goudelancourt-lez-Berrieux.*
Goudelaincourt - juxtà - Petrapontem, Goudelancourt. *Goudelancourt-lez-Pierrepont.*
Goudelancourt-les-Berieux, Goudelancourt-les-Berrieu. *Goudelancourt-lez-Berrieux.*
Goudelancourt-les-Pierrepont, Goudeleaincourt, Goudelencourt, Goudelencourt-les-Pierrepont, Goudelincort, Goudelloincort, Goudlencourt-les-Pierrepont. *Goudelancourt-lez-Pierrepont.*
Goubartil, Goubartille. *Cohartille.*
Goulluy, Goullet. *Le Haut-Goulet.*
Goumeron. *Gonmeron.*
Goumont, Goumunt. *Gomont.*
Gournay-les-Estouvelles. *Gournay.*
Gournet. *Gorgny.*
Gouscencortis, Goussencourt. *Goussancourt.*
Goutière-Boileaux. *La Gouttière.*
Gouy-en-Arouaise, Gouy-en-Arrouaise. *Gouy.*
Goxencurl. *Goussancourt.*
Goy-en-Arroosia. *Gouy.*
Gozonicurtis. *Goussancourt.*
Graincourt. *Gricourt.*
Grand-Bailly. *Bailly.*
Grand-Balloy. *Le Grand-Ballois.*
Grand-Champs. *Grand-Champ.*
Grand-Chesnel. *Grande-Chenets.*
Grand-Cornou. *Le Grand-Cornoult.*
Grand-Destroit. *Le Détroit-Bleu.*
Grand-Dhuizy. *Dhuizy.*
Grande-Boulloye, Grande-Bouloye. *Grande-Boullois.*
Grande-Canardière. *La Canardière.*
Grande-Haulric. *La Haurie.*
Grandelain, Grandelaing, Grandelayn. *Crandelain.*
Grande-Maison. *La Grandmaison.*
Grande-Roche. *La Roche.*
Grande-Rue. *Grand'Rue.*
Grandes-Houyes. *Les Grands-Ouis.*
Grand-Esigny, Grand-Esseigny, Grand-Essigny. *Essigny-le-Grand.*

Grande-Ville-aux-Boys-les-Dixy. *La Ville-aux-Bois-lez-Dizy.*
Grand-Flavigny. *Flavigny-le-Grand.*
Grand-Fontaine. *La Grande-Fontaine.*
Grand-Fresnoy. *Fresnoy-le-Grand.*
Grand-Fruitis, Grand-Fruity, Grand-Fruil. *Le Fruity.*
Grand-Hauë, Grand-Houé, Grand-Wé. *Le Grand-Wez.*
Grand-Horbatue. *Orbattu.*
Grandis-Locus, Grandis-Lucus. *Grandlup.*
Grandis-Rivus. *Grandrieux.*
Grand-Jardin. *Les Grands-Jardins.*
Grand-Leup, Grandleux, Grandlud, Grandlut. *Grandlup.*
Grand-Mariay. *Marizy-Sainte-Geneviève.*
Grand-Montregulor. *Montregny.*
Grand-Norvin. *Le Grand-Norvine.*
Grand-Ouez. *Le Grand-Wez.*
Grand-Pas-Baillard. *Le Pas-Bayard.*
Grandriu. *Grandrieux.*
Grand-Tailly. *Les Grands-Taillis.*
Grange-au-Bos. *La Grange-aux-Bois.*
Grange-au-Vivier. *La Grange.*
Grange-aux-Boys. *La Grange-au-Bois. La Grange-aux-Bois.*
Grange-Curet. *La Grange-Cœuret.*
Grange-des-Bois. *La Grange-aux-Bois.*
Grange-les-Houchies (La). *La Grange-lez-Oulchy.*
Grange-les-Moines. *La Grange.*
Grange-l'Évesque. *La Grange-l'Évêque.*
Grange-Morin (La). *La Grange-Marie.*
Grange-Oison (La). *La Grange-lez-Oulchy.*
Granges. *La Grange.*
Granges (Les). *La Grange-en-Chart.*
Grangies. *La Grange.*
Granliu, Granlu, Granlut. *Grandlup.*
Granrieu, Granrieux. *Grandrieux.*
Grans-Courjumelles. *Courjumelles.*
Grant-Essigny. *Essigny-le-Grand.*
Grantliu, Grantlu, Grantilud, Grantlus, Grantlut. *Grandlup.*
Grantrieu, Grantrieu-emprès-Rosoi, Grantrieux, Grautriu. *Grandrieux.*
Gratreul. *Grattreux.*
Grauhenna. *Craonne.*
Grauloy. *Grosloy.*
Grecort. *Gricourt.*
Greham-super-Ysaram. *Grehen.*
Greline. *Grelines.*
Gresve (Ru de). *Ru des Grèves (ruisseau).*
Greugies. *Grougis. Grugies.*
Greugiez. *Grugies.*
Greugiis. *Grougis.*

Greuzies-les-Saint-Quentin. *Grugies.*
Greveo (Riu de la). *Ru des Grèves (ruisseau).*
Grianchia, Griancia. *Gréance.*
Gricort, Gricurt, Griencourt. *Gricourt.*
Grimacus. *Gorgny.*
Grimulbreias. *Grimont.*
Grisolie, Grisollo, Grissolle, Grizolle. — Voy. PLEINE-SELVE (LA). *Grisolles.*
Grogies. *Grougies.*
Grolloy, Grolois, Groloy. *Grosloy.*
Gronart, Gronnar, Gronnars, Gronnart. *Gronard.*
Gronnart. *Gronart.*
Grooloi. *Grosloy.*
Gros-Bel. *Grosbel.*
Groslay, Groslois. *Grosloy.*
Grosnert. *Gronard.*
Grossa-Silva, Grosse-Silve. *Grosse-Selve.* — Voy. PLEINE-SELVE (LA).
Grougi. *Grougis.*
Grougies. *Grougis. Grugies.*
Grougies-en-Thiérache, Grougis-en-Arrouaise, Grougiz, Grougy-en-Arouaise, Grougyes, Grougys. *Grougis.*
Grounart. *Gronart.*
Grouzies. *Grougis.*
Grugie. *Grugies.*
Grugis. *Grougis.*
Grugye. *Grugies.*
Grunart. *Gronart.*
Gruyère (La). *La Grouillière.*
Guéritte, Guéritte-du-Vauguyon. *La Guérite.*
Guez. *Huet.*
Gugnicurt. *Guigniecourt.*
Gugny. *Guny.*
Guiencourt. *Guyencourt.*
Guiermont. *Wiermont.*
Guignacuria, Guignecort, Guignecurt, Guignicort, Guignicurtis, Guingnicort, Guinicurt, Guinnicurt. *Guignicourt.*
Guisa, Guise-en-Terrace, Guise-en-Theraische, Guise-en-Thiérace, Guise-en-Thiéraische, Guise-en-Thyérache, Guise-en-Tiérasse, Guisiense castrum. *Guise.*
Guiveri, Guivery. *Guivry.*
Guiz. *Guz.*
Guize. *Guise.*
Gullicourt. *Aguilcourt.*
Gundeleicurt. *Goudelancourt-lez-Pierrepont.*
Gundeleincourt, Gundelencourt. *Goudelancourt-lez-Berrieux.*
Gundescort. *Contescourt.*

TABLE DES FORMES ANCIENNES. 329

Gunfrecourt. *Confrécourt.*
Gunhardi-insula. *Cohartille.*
Guni, Guniacus. *Guny.*
Gunlicurtis. *Guignicourt.*
Gunni. *Guny.*
Gurelziacus. *Grugies.*
Gusgia, Gusia, Gusium castrum, Gusia. *Guise.*
Guvery. *Guivry.*
Guyancourt. *Guyencourt.*
Guyguicourt, Guynicort. *Guignicourt.*
Guyse. *Guise.*
Guysencourt. *Guizaucourt.*
Guysia. *Guise.*
Guyveri, Guyvery. *Guivry.*
Guzia. *Guise.*
Gyrecis, *Gercy.*
Gysi. *Gizy.*
Gyvery-lez-Baleauc. *Givry.*

H

Haaris. *Hary.*
Habecourt. *Abbécourt.*
Hactencourt. *Attencourt.*
Hagnaunum, Hagnauvum territorium. *Le Hainaut* (province).
Haguncurtis. *Le Haucourt.*
Haia, Haia-de-Blaincourt. *La Haie* (bois).
Haie-Cuverlesse, Haie-du-Kievrelesche, Haie-Esquiverlesse. *Haie-Équiverlesse* (forêt).
Haie-Met (La). *Pré-Tillière.*
Haie-Quiévreleche. *Haie-Équiverlesse* (forêt).
Haiette. *La Hayette.*
Hainacourt. *Hinacourt.*
Hainau pagus, Hainouvius pagus, Hainoiensis pagus, Hainonensis pagus, Hainuacensis pagus. *Le Hainaut* (province).
Haion. *Le Hayon.*
Hairiacum. *Hary.*
Hairie (La). *La Hérie.*
Hairie-la-Viéville (La). *Le Hérie-la-Viéville.*
Hairi-Silva. *Hériselve* (forêt).
Haizonville. *Aisonville.*
Haleium. *Harly.*
Halincurt. *Alaincourt.*
Hambercy, Hamberey, Hambrechies, Hambrecies, Hambrecis, Hambresy. *Ambercy.*
Hamel. *Hamelet.*
Hamelum. *Hamel.*

Hamgicourt, Hamigecourt, Hamigicort, Hamigicourt. *Hamégicourt.*
Hanape, Hanapes, Hanapia, Hanapium, Hanaples, Hanappe, Hanappes, Hanapples. *Hannaps.*
Hanechies, Hanecies. *Hennechy.*
Hanepieul. *Hennepieux.*
Hangicort. *Hargicourt.*
Hanonia. *Le Hainaut* (province).
Hanot, Hanoy. *Hannot.*
Hapencourt. *Happencourt.*
Haramond, Haramons. *Haramont.*
Harbe, Harbies, Harbis. *Harbes.*
Harcegnies, Harcegnis, Harcenguis, Harcenies, Harcennie, Harcennies, Harcennis. *Harcigny.*
Harchies, Harchie, Harchies, Harchy. *Archies.*
Harcignies, Harciguis, Harcignys. *Harcigny.*
Hardrée, Hardrez. *Les Hardrets.*
Hargicort. *Hargicourt.*
Harie. *Hary.*
Harimons. *Haramont.*
Haris, Haris-Estraon, Haris-et-Train. *Hary.*
Harleium, Harli, Harliacum. *Harly.*
Harlifontaine. *Fontaine-Alix.*
Harodroi, Harondroi. *Haloudray.*
Harsant. *Arsent.*
Harsegnys, Harsiguis, Harsigny, Harsigny-en-Thiérache. *Harcigny.*
Hartanne, Hartene, Hartenes, Hartenne. *Hartennes.*
Hartonges. *Artonges.*
Hary-Hétrain, Herys. *Hary.*
Hatencort, Hatencourt, Hatencurt, Hathencourt. *Attencourt.*
Hatiemont. *Athiémont.*
Hatis. *Athies.*
Hatoys. *Hattois.*
Hatencourt. *Attencourt.*
Hattiemont. *Athiémont.*
Hattoys. *Hattois.*
Hatuncurtis. *Attencourt.*
Haubuguy. *Bugny.*
Haudelville, Houdeville. *Haudreville.*
Haudevin. *Le Hautdevin.*
Haudroy. *Haudroit.*
Haudvin. *Le Hautdevin.*
Hauis. *Ohis.*
Hauldroy-les-Huttes. *Haudroit.*
Haulrie. *La Haurie.*
Hault-Chemin. *Haut-Chemin.*
Haulte-Bonde. *La Haute-Bonde.*
Haulte-Maison. *La Haute-Maison.*
Haultemont. *Le Haumont.*
Haultencourt. *Hottencourt.*

Haulte-Pierre. *La Haute-Pierre.*
Haultevesne, Houltevesnes. *Hautevesne.*
Haulteville. *Hauteville.*
Haultion, Haultion-Féronval. *Haution.*
Haultmont. *Le Haumont.*
Hault-Roué. *Roué.*
Haulvison. *Hautwisson* (bois).
Haumencourt. *Aumencourt.*
Haumonts (Les). *Haumont.*
Haurie (Le). *La Haurie.*
Haurieux. *Hautvieux.*
Haurodroi. *Haloudray.*
Haurye (La). *La Haurie.*
Haut-Beausages. *Les Bochages.*
Hautdevyn. *Le Hautdevin.*
Haute-Bruière. *La Haute-Bruyère.*
Haute-Charnois. *La Charnois.*
Hautecourt. *Haucourt.*
Hautemaison. *Daulle.*
Hautencourt. *Hottencourt.*
Hautépine. *La Haute-Épine.*
Hautepye. *La Haute-Pie.*
Hautes-Bruyères. *La Haute-Bruyère.*
Haut-et-Bas Bochages. *Les Bochages.*
Hauteville-lez-Bernot. *Hauteville.*
Haution-en-Thiérache. *Haution.*
Haut-Mesnil. *Le Mesnil.*
Hautouy, *Les Houis.*
Hauts-Nicourts. *Sornicourt.*
Hauttebray. *Les Hautes-Bruyes.*
Hauttencourt. *Hottencourt.*
Hautteville. *Hauteville.*
Hauttion, Hautyon. *Haution.*
Hay, Haye. *La Haie* (bois).
Haye-de-Kevrelesche. *Haie-Équiverlesse* (forêt).
Haye-du-Merdier. *Haie-de-Wimy* (bois).
Haye-Longprez. *La Haye-Longpré.*
Haynacourt. *Hinacourt.*
Heaumes, Heyaume. *Heaume.*
Heffecourt, Heffrecourt, Helvecourt. *Effecourt.*
Heinacourt. *Hinacourt.*
Heircon, Heirson. *Hirson.*
Hélies. *Le Hélin.*
Hellot. *Hélot.*
Helpra, Helpre. *La Petite-Helpe* (rivière).
Henacourt. *Hinacourt.*
Henapia. *Hannape.*
Henau, Henault, Henaut. *Le Hainaut* (province).
Honepieux. *Hennepieux.*
Hennacourt. *Hinacourt.*
Hennape, Heunapes, Hennaples, Hennaples-lez-Guise, Hennappe, Hennappes. *Hannaps.*
Hennechies, *Hennechy.*

Aisne. 42

Hennepie, Hennepiel, Hennepieu, Hennepioel, Hennepiuel. *Hennepieux.*
Heppe. *Eppes.*
Hérancourt. *Errancourt.*
Héraucourt. *Éraucourt.*
Herbelaincourt. *Bac-Arblaincourt.*
Herbinnerie. *L'Herbennerie.*
Herblancourt. *Bac-Arblaincourt.*
Hercheutré. *Archantré.*
Herduennes. *Les Arduines.*
Herenci. *Arrancy.*
Hérie. *Le Hérie-la-Viéville.*
Heri-Silva. *Hérisoive* (forêt).
Herleu-en-Valois. *Huleux.*
Herlon, Herlons. *Erlon.*
Herloy-en-Thiérache, Herloy-en-Thiéraiche. *Erloy.*
Hermenoville. *Ernoville.*
Hermitage de Frère-Robert. *Puits-Fondu.*
Hermitage-Sainte-Madeleine. *L'Hermitage.*
Hernonville. *Ernoville.*
Hernut. *Herbut.*
Heroes, Heroez, Heroue, Herouel, Herouel-en-Vermandois, Heroues, Herouez, Herouez-en-Vermendois, Herouue, Héroves. *Héroual.*
Herpeine. *La Rue-Herpeine.*
Hersan. *Arsent.*
Herson. *Hirson.*
Hertouges, Hertongie. *Artouges.*
Hertongiole. *Artongioles.*
Hervichaine. *Évereigne.*
Herys. *Le Hérie-la-Viéville.*
Herysson. *Hirson.*
Hesbecqué. *Les Ébéquis.*
Hesia. *Oise* (rivière).
Hespaigniacum. *Épagny.*
Hestroa-Villa, Hestrei. *Étréaupont.*
Hôtots. *Étots.*
Heuleux-en-Valois. *Huleur.*
Heumont. *Humont.*
Heurtebise. *Hurtebise.*
Heurtebize. *Heurtebise.*
Hevocourt, Hevicourt. *Effecourt.*
Hezonville. *Aizonville.*
Hiermont. *Wiermont.*
Hildonis-Villa. *Haudreville.*
Hinancourt. *Hinaicourt.*
Hirechon, Hiresson. *Hirson.*
Hirettes. *Les Hirets.*
Hiron. *Iron.*
Hirson-en-Thierasche, Hirsson. *Hirson.*
Hiruez (Le). *Herouel.*
Hisa, Hissora. *Oise* (rivière).
Hodovilla. *Haudreville.*

Hoeries, Hoeriis. *Houry.*
Hoestrum. *Oëstres.*
Hohis. *Ohis.*
Hoiry. *Wary.*
Holenon, Hollenon. *Holnon.*
Homancourt. *Aumencourt.*
Hombelieres, Homblarie, Homblires. *Homblières.*
Homencourt, Homundicurtis. *Aumencourt.*
Honblières. *Homblières.*
Hondreville. *Haudreville.*
Horbattu. *Orbattu.*
Horigniacum, Horiniacum. *Origny-Sainte-Benoîte.*
Horis. *Houry.*
Hors. *Ors.*
Horsdevoie. *Hordevoie.*
Hort. *Lor.*
Hory, Horys. *Houry.*
Hosel. *Housset.*
Hospital-Saint-Anthoine. *Saint-Antoine.*
Hossellum. *Housseaux.*
Hostel. *Ostel.*
Hostellum. *Ostel.*
Hostelz. *Les Autels.*
Hostiel, Hotel. *Ostel.*
Hotelin. *La Haute-Laine.*
Hotels (Les). *Les Autels.*
Houcel. *Housset.*
Houderium. *Houdier* (bois).
Houdevilla, Houdivilla, Houdrevile, Houdrevilla, Houdreville. *Haudreville.*
Houdvioum. *Le Hautdevin* (bois).
Houilzon. *Hautvrisson* (bois).
Houldreville. *Haudreville.*
Houris. *Houry.*
Hourrainvilla. *Orainville.*
Housel, Houset. *Housset.*
Houssaux. *Housseaux.*
Houssel. *Housset.*
Houssellum, Houssellus - versus - Aneiam. *Housseaux.*
Houssey, Houssez. *Housset.*
Houssiaux. *Housseaux.*
Houssoie. *La Rue-du-Nord.*
Houtencourt. *Hottencourt.*
Houy. *Les Ouies.*
Houys. *Les Houis.*
Huanot. *Hannot.*
Huberpont, Huberti-Pons. *Hubertpont.*
Hudurville. *Haudreville.*
Hué. *Huet.*
Huguenots. *Grucrie* (bois).
Huiège. *Wiège.*
Huiermont. *Wiermont.*
Huimy. *Wimy.*

Huleu-en-Valois. *Huleux.*
Hully. *Ouilly.*
Hulmisciacum. *Omissy.*
Humburtipons. *Hubertpont.*
Humblerie, Humbleries. *Homblières.*
Humbrecies. *Ambercy.*
Humolariæ, Humolariensis ecclesia, Humolorias. *Homblières.*
Humon. *Humont.*
Huurenvilla. *Orainville.*
Huquigniez, Huquignis. *Hucquigny.*
Hurbis. *Hurtebise.*
Hure. *Ourcq* (rivière).
Huriau. *Hureaux.*
Hursinicourt. *Wissignicourt.*
Hurtebise. *Heurtebise.*
Hurtrebise. *Hurtebise.*
Hurweis (Li). *Hérouel.*
Husel, Hussel. *Housset.*
Hutte (La). *La Croix-de-Fer.*
Hutte-Robert. *Puits-Fondu.*
Hynacourt. *Hinaicourt.*
Hyrechon, Hyrecon, Hyresson. *Hirson.*
Hysera. *Oise* (rivière).

I

Iaucourt. *Eaucourt.*
Ignières. *Iignières.*
Iliacum. *Ollezy.*
Injaniarcourt. *Jumencourt.*
Injorriu. *La Censc-Langlet.*
Intuncourt, Intencourt. *Itancourt.*
Invidunccurtis. *Invidoncourt.*
Irechon, Irason, Irezun, Iririo, Irson. *Hirson.*
Iran. *Iron.*
Isara, Isera, Isira. *Oise* (rivière).
Isiniacensis parrochia. *Essigny-le-Petit.*
Islet (L'). *Lislet.*
Isra, Issara. *Oise* (rivière).
Issegni. *Essigny-le-Petit.*
Isseni, Issigniacum. *Essigny-le-Grand.*
Iuriniacus. *Origny.*
Iusi. *Joisis* (bois).
Ivier, Ivier-en-Tiérace, Iviez. *Ioiers.*
Ivreux. *Ioreul.*

J

Jancourt. *Jeancourt.*
Jauliacus. *Villequier-Aumont.*
Jansauiel. *La Cense-Hôtel.*
Janta. *Jeantes.*
Janta-curtis. *Jeantes-la-Cour.*
Janta-villa. *Jeantes.*

TABLE DES FORMES ANCIENNES.

Jantcourt. *Jeancourt.*
Jante, Jantea, Jante-en-Thiérache. *Jeantes.*
Jante-la-Cour, Jante-le-Court. *Jeantes-la-Cour.*
Jantes, Jeantes. *Jeantes-la-Cour.*
Jardins (Les). *Le Jardin.*
Jargonio, Jaugone, Jaugonne, Jaugunne. *Jaulgonne.*
Javages, Javagie. *Javage.*
Jeante-la-Ville. *Jeantes.*
Jeantelle. *Le Hutteau* (rivière).
Jebaignes. *Jouaignes.*
Jehancort, Jehancour, Jebancourt. *Jeancourt.*
Jeniacum. *Geny.*
Jenly. *Villequier-Aumont.*
Joagne, Joanne. *Jouaignes.*
Joencort. *Joncourt.*
Joffrecourt, Joffredicurtis, Joffridicurtis, Joffroicourt, Jofredicurtis, Jofrocurtis. *Jeoffrecourt.*
Jogonne. *Jaulgonne.*
Johagnes. *Jouaignes.*
Johancort, Johancour, Johancourt, Johannis-curtis. *Jeancourt.*
Johenia, Johognes. *Jouaignes.*
Joi, Joiacum. *Jouy.*
Joifroicourt, Joifroicurt. *Jeoffrecourt.*
Joigna. *Jouaignes.*
Joignière. *La Junière.*
Jomars. *Les Jommards.*
Jomcourt. *Joncourt.*
Joncosa, Joncosus, Joncqueuse. *Jonqueuse.*
Joncquière. *Jonquières.*
Jonkeuse. *Jonqueuse.*
Jonnis curtis. *Jeancourt.*
Joognes, Jouagne, Jouagnes, Jouangne, Jouangnes, Jouanne, Jouannes, Jouengne, Jouengnes. *Jouaignes.*
Journieux. *La Cense-Langlet.*
Jovincurt. *Juvincourt.*
Joviniacum. *Juvigny.*
Jovinicurtis, Joviscurtis. *Juvincourt.*
Joy. *Jouy.*
Jumacourt. *Jumencourt.*
Jumegny, Jumigni, Jumigniacum. *Jumigny.*
Juncosa. *Jonqueuse.*
Jussi, Jussiacum, Jussy-Camas, Jussy-et-Cama. *Jussy.*
Juvegni, Juvegny, Juveniacum, Juveny, Juvigni. *Juvigny.*
Juvincort, Juvincortis. *Juvincourt.*
Juvini, Juviniacum. *Juvigny.*
Juvinicurtis. *Juvincourt.*

K

Kala. *Celles-lez-Condé.*
Kaldarda. *Chaudardes.*
Kalendreium, Kalendriacum. *Chalandry.*
Kamat. *Camas.*
Kameli, Kamelin, Kamely, Kammely. *Camelin.*
Karici, Karisiacum. *Quierzy.*
Kartovorum. *Chartreuve.*
Keugny. *Cugny.*
Keuve, Kouves. *Cœuvres.*
Kieresi, Kierisis, Kiorisy. *Quierzy.*
Kievresis-Notre-Dame. *Chevresis-les-Dames.*
Kikenpoist. *Quincampoix.*
Kova. *Cœuvres.*
Kugni. *Cugny.*

L

Laaignis, Laaignis. *Laigny.*
Labiette. *L'Abbiette.*
Labriniacum. *Lavergny.*
Labrye. *Labry.*
Lachanteraye, la Chantrée. *Archantré.*
Ladres. *Saint-Lazare.*
Laegnis. *Laigny.*
Lafau, Lafault, Lafaux, Laffaux. *Laffaux.*
Lafere-sur-Oize, Lafere-sur-Oyze. *La Fère.*
Laferre. *Fère-en-Tardenois.*
Laferre-sur-Oize, Laferre-sur-Oyse. *La Fère.*
Laffaou, Laffaoulx, Laffau, Laffaulx. *Laffaux.*
Laffere. *La Fère.*
Laffon. *Laffaux.*
Laffrenay. *Laffrené.*
Laffreté. *La Ferté-Chevresis.*
Laffreté-Milon. *La Ferté-Milon.*
Laffreté-sur-Péron. *La Ferté-Chevresis.*
Lafou. *Laffaux.*
Lafrenay. *Laffrené.*
Lagny, Lagny-et-Beaurepaire. *Laigny.*
Laheries, Laheris, Laherry. *Le Hérie-la-Viéville.*
Lahoucurt. *Le Haucourt.*
Laiges. *Lesges.*
Laignis-et-Beaurepaire. *Laigny.*
Laisdin, Laisdinum. *Lesdins.*
Lalousi-sur-Haynault. *Lalouzy-Hainaut.*
Lalouzy-France. *Lalouzy.*

Lambai, Lambaidis, Lambais, Lambays, Lambel. *Lambay.*
Lambeli, Lambellis, Lambelly. *Lorambert.*
Lambercis, Lambrecies, Lambrécis, Lambrecy, Lambressis. *Lambercy.*
Lamer, Lamere. *Lemé.*
Lamérie, Lamerye. *La Mérie.*
Lan. *Laon.*
Lanchi, Lanci, Lanciacum. *Lanchy.*
Landecurt. *Landricourt.*
Landefai. *Landifay.*
Landercurt. *Landricourt.*
Landerfai, Landerfait, Landerfaz. *Landifay.*
Landicurtis. *Landricourt.*
Landiefay, Landiefaye, Landieffay, Landierfagetum, Landierfai, Landierfais, Landierfait, Landierfay, Landierfayt, Landifai, Landifay, Landiffaye, Landirfagetum. *Landifay.*
Landois. *Landouzy-la-Ville.*
Landousies. *Landouzy-la-Cour.*
Landousis. *Landouzy-la-Ville.*
Landousi-la-Court, Landousis. *Landouzy-la-Cour.*
Landousis-la-Vile, Landousi-Villa, Landouzies, Landouzies-Villa, Landouzie-en-Therasche. *Landouzy-la-Ville.*
Landouzis-la-Court. *Landouzy-la-Cour.*
Landouzis-la-Ville. *Landouzy-la-Ville.*
Landozie-Grangia, Landozies. *Landouzy-la-Cour.*
Landozies, Landozies-Villa. *Landouzy-la-Ville.*
Landrcurt, Landricicurtis, Landricort, Landricurtis. *Landricourt.*
Landusis, Landuzies, Landuziis. *Landouzy-la-Cour.*
Landuziis. *Landouzy-la-Ville.*
Landyfay. *Landifay.*
Lanesicort, Lanesicurtis. *Laniscourt.*
Lanherie. *La Hérie.*
Lanheris. *Le Hérie-la-Viéville.*
Lanhircourt. *Le Haucourt.*
Laniscourt, Lanisicourt, Lanisicort, Lanisicourt, Lanisicurtis, Lanisscourt, Lanizicourt. *Laniscourt.*
Lannoy. *Launoy.*
Lanouette. *La Nouette.*
Lanoy. *Lannois, Launay.*
Lanysicourt. *Laniscourt.*
Laodunum. *Laon.*
Laonnoy, Laonnoys. *Launoy.*
Laonnoys. *Le Laonnois* (province).
Lapio, Lapion. *Lappion.*

42.

Lapplenoye. *La Plesnoye.*
Lappyon. *Lappion.*
Lasgny. *Laigny.*
Lastiliacus, Lastilli, Lastilly, Lately. *Latilly.*
Lathosa. *Leuze.*
Latignies. *Laigny.*
Latofao. *Laffaux.*
Lattilly, Lattily, Latyily. *Latilly.*
Lauconoy. *Loconois.*
Laudunensis civitas. *Le Laonnois* (province).
Laudunensis episcopatus. *Évêché de Laon.*
Laudunensis pagus, Laudunensis parrochia, Laudunensis provincia. *Le Laonnois* (province).
Laudunensis urbs. *Laon.*
Laudunesium, Landunesus. *Le Laonnois (domaines de l'évêque de Laon).*
Laudunica urbs. *Laon.*
Laudunisus. *Le Laonnois* (province).
Laudunum, Laudunum - Clavatum, Laudunum mons. *Laon.*
Laulnoy, Launois. *Launay.*
Launois-Milot. *Aunois-Milot.*
Launoit-juxtà-Vauressaine. *Annois ou Anniot.*
Launoy-le-Bailli. *Launay.*
Launoys. *Le Laonnois* (province).
Lauon. *Laon.*
Laurambert, Lauranbert. *Lorambert.*
Laure. *Lor.*
Laurieux. *Loricux.*
Lauroy (Le). *Lavroy.*
Lauru. *La Rue.*
Laurum. *Lor.*
Lauscitum. *Loizy* (?).
Lavacresse, Lavakerocce. *Lavaqueresse.*
Laval-en-Laonnois. *Laval.*
Laval-juxtà-Cellam. *Le Val.*
Lavanchière. *La Vauchère* (bois).
Lavasqueresche, Lavasqueresse. *Lavaqueresse.*
Lavercine, Lavercines, Lavercinnes. *Laversines.*
Lavergni, Lavernoium, Laverniacum. *Lavergny.*
Laversines, Laversinie. *Laversine.*
Lavesne. *Avesnes.*
Lavrecine, Lavrecines. *Laversine.*
Lavrogni, Lavregny, Lavregnys, Lavreni, Lavreniacus, Lavrigni. *Lavergny.*
Lecel-et-le-Val. *Leschelle.*
Lecerie. *Lesquielles.*
Lochelois. *Leschellois.*

Locherie. *Lesquielles.*
Lecouffre. *L'Écouffe.*
Lédin. *Lesdins.*
Locheries-et-la-Viefville, Locrie. *Le Hérie-la-Viéville.*
Leeese. *Liesse.*
Lefere-en-Vermendois. *La Fère.*
Lege, Leges, Legia. *Lesges.*
Lehaucort, Lehaucourt, Lehaulcourt, Lehaultcourt, Lehautcourt. *Le Haucourt.*
Loheri. *Le Hérie-la-Viéville.*
Leherie, Leheries, Leheris. *La Hérie. La Hérie-la-Viéville.*
Leherie-en-Thérasce, Leheris-en-Thérasche, Leheris-en-Thierasse. *La Hérie.*
Leherisies, Lehersiacum, Lehersis. *Lerzy.*
Lehery, Leherye, Leheryes-en-Vermandois, Leherys. *Le Hérie-la-Viéville.*
Lehersies. *Lerzy.*
Lehona. *Lehone* (ruisseau).
Lehouchort, Lehoucort. *Le Haucourt.*
Leie-Villa. *Liez.*
Leizy. *Lizy.*
Lekele. *Lesquielles.*
Lembe, Lemeix, Lemer, Lemetz, Lemez. *Lemé.*
Lemonvallis. *Limonval.*
Lempire - Cambrésis, Lempire - en - Cambrésis. *Lampire.*
Lenti, Lentis. *Lenty.*
Leor. *Loire.*
Lequelles. *Lesquielles.*
Leresis. *Lerzy.*
Lereval, Lerevallis, Lerival, Lorivallis. *Lierval.*
Lerni, Lerniacum. *Largny.*
Lerolle. *Érolle.*
Lerse. *La Herse.*
Lersies-Villa, Lersis, Lersy. *Lerzy.*
Lerval. *Lierval.*
Lerzi, Lerzies, Lerzis. *Lerzy.*
Lescerie, Lescheres, Lescherie, Leschieles. *Lesquielles.*
Leschielle, Leschielles. *Leschelle. Lesquielles.*
Leschieres, Leschierie, Leschirie, Leschœrie. *Lesquielles.*
Lescouffe. *L'Écouffe.*
Lesdain, Lesdaing, Lesdains, Lesdin, Lesding, Lesdinum. *Lesdins.*
Lesge. *Lesges.*
Leskerie, Leskherie, Leskieres, Lesquelle, Lesquerie, Lesquicies, Lesquiclie, Lesquielles-en-Thérascee,

Lesquiellex, Lesquières, Lesquiles. *Lesquielles.*
Lette. *Ailette* (rivière).
Leudunum. *Laon.*
Leuilli, Leuily. *Lœuilly.*
Leulli. *Lœuilly.*
Leusa, Leuse. *Leuze.*
Leuseillies. *Leuzilly.*
Leuseval. *Lorival.*
Leusiliacus. *Leuzilly.*
Leuvry. *Lœuilly.*
Leuzeval. *Lorival.*
Leva, Levale, Levalle. *Le Val.*
Levacqueresse. *Lavaqueresse.*
Leverguer, Leverguier. *Le Verguier.*
Levergyes, Levregies, Levregicx. *Leverqies.*
Leziacus. *Lizy.*
Lhaucourt. *Le Haucourt.*
Lhéry. *Leury.*
Lherys. *Le Hérie-la-Viéville.*
Lhuilly. *Lœuilly.*
Lhuis, Lhuy, Lhuys-lez-le-Mont-Notre-Dame. *Lhuys.*
Liauce. *Liesse.*
Licy-les-Chanoines, Licy-les-Chanoines, Licy-sur-Marne. *Licy-Clignon.*
Lié. *Liez.*
Liebinnum, Liebuinum. *Lirbain.*
Liel. *Liez.*
Liemundi-Vallis. *Limonval.*
Lience, Liense, Lientis. *Liesse.*
Lier. *Liez.*
Liereval, Lierevalle. *Lierval.*
Liet. *Liez.*
Licully. *Lœuilly.*
Lieuly. *Lœuilly.*
Liffontaine. *Lyfontaine.*
Lilet, Lillet, Lillet, Lilletum. *Lislet.*
Lithay, Limoir, Limer, Limeric, Limers. *Limé.*
Lineres. *Ligniéres.*
Lior, Liort, Liorz. *Lor.*
Liresvallis, Lirivallis. *Lierval.*
Lischeria. *Lesquielles.*
Liserole. *Lizerolles.*
Lisfontaine. *Lyfontaine.*
Lisi, Lisiacus. *Lizy.*
Lisiniacus. *Résigny.*
Lislet, Lislet-les-Montcornet-en-Thiérache. *Lislet.*
Lisrolle. *Lizerolles.*
Lissy, Lisay-ad-Canonicos. *Licy-Clignon.*
Lisy. *Lizy.*
Lisy-aux-Chanoines. *Licy-Clignon.*
Livry. *Leury.*
Lizerole, Lizerolle. *Lizerolles.*

TABLE DES FORMES ANCIENNES. 333

Lizi, Lizyacus. *Lizy.*
Lizy-Clignon. *Licy-Clignon.*
Loastre, Loastre. *Loudtre.*
Lobieite (La). *La Lobiette.*
Lobraie. *Lobray.*
Locofao. *Laffaux.*
Locque, Locques, Locres. *Locq.*
Loenois. *Le Laonnois* (province).
Lœuillet. *Lœuilly.*
Lœuilly, Lœuly. *Louilly.*
Loge-aux-Coulombiers. *La Loge-aux-Colombiers.*
Loge-Pennier. *La Loge.*
Loges (Les). *La Loge-aux-Bœufs.*
Logete (Le). *Les Logettes.*
Loge-Tristraud. *La Loge-Tristan.*
Loinguies. *Lugny.*
Loirre. *Loire.*
Loiry. *Leury.*
Loisi, Loisiacum, Loisiacus. *Loizy.*
Loistre, Loistres, Loistria, Loistris, Loitres. *Loudtre.*
Lolegnie, Loleniacum, Lolignie. *Franqueville.*
Lompont. *Longpont.*
Loncamp-de-les-Bohérie, Lonc-Champ, Lonchamp - dale - Boheries, Lonchamps. *Longchamps.*
Loncpont. *Longpont. Le Petit-Longpont.*
Longavene. *Longuavesne.*
Longavilla. *Longeville.*
Longbray. *Lombray.*
Long-Champes. *Longchamps.*
Longdavenne. *Longuavesne.*
Longevallis. *Longueval.*
Longevilla. *Longeville.*
Longivallis. *Longueval.*
Longni, Longni-les-Aubenton, Longnis, Longny, Longny-les-Aubenton. *Logny.*
Longpont. *Le Petit-Longpont.*
Longprez. *Longpré.*
Longuavallis. *Longueval.*
Longueau. *Longuedeau.*
Longue-Avoine. *Longuavesne.*
Longuevalle. *Longueval.*
Longue-yauc, Longuiaue. *Longuedeau.*
Longus-Campus. *Longchamps.*
Longus-Pons. *Longpont.*
Longus-Pratus. *Longpré.*
Lonnis, Lonnys. *Logny.*
Lonois. *Le Laonnois* (province).
Lonpont. *Longpont.*
Lonpré. *Longpré.*
Loognis, Loogny. *Logny.*
Loon. *Laon.*
Loonnois, Loonois. *Le Laonnois* (province).

Loor. *Lor.*
Loosa. *Leuze.*
Lorembert, Lorenberg. *Lorambert.*
Lorguodet. *Lorgodet.*
Lorre, Lort. *Lor.*
Losonge-Vairon. *Le Vilpion* (ruisseau).
Loseracus, Losiacus. *Loizy.*
Lostria. *Loudtre.*
Lothosa. *Leuze.*
Louastre. *Loudtre.*
Loun. *Laon.*
Loupegne, Loupeigne-et-Vaux, Loupigne. *Loupeigne.*
Lourdier. *Le Loudier.*
Lourmisé. *Lormisset.*
Lousa. *Leuze.*
Louvergny. *Louverny.*
Louveri. *Louvry.*
Louvroy. *Lavroy.*
Louvry, Loveri. *Louvry.*
Loyre, Loyrre. *Loire.*
Loysi. *Loizy.*
Loystres. *Loudtre.*
Loysy. *Loizy.*
Lua. *Les Brosses.*
Luedunicum. *Laon.*
Lueheyus. *Lucy-le-Bocage.*
Luchincus, Luci, Luciacus. *Lucy.*
Lucofao. *Laffaux.*
Lucosa-Vallis. *Lorival.*
Lucy, Lucy-le-Bocaige, Lucy-le-Boccage, Lucy-le-Boquage, Lucy-le-Boscage. *Lucy-le-Bocage.*
Ludolfcurtis. *Le Haucourt.*
Luegni, Luegnies, Luegnis. *Lugny.*
Luegnis. *Lugny-la-Cour.*
Luerre. *Loire.*
Lufao. *Laffaux.*
Lugdunensis urbs, Lugdunum, Lugdunum-Clavatum. *Laon.*
Lugnis. *Lugny.*
Lugnis-la-Court. *Lugny-la-Cour.*
Lugnys. *Lugny.*
Lugnys-la-Court. *Lugny-la-Cour.*
Lugny-soubz-Marle, Lugnys-soubz-Marle. *Lugny.*
Lui. *Lhuys. La Vallée-Foulon.*
Luignies. *Lugny. Lugny-la-Cour.*
Luignis. *Lugny.*
Luili. *Leuilly.*
Luili, Luiliiacum. *Leuilly. Lœuilly.*
Luili-de-les-Nongent, Luillium, Luilly. *Leuilly.*
Luilly. *Leuilly.*
Luinies. *Lugny-la-Cour.*
Luis. *Lhuys.*
Luisseron. *Luceron.*
Lulgiacum. *Lucy.*

Luli. *Leuilly.*
Luliacum. *Leuilly. Lœuilly.*
Lulli. *Leuilly.*
Lulliacum. *Lœuilly.*
Lulliacus, Lully. *Leuilly.*
Lully, Luly. *Lœuilly.*
Lumeront. *Lumeron.*
Lumpire. *Lempire.*
Lunguis-la-Court. *Lugny-la-Cour.*
Lunlliacum. *Lœuilly.*
Luorre, Luozre. *Loire.*
Lupina, Luppina. *Loupeigne.*
Luseillies, Luseli, Luselly, Lusilis, Lusilli, Lusilliacus, Lusillis, Lusilly. *Leuilly.*
Lusoir, Lusoit, Lusor. *Luzoir.*
Lusseron. *Luceron.*
Lussi. *Licy-Clignon. Lucy-le-Bocage.*
Lussoir. *Luzoir.*
Lussy. *Lucy.*
Lussy, Lussy-le-Bocage. *Lucy-le-Bocage.*
Lutosa. *Leuze.*
Luvegnies, Luveignies, Luveinnies, Luvengie, Luvenie. *Le Moulin Brûlé.*
Luveri. *Louvry. Lwry.*
Luxeron. *Luceron.*
Luxoir. *Luzoir.*
Luy. *Lhuys. La Vallée-Foulon.*
Luyacum. *Lhuys.*
Luylli. *Leuilly. Lœuilly.*
Luys, Luyssiacum. *Lhuys.*
Luzilliacum, Luxillies, Luzylly. *Leuzilly.*
Luzoire, Luzorium, Luzoys. *Luzoir.*
Lyé. *Liez.*
Lyence, Lyencia. *Liesse.*
Lyereval, Lyerval. *Lierval.*
Lyesse. *Liesse.*
Lyeval. *Liéval.*
Lylet. *Lislet.*
Lymé, Lymel, Lymer, Lymers. *Limé.*
Lymonval. *Limonval.*
Lyonval. *Lionval.*
Lysiacus. *Lizy.*
Lyzerole. *Lizerolles.*

M

Maas. *Maast.*
Macqogny. *Macogny.*
Macerie. *Mézières.*
Machecourt-lez-Pierpont. *Méchecourt.*
Macheni, Machenis. *Macquigny.*
Macherie. *Mézières.*
Macheriu. *Macheru* (ruisseau).
Machincort. *Macquincourt.*

Macognie, Macongni. *Macogny.*
Macqueny, Macugniacus, Macuniacus. *Macquigny.*
Maderna. *Marne* (rivière).
Maegnis. *Magny.*
Maessecourt. *Méchecourt.*
Magrival. *Margival.*
Magli. *Mailly.*
Maignevilers. *Magnivillers.*
Magneville. *Mennoville.*
Magnevillers. *Magnivillers.*
Magni, Magniacus. *Magny-la-Fosse.*
Magnicamp, Magnicant. *Manicamp.*
Magni-in-Fovea. *Magny-la-Fosse.*
Magnis. *Magny.*
Magnivileir, Magniviler, Magnivilers, Magnivilez. *Magnivillers.*
Magnum-Essigniacum. *Essigny-le-Grand.*
Magnus-Campus. *Manicamp.*
Magnus-Diziacus. *Dizy-le-Gros.*
Magnus-Rivus. *Grandrieur.*
Magny. *Many.*
Magny - en - le - Fosse. *Magny - la - Fosse.*
Mahiot-le-Maire. *La Couronne.*
Maibecourt. *Mesbrecourt.*
Maichcourt. *Méchecourt.*
Maiddi, Maidi. *Le Metz.*
Maignevileir. *Magnivillers.*
Maigui. *Magny. Magny-la-Fosse.*
Maigniacum, Maigniseus, Maigni-en-le-Fosse. *Magny-la-Fosse.*
Maigny. *Magny. Magny-la-Fosse.*
Maignyacus-in-Fovea, Maigny-à-la-Fosse. *Magny-la-Fosse.*
Maihoc. *Maiot.*
Mailli, Mailliacum, Maillui. *Mailly.*
Maimbrecourt. *Mesbrecourt.*
Maimencon. *Maimercen.*
Mainechamp. *Manicamp.*
Mainegen, Mainegent. *Mennejean.*
Maineville. *Menneville.*
Mainevreel, Mainevrel, Mainevrelle, Mainevrette. *Mennevret.*
Maingny. *Magny.*
Mainicamp. *Manicamp.*
Mainlevrel, Mainlevret. *Mennevret.*
Mainmoncon. *Maimercen.*
Mainneville. *Menneville.*
Mainnevreil, Mainnevret. *Mennevret.*
Mainnil. *Mesnil-Saint-Laurent.*
Mainnoise, Mainoise. *Mannoises* (bois).
Mainsicourt. *Méchecourt.*
Maioc, Maiocq, Maiot. *Mayot.*
Mairi, Mairie. *La Méris.*
Maisecourt. *Méchecourt.*
Maisi. *Maizy. Missy-aux-Bois.*

Maisières, Maisières-seur-Oise. *Mézières.*
Maisnevrel. *Mennevret.*
Maisnil, Maisnil-emprez-Saint-Laurent, Maisnilium, Maisnill. *Mesnil-Saint-Laurent.*
Maisnisel. *Mesnizel.*
Maisnoise. *Mannoises* (bois).
Maison-Allongée. *Sainte-Hélène.*
Maison-Barrée. *La Maison-Quesnet.*
Maison-de-la-Cour-l'Évêque. *La Barre.*
Maison-des-Bois. *La Mazure.*
Maison-des-Rivières. *Marais-de-la-Rivière.*
Maison-Maquer. *La Maison-Maquot.*
Maison-Roger. *Saint-Jacques.*
Maissecourt. *Méchecourt.*
Maissemi, Maissemy. *Mesmin.*
Maissicourt. *Méchecourt.*
Maissimi. *Maissemy.*
Maisy, Maisy-sur-Aisne, Maisy-sur-Aisnes, Maisy-sur-Ayne. *Maizy.*
Maitz. *Le Metz.*
Maizière, Maizières, Maizières-sur-Oise. *Mézières.*
Makogni, Makogniacus. *Macquigny.*
Makencort. *Macquincourt.*
Makeni, Makigni, Makigniacum, Makigniacus. *Macquigny.*
Makincort, *Macquincourt.*
Maladomus. *La Malmaison.*
Maladric. *Maladrerie.*
Malaise-de-les-Puisieus, Malaise-juxtà-Tavelloa, Malaise - les - Bouhouris, Malaise-les-Thaviaux, Malaise-leys-Tuveaulx, Malaise-lez-Thaveaux, Malaises, Malaisia, Malaisse, Malaize, Malaize-les - Thaveaux. *Malaise.*
Malaquet. *Malaquay.*
Malasia. *Malaise.*
Malasize, Malazise. *Malassise.*
Male-acquise. *Malacquise.*
Malemaison. *La Malmaison.*
Malesis, Malesis-les-Guise-en-Theraisse. *Malzy.*
Maleval. *Malval.*
Malexis. *Malzy.*
Malhostel. *Malhôtel.*
Malisis. *Malzy.*
Malla. *Marle.*
Mallaise, Mallaize. *Malaise.*
Mallaseye. *Malassise.*
Mallemaison. *Malmaison.*
Mallesis. *Malzy.*
Malleval. *Malval.*
Mallevoisine. *Malvoisine.*
Mallotière. *La Mallotière.*

Malmaison-lez-Festieux. *Malmaison.*
Malowez. *Montloué.*
Malpas. *Maupas.*
Malrepast. *Maurepas.*
Malsis. *Malzy.*
Malum-Crusum. *Maucroux.*
Malum-Vinagium. *Montvinage.*
Malus-Passus. *Maupas.*
Malval. *Merval.*
Malvoisinne. *Malvoisine.*
Malzis. *Malzy.*
Manassie, Manessie, Manessies. *Mennessis.*
Mani. *Many.*
Manicampt, Manican, Manichamp. *Manicamp.*
Manissi. *Mennessis.*
Manloez, Manloué-en-Théraisse, Manloues. *Montloué.*
Mannegent. *Mennejean.*
Mannesy, Mannesye. *Mennessis.*
Manneu, Manneup, Manneux. *Manneux.*
Mannevuila. *Menneville.*
Manni. *Magny-la-Fosse.*
Mannicamp. *Manicamp.*
Mannivillers. *Magnivillers.*
Manoise, Manoises. *Mannoises* (bois).
Manserim. *Mézières.*
Mansi. *Missy-aux-Bois.*
Maquigniacus, Maquigny, Maquiniacus. *Macquigny.*
Maquincourt. *Macquincourt.*
Marcelli. *Marcilly.*
Marecium. *Marcy.*
Marcelliacum, Marcely. *Marcilly.*
Marchaix, Marchaix, Marchay, Marchays. *Marchais.*
Marchei. *Marcy.*
Marcheis, Marcheium, Marches, Marchetz. *Marchais.*
Marcli, Marchy, Marci. *Marcy.*
Marcili, Marcilliacum, Marcilli, Marcillicum, Marcilly-lez-Faucaucourt. *Marcilly.*
Marcognier, Marcoignet, Marcoinguet, Marconette, Marcoignet, Marconier. *Marcogniers.*
Marconis-Terra. *Marchais.*
Marconnet, Marconnette, Marconnier. *Marcogniers.*
Marcy-emprès-Marle, Marcy-sous-Marle. *Marcy.*
Mardanson. *Mordanson.*
Mare. *Leme.*
Mareigni. *Marigny-en-Orxois.*
Mares. *Marest.*
Mareschalerie. *La Maréchalerie.*

TABLE DES FORMES ANCIENNES.

Marcsiacum, Maresis. *Marizy-Saint-Mard.*
Marosiz, Maret, Marets, Maretz. *Marest.*
Mareuil-aux-Tournelles. *Mareuil.*
Mareuil-d'Estournelles, Mareuil, Mareuil-aux-Tournelles, Mareul-les-Tournelles. *Mareuil.*
Mareuil-en-Daule, Mareuil-en-Dolle, Mareuil-en-Dosle, Mareuille. *Mareuil-en-Dôle.*
Marex. *Marest.*
Marfontaines, Marfontainne, Marfontainnes. *Marfontaine.*
Margival-en-Laonnoys, Margivallis. *Margival.*
Margny. *Marigny-en-Orxois.*
Margouille. *Le Chaté.*
Marigny. *Caurron.*
Marigny-en-Orceois, Marigny-en-Orçois, Marigny-les-Gandeluz. *Marigny-en-Orxois.*
Marisel. *Marizelle.*
Marisiacus, Marizy-Sainte-Geneviève.
Marisiacus, Marisi-Saint-Mard, Marisy. *Marizy-Saint-Mard.*
Marisy-Sainte-Geneviefve, Marisy-Sainte-Geneviève. *Marizy-Sainte-Geneviève.*
Marisy-Saint-Maart, Marisy-Saint-Mard, Marisy-Saint-Mart. *Marizy-Saint-Mard.*
Marivau, Mariveau. *Marivaux.*
Marizailles, Marizel, Marizet. *Marizella.*
Marizi-Sainet-Mard. *Marizy-Saint-Mard.*
Marizis-Sainte-Geneviève, Marizy-Sainte-Geneviefve. *Marizy-Sainte-Geneviève.*
Marizy-Saint-Marc. *Marizy-Saint-Mard.*
Marla, Marle-en-Picardie, Marle-en-Thiérache, Marles-en-Thiérache. *Marle.*
Marlevous. *Marlevoux.*
Marley, Marli, Marliacum. *Marly.*
Marlimperche. *Marlemperche.*
Marlys. *Marlier.*
Marna. *Marle.*
Marosies. *Moranzy.*
Marres (Les). *Les Mares.*
Marselly. *Marcilly.*
Marsi. *Marcy.*
Marsilly. *Marcilly.*
Marsis, Marsy. *Marcy.*
Martogni. *Martigny.*
Marteville, Martevilles. *Marteville.*

Marthengi. *Martigny-en-Laonnois.*
Martheville. *Marteville.*
Martigni, Martigniacum. *Martigny. Martigny-en-Laonnois.*
Martigoiacum-in-Laudunesio. *Martigny-en-Laonnois.*
Martigniacum-in-Therasca, Martignion-Therasche, Martigni-in-Terasca. *Martigny.*
Martigny-en-Laonnoys, Martigny-en-Launois. *Martigny-en-Laonnois.*
Martigny-en-Theraische, Martigny-en-Thierache, Martigny-en-Thieraiche. *Martigny.*
Martigny-in-Laudunesio, Martignien-Laonois, Martiniacum. *Martigny-en-Laonnois.*
Martini-Curtis. *Saint-Martin.*
Martinoi, Martionlacum. *Martigny-en-Laonnois.*
Martinpré. *Martinprez.*
Martin-Rieulx, Martin-Ryeux. *Martin-Rieux.*
Martis villa. *Martoville.*
Marueilg, Marueilg-en-Tardenois, Maru-l. *Mareuil-en-Dôle.*
Marval. *Merval.*
Marysi. *Marizy-Saint-Mard.*
Marysiacus-Sancte-Genovephe. *Marizy-Sainte-Geneviève.*
Mascerie. *Mézières.*
Maschecourt. *Mâchecourt.*
Mas-devant-Villanes. *Maast-et-Violaine.*
Maserie-supra-Ysaram, Masières. *Mézières.*
Massecourt. *Mâchecourt.*
Massi. *Missy-lez-Pierrepont.*
Massicourt. *Mâchecourt.*
Massy. *Missy-lez-Pierrepont.*
Masures (Les). *Les Mazures.*
Materna, Matrona. *Marne (rivière).*
Maucreu, Maucreulx, Maucrues, Maucreux.*
Maulevou. *Molvon.*
Maulewes, Mauloné, Maulouex. *Montloué.*
Mauloy. *Molloy.*
Maulpas. *Maupas.*
Maumencou. *Maimercen.*
Maupas-subtus-les-Chaudières. *Maupas.*
Mauperthuis. *Maupertuis.*
Mauppas. *Maupas.*
Maurcius. *Mercin.*
Maurcourt. *Morcourt.*
Mauregni, Mauregnier, Mauregny, Maureni. *Mauregny-en-Haie.*
Maurensis. *Moranzy.*

Maurony. *Mauregny-en-Haie.*
Maurepair. *Maurepaire.*
Maurepast. *Maurepas.*
Maurgny. *Mauregny-en-Haie.*
Mauriculois. *Morieulois.*
Maurincurtis. *Morcourt.*
Maurreny-en-Laonnois. *Mauregny-en-Haie.*
Mauxloué. *Montloué.*
Maxicurtis. *Mâchecourt.*
May. *Le Metz.*
Mayboc, Mayo, Mayoc, Mayoch, Mayock, Mayot-sur-Oise. *Mayot.*
Maysy. *Maizy.*
Mazure-Michel. *Les Mazures.*
Mazure-Nicaise, Mazure-Niquaise. *Mazure.*
Mebecourt, Mebiecourt, Mebrecourt. *Mesbrecourt.*
Mechamme, Mechume, Mechume, Mechumia, Mechunia, Mecunia. *Méchambre.*
Media-Villa. *Menneville.*
Meel. *Le Metz.*
Megium. *Mége (contrée).*
Meimencum. *Maimercen.*
Meineville. *Menneville.*
Meislevrel. *Mennevret.*
Mélicourt. *Méricourt.*
Melion. *Bois-Milon.*
Mellevriel. *Mennevret.*
Melliou, Molliu. *Merlieux.*
Membrecourt. *Mesbrecourt.*
Menassies. *Mennessis.*
Meneviler. *Magnivillers.*
Menière. *Les Meuniers (bois).*
Menil (Le), Menille. *Le Mesnil.*
Menil-Saint-Laurent. *Mesnil-Saint-Laurent.*
Menivillarc. *Magnivillers.*
Menleuet. *Montloue.*
Mennegent. *Mennejean.*
Mennesie, Mennesies, Mennessires, Mennesy, Mennesye. *Mennessis.*
Mennoise, Mennoize. *Mannoises (bois).*
Monsloet. *Montloue.*
Mentardus, Mentart. *La Chapelle-Mentard.*
Merallu, Meraulleu. *Meraulieu.*
Merchereu. *Macheru (ruisseau).*
Mercin-lez-Soissons, Mercinnus, Mercins, Mercinus, Mercyn. *Mercin.*
Merdenson. *Mardenson.*
Merinecort. *Méricourt.*
Mérival. *Meurival.*
Merlee, Merletz. *Merlet.*
Merli, Merlieu, Merliu. *Merlieux.*
Mersain, Mersin. *Mercin.*

335

Mervlficurtis. *Méricourt.*
Merva. *Merval.*
Mesbecourt. *Mesbrecourt.*
Meschambes, Meschambres, Meschame, Meschames, Meschammes. *Méchambre.*
Meschemin, Meschemins. *Mesmin.*
Meschumes. *Méchambre.*
Mesi. *Mézy-Moulins.*
Mesierre-sur-Oize. *Mézières.*
Meslo-lez-Bruyères. *Mesle.*
Meslevrel. *Mennevret.*
Mesloi. *Mesloy* (bois).
Mesmain. *Mesmin.*
Mesnil-Sainct-Laurent. *Mesnil-Saint-Laurent.*
Mesny. *Le Grand-Mesnil. Le Mesnil.*
Messemain, Messemi, Messemin, Messemy, Messemy-lez-Rosières. *Mesmin.*
Messemi, Messemi-emprès-Saint-Quentin. *Maissemy.*
Mésy, Mésy-sur-Marne. *Mézy-Moulins.*
Meubrecourt. *Mesbrecourt.*
Meulières (Les). *La Meulière.*
Meunière. *Les Meuniers* (bois).
Meupas. *Mepas.*
Meurcy. *Murcy.*
Meurincort. *Méricourt.*
Meurivalle, Meuryval. *Meurival.*
Mezi. *Mézy-Moulins.*
Mézière-sur-Oize. *Metières.*
Mézy-Molins. *Mézy-Moulins.*
Mézy-sur-Aisne. *Maizy.*
Michi-sur-Asne, Micy-sur-Aisne, Micy-sur-Aixne. *Missy-sur-Aisne.*
Mignières. *Les Meuniers* (bois).
Milencourt, Miliancourt, Milloincourt, Millencourt, Millencourt-dessoubz-Chavegny-le-Sors. *Miliancourt.*
Miliricie. *Murcy.*
Minsticum. *Nizy-le-Comté.*
Minciacum, Minciacum-super-Auxonam, Minciacum-suprà-Axonam, Minci-super-Auxonam. *Missy-sur-Aisne.*
Mincy. *Missy-aux-Bois. Missy-sur-Aisne.*
Mincyacum. *Missy-sur-Aisne.*
Mincy-au-Bos. *Missy-aux-Bois.*
Mincy-super-Axonam, Mincy-sur-Aisne, Mincy-sur-Asne, Mincy-sur-Axone. *Missy-sur-Aisne.*
Mino-Pierre (La). *La Maison-de-Pierre.*
Minxiacus. *Missy-sur-Aisne.*
Miricie. *Murcy.*
Miscy-ou-Bois. *Missy-aux-Bois.*
Miseri, Miseri-Carnois. *Misery-en-Carnois.*

Missi. *Missy-lez-Pierrepont. Missy-sur-Aisne.*
Missiacum. *Missy-lez-Pierrepont.*
Missi-sur-Aixne. *Missy-sur-Aisne.*
Missy. *Missy-lez-Pierrepont. Missy-sur-Aisne.*
Missy-au-Boys. *Missy-aux-Bois.*
Missy-les-Pierpont, Missy-lez-Lyesse, Missy-prope-Lætitiam. *Missy-lez-Pierrepont.*
Missy-sur-Aine, Missy-sur-Aixne, Missy-sur-Ysne. *Missy-sur-Aisne.*
Mivoy. *La Mivoie.*
Moi. *Moy.*
Moiembrye. *Moyembrie.*
Moienne vile. *Menneville.*
Moineau. *Monneaux. Monthenault.*
Moineaux, Moinnaux, Moinneaux. *Monneaux.*
Moircourt. *Morcourt.*
Moisiacus. *Moisy.*
Moissi. *Moussy-sur-Aisne.*
Moisy. *Missy.*
Molaing. *Molain.*
Molainval. *Molinval.*
Moleium. *Molloy.*
Molendinum Crispini. *Le Moulin Crépin.*
Molendinum de Comite. *Le Moulin-des-Comtes.*
Molendinum de Luvegnies, Molendinum de Luveinnies. *Le Moulin-Brûlé.*
Molendinum de Mainbert. *Le Moulin Manbert.*
Molendinum de Materna. *Le Moulin de Marne.*
Molendinum de Mimbert. *Le Moulin Manbert.*
Molendinum Dodonis. *Le Moulin Dodon.*
Molendinum Hugonis. *Le Moulin de Hugues.*
Molendinum Noël. *Le Moulin Noël.*
Molendinum Radulphi. *Le Moulin Raoul.*
Molendinum Sancti Crispini. *Le Moulin Crépin.*
Molevon. *Montlevon.*
Molien. *Moilien.*
Molin. *Moulins.*
Molincatum, Molineeth, Molinchat. *Molinchart.*
Molin-Chevreulx. *Le Moulin-Chevreux.*
Molin de Dian, Molin de Dien. *Le Moulin Dianne.*
Molin-de-Contres. *Le Moulin-des-Comtes.*
Molineau. *Le Moligneau.*
Molinet. *Le Moulinet.*

Molin-Foulon. *La Vallée-Foulon.*
Molin Henri. *Le Moulin Henry.*
Molini. *Moulins.*
Molin le Conte. *Le Moulin le Comte.*
Molinneau. *Le Moligneau.*
Molin Regnault, Molin Renout. *Le Moulin Regnault.*
Molins. *Moulins.*
Molin-Saint-Pierre. *Saint-Pierre.*
Molins-en-Laonnois, Molins-en-Laonnoys. *Moulins.*
Molin-Severeux, Molin-Sevreux, Molin-Sevrous. *Le Moulin-Chevreux.*
Molins-juxtà-Paissy, Moulinus. *Moulins.*
Molinval-subtùs-Suisi. *Molinval.*
Mollemont. *Marlemont.*
Mollevon, Mollevon-in-Bria. *Montlevon.*
Mollien. *Moilien.*
Mollin. *Moulins.*
Mollinchart. *Molinchart.*
Mollin-en-Cambresis. *Molain.*
Mollin Regnauld. *Le Moulin Regnault.*
Mollin Rouge. *Le Moulin Rouge.*
Molloy, Moloi, Moloy-desouz-Bianzi. *Moloy.*
Molreni, Molriniacum. *Maurogny-en-Haie.*
Mombasin. *Montbasin.*
Mombavain. *Montbavin.*
Mombéraut. *Montbérault.*
Mombrain, Mombrehaing, Mumbrehains. *Montbrehain.*
Momplaisir. *Monplaisir.*
Monamtenil, Monantcuil, Monanteuille, Monantheuille, Monantheul, Monantheulles, Monantheuil, Monantilium, Monantuel. *Monampteuil.*
Monasteria. *Monthiors.*
Monasteriolum, Monasteriolum-in-Therasca, Monasterium-apud-Teraciam. *Montreuil.*
Monbavain, Monbaven. *Montbavin.*
Monbayanne. *Montbaillon.*
Monberau, Monberaut, Monberot, Monberout. *Montbérault.*
Monbertouin. *Le Haut-Monbertoin.*
Monbrahaiu, Monbrehaing, Monbrehin. *Montbrehain.*
Monceale, Monceale. *Monceau-les-Leups.*
Monceau-Leuvast, Monceau-le-Vuast. *Monceau-le-Wast.*
Monceau-le-Rotoy. *Monceau.*
Monceauls-les-Leupz, Monceaulx-le-Leup. *Monceau-les-Leups.*
Monceaulx-le-Neuf, Monceaulx-le-Nœuf. *Monceau-le-Neuf.*
Monceaulx-le-Vast. *Monceau-le-Wast.*
Monceaulx-le-Vieil. *Monceau-le-Vieil.*

TABLE DES FORMES ANCIENNES. 337

Monceaulx-le-Wast, Monceaulx-l'Ouast. *Monceau-le-Wast.*
Monceaulx-sur-Perron. *Monceau-le-Neuf.*
Monceaulx-le-Waast. *Monceau-le-Wast.*
Monceau-Superon. *Monceau-le-Neuf.*
Monceau-sur-Oyse. *Monceau-sur-Oise.*
Monceau-sur-Peron, Monceau-sur-Perron. *Monceau-le-Neuf.*
Monceaux. *Monceau-les-Leups. Monceau-sur-Oise.*
Monceau-le-Neu, Monceaux-le-Nœuf. *Monceau-le-Neuf.*
Monceaux-les-Leup, Monceaux-les-Leups. *Monceau-les-Leups.*
Monceaux-les-Roxoi. *Monceau.*
Monceaux-les-Watz, Monceaux-le-Vaast, Monceaux-le-Vast. *Monceau-le-Wast.*
Monceaux-le-Vieil, Monceaux-le-Vieux. *Monceau-le-Vieil.*
Monceaux-le-Vuast, Monceaux-Louaste. *Monceau-le-Wast.*
Monceaux-sub-Péron, Monceaux-sur-Perron. *Monceau-le-Neuf.*
Moncelli. *Monceau-le-Neuf. Monceau-les-Leups. Monceau-le-Vieil. Monceau-sur-Oise.*
Moncelli-le-Waast. *Monceau-le-Wast.*
Moncelli-Luporum. *Monceau-les-Leups.*
Moncelli-seur-Oyse, Moncelli-super-Isaram. *Monceau-sur-Oise.*
Moncelli-super-Peron, Moncelli-supra-Perron, Moncelli-sur-Perron. *Monceau-le-Neuf.*
Moncelli-supra-Noviant, Moncelli-supra-Seram. *Monceau-les-Leups.*
Moncellus. *Monceau-sur-Oise.*
Moncels. *Monceau-les-Leups. Monceau-sur-Oise.*
Moncels-super-Péron, Moncels-super-Perron. *Monceau-le-Neuf.*
Monchablon, Monchalons, Monchauclon, Monchaulon. *Montchâlons.*
Monchaux-les-Leup. *Monceau-les-Leups.*
Monchavesnes. *Marchavenne.*
Moncheri. *Mouchery.*
Monchevillon. *Montchevillon.*
Monchiaulx-sur-Perron. *Monceau-le-Neuf.*
Monchiaus-le-Vies. *Monceau-le-Vieil.*
Monchiaus-seur-Oise. *Monceau-sur-Oise.*
Monchiaus-sus-Péron. *Monceau-le-Neuf.*
Monchiaux-sur-Oise. *Monceau-sur-Oise.*
Moncial. *Monceau.*
Moncials. *Monceau-les-Leups.*

Moncians. *Monceau. Monceau-le-Neuf. Monceau-les-Leups. Monceau-le-Vieil. Monceau-le-Wast. Montcel.*
Monciaus-les-Leus. *Monceau-les-Leups.*
Monciaus-le-Waast. *Monceau-le-Wast.*
Monciaus-super-Perron. *Monceau-le-Neuf.*
Monciaus-sur-Oise. *Monceau-sur-Oise.*
Monciaus-sur-Sère. *Monceau-les-Leups.*
Monciaus-sus-Perron, Monciaux-le-Neuf. *Monceau-le-Neuf.*
Moncil. *Monceau-les-Leups.*
Moncorné, Moncornet, Moncornet-en-Thiéraisse, Moncornetz. *Montcornet.*
Moncourt. *Montcourt.*
Moncrues. *Maucreux.*
Mondorin. *Mont-Daurin.*
Mondoupui, Mondrepuis-cu-Theras-che, Mondrepuy. *Mondrepuys. Mondrepuis.*
Mondson. *Montson.*
Monduefaux. *Le Mont-du-Faux.*
Monfaulcon. *Montfaucon.*
Monfrobert. *Montfrobert.*
Mongai. *Montjay.*
Mongival. *Margival.*
Mougobert, Mongombert. *Montgobert.*
Mongon. *Épourdon.*
Mongoubert. *Montgobert.*
Mongru, Mongrue. *Montgru-Saint-Hilaire.*
Monhausart. *Monthussart.*
Monhenault, Monhenaut, Monhennault. *Monthenault.*
Monhiaumery. *Moyembrie.*
Monhubert. *Monthubert.*
Monicvon. *Monlevon.*
Monmaujon. *Montmengeon.*
Monmillon. *Montmilon.*
Monnanteuil, Monnantheuille, Monnanthueil, Monnanthuel, Monnantuel. *Monampteuil.*
Monneaulx. *Monneaux.*
Monnegeon. *Montgon.*
Monniaux. *Monneaux.*
Monregny. *Montregny.*
Monreinbuef-versus-Bovas. *Montrambœuf.*
Monrieulois. *Morieulois.*
Mons. *Mons-en-Laonnois.*
Monsacutus. *Montaigu.*
Mons-à-Lannoys. *Mons-en-Laonnois.*
Monsbavonis. *Montbavin.*
Mons-Beate-Marie, Mons-Beate-Marie-Magdalene. *Mont-Notre-Dame.*
Monsberaldi, Monsberoldi. *Montbérault.*
Mons-Cabillonis, Mons-Cabilonis, Mons-Cablonis, Mons-Cavallonis, Mons-Cavilli, Mons-Cavillonis. *Montchâlons.*
Mons-Cavillonis. *Montchevillon.*
Mons-Cavilonis. *Montchâlons.*
Monscel. *Montcel.*
Mouschevrel. *Montchevret.*
Mons-Clavatus. *Laon.*
Monscornutus, Monscornet. *Montcornet.*
Mons-de-Aurigniaco. *Le Mont-d'Origny.*
Mons-de-Septem-Monübus. *Septmouts.*
Monseau-le-Vaste. *Monceau-le-Wast.*
Monseaulx-les-Leups. *Monceau-les-Leups.*
Monseille. *Mont-Saint-Giles.*
Monsel. *Le Moncet.*
Mons-en-Lannois, Mons-en-Lannoys, Mons-en-Laonnoys, Mons-en-Laoulnois, Mons-en-Loonois. *Mons-en-Laonnois.*
Monsfalconis. *Montfaucon.*
Monsfenois. *Montfresnoy.*
Mons-Goberti. *Montgobert.*
Mons-Haimerici, Mons-Haimmeri, Mons-Hammeri. *Moyembrie.*
Mons-Haudon, Mons-Haudonis. *Monthodon.*
Mons-Haynault, Mons-Henaudi, Mons-Henodi, Mons-Henodii. *Monthenault.*
Mons-Houdonis. *Monthodon.*
Mons-Hunodi, Mons-Hunoldi, Mons-Hunoth. *Monthenault.*
Monsiaulx-sur-Péront. *Monceau-le-Neuf.*
Mons-in-Laudunesio. *Mons-en-Laonnois.*
Mons-Joye. *Montjoie.*
Monslivonis. *Monlevon.*
Mons-Nantherii, Mons-Nantholii, Mons-Nantolium, Mons-Nantolli. *Monampteuil.*
Mons-Origniaci. *Le Mont-d'Origny.*
Mons-Podii, Mons-Putei. *Mondrepuis.*
Mons-Rambodii, Mons-Rambodium. *Montrambœuf.*
Mons-Rarout. *Le Mont Rarout.*
Mons-Sancte-Mariæ. *Mont-Notre-Dame.*
Mons-Sancte-Genovefe, Mons-Sancte-Genovopbe. *Sainte-Geneviève.*
Mons-Sancti-Huberti. *Mont-Saint-Hubert.*
Mons-Sancti-Martini. *Mont-Saint-Martin.*
Monsterœolum, Monstereul, Monsteriolum, Monsteriolus, Monsteruel, Monsteruel-les-Dames. *Montreuil.*
Monsteriolum, Monsterueil. *Montreux.*

Aisne. 43

Monsteriolum. *Montreuil-aux-Lions.*
Mons-Thaonis, *Montaon.*
Monstiers. *Monthiers.*
Monstrata-Cultura, Monstrecouture, Monstre-Cultura, Monstreuil-Cousture. *Montrecouture.*
Monstreuil-les-Dames. *Montreuil.*
Monstreuil-aux-Lyons. *Montreuil-aux-Lions.*
Monstreuil-les-Dames, Monstruel-aux-Dames. *Montreuil.*
Monstruel-Cousture. *Montrecouture.*
Monstruel-les-Dames-en-Therache. *Montreuil.*
Mont (Le). *Ellemont.*
Montabaudière. *Le Buisson.*
Montacerno. *Montarcène.*
Montaigne (La). *Les Moizy.*
Montagne-des-Gueules. *Chamberlin.*
Montaigu, Montagut, Montagut-en-Laonnois, Montaguz. *Montaigu.*
Montaigne (La). *La Montagne.*
Montaigne-Sainte-Geneviève. *Sainte-Geneviève.*
Montaigut. *Montaigu.*
Montalaue. *Montalaux.*
Montant. *Montaon.*
Montarceon, Montarcenium, Montarcenne, Montarcennes, Montarcheac. *Montarcène.*
Montarmault, Montarmeau, Montarmetz. *Montarmant.*
Montarsenne, Montassene. *Montarcène.*
Montaum, Montaun. *Montaon.*
Montaurioux. *Montorieux.*
Montbavain, Montbavaing, Montbavains, Montbaven. *Montbavin.*
Mont-Belair. *Mont-Saint-Père.*
Montbeuri. *Montbany.*
Montbereu, Montberoud, Montberout. *Montbérault.*
Mout-Bonneil. *Le Mont-de-Bonneil.*
Montbrahain, Montbrehaing, Montbrin. *Montbrehain.*
Montceau-le-Neuf. *Monceau-le-Neuf.*
Montceau-les-Rozoy. *Monceau.*
Montceau-le-Vieil. *Monceau-le-Vieil.*
Montceau-lez-Vuast, Montceau-Louast, Montceaup-le-Vuast. *Monceau-le-Wast.*
Montceau-sur-Oise. *Monceau-sur-Oise.*
Montceau-sur-Péron. *Monceau-le-Neuf.*
Montceaux-lez-Leups. *Monceau-les-Leups.*
Montcel-le-Cheulard. *Le Moncet.*
Montchaalon, Montchaalons, Montchallon, Montchauelon. *Montchâlons.*

Montcheuvrel. *Montchevret.*
Montchevillon. *Montchevillon.*
Montchevrel, Montchevruel. *Montchevret.*
Montclaire. *Monclerc.*
Montcornet-en-Terrache, Montcornet-en-Thiéraisse, Montcornet-en-Thiéreche, Montcornet-en-Thirasse, Montcornet-en-Tirache. *Montcornet.*
Mont-de-Bonnoeil. *Le Mont-de-Bonneil.*
Mont-de-Callevaire, Mont-de-Calvairelles-le-Mont-Saint-Gilles. *Le Calvaire.*
Mont-de-Cape. *Saint-Fiacre.*
Mont-de-Frainoy, Mont-de-Fresnoy, Mont-de-Fresnoye. *Montfresnoy.*
Montdelpui, Montdelpuis. *Mondrepuis.*
Mont-d'Orignys. *Le Mont-d'Origny.*
Mont-Dorin. *Le Mont-Daurin.*
Montdrepuis. *Mondrepuis.*
Mont-du-Faulx. *Le Mont-du-Faux.*
Montécou. *Montecouvé.*
Montecourt, Montecourt-Lizerolle. *Montescourt.*
Montegnetum. *Montigny-Lengrain.*
Montgni. *Montigny-Carotte. Montigny-le-Franc. Montigny-sous-Marlo.*
Montegniacum, Montegniacum-desupra-Creciacum, Montegniacus-super-Crecoyum, Montegni-desour-Creci. *Montigny-sur-Crécy.*
Montigni-in-Aruisie, Montogni-juxta-Fulancs. *Montigny-Carotte.*
Montigni-le-Franc. *Montigny-le-Franc.*
Montegni-sublus-Marlam. *Montigny-sous-Marle.*
Montegny. *Montigny-Carotte.*
Montegny-dessus-Crécy. *Montigny-sur-Crécy.*
Montegny-le-Court. *Montigny-le-Court.*
Montegny-super-Isaram. *Montigny-Carotte.*
Montegu. *Montaigu.*
Montsigni, Monteigni-Langrin. *Montigny-Lengrain.*
Monteigniacum. *Montigny-sur-Crecy.*
Monteingoi-seur-Marle. *Montigny-sous-Marle.*
Monteirmont. *Monthiémont.*
Montemafroy-en-Auxois. *Montemafroy.*
Montempeine. *Le Moulin Taniel.*
Montenault. *Monthenault.*
Montergnier. *Montregny.*
Montermault, Montermost. *Montarmant.*
Montaron, Monterum. *Montron.*
Montes. *Mons-en-Laonnois.*
Montescore, Montescort, Montescourt-

Lizerol, Montescourt-Lizerolle, Montescurt, Montescurz. *Montescourt-Lizerolles.*
Montes-in-Laudunesio. *Mons-en-Laonnois.*
Mont-Évêque. *Mont-l'Évêque.*
Montfaulcon. *Montfaucon.*
Montfrenoy. *Montfresnoy.*
Montgiveroth. *Le Grand-Montgivrault.*
Montgombert, Montgoubert, Montgumbert. *Montgobert.*
Mouthaimeri. *Moyembrie.*
Monthainaut. *Monthenault.*
Monthau. *Montaon.*
Monthaubren. *Maubrun.*
Monthaussart. *Monthussart.*
Monthéaulmery, Montheaumery. *Moyembrie.*
Monthecourt. *Montescourt.*
Monthennout, Monthenot, Monthenout. *Monthenault.*
Monthiaumery. *Moyembrie.*
Montligny-soubs-Marle. *Montigny-sous-Marle.*
Monthoiselle. *Monthoisel.*
Monthoucard, Monthoussart. *Monthussart.*
Monthyaumeri. *Moyembrie.*
Montiaire. *Monthiers.*
Monticelli-super-Seram. *Monceau-les-Leups.*
Monticuli. *Monceau-sur-Oise.*
Montiémont. *Monthiémont.*
Montier, Montière, Montières, Montiers. *Monthiers.*
Montiermont. *Monthiémont.*
Montigui. *Montigny-Carotte. Montigny-le-Franc. Montigny-Lengrain. Montigny-sous-Marle. Montigny-sur-Crécy.*
Montiguiacum, Montigniacum-desuper-Creciacum. *Montigny-sur-Crécy.*
Montigniacum-Langrin. *Montigny-Lengrain.*
Montigniacum-super-Creciacum. *Montigny-sur-Crécy.*
Montigniacus. *Montigny-Carotte. Montigny-le-Franc.*
Montigniacus-Francus, Montigniacus-le-Franc. *Montigny-le-Franc.*
Montigni-descur-Créci. *Montigny-sur-Crécy.*
Montigni-in-Bria. *Montigny-lez-Condé.*
Montigni-juxta-Fiulaincs. *Montigny-Carotte.*
Montigni-juxta-Marlam. *Montigny-sous-Marle.*

TABLE DES FORMES ANCIENNES.

Montigni-le-Chastcler. *Montigny-Lengrain.*
Montigni-le-Franc, Montignis. *Montigny-le-Franc.*
Montigni-sous-Marle. *Montigny-sous-Marle.*
Montigni-supra-Creci. *Montigny-sur-Crécy.*
Montigni-sur-Marle. *Montigny-sous-Marle.*
Montigny. *Montigny-la-Cour. Montigny-le-Franc. Montigny-Lengrain. Montigny-sous-Marle. Montigny-sur-Crécy.*
Montignyacus. *Montigny-Lengrain.*
Montigny-Barrelette, Montigny-Borlette, Montigny-Bourlette. *Montigny-sur-Crécy.*
Montigny-de-lez-Fullaines. *Montigny-Carotte.*
Montigny-deseur-Marle, Montigny-dessoure-Marle, Montigny-dessoubs-Marle. *Montigny-sous-Marle.*
Montigny-dessus-Crécy. *Montigny-sur-Crécy.*
Montigny-en-Aroise, Montigny-en-Arouaise, Montigny-en-Arroize, Montigny-en-Arrousise. *Montigny-Carotte.*
Montigny-Francus. *Montigny-le-Franc.*
Montigny-juxta-Marlam. *Montigny-sous-Marle.*
Montigny-la-Court. *Montigny-la-Cour.*
Montigny-le-Francq, Montigny-le-Franq. *Montigny-le-Franc.*
Montigny-soubz-Marle. *Montigny-sous-Marle.*
Montigny-supra-Crécy. *Montigny-sur-Crécy.*
Montinetum. *Montigny-Lengrain.*
Montingui, Montini. *Montigny-le-Franc.*
Montini. *Montigny-sur-Crécy.*
Montiniacum. *Montigny-le-Franc. Montigny-Lengrain. Montigny-sur-Crécy.*
Montiniacum-Castellum. *Montigny-Lengrain.*
Montiniacus. *Montigny-Carotte.*
Montiscurt. *Montescourt.*
Montisel. *Montizel.*
Montjoy. *Montjay.*
Mont-Libre. *Saint-Gobain.*
Montlouée, Montloues. *Montloué.*
Montmangeon, Montmanjon, Montmenjon. *Montmengeon.*
Montnampteuil, Montnampteul, Montnanteuil, Montnanteuil-sur-Praesle-l'Évesque, Montnantheul, Montnanthueil, Montnanthueu, Montnantuel. *Monampteuil.*
Montois. *Le Moulin Pontois.*
Montourieux. *Montorieux.*
Montoy. *Montois.*
Montpas. *Monpas.*
Mont-Patin. *Misery-en-Carnois* (bois).
Montponsées. *Le Montponsé.*
Montplaisir. *Monplaisir.*
Montraibuef, Montraimbuef, Montraymbuef. *Montrambœuf.*
Montrecouture, Montrecousture. *Montrecouture.*
Montrescourt-Lizerolles. *Montescourt-Lizerolles.*
Montrescouture. *Montrecouture.*
Montreuil-en-Thérasche, Montreuil-en-Thierasse. *Montreuil.*
Montreuille. *Montreux.*
Montreuille-aux-Lions, Montreuil-l'Union, Montreul-aux-Lions. *Montreuil-aux-Lions.*
Montrond. *Montron.*
Mont-Saint-Ger. *Le Montcel-Euger.*
Mont-Saint-Gilles. *Mont-Saint-Gilles.*
Mont-Saint-Hubert-les-Hanappe. *Mont-Saint-Hubert.*
Mont-Saint-Jehan. *Mont-Saint-Jean.*
Mont-Saint-Martin-les-Goi. *Mont-Saint-Martin.*
Mont-Saint-Perre. *Mont-Saint-Père.*
Montsard. *Monthussart.*
Mont-Sempin. *Le Mont-Sapin.*
Montsouris. *Mocsouris.*
Monturel. *Monthurel.*
Montvinage. *Mauvinage.*
Montygni-on-Arrouaise. *Montigny-Carotte.*
Moocourt. *Montcourt.*
Moolevon. *Montlevon.*
Moraincavesne. *Marchavenne.*
Morainnes. *Moraines* (pont).
Moransi. *Moranzy.*
Moranvé. *Heurtaut* (ruisseau).
Moranzis. *Moranzy.*
Morcain, Morcains, Morcein, Morcen. *Morsain.*
Morchavesne. *Marchavenne.*
Morecourt, Morecurt. *Morcourt.*
Morefons, Morefontainne. *Morfontaine.*
Moregni. *Mauregny-en-Haie.*
Morognies. *Morgny-en-Thiérache.*
Moregny. *Mauregny-en-Haie. Morgny-en-Thiérache.*
Moreincavesne. *Marchavenne.*
Morcines. *Moraines.*
Morelzis. *Moranzy.*
Morembeuf, Morembœuf. *Montrambœuf.*
Morencavenna, Morenchaven, Morenchevenna, Morenchevenne. *Marchavenne.*
Morenis. *Morgny-en-Thiérache.*
Morenkavesna. *Marchavenne.*
Morensis, Morensis-les-Aignicourt, Morensy-en-Thiérasche, Morenzi, Morenzis, Morenzy, Morenzys. *Moranzy.*
Morepaire. *Maurepaire.*
Morezi, Morezis. *Moranzy.*
Morgny. *Mauregny-en-Haie.*
Morgret. *La Cense-Morgret.*
Moricurtis, Moriencourt. *Morcourt.*
Morignis. *Morgny-en-Thiérache.*
Morigny. *Mauregny-en-Haie.*
Morimondis, Morimondus, Morimons. *Mormont.*
Morincort. *Méricourt.*
Moriniacum. *Mauregny-en-Haie.*
Morival. *Meurival.*
Mornye-en-Vermandois. *Mauregny-en-Haie.*
Morocurt. *Morouard.*
Morocurt. *Morcourt.*
Moroleis, Morolsys, Morosies, Morouxies. *Moranzy.*
Morpas. *Maurepas.*
Morrecourt. *Morcourt.*
Morreni. *Mauregny-en-Haie.*
Mortaria. *La Mortière.*
Morteriolum, Mortier. *Mortiers.*
Mortières (Les). *La Mortière.*
Morties. *Mortiers.*
Mortua-Ysara. *Mortoise.*
Mortyer. *Mortiers.*
Moscheri, Moschery. *Mouchery.*
Moslain. *Molain.*
Moslien. *Moilien.*
Moslin-Chevreux. *Le Moulin-Chevreux.*
Mosloy. *Molloy.*
Mosneaulx. *Monneaux.*
Mosnes. *Monnes.*
Mossecort. *Muscourt.*
Mostereolum, Mosteriolum, Mosterolum, Mosteruel. *Montreuil.*
Mostiers. *Monthiers.*
Mota. *La Motte.*
Mote. *La Motte. La Motte-de-Chalandry.*
Mothe (La). *La Motte.*
Mothius, Motin. *Mottin.*
Motron. *Montron.*
Mottain. *Mottin.*
Motte (La). *La Motte-de-Chalandry.*
Motte-emprès-Wouppaix. *La Motte.*

TABLE DES FORMES ANCIENNES.

Motte-les-Beaurevoir (La). *La Motte.*
Motte-les-Buirande (La). *La Motte.*
Moucherot. *Moucherelle.*
Moucheri, Moucheris, Moucherys, Mouchri. *Mouchery.*
Mouey-et-le-Metz. *Moussy-sur-Aisne.*
Mouflai. *Mouflaye.*
Moui. *Moy.*
Mouillée, Mouilly, Mouillye. *La Mouillie.*
Mouissi, Mouissy. *Moussy-sur-Aisne.*
Moulevon-en-Brie. *Montlevon.*
Moulien. *Moilieu.*
Moulin. *Moulins.*
Moulin à Diam. *Le Moulin Dianne.*
Moulin Baluzeau, Moulin Barizeau, Moulin Barrizeau. *Le Moulin Balizeau.*
Moulin-Barré. *Le Moulin-du-Barré.*
Moulin Billart, Moulin Billat, Moulin Billiard, Moulin Billiart. *Le Moulin Billa.*
Moulin-Bodry. *Le Moulin Baudry.*
Moulin Bruslé. *Le Moulin Brûlé.*
Moulin Budé, Moulin Budée. *Le Moulin Budet.*
Moulin Cahier. *Le Moulin Caillet.*
Moulinchat. *Molinchart.*
Moulin-Coinon. *Le Coinon.*
Moulin Dédelest. *Le Moulin Dedelet.*
Moulin-du-Dolly. *Le Moulin-de-Doly.*
Moulin de Edlet. *Le Moulin Dedelet.*
Moulin-de-Gouberu. *Le Moulin-du-Barré.*
Moulin de la Pleine. *La Plaine.*
Moulin de la Prairie. *Le Moulin des Gaux.*
Moulin de la Thuillerie, Moulin de la Tuilerie. *Le Moulin du Milieu.*
Moulin de Nanteuil. *Charme.*
Moulin de Nouc. *Le Moulin de la Noue.*
Moulin de Pierres. *Le Moulin Cartier.*
Moulin de Saint-Crépin. *Le Moulin Crépin.*
Moulin-de-Sainte-Marie. *Le Vivier.*
Moulin-des-Contres. *Le Moulin-des-Comtes.*
Moulin des Coupettes. *Le Moulin-d'en-Haut.*
Moulin-des-Mauniaux. *Le Moulin-des-Manniaux.*
Moulin de Villiers. *Le Moulin Barras.*
Moulin d'Hermisson. *Le Moulin Vert.*
Moulin Dieu. *Le Moulin Dioux.*
Moulin du Boille. *Charme.*
Moulin-du-Boys. *Le Moulin-au-Bois.*
Moulin du Haut. *Le Moulin d'en-Haut.*
Moulin du Mellieu. *Le Moulin du Milieu.*
Moulineau (Le). *Le Molignenu. Le Moulinet.*

Moulin-en-Cambresis. *Molain.*
Moulin-en-Laonnois. *Moulins.*
Moulin Lacroix. *Le Moulin Dumeny.*
Moulin le Compte, Moulin le Roi. *Le Moulin le Comte.*
Moulin-Loingtain. *Le Moulin-Lointain.*
Moulin Morel. *Le Moulin du Milieu.*
Moulin Musson. *Le Moulin Husson.*
Moulin Notre-Dame. *Le Moulin de Bourg.*
Moulin ou Mé. *Le Moulin Homé.*
Moulin Prioux. *Le Moulin Budet.*
Moulin-Roquin. *Rollequin.*
Moulin Ry. *Le Moulin Henry.*
Moulin Saint-Bernard. *Le Moulin Bernard.*
Moulin-Sevrex, Moulins-Sevreux. *Le Moulin-Chevreux.*
Moullevon-en-Brye. *Montlevon.*
Moullins. *Moulins.*
Moumejon. *Montmengeon.*
Mourcourt, Mourecourt. *Morcourt.*
Mourenbœuf. *Montranbœuf.*
Mouriniacum. *Mauregny-en-Haie.*
Mourlot. *Morlot.*
Moussi, Moussy, Moussy-le-Metz. *Moussy-sur-Aisne.*
Mousteriolum, Mousteruel, Mousteruel-as-Dames, Mousteruel-en-Thiéraische, Mousteruel-les-Dames. *Montreuil.*
Mousteruel, Mousteruel-dalez-Les-quielle, Mousteruell. *Montreux.*
Monstier, Moustiers. *Monthiers.*
Moustreuil, Moustreulx, Moustreulx-sous-Lesquicilles, Moustruel. *Montreux.*
Moustreu-les-Dames, Moustreuille, Moustreul, Moustruel-aux-Dames. Moustruel-en-Terraisse, Moustruel-en-Thérache, Moustruel-en-Thiéraische, Moustruel-en-Tiérassie. *Montreuil.*
Mousy. *Moussy-sur-Aisne.*
Mouton. *Multon* (fontaine).
Mouy, Mouys. *Moy.*
Mouyssy. *Moussy-sur-Aisne.*
Moyacum, Moy-dalez-Ribemont. *Moy.*
Moylains. *Molain.*
Moy-sur-Oise. *Moy.*
Mucecourt, Mucecourt-en-Loonnois, Murencourt. *Muscourt.*
Mudessa. *Le Moulin Midessc.*
Muelinchat. *Molinchart.*
Muenna. *Meuneville.*
Muercin, Muercinus, Muercyn. *Mercin.*
Muerincort. *Méricourt.*
Mungru. *Montgru-Saint-Hilaire.*
Munière. *Les Meuniers* (bois).

Murchi. *Murcy.*
Murcin. *Mercin.*
Muret-et-Croutes, Muretum. *Muret-et-Croutes.*
Murgé. *Murger.*
Murocinctus. *Morsain.*
Musciacum. *Missy.*
Muscour. *Muscourt.*
Mussancourt, Mussecourt. *Missancourt.*
Mussecourt. *Muscourt.*
Mussemy. *Mesnin.*
Mussencourt. *Missancourt. Muscourt.*
Mylencourt. *Millancourt.*

N

Nadons. *Nadon.*
Namcelles, Nampcelle, Nampcelles. *Nampcelle-la-Cour.*
Nampteille-la-Fosse. *Nanteuil-la-Fosse.*
Nampteuil. *Nanteuil-Notre-Dame.*
Nampteuil-la-Fosse. *Nanteuil-la-Fosse.*
Nampteuille-Nostre-Dame, Nampteuil-Nostre-Dame, Nampteuil-sous-Cugny, Nampheuil-Nostre-Dame. *Nanteuil-Notre-Dame.*
Nampteuil-sur-Ourcq. *Nanteuil-Vichel.*
Nampteuil-à-la-Fosse, Nampteul-en-la-Fosse. *Nanteuil-la-Fosse.*
Namptuel-Notre-Dame. *Nanteuil-Notre-Dame.*
Nancele, Nancelos, Naucelle, Naucelles. *Nampcelle-la-Cour.*
Nanteuil-à-la-Fousse, Nanteuille-la-Fosse. *Nanteuil-la-Fosse.*
Nanteuil-sous-Cugny, Nanteuille-sous-Cugny. *Nanteuil-Notre-Dame.*
Nanteuil-sur-Ourcq. *Nanteuil-Vichel.*
Nanteuil-à-la-Fosse, Nanteuil-la-Fosse, Nantheuil-à-la-Fosse, Nantheuil-en-la-Fosse, Nantheul-à-la-Fosse. *Nanteuil-la-Fosse.*
Nantheul-soubz-Muret. *Nampteuil-sous-Muret.*
Nanthœlus, Nantheoule-en-la-Fosse, Nantholium-in-Fovea. *Nanteuil-la-Fosse.*
Nantholium-super-Urcum. *Nanteuil-Vichel.*
Nanthueil-à-la-Fosse, Nanthueil-en-la-Fosse. *Nanteuil-la-Fosse.*
Nanthueil-Notre-Dame. *Nanteuil-Notre-Dame.*
Nanthueil-soubs-Muret. *Nampteuil-sous-Muret.*
Nantioche. *Nampiioche.*
Nantoilum. *Nanteuil-la-Fosse.*

TABLE DES FORMES ANCIENNES. 341

Nantolium. *Monamptenil.* Nanteuil-*Vichel.*
Nantolium-in-Fovea. *Nanteuil-la-Fosse.*
Nantolium-subtus-Muretum. *Nampteuil-sous-Muret.*
Nantueil-Notre-Dame. *Nanteuil-Notre-Dame.*
Nantuel, Nantuel-en-la-Fosse, Nantuiel-à-la-Fosse. *Nanteuil-la-Fosse.*
Narion. *Narillon.*
Natolium. *Monamptenil.*
Naubrye. *Lombry* (ruisseau).
Naucliment. *Ormont* (bois).
Nauroy. *Noroy-sur-Ourcq.*
Navarie. *Navary.*
Nazelle. *Neufchâtel.*
Neelle, Neelle-en-Tardenois, Neelle-lez-Chasteau-Thierry, Neelles. *Nesles.*
Nefville-desoubs-Laon. *La Neuville.*
Nelle. *Nesles.*
Nenteul. *Nanteuil-Notre-Dame.*
Nerdenoise. *Radenoise.*
Nerillon. *Narillon.*
Nesle, Nesle-en-Tardenois, Nesles-en-Dôle. *Nesles.*
Neufchastel, Neufchastel-en-Picardye, Neufchastel-seur-Aisne, Neufchastel-sur-Aixne. *Neufchâtel.*
Neufforge. *Neuve-Forge.*
Neuf-Maison, Neuf-Maisons. *Neuve-Maison.*
Neufville. *L'Étang.* Neuville. *La Neuville.* Neuville-Saint-Amand.
Neufville-à-Dorend. *La Neuville-lez-Dorengt.*
Neufville-Bomont, Neufville-Bosmont (La). *La Neuville-Bosmont.*
Neufville-d'Audigny. *L'Étang.*
Neufville-de-Bomont. *La Neuville-Bosmont.*
Neufville-de-Housset, Neufville-de-Houssel, Neufville-de-Housset. *La Neuville-Housset.*
Neufville-en-Baine, Neufville-en-Baisne (La), Neufville-en-Bayne, Neufville-en-Beyne. *La Neuville-en-Beine.*
Neufville-en-Lannoy, Neufville-en-Launois. *Neuville.*
Neufville-Houssay, Neufville-Houssel, Neufville-Housset. *La Neuville-Housset.*
Neufville-les-Dorengt, Neufville-lez-Dorene, Neufville-lez-Doreng, Neufville-lez-Dorent. *La Neuville-lez-Dorengt.*
Neufville-lez-Housset. *La Neuville-Housset.*

Neufville-prez-de-Saint-Quentin, Neufville-Saint-Amand. *Neuville-Saint-Amand.*
Neufville-Saint-Jehan. *Neuville-Saint-Jean.*
Neufville-soubz-Coucy. *La Neuville.*
Neufville-soubz-Laon. *La Neuville.*
Neufville-soubz-Marle. *Saint-Nicolas.*
Neufville-sur-Margival. *Neuville-sur-Margival.*
Neufvillette. *Neuvillette.*
Neufvivier. *Neuvivers.*
Neuilly-sur-Ourcq. *Neuilly-Saint-Front.*
Neulen, Neuli, Neulieu. *Neuftieux.*
Neully-Saint-Frond, Neully-Saint-Front. *Neuilly-Saint-Front.*
Neuschatel. *Neufchâtel.*
Neusvile-deseur-Estrées-en-Thiéresche. *La Neuville-lez-Dorengt.*
Neuvecourt. *Neufcourt.*
Neuville-Beaumont, Neuville-de-Bomont. *La Neuville-Bosmont.*
Neuville-de-Dorenc. *La Neuville-lez-Dorengt.*
Neuville-de-Houssel. *La Neuville-Housset.*
Neuville-deseur-Estrées-en-Thiérache, Neuville-Dorangt. *La Neuville-lez-Dorengt.*
Neuville-en-Baine. *La Neuville-en-Beine.*
Neuville-Houssel. *La Neuville-Housset.*
Neuville-lez-Dorangt, Neuville-les-Doreng. *La Neuville-lez-Dorengt.*
Neuville-Saint-Emont. *Neuville-Saint-Amand.*
Neuville-sous-Coucy. *La Neuville.*
Nevefville. *Neuville.*
Nevelois. *Nivelois.*
Neville-les-Dorenc. *La Neuville-lez-Dorengt.*
Nigella. *Noyal.*
Niger-Marc. *Normay.*
Nigra-curia, Nigra-curtis. *Noircourt.*
Nigra-Maceria. *Normezière.*
Ninnitaci, Niseium, Nisi, Nisiacum, Nisiacum-castrum, Nisiacus, Nisicastrum, Nisium, Nisy, Nisy-le-Comte, Nisy-le-Conte, Nizy-le-Marais. *Nizy-le-Comte.*
Noala, Noale. *Noyal.*
Nobry. *Lombry* (ruisseau).
Noefchastel. *Neufchâtel.*
Noefville. *La Neuville-lez-Dorengt.*
Noefville-les-Houssel. *La Neuville-Housset.*
Noelai, Noele, Noella. *Noyal.*
Noeroi. *Nauroy. Noroy-sur-Ourcq.*

Noeruel. *Noureuil.*
Noesne. *Noyal.*
Noufchastel. *Neufchâtel.*
Nœuflieu. *Neuftieux.*
Nœufville-en-Lannois. *Neuville.*
Nœufville-leis-Housset. *La Neuville-Housset.*
Nœufville-sous-Laon. *La Neuville.*
Nœufvillette. *Neuvillette.*
Nœveville-à-Dorenc. *La Neuville-lez-Dorengt.*
Nogant. *Nogent.*
Nogaridum. *Nauroy.*
Nogeant. *Nogent.*
Nogentellum. *Nogentel.*
Nogentense monasterium. *Nogent* (abbaye).
Nogent-la-Loi, Nogent-l'Ariault, Nogent-l'Ariaut, Nogent-l'Artaux, Nogent-l'Arihault, Nogent-l'Ertaut. Nogent-l'Hartaut. *Nogent-l'Artaud.*
Nogent-soubz-Coucy. *Nogent.*
Nogent-sur-Marne. *Nogent-l'Artaud.*
Nogentum. *Nogent. Nogent-l'Artaud.*
Nogentum-Abbatissæ. *Nouvion-Catillon.*
Nogentum-Artaudi. *Nogent-l'Artaud.*
Nogentum-subtus-Conciacum. *Nogent.*
Noiaille, Noiale, Noiale, Noielle. *Noialles. Noyal.*
Noian, Noiant. *Noyant.*
Noiasle, Noiella. *Noyal.*
Noielle. *Noyelles.*
Noircourt-et-Beaumont, Noirecort, Noirecourt, Noirecourt-en-Thérasche, Noirecourt. *Noirecourt.*
Noire-Maizières, Noires-Maisières, Noires-Maizières. *Normezière.*
Noirmère. *Normay.*
Nojant-sub-Cociaco, Nongant, Nongent, Nongent-desous-Coucy, Nongent-desus-Couci. *Nogent.*
Nongentel. *Nogentel.*
Nongent-l'Artaut. *Nogent-l'Artaud.*
Nongent-les-Coucy, Nongent-soubz-Coucy, Nongentum. *Nogent.*
Nongentum-Abbatissæ. *Nouvion-Catillon.*
Noreuil. *Noureuil.*
Normaisierres, Normezières. *Normezière.*
Noroi, Noroy. *Nauroy.*
Noroy, Noroy-sur-Ourq. *Noroy-sur-Ourcq.*
Norcoir. *Nauroy.*
Norvin. *Le Petit-Norvins.*
Nostre-Dame-de-Bourgfontaine. *Bourgfontaine.*

TABLE DES FORMES ANCIENNES.

Nostre-Dame-de-Fourdrain, Nostre-Dame-de-Fourdrin. *Fourdrain.*
Nostre-Dame-de-Franeville. *Franqueville.*
Nostre-Dame-de-la-Fontaine-en-Rest. *Bourgfontaine.*
Nostre-Dame-de-Lorette-de-Quincy. *Quincy-Basse.*
Nostre-Dame-de-Nongant. *Nogent.*
Nostre-Dame-de-Parfondrue. *Parfondru.*
Nostre-Dame-de-Saponnay. *Saponay.*
Nostre-Dame-de-Vaussecré. *Val-Secret.*
Nostre-Dame-de-Verneuil-soubz-Coucy. *Verneuil-sous-Coucy.*
Nostre-Dame-du-Sart-et-Courbes. *Le Sart.*
Nostre-Dame-en-Rest-dicte-de-Bourgfontaine, Nostre-Dame-en-Valois. *Bourgfontaine.*
Notre-Dame-dales-Coulomnier. *Nogent.*
Notre-Dame-d'Avesnes-Saint-Simon. *L'Avesne.*
Notre-Dame-de-Braye. *Braye-en-Laonnois.*
Notre-Dame-de-Buyre. *Buire.*
Notre-Dame-de-Commenchon. *Commenchon.*
Notre-Dame-de-la-Chaussée-de-Saint-Nicolas-aux-Bois. *Saint-Nicolas-aux-Bois.*
Notre-Dame-de-la-Neufville-Bosmont. *La Neuville-Bosmont.*
Notre-Dame-de-la-Selve. *La Selve.*
Notre-Dame-de-Licnce. *Liesse.*
Notre-Dame-de-Lierval. *Lierval.*
Notre-Dame-de-Perle. *Perles.*
Notre-Dame-de-Pitié-soubz-le-Mont-du-Calvaire. *Le Calvaire.*
Notre-Dame-de-Quessy. *Quessy.*
Notre-Dame-des-Boves. *Les Boves.*
Notre-Dame-de-Sepvaux. *Septvaux.*
Notre-Dame-de-Valsecré. *Val-Secret.*
Notre-Dame-de-Vaulresis. *Vaurezis.*
Notre-Dame-de-Vaulsery. *Valsery.*
Notre-Dame-de-Vaux. *Vaux.*
Notre-Dame-d'Hinacourt. *Hinacourt.*
Notre-Dame-d'Hirson-en-Thiérache. *Hirson.*
Notre-Dame-du-Verguier. *Le Verguier.*
Noue-Maugeas. *La Noue-Mangeard.*
Noueron. *Nauroy.*
Nougent-l'Artault-sur-Marne. *Nogent-l'Artaud.*
Noureuille, Noureuil-les-Viry, Noureul, Noureulx. *Noureuil.*
Nouroi, Nouroir, Nouroy, Nourroi. *Nauroy.*
Nouroy, Nourroy. *Noroy-sur-Ourcq.*

Nourry. *La Rue-des-Nourris.*
Nouveau-Sauvrezis. *Sauvrezis-le-Neuf.*
Nouveau-Tronquoy. *Mormont.*
Nouveron. *Nouvron-et-Vingré.*
Nouviam. *Le Nouvion.*
Nouvian-le-Coute. *Nouvion-le-Comte.*
Nouvian-le-Vigneux, Nouvian-le-Vignieux, Nouvian-le-Vineux, Nouviant. *Nouvion-le-Vineux.*
Nouvian-Abbatissa. *Nouvion-Catillon.*
Nouviant-Comitis. *Nouvion-le-Comte.*
Nouviant-en-Thiérasche. *Le Nouvion.*
Nouviant-l'Abbesse, Nouviant-l'Abesse. *Nouvion-Catillon.*
Nouviant-le-Compte, Nouviant-le-Comte, Nouviant-le-Conte. *Nouvion-le-Comte.*
Nouviant-le-Vigneux, Nouviant-le-Vineulx, Nouviant-le-Vineux, Nouviant-le-Vingneux, Nouviant-le-Vinneux. *Nouvion-le-Vineux.*
Nouvion-en-Theraisse, Nouvion-en-Therasce, Nouvion-en-Thiérache, Nouvion-en-Thiérasche, Nouvion-en-Thiérasse. *Le Nouvion.*
Nouvion-l'Abbesse, Nouvion-l'Abesse. *Nouvion-Catillon.*
Nouvion-le-Compte, Nouvion-le-Conte. *Nouvion-le-Comte.*
Nouvion-le-Franc. *Nouvion-Catillon.*
Nouvion-le-Vigneux. *Nouvion-le-Vineux.*
Nouvionnus. *Le Nouvion.*
Nouvyan-l'Abesse, Nouvyant-l'Abbesse. *Nouvion-Catillon.*
Nouvyant-le-Compte, Nouvyant-le-Comte. *Nouvion-le-Comte.*
Nouvyant-le-Vigneulx, Nouvyant-le-Vineux. *Nouvion-le-Vineux.*
Nouvyon. *Le Nouvion. Nouvion-Catillon.*
Nouvyon-en-Thieruche. *Le Nouvion.*
Nouvyon-l'Abbesse, Nouvyon-l'Abesse. *Nouvion-Catillon.*
Nouryon-le-Compte, Nouvyon-le-Conte. *Nouvion-le-Comte.*
Nova-Curtis. *Neufcourt.*
Novæ-Domus. *Maison-Neuve.*
Novæ-Domus. *Neuve-Maison.*
Nova-villa. *Neuville. La Neuville. La Neuville-en-Beinc. La Neuville-Housset. La Neuville-lez-Dorengt. Neuville-Saint-Amand. Neuville-Saint-Jean.*
Nova-Villa-ad-Stilliada. *La Neuville-Housset.*
Nova-Villa-de-Bomont, Nova-Villa-de-Boomont, Nova-Villa-de-Boumont. *La Neuville-Bosmont.*

Nova-Villa-de-Dorenc. *La Neuville-lez-Dorengt.*
Nova-Villa-de-Houssello. *La Neuville-Housset.*
Nova-Villa-de-Marla-ultra-Aquam. *Saint-Nicolas.*
Nova-Villa-in-Bana. *La Neuville-en-Beine.*
Nova-Villa-in-Laudunesio. *Neuville.*
Nova-Villa-juxta-Dorenc. *La Neuville-lez-Dorengt.*
Nova-Villa-juxta-Hosel. *La Neuville-Housset.*
Nova-Villa-sub-Laudunum, Nova-Villa-subtus-Laudunum. *La Neuville.*
Nova-Villa-super-Margival, Nova-Villa-super-Margivallem. *Neuville-sur-Margival.*
Novefville-les-Houssel. *La Neuville-Housset.*
Noviandum. *Nogent. Nouvion-le-Comte.*
Noviandum-Comitis. *Nouvion-le-Comte.*
Noviandum-Vinosum. *Nouvion-le-Vineux.*
Novian-le-Conte. *Nouvion-le-Comte.*
Noviannum. *Le Nouvion.*
Noviannum-Comitis. *Nouvion-le-Comte.*
Noviannus. *Nogent.*
Noviannus-Comes. *Nouvion-le-Comte.*
Noviant. *Nouvion-Catillon. Nouvion-le-Comte. Nouvion-le-Vineux.*
Noviant-Abbatissa. *Nouvion-Catillon.*
Noviant-Comitis. *Nouvion-le-Comte.*
Noviant-l'Abbesse, Noviant-l'Abesse. *Nouvion-Catillon.*
Noviant-le-Conte. *Nouvion-le-Comte.*
Noviant-le-Vigneulx, Noviant-le-Vigneux, Noviant-le-Vineux. *Nouvion-le-Vineux.*
Noviant-sub-Couci. *Nogent.*
Noviantum. *Nouvion-le-Comte. Nouvion-le-Vineux.*
Noviantum-Abbatissa. *Nouvion-Catillon.*
Noviantum-Comitis. *Nouvion-le-Comte.*
Noviantum-Vinosum. *Nouvion-le-Vineux.*
Noviantus. *Nogent.*
Novigentum. *Nogent. Nouvion-Catillon.*
Novigentum-Comitis. *Nouvion-le-Comte.*
Novigentus. *Nogent-l'Artaud.*
Novihant. *Nouvion-le-Vineux.*
Nuviliaeum. *Neuilly-Saint-Front.*
Novilla. *Fronteny. Neuville. La Neuville. Neuville-Saint-Amand. Neuville-Saint-Jean.*
Novilla-desuper-Margival. *Neuville-sur-Margival.*
Novilla-in-Laudunesio. *Neuville.*

TABLE DES FORMES ANCIENNES. 343

Novio-Comitis. *Nouvion-le-Comte.*
Noviomagense pagus, Noviomensis pagua, Noviomisus pagus. *Le Noyonnais* (province).
Novion. *Le Nouvion. Nouvion-le-Comte.*
Novion-l'Abcsse. *Nouvion-Catillon.*
Novion-le-Compte, Novion-le-Comte. *Nouvion-le-Comte.*
Novion-le-Vigneux, Novion-le-Vineux. *Nouvion-le-Vineux.*
Novionum-in-Terrassia. *Le Nouvion.*
Novum-Castellum, Novum-Castrum, Novum-Castrum-super-Auxonam. *Neufchâtel.*
Novyan. *Le Nouvion.*
Novyant-le-Vineux. *Nouvion-le-Vineux.*
Novyon-en-Therasce, Novyon-en-Thérasche. *Le Nouvion.*
Noyale. *Noyal.*
Noyam, Noyan. *Noyant.*
Noyant. *Nogent. Nogent-l'Artaud.*
Noyrcourt, Noyrecourt. *Noircourt.*
Nucfchastel, Nucfchastel-sur-Aixne, Nucfchastel-sur-Axone, Nucfchastel-sur-Ayne-en-la-Comté-de-Roucy. *Neufchâtel.*
Nuefficu. *Neuffieux.*
Nuefvecourt. *Neufcourt.*
Nucfves-Maisons. *Neuwe-Maison.*
Nuefville. *Neuville-Saint-Amand.*
Nuefville-de-Boomont. *La Neuville-Bosmont.*
Nuefville-de-Housset. *La Neuville-Housset.*
Nuefville-desous-Laon. *La Neuville.*
Nuefville-en-costé-Dorenc. *La Neuville-lez-Dorengt.*
Nuefville-en-Lannois, Nuefville-en-Lannoys, Nuefville-en-Laonnois. *Neuville.*
Nuefville-lcs-Houssel. *La Neuville-Housset.*
Nuefville-souhz-Laon. *La Neuville.*
Nuefvillette. *Neuvillette.*
Nucilly-Saint-Front, Nueliacum, Nueliacum, Nuelly-Saint-Front. *Neuilly-Saint-Front.*
Nue-Maisons, Nueve-Maison, Nueve-Maisons, Nueves-Maisons. *Neuve-Maison.*
Nueveville. *La Neuville. La Neuville-lez-Dorengt.*
Nueveville-à-Dorenc. *La Neuville-lez-Dorengt.*
Nueveville-en-Bainne. *La Neuville-en-Beine.*
Nueveville-en-Lonois. *Neuville.*

Nuevile. *Neuville-Saint-Jean.*
Nuevile-de-Housiel. *La Neuville-Housset.*
Nuevile-en-Loenois. *Neuville.*
Nueville. *Neuville. La Neuville. Neuville-Saint-Amand.*
Nueville-à-Dorenc, Nueville-dales-Dorenc. *La Neuville-lez-Dorengt.*
Neuville-desous-Laon. *La Neuville.*
Nulli, Nuiliacum, Nuilli-Saint-Front, Nuilly. *Neuilly-Saint-Front.*
Nulcifrotte, Nulle-si-frotte. *Nul-s'y-Frotte.*
Nulliacum-Sancti-Frontouis, Nulli-Saint-Front, Nully, Nully-Saint-Frond, Nully-Saint-Front. *Neuilly-Saint-Front.*
Nynelles. *Les Ninelles.*
Nysi, Nysy, Nysy-le-Comte. *Nizy-le-Comte.*

O

Obigny. *Aubigny.*
Obilly. *Aubilly.*
Oclaines (Les), Oclancs. *Oclaine.*
Œffris. *Effry.*
Œsia. *Oise* (rivière).
Offrique. *Auffrique.*
Ogies. *La Logette.*
Ogne. *Ognes.*
Oherie, Oheries, Oheriez, Oheris. *Houry.*
Ohies, Ohiz. *Ohis.*
Oboris. *Houry.*
Ohy. *Dohis. Ohis.*
Ohy-en-Thiérache, Ohyes. *Ohis.*
Oies (Les). *Pisieux.*
Oigne. *Ognes.*
Oigni. *Oigny.*
Oignis. *Ogny.* — Voy. Anchon.
Oigny-en-Valois. *Oigny.*
Oillies, Oilly. *Ouilly.*
Oingne, Oingnia. *Ognes.*
Oingnis. *Ogny.*
Oiry. *Eury.*
Oisi. *Oizy.*
Oisia. *Oise* (rivière).
Oistre, Oistrum. *Oëstres.*
Oisy, Oisy-en-Thiérache, Oisy-en-Thiérasce. *Oizy.*
Oize. *Oise* (rivière).
Oizis. *Oizy.*
Oldeniis. *Audigny.*
Oleium. *Osly-Courtil.*
Olexis, Olezy. *Ollezy.*
Olherie. *Houry. Ohis.*

Olie. *Osly-Courtil.*
Olisiacum. *Ollezy.*
Olle. *Osly-Courtil.*
Ollesi. *Ollezy.*
Ollie. *Osly-Courtil.*
Ollisi. *Ollezy.*
Olloire (L'). *Dolloir* (ruisseau).
Olly, Ollye, Olyc. *Osly-Courtil.*
Omencourt. *Aumencourt.*
Omicy, Omissi. *Omissy.*
Omuncurtis, Omundicurtis. *Aumencourt.*
Ongne, Ongne-les-Chauny. *Ognes.*
Ongnis. *Ogny.*
Onrainvilla. *Orainville.*
Oratorium. *Auroir.*
Orbattue, Orbatue. *Orbattu.*
Orbaux. *Zobeau.*
Orceius. *L'Orxois* (province).
Orchamp. *Orcamps.*
Orcheium, Orehois, Orcince. *L'Orxois* (province).
Oregni. *Origny.*
Oregniacum. *Origny-Sainte-Benoîte.*
Oregny-ultrà-Aubenton. *Origny.*
Orcigny. *Origny-Sainte-Benoîte.*
Oreillon, Orelun. *Orillon* (rivière).
Orengi. *Origny-Sainte-Benoîte.*
Orgericus. *Les Orgerieux.*
Orgevallis. *Orgeval.*
Orgival. *Hargival.*
Orgny-en-Therasse. *Origny.*
Orgny-Sainte-Benoîte. *Origny-Sainte-Benoîte.*
Origni. *Origny. Origny-Sainte-Benoîte.*
Origniacum-Sancte-Benedicte. *Origny-Sainte-Benoîte.*
Origniacus, Origniacus-in-Therasce. *Origny.*
Origni-en-Thiérache. *Origny.*
Origny. *Origny-Sainte-Benoîte.*
Origny-en-Terraisse, Origny-en-Therache, Origny-en-Theraische. Origny-en-Theraisse, Origny-en-Therasce, Origny-en-Theresche, Origny-en-Thiérace, Origny-en-Thieraiche, Origny-en-Thierasche, Origny-en-Thiérasse, Origny-en-Thierrache. *Origny.*
Origny-le-Mont. *Le Mont-d'Origny.*
Origny-Saincte-Benoiste. *Origny-Sainte-Benoîte.*
Orignys-en-Therasse, Origny-sur-le-Thon. *Origny.*
Origny-sur-Oise. *Origny-Sainte-Benoîte.*
Orilcon, Orillun. *Orillon* (rivière).
Oringni, Orini, Oriniacensis abbatia, Oriniacum. *Origny-Sainte-Benoîte.*

TABLE DES FORMES ANCIENNES.

Oriniacus. *Origny.*
Orininm. *Origny-Sainte-Benoîte.*
Orinville. *Orainville.*
Orisi. *Ollezy.*
Ormicet. *Lormisset.*
Ormissi. *Omissy.*
Oroir, Oroit, Oroir. *Auroir.*
Orrainville. *Orainville.*
Orroir, Orrois, Orroy. *Auroir.*
Orsinatum. *Oigny.*
Orthus, Ortus, *Lor.*
Oscho. *Oulche.*
Osia. *Oise* (rivière).
Osniacus. *Oigny.*
Ossancourt. *Bourguignon-sous-Coucy.*
Ossiacum. *Oizy.*
Ostel-les-Vailly, Ostellum. *Ostel.*
Ostincurt. *Attencourt.*
Ostolium. *Ostel.*
Ostremencort, Ostremencourt, Ostremoncurt, Ostremoncurtis, Ostromoncurt. *Autremencourt.*
Ostricourt. *Étricourt.*
Otel, Othel. *Ostel.*
Otmundicurtis. *Aumoncourt.*
Ottencourt. *Hottencourt.*
Ouarmont. *Warmont.*
Oucho, Ouches. *Oulche.*
Ouchi. *Oulchy-le-Châteaua.*
Ouchia. *Oulche. Oulchy-le-Château.*
Ouchie. *Oulchy-le-Château.*
Ouchie-la-Ville. *Oulchy-la-Ville.*
Ouchie-le-Chastel, Ouchies, Ouchy, Ouchye, Ouchye-le-Chastel. *Oulchy-le-Château.*
Oudancourt. *Bourguignon-sous-Coucy.*
Oudignicourt, Oudinicourt. *Audignicourt.*
Ouestre. *Oëstres.*
Ougnys. *Ogny.*
Oulchie-le-Chastel, Oulchye-le-Chasteau, Oulchy-la-Montagne, Oulchy-le-Châtel. *Oulchy-la-Château.*
Oultremencourt. *Autremencourt.*
Oumissi. *Omissy.*
Ourainvilla. *Orainville.*
Ourque. *Ourcq* (rivière).
Ousancourt. *Bourguignon-sous-Coucy.*
Ousche, Ousche-en-Laonnois. *Oulche.*
Ouspais. *Voulpaix.*
Oussel. *Houssel.*
Outremencourt. *Autremencourt.*
Outrepuis. *Outrempuis.*
Outres. *Outre.*
Oygne. *Ognes.*
Oygny. *Oigny.*
Oysiu, Oyse. *Oise* (rivière).

Oysiacum-in-Therasea, Oysy, Ozy. *Oizy.*

P

Paanci. *Pancy.*
Paci, Paciacum. *Passy-en-Valois.*
Paciacum. *Passy-sur-Marne.*
Pacy. *Passy-en-Valois.*
Pacy-sur-Marne. *Passy-sur-Marne.*
Pagnieux. *Pagneux.*
Pagus. — Voy. au Dictionnaire : CAMBRÉSIS, HAINAUT, LAONNOIS, NOYONNAIS, ORXOIS, SOISSONNAIS, TARDENOIS, VALOIS, VERMANDOIS.
Paigneulx, Paigneus, Paigneux, Paignieus, Paignius, Paignues. *Pagneux.*
Pairccy. *Parcy.*
Pairgnant. *Pargnan.*
Pais - Nostre - Dame - dalez - Boomont. *Saint-Antoine.*
Poissi, Paissiacum. *Paissy.*
Paissy. *Passy-sur-Marne.*
Paix-Saint-Antoine. *Saint-Antoine.*
Palia, Paliacum, Palie, Palies, Pallie, Pally. Pallye, Paluel, Palye. *Pasly.*
Panci. *Pancy.*
Panencourt. *Penancourt.*
Pansy. *Pancy.*
Pantaléon. *Pantillon.*
Panvant, Panvent. *Pavant.*
Papelou, Papelleux, Pappeleu, Pappeleux. *Papleur.*
Paregni, Paregniacum. *Pargny-Filain.*
Paregniacus, Pareigni, Pareniacus. *Pargny.*
Parfondæ rivæ. *Parfonderue. Parfondru.*
Parfondevalle. *Parfondeval.*
Parfondrue, Parfondrues, Parfondrut, Parfondrux, Parfunderue. *Parfondru.*
Parfundeval. *Parfondeval.*
Pargnant, Pargnant-en-Vermandois. *Pargnan.*
Pargnemaille. *Épargnemaille.*
Pargni, Pargniacum. *Pargny.*
Pargniacum. *Pargny-lez-Bois.*
Pargniacus. *Pargny-Filain.*
Pargniant. *Pargnan.*
Pargni-desous-Moulevon. *Pargny.*
Pargni-dessus-Crécy. *Pargny-lez-Bois.*
Pargny. *Pargny-Filain. Pargny-lez-Bois.*
Pargnye. *Pargny-lez-Bois.*
Pargny-en-Brie. *Pargny.*

Pargny-Fillain, Pargny-les-Filains, Pargny-les-Fillain, Pargny-les-Fillains, Pargny-lez-Filin. *Pargny-Filain.*
Parignant. *Pargnan.*
Parigni. *Pargny-Filain, Pargny-lez-Bois.*
Parigniacum. *Pargny-Filain.*
Parigniacum-desuper-Creciacum, Parigniacus. *Pargny-lez-Bois.*
Parigni-en-Brie. *Pargny.*
Pariniacum. *Pargny-lez-Bois.*
Parnaeum. *Pernant.*
Parnant. *Pargnan. Pernant.*
Parniacum, Parnye. *Pargny-le-Bois.*
Parois. *Paroy.*
Parpecourt, Parpelacourt. *Parpe-la-Cour.*
Parpelaville. *Parpeville.*
Parpes, Parppes. *Parpe-la-Cour.*
Parpra. *Parpeville.*
Parpre. *Parpe.*
Parpres, Parpres-villa. *Parpeville.*
Parrechi, Parreci, Parreciacum, Parrecy. *Parcy.*
Parregniacus. *Pargny-lez-Bois.*
Parreigniacum. *Pargny-Filain.*
Parreigniacus. *Pargny.*
Parroy. *Paroy.*
Pars. *Paars.*
Partei, Parteium. *Party.*
Partes. *Paars.*
Parvum-Forestellum. *Forestel* (bois).
Parz. *Paars.*
Paslye. *Pasly.*
Passeium, Passi, Passiacum. *Paissy.*
Passi-sur-Marne. *Passy-sur-Marne.*
Passy - en - Valois, Passy-le-Château. *Passy-en-Valois.*
Pastiliaca. *Petilly.*
Pastureaux. *Les Pâtureaux.*
Patonville, Patouvite, Patouvilla, Patouville. *Patouville.*
Patres (Les). *Les Patrus.*
Patriniacus. *Pargny-Filain.*
Patureaux (Les). *La Grenouillère.*
Pauleton. *Polton.*
Pauliacum. *Pouilly.*
Pauvant, Pavans, Pavant-en-Brye, Pavant-sur-Marne, Pavent, Puvent-sur-Marne. *Pavant.*
Paxiacum, Paysi, Payssi, Payssiacum. *Paissy.*
Peires. *Pierres.*
Penci. *Pancy.*
Pendancourt, Pendencurt, Penencourt. *Penancourt.*
Penleu. *Panleu.*

Pennancourt. *Penancourt.*
Penvennum, Penvent. *Pavant.*
Perelle-Levesque. *Presles-et-Thierry.*
Pereumont. *Prémont.*
Parices. *Prisces.*
Pericctz, Perier. *Priez.*
Periers. *Le Grand-Priel. Priers.*
Periers-en-Brie, Peries, Periez. *Priez.*
Perle, Perles (La). *Perles.*
Pernan. *Pernant.*
Pernant. *Pargnan.*
Perouerie. *La Penonerie.*
Perreria. *La Perrière.*
Perrerum. *Le Grand-Priel.*
Perres. *Pierres.*
Perreumont, Perreumont-en-Cambrésis, Perreusmont. *Prémont.*
Perreux. *Ru Preux* (ruisseau).
Perrier, Perrières, Perriez. *Priez.*
Perroi. *Paroy. Proix.*
Perroit. *Proix.*
Perron. *Le Péron* (ruisseau).
Perti. *Party.*
Pescherie, Pescherye-lez-Maisey. *La Pécherie.*
Pesteilli-supra-Seram, Pestelly, Pestiliacum, Pestilli, Pestilly, Pestillys. *Petilly.*
Petit-Baloy. *Le Petit-Ballois.*
Petit-Bois-d'Igny. *Bois-d'Igny.*
Petit-Bout. *Rivière.*
Petit-Cambresy. *Le Petit-Cambrésis.*
Petit-Couvent (Le). *Fay.*
Petit-Couvent-du-Fay. *Failly* (bois).
Petit-Destroy. *Le Petit-Détroit.*
Petite-Cailleuse, Petite-Cailleuze, Petite-Calleuse. *La Cailleuse.*
Petite-Cense-de-Moy. *Moy.*
Petite-Croute. *Crouttes.*
Petite et Grande Féroterie. *La Féroterie.*
Petite-Feuilly. *La Petite-Feuillée.*
Petite-Harye-en-Therasse. *La Hérie.*
Petite-Noelle.—Voy. NOELLE (ruisseau).
Petite-Noue. *Les Petites-Noues.*
Petite-Oise, Petite-Oize. *Brouage* (dérivation).
Petites-Courjumelles. *Courjumelles.*
Petites-Marlières. *Marlières.*
Petit-Esseigny, Petit-Essigny. *Essigny-le-Petit.*
Petit-Faux (Le). *Faux.*
Petit-Fervaque. *Fervaques.*
Petit-Forest. *La Petite-Forêt.*
Petit-Fresnoy. *Fresnoy-le-Petit.*
Petit-Goulet. *Bas-Goulet.*
Petit-Hurtebise. *Heurtebise.*
Petit-Lugny. *Lugny-la-Cour.*

Petit-Marisy. *Marizy-Saint-Mard.*
Petit-Micy. *Le Petit-Missy.*
Petit-Murget. *Le Murger.*
Petit-Priez. *Le Petit-Priel.*
Petit-Rabattu. *Orbattu.*
Petit-Rivière. *Rivière.*
Petit-Saint-Remy. *Le Chénois.*
Petit-Seraucourt, Petit-Seraulcourt. *Hamet.*
Petit-Vaucelles, Petit-Vauxelles. *Vaucelles.*
Petramanda, Petramantula. *Pierremande.*
Petray. *Petret.*
Petre. *Pierres.*
Petrepont, Petræpons. *Pierrepont.*
Petrosus-Mons. *Prémont.*
Peville. *Préville.*
Philain, Philains, Philenæ, Phillenæ. *Filain.*
Picardia, Picardye. *Picardie* (province).
Piebegny, Pichigny. *Pichcny.*
Picherel. *Montmilon.*
Picque-Puces. *Picpus.*
Piercourt. *Pierrecourt.*
Piere. *Pierres.*
Pierepont. *Pierrepont.*
Pieris. *Pierres.*
Piermande. *Pierremande.*
Pierpont. *Pierrepont.*
Pierre-Prez. *Saint-Pierre-Pré.*
Pierres-juxta-le-Hayon. *Pierres.*
Pieton. *Pithon.*
Pignicourt-les-Briengne. *Pignicourt.*
Pigniez. *Pagneux.*
Pignon. *Pinon.*
Pijon. *La Maison-Pigeon.*
Pinson. *Pinçon.*
Pintas, Pinthons. *Pintons.*
Pinum, Pinun. *Pinon.*
Pirolis. *Pierres.*
Piscaria. *La Pêcherie.*
Pisceleu, Pisellou. *Pisseloup.*
Pisieux. *Puisieux.*
Pis-la-Vache. *Le Chêne-Sec.*
Pisseleu, Pisseleu-sur-Marne, Pissoleux-en-Brie, Pisselou, Pisselou-sur-Marne. *Pisseloup.*
Pisseux. *Puiseux.*
Pisteli, Pistiliacum. *Petilly.*
Piton. *Pithon.*
Plainchastel, Plainchastel-lez-Nogent. *Plainchâtel.*
Plaine-Selve, Plaine-Serve, Plainne-Selve, Plana-Silva. *La Pleine-Selve.*
Plaissie. *Le Plessis-Godin.*
Plaissier. *Le Plessier.*
Planche (La). *Garde-de-Dieu* (ruisseau).

Planchette. *Viarde.*
Plancis. *La Plesnoye.*
Planetum. *Plesnoy.*
Planoie. *La Plesnoye.*
Planois, Planoit. *Plesnoy.*
Planum-Castellum. *Plainchdtel.*
Pleardum. *Ployart.*
Plecier-Godin. *Le Plessis-Godin.*
Pleiar, Pleiart. *Ployart.*
Pleine. *Plaine.*
Plone-Selve. *La Pleine-Selve.*
Plennoie. *La Plesnoye.*
Plennoit. *Plesnoy.*
Plenoie. *La Plesnoye.*
Plenois, Plenoy. *Plesnoy.*
Plenoy, Plesnois. *La Plesnoye.*
Plesseium. *Le Plessier. Plessier-Huleu.*
Plessier, Plessier-Gaudin, Plessier-Godin. *Le Plessis-Godin.*
Plessier-Heleu, Plessier-Heuleu, Plessier-Heuleux, Plessier-les-Ouchy, Plessier-les-Oulchie-le-Chastel. *Plessier-Huleu.*
Plessis-de-Saint-Paul. *Le Plessier.*
Plessis-Huleu, Plessis-lez-Oulchy, Plessy-les-Oulchie. *Plessier-Huleu.*
Pliardum, Ploiard, Ploiart. *Ployart.*
Ploich (Le). *Plois.*
Ploisi. *Ploisy.*
Plomio, Plomium, Plommion, Plomyon, Ploumion. *Plomion.*
Ployard. *Ployart.*
Ploys. *Plois.*
Ploysi. *Ploisy.*
Plumart. *Bonnefontaine.*
Plumio, Plumion. *Plomion.*
Poeilli, Poelli, Poelli, Poelly, Poielli, Poillacum, Poilli, Poilliacum, Poilly, Poilly-sur-Sère, Poily. *Pouilly.*
Poivrel. *La Pauvrelle.*
Poleton, Poletoun. *Polton.*
Poliacum. *Pouilly.*
Polleton. *Polton.*
Polly, Polly. *Pouilly.*
Pomeretum. *La Pommeroie.*
Pomerie, Pomerium. *Pommiers.*
Pomerie, Pomeroit, Pomeroye. *La Pommerois.*
Pomiers. *Pommiers.*
Pommeret. *La Pommeroie.*
Pommerie. *Pommery.*
Pommeroye. *La Pommerois.*
Pommier, Pommiès. *Pommiers.*
Pompière. *Pompierres.*
Ponceau (Le). *Le Ponchaur. Ru des Feuillants* (ruisseau).
Ponceaulx. *Le Ponchaux.*
Ponceaux. *Le Ponceau.*

TABLE DES FORMES ANCIENNES.

Ponceqnicourt. *Pontsericourt.*
Poncelli. *Le Ponchaux.*
Poncenicourt. *Pontsericourt.*
Poncheaux-les-Beaurevoir. *Le Ponchaux.*
Ponchiaux. *Le Ponceau.*
Poncignicort, Poncignicourt, Poncignicuria, Poncignycourt. *Pontsericourt.*
Pondaast, Pondast. *Le Pont-d'Aast.*
Pons. *Le Pont-de-Tugny.*
Pons-à-Buci, Pons-à-Burci. *Pont-à-Bucy.*
Pon-Saint-Mart. *Pont-Saint-Mard.*
Pons-Arcei, Pons-Archeius. *Pontarcy.*
Pons-Archerii, Pons-Archie. *Pontarcher.*
Pons-Avarium. *Pontavert.*
Pons-Buccium. *Pont-à-Bucy.*
Pouscignicourt. *Pontsericourt.*
Pons-cui-Aperi. *Le Pont-à-Couleuvre.*
Pons-de-Arseio. *Pontarcy.*
Pons-de-Burci. *Pont-à-Bucy.*
Pons-de-Colovere. *Le Pont-à-Couleuvre.*
Pons-de-Nogento-Abbatisse. *Pont-à-Bucy.*
Pousengnicourt, Ponséricourt. *Pontsericourt.*
Pons-Givardi, Pons-Givart. *Pont-Givart.*
Pons-juxta-Tugny. *Le Pont-de-Tugny.*
Pons-la-Voie. *Pont-la-Voie.*
Pons-Sancti-Medardi. *Pont-Saint-Mard.*
Ponssericourt, Poussignicourt. *Pontsericourt.*
Pons-super-Ausonam. *Pontarcy.*
Ponsvarie, Pons-Varius. *Pontavert.*
Pont-à-Buci, Pont-à-Busci, Pont-à-Bussy. *Pont-à-Bucy.*
Pont-à-Coullœuvre. *Le Pont-à-Couleuvre.*
Pont-à-Courson. *Courson.*
Pont-à-Cusevre. *Le Pont-à-Couleuvre.*
Pont-à-l'Escu. *Le Pont-à-l'Écu.*
Pont-à-Nouviant, Pont-à-Nouvion. *Pont-à-Bucy.*
Pontarché, Pontarchier. *Pontarcher.*
Pontarsi. *Pontarcy.*
Pont-au-Berger. *Le Pont-à-Berger.*
Pontaugé, Pontaugée. *Pontauger.*
Pont-au-Vaire. *Pontavert.*
Pont-aux-Couleuvres. *Le Pont-à-Couleuvre.*
Pontavaire, Pontavaire-et-Thoony, Pontavayre, Pontavere, Pontaverre, Pontavoyre. *Pontavert.*
Pontceau. *Le Ponceau.*

Pontcignycourt. *Pontsericourt.*
Pont-dales-Thugny. *Le Pont-de-Tugny.*
Pont-d'Arcy. *Pontarcy.*
Pont-de-Buissy. *Pont-à-Bucy.*
Pont-de-Marly (Le). *Le Moulin Beni.*
Pont-de-Nogeant, Pont-de-Nogent. *Le Pont.*
Pont-de-Noviant. *Pont-à-Bucy.*
Pont-Gival, Pont-Givat, Pont-Guinart. *Pont-Givart.*
Ponthavaire, Ponthaver. *Pontavert.*
Ponthois. *Pontois.*
Pontoiles, Pontoille, Pontoilles, Pontoliæ, Pontolliæ. *Ponthoille.*
Pontrudium. *Pontru.*
Pontruel, Pontruellum, Pontrule. *Pontruet.*
Pontrusium. *Pontru.*
Pont-Sainct-Maard, Pont-Saint-Marc, Pont-Saint-Marcq, Pont-Saint-Mardlez-Guny, Pont-sur-Ailette, Pont-sur-l'Élette. *Pont-Saint-Mard.*
Pont-Truet. *Pontruet.*
Pooilli, Pooilliacum, Pooilly, Pooli, Poolli-Castrum, Pooly, Pooylli. *Pouilly.*
Popin. *Paupin.*
Poppeleux. *Papleux.*
Possignicourt-lez-Thaveaux. *Pontsericourt.*
Postionis. *Pucheux.*
Potron. *Porteron.*
Potterie, Potterye (La). *La Poterie.*
Pouic. *Pouy.*
Poullandont. *Poulandon.*
Pouilly, Pouilly-en-Lannois. *Pouilly.*
Poumier, Poumiers. *Pommiers.*
Pouoilly. *Pouilly.*
Pouplain. *Poupelain.*
Pourvisueil. *Provisieux.*
Pouyos, Pouys. *Pouy.*
Povrelle. *La Pauvrelle.*
Poylly. *Pouilly.*
Poys. *Pouy.*
Pozar. *Les Posards.*
Praela, Praella. *Presles.*
Praella. *Presles-et-Boves. Presles-et-Thierny.*
Praelle. *Presles. Presles-et-Boves.*
Praelles. *Presles-et-Boves. Presles-et-Thierny.*
Praelles-de-lez-Soissons. *Presles.*
Praelles-Levesque. *Presles-et-Thierny.*
Praerelium. *Pruéruel.*
Praesle-l'Évesque. *Presles-et-Thierny.*
Praesles. *Presles. Presles-et-Boves. Presles-et-Thierny.*
Prata. *Les Prés.*

Pratella. *Presles. Presles-et-Boves. Presles-et-Thierny.*
Pratella-Villa, Pratellum. *Presles-et-Thierny.*
Pratum. *La Prée.*
Pratum-Monstratum. *Prémontre.*
Pratum-Roberti. *Pré-Robert.*
Pratus-Sancti-Petri. *Saint-Pierrepré.*
Préau. *Préaux., La Rue-des-Préaux.*
Préaux (Les). *La Rue-des-Préaux.*
Procle, Proelles, Proelles-en-Laonnois. *Presles-et-Thierny.*
Pré-Foireux. *Le Moulin de Gournay.*
Préhaut. *Le Préaux.*
Prele-la-Commune, Prelles. *Presles-et-Boves.*
Prelles, Prelles-Levesque. *Presles-et-Thierny.*
Premonstratum, Prémonstré, Premonstrei. *Prémontré.*
Prémont-en-Cambrésis. *Prémont.*
Prémoustré. *Prémontré.*
Pré-Poury. *Le Pré-Pourry.*
Presle. *Presles. Presles-et-Thierny.*
Presle-Levecque, Presles, Presles-juxta-Laudunum. *Presles-et-Thierny.*
Presles-la-Commune, Preslles-et-Boves. *Presles-et-Boves.*
Prosmont. *Prémont.*
Présmoustré. *Prémontré.*
Prés-Robert. *Pré-Robert.*
Pressoyr. *Le Pressoir.*
Pré-Subject, Pré-Sugais. *Le Pre-Sujet.*
Preumont. *Prémont.*
Prex. *Le Pré. Les Prés.*
Prez-Caillot. *Le Pré-Cailloux.*
Prez-Poury. *Le Pré-Pourry.*
Prices, Prices-juxta-Marlam, Prices-les-Gronnart, Priches. *Prisces.*
Prier. *Priez.*
Priers. *Le Grand-Priel. Priez.*
Pries. *Le Grand-Priel.*
Pringeium, Pringi. *Pringy.*
Prise, Prisse, Prisses, Priz-en-Thiérache. *Prisces.*
Pruent. *Provent.*
Profundarua. *Parfondru.*
Profunda vallis. *Parfondeval.*
Profonde-Rue, Profundus-Vicus. *Parfondru.*
Pruhais. *Prouvais.*
Proict. *Proix.*
Proisi, Proisis, Proix, Proixy. *Proisy.*
Prolin. *Proslins.*
Prondusium. *Pontru.*
Proslin. *Proslins.*

TABLE DES FORMES ANCIENNES.

Prouvaisium, Prouvaix, Prouvay. *Prouvais.*
Prouven. *Provent.*
Prouviseux, Prouvisiex, Prouvisueil. *Provisseux.*
Prouy. *Proix.*
Provais, Provasis, Provasium. *Prouvais.*
Proven. *Provent.*
Proville. *Prouville.*
Provisel, Provisieux, Provisiex, Provisiolum, Provisiox, Provisius, Provisseux, Provizeux. *Provisseux.*
Proy, Proye. *Proix.*
Pruent. *Provent.*
Pryers. *Priez.*
Prys. *Prisces.*
Puignicourt. *Pignicourt.*
Puillerum. *Pouilly.*
Puisart. *Les Puisarts.*
Puiseu. *Puiseux.*
Puiseul. *Puisieux-et-Clanlieu.*
Puisoulx. *Puiseux.*
Puisoulz. *Puisieux.*
Puiseus. *Puiseux. Puisieux-et-Clanlieu.*
Puisex. *Puisieux-et-Clanlieu.*
Puisieulx. *Puisieux. Puisieux-et-Clanlieu.*
Puisieus. *Pisieux. Puisieux. Puisieux-et-Clanlieu.*
Puisieux. *Pisieux.*
Puisieux-du-Temple, Puisieux-les-Chaumeri. *Puisieux.*
Puisieux-lez-Coulonfay. *Puisieux-et-Clanlieu.*
Puisieux-soubz-Laon. *Puisieux.*
Puisiex. *Pisieux. Puisieux-et-Clanlieu.*
Puisius. *Pisieux. Puisieux. Puisieux-et-Clanlieu.*
Puisous. *Puisieux. Puisieux.*
Puisseux, Puissieu, Puissieux. *Puisieux-et-Clanlieu.*
Puisuex. *Puisieux.*
Puizeus. *Puisieux.*
Pulmerium. *Pommiers.*
Pulvins. *Corneil* (bois).
Pumeri. *Pommery.*
Pumeroie. *Pumeruel.*
Pumoison. *Plumoison.*
Puselli. *Puisieux. Puisieux-et-Clanlieu.*
Pusieux. *Pisieux.*
Putelli. *Puisieux.*
Putooli. *Pisieux. Puiseux. Puisieux-et-Clanlieu.*
Puteoli-in-Therasca. *Puisieux-et-Clanlieu.*

Puteus d'Ambrierz. *Puits-d'Ambrief.*
Puysoulx. *Puiseux.*
Puysieulx. *Puisieux.*
Puysieux. *Pisieux. Puisieux. Puisieux-et-Clanlieu.*
Pygnon, Pynon, Pynum. *Pinon.*
Python. *Pithon.*

Q

Quainemont. *Quennemont.*
Quainnet. *Le Caisnel.*
Quaissi vesse. *Cochevesse.*
Quaquet. *Le Caquet.*
Quarière (La). *Les Carrières-de-Jumencourt.*
Quarrée. *Charrée* (bois).
Quarrié-dessoure-Septnons, Quarrière. *Carrière-l'Évêque.*
Quarterium, Quarterium-Sancti-Nichasii. *Le Quartier-Saint-Nicaise.*
Quasse vesce. *Cochevesse.*
Quechi, Quecy. *Quessy.*
Quecherie-en-Thierasse. *Esquéheries.*
Quennivet. *Canivet.*
Quenticort, Quenticourt. *Cointicourt.*
Quercetum. *Le Chênet* (bois).
Querreu. *Carreux.*
Quescy. *Quessy.*
Quésnel. *Le Caisnel.*
Quessi. *Quessy.*
Queton. *Ganton* (ruisseau).
Queue-de-Leux. *La Queue-de-Leu.*
Queue-de-Monceaulx (La). *La Queue-de-Monceau* (bois).
Queue-de-Thoullis. *La Queue-de-Toulis* (bois).
Queuve, Queuves. *Cœuvres.*
Quieresy, Quierisy, Quiersi, Quiersis. *Quierzy.*
Quikenpoist. *Quincampoix.*
Quinci. *Quincy-Basse. Quincy-sous-le-Mont.*
Quinciacum. *Quincy-Basse.*
Quincy. *Quincy-sous-le-Mont.*
Quinquempois. *Quincampoix.*
Quinquengrogne. *Quicangrogne.*
Quiquempois. *Quincampoix.*
Quiquengrome, Quiquengronne. *Quicangrogne.*
Quinquenpoist, Quiquenpoit. *Quincampoix.*
Quissiacum. *Cuissy.*
Quisy-en-Allemont. *Cuizy-en-Almont.*
Quoquiinprier. *Cocquamprix.*
Quouvrelles. *Couvrelles.*
Qutery. *Cutry.*

R

Rabatu. *Orbattu.*
Raboasis, Rabosies, Rabousie, Raboziis. *Rabouzy.*
Racy. *Rassy.*
Radulficurtis. *Rocourt.*
Raeris. *Rary.*
Ragnicourt. *Ranicourt.*
Raheris. *Rary.*
Raier. *Croanes* (ruisseau).
Rainette. *La Reinette.*
Raineval, Rainevalle. *Renneval.*
Rainja. *Ringeat.*
Rainouart-Riu. *L'Arrieu* (ruisseau).
Rambouzy. *Rabouzy.*
Ramecurt, Ramecurt. *Ramecourt.*
Rameia. *La Ramée.*
Ramelcort. *Ranicourt.*
Rametum, Rameya-subtus-Laudunum. *La Ramée.*
Ramicort, Ramincort, Ramincurt. *Ramicourt.*
Ramuleurt. *Remaucourt.*
Rancourt. *Errancourt.*
Randricourt, Randricurtis. *Ranicourt.*
Ranga. *Le Ringeat.*
Ranicort, Ranicourt-les-Amye, Ranlicort, Ranlicourt, Ranlii-curtis. *Ranicourt.*
Rarerium. *Raret.*
Raris. *Rary.*
Raroi, Rarorium, Raroy. *Raret.*
Rauciacus-super-Axonam-fluvium. *Roucy.*
Raucourt. *Éraucourt. Rocourt.*
Raulcourt. *Rocourt.*
Rauziacus. *Roucy.*
Rayllimont. *Raillimont.*
Rayneval, Raynneval. *Renneval.*
Rebatu. *Orbattu.*
Rebemont. *Ribemont.*
Reculi, Reculis. *Reculy* (fontaine).
Redy. *Reddy.*
Reget-de-Beaulieux. *Le Reget.*
Regicourt, Regiscurtis. *Richecourt.*
Regnardval, Regnarval, Regnaulval. *Regnaval* (forêt).
Regni, Regniacum. *Regny.*
Regniecourt. *Regnicourt.*
Reigny. *Regny.*
Reineval. *Renneval.*
Reini. *Regny.*
Reinnette. *La Reinette.*
Reisun. *Ressons.*
Reject-de-Colonfay. *Reget-de-Colonfay.*

44.

348 TABLE DES FORMES ANCIENNES.

Rely. *Herli* (bois).
Remaulcourt, Remaultcourt. *Remaucourt*.
Remcie. *Remies*.
Remercourt. *Remaucourt*.
Remicort, Remicortis, Remicurt, Romicurtis. *Remicourt*.
Remiez, Remii. *Remies*.
Remigni, Remiliacum. *Remigny*.
Remi-sur-Suippe. *Condé-sur-Suippe*.
Remontvoisin, Remonvoisain. *Remonvoisin*.
Remulcii. *Ramouzy*.
Remy. *Remies*.
Remycourt. *Remicourt*.
Remye, Remye-et-Aumencourt, Remyes, Remyez. *Remies*.
Renansar, Renansard, Renanssart. *Renansart*.
Renecourt. *Ranicourt*.
Reuel. *Reneuil*.
Renette. *La Reinette*.
Reneuille, Reneulle. *Reneuil*.
Reneval. *Renneval*.
Rengea. *Le Ringeat*.
Rengi. *Regny*.
Reniccourt. *Ragnicourt*.
Reninol. *Reneuil*.
Renneval. *Regnaval* (forêt).
Renuevalle. *Renneval*.
Renoeil, Renoli, Renolium, Renolus. *Reneuil*.
Repis. *Roupy*.
Resbacis. *Roubais*.
Resignis. *Résigny*.
Reson, Resons, Resons-le-Loncq. *Resons-le-Long*.
Ressigny. *Résigny*.
Resson, Ressonium, Resson-le-Long, Ressons, Ressons-le-Lonc, Ressontius, Ressonus-Longus, Ressun, Ressuns. *Ressons-le-Long*.
Resteules, Restculi, Restolie, Restolium, Restucil, Restuel. *Retheuil*.
Restum. *Rest* (forêt).
Resuns. *Ressons-le-Long*.
Retcuil, Retheul, Retheulle. *Retheuil*.
Retourne. *La Retourne* (rivière).
Reugny. *Regny*.
Reuilly-en-Champagne. *Reuilly-Sauvigny*.
Reulieu. *Réaulieu*.
Reuilly-Sauvigny. *Reuilly-Sauvigny*.
Reulocus. *Réaulieu*.
Réunion-sur-Oise. *Guise*.
Reux. *Reuil*.
Révillion, Révilon. *Révillon*.

Reyne. *Reins*.
Reyneval. *Renneval*.
Rezigny. *Résigny*.
Rhaidy. *Reddy*.
Ri. *Rie* (forêt).
Riaucourt, Riaulcourt-et-Saint-Julien. *Royaucourt*.
Ribaudimons. *Ribemont*.
Ribaudivilla. *Ribeauville*.
Ribaufontaine, Ribaufontayne. *Ribeaufontaine*.
Ribauldon. *Ribaudon*.
Ribaultfontaine, Ribautfontaine. *Ribeaufontaine*.
Ribauville. *Ribeauville*.
Ribbemont. *Ribemont*.
Ribeauville. *Le Petit-Caunont*.
Ribedimons, Ribelmont, Ribemons, Ribemont-en-Thiérache, Ribemonten-Thiérasse, Ribemunt, Ribeumont, Riblemont, Ribodimons. *Ribemont*.
Ribodon. *Ribaudon*.
Riboisfontaine. *Ribeaufontaine*.
Riboiville. *Ribeauville*.
Ribuldun. *Ribaudon*.
Ribomont, Riboimons. *Ribemont*.
Riboudon. *Ribaudon*.
Ribouville. *Ribeauville*.
Ribuemont. *Ribemont*.
Richaulmont, Richautmons. *Richaumont*.
Richecour. *Richecourt*.
Richeval, Ricqueval. *Riqueval*.
Rigecort, Rigecourt, Rigescort, Rigicourt. *Richecourt*.
Rigni, Rigny. *Regny*.
Rigole, Rigolle. *Les Rigolles*.
Rikeval. *Riqueval*.
Ringea. *Le Ringeat*.
Riocort, Riocourt, Riocurt, Rioucourt. *Royaucourt*.
Riparia, Ripparia, Ripperia. *Rivière*.
Riu-Bernart. *Croanes* (ruisseau).
Riveria. *La Pêcherie*.
Rivière-le-Comte. *La Souche* (rivière).
Rivièrette. *La Ronelle* (ruisseau).
Rivus. *Ria*.
Rivyère. *Rivière*.
Robais, Robay, Robecq. *Roubais*.
Robercamp, Roberchamp, Roberchamps, Robertcamp, Robertchamps. *Robertchamp*.
Robertcurt. *Robertcourt*.
Roberti-Campus. *Robertchamp*.
Roberti-Curia, Roberticurtis. *Robertcourt*.
Robes. *Robbé*.

Robiscul, Robisseux, Robissueil, Robissuel. *La Sambre* (rivière).
Robisuel, Robiul, Robizeux. *Robiseux*.
Roboiz. *Roubais*.
Roc. *Le Rocq*.
Rocandrie. *Le Rocq-André*.
Rocceium, Rocceium. *Roucy*.
Rochæ. *Rochemont*. *Les Roches*.
Roche-des-Fées (La). *Lq Roche*.
Rocheel. *Les Rochets* (bois).
Roche-Feret, Roche-Feretz, Roche-Ferez, Roche-Ferrée, Roche-Ferret. *La Roche*.
Rocheffort. *Rochefort*.
Rocheffort-Saint-Michiel, Rochefort-Saint-Michel. *Saint-Michel*.
Rocheis. *Les Roches*.
Rocheni. *Rocquigny*.
Roches-les-Berry. *Les Roches*.
Rochets (Les). *Les Rochais*.
Rochetz. *Les Rochets* (bois).
Rochinicort. *Rocquignicourt*.
Rociacum. *Roucy*.
Rocnieurt. *Rocquignicourt*.
Rocousture. *Raucouture*.
Rocq. *Roquet*.
Rocquerolles. *Ronquerolles*.
Rocquet. *Rocquignicourt*. *Roquet*.
Rocquigny-en-Théraiche. *Rocquigny*.
Rodulficurtis. *Riocourt*.
Roegnies, Roegnis. *Rogny*.
Roeium. *Rouy*.
Roelle. *Rouelle*.
Roeniss. *Rogny*.
Roeria. *La Royère*.
Rocu. *Reuil*.
Rouilly-Sauvigny. *Reuilly-Sauvigny*.
Roez. *Rouez*.
Rogemont. *Rougemont*.
Rogercourt, Rogercurt, Rogericour, Rogéricourt, Rogericurtis. *Rogécourt*.
Rogerie, Rogeries, Rogeris, Rogery, Rogerye, Rogeryos. *Rougeric*.
Rogicourt, Rogiecourt, Rogiercourt, Rogiezecourt. *Rogécourt*.
Rogiscurtis. *Richecourt*.
Rognis, Rogny-les-Marle, Rogny-lez-Marle. *Rogny*.
Roi. *Rouy*.
Roigemont. *Rougemont*.
Roignies, Roigniez, Roignis. *Rogny*.
Roillemont. *Raillimont*.
Roincoloi. *Rousselois*.
Roingnies, Roingniez, Roingnis, Roingny, Roingnys. *Rogny*.
Roinseloi. *Rousselois* (bois).
Roisolmont. *Roiselmont* (bois).
Roit. *Reuil*.

TABLE DES FORMES ANCIENNES.

Rokegni. *Rocquigny.*
Rokegnicourt. *Rocquignicourt.*
Rokegnies. *Rocquigny.*
Rokengicourt. *Rocquignicourt.*
Rokengni. *Rocquigny.*
Rokenicort, Rokenicurtis. *Rocquignicourt.*
Rokennies, Rokennis. *Rocquigny.*
Rokignicourt. *Rocquignicourt.*
Rollets. *Le Rollet.*
Romandi. *Romandie.*
Ρομάνδυες. *Veromandui.*
Romaniacum. *Romeny.*
Romanyc. *Romandie.*
Romaucort. *Remaucourt.*
Romegny. *Romeny.*
Romella. *La Romelle* (ruisseau).
Romeni, Romeniacus. *Romeny.*
Romeris. *Romery.*
Romigni, Rommegny, Rominiacum, Rommeny. *Romeny.*
Rommeries, Rommeris, Rommery. *Romery.*
Romny-sur-Marne. *Romeny.*
Roncelloi, Ronchcloi. *Rousselois* (bois).
Ronchère. *Ronchères.*
Roncheroi. *Rousselois* (bois).
Ronchers, Ronchière, Ronchiere, Roncière. *Ronchères.*
Ronquerolles. *Ronquerolles.*
Rongnac, Rongnacq. *Rognac.*
Rognis, Rongny, Rongnys. *Rogny.*
Roocourt, Roocurt, Roocourt. *Rocourt.*
Roognis. *Rogny.*
Roouourt. *Rocourt.*
Ropres. *Raupré.*
Roquennies, Roquennis. *Rocquigny.*
Roquerolcs. *Ronquerolles.*
Roquet. *Rocquignicourt.*
Roquigni. *Rocquigny.*
Roquignicort, Roquignicourt. *Rocquignicourt.*
Roquignies, Roquigniez, Roquignis, Roquigny, Roquigny-en-Théraiche, Roquignys. *Rocquigny.*
Roquignys. *Les Roquignis* (bois).
Roquingnicourt, Roquinicourt, Roquinnecourt. *Rocquignicourt.*
Rosay-Saint-Albin. *Rozet-Saint-Albin.*
Rosci. *Roucy.*
Rosel, Rosel-Sainct-Aubbin, Rosel-Sainct-Aulbin, Rosel-Saint-Albin, Rosel-Saint-Aulbin. *Rozet-Saint-Albin.*
Roseres, Roseriæ. *Rozières.*
Rosetense Capitulum. *Le Chapitre de Rozoy.*
Rosetum. *Rozoy-sur-Serre.*

Rosetum-prope-Ulcheium, Rosetam-versus-Ouchies. *Rozoy-le-Grand-et-Courdoux.*
Rosiacum-in-Bria. *Rozoy-Bellevalle.*
Rosières, Rosires. *Rozières.*
Rosoi, Rosoi-en-Theraische, Rosoir, Rosoir-en-Thiérnasse, Rosoir-en-Thirasse, Rosoit. *Rozoy-sur-Serre.*
Rosoy. *Rozoy-le-Grand-et-Courdoux. Rozoy-sur-Serre.*
Rosoy-dales-Oulchie, Rosoy-delez-Ouchie. *Rozoy-le-Grand-et-Courdoux.*
Rosoy-en-Brie. *Rozoy-Bellevalle.*
Rosoy-en-Thiérache, Rosoy-en-Thiéresche. *Rozoy-sur-Serre.*
Rosoy-Gastebled. *Rozoy-Bellevalle.*
Rosoy-les-Oulchy-le-Chastel, Rosoyvers-Ouchie, Rosoy-versus-Ulcheium. *Rozoy-le-Grand-et-Courdoux.*
Rossciam. *Roucy.*
Roubisuel. *Robisoux.*
Roucemont. *Richemont.*
Rouceyum, Rouci. *Roucy.*
Roucourt. *Rocourt.*
Roué. *Rouz.*
Rouccourt. *Rocourt.*
Rouée. *Rouz.*
Rouegnies. *Rogny.*
Rougecourt. *Rogécourt.*
Rougefort. *Rochefort.*
Rouge-Maison. *Les Roches.*
Rougeris, Rougerix, Rougery, Rougerye, Rougerys. *Rougeries.*
Rougnac. *Rognac.*
Rougnie, Rougnis, Rougny. *Rogny.*
Rouguery. *Rougeries.*
Roukinicurtis. *Rocquignicourt.*
Roulcourt. *Rocourt.*
Roumancourt. *Remaucourt.*
Roumeny-sur-Marne. *Romeny.*
Roumeris, Roumery. *Romery.*
Roumigny. *Romeny.*
Roupi, Roupiacum, Roupie, Rouppi, Rouppiacus, Rouppy. *Roupy.*
Rousseloi. *Rousselois* (bois).
Rousseloy. *La Montagne.*
Roussi, Roussiacum, Roussy, Rousy. *Roucy.*
Routil, Routis. *Le Routy.*
Routiers. *Routières.*
Rouvereium, Rouveroi, Rouveroit, Rouveroy, Rouvray, Rouvroi, Rouvrois. *Rouvroy.*
Rouy-près-Chauny. *Rouy.*
Roveroet, Rovroi, Rovroy. *Rouvroy.*
Rovvex. *Rouz.*
Roy. *Rouy.*
Royaucourt, Royaulcourt. *Royaucourt.*

Roye. *Reuil. La Souche* (rivière).
Royer (La). *La Royère.*
Roy-Saint-Nicolas. *Roye-Saint-Nicolas.*
Royt. *Reuil.*
Rozais-Saint-Albin. *Rozet-Saint-Albin.*
Rozay. *Rozot.*
Rozay-Saint-Albin, Rozel-Sainct-Aulbin, Rozet-les-Mesnil. *Rozet-Saint-Albin.*
Rozière-près-Soissons, Rozierres, Roziers-et-le-Bac. *Rozières.*
Rozoi. *Rozoy-Bellevalle.*
Rozoir. *Rozoy-sur-Serre.*
Rozoy. *Rozoy-le-Grand-et-Courdoux.*
Rozoy-Gastebled, Rozoy-Gatebled, Rozoy-Gattebled. *Rozoy-Bellevalle.*
Rozoy-en-Thérache, Rozoy-en-Thiérasche. *Rozoy-sur-Serre.*
Rozoy-les-Ouchie-le-Chastel, Rozoylez-Ouchie. *Rozoy-le-Grand-et-Courdoux.*
Rozoys-et-Apprémont. *Rozoy-sur-Serre.*
Rû. *Rhâ.*
Rubisuel. *Robisoux.*
Ruceium. *Roucy.*
Ruchemont. *Richemont.*
Ruci, Ruciacum. *Roucy.*
Ruculis, Ruculy, Rû de Culy. *Reculy* (fontaine).
Ruocort. *Rocourt.*
Rue-Dardene. *La Rue-Dardenne.*
Rue-de-Carbon. *La Rue-des-Charbons.*
Rue-de-Caulmont. *La Rue-de-Caumont.*
Rue de Crevioux. *Les Écreveaux.*
Rue de Hélin, Rue des Hélins. *Le Hélin.*
Rue de la Cour-des-Bauchets. *La Cour-des-Bauchets.*
Rue-de-la-Courte-Souppe. *La Courte-Soupe.*
Rue de Lannois, rue-de-Lanoy. *La Rue-de-Laonnois.*
Rue-de-Marle. *La Rue-Charles.*
Rue-de-Noise. *Rudenoise.*
Rue-des-Blanchamps. *La Rue-des-Blancs-Champs.*
Rue-des-Bohains, Rue des Bohins. *La Rue-de-Bohain.*
Rue-des-Bouillaux. *La Rue-des-Bouleaux.*
Rue-des-Charettes. *La Rue-des-Carrettes.*
Rue-des-Charmeaux. *La Rue-Larcher.*
Rue-des-Chesneaux. *La Rue-des-Chéneaux.*
Rue des Gardiens. *L'Ange-Gardien.*
Rue des Haudhvin. *Le Hautdevin.*
Rue des Helvins. *Le Hautdevin.*
Rue-des-Lamberts (La). *La Rue-des-Lambert.*
Rue-des-Mahoux (La). *La Rue-Herbin.*

Rue-des-Marest. *La Rue-des-Marais.*
Rue-des-Marests. *La Rue-des-Marets.*
Rue-des-Nouris. *La Rue-des-Nouris.*
Rue des Routières. *Les Routières.*
Rue-des-Roys. *La Rue-des-Rois.*
Rue-Disous. *La Rue-de-Dessous.*
Rue-Dorrion. *La Rue-des-Dorions.*
Rue-du-Bourietz, Rue-du-Bourlier. *Le Bourlier.*
Rue-du-Hallier. *La Rue-des-Halliers.*
Rue du Haudvin. *Le Hautdevin.*
Rue-du-Moulin. *La Rue-des-Juifs.*
Rue-du-Thin. *La Rue-Gutin.*
Rue-Ereeuse. *La Rue-Heureuse.*
Rue-Gustin. *La Rue-Gutin.*
Rue-Henot. *La Rue-Génot.*
Rue-Héreuse. *La Rue-Heureuse.*
Rue-Herpaine. *La Rue-Herpeine.*
Rue-Heureuze. *La Rue-Heureuse.*
Rueil. *Reuil.*
Rue-l'Agasse. *Rue-Lagasse.*
Rue-les-Moines. *La Rue-des-Moines.*
Rue Muterne. *Les Muternes.*
Ruffay. *Ru-Failly.*
Ruffiacus-Villa. *Rouy.*
Rufficurtis. *Rocourt.*
Rugemont. *Rougemont.*
Rugni. *Rugny.*
Ruichemont. *Richemont.*
Ruigni. *Rugny.*
Ruilcurtis. *Royaucourt.*
Ruiniacus. *Rugny.*
Ruissemont. *Richemont.*
Rumaleurt, Rumaicurth, Rumaldicurtis, Rumaucourt. *Remaucourt.*
Rumegni, Rumeigni, Rumigni, Ruminiacense territorium, Ruminiacus. *Remigny.*
Ruminiacus. *Romeny.*
Runcherie, Runchieres. *Ronchères.*
Rupeium. *Roupy.*
Rupes. *Les Roches.*
Rupes fortis. *Rochefort.*
Rupi. *Roupy.*
Rupiut. *Rupin* (fontaine).
Ruppes. *Roche-le-Comte.*
Ruppiacum, Ruppiacum-in-Viromandia. *Roupy.*
Ruseeium. *Roucy.*
Ruschemont. *Richemont.*
Rustiacum. *Roucy.*
Rutus. *Retheuil.*
Ruvercium, Ruvercum. *Rouvroy.*
Ruvest, Ruvetz. *Ruvet.*
Ryaucourt. *Royaucourt.*
Rye. *Rie* (forêt).

S

Sablonerie, Sabloniers, Sablonnière-le-Temple, Sablunnières. *La Sablonnière.*
Sacconot. *Sacconay.*
Sacconi. *Saconin.*
Sacconiacus. *Sacconay.*
Saceonin, Sacconny. *Saconin.*
Sacconay. *Sacconay. Saconin.*
Saccuni, Sacogni, Saconi, Saconiacus, Saconni, Saconny, Sacony. *Saconin.*
Sacri. *Sery-lez-Mézières.*
Sagnier, Sagnières, Saignières. *Sagnière.*
Sain, Sainct. *Sains.*
Sainct-Agnian, Sainct-Aignen, Sainct-Aignyens. *Saint-Agnan.*
Sainct-Algy. *Saint-Algis.*
Sainct-Anien. *Saint-Agnan.*
Sainct-Bandry. *Saint-Bandry.*
Sainct-Chegny, Sainct-Cheny. *Sinceny.*
Saincte-Croix. *Sainte-Croix.*
Sainct-Éloy-Fontaines. *Saint-Éloi-Fontaine.*
Saincte-Preuve, Saincte-Procuve. *Sainte-Preuve.*
Sainct - Esloy - Fontaine - les - Chauny. *Saint-Éloi-Fontaine.*
Sainct-et-Richaulmont. *Sains.*
Saincte-Yolaine. *Sainte-Yolaine.*
Sainct-Gengoult. *Saint-Gengoulph.*
Sainct-Germain, Sainct-Germain-soubz-Lesquielle. *Saint-Germain.*
Sainct-Gobain, Sainct-Gobaing, Sainct-Goubain. *Saint-Gobain.*
Sainct-Lot. *Saint-Lot.*
Sainct-Martin-à-la-Rivière. *Saint-Martin-Rivière.*
Sainct - Martin - do - Pargny - en - Brie. *Pargny.*
Sainct-Martin-des-Prez. *Saint-Martin-des-Prés.*
Sainct - Martin - en - la - Rivière. *Saint-Martin-Rivière.*
Sainct - Martin - les - Versigny. *Saint-Martin.*
Sainct-Martin-Rieu. *Martin-Rieux.*
Sainct - Médard - d'Orroir - et - Aubigny. *Auroir.*
Sainct-Nicolas-aux-Boys. *Saint-Nicolas-aux-Bois.*
Sainct-Nicolas-de-Meurival. *Meurival.*
Sainct-Nicolas-soubz-Marle. *Saint-Nicolas.*

Sainct-Paul-au-Bois. *Saint-Paul-aux-Bois.*
Sainct-Pierello. *Saint-Pierre-Aigle.*
Sainct-Pierre. *Saint-Pierre.*
Sainct-Pierre-Aigle. *Saint-Pierre-Aigle.*
Sainct-Pierre-de-Geny. *Geny.*
Sainct-Pierre-de-Jouaigne. *Jouaignes.*
Sainct-Pierre-les-Franqueville. *Saint-Pierre.*
Sainct-Pierrelles. *Saint-Pierre-Aigle.*
Sainct-Pierremont. *Saint-Pierremont.*
Sainct-Pierre-Prez. *Saint-Pierrepre.*
Sainct-Quentin-à-Courtil. *Courtil.*
Sainct-Quentin-de-Caulaincourt. *Caulaincourt.*
Sainct-Quentin-en-Vermandoys. *Saint-Quentin.*
Sainct-Remy-à-Brécy. *Brecy.*
Sainct-Remy-de-Bomont. *Bosmont.*
Sainct-Remy-de-Pargnant. *Pargnan.*
Sainct-Simon. *Saint-Simon.*
Sainct-Souplis, Sainct-Souply, Sainct-Soupplix, Sainct - Soupply, Sainct - Sulpis, Sainct-Supplix. *Saint-Sulpice.*
Sainct-Thomas. *Saint-Thomas.*
Saineneourt, Sainnullicurtis. *Senancourt.*
Sains-Vincans-de-Laon. *Saint-Vincent.*
Saint-Aignyens. *Saint-Agnan.*
Saint-Albin. *Saint-Aubin.*
Saint-Algy. *Saint-Algis.*
Saint-Amand. *Grouchet.*
Saint-Amille. *Saint-Émile.*
Saint-André. *Crise.*
Saint-Andrieu. *Saint-Andre.*
Saint-Anyen. *Saint-Agnan.*
Saint-Aquaire, Saint - Aquere. *Saint-Acquaire.*
Saint-Aubain. *Saint-Aubin.*
Saint-Augis, Saint-Aulgis. *Saint-Algis.*
Saint-Bandery, Saint-Bandri. *Saint-Bandry.*
Saint-Cenis, Saint-Ceny, Saint-Cenys, Saint-Cheny. *Sinceny.*
Saint-Christofe-à-Bery, Saint-Christofle. *Saint-Christophe-à-Berry.*
Saint-Christophe-de-Bray. *Bray-Saint Christophe.*
Saint-Cir-de-Berrieux. *Berrieux.*
Saint-Crépin-de-Brumetz. *Brumetz.*
Saint-Crépin-le-Grant. *Saint-Crépin-le-Grand.*
Saint-Crespin-en-Chaye - lez - Soissons. *Saint-Crépin-en-Chaye.*
Saint-Crispin, Saint-Crispin-le-Grant. *Saint-Crépin-le-Grand.*
Saint - Cristoflo. *Saint - Christophe - à - Berry.*

TABLE DES FORMES ANCIENNES. 351

Saint-Cyr et Sainte-Julitte-de-Guyencourt. *Guyencourt.*
Saint-Denis-d'Andlin. *Andelain.*
Saint-Denis-de-Choegni. *Choigny.*
Saint-Denis-de-Pont-à-Bucy. *Pont-à-Bucy.*
Sainte-Benoîte-de-Craonnelle. *Craonnelle.*
Sainte-Benoîte-de-Mesbrecourt. *Mesbrecourt.*
Sainte-Claire. *Saint-Hilaire.*
Sainte-Crois. *Sainte-Croix.*
Sainte-Geneviefve, Sainte-Geneviefve-devant-Soissons, Sainte-Gennevièvè. *Sainte-Geneviève.*
Sainte-Geneviève-de-Fay. *Fay.*
Sainte-Geneviève-de-Vassogne. *Vassogne.*
Sainte-Geneviève-lez-Rozoy. *Sainte-Geneviève.*
Sainte-Judée. *Saulx-Indré.*
Saint-Éloi-de-Barsi. *Barsy.*
Saint-Éloy-aux-Fontaines. *Saint-Éloi-Fontaine.*
Saint-Éloy-de-Sommelans. *Sommelans.*
Saint-Éloy-du-Grand-Fresnoy. *Fresnoy-le-Grand.*
Saint-Éloy-Fontainne. *Saint-Éloi-Fontaine.*
Sainte-Marguerite-de-Vermand. *Vermand.*
Saint-Émille. *Saint-Émile.*
Sainte-Péchine, Sa¹nte-Pécine. *Sainte-Pécinne.*
Sainte-Priebve, Sainte-Probve, Sainte-Proeuve. *Sainte-Preuve.*
Saint - Erme - Oultre - et - Ramecourt, Saint-Ermes. *Saint-Erme-Outre-et-Ramecourt.*
Sainte-Saudebierge. *La Fontaine-Sainte-Salaberge.*
Saint-Estienne-de-Fesmy. *Fesmy.*
Saint - Éticune - de - Proviseux. *Proviseux.*
Sainte-Trinité-de-Chemibault. *La Trinité.*
Sainte-Trinité-de-Trucy. *Trucy.*
Saint-Eugene. *Saint-Eugène.*
Saint-Évery-de-Chermisy. *Chermizy.*
Saint-Féry-et-Saint-Ferréole-de-Verneuil-sur-Aixne. *Verneuil-Courtonne.*
Saint-Fremin. *Saint-Firmin.*
Saint-Gaubin. *Saint-Gobain.*
Saint-Gaugery-de-Clamocy. *Clamecy.*
Saint-Gengoul, Saint-Gengoulpt, Saint-Gengoulptz, Saint-Gengouph. *Saint-Gengoulph.*
Saint-Georges-de-Guny. *Guny.*

Saint-Germain-deles-Lesquières. *Saint-Germain.*
Saint-Germain-les-Soissons. *Saint-Germain.*
Saint-Germain-lez-Lesquielles-en-Thoraisse. *Saint-Germain.*
Saint-Germain-lez-Soissons. *Saint-Germain.*
Saint-Giles-de-Nogent. *Nogent.*
Saint-Gilgouft, Saint-Gilgouz. *Saint-Gengoulph.*
Saint-Gobin, Saint-Goubain, Saint-Goubaing. *Saint-Gobain.*
Saint-Goubert. *Saint-Gobert.*
Saint-Guillain. *Saint-Guislain.*
Saint-Herme. *Saint-Erme.*
Saint-Hilaire-de-Révillon. *Révillon.*
Saint - Hilaire - et - Mongru. *Montgru-Saint-Hilaire.*
Saint - Hillaire - de - Béhorie. *Saint-Hilaire.*
Saint-Hombert-le-Mézière. *Saint-Humbert.*
Saint-Hubert-de-Behagne. *Behaine.*
Saint-Hubert-d'Évergnicourt. *Évergnicourt.*
Saint - Humbert - lez - Maisière, Saint-Humbert-prez-Mezières. *Saint-Humbert.*
Saint-Hylaire. *Saint-Hilaire.*
Saint-Hylaire-de-Bery-au-Bacq. *Berry-au-Bac.*
Saint - Ived - de - Braine, Saint-Iuvel. *Saint-Yved.*
Saint-Jangoulbt, Saint-Jangoul. *Saint-Gengoulph.*
Saint-Jean-Baptiste-de-Guivry. *Guivry.*
Saint-Jean-Baptiste-de-Pancy. *Pancy.*
Saint-Jean-Baptiste-de-Versigny. *Versigny.*
Saint-Jean-de-Moussy. *Moussy ; sur-Aisne.*
Saint-Jean-l'Évangéliste de la Ville-aux-Bois. *La Ville-aux-Bois-lez-Pontavert.*
Saint-Jehan-ès-Vingnes-de-Soissons. *Saint-Jean-des-Vignes.*
Saint-Jehan-Goulph. *Saint-Gengoulph.*
Saint-Julien-de-Neufville. *Neuville.*
Saint-Julien - de - Roiaulcourt, Saint-Julien-de-Royaucourt, Saint-Julien-de-Royaulcourt. *Saint-Julien.*
Saint-Laddre-lez-Saint-Quentin, Saint-Ladre, Saint - Ladre - dales - Saint-Quentin, Saint-Lapsare. *Petit-Neuville.*
Saint-Lasdre-soubz-Laon. *Montreuil.*
Saint-Laurent-d'Estrée. *Estrées.*

Saint-Laurent-de-Montecaup-le-Vuast. *Monceau-le-Wast.*
Saint - Lazdre - de - Chauny. *Saint-Lazare.*
Saint-Lazre. *Petit-Neuville.*
Saint-Léger-de-Mercin. *Mercin.*
Saint-Léger-de-Noroy. *Nauroy.*
Saint-Ligier-de-Soissons. *Saint-Léger.*
Saint-Loeys-de-Nogent-l'Ertaut. *Nogent-l'Artaud.*
Saint-Loup-et-Saint-Gilles-de-Plessy-les-Oulchy. *Plessier-Huleu.*
Saint-Maarc. *Saint-Médard.*
Saint-Marc. *Saint-Mard.*
Saint - Marcel - dessoubz - Laon, Saint-Marcel-soubz-Laon. *Saint-Marcel.*
Saint-Marcoul, Saint-Marcoul-de-Corbeny, Saint - Marcoul - de - Corbigni. *Corbeny.*
Saint-Marcq, Saint-Mard-la-Commune, Saint-Mardz. *Saint-Mard.*
Saint - Martin. Arbre - Saint - Martin. *Martin-Rieux. Ponthoille.*
Saint-Martin-aux-Trailles. *Saint-Martin-des-Treilles.*
Saint-Martin-d'Achery-Mayot. *Achery.*
Saint-Martin-d'Aisle. *Ailles.*
Saint-Martin-de-Benay. *Benay.*
Saint-Martin-de-Bonnes. *Bonnes.*
Saint-Martin-de-Bourg. *Bourg-et-Comin.*
Saint-Martin-de-Fresnes. *Fresne.*
Saint-Martin-de-Genlis. *Villequier-Aumont.*
Saint-Martin-de-Jehancourt. *Jeancourt.*
Saint-Martin-de-la - Celle - sous - Montmirail. *La Celle.*
Saint-Martin-de-Landricourt. *Landricourt.*
Saint-Martin-de-Molevon. *Montlevon.*
Saint-Martin-de-Monhennault. *Monthenault.*
Saint-Martin-de - Montigny - le - Franc. *Montigny-le-Franc.*
Saint-Martin-de-Nuvion - le - Comte. *Nouvion-le-Comte.*
Saint-Martin-d'Épourdon. *Épourdon.*
Saint-Martin-de-Regny. *Regny.*
Saint-Martin-de-Robecq. *Roubais.*
Saint-Martin-d'Étaves. *Étaves-et-Bocquiaux.*
Saint-Martin-de-Thiernut. *Thiernu.*
Saint-Martin-de-Touily. *Toulis.*
Saint - Martin – de - Vauxbuin. *Vauxbuin.*
Saint-Martin-de-Vesles. *Vesles-et-Caumont.*
Saint-Martin-de-Voucl. *Vouël.*

Saint-Martin-en-le-Rivière. *Saint-Martin-Rivière.*
Saint-Martin-le-Haut. *Chézy-l'Abbaye.*
Saint-Martin-lez-Macquigny. *Saint-Martin.*
Saint-Martin-Rieux. *Martin-Rieux.*
Saint-Martin-Rivierre. *Saint-Martin-Rivière.*
Saint-Médard-de-Beaurains. *Beaurain.*
Saint-Médard-de-Betencourt. *Béthancourt-en-Vaux.*
Saint-Médard-de-Daion. *Dallon.*
Saint-Médard-de-Dury. *Dury.*
Saint-Médard-de-Fluquières. *Fluquières.*
Saint-Médard-de-Liez. *Liez.*
Saint-Médard-de-Marcy. *Marcy.*
Saint-Médard-de-Poilly. *Pouilly.*
Saint-Médard-de-Pontavert. *Pontavert.*
Saint-Médard-de-Travecy. *Travecy.*
Saint-Médard-et-Saint-Gildard-de-Lhuys. *Lhuys.*
Saint-Michel-en-Teraisse, Saint-Michel-en-Thiérache, Saint-Michel-en-Thieraiche, Saint-Michel-en-Thiéraisse, Saint-Michel-en-Thieraisse, Saint-Michel-en-Thiérasce, Saint-Michel-en-Thiérasche, Saint-Michel-en-Thiérasse, Saint-Michel-en-Thiérasse, Saint-Michel-en-Thirasche, Saint-Michiel-en-Terache, Saint-Michiel-en-Terasce, Saint-Michiel-en-Terraische, Saint-Michiel-en-Tesraise, Saint-Michiel-en-Therasce, Saint-Michiel-en-Therasche, Saint-Michiel-en-Therasse, Saint-Michiel-en-Thiérasche, Saint-Michiel-en-Thiérasse, Saint-Michiel-en-Thiérasse. *Saint-Michel.*
Saint-Montain-de-Montbérault. *Montbérault.*
Saint-Nicholas, Saint-Nicholay-ou-Bos. *Saint-Nicolas-aux-Bois.*
Saint-Nicolas-d'Aubigny. *Aubigny.*
Saint-Nicolay. *Saint-Nicolas.*
Saint-Nicolay-dessous-Ribemont, Saint-Nicholay-ès-près-dessous-Ribemont. *Saint-Nicolas-des-Prés.*
Saint-Nicolay-ou-Boys. *Saint-Nicolas-aux-Bois.*
Saint-Paul-aux-Bois. *Moutier.*
Saint-Piarelle. *Saint-Pierre-Aigle.*
Saint-Piermont. *Saint-Pierremont.*
Saint-Pierre-Aelle, Saint-Pierre-à-Aile, Saint-Pierre-à-Aille, Saint-Pierre-Aille. *Saint-Pierre-Aigle.*
Saint-Pierre-d'Artonges. *Artonges.*

Saint-Pierre-de-Bucillis-en-Thierasche. *Bucilly.*
Saint-Pierre-de-Caillouël. *Caillouël-Crépigny.*
Saint-Pierre-de-Caumont. *Caumont.*
Saint-Pierre-de-Champs. *Champs.*
Saint-Pierre-de-Charcy. *Charcy.*
Saint-Pierre-de-Concevreux. *Concevreux.*
Saint-Pierre-de-Danisi. *Danizy.*
Saint-Pierre-de-Folembrai. *Folembray.*
Saint-Pierre-de-Fressancourt. *Fressancourt.*
Saint-Pierre-de-Gernicourt. *Gernicourt.*
Saint-Pierre-deles-la-Frankeville. *Saint-Pierre.*
Saint-Pierre-de-Montigny-sur-Crécy. *Montigny-sur-Crécy.*
Saint-Pierre-de-Moulin. *Moulins.*
Saint-Pierre-de-Troly. *Trosly.*
Saint-Pierre-d'Oulche. *Oulche.*
Saint-Pierre-en-Vallebon. *Vallon.*
Saint-Pierre-les-Francfville, Saint-Pierre-les-Vervins. *Saint-Pierre.*
Saint-Pierremont-et-Raris. *Saint-Pierremont.*
Saint-Pierre-Prest. *Saint-Pierrepré.*
Saint-Pierresles. *Saint-Pierre-Aigle.*
Saint-Pierreval. *Bois-Saint-Pierre.*
Saint-Pol, Saint-Pol-au-Bois, Saint-Pol-au-Bos, Saint-Pol-au-Boys, Saint-Pol-ou-Bois. *Saint-Paul-aux-Bois.*
Saint-Pri, Saint-Pril, Saint-Prist, Saint-Pry, Saint-Pry-emprès-Saint-Quentin. *Saint-Prix.*
Saint-Odbert. *Saint-Audebert.*
Saint-Oinne, Saint-Ouan, Saint-Ouen, Saint-Oyne. *Saint-Eugène.*
Saint-Quentin, Saint-Quentin-à-Courty. *Courtil.*
Saint-Quentin-d'Aizelles. *Aizelles.*
Saint-Quentin-d'Anguilcourt. *Anguilcourt.*
Saint-Quentin-de-Brye. *Brie.*
Saint-Quentin-de-Fresmont. *Froidmont.*
Saint-Quentin-de-Guyancourt. *Guyancourt.*
Saint-Quentin-de-Thenelle. *Thenelles.*
Saint-Quentin-en-Misery-Carnois-dit-Holnon. *Holnon.*
Saint-Quentin-en-Vermandois, Saint-Quentin-en-Vermandoys. *Saint-Quentin.*
Saint-Quentin-les-Louvery, Saint-Quentin-les-Louvry. *Saint-Quentin.*
Saint-Quiriace-de-Croutes. *Croutes.*
Saint-Remi-à-Ivri. *Saint-Remy-Blanzy.*

Saint-Remi-d'Amifontaine. *Amifontaine.*
Saint-Remi-de-Duisel. *Dhuizel.*
Saint-Remi-de-Pignicourt. *Pignicourt.*
Saint-Remi-de-Pithon. *Pithon.*
Saint-Remy. *Cour-Saint-Remy.*
Saint-Remy-à-Bois. *Bois-lez-Purgny.*
Saint-Remy-à-Ivry, Saint-Remy-Blousis, Saint-Remy-Blanzis, Saint-Remy-Blanzis. *Saint-Remy-Blanzy.*
Saint-Remy-de-Beaurieu. *Beaurieux.*
Saint-Remy-de-Charmes. *Charmes.*
Saint-Remy-de-Flavy-le-Martel. *Flavy-le-Martel.*
Saint-Remy-de-Gricourt. *Gricourt.*
Saint-Remy-de-Grisolles. *Grisolles.*
Saint-Remy-de-Paissy. *Paissy.*
Saint-Remy-de-Pithon. *Pithon.*
Saint-Remy-de-Roucy. *Roucy.*
Saint-Remy-de-Voyenne. *Voyenne.*
Saint-Remy-de-Willy. *Œuilly.*
Saint-Remy-Ivry. *Saint-Remy-Blanzy.*
Saint-Remy-les-Villiers. *Saint-Remy-et-Saint-Georges.*
Saint-Remy-Luvry, Saint-Remy-Yvril. *Saint-Remy-Blanzy.*
Saint-Salveur-de-Flavigny. *Flavigny-le-Grand.*
Saint-Seny. *Sinceny.*
Saint-Soupplis. *Saint-Sulpice.*
Saint-Sulpice-de-Fayet. *Fayet.*
Saint-Symon. *Saint-Simon.*
Saint-Théodulfe-de-Ranicourt. *Ranicourt.*
Saint-Théodulphe-de-Gronart. *Gronard.*
Saint-Thibault. *Saint-Thibaut.*
Saint-Thibaut-de-Fontenelle. *Fontenelle.*
Saint-Thiébaut, Saint-Thiébaut-dessus-Bazoches. *Saint-Thibaut.*
Saint-Thoinne. *Saint-Eugène.*
Saint-Victor-de-Beaulne. *Beaulne-et-Chivy.*
Saint-Vincent. *Sulnoce.*
Saint-Vincent-lez-Laon, Saint-Vincheut. *Saint-Vincent.*
Saint-Vougis. *Saint-Vulgis.*
Saint-Vuast. *Saint-Vast.*
Saint-Vuast-de-la-Ferté-Millon. *La Ferté-Milon.*
Saint-Vuast-d'Origny-Sainte-Benoite. *Origny-Sainte-Benoite.*
Saint-Wast-des-Crouttes. *Crouttes.*
Saint-Wougis. *Saint-Vulgis.*
Saint-Ylaire. *Saint-Hilaire.*
Saint-Yved-de-Brainne. *Saint-Yved.*
Sainz. *Sains.*

Saireium, Sairi, Sairiacum, Sairy. *Sery-lez-Mézières.*
Saisinufficurtis, Saismencourt. *Senancourt.*
Saive-Maisnoise. *Mannoises* (bois).
Salencourt. *Senancourt.*
Salix. *Saucet.*
Sallesongne. *Salsogne.*
Salmoncei, Salmonciácum, Salmongiacum, Salmuncei, Salmunciacum, Salmunciagum, Salmuntiacum. *Samoussy.*
Salnerie. *Sagnière.*
Salobré. *La Salobrée.*
Salsongne. *Salsogne.*
Salvamentum, Salvatorium-Beate-Marie, Salvatorium-juxta-Laudunum, Salvatorium - subtus - Laudunum, Salvatum-Beate-Marie-subtus-Laudunum. *Le Sauvoir.*
Salvonarie-supra-Matronam. *La Sablonnière.*
Sambra. *La Sambre* (rivière).
Samoncí, Samouey. *Samoussy.*
Sancheny. *Sinceny.*
Sanchery. *Saulchery.*
Sanchiaus. *Saucet.*
Sancta-Benedicta. *Origny-Sainte-Benoite.*
Sancta-Crux. *Sainte-Croix.*
——— Crux-de-Novo-Castro. *Neufchâtel.*
Sancta-Genovefa. *Sainte-Geneviève.*
——— Genovefa-de-Anisiaco. *Anizy-le-Château.*
Sancta-Genovefa-de-Brissiaco. *Brissy.*
Sancta-Maria-de-Chasella. *Séchelles.*
——————— Nogento. *Nogent.*
——————— Ulcheio. *Oulchy-le-Château.*
Sancta-Maria-do-Vivariis. *Vivières.*
——— Fontis-Somone. *Fonsomme.*
Sancta-Maria Humolaris. *Homblières.*
——— Noviandi. *Nogent.*
——— Vermandensis. *Vermand.*
Sancta-Proba. *Sainte-Preuve.*
——— Sallaberga. *La Fontaine Sainte-Salaberge.*
Sancta-Trinitas-Longiprati. *Longpré.*
Sancti. *Sains.*
Sanctiniacum. *Santigny* (fontaine).
Sanctus-Albinus. *Saint-Aubin.*
——— Algisus. *Saint-Algis.*
——— Anianus. *Saint-Agnan.*
——— Audebertus. *Saint-Audebert.*
——— Bandaridus - de - Arthasia. *Saint-Bandry.*

Sanctus-Christoforus. *Saint-Christophe-à-Berry.*
Sanctus-Ciricus. *Saint-Cyr.*
——— Cochonus. *Corneil.*
——— Crispinus-de-Chavea, Sanctus-Crispinus-in-Cavea. *Saint-Crépin-en-Chaye.*
Sanctus-Crispinus-Major. *Saint-Crépin-le-Grand.*
Sanctus-Eligius-Fons. *Saint-Éloi-Fontaine.*
Sanctus-Eloquius. *Saint-Lot.*
——— Erminius, Sanctus-Erminus. *Saint-Erme.*
Sanctus-Evodius, Sanctus-Evodius-de-Brana. *Saint-Yved* (abbaye).
Sanctus-Germanus. *Saint-Germain.*
——— Germanus - de - Ribodimonte. *Saint-Germain.*
Sanctus-Gingulphus. *Saint-Gengoulph.*
——— Gobanus. *Saint-Gobain.*
——— Gobertus. *Saint-Gobert.*
——— Goubanus, Guobanus. *Saint-Gobain.*
Sanctus-Hermes, Sanctus-Herminus. *Saint-Erme.*
Sanctus-Johannes. *Saint-Jean.*
——— Johannes-de-Burg, Johannes-in-Burgo. *Saint-Jean-au-Bourg.*
Sanctus-Johannes-in-colle-Suessionico. *Saint-Jean-des-Vignes.*
Sanctus-Lambertus. *Saint-Lambert.*
——— Lazarus. *Saint-Lazare.*
——— Lazarus, Sanctus-Lazarus-sub-Laudunum. *Montreuil.*
Sanctus-Marcellus, Sanctus-Marcellus-subtus-Laudunum. *Saint-Marcel.*
Sanctus-Marculfus. *Corbeny.*
——— Martinus. *Saint-Martin. Le Sart-Saint-Martin.*
Sanctus-Martinus-de-Haleio. *Harly.*
——— Martinus-de-Huduvilla. *Haudreville.*
Sanctus-Martinus-de-Missiaco. *Missy-lez-Pierrepont.*
Sanctus-Martinus-de-Regniaco. *Regny.*
Sanctus-Martinus-de-Riveria. *Saint-Martin-Rivière.*
Sanctus-Martinus-des-Trailles. *Saint-Martin-des-Treilles.*
Sanctus-Martinus-de-suburbio-Lauduni. *Saint-Martin.*
Sanctus-Martinus-Inferior. *Chézy-l'Abbaye.*
Sanctus-Martinus-in-Riparia, Sanctus-Martinus-in-Ripparia. *Saint-Martin-Rivière.*

Sanctus-Martinus-Laudunensis. *Saint-Martin* (abbaye).
Sanctus - Martinus - prope - Maquigny. *Saint-Martin.*
Sanctus-Martinus-Rivo. *Martin-Rieux.*
——— Martinus - Superior. *Chézy-l'Abbaye.*
Sanctus-Mauritius-de-Vaurezies. *Vaurezis.*
Sanctus-Medardus. *Saint-Mard.*
——— Medardus - de - Poncignicort. *Pontsericourt.*
Sanctus-Medardus-in-Communia. *Saint-Mard.*
Sanctus-Michael-de-Landierfait. *Laudifay.*
Sanctus-Michael-de-Sarto, Sanctus-Michael-de-Silva, Sanctus-Michael-de-Teorasca, Sanctus-Michael-de-Teracia, Sanctus-Michael-de-Terasea, Sanctus - Michael - de - Teraschia, Sanctus - Michael - de - Terrassia, Sanctus-Michael-de-Terrassia, Sanctus-Michael-de-Therasia, Sanctus-Michael-in-Terasca, Sanctus-Michael-in-Terassia, Sanctus-Michael-in-Teratia, Sanctus-Michael-in-Theraischia, Sanctus-Michael-in-Theresa, Sanctus-Michael-in-Theraschia, Sanctus-Michael-in-Theraschie-Silva. *Saint-Michel.*
Sanctus-Monholus - de - la - Montjoye. *Montjoie.*
Sanctus-Mychael, Sanctus-Mychael-de-Therasca. *Saint-Michel.*
Sanctus-Nicholaus. *Saint-Nicolas-aux-Bois.*
Sanctus-Nicholaus-de-Aubentonno. *Aubenton.*
Sanctus-Nicholaus-de-Boscho, Sanctus-Nicholaus-de-Bosco. *Saint-Nicolas-aux-Bois.*
Sanctus - Nicholaus - de - Clarofonte. *Clairefontaine.*
Sanctus - Nicholaus - de - Novo - Castro. *Neufchâtel.*
Sanctus - Nicholaus - de - Maria. *Saint-Nicolas.*
Sanctus-Nicholaus-de-Nemore. *Saint-Nicolas-aux-Bois.*
Sanctus-Nicholaus-de-Pratis, Sanctus-Nicholaus-de-Prato, Sanctus-Nicholaus-de-Ribbemont, Sanctus-Nicholaus-de-Ribemont, Sanctus-Nicholaus-de-Ribodimonte, Sanctus-Nicholaus-in-Pratis. *Saint-Nicolas-des-Prés.*
Sanctus-Nicholaus-de-Rucy. *Roucy.*

Sanctus-Nicholaus-de-Saltu, Sanctus-Nicholaus-de-Silva que dicitur Vedogium, Sanctus-Nicholaus-de-Silva-Vedogii, Sanctus-Nicholaus-de-Vosago, Sanctus-Nicholaus-in-Boscho, Sanctus-Nicholaus-in-Bosco. *Saint-Nicolas-aux-Bois.*

Sanctus-Nicholaus-in-Pratis, Sanctus-Nicholaus-sub-Ribodimonte. *Saint-Nicolas-des-Prés.*

Sanctus-Paulus-in-Nemore. *Saint-Paul-aux-Bois.*

Sanctus-Petrus. *Saint-Pierre.*

——— Petrus-Bucelliensis, Sanctus-Petrus-de-Bucillis. *Bucilly.*

Sanctus-Petrus-de-Calce. *Saint-Pierre-à-la-Chaux.*

Sanctus-Petrus-de-Coinssiaco. *Coincy.*

——— Petrus-de-Condrinio. *Condron.*

——— Petrus-de-Crespiaco, Sanctus-Petrus-de-Crispeio. *Crépy.*

Sanctus-Petrus-Fontissume. *Fonsomme.*

——— Petrus-in-Canali. *Canali.*

——— Petrus - juxta - Francovillam. *Saint-Pierre.*

Sanctus - Petrus - Mons. *Saint-Pierremont.*

Sanctus - Petrus - Vallis. *Bois - Saint-Pierre.*

Sanctus - Prejectus - juxta - Sanctum - Quintinum, Sanctus - Prejectus - Sancti-Quintini. *Saint-Prix.*

Sanctus-Quintinus - in - Viromandia. *Saint-Quentin.*

Sanctus-Remigius. *Saint-Remy-du-Mont-de-Neuilly.*

Sanctus-Remigius - apud - Yvri. *Saint-Remy-Blanzy.*

Sanctus-Remigius-de-Anisiaco. *Anizy.*

——— Remigius - de - Grandi - Luco. *Grandlup-et-Fay.*

Sanctus-Remigius-de-Ivreio, Sanctus-Remigius-d'Ivri. *Saint-Remy-Blanzy.*

Sanctus-Remigius-de-Jury. *Jury.*

——— Remigius-de-Maceriis. *Mézières.*

Sanctus-Remigius-de-Suisyaco. *Suzy.*

——— Salvator-de-Flavigniaco. *Flavigny-le-Grand.*

Sanctus-Simo. *Saint-Simon.*

——— Stephanus-de-Suburbio, Sanctus - Stephanus - in - Campis. *Saint-Étienne.*

Sanctus-Stephanus-Fidemensis. *Fesmy.*

——— Stephanus-juxta-Suessionem. *Saint-Étienne.*

Sanctus-Sulpitius, Sanctus - Sulpitius-prope-Guisiam. *Saint-Sulpice.*

Sanctus-Symo. *Saint-Simon.*

——— Theobaldus, Sanctus - Theobaldus - juxta - Basochias. *Saint-Thibaut.*

Sanctus-Thomas. *Saint-Thomas.*

——— Vedastus-Aurigniacensis. *Origny-Sainte-Benoîte.*

Sanctus - Vedastus - prope - Feritatem. *Saint-Vast.*

Sanctus-Vincentius. *Saint-Vincent.*

——— Vulgisius-de-Firmitate - Milonia, Sanctus-Vulgissus. *Saint-Vulgis.*

Sanctus-Yvedius, Sanctus-Yvedius-de-Bruna. *Saint-Yved.*

Sangnière, Sanière, Sanières. *Sagnière.*

Sannicort. *Senancourt.*

Sannier, Sannière, Sanuières. *Sagnières.*

Sansi, Sanssy, Sansy. *Sancy.*

Santegni, Santiniacum. *Santigny.*

Saponai, Saponet, Saponeum, Saponnai, Sapponnay. *Saponay.*

Sara. *La Serre (rivière).*

Sard. *Le Sart.*

Sard-du-Nouvion. *Forêt du Nouvion.*

Sargniacum. *Cerny-lez-Bucy.*

Sariacus. *Sery-lez-Mézières.*

Sarmaises, Sarmasia, Sarmesia. *Sermoises.*

Sarni. *Cerny-lez-Bucy.*

Sarniacum. *Cerny-en-Laonnois. Cerny-lez-Bucy.*

Sarny, Sarny-les-Bucy, Sarny-les-Bussy. *Cerny-lez-Bucy.*

Sarrazin. *Sarzin.*

Sarrouars. *Sarrouart.*

Sars (Le). *Le Sart.*

Sars-l'Abbé. *Le Sart-l'Abbé.*

Sars-Saint-Martin. *Le Sart-Saint-Martin.*

Sartaux. *Certeau.*

Sarteas. *Certaux.*

Sarteaux. *Certeau.*

Sartelli, Sartels. *Certaux. Certeau.*

Sart-en-Cambrésis. *Le Sart.*

Sartiaus. *Certeau.*

Sartiaux. *Certaux. Certeau.*

Sartiax. *Certeau.*

Sart-Lempire. *Lempire.*

Sart-sur-Sère, Sart-sur-Serre, Sartum. *Le Sart.*

Sasnoncurtis, Sasnulcurt. *Senancourt.*

Sasserie. *Sacerie.*

Sassy. *Sacy.*

Satelli. *Certaux.*

Saucay, Saucel, Saucellum, Saucez. *Saucet.*

Saucheri, Sauchery, Sauchery - le - Pont. *Saulchery.*

Saucy, Saucy-les-Dallon. *Saulcy.*

Saulcet. *Saucet.*

Saulcheriacum. *Saulchery.*

Saulchoix. *Le Saussois.*

Saulchy, Saulchy-les-Dallon. *Saulcy.*

Saulcy. *Saucy.*

Saulmoncy, Saulmoucy. *Samoussy.*

Saulnières. *Sagnière.*

Saulsay. *Saucet.*

Sault (La). *L'Ange-Gardien.*

Saulvoir - souba - Laon, Saulvoys. *Le Sauvoir.*

Saumoci, Saumoncei, Saumonci, Saumonciacus, Saumoncy, Saumoucy. *Samoussy.*

Sauriacum. *Sourdle.*

Saussay, Saussaye, Saussel. *Saucet.*

Sausy, Saussy-sur-Aisne. *Saucy.*

Sauvercis, Sauvergi, Sauvresi, Sauversy, Sauversie, Sauverzy. *Sauvrecis.*

Sauvoir-desous-Laon, Sauvoire, Sauvoir-Notre-Dame-desous-Laon. *Le Sauvoir.*

Sauvresi, Sauvresis, Sauvresy, Sauvresya, Sauvrezy. *Sauvrecis.*

Sauvriannoy. *Savriennois.*

Saux. *La Saulx.*

Savarie. *Ru de Savières (rivière).*

Savelonnières. *La Sablonnière.*

Saveria. *Ru de Savières (rivière).*

Saveriaunoi, Saveriaunoy, Saveryannoi. *Savriennois.*

Savi, Saviacum, Saviscus. *Savy.*

Savigny-le-Sot. *Chavigny.*

Savoir-desous-Laon. *Le Sauvoir.*

Savriannoy, Savrianoy, Savriennoy, Savriennoys, Savrienois, Savrienoit, Savriesnois. *Savriennois.*

Savye, Savy-les-Pierpont. *Savy.*

Sayri-Maisières. *Sery-lez-Mézières.*

Scald, Scalda, Scaldea, Scaldus. *Escaut (rivière).*

Scalis. *Lesquielles.*

Scalt, Scalta, Scalth, Scaltus. *Escaut (rivière).*

Scambulla. *Étourelles.*

Scellier (Le). *Le Cellier.*

Schald, Schaldis. *Escaut (rivière).*

Scherie. *Esquehéries.*

Scorpion. *Corbion.*

Scbauercourt. *Sebacourt.*

Sec-Annois, Sec-Annoy, Sec-Aulnoy, Sec-Aunoy. *Sec-Aulnois.*

Secchehart, Sechehar, Sechehart, Seckehard. *Sequehart.*

TABLE DES FORMES ANCIENNES.

Socq-Aulnoy, Socq-Aunoy. *Sec-Aulnois.*
Socq-Épinette. *L'Épinette.*
Secquebard, Secquebart. *Sequehart.*
Seenz. *Sains.*
Segardi terra. *Sequehart.*
Segoncort, Segoncourt, Segouncort. *Seboncourt.*
Segreil, Segril. *Les Avoueries* (bois). *Saint-Jean* (bois).
Segrils. *Ségril* (ruisseau).
Seguncourt, Seguncurtis, Segundicurtis. *Seboncourt.*
Seille. *La Selle* (rivière).
Seincheny. *Sinceny.*
Seinz. *Sains.*
Sekehart. *Sequehart.*
Selaigne. *Selaine.*
Selan-près-Coucy. *Selens.*
Selo-de-lez-Vailly. *Celles-sur-Aisne.*
Selegna, Seleingne. *Selaine.*
Selenchy, Selenci. *Selency.*
Selenz. *Selens.*
Sella. *La Selle* (rivière).
Selle. *Celles-sur-Aisne. Leschelle.*
Sellenchy. *Selency.*
Selles-Embrio. *Celles-lez-Condé.*
Selles-sur-Aixne. *Celles-sur-Aisne.*
Selvai. *Servais.*
Selve-Mainoise. *Mannoises* (bois).
Semelei, Semeliacum, Semelli, Semiliacum, Semilli, Semilliacum, Semilli-subtus-Laudunum, Semilly-soubz-Laon. *Semilly.*
Semolent. *Sommelans.*
Semylly-soubz-Laon. *Semilly.*
Senaive. *Senave.*
Sence-Madame. *La Cense-Madame.*
Senecourt. *Senicourt.*
Senerchi, Senerchies, Senerci, Senercis, Senersis, Senersy. *Senercy.*
Senicourt-leez-Chauny. *Senicourt.*
Senly. *Essenlis.*
Sennercy. *Senercy.*
Sentigni. *Santigny.*
Seont. *Sons-et-Ronchères.*
Sepi. *Cépy.*
Sepli, Sepli-sur-Sère, Seply, Seply-leys-Cracy, Seply-sur-Serre. *Ceply.*
Sepmont, Sepmons. *Septmonts.*
Septem-Fontes. *Surfontaine.*
Septem-Valles. *Septvaux.*
Sepimonz. *Septmonts.*
Septvaus, Sepvaulx, Sepvaux. *Septvaux.*
Sequar. *Sequehart.*
Sera. *La Serre* (rivière).
Serain-en-Cambresis. *Serain.*
Seraing, Serainliu. *Serain* (bois).

Seraulcourt, Seraulcourt-le-Grand. *Seraucourt.*
Seraulcourt-le-Petit. *Hamet.*
Serayn. *Serain.*
Serchez. *Serches.*
Serchueil. *Cerseuil.*
Sere. *La Serre* (rivière).
Serena, Serenes. *Serain.*
Serenefontes, Serfontaine, Serfontaines, Serfontainnes. *Surfontaine.*
Sergi. Sergy-en-Tardenois. *Sergy.*
Seri, Seriacus. *Sery-lez-Mézières.*
Séricourt. *Anguilcourt-le-Sart.*
Scrigniecort. *Sorricourt.*
Scrils. *Sery-lez-Mézières.*
Seringe, Seringe-et-Nelle, Seringe-et-Nesle. *Seringes-et-Nesles.*
Serisy. *Cerisy.*
Serliu. *Corlud.*
Sermaises. *Sermoise.*
Serni-en-Lanois, Serny. *Cerny-en-Laonnois.*
Serny. *Cerny-lez-Bucy.*
Serny-en-Laonnois. *Cerny-en-Laonnois.*
Serny-les-Bucy, Serny-les-Bussy. *Cerny-lez-Bucy.*
Serocort, Seroucourt, Scrolcurt, Scrolcurtis, Scroucort, Seroucurt. *Seraucourt.*
Serpe. *Renocq.*
Serra. *La Serre* (rivière).
Serre-y-court, Sarricourt. *Anguilcourt-le-Sart.*
Serry. *Sery-lez-Mézières.*
Sertaux. *Certeau.*
Serue. *Seru.*
Servai, Servay, Servays. *Servais.*
Serve (La). *La Selve.*
Serves, Servez. *Servais.*
Séry-Maizière, Sery-Maizières, Sery-Mézière, Sery-sur-Oise. *Sery-lez-Mézières.*
Sessereux. *Cessereux.*
Sessiacum. *Sissy.*
Sessières. *Cessières.*
Sessonia. *Sissonne.*
Sesvaux, Sesvax. *Septvaux.*
Setmonz. *Septmonts.*
Setvaux. *Septvaux.*
Seunt. *Sons-et-Ronchères.*
Seurfontainne. *Surfontaine.*
Seus. *Seus* (bois).
Sevallis, Sevault, Sevaux. *Septvaux.*
Seves. *La Selve.*
Sexvaux. *Septvaux.*
Seyri. *Sery-lez-Mézières.*
Siccus-Alnetus. *Sec-Aulnois* (bois).

Sierge (La). *La Siège.*
Sierges. *Cierges.*
Siliacus. *Silly-la-Poterie.*
Silly. *Cilly.*
Silly-la-Potterie. *Silly-la-Poterie.*
Silva. *La Selve.*
Silvacum, Silvagium, Silvaicum, Silvaticum, Silvei, Silviacum. *Servais.*
Similiacum, Similiacum-subtus-Laudunum. *Semilly.*
Sincenis, Sincheny. *Sinceny.*
Sinicort. *Senicourt.*
Sininicurt. *Senancourt.*
Siniscort. *Senicourt.*
Siry. *Ciry-Salsogne.*
Sisi, Sisiacus. *Sissy.*
Sisona. *Sissonne.*
Sis-outre-Aisne, Sisse. *Cys-la-Commune.*
Sissi, Sissiacus. *Sissy.*
Sissona, Sissonne-la-Françoise, Sissonia. *Sissonne.*
Sobay. *Sorbais.*
Socq. *La Souche* (rivière).
Sodolegus, Sodoleium. *Le Soulier.*
Sohiercourt. *Seraucourt.*
Sohilis. *Le Soulier.*
Soicourt. *Soyecourt.*
Soilemont. *Solmont.*
Soilli, Soilliacum. *Le Soulier.*
Soiruth. *Seru.*
Soisa, Soise. *Soize.*
Soisson. *Soissons.*
Soizes. *Soize.*
Solemons, Solemont. *Solmont.*
Soleregium. *Le Soulier.*
Sollemont. *Solmont.*
Solli, Sollier. *Le Soulier.*
Solma. *Essonnes.*
Solmont-en-Thierrache. *Solmont.*
Soma. *Essonnes. Somme* (rivière).
Sombacourt. *Sebacourt.*
Somelan, Somelenz, Somelet. *Sommelans.*
Somana. *Somme* (rivière).
Someron. *Sommeron.*
Somescault. *Somescaut* (fontaine).
Somina, Somma. *Somme* (rivière).
Sommecte. *Sommette-Éaucourt.*
Sommelan, Sommeland, Sommeleus, Sommelent. *Sommelans.*
Sommetas, Sommette-lez-Ham-en-Vermandois, Sommeties. *Sommette-Éaucourt.*
Somna. *Somme* (rivière).
Somnete. *Sommette-Éaucourt.*
Son. *Sons-et-Ronchères.*
Son-la-Ville. *Sannoville.*

45.

356   TABLE DES FORMES ANCIENNES.

Sonmelant. *Sommelans.*
Sons-et-Ronchières, Sont, Sont-juxta-Chastillonz. *Sons-et-Ronchères.*
Soordi, Soort. *Sort.*
Sopi, Sopiacum, Soppi, Soppiacum. *Soupir.*
Sopia. *La Suippe* (rivière).
Soq. *La Souche* (rivière).
Sorbai, Sorbaix, Sorbay, Sorbays. *Sorbais.*
Sorbeium. *Sorbi.*
Sorbois. *Sorbais.*
Sorby. *Sorbi.*
Sore. *Sort.*
Sorgnicort, Sorgnicurtis. *Sornicourt.*
Sornai. *Sorny.*
Sornicort, Sornicurt. *Sornicourt.*
Sorre, Sorres, Sors. *Sort.*
Sort. *Le Sourd.*
Sosma, Sosmensis-Prepositura. *Essommes.*
Soubacourt, Soubacourt, Soubarcourt, Soubaucourt, Soubecort, Soubecourt. *Sebacourt.*
Soubgland, Soubsgland. *La Rue-de-Sougland.*
Souci, Souciacus. *Soucy.*
Souglan, Sougland, Souglans, Souglant. *La Rue-de-Sougland.*
Souley. *Soucy.*
Souliart. *Souillard.*
Soumelan, Soumelans, Soumelant, Soumelon, Soumelent. *Sommelans.*
Soumeron. *Sommeron.*
Soumete. *Sommette-Éaucourt.*
Souminette. *Saulminotte.*
Soupeiacensis-Parochia, Soupeium, Soupi, Soupiacum, Soupi-la-Vile, Soupire, Souppi. *Soupir.*
Souppiacum. *La Cour-de-Soupir. Soupir.*
Souppir, Souppy, Souppyacum, Souppy-en-Lannois, Souppy-en-Lannoys, Soupy. *Soupir.*
Sour (Le). *Le Sourd.*
Sourbais. *Sorbais.*
Sourbarcort. *Sebacourt.*
Sourbay, Sourbays. *Sorbais.*
Sourdet. *La Censo-du-Sourd.*
Sourt. *Le Sourd.*
Sousbaucourt. *Sebacourt.*
Sousenval, Suus-en-Val. *Suzenval.*
Sous-Périère. *Sous-la-Périère.*
Sousy. *Suzy.*
Souxmete. *Sommette-Éaucourt.*
Soyssons. *Soissons.*
Spanni. *Épagny.*
Sparnant. *Pernant.*
Sparsi, Sparsiacus. *Éparcy.*

Spata. *L'Épec.*
Sphani. *Épagny.*
Spicarium. *Épieds.*
Spina. *L'Épine.*
Spina-ad-Nemus. *L'Épine-aux-Bois.*
Spinetum. *Épinois.*
Spinoit. *L'Épinois.*
Spordon. *Épourdon.*
Spritellum. *Épritel.*
Stabule, Staules. *Étaves.*
Stovella, Stovelle. *Étouvelles.*
Strabiletum, Strailetum, Streiliers, Strailletum. *Étreillers.*
Strata, Strate. *Étréaupont.*
Strateliers. *Étveillers.*
Straum. *Estraon.*
Strea, Streia. *Étréaupont.*
Subacourt, Subalcurt, Subarcourt, Subaucourt. *Sebacourt.*
Suciacum. *Soucy.*
Sucrerie (La). *La Croix-du-Vieux.*
Suescio, Suesio, Sucssio, Sucssiones urbs. *Soissons.*
Sucsiacum. *Suzy.*
Sucssionica provincia, Sucssionicum territorium, Suessionicus pagus, Suessionis civitas, Suessionum civitas. *Le Soissonnais* (province).
Suessona, Suessonia. *Sissonne.*
Suessonas, Suessons. *Soissons.*
Suippia. *La Suippe* (rivière).
Suisi, Suisiacum, Suisi-en-Laonnois, Suissi, Suisy, Suizy. *Suzy.*
Sulcy. *Soucy.*
Sullemont. *Surlemont.*
Sulpi. *Soupir.*
Suma. *Somme* (rivière).
Sumelan, Sumelent. *Sommelans.*
Sumeli. *Semilly.*
Sumencault. *Somoscaut.*
Sumerum. *Sommeron.*
Sumeta, Sumete. *Sommette.*
Sumina, Summa. *Somme* (rivière).
Summelens, Summelent. *Sommelans.*
Summerum. *Sommeron.*
Summeta. *Sommette.*
Sumna. *Somme* (rivière).
Sunt. *Sons-et-Ronchères.*
Supe. *La Suippe* (rivière).
Supeium. *Soupir.*
Superior-Curtis. *Concevreux.*
Supi. *Soupir.*
Suppe. *La Suippe* (rivière).
Suppeium. *Soupir.*
Suppia, Suppiaum. *La Suippe* (rivière).
Surbis. *Sorbi* (territoire).
Surmellin. *Le Surmelin* (rivière).
Susanivallis, Suzanval. *Suzenval.*

Susci, Susciacum. *Soucy.*
Susenval. *Suzenval.*
Susi, Susicum, Susy, Suysiacum, Suzi. *Suzy.*
Sylly. *Silly-la-Potorie.*
Syry. *Ciry-Salsogne.*
Sysi, Syssi. *Sissy.*
Syssona, Syssone, Syssonia-la-Françoise, Syssonne. *Sissonne.*
Sysxy. *Sissy.*

T

Tafournet. *Tafournay.*
Tagnière, Tagnières, Taignières. *Tannières.*
Taillefontainne, Taillefonteine. *Taillefontaine.*
Taillepié. *Taillepieds.*
Taisnerie, Taisnières. *Tanière. Tannières.*
Tanierie, Tanières. *Tannières.*
Tarascia. *La Thiérache* (contrée).
Tarci, Tarcy. *Torcy.*
Tardanensis comitatus, Tardanensis pagus, Tardanesium, Tardanum, Tardenoy, Tardenoys, Tardinisus, Tardonensis pagus, Tardunesis. *Le Tardenois* (province).
Targui. *Terny.*
Targny. *Tergnier. Terny.*
Tarigny. *Tergnier.*
Tartenoys. *Le Tardenois* (province).
Tartié, Tartiel, Tartielx, Tartier, Tarties, Tartigerium. *Tartiers.*
Tarvanna. *Tervanne.*
Tasine, Tasinieous. *Tassigny.*
Tauchère, Tauchières-les-Septmont. *Tauchères* (bois).
Tauriniacum. *Thorigny.*
Taut. *Taux.*
Taveau, Taveaulx, Taveaux, Tavellus, Taviaulx, Tavious, Taviaux. *Tavaux.*
Teloniæ. *Thenailles.*
Tempcz. *Le Tempet.*
Tenailes. *Thenelles.*
Tenaillo, Tenailles-l'Abbie, Tenaillie, Tenalie, Tenalle. *Thenailles.*
Tonella. *Thenelles.*
Tonellæ, Tenolie. *Thenailles.*
Tenuilis. *Thenelle.*
Tooracia pagus, Terasca, Terascin. *La Thiérache* (contrée).
Tergniacus. *Terny.*
Tergnut. *Thiernut.*
Tergny. *Tergnier.*
Terisclve. *Thierrisuelle.*

TABLE DES FORMES ANCIENNES. 357

Terni. *Terny.*
Terniacum. *Tergnier.*
Ternu. *Thiernut.*
Ternuel. *Thiernuel.*
Ternut. *Thiernut.*
Terny. *Tergnier.*
Terracia. *La Thiérache* (contrée).
Terra-Marconis. *Marchais.*
Terrasche, Terrascia, Terrassia. *La Thiérache* (contrée).
Terrei. *Thierret.*
Terreigny. *Terny.*
Terrier-Prévost (Le). *Le Terrier.*
Tervana, Tarvani, Tervenne. *Tervanne.*
Tetoyo. *Tétoie.*
Teubie. *Tuby.*
Teurcy. *Torcy.*
Tevengni, Tevigni, Tevigniacum, Tevinniacum, Tevvengi, Tevvengnis. *Thévigny.*
Thaisignis. *Tassigny.*
Thaisnerie. *La Tanière.*
Thau, Thaux. *Taux.*
Thaveals, Thaveau, Thaveaulx, Thaveaux, Thaviaus, Thaviaux. *Tavaux.*
Théandrie. *La Théoderie.*
Thenailles-sur-Oise, Thenelle. *Thenelles.*
Thenelles. *Thenailles.*
Thenellis. *Thenailles. Thenelle.*
Thenoliæ, Thenolium, Thenolliæ. *Thenailles.*
Theoracensis pagus, Theorascia silva, Thoorasia, Therace, Theraisse, Thèrasca, Therasche, Theraschiæ silva, Therassia. *La Thiérache* (contrée et forêt).
Thérigny-en-Laonnois. *Thierny.*
Therisseule. *Thierrisuelle* (bois).
Thernut. *Thiernut.*
Therusseule, Therussulle. *Thierrisuelle* (bois).
Thesy. *Thézy.*
Thiauderie. *La Théoderie.*
Thiéraische, Thiéraisse, Thiérasce, Thiérasche, Thiérasse. *La Thiérache* (contrée).
Thieregny, Thierengi, Thiergni, Thierguy, Thierigni, Thierigniacus, Thierigny, Thieringui, Thirigniacum. *Thierny.*
Thierneuf. *Thiernut.*
Thierré. *Thierret.*
Thierregny, Thierrigny. *Thierny.*
Thieullerie (La). *La Tuilerie.*
Thievigni, Thievignis. *Thévigny.*
Thigny. *Tigny.*

Thinselva, Thinselve. *Tinselve.*
Thirasse. *La Thiérache* (contrée).
Thireni, Thirigniacum. *Thierny.*
Thoegni, Thoeni, Thoiniacum. *Thony.*
Thoiri, Thoiri-super-Isaram, Thoiry. *Thury.*
Tholis. *Toulis.*
Thombelle. *La Tombelle.*
Thooni, Thoony. *Thony.*
Thoregni, Thorcigni, Thorcigny, Thoriniacus, Thorinny. *Thorigny.*
Thorry. *La Haute-Pie.*
Thorsy. *Torcy.*
Thortloir. *Le Tortoir.*
Thory. *La Haute-Pie.*
Thosny. *Thony.*
Thou. *Taux.*
Thoulis, Thoullis, Thoully, Thoullys, Thoulys. *Toulis.*
Thoursy. *Torcy.*
Thoyri. *Thury.*
Thrésor (Le). *Le Trésor.*
Throlli. *Trosly.*
Thuandrie. *La Théoderie.*
Thuellerie. *La Tuilerie.*
Thueries (Les). *Les Tueries.*
Thugni, Thugny. *Tugny.*
Thuillerie (La). *Le Moulin du Milieu.*
Thuillerye. *La Tuilerie.*
Thupigny, Thuppigny. *Tupigny.*
Thuri. *Thury.*
Thury. *Les Tueries.*
Thyerache. *La Thiérache* (contrée).
Thyerigny. *Thierny.*
Thyerissuelle. *Thierrisuelle* (bois).
Thyernu. *Thiernut.*
Thyorrigny. *Thierny.*
Tibies, Tibii, Tiebis. *Tuby.*
Tierest. *Thierret.*
Ticrigny. *Thierny.*
Tierissuele, Ticrissuelle. *Thierrisuelle* (bois).
Tierneuf, Tierneut, Tiernut. *Thiernut.*
Tierny. *Thierny.*
Tierre, Tierret. *Thierret.*
Tyerigny. *Thierny.*
Tievinianus. *Thévigny.*
Tigni. *Tigny.*
Tilie. *Le Tilleul* (bois).
Tilleroye (La). *Tilleroie.*
Tilleum. *Le Thil.*
Tillevot. *Tilvot.*
Tilleyum. *Le Thil* (bois).
Tilloi, Tilloie, Tillois, Tilloit. *Tilloy.*
Tilvaux. *Tilvot.*
Tilvot. *Dannemarie.*
Tinoolve. *Tinselve.*
Tingni. *Tigny.*

Tinselva, Tinserve, Tinsilva. *Tinselve.*
Tiollet. *Le Thiolet.*
Tiregni, Tireni, Tirigni, Tirigniacus, Tirinfacus. *Thierny.*
Tiubies. *Tuby.*
Toeni. *Thony.*
Toiri. *Thury.*
Tolis. *Toulis.*
Toly. *Le Toty.*
Tombæ. *Tombes.*
Tomba-Rainouardi. *La Tombe.*
Tombay (Le). *Le Tombois.*
Tombe. *Tombes.*
Tombella-juxta-Marlam, Tomella, Tomelle, Tommelia, Tommelle. *La Tombelle.*
Tonny, Tooni. *Thony.*
Torailles. *Toraille.*
Torcy-et-Ballaux. *Torcy.*
Toregni, Toreguy, Toreigni, Torgny, Torini, Toriniacum, Toriniacus. *Thorigny.*
Tornella. *La Tournelle.*
Tornoison. *Tournoison.*
Torquant. *Torcant-de-Chery.*
Torsi, Torsis, Torsy. *Torcy.*
Tortois, Tortorium, Tortoy. *Le Tortoir.*
Tosny. *Thony.*
Tou. *Taux.*
Tougny. *Thony.*
Touli, Toulies, Toullis, Toully, Toullys, Touly, Toulys. *Toulis.*
Toumella, Toumelle (La). *La Tombelle.*
Tour-aux-Oyes. *Pisieux.*
Tour-Bourdsin (La). *La Tour-Bourdin.*
Tourcy. *Torcy.*
Tour-du-Fay. *La Tour.*
Tour-Génotte (La). *La Rue-des-Lambert.*
Tourneloup. *Retourne-Loup.*
Tournevcel. *Tournevelle.*
Tournoisson, Tournoixon, Tournootson. *Tournoison.*
Toursi, Toursis. *Torcy.*
Tourvoye, Tourvoys. *Tourvoy.*
Toury. *La Haute-Pie.*
Touven, Touvent. *Tout-Vent.*
Toyni. *Thony.*
Toyri. *Thury.*
Trachi. *Drachy.*
Train. *Etraon.*
Traineau, Traineaux. *Le Trainaut.*
Trallon, Tralons, Tralum, Tramblon. *Traslon.*
Tranleaux, Tranliaus. *Le Trainaut.*
Tranlon. *Traslon.*

TABLE DES FORMES ANCIENNES.

Tranloy. *Tranois* (bois).
Tranlun. *Traslon*.
Trannois, Trannoy, Tranoire. *Tranois* (bois).
Transleau, Transliaus. *Tranleau*.
Translon, Translons. *Traslon*.
Transloy, Transnoy. *Tranois* (bois).
Trant. *Tran*.
Trasneau. *Le Trainaut*.
Trasnoir. *Tranois* (bois).
Trasvecy. *Travecy*.
Trauwiart-les-Montcornet-en-Thiéraisse. *Troyart*.
Travecchi, Travecci. *Travecy*.
Traver. *Le Travers*.
Traversis. *Travecy*.
Travers-lez-Danisy, Travers-lez-le-Chastellé. *Le Travers*.
Traveray-près-la-Fère, Traveschy, Travesci, Travescey, Travessy. *Travecy*.
Trebercort. *Trébecourt*.
Treffcon, Treffreon. *Trefcon*.
Tregneau. *Le Trainaut*.
Tregny. *Terny-Sorny*.
Trelloue, Trelloue-super-Maternam, Trelludium, Treludium, Trelou, Trelouc, Treloud. *Tréloup*.
Tremon, Tremend. *Trémont*.
Treneau. *Le Trainaut*.
Treniacum. *Terny*.
Trennoy. *Tranois* (bois).
Treny. *Terny*.
Treslou, Treslure. *Treloup*.
Tresmond, Tresmoniz. *Trémont*.
Tresnoy. *Tranois* (bois).
Treugny. *Trugny*.
Treuvecon, Trevecon. *Trefcon*.
Trianges. *Triange*.
Triangles, Triangulum. *Triangle*.
Tribecourt, Tribercort. *Trébecourt*.
Tristre-de-Pinum. *Tristre-de-Pinon* (bois).
Troci-juxta-Crandelein. *Trucy*.
Troigna, Troigne. *Troësnes*.
Trodi. *Trosly*.
Troina, Troine. *Troësnes*.
Troion, Troions. *Troyon*.
Trois-Festus (Les). *Les Quatre-Vents*.
Troisi. *Trucy*.
Troisli. *Trosly*.
Troisna, Troisne. *Troësnes*.
Troissi. *Droizy. Trucy*.
Trois-Voies, Trois-Voyes. *Tourvoy*.
Troiun. *Troyon*.
Troli, Troli-juxta-Guni, Trolli, Trolliacum, Trolly-lez-Coucy, Troly. *Trosly*.

Troncoi, Troncoit, Tronkoy. *Tranquoy*.
Tropins-Jacquarts (Les). *Les Tropins*.
Trosli, Trosliacus, Trosly-aux-Bois. *Trosly*.
Trossi, Trossiacum. *Trucy*.
Trouaine, Trouayne. *Troësnes*.
Trou-Catteau. *Le Trou-Cateau*.
Troucy. *Trucy*.
Trou-de-Leu. *Le Trou-des-Loups*.
Trou-Diable. *Le Trou-du-Diable*.
Trouenne. *Troësnes*.
Trouissi, Trouissiacum, Trouissy, Trouissy-en-Laonnois. *Trucy*.
Trou-le-Diable, Troup-le-Diable. *Le Trou-du-Diable*.
Trousi. *Trucy*.
Troussi. *Torcy. Trucy*.
Troussiacum, Troussy, Trouyssy.*Trucy*.
Troya. *Troyart*.
Troyna, Troyne. *Troësnes*.
Troyon-en-Laonnois. *Troyon*.
Trubercort, Trubercourt, Trubercurt. *Trébecourt*.
Trucerie. *Droizy*.
Truci. *Torcy*.
Trucia. *Droizy*.
Trugny-les-Vaulpien, Trugny-sur-Ourcq, Truigny. *Trugny*.
Truissy. *Trucy*.
Truny, Trusgny. *Trugny*.
Trusscium, Trussi, Trussiacum, Trussy. *Trucy*.
Tuanderie. *La Théoderie*.
Tubiense territorium, Tubies. *Tuby*.
Tugni, Tugniacum, Tugnis, 'Tuigni. *Tugny*.
Tuilerie-de-Bosay (La). *La Maison-Neuve*.
Tuillerie (La). *Le Moulin du Milieu*.
Tumba-Rainouardi. *La Tombe*.
Tumella. *La Tombelle*.
Tumulus-Brunehaudi. *La Butte-Brunehaut*.
Tungni, Tuniacum. *Tugny*.
Tupegies, Tupegni. Tupegny, Tupeigny, Tupigni, Tupigniacum, Tuppigni, Tuppigny. *Tupigny*.
Turci, Turciacus, Turcy, Tursi, Tursiacus, Tursy. *Torcy*.
Tuvegies. *Tupigny*.
Tybies, Tybii. *Tuby*.
Tyernu. *Thiernut*.
Tyerre. *Thierret*.
Tygny. *Tigny*.
Tylia. *Le Tilleul* (bois).
Tyreni, Tyrigni, Tyrigniacus, Tyriniacum, Tyrinniacus. *Thierny*.
Tyubies. *Tuby*.

U

Ucel. *Urcel*.
Uestincort. *Attencourt*.
Ugnacourt. *Ilinacourt*.
Ugnies-le-Gay, Ugnies-le-Gay, Ugni-le-Gai, Ugnis-le-Gay, Ugny-le-Guay, Ugnye-le-Gay, Ugnyes, Ugnyes-le-Gay, Ugny-le-Gaye. *Ugny-le-Gay*.
Uiége. *Wiége*.
Ulcheia, Ulcheiacum castrum, Ulcheium, Ulcheium castrum, Ulcheyum, Ulcheyum castrum. *Oulchy-le-Château*.
Ulchiacum villa. *Oulchy-la-Ville*.
Ulciacum castellum. *Oulchy-le-Château*.
Ulleri. *Vuillery*.
Ulliacum, Ully. *OEuilly*.
Ulmiccium. *Omissy*.
Ulpaz. *Voulpaix*.
Ultra, Ultra-Aisne. *Outre*.
Umbleres. *Homblières*.
Uncivilla. *Ancienville*.
Unglencourt. *Englancourt*.
Unreiville, Unrenivilla. *Orainville*.
Urbvillaris. *Urvillers*.
Urc. *La Ferté-Milon. Ourcq* (rivière).
Urceals, Urcel-in-Laudunesio, Urcelles, Urcellum. *Urcel*.
Urcensis pagus, Urcius pagus. *L'Orxois* (province).
Urcigni. *Origny-Sainte-Benoîte*.
Urseil, Ursel, Ursellum, Urscr. *Urcel*.
Ursi-Campus. *Orcamps*.
Ursigneeurcum. *Wissignicourt*.
Ursvillore, Ursvillaris, Urvileir, Urviler, Urvilerie, Urvilers, Urviller, Urvilleris, Urvillés, Urvilliés. *Urvillers*.
Usche, Uschia. *Oulche*.
Usellum. *La Suze*.
Uspars. *Voulpaix*.

V

Va. *Le Vez*.
Vacellæ, Vacellæ-juxta-Braium. *Vaucelles*.
Vaceni, Vaceniacum, Vaceny, Varinni. *Vasseny*.
Vacqueresse (Le). *Lavaqueresse*.
Vadancour, Vadancourt, Vadencourt-sur-Aumignion, Vadencourt-et-Boheries. *Vadencourt*.

TABLE DES FORMES ANCIENNES.

Vadensis comitatus, Vadensis pagus, Vadisus. *Le Valois* (province, comté).
Vaduli. *Voyaux.*
Vadum. *Vez.*
Vadum-Clerum. *Vauclerc.*
Vaellium, Vaelly, Vaeslei. *Vailly.*
Vaheries. *Voharies.*
Vaili, Vailli, Vailliacum, Vailli-sur-Ayne, Vaisli, Vaisliacus, Vaisly. *Vailly.*
Vaisniacum. *Vasseny.*
Vaisnisel. *Venizel.*
Valauvergni, Valavergni, Valaverni, Valaverniacum, Valavrigni. *Valavergny.*
Valberon. *Vauberon.*
Valbuin. *Vauxbuin.*
Valcellæ. *Vaucelles.*
Valceri, Valcery. *Valsery.*
Valclarus. *Vauclerc.*
Valcrestien. *Le Val-Chrétien.*
Val-de-la-Caure, Val-de-la-Caure-de-la-Haut, Val-de-la-Caure-d'en-Bas. *Vallacaure.*
Valdeperiers. *Valpriez.*
Valdesson. *Vaudesson.*
Valdevile. *La Vallée-Foulon.*
Valebon, Valebun. *Valbon.*
Valée. *La Vallée.*
Valée-au-Bled. *La Vallée-au-Blé.*
Valescourt, Valescurt. *Valécourt.*
Valesie comitatus, Valesium. *Le Valois* (province).
Valgodain. *Vaugoudain.*
Valguyon. *Vauguyon.*
Val-la-Caure-de-Hault. *Vallacaure.*
Vallarveni, Vallavergni, Vallavergny, Vallaverni, Vallavregni, Vallavrigni, Vallavrini. *Valavergny.*
Valleberon. *Vauberon.*
Vallebon, Vallebum. *Valbon.*
Vallecourt. *Valécourt.*
Valle-de-la-Corre. *Vallacaure.*
Valléo (La). *Le Fond-d'en-Vaux.*
Vallée-aux-Bois (La). *La Saint-Nicolas-aux-Bois.*
Vallée-Brioléo (La). *La Vallée-Briolet.*
Vallée-du-Gros-Chêne. *Vallée-de-Nadon.*
Vallées (Les). *La Grenouillère.*
Valleprestre. *Vaux-le-Prêtre.*
Valleron. *Vauxmeron.*
Valles. *Vaux. Vaux-Andigny.*
Valles-Bone. *Valbon.*
Vallescourt. *Valécourt.*
Valles-de-Millencourt. *Vaux.*
Valles-juxta-Muercin. *Vaux.*
Valles-Russene. *Vaurseine.*
Valles-Sancti-Nicholai. *Vaux.*
Valles-sub-Laudunum, Valles-subtus-Laudunum. *Vaux.*
Valli. *Vailly.*
Vallisberon. *Vauberon.*
Vallis-Bona. *Valbon.*
Vallis-Christiana. *Le Val-Chrétien.*
Vallis-Clara, Vallis-Clara-in-Laudunesio. *Vauclerc.*
Vallis-Presbiteri. *Vaux-le-Prêtre.*
Vallis-Rami. *Vaurins.*
Vallis-Sancti-Petri. *Le Val-Saint-Pierre.*
Vallis-Secreta. *Val-Secret.*
Vallis-Solo. *Vauxaillon.*
Vallis-Serena. *Valsery.*
Vallis-subtus-Laudunum. *Vaux.*
Vallois. *Le Valois* (province).
Vallon-Libre. *Condé.*
Valloys. *Le Valois* (province).
Valmert. *Les Vauxmers.*
Valons. *Les Vallons.*
Valprestre, Valprêtre. *Vaux-le-Prêtre.*
Valprier. *Valpriez.*
Valresaine. *Vaurseine.*
Valresiacum, Valresis. *Vaurexis.*
Valressaine. *Vaurseine.*
Valrisiacum. *Vaurexis.*
Valsaillum. *Vauxaillon.*
Val-Sainte-Anne. *La Queue-de-Leu.*
Valsalio. *Vauxaillon.*
Valsocre. *Val-Secret.*
Valseren. *Valserin.*
Valserene, Valseri, Valserio. *Valsery.*
Valz. *Vaux.*
Vambaille. *Rouillie.*
Vanderesse. *Vendresse.*
Vanderiæ. *Vendières.*
Vandeuil. *Vendeuil.*
Vandi. *Vandy.*
Vandière, Vondières. *Vendjères.*
Vandouille. *Vendhuile.*
Vandresse. *Vendresse.*
Vanizel. *Venizel.*
Vantelet. *Ventelet.*
Vareil. *Vareilles.*
Varennæ. *Varennes.*
Varesis. *Vaurexis.*
Varessaine, Varessania. *Vaurseine.*
Variscourt. *Variscourt.*
Varmont. *Warmont.*
Varolles. *La Varole.*
Vas. *Vaux.*
Vassaillon, Vasalion. *Vauxaillon.*
Vasceny, Vasegny. *Vasseny.*
Vasliacus. *Vailly.*
Vasniacum. *Vasseny.*
Vasoingne, Vasongne. *Vassogne.*
Vassalio, Vassalon. *Vauxaillon.*
Vassan, Vassant. *Vassens.*
Vassegni, Vassegny, Vasseni. *Vasseny.*
Vasselles. *Vaucelles-et-Beffecourt.*
Vassen. *Vassens.*
Vasseniboute. *Vastiboute.*
Vassenis. *Wassigny.*
Vassent. *Vassens.*
Vassignies, Vassigny, Vassignyes. *Wassigny.*
Vassoigne, Vassoingne, Vassoingnia, Vassongnes, Vassonio, Vassonne, Vassunia. *Vassogne.*
Vastibuchet. *Le Buchet.*
Vatincium. *Vasseny.*
Vatompré. *Watompré.*
Vaubellain, Vaubellein, Vauhellen. *Vauberlin.*
Vaubeuain, Vaubeuin, Vaubin. *Vauxbuin.*
Vaubourg. *Cramoiselle.*
Vaubuin, Vaubuym, Vaubuyn. *Vauxbuin.*
Vaucastil, Vaucastille. *Vaux-Castille.*
Vauceles, Vaucelle, Vaucellez. *Vaucelles.*
Vauceny. *Vasseny.*
Vauceré. *Vauxceré.*
Vaucholles. *Vaucelles.*
Vauchère. *Vacherie.*
Vauchetain, Vauchetains, Vauchetein, Vauchetin. *Vauxtin.*
Vauchrétien. *Le Val-Chrétien.*
Vauclaire, Vaucleir, Vaucler, Vauclere-en-Loonois, Vauclers. *Vauclerc.*
Vaucristien. *Le Val-Chrétien.*
Vaudocon. *Vaudesson.*
Vaudegeleux. *Vaudegleux.*
Vaudelui, Vaudelus, Vaudeluy, Vaudeluye. *La Vallée-Foulon.*
Vaudencourt, Vaudencurt. *Vadencourt.*
Vaudenson, Vaudesson, Vaudesson-les-Chavignon, Vaudcusson. *Vaudesson.*
Vaudeprier. *Valpriez.*
Vaugodain, Vaugourdain. *Vaugoudain.*
Vauhary, Vauharys. *Voharies.*
Vaulbuin. *Vauxbuin.*
Vaulcelles. *Vaucelles.*
Vaulcrestien. *Le Val-Chrétien.*
Voulcprêtre. *Vaux-le-Prêtre.*
Vaulguyon. *Vauguyon.*
Vaulhary. *Voharies.*
Vaulmesnil. *Vauxmesnil.*
Vaulprêtre. *Vaux-le-Prêtre.*
Vaulrot, Vaulrou. *Vauxrot.*
Vauls. *Vaux.*
Vaulseré. *Vauxceré.*
Vault-Saint-Pierre. *Le Val-Saint-Pierre.*
Vaulx. *Vaux.*
Vaulxbuin, Vaulxbuyn. *Vauxbuin.*

Vauxcrestien. *Le Val-Chrétien.*
Vaulx-de-Castille. *Vaux-Castille.*
Vaulx-dessous-Chaveny. *Vaux.*
Vaulx-dessous-Laon. *Vaux.*
Vaulx-en-Aroise, Vaulx-en-Arouaise, Vaulx-en-Aroyses, Vaulx-en-Arrouaise, Vaulx-en-Arrouaize. *Vaux-Andigny.*
Vaulxguyon. *Vauguyon.*
Vaulxharis, Vaulxbarry. *Voharies.*
Vaulxhoudran. *Vauxhoudran.*
Vaulx-le-Prestre. *Vaux-le-Prêtre.*
Vaulxmesnil. *Vauxmesnil.*
Vaulxresis. *Vauxresis.*
Vaulx-Saint-Nicolas. *Vaux.*
Vaulx-Saint-Pierre. *Le Val-Saint-Pierre.*
Vaulxselles. *Vaucelles.*
Vaulx-Sery. *Valsery.*
Vaulx-soubz-Laon. *Vaux.*
Vaulx-sous-Confrecourt. *Vaux.*
Vauls-en-Arouaise. *Vaux-Andigny.*
Vaulx-sous-Laon. *Vaux.*
Vaumenil, Vaumesnil. *Vauxmesnil.*
Vaumeron. *Vauxmeron.*
Vaurain. *Vaurins.*
Vaureins. *Vauxrains.*
Vauresaine. *Vauxseine.*
Vauresis. *Vauxresis.*
Vauressaine, Vauressaines, Vauressainne, Vauressania, Vauressaina, Vauressaine, Vauressenne. *Vauxseine.*
Vaurisis. *Vauxresis.*
Vaurot. *Vauxrot.*
Vaurrein. *Vauxrains.*
Vaurresis. *Vauxresis.*
Vaurressainna. *Vauxseine.*
Vaurros, Vaurrot. *Vauxrot.*
Vaursaines, Vaurscigue. *Vauxseine.*
Vaurtronpré. *Watompré.*
Vaurxy. *Vauxresis.*
Vaus. *Vaux.*
Vausaillon, Vausaillum, Vausalion, Vausallon, Vausalon. *Vauxaillon.*
Vaus-desous-Laon, Vans-desouz-Laon. *Vaux.*
Vauseray, Vauserée. *Vauxceré.*
Vausery. *Valsery.*
Vaussaillion, Vaussaillon, Vaussallon, Vausseillon. *Vauxaillon.*
Vaussellos. *Vaucelles.*
Vausseré. *Vauxceré.*
Vausseri, Vaussery. *Valsery.*
Vausserye. *La Souche* (rivière).
Vaussetin. *Vauxtin.*
Vaussillon. *Vauxaillon.*
Vaussoré. *Vauxceré.*
Vaustin, Vaustyn. *Vauxtin.*
Vauteronpré. *Watompré.*

Vautour. *Beautor.*
Vauvandron. *Vauxhoudran.*
Vaux. *Les Évaux. Vaux-Andigny.*
Vauxcelles. *Vaucelles.*
Vauxcrestien, Vauxcristien. *Le Val-Chrétien.*
Vauxelle. *Vaucelles.*
Vaux-en-Aroise, Vaux-en-Aroize, Vaux-en-Arouaise, Vaux-en-Arouayse, Vaux-en-Arroise, Vaux-en-Arroize, Vaux-en-Arrouaise, Vaux-en-Arrouaize, Vaux-en-Aruoyse. *Vaux-Andigny.*
Vaux-Goudron. *Vauxhoudran.*
Vauxharis. *Voharies.*
Vaux-le-Gastille. *Vaux-Castille.*
Vaux-le-Prestre. *Vaux-le-Prêtre.*
Vauxresis, Vauxrexis. *Vauxresis.*
Vaux-Saint-Nicolas, Vaux-sous-Chavigni. *Vaux.*
Vaylyacum. *Vailly.*
Veana. *Voyenne.*
Veauberlin. *Vauberlin.*
Veaugelieu. *Vaudegloux.*
Veaurains. *Vaurins.*
Veaux, Veaux-Saint-Nicolas. *Vaux.*
Vedogium. *Vois* (forêt).
Veel, Veela, Vocle. *Vesles-et-Caumont.*
Veelle. *La Vesle* (rivière). *Vesles-et-Caumont.*
Veelu, Voelud, Voelui, Voelut, Veeluy. *Veslud.*
Veely. *Vailly.*
Veesle, Veesles. *Vesles-et-Caumont.*
Veeslieu. *Veslud.*
Vehela. *La Vesle* (rivière). *Vesles-et-Caumont.*
Veisli. *Vailly.*
Velancet. *Villencet.*
Veleroi, Veleroile, Veleroles, Veleroy, Veleroyles. *Vénérolles.*
Velle-emprès-Pierrepont. *Vesles-et-Caumont.*
Vellercium, Vellerolles. *Vénérolles.*
Volles. *Vesles-et-Caumont.*
Velliacum, Velli. *Vailly.*
Vellud. *Veslud.*
Vellula. *La Vesle* (rivière).
Velluy. *Veslud.*
Velly. *Vailly. Vorly.*
Velu, Velud, Velui, Velut, Velutz, Veluy. *Veslud.*
Vely. *Vailly.*
Vendaile, Vendaille, Vendailles, Vendal. *Vendelles.*
Vendeil. *Vendeuil.*
Vendel. *Vendelles. Vendeuil.*
Vendelle. *Vendelles.*

Venderæ. *Vendières.*
Venderessa, Venderesse, Venderesse-en-Laonnois. *Vendresse.*
Venderie. *Vendières.*
Venderissa. *Vendresse.*
Vendeuil-en-Vermandois, Vendeul. *Vendeuil.*
Vendhome. *Vendôme.*
Vendhuille, Vendhuille-Cambrésis, Vendhuille-sur-Cambrésis. *Vendhuile.*
Vendières-dessous-Montmirail, Vendierre, Vendiers, Vendires. *Vendières.*
Vendœul, Vendoil, Vendolium. *Vendeuil.*
Vendrece. *Vendresso.*
Vendueil, Venduel. *Vendeuil.*
Venduile, Venduile-en-l'Empire, Venduille, Venduille-en-Cambrésis, Vendulia, Vendulium. *Vendhuile.*
Vendy. *Ru de Vandy* (rivière).
Veneroles. *Vénérolles.*
Venisel, Venisellum. *Venizel.*
Vennectum pagus. *Nizy-le-Comte.*
Vennerolles, Vennerolles. *Vénérolles.*
Vennizel. *Venizel.*
Veraing. *Vraines.*
Verbinum. *Vervins.*
Vercaines. *Évercaigne.*
Vercegni, Vercegnis, Verceni, Verconni, Vercennis. *Versigny.*
Verchi, Verchy. *Vrechy.*
Vercigni, Vercigniacum, Vercigny, Vercingni, Vercini, Verciniacum, Vercygny. *Versigny.*
Verdegenette. *Vergenette.*
Verdeilly-les-Chasteau-Thierry. *Verdilly.*
Verderie. *Viarderie.*
Verdesgenettes. *Vergenette.*
Verdevallée. *La Verte-Vallée.*
Verdfouille, Verfeuille, Verfœuil, Verfueil. *Vertes-Feuilles.*
Vergeium. *Le Verguier.*
Vergie. *Levergies.*
Vergier. *Le Verguier.*
Vergni. *Vregny.*
Verguyer. *Le Verguier.*
Verli. *Vorly.*
Vermandasium. *Vermandois* (province).
Vermandum, Vermans, Vermant. *Vermand.*
Verneil. *Verneuil-Courtonne. Verneuil-sur-Serre.*
Verneuille. *Verneuil-Courtonne.*
Verneuille-sur-Sère. *Verneuil-sur-Serre.*
Verneuil-sur-Aixne. *Verneuil-Courtonne.*

TABLE DES FORMES ANCIENNES. 361

Verneuil-sur-Scle, Verneuille-sur-Serre. *Verneuil-sur-Serre.*
Verneul. *Verneuil-sous-Coucy, Verneuil-sur-Serre.*
Vernuelle. *Verneuil-sur-Serre.*
Verneul-lez-Coucy-le-Chastel, Verneul-soubs-Coucy, *Verneuil-sous-Coucy.*
Verneul-sur-Aixne, Verneul-sur-Aynne. *Verneul-Courtonne.*
Verneul-sur-Sere. *Verneuil-sur-Serre.*
Vorni, Verniacum. *Vregny.*
Vernœuil-sur-Sere. *Verneuil-sur-Serre.*
Vernœul-sur-Aynne. *Verneuil-Courtonne.*
Vernolium. *Verneuil-Courtonne, Verneuil-sous-Coucy, Verneuil-sur-Serre.*
Vernolium-super-Ansonam, Vernolium-super-Axonam. *Verneuil-Courtonne.*
Vernolium-supra-Seram. *Verneuil-sur-Serre.*
Vernouel-sur-Aisne. *Verneuil-Courtonne.*
Vernueil, Vernueil-soubs-Coucy. *Verneuil-sous-Coucy.*
Vernueil-super-Auxonam, Vernueil-sur-Aixne. *Verneuil-Courjanne.*
Vernueil-sur-Sere. *Verneuil-sur-Serre.*
Vernuel. *Verneuil-Courtonne, Verneuil-sous-Coucy, Verneuil-sur-Serre.*
Vernuel-seur-Aine, Vernuel-sur-Aigne, Vornuel-sur-Ainne, Vernuel-sur-Aisne. *Verneuil-Courtonne.*
Vernuel-sur-Cère, Vernuel-sur-Sère, Vernueyeil-sur-Sere. *Verneuil-sur-Serre.*
Vernulium. *Verneuil-sous-Coucy.*
Vernuyeil-sur-Aisne. *Verneuil-Courtonne.*
Vernweil. *Verneuil-sous-Coucy.*
Veromandense cœnobium. *Abbaye de Vermand.*
Veromandense territorium, Veromanduorum civitas. *Pays des Veromandui.*
Verpignon. *Vertpignon.*
Verquesne. *Évercaigny.*
Verseny, Versignys. *Versigny.*
Versy. *Vrechy.*
Varsygni. *Versigny.*
Vertefeuille. *Vertes-Feuilles.*
Verte-Valée. *Verte-Vallée (La).*
Vervin, Vervinium, Vervinnum, Vervinum, Vervinz, Vervyn. *Vervins.*
Voselly, Vesilly. *Vezilly.*
Vesin. *Vezin.*
Vesle. *Vesles-et-Caumont.*

Vosli, Vesliacum, Vesliacus, Vesly, Vesly-sur-Axne. *Vailly.*
Vesnisellum. *Venizel.*
Voteres-Domus. *Vieils-Maisons.*
Voteres-Moncelli. *Monceau-le-Vieil.*
Vetus-Archeium, Vetus-Arscium. *Vieil-Arcy.*
Vetus-Buciliacum. *Bucilly.*
Vetus-Laudunum. *Vieux-Laon.*
Vetus-Moncellus. *Monceau-le-Vieil.*
Vetus-Salvatorium. *Briconville.*
Vetus-Villa. *Abbiette, la Vieille-Ville.*
Veuchière (La). *La Vauchère (bois).*
Veuilly-la-Potterie, Veuilly-la-Potterie, Veuilly-la-Potterye, Veuly, Veuly-la-Potterie. *Veuilly-la-Poterie.*
Vez. *Huet.*
Vezilli. *Vézilly.*
Vezilli-le-Vieux. *Vieux-Vézilly.*
Vi, Viacum, Viacus-super-Axonnem. *Vic-sur-Aisne.*
Viancourt. *Wiancourt.*
Vichelle, Vichiel, Vichicles. *Vichel.*
Vic-sur-Aixne. *Vic-sur-Aisne.*
Vicus-Arsus. *Vieil-Arcy.*
Vicus-Castrum-super-Axonam, Vicus-super-Axonam, Vicus-super-Fluvium-Axone, Vicy-Castrum-ad-Sanctam-Mariam. *Vic-sur-Aisne.*
Vidula. *Vesle (rivière).*
Viefville. *La Viéville.*
Viefville-couprès-Saint-Quentin, Viefville-les-Saint-Quentin. *L'Abbiette.*
Viége, Viegra. *Wiége.*
Vieille-Forest. *Forest (bois).*
Vieillo-Hartane. *Vieille-Hartennes.*
Vieilz-Arceys. *Vieil-Arcy.*
Vieilzmaisons. *Vieils-Maisons.*
Vieilzville-dales-Saint-Quentin. *L'Abbiette.*
Viel-Arcy. *Vieil-Arcy.*
Viemaisons. *Vieils-Maisons.*
Viersi, Viersis, Viersy, Vierziacum. *Vierzy.*
Vioslis. *Verly.*
Viesmaison-en-Brie. *Vieils-Maisons.*
Vies-Monciaux. *Monceau-le-Vieil.*
Viesville. *Abbiette, Viéville (la).*
Vieulaine, Vieulaines, Vieulaines-supra-Longum-Pontem, Vieulainnes, Vieulainnes-deseur-Loneport, Vieulanic. *Violaine.*
Vieux-Château. *Latilly.*
Vieux-Maisons, Vieux-Maisons-le-Vidome. *Vieils-Maisons.*
Vieux-Moulin. *Clos-des-Temps.*
Vieville. *L'Abbiette.*
Viezville. *La Vieille-Ville, la Viéville.*

Viffore, Viffors. *Viffort.*
Vifforteaux. *Vifforteau.*
Vifforts, Vifforts, Viffort., *Viffort.*
Vigne-Porale. *Porale.*
Vignette-aux-Bois. *Saint-Paul-aux-Bois.*
Vignetum, Vignoulz. *Vigneux.*
Vignoux. *Sort, Vignet (le).*
Vignieux. *Vigneux.*
Vigniol. *Vignoles.*
Vignoi, Vignoit. *Vigneux.*
Vignoles-desuper-Mallum-Rivum, Vignolle, Viguolles. *Vignoles.*
Vilaines. *Violaine.*
Vilaire-en-Prière. *Villers-en-Prayères.*
Vilancet. *Villencet.*
Vilardel, Vilardelle. *Villardel.*
Vilare-juxta-Charliacum. *Villiers-sur-Marne.*
Vilarzel. *Villardel.*
Vilblain. *Villeblain.*
Vileeel. *Villencet.*
Vilechole. *Villecholes.*
Vileirs. *Villers, Villers-le-Sec.*
Vilencel, Vilencella, Vilenchel, Vilencials, Vilencieaux. *Villencet.*
Viler. *Villers-le-Sec.*
Vilercelle. *Villencet.*
Viler-Coderest, Viler-Cotteray. *Villers-Cotterêts.*
Vilerel. *Villeret.*
Viler-le-Sec. *Villers-le-Sec.*
Viler-le-Vert. *Villers-le-Vert.*
Vilers. *Villers-la-Fosse, Villers-le-Sec, Villers-lez-Guise.*
Vilers-Coldereist. *Villers-Cotterêts.*
Vilers-en-Tardenois. *Villers-sur-Fère.*
Vilers-Hagron. *Villers-Agron.*
Vilers-in-Fossa. *Villers-la-Fosse.*
Vilers-le-Héllon, Vilers-le-Hélon, Vilers-Monseigneur-Hélon. *Villers-Hélon.*
Vilers-Socq. *Villers-le-Sec.*
Vilers-super-Auxonam. *Villers-en-Prayères.*
Viler-Vert. *Villers-le-Vert.*
Vilerzel. *Villardel.*
Vileveske, Vilevesque. *Villevêque.*
Viliersy. *Villersy.*
Villa-ad-Boscum. *La Ville-aux-Bois-lez-Pontavert.*
Villa-de-Parpes. *Parpeville.*
Villa-Episcopi. *Villevêque.*
Villare-Colderest. *Villers-Cotterêts.*
Villain-Blein. *Villeblain.*
Villaines. *Violaine.*
Villaires-en-Prière. *Villers-en-Prayères.*
Villa-Marie. *Villemarie.*

Aisne.   46

Villana. *Violaine.*
Villancé, Villancel, Villancet. *Villencet.*
Villane. *Violaine.*
Villanoronis. *Villencron.*
Villanes, Villanie, Villanie-supra-Saveriam. *Violaine.*
Villanova. *Villeneuve, Villeneuve-Saint-Germain, Villeneuve-sur-Fère.*
Villansez. *Villencet.*
Villardelle, Villardet. *Villardel.*
Villare-Colli-Resti. *Villers-Cotterêts.*
Villare-Hellonis. *Villers-Helon.*
Villare-in-Collo-Resti. *Villers-Cotterêts.*
Villare-in-Tardano. *Villers-sur-Fère.*
Villare juxta-Guisiam. *Villers-lez-Guise.*
Villare-Siccum. *Villers-le-Sec.*
Villare-super-Auxonam, Villare-super-Axonam. *Villers-en-Prayères.*
Villaris. *Villers-le-Sec.*
Villaria-Domini-Helouis. *Villers-Helon.*
Villaria-en-Praières, *Villers-en-Prayères.*
Villaria-le-Hellon, Villaris, Villaris Helonis. *Villers-Helon.*
Villaria - ultra - Guisiam. *Villers - lez - Guise.*
Villa-Sancti-Vincentii. *Villette (La).*
Villa-Sapientie, Villa-Saverie, Villa-Savoir, Villa-Savoyr. *Villesavoye.*
Villaumer. *Villomé.*
Ville-au-Bos, Ville-au-Boys. *La Ville-aux-Bois-lez-Pontavert.*
Ville-aux-Bois- delez-la-Fontaine. *La Ville-aux-Bois.*
Ville-aux-Bois - en-Laounois. *La Ville-aux-Bois-lez-Pontavert.*
Ville-aux-Bois-en-Thiérache. *La Ville-aux-Bois-lez-Dizy.*
Ville-aux-Bois-les-Thony. *La Ville-aux-Bois-lez-Pontavert.*
Ville-aux-Boys. *Ville-aux-Bois-lez-Dizy (La), Ville-aux-Bois-lez-Pontavert.*
Villebelain, Villeblin. *Villeblain.*
Villechole, Villecholia, Villecole. *Villecholes.*
Villecte. *Villette (La).*
Vilheir. *Villers-Helon.*
Villeirs. *Villers-le-Sec.*
Ville-lez-Segoncourt. *Ville - lez - Seboncourt.*
Villemaine. *Villemoyenne.*
Villemanthoir, Villemanthoire, Villemanthuy, Villemantoir, Villemantoy, Villemathoy. *Villemontoire.*
Villemène, Vilmenne. *Villemoyenne.*
Villemonthoir, Villemontoir, Villemonthore, Villemotoire. *Villemontoire.*
Villencel, Villencelli, Villenchet. *Villencet.*

Villenefve, Villenefve-lez-Soissons. *Villeneuve-Saint-Germain.*
Villenes. *Violaine.*
Villeneufve. *Villeneuve-Saint-Germain, Villeneuve-sur-Fère.*
Villeneufve - en - Tartenois. *Villeneuve-sur-Fère.*
Villeneuve-lez-Segoncourt. *Ville-lez-Seboncourt.*
Villeneuve, Villeneuve - emprès - Soissons. *Villeneuve-Saint-Germain.*
Villeneuve - lez - Segoncourt. *Ville - lez - Seboncourt.*
Villeneuve-lez-Soissons, Villeneuves-les-Soissons. *Villeneuve - Saint - Germain.*
Villeneve. *Villeneuve-sur-Fère.*
Villenuefve, Villenuefve-emprès-Soissons, Villeneuve-les-Notre-Cité-de-Soissons. *Villeneuve-Saint-Germain.*
Villercellus. *Villencet.*
Villercium. *Vénérolles, Villers-Agron.*
Villercium - in - Quarello. *Villers - sur-Fère.*
Villerel, Villerel-dales-Hargicourt. *Villeret.*
Villeresium. *Vaillery.*
Villerets. *Villeret.*
Villercey. *Vaillery.*
Viller-le-Sec. *Villers-le-Sec.*
Viller-lez-Guise. *Villers-lez-Guise.*
Villers. *Villers-en-Prayères, Villers-le-Sec, Villers-lez-Guise, Villers-sur-Fère.*
Villers-à-la-Fosse. *Villers-la-Fosse.*
Villers-au-lez-Guise. *Villers-lez-Guise.*
Villers-Coste-Rest, Villers - Costeretz, Villers - Coterets, Villers - Cotterel. *Villers-Cotterêts.*
Villers-de-costé - d'Ochye. *Villers - sur-Fère.*
Villers-de-lez-Ham-en-Vermandois. *Villers-Saint-Christophe.*
Villers - desseure - Guise. *Villers - lez - Guise.*
Villers - emprès - Ham. *Villers - Saint - Christophe.*
Villers-en-Pruelles, Villers-en-Praières, Villers-en-Prarryes-du-Pontarey, Villers-en-Prayère, Villers-en-Prières. *Villers-en-Prayères.*
Villers-en-Tardenois. *Villers a-sur-Fère.*
Villers-Hagron. *Villers-Agron.*
Villers-Hellon, Villers-Héron, Villers-Huilrons. *Villers-Helon.*
Villers-la-Réunion. *Villers-lez-Guise.*
Villers-le-Helon, Villers-le-Long. *Villers-Helon.*

Villers-le-Secq, Villers-le-Seq. *Villers-le-Sec.*
Villers-les-Hellon, Villers-les-Hérons. *Villers-Helon.*
Villers-le-Vaste. *Villers-le-Vast.*
Villers-lez-Secq. *Villers-le-Sec.*
Villers-l'Uni. *Villers-Saint-Christophe.*
Villers - Monseigneur - Heloir, Villers - Monseigneur-Héron. *Villers-Helon.*
Villers-oultre-Guise. *Villers-lez-Guise.*
Villers-Petit. *Villers-le-Petit.*
Villers-Sainct - Christofle. *Villers-Saint-Christophe.*
Villers-Sec. *Villers-le-Sec.*
Villers-sur-Marne. *Villers-sur-Marne.*
Villers-Vert, Villervert. *Villers-le-Vert.*
Villery. *Vaillery.*
Villesavoie, Villesavoir, Villesever. *Villesavoye.*
Villette-lez-Caumont. *Villette (La).*
Villeveske, Villevesque, Villevesque-en-Vermandois. *Villevêque.*
Villi. *Œuilly.*
Villiers. *Villé (Le), Villers - lez - Guise, Villers-sur-Fère.*
Villiers-Coste-Rest, Villiers-Coste-Rez, Villiers-Cotterets. *Villers-Cotterêts.*
Villiers-en Tardenoys. *Villers-sur-Fère.*
Villiers-la-Fosse. *Villers-la-Fosse.*
Villiers - le - Hellon, Villiers - le - Héion. *Villers-Helon.*
Villiers-le-Petit. *Villers-le-Petit.*
Villiers-le-Secq. *Villers-le-Sec.*
Villiers-le - Vert- dessoubz - Ribemont. *Villers-le-Vert.*
Villiers-oultre-Guyse. Villiers-oultre-Oise. *Villers-lez-Guise.*
Villiers-Saint-Christofle. *Villers-Saint-Christophe.*
Villula. *Vesle (rivière).*
Villy. *Œuilly, Vivly.*
Villy-soubz-Pargnau. *Œuilly.*
Vilmanthoire. *Villemontoire.*
Vilmenne. *Villemoyenne.*
Vilmontoir, Vilmontoire. *Villemontoire.*
Vilneufve, Vilneufve - en - Tardenois. *Villeneuve-sur-Fère.*
Vilomé. *Villomé.*
Vilsavoie, Vilsavoye. *Villesavoye.*
Vinci, Vineiacus, Vinci-juxta-Moucornet, Vincy-Roit-et-Maigny. *Vincy-Reuil-et-Magny.*
Vindola. *Vesle (rivière).*
Vineole. *Vignoles.*
Vinetum. *Vigneux.*
Vinguelles. *Vignoles.*
Vingrez. *Vingre.*
Viniacus, Vinioit. *Vigneux.*

TABLE DES FORMES ANCIENNES.

Vinly-Jeangoult. *Vinly.*
Vinodreux. *Vinaudreux.*
Vinoit, Vinoix. *Vignoux.*
Vinolle. *Vignoles.*
Violaine-sur-Longpont, Violaines, Violaine-sur-Mas, Violcines, Viollaines-soubz-le-Maas, Violaine. *Violaine.*
Virgultum. *Verguier (Le).*
Viri, Viriacum, Viriacum-in-Viromandia. *Viry-Noureuil.*
Viride-Folium. *Vertes-Feuilles.*
Virmandus. *Vermand.*
Viroiacum. *Vregny.*
Viromandensis pagus, Viromandia. *Vermandois* (province).
Viromandis. *Vermand.*
Viry-en-Vermandois, Viry-Noreuil. *Viry-Noureuil.*
Virzi, Virziacum. *Vierzy.*
Visognicourt. *Wissignicourt.*
Visegnieu, Visengnueil, Visenoelx, Visignoul, Visignieulx, Visignieux, Visinjeux. *Visigneux.*
Vissenicourt. *Wissignicourt.*
Vis-sur-Aine, Vis-sur-Ainne, Vis-sur-Aisne, Vis-sur-Aixne, Vis-sur-Axne, Vis-sur-Ayne, Vi-sur-Aixne. *Vic-sur-Aisne.*
Vitella, Vitula. *Vesles-et-Caumont.*
Vitulena. *Veslo* (rivière).
Viulaines, Viullaines, Viullaines-supra-Villaria-Helouis. *Violaine.*
Vivaize. *Vivaise.*
Vivarest. *Fivret.*
Vivaria, Vivariæ, Vivarium. *Viviers.*
Vivasii. Vivayze. *Vivaise.*
Vivcray. *Vivray (Le).*
Vivcrest, Vivcretz. *Fivret.*
Vivers. *Viviers.*
Vivior-Housson. *Housset.*
Vivior-la-Loge. *Vivier (Le).*
Vivrest. *Fivret.*
Vivyers. *Vivières.*
Vix-sur-Aines, Vix-sur-Aisne. *Vic-sur-Aisne.*
Voas. *Vois* (forêt).
Voderoles. *Edrolles.*
Vocil, Vocl. *Vouël.*
Voenna. *Voyenne.*
Voerium. *Vouël.*
Vohary. *Voharies.*
Voiana, Voianna. *Voyenne.*
Voiaux. *Voyaux.*
Voie-à-Cailleaux. *Voie-à-Cailloux (La)*
Voie-des-Caretes. *Rue-des-Carrettes (La).*
Voienna, Voienne. *Voicnnes. Voyenne.*
Voious. *Voyaux* (bois).

Voirges. *Vorges.*
Voiry (La). *Voierie (La), Wary.*
Voitlines. *Wattines (Les).*
Voix. *Vois* (forêt).
Volleprestre, Volprestre. *Vaux-le-Prêtre.*
Vorge, Vorgia, Vorgie. *Vorges.*
Vorsaine, Vorsaines. *Vaurseine.*
Vosagium, Vosagum. *Vois* (forêt).
Vospais. *Voulpair.*
Voué. *Vouël.*
Voulpais-près-Vrevyn. *Voulpaix.*
Voultis. *Vouty.*
Voupais, Voupaix, Vouppaix, Vouspais, Vouspaix. *Voulpaix.*
Vouthies. *Vouty.*
Vouxpaix. *Voulpair.*
Vouys. *Vois* (forêt).
Voyaulx. *Voyaux.*
Voyo-à-Cailloux. *Voie-à-Cailloux (La).*
Voyenna. *Voyenne.*
Voyeu-Trousset. *Voyeu-des-Vaches.*
Voysin. *Voisin.*
Vrechi, Vrecy. *Vrechy.*
Vreciguy. *Versigny.*
Vredilly. *Verdilly.*
Vregni. *Vregny.*
Vreguier, Vreguiet. *Verguier (Le).*
Vressignis, Vressigny. *Versigny.*
Vreugni. *Vregny.*
Vrovin, Vreving, Vrevyn. *Vervins.*
Vuadancourt. *Vadencourt.*
Vualtompré. *Watompré.*
Vuandelux. *Gandelu.*
Vuarennes. *Varennes.*
Vuaripont. *Varipont.*
Vuariscourt. *Variscourt.*
Vuassigny. *Wassigny.*
Vuatompré. *Watompré.*
Vuattigny. *Wattigny.*
Vuauguion. *Vauguyon.*
Vuiancourt. *Wiancourt.*
Vuiégo. *Wiège.*
Vuiermont. *Wicrmont.*
Vuiffort. *l'iffort.*
Vuilloncourt. *Villoncourt.*
Vuillerie. *Vuillery.*
Vuilly, Vuilli, *Vouilly-la-Poterie.*
Vuimi, Vuimy. *Wimy.*
Vuisignicourt, Vuissignicourt. *Wissignicourt.*
Vulpasium, Vuspais. *Voulpair.*
Vuyego. *Wiège.*
Vuymy. *Wimy.*
Vy, Vyacus-super-Auxonam, Vy-seur-Aisne, Vy-sur-Aisne, Vy-sur-Aixne, Vy-sur-Haine. *Vic-sur-Aisne.*
Vyolenes. *Violaine.*
Vylli. *Œuilly.*

Vyriacum-in-Viromandia. *Viry-Noureuil.*
Wadencort, Wadencourt. *Vadencourt.*
Wadriacus, Waeriacum. *Wary.*
Wagison. *Vagisson.*
Wahairis. *Wary.*
Waharis, Waheris. *Voharis.*
Waiaus. *Voyaux.*
Waidon. *Voidon.*
Waillon. *Cohayon, Hayon (le).*
Wailly. *l'ailly.*
Wairi. *Wary.*
Walavergny. *Valavergny.*
Waldcurtis, Waldencort, Waldencurtis. *Vadencourt.*
Walerz. *Vallée (La).*
Walescor, Walescors, Walescot, Walescours, Walescourt, Walescurt. *Valécourt.*
Walosia. *Valois* (province).
Walcz. *Vallée (La).*
Walcz-lez-Ouchie-le-Chastel. *Wallée.*
Waliscort. *Valécourt.*
Wallavregny. *Valavergny.*
Wallé. *Vallée (La).*
Walleron. *Vauxmeron.*
Walteri-Pratum. *Watompré.*
Walli. *Vailly.*
Wandelux. *Gandelu.*
Warenei. *Arrancy.*
Warichecourt. *Variscourt.*
Waripon, Waripont. *Varipont.*
Waris. *Wary.*
Wariscourt, Warisicort, Warisicourt, Warisicurtis, Warisscourt-sur-Aisne, Warisycourt. *Variscourt.*
Warnelle (La). *Briqueterie* (bois).
Warnelles. *Artoise* (rivière).
Warocium, Warul? *Pontavert.*
Warry. *Wary.*
Warsis. *Vrechy.*
Wartcis. *Artoise* (rivière).
Warthompret. *Watompré.*
Wartoise, Wartoisia. *Artoise.*
Wartoise, Wartosia. *Artoise* (rivière).
Wassegnie, Wassegnies, Wasseignis. *Wassignis, Wassignys. Wassigny.*
Waslynes, Wataine. *Wattines (Les).*
Wategnies, Wategnis, Watengnie, Watenis, Wathenis, Watignais, Watignies, Watignii. *Wattigny.*
Watine. *Wattines (Les).*
Waudencort, Waudencourt. *Vadencourt.*
Wauggion, Wauguion. *Vauguyon.*
Waubary. *Voharies.*
Waurisicourt. *Variscourt.*
Wauserit. *Valsery.*

TABLE DES FORMES ANCIENNES.

Wantoompré, Wautronpré. *Watompré.*
Wederoles. *Édrolles.*
Wedon. *Voidon.*
Wege. *Wiège.*
Weis. *Huet.*
Weisdon. *Voidon.*
Werchy. *Vrechy.*
Wery. *Wary.*
Westincort. *Attencourt.*
Wez. *Huet.*
Wezaponin, Wezaponnin, Wezapponin. *Vézaponin.*
Wgnies. *Ugny-le-Gay.*
Wicherie. *Wichery.*
Wiefville. *Viéville (La).*
Wiencourt, Wiencourt-les-Beaurevoir. *Wiancourt*
Wiesges. *Wiège.*
Wignies, Wignies-le-Gay. *Ugny-le-Gay.*
Willery. *Vuillery.*
Willerzy. *Villerzy.*
Williacum, Willy, Willy-soubz-Pargnan. *OEuilly.*
Wilpion. *Vilpion (Le) (ruisseau).*

Wimeroucl. *Wimerel (bois).*
Wimi, Wimiacum, Wimis. *Wimy.*
Windicurtis. *Vadencourt.*
Wingnies. *Ugny-le-Gay.*
Winicurtis. *Guignicourt.*
Wisenicourt. *Wissignicourt.*
Wisia. *Guise.*
Wisnicourt. *Wissignicourt.*
Woel. *Vouël.*
Woonii. *Wimy.*
Woiaus. *Voyaux.*
Woidon. *Voidon.*
Woirtigny. *Wattigny.*
Woiry. *Wary.*
Wois. *Vois (forêt).*
Woitines. *Wattines (Les).*
Worges. *Vorges.*
Wospais. *Voulpair.*
Wouel. *Vouël.*
Woulpaix, Woupais, Woupaix, Wouppaix. *Voulpaix.*
Wreivilla. *Orainville.*
Wuignies. *Ugny-le-Gay.*
Wulfiniaci-Rivus. *Bouffignereux.*
Wulli. *OEuilly.*
Wychery. *Wichery.*

Wyege, Wyeges. *Wiège.*
Wymi, Wymiacum, Wymy. *Wimy.*

Y

Yaucecourt. *Éaucourt.*
Yeux-Bloif. *Yeux-Blois (Les).*
Yrechon-en-Therasche, Yrechon-in-Therascà, Yrechum, Yrecon-en-Thiérasche, Yresson, Yricio, Yrizun. *Hirson.*
Yron, Yrun. *Iron.*
Yrson. *Hirson.*
Ysara, Yscra, Ysira. *Oise (rivière).*
Yssegny. *Essigny-le-Petit.*
Yssegny, Yssoigny. *Essigny-le-Grand.*
Yssigny. *Essigny-le-Petit.*
Yssolmus. *Essommes.*
Ytencourt. *Itancourt.*
Yusi. *Joisis (bois).*
Yvergny. *Ivregny.*
Yvier, Yvier-en-Tiérace, Yviers, Yviers-en-Thiérasse. *Iviers.*
Yvregni, Yvregny. *Ivregny.*
Yvry-Blanzi. *Saint-Remy-Blanzy.*

ADDITIONS ET CORRECTIONS.

Page 106, col. 2, lig. 38, sita, lisez : sitam.
Page 160, col. 2, lig. 21, Roncourt, lisez : Boncourt.
Page 176, col. 1, lig. 28, *Vetera Moncella*, lisez : *Veteres Moncelli.*
Page 213, Petit-Gossant (Le) doit figurer à Pont-Gossant.
Page 255, col. 2, lig. 34, Saccet, f., ajoutez : auj. détruite.
Page 265, col. 1, lig. 29, Sorт, h., ajoutez : auj. détruit.
Page 282, col. 2, lig. 33, que, lisez : quod.
Page 289, col. r, lig. 44, nord, lisez : sud.
Page 291, col. 1, lig. 30, *Veteris*, lisez : *Veteribus.*
Page 353, col. 1, lig. 52, supprimer : fontaine.

www.ingramcontent.com/pod-product-compliance
Lightning Source LLC
Chambersburg PA
CBHW071854230426
43671CB00010B/1340